DICTIONNAIRE

DES

SCIENCES MATHÉMATIQUES

Du même Auteur :

DICTIONNAIRE UNIVERSEL ET RAISONNÉ DE MARINE, contenant l'explication de tous les termes usuels de la marine, ainsi que l'exposition des principes fondamentaux de l'architecture navale, de la navigation, de la tactique navale, de l'astronomie nautique, avec les principales tables nécessaires aux marins; des recherches historiques sur la marine en général, et tout ce qui concerne l'organisation et la législation de la marine française; en collaboration avec MM. RIGAULT DE GENOUILLY, ingénieur de la marine, J.-B. PRAX, officier de marine, etc.

Un volume in-4° de 680 pages à doubles colonnes, avec 18 planches, prix.   .   .   **20 francs.**

PARIS. — IMPRIMERIE D'ÉDOUARD PROUX ET Cⁱᵉ, RUE NEUVE DES-BONS-ENFANS, 3, ET RUE DE VALOIS-PALAIS-ROYAL, 18.

DICTIONNAIRE

DES

SCIENCES MATHÉMATIQUES

PURES ET APPLIQUÉES

PAR

A.-S. DE MONTFERRIER

MEMBRE DE L'ANCIENNE SOCIÉTÉ ROYALE ACADÉMIQUE DES SCIENCES DE PARIS, DE L'ACADÉMIE DES SCIENCES DE MARSEILLE
DE CELLE DE METZ, ETC., ETC.

DEUXIÈME ÉDITION

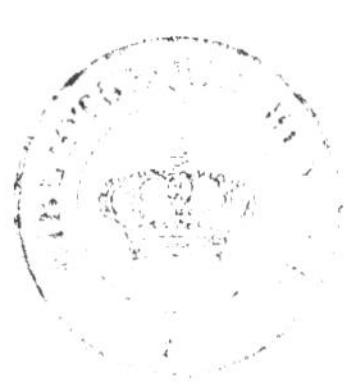

TOME TROISIÈME

PARIS

CHEZ L. HACHETTE, LIBRAIRE DE L'UNIVERSITÉ DE FRANCE

12, RUE PIERRE-SARRAZIN

1845

DICTIONNAIRE

DES

SCIENCES MATHÉMATIQUES

PURES ET APPLIQUÉES.

A.

ABERRATION. (*Astr.*) Les formules d'aberration en ascension droite et en déclinaison énoncées dans le premier volume de ce dictionnaire (pag. 10), bien qu'elles soient sous une forme très-simple, ne sont cependant pas celles dont les astronomes font ordinairement usage pour construire des tables particulières ou générales; voici une application fort élémentaire du calcul différentiel et de la géométrie aux trois dimensions qui conduit à ces dernières formules de la manière la plus directe.

Le rayon de la sphère céleste sur laquelle on projette tous les astres pouvant être pris arbitrairement, supposons le égal au rayon vecteur r de la terre; supposons de plus que ce rayon représente la vitesse de la lumière; dans ce cas, le parallélogramme d'aberration s'étendra nécessairement jusque dans la région de l'étoile que l'on considère, et l'extrémité de la diagonale qui y est située marquera à toute époque de l'année le lieu apparent de cette étoile. Or, cette diagonale ne différant de la distance r que d'une quantité extrêmement petite, on pourra la représenter par $r + dr$.

Cela posé, rapportons la position de l'étoile à trois axes rectangulaires x, y, z, dont le plan des deux premiers soit l'équateur céleste; prenons pour origine des coordonnées le centre de ce cercle ou celui de la terre, et considérons l'axe des x comme la ligne des équinoxes; enfin, désignons par A l'angle que la projection de la distance de la terre à l'étoile, sur le plan des xy, fait

avec l'axe des x, et par D l'angle que cette même distance fait avec ce plan; on aura, par les principes de la trigonométrie rectiligne..... (1)

$$x = r \cos A. \cos D. \quad y = r \sin A. \cos D, \quad z = r \sin D;$$

d'où l'on tire..... (2)

$$\tan A = \frac{y}{x}, \quad x^2 + y^2 + z^2 = r^2.$$

Il est évident que A et D sont respectivement l'ascension droite et la déclinaison vraies de l'étoile, et que pour passer du lieu vrai au lieu apparent qui en est très-proche, il suffit de faire varier tous les élémens du premier. Ainsi, en différentiant les équations (2), il viendra..... (3)

$$dA = \frac{x\,dy - y\,dx}{x^2} \cos^2 A$$

$$r\,dr = x\,dx + y\,dy + z\,dz.$$

Maintenant soit ds le petit arc de 20'255 que la terre décrit en 495'2 de temps, et nommons α, β, γ les angles que cet élément, considéré comme rectiligne, fait avec les axes des coordonnées: on aura évidemment, en transportant ce mouvement dans la région de l'étoile ou aux confins de la sphère céleste..... (4)

$$\frac{dx}{ds} = \cos\alpha, \quad \frac{dy}{ds} = \cos\beta, \quad \frac{dz}{ds} = \cos\gamma.$$

Multipliant et divisant par ds le second membre de la première équation différentielle (3), il viendra

$$dA = \frac{ds}{x}(\cos\beta - \cos\alpha\ \mathrm{tang}\ A)\cos^2 A;$$

enfin, éliminant x au moyen de sa valeur (1), l'aberration en ascension droite sera..... (a)

$$dA = \frac{ds}{r\cos D}(\cos\beta\cos A - \cos\alpha\sin A);$$

le rapport $\frac{ds}{r}$ étant celui de la vitesse de la terre à la vitesse de la lumière.

La troisième équation (1) différentiée donne par le même procédé

$$\frac{dz}{ds} = \frac{dr}{ds}\sin D + \frac{r}{ds}\cos D.\ dD,$$

d'où

$$dD = \frac{ds}{r\cos D}\left(\cos\gamma - \frac{dr}{ds}\sin D\right).$$

Mais la seconde équation différentielle (3) pouvant s'écrire ainsi :

$$\frac{dr}{ds} = \frac{x}{r}\frac{dx}{ds} + \frac{y}{r}\frac{dy}{ds} + \frac{z}{r}\frac{dz}{ds},$$

il est facile de voir que l'on aura pour l'aberration en déclinaison..... (d)

$$dD = \frac{ds}{r}\cos\gamma\cos D - \frac{ds}{r}\sin D\,(\cos\alpha\cos A + \cos\beta\sin A).$$

Les formules (a) et (d) renferment les angles α, β, γ, qu'il faut éliminer. Pour cet effet, soit ΥBC l'équateur (Pl. 1, fig. 1), ΥTT' l'écliptique, S le soleil, T la terre, Υ le point équinoxial, TR une tangente à l'orbite terrestre supposée circulaire, ST' une parallèle à cette tangente, ω l'obliquité de l'écliptique ou l'angle ΥTB; enfin X, Y, Z trois axes passant par le centre du soleil et respectivement parallèles aux axes x, y, z menés par le centre de la terre. Le triangle sphérique ΥBT' dans lequel ΥT' $= \alpha$, BT' $= \beta$ et ΥB $= 90°$ donne

$$\cos\beta = \sin\alpha.\cos\omega;$$

le triangle sphérique dont les sommets sont Υ, T' et le point où l'axe de Z rencontre la surface de la sphère céleste, donne

$$\cos\gamma = \sin\alpha.\sin\omega;$$

et dans le triangle rectiligne RTS rectangle en T, l'angle ΥST est ce qu'on nomme là *longitude héliocentrique* v de la terre T; enfin l'angle $\alpha = 90° + v$.

D'un autre côté, lorsque la terre est en T, le soleil S paraît sur l'écliptique en S', et sa longitude que nous désignerons par L $= 180° + v$ étant introduite dans la valeur de α on aura

$$\alpha = L - 90°;$$

et, par conséquent,

$$\sin\alpha = -\cos L, \quad \cos\alpha = \sin L.$$

Donc, en définitive, les formules (a) et (d) se changeront en celles-ci, en faisant attention que $\frac{ds}{r} = 20''2559$

$$\text{aber. en } A = -\frac{20''255}{\cos D}(\cos\omega\cos A\cos L + \sin A\sin L)$$

$$\text{aber. en } D = -20''255\ \sin D\,(-\cos\omega\sin A\cos L$$
$$+ \cos A\sin L)$$
$$- 20''255\sin\omega\cos D\cos L.$$

Les tables d'aberration insérées à la page 115 des additions à la *connoissance des temps* pour 1833 ont été calculées à l'aide de ces formules, où $20''255\cos\omega = 18''5806$ et $20''255\sin\omega = 8''0638$, parce que l'obliquité de l'écliptique répond à très-peu près à cette époque.

Quant aux nouvelles tables d'aberration et de nutation pour les planètes dressées par M. Puissant, qui a bien voulu nous communiquer cet article, voyez la *Connoissance des temps* pour 1818.

AGENT-MOTEUR. (*Méc.*) Voy. Moteur.

AJUTAGE ou **AJUTOIR.** (*Hydraul.*) Petit tuyau qu'on adapte à un réservoir ou à l'extrémité d'un tuyau de conduite pour faciliter l'écoulement d'un fluide.

L'influence des *ajutages* sur la vitesse du fluide qui s'écoule et par conséquent sur sa quantité ou sur la *dépense* du réservoir, se manifeste d'une manière déterminée dans les trois cas suivans, lorsque l'écoulement s'effectue d'ailleurs à *gueule bée* ou à tuyau plein, première condition essentielle.

1° Un ajutage cylindrique, de même diamètre que l'orifice pratiqué dans la paroi mince du réservoir, fournit une dépense d'environ un tiers plus grande que celle qui aurait lieu par cet orifice. Pour tenir compte de cette circonstance dans la pratique, il faut calculer la dépense théorique de l'orifice et la multiplier par le facteur constant 0,82. Ainsi, l'expression générale de la dépense théorique, pour un orifice circulaire pratiqué dans la paroi mince d'un réservoir à niveau constant, étant

$$D = (13,9145)\,r^2 t\sqrt{h}$$

dans laquelle r désigne le demi diamètre de l'orifice, t la durée en *seconde* de l'écoulement, et h la hauteur, en *mètres*, du niveau du réservoir au-dessus du centre de l'orifice (*Voy.* Hydrodynamique, tom. ii, pag. 90), la dépense réelle par l'ajutage sera

$$D = (11,4099)\, r^2 t \sqrt{h}$$

formule qui donne la valeur de D en mètres cubes. Elle se réduit simplement à..... (1)

$$D = (11,4099)\, r^2 \sqrt{h}$$

en ne considérant que la quantité d'eau écoulée dans une *seconde*.

Soit par exemple $r = 0^m1$ et $h = 2$ mètres; on aura

$$D = (11,4099)\,(0,01)\,(1,4142) = 0 \text{ m. c. } 161359;$$

c'est-à-dire que la dépense réelle est, dans ce cas, de 161357 centimètres cubes par seconde.

2° Un ajutage conique convergent (Pl. 1, fig. 2) ou plus large à l'orifice *cd* du réservoir qu'à son extrémité *ab*, augmente la dépense d'écoulement dans un rapport encore plus grand, mais qui paraît varier avec l'angle de convergence. Dans le cas le plus favorable, où cet angle est de 12 à 13 degrés, on obtient la dépense réelle en multipliant la dépense théorique par le facteur constant 0,95. La formule générale devient alors..... (2)

$$D = (13,2188)\, r^2 \sqrt{h}$$

r désignant le demi-diamètre de l'orifice *cd*.

3° Les ajutages coniques divergens, c'est-à-dire ceux dont la plus petite base *cd* (Pl. 1, fig. 3) est ajustée à l'orifice du réservoir, présentent la particularité très-remarquable de fournir une dépense réelle plus grande que la dépense théorique. Il est reconnu qu'un tel ajutage ayant en longueur *neuf* fois le diamètre de sa petite base, peut donner une dépense réelle une fois et demie plus grande que la dépense théorique de l'orifice simple; on peut donc employer pour calculer la dépense réelle la formule..... (3)

$$D = (20,8717)\, r^2 \sqrt{h}$$

r étant toujours le demi-diamètre de l'orifice du réservoir.

On pourrait construire des ajutages qui, loin d'augmenter la dépense, seraient susceptibles de la diminuer en établissant des *renflemens* dans leur intérieur, car tout ce qui peut occasionner un changement de direction produit dans les molécules fluides une diminution de vitesse. (*Voy.* Écoulement des fluides.)

ALTERNATIF. (*Méc.*) Mouvement *alternatif*. C'est celui qui présente une répétition périodique de rétrogradations ou de changement de direction dans un sens directement opposé. On le nomme aussi mouvement de *va et vient*. Tel est le mouvement d'ascension et de descente du piston d'une pompe; celui de la marche d'un rouet à filer, etc., etc.

Il n'existe que deux espèces principales de mouvement : le mouvement *rectiligne* et le mouvement *curviligne;* mais chacun de ces mouvemens peut être *continu* ou *alternatif;* ainsi, dans la mécanique pratique, on doit considérer les quatre mouvemens généraux suivans :

1. . . . . . *Mouvement alternatif rectiligne.*
2. . . . . . *Mouvement alternatif curviligne.*
3. . . . . . *Mouvement continu rectiligne.*
4. . . . . . *Mouvement continu curviligne.*

Parmi les mouvemens curvilignes, on distingue particulièrement les mouvemens *circulaires*, comme ceux qui se présentent le plus fréquemment dans les machines; par exemple, une roue qui tourne a un mouvement *circulaire continu*, et un pendule qui oscille a un mouvement *circulaire alternatif*.

La transformation de ces divers mouvemens les uns dans les autres forme la partie la plus importante de la science des machines; nous la traiterons en détail au mot Composition des machines.

ALTITUDE. (*Géog.*) Mot consacré maintenant en *géodésie* pour désigner la troisième coordonnée géographique d'un objet; c'est, autrement dit, sa hauteur au-dessus du niveau moyen de l'Océan. Ainsi la position d'un lieu sur la terre ou près de sa surface est parfaitement connue par sa latitude, sa longitude et son altitude ou sa *hauteur absolue*.

La détermination de cette hauteur est ordinairement du ressort de la trigonométrie rectiligne; mais dans certains cas elle dépend d'observations barométriques faites simultanément au niveau des mers et à la station que l'on veut signaler géographiquement. (*Voy.* Altimétrie, tome i, pag. 63.) Souvent aussi l'*altitude* d'un point se compose de celle d'un autre point connu augmentée ou diminuée de leur différence de niveau, et le calcul de cette différence fait partie de ceux auxquels donne lieu toute triangulation qui forme le canevas de la carte d'un pays. Donnons une idée de ce nivellement trigonométrique.

Indépendamment du relèvement des angles entre les objets terrestres, pour connaître, au moyen d'une base mesurée, leurs distances respectives, on observe leur hauteur ou dépression angulaire, ou bien leur distance au zénith, quand on opère avec le cercle répétiteur de Borda. Alors le lieu de la station, qui est un sommet de triangle, se trouvant mis en comparaison avec les autres sommets environnans, il en résulte qu'on peut connaître la différence de niveau de deux sommets consécutifs. Si, par exemple, du point A (Pl. 1, fig. 7), sur la terre sphérique, on observe la distance zénithale $ZAD = \delta$ du point D, et que l'arc AB compris entre les verticales ZC, Z'C et représentant la distance horizontale des deux points comparés soit, en même temps, un côté K de triangle, ce côté sera connu : ainsi l'on aura à résoudre le triangle DAB. Or, l'angle $BAC = 90° - \frac{1}{2}C$, l'angle $DAB = 90° - (\delta - \frac{1}{2}C)$, l'angle $ADB = \delta - C$, et la base $AB = K$; on a donc

$$DB = \frac{K \cos (\delta - \frac{1}{2}C)}{\sin (\delta - C)}$$

ou, à très-peu près,

$$DB = K \cot \delta + \frac{1}{2} \frac{K^2}{R}$$

C étant l'angle des deux verticales ZC, Z'C et $R = 6566198$ mètres le rayon moyen de la terre; auquel cas C évalué en secondes sexagésimales a pour valeur $\frac{K}{R \sin 1''}$. Mais il est plus exact de prendre au lieu de R la normale au point A de l'ellipsoïde de révolution. (*Voy.* TRIGONOMÉTRIE SPHÉROÏDIQUE.)

Cette formule suppose que la réfraction terrestre est insensible, mais le plus souvent la distance zénithale en est tellement affectée, que pour corriger l'effet de ce phénomène sur la valeur de DB il est nécessaire de la diminuer de $\frac{nK^2}{R}$, n étant ce qu'on nomme le coefficient de la réfraction, lequel $= 0{,}08$, valeur moyenne. (*Voy.* RÉFRACTION TERRESTRE.)

Lorsque la distance zénithale δ' du point A a été prise aussi du point D, à peu près dans les mêmes circonstances atmosphériques, la formule qui donne alors la différence de niveau DB est celle-ci :

$$DB = \frac{K \sin \frac{1}{2} (\delta' - \delta)}{\cos \frac{1}{2} (\delta' - \delta + C)}$$

ou assez exactement

$$DB = K \tan \frac{1}{2} (\delta' - \delta)$$

à cause de l'extrême petitesse de C. Ainsi ces deux formules sont indépendantes de la réfraction.

Pour avoir maintenant l'altitude du point D, il est visible qu'il faudrait, d'après le cas de la figure, ajouter à la hauteur absolue de A la différence de niveau DB.

Enfin, si d'un lieu D élevé l'on voit l'horizon T de la mer, et qu'on en mesure la dépression $\Delta = \delta - 90°$, la hauteur absolue $DB = H$ de ce lieu sera, à cause de la propriété du triangle rectangle DTC,

$$H = \frac{1}{2} R (1 + n)^2 \tan^2 \Delta$$

n désignant comme ci-dessus le coefficient de la réfraction.

L'application de ces formules est trop simple pour nous y arrêter; au surplus, on peut consulter à cet égard les traités spéciaux.

(*Article communiqué par* M. Puissant.)

ANAMORPHOSE. (*Persp.*) On donne ce nom à toute représentation défigurée d'un objet, faite sur une surface plane ou courbe, qui paraît régulière et exacte lorsqu'on la regarde d'un point de vue déterminé.

La construction des *anamorphoses* planes n'exige pas d'autres principes que ceux de la perspective linéaire, et s'exécute très-facilement par la méthode du *treillis perspectif* (tom. II, pag. 298). Ayant tracé, par exemple, le carré ABCD (Pl. 1, fig. 8) d'une grandeur arbitraire et l'ayant divisé en plusieurs autres petits carrés, on y dessinera, dans ses proportions exactes, la figure dont on veut avoir une apparence monstrueuse. Ceci fait, on tirera une droite *ab* (fig. 9), égale au côté AB du carré et on la divisera en un même nombre de parties égales que ce côté : sur le milieu *a* de cette droite, on mènera la perpendiculaire *e*A, longue à volonté, puis de chaque point de division *a*, 1, 2, 3, 4, 5, *b* on tirera une droite au point A. A ce même point A on élèvera sur *e*A la perpendiculaire AV, d'autant plus petite par rapport à *e*A qu'on voudra rendre l'anamorphose plus difforme, et on joindra les points V et *b* par la ligne V*b*. Par les points d'intersections de V*b* avec les lignes A*a*, A1, A2, A3, etc., on mènera ensuite les droites *ed*, *ef*, *gh*, etc. parallèles à *ab* et on aura le treillis perspectif *abcd*, dans lequel il n'y aura plus qu'à distribuer les traits de la figure tracée dans le carré ABCD, en ayant soin de placer proportionnellement dans chaque trapèze ceux qui se trouvent dans le petit carré correspondant. On aura de cette manière une image monstrueuse qui paraîtra néanmoins semblable à celle du carré ABCD si, pour la regarder, on place l'œil au-dessus du point A à la distance AV.

L'espèce de réseau ABCD, sur lequel on dessine la représentation exacte de l'objet, et qui peut être toute autre chose qu'un carré, reçoit le nom de *prototype craticulaire;* sa perspective *abcd* prend celui d'*ectype craticulaire*. Le problème de décrire une anamorphose sur une surface quelconque se réduit évidemment à celui de tracer sur cette surface un ectype qui paraisse semblable au prototype, l'œil étant placé au point de vue.

Proposons-nous d'abord de tracer une anamorphose sur la surface convexe d'un cône droit, et supposons, pour plus de simplicité, que le côté de ce cône soit le double du diamètre de sa base. Décrivons le cercle ABCDEF (Pl. 1, fig. 10), égal à la base du cône, et divisons sa circonférence en un nombre quelconque de parties égales AB, BC, CD, etc. Par chaque point de division menons un rayon, et après avoir divisé un de ces rayons,

AO par exemple, en un nombre quelconque de parties égales 01, 12, 23, etc. Décrivons avec les rayons 01, 02, 03, des circonférences concentriques. La figure ABCDEF sera le prototype craticulaire sur lequel il faut dessiner l'image exacte de l'objet dont on veut avoir l'anamorphose.

Avec un rayon oa (fig. 11), égal à quatre fois le rayon OA de la base du cône, décrivons un quart de cercle aoa' ; le quart de circonférence aa' sera égal à la circonférence entière ABCDEF, et le quart de cercle aoa' sera le développement de la surface convexe du cône, sur laquelle, par conséquent, on pourra replier exactement ce quart de cercle. Divisons l'arc aa' en un même nombre de parties égales que la circonférence du prototype, et, par tous les points de division, menons des droites au centre o. Prolongeons oa' d'une quantité oV, égale à l'élévation que nous voulons donner à l'œil au-dessus du sommet du cône, et tirons la droite Va ; du point V comme centre, avec Vo pour rayon, décrivons l'arc om ; divisons cet arc en autant de parties égales que le rayon OA du prototype, et, par tous les points de division, tirons des rayons qui rencontrent oa aux points 1, 2, 3. Du centre o avec les rayons 01, 02, 03, décrivons des arcs concentriques, et la figure aoa' sera l'ectype craticulaire ; en le roulant sur la surface du cône et en plaçant l'œil à une distance oV de son sommet, cet ectype paraîtra exactement semblable au prototype ABCDEF. On aura donc une anamorphose conique en distribuant dans les subdivisions de l'ectype les projections des traits de la figure placés dans les subdivisions correspondantes du prototype.

La même construction peut s'appliquer à toutes les pyramides régulières en opérant sur les cercles circonscrits aux polygones de leurs bases.

On simplifie considérablement la construction de toute espèce d'anamorphose par le procédé mécanique suivant. Après avoir percé avec une pointe très-fine le prototype dans toutes ses lignes de contour, on l'expose à la lumière d'une bougie et on marque sur la surface où l'on veut décrire l'anamorphose les endroits où tombent les rayons lumineux qui passent par les trous. Ces endroits sont les points correspondans de l'anamorphose qu'on peut ensuite achever très-facilement. Le point de vue se trouve déterminé par la place du foyer lumineux.

Pour rendre l'illusion plus complète, on ne doit regarder les anamorphoses que par un petit trou fait au milieu d'un carton ou de tout autre corps opaque qui les isole des objets environnans.

Les propriétés des miroirs cylindriques, coniques et pyramidaux, permettent encore de tracer des anamorphoses qui, vues dans ces miroirs, offrent des figures régulières ; mais nous croyons en avoir dit assez sur un objet de pure curiosité pour lequel on peut avoir recours à la *catoptrique* de Wolf ou aux *Actes de Leipsik* de 1712. On trouve dans ce dernier ouvrage la description d'une machine propre à décrire des anamorphoses pour les miroirs cylindriques et coniques.

APLATISSEMENT. (*Géod.*) C'est en général la différence des demi-axes d'une ellipse, l'un d'eux étant pris pour unité. En considérant la terre comme un ellipsoïde de révolution aplati aux pôles, son aplatissement ou *ellipticité* α a pour expression :

$$\alpha = \frac{a-b}{a}$$

a étant le rayon de l'équateur et b celui du pôle.

L'aplatissement et l'excentricité dont le carré $e^2 = \dfrac{a^2-b^2}{a^2}$ sont donc liés par la relation

$$e^2 = 2\alpha - \alpha^2.$$

La valeur numérique de l'une de ces quantités se déduit ordinairement de la mesure de deux arcs de méridiens situés sous des latitudes très-différentes. Par exemple, on sait (*Voy.* Rectification) que si λ et λ' sont les latitudes des extrémités d'un arc A du méridien, l'on a

$$A = a(1-e^2)\,[m(\lambda-\lambda') - n\sin(\lambda-\lambda')\cos(\lambda+\lambda')\dots]$$

série dans laquelle $m = 1 + \frac{3}{4}e^2\dots$, $n = \frac{3}{4}e^2\dots$ Ainsi pour un autre arc A′ terminé aux latitudes ψ et ψ', on a pareillement

$$A' = a(1-e^2)\,[m(\psi-\psi') - n\sin(\psi-\psi')\cos(\psi+\psi')\dots]$$

Cela posé, si l'on divise ces deux expressions l'une par l'autre et que, pour abréger, l'on fasse

$$\lambda-\lambda' = \varphi, \quad \lambda+\lambda' = \phi$$
$$\psi-\psi' = \varphi', \quad \psi+\psi' = \phi'$$

on aura en définitive, π étant le rapport de la circonférence au diamètre,

$$e^2 = \frac{\frac{4}{3}\cdot\frac{\pi}{180}(A\varphi' - A'\varphi)}{A\sin\varphi'\cos\phi' - A'\sin\varphi\cos\phi} = \frac{4}{3}\cdot\frac{M}{N},$$

c'est-à-dire à peu près le double de l'aplatissement.

Prenons pour application l'arc A mesuré en France par Delambre et Méchain, et l'arc A′ mesuré à l'équateur par Bouguer et La Condamine. Dans ce cas

$$A = 551583^{t}\,6 ; \qquad \lambda = 51° \ 2' \ 9',2$$
$$\varphi = 9° \ 67295 \qquad \lambda' = 41 \ 21 \ 46,58$$
$$A' = 176877^{t} \qquad \psi = +\ 0'' \ 2' \ 31'$$
$$\varphi' = 3'' \ 1175 \qquad \psi' = -\ 3 \ 4 \ 32$$

et l'on trouve, en opérant à l'aide des logarithmes à 7 décimales,

$$M = 150^{t},79 ; \quad N = 31199^{t},13,$$

d'où $e^2 = 0{,}006444$, et à très peu près

$$\alpha = 0{,}003222 = \frac{1}{310}.$$

Il est évident que e^2 étant trouvé, la valeur du rayon a de l'équateur se tirerait de l'une des séries A, A' ci-dessus ; et enfin l'on aurait $b = a \sqrt{1 - e^2}$. C'est ainsi qu'ont été déterminées les dimensions de la terre. (*Voy.* Terre, tom. ii.)

(*Article communiqué par* M. Puissant.)

APPAREIL. On donne généralement ce nom, en *mécanique*, à tout système ou combinaison de parties qui concourent à produire un effet.

ARCHES. *Voy.* Ponts.

ARÉOMÉTRIE (de ἀραιός, *léger*, et de μέτρον, *mesure*). Art de mesurer la densité des liquides.

La construction des *aréomètres* ou des instrumens propres à faire connaître les densités relatives des liquides repose sur cette loi hydrostatique :

Un corps solide, plongé dans un liquide quelconque perd une partie de son poids égale à celui du volume de ce liquide qu'il déplace.

Sans remonter à la démonstration mathématique que nous avons donnée de cette loi (tom. ii, pag. 96), partons d'un fait connu de tout le monde et qui peut faire comprendre facilement la théorie des aréomètres. On sait qu'un morceau de bois flotte sur l'eau tandis qu'un morceau de fer coule au fond : ce phénomène résulte des densités différentes de ce corps ; la densité de l'eau étant plus grande que celle du bois et plus petite que celle du fer. Ainsi, lorsque le morceau de bois dont le volume entier pèse moins qu'un volume égal d'eau s'est enfoncé de manière à déplacer un volume d'eau d'un poids égal à son poids total, il se trouve soutenu par la colonne d'eau inférieure qui supportait ce poids, et ne peut, conséquemment, descendre davantage ; le fer, au contraire, dont le volume pèse plus qu'un volume égal d'eau, ne peut jamais être soutenu par la colonne d'eau inférieure et doit tomber au fond du vase. Or, si l'on plonge le même morceau de bois dans du vin ou dans tout autre liquide plus léger que l'eau, il est évident qu'il s'enfoncera plus que dans l'eau, mais qu'il flottera cependant encore, à moins que la densité du liquide soit moindre que la sienne, cas où il tombera au fond du vase, comme le fer dans l'eau. Il résulte de ces circonstances qu'on peut comparer les densités de deux liquides d'après les volumes qu'en déplace un même corps solide pour pouvoir flotter sur l'un et sur l'autre.

Supposons, par exemple, qu'un cube d'une substance parfaitement homogène, ayant un décimètre de côté et

pesant 500 grammes, ne puisse flotter dans un certain liquide qu'en s'enfonçant de sa moitié, et dans un autre liquide qu'en s'enfonçant de ses trois quarts ; les deux volumes de liquides déplacés pour obtenir l'équilibre pèseront chacun 500 grammes ; mais le volume du premier liquide ne sera qu'un demi-décimètre cube ou 500 centimètres cubes, tandis que celui du second sera de 750 centimètres cubes. On aura donc en désignant par D la densité du premier liquide et par D' la densité du second

$$\text{D} : \text{D}' = 750 : 500,$$

parce que les densités sont en raison inverse des volumes lorsque les poids sont égaux. (*Voy.* Densité, tom. i, pag. 424.)

Si nous supposons, en outre, que le premier liquide soit de l'eau pure, dont on prend ordinairement la densité pour terme de comparaison ou pour unité, cette proportion nous donnera

$$\text{D}' = \frac{500}{750} = 0{,}6666\ldots$$

et nous en conclurons que la *pesanteur spécifique* du second liquide est égale à $0{,}6666\ldots$ celle l'eau étant 1.

Admettons maintenant qu'on ait tracé sur le côté du cube une échelle graduée dont les subdivisions soient telles qu'on puisse connaître immédiatement la pesanteur spécifique d'un liquide par le chiffre de la subdivision qui répond à la ligne de flottaison du cube immergé, et nous aurons un aréomètre à poids constant dont l'emploi n'exigera aucun calcul ultérieur.

C'est à Robert Boyle qu'on doit les premiers perfectionnemens de l'aréomètre à échelle stable, construit d'après les principes précédens. C'est lui qui en a décrit la forme et qui a indiqué la manière de s'en servir. Cet aréomètre se compose d'un tube de verre cylindrique (Pl. 1, fig. 6) terminé par une boule soufflée de même substance qui, par sa dimension et la légèreté de son poids, fait constamment flotter tout l'instrument dans l'eau ; sous cette boule s'en trouve une autre plus petite, remplie de mercure ou de grenaille, afin de faire plonger davantage le centre de gravité et maintenir l'instrument dans la position verticale. En place de la boule inférieure on allonge souvent la plus grande par en bas. Une échelle graduée en parties égales indique la quantité plus ou moins grande dont l'aréomètre plonge.

La division en parties égales de l'échelle aréométrique, conservée dans les aréomètres usuels, tels que ceux de Beaumé, Cartier, Richter et autres, suppose que les changemens des densités des fluides sont proportionnels aux augmentations des parties plongeantes du tube, ce qui n'est nullement exact ; aussi, les physiciens les plus distingués se sont-ils efforcés à l'envi de perfectionner l'aréomètre, non seulement dans l'intérêt du commerce, pour lequel cet instrument ne donne que des évaluations incomplètes, mais encore dans l'intérêt de la science, qui réclame dans un grand nombre de cas un moyen simple et rapide d'estimer la densité des fluides. La difficulté de faire concorder la différence des parties de l'aréomètre qui plongent avec les variations des densités a été levée, pour la première fois, par Brisson, et nous devons nous étonner que son procédé, susceptible d'atteindre une parfaite exactitude, ne soit pas devenu d'un usage général. Voici les principes incontestables sur lesquels il est fondé.

Désignons par D la densité de l'eau, par d celle de tout autre liquide, par V le volume de la partie de l'aréomètre qui plonge dans l'eau, et par v la partie qui plonge dans l'autre liquide. Le poids du volume V d'eau étant égal au poids du volume v du second liquide, nous aurons

$$V : v = d : D, \text{ d'où } v = V. \frac{D}{d}.$$

Si nous voulons maintenant que la partie de l'instrument qui plonge dans l'eau ait un volume égal à v ou à $V. \frac{D}{d}$, il faudra nécessairement augmenter son poids dans le même rapport qu'on veut augmenter le volume de la partie plongeante ; c'est-à-dire que, si le poids primitif qui faisait plonger le volume V est représenté par P, ce poids doit devenir $P. \frac{D}{d}$ pour pouvoir faire plonger le volume $V. \frac{D}{d}$; ainsi l'accroissement du poids primitif sera

$$P. \frac{D}{d} - P = P. \frac{D - d}{d}.$$

La quantité $P. \frac{D - d}{d}$ représente donc le poids qu'il faut ajouter au poids primitif P pour que l'aréomètre descende dans l'eau à la même profondeur qu'il atteindrait avec le poids P dans un liquide d'une densité inférieure d.

A l'aide de ces principes, il est facile de graduer exactement l'échelle de l'aréomètre ; car, faisant la densité de l'eau D = 1000, le poids de l'instrument étant P = 1, pour trouver le volume dont il s'enfoncera dans un liquide d'une densité égale à 990, on cherchera le poids additionnel nécessaire pour qu'il s'enfonce dans l'eau de ce même volume. Ce poids est

$$P. \frac{D - d}{d} = \frac{1000 - 990}{990} = \frac{10}{990}$$

Ainsi, versant dans la boule de l'aréomètre $\frac{10}{990}$ de mercure, et le plongeant ensuite dans l'eau, on marquera

d'un trait le niveau de la partie submergée ; ce trait sera numéroté 990, et tous les liquides dans lesquels l'instrument, avec son seul poids primitif, enfoncera jusqu'à ce trait, auront une densité égale à 990, celle de l'eau étant 1000. On arrivera de la même manière à la détermination des traits correspondant aux densités 980, 970, 960, etc., et l'on aura une échelle divisée de 10 en 10 degrés correspondant exactement avec les pesanteurs spécifiques des liquides plus légers que l'eau. Les divisions intermédiaires seront prises proportionnellement ; ou, pour plus d'exactitude, on les cherchera par la même méthode. Quant aux liquides plus lourds que l'eau, comme D — d devient négatif, lorsque d est plus grand que D, c'est une diminution de poids qu'il faut faire subir à l'instrument si l'on veut aussi indiquer leurs densités sur l'échelle. Il est essentiel de ramener les liquides qu'on essaie à une même température et principalement à celle de l'eau qui a servi à la construction de l'échelle ; Brisson avait pris pour température normale 14 degrés Réaumur.

L'échelle de Brisson peut être construite avec beaucoup d'exactitude en se servant d'un appareil très-ingénieux proposé par Montigny. hl (Pl. 1, fig. 12) est une barre d'ivoire portée par un support mm de laiton entourant le vase rempli d'eau ; à son extrémité supérieure h, est une autre barre hn, disposée de manière à pouvoir glisser du haut en bas en conservant exactement sa position horizontale. Si l'aréomètre est plongé jusqu'au point normal, la barre hn doit toucher son extrémité supérieure ; à mesure qu'on augmente le poids, l'aréomètre s'enfonce et l'on fait glisser la barre hn, pour qu'elle touche encore la pointe de l'instrument ; on marque avec un crayon les points i, k, etc. déterminés par la position de hn, et l'échelle se trouve ainsi tracée sur hl. Il suffit ensuite de la transporter sur le papier qu'on met dans le tube.

Le commerce des liquides exigeant qu'on puisse déterminer aisément le degré de leur concentration, on s'est beaucoup occupé de la construction d'aréomètres particuliers connus sous les noms populaires de *pèse liqueurs*, *pèse-acides*, *pèse-sels*, *pèse-sirops*, etc. Tous ces instrumens ne sont que des aréomètres à échelles en parties égales formées entre deux points fixes dont l'un correspond généralement à l'eau pure et l'autre à un mélange déterminé. Dans l'aréomètre de Beaumé, qui est encore le plus usité, les points fixes sont l'eau pure, marquée 10 sur l'échelle, et un mélange d'une partie de sel de cuisine et de neuf parties d'eau, marquée 0. Ce physicien, après avoir divisé en 10 parties égales l'intervalle de ces deux points, construisit ensuite le reste de son échelle en portant 40 parties pareilles au-dessus des premières ; de sorte que l'échelle porte 50 divisions égales (Pl. 1, fig. 4). Il crut pouvoir ainsi déterminer en même temps le degré de rectification des boissons spiritueuses et leur poids spécifique; mais, comme ces deux quantités ne varient pas dans les mêmes proportions, il chercha simplement à obtenir une exacte concordance des aréomètres, ce qui présente des difficultés insolubles par l'impossibilité de déterminer rigoureusement le degré de pureté et de sécheresse des sels employés. Si l'aréomètre de Beaumé était susceptible d'une construction toujours identique, on pourrait calculer la pesanteur spécifique des liquides d'après les degrés indiqués par cet instrument et à l'aide des pesanteurs spécifiques de l'eau pure et de l'eau salée.

Beaumé est aussi l'auteur d'un aréomètre pour les liquides plus lourds que l'eau. Le point où celui-ci plonge dans l'eau est marqué 0, et celui où il plonge dans un mélange de 85 parties d'eau et de 15 parties de sel de cuisine est marqué 15. L'intervalle de ces deux points est divisé en 15 parties égales, et l'échelle se prolonge au-delà de 15 jusqu'à 70 et plus par des subdivisions égales aux premières (Pl. 1, fig. 5). On peut, à la vérité, peser avec cet instrument tout fluide plus lourd que l'eau et plus léger que le mercure; mais il est sujet aux mêmes inconvéniens que le premier. Comme ces deux aréomètres indiquent d'une manière différente le point de densité de l'eau, qui est marqué 10 dans le premier et 0 dans le second, quelques physiciens proposèrent, dès leur introduction, de placer généralement le point de densité pour l'eau à *zéro*, puis de choisir des degrés égaux au-dessus et au-dessous de ce point. Ces propositions n'obtinrent point l'assentiment général; les Hollandais furent seuls jaloux d'avoir des aréomètres uniformes, et, en 1805, la pharmacopée batave décida, conformément à la demande des médecins d'Amsterdam, que tous les aréomètres indiqueraient 10° au point de la densité de l'eau, 0° dans un mélange de 9 parties d'eau et 1 partie de sel, et qu'on porterait ensuite des degrés égaux au-dessus et au-dessous de 0. On nomme de semblables instrumens *aréomètres hollandais*.

Lorsque l'usage des aréomètres de Beaumé fut devenu général, on reconnut bientôt qu'ils ne donnaient pas les poids spécifiques des liquides, et plusieurs savans entreprirent de calculer ces derniers pour les divers degrés des aréomètres et de les réunir tous deux en des tables dont on se sert encore aujourd'hui pour passer de l'une de ces quantités à l'autre. Les travaux qui ont été exécutés pour cet objet ne doivent compter dans l'aréométrie que comme ayant signalé l'état d'enfance où se trouvait alors la science.

Nous ne décrirons pas les divers aréomètres à échelles stables, proposés par d'autres physiciens; quelques-uns de ces instrumens, et notamment ceux de Musschenbrock, Richter, Leraz-de-Lanthenée et Cartier, n'ont rien qui puisse les faire préférer aux aréomètres de Beaumé;

quelques autres sont d'une construction beaucoup trop compliquée, ou sont destinés spécialement à des évaluations commerciales, comme *l'alcoomètre centésimal* de M. Gay-Lussac, dont l'emploi est devenu obligatoire par une loi. Nous dirons seulement de ce dernier qu'il est bien supérieur à l'aréomètre d'Atkins (Pl. 2, fig. 1), qui sert en Angleterre pour lever l'impôt sur les boissons.

Examinons maintenant une seconde classe d'aréomètres, celle des *aréomètres à poids variable*, bien plus propre que la précédente à donner des appréciations exactes. La construction de ces instrumens est fondée sur le principe que *les densités des corps sont en raison directe de leurs poids lorsque leurs volumes sont égaux.*

Un aréomètre à poids variable se compose d'un tube mince terminé par une boule lestée de mercure, et porte à sa partie supérieure une petite coupe B (Pl. 1, fig. 17), destinée à recevoir le poids. Un petit bouton *b* placé vers le haut de la tige indique le niveau qu'on doit faire prendre à l'instrument dans tous les liquides où on le plonge.

Désignons par P le poids total d'un tel aréomètre, par *p* le poids additionnel qu'il faut placer dans la coupe pour la faire descendre dans l'eau pure jusqu'au point *b*, et par *p'* le poids additionnel qui donne le même niveau dans un autre fluide. Les volumes déplacés des fluides étant les mêmes et leurs poids respectifs étant P + *p* et P + *p'*, nous aurons, D et D' étant les densités,

$$D : D' = (P + p) : (P + p').$$

d'où, en prenant la densité de l'eau pour unité,

$$D' = \frac{P + p'}{P + p}.$$

Supposons, par exemple, que l'instrument pèse 25 grammes et qu'il plonge dans l'eau pure avec un poids additionnel de 2 grammes, tandis qu'il ne plonge dans une eau salée qu'avec un poids de 4 grammes, nous aurons

$$\text{pesant. spécif. de l'eau salée} = \frac{25 + 4}{25 + 2} = 1,074.$$

L'instrument que nous venons de décrire, dû à Farenheit, a été perfectionné par C. Schmidt, qui le fit confectionner par l'habile artiste Ciarcy. Dans sa forme primitive il ne donnait pas les poids spécifiques de tous les liquides et exigeait des calculs. Pour éviter ces inconvéniens on eut d'abord recours à deux instrumens correspondans; l'un pesait 800 demi-grains de Cologne et, par des poids ajoutés, pouvait être porté à 1200 demi-grains, l'autre pesait 1200 demi-grains et pouvait être porté à 2000 demi-grains; mais on adopta bientôt la construction suivante qui est en effet préférable. On attache au même corps A, en forme de poire (Pl. 2, fig. 11), deux vases en verre *a*, remplis de mercure, de manière qu'avec l'un tout l'appareil pèse 700 demi-grains de Cologne, et avec l'autre 1200 demi-grains. Pour déterminer le niveau constant *b*, on plonge dans l'eau pure, à la température normale de 15° Réaumur, l'instrument lesté du plus petit poids et surchargé dans sa coupe de 300 demi-grains. Alors le poids du volume d'eau pure déplacé est représenté par 1000 ou par 1,000, et il suffit d'ajouter au poids additionnel exigé par tout autre liquide le nombre constant 700 pour obtenir immédiatement la pesanteur spécifique de ce liquide. Par exemple, si un liquide ne demande que 125 demi-grains de poids additionnel pour faire plonger l'aréomètre lesté du plus petit poids jusqu'au niveau constant *b*, sa pesanteur spécifique sera $700 + 125 = 825$, celle de l'eau étant 1000; ou 0,825, celle de l'eau étant 1. Pour les liquides dont la pesanteur spécifique surpasse 1200, il faut lester l'aréomètre avec le plus grand poids pour qu'il ne soit pas trop surchargé à la tête et demeure en équilibre; la pesanteur spécifique est égale, dans ce cas, au poids additionnel augmenté du nombre constant 1200. Ainsi, s'il fallait un poids additionnel de 435 demi-grains pour faire plonger l'aréomètre jusqu'au niveau *b*, le poids spécique du fluide serait $1200 + 435 = 1635$, ou 1,635 par rapport à l'eau pure. Il est bien entendu que la température normale doit être exactement observée et déterminée par un thermomètre appartenant à l'appareil. Il est clair qu'outre les poids de demi-grains de Cologne indiqués, on peut choisir toute autre espèce de poids, en les partageant en 700 et en 1200 parties de poids égaux et en faisant encore pour y être ajoutés 300 et 800 autres petits poids égaux, afin d'obtenir avec exactitude la détermination du poids spécifique des liquides. Au surplus, il n'est pas strictement nécessaire que l'instrument pèse 700 ou 1200 parties de poids, puisque le mesurage et le calcul seront également exacts, si, par exemple, l'aréomètre surchargé du plus petit vase rempli de mercure ne pesait que 655 ou 725 parties de poids; car il plongerait jusqu'en *b* dans le premier cas, surchargé de 345 parties de poids; et dans l'autre cas surchargé de 275. Lorsque l'aréomètre doit servir à déterminer le poids spécifique de liquides en petite quantité, on peut le rendre très-petit. La figure en forme de poire procure l'avantage d'empêcher le renversement de l'instrument, qui ne manquerait pas d'avoir lieu s'il n'était qu'un simple tube, parce qu'alors le poids ajouté ferait plonger profondément le centre de gravité de l'instrument, et le centre de gravité de l'eau qui aurait été dérangé de sa place monterait au-dessus en renversant le tube.

L'aréomètre que nous venons de décrire suffit am-

Том. III.

plement pour la détermination du poids spécifique des liquides, parce que cette détermination n'est jamais cherchée que dans le rapport de l'eau comme unité. Si cela n'était pas, on trouverait les poids spécifiques trop petits, à cause de l'extrême faiblesse du poids de l'aréomètre qui, pesé à l'air, perd de son poids une quantité égale au poids de l'air déplacé, laquelle quantité doit être ajoutée à son poids absolu.

L'influence aérostatique de l'air sur le chapiteau et les parties de poids à l'aide desquelles on détermine la densité doit être d'autant plus observée, que ces parties, ne plongeant pas dans l'eau, sont toujours portées par l'air environnant.

Il est facile de trouver la correction de l'influence aérostatique : soit le poids de l'instrument et le poids ajouté, lorsqu'il plonge dans l'eau pure jusqu'au petit bouton $= p$; le poids spécifique de l'air, par rapport à l'eau avec les corrections nécessaires $= V$; la perte de poids par l'influence de l'air sera $= p\,V$. Ainsi le poids absolu, outre les parties de poids pesées dans l'espace vide, est $p' = p\,(1 + V)$, et comme cette correction affecte chaque parcelle de poids simple, les 700 parcelles de poids de l'instrument doivent être calculées $= 700\,(1 + V)$, ainsi que les 300 poids ajoutés $= 300\,(1 + V)$ pour trouver le poids spécifique de l'eau : ou bien il faudrait diminuer convenablement les poids ajoutés de manière qu'on ait $p' = p\,(1 - V)$; si *n* de ce poids était nécessaire pour plonger, le poids spécifique du liquide à éprouver serait $= 700\,(1 + V) + n\,p'$.

Cet instrument peut au besoin se passer de cette correction. Ses avantages sont évidens, et nous ne savons pourquoi il n'est pas devenu d'un usage plus général, particulièrement pour les acides concentrés où l'emploi de la balance hydrostatique offre de grandes difficultés, à cause de leurs vapeurs.

Les observations suivantes servent à déterminer jusqu'à quel point il donne exactement le poids spécifique. L'aréomètre de Ciaroy pesait 500 grains de Cologne; d'après Schmidt, le pouce cube de Paris, d'eau de pluie, pèse $1\frac{5}{16}$; la première quantité, divisée par la dernière, donne l'espace de l'eau déplacée par l'instrument plongé $= 1,55$ pouces cubes. La millième partie de cette quantité, 0,00155 pouces cubes, est égale à l'espace dont il plonge de plus par les parcelles de poids ajoutés. Le dernier espace divisé par la ligne transversale du petit pilier qui porte le vase, étant plus petit que 0,0025 pouces cub., on a ainsi $\dfrac{0,00155}{0,00250} = 0,62$ pouces, pour la longueur de la partie plongée par les parcelles de poids. Si on en retranche la moitié, pour l'adhésion à vaincre, il reste encore 0,32 de la longueur de la partie plongée; et si l'on admet qu'on peut en évaluer un quart, on trouvera sans peine le poids spécifique d'un liquide jusqu'à 0,00025. Il résulte de là que la délicatesse de l'instrument est en rapport direct avec sa grandeur et en rapport inverse avec la section transversale de son col.

Lanier a publié sous le nom d'*hydromètre universel* un instrument qui, quoique semblable à celui-ci, est beaucoup plus compliqué et bien moins applicable. *L'hydromètre thermométrique*, dont Charles se servait pour trouver la dilatation des liquides par la chaleur, ne présente pas moins de ressemblance avec cet aréomètre, il n'en diffère que par sa grandeur et la délicatesse de sa tige.

Nicholson a proposé, sous le nom d'*hydromètre*, un instrument qui exige pareillement à égal volume des poids variables. Il consiste (Pl. 2, fig. 2) en un cylindre fermé d'en haut et d'en bas par des surfaces arrondies, en ferblanc ; à l'extrémité supérieure, dans la direction de l'axe, est fixée une verge de laiton très-mince sur laquelle se trouve, à un endroit déterminé, un petit anneau de ferblanc *r* ; le tout est surmonté par une coupe plate B ; un fil d'archal soudé à l'extrémité inférieure porte un étrier, et celui-ci un cône renversé ou un godet *a* dont l'extrémité d'en bas est surchargée d'un poids. S'il doit servir à trouver le poids spécifique des liquides, il faut déterminer son poids absolu et celui dont il est surchargé, pour le faire plonger jusqu'à l'anneau *r* du col, et alors il en arrive comme avec l'instrument de Fahrenheit, que les poids spécifiques des deux liquides se comportent comme les poids absolus de l'instrument lorsqu'il plonge dans l'un et dans l'autre jusqu'au point marqué. L'inventeur l'avait aussi destiné à déterminer le poids spécifique des corps solides, et Haüy le recommande surtout pour trouver le poids des minéraux. Dans ce dernier usage, il est inutile de connaître son poids absolu, et l'on opère de la manière suivante : pour obtenir le poids absolu du corps, on n'a qu'à chercher le poids ajouté avec lequel l'instrument plonge jusqu'à la marque, mettre le minéral dans la petite coupe et retirer de ce poids ajouté jusqu'à ce que l'instrument plonge de nouveau jusqu'au point normal. Mettant alors ce corps dans le petit godet et le plongeant dans l'eau, il déplacera un volume d'eau égal au sien, dont il faudra mettre le poids dans la petite coupe pour rétablir le point normal où doit plonger l'instrument ; le poids absolu, divisé par ce dernier, donne le poids spécifique du corps. Ainsi, l'aréomètre plongeant jusqu'au trait avec 400 gr. de poids ajoutés, si l'on met un morceau de spath calcaire dans la coupe et qu'on retire à sa place 250 gr. pour rétablir l'équilibre ; qu'ensuite on mette le morceau de spath calcaire dans le petit godet, en ajoutant 92 gr. dans la coupe, pour faire de nouveau plonger l'instrument jusqu'au trait, on aura $\frac{250}{92} = 2,7175$ pour le poids spécifique du spath calcaire par rapport à l'eau, comme unité, à la température pendant l'expérience. Le volume de l'appareil et la finesse du fil d'archal étant connus, on peut, par le calcul de Fahrenheit indiqué ci-dessus, déterminer le degré d'exactitude qu'on doit espérer. Ces aréomètres sont pour la plupart construits avec des lames de laiton ; mais il s'y attache, par le poli, une couche grasse qui empêche l'adhésion de l'eau et les rend bien moins délicats. Ces derniers inconvéniens s'aggravent lorsque les instrumens sont enduits de laque ou de vernis ; mais comme le laiton non verni se noircit promptement et que le vernis supprime l'adhésion de l'eau et la facile mobilité dans ce liquide, on doit se servir de l'argent et mieux encore du verre pour composer de bons aréomètres de cette espèce.

Charles s'est servi d'un aréomètre semblable, qu'il avait approprié à son but ; il le nommait *aréomètre-balance*. D'après sa construction, c'est un aréomètre de Fahrenheit, avec un vase en verre suspendu à son extrémité et rempli de mercure. Entre les deux parties de cet instrument, il se trouve un crible en argent dans lequel les corps solides sont placés pour trouver ce qu'ils perdent de leur poids dans l'eau. (Pl. 2, fig. 10.) L'instrument peut être renversé lorsqu'on veut s'en servir pour des corps plus légers que l'eau ; ceux-ci le pousseront vers le haut.

La grande exactitude de l'instrument de Fahrenheit permet d'arranger convenablement les dispositions indiquées ici, tant pour les corps solides que pour les fluides.

La balance hydrostatique de Hawksbée appartient également à cette classe d'aréomètres ; mais elle est très-compliquée, coûteuse et ne représente pas, malgré cela, un appareil aréométrique complet. Elle consiste en une balance à bras égaux, qu'on peut hausser et baisser, avec une languette pendant en bas : à l'un des bras elle a un plateau de balance ordinaire, à l'autre un corps en verre de forme ronde allongée, au-dessus duquel, à la barre qui le porte, est adapté un second plateau de balance. Pour déterminer le poids spécifique d'un liquide, on amène au niveau ce corps de verre avec le plateau de l'autre bras ; on le plonge dans l'eau, et les poids à ajouter alors pour établir l'équilibre donnent le poids d'un volume égal d'eau. On plonge ensuite le corps en verre dans le liquide à éprouver, et les poids nécessaires à ajouter, divisés par les premiers, en donnent le poids spécifique.

La balance proposée dès 1692 par Hooke est bien plus simple et plus facile à comprendre. Elle consiste en un fléau délié à deux bras, une boule de verre suspendue par un fil très-fin de métal est à l'un des côtés, et à l'autre un plateau de balance. L'emploi en est tout naturel, et l'inventeur prétend avoir trouvé avec cet instrument $\frac{1}{2000}$ de sel dans l'eau.

La balance hydrostatique de Ramsden est préférable à toutes deux (Pl. 1, fig. 16); elle se compose d'un levier qui porte au bras le plus court un corps en verre a, au plus long un poids mobile m, et qui donne immédiatement et à la fois, sur deux échelles, d'une part, le poids spécifique, de l'autre, la valeur de l'alcool en centièmes dans le fluide où on plonge la boule.

Hassenfratz, dans une critique étendue de la plupart des balances connues jusqu'alors, a proposé une amélioration qui consiste à faire donner par l'un des bras les dixièmes de l'autre : de plus il les a réduites en poids français et les a rendues universelles en substituant au corps en verre un petit seau pour la détermination du poids spécifique d'un corps solide. Ce dernier changement fait sortir cet instrument de la classe des aréomètres proprement dits et le fait ranger parmi les balances hydrostatiques.

Nous devons indiquer aussi l'excellente balance plongeante de Tralles, imitée pour ce qu'il y a de principal de l'aréomètre de Fahrenheit (Pl. 1, fig. 15). Elle consiste en un corps creux A, de préférence en verre, avec un col mince qui plongera dans le liquide jusqu'à un point indiqué. A la pointe supérieure du col se trouve un bras deux fois replié $aaaa$; à l'extrémité inférieure de celui-ci est suspendu un petit plateau de balance avec les poids p, de manière que l'instrument bien établi nage dans le verre cylindrique B. La balance doit-elle être d'un usage général, on pèsera le corps en verre ainsi que les bras, les bassins et les poids dont elle devra être chargée, pour que le corps en verre plonge dans l'eau, à la température normale, jusqu'au signe fait au col, et ce poids total est l'unité : celle-ci, divisée par le poids qui fait plonger le corps en verre dans un autre fluide, jusqu'audit signe, donne le poids spécifique de ce fluide à la température admise. Si l'on prend donc le poids total de l'appareil donné plus haut pour unité, et qu'on fasse des parties de poids qui en donnent des 0,001ᵐᵉˢ, on obtiendra le poids spécifique du fluide, sans calcul. L'appareil pèse-t-il, par exemple, sans les poids ajoutés, 520 parties de poids, de sorte qu'il faut encore ajouter 480 de ces parties pour le faire nager dans l'eau, le poids spécifique d'un fluide plus léger, pour lequel on enlèvera 20 parties de poids, sera $= 0,980$; et pour un fluide plus lourd, où il faudra ajouter 55 de ces parties, il sera $= 1,055$. Mais si l'on veut employer la balance à déterminer une quantité particulière; par exemple, ce qui est contenu d'alcool dans l'eau-de-vie, on pourra disposer pour cet effet les poids ajoutés, et préparer, pour chaque exemplaire, des tableaux qui donnent d'une part les poids spécifiques diminuant avec le contenu du mélange et de l'autre les variations dues à la température. Tralles, en même temps que la description de l'instrument, donne la manière de s'en servir. Du reste on voit sans peine que cet instrument est égal à celui de Fahrenheit pour l'exactitude, l'étendue et la finesse; inférieur en quelque chose pour la commodité et la facilité de son emploi, mais préférable pour la modicité de son prix.

Les mêmes principes ont conduit à une autre série d'instrumens qu'on peut employer avec avantage : tel est celui de Plomberg, qui est un des plus anciens. Il se compose d'une bouteille de verre A (Pl. 2, fig. 12), avec un col mince et un petit tube f, adapté de côté, qui atteint jusqu'à la hauteur e du col et empêche que le liquide renfermé ne puisse jamais s'élever au delà de cet intervalle très-étroit, et qui permet aussi le dégagement de l'air lorsqu'on introduit le liquide dans le vase. On place ce vase sur une balance très-exacte, puis on le remplit d'eau jusqu'au signe fait en e; on pèse cette eau, on vide ensuite le vase, on le sèche avec soin et on le remplit de nouveau avec le liquide dont on veut déterminer la densité. Ce liquide étant aussi pesé, on divise le dernier poids trouvé par le premier, et on obtient ainsi le poids spécifique du liquide comparé à celui de l'eau pris pour unité. Comme le col de la bouteille se rétrécit jusqu'à la capillarité, les volumes des fluides introduits ne peuvent essentiellement différer, hors ce qui compose l'attraction différente de la capillarité; il faut aussi bien tenir compte de la difficulté à rendre le vase sec et pur.

Descroizilles apporta à cet appareil un premier changement, peu important il est vrai, et lui donna le nom d'*aéronétritype*, vu qu'il devait servir à calibrer les aréomètres de Beaumé. D'après lui, l'instrument consiste en un verre épais gh, avec un bouchon-tampon de verre ab forcé dedans et qu'on fait entrer dans l'espace du verre, rempli de telle sorte qu'il y reste juste 100 décigrammes d'eau distillée. Cette quantité peut être exactement réglée dans le confectionnement de l'instrument, soit en amincissant un peu le bouchon, soit en enlevant un peu de sa surface inférieure. Le verre rempli d'eau pure est mis en équilibre sur une balance délicate, avec son étui en ferblanc BB et son couvercle A, de manière à être exactement taré. Dans le petit tiroir de, se trouvent de petits poids réduits en milligrammes, et quand le verre est rempli d'un fluide quelconque, on le reporte sur la balance et l'on met de ces petits poids, soit dans le plateau contenant l'étui, soit dans celui du verre; ce qui donne immédiatement le poids spécifique du liquide. L'inventeur n'a point tenu compte des variations de la température et de leur influence.

Ramsden perfectionna cet instrument au point de déterminer rigoureusement la température des fluides à peser, en y plongeant un thermomètre dont l'échelle ne contenait que 10 à 12 degrés français (Pl. 1, fig. 18). La bouteille de 2 à 2,5 pouces de diamètre se termine par un col étroit très-bien poli de 0,5 pouces de diamètre et couvert d'un petit carreau de verre pareillement bien poli ; ce dernier a un petit trou rond par lequel passe l'extrémité du thermomètre qui atteint presque le fond du vase.

On doit considérer comme une amélioration importante que Schmeisler ait pourvu le vase d'un bouchon en verre dans lequel le thermomètre est également introduit au moyen d'une tige en verre. De cette manière, l'instrument est plus compliqué et plus difficile à construire ; mais il permet d'observer les degrés du thermomètre avec des fluides non transparens. Hassenfratz n'apporte point d'amélioration réelle en proposant de fermer le vase avec un bouton en plomb percé d'un trou. Nagenman rejette le thermomètre ; il conseille de prendre uniquement un simple vase contenant environ deux onces d'eau, bien poli par en haut et couvert d'un carreau de verre également poli pour déterminer exactement par cette superposition le volume du fluide. On pèse ensuite sur une balance délicate la bouteille remplie et tarée auparavant, et on détermine le poids spécifique de différens liquides par le poids des quantités égales trouvées par ce moyen. Ainsi fait, cet instrument se nomme *microaréomètre* ou aussi *balance hydrostatique ;* et Parrot démontre qu'on peut s'en servir également pour déterminer le poids spécifique des corps solides, puisqu'en les précipitant dans l'eau on trouve leur volume par la quantité d'eau déplacée.

Enfin Meissner a proposé un dernier perfectionnement pour ces aréomètres qu'il nomme *pyknomètres.* Il consiste simplement à faire un petit trou dans le carreau de verre qui le couvre, pour laisser ainsi une issue au liquide excédant quand celui-ci n'est pas de nature à mouiller les bords du vase et à s'étendre par-dessus.

Il est certain que cet instrument présente, tant par sa délicatesse que par sa commodité, un avantage marqué sur tous ceux de même espèce. Mais, pourvu d'un thermomètre, le poids du vase est trop lourd eu égard au poids du fluide contenu, et sans thermomètre, la température peut d'autant moins être déterminée, qu'elle est très-facilement changée par l'écoulement du fluide et par la manipulation nécessaire pour l'essuyer. Il exige ainsi un calcul aussi étendu que l'instrument de Nicholson, et on doit le classer après l'aréomètre de Fahrenheit et ceux à échelle fixe. La petitesse de son volume ne le rend commode que lorsqu'il n'y a qu'une petite quantité de fluide à vérifier. Dans ce cas, l'on peut, pour de petites quantités, allonger des verres minces en pointes fines ; puis, après les avoir tarés, remplir ces verres en quantité égale autant que possible à la même température, d'abord d'eau, puis, du fluide à vérifier ; fondre les pointes en les tenant simplement à la flamme d'une lumière ; et les peser alors. On obtient de cette manière, pour de très-petites quantités de flui-

des, les poids spécifiques à peu près exacts. Pour des travaux en grand, on se sert également avec avantage de grands vases à volonté avec des cols minces ; on les remplit à une égale température (telle qu'on l'obtient, par exemple, par un séjour prolongé dans une cave profonde) des liquides à éprouver ; et on détermine le degré normal, pour leur rectification ou leur concentration, en les pesant sur une balance ordinaire.

On a encore proposé plusieurs instrumens du même genre, mais ils n'ont point été adoptés par les physiciens, qui ont recours à la *balance hydrostatique*, toutes les fois qu'ils ont besoin de déterminations très-exactes. (*Voy.* DENSITÉ, tom. I.)

AUBES. (*Méc.*) Palettes qui garnissent la circonférence d'une roue hydraulique pour recevoir l'action d'un courant d'eau.

On distingue deux espèces de roues à *aubes :* les roues verticales et les roues horizontales.

I. *Roues verticales.* Les plus simples de ces roues sont celles qu'on nomme *roues pendantes*, parce que leurs aubes plongent dans le courant de l'eau qui n'agit sur elle que par son choc. On les applique le plus communément à l'axe horizontal des moulins sur bateaux amarrés dans les rivières. La fig. 5, Pl. 2, présente la coupe d'une telle roue, et la fig. 6 son profil. *b, b,* sont les aubes fixées à l'axe *e* auquel elles impriment un mouvement de rotation en sens inverse du courant de la rivière. Cet axe transmet le mouvement à toutes les pièces du moulin par une roue d'engrenage ou par tout autre mécanisme approprié à cet effet.

Il résulte des expériences les plus récentes, que la longueur des aubes ne doit pas dépasser les 28 centièmes de la distance du centre de l'axe au centre de l'aube, et que ces aubes doivent plonger entièrement l'eau. On donne ordinairement 4 ou 5 mètres de longueur au diamètre de la roue ; la largeur des aubes varie, selon les circonstances, de 2 mètres et demi à 5 mètres. On n'est pas d'accord sur le nombre des aubes qui est de 6 dans la plupart des moulins existans et qui pourraient être certainement augmenté avec avantage.

Les aubes des roues pendantes sont généralement planes, mais il est reconnu qu'elles produiraient plus d'effet si elles étaient légèrement concaves du côté où elles reçoivent le choc de l'eau. Une autre disposition avantageuse serait de les armer de rebords faisant saillie sur ce même côté ; par ce moyen l'eau s'échapperait plus difficilement à la droite et à la gauche de l'aube après l'avoir frappée.

Comme il est prouvé (*voy.* COURANT) que la force impulsive d'un courant contre les aubes d'une roue est plus grand, de près du double, dans un coursier (*voy.* ce mot) que dans un large canal, l'usage suivi dans plusieurs pays d'établir les moulins au milieu des rivières et de recevoir l'action de l'eau sur deux roues placées des deux côtés d'un même bateau est évidemment vicieux. On obtiendrait un meilleur résultat en disposant une seule roue entre deux bateaux assez rapprochés l'un de l'autre pour ne laisser entre eux que la distance nécessaire au jeu des aubes et pour leur former ainsi une espèce de coursier.

La théorie de ces sortes de roues et des suivantes a été exposée au mot ROUE HYDRAULIQUE (tom. II, p. 436); on trouvera les notions nécessaires pour l'apprécier dans ce supplément, aux mots COURANT, EFFET, FORCE VIVE et QUANTITÉ D'ACTION.

Les roues verticales destinées à recevoir l'action d'une chute d'eau se composent généralement d'un axe *b* (P. 2, fig. 3 et 4) duquel partent des bras qui l'unissent à la circonférence solide de la roue composée de deux ou trois jantes; de fortes chevilles en bois, nommées *bracons*, sont implantées dans les jantes et servent à retenir les aubes qui sont clouées et boulonnées sur elles. Quelquefois on ferme une partie de l'intervalle qui existe sur les jantes, d'un aube à l'autre, par une planche fixée à plat contre les jantes; ces planches, nommées *contre-aubes*, empêchent l'eau de jaillir dans l'intérieur de la roue.

De toutes les dispositions qu'on peut employer pour faire frapper les aubes par l'eau, la meilleure est celle dans laquelle le point où l'eau sort du réservoir est le plus près possible de l'extrémité de l'aube. La vanne *ff*, qui laisse échapper l'eau, doit être inclinée comme on le voit dans la figure, parce qu'il est prouvé que la dépense d'eau est plus considérable avec une vanne inclinée qu'avec une vanne droite. (*Voy.* ÉCOULEMENT). Lorsqu'on a besoin d'une grande vitesse, et que la chute est petite, on fait frapper l'eau sur la deuxième ou la troisième aube à partir du diamètre vertical; alors l'eau, quoique enfermée dans un coursier *gg* (fig. 4), n'agit sensiblement que par son choc. Dans tous les cas, au contraire, où l'on a besoin d'une vitesse moyenne, le coursier doit être disposé de manière que l'eau commence à frapper la septième aube, à partir du diamètre vertical, et continue à frapper les aubes précédentes jusqu'à la quatrième : elle agit alors sur celles-ci par son choc, tandis que son poids agit presque uniquement sur la troisième, la seconde et la première aube. L'action de la roue à aubes se rapproche dans ces circonstances de l'action de la roue à augets. (*Voy.* AUGETS.)

On détermine la largeur du coursier sous la roue par le volume d'eau qu'il doit conduire, en observant que la hauteur de l'eau dans le coursier, débarrassé de la roue, ne doit pas surpasser 25 centimètres ni être moindre de 15 centimètres. L'intervalle entre les parois du coursier et le bord des aubes doit être le plus

petit possible, afin que la quantité d'eau qui y passe et qui n'exerce aucune action sur les aubes soit proportionnellement assez petite pour que la force du courant n'en soit pas sensiblement diminuée. Il ne paraît pas possible de donner à cet intervalle moins de 15 millimètres, parce que les roues les mieux faites s'affaissent toujours, après un certain temps, dans quelques-unes de leurs parties, de sorte que les aubes finiraient par frapper le coursier si l'intervalle était trop petit.

La longueur des aubes, dans le sens du rayon de la roue, doit être environ trois fois la hauteur de la lame d'eau dans le coursier, sans dépasser toutefois 65 centimètres. Quant à leur largeur, elle est fixée par celle du coursier. On prend ordinairement pour intervalle d'une aube à l'autre une distance à peu près égale à leur longueur, ce qui fait dépendre le nombre des aubes de la grandeur du diamètre de la roue. Lorsque ce diamètre est de 24 mètres, on emploie 24 aubes; 28, s'il est de 5 mètres; 32, s'il est de 6 mètres; 36, s'il est de 7 mètres; et enfin 40, s'il est de 8 mètres.

La grandeur du diamètre de la roue est déterminée d'après la vitesse qu'on veut donner aux aubes, car c'est uniquement de cette vitesse que dépend l'effet utile de la roue. Il faut donc connaître le nombre de tours que la roue doit faire en une minute de temps, pour opérer l'effet auquel elle est destinée, puis on calcule son diamètre de manière que la vitesse des aubes soit la moitié de celle du courant. La vitesse de toutes les roues à aubes se mesure par le chemin que parcourt en une seconde le centre d'une aube.

Il résulte de la théorie (tom. II, pag. 437), 1° *que le maximum d'effet d'une roue à aubes a lieu lorsque sa vitesse est la moitié de celle du courant ; 2° que le maximum, dans le cas où l'eau n'agit que par son choc, est égal à la moitié de la force vive dont l'eau est animée.*

C'est d'après ces deux principes qu'on peut juger si, pour une machine mue par une roue à aubes, le moteur a été employé de la manière la plus avantageuse. L'effet maximum, calculé en prenant la moitié de la force vive ou de la quantité d'action du courant, doit toujours être considéré comme le terme de comparaison, et la roue est d'autant plus parfaite que son effet général ou *dynamique* se rapproche plus de cet effet maximum qui a pour expression, en le désignant par E,

$$E = \tfrac{1}{2} P . H ;$$

égalité dans laquelle P. est le poids d'eau dépensé en une seconde de temps et H la hauteur totale de la chute.

Dans la pratique, l'effet théorique maximum est bien loin d'être obtenu, car, dans les circonstances les plus favorables, l'effet dynamique d'une roue à aubes à percussion ne dépasse jamais le tiers de la force totale du courant, et dans les circonstances ordinaires cet effet équivaut tout au plus au quart de la force dépensée. Quant aux roues à pression et à percussion, comme celle de la figure 4, on peut estimer que leur effet maximum est équivalent aux six dixièmes de la force du courant.

La grande perte de puissance occasionnée par les roues verticales à aubes plates, mues par-dessous, et l'avantage incontestable qu'elles présentent pour utiliser les petites chutes ont fait chercher par un grand nombre de savans les moyens de les perfectionner. M. Poncelet a eu l'heureuse idée de substituer aux grandes palettes en usage de petites aubes courbes disposées de manière que l'eau, bien que transmise de côté, n'agit sensiblement que par son poids, ce qui annule théoriquement la perte de vitesse due au choc, et permettrait à la roue de recevoir toute la force de l'eau si l'aube pouvait satisfaire exactement à deux conditions qui ne sauraient être réalisées qu'approximativement : l'entrée de l'eau sans choc, et sa sortie avec une vitesse dirigée en sens inverse de celle que possède la circonférence de la roue. Cette circonstance réduit l'effet maximum réel des roues à *aubes courbes*, mais il n'en demeure pas moins supérieur à celui de toutes les roues à aubes ordinaires : car, d'après les expériences les plus précises, il peut dépasser dans certains cas les *trois quarts* de la force totale du courant. M. Poncelet a publié en 1827 un mémoire sur la théorie et l'établissement pratique de sa roue, dans lequel il résume toutes les améliorations produites ou tentées jusqu'alors sur les roues hydrauliques, ainsi que toutes les connaissances acquises sur ces machines. Cet ouvrage ne saurait être trop médité par les praticiens qui ne se laissent encore guider que trop souvent par une routine aveugle.

II. *Roues à aubes horizontales.* Nous avons donné, dans le tom. II, la théorie de ces roues qui ne sont guère employées que dans le pays de montagnes où les courans d'eau sont rapides et abondans. Elles servent particulièrement pour les moulins à farine, et sont très-commodes en ce qu'on peut appliquer immédiatement la meule tournante à l'extrémité supérieure de l'axe même de la roue, ce qui dispense de tout engrenage. Le diamètre des roues horizontales est ordinairement de 1^m, 60, et leur épaisseur de 0, 20; elles portent 18 ou 20 aubes, de 0^m, 40 de longueur, en forme de cuillers au centre desquelles l'eau vient frapper. L'effet dynamique de ces roues n'est pas moins du tiers de la force du courant, mais elles exigent une certaine vitesse pour donner une bonne mouture et ne peuvent être mises en jeu que par des chutes d'au moins 3 mètres.

AUGET. (*Méc.*) On donne ce nom aux cavités placées sur la circonférence d'une roue hydraulique verticale pour recevoir l'eau motrice fournie par un courant.

Ces cavités, nommées aussi *pots* et *godets*, doivent être disposées de manière que, lorsque la roue tourne, l'eau dont elles sont remplies soit conservée le plus long-temps possible et ne s'échappe entièrement que lorsqu'elle sont arrivées au point le plus bas de leur course.

Les *roues à augets* sont mues principalement par le poids de l'eau dont les augets sont chargés. Quelquefois elles sont doubles comme celles des figures 8 et 9, Pl. II, où les augets sont disposés sur l'une des parties de la circonférence en sens contraire de celui où ils sont disposés sur l'autre, et elles peuvent alors tourner dans un sens ou dans le sens opposé suivant qu'on ouvre la vanne destinée à fournir l'eau nécessaire. Le canal *bb* qui conduit l'eau au sommet de la roue est percé de deux orifices opposés *cc* fermés par des vannes qu'un levier *f* fait manœuvrer, de manière que les vannes soient baissées lorsqu'il est horizontal, et qu'il n'en peut lever qu'une seule à la fois lorsqu'on l'incline ou qu'on l'élève par rapport à la ligne horizontale. Les deux orifices ne sont pas directement opposés, mais correspondent aux deux parties de la roue. Les principales dispositions des roues simples sont les mêmes, sauf que la roue n'est pas divisée en deux parties, qu'elle ne peut tourner que dans un sens, et que le canal alimentateur n'a qu'une seule vanne.

Les roues à augets dans lesquelles l'eau arrive au sommet se nomment *roues en dessus;* leur diamètre doit être moins grand que la hauteur de la chute, afin que les augets ne plongent pas dans l'eau du canal de fuite ou de décharge. Cette eau, s'écoulant dans une direction inverse du mouvement de la roue, présenterait une résistance à vaincre si elle frappait les augets.

Dans toutes les espèces de roues à augets, il est avantageux de faire entrer l'eau dans l'auget au niveau de la surface du réservoir.

On nomme *roues par derrière* celles qui reçoivent l'eau au-dessous de leur sommet. Leur mouvement s'effectuant en sens inverse de celui de l'eau motrice et dans le même sens que la fuite dans le canal de décharge, on peut les laisser plonger de deux ou trois décimètres dans ce canal sans inconvénient, ce qui permet d'augmenter la chute en baissant la roue, à laquelle on peut donner d'ailleurs un diamètre plus grand que la hauteur de la chute.

Les roues à augets se construisent en bois ou en fonte. Leurs pièces principales sont un arbre *d* (Pl. 2, fig. 8 et 9) qui porte les bras destinés à soutenir la couronne. Cette couronne *aa* est composée de deux plateaux annulaires larges de 20 à 40 centimètres, et entaillés de mortaises dans lesquelles on place les planches ou palettes qui, avec le fond de la couronne, exactement fermé par des planches transversales, forment les augets. Le nombre des augets varie avec la grandeur du diamètre de la roue, d'après les rapports suivans :

Diamètre de la roue.	Nombre d'augets.
3.	24
4.	36
5.	44
6.	56
8.	76
10.	96
12.	108

L'eau motrice agit de deux manières différentes sur les roues à augets : ou sa vitesse est la même que celle de la roue, et alors elle agit uniquement par son poids, ou sa vitesse est plus grande, et alors elle agit par son choc et par son poids. L'expérience, d'accord avec la théorie, enseigne que l'effet dynamique d'une roue à augets est d'autant plus grand que sa vitesse est plus petite et qu'elle diffère moins de la vitesse de l'eau affluente. Le maximum théorique de l'effet de ces roues est la force même dépensée ; il est donc le double de celui ces roues à aubes.

L'effet dynamique des *roues en dessous* ne diffère pas sensiblement de celui des *roues par derrière*, de sorte que les circonstances locales doivent seules déterminer le choix des constructeurs entre ces puissans instrumens dont l'effet utile peut s'élever aux *quatre cinquièmes* de la force motrice. (*Voy.* tom. II, pag. 458, et les mots COURANT, EFFET UTILE, FORCE VIVE et MACHINE HYDRAULIQUE.

AUGMENTATION *du diamètre de la lune.* (*Astr.*) L'angle sous lequel nous voyons le diamètre de la lune varie continuellement, parce qu'elle n'est pas toujours à la même distance du centre de la terre, et qu'elle est plus ou moins élevée sur l'horizon. Si par le centre L de cet astre (Pl. 5, fig. 1) on conçoit deux rayons $CL = r$, $OL = r'$ menés l'un au centre C de la terre et l'autre au lieu O de l'observateur, le demi-diamètre de la lune paraîtra sous l'angle LCD du point C et sous l'angle LOD' du point O ; faisant $LCD = \delta$, $LOD' = \delta'$ et désignant par d ce demi-diamètre, on aura, dans les triangles CLD et OLD',

$$CL : LD = \sin CDL : \sin LCD$$
$$OL : LD' = \sin OD'L : \sin LOD'$$

d'où l'on tire, en observant que $LD = LD' = d$,

$$d = r \sin \delta = r' \sin \delta',$$

parce que les angles CDL et OD'L ne diffèrent pas sensiblement d'un angle droit. D'autre part, désignant par Z l'angle ZCL de la verticale du lieu de l'observateur avec le rayon $CL = r$, et par Z' l'angle ZOL de cette même verticale avec le rayon $OL = r'$, le triangle OCL donnera

$$r \sin Z = r' \sin Z'.$$

On a donc

$$\frac{\sin \delta'}{\sin \delta} = \frac{\sin Z'}{\sin Z}$$

ou, sans erreur sensible, à cause de la petitesse des angles δ et δ',

$$\frac{\delta'}{\delta} = \frac{\sin Z'}{\sin Z}$$

On tire de cette relation, pour la différence du demi-diamètre *apparent* au demi-diamètre *vrai*

$$\delta' - \delta = \delta \frac{\sin Z' - \sin Z}{\sin Z} = \frac{2\delta}{\sin Z} \sin\tfrac{1}{2}(Z' - Z) \cos\tfrac{1}{2}(Z' + Z),$$

δ étant le demi-diamètre *vrai* et δ' le demi-diamètre *apparent*.

Soit maintenant p la parallaxe de hauteur de la lune ou l'angle CLO (*Voy.* PARALLAXE, dans ce volume et dans le tom. II) ; on a alors $Z = Z' - p$, et par conséquent

$$\delta' - \delta = \frac{2\delta}{\sin (Z - p)} \sin\tfrac{1}{2} p . \cos (Z - \tfrac{1}{2} p)$$

Or, si l'on développe le second membre dans la supposition que l'angle p est fort petit, et si l'on met pour cet angle sa valeur $\pi \sin Z'$, π exprimant la parallaxe horizontale, on aura, en s'arrêtant au premier terme de la série,

$$\delta' - \delta = \delta \sin \pi . \cos Z'.$$

Telle est l'augmentation du demi-diamètre δ de la lune pour une distance zénithale apparente Z', dont on doit tenir compte pour corriger les observations de l'un des bords de cet astre, surtout dans le calcul des longitudes terrestres par la méthode des distances de la lune au soleil ou aux étoiles. *Voy.* OCCULTATION. (*M. Puissant.*)

AXIOMÈTRE. (*Nav.*) Instrument qu'on adaptait jadis sur l'avant du timonier des vaisseaux pour faire connaître la position de la barre du gouvernail. On s'en sert peu aujourd'hui.

AZIMUT. (*Ast. et Géod.*) L'azimut (*Voy.* ce mot, tom. I) d'un astre qui a été observé au-dessus de l'horizon d'un lieu fait connaître l'azimut d'un objet terrestre, lorsqu'on a mesuré l'angle horizontal que cet objet faisait au même instant avec cet astre. C'est dans cette opération délicate que consiste l'orientation d'un réseau de triangles, comme celui qu'on destine à la mesure d'un arc du méridien. Le théodolite, instrument qui a la propriété de donner la projection horizontale de l'angle compris entre deux objets quelconques, est surtout employé dans la circonstance dont il s'agit, et la détermination d'un azimut est d'une grande facilité en comparant un objet terrestre avec une étoile de première grandeur qui doit passer prochainement au méridien à peu de degrés au-dessus de l'horizon.

Supposons, par exemple, qu'on soit muni d'une pendule astronomique ou d'un chronomètre réglé sur le temps sidéral, et que les lunettes de l'instrument portent chacune un réflecteur propre à éclairer les fils des réticules où vient se peindre la lumière de l'étoile et celle du réverbère placé à l'objet terrestre. On notera d'une part l'heure, la minute, la seconde et la fraction de seconde à l'instant où l'étoile traverse le fil vertical de la lunette supérieure, et de l'autre l'angle observé sur le limbe de l'instrument. On répétera plusieurs fois cette opération quelques momens avant et après le passage de l'étoile au méridien, lequel passage aura lieu à l'heure sidérale marquée par l'ascension droite apparente de l'étoile; et comme alors les accroissemens ou diminutions de l'angle observé seront proportionnels aux accroissemens du temps, une simple proportion fera connaître quel était cet angle à l'instant même du passage.

Ainsi, en admettant que par une première observation l'on ait eu :

temps de la pendule $6^h 42' 10''$ angle observé $22^\circ 30' 55'$

et que l'époque moyenne et l'angle moyen de plusieurs observations soient :

époque moyenne $6^h 50' 46'', 07$ angle moyen $20^\circ 7' 53'', 2$

que, de plus, l'heure du passage de l'étoile au méridien (temps de la pendule) soit de $6^h 50' 31'', 25$; on en conclura que, puisqu'il s'est écoulé $8' 36'', 07$ depuis la pre-

mière observation jusqu'à l'époque moyenne et que pendant cet intervalle l'azimut de l'étoile a changé de $2^\circ 23' 1'', 8$, la variation x de cet azimut correspondant à $14'', 82$, différence entre l'époque moyenne et l'heure du passage, doit être donnée par la proportion

$$8' 36'', 07 : 2^\circ 23' 1'', 8 = 14'', 82 : x$$

ou, en réduisant tout en secondes,

$$516'', 07 : 8581'', 8 = 14'', 82 : x$$

ce qui donne $x = 246'', 44$; quantité qu'il faut ajouter à l'azimut approché $20'' 7' 53'', 2$. Donc, en définitive, l'azimut du signal compté du sud à l'ouest était de $20^\circ 21' 59'', 64$.

Nous avons supposé que l'heure du passage de l'étoile au méridien était donnée par son ascension droite apparente, telle qu'on la trouve maintenant dans la *connaissance des temps*, et que l'on savait de combien la pendule, d'ailleurs réglée sur le temps sidéral, avançait ou retardait sur ce temps; mais dans le cas au contraire où l'on serait dépourvu d'éphémérides, il serait indispensable de faire usage de la méthode des *hauteurs correspondantes* (*voy.* ce mot, tom. II) pour déterminer exactement l'heure de ce même passage.

Telle est, en peu de mots, une des méthodes les plus simples pour orienter les plans d'une grande étendue; celles plus généralement usitées dans les grandes opérations géodésiques sont fondées sur des calculs dont le développement nous mènerait trop loin. Nous nous bornerons donc à dire qu'en comparant les plus grandes digressions orientale et occidentale de l'étoile polaire à un objet terrestre, on se procure deux angles horizontaux dont la demi-somme est l'azimut de cet objet.

(M. Puissant.)

B.

BACHE. Caisse en métal ou en bois doublée de plomb, destinée à contenir de l'eau.

On nomme BACHE ALIMENTAIRE un petit réservoir, placé à une hauteur suffisante au-dessus de la chaudière d'une machine à vapeur, et dans lequel la pompe alimentaire élève une portion de l'eau tiède du réfrigérant destinée à remplacer celle qui s'évapore de la chaudière.

BALANCIER. (*Méc.*) Nom générique qu'on donne à

un levier qui a un mouvement alternatif circulaire autour d'un axe placé au milieu de sa longueur.

BALANCIER HYDRAULIQUE. Espèce de bascule que l'eau met en mouvement par son poids.

Elle se compose d'une petite caisse en bois tournant sur une axe c (P. 3, fig. 2) et partagée en deux parties égales m, m' par une cloison n. Deux appuis fixes A et B empêchent alternativement la machine de se renverser. L'eau qui coule par le tuyau D tombe dans la partie élevée de la caisse, par exemple la partie m', et quand cette partie est pleine, la caisse tourne sur son axe et vient s'appuyer sur l'obstacle B, versant l'eau dont le poids a déterminé son mouvement. L'autre partie se remplit à son tour, fait de nouveau pencher la caisse vers l'obstacle A et ainsi de suite.

Ce balancier hydraulique a été imaginé par Perrault, qui le proposait comme pouvant appliquer une chute d'eau au mouvement d'une horloge. (*Voy. Recueil des machines approuvées par l'Académie des sciences*, tom. I.)

BARRAGE. (*Méc.*) Digue en bois ou en maçonnerie qu'on établit transversalement dans un courant d'eau pour le forcer d'élever son niveau, soit qu'on ait besoin d'en dériver une portion dans un canal latéral, soit pour tout autre usage.

BASCULE HYDRAULIQUE. (*Méc.*) Cette machine, composée en général de vases adaptés à l'extrémité d'un ou plusieurs leviers, reçoit du moteur un mouvement alternatif qui lui fait verser l'eau immédiatement après l'avoir puisée. On en a imaginé un très-grand nombre décrites dans les *œuvres* de Perronet et dans le traité de Borgnis sur les *machines hydrauliques*. La plus simple est une longue caisse en bois (Pl. 3, fig. 5) mobile sur un appui O, et qu'un homme fait osciller; son produit ne peut jamais être très-considérable, et on ne doit avoir recours à de semblables machines qu'en l'absence de tout autre moyen.

BASE. (*Géod.*) Dans les opérations de l'arpentage, la mesure d'une *base* n'offre aucune difficulté, parce que, bien qu'il y ait des précautions à prendre pour l'obtenir avec exactitude, elle n'a pas l'importance de celle d'où dérive la longueur des côtés d'un réseau de triangles formant le canevas trigonométrique d'une grande carte. Ici la plus petite différence dans cette mesure a d'autant plus d'influence sur les distances conclues entre les objets observés que ces distances sont plus considérables. Ce dictionnaire ne comportant pas l'exposé de tous les soins minutieux à prendre en pareille circonstance, nous nous bornerons à indiquer en peu de mots de quelle manière on procède en général.

Après avoir choisi un terrain uni, spacieux, à peu près horizontal et dégagé d'obstacles, on trace avec des piquets une ligne droite aussi longue que possible. Il faut avoir trois fortes règles de bois de sapin d'égale longueur, lesquelles étant mises bout à bout représentent un certain nombre de mètres. Ces trois règles, ainsi juxta-posées, forment ce qu'on appelle une *portée*. On dispose chaque portée exactement en ligne droite sur des poutrelles soutenues par des chevalets, et on lui donne la position horizontale au moyen d'un niveau à perpendicule, afin d'éviter toute réduction à l'horizon.

Il faut avoir l'attention, en notant sur un registre le nombre des portées contenues dans la base, d'inscrire en même temps la température qu'elles ont eu durant la mesure, température qui est donnée par un thermomètre enchâssé dans chaque règle et garanti de l'action directe du soleil au moyen d'une petite tente portative. La moyenne des trois températures observées dans chaque portée est prise pour sa température moyenne.

Supposons maintenant que la portée ait eu une longueur de 10^m, 025 à la température de 10 degrés centigrades, mesurée avec une règle de fer qui ne représente le mètre légal qu'à la température de la glace fondante; et que la base ait été trouvée de 510 portées à la température moyenne de 17°, 5 du même thermomètre. On demande la longueur réelle de cette base.

D'abord il est évident que la portée, étalonnée à la température de 10 degrés, a été trouvée trop courte puisque le mètre de fer était trop long à cette température. Or on sait, par des expériences faites avec soin, que la dilatation linéaire du fer est de $0,00001784 = \Delta$ par chaque degré du thermomètre centigrade (*voy.* DILATATION); ainsi il est évident que la portée soumise à la température de 10 degrés a eu réellement pour longueur

$$10,025\,(1 + 10\,\Delta) = 10^m,025178.$$

De plus s'il était constaté que la dilatation de cette portée construite en bois de sapin et prise pour unité de longueur fût de $0,0000057 = \delta$ pour un degré d'accroissement de chaleur, cette portée prise à la température de la base ou à $17^\circ,5$ aurait eu réellement pour longueur

$$10,025178\,(1 + 7,5\delta) = 10^m,025221$$

et puisqu'elle a été contenue 510 fois dans la base, la longueur de cette base serait définitivement de

$$10^m,1025221 \times 50 = 5112^m,8627;$$

or, en n'ayant pas égard à la température, la longueur de la base serait seulement de $5111^m,275$ c'est-à-dire plus petite de $1^m,588$ que la longueur réelle, ce qui fait une erreur intolérable.

Toutefois, cette mesure effective n'est pas encore celle qu'on emploie pour calculer de proche en proche les côtés des triangles de la chaîne à laquelle elle appartient; elle doit subir préalablement une petite réduction proportionnelle à la hauteur du sol moyen où elle a été prise au-dessus du niveau de la mer. En désignant par h cette hauteur, par δ le rayon de la terre, par b la longueur ci-dessus de la base, et par x ce qui doit être retranché de cette longueur, on a

$$x = \frac{Bh}{\rho}$$

et enfin

$$\text{base réduite} = B - x = B - \frac{Bh}{\rho}.$$

Par exemple, en supposant $h = 56$ mètres, on trouve $x = 0^m,045$, à cause de $\log \rho = 6,80388$, et par suite

$$\text{base réduite} = 5112^m,8177.$$

Les bases de Melun et de Perpignan, mesurées par Delambre, l'ont été avec quatre règles de platine de 2 toises chacune, construites d'après les idées de Borda; on en trouvera la description dans la *base du système métrique décimal* et dans notre *Traité de géodésie*. Cinq autres bases ont été mesurées avec trois des mêmes règles par les ingénieurs géographes à l'occasion de la triangulation générale de la nouvelle carte de France.

(*M. Puissant.*)

BÉLIER HYDRAULIQUE. (*Méc.*) Cette machine, aussi ingénieuse que simple et utile, est due à Mongolfier, dont l'invention des aréostats a rendu le nom populaire. Elle a pour objet d'élever l'eau au-dessus du niveau de son courant.

Le bélier hydraulique est composé, 1° de deux tuyaux, l'un horizontal *c*, nommé *corps du bélier* (Pl. 3, fig, 4), l'autre vertical F nommé *tête du bélier*; 2° d'un réservoir d'air H; 3° d'un tuyau d'ascension recourbé I; 4° de deux soupapes E, G; la première se nomme *soupape d'arrêt*, la seconde *soupape ascensionnelle*.

Le tuyau horizontal C communique avec la partie inférieure du réservoir dont il s'agit d'élever l'eau; cette eau arrivant dans le tuyau C, rencontre la soupape E ouverte et s'échappe par son ouverture; la vitesse qu'elle acquiert par ce mouvement la fait bientôt agir sur la soupape elle-même qu'elle ferme en la soulevant. Alors toute la colonne d'eau qui ne peut perdre instantanément sa vitesse s'élance par le tuyau F, pousse la soupape G, pénètre dans le réservoir d'air H, et de là dans le tuyau d'ascension I, où la compression de l'air en H la force à monter. Lorsque le mouvement ascensionnel est épuisé, l'eau réagit dans le tuyau I, la soupape G retombe et se ferme, la colonne affluente ne peut plus retenir la soupape E qui s'ouvre en retombant, et, dès que cette soupape est ouverte, le même jeu recommence et dure tant que le réservoir fournit de l'eau. Après un certain nombre de coups, l'eau parvient au sommet du tuyau d'ascension I et sort par un dégorgeoir.

Le réservoir d'air H produit deux effets, celui de diminuer la violence du choc en le faisant agir sur une masse d'air qui est douée d'élasticité, et celui de produire un écoulement continu.

La petite quantité d'eau qui, à chaque coup, sort par la soupape E, s'écoule par une décharge J.

L'effet utile du bélier hydraulique dépasse de beaucoup celui de toutes les autres machines à élever l'eau lorsque la hauteur de l'élévation n'est pas considérable par rapport à la hauteur de la chute. Il résulte des expériences d'Eytelwein : 1° que, si la hauteur d'ascension est quatre fois plus grande que celle de la chute, le bélier élève près d'un septième plus d'eau que les pompes mues par une roue à augets; 2° que les effets utiles de ces deux machines sont égaux lorsque la hauteur de l'ascension est six fois celle de la chute; 3° que le bélier devient progressivement moins avantageux lorsque cette hauteur augmente; 4° que le bélier est préférable aux pompes mues par une roue à aubes, lorsque la hauteur d'ascension est moindre que douze fois celle de la chute.

Pour comparer l'effet utile d'un bélier hydraulique à sa force motrice, il faut se rappeler que l'effet dynamique de cette dernière a pour expression $Q \times H$, Q étant le volume d'eau dépensé en une seconde, et H la hauteur de la chute, tandis que l'effet utile obtenu est $q \times h$, q représentant le volume d'eau élevé dans une seconde, et h la hauteur à laquelle il a été porté. En combinant les données fournies par l'expérience, on trouve que cet effet utile est assez exactement représenté par la formule empirique suivante ..... (1)

$$q \,.\, h = 1,20\, Q\,(H - 0,2\sqrt{H\,.\,h})$$

qui doit servir de guide aux constructeurs.

La longueur du corps du bélier influe sur la quantité d'eau qui s'élève à chaque coup, mais on ne connaît pas encore la longueur correspondante au maximum de produit. Eytelwein pense qu'elle doit être exprimée par la *longueur du tuyau montant*, *plus le double du rapport de la chute à la hauteur d'ascension* On ne devra dans aucun cas la réduire au-dessous des trois quarts de la hauteur d'ascension. Quant au diamètre de ce tuyau il doit être déterminé par la formule

$$1,7\sqrt{Q}$$

dans laquelle Q a la même signification que ci-dessus.

Le diamètre du tuyau d'ascension I peut être la moitié de celui du corps du bélier.

Les deux soupapes doivent être très-rapprochées l'une de l'autre, et le diamètre de la soupape d'arrêt ne doit jamais être plus petit que celui du tuyau horizontal.

La capacité du réservoir d'air ne paraît pas exercer d'influence sur l'action du bélier, on la fait ordinairement égale à celle du tuyau d'ascension.

Proposons-nous d'établir, d'après ces principes, un bélier capable d'élever 21 litres d'eau par minute, à une hauteur de 12 mètres; la chute d'eau dont on peut disposer pour cet effet ayant une hauteur de $1^m,50$.

La première chose à déterminer est le volume Q de

l'eau qu'il faut dériver du réservoir. Dégageant donc Q de la formule (1), nous aurons d'abord

$$Q = \frac{qh}{1,20\,(H - 0,2\sqrt{Hh})}$$

puis, observant que 21 litres d'eau par minute font 0,35 litres par seconde ou $0^{mc},00035$, nous aurons

$$H = 1^m,50\,;\ h = 12^m\,;\ q = 0^{mc},00035$$

et, par suite,

$$Q = \frac{0,00035 \times 12}{1,20\left[1,50 - 0,2\sqrt{(1,50 \times 12)}\right]} = 0^{mc},00537$$

Tel est la volume d'eau qui doit être dépensé par seconde ; on la portera à $0^{mc},0054$ pour plus de sûreté.

Le diamètre du bélier sera donc

$$1,7\sqrt{(0,0054)} = 0^m,13$$

et celui du tuyau d'ascension $\frac{1}{2}(0^m,13) = 0^m,065$.

Si les localités le permettent, on donnera 12 mètres de long au corps du bélier.

La capacité du réservoir d'air devant être égale à celle du tuyau d'ascension dont le diamètre est 0,065 et la hauteur 12^m, on aura pour cette capacité

$$3,1416 \times (0,065)^2 = 0^{mc},159.$$

Enfin, on donnera $0^m,17$ de diamètre à la soupape d'arrêt parce qu'elle est traversée par la bande de métal qui tient le battant E dont on fera le diamètre $0^m,19$. Le poids de cette soupape ne devant pas être plus grand que deux fois son volume d'eau, on le fera d'un kilogramme. Le battant E devra être en laiton épais de 5 millimètres. L'épaisseur du clapet d'ascension G peut-être de 7 millimètres.

Cette belle machine n'a été employée jusqu'ici que pour élever de petites quantités d'eau. Le bruit qu'elle produit est incommode et les ébranlemens périodiques qu'elle éprouve la détériorent assez rapidement. Il existe cependant des béliers qui fonctionnent depuis plusieurs années, mais leur usage se borne à satisfaire les besoins en eau des habitations où on les a construits, et il est douteux qu'on puisse jamais les utiliser pour d'autres usages.

BÉLIER A TUYAU MOBILE. Cet instrument, réduit à sa plus grande simplicité, est un tuyau recourbé dont le bout inférieur plonge dans un puisard et auquel on imprime un mouvement de rotation très-rapide ; l'eau s'élève au sommet par l'effet de la force centrifuge qui lui est communiquée.

On a proposé plusieurs machines de ce genre. *Voy.* l'*Essai sur les machines hydrauliques* de Ducrest, et le *Traité élémentaire des machines* de Hachette.

BIEF ou **BIEZ.** (*Hydraul.*) Canal élevé qui conduit l'eau sur une roue hydraulique. Ce nom lui vient de ce qu'il est ordinairement incliné ou biaisé.

BIGUE. (*Méc.*) Appareil composé de deux fortes pièces de bois réunies à leur sommet par un amarage et écartées dans leur partie inférieure. Il est destiné à former un point de suspension pour élever les fardeaux. On emploie dans les arsenaux de la marine des bigues qui ont plus de 80 pieds de hauteur.

BOCARD. (*Méc.*) Machine composée d'une rangée de pilons en bois armés d'une tête de fer et qui sont successivement soulevés par l'arbre d'une roue hydraulique. Elle est employée dans les mines pour piler le minerai. *Voy.* l'ouvrage de d'Aubuisson sur les *mines de Friberg.*

BOIS. (*Méc.*) La question de la *résistance des bois* et, en général, des matériaux, est si importante pour l'architecture et la marine, qu'on ne saurait douter qu'elle ait provoqué l'attention des anciens dont les constructions hardies sont encore de nos jours un sujet d'admiration. Cependant les premiers fondemens de la théorie de cette résistance n'ont été posés qu'à une époque bien postérieure à leurs brillans travaux, car ils sont entièrement dus au génie de Galilée qui, dans cette question comme dans une foule d'autres non moins intéressantes, a su porter le premier le flambeau de la géométrie.

La solution de ce grand homme est loin sans doute d'être entièrement rigoureuse, mais elle a tracée la route et il a eu le mérite d'en déduire des principes incontestables dont on ne soupçonnait pas même l'existence avant lui.

Pour donner une idée de la nature du problème, supposons qu'un prisme quadrangulaire de bois A E (Pl. 3, fig. 5) soit encastré dans un mur par une de ses extrémités, d'une manière inébranlable, et qu'on charge de poids son extrémité libre E jusqu'à ce qu'on détermine sa rupture. La ligne AB, dit Galilée, devient un point appui, et chaque fibre du bois est sollicitée par le poids suivant un bras de levier égal à la longueur DE de la pièce, tandis qu'elle résiste par un bras de levier d'autant plus court qu'elle est plus proche de l'appui. La résistance que chaque fibre oppose à la rupture est donc proportionnelle à sa distance à cet appui, et il en résulte que la somme des résistances est à ce qu'elle serait si chacune d'elle était égale à la plus grande, comme la distance du centre de gravité de la figure ABCD à l'appui AB est à l'axe de cette figure. Quant à la plus grande résistance, son rapport avec le poids est égal au rapport inverse des bras de leviers DC et DE. Ainsi, les résistances de deux prismes de bois de même base sont en raison inverse de leurs longueurs, et il en est de même des résistances de deux cylindres de même base, parce que le centre de gravité de cette base est à son centre ou au milieu de son diamètre.

Galilée conclut de cette théorie que des corps semblables n'ont pas des forces proportionnelles à leurs masses pour résister à leur rupture, car les masses croissent comme les cubes des côtés semblables, tandis que les résistances ne croissent que comme les carrés de ces côtés. Il y a donc un terme de grandeur au delà duquel un corps se romprait au moindre choc ajouté à son propre poids, ou par ce poids même, pendant qu'un corps semblable, mais d'une moindre masse, pourrait résister au sien et même à un effort étranger. De là vient, dit Galilée, qu'une machine qui fait son effet en petit manque lorsqu'elle est exécutée en grand et croule sous sa propre masse. La nature, ajoute-t-il, ne saurait faire des arbres ou des animaux démesurément grands sans être exposés à un pareil accident, et c'est pour cela que les plus grands animaux vivent dans un fluide qui leur ôte une partie de leurs poids.

Une autre conséquence très-remarquable de cette théorie, c'est qu'un cylindre creux résiste davantage que s'il était plein ; vérité qui a fait dire à Montucla : « C'est ce me semble pour cette raison, et pour concilier en même temps la légéreté et la solidité, que le *nature* a fait creux les os des animaux, les plumes des oiseaux et les tiges de plusieurs plantes. » Au mot nature près, qui n'a aucun sens, on ne peut qu'admirer cette ingénieuse appréciation de la sagesse infinie du créateur.

L'hypothèse de Galilée sur la résistance des fibres, proportionnelle à leur distance du point d'appui, ne saurait être exacte que dans le cas où les fibres se rompraient brusquement sans éprouver aucune extension, ce qui ne peut avoir lieu à cause de leur élasticité. Mais cette circonstance, signalée bientôt par Leibnitz et Mariotte, n'influe que sur les déterminations numériques et non sur les conséquences générales que nous venons de rapporter.

La résistance des diverses espèces de bois varie dans des limites assez étendues ; elle paraît être sensiblement proportionnelle à leur pesanteur spécifique, et on peut établir que deux pièces parfaitement égales offriront des résistances dont le rapport sera le même que celui de leurs poids. La constitution physique du bois par fibres superposées longitudinalement rend raison de ce phénomène, car plus ces fibres sont nombreuses dans un espace donné, plus le bois a de force et plus sa pesanteur spécifique est considérable. La table des pesanteurs spécifiques donnée au mot Densité (tom. I) peut donc faire

connaître quels sont les bois qui, comparativement, résisteront davantage, mais il ne faut pas perdre de vue qu'une foule de circonstances telles que les défauts du bois, les nœuds, la carie, les directions obliques des fibres, le degré de dessiccation, la nature du sol qui a produit les arbres, leur âge, etc., etc., sont autant de causes capables de modifier la résistance.

Un physicien allemand M. Karmasch a prétendu tout récemment que la manière ordinaire d'évaluer le poids spécifique des bois et qui consiste à les peser dans l'eau, est défectueuse, parce que le liquide s'introduit dans les pores du bois et augmente son poids véritable. Il a pesé avec la plus grande exactitude des parallélipipèdes des différentes espèces de bois séchées à l'air, travaillés avec le plus grand soin et dont il a mesuré le volume avec une extrême précision. Ces morceaux avaient généralement de 10 à 24 pouces cubes de Vienne. Nous rapporterons ici quelques-uns de ses résultats, dont il a publié le tableau en 1834 (*Jahrb. de Polyt. Inst. in Wien.*) ; ils pourront servir de points de comparaison pour des expériences du même genre.

Espèces de bois.	Poids spécifiques.
Buis.	0,942
Prunier.	0,872
Aubépine.	0,871
Bouleau de Suède.	0,799
Pin.	0,765
Hêtre.	0,750
If.	0,744
Bouleau.	0,738
Pommier.	0,734
Poirier.	0,732
Charme.	0,728
Olivier (souche).	0,676
Frêne.	0,670
Dito.	0,669
Noyer.	0,660
Chêne.	0,650
Frêne.	0,645
Orme.	0,568
Tilleul.	0,559
Châtaignier.	0,551
Aulne.	0,538
Epicéa.	0,481
Peuplier.	0,387

La résistance que les bois opposent aux poids qui sollicitent leur rupture reçoit des noms différens suivant la position différente des pièces ; on la nomme *résistance horizontale* lorsque les pièces de bois ont leurs fibres parallèles à l'horizon et que la charge agit verticalement sur elles ; *résistance verticale*, lorsque la charge pèse dans le sens des fibres et au sommet de la pièce posée verticalement; enfin, *adhérence des fibres*, lorsque la pièce est suspendue verticalement et chargée à sa partie inférieure. Nous allons examiner successivement ces trois cas principaux.

I. *Résistance horizontale.* Une pièce de bois peut être maintenue dans une position horizontale de trois manières différentes : 1° chacune de ses extrémités est encastrée solidement dans un bati inébranlable (Pl. 3, fig. 6); 2° cette pièce est seulement soutenue sur deux points d'appui (fig. 7); 3° une seule de ses extrémités est encastrée (fig. 5). Les résistances d'une même pièce dans ces trois dispositions sont entre elles comme les nombres 4, 2, 1, c'est-à-dire que si dans le premier cas elle exige un poids de 4000 kilogrammes pour se rompre, il suffira d'un poids de 2000 kil. dans le second et seulement un poids de 1000 kil. dans le dernier. Ainsi la résistance étant connue dans un quelconque de ces trois cas, on peut aisément conclure ce qu'elle est dans les deux autres.

On a tiré de la théorie de Galilée la règle suivante : *La résistance est en raison inverse de la longueur des pièces, en raison directe de la largeur et en raison directe du carré de la hauteur.* Si nous désignons donc par R la résistance horizontale d'un prisme quadrangulaire de bois dont l est la longueur, e la largeur et h la hauteur ou l'épaisseur dans le sens vertical, et que nous nommions p la résistance d'une autre pièce du même bois dont les dimensions correspondantes soient $l'. e'. h'.$ nous aurons (1)

$$R : p = \frac{eh^2}{l} : \frac{e'h'^2}{l'}$$

proportion à l'aide de laquelle, connaissant la résistance p d'une pièce de bois, nous pourrons calculer la résistance R d'une autre pièce de la même espèce de bois.

Musschenbroek, Parent, Bélidor, Buffon et Duhamel ont fait un grand nombre d'expériences sur la résistance des bois qui ont été résumées par Hassenfratz dans le tableau suivant, très-commode pour les calculs. Les résistances se rapportent à des pièces posées librement sur deux points d'appui, et toutes les pièces sont ramenées à la dimension de cinq mètres de longueur sur un décimètre d'équarrissage, c'est-à-dire sur une largeur et sur une hauteur d'un décimètre.

Solive de 5 mètres sur un décimètre carré.	Poids que supporte la pièce avant de rompre.
Prunier..	1417 kilog.
Orme.	1077
If..	1057
Charme..	1034
Hêtre..	1032
Chêne.	1026
Noisetier.	1008

Solive de 5 mètres sur un décimètre carré.	Poids que supporte la pièce avant de rompre.
Pommier.	976
Châtaigner.	957
Marronier.	931
Sapin..	918
Noyer.	900
Poirier.	885
Bouleau.	853
Saule..	850
Tilleul.	750
Peuplier d'Italie.	586

Pour approprier à cette table la proportion (1), faisons $l = 5^m, e = h = 0^m, 1$ et nous aurons en substituant.

$$R : p = \frac{eh^2}{l} : \frac{0,1 \times 0,001}{5}$$

d'où, (2)

$$R = 5000\,p . \frac{eh^2}{l}$$

valeur dans laquelle p est le nombre qui correspond dans la table à l'espèce de bois en question.

Supposons, par exemple, que la pièce de bois dont on veut connaître la résistance soit une solive de chêne de 4 mètres de longueur sur 15 centimètres d'équarrissage, on fera $e = h = 0^m,15$. $l = 4^m$ et comme dans ce cas $p = 1026$ kil. on aura

$$R = 5000 \times 1026 . \frac{(0,15)^3}{4} = 4328 \text{ kilog.}$$

la pièce proposée ne se rompra donc que sous un effort de 4328 kil.

Les résistances calculées d'après cette formule sont généralement trop grandes parce qu'il n'y entre pas un élément essentiel le poids propre de la pièce ; on ne doit donc les considérer que comme des approximations.

Dans les expériences de Buffon, sur lesquelles on peut se fonder en toute confiance, le décroissement des résistances a toujours été plus grand que l'accroissement des longueurs.

Un résultat pratique très-important, c'est que, la résistance croissant d'après le carré de la hauteur, les bois méplats doivent toujours être posés sur leur plus petite épaisseur; aussi, dans beaucoup de combles, on a remplacé très-avantageusement la charpente par des planches de 15 lignes d'épaisseur posées de champ. Nous ferons encore remarquer que le point le moins résistant d'une pièce horizontale est son extrémité libre lorsqu'il n'y en a qu'une de soutenue, et son milieu, lorsque les deux extrémités sont soutenues. Les nombres de la table ci-dessus se rapportent à des pressions exercées au milieu des pièces.

Les circonstances de la fracture varient avec celles des positions. Lorsque la pièce est assujettie par une de ses extrémités, elle se brise près du point d'appui ; lorsqu'elle est fixée par ses deux extrémités, elle se brise en trois endroits (Pl. 3, fig. 8), au milieu et près des points d'appui ; enfin, lorsqu'elle est seulement soutenue par ses extrémités, la fracture est unique et se fait au milieu.

II. *Résistance verticale.* Une pièce de bois posée verticalement sur sa base et chargée à son extrémité supérieure plie généralement avant de s'écraser.

Rondelet a obtenu, de nombreuses expériences, les résultats suivans :

1° Un poteau de chêne qui a plus de sept ou huit fois la largeur de sa base en hauteur plie sous la charge avant de s'écraser ou de se refouler, et une pièce de bois dont la hauteur serait cent fois le diamètre de sa base n'est plus capable de porter le moindre fardeau sans plier.

2° Quand une pièce de chêne est trop courte pour pouvoir plier, la force qu'il faut pour l'écraser est de 40 à 48 livres par ligne superficielle de sa base ; et cette force pour le bois de sapin va de 48 à 56.

3° Des cubes de chacun de ces bois, soumis à une forte pression, ont diminué de hauteur sans se désunir ; ceux en chêne de plus d'un tiers et ceux en sapin de moitié.

4° La force moyenne du bois de chêne, qui est de 44 livres par ligne superficielle pour un cube, se réduit à deux livres pour une pièce de même bois, dont la hauteur est égale à 72 fois la largeur de la base.

5° En comparant un cube de chêne avec des parallélipipèdes rectangulaires de même base, la résistance a décru dans les rapports suivans :

Pour le cube dont la hauteur est	1,	la résistance étant	1
Pour une pièce dont la hauteur est	12,	elle est	$\frac{5}{6}$
id.	24	id.	$\frac{1}{2}$
id.	36	id.	$\frac{1}{3}$
id	48	id.	$\frac{1}{6}$
id.	60	id.	$\frac{1}{11}$
id.	72	id.	$\frac{1}{24}$

D'après Perronet, la résistance comparative des six espèces suivantes de bois chargés debout est

Chêne.	126
Saule.	96
Sapin.	94
Peuplier.	74
Frêne.	72
Orme.	70

M. Girard, à qui l'on doit un grand nombre de belles expériences, a reconnu que l'élasticité des bois posés debout, ou la résistance qu'ils sont capables d'opposer à la flexion, lorsqu'ils sont chargés verticalement, est *en raison directe des largeurs, double des hauteurs et inverses des longueurs.* Il faut entendre ici par *hauteur* la plus grande largeur du bois. Ce savant a trouvé que l'élasticité absolue d'un morceau de bois de chêne d'un mètre cube est de 11 784 451 kilogrammes, et que celle d'un mètre cube de sapin est de 8 161 128 kilogrammes. D'après ses calculs, une pièce de bois de chêne de 1295 mètres de hauteur sur un mètre d'équarrissage ne résisterait pas à la pression de son propre poids. Il en serait de même d'une pièce de sapin de 1832 mètres.

III. *Adhérence des fibres.* Il résulte, de toutes les expériences, que le bois résiste mieux à l'extension qu'à la compression. Le résultat moyen des expériences de Rondelet est que la force du bois de chêne ordinaire est d'environ 981 kilogrammes par centimètre carré de la base du morceau soumis à une traction perpendiculaire par ses deux bouts. Barlow estime la force du chêne d'Angleterre de 648 à 800 kilogrammes, tandis que Tredgold ne la porte qu'à 163 kilogrammes, toujours par centimètre carré. Nous ne rapporterons pas d'autres appréciations tout aussi différentes et qui ne sont propres qu'à faire sentir le besoin d'une théorie plus avancée. (*Voy.* OEuvres de Buffon, *Partie expérim. XIe mémoire; Traité de l'art de bâtir,* par Rondelet; OEuvres, de Perronet ; *Traité analytique de la résistance des solides,* par Girard.)

BUSE. (*Hydraul.*) On désigne sous ce nom, soit une caisse qui contient de l'eau, soit le canal ou coursier qui conduit l'eau sur une roue hydraulique.

C.

CAM

CAMES. (*Méc.*) Parties saillantes adaptées à un axe tournant et qui servent à imprimer un mouvement alternatif aux tiges des pilons. Telles sont les *cames b, b* (Pl. 3, fig. 9) qui, ajustées sur le cylindre A, soulèvent alternativement le pilon B par son mentonnet *m* pour le laisser ensuite retomber.

La courbure de la came se détermine d'après l'effet qu'on en veut obtenir. Lorsqu'on désire que l'ascension du pilon soit régulière, il faut évidemment que la courbe soit telle que le rayon du cylindre moteur décrive des arcs égaux dans le même temps que le mentonnet parcourt des espaces égaux, condition qui se trouve remplie par la *développante du cercle,* comme on peut aisément s'en assurer. Soit, en effet, *bn* une partie de la développante du cercle A (Pl. 3, fig. 11) rencontrée à son origine en *b* par la droite *mb.* Supposons que le cercle A tourne avec sa développante autour de son centre et que pendant ce mouvement la droite *mo* s'élève parallèlement à elle-même, de manière que son extrémité *o* parcoure successivement les divers points de la développante *bn* tout en décrivant la verticale *b*M. Lorsque, par suite du mouvement de rotation du cercle A, la développante sera arrivée en *b'n',* la droite *mo,* sera en *m'o'* et son extrémité *o* aura décrit *bo';* de même, lorsque la développante sera parvenue en *b"n',* la droite *mo* se trouvera dans la position *m'o',* et son extrémité *b* aura décrit la droite *bo'.* Or, d'après la théorie des *développées* (*Voy.* ce mot, tom. I), la droite *bo'* est égale à l'arc *bb'* du cercle A, et la droite *bo'* est égale à l'arc *bb',* car *b*M est tangente au cercle en *b,* ainsi le rapport de *bo'* à *bo'* est le même que celui de l'arc *bb'* à l'arc *bb',* et il en résulte évidemment que, si le mouvement du cercle est uniforme, la droite *mo* décrira des espaces verticaux égaux pendant que le rayon A*b* décrira des arcs égaux.

La construction de la développante du cercle s'effectue de la manière suivante : ayant décrit un cercle A (Pl. 3, fig.) on portera, un certain nombre de fois sur sa circonférence, un arc *m*1 assez petit pour qu'on puisse le considérer comme une ligne droite. Par tous les points de division 1, 2, 3, 4, etc. on mènera des tangentes indéfinies, puis on prendra la première *m'*1 égale à *m*1, la seconde *m'*2 égale à deux fois *m*1, la troisième *m"'*3, égale à 3 fois *m*1 et ainsi de suite. La courbe passant par tous les points *m, m', m'* etc. sera la *développante* du cercle A.

CAR

Pour tracer le profil d'une *came,* on prendra le rayon du cercle A égal à celui du cercle primitif considéré par rapport au mentonnet, c'est-à-dire, égal à la distance qu'il y a entre le centre du mouvement et l'extrémité du mentonnet lorsque le pilon est en repos ; après avoir décrit la développante, on prendra le rayon A*n* égal à la distance qu'il doit y avoir entre le centre du mouvement et l'extrémité du mentonnet lorsque le pilon est arrivé au plus haut point de sa course, et, avec ce dernier rayon, on décrira un arc qui déterminera en *o* l'extrémité de la came *mo* capable de produire l'effet demandé.

Cette manière de faire mouvoir les pilons est sujette à plusieurs inconvéniens dont le plus grave est le choc de la came contre le mentonnet au moment où elle le rencontre avec sa vitesse acquise ; ce qui occasionne une perte de force motrice. On a cherché à y remédier par diverses dispositions dans lesquelles la vitesse du mentonnet, nulle au moment où il est saisi par la came, s'accélère ensuite progressivement, ce qui fait perdre l'avantage de l'uniformité du mouvement. Pour éviter aussi la déviation du pilon, qui résulte de ce qu'il est soulevé par un seul côté, on a essayé de le revêtir d'une crémaillère (*Voy.* ce mot) et d'armer l'axe tournant de dents d'engrénage ; mais ce système est encore plus défectueux que celui des simples cames. (*Voy.* Belidor, *Archit. hydraul.;* Hassenfratz, *Sidérotechnie;* Hachette, *Traité des machines.*)

CARTES. (*Géog. math*) La construction des cartes a pour objet de représenter sur une surface plane la situation respective des divers lieux de la terre. (*Voy.* tom. I, pag. 94).

Pour qu'une carte fût rigoureusement exacte, il faudrait : 1° que tous les lieux y fussent placés dans leur juste position par rapport aux principaux cercles géographiques, comme l'équateur, les méridiens, les parallèles, etc. ; 2° que les grandeurs des différens pays aient entr'elles les mêmes rapports que sur la surface de la terre ; 3° que les différens lieux fussent respectivement sur la carte aux mêmes distances les uns des autres et dans la même situation que sur la terre elle-même. Ces conditions ne sauraient être généralement remplies.

Lorsque l'étendue du terrain qu'on veut figurer est très-petite, la portion qu'il comprend de la surface du globe ne diffère pas sensiblement d'une surface plane, et il est possible de conserver aux objets les rapports exacts de grandeur qu'ils ont entre eux, mais lorsque cette étendue est considérable, il devient nécessaire, soit d'altérer quelques-uns de ces rapports pour pouvoir conserver l'exactitude des autres, soit de les modifier tous, suivant le but qu'on se propose en construisant la carte, parce que la surface de la sphère n'est point développable, comme celles du cylindre et du cône, et qu'on ne peut, conséquemment l'étendre sur un plan sans qu'il en résulte des déchirures ou des duplicatures.

L'impossibilité de développer la surface de la sphère a fait adopter, pour la construction des cartes, diverses méthodes qui reposent en principe sur les propriétés des *projections* (*Voy.* ce mot, tom. II). Qu'on imagine, par exemple, un plan qui coupe la terre dans une position déterminée, puis, de chacun des points de la surface courbe terrestre, qu'on conçoive une perpendiculaire abaissée sur le plan, les pieds de ces perpendiculaires représenteront les points correspondans de la surface du globe. Il en sera encore de même, si, au lieu d'être perpendiculaires, les droites projetantes concourent toutes à un même point, alors on pourra considérer ce point comme le *point de vue* d'un tableau, et les intersections des droites avec le plan de projection ou le plan du *tableau* seront les *perspectives* des points correspondans de la surface terrestre. Cette dernière espèce de projection, nommée *stéréographique*, est celle qu'on emploie le plus particulièrement pour représenter un hémisphère entier. Les cartes construites par ce moyen sont donc de véritables perspectives, et l'altération qui en résulte dans les positions respectives des objets dépend de la situation du tableau et du lieu qu'on choisit pour *point de vue*.

Or, pour projeter un hémisphère, soit en totalité, soit en partie, on suppose ordinairement que l'œil est placé à l'un des points de la surface terrestre et que le plan de projection est celui du grand cercle dont ce point est le pôle, ce qui présente trois cas différens : 1° l'œil étant à l'un des pôles de la terre, la projection a lieu sur le plan de *l'équateur ;* 2° l'œil étant entre le pôle et l'équateur, la projection a lieu sur le plan de son *horizon ;* 3° enfin l'œil étant sur l'équateur même, la projection s'effectue sur le plan d'un *méridien*. La projection est dite *polaire* dans le premier cas, *horizontale* dans le second, et on la nomme, dans le troisième, *projection sur le méridien*. On peut encore supposer l'œil placé au centre de la terre ; il en résulte une quatrième projection nommée *centrale* dont on ne fait point usage. Nous allons examiner successivement les trois premières.

1. *Projection polaire.* On reconnaît aisément que lorsque l'œil est à l'un des pôles, la projection de ce pôle est le centre même de l'équateur et que les projections des

cercles parallèles à l'équateur sont des cercles concentriques à ce dernier. Quand aux projections des méridiens, elles sont évidemment des lignes droites.

Avec un rayon AO (Pl. 3, fig. 13), choisi d'après la grandeur qu'on veut donner à l'hémisphère, on décrira donc un cercle ACBD qui représentera l'équateur et on prendra pour premier méridien un diamètre quelconque AB ; à partir du point A on divisera le quart de circonférence AC en neuf parties égales ou de 10 degrés en 10 degrés, puis par tous les points de division on mènera des diamètres (10)(190), (20)(200), (30)(210), etc. Ils seront les projections des méridiens correspondans aux longitudes 10°, 20°, 30°, etc., 90°. La même construction effectuée sur l'arc AD donnera les méridiens correspondans aux longitudes 100°, 110°, etc., 180°.

Pour avoir les projections des parallèles à l'équateur, également de 10 en 10 degrés, on mènera par l'extrémité D du diamètre CD, perpendiculaire au premier méridien AB, des droites D(10), D(20), D(30), etc., qui couperont AO en des points m, m', m'', etc., et du point O comme centre avec les rayons bm, bm', bm'', etc.; on décrira des cercles qui seront les parallèles demandées. En effet, si l'on conçoit que le cercle ACBD tourne sur le diamètre AB jusqu'à ce qu'il soit perpendiculaire au plan de la figure, le point D deviendra le point de vue, et les points m, m', m'', etc. seront les projections sur le rayon AO des intersections du premier méridien par les cercles parallèles à l'équateur.

Après avoir achevé le réseau, il ne s'agit plus que d'y marquer la position des lieux terrestres, d'après leur latitude et leur longitude, d'y tracer le cours des fleuves, les contours des terres et des mers, etc., etc. Dans cette projection, les méridiens et les parallèles se coupent à angles droits comme sur la sphère, mais les degrés égaux des méridiens y sont représentés pour des portions de ligne droite inégales, ce qui raccourcit l'étendue des terrains en allant de l'équateur au pôle.

2. *Projection sur un méridien.* L'œil étant toujours placé au centre de l'hémisphère opposé à celui qu'on veut représenter est, de plus, sur l'équateur même, et alors la projection de ce cercle est une droite perpendiculaire à l'axe du globe.

Soit donc AB (Pl. 3, fig. 12) la projection de l'équateur ; avec la moitié de cette droite, pour rayon, on décrira la circonférence APBP' ; ce sera le méridien sur lequel on doit faire la projection. Le diamètre PP', perpendiculaire à AB sera l'axe de la terre et représentera en même temps la projection du méridien qui passe par le point de vue dont le centre O est la projection.

Après avoir divisé comme ci-dessus l'arc AB de 10 en 10 degrés, menons par le premier point de division (10), le diamètre (10)(190) et par le pôle P' tirons les droites P'(10), P'(190) dont la première coupera le diamètre AB en un point *m*, et la seconde le prolongement de ce même diamètre en un point *n ;* les points *m* et *n* seront les projections des extrémités du diamètre du méridien éloigné de 10° en longitude par rapport au méridien AB ; du milieu de *mn*, comme centre, on décrira donc l'arc P*m*P′ qui sera la projection du méridien en question. Cette même construction, répétée sur les diamètres (20)(200), (30)(210) etc., donnera tous les méridiens compris dans la moitié PAP′ de l'hémisphère, et comme les deux moitiés sont symétriques, il suffira de reporter de O vers A la longueur des rayons compris de O vers B pour décrire les méridiens de la partie PBP′.

Les projections des parallèles à l'équateur devant passer par les points correspondans de division (80) et (100), (70) et (120), etc., et leurs centres étant tous situés sur le prolongement de l'axe P′P, on déterminera ces centres en menant du point B une droite à chacun de ces points ; par exemple, B(40) et B(120), dont la première coupe l'axe en *m*′ et son prolongement en *n*′ ; *m*′*n*′ étant le diamètre du parallèle (40)(120), du milieu de cette droite, comme centre, on décrira l'arc (40)*m*′(120) qui sera la projection du parallèle demandé, et ainsi des autres.

Cette projection est employée pour la construction des mappemondes ; elle a l'avantage de représenter d'une manière un peu plus exacte que la précédente les distances des lieux à l'équateur et au premier méridien ; mais elle rend les degrés de l'équateur inégaux, ce qui raccourcit toutes les parties situées vers l'axe. On construit depuis peu de temps des mappemondes dans lesquelles les espaces sont moins altérés, en remplaçant la projection stéréographique par la projection suivante qui n'est plus une perspective du globe.

Après avoir divisé en parties égales, par exemple, en 18 (Pl. 4, fig. 1), chacun des diamètres rectangulaires AB et PP′, on divise en 9 parties égales chacun des arcs AB et AP′, puis on fait passer d'une part des arcs de cercle par tous les points de division *m* et par les pôles P et P′ et de l'autre par tous les points de division *n* et par les points correspondans (10), (20), etc. ; les premiers représentent les méridiens et les seconds les parallèles à l'équateur ; les uns et les autres de 10 en 10 degrés.

3. *Projection horizontale.* Dans cette projection, c'est l'horizon rationnel qui est le tableau, le point de vue est le pôle de l'horizon, et le méridien qui passe par ce pôle et qu'on nomme *méridien principal* est une ligne droite, sur laquelle se trouve le pôle de l'hémisphère représenté.

Soit ABCD (Pl. 4, fig. 2) l'horizon d'un lieu, son centre O sera la projection du point de vue et on pourra choisir un diamètre quelconque AC pour représenter le méridien principal. Ayant mené le diamètre BD per-

pendiculaire AC, ainsi que le diamètre *pp*′ qui fait avec AC un angle *p*OA égal à l'élévation du pôle au-dessus de l'horizon, on tirera les droites D*p* et D*p*′ qui couperont AC prolongé en deux points P et P′ dont le premier sera la projection du pôle supérieur et le second la projection du pôle inférieur. Les projections des méridiens, qui passeront toutes par les pôles P, P′, auront en même temps leurs centres sur la droite MN perpendiculaire sur le milieu de PP′.

Pour trouver ces centres, on décrira du point P avec le rayon PE le quart de cercle EQ qu'on divisera en neuf parties égales, si l'on ne veut avoir les méridiens que de 10 en 10 degrés ; on mènera ensuite du point P à chacun des points de division une droite, qu'on prolongera jusqu'à ce qu'elle rencontre MN ; les points d'intersections *a*, *b*, *c*, etc., ainsi obtenus, seront les centres de méridiens qu'on décrira avec leurs rayons respectifs *a*P, *b*P, *c*P, etc. Le point E est le centre du méridien DPB perpendiculaire au méridien principal AB.

La construction des parallèles ne présente pas plus de difficulté. Après avoir divisé la circonférence ABCD en 36 parties égales à partir du point *p*, on mènera aux deux divisions également éloignées de *p*, des droites D(1) et D(1′), D(2) et D(2′), etc., et les intervalles *vu*, *v*′*u*′, *v*″*u*″, etc., déterminés par ces droites sur le méridien AB seront les diamètres des parallèles. La projection de l'équateur passera par les points B et D qui marquent l'est et l'ouest de la carte ; une moitié seule de ce cercle se trouve projetée parce qu'il est coupé en deux parties égales par le plan de l'horizon.

Les altérations que cette espèce de projection occasionne ne sont pas symétriques par rapport au pôle.

4. *Des projections par développement.* Les constructions que nous venons d'indiquer deviennent très-embarrassantes pour les cartes particulières où les rayons des méridiens et des parallèles sont d'une longueur considérable, aussi les géographes préfèrent-ils dans ce cas les *projections* dites par *développement* à la projection stéréographique. On en distingue de deux espèces : les premières se nomment *développemens coniques*, les secondes, *développemens cylindriques.*

On sait qu'une zone sphérique d'une très-petite largeur ne diffère pas sensiblement de la surface convexe d'un cône tronqué, et comme cette dernière est exactement développable sur un plan, on peut obtenir, en opérant ce développement, une représentation d'autant plus exacte de la zone que celle-ci est plus étroite et se confond mieux avec la surface du cône.

Considérons, par exemple, la zone sphérique dont *ab* (Pl. 4, fig. 3) est la largeur ; si nous imaginons un cône tangent au parallèle moyen M de cette zone, les surfaces du cône et de la zone, coïncidentes à ce parallèle, s'écarteront à sa droite et à sa gauche et en projetant les lignes géographiques de la zone sur la surface du cône, les projections des méridiens feront entre eux des angles moindres que sur la sphère, et les projections des parallèles seront plus grandes que ces parallèles, tant à la droite qu'à la gauche du parallèle moyen.

Si, au lieu d'employer le cône tangent, nous prenons le cône inscrit, la corde ab est alors le côté du tronc de cône dont la surface développée doit former la carte, et il est facile de voir que cette carte sera parfaitement exacte sur les parallèles extrêmes a et b ; mais que les parallèles intermédiaires seront trop petits.

Par une disposition intermédiaire entre le cône tangent et le cône inscrit, on peut encore diminuer l'altération des parallèles, comme l'a fait Delisle dans sa carte générale de Russie. Ce géographe a choisi pour la surface conique représentative d'une zone, celle qui la coupait suivant deux parallèles placés chacun à égale distance du parallèle moyen et de l'un des parallèles extrêmes. De cette manière, les dimensions des parallèles communs au cône et à la sphère ne sont point altérés, et l'étendue de la carte diffère peu de l'étendue terrestre correspondante, parce que l'élargissement des parties inférieures se trouve à peu près compensée par le rétrécissement des parties supérieures.

Quelle que soit celle de ces dispositions qu'on veuille adopter, les intersections des plans des parallèles avec la surface conique déterminent sur cette surface les projections des parallèles, et les projections des méridiens sont des lignes droites qui concourent au sommet du cône. Il en résulte qu'en développant la surface conique, les parallèles deviennent des arcs de cercle dont le centre commun est au sommet du cône, et que les méridiens demeurent des droites concourantes à ce sommet, ce qui conduit aux constructions que nous allons exposer, en prenant pour premier exemple le cas du cône tangent au parallèle moyen.

Observons d'abord que, dans le développement, le rayon du parallèle moyen M (fig. 3) est la droite MO, cotangente de l'angle ECM ou de la latitude de ce parallèle ; ainsi, après avoir tracé (fig. 4) une ligne indéfinie AO, on prendra une longueur OM sur cette ligne, égale à la cotangente du parallèle moyen de la carte, puis du centre O avec OM pour rayon, on décrira un arc indéfini NN' ; cet arc représentera le parallèle moyen de la carte.

Supposons maintenant que l'amplitude de ce parallèle moyen ou que sa partie comprise entre les limites de l'espace terrestre qu'on veut représenter soit de 50 degrés. Comme dans la sphère, le rayon de ce parallèle est MR, tandis qu'il est MO dans la carte, et que les nombres de degrés contenus dans deux arcs égaux sont entre eux dans le rapport inverse des rayons, on aura,

si NN' représente l'amplitude du parallèle moyen sur la carte,

$$\text{angle NON}' = \frac{MR}{MO} \cdot 50°$$

Ayant donc calculé le nombre des degrés de l'angle NON', on construira cet angle en faisant de chaque côté de OA un angle égal à sa moitié.

Pour décrire les parallèles extrêmes, on prendra sur l'axe AO de la carte deux parties Ma et Mb égales chacune à la moitié de la différence ab de latitude de ces parallèles extrêmes ; si, par exemple, cette différence est de 40 degrés, on prendra la longueur de 20 degrés sur l'échelle de la carte et on la portera de M en a et en b, puis du centre commun O on décrira les arcs DD' et EE'.

Si l'on veut que les méridiens et les parallèles soient distans les uns des autres de 10 degrés, on partagera NN' en 5 parties égales et ab en 4, puis on mènera les lignes de la figure. DD'E'E sera le réseau de la carte.

C'est de cette manière qu'ont été construites la plupart des cartes particulières des empires.

Dans le cas du cône inscrit, il s'agit de déterminer préalablement la grandeur de AO (Pl. 4, fig. 5), rayon du premier parallèle extrême. Or l'angle O a pour mesure

$$\tfrac{1}{2}\,\text{AP}' - \tfrac{1}{2}\,\text{BP} = -\tfrac{1}{2}\,(90° + \text{AE}) - \tfrac{1}{2}\,(90° - \text{BP})$$
$$= \tfrac{1}{2}\,\text{AE} - \tfrac{1}{2}\,\text{BP}$$

ou $\tfrac{1}{2}$ lat A $-\ \tfrac{1}{2}$ lat B, et on a dans le triangle rectangle AOm

$$1 : \sin O = \text{AO} : \text{A}m$$

ou

$$1 : \sin\left(\frac{\text{lat A} - \text{lat B}}{2}\right) = \text{AO} : \cos \text{lat A},$$

ce qui donne

$$\text{AO} = \frac{\cos \text{lat A}}{\sin \tfrac{1}{2}\,(\text{lat A} - \text{lat B})} ;$$

le rayon de la sphère étant pris pour *unité*. Après avoir décrit une droite égale à AO, dont on déterminera la grandeur soit par la construction graphique de la figure 5, soit en la calculant à l'aide des tables des sinus, on cherchera l'amplitude du premier parallèle extrême sur la carte, d'après son amplitude sur la terre. Cette amplitude sera

$$\frac{\text{A}m}{\text{AO}}\,\lambda.$$

λ désignant le nombre des degrés de l'amplitude terrestre. Le reste de la construction s'effectuera d'une manière analogue à la précédente.

Ces principes sont immédiatement applicables à toutes les autres positions qu'on voudrait donner à la surface conique, car il s'agit uniquement de déterminer la grandeur du rayon d'un parallèle commun à la surface du globe et à la surface conique, ainsi que l'amplitude que doit avoir ce parallèle sur la carte; ces deux quantités déterminent la grandeur de toutes les autres.

5. *Projection conique modifiée.* Pour éviter l'altération des aires, Flamsteed a employé dans son *Atlas céleste* une espèce de projection dans laquelle le méridien du milieu de la carte et les parallèles sont développés en lignes droites, tandis que tous les autres méridiens sont courbes, ce qui permet de représenter le quadrilatère compris entre deux méridiens et deux parallèles quelconques sur la surface de la sphère, par un quadrilatère équivalent sur la carte, mais ce qui présente le désavantage d'altérer considérablement la configuration des parties situées vers les limites de la carte. En adoptant la projection de Flamsteed, pour ce qui concerne les méridiens, les géographes ont su diminuer ses inconvéniens en rendant circulaires tous les parallèles et les faisant concentriques au parallèle moyen de la carte, dont le centre est sur le méridien rectiligne, et qui a pour rayon la cotangente de sa latitude comme dans la projection conique pure. C'est d'après la projection de Flamsteed, ainsi modifiée, que Bonne et Delisle ont construit les cartes des quatre parties du monde.

Soit donc OM (Pl. 4, fig. 6), le rayon du parallèle moyen et AB ce parallèle, ayant porté au-dessus et au-dessous du point M, sur le méridien rectiligne MN, des parties M*a*, *ab*, *bc*, etc. égale chacune à la grandeur, prise sur l'échelle, de 10 degrés, ou de 5 ou même de 1 degré, suivant la distance qu'on veut donner aux parallèles, du point O comme centre on décrira les arcs concentriques CD, EF, etc. Nous supposerons que les parallèles doivent être tracés ainsi que les méridiens de degré en degré.

Ceci fait, on divisera chacun de ces arcs, à partir du méridien MN et à la droite et à la gauche de ce méridien, en parties égales entre elles et qui seront égales à l'intervalle d'un degré du parallèle correspondant sur le globe terrestre, puis on fera passer des courbes par toutes les divisions d'un même ordre. Ces courbes représenteront les méridiens de degré en degré.

Les avantages de cette construction sont évidemment de conserver entre les parties des méridiens rectilignes et celles des parallèles les mêmes rapports qu'elles ont sur la sphère; ses défauts sont d'altérer les rapports des autres méridiens, mais comme elles ne commencent à devenir sensibles que loin du centre du développement, on doit préférer cette méthode à toutes les autres, d'autant plus qu'il est très-facile d'y tenir compte de l'aplatissement de la terre, en calculant les degrés des parallèles pour un sphéroïde et non pour une sphère.

» Vu la difficulté et souvent même l'impossibilité de tracer des arcs de cercle d'un très-grand rayon, l'on a pris le parti de construire ces courbes par points, en les rapportant pour plus de facilité et de précision à des coordonnées rectangles. Sur les cartes gravées au dépôt de la guerre, ou à l'échelle de $\frac{1}{50000}$ on y remarque le méridien et les parallèles tracées de décigrade en décigrade (de dixième en dixième du *grade* ou degré centésimal), ces lignes ont une courbure si peu sensible, que les quadrilatères qu'elles forment peuvent être considérés comme rectilignes. Ainsi, pour construire le canevas d'une carte, il ne s'agit que de connaître les coordonnées rectangles des sommets des angles de ces quadrilatères; sauf ensuite, si le cas l'exige, à tracer les courbes des méridiens et des parallèles à l'aide d'une règle élastique dont l'usage est très-facile.

» Mais le choix de l'origine des coordonnées n'est pas indifférent. En effet, la grande étendue des pays à figurer exige souvent que la carte soit composée de plusieurs feuilles; or, pour leur donner des dimentions agréables à la vue, les rendre faciles à consulter et les assujettir toutes au même format, on est convenu que chacune aurait 8 décimètres de longueur sur 5 décimètres de hauteur. Ainsi, en prenant d'abord pour origine des coordonnées le centre commun des parallèles, et pour axe des abcisses le méridien moyen de la carte qui la traverse en son milieu, il est évident que cette origine est située hors de cette carte, et que souvent aussi le méridien principal est hors de la feuille à construire; il y a donc un peu plus d'avantage à prendre pour origine le centre du développement, c'est-à-dire le point du méridien rectiligne par lequel passe le parallèle moyen. Cependant, toutes les fois que les coordonnées des angles des quadrilatères excèdent les dimensions d'une feuille, il sera commode de transporter en outre l'origine à l'un des angles de la feuille sur laquelle on opère, et de prendre pour nouveaux axes des coordonnées les lignes mêmes du cadre, qui doivent être constamment parallèles aux coordonnées primitives, c'est-à-dire, au méridien principal et à la tangente du moyen parallèle.

» C'est de cette manière qu'on opère pour la nouvelle carte de France; sur cette carte, la courbure des parallèles est réglée d'après celle que prend le parallèle du 50e grade (45e degré sexagésimal), dont le centre est situé sur le méridien rectiligne de Paris, pris pour axe principal des abcisses; ainsi, à la latitude de ce parallèle moyen, le grade du méridien vaut 100000 mètres, et non loin du centre du développement, les distances respectives des lieux sont à fort peu près les mêmes sur la sphère que sur le sphéroïde terrestre. De là résulte la possibilité de former très-aisément des cartes chorographiques, par la simple réduction des levés, à l'échelle convenue ; puisque l'on conserve absolument la même projection, et que l'on élude les difficultés et les erreurs auxquelles le passage d'une espèce de projection à une autre espèce donne lieu. »

Les calculs nécessaires à la confection des cartes par ce procédé, le plus en usage aujourd'hui, sont assez nombreux. Ils exigent des détails dans lesquels nous ne pouvons entrer, et pour lesquels nous renverrons nos lecteurs au *Traité de topographie* de M. Puissant, à qui nous avons emprunté les trois paragraphes précédens.

6. *Développement cylindrique.* Concevons qu'une zone sphérique soit inscrite ou circonscrite dans un cylindre droit, dont l'axe coïncide avec celui de la sphère, et que les plans des méridiens et des parallèles déterminent, par leurs intersections avec la surface convexe du cylindre, les lignes qui représenteront leurs projections sur cette surface développée. Les plans des méridiens couperont la surface courbe du cylindre suivant des lignes droites parallèles à l'axe, tandis que les plans des parallèles formeront sur cette surface des cercles parallèles égaux chacun à celui qui compose la base du cylindre, de sorte qu'en développant la surface du cylindre, ces parallèles deviendront des lignes droites perpendiculaires aux méridiens.

Dans le développement cylindrique, les méridiens et les parallèles sont donc des lignes droites rectangulaires, disposition qui permet aux marins de tracer facilement, sur la carte ainsi construite, le chemin qu'ils ont parcouru, ou de calculer celui qui leur reste à faire. Ces cartes, nommées *cartes plates*, ont été inventées par don Henri, infant de Portugal ; elles ont le défaut d'altérer les rapports de grandeur entre les degrés des parallèles et ceux des méridiens.

7. *Cartes réduites.* L'utilité de représenter les méridiens par des lignes droites parallèles, dans les cartes marines, vient de ce que la direction d'un *rhumb de vent* coupe sous le même angle tous les méridiens qu'il rencontre, ce qui fait parcourir aux vaisseaux, sur la surface des mers, une ligne courbe qui ne saurait être représentée sur les cartes à méridiens non parallèles que par une espèce de spirale difficile à décrire. (*Voy.* Loxodromie.) Dès qu'on eut remarqué les défauts des cartes plates, on sentit la nécessité d'abandonner la projection cylindrique, ou du moins de la modifier. Mercator indiqua le premier qu'il fallait faire croître les degrés du méridien d'autant plus qu'ils s'éloignent de l'équateur, mais c'est à Édouard Wrigt qu'est due la loi de cette augmentation, quoiqu'il soit d'usage de nommer *projection de Mercator*, la projection cylindrique altérée dont on se sert généralement aujourd'hui.

Pour bien saisir le principe de cette projection, il faut observer que les degrés des parallèles terrestres comprennent sur la surface du globe une étendue d'autant plus petite qu'ils sont plus éloignés de l'équateur ou que leur latitude est plus grande, tandis que les degrés des méridiens sont toujours égaux entre eux et à celui de l'équateur, du moins en considérant la terre comme sphérique. Or, si l'on désigne par g la grandeur constante du degré de l'équateur, et par γ la grandeur des degrés du parallèle dont la latitude est λ, le rapport du degré du parallèle au degré du méridien, à la latitude λ, sera $\frac{\gamma}{g}$; ainsi, lorsqu'on fera sur un carte tous les degrés des parallèles égaux au degré g de l'équateur, il faudra que le degré du méridien qui commence à la latitude λ ait une grandeur x telle que son rapport avec le degré g du parallèle, soit égal à $\frac{\gamma}{g}$, ou qu'on ait

$$\frac{g}{x} = \frac{\gamma}{g}$$

ce qui donne

$$x = \frac{g^2}{\gamma}$$

Mais, en considérant le rayon de la sphère comme celui des tables des sinus $= 1$, le rayon A m (Pl. 4 fig. 5) d'un parallèle est le cosinus de l'arc EA ou de la latitude de ce parallèle ; donc

$$g : \gamma = 1 : \cos \lambda.$$

car les longueurs de deux arcs d'un même nombre de degrés sont proportionnelles aux rayons des cercles dont ils font partie. Tirant de cette proportion la valeur de γ et la substituant dans celle de x, il vient

$$x = \frac{g}{\cos \lambda} = g \sec \lambda$$

c'est-à-dire que les degrés du méridien sur la carte doivent être proportionnels aux sécantes de leurs latitudes.

Si au lieu de prendre l'intervalle d'un degré on prend celui d'une minute, on aura évidemment de même

$$1' \text{ du méridien} = 1' \text{ de l'équateur} \times \sec \lambda.$$

Ainsi, lorsqu'on fait constamment sur la carte la *minute* d'un parallèle quelconque égale à celle de l'équateur, l'intervalle de deux parallèles consécutifs, ou la différence de leur latitude, correspondante à une minute, doit être égale à $1' \times \sec \lambda$, λ étant la latitude du parallèle le plus proche de l'équateur. Pour trouver l'intervalle correspondant à un nombre quelconque de minutes, il faudra former la somme de toutes les sécantes de minute en minute, depuis celle de la plus petite latitude jusqu'à celle qui précède la plus grande. Par exemple, si l'on veut connaître la distance qu'on doit donner sur la carte aux parallèles dont les latitudes respectives sont 45° et 45° 4′, on devra former la somme

$$\text{séc } 45° + \text{séc } (45° 1′) + \text{séc } (45° 2′) + \text{séc } (45° 3′)$$

et comme cette somme est à peu près 5,66, l'intervalle cherché sera $1′ \times 5,66$ ou 5′,66 ; c'est-à-dire qu'il faudra donner à la partie du méridien comprise entre le parallèle de 45° et celui de 45° 4′, cinq fois et demie environ la grandeur arbitraire qu'on a prise pour représenter dans la carte une minute de l'équateur. Les cartes construites sur ce principe se nomment *cartes réduites* ou *cartes par latitudes croissantes*.

Outre que les calculs sont très-prolixes par le procédé que nous venons d'indiquer, on ne peut compter sur des résultats entièrement rigoureux, car l'arc d'une minute diffère sensiblement de sa corde. Il faudrait, pour plus de précision, diviser cet intervalle en parties très-petites, comme en *secondes*, mais il est beaucoup plus simple, dans tous les cas, d'avoir recours à la méthode directe que nous allons indiquer.

Désignons par s la longueur d'un arc du méridien terrestre compris entre l'équateur et le cercle parallèle qui a λ pour latitude, ds sera l'accroissement infiniment petit que reçoit cet arc, lorsque la latitude λ croit de $d\lambda$; désignons en outre par s' la longueur linéaire qu'a, sur la carte réduite, l'arc s du méridien circulaire; il s'agit de déterminer l'accroissement ds' qui doit représenter sur la carte l'accroissement correspondant ds. Or, d'après ce qui précède, une partie très-petite, prise sur le méridien de la carte, doit être à la partie correspondante du méridien de la terre, dans le rapport du rayon de l'équateur à celui du parallèle de l'origine de cette partie. Soit donc R le rayon de l'équateur, r celui du parallèle de la latitude λ, nous aurons

$$ds' : ds = R : r$$

mais le rayon de la terre étant R, celui du parallèle est $R \cos \lambda$, et de plus $ds = R d\lambda$, donc la proportion précédente est la même chose que

$$ds' : R d\lambda = 1 : \cos \lambda$$

d'où l'on tire

$$ds' = \frac{R d\lambda}{\cos \lambda}$$

et, en intégrant,

$$s' = \int \frac{R d\lambda}{\cos \lambda}$$

On aura donc ainsi la longueur s' qui représente sur le méridien rectiligne de la carte, l'arc s du méridien circulaire de la terre.

Réalisant l'intégration, on obtient

$$s' = R \log \text{tang } \tfrac{1}{2} (90° + \lambda)$$

il n'y a pas besoin d'ajouter de constante, parce que $s' = 0$, lorsque $\lambda = 0$.

Dans cette formule, s' est donné en mêmes unités que le rayon R de l'équateur; pour l'avoir en *minutes*, il faut faire

$$R = \frac{10800}{\pi} = 3437′,746$$

et de plus, le logarithme énoncé étant un logarithme naturel, on ne peut se servir des logarithmes tabulaires qu'après les avoir multipliés par le module 2,302585093. En tenant compte de ces circonstances, on obtient pour l'expression de s' en minutes,

$$s' = (3437′,746) (2,302585) \text{ Log tang } (45° + \tfrac{1}{2}\lambda)$$

le logarithme indiqué étant un logarithme tabulaire. Cette forme se réduit à

$$s' = (7915′,704468) \text{ Log tang } (45° + \tfrac{1}{2}\lambda)$$

Si l'on veut calculer s' à l'aide des logarithmes, on a..... (1)

$$\text{Log } s' = 3,8984896 + \text{Log } (\text{Log tang } (45° + \tfrac{1}{2}\lambda)$$

et les opérations deviennent très-simples. Soit, par exemple, à trouver la longueur de la partie du méridien comprise entre l'équateur et le parallèle du 48ᵉ degré de latitude; on fera $\lambda = 48°$ et on cherchera dans les tables le logarithme de la tangente de $45° + 26° = 69°$; ce logarithme étant 0,4158226, on aura ensuite

$$\text{Log } (0,4158226) = 9,6189081$$
$$\text{Nombre constant} = 3,8984896$$
$$\overline{\text{Log } s' = 3,5173977}$$

d'où $s' = 3291$.

En procédant de cette manière la construction de la table suivante, très-utile aux marins, n'est plus compliquée des interminables additions qu'ont eu à effectuer les premiers qui l'ont calculée. Elle renferme, de dix minutes en dix minutes, les longueurs qu'il faut donner aux divisions du méridien dans les cartes réduites.

TABLE

DES

LATITUDES CROISSANTES.

LATITUDE.	LONGUEUR.	LATITUDE.	LONGUEUR.	LATITUDE.	LONGUEUR.	LATITUDE.	LONGUEUR.	LATITUDE.	LONGUEUR.	LATITUDE.	LONGUEUR.	LATITUDE.	LONGUEUR.	LATITUDE.	LONGUEUR.
0° 0'	0	11° 30'	695	23° 0'	1419	34° 30'	2208	46° 0'	3116	57° 30'	4238	69° 0'	5794	80° 30'	8552
10	10	40	705	10	1429	40	2220	10	3130	40	4257	10	5822	40	8614
20	20	50	715	20	1440	50	2232	20	3144	50	4275	20	5851	50	8676
30	30	12° 0'	725	30	1451	35° 0'	2244	30	3159	58° 0'	4294	30	5879	81° 0'	8739
40	40	10	735	40	1462	10	2256	40	3175	10	4313	40	5908	10	8803
50	50	20	746	50	1473	20	2269	50	3188	20	4332	50	5937	20	8869
1° 0'	60	30	756	24° 0'	1484	30	2281	47° 0'	3203	30	4351	70° 0'	5966	30	8936
10	70	40	766	10	1495	40	2293	10	3217	40	4370	10	5995	40	9004
20	80	50	776	20	1506	50	2306	20	3232	50	4389	20	6025	50	9071
30	90	13° 0'	787	30	1517	36° 0'	2318	30	3247	59° 0'	4409	30	6055	82° 0'	9145
40	100	10	797	40	1528	10	2330	40	3262	10	4429	40	6085	10	9218
50	110	20	807	50	1539	20	2343	50	3276	20	4448	50	6115	20	9292
2° 0'	120	30	818	25° 0'	1550	30	2355	48° 0'	3291	30	4468	71° 0'	6146	30	9368
10	130	40	828	10	1561	40	2368	10	3306	40	4488	10	6177	40	9446
20	140	50	838	20	1572	50	2380	20	3321	50	4507	20	6208	50	9525
30	150	14° 0'	848	30	1583	37° 0'	2393	30	3337	60° 0'	4527	30	6240	83° 0'	9606
40	160	10	859	40	1594	10	2405	40	3352	10	4547	40	6271	10	9689
50	170	20	869	50	1605	20	2418	50	3367	20	4568	50	6303	20	9771
3° 0'	180	30	879	26° 0'	1616	30	2430	49° 0'	3382	30	4588	72° 0'	6335	30	9861
10	190	40	890	10	1628	40	2443	10	3397	40	4608	10	6367	40	9951
20	200	50	900	20	1639	50	2456	20	3412	50	4629	20	6400	50	10043
30	210	15° 0'	910	30	1650	38° 0'	2468	30	3428	61° 0'	4649	30	6433	84° 0'	10137
40	220	10	921	40	1661	10	2481	40	3443	10	4670	40	6467	10	10231
50	230	20	931	50	1672	20	2494	50	3459	20	4691	50	6500	20	10334
4° 0'	240	30	941	27° 0'	1681	30	2506	50° 0'	3474	30	4712	73° 0'	6534	30	10437
10	250	40	952	10	1695	40	2519	10	3490	40	4733	10	6569	40	10513
20	260	50	962	20	1706	50	2532	20	3506	50	4754	20	6603	50	10652
30	270	16° 0'	973	30	1717	39° 0'	2545	30	3521	62° 0'	4775	30	6638	85° 0'	10765
40	280	10	983	40	1729	10	2558	40	3537	10	4796	40	6674	10	10881
50	290	20	993	50	1740	20	2571	50	3553	20	4818	50	6710	20	11002
5° 0'	300	30	1004	28° 0'	1751	30	2584	51° 0'	3569	30	4839	74° 0'	6746	30	11127
10	310	40	1014	10	1762	40	2597	10	3585	40	4861	10	6782	40	11257
20	320	50	1025	20	1774	50	2610	20	3601	50	4883	20	6819	50	11392
30	330	17° 0'	1035	30	1785	40° 0'	2623	30	3617	63° 0'	4905	30	6856	86° 0'	11533
40	340	10	1046	40	1797	10	2636	40	3633	10	4927	40	6894	10	11679
50	350	20	1056	50	1808	20	2649	50	3649	20	4949	50	6932	20	11832
6° 0'	360	30	1067	29° 0'	1819	30	2662	52° 0'	3655	30	4972	75° 0'	6970	30	11992
10	370	40	1077	10	1831	40	2675	10	3681	40	4994	10	7009	40	12160
20	380	50	1088	20	1842	50	2688	20	3698	50	5017	20	7048	50	12334
30	390	18° 0'	1098	30	1854	41° 0'	2702	30	3714	64° 0'	5039	30	7088	87° 0'	12522
40	400	10	1109	40	1865	10	2715	40	3731	10	5062	40	7128	10	12719
50	410	20	1119	50	1877	20	2728	50	3747	20	5085	50	7169	20	12927
7° 0'	421	30	1130	30° 0'	1888	30	2741	53° 0'	3764	30	5108	76° 0'	7210	30	13149
10	431	40	1140	10	1900	40	2755	10	3780	40	5132	10	7251	40	13387
20	441	50	1151	20	1911	50	2768	20	3797	50	5155	20	7293	50	13641
30	451	19° 0'	1161	30	1923	42° 0'	2782	30	3814	65° 0'	5179	30	7336	88° 0'	13917
40	461	10	1172	40	1935	10	2795	40	3831	10	5202	40	7379	10	14216
50	471	20	1183	50	1946	20	2809	50	3848	20	5226	50	7423	20	14543
8° 0'	482	30	1193	31° 0'	1958	30	2822	54° 0'	3865	30	5250	77° 0'	7467	30	14908
10	492	40	1204	10	1970	40	2836	10	3882	40	5275	10	7512	40	15311
20	502	50	1214	20	1981	50	2849	20	3890	50	5299	20	7557	50	15770
30	512	20° 0'	1225	30	1993	43° 0'	2863	30	3916	66° 0'	5323	30	7603	89° 0'	16300
40	522	10	1236	40	2005	10	2877	40	3933	10	5348	40	7650	10	16926
50	532	20	1246	50	2017	20	2890	50	3950	20	5373	50	7697	20	17691
9° 0'	542	30	1257	32° 0'	2028	30	2904	55° 0'	3967	30	5398	78° 0'	7745	30	18682
10	552	40	1268	10	2040	40	2918	10	3985	40	5423	10	7793	40	20075
20	562	50	1278	20	2052	50	2932	20	4003	50	5448	20	7842	50	22458
30	573	21° 0'	1289	30	2064	44° 0'	2946	30	4021	67° 0'	5474	30	7892		
40	583	10	1300	40	2076	10	2960	40	4038	10	5500	40	7942		
50	593	20	1311	50	2088	20	2974	50	4056	20	5526	50	7994		
10° 0'	603	30	1321	33° 0'	2099	30	2988	56° 0'	4074	30	5552	79° 0'	8046		
10	613	40	1332	10	2111	40	3002	10	4092	40	5578	10	8099		
20	623	50	1343	20	2123	50	3016	20	4110	50	5604	20	8152		
30	634	22° 0'	1354	30	2135	45° 0'	3030	30	4128	68° 0'	5631	30	8207		
40	644	10	1364	40	2147	10	3044	40	4146	10	5658	40	8262		
50	654	20	1375	50	2159	20	3058	50	4164	20	5685	50	8318		
11° 0'	664	30	1386	34° 0'	2171	30	3072	57° 0'	4183	30	5712	80° 0'	8375		
10	674	40	1397	10	2183	40	3087	10	4201	40	5739	10	8433		
20	684	50	1408	20	2196	50	3101	20	4219	50	5767	20	8492		

L'hypothèse de la sphéricité de la terre d'après laquelle cette table est formée rend tous les nombres plus grands qu'ils ne devraient être, surtout dans les hautes latitudes ; de sorte que, si l'on voulait avoir des *cartes réduites* rigoureusement exactes, il serait nécessaire de tenir compte de l'aplatissement de la terre. Delambre a donné une formule extrêmement simple pour calculer les latitudes croissantes du sphéroïde terrestre. La voici : Soit ω l'angle du rayon de l'équateur avec le rayon de la terre aboutissant au point où la latitude vraie est λ, on aura

$$s' = a \operatorname{Log tang} (45° + \tfrac{1}{2}\omega) ;$$

l'angle ω étant calculé à l'aide de la relation

$$\operatorname{tang} \omega = \frac{b^2}{a^2} \operatorname{tang} \lambda.$$

Dans ces formules, a représente le rayon de l'équateur et b le rayon du pôle. La première, transformée de manière à donner la valeur de s' en minutes devient identique avec la formule (1), sauf que ω y occupe la place de λ.

Pour donner au moins un exemple d'application, soit $\lambda = 48°$, nous aurons, en supposant l'aplatissement de la terre $= \frac{1}{304}$,

$$b = a - \frac{a}{314},$$

d'où

$$\frac{b^2}{a^2} = \left(\frac{303}{304}\right)^2$$

et par suite

$$\begin{aligned}
\text{Log } 303 &= 2,4814426 \\
\text{Log } 304 &= 2,4828735 \\
\hline
\text{Log } quotient &= 9,9985691
\end{aligned}$$

$$\begin{aligned}
\text{Double de ce Log} &= 9,9971382 \\
\text{Log tang } 48° &= 0,0455626 \\
\hline
\text{Log tang } \omega &= 0,0427007
\end{aligned}$$

D'où $\omega = 47°48'46''$ et $\frac{1}{2}\omega = 23°54'23'$. Substituant cette dernière valeur à la place de $\frac{1}{2}\lambda$ dans la formule (1) et réalisant les calculs, on trouve : tang $(45° + \frac{1}{2}\omega)$ = tang $68°54'23'$, dont le logarithme $= 0,4137068$; et

$$\begin{aligned}
\text{Log } (0,4137068) &= 9,6166927 \\
\text{Nombre constant} &= 3,8984896 \\
\hline
\text{Log } s' &= 3,5151823
\end{aligned}$$

d'où l'on tire définitivement $s' = 3275$. La valeur 3291, obtenue précédemment pour la même latitude, est donc trop grande de 16', quantité trop considérable pour qu'on

puisse la négliger sans inconvénient, comme on le fait communément.

Quoiqu'il soit des valeurs des latitudes croissantes, voici la construction très-simple des cartes réduites.

Supposons qu'il s'agisse de trouver le réseau d'une carte devant représenter la partie de l'océan comprise entre le 2° et le 32° degrés de longitude occidentale et entre le 33° et le 48° degré de latitude septentrionale.

Après avoir tiré une droite de la longueur qu'on veut donner à la carte, on la divisera en autant de parties égales qu'il doit y avoir de degrés de longitudes compris dans la carte, c'est-à-dire en 30, qu'on subdivisera ensuite de 10 minutes en 10 minutes. Cette ligne ainsi divisée sera l'échelle de longitude de la carte, et il faudra construire à part une autre échelle de minute en minute pour pouvoir se servir de la table des latitudes croissantes et donner plus d'exactitude aux divisions du méridien. Sur le milieu de la première ligne, on élèvera une perpendiculaire qui représentera le méridien du milieu de la carte, et pour graduer ce méridien de 10 minutes en 10 minutes, on cherchera dans la table la valeur du 33° de latitude qu'on soustraira successivement de celles de 33° 10', 33° 20' etc. jusqu'à 48° où se termine la carte.

On prendra à mesure, avec un compas, ces différentes grandeurs sur l'échelle divisée en minutes, et on les portera successivement sur le méridien à partir de son origine. Cela étant fait, si l'on tire par toutes les divisions de la première ligne des parallèles au méridien, et pour toutes les divisions du méridien des parallèles à la première ligne, on aura le réseau de la carte, et il ne s'agira plus que d'y marquer les points terrestres selon leur latitude et leur longitude. C'est ainsi qu'a été construite la carte de la Pl. 5 qui représente une grande partie du globe terrestre. Les lignes extrêmes horizontales sont les échelles de longitude, et les lignes extrêmes verticales les échelles de latitude.

Nous n'avons sans doute pas besoin de faire observer que la projection des cartes réduites allonge tous les espaces dans le sens des pôles, ce qui altère de plus en plus, à partir de l'équateur, le rapport d'étendue des pays. Ce défaut ne les empêche pas de présenter toute l'exactitude nécessaire pour la solution graphique des problèmes de la navigation.

La construction des cartes destinées à représenter une petite étendue de terrain, et qu'on nomme *cartes topographiques*, est fondée sur les principes de la *géodésie*, de l'*arpentage* et du *nivellement* ; elle exige une foule d'opérations de détails dont l'exposé ne peut entrer dans notre plan. Nous renverrons donc nos lecteurs aux ouvrages spéciaux, et particulièrement au *Traité de topographie* de M. Puissant, qui renferme l'ensemble de toutes les connaissances actuelles sur cet objet.

CENTRE DE PRESSION (*Voy.* Pression).

CERCLE RÉPÉTITEUR. Instrument employé dans les grandes opérations géodésiques. Il diffère essentiellement du graphomètre à lunettes, soit par le principe sur lequel est fondée sa construction, soit par ses applications à l'astronomie. C'est Borda qui, profitant d'une heureuse idée de Tobie Mayer, pour trouver par des opérations répétées le rapport d'un arc à la circonférence, imagina cet instrument propre à mesurer, sur d'assez petites dimensions, les angles entre les objets terrestres, avec une précision extrême et dans un assez court intervalle de temps. Comme la vue du *cercle répétiteur* en apprend plus qu'aucune description écrite, nous nous bornerons aux remarques suivantes.

Supposons qu'une circonférence soit divisée en 4000 parties égales, et qu'après une révolution entière un arc à mesurer, porté neuf fois sur cette circonférence, se termine sur le trait de la 50ᵉ division, il est évident alors que l'espace parcouru contiendra 4050 parties et que l'arc proposé aura pour mesure $\frac{4050}{9} = 450$ parties. Cet arc sera donc à la circonférence entière dans le rapport de 450 à 4000, ou de 9 à 80 ; et l'on conçoit que s'il existe une petite erreur dans cette évaluation, elle ne doit être que la neuvième partie de celle dont pourrait être affectée la mesure de l'arc simple.

Le cercle de Borda, pour jouir de l'avantage de la répétition indéfinie, est construit de manière que les deux lunettes, l'une supérieure, l'autre inférieure, sont mobiles ou fixes à volonté, à l'égard du limbe, et que leurs axes optiques se disposent parallèlement au plan de ce limbe sur lequel est tracée la graduation. De là la nécessité de réduire souvent à l'horizon les angles mesurés dans le plan des objets terrestres ; mais, pour éviter ce calcul, on se sert plus communément du *Théodolite répétiteur*, parce que cet instrument est muni de lunettes plongeantes qui ont la propriété de se mouvoir constamment dans des plans perpendiculaires à celui du limbe et de donner, par conséquent, les angles tout réduits, lorsque ce limbe est disposé horizontalement et maintenu dans cette position durant l'opération. Enfin, le cercle et le théodolite servent aussi à mesurer le multiple des angles verticaux à partir du zénith, et c'est pour cette raison que ces angles se nomment distances zénithales.

Le *cercle à réflexion* du même géomètre, antérieur au *cercle répétiteur*, est pour les observations nautiques ce qu'est celui-ci pour les observations terrestres ; aussi remplace-t-il avantageusement le *sextant*.

CERCLE HYDRAULIQUE (*Voy.* Hydromètres).

CHAINE A GODETS. (*Hydraul.*) Machine employée pour transmettre la force motrice d'une chute d'eau.

Elle se compose de seaux en tôle *c, c, c* (Pl. 4, fig. 7) suspendus à une chaîne sans fin *g, g* formée de barres de fer articulées d'une longueur égale à celle des seaux. L'eau amenée par un canal *a* est projetée par un orifice *b*, dans les seaux qu'elle emplit et force à descendre. Par le mouvement de la chaîne, les barres de fer viennent successivement s'appliquer sur les bras des deux roues, l'une supérieure *f*, et l'autre inférieure *e*, et impriment à ces roues un mouvement de rotation sur leurs axes qu'elles transmettent l'une ou l'autre, et quelquefois l'une et l'autre aux machines qu'on veut faire fonctionner.

Cet appareil offre évidemment un emploi avantageux de la chute d'eau, car il la reçoit presque à son sommet et semblerait devoir la garder jusqu'à son extrémité inférieure, cependant il est peu usité parce que le mouvement imprimé aux axes ne peut être généralement assez rapide pour les opérations industrielles, vu le peu d'étendue qu'il est possible de donner aux roues, et que d'ailleurs les oscillations de la chaîne font jaillir une partie de l'eau des godets pendant leur descente, ce qui diminue la quantité d'action due uniquement au poids de l'eau.

CHALEUR. (*Phys. Math.*) Les applications du feu comme puissance motrice sont devenues si nombreuses et si importantes, que la théorie de la chaleur n'est pas d'un intérêt moindre aujourd'hui pour la mécanique pratique que pour la physique, dont elle forme proprement la base fondamentale. En exposant ici les points principaux de cette théorie, nous croyons devoir nous attacher particulièrement aux résultats numériques des expériences qui peuvent servir à la vérifier, parce que l'état peu avancé de la physique rationnelle ou, pour mieux dire, l'absence complète de toute connaissance positive sur la composition intime de la matière ne permet de considérer les formules obtenues par les géomètre que comme une représentation plus ou moins exactes des faits, entre certaines limites, et non comme les lois mathématiques de ces faits.

1. La cause de la chaleur est entièrement inconnue, et aucune des deux hypothèses qui partagent en ce moment les physiciens sur sa nature n'est suffisamment établie. Les uns considèrent la chaleur comme étant produite par un fluide très-subtil dont ils supposent que les molécules, doués d'une grande force répulsive, se meuvent avec une extrême rapidité et s'accumulent dans les corps à mesure que l'intensité des effets de la chaleur y augmente. Les autres l'attribuent à un mouvement intérieur ou vibratoire des corps, mouvement qui se transmet à distance par l'intermédiaire d'un fluide

répandu indéfiniment dans l'espace. Dans cette seconde hypothèse, la chaleur est propagée par le fluide comme le son par l'air, et les corps les plus chauds sont ceux dans lesquels le mouvement vibratoire s'exécute avec le plus de vitesse.

Les lois physiques de la chaleur étant indépendantes de ces hypothèses, et l'explication des phénomènes pouvant s'effectuer d'une manière beaucoup plus simple dans la première que dans la seconde, nous admettrons, avec les physiciens chimistes, uniquement pour fixer les idées, que le principe de la chaleur est une matière propre, un agent distinct de la substance des corps, sans rien préjuger d'ailleurs sur la nature de ce principe transcendant auquel on a donné le nom de *calorique*.

2. Les sensations particulières de *chaud* ou de *froid* que nous font éprouver soit le contact, soit la simple présence des divers corps de la nature, ne peuvent nous donner qu'une idée très-imparfaite de la chaleur propre de ces corps; mais l'augmentation de leurs volumes, produite constamment par l'augmentation de leur chaleur, nous offre le moyen de rapporter celle-ci à une unité de mesure qui nous permet de comparer exactement les divers degrés de son intensité.

3. On nomme *température* d'un corps la chaleur propre qu'il possède; ainsi, lorsqu'un corps s'échauffe, on dit que sa température s'élève, et, quand il se refroidit, on dit qu'elle s'abaisse. Deux corps ont la même température lorsque leur contact n'apporte aucun changement à leur état respectif.

Cette dernière appréciation est fondée sur ce que le calorique tend toujours à se répandre uniformément, de manière que, lorsque deux corps sont en contact, celui qui est le plus chaud cède de sa chaleur à l'autre jusqu'à ce qu'ils aient tous deux la même température.

4. Pour mesurer les variations de température des corps par les variations de volume qui les accompagnent, on a fait choix de deux températures fixes faciles à produire, et on est convenu de nommer *degrés de température* l'accroissement de chaleur nécessaire pour produire un accroissement de volume qui soit une partie déterminée de l'accroissement général dû au passage de la plus basse température fixe à la plus haute. Ces deux températures fixes sont celles de la glace fondante et de l'ébullition de l'eau sous la pression moyenne de l'atmosphère.

En nommant, par exemple, 0 le degré de température de la glace fondante, et 100 celui de l'eau bouillante, nous dirons que la température d'un corps s'est élevée de 8 degrés, si l'accroissement du volume qui suit son accroissement de chaleur est égal aux $\frac{8}{100}$ de l'accroissement total qu'il éprouverait en passant de la

température de la glace fondante à celle de l'eau bouillante.

5. Il suffit de connaître la température d'un corps pour connaître celle de tous les autres, en les mettant en contact avec celui-ci; et comme les diverses substances matérielles sont loin de se dilater également, on a dû choisir une substance dont les dilatations fussent assez sensibles pour qu'on puisse les apprécier avec facilité. Le mercure présente cet avantage, ainsi que les gaz, qui ont, en outre, la propriété de se dilater tous exactement de la même manière; c'est donc principalement par les dilatations du mercure et de l'air qu'on mesure les variations de la chaleur, à l'aide d'un instrument nommé *thermomètre*. (*Voy.* ce mot, tom. II, et TEMPÉRATURE dans celui-ci.)

6. Ces notions préliminaires étant posées, nous allons examiner successivement les phénomènes dus à la chaleur, en les divisant en deux classes dont la première comprendra les *effets physiques* que le calorique produit sur les corps, et la seconde *les lois* de sa *communication* et de sa *propagation*.

7. EFFETS PHYSIQUES DE LA CHALEUR. Le premier effet général de la chaleur est, comme nous l'avons déjà dit, de dilater tous les corps, les solides très-peu, les liquides davantage, et les gazeux dans des proportions beaucoup plus considérables. La dilatation des corps solides exerçant une grande influence dans presque tous les arts, on a dû s'attacher à la déterminer avec exactitude. Laplace et Lavoisier, à qui l'on doit une belle suite d'expériences sur cet objet, ont reconnu que les dilatations d'un même corps sont uniformes depuis 0° jusqu'à 100° du thermomètre centésimal, c'est-à-dire qu'entre ces limites l'accroissement du volume par chaque degré d'accroissement de la température est une même partie du volume primitif à 0°. Depuis, MM. Petit et Dulong ont trouvé que la dilatation croît avec la température, d'une manière inappréciable à la vérité, entre 0° et 100°, ce qui confirme les résultats de Laplace et de Lavoisier; mais de 0° à 300° les accroissemens sont très-sensibles.

8. On nomme *dilatation linéaire* d'un corps l'accroissement de sa longueur ou plus généralement l'accroissement d'une de ses dimensions. Son accroissement général de volume se nomme sa *dilatation cubique*. On obtient facilement cette dernière lorsque la première est connue.

En effet, désignons par l la dilatation supposée uniforme de l'unité de longueur pour un degré centésimal; si L représente la longueur d'un corps à la température 0, Ll sera l'accroissement de cette longueur par chaque degré de température, et $t'Ll$ l'accroissement total dû au nombre t' de degrés. La longueur du corps en question deviendra donc $L + t'Ll$, à la température

t', et si nous représentons cette longueur par L$'$ nous aurons la relation.... (1)

$$L'=L\ (1+t'l),$$

dont on peut tirer la valeur d'une quelconque des quatre quantités L, L$'$, l, t', lorsque les trois autres sont connues.

Si nous désignons encore par L$'$ ce que devient la longueur L à la température t', nous aurons, en vertu de l'expression (1),

$$L'=L\ (1+t'l).$$

Ainsi, substituant, dans cette dernière, la valeur de L, tirée de (1), savoir : $L=\dfrac{L'}{(1+t'l)}$, nous obtiendrons...(2)

$$L'=\frac{L'\ (1+t'l)}{1+t'l}.$$

Cette formule permet de trouver la longueur correspondante à une température t', lorsqu'on connaît la longueur correspondante à toute autre température t', sans être obligé de passer par la longueur à o degré.

Supposons, par exemple, que la longueur d'une barre de fer forgé, mesurée à la température de 10°, soit 2^m,5o et qu'on demande ce qu'elle sera à la température de 15°. On fera L$'$ = 2^m, 5o, t' = 10°, t' = 15°, et comme on sait d'ailleurs que l = 0,00122, on aura

$$L'=2,5o\ \frac{1+15\ (0,00122)}{1+10\ (0,00122)}=2^m,515;$$

c'est-à-dire que la longueur de la barre de fer croîtra de 15 millimètres en passant de la température 10° à la température 15°.

On obtiendra, de la même manière, les deux formules suivantes pour la dilatation cubique

$$V'=V\ (1+t'v)$$

$$V'=\frac{V'\ (1+t'v)}{1+t'v}$$

dans lesquelles V désigne le volume à la température o, V$'$ le volume à la température t', V^e le volume à la température t' et v la dilatation cubique de la substance.

La valeur de v est toujours à très-peu près le triple de celle de l ou de la dilatation linéaire ; car, puisque l'unité de longueur devient $1+l$ par le passage de sa température de o° à 1°, l'unité cubique dont les trois dimensions reçoivent l'accroissement l, dans les mêmes circonstances, devient

$$(1+l)^3=1+3l+3l^2+l^3$$

et par conséquent l'accroissement de volume qu'elle éprouve, v, est égal à $3l+3l^2+l^3$, ou simplement à $3l$, en négligeant les très-petites fractions $3l^2$, $3l^3$. Rem-

CHA

plaçant donc v par $3l$, les formules précédentes deviendront

$$V'=V\ (1+3t'l)$$

$$V'=V'\ \frac{1+3t'l}{1+3t'l}$$

Par des considérations semblables on trouverait pour les accroissemens des surfaces

$$s'=s\ (1+2t'l)$$

$$s'=s'\ \frac{1+2t'l}{1+2t'l}$$

s, s', s' étant les surfaces correspondantes aux températures o, t' et t'. Tout se réduit donc à connaître la dilatation linéaire de l'unité de longueur des diverses substances. Voici le tableau des principaux résultats qui ont été obtenus par les plus habiles observateurs.

DILATATION LINÉAIRE DES SOLIDES
POUR 1° CENTÉSIMAL, DE 0° à 100°.

D'après Laplace et Lavoisier.

Flint glass anglais.	0,00081166
Platine (selon Borda).	0,00085655
Verre de France avec plomb.	0,00087199
Idem.	0,00087572
Idem.	0,00089694
Idem.	0,00091750
Verre de Saint-Gobain.	0,00089089
Acier non trempé.	0,00107880
Idem.	0,00107915
Idem.	0,00107960
Acier trempé jaune recuit à 65°.	0,00123956
Fer doux forgé.	0,00122045
Fer rond passé à la filière.	0,00123504
Or de départ.	0,00146606
Or au titre de Paris, recuit.	0,00151361
Idem non recuit.	0,00155155
Cuivre.	0,00171220
Idem.	0,00171733
Idem.	0,00172240
Cuivre jaune ou laiton.	0,00186670
Idem.	0,00187821
Idem.	0,00188970
Argent au titre de Paris.	0,00190868
Argent de Coupelle.	0,00190974
Étain de Malaca.	0,00193765
Étain de Falmouth.	0,00217298
Plomb.	0,00284836

D'après Smeaton.

Verre blanc (tube de baromètre).	0,00083333
Régule martial d'antimoine.	0,00108333

Acier poli.	0,00115000
Acier trempé.	0,00122500
Fer.	0,00125833
Bismuth.	0,00139167
Cuivre rouge battu.	0,00170000
Cuivre rouge avec $\frac{1}{9}$ d'étain.	0,00181667
Cuivre jaune fondu.	0,00187500
Cuivre jaune avec $\frac{1}{47}$ d'étain.	0,00190833
Fil de laiton.	0,00193333
Métal de miroir de télescope.	0,00193333
Soudure, cuivre 2, zinc 1 partie.	0,00205833
Étain fin.	0,00228333
Étain en grain.	0,00248333
Soudure blanche, étain 1, plomb 2 parties.	0,00250533
Zinc 8 parties, étain 1, un peu forgé.	0,00269167
Plomb.	0,00286667
Zinc.	0,00294167
Zinc allongé au marteau de $\frac{1}{12}$.	0,00310833

D'après le major général Roy.

Verre en tube.	0,00077550
Verre en verge solide.	0,00080853
Fer fondu (prisme de).	0,00111000
Acier (verge d').	0,00114450
Cuivre jaune de Hambourg.	0,00185550
Cuivre jaune anglais en forme de verge.	0,00189296
Cuivre jaune anglais en forme d'auge ou canal circulaire.	0,00189450

D'après M. Trougton.

Platine.	0,00099180
Acier.	0,00118990
Fer tiré à la filière.	0,00144010
Cuivre.	0,00191880
Argent.	0,00208260

D'après M. Wollaston.

Palladium.	0,00100000

D'après MM. Petit et Dulong.

Platine de 0° à 100°.	0,00088420
Idem de 100° à 300°.	0,00091827
Verre de 0° à 100°.	0,00086133
Idem de 100° à 200°.	0,00094836
Idem de 200° à 300°.	0,00101084
Fer de 0° à 100°.	0,00118210
Idem de 100° à 300°.	0,00146842
Cuivre de 0° à 100°.	0,00171820
Idem de 200° à 300°.	0,00188324

9. La dilatation des corps creux s'effectue de la même manière que s'ils étaient pleins, c'est-à-dire que le vo-

lume intérieur d'un tube de verre croît dans toutes ses dimensions, comme le cylindre de verre qui serait capable de le remplir; une sphère creuse d'un métal quelconque se dilate de la même manière qu'une sphère massive de même grandeur et de même métal, etc. etc.; on peut aisément se rendre raison de la cause de ce phénomène.

10. Dans les effets de dilatation des corps matériels le calorique développe une force qu'on peut comparer à toutes les forces mécaniques, et notamment à celle de la pesanteur, prise ordinairement pour point de comparaison. En effet, s'il faut exercer sur un cube métallique une pression de deux mille kilogrammes pour réduire sa hauteur autant que la réduirait un abaissement de 1° de température, on peut en conclure que la force due à ce degré de chaleur, et qui maintenait le cube à sa hauteur primitive, est pour le moins équivalente à la pression de deux mille kilogrammes. Nous disons pour le moins équivalente, car la dilatation ou la contraction due au changement de température affecte également toutes les dimensions du cube, tandis que la pression du poids ne diminue que la seule hauteur.

Les corps solides, et particulièrement les métaux, n'éprouvant que de très-petites diminutions de volume par des pressions énormes (*Voy.* PRESSION), on peut juger que la force de dilatation ou de contraction produite par la chaleur est très-considérable. La limite de la force de contraction est évidemment l'effort capable de briser le corps en le tirant dans le sens de sa longueur; et comme une barre de fer se rompt sous un effort suffisant (*Voy.* RÉSISTANCE DES MATÉRIAUX), elle se romprait également par l'effet de la contraction si ses extrémités étaient arrêtées d'une manière inébranlable. L'emploi du fer dans les grandes constructions demande donc beaucoup de soin et ne saurait être abandonné à des mains inhabiles.

11. *Dilatation des liquides*. Si on remplit un vase d'un liquide quelconque à la température 0°, et qu'on le place dans un bain à une température plus élevée, on voit le liquide déborder à mesure qu'il s'échauffe, et il devient facile d'estimer sa dilatation par la quantité qui s'est écoulée par chaque degré d'accroissement de température. Par des procédés susceptibles d'une plus grande exactitude, mais qu'il n'entre pas dans notre plan de décrire, on a obtenu les résultats suivans :

DILATATION DES LIQUIDES POUR 1°, DE 0° à 100.
LE VOLUME INITIAL ÉTANT 1.

Eau.	0,0466
Acide hydro-chlorique (P. S. 1,137).	0,0600
Acide nitrique (P. S. 1,40).	0,1100
Acide sulfurique (P. S. 1,85).	0,0600
Éther sulfurique.	0,0700

Huile d'olive et de lin. 0,0800

Essence de térébenthine. 0,0700

Eau saturée de sel marin. 0,0500

Alcool. 0,1100

Mercure. 0,0156

Ces dilatations ne sont proprement que les *dilatations apparentes* qu'on peut observer en plaçant les liquides dans des vases de *verre;* elles se trouvent ainsi compliquées de la dilatation propre du vase. La *dilatation absolue* du mercure, pour 1°, est, d'après les belles expériences de MM. Petit et Dulong,

Mercure de 0° à 100°. 0,0180180

   Id.   de 100° à 200°. 0,0184331

   Id.   de 200° à 300°. 0,0188679

Si l'on désigne par V le volume d'un liquide à 0° et par V' son volume à t' degré, on aura encore v exprimant la dilatation de l'unité de volume donné par la table,

$$V' = V (1 + t'v)$$

et pour une autre température t', le volume correspondant sera donné à l'aide du volume V', par cette autre expression

$$V' = V' \frac{1 + t'v}{1 + t'v}$$

Mais on ne doit considérer les résultats numériques qu'on peut obtenir par ces formules que comme des approximations, parce que la dilatation des liquides n'est pas uniforme.

  12. *Dilatation des gaz.* Toutes les substances gazeuses se dilatent uniformément, ou d'une même quantité pour un même accroissement de température, et de plus elles se dilatent toutes de la même manière, lorsque d'ailleurs la pression demeure constante pendant leur dilatation. M. Gay-Lussac a reconnu que, de 0° à 100°, et sous la pression de l'atmosphère, tous les gaz se dilatent de $\frac{1}{267}$ de leur volume par chaque degré du thermomètre, ou de 0,00375, le volume initial à 0° étant 1. Depuis, Davy a constaté que cette propriété avait lieu, quelle que soit la pression, beaucoup plus grande ou beaucoup plus petite que la pression atmosphérique. Passé 100°, les dilatations comptées sur le thermomètre à mercure deviennent décroissantes, mais sur le thermomètre à air la loi est vraie pour toutes les températures. On a constaté encore qu'elle avait lieu jusqu'à 36° au-dessous de 0. Ainsi, en désignant par V le volume d'un gaz à 0° et par V' son volume à t degrés du thermomètre centésimal, on a

$$V' = V (1 + 0,00375 \ t')$$

ou bien encore,

$$V' = V \left(1 + \frac{1}{267} t'\right) = V . \frac{1}{267} (267 + t')$$

Comme on a également pour une autre température t', V' étant le volume correspondant,

$$V' = V (1 + 0,00375 \ t') \quad ; \quad V' = V . \frac{1}{267} (267 + t')$$

on en conclut

$$V' = V' \frac{1 + 0,00375 \ t'}{1 + 0,00375 \ t'}, \text{ et } V' = V' \frac{267 + t'}{267 + t'}$$

formules qu'on peut employer indifféremment pour calculer le volume que prendra un gaz à une température t' lorsqu'on connaît celui qu'il a à la température t.

Soit, par exemple, 50 centimètres cubes le volume d'un gaz quelconque à 10°; si on veut connaître le volume qu'il aura à 80°, on fera V' = 50, $t' = 80°$, $t = 10°$ et on aura

$$V' = 50 . \frac{267 + 80}{267 + 10} = 62,635.$$

Le volume demandé sera donc de 62 centimètres, 635 millimètres cubes.

13. *Changement d'état des corps.* Lorsque l'augmentation de la température d'un corps solide ou liquide parvient à une certaine limite, l'état physique du corps subit une altération très-remarquable : s'il est liquide, il passe à l'état gazeux; s'il est solide, il passe à l'état liquide. Les mêmes phénomènes se reproduisent en sens inverse par l'abaissement de la température. Ces faits ne se présentent cependant pas dans tous les corps, car il existe des solides sur lesquels la plus grande chaleur ne produit aucun effet, et des gaz que le plus grand froid ne peut liquéfier et encore moins solidifier; mais les circonstances particulières qui empêchent ces corps de se comporter comme les autres sont encore inconnues et se trouvent sans doute compliquées par l'impuissance où nous sommes de produire des températures assez hautes et assez basses.

Les corps solides susceptibles de se liquéfier se nomment *corps fusibles;* ceux qui résistent aux plus hautes températures qu'on ait encore pu produire se nomment *corps infusibles, fixes* ou *réfractaires;* le nombre de ces derniers diminue chaque jour.

14. Le passage de l'état solide à l'état liquide s'effectue toujours à une température déterminée pour chaque corps fusible en particulier. Demeuré solide jusqu'à l'instant où il acquiert cette température, il commence alors à fondre, et tant que la fusion n'est pas complète, la température demeure invariable, quelle que soit la quantité de chaleur qu'on lui fournisse. Ce n'est que lorsque la dernière particule solide s'est liquéfiée qu'il

devient possible de faire croître la température de la masse devenue fluide. Il en résulte qu'une partie du calorique est absorbée dans ce changement d'état ou se combine avec les élémens du corps de manière à devenir insensible.

Le même phénomène se présente dans le passage de l'état liquide à l'état gazeux. Le liquide parvient d'abord à une certaine température, où il commence à entrer en ébullition, et tant que la dernière molécule liquide n'est pas volatilisée, cette température demeure constante.

15. On a donné le nom de *calorique latent* à la portion de calorique qui se trouve combinée ou dissimulée dans le changement d'état d'un corps. Cette portion est plus ou moins considérable suivant la nature du corps.

16. La température de la fusion des différens corps étant importante à connaître dans une foule de cas, nous présenterons ici celles de ces températures qui ont été le mieux constatées.

TEMPÉRATURE DE LA FUSION.

NOM DES SUBSTANCES.	DEGRÉS OU PYROMÈTRE.	DEGRÉS CENTÉSIMAUX.
Mercure.	»	—39
Huile de térébenthine.	»	—10
Glace.	»	0
Suif.	»	33,33
Acide acétique.	»	45
Sperma-céti.	»	49
Stéarine.	»	40 à 43
Acide margarique.	»	55 à 60
Cire non blanchie.	»	61
Cire blanchie.	»	68
Acide stéarique.	»	70
Phosphore.	»	43
Potassium.	»	58
Sodium.	»	90
Alliage : plomb 5, étain 3, bismuth 8.	»	100
Id. plomb 2, étain 3, bismuth 5.	»	100
Iode.	»	107
Soufre.	»	109
Alliage : 5 bismuth, 1 plomb, 4 étain.	»	118,9
Id. 1 étain, 1 bismuth.	»	141,2
Id. 3 étain, 2 plomb.	»	167,7
Id. 2 étain, 1 bismuth.	»	167,7
Id. 8 étain, 1 bismuth.	»	200
Étain.	»	210
Bismuth.	»	256
Plomb.	»	260
Zinc.	»	360
Antimoine.	»	432

NOM DES SUBSTANCES.	DEGRÉS DU PYROMÈTRE.	DEGRÉS CENTÉSIMAUX.
Cuivre.	27	»
Or.	32	»
Cobalt.	130	»
Acier.	130	»
Fer.	130	»
Nickel.	160	»
Manganèse.	160	»
Colombium.	170	»
Molybdène.	170	»
Chrôme.	170	»
Tungstène.	170	»
Argent pur.	»	999
Argent allié avec $^1/_{10}$ d'or.	»	1048

Les degrés de pyromètre ne peuvent être comparés avec ceux du thermomètre d'une manière exacte ; de sorte que la température de fusion de la plupart des métaux n'est point encore réellement connue. (*Voy.* Pyromètre et Température.)

17. La température du passage de l'état liquide à l'état gazeux, ou la température de *vaporisation*, dépend de diverses circonstances quant au même liquide. Les principales sont : 1° la pression exercée à sa surface ; 2° la nature du vase qui le contient ; 3° la profondeur de sa masse.

Dans un vase ouvert et sous la pression moyenne de l'atmosphère, 0ᵐ,76, l'eau bout à 100° centésimaux ; mais dans les lieux très-élevés où cette pression est plus faible, le point d'ébullition est moins haut. À l'hospice du Saint-Gothard, par exemple, le degré de vaporisation est seulement 92°,9, la pression atmosphérique étant 0ᵐ,586. On peut se rendre facilement compte de cette circonstance en observant que la formation des bulles de vapeur a lieu primitivement sur les parois échauffées du vase, qu'elles s'élèvent ensuite à la surface du liquide en vertu de leur légèreté, et que de là elles se répandent dans l'espace environnant. Ces bulles doivent donc avoir une tension égale à la pression qu'elles supportent ; et tout ce qui peut accroître cette pression exige un accroissement de température pour être surmonté par la force élastique de la vapeur.

Dans un vase fermé, on peut retarder et même empêcher totalement l'ébullition, parce que la vapeur qui se forme au-dessus du liquide exerce une pression toujours suffisante pour l'empêcher. Dans la *marmite de Papin*, on élève l'eau aux plus grandes températures sans la faire bouillir ; mais il faut que les parois du vase soient capables d'une énorme résistance pour ne pas se briser sous l'effort qu'ils supportent, et l'explosion trop fréquente des machines à vapeur, malgré les précautions les plus minutieuses, démontre impérieusement la nécessité de nouvelles recherches théoriques sur les phénomènes de la vaporisation.

18. Lorsqu'on vaporise de l'eau dans une chaudière qui ne présente qu'une petite issue à la vapeur, la masse du liquide s'échauffe d'autant plus que la grandeur de l'ouverture est plus petite par rapport à la surface qui reçoit immédiatement l'action du feu. On a trouvé que, sous la pression moyenne de l'atmosphère, les températures deviennent à peu près

100° dans la chaudière, pour un orifice 0,001 et au-dessus.
105 0,0002
115 0,0001
138 0,00005

la surface chauffée étant 1.

La vapeur émise par ces ouvertures n'a pas présenté de différence sensible, c'est-à-dire que le poids de l'eau vaporisée élevée d'une chaudière ouverte, à 100° a été à peu près le même en une seconde de temps que le poids de l'eau vaporisée qui a jailli de la même chaudière, à 138°, par une ouverture égale à la vingt-millième partie de la surface exposée à l'action du feu.

19. La matière propre du vase exerce encore une influence très-sensible sur le point d'ébullition. M. Gay-Lussac a reconnu que l'eau bout à une température plus élevée dans le verre et la porcelaine que dans les métaux; la différence peut aller de 1° à 1°$^1/_2$, mais la vapeur d'eau a toujours la même température, quelle que soit la nature du vase.

20. Si la hauteur de l'eau est assez considérable dans un vase quelconque, elle concourt avec toutes les autres causes déjà signalées pour faire varier le point d'ébullition, parce que les tranches inférieures du liquide supportent le poids des couches supérieures. Alors l'eau commence par s'échauffer uniformément, et l'ébullition se manifeste d'abord à la surface; ensuite les couches inférieures s'échauffent d'autant plus qu'elles sont plus basses, jusqu'à une certaine limite où la température demeure permanente, quoique croissante de la surface au fond. Les vapeurs se dégagent alors de tous les points de la masse liquide; celles qui partent du fond se refroidissent en traversant les couches intermédiaires, et elles sortent toutes à la température de 100°, sous la pression moyenne de l'atmosphère.

Voici le tableau des températures de l'ébullition de différens liquides sous la pression ordinaire 0^m,76.

Éther sulfurique. . . . . 37°, 8
Carbure de soufre. 47
Alcool. 79, 7

Eau pure. 100
Dissolution saturée de sulfate de soude. . . . 100, 7
   Id.   d'acétate de plomb. . . . 102
   Id.   d'hydrochlorate de soude. 106, 9
   Id.   d'hydrochlorate d'ammo-
                    niaque. 114, 4
   Id.   de nitre. 115, 6
   Id.   de tartre. 116, 7
   Id.   de nitrate d'ammoniaque. 125, 3
   Id.   de sous-carbonate de po-
                    tasse. 140
Huile de térébenthine. 157
Phosphore. 290
Soufre. 299
Acide sulfurique. 310
Huile de lin. 316
Mercure. 360

20 *bis*. Les phénomènes que présente le passage de l'état liquide à l'état solide sont soumis également à deux conditions principales, lorsqu'ils s'opèrent uniquement par l'action de la chaleur. Ces conditions sont : 1° la permanence de température dans la masse liquide depuis le commencement de la congélation jusqu'à la solidification totale, 2° le dégagement du calorique latent. La liquéfaction des substances gazeuses s'effectue de la même manière, mais elle n'est jamais entièrement complète, comme nous le verrons ailleurs, et l'espace dans lequel se fait la condensation demeure saturé de vapeur. (*Voy.* VAPEUR.)

21. DU CALORIQUE. Après avoir esquissé, dans ce qui précède, les principaux effets de la chaleur sur les corps, il nous reste à l'étudier en elle-même ou dans les lois de sa communication et de son mouvement.

D'abord, si quelques phénomènes tendent directement à nous montrer le calorique comme une substance particulière, cette substance est privée du caractère distinctif de la matière, la pondérabilité; car un corps pesé successivement à deux températures très-éloignées l'une de l'autre ne présente aucune différence appréciable à nos instrumens les plus délicats. Nous allons bientôt reconnaître la grande analogie qui existe entre la propriété du calorique et celle de la lumière, autre substance impondérable que tous les efforts des physiciens n'ont pu matérialiser.

22. Un corps chaud, renfermé dans une enceinte vide, dont l'enveloppe est à une température plus basse que la sienne, finit toujours par se refroidir jusqu'à ce qu'il se trouve en équilibre de chaleur avec les parois de cette enveloppe; ainsi le phénomène du refroidissement des corps chauds n'est pas dû seulement à ce qu'ils cèdent de leur calorique aux corps plus froids avec lesquels ils sont en contact, mais encore à ce qu'ils lancent le calorique autour d'eux, dans toutes les directions. C'est à

ce calorique ainsi projeté par les corps chauds, comme la lumière par les corps lumineux, qu'on a donné le nom de *calorique rayonnant.* On a reconnu que :

1° *Le calorique rayonnant se meut en ligne droite ;*

2° *Il se réfléchit contre les surfaces polies en faisant un angle d'incidence égal à l'angle de réflexion ;*

3° *Son intensité varie en raison inverse du carré de la distance à la source ;*

4° *Il traverse tous les corps solides ou fluides.*

Ces propriétés se trouvent démontrées par des faits incontestables dans tous les traités modernes de physique.

22 *bis.* Les corps polis réfléchissent d'autant mieux la chaleur que leur poli est plus parfait ; mais tous les corps n'ont pas le même pouvoir réflecteur. Leslie a obtenu les nombres suivans par des expériences multipliées.

POUVOIR RÉFLECTEUR.

Cuivre jaune.	100
Argent.	90
Étain en feuille.	80
Acier.	70
Plomb..	60
Étain mouillé de mercure. .	10
Verre.	10
Verre huilé.	5
Noir de fumée..	0

Ces nombres ne font connaître que les facultés réfléchissantes relatives, et on doit observer que l'intensité du rayon réfléchi diminue à mesure que sa direction se rapproche de la normale au point d'incidence. La variation d'intensité est à peu près nulle pour les substances métalliques.

23. La faculté qu'ont les corps chauds d'émettre la chaleur dans tous les sens est ce qu'on nomme leur *pouvoir rayonnant* ou *émissif.* Leslie a constaté que ce pouvoir dépend en grande partie de l'état de la surface des corps, et qu'il est d'autant plus grand que la surface est plus rude ou présente plus d'aspérités. Ce physicien a encore trouvé les nombres suivans pour les rapports des pouvoirs rayonnans des diverses substances.

POUVOIR ÉMISSIF.

Noir de fumée.	100
Eau.	100
Papier à écrire..	98
Verre ordinaire.	90
Encre de la Chine.	88
Glace.	85
Mercure.	20
Plomb brillant..	19
Fer poli.	15
Étain, argent, cuivre, or.. .	12

24. On nomme *pouvoir absorbant* d'un corps la propriété qu'il a d'absorber les rayons de chaleur qui tombent sur sa surface. Ce pouvoir est évidemment en raison inverse du pouvoir réflecteur, car tous les rayons qui ne sont pas réfléchis sont nécessairement absorbés. On a trouvé de plus que dans des circonstances égales les pouvoirs absorbans et émissifs d'un même corps sont égaux.

25. La transmission du calorique à travers les corps transparens est connue depuis long-temps, mais on avait supposé, jusqu'aux belles expériences de Delaroche, que la chaleur rayonnante est toujours absorbée en partie par le milieu qu'elle traverse. Ce physicien a fait voir le premier que la chaleur absorbée est d'autant moindre que l'intensité de la chaleur rayonnante est plus grande, et en outre qu'un rayon calorifique qui a traversé une première plaque de verre est absorbé en moindre proportion lorsqu'il en traverse une seconde et une troisième.

Les expériences plus récentes de M. Melloni, tout en confirmant ces résultats, ont fait connaître des propriétés très-importantes que nous allons signaler. Cet habile observateur nomme *diathermanes* les corps qui donnent passage au calorique rayonnant, et *athermanes* ceux qui ne jouissent pas de cette propriété.

1° La quantité de chaleur qui traverse une plaque diathermane est d'autant plus grande, toutes choses égales d'ailleurs, que le poli des surfaces est plus parfait.

2° Le degré de transparence des corps n'a aucun rapport avec leur faculté de se laisser traverser par le calorique rayonnant. Des plaques minces de mica noir ou de verre noir imperméables à la lumière laissent passer une quantité très-sensible de chaleur Une plaque de cristal de roche enfumée de 86 millimètres d'épaisseur est beaucoup plus diathermane qu'une plaque d'alun bien transparent d'un millimètre et demi. De tous les corps solides, le plus diathermane est le sel gemme, le moindre est l'alun. Dans les liquides, c'est le carbure de soufre qui laisse passer la chaleur rayonnante en plus grande quantité, et l'eau qui en laisse passer le moins.

3° La quantité de chaleur qui traverse une plaque diathermane varie avec son épaisseur, mais elle diminue dans un rapport beaucoup moindre que celui de l'augmentation d'épaisseur. Le sel gemme fait exception, du moins pour des épaisseurs comprises entre 2 et 40 millimètres ; il laisse toujours passer la même quantité de chaleur.

4° La chaleur rayonnante qui traverse plusieurs plaques superposées d'une même substance est absorbée en plus grande quantité que si elle traversait une seule plaque d'une épaisseur égale à la somme de leurs épaisseurs.

5° La chaleur émise à travers un système de plaques

de même nature ou de nature différente est toujours la même, quel que soit l'ordre de la succession des plaques.

6° Les quantités de chaleur transmise sont différentes si les sources de chaleur ne sont pas les mêmes, quoique les faisceaux de chaleur dirigés sur la plaque aient d'ailleurs la même intensité. Elles sont d'autant plus petites que la température propre de la source est moins élevée ; mais la différence est d'autant moindre que la plaque est plus mince. Le sel gemme fait encore exception à cette loi : il transmet toujours 0,923 de la quantité de chaleur rayonnante, quelle que soit la nature de la source.

7° Le calorique rayonnant subit une certaine modification en traversant une plaque diathermane qui le rend plus ou moins susceptible d'être transmis par d'autres substances.

8° Dans son passage à travers une lame diathermane quelconque le calorique rayonnant subit à ses deux surfaces des réflexions qui lui font perdre 0,077 de son intensité primitive. Le surplus de la perte dépend de la nature de la plaque.

26. Il résulte de l'ensemble de tous ces faits, et de beaucoup d'autres que nous ne pouvons rapporter, que le calorique rayonnant émané de différentes sources est formé de diverses espèces de rayons analogues aux rayons colorés qui forment la lumière des différentes sources ; que les corps diathermanes sont inégalement perméables aux divers rayons caloriques, comme les corps transparens aux divers rayons de lumière ; que l'extinction des rayons suit une progression géométrique dont le rapport varie avec la nature des rayons et celle des corps ; et enfin, que les sources de chaleur émettent des rayons d'autant plus transmissibles que leur température est plus élevée.

Le calorique rayonnant jouit, en outre, de toutes les autres propriétés de la lumière ; il se réfracte et se polarise dans les mêmes circonstances.

27. *Communication de la chaleur.* Lorsqu'une partie d'un corps solide est soumise à l'action d'un foyer de chaleur, la chaleur se propage de proche en proche à toutes ses autres parties en décroissant d'intensité. Si l'on plonge, par exemple, l'extrémité d'une longue barre de fer dans un bain de plomb fondu, on sent la chaleur gagner peu à peu le long de la barre jusqu'à ce qu'elle se fasse sentir à l'autre extrémité. La température des diverses parties de la barre, qu'on peut supposer partagée par des sections perpendiculaires à sa longueur, s'élèvent toutes en même temps, de quantités inégales, d'autant plus petites que les sections sont prises plus loin du foyer de chaleur ; mais, si le foyer est constant, cette augmentation générale des températures de chaque point s'arrête bientôt, et il arrive un moment où toutes les températures demeurent stationnaires.

Dans ce mode de propagation, qu'on attribue à un

rayonnement de molécule à molécule, la différence de température entre une section quelconque et l'extrémité chauffée dépend principalement de la nature du corps ou de sa faculté conductrice, qui est très-variable dans les corps solides.

Tout le monde sait qu'on peut tenir impunément un tube de verre ou un cylindre de charbon à une très-petite distance du point où ils sont incandescens, tandis qu'une barre métallique chauffée au rouge à l'une de ses extrémités manifeste une chaleur insoutenable à de grandes distances de cette extrémité.

28. On a reconnu que, lorsqu'une barre prismatique chauffée à l'un de ses bouts par un foyer constant est arrivée au point d'équilibre où les températures de toutes ses parties restent stationnaires, ces températures forment une progression géométrique décroissante dans les sections également distantes entre elles ; c'est-à-dire que, prenant des points dont les distances au foyer croissent en proportion arithmétique, les températures correspondantes décroissent en progression géométrique, suivant un rapport qui dépend de la *conductibilité* propre de la substance et du pouvoir émissif de sa surface. C'est d'après cette propriété que M. Despretz a trouvé les nombres suivans.

FACULTÉ CONDUCTRICE.

Or.	10000
Platine.	9810
Argent.	9730
Cuivre.	8982
Fer.	3743
Zinc.	3630
Étain.	3039
Plomb.	1795
Marbre.	236
Porcelaine.	122
Terre des fourneaux.	114

29. Les procédés employés pour obtenir ces rapports ne permettent guère de les considérer que comme des approximations. M. Péclet décrit dans son *Traité de Physique* un mode d'opération propre à faire connaître de la manière la plus exacte la conductibilité absolue des métaux, et nous devons regretter que cet habile physicien n'ait point exécuté les expériences qu'il indique.

En suivant la méthode de M. Despretz, M. Delarive a reconnu que, pour les bois, la conductibilité est beaucoup plus grande dans le sens des fibres que dans le sens perpendiculaire à ces fibres. L'ordre des conductibilités dans les deux sens s'est trouvé : *alier', noyer, chêne, sapin, peuplier, liége*

30. Les corps réduits en filamens très-fins, ou en parcelles très-petites, sont de mauvais conducteurs de la

chaleur. Tels sont le coton, la laine, le duvet, la brique pilée, le sable, etc., etc. Parmi les mauvais conducteurs, le verre et surtout le charbon paraissent occuper le point le plus bas de l'échelle.

31. La faculté conductrice des liquides est beaucoup moins grande que celle des solides; ils sont généralement peu perméables au calorique rayonnant et la chaleur s'y propage d'une toute autre manière que dans les solides. Lorsqu'on chauffe une masse liquide, par le bas ou par les côtés, la couche d'eau en contact immédiat avec la paroi échauffée devient plus légère et s'élève à la surface; elle est alors remplacée par une autre couche qui s'échauffe et s'élève à son tour, de sorte qu'il se forme un double courant de molécules chaudes qui montent et de molécules froides qui descendent. La propagation de la chaleur s'effectue donc par les mouvemens résultant des variations de la densité, et non par un rayonnement de molécule à molécule; et si ce dernier mode de communication existe dans les liquides, son influence ne peut être que très-faible.

32. Toutes les expériences s'accordent pour montrer que la conductibilité des gaz est très-petite. La chaleur s'y propage comme dans les liquides par les mouvemens dus au changement de densité des parties échauffées, mais ces mouvemens sont d'autant plus rapides que, toutes choses égales d'ailleurs, les gaz sont moins denses. Le calorique rayonnant les traverse tous avec facilité

33. *Lois du refroidissement.* Newton est le premier qui ait posé des principes pour le refroidissement des corps. Il supposa que, pour un corps quelconque, la perte de chaleur à chaque instant est proportionnelle à l'excès de sa température sur celle du milieu environnant. Ainsi, en considérant un corps isolé dans l'air atmosphérique, si nous désignons par T l'excès de sa température sur celle de l'air, après un temps t compté dès l'origine du refroidissement, et par a la perte de chaleur qui aurait lieu dans l'unité de temps, pour une différence de température constante égale à un degré, nous aurons :

$$dT = -aTdt$$

expression dont on tire par l'intégration

$$\mathrm{Log}\,T = -at + C.$$

En déterminant la constante de manière que T soit égal à la différence initiale de la température du corps et de celle de l'air, on obtient, en désignant par A cette différence initiale qui correspond à $t = 0$,

$$\mathrm{Log}\,T = -at + \mathrm{Log}\,A.$$

Passant des logarithmes aux nombres, il vient

$$T = A\,e^{-at}$$

e représentant la base des logarithmes naturels.

Cette loi donne le moyen de trouver très-facilement la température du corps à un instant quelconque du refroidissement, mais elle ne se vérifie que quand la différence initiale des températures n'excède pas 30°; au-dessus, les résultats sont entièrement inexacts.

34. Quoique la loi de Newton ait été bientôt reconnue insuffisante, les expériences des physiciens ne jetèrent que bien peu de jour sur l'importante question du refroidissement jusqu'au beau travail de MM. Petit et Dulong, couronné en 1818 par l'Académie des Sciences. Nous allons rapporter les résultats principaux de ce travail, qui doit servir de point de départ pour toutes les recherches ultérieures.

35. Observons d'abord qu'un corps isolé au milieu d'une enceinte vide ne peut se réchauffer ou se refroidir que par l'échange de chaleur rayonnante qui s'opère entre sa surface et celle de l'enceinte, tandis que, lorsque l'enceinte est pleine d'air ou de tout autre gaz, à cette première cause de variation de température se joint celle qui provient du contact du gaz. Or on conclut des observations que, quand l'excès de la température d'un corps liquide sur celle de l'enceinte demeure constant, la vitesse du refroidissement croît en proportion géométrique, dans une enceinte vide, lorsque la température de l'enceinte croît en proportion arithmétique.

36. On entend par *vitesse* du refroidissement, à un instant quelconque la quantité de chaleur que perd le corps dans la première unité de temps qui suit cet instant; par exemple, si, après le temps t, le corps perd 5° de chaleur dans la première seconde, 3° dans celle qui suit, etc. Nous dirons qu'après le temps t la vitesse du refroidissement était de 5°, et qu'elle n'était plus que de 3° après le temps $t + 1'$. Le nombre des degrés perdus dans l'unité de temps est donc ici, par rapport à la vitesse du refroidissement, ce qu'est l'espace pour la vitesse des corps en mouvement; de sorte qu'en vertu de la loi des mouvemens variés, si ψ désigne la température du corps après le temps t et $d\psi$ la variation de température correspondante à la variation dt du temps, on a pour l'expression générale de la vitesse V du refroidissement, en observant que la différentielle $d\psi$ doit être prise négativement... (a)

$$V = -\frac{d\psi}{dt}.$$

37. Ceci posé, si ψ exprime l'excès de la température du corps sur celle de l'enceinte et θ la température de cette enceinte, nous pourrons poser, d'après ce qui vient d'être dit (35),... (b)

$$V = f(\psi)\,a^{\theta},$$

$f(\psi)$ étant une fonction inconnue dont il s'agit de trouver la nature et a un nombre constant.

Mais, dans le cas d'une enceinte vide, la vitesse de refroidissement n'est évidemment que l'excès du rayonnement du corps sur celui de l'enceinte; ainsi, comme le rayonnement est une fonction de la température, en désignant cette fonction par la caractéristique F, les quantités $F(\psi+\theta)$, $F(\theta)$ exprimeront les rayonnemens respectifs du corps et de l'enceinte, et on aura

$$V = F(\psi+\theta) - F(\theta)$$

d'où l'on tire, en comparant avec (b),

$$f(\psi) = \frac{F(\psi+\theta) - F(\theta)}{a^\theta}.$$

Développant la fonction $F(\psi+\theta)$ par le théorème de Taylor, il vient

$$f(\psi) = \frac{dF(\theta)}{a^\theta\, d\theta}\,\frac{\psi}{1} + \frac{d^\circ F(\theta)}{a^\theta\, d\theta^2}\cdot\frac{\psi^2}{1\cdot 2} + \text{etc....}$$

Or, quel que soit ψ, la fonction cherchée $f(\psi)$ est indépendante de θ, donc tous les coefficiens de ce développement doivent être des quantités constantes, et nous pouvons poser, m étant un nombre constant,

$$\frac{dF(\theta)}{a^\theta\, d\theta} = m$$

ce qui donne, en intégrant,

$$F(\theta) = \frac{m}{\text{Log}\,a}\,a^\theta + C.$$

On a donc aussi

$$F(\psi+\theta) = \frac{m}{\text{Log}\,a}\,a^{\psi+\theta} + C',$$

et, par conséquent,

$$F(\psi+\theta) - F(\theta) = m\,a^\theta\,(a^\psi + 1) = V,$$

la constante $C'-C$ étant nulle, puisque pour $\psi = 0$ on doit avoir $V = 0$.

La loi du refroidissement dans le vide est donc définitivement

$$(1)\ldots\ V = ma^\theta\,(a^\psi - 1).$$

La constante a, déterminée par les observations, a pour valeur 1,0077, quelle que soit la nature du corps refroidissant; la constante m est un nombre variable pour chaque corps; sa valeur s'obtient en substituant dans (1) les valeurs de V, ψ et θ données par une expérience.

38. En examinant la marche employée pour obtenir la formule (1), on reconnaît que le premier terme de son second membre $m\,a^\theta\,a^\psi$ représente la chaleur émise par le corps et le second $m\,a^\theta$ la chaleur absorbée. Il en résulte que, si le corps se refroidissait dans une enceinte vide complètement privée de pouvoir rayonnant, la vitesse du refroidissement serait $m\,a^\psi$; c'est-à-dire qu'elle croîtrait alors en progression géométrique, les différences de température croissant en progression arithmétique.

39. Pour obtenir maintenant la température du corps à un instant quelconque en fonction de temps écoulé depuis l'origine du refroidissement, il suffit de substituer dans l'expression (a) la valeur de V donnée par la loi (1), on obtient.

$$dt = \frac{-\,d\psi}{M\,(a^\psi - 1)}$$

ce qui donne un intégrant

$$(2)\ldots\ t = \frac{1}{M\,\text{Log}\,a}\left(\text{Log}\,\frac{a^\psi - 1}{a^\psi}\right) + C.$$

Cette relation fera connaître le temps nécessaire pour amener la température initiale au degré ψ, lorsqu'on aura déterminé, dans chaque cas particulier, le nombre M et la constante C; détermination qui s'effectue à l'aide de la formule même (2), en y substituant successivement deux valeurs de ψ correspondantes à deux valeurs de t, obtenues par l'observation.

40. Lorsque l'enceinte dans laquelle s'opère le refroidissement est plein de gaz, les vitesses de refroidissement se compliquent de l'action du contact du gaz, mais on peut calculer aisément cette dernière dans tous les cas, car il est évident que la vitesse de refroidissement qui lui est due est égale à la différence entre la vitesse totale et la vitesse produite par le rayonnement. MM. Petit et Dulong ont constaté de cette manière

1° Que la nature de la surface est sans influence sur les pertes de chaleur dues au contact seul des gaz;

2° Que pour un même gaz sous la même pression, mais à des températures différentes, les pertes de chaleur sont les mêmes pour les mêmes différences de température;

3° Que, lorsque l'élasticité du gaz varie en progression géométrique, la vitesse du refroidissement varie aussi en progression géométrique; si l'on suppose le rapport de la seconde progression égal à 2, le rapport de la première est 1,366 pour l'air, 1,301 pour l'hydrogène, 1,431 pour le gaz acide carbonique, 1,415 pour le gaz oléfiant;

4° Enfin, que, quelle que soit la nature du gaz, les vitesses croissent en progression géométrique, quand les différences de température croissent également en progression géométrique. En prenant 2 pour le rapport de la dernière progression, celui de la première est 2,350.

L'ensemble de toutes ces lois conduit à la formule

$$(3)\ldots\ V = n\,p^c\,\psi^b$$

dans laquelle n est un nombre qui change avec la nature du gaz et les dimensions des corps, c un coefficient constant pour les différens corps, mais variable avec la nature du gaz, p la pression, ψ l'excès de la température, est b le nombre constant 1,233. Pour l'air, cette formule devient

$$V = n\,p^{0.45} . \psi^{1.234}$$

Dans une enceinte rayonnante il faut ajouter à la valeur de V donnée par (3) celle qui résulte de la formule (1).

41. Les formules précédentes vérifiées pour les liquides dans une étendue de plus de 300° peuvent encore s'appliquer à des corps solides de très-petites dimensions ; mais pour les autres la question devient d'une extrême complication, car la température des diverses parties n'est pas la même, et pour chacune de ces parties le refroidissement dépend non seulement de toutes les circonstances que nous venons de considérer, mais encore de sa position et de la conductibilité propre du corps. Nous ferons observer, en outre, que les températures doivent être mesurées sur le thermomètre à air pour que les résultats calculés soient exacts.

42. *De la chaleur spécifique.* C'est au physicien suédois Wilke qu'est due l'importante découverte des diverses capacités des corps pour le calorique. Cet ingénieux observateur sut prouver en 1792, par des expériences très-simples, que les corps de nature différente qui montrent une température égale au thermomètre contiennent cependant des quantités de chaleur très-inégales. Si l'on plonge, en effet, un kilogramme de fer chauffé à 36° dans un kilogramme d'eau à 0°, on trouve que la température commune de ces deux corps, après que l'équilibre est établi, est seulement de 4° ; et comme en prenant les précautions convenables, l'eau reçoit précisément autant de chaleur que le fer en a perdu, il en résulte que la quantité de chaleur qui a fait baisser de 32° la température du fer n'a élevé celle de l'eau que de 4°, et qu'il faut, par conséquent, huit fois autant de chaleur pour augmenter ou diminuer la température de l'eau d'un degré que pour changer d'un degré la température du fer, les masses étant égales.

43. Les quantités relatives de chaleur absorbées par un même poids des corps pour élever leurs températures d'un même nombre de degrés se nomment *chaleurs spécifiques* ou *capacités calorifiques*. Pour mesurer ces diverses capacités, on est convenu de les rapporter à celle de l'eau, prise pour terme de comparaison, et on désigne sous le nom d'*unité de chaleur* la quantité de chaleur nécessaire pour élever un kilogramme d'eau d'un degré centésimal.

44. La capacité calorifique d'un corps est donc d'autant plus grande qu'il exige plus de chaleur pour éprou-ver un changement de température d'un degré. Mais cette capacité peut être *constante* ou *variable* suivant que la quantité de chaleur est la même en un point quelconque de l'échelle thermométrique, ou qu'elle est différente. Par exemple, une même masse de fer a besoin de plus de chaleur pour passer de 100° à 101° que de 0° à 1 ; aussi dit-on que la capacité calorifique du fer est *variable* et *croissante*. En général, le rapport des capacités de deux substances est le même que celui des quantités de chaleur qu'elles prennent à poids égal et à la même température pour faire varier cette température d'une même quantité.

Voici quelques capacités calorifiques déterminées par divers observateurs.

CAPACITÉS CALORIFIQUES

D'APRÈS LAVOISIER ET LAPLACE.

Nom des substances.	Capacités.
Eau.	1,0000
Plomb.	0,0283
Mercure.	0,0290
Étain.	0,0475
Oxyde rouge de mercure.	0,0501
Fer battu.	0,1105
Verre sans plomb.	0,1929
Soufre.	0,2085
Chaux vive.	0,2169
Huile d'olive.	0,3096
Acide sulfurique (densité 1,87).	0,3346
Acide nitrique (densité 1,30).	0,6614
Solution de nitre (nitre 1, eau 8).	0,8187

D'APRÈS DALTON.

Vinaigre.	0,9200
Acide nitrique (densité 1,30).	0,6600
Acide hydrochlorique (densité 1,53).	0,6000
Acide sulfurique (densité 1,84).	0,3500
Alcool (densité 0,81).	0,7000
Éther sulfurique (densité 0,76).	0,6600
Flint glass.	0,1900
Chlorure de sodium.	0,2300

D'APRÈS MAYER.

Bois de pin.	0,6500
— de chêne.	0,5700
— de poirier.	0,5000

D'APRÈS M. DESPRETZ.

Alcool (densité 0,795).	0,622
Éther sulfurique (densité 0,715).	0,520
Essence de térébenthine (densité 0,872).	0,472

D'APRÈS MM. PETIT ET DULONG.

Nom des substances.	Capacités.
Mercure.	0,0330
Platine.	0,0335
Id.	0,0314
Antimoine.	0,0507
Argent.	0,0557
Zinc.	0,0927
Cuivre.	0,0940
Id.	0,0949
Fer.	0,1098
Id.	0,1100
Bismuth.	0,0288
Plomb.	0,0293
Or.	0,0298
Étain.	0,0514
Tellure.	0,0912
Nickel.	0,1055
Cobalt.	0,1498
Soufre.	0,1880
Verre.	0,1770

D'APRÈS M. AVOGBADO.

Carbone.	0,2500
Phosphore.	0,3850
Arsénic.	0,0810
Iode.	0,0890

45. Les nombres de MM. Petit et Dulong se rapportent aux capacités moyennes entre 0° et 100°; mais ces messieurs ont reconnu que les capacités calorifiques des corps solides augmentent avec la température; par exemple, ils ont trouvé pour le fer :

CAPACITÉ MOYENNE DU FER.

De 0° à 100°.	0,1098
De 0° à 200°.	0,1150
De 0° à 300°.	0,1218
De 0° à 350°.	0,1255

46. Outre ces résultats très-remarquables, les mêmes physiciens ont découvert une loi fondamentale de la chaleur, en admettant toutefois la théorie *atomique* de la chimie moderne, c'est que *les atomes des corps simples ont tous exactement la même capacité pour la chaleur.* Cette loi résulte du fait général, que la capacité d'un corps simple multipliée par le poids de son atome donne un produit constant.

Plus récemment M. Newmann a trouvé, par la même voie, que la capacité calorifique des atomes des corps semblablement composés est la même.

47. La capacité calorifique des gaz est beaucoup plus

CHA

difficile à déterminer que celle des solides, par l'extrême mobilité de leurs molécules, qui tendent sans cesse à s'échapper. On nomme *capacité à pression constante* la quantité de chaleur nécessaire pour élever la température d'un gaz d'un degré centésimal en lui permettant de se dilater sous une même pression, et *capacité à volume constant* la quantité de chaleur qui produit la même élévation lorsqu'on comprime le gaz à mesure pour que son volume ne change pas. Celle-ci est toujours plus petite que la première, parce que tous les gaz laissent échapper du calorique quand on les comprime.

D'après les belles expériences de MM. de la Roche et Bérard, couronnées en 1813 par l'Institut de France, les capacités calorifiques à pression constante sont pour un *même volume* de gaz :

Air atmosphérique.	1,0000
Hydrogène.	0,9033
Acide carbonique.	1,2583
Oxygène.	0,9765
Azote.	1,0000
Oxyde d'azote.	1,3503
Hydrogène carboné.	1,0530
Oxyde de carbone.	1,0340
Vapeur d'eau.	1,9600

la capacité du *volume* de l'air étant prise pour unité.

Ces capacités pour un *même poids* des gaz sont :

	Celle de l'air étant 1.	Celle de l'eau étant 1.
Air.	1,0000	0,2669
Hydrogène.	12,5401	3,2936
Acide carbonique.	0,8280	0,2210
Oxygène.	0,8848	0,2361
Azote.	1,0318	0,2754
Oxyde d'azote.	0,8878	0,2369
Hydrogène carboné.	1,5763	0,4207
Oxyde de carbone.	1,0805	0,2884
Vapeur d'eau.	3,1360	0,8470

La capacité des gaz à volume constant n'a point encore été déterminée par des expériences directes, et il paraît sinon impossible, du moins excessivement difficile de l'obtenir de cette manière, mais on peut la conclure de la capacité à pression constante en admettant avec Laplace (*Méc. céleste*, liv. XII) qu'il y a un rapport invariable entre les deux capacités d'un même gaz, principe qui du reste a été vérifié entre certaines limites. MM. Gay-Lussac et Welter ont trouvé pour le rapport des deux capacités de l'air le nombre 1,37244, qui s'écarte assez sensiblement du nombre 1,421 déterminé plus récemment par M. Dulong à l'aide d'expériences d'une extrême délicatesse et dont l'exactitude ne laisse rien à désirer. Les autres résultats de ces expériences sont les suivans pour un même volume de gaz :

Nom des gaz.	Rapport des deux capacités.	Capacités à volume constant, celle de l'air étant 1.
Air atmosphérique. .	1,421	1,000
Gaz oxygène.	1,415	1,000
Hydrogène.	1,407	1,000
Acide carbonique. . .	1,338	1,249
Oxyde de carbone.. .	1,427	1,000
Oxyde d'azote. . . .	1,343	1,227
Gaz oléfiant.	1,240	1,754

48. Les conséquences tirées de ces résultats par M. Dulong sont extrêmement importantes ; il admet :

1° Que les volumes égaux de tous les fluides élastiques pris à une même température et sous une même pression, étant dilatés ou comprimés subitement d'une même fraction de leurs volumes, absorbent ou dégagent la même quantité de chaleur ;

2° Que les variations de température qui en résultent sont en raison inverse des capacités calorifiques à volume constant.

48 bis. Il est généralement admis que *sous une même pression la capacité calorifique d'une masse gazeuse est indépendante de sa température.* (*Physique* de Pouillet, tom. 1, pag. 403). C'est ce qui résulte, en effet, de la loi de M. Gay-Lussac sur la dilatation uniforme des gaz. Cependant une expérience du même physicien a fait conclure à M. Péclet, dans la nouvelle édition de son *Traité de Physique* (tome 1, page 484), *qu'à pression constante la capacité augmente avec la température.* Si l'on doit adopter ce nouveau principe, il ne faudra plus compter sur la régularité des indications du thermomètre à air, et l'on se verra forcé de modifier singulièrement la théorie de la dilatation des gaz.

On a fait peu d'expériences sur les changemens qu'éprouvent les capacités calorifiques des gaz par suite du changement de pression pour un même volume de gaz déterminé. En opérant sur deux volumes égaux d'air atmosphérique, dont l'un supportait la pression moyenne 0^m,758 et l'autre une pression de 1^m,0058, MM. de Laroche et Bérard ont obtenu

Pression.	Capacités.
0^m,7580.	1,0000
1, 0058.	1,2396

et MM. Clément et Désormes ont trouvé, de leur côté,

toujours pour des volumes égaux d'air atmosphérique.

Pression.	Capacités.
1,0058..	1,2150
0,7580..	1,0000
0,3790..	0,6930
0,1890..	0,5400
0,0950..	0,3680

On peut donc admettre que la capacité calorifique d'un *même volume* du même gaz croît avec la pression qu'il supporte ; c'est-à-dire que de deux volumes égaux d'un même gaz celui qui a la plus grande densité a en même temps la plus grande chaleur spécifique ; les densités étant proportionnelles aux pressions lorsque les volumes sont égaux.

Quant aux variations de capacité calorifique qui résultent du changement de pression à laquelle une même masse gazeuse est soumise, changement qui fait varier son volume, tous les faits les mieux constatés et toutes les inductions les plus rationnelles ont fait poser comme un principe certain que :

La capacité calorifique des gaz augmente quand la pression diminue.

M. Poisson, soumettant au calcul les données de l'expérience, a obtenu la formule suivante, qui fait connaître la capacité c' d'un gaz sous une pression quelconque P lorsqu'on connaît sa capacité c sous la pression moyenne de l'atmosphère, 0^m,76

$$c' = c \left(\frac{0,76}{P}\right)^{1-\frac{1}{\rho}}$$

ρ étant le rapport des deux capacités à pression constante et à volume constant, c'est-à-dire 1,372 d'après M. Gay-Lussac et 1,421 d'après M. Dalton.

Il résulte de cette formule que, lorsque la pression se réduit à 4 ou 5 millimètres, la capacité calorifique de l'air devient supérieure à celle de l'eau ; ce qui explique en partie le froid si intense qui règne dans les hautes régions de l'atmosphère.

49. La connaissance des capacités calorifiques des vapeurs, et principalement de la vapeur d'eau, présente un grand intérêt depuis que cette dernière est devenue le plus puissant de nos agens mécaniques. Cependant elle n'a encore été fixée que par MM. de Laroche et Bérard, à l'aide de procédés sujets à beaucoup d'objections ; le nombre qu'ils ont trouvé, et que nous avons déjà rapporté, est 1,9600, à pression constante ; la capacité semblable de l'air étant 1. Il est à désirer que M. Dulong publie bientôt le détail des expériences qui lui ont fait obtenir le nombre 1,5 pour le rapport des capacités calorifiques de la vapeur d'eau, à pression constante et

à volume constant. Nous exposerons au mot Vapeur toutes les propriétés de la vapeur d'eau qu'il est indispensable de connaitre dans ses applications aux arts industriels.

5o. *Calorique de fluidité.* Nous avons dit (14) qu'un corps solide ne pouvait devenir fluide ni un liquide devenir gazeux sans qu'ils absorbassent une certaine quantité de calorique qui passe de l'état libre à l'état *latent* (15), et devient ainsi une partie constituante du corps, tant que ce corps persévère dans son nouvel état. Nous pouvons maintenant apprécier la quantité de ce calorique latent, qu'on nomme aussi *calorique de fluidité*, à l'aide des principes qui viennent d'être exposés.

Si l'on mêle, par exemple, un kilogramme de glace fondante ou à 0° avec un kilogramme d'eau chaude à 75°, on trouve après quelques instans que la glace est entièrement fondue, et l'on a deux kilogrammes d'eau à 0°. Ainsi toute la chaleur que contenait l'eau a été absorbée par la fusion de la glace, et ce corps n'est devenu fluide qu'en rendant latente la quantité de chaleur nécessaire pour élever la température d'un kilogramme d'eau de 0° à 75°.

Le même procédé peut être employé pour mesurer le calorique de fluidité de tous les corps solides dont on connaît la température de fusion (16); car, en versant un poids connu d'une substance, fondue à la température de sa fusion, dans une masse d'eau d'un poids et d'une température également connus, il est visible que, lorsque l'équilibre de chaleur sera établi, la température de l'eau aura subi un accroissement provenant de la quantité de chaleur latente devenue libre par la solidification, plus de celle abandonnée par la substance, devenue solide, pour se refroidir de la température de fusion. Cette dernière pouvant se conclure de la capacité calorifique de la substance, il devient facile de trouver la première. Soit, en effet, P le poids du corps en fusion, T la température de la fusion, P' le poids de l'eau, y compris celui du vase qui la contient, T' sa température, C la capacité calorifique du corps à l'état solide, T' la température finale du mélange et x le calorique de fluidité cherché ; on aura

$$\text{MC}\,(\text{T}-\text{T}') + \text{M}x = \text{M}'\,(\text{T}'-\text{T}')$$

et, par suite,

$$x = \frac{\text{M}'\,(\text{T}'-\text{T}') - \text{MC}\,(\text{T}-\text{T}')}{\text{M}}.$$

Pour être sûr, dans ces expériences, que le corps fondu n'ait point une température plus élevée que celle de sa fusion, il faut l'employer avant que la fusion soit devenue tout-à-fait complète, ou lorsqu'il commence à se solidifier.

Black a trouvé de cette manière que le calorique absorbé par une masse d'étain pour se liquéfier est susceptible d'élever la température d'une masse égale d'eau de 277°,77. Aucune autre expérience n'a été faite sur les corps métalliques.

51. *Calorique d'élasticité.* On nomme ainsi le calorique latent absorbé par un liquide qui se vaporise. Il peut se mesurer par un procédé analogue au précédent.

Supposons que de la vapeur d'eau bouillante soit conduite dans une masse d'eau froide et s'y condense, la température de l'eau froide se trouvera encore élevée par tout le calorique latent devenu libre lors de la condensation et par l'excès de la température d'ébullition. On pourra donc calculer encore le calorique d'élasticité à l'aide de la formule précédente.

L'unité prise pour mesurer le calorique latent des corps soit solides, soit fluides, est la quantité de chaleur nécessaire pour élever d'un degré centésimal la température d'une masse d'eau égale en poids à celui de ces corps. Par exemple, lorsqu'on dit que la chaleur latente de la vapeur d'eau est de 55o, il faut entendre qu'un kilogramme de vapeur renferme une quantité de calorique capable d'élever de 550° la température d'un kilogramme d'eau. C'est de cette manière qu'il faut concevoir les nombres suivans trouvés par M. Despretz.

CHALEUR LATENTE DES VAPEURS.

D'eau.	531
D'alcool.	207,7
D'éther sulfurique. . . .	96,8
D'essence de térébenthine.	76,8

Le nombre de la chaleur latente de la vapeur d'eau trouvé par M Despretz diffère de celui qui est généralement adopté d'après les expériences de M. Gay-Lussac, confirmées par celles de MM. Clément et Desormes ; ce dernier est 55o. Rumfort avait trouvé 557, Southern 53o, Watt 527, et M. Dulong 543.

52. Deux opinions opposées ont été émises sur le phénomène de la vaporisation des liquides : d'après Southern, la quantité de calorique nécessaire pour faire passer un corps liquide quelconque à l'état gazeux serait indépendante de la température de ce corps, ou, en d'autres termes, le calorique de vaporisation serait constant, et par conséquent la quantité totale de chaleur renfermée dans la vapeur croitrait avec sa température. D'après MM. Clément et Desormes, le calorique de vaporisation serait, au contraire, d'autant moindre pour un même liquide que la température de l'ébullition serait plus élevée ; par exemple, la quantité de chaleur nécessaire pour volatiliser un kilogramme d'eau primitivement à 0° étant 650, elle n'est plus que 550 pour cette

eau à 100°, que 450 pour cette même eau à 200°, et ainsi de suite; de sorte qu'à 650° le calorique de vaporisation serait nul, quoique la vapeur une fois formée renferme toujours la même quantité de calorique d'élasticité. Les physiciens ne se sont point encore prononcés sur cette question, qui est d'un très-haut intérêt pour les machines à vapeur; mais nous pensons que l'opinion de Southern est inadmissible.

53. *Production de la chaleur.* Il existe deux sources différentes de chaleur; les unes sont permanentes, comme les rayons solaires, la chaleur du globe terrestre et les rayons stellaires; les autres sont accidentelles, comme les actions chimiques, la pression, la percussion, le frottement et les changemens d'état des corps. La théorie du développement de la chaleur, et les phénomènes qui en résultent d'après l'une ou l'autre de ces sources, sont entièrement hors de notre plan, et nous devons nous borner à signaler ici les résultats qu'il importe le plus de connaître dans les applications de la chaleur comme force mécanique.

54. La combustion de diverses substances est le moyen le plus généralement employé pour produire la chaleur dont on a besoin dans les arts industriels. Le combustible est alors placé dans un foyer ou appareil particulier, et le corps qu'on veut échauffer est exposé à la chaleur rayonnante qui émane du combustible en ignition. La perfection de l'appareil consiste visiblement dans la plus ou moins grande quantité de chaleur qu'il est susceptible de transmettre, et doit s'apprécier d'après le rapport entre la chaleur transmise et la quantité absolue de chaleur produite. On évalue cette quantité absolue de chaleur par le nombre de degrés dont un kilogramme de combustible, élève, en brûlant, la température d'un kilogramme d'eau, et c'est elle qu'il importe principalement de connaître pour diriger habilement l'emploi du combustible, et ne pas le perdre infructueusement dans des appareils peu judicieux, comme on ne le voit que trop communément.

D'après les expériences de MM. Clément et Desormes, la quantité de chaleur absolue fournie par divers combustibles est la suivante :

Bois, environ.	3000°
Charbon de terre.	7000
Charbon de bois.	7050
Tourbe environ.	3000

Il en résulte qu'un kilogramme de charbon de terre peut vaporiser, en brûlant, 10 kilogrammes, 76 d'eau à la température initiale de 0°, en admettant qu'un kilogramme d'eau à 0° exige pour se transformer en vapeur 650° de chaleur (52).

55. C'est principalement dans la production de la vapeur d'eau qu'on peut reconnaître l'importance de la question que nous avons signalée au paragraphe 52. Supposons, pour la mettre dans tout son jour, que l'eau d'une chaudière, primitivement à 30°, soit portée à l'ébullition par 135° de chaleur communiquée, et proposons-nous de trouver la quantité de charbon nécessaire pour produire d'abord l'ébullition et ensuite la vaporisation complète d'un kilogramme de cette eau.

D'après Southern, la quantité de chaleur fournie par le combustible doit être 135°+550°=685°. Ainsi, puisqu'un kilogramme de charbon brûlé donne 7000°, il faudra pour vaporiser un kilogramme d'eau

$$\frac{685}{7000} = 0^k,978 \text{ de charbon;}$$

ou, ce qui est la même chose, un kilogramme de charbon produira

$$\frac{7000}{685} = 10^k,219 \text{ de vapeur.}$$

D'après MM. Clément et Desormes, la quantité de chaleur nécessaire pour vaporiser un kilogramme d'eau à 30° étant 650°—30° = 620°, il faudra seulement

$$\frac{620}{7000} = 0^k,808 \text{ de charbon,}$$

et un kilogramme de charbon brûlé produira

$$\frac{7000}{620} = 11^k,290 \text{ de vapeur.}$$

Quand on considère l'énorme force vive que peut développer un kilogramme de vapeur, on est vraiment surpris que la science en soit encore à ne pouvoir opter entre ces deux résultats.

56. Les nombres du n° 54 ont été obtenus par des expériences assez précises pour qu'on puisse les employer avec confiance comme des termes de comparaison; de sorte qu'on doit évaluer moyennement à 11 kilogrammes la quantité de vapeur que peut produire un kilogramme de charbon; mais, comme il est impossible de recueillir dans les fourneaux ordinaires la quantité absolue de chaleur émise par les combustibles, on ne saurait espérer qu'une moindre production. Dans les chaudières des anciennes machines à vapeur de Watt, un kilogramme de charbon brûlé vaporise seulement 6 kilogrammes d'eau, tandis que dans les chaudières plus parfaites des machines de Woolf, il en vaporise 8 kilogrammes. (*Voy.* Vapeur.)

Ouvrages à consulter sur les divers points de la théorie de la chaleur : *Annales de Chimie et de Physique,* tome 7, 20, 25, 40, 45, 48. Fourier, *Mémoire sur la Chaleur;* Péclet, *Traité de la Chaleur;* Poisson, *Traité de Mécanique,* 2ᵉ édit.; *Théorie de la Chaleur;* et les *Traités de Physique* de MM. Desprets, Pouillet et Péclet.

CHAMEAUX. (*Méc.*) Espèces de pontons qu'on emploie dans les ports, dont la profondeur n'est pas suffisante pour faire entrer ou sortir les vaisseaux.

Les chameaux présentent une application très-ingénieuse des lois de l'hydrostatique, dont on peut encore tirer parti pour remettre à flot les navires submergés. Ils ont un fond plat et fort large ; un de leurs côtés est concave et suit assez exactement la courbure des vaisseaux pour qu'il puisse s'y appliquer de manière à l'embrasser dans le plus grand nombre de points possibles ; les autres côtés sont perpendiculaires au fond. Lorsqu'on veut faire sortir du port un vaisseau qui tire trop d'eau pour marcher seul, on adapte les chameaux à ses flancs, après les avoir remplis de la quantité d'eau suffisante pour que leur immersion soit de niveau avec la quille du vaisseau. Dans cet état, on les fixe solidement en faisant passer plusieurs cordages ou *grelins* sous la quille ; ces grelins remontent dans l'intérieur des chameaux de chaque côté, et vont aboutir à des treuils placés sur les ponts des chameaux, qui les tendent et les retiennent de manière que les deux chameaux ne font plus qu'un même corps flottant avec le vaisseau. Alors on épuise l'eau des chameaux à l'aide de pompes ; et à mesure que tout le système devient plus léger, par l'épuisement, il s'élève et finit par pouvoir manœuvrer dans le port. Quand le vaisseau est sorti du port, on remplit de nouveau les chameaux d'eau, pour rendre au vaisseau sa quantité nécessaire d'immersion, et enfin on les détache. La même série d'opérations est employée quand, au lieu de faire sortir un vaisseau, il s'agit de le faire entrer dans le port.

CHAPELET VERTICAL. (*Hydraul.*) Machine destinée à élever l'eau.

Un *chapelet vertical* se compose 1° d'un tuyau cylindrique de bois, appelé *buse*, dont l'extrémité inférieure plonge dans l'eau qu'on veut épuiser ; 2° d'une chaîne sans fin, garnie de plateaux ou rondelles de cuir gras à distances égales. Cette chaîne tourne sur une roue armée de pointes de fer et traversée par un axe portant des manivelles à ses extrémités ; elle est tendue à sa partie inférieure par un appareil qui permet de la diriger convenablement, et elle parcourt la buse qu'elle entoure du dehors au dedans. Lorsque cette machine est en mouvement, les pointes de fer saisissent successivement les chaînons, et la chaîne monte ; le plateau qui arrive à l'orifice inférieur de la buse y prend l'eau qui est au-dessous du précédent et l'élève avec lui jusqu'au dégorgeoir. Le diamètre des rondelles de cuir doit être plus grand que celui de la buse, pour qu'elles ne laissent retomber que la plus petite quantité possible d'eau. La buse a ordinairement de 4 à 6 mètres de longueur sur un diamètre de $0^m,13$ à $0^m,16$.

Cette machine est employée pour les épuisemens où il faut verser l'eau à une hauteur de plus de 4 mètres ; mais elle s'engorge facilement et elle exige un entretien onéreux. Boistard estime que le travail d'un homme, à l'aide de cette machine, est d'environ 13 à 14 mètres cubes d'eau élevés à 1 mètre en une heure de temps ; ce résultat est à peu près le même que celui déduit par Perronet de la comparaison de vingt-deux chapelets. Pour comparer l'effet utile du chapelet vertical avec celui qu'on peut tirer du travail de l'homme dans les autres machines, il faut évaluer les effets observés en *unités dynamiques*, aujourd'hui généralement admises (*Voy.* FORCE), c'est-à-dire les comparer à *un poids de* 1000 *kilogrammes élevé à un mètre.* Or, le nombre d'heures de travail ne pouvant pas dépasser 8, avec ce genre de machines, qui exige une vitesse de 20 à 30 tours de manivelle par minute, le travail d'un homme pendant 8 heures produit l'élévation de $8 \times 13^{m \cdot c}, 63$ à un mètre, savoir $119^{m \cdot c}, 04$ ou 119040 kilogrammes, savoir : 119 *unités dynamiques.* Ainsi, en admettant que l'effort exercé par l'homme sur la manivelle soit équivalent à 172 unités dynamiques (*Voy.* FORCE), il en résulte que l'effet utile du chapelet vertical est environ 0,69 de la force employée.

CHAPELET INCLINÉ. (*Hydraul.*) Machine qui sert aux épuisemens comme la précédente. Elle ne diffère du *chapelet vertical* que par ses plateaux, qui sont en bois et carrés, et qui se meuvent dans une buse quadrangulaire.

Le chapelet incliné entraîne une plus grande perte de force motrice que le chapelet vertical ; aussi est-il peu employé. Perronet estime que la quantité d'eau élevée à 1 mètre par un homme, en une heure de temps, à l'aide de cette machine, ne dépasse pas $11^{m \cdot c}, 13$. C'est donc une production journalière de 89 unités dynamiques, et l'effet utile n'est que 0,51 de la force motrice.

CHARNIÈRE UNIVERSELLE. (*Méc.*) Appareil qui sert à transmettre le mouvement de rotation d'un axe à un autre axe de position variable. Les deux axes sont terminés en deux branches formant un demi-cercle *a* et *b* (Pl. 4, fig. 8), dont les diamètres se croisent perpendiculairement en *c*. Chacun des demi-cercles, et par conséquent l'axe auquel il appartient, est parfaitement mobile autour de son diamètre ; de sorte que l'un de ces axes ne peut être en mouvement sans faire mouvoir l'autre. Si l'angle des deux axes surpassait 45°, cette charnière simple ne pourrait plus être employée, et il faudrait avoir recours à la *double charnière* dont la *figure* 9 indique suffisamment la composition. La *figure* 10 représente une charnière universelle d'une autre forme qu'on nomme aussi *joint universel* ou *joint brisé;* elle est destinée à transmettre des forces plus considérables que les précédentes. L'emploi de ces diverses articulations entraîne toujours une grande perte de force par le frottement qui résulte des pressions énormes qu'elles supportent.

CHEMIN DE FER. (*Méc.*) Chemin garni de bandes solides et unies, de fer, placées dans les endroits que doivent parcourir les roues des voitures, pour en diminuer le frottement et rendre le roulage plus facile. Les bandes de fer sont généralement désignées sous le nom anglais de *rails*, quoiqu'on ait proposé de leur appliquer celui de *charrières*. ·

Il existe en ce moment trois systèmes différens de chemins de fer, savoir : à *ornières étroites*, à *ornières plates*, à *une seule ornière*. Dans le premier système, le plus généralement employé, le chemin se compose d'un double rang de barres de fer parallèles, posées à demeure sur des fondations en pierre et saillantes audessus du sol ; la distance des deux rangs est égale à la largeur des voitures, de manière que les roues portent sur les barres, où elles sont retenues par des rebords fixés à leur circonférence. C'est, à proprement parler, les roues qui sont *à ornières*. Dans le second système, les barres sur lesquelles marchent les roues sont garnies d'un rebord, et alors les roues ont leur circonférence unie et sans aucune partie saillante. Le troisième système, qui n'a point encore été exécuté sur une grande échelle, se compose d'une seule ornière étroite élevée d'un mètre environ au-dessus du niveau du sol. Les voitures destinées à rouler sur cette espèce de chemin doivent être divisées en deux caisses suspendues, des deux côtés de la voie, à une forme en fer portant deux petites roues.

Chemins à ornières étroites. Le premier chemin de cette nature a été construit en 1680 pour conduire les charbons des mines de Newcastle à la rivière de Tyne. Dans l'origine, il consistait en pièces de bois portées sur des madriers de même matière; on commença par recouvrir ces pièces de bandes de fer dans les endroits où elles étaient exposées aux plus fréquentes dégradations, puis on substitua bientôt généralement l'usage du fer coulé à celui du bois. Depuis cette heureuse innovation, les propriétaires des principales mines de houille de l'Angleterre et de l'Écosse firent établir des chemins de fer destinés au transport de leurs produits, et l'on comprit bien vite les grands avantages que pouvait retirer le commerce de ce nouveau mode de communication, lorsque surtout l'application de la machine à vapeur comme force motrice vint reculer bien au-delà de tout ce qu'on aurait osé espérer les limites de la vitesse du transport.

TOM. III.

L'exemple de l'Angleterre, bientôt suivi par les États-Unis, a donné une grande impulsion à l'Europe, que la France n'a pas été la dernière à ressentir. Toutes les spéculations sont maintenant dirigées vers les chemins de fer avec beaucoup plus d'enthousiasme que de prudence; et nous pouvons craindre que les constructions dispendieuses qu'on s'apprête à exécuter sur tant de points ne deviennent une cause de ruine générale. Il est reconnu déjà que le transport des marchandises, présenté dans l'origine comme le produit le plus certain des chemins de fer, est insuffisant pour les alimenter, et l'on est effrayé de l'immense quantité de voyageurs que réclame l'entretien d'une ligne médiocre. On a calculé que le chemin de fer de Paris à Saint-Germain ne peut rendre 5 pour °/₀ du capital employé qu'en transportant annuellement un million de voyageurs ! Que deviendront tant de capitaux enfouis dans des déblais et des remblais stériles, si, comme le pense M. Arago, de nouveaux progrès dans les moyens de locomotion sont non seulement probables, mais prochains ; et si, comme le prouvent les essais de M. Dietz et ceux d'autres personnes, le problème d'une rapide circulation peut être résolu sans frais sur les chemins ordinaires ? Mais cette question sort du plan de notre Dictionnaire, et nous devons nous borner à indiquer, autant que le comporte la nature de cet ouvrage, les principales dispositions employées dans la construction des chemins de fer.

Ainsi que nous l'avons dit, un chemin à ornières étroites se compose de deux élémens distincts : de blocs de pierre, posés de distance en distance pour servir de supports, et de barres de fer placées bout-à-bout sur ces blocs, de manière à former des lignes continues. Lorsqu'on emploie la fonte de fer, les barres doivent avoir la forme la plus propre à les rendre susceptibles d'une égale résistance dans toute leur longueur; quand on se sert de fer forgé, les barres sont simplement des prismes quadrangulaires, et on peut alors leur donner beaucoup plus de longueur en disposant convenablement les points d'appuis.

Le premier soin à prendre est donc de niveler le terrain sur lequel on veut établir la route et d'y disposer les blocs de pierre, soit sur le sol même, lorsqu'il est assez ferme, soit sur des fondations particulières, lorsqu'il est mou. Dans le premier cas, après avoir battu la place où doit se trouver le bloc, on le met sur un lit de gravier fin pour qu'il porte également dans toutes ses parties. La distance de deux blocs est déterminée d'après la force qu'on donne à l'ornière ou au *rail*. La longueur ordinaire des barres est d'environ 91 centimètres dans les meilleurs chemins en fonte de l'Angleterre ; la figure 1, pl. 6, représente le profil d'une barre de fonte, la figure 2, son plan, et la figure 3, sa coupe transversale. Les bouts des barres se réunissent dans une pièce de fer coulé, nommée le *siége* (fig. 4), qui est fixée sur chaque bloc de pierre ; l'épaisseur au milieu en C (fig. 1) est d'environ 114 millimètres, et la largeur du bord supérieur de 50. On varie ces dimensions suivant le poids des chariots qui doivent parcourir les routes.

Depuis quelque temps on préfère le fer forgé à la fonte, qui a l'inconvénient de se rompre sous des chocs médiocres. Les premières dépenses sont plus considérables, mais l'entretien du chemin est plus facile, moins coûteux, et les accidens plus facilement réparables. Les barres de fer forgé offrent un très-grand avantage, outre l'augmentation de force qu'on obtient par leur emploi, c'est qu'on peut leur donner de grandes longueurs, et diminuer par conséquent le nombre des joints, qui sont les parties du chemin les plus difficiles à maintenir nettes et unies. Une barre de fer EF (fig. 5) soutenue par quatre points d'appuis E, C, D, F, est près de deux fois plus forte dans son milieu C D, qu'une petite barre AB (fig. 6) égale à CD simplement soutenue par ses deux extrémités. On peut rendre la force d'une longue barre à peu près égale dans toutes ses parties en divisant sa longueur en 7 (fig. 7), et en prenant 3 de ces parties pour la distance des supports du milieu. Tredgold, qui a fait de nombreuses expériences sur la résistance du fer, assure que, quelque soit le nombre des supports intermédiaires, on peut rendre cette résistance sensiblement uniforme en établissant entre les espaces, vers les bouts et ceux du milieu, le rapport des nombres 2 : 3.

Les roues des chariots destinés à marcher sur les chemins à ornières étroites sont communément garnies à leur circonférence de deux rebords formant une ornière dans laquelle entre le rail comme une languette dans sa rainure ; mais on a reconnu que cette disposition entraîne des frottemens latéraux, et on est parvenu, sinon à les éviter entièrement, du moins à les diminuer en faisant le bord des roues légèrement courbé et en ne leur donnant qu'un seul rebord (fig. 11 et 12). De cette manière, la voiture tend d'elle-même à reprendre sa position d'équilibre sur le rail quand elle en a été écartée par quelque déviation dans la direction de la force tractrice.

Le tirage des chariots sur les premiers chemins en fer s'effectuait par des chevaux, et on établissait pour cet effet une voie pavée ou ferrée entre les deux rangs de rails. Aujourd'hui, des machines à vapeur, dites *machines locomotives,* sont exclusivement chargées de ce tirage ; les voitures ou chariots qu'une machine locomotive doit entraîner se nomment *waggons ;* on attache les waggons les uns à la suite des autres et à la suite de la locomotive par des chaînes de fer, de manière à former un *convoi* pour chaque locomotive en particulier. La figure 9 représente un de ces convois.

Chemins à ornières plates. Les ornières plates n'ont été employées jusqu'ici que pour des chemins de peu d'étendue ; elles offrent le grand avantage de pouvoir se placer et se déplacer très-promptement, ce qui permet d'en former des chemins temporaires pour un service passager. La figure 9 présente la coupe verticale d'une ornière plate B, de son support C et de la roue sans rebords qui se meut sur l'ornière. La figure 10 en présente le plan.

Le moyen employé le plus communément pour fixer les ornières plates consiste à les maintenir avec des clous ou boulons sur des traverses dormantes en bois. Lorsque la route doit être permanente, on enfonce des quartiers de bois dans les supports en pierre, et on fixe l'ornière avec de grands clous enfoncés dans le bois. La disposition indiquée dans les figures 8 et 10 donne beaucoup de facilité pour mettre les ornières en place et les enlever : chaque ornière est garnie d'une arête oblique E ou D (fig. 13) qui entre dans le bloc de pierre, de sorte qu'elles se maintiennent mutuellement sans qu'il soit besoin de les clouer. Pour faciliter leur déplacement, chaque trentième ornière d'une ligne a son arête perpendiculaire comme on le voit en E. La figure 15 montre la configuration d'un bout d'une arête ; H en est le rebord ou le renflement droit qui maintient la roue, I la partie plate sur laquelle la roue tourne ; D une arête et K un renflement en arrière pour rendre l'ornière plus solide sur le bloc de pierre.

Chemin à une seule ornière. Voici, d'après Tredgold, la description et les avantages de cette nouvelle disposition :

« L'idée de ce chemin, inventé par M. Palmer, est neuve et ingénieuse. La voiture est portée sur une ornière unique, ou plutôt sur une ligne de barres de fer élevée de 91 centimètres (3 pieds anglais) au-dessus du niveau du sol, et appuyée sur des piliers placés à distances égales et à trois mètres environ l'un de l'autre ; la voiture consiste en deux réceptacles ou caisses suspendues, des deux côtés de la voie, à une forme en fer, ayant deux roues d'environ 30 pouces de diamètre. Les bords des roues sont concaves et embrassent exactement le bord convexe des barres qui forment la voie ; et le centre de gravité de la voiture, soit qu'elle soit vide ou pleine, se trouve placé si fort au-dessus du bord supérieur de la voie, que les deux caisses restent en équilibre et que leur charge peut être fort inégale sans qu'il en résulte d'inconvénient, la largeur de la voie qui leur sert comme de pivot était d'environ 10 centimètres. Les barres sont faites aussi de manière à pouvoir s'ajuster et être maintenues droites et unies.

» Les avantages de ce mode sont de rendre le frottement latéral moins considérable que dans le système des ornières étroites ; de défendre mieux le chemin contre la poussière ou toute autre matière qui peut tendre à retarder la marche des voitures ; enfin, lorsque la surface du terrain fait beaucoup d'ondulations , de permettre d'exécuter le chemin sans être obligé de creuser pour le mettre de niveau, plus que cela n'est indispensable pour rendre praticable le sentier dans lequel marche le cheval qui traîne la voiture.

» Nous pensons, ajoute Tredgold, que ce genre de chemin paraîtra très-supérieur à tous les autres , pour le transport des lettres et paquets et pour toutes les voitures légères, pour lesquelles la vitesse est l'objet le plus important, étant convaincus qu'il est avantageux pour ces sortes de voitures que la route se trouve assez élevée pour être exempte des interruptions auxquelles sont exposés les autres chemins en fer. »

Les journaux du mois d'août dernier annonçaient qu'on colportait dans le monde industriel le prospectus d'un nouveau système de chemins de fer qui doit renverser tous les systèmes connus jusqu'à ce jour. « Il s'agit, disaient-ils, de voies de communication suspendues, n'ayant qu'un seul rail, et dispensées de tout déblais et achats de terrains par expropriation forcée. Ce nouveau système ne peut être que celui de M. Palmer, amélioré si l'on veut, mais dont l'idée principale est émise depuis plus de douze ans.

Nous verrons aux mots Frottement et Vapeur les circonstances diverses de la locomotion sur les chemins en fer, dont nous n'avons voulu donner qu'une idée générale dans cet article.

CHEVAL. (*Méc.*) De tous les moteurs animés, le cheval est sans contredit le plus précieux et celui dont les services sont les plus utiles et les plus multipliés ; et quoique les progrès de l'industrie tendent à substituer partout les forces si puissantes des moteurs physiques à celles des animaux, la force du cheval n'en demeure pas moins un immense moyen mécanique, susceptible d'applications nombreuses et variées. Mais, pour tirer de cette force tout le parti possible, il est essentiel de l'employer de manière à lui faire produire le plus grand effet utile avec le moins de fatigue, et par conséquent de connaître les modes d'application les plus favorables, ce que l'expérience seule peut apprendre, tout en la subordonnant cependant aux lois générales que nous allons rappeler.

Le travail effectué par une machine est toujours relatif à la quantité d'action (*Voy.* ce mot) que peut fournir le moteur. Un moteur étant donné, le but principal qu'on doit se proposer dans son emploi est donc d'en obtenir la plus grande quantité d'action possible ; ainsi, en désignant par P l'effort exercé par le moteur à son point d'application, effort qu'on peut toujours comparer à la pression d'un certain poids, par V l'espace que parcourt ce point d'application dans l'unité de temps et

dans le sens de l'effort P, et par *t* la durée du travail journalier, PV représentera la quantité d'action fournie par le moteur dans l'unité de temps, PV*t* la quantité d'action journalière, et le problème sera ramené à rendre le produit PV*t* un maximum. Or, la mécanique rationnelle nous apprend (*Voy.* Machine, tome ii) qu'on ne peut jamais augmenter un des facteurs du produit PV sans diminuer l'autre, et lorsque le moteur est animé, il en est de même du produit PV*t*, dont un des facteurs ne peut augmenter qu'aux dépens des autres, car l'effort dont un animal est susceptible est d'autant moins grand qu'on prolonge davantage sa durée. Il est donc essentiel de déterminer par l'expérience les relations qu'ont entre eux les trois facteurs P, V, *t*, afin de régler l'action de l'animal de manière à donner la plus grande valeur possible au produit PV*t*.

L'action des animaux en général est sujette à varier d'après un si grand nombre de circonstances, et les observations connues jusqu'ici sont encore si peu décisives, qu'il est impossible d'établir rigoureusement les relations des facteurs du produit PV*t* ; mais ces observations établissent toutefois un fait général très-important, c'est que la quantité d'action journalière que peut fournir un animal varie avec la nature du travail qu'il fait. Des travaux différens peuvent ainsi ne pas causer le même degré de fatigue, quoique la quantité d'action soit la même.

Lahire, qui s'est occupé le premier de recherches comparatives sur la force des hommes et celle des chevaux, a observé que trois hommes, chargés chacun de 100 livres, monteront plus vite et plus facilement une montagne un peu raide qu'un cheval chargé de 300 livres, et il en a conclu avec raison que l'homme a un grand avantage sur le cheval quand il s'agit de monter, tandis que le contraire a lieu lorsqu'il s'agit de tirer horizontalement, car on sait, par une expérience commune, qu'un cheval tire de cette manière autant que sept hommes. Plus tard Camus, gentilhomme lorrain, auteur du *Traité des forces mouvantes*, rechercha la meilleure disposition à donner aux traits des chevaux pour rendre le tirage plus facile, et il prescrivit de les placer horizontalement à la hauteur du poitrail, disposition vicieuse qui fut généralement adoptée, jusqu'à ce que Deparcieux, par un examen approfondi de la question , ait fait voir que, pendant le mouvement de traction, des traits ainsi placés deviennent inclinés à l'horizon, parce que le cheval baisse son poitrail pour se porter en avant lorsqu'il tire un fardeau. Pour que l'effet du tirage soit le plus considérable, il est nécessaire, en effet, que les traits soient parallèles au plan parcouru ; mais cette condition ne serait point obtenue, si, dans l'état de repos ou lorsque le cheval ne fait aucun effort, les traits n'étaient un peu inclinés à l'horizon en allant du poitrail au point d'arrêt. M. de Prony, dans sa *Nouvelle architecture hydraulique*, a mis cette vérité dans tout son jour.

Le tirage ayant été facilement reconnu le mode d'application le plus avantageux de la force du cheval, on a fait un grand nombre d'expériences sur l'effort de traction dont cet animal est susceptible, et on a trouvé qu'un cheval de force moyenne peut produire pendant quelques instans une traction de 360 kil. Cette traction momentanée, qui varie entre 300 et 500 kilogrammes, est ce qu'on nomme la *force absolue* des chevaux ; on la mesure à l'aide d'instrumens appelés *dynamomètres* (*Voy.* ce mot.) Lorsque l'animal doit exercer une traction continue d'une durée de plusieurs heures, son effort moyen varie du quart au cinquième de son effort absolu, suivant la vitesse du mouvement et le temps du travail.

La mesure des forces par le dynamomètre n'est pas celle qui est généralement adoptée ; on prend aujourd'hui pour terme de comparaison un poids donné, élevé ou transporté à une distance donnée, comme un kilogramme, par exemple, transporté à un mètre dans une seconde de temps. D'après les expériences de Watt et Boulton, la force moyenne de traction d'un cheval dans une journée de travail de huit heures est suffisante pour élever un poids de 33000 livres anglaises à la hauteur d'un pied anglais par minute, ou, ce qui est la même chose, 76 kilogrammes à 1 mètre par seconde. Cette expression élémentaire de la force du cheval réduite à 75 kilogrammes, a été proposée par M. le comte de Chabrol, pour servir d'*unité* sous le nom de *dyname*, dans l'appréciation de la force des machines à vapeur, et depuis on a pris l'habitude d'appeler *cheval de vapeur* la force capable d'élever 75 kil. à 1 mètre par seconde de temps. Ainsi, lorsqu'on dit qu'une machine à vapeur est de la force de 10 chevaux, on exprime qu'elle peut élever 750 kil. à 1 mètre par seconde.

Il est important de distinguer la force réelle d'un cheval de celle qui est employée à produire un *effet utile*, car un cheval consomme tout aussi bien sa force en marchant sans être chargé qu'avec une charge quelconque. Dans le premier cas, tout son effort musculaire est employé pour transporter son propre corps, tandis que dans le second une partie de cet effort agit sur le fardeau, et c'est seulement cette dernière qui produit un effet utile. Quand un cheval marche sans être chargé, la distance la plus grande qu'il peut parcourir sans éprouver un excès de fatigue capable de l'empêcher de recommencer de la même manière les jours suivans, est évidemment la limite de la vitesse qu'il peut prendre ; ici il n'y a point d'effet utile, et il n'y en a même pas lorsque le cheval consomme toute sa force à traîner une voiture vide, quoiqu'il ne puisse plus se mouvoir avec la même vitesse. L'effet utile est encore nul si la charge est assez considérable pour que le cheval ne puisse lui

imprimer un mouvement continu. Or, entre ces limites de vitesse et de force, il doit y avoir un terme moyen, qui correspond au maximum d'effet utile, et c'est ce maximum qu'il est nécessaire de connaître pour tirer le meilleur parti de la force du cheval.

Tredgold, qui a fait un grand nombre d'observations sur la force des chevaux, donne les évaluations suivantes de la plus grande vitesse qu'un cheval non chargé peut prendre suivant la durée de sa course. Nous les avons traduites en mètres.

DURÉE DE LA MARCHE.	PLUS GRANDE VITESSE PAR HEURE.	PLUS GRANDE VITESSE PAR SECONDE.
Heures.	Mètres.	Mètres.
1	23657	6,57
2	16737	4,65
3	13679	3,80
4	11748	3,26
5	10621	2,95
6	9656	2,68
7	8850	2,46
8	8388	2,32
10	7403	2,06

Le même ingénieur a trouvé que la vitesse qui répond au maximum d'effet utile est la moitié de la plus grande vitesse du cheval non chargé. Ainsi, pour un cheval qui travaille 8 heures par jour, la vitesse ne doit jamais dépasser $1^m,16$ par seconde, et $1^m,63$ s'il ne travaille que 4 heures. Le taux moyen des chevaux plus faibles n'est pas aussi élevé, dit-il, mais la différence doit plutôt porter sur la charge que sur le temps du travail. On ne doit pas perdre de vue que, d'après ce que nous avons exposé au commencement de cet article, l'effort exercé par le cheval pour produire un effet utile P doit diminuer à mesure que la vitesse V ou que le temps t du travail augmentent. Ainsi, en admettant avec Navier que pour un cheval qui travaille 8 heures par jour à un manège le produit PVt ou $8PV$ ait une valeur moyenne représentée par le nombre 1164000, on a dans l'unité de temps, qui est ici une heure, $PV = 145500$; si l'on veut donc que le cheval marche avec sa vitesse maximum de $1^m,16$ par seconde ou de 4194^m par heure, il faut faire $V = 4194$, et l'on trouve pour la force correspondante

$$P = \frac{145500}{4194} = 35 \text{ environ,}$$

c'est-à-dire que la force de traction du cheval ne doit pas dépasser 35 kilogrammes pour qu'il puisse être en état de produire journellement le même travail. Dans le cas où l'on voudrait que l'effort de traction fût de 45 k., on aurait P = 45 et

$$V = \frac{145500}{45} = 3233^{m}\,{}^{1}/_{1}.$$

La vitesse ne devrait donc pas dépasser 3233 mètres par heure, ou à peu près $0^{m},9$ par seconde.

Dans le résumé qu'il a donné de ses recherches propres et des meilleures de celles qui avaient été faites avant lui, sur l'évaluation des divers effets utiles qu'on peut tirer de la force des chevaux, Navier estime à 27720 *unités dynamiques* l'effet utile d'un cheval attelé à une charrette et marchant au pas. Pour comprendre ce résultat, il faut se rappeler que l'*unité dynamique* se compose de 1000 kil. transportés à un mètre; alors la charge moyenne du cheval, non compris la voiture, étant de 700 kil. et sa vitesse de $1^{m},1$ par seconde ou de 3960 mètres par heure, l'espace parcouru en 10 heures est de 39600 mètres; or 700 kilogrammes portés à 39600 mètres ou 39600 fois 700 kil. = 27700000 kil. portés à un mètre, étant la même chose, ce dernier nombre, ramené à l'unité dynamique, donne 27720 unités dynamiques.

Voici l'ensemble de tous les résultats signalés par Navier:

1° Cheval transportant des fardeaux sur une charrette et marchant au pas, continuellement chargé:

Poids transporté.. . . . . 700 kil.
Vitesse par seconde. . . . . . . $1^{m},1$
Durée du travail. . . . . 10 heures.
Effet utile exprimé en unités dy-
namiques. 27720

2° Cheval attelé à une voiture et marchant au trot, continuellement chargé:

Poids transporté.. . . . . 350 kil.
Vitesse par seconde. . . . . . . $2^{m},2$
Durée du travail.. . . . . . . 4 h. $^{1}/_{2}$
Nombre d'unités dynamiques. . 12474

3° Cheval transportant des fardeaux sur une charrette au pas, et revenant à vide chercher de nouvelles charges:

Poids transporté.. . . . . 700 kil.
Vitesse par seconde. . . . . . . $0^{m},6$
Durée du travail. . . . . 10 heures.
Nombre d'unités dynamiques. . 15120

4° Cheval chargé sur son dos, allant au pas:

Poids porté. . . . . 120 kil.
Vitesse par seconde. . . . . . . $1^{m},1$
Durée du travail.. . . . . 10 heures.
Nombre d'unités dynamiques. . 4752

5° Cheval chargé sur son dos, allant au trot:

Poids porté. . . . . 80 kil.
Vitesse par seconde. . . . . . . $2^{m},2$
Durée du travail.. . . . . 7 heures.
Nombre d'unités dynamiques. . 4435

6° Cheval attelé à un manége et allant au pas:

Effort exercé. . . . . 45 kil.
Vitesse par seconde. . . . . . . $0^{m},9$
Durée du travail.. . . . . 8 heures.
Nombre d'unités dynamiques. . 1166

7° Cheval attelé à un manége et allant au trot:

Effort exercé. . . . . 30 kil.
Vitesse par seconde. . . . . . . 2^{m}
Durée du travail.. . . . . 4 h. $^{1}/_{2}$
Nombre d'unités dynamiques. . 972

M. Minard a obtenu par la moyenne, entre neuf expériences faites sur divers manéges, 1148 unités dynamiques pour l'effet utile des chevaux marchant au pas. Ce résultat diffère si peu de ceux de Navier, que quoique plusieurs auteurs en aient adopté d'autres d'une valeur plus grande, il paraît constant que l'effort moyen du cheval appliqué à un manége, lorsque le tirage s'opère horizontalement à la hauteur du poitrail, ne peut être évalué à plus de 1164 unités dynamiques; la journée de travail étant de 8 heures, l'effort de traction 45 kil. et la vitesse $1^{m},1$ par seconde.

Le rapport entre la force de traction et la charge, suivant la nature de la route, n'est pas encore suffisamment connu. Sur une mauvaise route couverte de cailloux, le frottement peut s'élever au tiers de la charge, tandis que sur une bonne route pavée il peut n'aller qu'à $^{1}/_{20}$. Sur un chemin de fer bien tenu, le rapport du frottement à la charge ne s'élève pas à $^{1}/_{200}$, de sorte que la force motrice n'a pour ainsi dire à vaincre que le frottement qui a lieu sur l'essieu des roues, et qu'un seul cheval peut produire sur un chemin de cette espèce autant d'effet que 8 chevaux sur une route ordinaire.

L'application de la force du cheval ou halage des bateaux est celle qui produit le plus grand effet utile. Dans les canaux du nord, cet effet s'élève jusqu'à 1875000 unités dynamiques. Mais la vitesse ne dépasse pas $0^{m},7$ par seconde. Une plus grande vitesse ne produirait pas un effet aussi considérable, parce que la résistance de l'eau croît comme le carré de la vitesse. Cependant, des expériences faites en Angleterre en 1833 ont montré qu'on peut obtenir une très-grande vitesse sur les canaux sans consommer une plus grande quantité de force. MM. Houston et Graham, inventeurs de ce nouveau mode de halage, amenèrent d'Écosse, sur le canal de la *grande jonction*, le bateau en fer *le Swellow*, construit pour servir à leurs expériences. Après l'avoir mesuré avec exactitude et chargé d'un poids équivalent à celui du nombre des passagers que peut contenir ce bâtiment, long de 21 mètres et large de 1ᵐ,80, on le conduisit dans la partie droite du canal, à environ cinq miles de Paddington, et les chevaux furent lancés avec une vitesse que l'on fit varier entre 6400 et 18000 mètres à l'heure, on remarqua que la vitesse de 6400 à 12800 mètres occasionnait un remous et des ondulations considérables, mais qu'au-delà de 12800 mètres, cet effet diminuait progressivement. La force de traction indiquée par un dynamomètre diminuait également à mesure que la vitesse augmentait, et les observateurs demeurèrent convaincus que si la vitesse avait pu devenir plus grande, l'agitation aura fini par être insensible.

Un fait si contraire, au premier abord, à la théorie admise sur la résistance des fluides, ne pouvait que provoquer les doutes des savans sur les assertions de M. Graham; mais M. Rennie, qui pensa d'abord qu'on devait attribuer cette diminution de résistance à ce que le bateau, marchant avec une grande vitesse, s'élevait au-dessus de l'eau, répéta les expériences et mit hors de doute cette importante particularité. Depuis, un service régulier de bateaux en fer est établi sur le canal d'Édimbourg et de Glascow et sur celui de Lancastre, pour le transport des voyageurs et des marchandises, avec une vitesse de 16000 mètres à l'heure (environ 4 lieues de poste) et, disent les journaux anglais à qui nous empruntons ces détails, à un prix moitié de celui qu'on payait avant l'établissement de ce service. Un résultat si avantageux prouve évidemment que les canaux offriront des moyens tout aussi rapides de communication que les chemins en fer, lorsqu'on voudra substituer à la force des chevaux celle des machines à vapeur.

On évalue communément à 14 ou 15 mètres par seconde la plus grande vitesse que puisse prendre un cheval de course dans une marche de peu de durée.

La vitesse au galop est moyennement de 10 mètres.
La vitesse au grand trot de. 4
La vitesse au trot ordinaire de.. 3
La vitesse au petit trot de. 2,2
La vitesse au pas de. 1,7

Nous avons donné plus haut les vitesses moyennes, relatives à la durée de la marche, d'après Tredgold, mais nous devons faire observer que les auteurs sont loin d'être d'accord sur ces nombres, et que, malgré les nombreuses recherches dont les moteurs animés ont été l'objet, les points les plus importans de leur théorie ne sont pas encore complètement éclaircis. (*Voy.* Homme.)

CHÈVRE. (*Méc.*) Appareil triangulaire dont on se sert pour former un point de suspension lorsqu'il s'agit d'élever des fardeaux. Une chèvre se compose de deux pièces de bois qui se touchent au sommet et sont écartées dans leurs extrémités inférieures; ces pièces sont unies par des traverses et forment un triangle isocèle.

COLONNE D'EAU. (*Hydraul.*) La machine à colonne d'eau, dont la première idée est due à Belidor, sert à transmettre la force motrice d'une chute. Elle consiste en un gros corps de pompe, dans lequel se meut un piston qu'une haute colonne d'eau pousse alternativement vers le haut et vers le bas.

Cette machine, perfectionnée par le célèbre Reichenbach, est une des plus ingénieuses et des plus simples qu'on ait encore produit; nous emprunterons à M. Flachat le résumé qu'il a donné dans sa *Mécanique industrielle*, de la description complète faite par MM. Pouillet et Leblanc, de la machine à colonne d'eau des mines de Berztergarden en Bavière.

L'objet de cette machine est de faire mouvoir des pompes destinées à élever l'eau salée des mines.

La force motrice est une chute d'eau de 116 mètres donnant 18 litres par seconde.

« Cette eau arrive par le tuyau a (Pl. 6, fig. 2 et 3) et son introduction dans la machine est réglée par la valve b. La machine est représentée (fig. 2) au moment où le piston v a terminé sa course ascendante et dans la fig. 3, au moment où la course descendante est finie. Nous allons d'abord examiner le premier moment.

» La descente du piston est provoquée par la pression de l'eau motrice qui y arrive en descendant par le corps de pompe g et en passant au-dessus du piston h. Le piston v, piston principal, contenu dans le gros corps de pompe 7, 8, est lié dans le même axe avec les pistons x, du corps de pompe 5, 6, et t, du corps de pompe 4. Le corps de pompe 5, 6 est plein d'eau, mais quand le piston x descend, cette eau s'échappe par le tuyau s, et trouve au haut du corps de pompe g un orifice destiné à son écoulement. Quant au piston t, il agit sur l'eau salée contenue dans le corps de pompe 4. Cette eau, venue par aspiration par le tuyau 3, étant refoulée par le piston t, soulève la soupape 1 et monte par le tuyau zz.

» L'axe intermédiaire entre les pistons v et t porte une double branche dans l'une desquelles, u, est pratiquée une rainure où glisse l'extrémité s d'un levier srq, dont l'axe est en r. Cette rainure est calculée de façon que lorsque les pistons x, v, t arrivent à la fin de leur course, la rainure se termine, et pesant sur l'extrémité s du levier, s'abaisse, comme on le voit fig. 2, fait remonter l'extrémité q, et avec cette extrémité, une bielle à laquelle sont attachés deux petits pistons p, m jouant dans un petit corps de pompe immédiatement latéral au corps de pompe où jouent les pistons j et h.

» Aussitôt que ce mouvement a eu lieu, le mouvement descendant du piston principal s'arrête ainsi que celui des pistons x et t, qui sont solidaires avec lui. L'eau motrice continue d'arriver et de presser sur les pistons g et h ; le piston h étant plus grand que le piston g, est sollicité par une force plus grande et devrait l'entraîner ; mais il ne peut pas descendre plus loin qu'on ne le voit fig. 2, parce que la tige inférieure du piston j s'y oppose ; en même temps, l'eau motrice descend par le tuyau $n\,o$, passe par m, et pénétrant par un petit orifice que tenait fermé tout-à-l'heure le piston supérieur avant qu'il eût été relevé, elle vient exercer un mouvement d'impulsion de haut en bas contre le piston j. Ce piston solidaire des deux pistons g et h qui se font équilibre sous l'impulsion contraire de l'eau motrice, détermine leur ascension simultanée, et le piston h vient fermer ainsi la communication entre l'eau motrice et le piston principal.

» Mais l'eau motrice trouve en même temps ouvert devant elle, sous le piston g, le tuyau y par lequel elle vient agir sous le piston x qu'elle force à remonter, entraînant avec lui le piston v et le piston t. Le piston v chasse devant lui l'eau contenue dans le corps de pompe 7, 8 et la fait passer dans le corps de pompe où joue le piston j, et où elle s'écoule par le tuyau e. Quant au piston t, en s'élevant il aspire de l'eau salée.

» Mais le piston v en se relevant agit sur le levier srq, et relevant s fait baisser q ; alors les deux petits pistons sont baissés. L'eau motrice ne peut plus entrer sous le piston j, ainsi qu'on le voit fig. 1 ; alors elle peut exercer son action sur les deux pistons g et h, et comme celui-ci est plus grand que le premier, il est forcé de descendre. La communication se trouve ainsi rétablie entre l'eau motrice et le piston principal v, et le mouvement de descente recommence.

Le robinet d est un robinet à air : il est fermé quand la machine marche ; quand on veut arrêter son mouvement, on ferme la valve a, le robinet n, l'eau s'écoule par le tuyau e, et l'on rend de l'air à la machine par le robinet d. »

La figure 5 donne le plan de la pompe d'eau salée à la hauteur marquée dans la fig. 2 par la ligne ponctuée. La figure 4 donne le plan de la machine à la hauteur marquée sous le piston h de la fig. 3 par la ligne ponctuée.

On voit que tout le jeu de cette machine se règle par deux petits pistons, et que si l'on ferme le robinet n du tuyau no, l'eau ne pouvant plus arriver sous le piston j, la machine est nécessairement arrêtée.

Il résulte des observations faites par M. Baillet sur les machines à colonnes d'eau établies en Hongrie, que ces machines utilisent environ les 4/10 de la force motrice. Celle que nous venons de décrire, considérée comme le chef-d'œuvre de Reichenbach, rend les 0,51 de la force qu'elle reçoit.

La machine à colonne d'eau doit être préférée aux roues à augets toutes les fois que la chute a plus de 13 à 14 mètres de hauteur. On peut l'employer à mettre en mouvement un appareil quelconque en adoptant à la tige du piston principal, un organe qui transforme le mouvement de va-et-vient en un mouvement continu. M. Juncket a établi deux de ces machines, en 1831, dans un puits de la mine de Huelgoat en Bretagne.

COLONNE OSCILLANTE. (*Hydraul.*) Cette machine hydraulique a été proposée en 1812 par M. le marquis Manoury d'Ectot, comme offrant le moyen d'élever une portion de l'eau d'une chute au-dessus de son niveau. Quoiqu'on n'ait pu encore l'employer avec avantage, l'idée fondamentale de sa construction, qu'aucune machine connue n'avait pu suggérer à son auteur, est trop ingénieuse pour ne pas commander l'attention.

La *colonne oscillante* consiste dans un tuyau descendant du bief supérieur R (Pl. 7, fig. 1) recourbé verticalement à son extrémité inférieure dd. Cette extrémité est fermée par une plaque dans laquelle on a percé un orifice circulaire C qui répond à celui du tuyau B placé verticalement au-dessus sans être en contact. A l'orifice C se trouve un diaphragme circulaire dont le diamètre est plus petit que celui de l'orifice et qui est posé un peu au-dessous pour que l'eau affluente trouve une ouverture libre. L'eau du réservoir arrivant en dd avec une vitesse acquise par sa chute, tend à sortir par l'orifice annulaire formé par le diaphragme c et les bords de l'orifice circulaire dd ; la disposition de cet orifice annulaire augmente les effets de la contraction de la veine fluide et forme un cône dont le sommet doit rentrer d'une certaine quantité dans le tuyau B, ce qui détermine la distance qui doit séparer les deux tuyaux A et B. Sur le diaphragme un petit cône d'eau stationnaire, f, se forme ; l'eau s'élance dans le tuyau B et monte à une hauteur a égale à une fois et demie celle de la chute, si le tuyau est cylindrique ; mais s'il est conique, elle s'élève à des hauteurs plus grandes et variables en raison des dimensions du cône ; arrivée à son maximum d'élévation elle tend à redescendre, s'introduit dans le cône d'eau stationnaire f, fait diverger la veine fluide, et l'oblige à jaillir en dehors en forme de nappe, par l'intervalle qui sépare les deux tuyaux jusqu'à ce que le tuyau B se trouve entièrement vide ; alors les directions du jet d'eau se redressant, la contraction de la veine fluide a lieu de nouveau, et le premier effet recommence. Ce mouvement d'oscillation a lieu par des intervalles de temps parfaitement égaux entre eux. Sa production exige que la grandeur et la figure du diaphragme soient assujetties à certaines conditions que l'inventeur avait déterminées par l'expérience. Pour recueillir une partie de l'eau élevée, il faudrait couper le tuyau B au-dessous du point d'élévation a, alors le produit de chaque oscillation serait la colonne d'eau comprise entre la coupure et le point a et la dépense, la colonne comprise entre cette coupure et l'extrémité inférieure dd.

Cet appareil, dans lequel il n'existe aucune partie mobile, est un des plus remarquables de ceux qu'a inventés M. Manoury d'Ectot.

COMMUNICATION DU MOUVEMENT. (*Méc.*) La communication du mouvement peut s'effectuer de deux manières différentes : par *pression* et par *percussion*. La première espèce de communication s'observe dans toutes les machines mues par des moteurs dont l'action est continue, tels que les animaux ou les poids qui exercent une traction. La seconde, dans les machines à percussion et dans celles où sont employés des mouvemens alternatifs ou de *va-et-vient*. Le mouvement communiqué par pression croît toujours dans l'origine par degrés insensibles jusqu'à ce qu'il ait acquis toute son intensité, et la force vive du moteur se transmet à la résistance sans déperdition, tandis que dans le mouvement communiqué par percussion il y a toujours une déperdition de force d'autant plus grande que les chocs sont plus violens ou que les changemens de direction et d'intensité sont plus brusques.

Si l'on examine une machine mue par une force de pression et dans laquelle, lorsque le mouvement est réglé, les efforts exercés aux points d'application du moteur et de la résistance sont constans, on reconnaît que, lorsqu'elle part du repos pour commencer à se mouvoir, l'effort du moteur est toujours plus grand et celui de la résistance plus petit qu'ils ne seront quand la machine travaillera. Cette différence des deux forces produit le mouvement, et la vitesse augmente peu à peu, comme pour un corps soumis à l'action de deux forces accélératrices agissant en sens contraire dont l'une l'emporterait sur l'autre. A mesure que la vitesse augmente, l'effort de la résistance croît et celui du moteur diminue, et il arrive bientôt un instant où ces efforts ont respectivement les valeurs qu'il faudrait leur donner pour mettre la machine en équilibre ; alors les deux forces se détruisent, et la machine ne se meut plus qu'en vertu du mouvement acquis, lequel, à cause de l'inertie de la matière, reste nécessairement uniforme tant que la puissance et la résistance se font équilibre.

C'est ainsi que lorsqu'une voiture chargée va partir, on voit les chevaux obligés d'exercer un effort très-supérieur à celui qui est nécessaire une fois que la voiture est en mouvement. La même chose arrive encore lorsqu'on veut faire passer la voiture d'un mouvement plus lent à un plus rapide.

Pour comprendre les causes de ces phénomènes, il faut observer qu'on ne peut mettre un corps quelconque en mouvement qu'en détruisant d'une part toutes les résistances étrangères qui s'y opposent, et de l'autre, la force d'inertie propre de ce corps, qui, à défaut de résistances étrangères, le maintiendrait seule dans son état de repos. Dans le premier moment, le moteur doit donc exercer un effort égal à la somme des résistances et de la force d'inertie, tandis que lorsque cette dernière est une fois surmontée, il n'a plus besoin de développer qu'un effort égal aux résistances pour que le corps persévère dans son état de mouvement, en vertu de la loi d'inertie.

Il faut observer que, lorsqu'il s'agit de machines, on doit entendre par *résistance*, non seulement les obstacles au mouvement qui naissent du travail que la machine effectue, mais encore ceux qui résultent de la constitution physique de ces machines, tels que les frottemens, la raideur des cordes, la résistance des milieux où les corps se meuvent. Ainsi la quantité d'action transmise par le moteur est toujours plus grande que la quantité d'action de la résistance proprement dite ou que l'effet utile produit par la machine.

Si les efforts exercés aux points d'application du moteur et de la résistance ne devenaient pas constans lorsque le mouvement est établi, comme nous l'avons supposé dans ce qui précède, la machine prendrait un mouvement irrégulier qu'il est toujours avantageux d'éviter. Nous verrons aux mots VOLANT et PENDULE CONIQUE les moyens de régulariser les mouvemens des machines.

La perte de force vive qu'entraînent tous les chocs, de quelque nature qu'ils soient, doit les faire éviter avec soin dans les machines, car pour en obtenir le plus grand effet possible, il est essentiel qu'elles soient construites de manière à ce que le mouvement ne change jamais que par degrés insensibles. Quant à celles qui, par leur nature même, sont mises en jeu par des forces de percussion comme les moulins à vent, certaines roues hydrauliques, etc., tout ce que l'on peut faire de mieux, c'est de les garantir de tout changement subit qui ne serait pas essentiel à leur constitution.

Pour tenir compte des effets des chocs dans le mouvement des machines, il faut savoir que le principe de la *conservation des forces vives* qui règle le choc des corps parfaitement élastiques (*Voy.* CHOC, tome I.) n'a lieu que pour ces seuls corps, et que la perte de force est d'autant plus grande que l'élasticité des corps qui se choquent est plus imparfaite. Lorsque les corps sont parfaitement durs, il existe cette loi :

La différence des forces vives, avant et après le choc, est égale à la somme des forces vives qu'auraient les mobiles, si, après le choc, les masses se mouvaient avec les vitesses perdues ou gagnées.

Désignons par M et M′ les masses de deux corps durs, par V et V′ leurs vitesses respectives avant le choc et par v leur vitesse commune après le choc, nous aurons, (*Voy.* Choc, tom. 1)... (1)

$$v = \frac{MV + M'V'}{M + M'}$$

Formule dans laquelle on donnera le signe — à l'une des vitesses V, V' si les corps, au lieu de se mouvoir dans la même direction avant le choc, se mouvaient dans des directions opposées.

Or, v étant la vitesse commune après le choc, la vitesse perdue par la masse M est V — v, et la vitesse perdue par la masse M' est V'— v; nous nous servons généralement du mot *vitesse perdue*, parce que les expressions V—v, V'—v comprennent le cas d'une vitesse gagnée lorsque v est plus grand que V ou V'; ainsi, dans le cas où les masses se mouvraient avec ces vitesses perdues, la somme de leurs forces vives serait :

$$M (V—v)^2 + M' (V'—v)^2 ;$$

mais la somme des forces vives avant le choc est $MV^2 + M'V'^2$ et, après le choc, $Mv^2 + M'v^2$, donc en vertu de la loi énoncée on doit avoir

$$MV^2 + MV'^2 — (M + M') v^2 = M (V—v) + M' (V'—v)^2$$

Il suffit en effet de développer le second membre de cette équation et d'y substituer ensuite, à la place de $MV + M'V'$, sa valeur $(M + M')v$ qui résulte de l'expression (1), pour le rendre identique au premier.

Ceci posé, admettons qu'un corps dur appartenant à une machine dont la masse est M éprouve un choc qui fasse varier instantanément sa vitesse d'une quantité finie v, la force vive qu'il aurait en se mouvant avec cette vitesse v serait Mv^2, et par conséquent la perte de force vive qui résultera dans le système de l'effet du choc sera cette même quantité Mv^2, laquelle serait produite par une quantité d'action égale à $\frac{1}{2}Mv^2$ (*Voy.* Force vive). Telle est donc la quantité d'action consommée inutilement par le moteur.

Si P désigne le poids du corps choqué, sa masse M sera exprimée par $\frac{P}{g}$, g étant la force accélératrice de la pesanteur ou le double de l'espace que parcourt dans la première seconde de sa chute un corps qui tombe librement (*Voy.* Poids), et la quantité d'action consommée aura pour expression :

$$P \frac{v^2}{2g}$$

qu'on peut évaluer en nombres.

Dans les cas où des chocs semblables se répéteraient à la suite d'intervalles de temps égaux à T, il en résul-

terait une consommation de quantité d'action qui serait, par unité de temps,

$$\frac{1}{T} . P . \frac{v^2}{2g}$$

On voit, d'après ces considérations, que le perfectionnement le plus utile qu'on puisse introduire dans une machine, lorsque sa nature le permet, c'est de substituer les pressions aux percussions et les mouvemens continus aux mouvemens alternatifs, ou du moins de régulariser ces derniers de manière qu'au moment des changemens de direction les vitesses soient les plus petites possible.

COMPOSITION DES MACHINES. (*Méc.*) Le but général d'une machine est de transmettre le mouvement produit par un moteur, de manière que la force qu'il développe puisse effectuer un certain travail. Prenons pour exemple une des machines les plus simples, le *treuil*, et supposons qu'il soit employé pour élever à la surface du sol les déblais d'un puits en construction ; le travail à exécuter est ici le transport des terres du fond du puits à son extrémité supérieure, et ce transport a lieu par un panier qui monte verticalement pendant que la force appliquée aux leviers A de la roue du treuil (Pl. 12 *des deux premiers volumes*) imprime un mouvement de rotation au cylindre EF qui fait enrouler autour de ce cylindre la corde D à laquelle est attaché le panier. Le mouvement produit par le moteur est donc un mouvement *circulaire*, tandis que celui de la masse élevée est un mouvement *rectiligne*, d'où l'on voit que l'arrangement des diverses pièces de la machine a non seulement pour effet la communication du mouvement, mais encore sa transformation en un autre d'une nature différente. Ce que nous venons d'observer dans le treuil peut s'appliquer à toutes les autres machines ; généralement, la force motrice agit dans un plan, et la résistance principale, celle sur laquelle se produit l'effet utile, est dans un autre, de sorte que le problème général de la *composition des machines* consiste à disposer convenablement des *organes mécaniques* capables de transmettre et de modifier le mouvement, soit en changeant sa nature, soit en faisant varier sa vitesse, soit enfin en le répartissant sur divers points.

La transformation du mouvement forme une des parties les plus essentielles et les plus importantes de la science des machines, car il ne faut jamais perdre de vue que plus on multiplie les pièces ou appareils susceptibles de donner cette transformation, et plus on augmente les résistances que le moteur doit vaincre avant de produire l'effet utile qu'il s'agit d'atteindre ; les meilleures machines sont celles qui transmettent de la manière la plus directe l'action de la force motrice, et qui ne contiennent que les pièces mobiles absolument nécessaires pour changer suivant les besoins la direction ou la nature du mouvement.

Tous les mouvemens qu'on emploie dans les arts mécaniques peuvent être rangés en deux classes différentes : ils sont *continus* ou *alternatifs*. (*Voy.* ce mot.) Chacune de ces classes comprend trois espèces de mouvemens : *les mouvemens rectilignes, les mouvemens circulaires* et *les mouvemens suivant des courbes déterminées*.

Un quelconque de ces mouvemens étant donné, le transformer en un autre de nature différente ou de même nature, tel est, comme nous l'avons déjà dit, le problème fondamental de la composition des machines. Tout appareil destiné à modifier un mouvement est un *organe mécanique*.

Les deux classes de mouvemens présentent les vingt et une combinaisons, deux à deux, suivantes :

Le mouvement rectiligne continu peut être transformé en......
- rectiligne..... { continu. / alternatif. }
- circulaire..... { continu. / alternatif. }
- d'après une courbe { continu. / alternatif. }

Le mouvement circulaire continu peut être transformé en.....
- rectiligne..... { continu. / alternatif. }
- circulaire..... { continu. / alternatif. }
- d'après une courbe { continu. / alternatif. }

Le mouvement continu d'après une courbe peut être transformé en
- rectiligne..... alternatif.
- circulaire..... alternatif.
- d'après une courbe { continu. / alternatif. }

Le mouvement rectiligne alternatif peut être transformé en.....
- rectiligne..... alternatif.
- circulaire..... alternatif.
- d'après une courbe, alternatif.

Le mouvement circulaire alternatif peut être transformé en.....
- circulaire..... alternatif.
- d'après une courbe, alternatif.

Le mouvement alternatif d'après une courbe peut être transformé en..................
- d'après une courbe, alternatif.

Le problème particulier qu'offre chacune de ces combinaisons a sa réciproque qui constitue un problème inverse. Nous allons décrire les organes les plus usuels inventés jusqu'ici pour la solution de ces divers problèmes.

§ I. TRANSFORMATION DU MOUVEMENT RECTILIGNE CONTINU.

1° En *mouvement rectiligne continu*. Les poulies et les mouffles donnent la solution la plus ordinaire de cette question. Par exemple, lorsqu'on élève un poids à l'aide d'une corde qui passe sur une poulie fixe, la puissance et la résistance agissent dans des directions différentes,

mais les mouvemens sont rectilignes. Nous nommons ces mouvemens continus, quoiqu'ils se terminent au moment où le poids a atteint sa plus grande élévation, parce qu'ils s'exécutent sans aucune rétrogradation pendant toute leur durée. Les seuls moteurs capables de produire des mouvemens rectilignes réellement continus sont l'air, l'eau et la vapeur.

On range parmi les organes mécaniques capables d'opérer cette première transformation divers instrumens très-connus dont on se sert pour tracer des parallèles. Telles sont les doubles règles représentées dans les figures 1, 2 et 3 de la Pl. 8.

Le problème de faire mouvoir une longue ligne droite parallèlement à elle-même a beaucoup occupé les premiers constructeurs des métiers à filer le coton dits *mull-jennys*. Dans ces métiers, les chariots qui portent les fuseaux, et qui ont de 6 à 9 mètres de long, s'éloignent et se rapprochent alternativement des bancs où s'opère le tirage des fils, et il est essentiel qu'ils conservent le plus exact parallélisme pour que tous les fils soient également tendus. Ce n'est qu'après avoir épuisé les appareils les plus compliqués et les plus dispendieux qu'on a imaginé, en Angleterre, le moyen très-simple indiqué dans la fig. 4. *aa* représente le chariot monté sur quatre roues ; une corde *cd*, dont les extrémités *c* et *d* sont attachées à deux points fixes, vient passer sur les poulies *bb*, ainsi qu'une autre corde *ef* qui entoure ces poulies dans un autre sens, et dont les deux extrémités *c* et *f* sont également fixes. Les points d'arrêts *c, d, e, f,* sont disposés de manière que les deux cordes sont partout également tendues, et que les lignes *cd* et *ef* sont parallèles. Le chariot étant perpendiculaire aux directions des lignes *cd* et *ef*, ne peut se mouvoir que parallèlement à lui-même lorsqu'on applique au point *d* la puissance qui doit le mettre en mouvement.

— Un coin *e* (fig. 5), qu'on fait glisser entre deux doubles montans *b* et *c*, au-dessous d'un autre coin *f*, que huit goupilles ou que huit rouleaux empêchent de s'écarter à la droite ou à la gauche des montans, tout en le laissant s'élever, résout encore le même problème ; car, à mesure que ce coin s'avance horizontalement, la surface du coin *f* monte verticalement et parallèlement à sa première position. Cette transformation de mouvement est employée dans les pédales à sourdine du forte-piano.

— On peut se servir d'une disposition semblable pour transporter un mouvement rectiligne continu dans un autre plan que celui où il s'exécute. Supposons que le coin *e* supporte sur sa face supérieure une règle *h* mobile entre deux tenons. Ce coin, en glissant contre l'extrémité inférieure de la règle garnie d'une roulette, la forcera de monter ; de manière que cette règle aura un mouvement rectiligne dont la direction peut faire un angle quelconque avec celle du mouvement du coin. En ajoutant un troisième coin *g* qui fasse corps avec le second coin *f*, et lui appliquant la règle *h*, on pourra modifier à volonté la direction et la vitesse du mouvement.

— Le *Bélier hydraulique* (*Voy.* ce mot) de Montgolfier offre une ingénieuse transformation du mouvement rectiligne continu d'un courant d'eau, en un autre mouvement rectiligne continu, qui est celui de l'eau ascendante.

2° En *mouvement rectiligne alternatif*. Le cylindre d'une machine à vapeur, celui de la machine *à colonne d'eau*, et la *colonne oscillante* de M. Manoury d'Ectot (*Voy.* ces divers mots), opèrent cette transformation. Un flotteur qui monte et descend alternativement dans un vase que remplit un courant d'eau et que vide ensuite un syphon, en offre encore un exemple. La contraction et la dilatation des corps matériels par les variations de la température, sont également une transformation du mouvement rectiligne continu en mouvement alternatif, dont M. Molard a fait une très-belle application pour redresser deux murs du Conservatoire des Arts et Métiers.

3° En *mouvement circulaire continu*. Une poulie qui tourne sur son axe lorsqu'on tire la corde qui l'enveloppe, donne la solution de ce problème. Le *treuil*, le *cric* et la *vis*, produisent aussi la transformation réciproque du mouvement circulaire continu en mouvement rectiligne continu.

— M. de Prony a imaginé l'organe très-simple indiqué dans la fig. 6, pour transformer le mouvement circulaire en un mouvement rectiligne d'une vitesse aussi petite qu'on peut le vouloir. *fg* est un cylindre partagé en trois parties ; les deux parties extrêmes *gh* et *if* portent deux vis de pas égaux qui tournent dans les écrous *a* et *e* ; la partie du milieu *hi* porte une vis dont le pas diffère de celui des vis *gh* et *if*, et qui se meut dans un écrou mobile *b* retenu par une languette *a* dans une rainure ou patin, de manière qu'il ne peut se mouvoir que le long de cette rainure ; à chaque tour de la manivelle *a*, l'écrou *b* décrit un espace égal à la différence du pas de la vis du milieu avec le pas des vis extrêmes. On peut remplacer une des deux vis extrêmes par un axe simple, ce qui simplifie cet appareil susceptible de nombreuses applications.

— Les *roues hydrauliques* transforment le mouvement rectiligne continu d'un courant d'eau en mouvement circulaire continu. Il en est de même des *moulins à vent*. La *vis d'Archimède* produit la transformation réciproque (*Voy.* ces divers mots).

4° En *mouvement circulaire alternatif*. Divers organes donnent la solution de cette question et de sa réciproque. Tel est le *balancier hydraulique* de Perrault (*voy.*

ce mot) ; tel est encore un secteur surmonté d'une voile et formant un système dont le centre de gravité se trouve au-dessus du centre d'oscillation par le moyen d'un contrepoids ; lorsqu'il est frappé par le vent, il prend un mouvement circulaire alternatif dont on a fait diverses applications.

— La fig. 7 représente un mécanisme très-simple par lequel le mouvement circulaire alternatif du levier *ab* imprime à la barre *mn* un mouvement rectiligne. Le levier tournant *ab* porte deux autres petits leviers *cf*, *de*, mobiles sur leurs axes *c*, *d*, et dont les extrémités, garnies de deux petits cylindres, engrènent dans les dents qui garnissent les bords de la barre *mn*.

— Une pompe ordinaire, mue par un levier, offre aussi une semblable transformation de mouvement. L'eau monte dans le corps de pompe par un mouvement rectiligne, tandis qu'on imprime au levier un mouvement circulaire alternatif.

5° En *mouvement continu d'après une courbe donnée*. Il n'existe pas d'organe mécanique capable d'opérer directement cette transformation ; mais on peut l'obtenir par la réunion de plusieurs organes ; ainsi, après avoir transformé le mouvement rectiligne continu en circulaire continu, par un des moyens indiqués ci-dessus, on transformera ce dernier en mouvement rectiligne continu suivant la courbe donnée, à l'aide des organes décrits plus loin au § II.

6° En *mouvement alternatif d'après une courbe donnée*. La solution de ce problème exige encore le concours de plusieurs organes. Il faut transformer préalablement le mouvement rectiligne continu en circulaire continu, puis on change ce dernier en alternatif suivant la courbe donnée.

§ II. **TRANSFORMATION DU MOUVEMENT CIRCULAIRE CONTINU.**

1° En *mouvement rectiligne continu*. Cette question est la réciproque de celle du n° 3 du § 1, et se résout à l'aide des organes indiqués dans ce numéro.

2° En *mouvement rectiligne alternatif*. La fig. 8, Pl. 8, indique deux moyens très-employés pour la solution de ce problème. Le premier consiste dans des manivelles brisées ou coudées, dans les coudes desquelles sont attachées des cordes destinées à faire mouvoir des poids *m* au moyen d'une poulie de renvoi ; lorsque la manivelle tourne, les poids montent et descendent alternativement, suivant que le sommet des brisures s'abaisse ou s'élève. Le second moyen consiste dans un plan *qn*, incliné sur son axe *p*, et sur lequel une tige *ts* pose par un rouleau *s* ; cette tige, mobile horizontalement, est continuellement ramenée vers le plan *pq* par un contrepoids *x*, de manière que lorsque le plan tourne son axe par un mouvement continu, la tige prend un mouvement rectiligne alternatif.

Voici d'autres organes mécaniques importans qui donnent la solution du même problème.

— ABCD (Pl. 8, fig. 9) est une roue qui tourne sur son axe *c*; *nm* une règle mobile verticalement entre des tenons, et dont l'extrémité *m* est contrainte de s'appuyer continuellement sur le contour d'une courbe saillante qui fait partie de la surface de la roue. Pendant chaque révolution de la roue, l'extrémité *n* de la règle monte ou descend, suivant la nature des sinuosités de la courbe, et fait un nombre constant d'allées et de venues qui se succèdent périodiquement dans le même ordre et avec une vitesse qu'on peut rendre uniforme ou variable, en déterminant convenablement la courbe. *Voyez* à ce sujet un mémoire de Deparcieux inséré dans les *Mémoires de l'Académie des sciences* pour l'année 1747.

— La fig. 10 présente le cas particulier où l'on n'a besoin à chaque tour de roue que d'une seule allée et d'une seule venue avec un mouvement uniforme. Comme la courbe est symétrique et que tous ses diamètres sont égaux, on peut assujettir très-simplement la règle par le moyen de deux boulons *n*, *m*, garnis chacun d'une poulie pour diminuer le frottement. C'est à l'aide de ce mécanisme qu'on rend uniforme le mouvement des pistons des pompes dans plusieurs machines hydrauliques. On trouve encore une application de la courbe en cœur dans la machine à tordre de Vaucanson.

— *gh* est une roue pleine, mise en mouvement par la manivelle *ef* (Pl. 8, fig. 11), et portant une cheville *i* qui glisse dans la rainure d'une règle *mn*. Cette règle est armée à son extrémité *m* d'un secteur denté engrenant sur une barre à crémaillière *ab*. Le mouvement continu de la roue communique un mouvement circulaire alternatif au secteur, et celui-ci un mouvement rectiligne alternatif à la barre *ab*. Si l'on attache à l'autre extrémité *n* de la règle une corde passant sur une poulie fixe et portant un poids, ce poids recevra également un mouvement rectiligne alternatif.

En plaçant un petit cylindre *q* dans la rainure d'une autre pièce *ts*, de manière qu'il puisse glisser dans cette rainure ainsi que dans une autre pratiquée à la partie supérieure de la règle *mn*, ce cylindre prendra un mouvement rectiligne alternatif par le mouvement de la règle.

Aucun de ces trois mouvemens rectilignes alternatifs n'est uniforme.

— La roue *hh* de la fig. 12, Pl. 8, tourne autour de son axe *g* et porte des dents sur la moitié de sa circonférence. Un châssis garni d'une crémaillière à chacune de ses faces entoure cette roue, de manière que ses dents engrènent alternativement avec celles de chaque crémaillière. Ce châssis, qui porte deux montans *e*, *f*, assujettis à glisser dans des tenons *c*, *d*, prend un mouvement alternatif par le mouvement circulaire continu de la roue.

— Les pilons, dont les tiges garnies de crémaillières sont soulevées par des roues en parties dentées ou qui portent des *cames*, offrent une autre solution du même problème (*Voy.* CAME et PILON).

— L'organe représenté fig. 13, Pl. 8, se distingue par sa simplicité. *ff* est une roue qui tourne sur son axe, et porte un pivot *h* qui glisse dans la rainure *gg* fixée à la règle *aa* mobile dans les tenons *bb* et *cc*. Le mouvement de la roue communique à la règle un mouvement rectiligne alternatif.

Pour rendre uniforme ce mouvement alternatif, qui est accéléré vers le milieu des oscillations, on substitue à la rainure rectiligne *gg* une rainure curviligne tracée convenablement.

— *ab* (Pl. 8, fig. 7) est un cylindre dont la surface porte des rainures tracées en hélice qui se croisent et se confondent à ses extrémités. *f* est une pièce saillante qui porte sur la rainure du cylindre, et peut glisser horizontalement dans une autre rainure pratiquée dans la traverse fixe *c*. En imprimant au cylindre un mouvement circulaire continu, la pièce *f* en prend un rectiligne alternatif le long de la traverse *c*.

— *d* (Pl. 8, fig. 16), est une roue dentée qui tourne dans une crémaillière circulaire, au moyen d'une manivelle *cb* (fig. 16 *bis*) et d'un axe brisé *dcb*. Le diamètre de la roue est la moitié du diamètre intérieur *ff* de la crémaillière, de sorte que chacun des points de sa circonférence décrit une ligne droite égale au diamètre *ff*, pendant qu'elle tourne sur elle-même en parcourant la crémaillière. Un pivot placé à un point de la circonférence de la roue peut donc imprimer un mouvement alternatif à une règle mobile autour de ce pivot et glissant entre des tenons.

— Deux roues dentées A et B (fig. 14, Pl. 8), engrenant l'une avec l'autre et portant des pivots auxquels sont adaptées des règles, comme on le voit dans la figure, produisent un mouvement alternatif dont on peut faire varier à l'infini le nombre des allées et des venues, leur étendue et leur vitesse, par les divers rapports des diamètres et les dispositions des parties.

— *no* est un volant qui porte à son centre un pignon *b* (Pl. 8, fig. 18). Ce pignon transmet le mouvement à deux roues dentées *e*, *f*, de même dimension, et dont les axes sont sur la même charpente horizontale *aa*. Ces roues sont armées de deux manivelles fixes *cg*, *dh*, d'égale longueur, qui portent chacune une tige *gi* et *hk*, dont les bouts tournent librement et communiquent avec la grande tige *m*, par la barre horizontale *ik* qui les lie l'une à l'autre. Cette grande tige prend un mouvement rectiligne alternatif, pendant que le volant tourne d'un mouvement continu.

Si le mouvement était imprimé à la grande tige au lieu de l'être au volant, cet appareil donnerait la solution du problème réciproque ou de la transformation du mouvement alternatif rectiligne en circulaire continu. On voit du reste qu'il n'est qu'une application particulière de l'organe précédent.

3° En *mouvement circulaire continu.* Les engrenages donnent une solution très-usuelle de ce problème. Le mouvement d'une roue dentée est transmis à une autre roue dentée qui engrène avec elle, mais la seconde se meut en sens opposé de la première. Si l'on fait engrener une troisième roue avec la seconde, elle se mouvra dans le même sens que la première.

—Une corde sans fin enroulée sur des poulies (Pl. 9, fig. 1), leur communique le mouvement circulaire continu qui est imprimé à l'une d'elles par un moteur. Il suffit de faire varier les diamètres pour obtenir tous les rapports possibles de vitesse. Ce moyen est très-employé dans les filatures.

— Un vilbrequin, tel que celui qui est représenté fig. 2, Pl. 9, transforme le mouvement continu vertical de la manivelle *a* en mouvement continu horizontal de la roue *h* dont l'axe est armé d'une pointe *f* destinée à creuser des trous avec rapidité. La combinaison des deux roues forme ce que l'on nomme l'*engrenage à équerre.*

—Un cylindre portant une vis sans fin (fig. 4, Pl. 9), transmet encore un mouvement circulaire à une roue dentée.

— L'organe précédent transmet le mouvement dans un plan qui lui est perpendiculaire ; on peut encore obtenir le même résultat de la manière suivante :

a et *d* (fig. 3, Pl. 9), sont deux roues à gorge dont les plans sont perpendiculaires entre eux ; une corde sans fin qui passe par deux poulies de renvoi *b* et *c*, communique le mouvement de la roue *a* à la roue *d*, ou réciproquement. Si la poulie horizontale *d* n'était pas fixe et pouvait glisser le long de la barre *ef*, elle se mouvrait en allant de *e* vers *f* tout en tournant sur elle-même, ce qui présente une transformation appartenant à un autre paragraphe.

— La transformation du mouvement circulaire uniforme en circulaire varié est l'objet de plusieurs applications importantes. Voici le moyen le plus simple de l'obtenir. A (fig. 5, Pl. 9), est un cylindre ou tambour, et B un cône tronqué dont la surface latérale porte une cannelure en spirale allant de la base au sommet ; *abc* est une corde dont l'extrémité *a* est attachée à la base du cône, et qui, après avoir enveloppé la spirale creuse, va s'attacher à la surface du tambour en *c*. Si le tambour se meut d'un mouvement uniforme, le cône se meut avec une vitesse variable, et *vice versâ.*

Cette disposition est employée dans les montres pour transmettre le mouvement variable imprimé au tambour A, par un ressort renfermé dans ce tambour, au cône B qui doit se mouvoir uniformément. L'inégalité des diamètres des spires compense l'inégalité de la force que le ressort déploie en se débandant.

— Deux cônes tronqués *a* et *b* (fig. 8, Pl. 9), disposés comme on le voit dans la figure, peuvent se transmettre des mouvemens variables suivant une loi donnée. Lorsque le cône *b* tourne sur lui-même et enroule sur la spirale cannelée de sa surface la corde qui l'unit au cône *a*, il présente à cette corde des spires de plus en plus petites, de sorte que le cône *a*, soumis à cette action, tourne d'abord avec une vitesse plus grande que le cône *b*, et finit par tourner plus lentement.

4° En *mouvement circulaire alternatif.* Un marteau *d* (fig. 6, Pl. 9), mobile autour de son point d'appui *c* et frappé par les cames de la roue *a*, présente un des exemples les plus simples de cette transformation.

— Dans le rouet à filer et dans la machine du remouleur, le mouvement circulaire alternatif qu'on imprime à la marche, avec le pied, communique à la roue du rouet et à la pierre à aiguiser un mouvement circulaire continu, à l'aide d'une règle attachée d'un côté à l'extrémité de la marche et de l'autre à une manivelle. C'est la réciproque de la question qui nous occupe.

— L'organe mécanique représenté dans la fig. 7, Pl. 9, est employé dans les pompes à feu. On le nomme la *mouche. ef* est un balancier dont le mouvement est circulaire alternatif autour de l'axe *d ;* ce mouvement se transmet à l'aide d'une tige *ed*, qui tourne librement sur son axe en *e*, à la roue dentée *b*, qui engrène dans une autre roue *a* fixe à l'axe du volant *c ;* une tige en fer force les deux roues à se maintenir à la même distance.

Le mouvement circulaire alternatif du balancier fait monter et descendre la roue *b*, qui se trouve ainsi forcée de tourner autour de la roue *a* et de lui imprimer, ainsi qu'au volant, un mouvement circulaire continu. Quand le mouvement a commencé, le réciproque a lieu.

— Les leviers qui portent le nom de leur inventeur *la garousse* offrent la solution du problème inverse. Les étriers *ab* et *cd* (fig. 9, Pl. 9), mobiles aux points *a*, *c*, sont disposés de manière que le levier, par son mouvement circulaire alternatif, force l'un d'eux à tirer sans cesse vers lui le crochet, tandis que l'autre échappe à la dent qu'il avait prise et reprend la suivante. Dans la fig. 10, le grand levier *ab* a, au-dessus et au-dessous de son point d'appui *c*, deux pattes en pieds de biche *e,d*, mobiles autour de leurs clous, et qui s'appuient sur les fuseaux de la lanterne *f*. Par le mouvement alternatif du levier, les deux pattes *e*, *d*, agissent tour à tour sur la lanterne et lui impriment un mouvement circulaire continu. En enveloppant une corde à l'axe de la roue *f*, on pourra produire un mouvement rectiligne continu, de sorte que cet organe donne la transformation du mouvement circulaire alternatif en rectiligne continu.

— Les échappemens d'horlogerie (fig. 11 et 12, Pl. 9), résolvent encore la même question. Il suffit d'examiner les figures pour se rendre compte des mouvemens.

5° En *mouvement continu d'après une courbe donnée.* Cette transformation du mouvement est employée pour tracer des courbes sur des surfaces planes ou cylindriques ; une de ses applications les plus importantes est faite dans les machines qui servent à ouvrir les pas de vis de grande dimension. Voici les élémens de celle qui a été établie à Chaillot par M. Perier.

kk (Pl. 9, fig. 18), est le cylindre sur lequel on veut tracer une hélice ; *fg* est le cylindre qui dirige le mouvement : il est taillé en vis et porte un écrou *hh*, dont une des extrémités est armée d'un crayon ou d'une pointe, et l'autre d'une tige qui entre dans la rainure d'une traverse fixe, de manière que lorsque le cylindre *fg* tourne, l'écrou marche de *f* en *g* par un mouvement rectiligne. Les axes des deux cylindres *kk* et *fg* sont parallèles, et ont leurs extrémités *d* et *f* garnies de roues dentées engrenant dans une troisième roue dentée *e*, comme on le voit dans la fig. 19. Pour nous rendre compte des effets produits par cette disposition, nommons R le rayon du cylindre *fg*, R′ celui du cylindre *kk*, et P le pas de vis de *fg*. Dans le temps que *kk* fait une révolution, *fg* fait une partie de la sienne égale au rapport des rayons ou à la quantité $\frac{R'}{R}$, et la pointe fixée

à l'écrou *hh* parcourt un espace égal à $P \times \frac{R'}{R}$, qui est le pas de l'hélice tracée sur le cylindre *kk*. On peut donc donner à ce pas d'hélice la grandeur qu'on voudra, en déterminant d'une manière convenable le rapport de R à R′.

— Lorsqu'il s'agit de décrire une courbe plane par un mouvement circulaire continu, on transforme celui-ci en mouvement rectiligne alternatif (N° 2, § II) et comme tous les points d'une courbe plane peuvent être rapportés à deux droites coordonnées, il est facile ensuite de faire décrire, à la pointe d'un crayon, la courbe demandée. L'art du *tourneur* comporte une foule de descriptions de courbes qui ont été l'objet de deux mémoires de La Condamine, insérés dans les *Mémoires de l'Académie des Sciences* pour l'année 1734 ; nous ne pouvons qu'y renvoyer nos lecteurs.

6° *En mouvement alternatif d'après une courbe donnée.* Il n'existe point encore de moyen direct pour résoudre ce problème ; mais si l'on transforme le mouvement circulaire continu en circulaire alternatif (4°), on pourra ensuite changer ce dernier en mouvement alternatif d'après une courbe donnée.

§ III. Transformation du mouvement continu d'après une courbe donnée.

1° En *mouvement rectiligne alternatif.* Il faut commencer par transformer le mouvement donné en circulaire continu, puis changer ce dernier en rectiligne alternatif. Ce problème réclame donc le concours de plusieurs organes.

2° En *mouvement circulaire alternatif.* Cette transformation exige encore le concours de plusieurs organes ; le mouvement donné doit être changé en circulaire continu et celui-ci en circulaire alternatif, d'après les indications précédentes.

3° En *mouvement continu d'après une courbe donnée.* On changera le mouvement donné en circulaire continu, puis on transformera ce dernier en mouvement continu d'après la courbe proposée.

4° En *mouvement alternatif d'après une courbe donnée.* Après avoir transformé le mouvement donné en circulaire alternatif, on changera celui-ci en mouvement alternatif d'après la courbe proposée.

§ IV. Transformation du mouvement rectiligne alternatif.

1° En *mouvement rectiligne alternatif.* On transforme ordinairement le mouvement donné en circulaire, et celui-ci en rectiligne alternatif.

2° En *mouvement circulaire alternatif. aa* (fig. 15, Pl. 9) est un levier qui se meut d'un mouvement circulaire alternatif autour de son axe *b* et qui porte une demi-circonférence *cc* à laquelle est attachée une corde sans fin, passant sur deux poulies fixes *d* et *e*. Le mouvement alternatif du levier produit un mouvement rectiligne alternatif de la corde dont on a tiré parti dans une machine à couper les pieux sous l'eau.

— Le mouvement de *zig-zag* (fig. 17, pl. 9) employé dans les jouets d'enfans, a été appliqué à la construction de pinces pour retirer des corps très-lourds du fond de la mer. On s'en sert encore dans les dévidoirs.

— Aux moyen des deux chaînes *bc* et *de* attachées en sens opposé aux tiges *g* et *f* qui glissent entre des tenons, le mouvement circulaire alternatif du balancier *a* est transformé en rectiligne alternatif dans les tiges. Cet organe reçoit de nombreuses applications dans les pompes à épuisement.

— *ac* (fig. 15, pl. 8) est l'instrument connu sous le nom de *drille, trépan* ou *machine à forer.* Après avoir fait tourner l'axe *ab* jusqu'à ce que la corde *cd* soit enroulée autour, autant que possible, ce qui fait monter la traverse *de*, on pose l'instrument par sa pointe sur l'objet qu'on veut percer, et l'on imprime à la traverse un mouvement rectiligne de haut en bas qui fait tourner le trépan.

— La figure 13, pl. 9, représente un organe très-commun, c'est l'*archet à forer* dont le mouvement rectiligne alternatif transmet à la roue *d* un mouvement circulaire alternatif.

— La figure 1, pl. 10, représente le *parallélogramme* qu'on emploie dans les pompes à feu à double injection pour transformer le mouvement alternatif rectiligne de la tige du piston en mouvement circulaire alternatif du balancier. M. de Prony, qui a développé dans sa *Nouvelle architecture hydraulique* la théorie de cet ingénieux mécanisme, le décrit comme il suit :

« Le parallélogramme *abcd* tient au balancier par les points *a* et *c* fixes par rapport à ce balancier; mais les côtés de ce parallélogramme peuvent changer d'inclinaison les uns par rapport aux autres, au moyen de ce que leurs extrémités sont assemblées à charnières, c'est-à-dire garnies de boîtes ou colliers qui embrassent leurs axes horizontaux. Les axes en *a* et en *c* sont dans un même plan avec le centre ou axe O de rotation.

» De plus, l'angle *d* du parallélogramme est toujours retenu à une distance constante d'un point fixe *f'* au moyen de la verge de métal *f'd*, dont l'extrémité est également garnie d'une boîte ou collier qui embrasse l'axe passant en *d*.

» Cela bien conçu, si on imagine que l'angle *b* soit poussé ou tiré dans une direction verticale, l'effort se décomposera suivant *ba* et *bd*; les points *a* et *c* décriront des arcs de cercle, dont le point O sera le centre, et le point *d* décrira un arc de cercle qui aura *f'd* pour rayon. Mais les courbes décrites par les points *a*, *c*, *d* ne peuvent être ainsi fixes et déterminées sans que le point *b* ne décrive aussi une courbe pareillement fixe et déterminée : or, on conçoit aisément à l'inspection de la figure, que, lorsque le mouvement du balancier tend à écarter le point *b* de la verticale, dans un sens, l'effet de la rotation de *d* autour de *f'* est d'écarter *b* de la verticale dans le sens contraire, et que ces deux effets peuvent se combiner de telle manière, que la courbe décrite par le point *b* diffère si peu d'une ligne droite verticale, que dans la pratique on puisse la considérer comme telle. »

On a proposé depuis l'invention de ce parallélogramme d'autres organes analogues, parmi lesquels nous devons distinguer celui de M. de Bétancourt. Nous emprunterons également sa description à M. de Prony :

«Deux pièces de bois *ab*, *dO* (fig. 16, pl. 9) tournent autour des points ou centres *a* et O ; leurs extrémités *b* et *d* sont assujetties l'une à l'autre par la pièce de fer *bc'd*, avec des articulations en *b* et en *d*. Les longueurs *ab* et *dO* de centre en centre des tourillons sont égales ; la somme *ab* + *dO* de ces longueurs est égale à la distance du point *a* au point O projetée sur l'horizon, ou mesurée horizontalement, en sorte que lorsque *ab* et *dO* sont de niveau, la ligne droite passant par *d* et *b* est verticale ; et comme la longueur de la pièce *bd* de centre en centre des tourillons est égale à la différence de niveau des points *a* et O, *bd* devient verticale en même temps que *ab* et *dO* deviennent horizontales.

» Au moyen de cette disposition, si les points *b* et *d* ne décrivent pas des arcs d'un grand nombre de degrés au-dessus et au-dessous des horizontales, passant respectivement par les points *a* et O, le milieu *c'* de *bd* parcourra sensiblement une ligne droite verticale. En effet, tant que *b* et *d* s'éloignent peu de l'horizontale, les rayons *ab* et *dO*, étant de même longueur, le point *b* s'élève ou s'abaisse, par rapport au point *a*, sensiblement de la même quantité dont le point *d* s'élève ou s'abaisse par rapport au point O ; d'où il suit que les arcs décrits par les points *b* et *d* peuvent, dans ce cas, être censés égaux. Cette hypothèse admise, les points *b* et *d* doivent toujours être à la même distance d'une verticale dont les points O et *a* seraient eux-mêmes également éloignés; donc, si *c'* est placé au milieu de *bd*, il doit se trouver continuellement dans la verticale dont nous venons de parler. Cette verticale passant par l'axe commun du cylindre à vapeurs et de la tige *cc'* de son piston, il ne s'agit que de placer un axe horizontal au sommet *c'* de la tige qui tourne dans un collier pratiqué au milieu de *bd*, et on aura rempli la condition proposée. »

Cet organe et le précédent résolvent le problème inverse de la transformation du mouvement circulaire alternatif en rectiligne alternatif, lorsque le mouvement, au lieu d'être communiqué du piston au balancier, l'est du balancier au piston, comme cela a lieu dans les pompes à épuisement employées pour les mines. C'est alors le balancier mis en mouvement par une machine à vapeur ou par une machine hydraulique qui communique un mouvement de va-et-vient aux tiges des pistons des pompes. *Voyez*, pour plus de détails, le mot Parallélogramme articulé.

3° En *mouvement alternatif d'après une courbe*. Cette transformation exige la combinaison de plusieurs organes. On transforme d'abord le mouvement donné en circulaire alternatif et celui-ci en alternatif d'après la courbe.

§ V. Transformation du mouvement circulaire alternatif.

1° En *mouvement circulaire alternatif*. *fd* (Pl. 9, fig. 20) est une pièce élastique à l'extrémité libre de laquelle est attachée une corde *dae* qui s'enroule autour de la roue *c* et dont l'autre bout est fixé à la pédale ou pas *b*. Le mouvement circulaire alternatif de la pédale en produit un de même nature dans la roue *c*.

2° En *mouvement alternatif d'après une courbe donnée*.

Cette transformation ne peut s'effectuer que par le concours de plusieurs des organes du § III.

§ VI. Transformation du mouvement alternatif d'après une courbe donnée.

En *mouvement alternatif d'après une autre courbe*. Ayant transformé d'abord le mouvement donné en circulaire continu, on transformera celui-ci en alternatif d'après la courbe proposée.

Ce qui précède peut donner une idée de la variété des moyens que possède déjà le constructeur de machines, mais nous avons dû nous borner à signaler les plus simples et les plus usuels ; c'est dans l'intéressant ouvrage de MM. Lanz et de Bétancourt, *Essai sur la composition des machines*, le premier où les divers organes mécaniques aient été classés et décrits, qu'on doit puiser une connaissance approfondie de cette matière. *Voy.* aussi le *Traité des machines* de M. Hachette, et le *Traité de la composition des machines* de M. Borgnis. *Voy.* également, dans ce volume, les mots Mouvement, Pendule, Régulateur et Volant.

CONSERVATION DU CENTRE DE GRAVITÉ.

(*Méc.*) Si l'on considère deux corps quelconques comme formant un système dont le centre de gravité est situé sur la droite imaginaire qu'on peut supposer menée du centre de gravité de l'un de ces corps ou centre de gravité de l'autre, ce centre commun de gravité jouit d'une propriété remarquable, c'est que le mouvement qu'il peut avoir, selon que l'un des corps se meut ou que tous deux se meuvent soit dans la même direction, soit dans des directions opposées, n'éprouve aucun changement par le choc de ces corps. Cette propriété, qu'on désigne, en mécanique, sous le nom de *principe de la conservation du mouvement du centre de gravité dans le choc des corps*, peut se démontrer très-simplement de la manière suivante :

Soient M et M' (fig. 2, pl. 10) les deux corps, B et C les positions de leurs centres respectifs de gravité un moment avant le choc, et G celle du centre de gravité du système au même moment. Prenons un point quelconque A sur la direction des mobiles, et désignons A B par a, AG par x et AC par b ; si nous considérons la masse de chaque corps comme étant réunie à son centre de gravité et la masse totale du système M + M' comme réunie pareillement à son centre commun de gravité, nous aurons en vertu de la théorie des *momens* (*Voy.* ce mot.)

$$(M + M') x = Ma + Mb$$

car les masses sont proportionnelles aux poids, et M+M' est la résultante de M et de M'. Les quantités a, b, x, varient avec le temps du mouvement, sont des fonctions

de ce temps, ainsi, en différentiant l'équation précédente par rapport au temps t, il viendra

$$(M + M') \frac{dx}{dt} = M \frac{da}{dt} + M' \frac{db}{dt}$$

mais $\frac{da}{dt}$ et $\frac{db}{dt}$ représentant les vitesses des mobiles après le temps t, et $\frac{dx}{dt}$ celle du centre de gravité du système, donc, nommant V, V', u ces vitesses avant le choc et v, v', u' ces vitesses après le choc, nous aurons, avant le choc

$$u = \frac{dx}{dt}, \quad V = \frac{da}{dt}, \quad V' = \frac{db}{dt}$$

et par suite

$$(M + M') u = MV + MV',$$

d'où... (1)

$$u = \frac{MV + MV'}{M + M'}$$

Après le choc les vitesses étant

$$u' = \frac{dx}{dt}, \quad v = \frac{da}{dt}, \quad v' = \frac{db}{dt}$$

nous trouverons de la même manière... (2)

$$u' = \frac{Mv + M'v'}{M + M'}$$

Pour comparer maintenant les valeurs de u et de u', il faut observer que si les corps sont durs leur vitesse est la même après le choc, et que cette vitesse a pour expression (*Voy.* Choc, tom. 1)... (3)

$$\frac{MV + MV'}{M + M'}$$

dans ce cas, $v = v'$ et par conséquent

$$u' = \frac{Mv + M'v}{M + M'} = v$$

Or la valeur (3) de v est précisément celle que nous avons trouvée plus haut pour u, donc $u' = u$, c'est-à-dire que lorsque les corps sont durs, la vitesse du centre de gravité est la même après le choc qu'avant.

Si les corps sont élastiques, nous avons :

$$v = \frac{MV - M'V + 2 M'V'}{M + M'}, \quad v' = \frac{M'V' - MV' + 2 MV}{M + M'}$$

substituant ces valeurs dans (2), il vient

$$u' = \frac{MV + M'V'}{M + M'}$$

d'où l'on conclut toujours $u' = u$. Ainsi, quelle que soit la nature des corps, le principe énoncé a lieu.

CONTINU. (*Méc.*) Mouvement *continu.* C'est celui qui s'effectue sans aucune rétrogradation, ou changement brusque de direction pendant toute sa durée. Un poids qui tombe librement se meut d'un *mouvement continu;* une roue qui tourne toujours dans le même sens a encore un *mouvement continu,* etc. On a sans cesse besoin dans les arts de transformer le mouvement continu en mouvement *alternatif (Voy.* ce mot) et *vice versâ,* d'où il résulte plusieurs problèmes pratiques qui font l'objet de la *composition des machines.* (*Voy.* ce mot.)

CONTRACTION DE LA VEINE FLUIDE. (*Hydraul.*) On désigne sous ce nom l'espèce de resserrement qu'éprouve un jet d'eau qui s'échappe d'un réservoir par un orifice, et dont l'effet est de diminuer la quantité d'eau qui s'écoulerait dans un temps déterminé si ce phénomène n'avait pas lieu.

Pour rendre sensible la contraction d'une veine fluide, on prend un vase transparent qui porte à l'une de ses parois un orifice par lequel peut s'opérer l'écoulement de l'eau, et on mêle au liquide de la poussière fine colorée, comme de la sciure de bois ; on peut alors apercevoir, à deux ou trois centimètres de distance de l'orifice, pour une ouverture d'un centimètre de diamètre, les molécules liquides affluer de toutes parts, du fond du vase, des côtés et de sa partie supérieure, en décrivant des lignes courbes convergentes vers son centre. Arrivées près de l'ouverture, elles s'y précipitent par un mouvement très-accéléré, mais la convergence des directions ne cesse pas à leur sortie, elle se prolonge à une certaine distance ; de sorte que le jet se resserre depuis sa sortie jusqu'à cette distance où les molécules prennent des directions parallèles ou autres, suivant l'effet de leur réaction réciproque et des mouvemens imprimés. Le jet forme donc, dans sa partie extérieure contractée, un cône ou une pyramide tronquée dont la plus grande base est à l'orifice et la plus petite en dehors du vase, à l'endroit de la plus grande contraction ; c'est la section de cet endroit qu'on nomme, dans l'hydraulique, *section de la veine contractée.* La dépense réelle d'un orifice dépend ainsi, non de sa grandeur propre ou de son aire, mais bien de l'aire de la section de la veine contractée.

Lorsque l'écoulement s'effectue par un petit tuyau ou *ajutage (Voy.* ce mot) adapté à l'orifice, les phénomènes de la contraction sont modifiés d'après la nature de l'ajutage. *Voyez* pour tout ce qui concerne la théorie de l'écoulement des eaux, le mot ÉCOULEMENT DES FLUIDES.

CONTREPOIDS. (*Méc.*) Nom générique qu'on donne à tous les poids qui servent d'auxiliaires à une force motrice. Dans la plupart des mouvemens alternatifs, le

moteur produit seulement l'abaissement du mobile, et l'élévation se fait au moyen d'un *contrepoids* ou *vice versâ.*

CORDE SANS FIN. (*Méc.*) C'est une corde dont les deux bouts sont réunis et qui passe sur des poulies ou des cylindres pour transmettre le mouvement de l'un à l'autre.

CORPS DE POMPE. (*Hydraul.*) On donne ce nom, dans les pompes hydrauliques, à la partie du tuyau dans laquelle le piston se meut.

COURANT D'EAU (*Hydraul.*) Nom générique d'une certaine quantité d'eau qui se meut avec une vitesse et dans une direction quelconques.

L'eau ne développe une force motrice susceptible d'être appliquée aux machines que lorsqu'elle est en mouvement. Dans son état de repos c'est une masse inerte, comme tous les autres corps matériels, incapable de servir de moteur, et qui peut rendre tout au plus le mouvement qui lui serait communiqué par une force étrangère. La pesanteur est le principe d'action de l'eau courante ; c'est lorsqu'elle est entraînée par son poids d'un point vers un autre moins élevé qu'elle acquiert une force impulsive dont l'intensité dépend à la fois de la masse mobile et de sa vitesse. Les services immenses que ce moteur naturel a rendus à l'industrie, avant l'invention des machines à vapeur, ceux qu'il est appelé à rendre encore, malgré ces puissantes machines, qui ne pourraient le remplacer avec avantage dans toutes les localités, nous déterminent à présenter ici toutes les formules pratiques les plus nouvelles qui concernent le mouvement des eaux.

Les diverses circonstances qui accompagnent le mouvement des eaux courantes dépendent de la nature du lit qui les renferme. Lorsque ce lit est un canal creusé par la main de l'homme, il présente généralement une même pente et une même section transversale dans toutes ses parties, et conduit, par conséquent, un même volume d'eau sur toute sa longueur. Lorsqu'au contraire ce lit est irrégulier comme celui des rivières, les volumes d'eau de même longueur ne sont plus égaux, et la vitesse du courant varie avec la largeur et la profondeur des différentes parties de son lit. Les lois du mouvement des eaux étant plus simples et offrant moins de difficultés dans les canaux artificiels que dans les lits des rivières, nous examinerons d'abord ce qui concerne ces canaux.

§ I. *Mouvement des eaux dans les canaux.*

1. On nomme *pente absolue* d'un canal la différence du niveau de ses deux extrémités, et *pente* proprement dite celle qui est relative à l'unité de longueur. Par

exemple, si la différence de niveau des deux extrémités d'un canal long de 100 mètres est de 10 mètres, sa pente absolue sera de 10 mètres, et sa pente proprement dite, de $\frac{10}{100} = 0^m,1$, ou *d'un centimètre par mètre*.

Pour avoir la pente proprement dite, il suffit de connaître la pente absolue d'une portion du canal ou la différence de niveau des deux extrémités de cette portion, car en nommant l la longueur, d la différence de niveau, et p la pente par unité de longueur, on a évidemment $p = \frac{d}{l}$.

On peut encore déterminer cette pente proprement dite, que nous désignerons simplement dans tout ce qui va suivre par le nom de *pente*, à l'aide de l'angle d'inclinaison du courant d'eau avec la ligne horizontale. En effet, supposons que la droite AE (fig. 3, Pl. 10) représente la direction de l'eau ou *l'axe* du courant, si par un point quelconque A de cette ligne nous menons une droite horizontale AB, et par un autre point C, une droite verticale CB, CB sera la différence de niveau des deux points A et C, et en désignant AC par l et BC par d, nous aurons, comme ci-dessus, pour la pente p, $p = \frac{d}{l}$; mais i désignant l'angle d'inclinaison BAC, nous avons aussi

$$1 : \sin i = l : d,$$

d'où $\sin i = \frac{d}{l}$, et, par conséquent, $p = \sin i$.

Sachant, par exemple, que l'angle i est de 5° 10′, on cherchera dans les tables le logarithme du sinus de 5°10′, et le nombre correspondant à ce logarithme, dont il faudra préalablement retrancher 10 unités pour tenir compte du rayon des tables, sera la pente demandée. On a ici Log sin (5° 10′) = 8,9544991 et 8,9544991−10=−2 + 0,9544991; le nombre qui correspond à la partie positive du logarithme est 9,00053, celui qui correspond à la partie négative est 100, et l'on a, en divisant le premier par le dernier, $p = 0^m,09$, c'est-à-dire que la pente est, à très-peu près, de 9 centimètres.

2. On nomme *section* d'un canal et d'un courant d'eau en général l'aire de la section de la masse d'eau coulante par un plan perpendiculaire à son axe. NM perpendiculaire au courant AC est la hauteur de cette section. En désignant la section par S, la hauteur NM par h, et la largeur du fond par e, on aura S $=eh$, si le canal est rectangulaire; s'il est en talus ou trapézoïdal, on aura S $= \frac{1}{2}(e+e')h$, e' désignant la largeur supérieure de la section; ou bien encore S $= (e+th)h$, t désignant le talus des parois latérales ou le rapport de leur base à leur hauteur.

On nomme *périmètre mouillé* de la section, la partie de son contour qui est en contact avec les parois du lit, c'est-à-dire avec le fond et les côtés latéraux. Ce périmètre, en le désignant par P, a pour expression P $=e+2h$ dans les canaux rectangulaires, et P $= e + 2h \sqrt{t^2+1}$, dans les canaux en trapèze.

3. La pesanteur étant la seule force qui agit sur une masse d'eau abandonnée à elle-même dans un canal, cette masse d'eau ne peut se mouvoir qu'autant que sa surface supérieure n'est point horizontale, car dans le cas contraire chaque molécule est également pressée dans tous les sens et demeure en équilibre (*Voy.* HYDRO-DYNAMIQUE, tom. II), mais lorsque la surface supérieure est inclinée, une molécule quelconque prise à cette surface supporte, dans la direction du côté le plus élevé, une pression supérieure à celle qui la soutient de l'autre côté : elle doit donc se mouvoir vers ce dernier côté avec une vitesse due à la différence des pressions, et il en est de même de toutes les molécules situées verticalement au-dessous de cette première. On doit donc admettre en principe que *le mouvement des molécules d'un courant d'eau ne provient que de la pente de sa surface*.

L'équilibre ou le mouvement d'une masse d'eau peuvent exister d'ailleurs quelles que soient la forme et l'inclinaison du lit; il suffit pour l'équilibre que la surface liquide soit horizontale, comme il suffit pour le mouvement qu'elle soit inclinée.

4. Si la force accélératrice de la pesanteur agissait sans aucune résistance étrangère sur les molécules liquides, l'eau descendrait d'un mouvement uniformément accéléré, et sa vitesse croîtrait à partir du point le plus élevé du canal jusqu'au point le plus bas; cependant on observe qu'à peu de distance du point le plus élevé l'accélération n'est déjà plus sensible, et que le mouvement s'effectue d'une manière uniforme sur tout le reste de la longueur, même dans les canaux dont la pente est très-grande. Ce phénomène indique que la résistance du lit, seul obstacle qui puisse entraver l'action de la pesanteur, croît comme la vitesse due à cette action, à laquelle elle fait promptement équilibre, de sorte que le liquide ne se meut qu'en vertu de la vitesse acquise dans les premiers instans de l'écoulement. De là résulte le principe fondamental de l'hydraulique.

Lorsque l'eau se meut uniformément dans un canal, la résistance qu'elle y éprouve est égale à la force accélératrice provenant de la pesanteur.

5. On considère communément la résistance du lit d'un courant comme provenant du frottement de l'eau contre ses parois, mais les expériences de Dubuat et de Venturi tendent à prouver qu'elle est uniquement due à l'adhérence des molécules fluides entre elles et avec les parois du canal. « Lorsque de l'eau passe sur la surface d'un corps, dit M. d'Aubuisson (*Hydraul. des ingénieurs*), et qu'il n'y a point de répulsion entre les deux

substances, elle *mouille* cette surface, c'est-à-dire qu'une mince couche de fluide s'applique contre elle, elle en pénètre les pores, et elle y est retenue, tant par cet engagement des molécules que par un effet de l'attraction moléculaire.

» C'est sur un tel revêtement ou enduit aqueux fixé contre les parois du canal, que coule la masse fluide qu'il conduit. La partie ou mince couche de cette masse qui est immédiatement en contact avec l'enduit, glissant et frottant sur lui, engrène ses molécules avec les siennes, elle y adhère, et sa vitesse en est retardée. Par suite de l'adhérence des molécules fluides entre elles, ce retard, tout en diminuant graduellement, se communique de proche en proche aux couches adjacentes, jusqu'aux filets les plus éloignés. La masse prend en conséquence une vitesse moyenne, moindre que celle qui aurait lieu sans l'action des parois et sans la viscosité du fluide. »

6. Quoiqu'il en soit de cette théorie, il est certain que toutes les molécules ne se meuvent pas avec la même vitesse, et qu'en considérant la masse fluide comme composée de différentes veines ou filets, ces filets ont une vitesse d'autant plus grande qu'ils sont situés à une plus grande distance des parois. Ainsi nous entendrons dorénavant par *vitesse du courant*, la vitesse moyenne de la masse des molécules qui composent une même section.

7. Dans un canal régulier, toutes les sections de la masse fluide mue uniformément sont égales, car il passe nécessairement par chacune de ces sections (*Voy.* Écoulement des fluides) un même volume d'eau dans un même intervalle de temps, et comme elles ont toutes pour base la largeur du canal, elles ont aussi une même hauteur, d'où il suit que la surface fluide est parallèle à la surface du fond du canal. La quantité d'eau qui passe par une section dans l'unité de temps, est ce qu'on nomme la *dépense du canal*. Si, par exemple, la section est de 4 mètres carres, et que la vitesse soit de 3 décimètres par seconde, la dépense sera de $4 \times 0^m,3 = 1,2$, c'est-à-dire qu'il passera un mètre cube et 2/10 d'eau dans une section par seconde.

8. Chaque molécule fluide pouvant être considérée comme un corps qui descend sur un plan incliné en vertu de son propre poids, la force accélératrice qui meut l'eau dans le canal a pour expression gp, g représentant la force absolue de la pesanteur, et p le rapport de la hauteur du plan incliné à sa base ou la *pente* du canal (*Voy.* Accéléré, tom. 1). C'est donc à cette quantité gp que doit être égale la résistance que l'eau éprouve dans le canal, d'après le principe fondamental (4).

Or, l'expérience a montré que cette résistance est sensiblement proportionnelle au périmètre mouillé, au carré de la vitesse, plus une fraction de cette vitesse, et

qu'elle est en raison inverse de la section, c'est-à-dire qu'en désignant par A′ et B deux facteurs constants, par v la vitesse, et par S et P comme ci-dessus la section et le périmètre mouillé, la résistance a pour expression $A' \dfrac{P}{S} (v^2 + Bv)$, ce qui donne l'équation

$$gp = A' \frac{P}{S} (v^2 + Bv),$$

ou simplement.... (*a*)

$$p = A \frac{P}{S} (v^2 + Bv),$$

en faisant $\dfrac{A'}{g} = A$.

Eytelwein a trouvé, par une longue suite d'expériences, que les coefficiens constans A et B ont pour valeurs

$$A = 0,00036554 ; \; B = 0,06638 ;$$

substituant ces nombres dans l'équation précédente, elle devient... (1)

$$p = 0,00036554 \frac{P}{S} (v^2 + 0,06638\, v) ;$$

c'est l'équation fondamentale du mouvement des eaux dans les canaux.

9. Si nous désignons par Q la dépense du canal dont la valeur est v S (7), nous aurons $v = \dfrac{Q}{S}$, ce qui nous donnera cette seconde équation..... (2),

$$pS^2 = 0,00036554 \; P \; (Q^2 + 0,0664 \, Q\,S),$$

à l'aide de laquelle trois quelconques des quantités p, P, S, Q étant données, on pourra déterminer la quatrième.

10. En résolvant l'équation (1) par rapport à v, on obtient l'expression (3)

$$v = -0,0332 + \sqrt{\left[2736 \frac{pS}{P} + 0,0011 \right]},$$

qui fait connaître la vitesse.

On peut en déduire pour l'expression de la dépense... (4)

$$Q = S\left\{ -0,0332 + \sqrt{\left[2736 \frac{pS}{P} + 0,0011 \right]} \right\},$$

ou, avec une approximation suffisante.... (5)

$$Q = S\left\{ \sqrt{\left[2736 \frac{pS}{P} \right]} - 0,0332 \right\}.$$

11. Lorsque la vitesse est très-grande, la résistance

est simplement proportionnelle à son carré, le terme Bv disparaît de l'équation (a), et on a simplement... (6)

$$v = 51\sqrt{\frac{pS}{P}}; \quad Q = 51S\sqrt{\frac{pS}{P}}.$$

Proposons-nous, pour donner un exemple de l'application de ces formules, de déterminer la dépense d'un canal dont la section serait un trapèze ayant 2 mètres de largeur par bas, 6 mètres de largeur par haut, 2 mètres de hauteur et $0^m,0015$ de pente (un millimètre et demi par mètre). En conservant les désignations ci-dessus nous aurons

$$e = 2, e' = 6, h = 2;$$

le talus t, ou le rapport entre la base de chaque berge $= \frac{6-2}{2}$ et leur hauteur 2, sera $= 1$; ainsi

$$S = \tfrac{1}{2}(2+6)2 = 8, P = 2 + 2.2\sqrt{1+1} = 7,656;$$

substituant ces valeurs dans la formule 3, nous obtiendrons

$$v = -0,0352 + \sqrt{\left[2736\frac{0,0015 \times 8}{7,656} + 0,0011\right]}$$
$$= 2,0379;$$

et, par suite, $Q = 8 \times 2,0379 = 16,303$. La vitesse dans un tel canal sera donc de $2^m,038$ par seconde et la dépense dans le même temps de 16 mètres cubes, plus 303 décimètres cubes.

En négligeant le terme $0,0011$ sous le radical, nous eussions obtenu

$$v = 2,0376 ; Q = 16,301,$$

valeurs qui diffèrent très-peu des précédentes. Les formules des grandes vitesses (6) nous auraient donné

$$v = 51\sqrt{\left[\frac{0,0015 \times 8}{7,656}\right]} = 2,0191,$$

$$Q = 8 \times 2,0191 = 16,153.$$

12. La détermination de la pente p qu'on doit donner à un canal dont toutes les autres dispositions sont déterminées s'effectue au moyen de l'équation (1) : nous reproduirons pour exemple le calcul de la pente du canal de l'Ourcq donné par M. D'Aubuisson.

« On avait à disposer de $3^{mc}, 0188$ d'eau par seconde ; la navigation qu'on y projetait exigeait une profondeur d'eau de $1^m, 50$; et pour que l'eau ne s'altérât pas, au point de devenir impropre au service des fontaines de Paris, il lui fallait une vitesse de $0^m, 35$ au moins ; la nature du terrain permettait de ne donner aux talus que $1\frac{1}{2}$ de base sur 1 de hauteur.

» On a ici $Q = 3,0188$; $v = 0^m,35$; $h = 1,50$; et

$t = 1,50$. De plus, d'après les données du problème, S est connu, car

$$S = \frac{Q}{v} = \frac{3,0188}{0,35} = 8,625;$$

e le sera aussi, car de l'expression $S = (e + th) h$ (n° 2) on déduit

$$e = \frac{S - th^2}{h};$$

$$= \frac{8,625 - 1,50(1,50)^2}{1,50} = 3,50;$$

par suite on aura encore

$$P = e + 2h\sqrt{t^2+1} = 8,908.$$

D'après cela, l'équation générale

$$p = 0,0003655\frac{P}{S}(v^2 + 0,06638\, v),$$

en y substituant les quantités numériques, donne $p = 0^m,00005502$; c'est la pente indiquée par les formules.

» M. Girard, ingénieur chargé du tracé du canal, est arrivé à un résultat à peu près pareil. Mais il a fait observer avec raison, que les plantes aquatiques qui croissent sur le fond et sur les berges des canaux, augmentent considérablement le périmètre mouillé, et par suite la résistance : il a rappelé que Dubuat ayant mesuré la vitesse de l'eau dans le canal du Jard, avant et après la coupe des roseaux dont il était garni, avait trouvé un résultat bien moindre avant qu'après. En conséquence, il a presque doublé la pente donnée par le calcul, et il l'a portée à $0,0001056$: la longueur du canal étant de 96000 mètres, c'est $10^m,14$ de pente absolue. »

13. Les exemples que nous venons de donner montrent suffisamment la marche qu'on doit suivre pour déterminer l'inconnue du problème dans l'établissement d'un canal lorsqu'il n'y en a qu'une, mais le plus ordinairement les seules quantités données sont p et Q, ou la pente et la dépense, et il s'agit de choisir la forme de la section qui peut remplir le plus convenablement l'objet qu'on a en vue. Pour les canaux creusés dans les terres, il est essentiel de tenir les berges inclinées, car sans cela elles ne pourraient se soutenir et s'ébouleraient, aussi la figure du trapèze est celle qui est généralement adoptée, et on donne aux berges une inclinaison de 34° au plus à l'horizon. Supposons donc qu'on ait une dépense de 3 mètres cubes d'eau et qu'il s'agisse de construire un canal dont la pente soit $0^m,0011$ et le talus 1,50, les quantités à déterminer sont la largeur et la hauteur de la section. Or, de tous les trapèzes qu'on peut choisir pour la section, celui dont la surface est la plus grande et le périmètre mouillé le plus petit est le

plus avantageux, puisque la résistance que l'eau éprouve à se mouvoir est en raison directe du périmètre et en raison inverse de la section (n° 8) ; ce trapèze le plus avantageux a sa largeur moyenne, ou la demi-somme de ses bases parallèles, double de sa hauteur, de sorte que nous pouvons établir la condition $\frac{1}{2}(e + e') = 2h$, ou $e + th = 2h$, car $t = \frac{e' - e}{2} : h$ (n° 2) ; il en résulte, d'une part, $S = 2h^2$, et de l'autre,

$$P = 2h - th + 2h\sqrt{t^2 + 1},$$

ou simplement $P = nh$, en faisant $2 - t + 2\sqrt{t^2 + 1} = n$. D'après les données nous avons ici

$$n = 2 - 1{,}50 + 2\sqrt{(1{,}50)^2 + 1} = 1{,}8028.$$

Substituant les valeurs $S = 2h^2$, $P = 1{,}8028\,h$, $p = 0{,}0011$, et $Q = 3$ dans la formule (2), elle deviendra

$$0{,}0011 \times 8h^5 = 0{,}00036554 \times 1{,}8028h \times$$
$$(3^2 + 0{,}0664 \times 3 \times 2h^2),$$

ou

$$0{,}0088h^5 = 0{,}0059309 + 0{,}0002625h^2.$$

Divisant le tout par 0,0088 et transposant, nous aurons définitivement l'équation

$$h^5 - 0{,}0298h^2 - 0{,}674 = 0,$$

d'où nous obtiendrons, en la résolvant, $h = 0^m{,}9301$. Connaissant ainsi la hauteur du trapèze, nous tirerons la valeur de sa plus petite base de l'équation $e + th = 2h$, qui donne

$$e = (2 - t)h = (2 - 1{,}50) \times 0{,}9301 = 0^m{,}46505.$$

La section sera donc un trapèze dont la plus petite base devra avoir $0^m{,}46505$, la plus grande $3^m{,}25535$ et la hauteur $0^m{,}9301$; mais ces dimensions sont celles de la masse fluide, et la profondeur du canal doit être un peu plus grande ; on lui donnera au moins $1^m{,}20$, et alors la largeur du fond demeurant $0^m{,}46505$, celle au niveau du terrain sera $4^m{,}365$.

14. La forme du trapèze est, comme nous l'avons dit, celle qui convient le mieux pour les canaux creusés dans les terres, parce qu'elle réunit à la facilité de la construction la solidité et l'économie, mais elle n'est pas la figure capable de donner à la fois le maximum de section et de dépense. De toutes les figures isopérimètres, le cercle est celle qui a la plus grande surface, et cette surface diminue à mesure que le nombre des côtés du polygone régulier diminue. Il en est de même du demi-cercle et des demi-polygones réguliers de même périmètre, la surface du cercle est la plus grande, et celle du demi-carré est la plus petite. S'il était possible de construire un canal dont la section fût un demi-

cercle, on aurait à la fois le maximum de section et de dépense ; mais les frais qu'entraînent une semblable construction lui font préférer le demi-carré pour tous les canaux creusés dans le roc ou revêtus de maçonnerie, tels que les *aqueducs*. Dans ceux-ci, on a donc le maximum de section et de dépense lorsque le rapport de la base à la hauteur de la section est celui des nombres 2 : 1.

On voit d'après ces considérations que le trapèze capable de donner la plus grande dépense est celui qui, sur un talus t déterminé par la nature du terrain, renferme la plus grande surface dans le plus petit périmètre. Lorsque le talus est $1\frac{1}{3}$, ce qui est un des cas les plus ordinaires, il faut donner au trapèze une largeur moyenne double de sa hauteur, parce qu'avec un tel rapport dans ses dimensions il a même surface et même périmètre mouillé qu'un rectangle de même hauteur dont la base serait égale à sa largeur moyenne, et qui, par conséquent, donnerait le maximum de dépense et de section. En effet, si nous désignons par h la hauteur du rectangle, sa base sera $2h$, sa surface $2h^2$, et son périmètre mouillé $4h$; le trapèze ayant pour hauteur h et pour largeur moyenne $2h$, a également pour surface $2h^2$; quant à son périmètre mouillé, si dans l'expression générale du n° 2 nous faisions $t = 1 + \frac{1}{3}$, et que nous donnions à e la valeur $(2-t)h$ qui résulte de la relation $e + th = 2h$, il viendra

$$P = \left(2 - 1 + \frac{1}{3}\right)h + 2h\sqrt{\left[\left(1 + \frac{1}{3}\right)^2 + 1\right]},$$
$$= h\left[\frac{2}{3} + 2\sqrt{\frac{25}{9}}\right] = 4h;$$

c'est-à-dire la même valeur que pour le périmètre mouillé du rectangle. Dans tous les cas où le talus serait plus grand que $1\frac{1}{3}$, on devrait donc, pour plus d'exactitude, déterminer le rapport de la hauteur à la largeur moyenne du trapèze, de manière à obtenir le maximum de section et de dépense ; cependant il est d'usage de conserver le rapport 1 : 2, et c'est ce que nous avons fait dans l'exemple précédent.

15. Dans les canaux rectangulaires, la largeur devant être le double de la hauteur, on peut aisément la calculer, lorsque la masse d'eau qu'ils doivent conduire est donnée, car en nommant x cette largeur, l'aire de la section a pour expression $\frac{1}{2}x^2$, et on a, par conséquent, v étant la vitesse et Q la dépense, $\frac{1}{2}vx^2 = Q$, d'où

$$x = \sqrt{\frac{2Q}{v}}.$$

Nous ne nous arrêterons point à donner des exemples de ces calculs, qui ne présentent aucune difficulté.

16. Nous avons fait observer (n° 6) que la vitesse des divers filets d'un cours d'eau était d'autant plus grande que ces filets étaient plus éloignés des parois du canal, et qu'en évaluant la dépense par le produit de la section et de la vitesse, il fallait employer nécessairement la vitesse moyenne et non la vitesse particulière de tel ou tel filet. La détermination de cette vitesse moyenne est donc très-importante, et comme on ne peut mesurer avec facilité que la vitesse des filets supérieurs, il serait nécessaire de connaître la loi du décroissement qu'éprouvent les vitesses à partir de la surface fluide jusqu'au fond du canal, pour pouvoir évaluer avec certitude la vitesse moyenne. Dubuat a conclu, d'une série d'expériences faites avec beaucoup de soin, que la *vitesse moyenne est une moyenne proportionnelle arithmétique entre celle de la surface et celle du fond*, et que le rapport de ces deux dernières, entièrement indépendant de la hauteur de la section, est d'autant plus grand que la vitesse de la surface est plus petite. Voici les résultats numériques de ses observations, malheureusement trop peu nombreuses pour être concluantes.

Soit V la vitesse de la surface, v celle du fond et u la vitesse moyenne, on aura

$$v = [\sqrt{\overline{V}} - 0,165]^2,$$

$$u = (\sqrt{v} - 0,082)^2 + 0,0067.$$

M. de Prony a tiré des expériences de Dubuat la formule

$$u = V \frac{V + 2,372}{V + 3,153},$$

qui lui paraît représenter les faits avec plus d'exactitude. Mais il pense que dans la pratique on peut admettre, avec une approximation suffisante,

$$u = 0,8\, V.$$

Nous devons ajouter que la vitesse V est celle du filet fluide le plus éloigné des parois, ou la plus grande vitesse du courant. Ce filet, dans les canaux réguliers, est celui du milieu de la surface, c'est ce qu'on nomme le *fil de l'eau*.

§ II. *Du mouvement de l'eau dans les rivières.*

17. L'irrégularité des lits des rivières ne permet pas de les comparer aux canaux, où la vitesse devient promptement uniforme ; dans ceux-ci le volume d'eau conduit est toujours le même, tandis que dans les rivières ce volume augmente ou diminue suivant les variations que le lit éprouve dans sa pente et ses dimensions, et encore par l'effet des affluens qu'il reçoit. Lorsque la pente d'une rivière, après être demeurée

constante sur une certaine longueur, vient à augmenter ou à diminuer, la vitesse augmente ou diminue, et comme la largeur du lit ne change pas brusquement, il en résulte que dans le premier cas la hauteur de la section devient plus petite, tandis qu'elle devient plus grande dans le second. Ces changemens de hauteur s'opérant par degrés, la surface fluide prend une forme convexe quand son mouvement s'accélère, et une forme concave quand il se ralentit, de sorte que le fil de l'eau, considéré depuis la source jusqu'à l'embouchure, présente une suite de lignes droites réunies par de petites lignes courbes tantôt convexes, tantôt concaves.

Si l'on conçoit un plan perpendiculaire à la surface fluide et passant par le fil de l'eau, l'intersection de ce plan par le fond du lit offrira une ligne semblable au fil de l'eau, c'est-à-dire composée de parties droites et courbes, dont les inégalités correspondront aux inégalités du fil de l'eau, mais seront plus grandes. La fig. 4 de la Pl. 10 indique la différence des deux sections.

On nomme *contre-pente* toute inclinaison de peu d'étendue opposée à l'inclinaison générale du lit, comme serait, par exemple, la pente offerte contre le courant de l'eau par un banc de cailloux disposé transversalement sur le lit d'une rivière. L'eau, en le franchissant par suite de sa vitesse acquise, présente une surface concave dans la montée et une surface convexe dans la descente, et sa vitesse diminue jusqu'au point le plus élevé de la courbe, d'où elle s'accélère en descendant. La résistance de l'obstacle, jointe à la pesanteur qui agit sur les molécules fluides, ne permettant pas à ces molécules de s'élever au-dessus du plan général de la surface de la rivière, autant que l'obstacle est élevé lui-même au-dessus du plan général du lit, le fil de l'eau ne peut donc jamais avoir une irrégularité aussi grande que la section longitudinale correspondante du lit, comme nous venons de le dire. Dans certains cas, les obstacles qui se rencontrent dans le lit d'une rivière produisent un rebroussement d'une partie du fluide contre le courant, c'est ce qu'on nomme un *remou* (*Voy.* ce mot).

18. Les effets résultant des élargissemens et des rétrécissemens des lits sont semblables à ceux des variations de pente. Lorsque le lit s'élargit, la hauteur de la section diminue, mais dans un rapport un peu moindre que l'augmentation de largeur, parce que la vitesse diminue un peu par suite de l'accroissement du périmètre mouillé. Lorsque le lit se rétrécit, la hauteur de l'eau augmente ainsi que la vitesse. On ne doit pas perdre de vue, pour se rendre compte de toutes ces variations, le principe de l'*écoulement des fluides* (*Voy.* ce mot), que nous allons rappeler.

Dans toute masse fluide qui se meut sans solution de continuité, il passe un même volume fluide dans un même

*temps, par chacune des sections faites perpendiculaire-
ment à la direction du mouvement.*

19. Les sections longitudinales de la surface fluide
des rivières ne sont pas les seules qui présentent des parties courbes. Les sections transversales offrent encore
une forme remarquable dont la fig. 5, Pl. 10, peut donner une idée. C'est une courbe convexe dont le point le
plus élevé est dans le fil de l'eau, et dont l'élévation
respective des autres points, qui va en décroissant également ou inégalement vers chaque bord, est d'autant
plus grande que les filets correspondans ont une plus
grande vitesse.

20. La détermination de la vitesse moyenne d'une
rivière présente de grandes difficultés qu'on est loin
d'avoir complètement surmontées. Lorsque la rivière
présente une pente assez uniforme et un lit assez régulier sur une longueur assez considérable, mille mètres
au moins, pour qu'on puisse, dans cette étendue, la
comparer à un canal, on doit prendre le profil de plusieurs sections, mesurer la pente avec beaucoup de soin,
et en déduire les valeurs moyennes de S et de P, qui feront connaître la vitesse cherchée en les substituant dans
la formule (3) du N° 10. Ce procédé, quoique approximatif, est supérieur aux mesures directes, quand il peut
être employé.

Lorsque les localités n'offrent pas la réunion des circonstances que nous venons d'indiquer, on mesure la
vitesse du courant au moyen de certains instrumens
nommés *hydromètres* (*Voy.* ce mot), dont nous nous
bornerons ici à décrire le plus simple. Qu'on imagine
un petit morceau de bois, ou quelque autre corps d'une
pesanteur spécifique presque égale à celle de l'eau,
placé sur le fil de l'eau ou sur le plus fort du courant et
abandonné à lui-même. Entraîné par le mouvement de
l'eau, ce *flotteur*, ainsi qu'on le nomme, ne tarde pas à
acquérir une vitesse égale à celle du fluide environnant,
et si l'on observe alors l'espace qu'il parcourt dans un
temps donné, on pourra déterminer cette vitesse avec
une exactitude suffisante.

Les flotteurs ne peuvent faire connaître que la vitesse
du fil de l'eau, parce qu'ils ne se maintiendraient pas
dans la direction nécessaire si on les plaçait sur d'autres
filets; mais il existe des hydromètres avec lesquels on
mesure la vitesse d'un point quelconque de la surface
fluide, et d'autres qui sont destinés à mesurer les vitesses
au-dessous de la surface. Nous verrons au mot Hydromètre la série d'opérations qu'exige la détermination de
la vitesse moyenne d'une rivière au moyen de ces instrumens.

21. La connaissance de la vitesse moyenne d'une rivière est principalement nécessaire pour déterminer le
volume d'eau qu'elle conduit ou pour *jauger* le cours

d'eau. Ce volume est égal au produit de la vitesse
moyenne d'une section par son aire.

Le jaugeage des petits cours d'eau s'effectue d'une
manière beaucoup plus simple par un *barrage* que par
les mesures hydrométriques, auxquelles on n'a eu recours jusqu'ici que pour quelques fleuves. Ce procédé
consiste à barrer le courant par une cloison en planches, sur le haut de laquelle on pratique un *déversoir*
ou ouverture rectangulaire dont le seuil doit avoir, au-
dessus du fond du lit, une hauteur telle que l'épaisseur
de la lame fluide qui s'écoule soit au moins de 10 centimètres. Les formules de l'écoulement des eaux par les
déversoirs font alors connaître la dépense, à l'aide des
dimensions du déversoir et de la hauteur mesurée de la
surface du courant au-dessus du seuil. *Voy.* Écoulement des fluides.

22. Les affluens ou cours d'eau qui se perdent dans
une rivière principale font varier le volume d'eau qu'elle
conduit. Ce volume augmente nécessairement au-dessous de la jonction, de sorte que la dépense n'est la
même pour toutes les sections de la rivière qu'autant
qu'il ne se trouve aucun affluent sur la longueur où
elles sont prises. Cette dépense varie, en outre, par
toutes les causes qui font varier les sources alimenta-
trices, et on doit distinguer les divers cas des hautes,
des moyennes et des basses eaux, qui ont lieu dans les
diverses saisons de l'année.

On dit que la vitesse d'une rivière est faible, lorsqu'elle
est au-dessous de $0^m,50$ par seconde, et qu'elle est très-
grande, lorsqu'elle dépasse 2 mètres. La vitesse ordinaire s'estime de $0^m,60$ à $0^m,90$. Celle de la Seine, aux
environs de Paris, est moyennement de $0^m,60$ à $0^m,65$.
La vitesse du Rhône et de la Durance s'élève jusqu'à
4 mètres dans les fortes crues. La dépense de la Seine,
sur une largeur moyenne de 130 mètres et une profondeur de $1^m,50$, est d'environ 130 mètres cubes d'eau
par seconde.

§ III. *Du mouvement de l'eau dans les conduites.*

23. On nomme *conduite* une suite de tuyaux joints
exactement les uns aux autres qui sert à mener l'eau
d'un lieu à un autre. Pour examiner le mouvement de
l'eau dans les conduites, nous considérerons d'abord le
cas d'un seul tuyau rectiligne et d'un même diamètre
dans toutes ses parties.

Soit donc BD (Pl. 10, fig. 6), un tuyau incliné recevant par son ouverture supérieure EB l'eau d'un réservoir M, et la versant par son ouverture inférieure CD.
La vitesse de l'écoulement en CD sera due à deux forces
distinctes : l'une, provenant de la pression que la masse
fluide du réservoir exerce en EB, et l'autre, de la portion
de la force absolue de la pesanteur qui se développe sur
le plan incliné BC ; c'est-à-dire que le fluide entre en EB

animé d'une vitesse due à la hauteur AE ou CF, et que cette vitesse s'augmente de toute celle qu'il pourrait acquérir par la seule hauteur FD, si les molécules fluides commençaient à descendre en EB sans aucune vitesse préalablement acquise. La vitesse finale de l'écoulement a donc lieu en vertu de la somme des deux hauteurs GF + ED, ou simplement de la hauteur GD de la surface du réservoir au-dessus de l'orifice d'écoulement. Nous désignerons par H cette dernière hauteur, qu'on appelle la *charge de la conduite*.

Si les parois du tuyau ne présentaient aucune résistance au mouvement de l'eau, ce mouvement devrait continuellement s'accélérer, et la vitesse v' de sortie serait (*Voy.* Écoulement)

$$v' = \sqrt{2g\mathrm{H}}.$$

Mais il n'en est point ainsi : dans les conduites, comme dans les canaux, le mouvement devient sensiblement uniforme à une très-petite distance de son origine, de sorte que la vitesse de sortie n'est jamais celle qui correspond à toute la hauteur H. Nommons v la vitesse réelle de sortie et h la hauteur à laquelle elle serait due, nous aurons

$$h = \frac{v^2}{2g},$$

et par conséquent

$$\mathrm{H} - \frac{v^2}{2g}$$

sera la portion de hauteur absorbée par la résistance et représentera cette résistance.

Or, la résistance provenant de l'action des parois est proportionnelle à toute la surface intérieure du tuyau : car, dans le cas que nous examinons, l'écoulement se fait à plein tuyau (s'il n'en était point ainsi, la conduite serait un simple canal); de plus, elle est proportionnelle au carré de la vitesse, plus une fraction de la simple vitesse, et, enfin, elle est en raison inverse de l'aire de la section. Si nous désignons donc par L la longueur de la conduite, par S sa section, par P le périmètre mouillé et par A et B deux coefficiens constans à déterminer par expérience, la surface intérieure du tuyau sera LP, et nous aurons pour l'expression de la résistance

$$\mathrm{A} \frac{\mathrm{LP}}{\mathrm{S}} (v^2 + \mathrm{B}v),$$

ce qui nous donnera l'équation fondamentale... (*b*)

$$\mathrm{H} - \frac{v^2}{2g} = \mathrm{A} \frac{\mathrm{LP}}{\mathrm{S}} (v^2 + \mathrm{B}v)$$

M. de Prony a obtenu, pour les coefficiens A et B, les valeurs

$$\mathrm{A} = 0{,}0003485 \quad ; \quad \mathrm{B} = 0{,}0498 ;$$

mais M. d'Aubuisson, en combinant des expériences plus récentes, trouve

$$\mathrm{A} = 0{,}0003425 \quad ; \quad \mathrm{B} = 0{,}055.$$

D'après ces dernières valeurs, l'équation fondamentale devient... (*7*)

$$\mathrm{H} - \frac{v^2}{2g} = 0{,}0003425 \frac{\mathrm{LP}}{\mathrm{S}} (v^2 + 0{,}055v),$$

Pour rendre cette équation plus facilement applicable aux cas particuliers, observons que si nous désignons par D le diamètre des tuyaux, nous aurons $\mathrm{S} = \frac{1}{4}\pi\mathrm{D}^2$, $\mathrm{P} = \pi\mathrm{D}$; π étant le rapport de la circonférence au diamètre ou le nombre $3{,}1415296$. Substituant ces valeurs ainsi que celle de g, il viendra... (8)

$$\mathrm{H} - 0{,}051v^2 = 0{,}00137 \frac{\mathrm{L}}{\mathrm{D}} (v^2 + 0{,}0055v),$$

équation qui fera connaître une quelconque des quatre quantités H, L, D, v, lorsque les trois autres seront données.

24. La dépense étant le plus ordinairement une des quantités données ou cherchées dans les questions relatives au mouvement de l'eau dans les conduites, il est utile de la faire entrer dans l'équation (8), ce qui ne présente aucune difficulté : car en la nommant Q, on a $\mathrm{Q} = v\mathrm{S}$ ou $\mathrm{Q} = \frac{1}{4}\pi v\mathrm{D}^2$, ce qui donne $v = 1{,}273\frac{\mathrm{Q}}{\mathrm{D}^2}$. Substituant cette valeur de v dans (*7*), il vient... (9)

$$\mathrm{H} - 0{,}08264 \frac{\mathrm{Q}^2}{\mathrm{D}^4} = 0{,}00221 \frac{\mathrm{L}}{\mathrm{D}^5} (\mathrm{Q}^2 + 0{,}0432\,\mathrm{QD}^2),$$

équation qui renferme la solution de tous les problèmes pratiques. On en tire pour la valeur de Q... (10)

$$\mathrm{Q} = -\frac{0{,}0216}{\mathrm{L}+37{,}2\mathrm{D}} + \sqrt{\left\{ \frac{450{,}2\mathrm{HD}^5}{\mathrm{L}+37{,}2\mathrm{D}} + \left(\frac{0{,}0216\mathrm{LD}^2}{\mathrm{L}+37{,}2\mathrm{D}} \right)^2 \right\}}.$$

Quant à celle de D, qui est très-souvent la quantité à déterminer, il faut résoudre l'équation (8) par rapport à D en la ramenant à la forme... (10)

$$\mathrm{D}^5 - 0{,}00009574 \frac{\mathrm{LQ}}{\mathrm{H}} \mathrm{D}^2 - 0{,}0826 \frac{\mathrm{Q}^2}{\mathrm{H}} \mathrm{D} - 0{,}00222 \frac{\mathrm{LQ}^2}{\mathrm{H}} = 0$$

On peut, ce nous semble, abréger les calculs de la détermination de Q en résolvant d'abord l'équation (8) par rapport à v, ce qui donne... (11)

$$v = -\frac{0{,}0275\mathrm{L}}{\mathrm{L}+37{,}2\mathrm{D}} - \sqrt{\left\{ \frac{729{,}92\,\mathrm{HD}}{\mathrm{L}+37{,}2\mathrm{D}} + \left(\frac{0{,}0275\mathrm{L}}{\mathrm{L}+37{,}2\mathrm{D}} \right)^2 \right\}};$$

car la valeur de v étant une fois connue, on a ensuite

$$\mathrm{Q} = 0{,}7854v\mathrm{D}^2.$$

25. Toutes ces expressions deviennent beaucoup plus simples lorsque la vitesse surpasse $0^m,60$, parce que la résistance est alors sensiblement proportionnelle au carré de la vitesse, ce qui permet de négliger le terme Bv de l'équation fondamentale (6); on a alors, d'après les expériences de Couplet... (12)

$$H - 0,051 v^2 = 0,001435 \frac{Lv^2}{D},$$

et, en fonction de Q... (13)

$$H - 0,08274 \frac{Q^2}{D^4} = 0,002326 \frac{LQ^2}{D^5};$$

la valeur de Q est simplement... (14)

$$Q = 20,73 \sqrt{\left[\frac{HD^5}{L + 35,5D}\right]}.$$

26. Le terme $37D$ étant très-petit comparativement à L, dans les grandes conduites, on peut le négliger, ainsi que le second terme sous le radical, et on a, avec une approximation suffisante, pour les petites vitesses... (15)

$$Q = D^2 \left[-0,0216 + 21,22 \sqrt{\frac{HD}{L}} \right],$$

et pour les grandes... (16)

$$Q = 20,3 \sqrt{\frac{HD^5}{L}}.$$

27. Nous allons donner quelques exemples d'application.

I. *On demande quel volume d'eau débitera une conduite de 1450 mètres de long et $0^m,25$ de diamètre, sous une charge de $5^m,32$.*

Nous avons ici $D = 0^m,25$, $L = 1450$ et $H = 5^m,32$. Ainsi,

$$L + 37,2D = 1459,3.$$

Substituant ces valeurs dans l'expression de la vitesse (11), il vient

$$v = -\frac{0,0275 \times 1450}{1459,3} + \sqrt{\left\{ \frac{729,92 \times 5,32 \times 0,25}{1459,3} + \left(\frac{0,0275 \times 1450}{1459,3}\right)^2 \right\}};$$

d'où, après tous calculs faits, $v = 0,788796$. On a donc

$$Q = 0,788796 \times 0,7854 \times (0,25)^2 = 0,03872.$$

Ainsi la dépense demandée est de $0^{mc},03872$. En employant la formule approximative (15), on aurait trouvé $0^{mc},03882$; la formule (16) donnerait $0,03842$.

II. *On demande le diamètre d'une conduite de 800 mè-*

tres de long qui, sous une charge de 2 mètres, doit mener $0^{mc},050$.

Nous avons $H = 2$, $L = 800$, $Q = 0,05$; mettant ces quantités dans l'équation (10), elle devient, après les réductions,

$$\cdot D^5 - 0,00192D^2 - 0,000098D - 0,00222 = 0.$$

Pour obtenir une première approximation, négligeons le second et le troisième terme, nous aurons

$$D = \sqrt[5]{0,00222} = 0,295,$$

valeur trop petite, car en la substituant à la place de D dans l'équation, le premier terme se réduit à $0,000182$. Faisant $D = 0,295 + z$ et appliquant la méthode de Newton (*Voy.* APPROXIMATION, tom. I), nous obtiendrons $z = 0,00496$, d'où $D = 0,2996$. Le diamètre cherché est donc $0^m,3$, en bornant l'approximation aux millimètres.

28. Lorsque les vitesses sont au-dessus de $0^m,60$, on peut obtenir très-facilement la valeur de D en dégageant cette quantité de l'expression (16); on a ainsi

$$D = 0,298 \sqrt[5]{\frac{LQ^2}{H}}.$$

En employant cette dernière formule, nous aurions trouvé immédiatement

$$D = 0,298 \sqrt[5]{\left[\frac{800 \times (0,05)^2}{2}\right]} = 0,298,$$

valeur qui ne diffère pas sensiblement de la précédente.

29. Dans tout ce qui précède, nous avons supposé que l'écoulement s'effectuait par une extrémité ouverte de la conduite; mais le plus ordinairement ces extrémités sont terminées par des orifices plus étroits que le tuyau ou par des robinets, et alors la vitesse du fluide à sa sortie n'est plus la même que dans la conduite. Si nous désignons par V la vitesse de sortie par un orifice ou par un ajutage quelconque, la portion de la charge absorbée par la résistance deviendra

$$H - 0,051 V^2,$$

tandis que la résistance des parois sera toujours fonction de la vitesse v qui a lieu dans l'intérieur, et ne cessera pas d'avoir pour expression

$$0,00137 \frac{L}{D} (v^2 + 0,055v),$$

de sorte que l'équation fondamentale deviendra

$$H - 0,051 V^2 = 0,00137 \frac{L}{D} (v^2 + 0,055v).$$

Or, d'après le principe rappelé dans le N° 18, les vitesses sont en raison inverse des sections : ainsi, désignant par d le diamètre de l'orifice et par m le coefficient de contraction qui s'y applique (*Voy.* ÉCOULEMENT), nous avons

$$V : v = \tfrac{1}{4}\pi D)^2 : \tfrac{1}{4}\pi m d^2.$$

d'où

$$V = v \frac{D^2}{m d^2},$$

et remplaçant la vitesse v par la dépense Q,

$$V = 1{,}273 \frac{Q}{m d^2}.$$

Substituant cette valeur dans l'équation précédente, nous obtiendrons pour l'équation générale du mouvement... (17)

$$H - 0{,}08264 \frac{Q^2}{m^2 d^4} = 0{,}002221 \frac{L}{D^5}(Q^2 + 0{,}0432 QD^2).$$

Pour les vitesses au-dessus de $0^m{,}60$, cette équation se réduit à... (18)

$$H = 0{,}0826 \frac{Q^2}{m^2 d^4} = 0{,}00233 \frac{LQ^2}{D^5}.$$

On en tire successivement... (19)

$$Q = 20{,}73 \sqrt{\left[\frac{HD^5}{L + 35{,}47\dfrac{D^5}{m^2 d^4}}\right]},$$

$$D = 0{,}298 \sqrt[5]{\left[\frac{LQ^2}{H - 0{,}0816\dfrac{Q^2}{m^2 d^4}}\right]},$$

$$= 0{,}536 \sqrt[4]{\left[\frac{Q^2 D^5}{m^2(HD^5 - 0{,}00233 LQ^2)}\right]}.$$

30. L'application de ces formules aux cas particuliers ne présentant aucune difficulté, nous nous contenterons d'en présenter un seul exemple.

On demande la dépense qui aura lieu par un ajutage cylindrique adapté à l'extrémité d'une conduite longue de 1200 mètres et d'un diamètre de $0^m{,}2$, sous une charge de 6^m, le diamètre de l'ajutage étant de $0^m{,}01$.

Nous avons $H = 6$, $D = 0{,}2$, $L = 1200$, $d = 0{,}01$, et le coefficient de contraction des ajutages cylindriques est $0{,}82$. Ces valeurs donnent

$$35{,}47 \frac{D^5}{m^2 d^4} = 1688047,$$

et, par suite,

$$Q = 20{,}73 \sqrt{\left[\frac{6 \times (0{,}2)^5}{1200 + 1688047}\right]}$$

$$= 0^{mc}{,}00221.$$

La dépense du tuyau ouvert eût été $0^{mc}{,}082675$.

M. d'Aubuisson a observé que lorsque le diamètre de l'ajutage dépasse la moitié de celui de la conduite, la dépense ne diffère que de très-peu de celle qui aurait lieu en laissant la conduite entièrement ouverte. Dans le cas qui nous occupe, nous trouverions D $= 0^{mc}{,}078416$ en faisant $d = 0^m{,}12$; mais il paraît que la différence est encore moindre en pratique qu'en théorie, car en adaptant divers ajutages à une même conduite de $0^m{,}05$ de diamètre sur 424^m de long, M. d'Aubuisson a obtenu les résultats suivans :

Dépense avec un ajutage de $0^m{,}01$...		0,000822
Id.	*id.*....$0{,}02$...	0,001581
Id.	*id.*....$0{,}03$...	0,001720
Id.	sans ajutage........	0,001722

31. Il nous resterait à examiner le cas des conduites qui présentent des coudes et des étranglemens, c'est-à-dire des parties de moindre section dans leur étendue; mais les détails qu'exigeraient cet examen dépassent les limites de notre ouvrage, et nous devons renvoyer aux traités d'hydraulique. Nous ferons seulement observer d'une manière générale que toute cause qui amène soit un changement de direction dans le mouvement de l'eau, soit une accélération de vitesse pour la contraindre à passer par une section plus étroite, absorbe toujours une certaine partie de la charge totale. Les coudes arrondis ou curvilignes n'exercent qu'une très-petite influence sur la vitesse finale, tandis que les coudes brisés, comme le serait un coude rectangulaire, la diminuent considérablement. Il est donc très-important d'éviter les angles dans les conduites. Quant aux étranglemens et aux renflemens, on a rarement à en tenir compte, parce qu'une conduite bien construite ne doit en présenter aucun.

Lorsque l'eau s'écoule du réservoir dans une conduite principale ou de celle-ci dans un embranchement, il y a toujours contraction de la veine fluide, et si nous n'en avons pas parlé jusqu'ici, c'est que son effet est compris dans les coefficiens de l'équation fondamentale. Lorsqu'il s'agira d'une conduite secondaire, l'effet de la contraction se trouvera pareillement compris dans la détermination de sa charge, de sorte qu'il est inutile de le considérer en particulier.

Toutes les formules précédentes se rapportant à une conduite parfaitement unie sur toute sa surface intérieure, on ne doit regarder les résultats numériques qu'elles donnent que comme des approximations, et les ingénieurs sont dans l'usage de diminuer d'un tiers le coefficient de la dépense. Ainsi, lorsqu'on voudra établir une conduite, on devra déterminer les diamètres dans l'hypothèse que la dépense est d'un tiers plus forte que la dépense réelle. Si l'on a, par exemple, une dépense réelle de $0^{mc}{,}100$, on mettra dans les formules $0^{mc}{,}150$. De même, si en calculant une dépense on la trouve théoriquement de 0^{mc},210, on ne devra compter que sur une dépense réelle de $\frac{2}{3}$ (0,210) = 0,140.

32. Toute eau courante, soit dans un canal, une rivière ou une conduite, est animée d'une force motrice qu'on peut employer pour faire fonctionner les machines. Nous n'avons examiné dans cet article que les circonstances du mouvement de l'eau ; nous considérerons ce fluide comme moteur au mot Eau.

Ouvrages à consulter sur les eaux courantes : *Hydrodynamique* de Bossut ; *Architecture hydraulique* de Bélidor, avec les notes de Navier. *Nouvelle Architecture hydraulique* de Prony ; *Principes d'hydraulique* de Dubuat ; *Essai sur le mouvement des eaux courantes* de Belanger ; *Hydrotechnie* de Funk ; *Idraulica* de Venturoli ; *Hydraulique des ingénieurs* de d'Aubuisson.

COURBES EXCENTRIQUES. (*Méc.*)

On désigne sous ce nom des plateaux qui ont une courbure déterminée, et qu'on adapte à un axe tournant pour remplacer les manivelles, dont le mouvement n'est jamais bien régulier. Ces organes mécaniques transforment le mouvement circulaire continu en rectiligne alternatif. (*Voy.* COMPOSITION DES MACHINES.)

Supposons qu'il s'agisse de faire monter et descendre alternativement avec une vitesse uniforme la tige MN (Pl. 10, fig. 7), mobile entre les tenons *g, g*. Ayant adapté à l'axe A du mouvement une courbe excentrique PQ, dont nous indiquerons plus loin la construction, on fera reposer sur son épaisseur l'extrémité de la tige MN garnie d'une roulette N pour diminuer le frottement, et il est évident qu'à chaque révolution de la courbe, représentée dans la figure, la tige s'élèvera pendant tout le temps que la roulette s'appuiera sur une des moitiés de cette courbe et qu'elle s'abaissera, soit par l'effet de son poids, soit par l'effet d'un ressort, pendant que la roulette s'appuiera sur l'autre moitié. Le point de la plus grande élévation correspondra au moment où l'extrémité P de l'excentrique arrivera sous la roulette, et le point du plus grand abaissement à celui où le point Q se trouvera dans la verticale.

En analysant avec soin les circonstances du mouvement qu'on veut donner à la tige, on peut toujours trouver facilement la courbe capable de le produire. Ici, la condition à remplir étant qu'un point quelconque de l'excentrique décrive des arcs égaux autour du centre de l'axe, pendant que la tige s'élève ou s'abaisse de quantités égales, le tracé de la courbe est très-simple.

Ayant pris la droite AB (Pl. 10, fig. 8), égale à la distance du centre de l'axe au point de la plus grande élévation de la roulette, et, sur cette droite, la partie AQ égale à la plus petite élévation, on décrira du point A comme centre, avec AB pour rayon, une circonférence de cercle qu'on divisera en un nombre pair de parties

égales, 12 par exemple ; on numérotera les points de division i, ii, iii, etc., à la droite et à la gauche de B, de manière que chaque demi-circonférence porte six numéros. Ceci fait, et après avoir mené les rayons Ai, Aii, etc., on divisera BQ, qui représente une excursion entière de la tige, en six parties égales qu'on numérotera 1, 2, 3, etc., à partir de Q. Du centre A, avec les rayons AQ, A1, A2, A3, etc., on décrira successivement des circonférences, et leurs intersections avec les rayons de même numéro seront autant de points de la courbe cherchée. On voit immédiatement que tous les diamètres de cette courbe passant par le centre A sont égaux à la distance fondamentale PQ de la pointe P au point de rebroussement Q.

Si, au lieu d'un mouvement uniforme, il s'agissait de produire un mouvement varié, d'après une loi quelconque, on diviserait BQ en six parties ayant entre elles les rapports donnés par cette loi, et tout le reste de la construction serait la même.

Les excentriques dont la courbure se détermine de la manière précédente ne produisent qu'une allée et qu'une venue dans une de leurs révolutions complètes ; mais lorsqu'on a bien compris le principe de leur construction, il est facile de l'étendre aux cas d'un nombre quelconque d'excursions et d'incursions pendant une seule révolution de la courbe.

Soit, par exemple, à décrire une excentrique capable de produire quatre allées et quatre venues de la tige, égales entre elles et d'un mouvement uniforme. Après avoir pris, comme ci-dessus, les droites AD et AQ (fig. 9, Pl. 10), respectivement égales à la plus grande et à la plus petite distance de l'extrémité de la tige au centre A du mouvement, on décrira une circonférence avec le rayon AD et on le partagera d'abord en quatre parties égales ; on le partagerait en six si on voulait six allées et six venues, et ainsi de même ; on partagera DQ en un nombre quelconque de parties égales, qu'on numérotera 1, 2, 3, etc., à partir de Q ; et du centre A, on décrira successivement des circonférences avec les rayons AQ, A1, A2, etc. Ceci fait, on partagera chaque quart de circonférence en un nombre de parties égales double de celui des parties de DQ. Ici DQ étant partagé en quatre, nous partagerons chaque quart en huit parties égales, et nous numéroterons les points de division i, ii, iii, iv, à partir de chaque extrémité de l'arc, comme cela est fait dans la figure pour le quart BD, de sorte que le numéro iv correspondra à la moitié de l'arc ; du centre A on mènera des rayons à chaque point de division, et leurs intersections avec les circonférences de même numéro seront des points de la courbe.

Deparcieux, qui s'est beaucoup occupé des courbes excentriques, a donné dans les *Mémoires de l'Académie des sciences*, pour 1747, des méthodes faciles pour les décrire dans tous les cas.

COURSIER. (*Hydraul.*) Canal en bois ou en pierre qui renferme et dirige un courant d'eau. On s'en sert principalement pour alimenter les roues hydrauliques. *Voy.* Eau.

CRÉMAILLIÈRE. (*Méc.*) Tige garnie de dents qui engrènent avec les dents d'une roue.

Lorsque le mouvement de la roue est transmis à la crémaillière, alors il y a transformation de mouvement circulaire en mouvement rectiligne, les dents de cette dernière doivent présenter des lignes droites parallèles entre elles, et les dents de la roue avoir la courbure de la *développante* du cercle primitif de cette roue. (*Voy.* Cames.) Lorsqu'au contraire la crémaillière conduit la roue, ce qui transforme le mouvement rectiligne en circulaire, les flancs des dents de la roue doivent être dirigés vers son centre, et les dents de la crémaillière avoir la courbure d'une *cycloïde* décrite par le cercle primitif de la roue. M. Leblanc, dans son *Traité du dessin des machines*, a donné les moyens de tracer toutes les espèces d'engrenages.

CULMINATION. (*Astron. et Géograph.*) L'observation de la culmination des astres n'est pas seulement utile pour déterminer la latitude géographique d'un lieu de la terre (*Voy.* Latitude), elle est aussi employée avec succès dans les observatoires stables pour en déterminer la différence de longitude; mais il faut alors que l'astre observé à la lunette des passages ait un mouvement propre très-sensible d'occident en orient. Or, la lune seule jouit de la propriété de rendre cette méthode très-exacte, et c'est de la différence des temps de son passage au méridien de chaque lieu que l'on déduit la différence de leur longitude.

Si l'un des observatoires est Paris et que L soit la longitude occidentale de l'autre observatoire par rapport au premier, L exprimée en temps à raison de 15 degrés pour une heure, sera aussi le *temps sidéral* physiquement écoulé entre les passages d'une même étoile à ces deux méridiens; et comme dans un si court intervalle de temps l'ascension droite apparente de l'étoile reste la même, il est évident qu'on a dû compter la même heure sidérale à ces deux stations, quoiqu'en réalité il se soit écoulé L heures sidérales. Mais relativement à la lune, dont le mouvement propre vers l'orient est très-rapide, le temps sidéral écoulé depuis son premier passage jusqu'au second est nécessairement de L + *a* heures, *a* désignant la quantité dont son ascension droite, exprimée en temps sidéral, a augmenté. Cela posé, soit *d* degrés le mouvement de cet astre en ascension droite

durant une heure de temps vrai, et *m* le mouvement, également en ascension droite, du soleil durant le même temps, deux quantités données dans la *Connaissance des temps*; alors *d* et 15 *a* étant des arcs décrits par la lune dans les temps sidéraux $1^h + m$ et L + *a*, on a cette proportion :

$$1^h + m : L + a :: d : 15a ;$$

d'où

$$d(L + a) = 15a (1^h + m),$$

relation de laquelle on tire la différence de longitude

$$L = \frac{a}{\frac{1}{15}d} (1^h + m - \tfrac{1}{15} d).$$

Par exemple, le 25 octobre 1830, l'on a observé à Paris et à Kœnigsberg les passages du bord occidental de la lune, et l'on a eu

A Paris, heure moyenne. . . $6^h 54'53'',04$
A Kœnigsberg. . . . . 6 52 5 ,90
____
Différence en temps moyen   2 47 ,14
Réduction au temps sidéral +   0 ,46
____
Différence en temps sidéral. $2'47'',60 = 167'',6 = a.$

La *Conn. des temps* donne le mouvement horaire du soleil $m = 9'',583$; ainsi $1 + m = 60'9'',58$; elle donne de plus

Asc. dr. de la ☾ le 25 à midi. . 310° 0'40'
     Id.   à minuit. 316 41 57
____
Différence en 12 heures. 6 41 17

De là en 1^h vraie, $d = 33'26'',42$
          $\tfrac{1}{15} d =$ 2 13 ,76
Facteur $1 + m - \tfrac{1}{15} d = 57'55'',82 = 3475'',85.$

Enfin, opérant à l'aide des logarithmes à cinq décimales, on a

$$L = 4355'',2 = 1^h 12'35'',2.$$

Telle est, d'après ces deux observations correspondantes, la longitude de Kœnigsberg comptée de Paris. On remarquera cependant que le mouvement en ascension droite de la lune n'étant pas rigoureusement proportionnel au temps, comme nous l'avons supposé en évaluant *a*, il conviendrait, pour plus de précision, de recourir à la méthode d'interpolation dans laquelle on tient compte des différences secondes (*Voy.* Interpolation) ; mais il suffisait ici de donner une idée de la manière d'appliquer les culminations lunaires à la détermination des longitudes géographiques. Nous dirons pourtant que les culminations comparées de la lune et d'une étoile en deux lieux différens, offrent un moyen encore plus facile d'obtenir exactement la différence de longitude, parce que le calcul étant uniquement fondé sur la durée sidérale écoulée entre les deux passages à chaque station, il s'ensuit qu'une petite erreur sur la position de la lunette et sur l'heure de la pendule n'a aucune influence sensible sur le résultat cherché. On peut consulter à cet égard l'*Astronomie pratique* de Francœur.

Si dans l'exemple précédent l'observation du bord de la lune n'avait pas été faite à Paris, on y suppléerait, en calculant d'abord l'heure sidérale du passage du centre de cet astre en cette ville, pour le 25 octobre 1830, et en la corrigeant ensuite du temps sidéral que le demi-diamètre met à passer au méridien, temps qui est donné par cette expression $\dfrac{r}{15 \cos D}$, D désignant la déclinaison de la lune et r son demi-diamètre ; deux quantités qu'on trouve dans la *Connaissance des temps*.

M. Puissant.

CULTELLATION (*Géod.*) On désigne sous ce nom la méthode de mesurer la surface d'un terrain en pente, en le projetant par des perpendiculaires sur un plan horizontal.

Soit, par exemple, le rectangle ABCD (Pl. 10, fig. 10) dont la superficie fait partie de celle d'un coteau ; ayant abaissé de chacun de ses angles une perpendiculaire sur un plan horizontal MO, le quadrilatère MNOP représentera l'aire réellement productive du rectangle ABCD, telle qu'elle doit figurer dans la carte topographique de la contrée.

Cette méthode ne résulte seulement pas de l'impossibilité où l'on serait de faire raccorder les parties d'un plan dont les unes auraient été mesurées dans le sens horizontal et les autres dans le sens des pentes du terrain, mais encore de ce qu'il est reconnu que les produits de la culture d'un terrain incliné ne peuvent dépasser ceux qu'on-obtiendrait sur la projection horizontale de ce terrain, parce que les plantes croissent verticalement. *Voy.* le *Traité d'arpentage* de M. Lefèvre, et pour tous les détails théoriques, le *Traité de topographie* de M. Puissant.

D.

DAN   DAN

DANAÏDE. (*Hydraul.*) Espèce de roue à réaction qui reçoit l'action motrice de l'eau, inventée par M. Mannoury d'Ectat. Nous emprunterons sa description à MM. Lanz et de Bettancourt.

« Cette machine peut être comprise, comme le dit très-bien M. Petit, au nombre des roues hydrauliques ; elle se réduit à une cuve cylindrique en bois $ncdd'c'n'$ (Pl. 10, fig. 11) dont le fond est percé à son centre par un orifice circulaire rr (voy. l'élévation et la coupe (b)). Au travers de cet orifice passe un essieu vertical de fer pq retenu par le haut dans un collier, et posant, dans sa partie inférieure, sur un pivot qui lui permet de tourner sur lui-même, en entrainant la cuve à laquelle il est fixement attaché au moyen de quatre croisillons en fer, dont on voit deux cc' et ee' dans la coupe (a), et les deux autres dd' et ff dans la coupe (b). Cet essieu, dirigé suivant l'axe de la cuve, ne ferme pas complètement l'orifice central rr qu'il traverse ; il laisse, au contraire, tout autour de sa circonférence une couronne vide par où l'eau affluente peut s'échapper. Un diaphragme circulaire ss fixé à l'axe vertical pq et aux croisillons cc' et ee', immédiatement en dessous de ceux-ci, partage la cuve en deux parties égales $ncc'n$ et $cdd'c'$ qui ne peuvent communiquer l'une avec l'autre que par la couronne vide qui reste entre le diaphragme circulaire et la surface intérieure de la cuve. La partie inférieure $cdd'c'$ est partagée en huit cases par autant de diaphragmes t, quatre desquels partent de l'axe pq vers la circonférence, et quatre autres n'atteignent pas l'axe, pour ne pas trop obstruer l'orifice rr. Ces diaphragmes, formés par des surfaces planes, descendent depuis le diaphragme circulaire jusqu'à la base de la cuve. L'eau arrive à la partie supérieure de la cuve par un tuyau de conduite B, qui se replie convenablement pour la laisser sortir par un orifice x (élévation et coupe (a)), sous la forme d'une nappe qui frappe tangentiellement dans toute la surface concave de cette partie, met la cuve en mouvement, descend à la partie inférieure par la couronne vide ménagée entre le diaphragme ss et la surface intérieure de la cuve, s'engage dans les cases déjà indiquées, et sort enfin par l'orifice rr pour tomber dans le tuyau de décharge R. Telle est la description et le jeu de cette machine, que l'auteur a exécutée avec le plus grand succès dans différentes manufactures. Il vient d'y ajouter un perfectionnement qui consiste à substituer aux diaphragmes t à surfaces planes, d'autres diaphragmes en forme de spirales qui se prolongent en montant jusqu'au bord supérieur nn de la cuve, au travers de la couronne vide du milieu. La forme qu'il donne à ces nouveaux diaphragmes lui permet de supprimer le rebord *nn* qui servait à empêcher l'eau de se répandre au dehors ; il paraît que par cette dernière modification la perte des forces vives est diminuée considérablement. »

DENTS des roues. (*Voy.* Engrenages, tome I, p. 530.)

DÉPENSE d'eau ou de vapeur. On désigne sous ce nom la quantité d'eau ou de vapeur employée comme force motrice pour produire un effet déterminé.

La *dépense* d'un courant d'eau est la masse fluide qui passe par une de ses sections dans un temps déterminé (*Voy.* Courant).

DÉTENTE. (*Méc.*) Mécanisme qui fixe certaines parties d'une machine pendant un intervalle de temps et les abandonne ensuite tout-à-coup. (*Voy.* Roue et Sonnette.)

DÉVERSOIR. (*Hydraul.*) Échancrure rectangulaire pratiquée à la partie supérieure d'une des parois d'un bassin pour donner passage au fluide dont il est rempli. La base de cette ouverture est horizontale et porte le nom de *seuil.* (*Voy.* Écoulement des fluides.)

DÉVIATION. (*Astron.*) Lorsque l'axe optique d'une lunette des passages est exactement dans le méridien, l'intervalle de temps qui s'écoule entre deux passages consécutifs, l'un supérieur, l'autre inférieur ou *vice versâ*, d'une étoile circompolaire, est de 12 heures sidérales. Dans le cas contraire, le cercle diurne que paraît décrire l'étoile est partagé en deux parties inégales, et une mire qui se trouve précisément dans la direction de l'axe optique dévie à l'est ou à l'ouest d'une quantité angulaire qu'on mesure ainsi qu'il suit :

Soit Z (Pl. 10, fig. 12) le zénith du lieu de l'observateur, ZA le vertical que décrit la lunette en tournant sur son axe horizontal de rotation, P le pôle du monde ; et supposons que l'objectif soit tourné du côté du sud. La déviation orientale de la lunette sera représentée par l'angle horizontal MCH, mesure de l'angle sphérique MZH, et c'est cet angle qu'il s'agit de trouver à l'aide de l'observation des passages des astres A, B, B' au fil du milieu de la lunette. Or, en désignant par Δ la distance polaire AP de l'astre A, par $90° - H$ la colatitude ZP ou le complément de la hauteur H du pôle pour le lieu de l'observateur, et par x la déviation MH ou l'angle MZH ; le triangle sphérique AZP, dans lequel l'angle P est l'angle horaire, donne

$$\tan Z = \frac{\sin P}{\cot \Delta \cos H - \cos P \sin H},$$

ou, à cause de $\tan Z = -\tan x$ et de l'extrême petitesse de x par supposition, auquel cas $\sin P = P$ et $\cos P = 1$, à fort peu près, on a sensiblement

$$P = (\sin H - \cot \Delta \cos H)x.$$

Telle est la quantité qu'il faudrait ajouter au passage observé pour avoir l'heure véritable du passage au méridien, si l'on connaissait x.

Supposons qu'une autre étoile B ou B' ait été observée à la lunette, on aura pareillement pour celle-ci :

$$P' = (\sin H - \cot \Delta' \cos H)x.$$

De ces deux équations semblables on tire

$$P' - P = x(\cot \Delta - \cot \Delta') \cos H = \frac{x \sin (\Delta' - \Delta)}{\sin \Delta \sin \Delta'} \cos H;$$

et si l'on désigne par T le temps sidéral du passage de la première étoile au méridien, ou son ascension droite apparente réduite en temps ; par t le temps de son passage au vertical de la lunette, observé à une pendule exactement réglée sur le temps sidéral, on aura évidemment $P = T - t$, et, pour la seconde étoile $P' = T' - t'$; ainsi en définitive (1)

$$x = \frac{[T' - T - (t' - t)] \sin \Delta \sin \Delta'}{\cos H \sin (\Delta' - \Delta)}.$$

Il suit de ce résultat que pour déterminer la déviation de la lunette, bien rectifiée d'ailleurs, il suffit de connaître à peu près les distances polaires Δ, Δ' et très-exactement la différence $T' - T$ d'ascension droite, pourvu que $\Delta' - \Delta$ ne soit pas un petit arc. Cette déviation sera orientale si x est positif, occidentale dans le cas contraire. Pour une seule étoile on a (2)

$$x = -\frac{(T - t) \sin \Delta}{\cos(H + \Delta)} = \frac{(t - T) \sin \Delta}{\cos (H + \Delta)};$$

mais alors la déviation est trop dépendante du temps du passage de l'étoile au méridien et de sa déclinaison, ainsi que de la marche de la pendule.

Les deux formules précédentes se rapportant aux passages supérieurs, on les ramènera aux passages inférieurs en prenant négativement $\sin \Delta$ et $\cot \Delta$; et si, au lieu d'observer deux étoiles différentes, on observe la même étoile au-dessus et au-dessous du pôle, Δ' se changera en $-\Delta$; la différence des passages au méridien, savoir $T' - T$, sera de 12^h, et l'on aura visiblement (3)

$$x = \frac{[12^h - (t' - t)] \sin^2 \Delta}{\cos H \sin 2\Delta} = \frac{12^h - (t' - t)}{2 \cos H \cot \Delta}.$$

Cette dernière formule ne dépend plus de l'ascension droite de l'étoile ; elle donnera la déviation x avec beaucoup de précision, si $\cot \Delta$ est très-grand, ou, ce qui est de même, si l'on observe de préférence des étoiles circompolaires. Delambre, à qui est due la méthode que nous expliquons, indique la polaire δ, β, γ de la petite Ourse et γ de Céphée, parce qu'on n'a rien à craindre de l'irrégularité de la pendule. On fera bien alors de placer la mire au nord de la station ; et lorsqu'on en connaitra la déviation, il sera très-facile d'orienter une chaîne de triangles par l'*azimut* d'un de ses côtés. (*Voy.* ce mot.)

Pour donner une application de cette méthode, nous choisirons l'observation même par laquelle Delambre mesura à Paris la déviation de sa lunette, qu'il n'eut pas le temps de remettre sur la mire méridienne.

Passage inférieur de la chèvre à la lunette à $17^{h}1'18'',8 = t'$;
Passage supérieur, 12 heures après, ou à. . $5^{h}1'18'',6 = t$.

On avait d'ailleurs

$$\Delta = 44°15', \quad \Pi = 48°50' ;$$

de là $t' - t = 12°0'0'',2$, et ensuite la formule (3) donne en temps

$$x = \frac{- 0'',2 \, \mathrm{tang} \, \Delta}{2 \cos \Pi} = - 0'',148 ;$$

ainsi en arc $x = - 2'',25$.

On juge par le signe de x que la déviation était occidentale quand l'objectif était tourné vers le sud, comme nous l'avons supposé dans les formules précédentes ; elle serait au contraire orientale, si l'on supposait l'objectif tourné vers le nord.

(*M. Puissant.*)

DILATATION. *Voyez* Chaleur.

DISTANCES LUNAIRES. (*Ast. Nautiq.*) C'est surtout dans les voyages de long cours que les navigateurs font un fréquent usage des distances de la lune au soleil et aux étoiles, pour déterminer la longitude du lieu où ils se trouvent. Ces distances se mesurent au sextant, ou, mieux encore, au cercle à réflexion dont Borda a enrichi l'astronomie nautique. (*Voyez* Cercle répétiteur.) La rapidité avec laquelle la lune se meut dans son orbite autour de la terre fait que dans certaines circonstances l'arc qui la sépare de l'étoile mise en comparaison change sensiblement de grandeur dans un très-court espace de temps, par exemple lorsque la déclinaison de l'étoile située à l'orient ou à l'occident de la lune est peu différente de celle de ce satellite. Dans la *Connaissance des temps*, et à chacun des mois de l'année, se trouvent calculées de 3 heures en 3 heures les distances vraies du centre de la lune à celui du soleil, aux principales étoiles du zodiaque, et même maintenant au centre des planètes ; ces distances sont telles que les verrait (abstraction faite de la réfraction) un observateur qui serait placé au centre de la terre. On conçoit alors que si, dans un lieu dont la longitude est à peu près connue, l'on a mesuré une distance lunaire, et qu'on l'ait réduite en distance vraie, il ne s'agira plus que de déterminer, par un calcul d'interpolation, l'heure, les minutes et secondes de temps moyen que l'on comptait à Paris lorsque cette distance vraie existait ; puisque la différence entre ce temps et celui de l'observation sera celle de la longitude cherchée. Ordinairement la formule par laquelle on convertit une distance lunaire apparente en distance vraie est celle de Borda ; on l'obtient ainsi qu'il suit :

Soient Δ, E, E' la distance et les deux hauteurs apparentes du soleil et de la lune ; δ, e, e' la distance et les hauteurs vraies de ces deux astres ; enfin Z l'angle au zénith formé par leurs verticaux, dans lesquels leurs lieux vrais et apparens se trouvent respectivement. Le triangle sphérique dont les sommets sont au zénith et aux centres apparens des astres donnera

$$\cos Z = \frac{\cos \Delta - \sin E \sin E'}{\cos E \cos E'},$$

celui dont les sommets sont au zénith et aux centres vrais des astres donnera pareillement

$$\cos Z = \frac{\cos \delta - \sin e \sin e'}{\cos e \cos e'};$$

ainsi l'on a

$$\frac{\cos \Delta - \sin E \sin E'}{\cos E \cos E'} = \frac{\cos \delta - \sin e \sin e'}{\cos e \cos e'}.$$

Mais à cause de

$$\sin E \sin E' = \cos E \cos E' - \cos (E + E'),$$
$$\sin e \sin e' = \cos e \cos e' - \cos (e + e'),$$

la relation précédente se change nécessairement en celle-ci :

$$\frac{\cos \Delta + \cos (E + E')}{\cos E \cos E'} = \frac{\cos \delta + \cos (e + e')}{\cos e \cos e'},$$

d'où l'on tire

$$\cos \delta = \frac{\cos e \cos e'}{\cos E \cos E'} \left[\cos \Delta + \cos (E + E') \right] - \cos (e + e');$$

et si l'on a égard à ce que

$$\cos \Delta + \cos (E + E') = 2 \cos \tfrac{1}{2}(E + E' + \Delta) \cos \tfrac{1}{2}(E + E' - \Delta),$$
$$\cos (e + e') = 2 \cos^2 \tfrac{1}{2}(e + e') - 1, \quad \cos \delta = 1 - 2 \sin^2 \tfrac{1}{2} \delta,$$

on aura

$$\sin \tfrac{1}{2} \delta = \cos^2 \tfrac{1}{2}(e + e')$$
$$\frac{\cos \tfrac{1}{2}(E + E' + \Delta) \cos \tfrac{1}{2}(E + E' - \Delta) \cos e \cos e'}{\cos E \cos E'}.$$

Puis, si l'on fait

$$\sin^2\varphi = \frac{\cos\frac{1}{2}(E+E'+\Delta)\cos\frac{1}{2}(E+E'-\Delta)\cos e\cos e'}{\cos E\cos E'\cos^2\frac{1}{2}(e+e')},$$

on aura enfin

$$\sin\tfrac{1}{2}\delta = \cos\tfrac{1}{2}(e+e')\cos\varphi.$$

Cette formule, la plus commode de toutes celles qui ont été proposées pour réduire une distance apparente en distance vraie, n'offre aucune variation de signe, et c'est un avantage qui diminue les chances d'erreur de calcul. Pour en faire un bon usage, il faut en recueillir avec soin tous les élémens dans le plus court espace de temps possible. Par exemple, les hauteurs des astres, lorsqu'on ne veut pas les déduire du calcul, doivent être prises par deux observateurs, en même temps qu'un troisième mesure la distance des deux astres. (*Voy.* les traités spéciaux.)

APPLICATION.

Un voyageur arrivé le 12 mai 1825 dans un lieu où il trouva la latitude boréale de 36°40′, et dont il estima la longitude occidentale de 3ʰ 36′ en temps, recueillit les observations contemporaines suivantes à 7ʰ 40′ du matin ou à 19 40′ (*temps astronom.*).

Hauteur du bord inférieur du ☉	= 30° 17′ 8″
Hauteur du bord inférieur de la ☾	= 52 59 30
Distance des bords voisins.	61 28 6
Haut. du baromètre. . .	0ᵐ,7399
Haut. du therm. centig.	+ 25°

La *Conn. des temps* donne pour l'époque des observations, c'est-à-dire pour 23ʰ 16′ comptées à Paris,

Paral. horiz. de la ☾ = 54′7″ ;   demi-diam. de la ☾ = 14′45″
Paral. horiz. du ☉ = 8,73 ;   demi-diam. du ☉ = 15 51.

Il s'agit maintenant de calculer l'augmentation du demi-diamètre de la lune due à sa hauteur au-dessus de l'horizon (*Voy.* AUGMENTATION), et l'on trouvera le demi-diamètre apparent de la ☾ = 14′56″, qu'il faut ajouter, ainsi que le demi-diamètre du ☉, à la distance des bords des deux astres pour avoir la distance apparente Δ = 61°58′53′. Ensuite on aura

Hauteur apparente du ☉.		30°17′18″
Demi-diam.	+	15 51
Haut. appar. du centre. . . . E	=	30 32 59
+ parall. — réfract.	—	1 22,7
Haut. vraie géocentr. du ☉ . e	=	30 31 36,3
Haut. appar. du bord de la ☾ . . .		52°59′30″
Demi-diam. augmenté.	+	14 56
Haut. appar. du centre . . . E′	=	53 14 26
+ parall. — réfract.	+	31 43,8
Haut. vraie géocentr. de la ☾ e′	=	53 46 9,8

Connaissant tous les élémens de la formule précédente, on opérera par les logarithmes, ainsi qu'il suit :

Δ	=	61°58′53″	
E	=	30 32 59	. . . c log cos 0,0649018
E′	=	53 14 26	. . . c log cos 0,2229673
Somme m	=	145 46 18	
½ m . .		72 53 9	. . . log cos 9,4687558
Δ — ½ m . .		10 54 16	. . . log cos 9.9920867
e	=	30 31 36,3	. . . log cos 9,9352009
e′	=	53 46 9,8	. . . log cos 9,7716145
Somme		84 17 46,1	. Somme . . . 19,4555290
			½ somme . . 9,7277635
½ somme n	=	42 8 53,0	. c log cos . . 0,1299396
			log sin φ = 9,8577031
Angle φ	=	46 6 19,2	. log cos φ = 9,8409430
n	=	42 8 53,0	. log cos 9,8700604
			sin ½ δ . . = 9,7111034

De là

½ δ = 30°56′1″,75 ;   DISTANCE VRAIE δ = 61°51′3″,5.

On sait par la *Conn. des temps* que

Le 11 mai à 21ʰ la distance était de. .		62°53′33″
Le 12 à midi de.		61 32 18
Ainsi, diminution en 3ʰ.	=	1 21 15

D'un autre côté,

Si de.		62°53′33″
On ôte.	δ =	61 52 3,5
Le reste sera.		1 1 29,5

de là cette proportion

1°21′15″ : 3ʰ :: 1°1′29″,5 : x =	2ʰ 16′13″,6
Ajoutant.	21ʰ
On a l'heure de Paris, le 11. . . . =	23 16 13 ,6
Mais l'heure de l'Observatoire était. . .	19 40 0
Donc, LONGITUDE en temps, à l'ouest =	3 36 13 ,6

Cette solution est indépendante de la figure ellipsoïdique de la terre, et, en effet, il est à peu près inutile de tenir compte de l'aplatissement, à cause de l'incertitude que laisse une méthode d'observation qui présente souvent beaucoup de difficultés sur mer. Cependant, Borda a indiqué le premier comment il faudrait procéder dans le cas le plus général. (*Descript. et usage du Cercle de réflexion*, p. 80.)

(*M. Puissant.*)

DYNAME. (*Syst. mét.*) Nom qu'on a proposé récemment de donner à l'*unité* de mesure des forces motrices.

L'effet produit par une force motrice peut toujours se rapporter à un certain poids élevé à une hauteur donnée dans un temps également donné (*Voy.* Effet) ; ainsi, en prenant le *mètre* pour unité de hauteur et la *seconde sexagésimale* pour unité de temps, une force capable d'élever 80 kilogrammes à un mètre en une seconde, sera *double* de celle qui ne peut élever que 40 kilogrammes à un mètre dans le même temps, et *moitié* de celle qui peut élever 160 kilogrammes à la même hauteur dans le même temps. L'habitude de comparer la force motrice de l'eau et de la vapeur à celle des chevaux fait encore journellement désigner par un nombre de chevaux la force présumée d'une machine ; mais pour rendre le terme de comparaison exactement déterminé, on est convenu de nommer *cheval-vapeur* la force capable d'élever 75 kilogrammes à 1 *mètre* en une *seconde :* c'est à très-peu de chose près la force moyenne d'un cheval, de sorte qu'on a l'avantage de ne pas s'écarter des anciennes évaluations, et de remplacer le vague qui résultait de leur emploi par une détermination exacte et précise. C'est donc à ce *cheval-vapeur* qu'on voudrait appliquer le nom de *Dyname*, qui nous parait beaucoup plus convenable pour indiquer une unité abstraite.

DYNAMIQUE. Unité dynamique. (*Syst. mét.*) Outre le *dyname* ou le *cheval-vapeur*, adopté comme terme de comparaison dans les effets des forces motrices, les mécaniciens ont fait choix d'une unité particulière pour évaluer le *travail* des moteurs, c'est l'effort développé pour transporter un mètre cube d'eau, ou le poids de 1000 kilogrammes, à un mètre de distance, sans tenir compte du temps du transport. Supposons qu'un homme ait tiré d'un puits profond de 10 mètres, 22000 kilogrammes d'eau dans une journée de huit heures de travail ; 22000 kil. élevés à 10 mètres ou 220000 kil. élevés à 1 mètre étant la même chose, son travail sera représenté en unités dynamiques par

$$\frac{220000}{1000} = 220 \text{ unités dynamiques.}$$

En général, P étant le poids en kilogrammes transporté dans une journée de travail, et H la distance en mètres où il a été conduit, le produit

$$P^k \times H^m \text{ ou } PH^{k \cdot m}$$

exprime le nombre de kilogrammes transportés à *un* mètre, et

$$\frac{PH^{km}}{1000}$$

le nombre d'*unités dynamiques* qui mesure le travail ou l'effet utile du moteur. L'exposant *km* indique ici que la quantité PH est un nombre de kilogr. élevés à *un mètre.*

Cette manière de comparer l'effet utile des moteurs est indépendante du temps. Le produit PH se nomme la *quantité d'action* développée pendant toute la durée du travail. *Voy.* Effet.

DYNAMOMÈTRE. (*Méc.*) Instrument au moyen duquel on mesure la force de traction exercée par un moteur.

Le *dynamomètre-Régnier*, ainsi appelé du nom de son inventeur, se compose d'un ressort d'acier *abcd* (Pl. 11, fig. 2) ; à sa partie étroite est fixé un appareil dont la pièce principale est un levier courbe *efg* ; la pointe *g* de ce levier décrit un arc *gh* à mesure que les deux branches du ressort *ab* et *cd* se rapprochent l'une de l'autre, par suite de l'action exercée aux deux extrémités. La partie *gf* du levier s'appuie contre une aiguille mobile *ik*, et fait parcourir à sa pointe *k* un arc de cercle gradué dont les divisions indiquent le poids correspondant à l'effort. Pour diviser cet arc, on suspend le ressort par une de ses extrémités, et l'on attache à l'autre des poids de plus en plus grands.

La mesure des efforts de traction s'effectue en attachant le dynamomètre par un de ses côtés à un point résistant, comme un mur (Pl. 10, fig. 16), et le faisant tirer de l'autre côté par l'homme ou le cheval dont on veut éprouver la force. On obtient de cette manière l'effort absolu dont le moteur est instantanément capable. Pour connaître celui qu'il peut produire en se mouvant lui-même pendant un certain temps et avec une certaine vitesse, on attache l'un des bouts de l'instrument à la résistance, et l'on attelle le moteur à l'autre. Par exemple, ayant disposé un dynamomètre entre le palonnier d'un cheval attelé et le train d'une voiture, la tension de l'instrument, lorsque le mouvement sera établi, fera connaître l'effort constant de traction.

Régnier est encore l'inventeur de plusieurs autres dynamomètres, dont on peut voir la description dans son *Mémoire explicatif de plusieurs machines. Voyez* aussi le *Journal de l'Ecole polytech.* n° 5.

E.

EAU

EAU MOTRICE. (*Hydraul.*) L'eau courante, comme tous les corps matériels en mouvement, est animée d'une *quantité d'action* (*Voy.* ce mot) dont elle peut transmettre une partie plus ou moins grande aux mobiles qu'elle rencontre, suivant les diverses circonstances du choc. Ces circonstances ne sont jamais les mêmes que celles du choc de deux corps solides, car celui-ci modifie dans un instant inappréciable, au moment même du contact, le mouvement relatif des corps, tandis que la percussion d'un courant d'eau ne produit son effet total que par une suite de contacts de la part des molécules fluides qui se succèdent sans interruption. L'effet de ces contacts successifs a été justement comparé à celui d'un ressort qui agirait contre un obstacle en conservant toujours la même tension, et une expérience très-simple a prouvé que la force impulsive d'un courant d'eau n'était qu'une force de pression qu'on a nommée *pression hydraulique*, pour la distinguer de la *pression hydrostatique* que l'eau peut exercer en vertu de son seul poids. Cette expérience est la suivante : on fixe une plaque à l'extrémité du fléau d'une balance, et on dirige sur elle un filet d'eau tombant d'un vase entretenu constamment plein; quelle que soit la force motrice du filet, due à sa masse et à sa vitesse, on peut toujours trouver un poids qui, placé à l'autre extrémité du fléau, maintienne la balance en équilibre pendant toute la durée de l'écoulement. Le poids est donc égal à l'action du choc, et peut par conséquent la représenter.

1. D'après les expériences de Bossut, les poids nécessaires pour maintenir l'équilibre dans de semblables expériences varient dans le même rapport que les *charges* (*Voy.* Courant, § III, n° 6), sous lesquelles s'effectue le mouvement de la veine choquante; ainsi, comme il est prouvé que le rapport des hauteurs dues aux vitesses de sortie, pour un même orifice, est égal au rapport des charges, on peut en conclure *que la force du choc d'une veine fluide est proportionnelle à la hauteur due à la vitesse de la veine.*

v étant la vitesse, la hauteur correspondante est $\frac{v^2}{2g}$, et il en résulte *que la force du choc est proportionnelle au carré de la vitesse.*

Mais cette force doit être encore proportionnelle au nombre des molécules choquantes ou à la section de la veine fluide à sa sortie de l'orifice : donc, en désignant par P le poids qui fait équilibre au choc ou qui représente son action, par s la section de la veine fluide, et par h la hauteur due à la vitesse, on a

$$P = nsh,$$

n étant un coefficient à déterminer par expérience.

2. En observant que sh exprime le volume d'un prisme dont la base est s et la hauteur h, et que, lorsqu'il s'agit de l'eau, le poids d'un tel prisme est égal à autant de fois 1000 kilogrammes que son volume contient de mètres cubes, on peut mettre l'expression précédente sous la forme

$$P = 1000\ nsh;$$

alors P exprime un nombre de kilogrammes, s un nombre de mètres carrés, et h un nombre de mètres.

3. La valeur du coefficient n dépend de la grandeur de la surface choquée et de son éloignement de l'orifice de sortie.

Si l'on appliquait immédiatement la surface contre l'orifice, il n'y aurait plus qu'une simple pression hydrostatique due au poids du prisme sh, et l'on aurait $P = 1000sh$; dans ce cas $n = 1$. Dans tous les autres, le choc ne peut produire tout son effet qu'autant que la surface choquée a une étendue assez grande pour recevoir tous les filets fluides de la veine et anéantir leur vitesse primitive; avec ces conditions, l'expérience et la théorie donnent à très-peu près $n = 2$, et c'est pour cela qu'il est admis que *l'effort du choc exercé par une veine fluide sur une surface plane en repos et exposée perpendiculairement à son action, est égal au poids d'un prisme de ce fluide ayant pour base la section de la veine et pour hauteur deux fois la hauteur due à la vitesse.* Cependant toutes les expériences ne sont pas d'accord pour fixer au coefficient n les limites 1 et 2 qui résultent de ce principe.

4. Dans le cas d'un choc oblique, on peut décomposer l'effort de la veine en deux composantes, l'une perpendiculaire à la surface choquée et l'autre parallèle; cette dernière ne pouvant produire aucun effet, la première seule représente l'action du choc; ainsi, en nommant i l'angle d'inclinaison de la veine fluide avec la surface, la composante perpendiculaire étant $1000nsh.\sin i$, on aura

$$P = 1000nsh.\sin i.$$

5. En adoptant la valeur $n = 2$ qui a lieu lorsque la surface choquée détruit complètement la vitesse de la veine fluide, on a pour le choc direct

$$P = 2000sh,$$

expression que nous allons mettre sous une forme plus commode pour les cas particuliers du choc qui nous restent à examiner. Substituons à la place de h sa valeur $\frac{v}{2g}$, il viendra

$$P = \frac{1000}{g} sv^2$$

Or, s étant la section de la veine fluide et v sa vitesse, sv exprime la quantité d'eau écoulée dans l'unité de temps, et $1000sv$ le poids de cette quantité en kilogrammes, $\frac{100sv}{g}$ est donc la *masse* d'eau écoulée en une seconde, car la masse est égale au poids divisé par g (*Voy.* Poids); ainsi, désignant cette masse par Q, nous aurons

$$P = Qv$$

Mais Qv est la quantité de mouvement de la masse Q, donc l'effet du choc est égal à la quantité de mouvement que possède la masse de fluide écoulée dans l'unité de temps, ce qu'il est d'ailleurs facile de conclure à priori.

6. Examinons maintenant le cas où la surface choquée est elle-même en mouvement, et supposons d'abord que le choc est direct, c'est-à-dire que le fluide et la surface se meuvent dans la même direction, et que la surface est frappée perpendiculairement par la veine. Pour déterminer les effets du choc, observons qu'après ce choc la surface ne pourrait continuer à se mouvoir avec la vitesse u, qu'elle avait avant, que si on lui appliquait une force égale et opposée au choc; mais alors le fluide qui l'accompagne dans son mouvement se mouvrait également avec cette même vitesse u : il aurait donc perdu la vitesse $v-u$, et sa quantité d'action, qui, avant le choc, était Qv, ne serait plus que Qu; le choc lui aurait donc fait perdre une quantité d'action représentée par $Q(v-u)$, et par conséquent c'est cette quantité d'action perdue qui mesure l'effet du choc; on a donc généralement

$$P = Q(v \mp u),$$

le signe — se rapportant au cas où la direction des mouvemens est la même, et le signe + à celui où les directions sont opposées.

En remplaçant Q par sa valeur $\frac{100sv}{g}$, on a encore

$$P = 102sv(v \mp u).$$

7. On ramène le choc oblique au choc direct, en le décomposant, comme nous l'avons fait ci-dessus, en deux forces, l'une parallèle et l'autre perpendiculaire à la surface choquée; mais il faut tenir compte ici de la direction du mouvement de cette dernière. Soit, par exemple, AE (Pl. 11, fig. 6), la direction d'une veine fluide qui frappe obliquement une surface CD assujettie à se mouvoir dans la direction BK, représentons les vitesses respectives v et u par les parties BE et BF de leurs directions; nommons i l'angle ABC et i' l'angle CBK; la composante de BE perpendiculaire à CD sera BG = BE. $\sin i = v \sin i$, et celle de BF, également perpendiculaire à CD, sera BH = BF $\sin i'$ = $u \sin i'$; la vitesse perdue dans la direction BG aura donc pour expression BG — BH = $v \sin i - u \sin i'$, et la perte de vitesse dans le sens BK du mouvement sera IK = GH. $\sin i' = (v \sin i - u \sin i') \sin i'$. L'effort du choc reçu par la surface CD sera donc définitivement

$$102sv(v \sin i - u \sin i') \sin i'.$$

Ce cas se présente dans le mouvement des palettes des roues hydrauliques horizontales.

8. Le choc d'un courant d'eau conduit par un coursier sur les palettes d'une roue hydraulique étant à peu près le même que celui d'une veine fluide isolée, on peut l'évaluer au moyen des formules précédentes, et déterminer ainsi l'effort exercé sur ces palettes et qu'elles peuvent exercer à leur tour. Il n'en est plus de même lorsque la section du fluide en mouvement est plus grande que la surface choquée, ou que cette surface est entièrement plongée dans le fluide : le choc est alors modifié par les pressions latérales et postérieures du fluide, et l'évaluation de son effet se complique d'une foule de circonstances pour lesquelles nous devons renvoyer aux traités d'hydraulique cités au mot Courant. Quant à la résistance que les fluides opposent au mouvement des corps qui y sont plongés, elle fait l'objet d'un article spécial. *Voy.* Résistance des fluides.

9. L'usage adopté par les mécaniciens modernes étant de comparer la force d'un moteur quelconque au poids qui, en descendant d'une certaine hauteur, produirait le même effet sur la résistance (*Voy.* Force), et de l'exprimer par le produit PH de ce poids et de cette hauteur, la force d'un courant d'eau s'exprime également par PH, P étant le poids de l'eau menée par le courant en une seconde de temps, et H la hauteur de la chute ou plus généralement la hauteur due à la vitesse dont le courant est animé. Cette quantité PH peut être ensuite facilement ramenée à l'unité dynamique dont on veut faire choix; car, s'agit-il d'exprimer la force du courant en *chevaux-vapeur* ou en *dynames* (*Voy.* ce mot), on a pour le nombre de ces chevaux

$$\frac{PH}{75} .$$

S'agit-il de l'exprimer en *unités dynamiques* proprement dites de 1000 kilogrammes élevés à un mètre, on a (*Voy.* Dynamique) pour le nombre de ces unités

$$\frac{PH}{1000}.$$

Proposons-nous, par exemple, d'estimer la force d'un courant d'eau dont la dépense est $1^{me},800$ par seconde et dont la section a pour superficie $1^{m}{}^{q},5$; la vitesse étant égale à la dépense divisée par la section, nous aurons

$$v = \frac{1,800}{1,5}\ 1^{m},2 ;$$

et comme la hauteur due à cette vitesse est

$$= \frac{v^2}{2g} = \frac{(1,2)^2}{2(9,8088)} = 0^{m},0734,$$

il ne nous reste plus à évaluer que le poids de la dépense, ce qui se réduit à le multiplier par 1000, puisqu'un mètre cube d'eau pèse 1000 kil. Nous avons donc

$$P = 1000 \times 1,800 = 1800^k.$$

Ainsi, la force du courant est égal à

$$PH = 1800^k \times 0^m,0734 = 132^{km},12.$$

En divisant cette quantité par 75, nous avons pour quotient à peu près 1,8 ; ce qui nous apprend que la force en question n'est pas tout-à-fait équivalente à celle de deux chevaux-vapeur.

Pour évaluer la force du courant en *unités dynamiques*, il faut observer que puisqu'elle est capable d'élever un poids de $132^k,12$ à un mètre dans une seconde, elle peut élever 360 fois ce poids ou 41563^k à la même hauteur dans une heure. Divisant 41563 par 1000, nous voyons que le courant peut produire 41 unités dynamiques et environ $^1/_2$ dans une heure.

10. Dans toutes les questions hydrauliques, il est beaucoup plus commode de considérer la *force vive* (*Voy.* ce mot) de l'eau motrice que sa force dynamique, ou sa quantité d'action, exprimée par PH. La force vive d'un courant étant immédiatement égale à la masse d'eau écoulée dans l'unité de temps multipliée par le carré de sa vitesse, si nous désignons par M la masse et par V la vitesse, l'expression de la force vive sera

$$MV^2$$

Or, pour passer de la force vive à la force dynamique et réciproquement, observons que $P = gM$, $H = \dfrac{V^2}{2g}$, et par conséquent que

$$PH = \frac{1}{2}\,MV^2.$$

Donc, la *force vive* d'un courant d'eau est le double de sa quantité d'action ou de sa force dynamique. (*Voy.* Force et Quantité d'action.)

ÉCLIMÈTRE. (*Topograp.*) Petit instrument de cuivre composé d'un arc de cercle gradué, d'une lunette avec réticule et d'un niveau à bulle d'air. Il est employé par les ingénieurs géographes français pour mesurer l'inclinaison des rayons visuels dirigés sur les objets qui environnent la station et dont on veut connaître les différences de niveau. On l'adapte ordinairement à la boussole, afin de relever en même temps les angles que les rayons visuels font avec le méridien magnétique. Cet instrument, qui sert principalement aux opérations topographiques de la nouvelle carte de France, procure autant de cotes de hauteur du terrain, comptées à partir du niveau de la mer, qu'il est nécessaire pour connaître les inflexions du sol et en exprimer le relief. Donnant immédiatement les distances zénithales des objets observés, on a recours à la formule

$$dE = K \cot \delta + qK^2,$$

dans laquelle K est en mètres la distance horizontale d'un objet à la station, δ la distance zénithale observée, q un coefficient numérique dont le log. $= 2.81869$, enfin dE la différence de niveau cherchée, qu'on ajoute *algébriquement* à la hauteur absolue de la station, pour avoir celle de l'objet observé. (*Voy.* Altitude.)

ÉCLUSE. (*Hydraul.*) Nom générique d'une construction hydraulique destinée à retenir l'eau.

ÉCOULEMENT DES FLUIDES. (*Hydraul.*) Nous avons donné, au mot Hydrodynamique, tom. II, la théorie mathématique de l'*écoulement des fluides* fondée sur l'hypothèse du parallélisme des tranches dans leur mouvement vertical, hypothèse qui conduit au théorème fondamental suivant :

La vitesse d'un fluide qui sort d'un vase par un très-petit orifice est égale à celle d'un corps pesant qui serait tombé librement de toute la hauteur comprise entre le niveau de la surface fluide dans le vase et le centre de cet orifice.

Nous allons examiner ici les applications de ce théorème et les modifications qu'il reçoit dans la pratique, tout en recueillant les diverses formules empiriques adoptées par les hydrauliciens pour la solution des problèmes relatifs à l'écoulement de l'eau.

Il se présente deux cas généraux : 1° le niveau de l'eau, dans le vase d'où sort l'écoulement, est constant; 2° ce niveau est variable. Dans le premier cas, on doit concevoir qu'il arrive constamment à la surface supérieure du liquide une quantité d'eau égale à celle qui s'écoule; dans le second, le vase ne recevant pas de nouveau liquide ou n'en recevant qu'une quantité moindre que celle qui en sort, se vide. Nous traiterons successivement ces deux cas.

§ I. *Écoulemens à niveau constant.*

1. Le théorème dont nous venons de rappeler l'énoncé est dû à Toricelli; ce célèbre disciple de Galilée l'a publié, en 1643, comme une conséquence de la loi de la chute des corps pesans, découverte par son maître. Voici les raisonnemens sur lesquels il l'a établi; nous les rapportons parce qu'ils sont indépendans de toute hypothèse sur le mouvement du fluide dans le vase :

Si l'on perce des orifices M et N (Pl. 10, fig. 14) sur les faces horizontales d'un vase X rempli d'eau et dont le niveau est entretenu constamment à la même hauteur, le fluide en sort par des jets verticaux qui s'élèvent, à très-peu près, jusqu'au niveau AK de l'eau dans le réservoir, et l'on peut supposer qu'ils atteindraient complètement ce niveau, si diverses causes que nous avons déjà signalées (*Voy.* Jet d'eau, tom. ii) ne concouraient à diminuer la vitesse d'ascension. Mais un corps lancé verticalement n'atteint une certaine hauteur que parce qu'il a reçu une impulsion capable de lui communiquer une vitesse initiale égale à la vitesse finale qu'il acquerrait en tombant librement de cette hauteur (*Voy.* Accéléré, tom. 1); donc les molécules fluides, en sortant des orifices M et N, sont animées des vitesses dues aux hauteurs MG et NH, ou, ce qui est la même chose, aux hauteurs du niveau de l'eau au-dessus des orifices M et N.

Désignant donc par v la vitesse de sortie et par H la hauteur du niveau au-dessus de l'orifice, on aura, d'après les lois de la chute des corps... (*a*)

$$v = \sqrt{2gH}.$$

2. Lorsqu'on adapte des ajutages aux orifices M et N percés dans les parois minces du vase, les jets s'élèvent moins haut; mais on a reconnu que, pour des ajutages parfaitement égaux, les diminutions de hauteur sont proportionnellement les mêmes, c'est-à-dire que si la hauteur du jet NH se réduisait d'un quart, par exemple, celle du jet MG se réduirait pareillement d'un quart. En général, m désignant le rapport entre la hauteur du jet et celle du réservoir, pour un ajutage quelconque, on a

$$v = \sqrt{2gmH}, \quad v' = \sqrt{2gmH'},$$

H et H′ étant deux hauteurs du réservoir, et v et v' les vitesses correspondantes.

On tire de ces expressions

$$v : v' = \sqrt{H} : \sqrt{H'},$$

c'est-à-dire, que *les vitesses de sortie par des ajutages égaux sont toujours entre elles comme les racines carrées des hauteurs du niveau, ou comme les racines carrées des charges.*

3. Ces principes s'appliquent immédiatement aux cas où l'écoulement aurait lieu par des orifices percés dans la paroi du fond du vase ou dans les parois verticales, car la vitesse du fluide à sa sortie est évidemment indépendante de sa direction.

4. La connaissance de la vitesse avec laquelle une veine fluide sort par un orifice quelconque, conduit à celle de la quantité de fluide qui s'écoule dans un temps déterminé et qu'on nomme la *dépense* de l'orifice; en effet, si S représente l'aire de l'orifice, et v la vitesse, Sv représentera le volume d'eau écoulé dans l'unité de temps; car Sv est le volume d'un prisme ayant S pour base et v pour hauteur; ainsi, désignant par D la dépense, on aura... (*b*)

$$D = S\sqrt{2gH}.$$

Mais cette expression repose sur deux hypothèses qui ne sont rigoureuses ni l'une ni l'autre; la première, c'est que la vitesse de sortie est exactement due à toute la charge H; la seconde, c'est que les molécules de l'eau sortent par tous les points de l'orifice en filets parallèles : aussi la *vitesse réelle* que donne l'expérience se trouve-t-elle toujours moindre que celle qu'on calcule au moyen de la formule (*b*), et qu'on nomme la *vitesse théorique.*

5. La différence qui existe entre la vitesse théorique et la vitesse réelle provient des directions concourantes que prennent les molécules fluides dans l'intérieur du vase en s'approchant de l'orifice, et qui opèrent une *contraction* de la veine fluide (*Voy.* Contraction). Lorsque l'orifice est percé dans une paroi mince, la contraction de la veine rend sa section plus petite que l'aire de l'orifice, ce qui diminue conséquemment la dépense; lorsque l'écoulement s'effectue à plein bord, par un ajutage cylindrique, la vitesse de sortie est plus petite que celle due à la charge, il y a donc encore diminution de dépense; enfin, cette dépense peut encore se trouver diminuée par une double diminution de vitesse et de section, ce qui a lieu dans certains ajutages coniques. Dans tous ces cas, la vitesse réelle est une fraction de la vitesse théorique, et l'on peut poser... (*c*)

$$Q = mS\sqrt{2gH},$$

m étant un coefficient à déterminer par l'expérience pour chaque espèce d'orifice d'écoulement. S'il s'agissait de la dépense pendant un temps T, on aurait évidemment

$$Q = mST\sqrt{2gH}.$$

6. **Examinons** d'abord le cas où l'orifice est percé dans une paroi mince, c'est-à-dire où son épaisseur est très-petite par rapport à son diamètre, et considérons en premier lieu un orifice circulaire. Ici les effets de la contraction sont extérieurs et peuvent être aisément observés; on sait qu'à sa sortie de l'orifice la veine affecte une forme cônoïde, et qu'après avoir diminué de largeur jusqu'à une certaine distance de l'orifice, elle devient sensiblement cylindrique. La fig. 13, Pl. 10, représente la forme de sa section longitudinale, depuis le diamètre AB de l'orifice jusqu'au diamètre le plus contracté ab; au-delà de ab la contraction cesse, et la veine demeure cylindrique sur une longueur plus ou moins grande. D'après cette forme, il est évident que la dépense réelle dépend de la grandeur de la section contractée ab; car elle se compose du volume d'eau qui passe par cette section dans l'unité de temps. Comme la vitesse de la section contractée est à très-peu près la même que celle qui est due à la charge, on voit qu'il suffirait de connaître l'aire de cette section et de la substituer à S, dans la formule (b), pour déterminer la dépense réelle.

7. Newton, qui a signalé le premier les phénomènes de la contraction, avait trouvé, par des considérations théoriques, que le rapport de la section de l'orifice à la section de la veine contractée était égal à celui des nombres $\sqrt{2} : 1$; de sorte que la section de l'orifice étant S, celle de la veine contractée serait

$$\frac{S}{\sqrt{2}} = 0,71\,S,$$

et l'on aurait pour la dépense réelle

$$D = 0,71\,S\sqrt{2gH} ;$$

mais l'expérience montre que le coefficient $0,71$ est généralement trop grand.

8. De toutes les expériences faites pour déterminer le rapport des diamètres AB et ab des deux sections, soit entre eux, soit avec leur distance CD, les plus décisives paraissent être celles d'Eytelwein, qui assignent les rapports

$$AB : ab : CD = 10 : 8 : 5.$$

On peut au moins considérer ces nombres comme des termes moyens, car les rapports varient avec la grandeur des orifices et celle des charges. Il en résulte que les deux sections sont entre elles comme $(10)^2 : 8^2$, ou comme $1 : 0,64$, ce qui diffère peu du coefficient moyen qu'on a obtenu par la mesure directe des dépenses.

9. La détermination exacte des dimensions de la veine contractée présentant de très-grandes difficultés, il est beaucoup plus simple d'observer la dépense réelle d'un orifice connu, et d'en conclure le coefficient de réduction en le comparant avec la vitesse théorique. Pour donner un exemple de ce procédé, nous traduirons en mesures métriques une expérience de Bossut : l'orifice d'écoulement était un carré de 54 millimètres de côté, et la charge du réservoir, ou la hauteur du niveau au-dessus du centre de l'orifice, avait $3^m,81$; le réservoir était entretenu constamment à la même hauteur par un trop plein. Le volume d'eau écoulé dans une minute et recueilli avec soin s'étant trouvé de $74^{m.c}{,}6658$, Bossut en a conclu que la dépense réelle en une seconde avait été

$$\frac{74,6658}{60} = 1^{m.c}{,}24443.$$

Or, la dépense théorique est

$$S\sqrt{2gH} = (0^m,054)^2 \sqrt{2(9,8088)\,(3,81)} = 2^{m.c}{,}01364.$$

Ainsi, le rapport de ces dépenses, ou le coefficient de réduction, était

$$\frac{1,24443}{2,01364} = 0,618.$$

Des expériences semblables ont prouvé que le coefficient de réduction est plus grand pour les petits orifices et les petites charges, mais qu'il ne s'élève guère au-dessus de $0,70$, et descend rarement au-dessous de $0,60$. Dans les cas ordinaires de la pratique, sa valeur est renfermée entre les limites $0,60$ et $0,64$; aussi, on a adopté pour terme moyen approximatif $0,62$, ce qui donne pour la formule usuelle de la dépense par des orifices en minces parois....

$$Q = 0,62\,S\sqrt{2gH},$$

ou, simplement,

$$Q = 2,75\,S\sqrt{H}.$$

Lorsque les orifices sont percés dans les parois verticales du vase, il faut faire H égal à la hauteur du niveau au-dessus du centre de l'orifice, afin que $\sqrt{2gH}$ ne s'écarte pas de la vitesse moyenne de tous les filets de la veine fluide.

La détermination de la suite des coefficiens relatifs à diverses charges et à divers orifices a été effectuée en 1826 et 1827 par MM. Poncelet et Lesbros, à l'aide d'un grand nombre d'expériences faites sur une échelle beaucoup plus large que tout ce qui avait été tenté jusqu'alors. Les orifices étaient rectangulaires, ils avaient tous $0^m,20$ de base sur des hauteurs qui ont varié depuis $0^m,01$ jusqu'à $0^m,20$.

Voici les coefficiens déduits des observations :

CHARGE SUR LE CENTRE DE L'ORIFICE.	HAUTEUR DES ORIFICES.					
	$0^m,01$	$0^m,02$	$0^m,03$	$0^m,05$	$0^m,10$	$0^m,20$
$0^m,01$	0,709					
0, 02	0,698	0,660				
0, 03	0,691	0,660	0,638			
0, 04	0,685	0,659	0,640	0,612		
0, 05	0,682	0,659	0,640	0,617		
0, 06	0,678	0,658	0,640	0,622	0,590	
0, 08	0,671	0,657	0,639	0,626	0,600	
0, 10	0,667	0,655	0,638	0,628	0,605	
0, 12	0,664	0,654	0,637	0,630	0,609	0,572
0, 15	0,660	0,653	0,635	0,631	0,611	0,585
0, 20	0,655	0,650	0,634	0,634	0,613	0,592
0, 30	0,650	0,645	0,632	0,632	0,616	0,598
0, 40	0,647	0,642	0,631	0,631	0,617	0,600
0, 50	0,643	0,640	0,630	0,631	0,617	0,602
0, 70	0,638	0,637	0,629	0,629	0,616	0,604
1, 00	0,627	0,632	0,627	0,627	0,615	0,605
1, 30	0,621	0,625	0,623	0,623	0,613	0,604
1, 60	0,616	0,618	0,619	0,619	0,611	0,602
2, 00	0,613	0,615	0,613	0,613	0,607	0,601
3, 00	0,609	0,608	0,607	0,606	0,603	0,601

11. Lorsque les orifices ne sont pas circulaires, la forme de la veine fluide varie à mesure qu'elle s'en éloigne et présente plusieurs phénomènes singuliers, mais il paraît qu'à l'exception du cas où le périmètre de l'orifice offre des angles rentrans, sa figure n'exerce aucune influence sur la dépense, et l'on admet généralement que la dépense est la même, sous une même charge, pour tous les orifices dont les aires sont équivalentes. Les coefficiens précédens, quoique relatifs à des orifices rectangulaires, peuvent donc servir dans tous les cas, en considérant simplement la hauteur du rectangle indiquée à la tête de chaque colonne comme la plus petite dimension de l'orifice employé. On peut encore, pour plus d'exactitude, lorsque la dimension de l'orifice ne se trouve pas dans le tableau, calculer directement la dépense par la formule suivante, due à M. Lesbros :

$$Q = lh \left\{ 0,63 \sqrt{H - 0,136h} + 0,174 \sqrt{h} \right.$$
$$\left. - 0,2 . \text{Log} (5h) . \sqrt{H} \right\}$$

l est la largeur de l'orifice, h sa hauteur, et H la charge

sur le centre de l'orifice. Si l'orifice était circulaire, on substituerait sa surface à lh et son diamètre à h.

Cette formule n'est valable que pour les orifices dont la hauteur est au-dessus de $0^m,05$. M. Lesbros en a donné une autre qui embrasse tous les orifices jusqu'à celui de $0^m,01$ de hauteur inclusivement; la voici :

$$Q = \alpha + \beta H' + \gamma \sqrt{H' + \delta}$$

H' est la hauteur du niveau du réservoir au-dessus du bord supérieur de l'orifice, et $\alpha, \beta, \gamma, \delta$ ont les valeurs suivantes :

$$\alpha = l \left\{ 0,63 \sqrt{(h - 0,062)^2 + 0,0017} \right.$$
$$\left. + 0,052h - 0,0044 \right\}$$

$$\beta = lh . \frac{0,00525 - 0,186(h - 0,125)^2}{h + 0,00489}$$

$$\gamma = lh \left(\frac{0,0554}{h + 0,115} + 2,48 \right)$$

$$\delta = h \left(\frac{0,0045}{h + 0,028} + 0,539 \right)$$

Nous devons faire observer que cette dernière formule n'est applicable qu'aux charges qui ne dépassent pas $2^m,50$ pour l'orifice dont la hauteur est $0^m,01$ et 4^m pour toutes les autres.

12. Quand on place un ajutage sur l'orifice d'écoulement, les phénomènes de la contraction se compliquent de ceux de l'attraction des parois de l'ajutage sur les molécules fluides ; cependant il peut arriver que la veine le traverse sans le toucher, et alors il ne modifie en rien la vitesse et la dépense ; mais si la veine adhère à ses parois et que l'écoulement se fasse à plein orifice, ou, comme on le dit, à *gueule bée*, ce qui arrive toujours lorsque l'ajutage est un peu plus long que la veine contractée, la vitesse de la veine augmente, et la dépense est plus grande que celle qui aurait lieu par l'orifice en minces parois. L'expérience donne 0,82 pour la valeur moyenne du coefficient de réduction de la dépense théorique. On a donc, dans le cas d'un ajutage cylindrique,

$$D = 0,82 \, S \sqrt{2gH}.$$

L'orifice de sortie étant le même que l'orifice de la paroi du réservoir, la différence entre la dépense théorique et la dépense réelle ne peut venir que d'une diminution de la vitesse due à la charge. Ainsi, en désignant par v cette dernière, et par u la vitesse de sortie, on a

$$u = 0,82 v.$$

13. Les ajutages coniques convergens, c'est-à-dire dont l'orifice de sortie est plus petit que l'orifice du

réservoir, augmentent encore plus la dépense que les ajutages cylindriques, lorsqu'ils ont toutefois des dimensions convenables, car leurs effets varient avec *l'angle de convergence* ou avec l'angle que formeraient deux côtés opposés du tronc de cône prolongés jusqu'à leur rencontre. Quoique ces sortes d'ajutages soient presque exclusivement employés dans la pratique, on n'avait aucune connaissance exacte de leur influence sur la dépense et sur la vitesse de l'écoulement, avant les expériences récentes de MM. d'Aubusson et Castel, publiées en 1833 dans les *Annales des Mines*. En voici les résultats moyens :

ANGLE de convergence.	COEFFICIENT	
	de la dépense.	de la vitesse.
0° 00′	0,82	0,82
1 44	0,87	0,86
3 22	0,89	0,88
4 10	0,91	0,90
5 30	0,92	0,92
7 52	0,93	0,93
9 8	0,94	0,94
10 54	0,94	0,95
12 0	0,95	0,95
13 32	0,94	0,96
14 44	0,93	0,96
16 16	0,93	0,95
19 18	0,93	0,96
23 2	0,92	0,96
29 56	0,90	0,97
40 18	0,88	0,98
49 6	0,83	0,99

De ces expériences et de quelques autres encore faites par M. Castel, on peut conclure, dit M. d'Aubusson (*Hydraul. des ingén.*) :

» 1° Que la dépense réelle, à partir des 0,82 de la dépense théorique, va graduellement en augmentant à mesure que l'angle de convergence des côtés de l'ajutage augmente, mais jusqu'à 12 ou 13° seulement, où son coefficient est 0,95. Au-delà elle diminue, très-faiblement d'abord, comme toutes les variables, aux environs du *maximum*; à 20° le coefficient est encore 0,94 ou 0,93; mais ensuite la diminution est bien prononcée, elle devient de plus en plus rapide, et la dépense finirait par n'être plus que celle qu'on obtient des orifices en mince paroi, les 0,65 de la dépense théorique.

» L'explication de ces faits me paraît assez naturelle. Dans les ajutages coniques, la dépense théorique est al-

térée par deux causes : l'attraction des parois qui tend à l'augmenter, et la contraction de la veine qui tend à la diminuer, en diminuant la vitesse lorsqu'elle est intérieure, en diminuant la section de la veine lorsqu'elle est extérieure. D'après les expériences de Venturi, la contraction intérieure semblerait devoir être constante, jusqu'à 20° environ, cet angle étant à peu près l'angle de convergence de la veine contractée, et l'on n'a pas de contraction extérieure avant 12°. En conséquence, jusqu'à cet angle, l'attraction des parois fera seule varier la dépense; elle l'augmentera de plus en plus à mesure que les parois convergeront, puisque leur distance à l'endroit de la plus grande contraction deviendra plus petite, et que l'attraction agit inversement aux distances. Mais, au-delà de 12°, la contraction extérieure se manifeste et devient de plus en plus grande; peu après, à 20°, la contraction intérieure disparaît; et les phénomènes de l'écoulement se rapprochent, à tous égards, de ceux qui ont lieu par les orifices en mince paroi, orifices avec lesquels les ajutages coniques convergens se confondent sous l'angle de convergence extrême 180°.

» 2° En suivant les coefficiens de la vitesse, on les voit, à partir de 0°, augmenter et à très-peu près comme ceux de la dépense, jusqu'à l'angle de la plus grande dépense; mais au-delà, pendant que ceux-ci diminuent, ils continuent d'augmenter en se rapprochant de la limite qu'ils peuvent atteindre et dont ils sont déjà très-près à 40° et 50°.

» Ces faits sont encore une conséquence de la remarque ci-dessus : qu'au-delà de 20° de convergence, les phénomènes des ajutages coniques se rapprochent de ceux des orifices en mince paroi; ainsi, passé cet angle, les coefficiens de la dépense doivent se rapprocher de 0,65 et par suite diminuer, et ceux de la vitesse de projection doivent se rapprocher de 1 et par conséquent augmenter. »

14. Les ajutages coniques divergens, ou qui ont leur plus petite base ajustée à l'orifice du réservoir, sont très-peu employés; ils présentent le phénomène singulier de donner une dépense plus grande que la dépense théorique. Venturi, qui a fait beaucoup d'expériences sur ces ajutages, a trouvé que, lorsque la longueur du tronc de cône est égale à neuf fois le diamètre de la petite base, et que l'angle d'évasement ou de convergence vers le réservoir est d'environ 5°; la dépense réelle est une fois et demie plus grande que la vitesse théorique.

15. L'expression de la dépense théorique (b) suppose que tous les filets dont la veine fluide est composée ont la même vitesse $\sqrt{2gH}$, ou que cette quantité $\sqrt{2gH}$ représente leur vitesse moyenne, ce qui n'est point exact, car la vitesse du filet moyen de la veine, de celui qui est soumis à la charge

moyenne H, n'est pas la vitesse moyenne de la veine, puisque les vitesses respectives des divers filets sont entre elles dans le rapport des racines carrées des charges. La différence entre la vitesse moyenne et celle du filet moyen est peu sensible quand la hauteur de l'orifice est très-petite par rapport à la charge moyenne ; mais elle ne saurait être négligée dans le cas contraire, et nous devons faire connaître les résultats théoriques qui se rapportent à la vitesse moyenne d'une veine fluide s'écoulant d'un réservoir par un orifice latéral. Soit donc AB (Pl. 10 , fig. 17) un vase rempli d'un liquide quelconque entretenu constamment au même niveau ab, et qui s'écoule par l'orifice en mince paroi $cdef$; la forme de cet orifice n'ayant aucune influence sur la dépense , nous le supposerons rectangulaire pour plus de facilité : menons les deux droites MM, mm, parallèles et égales à la largeur cf de l'orifice, et faisons

$$\mathrm{HD} = \mathrm{H}, \quad \mathrm{HE} = \mathrm{H}', \quad \mathrm{EP} = x, \quad \mathrm{MM} = l$$

En considérant la distance Pp des deux droites MM, mm, comme infiniment petite, et alors Pp est la différentielle de x, toutes les molécules fluides passant par le rectangle élémentaire MmmM seront soumises à une même charge HP = HE + EP = H' + x, et la dépense par ce rectangle sera égale à son aire MM × Pp = $l.dx$, multipliée par la vitesse $\sqrt{2g(\mathrm{H}' + x)}$, due à la hauteur H' + x ; or, la dépense élémentaire

$$ldx \sqrt{2g(\mathrm{H}' + x)}$$

est la différentielle de la dépense totale par l'orifice $cdef$. Donc

$$d\mathrm{D} = ldx \sqrt{2g(\mathrm{H}' + x)}.$$

Intégrant cette équation, il vient

$$\mathrm{D} = l\sqrt{2g} \int dx \sqrt{\mathrm{H}' + x}$$

$$= \frac{2}{3} l\sqrt{2g} \left[(\mathrm{H}' + x)^{\frac{3}{2}} + \mathrm{C} \right].$$

La dépense devant être nulle lorsque x = 0, on a pour déterminer la constante, l'équation

$$0 = \frac{2}{3} l\sqrt{2g} \left[\mathrm{H}'^{\frac{3}{2}} + \mathrm{C} \right],$$

d'où l'on tire

$$\mathrm{C} = - \mathrm{H}'^{\frac{3}{2}};$$

ainsi l'intégrale complète est

$$\mathrm{D} = \frac{2}{3} l\sqrt{2g} \left[(\mathrm{H}' + x)^{\frac{3}{2}} - \mathrm{H}'^{\frac{3}{2}} \right],$$

dans laquelle il faut donner à x la valeur de la hauteur

totale de l'orifice ED = HD — HE = H — H'. On a donc définitivement.... (e)

$$\mathrm{D} = \frac{2}{3} l\sqrt{2g} \left[\mathrm{H}\sqrt{\mathrm{H}} - \mathrm{H}'\sqrt{\mathrm{H}'} \right].$$

Telle est l'expression générale de la dépense théorique.

15. On peut déduire de cette expression la vitesse moyenne de la veine fluide, en observant que l'aire de l'orifice est $l(\mathrm{H} - \mathrm{H}')$, et qu'ainsi, v désignant la vitesse moyenne, on a

$$v = \frac{2}{3} \sqrt{2g} \frac{\mathrm{H}\sqrt{\mathrm{H}} - \mathrm{H}'\sqrt{\mathrm{H}'}}{\mathrm{H} - \mathrm{H}'}.$$

Pour déterminer la charge qui produit la vitesse moyenne, il suffit de substituer cette valeur de v dans l'expression générale $h = \dfrac{v^2}{2g}$; nommant H' la hauteur cherchée, on trouve

$$\mathrm{H}' = \frac{4}{9} \left(\frac{\mathrm{H}\sqrt{\mathrm{H}} - \mathrm{H}'\sqrt{\mathrm{H}'}}{\mathrm{H} - \mathrm{H}'} \right)^2.$$

16. Des exemples numériques vont donner une idée de la différence des résultats des formules (b) et (e).

I. *On demande quelle serait la dépense théorique d'un orifice rectangulaire de $0^m,5$ de hauteur sur 1^m de largeur, et ayant une charge de 2 mètres sur son bord supérieur.*

Ici H' = 2, H = 2 + 0,5 = 2,5 et l = 1. Substituant ces valeurs dans la formule (e), on obtient

$$\mathrm{D} = \frac{2}{3} \sqrt{2g} \left[2,5\sqrt{2,5} - 2\sqrt{2} \right] = 3^{mc},2934.$$

La formule (b) donnerait, en employant la charge moyenne $\frac{1}{2} (\mathrm{H} + \mathrm{H}') = 2,25$,

$$\mathrm{D} = 0,5 \sqrt{2g(2,25)} = 3^{mc},5218.$$

Nous ferons observer que la hauteur de l'orifice est à peu près le quart de la charge moyenne.

II. *L'orifice rectangulaire ayant $0^m,1$ de hauteur sur 0,5 de largeur, on demande la dépense théorique pour une charge de $1^m,05$ sur le bord inférieur.*

On a H = 1,05, H' = 1,05 — 0,1 = 0,95 et l = 0,5. Ces valeurs, substituées dans la formule (e), donnent

$$\mathrm{D} = \frac{2}{3} (0,5)\sqrt{2g} \left[1,05\sqrt{1,05} - 0,95\sqrt{0,95} \right]$$

$$= 0^{mc},221444.$$

La charge moyenne étant $\frac{1}{2} (\mathrm{H} + \mathrm{H}') = 1$, la formule ($b$) donnerait

$$\mathrm{D} = (0,5) (0,1) \sqrt{2g} = 0^{mc},221459.$$

Ici, la hauteur de l'orifice est la dixième partie de la charge moyenne, et l'on voit que les valeurs calculées

90 ÉCO

par les deux formules diffèrent d'autant moins que la hauteur de l'orifice est plus petite par rapport à celle de la charge.

17. Dans la pratique, il faut appliquer à la formule (e) un coefficient de réduction, afin d'avoir la dépense réelle; voici ceux qui résultent des expériences de MM. Poncelet et Lesbros, citées plus haut; ils embrassent tous les cas ordinaires.

CHARGE SUR LE CENTRE.	HAUTEUR DES ORIFICES.					
	$0^m,01$	$0^m,02$	$0^m,03$	$0^m,05$	$0^m,10$	$0^m,20$
$0^m,01$	0,712					
0, 02	0,700	0,667	0,644			
0, 03	0,695	0,665	0,644			
0, 04		0,661	0,645	0,624		
0, 05		0,660	0,643	0,625		
0, 06			0,642	0,627	0,611	
0, 08			0,640	0,628	0,612	
0, 10			0,638	0,630	0,613	
0, 12				0,631	0,614	0,592
0, 15				0,631	0,615	0,597
0, 20				0,631	0,616	0,599
0, 30					0,617	0,601
0, 50					0,617	0,603
1, 00						0,605

Les coefficiens du n° 10 donnant avec la formule (b) des résultats presque identiques avec ceux qu'on obtient des précédens avec la formule (e), on se sert habituellement de la première formule, beaucoup plus simple et beaucoup plus facile à calculer que la dernière.

18. Les lois de l'écoulement par les *déversoirs* (voy. ce mot) où par les échancrures rectangulaires pratiquées à la partie supérieure d'une des parois d'un réservoir ne sont que des cas particuliers de celles par les orifices verticaux. La charge sur la partie supérieure de l'orifice étant nulle, il suffit de faire $H' = 0$ dans la formule (e) pour obtenir immédiatement

$$D = \frac{2}{3} l \sqrt{2g} \cdot H \sqrt{H},$$

et pour la dépense réelle..... (f)

$$D = \frac{2}{3} m l \sqrt{2g} \cdot H \sqrt{H},$$

m étant le coefficient de réduction.

Nous devons observer que la charge H de la partie inférieure de l'orifice ou du *seuil du déversoir* est toujours plus grande que la hauteur du niveau de l'eau au-dessus de ce seuil, parce que la veine fluide s'infléchit avant d'atteindre le déversoir. Par exemple, si AB (fig. 1, Pl. 11) est la hauteur du niveau général du réservoir au-dessus du seuil, la hauteur DB de l'eau au-dessus de ce même seuil sera plus petite que AB, par suite du mouvement des molécules fluides qui commencent à descendre en E avant d'avoir atteint l'orifice. La quantité H de la formule (f) est donc AB et non DB, et dans les calculs relatifs aux déversoirs, la charge se mesure par la distance entre le seuil et le niveau de l'eau en repos.

Ceci posé, la quantité $\frac{2}{3} m \sqrt{2g}$ étant constante pour chaque déversoir, nous la représenterons par μ, et nous aurons simplement pour l'expression de la dépense réelle par un déversoir dont la largeur du seuil est l, la formule générale

$$D = \mu l H \sqrt{H}.$$

Les expériences de MM. d'Aubusson et Bidone, celles d'Eytelwein, et les dernières de MM. Poncelet et Lesbros s'accordent pour assigner au coefficient μ la valeur moyenne 1,80, de sorte qu'on peut généralement admettre..... (g)

$$D = 1,80 \, l \, H \sqrt{H}.$$

Nous allons appliquer cette dernière expression à la solution de quelques problèmes pratiques.

I. *Ayant un bassin entretenu constamment plein par un cours d'eau fournissant $1^{mc},500$ par seconde, on demande à quelle profondeur au-dessous du niveau du bassin il faut établir un déversoir qui aurait $1^m,60$ de large, pour faire écouler la quantité d'eau fournie par le courant.*

H étant ici la quantité demandée, dégageons-la d'abord de la formule (g), nous aurons

$$H = \sqrt[3]{\left(\frac{Q}{1,80\,l}\right)^2};$$

or, d'après la question, $l = 1,60$ et $Q = 1,50$; ainsi

$$H = \sqrt[3]{\left(\frac{1,50}{1,80 \times 1,60}\right)^2} = 0,647.$$

Il faudra donc placer le seuil à $0^m,647$ au-dessous du niveau auquel l'eau doit être tenue dans le bassin.

II. *On demande la largeur que doit avoir un déversoir dont le seuil est à $0^m,60$ au-dessous du niveau constant d'une pièce d'eau pour obtenir une dépense de 2 mètres cubes par seconde.*

Nous avons ici $H = 0,60$, $Q = 2$, et il s'agit de déterminer l. L'équation (g), résolue par rapport à l, donne

$$l = \frac{Q}{1,80\,H\sqrt{H}}.$$

Substituant les valeurs numériques, nous obtiendrons

$$l = \frac{2}{1,80 \times 0,60 \times \sqrt{0,60}} = 2^{m},591.$$

19. Il arrive assez souvent que les réservoirs sont alimentés par des cours d'eau qui arrivent directement à la paroi sur laquelle est ouvert l'orifice ou le déversoir, l'écoulement se fait alors non seulement en vertu de la charge II, mais encore en vertu de la vitesse initiale des molécules fluides; dans ce cas, la quantité II doit exprimer la hauteur entière due à la vitesse de l'écoulement, c'est-à-dire, la somme de la charge sur l'orifice et de la hauteur due à la vitesse initiale; en donnant à H cette signification, il n'y a rien à changer à la formule générale (c) de la dépense par les orifices, mais la formule (f) des déversoirs peut présenter des difficultés que nous allons éclaircir. Pour reconnaître aisément la fonction particulière de chaque quantité dans cette formule, mettons-la sous la forme..... (h)

$$D = mlH\sqrt{2g\left(\frac{4}{9}H\right)},$$

et nous verrons immédiatement, qu'abstraction faite du coefficient de réduction m, elle se compose de deux facteurs généraux lH et $\sqrt{2g\left(\frac{4}{9}H\right)}$, dont le premier lH exprime l'aire du déversoir, et le second $\sqrt{2g\left(\frac{4}{9}H\right)}$ la vitesse moyenne de l'écoulement, car la dépense se compose généralement du produit de l'aire de l'orifice par la vitesse moyenne du fluide : $\frac{4}{9}H$ est donc la hauteur génératrice de la vitesse moyenne, et c'est à cette seule quantité qu'il faut ajouter la hauteur due à la vitesse initiale moyenne du fluide dans le réservoir. Ainsi, nommant u cette vitesse, la hauteur qui lui est due étant $\frac{u^2}{2g} = 0,051u^2$, la formule des déversoirs devient

$$Q = mlH\sqrt{\left[2g\left(\frac{4}{9}H + 0,051u^2\right)\right]},$$

ce qu'on peut mettre sous la forme

$$Q = \frac{2}{3}m\sqrt{2g} \cdot lH\sqrt{H + 0,115u^2}.$$

Si nous désignons maintenant par v la vitesse à la surface du courant, qui est la plus facile à observer, et

si nous prenons $u = 0,94v$, cette dernière formule deviendra..... (i)

$$Q = 1,78\,lH\sqrt{H + 0,10v^2},$$

l'expérience ayant fait connaître que la valeur moyenne du coefficient $\frac{2}{3}m\sqrt{2g}$ est 1,78. On devra se servir de la formule (i) toutes les fois que la section du courant ne dépassera pas dix à douze fois lH; dans les autres cas, la vitesse v n'exerce aucune influence sensible sur la dépense, et il est inutile d'en tenir compte.

Nous ferons observer en passant qu'il résulte de l'expression (h) que la vitesse moyenne de la veine fluide est les deux tiers de la vitesse au seuil du déversoir.

§ II. *Écoulemens à niveau variable.*

20. La théorie des écoulemens à niveau variable est beaucoup moins avancée que celle des écoulemens à niveau constant, pour laquelle cependant il faut incessamment recourir à l'expérience. L'hypothèse du parallélisme des tranches (*Voy.* HYDRODYNAMIQUE, tom. II), qui sert de base à cette théorie, est évidemment insuffisante, car si l'on peut admettre qu'au commencement de l'écoulement la surface supérieure du fluide dans le vase s'abaisse parallèlement à elle-même, il n'en est plus ainsi lorsque les tranches fluides sont arrivées dans la sphère d'activité de l'orifice, elles prennent alors des directions concourantes vers cet orifice, et quand il ne reste plus que peu de liquide dans le vase, il s'y forme un entonnoir dont l'air occupe le milieu, la dépense diminue considérablement, et enfin l'écoulement ne s'opère plus que goutte à goutte quand la hauteur de l'eau est réduite à quelques millimètres. Les fig. 15, Pl. 10, et 3 et 4, Pl. 11, représentent les inflexions de la surface supérieure du fluide. Ces derniers phénomènes n'ont point encore été soumis au calcul, mais dans la pratique il est rare d'avoir à considérer le cas où un réservoir se vide complètement, et l'on peut encore modifier les formules théoriques par des coefficiens de réduction déduits de l'expérience.

21. Sans recourir aux considérations théoriques dont nous venons de signaler le peu de valeur, et qui conduisent à des formules différentielles intégrales dans un petit nombre de cas, observons qu'on peut admettre qu'à un instant donné la vitesse de sortie par un orifice pratiqué au fond d'un vase prismatique est due à la hauteur correspondante du liquide dans le réservoir; ainsi, désignant par II, H', H', etc., les hauteurs successives du niveau au-dessus du centre de l'orifice, les vitesses correspondantes de l'écoulement seront représentées par

$$\sqrt{2gH}, \quad \sqrt{2gH'}, \quad \sqrt{2gH'}, \quad \text{etc.,}$$

c'est-à-dire qu'elles seront entre elles comme les racines carrées des hauteurs ; l'écoulement s'effectue donc par un mouvement *uniformément* retardé, et il devient facile de comparer la quantité d'eau qui s'écoule dans un temps donné avec celle qui se serait écoulée si le mouvement eût été uniforme. On sait, en effet, que lorsqu'un corps se meut d'un mouvement uniformément accéléré, il acquiert, dans un temps quelconque, une vitesse capable de lui faire décrire dans ce même temps un espace double de celui qu'il vient de parcourir; et, réciproquement, que lorsqu'il se meut d'un mouvement uniformément retardé, il parcourt dans un temps déterminé un espace moitié plus petit que celui qu'il aurait décrit uniformément en vertu de sa vitesse initiale. Ainsi, en considérant le volume d'eau écoulé comme un prisme dont l'orifice est la base et qui a pour hauteur l'espace que parcourraient d'un mouvement uniformément retardé les premières molécules sorties, on voit que le volume de ce prisme est la moitié de ce qu'il aurait été si les molécules eussent conservé leur vitesse initiale, puisque alors l'espace qu'elles auraient parcouru, c'est-à-dire, la hauteur du prisme, eût été double.

Il en résulte que *le volume d'eau sorti par un orifice d'un vase prismatique qui se vide n'est que la moitié de celui qu'on aurait eu dans le même temps, si l'écoulement s'était effectué constamment sous la charge qui avait lieu à l'origine du mouvement.*

Désignons par H la charge initiale ou la hauteur du niveau au-dessus du fond avant que l'écoulement soit commencé, par A la section horizontale ou l'aire de la base du vase prismatique, et par T le temps pendant lequel toute l'eau dont le volume est AH s'est écoulée. D'après le théorème précédent, le volume d'eau qui se serait écoulé dans le temps T sous la charge constante H eût été 2AH, mais dans ces mêmes conditions la dépense est exprimée par $mST\sqrt{2gH}$ (n° 5), donc.... (k)

$$2AH = mST\sqrt{2gH}.$$

Telle est l'équation fondamentale de l'écoulement par les orifices pratiqués au fond des vases prismatiques ; en dégageant le temps T on a la relation.... (l)

$$T = \frac{2A\sqrt{H}}{mS\sqrt{2g}}.$$

22. Ce qu'il importe principalement de connaître pour la pratique, c'est le temps que le niveau d'un bassin met à s'abaisser d'une certaine quantité. On peut l'obtenir comme il suit : soit t le temps pendant lequel la hauteur primitive H s'est réduite à H' ; si nous désignons par T' le temps qu'il faudrait au bassin pour se vider complètement à partir du moment où la hauteur

de son niveau est devenue H', nous aurons, en vertu de la relation générale (l),

$$T' = \frac{2A\sqrt{H'}}{mS\sqrt{2g}},$$

et par suite

$$T - T' = t = \frac{2A\sqrt{H}}{mS\sqrt{2g}} - \frac{2A\sqrt{H'}}{mS\sqrt{2g}} ;$$

d'où l'on a définitivement.... (m)

$$t = \frac{2A}{mS\sqrt{2g}} (\sqrt{H} - \sqrt{H'}).$$

23. Pour donner un exemple d'application, nous citerons d'abord une expérience de Bossut, faite avec un bassin prismatique dont la section horizontale était un carré de 0ᵐ,975 de côté, et percé dans le bas d'un orifice circulaire de 0ᵐ,0541 de diamètre ; l'ayant rempli d'eau jusqu'à une hauteur de 3ᵐ,79, il a observé qu'après un écoulement de 5′6″, le niveau de l'eau s'était abaissé de 2ᵐ,92. Prenons ces données et déterminons, au moyen de la formule (m), le temps nécessaire pour produire un abaissement de niveau de 2ᵐ,92.

Nous avons

$$A = 0^m,975 \times 0^m,975 = 0^{mq},9506,$$
$$S = \frac{1}{4} \pi (0,0541)^2 = 0^{mq},0023,$$
$$H = 3^m,79, \ H' = 3^m,79 - 2^m,92 = 0,87.$$

Prenant pour le coefficient de réduction 0,60, comme l'indique le tableau du n° 10, et substituant toutes ces valeurs dans la formule, nous aurons

$$t = \frac{2 \times 0,9506}{0,60 \times 0,0023 \times \sqrt{2g}} (\sqrt{3,79} - \sqrt{0,87}),$$

ce qui donne, en réalisant les calculs,

$$t = 430' = 7'10',$$

résultat qui diffère peu de celui de l'expérience. On a observé que dans tous les cas où l'abaissement de niveau n'est pas assez considérable pour produire un entonnoir (20), la formule (m) s'accorde très-bien avec les faits.

24. S'il s'agissait de déterminer l'abaissement de niveau H — H' qui a lieu dans un intervalle donné de temps t, il faudrait tirer la valeur H — H' de la formule (m), ce qu'on parvient à faire par une simple transformation. Donnons à la formule (m) la forme

$$\frac{mtS\sqrt{2g}}{2A} = \sqrt{H} - \sqrt{H'},$$

et multiplions les deux membres de cette égalité par $\sqrt{H}+\sqrt{H'}$, il viendra

$$\frac{mtS\sqrt{2g}}{2\Lambda}(\sqrt{H}+\sqrt{H'})=H-H'.$$

Substituons à la place de $\sqrt{H'}$ la valeur

$$\sqrt{H'}=\sqrt{H}-\frac{mtS\sqrt{2g}}{2\Lambda},$$

tirée de la formule (m), nous obtiendrons.... (n)

$$h=\frac{mtS\sqrt{2g}}{\Lambda}\left(\sqrt{H}-\frac{mtS\sqrt{2g}}{4\Lambda}\right),$$

h désignant la différence de niveau ou la grandeur de l'abaissement.

25. Il suffit d'observer que le volume d'eau écoulé pendant le temps t est égal au prisme dont la hauteur est h et la base Λ, pour avoir immédiatement l'expression de la dépense pendant le temps t, car ayant $D=\Lambda h$, on a aussi.... (o)

$$D=mtS\sqrt{2g}\left(\sqrt{H}-\frac{mtS\sqrt{2g}}{4\Lambda}\right).$$

Nous ne croyons pas nécessaire de donner des exemples numériques.

26. Examinons maintenant le cas où le bassin est alimenté par un cours d'eau qui lui fournit une quantité de fluide moindre que celle qui s'écoule par son orifice. Soit Q le volume de l'eau qui entre dans le bassin en une seconde de temps, et x la grandeur de l'abaissement du niveau dans le temps t. Pendant l'instant infiniment petit dt qui suit le temps t, le niveau s'abaisse d'une quantité infiniment petite dx, et par conséquent la quantité d'eau écoulée dans l'instant dt se compose : 1° du volume Λdx qui existait dans le bassin au commencement de cet instant ; 2° du volume Qdx reçu par le bassin dans la durée de dt. Le volume d'eau réellement sorti est donc $\Lambda dx+Qdx$.

Mais ce même volume est encore exprimé par $mSdt\sqrt{2g(H-x)}$, en vertu de la formule (d). Donc

$$\Lambda dx+Qdx=mSdt\sqrt{2g(H-x)}$$

faisant $H-x=H'$, ce qui donne $-dx=dH'$, et dégageant dt, il vient

$$dt=\frac{-\Lambda dH'}{mS\sqrt{2gH'}-Q},$$

dont l'intégrale complète est.... (p)

$$t=\frac{2\Lambda}{(mS\sqrt{2g})^2}\left\{mS\sqrt{2g}(\sqrt{H}-\sqrt{H'})+M\right\},$$

expression dans laquelle la quantité M est donnée par la relation

$$M=2,305\,Q\,.\,Log\left(\frac{mS\sqrt{2gH}-Q}{mS\sqrt{2gH'}-Q}\right).$$

La caractéristique *Log* désigne un logarithme vulgaire

Voici un exemple de l'application de cette formule donné par M. d'Aubusson.

Un étang ramené à la forme prismatique a 3600 mètres carrés de superficie et $3^m,50$ de profondeur : il est alimenté par un ruisseau donnant $0^{m\,c},95$ d'eau par seconde ; la vanne du fond, lorsque la pelle est entièrement levée, a $1^m,10$ de large et $0^m,60$ de hauteur. On demande le temps que l'étang mettra à se vider jusqu'à $0^m,10$ au-dessus du bord supérieur du pertuis. (Nous avons fait observer que les formules précédentes ne sauraient rendre le temps de l'abaissement lorsque le niveau du fluide n'est plus qu'à une petite hauteur au-dessus de l'orifice de sortie.)

On a ici pour la charge au-dessus du centre de cet orifice, au moment de la levée de la vanne,

$$H=3^m,50-\frac{1}{2}\,.\,0^m,60=3^m,20,$$

pour la charge à la fin

$$H'=0,10+\frac{1}{2}\,.\,0,60=0,40;$$

de plus

$$S=1,10\times0,60=0,66;$$
$$\Lambda=3600;$$
$$Q=0,95;$$
$$m=70:$$

par suite,

$$mS\sqrt{2g}=2,0462;$$

$$Log\left(\frac{mS\sqrt{2gH}-Q}{mS\sqrt{2gH'}-Q}\right)=Log\frac{2,7105}{0,3442}=0,8962.$$

D'après cela, l'équation devient

$$t=\frac{2\times3600}{(2,0462)^2}\left\{2,0462(\sqrt{3,2}-\sqrt{0,4})\right.$$
$$\left.+2,305\times0,95\times0,8962\right\}$$
$$=7442'=2^h6'2':$$

c'est le temps demandé.

27. Il arrive souvent dans la pratique que les bassins d'où l'on tire l'eau ont des formes irrégulières, comme les étangs, par exemple ; pour pouvoir appliquer les formules, il faut alors lever le profil des bassins, puis les supposer divisés en un certain nombre de couches parallèles horizontales d'une épaisseur au plus d'un demi-mètre ; on prend la largeur moyenne de ces

couches sur les profils, on les multiplie par l'épaisseur adoptée, et on a ainsi un certain nombre de bassins prismatiques superposés, pour chacun desquels on détermine le temps qu'il mettra à se vider. La somme de ces temps partiels donne approximativement le temps de l'écoulement du bassin irrégulier.

28. Lorsque l'écoulement a lieu par un déversoir, et que le bassin ne reçoit pas de nouvelle eau, on obtient pour l'expression du temps t, à l'aide de considérations analogues à celles dont nous avons fait usage ci-dessus.... (p)

$$t = \frac{3A}{ml\sqrt{2g}}\left(\frac{1}{\sqrt{H'}} - \frac{1}{\sqrt{H}}\right),$$

A désignant toujours la section horizontale du bassin, H la hauteur du niveau au commencement du temps t, et H′ sa hauteur à la fin de ce même temps; l est la largeur du déversoir. L'application de cette formule, pour laquelle on a généralement $m = 0,61$, ne présente aucune difficulté.

29. Il nous reste à considérer le cas où l'eau d'un réservoir s'écoule dans un autre par un orifice qui débouche sous l'eau contenue dans ce second réservoir. Ici, d'après les lois de l'équilibre des fluides (Hydrostatique, tom. ii), l'eau du second réservoir oppose à l'écoulement une résistance égale à la force qui la ferait s'échapper elle-même par l'orifice commun, si le premier réservoir était vide; ce n'est donc qu'en vertu de son excès de force que l'eau de ce premier réservoir peut pénétrer dans le second. Or, la force ou pression d'où dépend la vitesse d'écoulement étant représentée par la charge, c'est-à-dire par la hauteur du niveau au-dessus du centre de l'orifice, si nous nommons H la charge du premier réservoir à un instant déterminé et H′ celle du second, au même instant, la vitesse d'écoulement, à cet instant, sera due à la différence des charges, et on aura

$$v = \sqrt{2g(H - H')}.$$

Ainsi, *lorsqu'un fluide passe d'un réservoir dans un autre par un orifice recouvert du fluide qui est dans ce dernier, la charge effective sur cet orifice, ou la hauteur due à la vitesse de sortie, en un instant quelconque, est la différence de niveau des deux réservoirs à ce même instant.*

Ce cas particulier de l'écoulement des fluides peut se présenter avec trois circonstances différentes: 1° les deux réservoirs conservent sensiblement leurs mêmes niveaux pendant toute la durée de l'écoulement; 2° le niveau du second réservoir est variable, celui du premier demeurant constant; 3° les deux niveaux sont variables.

30. Lorsque les deux niveaux sont constans, la vitesse est constante et égale à $\sqrt{2g(H - H')}$, ainsi S désignant l'aire de l'orifice, la dépense dans l'unité de temps est

$$Q = mS\sqrt{2g(H - H')}.$$

Plusieurs expériences ont appris qu'on pouvait adopter pour le coefficient de réduction m le nombre 0,625, ainsi.... (q)

$$Q = 0,625S\sqrt{2gh},$$

h désignant la différence des niveaux.

31. Lorsque le premier niveau est seul constant, l'eau qui s'élève dans le second réservoir augmente successivement sa charge et diminue par conséquent la vitesse de l'écoulement; on peut donc ramener ce cas à celui d'un réservoir qui se vide librement dans l'air, car la vitesse se trouve encore ici uniformément retardée, mais les phénomènes se présentent dans un ordre inverse, c'est-à-dire que le niveau du second réservoir est poussé de bas en haut par une force sans cesse décroissante égale à chaque instant à la différence des niveaux. Si nous désignons par H la différence des niveaux à l'origine de l'écoulement, et par h ce que devient cette différence après un temps t, nous aurons évidemment.... (r)

$$t = \frac{2A}{mS\sqrt{2g}}(\sqrt{H} - \sqrt{h}),$$

A étant la section horizontale du vase qui se remplit, et S l'aire de l'orifice. L'écoulement devant cesser quand les niveaux sont les mêmes, nous aurons aussi, T désignant le temps du remplissage complet du second vase.... (s)

$$T = \frac{2A}{mS\sqrt{2g}}\sqrt{H}.$$

On a de fréquentes occasions d'appliquer ces deux formules dans le mouvement des eaux des canaux. Mais il faut observer que le coefficient de réduction m, qui est 0,625 lorsque l'écoulement s'effectue par un seul orifice, s'abaisse à 0,548 lorsque l'eau s'échappe par deux orifices à la fois ou par les deux pertuis d'une porte d'écluse.

Le calcul du remplissage d'une écluse se divise en deux parties, parce que l'eau contenue dans le canal supérieur commence par s'écouler sans rencontrer de résistance, dès que les vannes sont ouvertes, et va remplir la partie du sas de l'écluse qui forme sa chute jusqu'à ce qu'elle atteigne la hauteur des vannes, c'est alors seulement que la résistance extérieure se développe. On doit donc calculer le remplissage jusqu'au moment où l'eau s'est élevée au centre de l'orifice, par les formules de l'écoulement dans l'air, et à partir de ce moment jusqu'à celui où l'eau de l'écluse atteint le niveau de l'eau du canal par la formule (s).

32. Lorsque les deux niveaux sont variables, ce qui arrive toutes les fois que les deux réservoirs communiquans sont limités, que le premier ne reçoit pas de nouvelle eau et que le second conserve celle qui lui est fournie, le niveau du second réservoir s'élève à mesure que celui du premier s'abaisse, et l'écoulement dure jusqu'à ce que les deux niveaux soient les mêmes.

Désignons par A et B les sections horizontales respectives des deux réservoirs, et par S l'aire de l'orifice ou la section du tuyau de communication. Désignons en outre par x la hauteur du niveau du premier réservoir après que l'écoulement a duré le temps t, et par y la hauteur du niveau de l'autre au même moment.

Dans l'instant infiniment petit dt qui suit le temps t, l'eau monte dans le second bassin de la quantité dy et descend dans le premier de la quantité dx; le volume d'eau perdu par celui-ci est donc $A dx$ et le volume d'eau gagné par l'autre $B dy$. Ces deux volumes étant nécessairement égaux, nous avons $A dx = B dy$, ou plutôt

$$(1)\ldots\ A dx = - B dy,$$

parce que x diminue lorsque y et t augmentent.

Mais pendant la durée de l'instant infiniment petit dt, nous pouvons considérer les niveaux comme constans, ainsi (30)

$$B dy = mS\sqrt{2g(x-y)}\ .\ dt,$$

et par suite

$$(2)\ldots\ A dx = - mS\sqrt{2g(x-y)}\ .\ dt.$$

Intégrant l'équation (1) en supposant qu'à l'origine de l'écoulement ou lorsque $x = H$, $y = h$; il vient

$$A x + B y = A H + B h,$$

ce qui donne pour la valeur de y

$$y = \frac{A H + B h - A x}{B}.$$

Substituant cette valeur dans l'équation (2), intégrant et déterminant la constante d'après la condition que $x = H$ lorsque $t = 0$, on obtient définitivement..... (t)

$$t = \frac{2A\sqrt{B}}{mS(A+B)\sqrt{2g}}\left\{ \sqrt{B(H-h)} - \sqrt{(A+B)x - AH - Bh} \right\}.$$

S'il s'agissait de déterminer le temps que le fluide mettrait pour arriver à un même niveau dans les deux vases, on ferait dans cette équation

$$x = y = \frac{A H + B h}{A + B},$$

et elle se réduirait à.....(u)

$$t = \frac{2AB\sqrt{H-h}}{mS(A+B)\sqrt{2g}}.$$

Dans les applications, on choisira le coefficient de réduction qui, dans le tableau du n° 10, se rapportera à la hauteur de l'orifice et à la charge initiale H.

33. ÉCOULEMENT DES FLUIDES AÉRIFORMES. Lorsqu'un gaz est comprimé dans un vase fermé, et qu'on perce un orifice à l'une des parois de ce vase, le gaz s'échappe par l'orifice d'une manière analogue à l'écoulement des liquides, et avec une vitesse qui dépend de la différence des pressions intérieures et extérieures et du poids spécifique du gaz. On peut donc ramener l'écoulement des gaz à celui des liquides, en considérant le gaz qui s'écoule comme un liquide d'égale densité soumis à une pression équivalente à celle de la pression intérieure diminuée de la pression extérieure ; de cette manière, il faut, pour trouver la vitesse, calculer la hauteur de la colonne liquide dont le poids serait égal à la pression qui produit l'écoulement, car cette vitesse est égale à celle qu'acquerrait un corps pesant en tombant librement de cette hauteur. Proposons-nous pour exemple de déterminer la vitesse avec laquelle de l'air à 0° de température s'écoulerait dans le vide sous la pression moyenne de l'atmosphère $0^m,76$. Dans ce cas, la pression extérieure de l'atmosphère étant nulle, la pression qui produit l'écoulement est $0^m,76$; et par conséquent, la hauteur de la colonne liquide, d'une densité égale à celle de l'air, dont le poids produirait un semblable écoulement, doit être à la hauteur de la colonne de mercure $0,^m76$, qui mesure la pression en raison inverse du rapport de la densité de l'air à la densité du mercure. Or, la densité de l'air est $0,0013$, celle de l'eau étant 1, tandis que la densité du mercure est $13,798$; ainsi, nous avons la proportion

$$x : 0^m,76 = 13,598 : 0,0013,$$

x désignant la hauteur de la colonne liquide cherchée. On tire cette proportion :

$$x = \frac{0,76 \times 13,598}{0,0013} = 7949^m,6.$$

Substituant cette valeur dans l'expression de la vitesse due à la hauteur x, $v = \sqrt{2gx}$, on obtient

$$v = \sqrt{[2 \times 7949, 6 \times 9,8088]} = 394^m,91.$$

L'air s'écoulerait donc dans le vide, sous la pression ordinaire, avec une vitesse de $394^m,91$ par seconde.

34. Les densités d'un même gaz à la même température étant proportionnelles aux pressions, et les hauteurs des colonnes liquides, dont les poids sont équivalens aux pressions, étant elles-mêmes proportionnelles

à ces pressions, il en résulte qu'*à la même température, et quelle que soit la pression, un même gaz s'écoule dans le vide avec la même vitesse.*

Si l'écoulement n'a pas lieu dans le vide, mais dans un autre gaz, cette permanence de vitesse n'a plus lieu, parce qu'alors la hauteur de la colonne liquide, au poids de laquelle on rapporte la vitesse d'écoulement, est proportionnelle à la différence des pressions intérieure et extérieure, et en raison inverse de la densité du gaz, laquelle densité est elle-même proportionnelle à la somme des pressions que le gaz éprouve.

35. En déterminant la hauteur de la colonne liquide de même densité qu'un gaz, et dont le poids est équivalent à la force qui le ferait s'écouler dans le vide, en fonction de la densité du gaz, de la pression et de la température, on obtient cette formule générale :

$$v = 394^m \sqrt{\left(\frac{1}{d}(1 + t(0,000375))\right)},$$

dans laquelle v est la vitesse de l'écoulement, d la densité du gaz à o° de température, et sous la pression moyenne o^m,76, et t la température du gaz pendant l'écoulement. Il résulte de cette formule, vérifiée par de nombreuses expériences, que *la vitesse d'écoulement des gaz dans le vide est en raison inverse de la racine carrée de leur densité, quelles que soient la pression et la température, pourvu que cette température soit la même pendant toute la durée de l'écoulement.*

36. Dans l'écoulement des gaz, la veine fluide se contracte comme dans l'écoulement des liquides, et pour calculer la dépense réelle, il faut employer des coefficiens de réduction qui sont, d'après M. d'Aubusson, 0,65 pour les orifices en mince paroi, 0,93 pour un ajutage cylindrique court, et 0,95 pour un ajutage conique. Ainsi, S étant la surface de l'orifice, v la vitesse donnée par la formule précédente, et m le coefficient de réduction, on a généralement pour la dépense réelle D

$$D = mSv.$$

Lorsque les gaz s'écoulent par de longs tuyaux, la vitesse d'écoulement est toujours plus petite que par des orifices en mince paroi. Sa diminution est d'autant plus considérable qu'elle est elle-même plus grande, et que les tuyaux sont plus longs et plus étroits. Nous ne faisons que signaler en passant ces circonstances, que nous examinerons ailleurs. (*Voy.* Pneumatique.)

37. L'écoulement des fluides par un orifice produit sur la paroi opposée du vase une pression en sens contraire qu'on peut comparer au recul des armes à feu. Cette pression est assez grande pour imprimer au vase, s'il est suffisamment mobile, un mouvement dans une direction opposée au jet. C'est sur ces phénomènes que sont fondées les machines hydrauliques dites à réaction. Nous en établirons les lois au mot Réaction.

EFFET UTILE. (*Méc.*) L'effet général d'un moteur est de vaincre des résistances qui se reproduisent constamment, ou périodiquement, dans une direction opposée à celle du mouvement qu'il fait naître; son *effet utile* est le travail productif qu'il accomplit.

Considérons, pour fixer les idées, un homme qui tire de l'eau d'un puits à l'aide de l'appareil ordinaire, c'est-à-dire d'un seau attaché à l'une des extrémités d'une corde passant sur une poulie fixe. La résistance que l'homme doit vaincre pendant toute la durée de l'élévation du seau, depuis le niveau de l'eau jusqu'à la margelle du puits, se compose : 1° du poids propre du seau; 2° du poids de l'eau contenue dans ce seau ; 3° du frottement de la corde sur la poulie, en y comprenant celui de la poulie sur son axe; il ne peut donc arriver au but proposé, l'élévation de l'eau, qu'en exerçant sur l'extrémité de la corde qu'il tient entre les mains un effort capable de surmonter ces trois résistances. Supposons maintenant que le poids du seau soit de 2 kilogrammes, celui de l'eau de 11 kilogrammes, et que les frottemens soient représentés par 3 kilogrammes, l'effort du moteur devra donc être de 16 kilogrammes pendant toute la durée de l'ascension du seau. Nous ne tenons pas compte ici de l'excès de force que doit développer le moteur, au premier moment de la traction, pour vaincre l'inertie des matières, parce que dès que le mouvement est imprimé, il suffit au moteur de faire équilibre à la somme des résistances; le mouvement se continuant alors en vertu de cette même inertie. (*Voy.* Communication du mouvement.) Or, si nous mesurons l'*effet général* du moteur par le poids auquel il fait équilibre à chaque instant, cet effet général sera représenté par 16 kilogrammes, et il est évident que son *effet utile* le sera par 11 kilogrammes, car le seul produit réel de son travail est l'élévation de 11 kilogrammes d'eau; les 5 kilogrammes de surplus se trouvent absorbés en pure perte par des résistances étrangères à l'eau qu'il s'agissait de puiser.

Le poids de l'eau élevée est ce qu'on nomme la *résistance active;* celui du seau joint aux résistances du frottement, composent les *résistances passives* de l'appareil ou de la machine. Dans tout travail exécuté à l'aide d'une machine, il est essentiel de distinguer ces deux espèces de résistances, dont la dernière, celle des résistances passives, ne fait que consommer, sans effet productif, une partie plus ou moins considérable de la force que le moteur imprime à la machine. Un appareil mécanique est d'autant plus parfait que ses diverses pièces ou organes sont combinés de manière qu'ils n'entraînent d'autre perte de force que celle qui est strictement nécessaire pour la production de l'effet utile qu'on a en vue.

L'effet d'un moteur peut toujours être comparé à un certain poids élevé ou transporté à une certaine distance dans un temps déterminé. (*Voy.* MOTEUR.) Ainsi l'effet qu'on peut traduire par un poids de 10 kilogrammes élevé à cent mètres de hauteur, dans une heure de temps, est le *double* de celui qui peut se traduire par le même poids élevé à 200 mètres dans une heure, ou par le même poids élevé à 100 mètres dans une demi heure, ou enfin par un poids double élevé à 100 mètres dans une heure. En général, P représentant le poids élevé ou transporté, et H la distance parcourue dans l'unité de temps, le produit PH représentera l'effet général du moteur dans l'unité de temps, ou ce qu'on nomme son *effet dynamique*. Mais ce poids P comprend la somme de toutes les résistances à vaincre ; ainsi, désignant par P' les résistances passives, et par p la résistance active, on aura $P = P' + p$; et par suite, pH représentera l'*effet utile*. L'emploi du moteur sera d'autant plus avantageux que pH différera moins de PH. Ce produit PH est la *quantité d'action* (*voy.* ce mot) développée par le moteur.

Si nous désignons par M la masse du poids P, nous aurons $P = Mg$, g désignant la force de gravité. (*Voy.* POIDS.) Si, de plus, V exprime la vitesse qu'un corps pesant acquerrait par l'effet de la gravité, en tombant librement de la hauteur H, nous aurons encore

$$V = \sqrt{2gH}, \text{ ou } V^2 = 2gH ;$$

ainsi

$$PH = \frac{PV^2}{2g}$$

et, par conséquent,

$$\frac{1}{2} PH = MV^2.$$

Mais MV^2 exprime la *force vive* (*voy.* ce mot) que le moteur communique à la machine, donc l'*effet dynamique* est équivalent à la moitié de la force vive développée par le moteur.

Il résulte de cette considération, qu'on doit éviter le plus possible que la transmission du mouvement dans les machines s'effectue par le choc d'un organe mécanique sur un autre, puisqu'il y a perte de force vive, toutes les fois qu'il y a choc (*voy.* COMMUNICATION DE MOUVEMENT), et, par suite, diminution d'effet utile. (*Voy.* FORCE VIVE, MOTEUR, QUANTITÉ D'ACTION.)

EFFORT. (*Méc.*) *Voy.* MOTEUR.

ÉLASTICITÉ. *Voy.* ce mot, dans le tome I, et, dans celui-ci, le mot FORCE ÉLASTIQUE.

EMBRAYAGES ou EMBRÉAGES. (*Méc.*) Organe mécanique qui a pour but de suspendre ou de rendre immédiatement le mouvement aux diverses pièces d'une machine.

Imaginons un axe AB (Pl. 11, fig. 5) portant deux poulies C et D, dont l'une C est folle, c'est-à-dire tourne librement autour de l'axe, et dont l'autre D est fixée à l'axe, de manière qu'elle ne peut tourner sans l'entraîner dans son mouvement ; si le mouvement est transmis par une courroie ou corde sans fin DE, on pourra, sans arrêter le mouvement de cette courroie, interrompre celui de l'axe AB, en faisant passer la courroie de la poulie D à la poulie C ; comme on pourra réciproquement rendre le mouvement à l'axe AB, en forçant la courroie de passer de la poulie C à la poulie D. Ce double effet se produit par un *embréage* FH qui n'est qu'un levier tournant autour d'un point d'appui Q, et qui porte deux tenons m, n, entre lesquels passe la courroie. En appuyant sur l'extrémité F, on élève le bras QH ; la courroie retenue par les tenons dévie de sa position, glisse sur la poulie C qu'elle fait tourner, et laisse en repos la poulie D, et, par conséquent, tout l'appareil auquel cette poulie communiquait le mouvement. Lorsque la courroie est reportée sur la poulie D par le retour du levier à sa position horizontale, l'axe AB recommence à tourner. On peut varier à l'infini cette disposition, très-employée dans les filatures.

M. de Prony a inventé une machine très-ingénieuse, dans laquelle l'organe essentiel est l'embréage. Nous empruntons sa description à M. Flachat. (*Mécanique industrielle.*)

Une roue aa (Pl. 11, fig. 6), est mise en mouvement par un manége pqr, et communique à deux roues b, c folles sur le même axe, et qu'elle fait tourner en sens inverse. L'axe qui porte ces deux roues, porte à l'une de ses extrémités une poulie K, laquelle porte une chaîne ; et, aux extrémités de cette chaîne, sont suspendus deux seaux qui vont alternativement puiser de l'eau dans un puits, et la versent dans un réservoir n. Il s'agit, tout en conservant le mouvement circulaire, et dans le même sens, du cheval qui agit au manége, d'arriver à ce que, lorsqu'un seau est parvenu au réservoir, et s'y est vidé, il puisse redescendre sans que le cheval s'arrête et change son mouvement. Voici comment on y parvient. L'axe de rotation porte deux manchons à crémaillière qui peuvent glisser horizontalement sur lui. De plus, il porte un levier mobile en r, qui se termine à son extrémité supérieure par une forte boule en plomb d ; et, à son autre extrémité, se bifurquent deux branches f et g ; chacune de ces branches porte sur un moutonnet porté sur un levier l, lequel est double, et dont chacune des branches est successivement soulevée par un nœud fait à la corde qui tient chacun des seaux, et un peu au-dessus du point d'attache. Lorsque le seau a été soulevé jusqu'au point où il a pu se vider entièrement, le nœud arrive sous le levier et le soulève; en même temps est soulevée aussi une des branches du levier dr, par exemple, la branche f. Cette branche étant ainsi soulevée, fait tourner le levier autour du point r, fait passer à gauche de l'arbre q la boule, et fait presser le levier contre le manchon h, qui s'engage alors dans la roue b, et s'y maintient par le poids de la boule d. En même temps, le manchon i est désengrené; la roue c redevient mobile, en même temps que la roue b devient fixe, et le sens du mouvement de rotation de l'axe change ainsi instantanément.

Cette machine, quoiqu'un peu compliquée, a été très-utilement employée.

ENCLIQUETAGE. (*Méc.*) Appareil composé d'une *roue à rochet* (*voy.* ce mot), d'une griffe et d'un ressort qui sert à empêcher le mouvement d'un axe dans un sens, sans s'opposer au mouvement dans le sens contraire.

ENGRENAGE. (*Méc.*) On désigne sous ce nom la combinaison de plusieurs roues dentées qui se transmettent réciproquement le mouvement, ou la combinaison des roues dentées avec des crémaillères ou des vis sans sans fin. (*Voy.* ROUES DENTÉES, VIS SANS FIN, LANTERNE, et le mot ENGRENAGE dans le tome I.)

ÉQUATIONS ALGÉBRIQUES. (*Alg.*) Les points principaux de la théorie des équations dites *algébriques*, c'est-à-dire des équations qui ne renferment aucune fonction transcendante des inconnues, ont été exposés dans les deux premiers volumes de ce Dictionnaire; mais plusieurs articles indiqués par des renvois ayant été omis, nous croyons devoir présenter ici tout ce qui concerne particulièrement la solution de ces équations, solution considérée, à juste titre, comme un des objets les plus importans de la science des nombres. Ce qui suit offrira donc tout à la fois le complément et le résumé des notions éparses dans notre ouvrage.

1. La forme générale des équations algébriques est..... (a).

$$x^m + A_1 x^{m-1} + A_2 x^{m-2} + \text{etc}.... + A_{m-1}x + A_m = 0;$$

les coefficiens A_1, A_2, A_3, etc., étant des quantités constantes, positives, négatives ou nulles; m un nombre entier positif, et x une quantité inconnue dont il s'agit

de trouver la valeur en fonction de A_1, A_2, A_3, etc. (Tome I, page 539.)

Le plus grand exposant m de l'inconnue x détermine le *degré* de l'équation; par exemple, lorsque $m = 4$, et que l'équation est, conséquemment, de la forme

$$x^4 + A_1 x^3 + A_2 x^2 + A_3 x + A_4 = 0,$$

on dit qu'elle est du *quatrième degré*.

L'équation est complète, lorsqu'elle renferme toutes les puissances de l'inconnue x, depuis la plus élevée x^m jusqu'à la puissance 0, $x^0 = 1$, sous-entendue dans le terme absolu A_m; elle est incomplète dans tous les autres cas. Ainsi

$$x^2 + 6x - 7 = 0$$

est une équation complète du second degré, et

$$x^3 - 7x + 8 = 0$$

est une équation incomplète du troisième degré. Il est facile de voir que l'équation complète du degré m renferme $m + 1$ termes.

2. Toute quantité déterminée a qui, substituée à la place de x dans une équation quelconque (a), réduit son premier membre à zéro, ou satisfait à la relation que cette équation exprime, est dite *racine* de l'équation. Par exemple, 3 est une racine de l'équation

$$x^3 - 6x^2 + 11x - 6 = 0,$$

parce qu'en faisant $x = 3$, le premier membre de cette équation devient

$$27 - 54 + 33 - 6,$$

ce qui se réduit à 0, en retranchant la somme des termes négatifs de celle des termes positifs.

Résoudre une équation, c'est trouver toutes les valeurs de x capables de réduire son premier membre à zéro, ou de le rendre égal au second.

3. Il est démontré qu'une équation du degré m, est équivalente au produit de m binomes de la forme

$$(x + a_1)(x + a_2)(x + a_3)(x + a_4).... (x + a_m),$$

a_1, a_2, a_3, etc., étant des quantités entières, fractionnaires, irrationnelles ou imaginaires, positives ou négatives (tome I, page 545), de sorte que l'égalité..... (a)

$$x^m + A_1 x^{m-1} + A_2 x^{m-2} + A_3 x^{m-3} + \text{etc}.... + A_m = 0$$

entraîne l'égalité correspondante..... (b)

$$(x + a_1)(x + a_2)(x + a_3)(x + a_4).... (x + a_m) = 0,$$

d'où il résulte que tout nombre qui, mis à la place de x, réduit à zéro le premier membre de l'égalité (a), doit pareillement réduire à zéro le premier membre de l'égalité (*b*), et réciproquement. Or, le premier membre de l'égalité (*b*) ne peut évidemment se réduire à zéro, qu'autant que l'un de ses facteurs devienne lui-même zéro; mais, pour qu'un facteur quelconque $x + a_\mu$ soit nul, il faut faire $x = -a_\mu$; donc les m seconds termes des binomes $x + a_1$, $x + a_2$, $x + a_3$, etc., pris avec un signe contraire, ne sont autre chose que les m racines de l'équation (*a*).

4. L'équivalence des premiers membres des égalités (*a*) et (*b*) fait connaître les relations qui existent entre les racines d'une équation et ses coefficiens; on sait d'abord qu'une équation quelconque ne peut avoir plus de racines qu'il y a d'unités dans le nombre qui exprime son degré (tome I, page 546), et ensuite que :

Le premier coefficient A_1 est égal à la somme de toutes les racines $-a_1$, $-a_2$, $-a_3$, etc., prise avec un signe contraire;

Le second coefficient A_2 est égal à la somme des produits de deux à deux de ces racines.

Le troisième coefficient A_3 est égal à la somme de leurs produits de trois à trois, prise avec un signe contraire.

Et ainsi de suite, jusqu'au dernier coefficient A_m, qui est égal au produit de toutes les racines pris avec le signe qu'il a naturellement, si m est pair; et avec un signe contraire si m est impair.

Par exemple, dans l'équation

$$x^3 - x^2 - 14x + 24 = 0,$$

dont les trois racines sont $+2$, $+3$ et -4, on a

Premier coefficient $\quad -1 = -(+2+3-4)$;
Second coefficient $\quad -14 = (2 \times 3 + 2 \times -4 + 3 \times -4)$;
Troisième coefficient $+24 = -(2 \times 3 \times -4)$.

4 *bis*. On distingue les racines d'une équation, en réelles et en imaginaires. Toute racine imaginaire peut être ramenée à la forme primitive

$$p + q\sqrt{-1},$$

p et q étant des quantités réelles.

Une équation ne peut avoir une seule racine imaginaire, car si dans le produit

$$(x + a_1)(x + a_2)(x + a_3)\dots(x + a_m),$$

dont le développement forme le premier membre de l'équation (*a*), tous les nombres a_1, a_2, a_3, etc., a_m étaient réels, excepté le premier, $a_1 = p + q\sqrt{-1}$, la quantité imaginaire $\sqrt{-1}$ entrerait nécessairement dans la construction des coefficiens A_1, A_2, A_3, etc.; et ces coefficiens ne seraient pas des quantités réelles. Si donc

l'une des racines a_1 est de la forme $p + q\sqrt{-1}$, il doit y avoir une autre racine a_μ également imaginaire, et telle que $\sqrt{-1}$ disparaisse du produit des facteurs $(x + a_1)(x + a_\mu)$, afin que cette quantité ne se trouve plus dans le produit général. Supposons donc $a_1 = p + q\sqrt{-1}$, $a_\mu = p' + q'\sqrt{-1}$, et cherchons quelle relation doit exister entre les quantités réelles p, q, p', q', pour que le produit $(x + a_1)(x + a_\mu)$ soit lui-même réel. Or, en effectuant la multiplication, nous avons

$$(x + p + q\sqrt{-1})(x + p' + q'\sqrt{-1})$$
$$= x^2 + \left[p + p' + (q + q')\sqrt{-1} \right] x$$
$$+ (pq' + p'q)\sqrt{-1} - qq',$$

et nous voyons que $\sqrt{-1}$ ne peut disparaître, à moins que

$$q + q' = 0, \quad pq' + p'q = 0.$$

La première condition donne $q = -q'$, et, en établissant cette relation entre q et q', la seconde condition se réduit à $p - p' = 0$, d'où $p = p'$. Ainsi, toutes les fois qu'une équation a une racine imaginaire $p + q\sqrt{-1}$, elle en a une autre $p - q\sqrt{-1}$, qui ne diffère de la première que par le signe du coefficient de $\sqrt{-1}$; d'où il suit encore : 1° qu'une équation quelconque ne peut avoir qu'un nombre pair de racines imaginaires marchant par couple semblable à $p + q\sqrt{-1}$, $p - q\sqrt{-1}$; 2° qu'une équation de degré impair a au moins une racine réelle.

5. Les racines réelles d'une équation n'ont entre elles aucune relation semblable à celle que nous venons de signaler entre les racines imaginaires; entièrement indépendantes les unes des autres, ces racines ne sont subordonnées qu'aux conditions qui lient leurs valeurs numériques aux valeurs des coefficiens (3). On les classe en *commensurables* et en *incommensurables* : les racines commensurables sont celles dont la valeur peut s'exprimer par un nombre entier ou fractionnaire; les racines incommensurables sont celles dont la valeur ne peut s'exprimer que par des nombres irrationnels (*voy.* ce mot), ou par des suites infinies de nombres fractionnaires. Nous avons démontré (tome II, page 403), qu'une équation ramenée à la forme (*a*) et dont tous les coefficiens sont des nombres entiers, ne peut avoir aucune racine fractionnaire; les racines de telles équations sont donc ou des nombres entiers, ou des nombres incommensurables, ou des nombres imaginaires. Ce n'est que lorsqu'une équation a des coefficiens fractionnaires, ou que son premier terme a un coefficient

autre que l'unité, qu'il peut y avoir des racines fractionnaires : de là le grand avantage de ramener toutes les équations à n'avoir que des coefficiens entiers sous la forme (a). Les transformations qu'on peut faire subir aux équations ont été exposées en détail au mot TRANSFORMATION, tome II.

6. La théorie des équations présente deux problèmes fondamentaux réciproques l'un de l'autre, qu'on peut énoncer comme il suit :

1° Étant données m quantités a_1, a_2, a_3, etc... a_m, construire les coefficiens Λ_1, Λ_2, Λ_3, Λ_4, etc... Λ_m de l'équation

$$x^m + \Lambda_1 x^{m-1} + \Lambda_2 x^{m-2} + \text{etc}.... + \Lambda_{m-1} x + \Lambda_m = 0,$$

dont ces quantités sont les racines.

2° Étant donnés les m coefficiens Λ_1, Λ_2, Λ_3, etc... Λ_m de cette équation, construire ses racines a_1, a_2, a_3, etc.

Le premier problème ne présente aucune difficulté, puisqu'il ne s'agit que de développer le produit

$$(x + a_1)(x + a_2)(x + a_3)(x + a_4).... (x + a_m).$$

Mais il n'en est pas de même du second, et jusqu'ici les efforts des géomètres ont été infructueux pour le résoudre dans toute sa généralité. Rappelons d'abord tout ce que l'on sait sur la solution théorique des équations.

7. *Équations du premier degré.* Ces équations, ramenées à la forme générale

$$x + \Lambda_1 = 0,$$

sont immédiatement résolues en faisant passer la quantité constante dans le second membre, car on a

$$x = -\Lambda_1.$$

Tout se réduit donc à faire subir aux équations du premier degré les tranformations nécessaires enseignées tome I, page 540. Il ne peut y avoir de difficulté que lorsqu'on a plusieurs équations entre plusieurs inconnues, et qu'il faut éliminer quelques-unes de ces inconnues pour obtenir une équation finale à une seule inconnue. Nous ne reviendrons pas sur ce que nous avons déjà dit à ce sujet (tome I), aux mots ÉQUATION et ÉLIMINATION ; et nous nous contenterons de traiter ici les équations à une seule inconnue : la solution de toutes les autres dépendant de la leur.

8. *Équations du second degré.* La forme générale des équations du second degré est..... (c)

$$x^2 + \Lambda_1 x + \Lambda_2 = 0.$$

Sous cette forme, quelles que soient les quantités constantes Λ_1 et Λ_2, entières ou fractionnaires, positives ou négatives, les deux racines a_1, a_2, sont données par les expressions.....: (d)

$$a_1 = -\frac{1}{2}\Lambda_1 + \frac{1}{2}\sqrt{\left[\Lambda_1^2 - 4\Lambda_2\right]},$$

$$a_2 = -\frac{1}{2}\Lambda_1 - \frac{1}{2}\sqrt{\left[\Lambda_1^2 - 4\Lambda_2\right]},$$

démontrées tome II, page 588. Ainsi, après avoir ramené une équation du second degré à la forme (c), il ne faut plus qu'exécuter, sur les coefficiens Λ_1, Λ_2, les opérations indiquées par les expressions (d), pour obtenir les deux racines cherchées. Supposons, par exemple, qu'un problème ait conduit à l'égalité

$$8x^2 = 20x - 7;$$

après avoir fait passer tous les termes dans le premier membre, ce qui donne

$$8x^2 - 20x + 7 = 0,$$

on divisera tout par 8, et l'on obtiendra, en réduisant la fraction $\frac{20}{8}$ à sa plus simple expression,

$$x^2 - \frac{5}{2}x + \frac{7}{8} = 0.$$

Comparant avec (c), on aura

$$\Lambda_1 = -\frac{5}{2}, \quad \Lambda_2 = \frac{7}{8};$$

et, par suite,

$$a_1 = +\frac{1}{2}\cdot\frac{5}{2} + \frac{1}{2}\sqrt{\left[\frac{25}{4} - \frac{7}{2}\right]} = \frac{5}{4} + \frac{1}{2}\sqrt{\frac{11}{4}},$$

$$a_2 = +\frac{1}{2}\cdot\frac{5}{2} - \frac{1}{2}\sqrt{\left[\frac{25}{4} - \frac{7}{2}\right]} = \frac{5}{4} - \frac{1}{2}\sqrt{\frac{11}{4}},$$

ou, simplement,

$$a_1 = \frac{5 + \sqrt{11}}{4}, \quad a_2 = \frac{5 - \sqrt{11}}{4}.$$

$\sqrt{11}$ étant incommensurable, on extraira la racine en poussant l'approximation aussi loin que la nature du problème pourra l'exiger ; en se bornant à cinq décimales, on aurait ici

$$a_1 = 2,07916, \quad a_2 = 0,42084.$$

Il suffit d'examiner les expressions (d) pour reconnaître tous les cas particuliers que peuvent présenter les racines des équations du second degré. On reconnaît que :

1° Les deux racines sont toujours réelles lorsque le coefficient Λ_2 est négatif.

2° Elles sont encore réelles lorsque Λ_2 est positif ; mais plus petit que $\frac{1}{4}\Lambda_1^2$.

3° Les deux racines sont imaginaires quand Λ_2 étant positif, on a $\Lambda_1^2 < 4\,\Lambda_2$.

4° Les deux racines sont égales quand $\Lambda_1^2 = 4\,\Lambda_2$; elles sont inégales dans tous les autres cas.

5° Enfin, quand les racines sont réelles, elles ne peuvent être commensurables qu'autant que $\Lambda_1^2 - 4\,\Lambda_2$ est un carré parfait.

9. *Équations du troisième degré.* Leur forme générale est

$$x^3 + \Lambda_1 x^2 + \Lambda_2 x + \Lambda_3 = 0\,;$$

mais, pour faciliter leur solution, on les ramène à celle-ci..... (e)

$$x^3 + px + q = 0,$$

qui n'a pas de second terme (*voy.* tome II, page 564). Les expressions générales des trois racines sont..... (f)

$$a_1 = \sqrt[3]{\left[-\frac{q}{2} + \sqrt{\left(\frac{q^2}{4} + \frac{p^3}{27}\right)}\right]} +$$
$$+ \sqrt[3]{\left[-\frac{q}{2} - \sqrt{\left(\frac{q^2}{4} + \frac{p^3}{27}\right)}\right]},$$

$$a_2 = \sqrt[3]{\left[-\frac{q}{2} + \sqrt{\left(\frac{q^2}{4} + \frac{p^3}{27}\right)}\right]} \times \frac{-1 + \sqrt{-3}}{2} +$$
$$+ \sqrt[3]{\left[-\frac{q}{2} - \sqrt{\left(\frac{q^2}{4} + \frac{p^3}{27}\right)}\right]} \times \frac{-1 - \sqrt{-3}}{2},$$

$$a_3 = \sqrt[3]{\left[-\frac{q}{2} + \sqrt{\left(\frac{q^2}{4} + \frac{p^3}{27}\right)}\right]} \times \frac{-1 - \sqrt{-3}}{2} +$$
$$+ \sqrt[3]{\left[-\frac{q}{2} - \sqrt{\left(\frac{q^2}{4} + \frac{p^3}{27}\right)}\right]} \times \frac{-1 + \sqrt{-3}}{2},$$

comme nous l'avons démontré tome I, page 408.

Soit, pour donner un exemple d'application, l'équation

$$27x^3 = 27x^2 + 45x + 118.$$

Transposant tous les termes dans le premier membre, et divisant par 27, nous aurons d'abord..... (g)

$$x^3 - x^2 - \frac{5}{2}x - \frac{118}{27} = 0,$$

dans laquelle il faudra faire $x = z + \frac{1}{3}$ pour faire disparaître le second terme. (*Voy.* TRANSFORMATION, tome 2.) Nous obtiendrons de cette manière l'équation en z

$$z^3 - 2z - 5 = 0,$$

dont les racines, augmentées de $\frac{1}{3}$, nous donnerons celles de la proposée. Comparant avec les formules géné-

rales, nous avons $p = -2$, $q = -5$, et, par suite,

$$\frac{q}{2} = -\frac{5}{2}, \quad \frac{q^2}{4} = \frac{25}{4}, \quad \frac{p^3}{27} = -\frac{8}{27}.$$

Substituant ces valeurs dans la première des expressions (f), il viendra

$$a_1 = \sqrt[3]{\left[\frac{5}{2} + \sqrt{\left(\frac{25}{4} - \frac{8}{27}\right)}\right]} + \sqrt[3]{\left[\frac{5}{2} - \sqrt{\left(\frac{25}{4} - \frac{8}{27}\right)}\right]}$$

évaluant le radical carré, nous trouverons

$$\sqrt{\left(\frac{25}{4} - \frac{8}{27}\right)} = \sqrt{\left(\frac{643}{108}\right)} = 2,440021,$$

ce qui nous donnera, en substituant,

$$a_1 = \sqrt[3]{(4,940021)} + \sqrt[3]{(0,059979)}.$$

Opérant l'extraction des racines cubiques par le moyen des logarithmes, nous obtiendrons

$$a_1 = 1,703110 + 0,391441 = 2,094551;$$

ajoutant à cette valeur $\frac{1}{3}$ ou 0,333333, nous aurons définitivement

$$x = 2,427886,$$

valeur rapprochée à 0,000001 près. Si l'on voulait une approximation supérieure à celle que les logarithmes des tables usuelles peuvent donner, il faudrait extraire la racine carrée $\sqrt{\dfrac{643}{108}}$ avec un assez grand nombre de décimales pour que l'extraction de la racine cubique pût en fournir ensuite la quantité exigée.

La première racine a_1 de l'équation transformée étant obtenue, les deux autres s'en déduisent aisément; car en désignant par m la valeur numérique 1,703110 du radical

$$\sqrt[3]{\left[-\frac{q}{2} + \sqrt{\left(\frac{q^2}{4} + \frac{p^3}{27}\right)}\right]},$$

et par n la valeur 0,391441 du radical

$$\sqrt[3]{\left[-\frac{q}{2} - \sqrt{\left(\frac{q^2}{4} + \frac{p^3}{27}\right)}\right]},$$

les deux racines $a_2\ a_3$ prennent la forme

$$a_2 = \frac{-(m+n) + (m-n)\sqrt{-3}}{2},$$

$$a_3 = \frac{-(m+n) - (m-n)\sqrt{-3}}{2},$$

ce qui donne, en remettant les valeurs de m et de n,

$$a_1 = -1,047275 + 0,655834\sqrt{-3},$$
$$a_2 = -1,047275 - 0,655834\sqrt{-3}.$$

Pour ramener ces deux racines à la forme primitive, des quantités imaginaires, il faut observer que $\sqrt{-3} = \sqrt{3} \cdot \sqrt{-1}$, et multiplier $0,655834$ par $\sqrt{3}$. Cette opération étant effectuée, nous ajouterons $\frac{1}{3}$ à chaque racine, et nous aurons définitivement pour les trois racines de l'équation proposée (g)

$$1\ldots\ x = +2,427886,$$
$$2\ldots\ x = -0,713942 + 1,135958\sqrt{-1},$$
$$3\ldots\ x = -0,713942 - 1,135958\sqrt{-1}.$$

10. Les expressions théoriques (f) ne peuvent servir à l'évaluation numérique des racines des équations du troisième degré que dans des cas semblables à celui que nous venons de traiter, c'est-à-dire lorsqu'une seule des trois racines est réelle. Il est visible que si le coefficient p était négatif, et qu'en outre $\frac{p^2}{27}$ fût plus grand que $\frac{q^2}{4}$, la quantité

$$\sqrt{\left(\frac{q^2}{4} - \frac{p^3}{27}\right)}$$

serait imaginaire; alors l'expression de a_1 prendrait une forme imaginaire, et celles de a_2 et de a_3 se trouveraient doublement compliquées d'imaginaires, de sorte qu'au premier aspect, il semblerait que l'équation ne peut avoir aucune racine réelle; mais on sait que toute équation de degré impair a au moins une racine réelle (4); ainsi lorsque les expressions (f) prennent toutes trois une forme imaginaire, elles sont en défaut, du moins sous le rapport numérique; car on s'assure, en les développant en série, qu'elles cachent des valeurs réelles que ces séries peuvent faire connaître. Dans ce cas singulier, les trois racines sont donc réelles; cependant les séries qui les expriment sont, en général, trop peu convergentes pour pouvoir être employées avantageusement; et ce que l'on peut faire de mieux, c'est d'avoir recours aux fonctions trigonométriques, au moyen desquelles on peut toujours obtenir les valeurs des racines de la manière la plus directe et la moins laborieuse. Nous allons ramener ici à leur forme la plus simple les formules que nous avons démontrées dans le premier volume, au mot CAS IRRÉDUCTIBLE.

Ier *cas.* Si l'équation est de la forme..... (h)

$$x^3 - px + q = 0,$$

p et q étant des nombres essentiellement positifs, et tels qu'on ait la condition

$$\frac{p^3}{27} > \frac{q^2}{4} \text{ ou } 4p^3 > 27q^2,$$

on calculera un arc φ par la relation..... (i)

$$\sin \varphi = \frac{5 q}{p} \times \frac{1}{2\sqrt{\frac{1}{3}p}},$$

et les trois racines seront données par les expressions..... (k)

$$x = +\sin \frac{1}{3}\varphi \times 2\sqrt{\frac{1}{3}p},$$
$$x = +\sin\left(60° - \frac{1}{3}\varphi\right) \times 2\sqrt{\frac{1}{3}p},$$
$$x = -\sin\left(60° + \frac{1}{3}\varphi\right) \times 2\sqrt{\frac{1}{3}p}.$$

IIe *cas.* p et q étant toujours des nombres essentiellement positifs soumis à la condition $4p^3 > 27q^2$, si l'équation est de la forme..... (l)

$$x^3 - px - q = 0,$$

il n'y aura de changé que le signe des racines; l'expression (i) de $\sin \varphi$ demeurera la même, et les expressions (k) deviendront..... (m)

$$x = -\sin \frac{1}{3}\varphi \times 2\sqrt{\frac{1}{3}p},$$
$$x = -\sin\left(60° - \frac{1}{3}\varphi\right) \times 2\sqrt{\frac{1}{3}p},$$
$$x = +\sin\left(60° + \frac{1}{3}\varphi\right) \times 2\sqrt{\frac{1}{3}p}.$$

Les calculs indiqués par ces formules sont trop simples pour que nous ayons besoin d'en donner des exemples; on en trouvera d'ailleurs plus loin dans leur application au quatrième degré.

11. La solution du *cas irréductible* des équations du troisième degré par les fonctions trigonométriques est si facile, qu'on doit toujours l'employer de préférence aux méthodes d'approximation, qui ne conduisent souvent aux valeurs des racines que par de longs calculs. On peut également se servir de ces fonctions lorsqu'il n'y a qu'une seule racine réelle, mais alors il peut se présenter quatre cas différens.

Ier *cas.* p et q étant, dans ce premier cas comme dans les suivans, des nombres essentiellement positifs, l'équation est de la forme..... (n)

$$x^2 + px + q = 0.$$

On calculera un arc φ par la relation..... (o)

$$\tan \varphi = \frac{p}{3q} \times 2\sqrt{\tfrac{1}{3}p},$$

puis un arc ω par cette autre..... (p)

$$\tan \omega = \sqrt[3]{\tan \tfrac{1}{2}\varphi},$$

et la racine réelle aura pour expression..... (q)

$$x = -\cot 2\omega \times 2\sqrt{\tfrac{1}{3}p}.$$

II⁰ cas. L'équation est de la forme..... (r)

$$x^2 + px - q = 0.$$

Les expressions de $\tan \varphi$ et de $\tan \omega$ seront toujours les mêmes ; seulement la racine changera de signe, et deviendra..... (s)

$$x = \cot 2\omega \times 2\sqrt{\tfrac{1}{3}p}.$$

III⁰ cas. L'équation est de la forme..... (t)

$$x^2 - px + q = 0,$$

et l'on a de plus $4p^3 < 27q^2$.
On fera alors..... (u)

$$\sin \varphi = \frac{p}{3q} \times 2\sqrt{\tfrac{1}{3}p},$$

$$\tan \omega = \sqrt[3]{\tan \tfrac{1}{2}\varphi}.$$

La racine sera donnée par l'expression..... (v)

$$x = -\frac{2\sqrt{\tfrac{1}{3}}p}{\sin 2\omega}.$$

IV⁰ cas. La condition $4p^3 < 27q^2$ ayant toujours lieu, l'équation est de la forme..... (x)

$$x^3 - px - q = 0.$$

Les expressions précédentes demeureront les mêmes, sauf celle de la racine qui prend le signe $+$ et devient..... (y)

$$x = \frac{2\sqrt{\tfrac{1}{3}}p}{\sin 2\omega}.$$

Nous avons appliqué ces formules (tome I, page 440) à l'équation $x^3 - 2x - 5 = 0$, traitées ci-dessus par les expressions théoriques primitives des racines. Cette même équation ayant été traitée, en outre, au mot

APPROXIMATION (tome I) par les méthodes de Newton et de Lagrange, on peut s'assurer, en comparant les calculs que la résolution directe des équations du troisième degré, au moyen des fonctions trigonométriques, est supérieure à toutes les autres par sa promptitude et sa simplicité.

12. Lorsque $\dfrac{p^3}{27} = \dfrac{q^2}{4}$, et que l'équation est de la forme

$$x^2 - px \pm q = 0,$$

les radicaux carrés

$$+\sqrt{\left(\frac{q^2}{4} - \frac{p^3}{27}\right)}, \quad -\sqrt{\left(\frac{q^2}{4} - \frac{p^3}{27}\right)}$$

disparaissent des expressions théoriques primitives (f) ; la première se réduit à

$$a_1 = 2\sqrt[3]{\pm \frac{q}{2}},$$

et les deux autres deviennent, conséquemment,

$$a_2 = \frac{a_1}{2} \times \frac{-1+\sqrt{-3}}{2} + \frac{a_1}{2} \times \frac{-1-\sqrt{-3}}{2} = -\frac{a_1}{2},$$

$$a_3 = \frac{a_1}{2} \times \frac{-1-\sqrt{-1}}{2} + \frac{a_1}{2} \times \frac{-1+\sqrt{-3}}{2} = -\frac{a_1}{2}.$$

Les deux dernières racines sont donc, dans ce cas, égales entre elles, et d'un signe différent de la première, qui est positive lorsque q est négatif, et négative dans le cas contraire. On voit de plus que la valeur numérique absolue des deux racines égales est la moitié de celle de l'autre. Les formules trigonométriques du cas irréductible conduisent alors à la solution la plus simple de l'équation ; car, en observant que l'expression

$$\sin \varphi = \frac{3q}{p} \times \frac{1}{2\sqrt{\tfrac{1}{3}p}}$$

est la même chose que

$$\sin \varphi = \sqrt{\left(\frac{27q^2}{4p^3}\right)},$$

on reconnaît que, dans le cas de $27q^2 = 4p^3$, $\sin \varphi = 1$, d'où $\varphi = 90°$ et $\tfrac{1}{3}\varphi = 30°$. Mais (voy. SINUS) $\sin 30° = \tfrac{1}{2}$; donc, substituant ces valeurs dans les expressions (k) et (m), on a

$$x = \pm \sqrt{\tfrac{1}{3}p},$$

$$x = \pm \sqrt{\tfrac{1}{3}p},$$

$$x = \mp 2\sqrt{\tfrac{1}{3}p}.$$

Les signes supérieurs se rapportant à q positif, et les signes inférieurs à q négatif.

On obtiendrait également ces dernières expressions, qui ne font dépendre la solution de l'équation que d'une extraction de racine carrée, en partant de la condition

$$\frac{q^2}{4} = \frac{p^3}{27}.$$

En effet, si l'on prend la racine sixième des deux membres de cette égalité, il vient

$$\sqrt[6]{\frac{q^2}{4}} = \sqrt[6]{\frac{p^3}{27}},$$

mais

$$\sqrt[6]{\frac{q^2}{4}} = \sqrt[3]{\left[\sqrt[2]{\frac{q^2}{4}}\right]} = \sqrt[3]{\frac{q}{2}},$$

$$\sqrt[6]{\frac{p^3}{27}} = \sqrt[2]{\left[\sqrt[3]{\frac{p^3}{27}}\right]} = \sqrt[2]{\frac{p}{3}};$$

donc

$$\sqrt[3]{\frac{q}{2}} = \sqrt[2]{\frac{p}{3}}.$$

13. Il résulte des formules précédentes, qu'une équation du troisième degré, ramenée à la forme générale

$$x^3 + px + q = 0,$$

dans laquelle p et q sont des nombres positifs ou négatifs, peut avoir :

1° Trois racines réelles inégales, dont deux négatives et une positive, ou deux positives et une négative, suivant que q est positif ou négatif.

2° Trois racines réelles, dont deux égales et de signe contraire à la troisième numériquement double de ces premières.

3° Enfin une racine réelle, positive si q est négatif, négative si q est positif, et deux racines imaginaires.

Le premier cas a lieu lorsque p est négatif, et qu'on a $4p^3 > 27q^2$; le second, lorsque p est négatif et tel que $4p^3 = 27q^2$; le troisième, toutes les fois que p est positif, ou qu'étant négatif, on a $4p^3 < 27q^2$.

Ce n'est que lorsque l'équation est complète qu'elle peut avoir trois racines égales et trois racines de même signe.

14. *Equation du quatrième degré.* Les expressions théoriques des racines de l'équation du quatrième degré sont rarement employées pour évaluer numériquement ces racines, à cause des longs calculs qu'elles nécessitent..... Soit..... (z)

$$x^4 + Ax^2 + Bx + C = 0$$

une telle équation privée de second terme, et dans laquelle A, B et C sont des nombres quelconques positifs ou négatifs; formons avec ces coefficiens l'équation du troisième degré..... (α)

$$z^3 + 2Az^2 + (A^2 - 4C)z - B^2 = 0,$$

qu'on nomme la *réduite;* désignons par z' une quelconque des racines réelles de cette réduite, et faisons, pour simplifier, $\sqrt{z'} = a$; les quatre racines de l'équation (z) seront

$$x = -\frac{1}{2}a + \sqrt{\left[\frac{1}{4}a^2 - \frac{2C}{a^3 + A + \frac{B}{a}}\right]},$$

$$x = -\frac{1}{2}a - \sqrt{\left[\frac{1}{4}a^2 - \frac{2C}{a^2 + A + \frac{B}{a}}\right]},$$

$$x = +\frac{1}{2}a + \sqrt{\left[-\frac{1}{4}a^2 - \frac{1}{2}A - \frac{B}{2a}\right]},$$

$$x = +\frac{1}{2}a - \sqrt{\left[-\frac{1}{4}a^2 - \frac{1}{2}A - \frac{B}{2a}\right]},$$

ainsi que nous l'avons démontré, tome **I**, page 230.

En observant que la valeur numérique de a peut être prise indifféremment avec le signe $+$ ou avec le signe $-$, parce qu'elle provient de l'extraction d'une racine carrée, et qu'il n'en résulte cependant que quatre valeurs différentes pour x, par suite de l'égalité

$$\frac{1}{4}a^2 - \frac{2C}{a^2 + A \pm \frac{B}{a}} = -\frac{1}{4}a^2 - \frac{1}{2}A \mp \frac{B}{2a},$$

qu'on obtint en faisant, dans la réduite, $z = a^2$, on peut adopter pour les expressions des racines les quatre formules symétriques..... (β)

$$x = -\frac{1}{2}a + \sqrt{\left[-\frac{1}{4}a^2 - \frac{1}{2}A + \frac{B}{2a}\right]},$$

$$x = -\frac{1}{2}a - \sqrt{\left[-\frac{1}{4}a^2 - \frac{1}{2}A + \frac{B}{2a}\right]},$$

$$x = +\frac{1}{2}a + \sqrt{\left[-\frac{1}{4}a^2 - \frac{1}{2}A - \frac{B}{2a}\right]},$$

$$x = +\frac{1}{2}a - \sqrt{\left[-\frac{1}{4}a^2 - \frac{1}{2}A - \frac{B}{2a}\right]}.$$

Il résulte de l'analyse de ces formules : 1° que lorsque la réduite n'a qu'une seule racine réelle, la proposée a deux racines réelles et deux racines imaginaires; 2° que les racines de la proposée sont toutes quatre réelles ou toutes quatre imaginaires, lorsque les trois racines de la réduite sont réelles, savoir : toutes quatre réelles, si les trois racines de la réduite sont positives; toutes quatre imaginaires, si l'une des racines de la réduite est positive et les deux autres négatives. Dans ces deux circonstances, la réduite tombe dans le cas irréductible, et la solution théorique de l'équation du quatrième degré se trouve compliquée de toutes les difficultés inhérentes à ce cas.

15. Les fonctions trigonométriques, auxquelles il faut nécessairement avoir recours lorsque les trois racines de la réduite sont réelles, rendant, dans tous les cas, les calculs moins laborieux, nous allons indiquer, par quelques exemples, leur application à la solution directe des équations du quatrième degré.

Observons d'abord que, pour résoudre la réduite (α), il faut la ramener à la forme $x^3 + px + q = 0$, et faire disparaître son second terme; posons donc

$$z = y - \frac{2}{3} A,$$

et, en substituant cette valeur dans l'équation (α), nous obtiendrons l'équation finale..... (γ)

$$y^3 - \left(\frac{1}{3} A^2 + 4C \right) y + \left(\frac{8}{3} AC + \frac{2}{27} A^3 - B^2 \right) = 0.$$

Celle-ci, résolue au moyen des formules données ci-dessus, nous fera connaître la valeur de y, et par suite celle de $z = y - \frac{2}{3} A$; faisant donc

$$a^2 = y - \frac{2}{3} A, \text{ et } a = \sqrt{ y - \frac{2}{3} A },$$

les quatre racines (β) de l'équation du quatrième degré prendront la forme (δ)

$$x = - \frac{1}{2} a \pm \sqrt{ \left[- \frac{1}{4} y - \frac{1}{3} A + \frac{B}{2a} \right] },$$

$$x = + \frac{1}{2} a \pm \sqrt{ \left[- \frac{1}{4} y - \frac{1}{3} A - \frac{B}{2a} \right] }.$$

Si l'équation en y a trois racines réelles, on pourra employer à volonté une quelconque de ces racines, les resultats seront identiquement les mêmes.

16. Proposons-nous l'équation

$$x^4 - 12 x^2 + 12 x - 3 = 0,$$

nous aurons

$$A = -12, \quad B = +12, \quad C = -3,$$

ce qui nous donnera

$$\frac{1}{3} A^2 + 4C = 48 - 12 = 36,$$

$$\frac{8}{3} AC - \frac{2}{27} A^3 - B^2 = 96 + 128 - 144 = 80.$$

L'équation en y sera donc

$$y^3 - 36 y + 80 = 0,$$

et elle tombe dans le cas irréductible, car

$$4 (36)^3 > 27 (80)^2.$$

Comparant avec le 1ᵉʳ cas, n° 10, nous ferons $p = 36$, $q = 80$.

$$\sin \varphi = - \frac{3 \times 80}{36} \times \frac{1}{2\sqrt{12}} = \frac{20}{3} \times \frac{1}{2\sqrt{12}}.$$

Réalisant les calculs par logarithmes, il viendra

$$\text{Log } 20 = 1,3010300 \qquad \tfrac{1}{2} \text{Log } 12 = 0,5395906$$
$$\text{Log } 3 = 0,4771212 \qquad \text{Log } 2 = 0,3010300$$
$$\overline{\qquad 0,8239088 \qquad} \qquad \overline{\qquad 0,8406206 \qquad}$$

$$\text{Log} \left(\frac{20}{3} \right) = 0,8239088$$

$$\text{Log} \left(2\sqrt{12} \right) = 0,8406206$$

$$\overline{\text{Différence} \qquad = 9,9832882.}$$

Nous augmentons de 10 unités la dernière caractéristique, pour ramener les sinus naturels aux sinus des tables.

Ce dernier logarithme étant celui de $\sin \varphi$, les tables des sinus nous apprennent que $\varphi = 74° \, 12' \, 24'',6$. Substituant le tiers de cet arc dans les formules (k), nous obtiendrons

$$y = + \sin (24° 44' \, 8'',2) \times 2\sqrt{12},$$
$$y = + \sin (35 \, 15 \, 51,8) \times 2\sqrt{12},$$
$$y = - \sin (84 \, 44 \, 8,2) \times 2\sqrt{12}.$$

Réalisant les calculs, ce qui se réduit à trois additions, puisque le logarithme de $2\sqrt{12}$ est déjà donné par les calculs précédens, nous trouverons définitivement

$$y = + 2,89898,$$
$$y = + 4$$
$$y = - 6,89898.$$

Ces valeurs nous montrent que les racines de la réduite $z = y - \frac{2}{3} A = y + 8$ sont toutes positives, et par conséquent que les racines de la proposée sont toutes réelles. Employant la plus simple des valeurs de y, $y = 4$, nous aurons

$$a^2 = y + 8 = 12, \quad \frac{a^2}{4} = 3,$$

$$a = \sqrt{12} = 2\sqrt{3}, \quad \frac{1}{2} a = \sqrt{3},$$

valeurs qui, substituées dans les expressions (δ) avec celles de A et de B, donneront

$$x = -\sqrt{3} \pm \sqrt{ \left[4 - 1 + \frac{12}{4\sqrt{3}} \right] } = -\sqrt{3} \pm \sqrt{ \left[3 + \sqrt{3} \right] },$$

$$x = -\sqrt{3} \pm \sqrt{ \left[4 - 1 - \frac{12}{4\sqrt{3}} \right] } = +\sqrt{3} \pm \sqrt{ \left[3 - \sqrt{3} \right] }.$$

Tous calculs faits, nous trouverons

$$x = + 0,443277 \qquad x = + 2,858083$$
$$x = - 3,907378 \qquad x = + 0,606018.$$

17. Prenons pour second exemple

$$x^4 - 3x^2 - 30x - 88 = 0.$$

Ici,

$$A = -3, \ B = -30, \ C = -88;$$

et, par suite,

$$\frac{1}{3}A^2 + 4C = 3 - 353 = -349,$$

$$\frac{8}{3}AC - \frac{2}{27}A^3 - B^2 = 704 + 2 - 900 = -194.$$

L'équation (γ) est ainsi

$$y^3 + 349y - 194 = 0.$$

Cette équation n'ayant qu'une seule racine réelle, puisque le coefficient de son second terme est positif, nous la comparerons à l'équation (r) du n° 11, ce qui nous donnera, en faisant $p = 349$, $q = 294$.

$$\tan \varphi = \frac{349}{3 \times 194} \times 2\sqrt{\frac{349}{3}}.$$

Calculant d'abord isolément le dernier facteur général $2\sqrt{\dfrac{349}{3}}$, qui entre dans l'expression de la racine, nous aurons

$$
\begin{aligned}
&\text{Log } 349. \ . \ . \ . \ . = 2,54282543 \\
&\text{Log } \quad 3. \ . \ . \ . \ . = 0,47712125 \\[4pt]
\hline
&\text{Somme}. \ . \ . \ . \ . = 2,06570418 \\[4pt]
\hline
&\text{Moitié} \ . \ . \ . \ . \ . = 1,03285209 \\
&\text{Log } 2. \ . \ . \ . \ . = 0,30103000 \\[4pt]
\hline
&\text{Log}\left(2\sqrt{\tfrac{349}{3}}\right) = 1,33388209
\end{aligned}
$$

Maintenant

$$
\begin{aligned}
&\qquad\qquad\qquad\quad 1,33388209 \\
&\text{Log } 349. \ . \ . \ . = 2,54282543 \\[4pt]
\hline
&\text{Somme}. \ . \ . \ . \ . = 3,87670752 \\
&\text{Log } 3. \ . \ . \ . \ . = 0,47712125 \\[4pt]
\hline
&\text{Différence} \ . \ . \ . \ . = 3,39958627 \\
&\text{Log } 194. \ . \ . \ . = 2,28780173 \\[4pt]
\hline
&\text{Log } \tan \varphi. \ . \ . \ . = 1,11178454
\end{aligned}
$$

d'où

$$\varphi = 85° 34' 46'',07, \text{ et } \tfrac{1}{2}\varphi = 42° 47' 23'',04.$$

Substituant cette valeur dans la formule (p), elle deviendra

$$\tan \omega = \sqrt[3]{\left[\tan(42° 47' 23'',04)\right]}$$

et nous fera connaître

$$\omega = 44° 15' 45'',34; \ 2\omega = 88° 31' 30'',68.$$

Le calcul de y se réduit ainsi à l'addition suivante :

$$
\begin{aligned}
&\text{Log}\left(2\sqrt{\tfrac{348}{3}}\right) \ . \ . \ . = 1,33388_{21} \\
&\text{Log cot}(88° 31' 30'',68) = 8,4107106 \\[4pt]
\hline
&\text{Log } y. \ . \ . \ . \ . \ . \ . \ . = 9,7445927
\end{aligned}
$$

Retranchant 10 de la caractéristique de ce logarithme, pour ramener au rayon $= 1$ la cotangente des tables, il prendra la forme

$$- 1 + 0,7445927$$

et correspondra par conséquent au nombre du logarithme $0,7445927$ divisé par le nombre dont le logarithme est 1; le premier nombre étant $5,55382$, et le dernier étant 10, on en conclura $y = 0,555382$.

Cette valeur de y nous fournira

$$z = 0,555382 + \frac{2}{3} \cdot 3 = 2,555382$$

et, par suite,

$$a = \sqrt{(2,555382)} = 1,598556.$$

Substituant ces nombres dans les expressions (δ), il viendra

$$x = + 0,799278 \pm \sqrt{(10,244623)},$$
$$= + 0,799278 \pm 3,200722.$$

d'où $x = 4$ et $x = -2,401444$. Les deux autres racines sont imaginaires.

18. Les équations des degrés supérieurs au quatrième n'ont pu être encore résolues d'une manière générale; mais à défaut de l'expression théorique des racines de ces équations, on possède des méthodes qui donnent, dans tous les cas, leur évaluation numérique, et dont probablement la découverte de l'expression théorique, si jamais elle est faite, ne pourrait dispenser de faire usage. Le problème que nous allons maintenant traiter ne consiste plus à construire théoriquement les racines d'une équation au moyen de ses coefficiens, il se réduit à trouver les valeurs des racines correspondantes à des valeurs particulières données des coefficiens. Les équations, considérées sous ce dernier point de vue, prennent le nom de *s*.

19. Avant d'aborder la *résolution des équations numériques*, il nous reste à signaler une foule d'équations dont la solution peut toujours être ramenée à celle des équations des quatre premiers degrés. Telles sont, par exemple, les équations de la forme

$$x^{2m} + Ax^m + B = 0,$$

dans lesquelles m est un nombre entier. En y faisant $x^m = z$, on les transforme en une équation du second degré

$$z^2 + Az + B = 0,$$

dont les deux racines, qui sont généralement

$$z = -\frac{1}{2} A \pm \frac{1}{2} \sqrt{[A^2 - 4B]}$$

donnent, pour celles des proposées, l'expression théorique

$$x = \sqrt[m]{\left[-\frac{1}{2} A \pm \frac{1}{2} \sqrt{[A^2 - 4B]}\right]}.$$

Cette expression semblerait ne renfermer que deux racines; mais il faut observer que, quelle que soit la quantité m,

$$\sqrt[m]{M} = \sqrt[m]{1} \cdot \sqrt[m]{M},$$

égalité dont le second membre comprend m valeurs différentes par suite des m valeurs différentes de $\sqrt[m]{1}$ (*voy.* tome 1, page 547); l'expression complète de la racine est donc

$$x = \sqrt[m]{1} \cdot \sqrt[m]{\left[-\frac{1}{2} A \pm \frac{1}{2} \sqrt{[A^2 - 4B]}\right]},$$

et elle donne en effet $2m$ racines par la combinaison de chacune des valeurs de $\sqrt{1}$ avec le double signe du radical. Par exemple, dans le cas de $m = 4$, comme les quatre racines de l'unité sont $+1, -1, +\sqrt{-1}, -\sqrt{-1}$, les huit racines de l'équation

$$x^8 + Ax^4 + B = 0$$

sont

$$x = +\sqrt[m]{\left[-\frac{1}{2}A+P\right]}, \quad x = +\sqrt[m]{\left[-\frac{1}{2}A+P\right]} \cdot \sqrt{-1},$$

$$x = +\sqrt[m]{\left[-\frac{1}{2}A-P\right]}, \quad x = +\sqrt[m]{\left[-\frac{1}{2}A-P\right]} \cdot \sqrt{-1},$$

$$x = -\sqrt[m]{\left[-\frac{1}{2}A+P\right]}, \quad x = -\sqrt[m]{\left[-\frac{1}{2}A+P\right]} \cdot \sqrt{-1},$$

$$x = -\sqrt[m]{\left[-\frac{1}{2}A-P\right]}, \quad x = -\sqrt[m]{\left[-\frac{1}{2}A-P\right]} \cdot \sqrt{-1},$$

en faisant, pour abréger, $\frac{1}{2} \sqrt{A^2 - 4B} = P$.

Les équations de la forme

$$x^{3m} + Ax^{2m} + Bx^m + C = 0$$

se ramènent à une équation du troisième degré, en faisant encore $x^m = z$, et celles de la forme

$$x^{4m} + Ax^{3m} + Bx^{2m} + Cx^m + B$$

se réduisent, par le même moyen, à une équation de quatrième degré, qu'elles soient d'ailleurs composées de tous les termes exprimés dans les formes générales, ou qu'il manque quelques-uns de ces termes.

20. Nous ferons observer, en passant, que toutes les équations dont les exposans forment une progression arithmétique peuvent être transformées en équations d'un degré moindre; ainsi, la résolution de l'équation.

$$x^{nm} + A_1 x^{(n-1)m} + A_2 x^{(n-2)m} + \text{etc...} + A_{n-1} x^m + A_n = 0$$

dépend de celle de l'équation

$$z^n + A_1 z^{n-1} + A_2 z^{n-2} + \text{etc...} + A_{n-1} z + A_n = 0$$

au moyen de la condition $x = \sqrt[m]{z}$.

Il existe une autre classe d'équations susceptibles d'abaissement et qu'on nomme *équations réciproques*; nous les avons traitées en détail tome I, page 555.

21. ÉQUATIONS NUMÉRIQUES. On démontre dans tous les traités d'algèbre la proposition suivante, qu'on peut regarder comme la base de la résolution des équations numériques.

Si deux nombres substitués dans le premier membre d'une équation, à la place de l'inconnue, donnent deux résultats des signes contraires, il existe au moins une racine réelle de cette équation comprise entre ces deux nombres.

S'il y a plusieurs racines comprises, leur nombre est nécessairement impair.

Comme conséquences importantes, nous signalerons ces deux principes :

Toute équation de degré impair a au moins une racine réelle de signe contraire à son dernier terme.

Toute équation de degré pair dont le dernier terme est négatif a au moins deux racines réelles, l'une positive et l'autre négative.

22. La première proposition conduit à substituer successivement les nombres entiers $0, 1, 2, 3, 4$, etc., à la place de l'inconnue d'une équation, car, parmi ces nombres, si l'on en trouve qui réduisent son premier membre à zéro, ils seront autant de racines, et si d'autres donnent des résultats de signes contraires, on aura par leur moyen les valeurs des racines, à moins d'une unité près. Pour fixer les idées prenons l'équation

$$x^4 - 12x^2 + 12x - 3 = 0,$$

et remplaçons successivement x, par 0, 1, 2, 3, etc., en prenant ces nombres tant avec le signe $+$ qu'avec le signe $-$, nous obtiendrons X, désignant, pour abréger, le premier membre de l'équation,

$$\text{Pour } x = 0,\ X = -\ 3 \qquad \text{Pour } x = -1,\ X = -\ 26$$
$$x = 1,\ X = -\ 2 \qquad x = -2,\ X = -\ 59$$
$$x = 2,\ X = -\ 11 \qquad x = -3,\ X = -\ 66$$
$$X = 3,\ X = +\ 6 \qquad x = -4,\ X = +\ 13$$
$$X = 4,\ X = +\ 109 \qquad x = -5,\ X = +\ 263.$$

Nous ne poursuivrons pas plus loin ces substitutions, parce que l'accroissement rapide que prend le premier terme, comparativement aux autres, nous montre que les nombres au-dessus de $+4$ et de -5, donneront toujours des résultats positifs de plus en plus grands.

En examinant ces résultats, nous voyons 1° que l'équation n'a pas de racines entières ; 2° qu'elle a *au moins* une racine positive comprise entre 2 et 3, et *au moins* une racine négative comprise entre -3 et -4. Pour déterminer maintenant le nombre exact de ces racines comprises, il serait essentiel de savoir si la proposée a toutes ses racines réelles, car, dans le cas contraire, comme elle n'aurait que deux racines réelles, on saurait immédiatement qu'il n'y a qu'une seule racine positive comprise entre 2 et 3 et qu'une seule racine négative comprise entre -3 et -4, tandis que, si les quatres racines sont réelles, il peut non seulement s'en trouver trois positives entre 2 et 3, ou trois négatives entre -3 et -4 ; mais il peut encore arriver que deux des racines soient comprises entre d'autres nombres que 2 et 3 ou -3 et -4, et cela d'après cette conséquence du principe précédent, qu'il ne faut jamais perdre de vue : *Deux nombres qui comprennent un nombre pair de racines ne peuvent donner que des résultats de même signe par leur substitution.* C'est précisément ce qui se rencontre dans l'équation que nous avons prise pour exemple : deux de ses racines calculées ci-dessus (16)

$$x = 0,445277, \quad x = 0,606018$$

sont comprises entre 0 et 1,

La substitution de la suite des nombres entiers ne saurait donc mettre en évidence toutes les racines réelles d'une équation que dans le seul cas où toutes ces racines ont des parties entières différentes ; cependant lorsqu'on peut présumer que plusieurs racines sont comprises entre deux nombres entiers successifs, il est toujours possible de distinguer ces racines les unes des autres en faisant subir à l'équation des modifications que nous examinerons plus loin. Attachons-nous d'abord aux moyens de reconnaître l'existence de plusieurs racines entre deux nombres entiers qui ne diffèrent que de l'unité.

23. Voici un principe très-utile pour se guider dans cette recherche :

Lorsque des résultats successifs, sans changer de signes, s'approchent de zéro, puis s'en éloignent, cette circonstance indique un nombre pair de racines ou réelles et comprises entre les nombres substitués correspondant aux résultats les plus voisins de zéro, ou imaginaires.

L'application de cette règle aux substitutions précédentes montre que l'équation doit avoir deux racines réelles comprises entre 0 et 1, si elle n'a pas deux racines imaginaires, car les résultats successifs s'approchent de zéro depuis la substitution de -3 jusqu'à celle de $+1$, puis le résultat qui correspond à $+2$ s'en éloigne ; ces résultats sont :

$$-66, \ -59, \ -26, \ -3, \ -2, \ -11.$$

Les nombres correspondans aux résultats les plus près de zéro étant 0 et 1, c'est donc entre ces nombres que doivent se trouver, *si elles existent*, les deux autres racines réelles de l'équation. Ainsi, quoique nous ne puissions encore affirmer l'existence de ces deux racines, nous savons du moins qu'il n'y a qu'une seule racine comprise entre 2 et 3 et qu'une seule comprise entre -3 et -4, ce qui nous permet de poursuivre leur évaluation par les méthodes que nous signalerons bientôt.

Il nous resterait à lever l'incertitude qui règne encore sur l'existence des autres racines, mais cette question exige la connaissance des principes suivans.

24. Règle des signes. Lorsque deux termes successifs d'une équation ont des signes différens, on dit qu'ils présentent une *variation* de signes ; lorsqu'au contraire, ils ont le même signe, on dit qu'ils présentent une *permanence*. Par exemple, l'équation

$$x^5 - 4x^4 + 4x^3 - 2x^2 - 5x - 4 = 0$$

renferme *trois variations* et *deux permanences*, savoir :

$$+ x^5, \ - 4x^4 \dots \text{une variation}$$
$$- 4x^4, \ + 4x^3 \dots \text{une variation}$$
$$+ 4x^3, \ - 2x^2 \dots \text{une variation}$$
$$- 2x^2, \ - 5x \dots \text{une permanence}$$
$$- 5x, \ - 4 \dots \text{une permanence.}$$

Ceci posé, voici le principe très-important dû à Descartes, et qui porte le nom de *règle des signes*.

Le nombre des racines réelles positives d'une équation ne peut surpasser le nombre des variations de ses signes, et le nombre des racines réelles négatives ne peut surpasser celui des permanences.

D'après cette règle, l'équation précédente ne saurait avoir plus de trois racines positives et plus de deux racines négatives.

25. La règle des signes, dans toute sa généralité, ne s'applique qu'aux équations complètes ; mais on peut

facilement l'étendre à celles dans lesquelles il manque des termes en rétablissant ces termes affectés du coefficient $\pm$ 0 ; par exemple, l'équation incomplète traitée ci-dessus

$$x^4 - 12x^2 + 12x - 3 = 0$$

devient, de cette manière, l'équation complète

$$x^4 \pm 0x^3 - 12x^2 + 12x - 3 = 0,$$

et comme en prenant soit le signe $+$, soit le signe $-$, du terme $0x^3$, on a toujours trois variations et une permanence, on doit en conclure que la proposée ne peut avoir plus de trois racines positives et plus d'une racine négative.

26. Quand toutes les racines d'une équation sont réelles, la règle de Descartes fait immédiatement connaître le nombre exact des racines tant positives que négatives ; car il est évident que le nombre exact des racines positives est alors égal à celui des variations, et que le nombre des racines négatives est égal à celui des permanences, puisque le nombre total des variations et des permanences d'une équation complète est égal au degré de l'équation ou au nombre total des racines ; mais, lorsqu'il y a des racines imaginaires, cette règle n'indique plus, comme l'exprime d'ailleurs son énoncé, que les limites du nombre des racines positives et négatives. Par exemple, les signes des équations

$$x^2 + 5x + 8 = 0$$
$$x^2 + 7x + 8 = 0,$$

qui offrent, dans chacune, deux permanences et pas de variations, nous apprennent bien que, si les racines sont réelles, elles sont toutes négatives ; mais on n'en peut rien préjuger sur la réalité de ces racines dépendantes uniquement de la relation des grandeurs des coefficiens. C'est en remarquant que dans la première équation $(5)^2 < 4 \times 8$, et que dans la seconde $(7)^2 > 4 \times 8$ qu'on reconnaît que les deux racines de la première sont imaginaires et les deux racines de la seconde, réelles (8) ; on peut conclure ensuite, de la règle, que ces dernières sont toutes deux négatives. Il existe cependant des cas où la règle des signes manifeste l'existence des racines imaginaires : c'est lorsqu'il manque quelques termes dans une équation, et qu'en les rétablissant avec le coefficient $\pm$ 0, on trouve des nombres différens de variations et de permanences, suivant qu'on prend le signe $+$ ou le signe $-$. Par exemple, l'équation,

$$x^3 + 5x - 11 = 0$$

devient, par le rétablissement du terme qui manque,

$$x^3 \pm 0x^2 + 5x - 11 = 0.$$

Or, en n'ayant égard qu'au signe supérieur, on a deux permanences et une variation ; tandis qu'en considérant le signe inférieur, on a trois variations ; ainsi, on devrait conclure du signe inférieur, si les trois racines étaient réelles, qu'elles sont toutes trois positives, et du signe supérieur, qu'une seule est positive et les deux autres négatives. Ces résultats contradictoires prouvent que les trois racines ne sont pas réelles.

Il résulte de cette considération que, *lorsqu'un terme manque dans une équation, et que ceux entre lesquels il devrait se trouver compris sont affectés du même signe, on en peut conclure que l'équation admet un couple de racines imaginaires.* Car, dans ce cas, l'intercalation de $+$ 0 amène toujours une permanence de plus, et celle de $-$ 0, une nouvelle variation ou *vice versâ*.

Cette dernière règle suffit pour nous montrer que l'équation

$$x^5 + 8x^3 + 16x - 16 = 0$$

a quatre racines imaginaires. La cinquième est nécessairement réelle.

27. Nous signalerons encore ces deux conséquences de la règle des signes :

1°. *Une équation complète ou incomplète dont tous les termes sont de même signe ne peut admettre aucune racine positive.*

2°. *Une équation complète qui ne renferme que des variations de signes ne peut admettre aucune racine négative.*

Nous ferons observer, de plus, que la partie de la règle qui concerne les racines positives a lieu pour les équations incomplètes comme pour les équations complètes, c'est-à-dire qu'*une équation numérique quelconque ne peut avoir plus de racines positives que de variations de signes.*

28. La règle des signes combinée avec les principes des n°⁵ 22 et 23 peut mettre en évidence, dans un grand nombre de cas, toutes les racines réelles d'une équation, mais elle est très souvent insuffisante et les géomètres ont dû s'attacher à découvrir des principes plus généraux, ou du moins des procédés capables de faire connaître avec certitude le nombre et la nature des racines réelles de toute équation numérique proposée ; connaissance préliminaire indispensable pour pouvoir les évaluer. Malheureusement ceux de ces procédés qui se distinguent par un caractère de généralité sont tellement laborieux, que ce que l'on peut se proposer de mieux, lorsqu'on a une équation à résoudre, c'est de les éviter ; aussi, tout en les exposant dans cet article, nous insisterons sur les calculs de tâtonnement qui conduisent toujours au but avec plus de facilité et de promptitude.

29. Reprenons les opérations du n° 22. Nous avons indiqué la substitution de la suite des nombres naturels 0, 1, 2, 3, etc., pris avec le signe $+$ et le signe $-$,

comme le moyen de découvrir celles des racines de l'équation qui ont des valeurs entières, et celles dont les valeurs sont comprises entre deux nombres entiers successifs. Ce procédé déjà très-laborieux, lorsque les racines entières ou que les parties entières des racines incommensurables sont exprimées par plusieurs chiffres, serait impraticable, si rien ne limitait le nombre des substitutions ; il est donc important de les réduire au plus petit nombre possible.

Observons que toute équation de la forme

$$x^{m} + Ax^{m-1} + Bx^{m-2} + \text{etc.} \ldots + Mx + N = 0,$$

dans laquelle les coefficiens A, B, C, etc., sont des nombres entiers, positifs ou négatifs, ne saurait avoir aucune racine fractionnaire (tom. II, page 401) ; ainsi, en ramenant une équation à cette forme, on n'a plus à considérer que des racines entières ou incommensurables, et c'est ce que nous supposerons qu'on a commencé par faire dans tout ce qui va suivre.

La détermination des racines entières étant plus facile que celle des racines incommensurables, et facilitant d'ailleurs leur recherche, c'est par elle qu'il faut commencer les opérations. Or, d'après la génération des équations (3), le terme absolu est égal au produit de toutes les racines, et, par conséquent, exactement divisible par chacune d'elles ; si donc quelques-unes de ces racines sont des nombres entiers, elles font nécessairement partie des facteurs entiers du nombre absolu ; ce qui montre que, pour trouver les racines entières, il suffit de substituer à la place de l'inconnue les seuls diviseurs exacts du terme absolu.

On diminue encore le nombre des diviseurs à essayer en cherchant les limites des racines de l'équation ; car, ces limites étant connues, on peut d'abord exclure tous les diviseurs qui les dépassent, puis en soumettant les autres à des essais préalables très-simples, on finit toujours par n'en plus avoir qu'un petit nombre, dont on peut même se dispenser de faire la substitution, au moyen d'un procédé définitif d'exclusion. Nous avons exposé au mot RACINE, tome II, tout ce qui concerne les racines commensurables avec assez de détails pour que nous puissions nous contenter de renvoyer à cet article.

Après avoir déterminé ainsi les racines entières d'une équation, on la débarrasse de ces racines par la division, ce qui la réduit à une équation d'un degré moindre et dont toutes les racines réelles, si elle en a, sont incommensurables.

30. Lorsqu'une équation n'a plus que des racines incommensurables, chacune de ces racines étant nécessairement composée d'une partie entière, qui peut être *zéro*, et d'une partie plus petite que l'unité, il faut avoir recours à la substitution de la suite des nombres naturels ;

et quand on a trouvé deux nombres successifs qui donnent des résultats de signes contraires, on peut en conclure qu'ils comprennent au moins une racine, dont le plus petit de ces nombres est la partie entière. Mais il devient alors nécessaire de savoir s'il n'existe qu'une seule racine comprise, parce que s'il s'en trouvait plusieurs, elles auraient toutes la même partie entière, et leur évaluation ultérieure exigerait qu'on substituât une suite de nombres dont la différence fût plus petite que leur plus petite différence, afin de les déterminer jusqu'à l'ordre des décimales, où elles commencent à prendre des valeurs différentes. Ce dernier procédé est encore celui qu'il faut employer lorsqu'on soupçonne qu'un nombre pair de racines est compris entre deux nombres qui donnent des résultats de même signe.

Les racines égales, soit qu'il en existe un nombre impair compris entre deux substitutions dont les résultats sont des signes contraires, soit qu'il en existe un nombre pair compris entre deux substitutions, dont les résultats sont de même signe, ne peuvent jamais être mises en évidence par des substitutions successives, parce que, quelque petite que soit la différence des nombres substitués, toutes ces racines sont comprises à la fois entre deux de ces nombres. La méthode des substitutions n'est donc point applicable aux équations qui renferment des racines égales incommensurables ; de sorte que le premier soin à prendre après avoir débarrassé une équation de ses racines entières, c'est de la débarrasser de ses racines égales incommensurables. Les procédés de cette opération, qui donne en même temps la détermination complète des racines égales incommensurables, sont exposés tome II, page 407 ; nous ajouterons seulement, qu'il est inutile de les essayer sur les équations du troisième et du quatrième degré à coefficiens rationnels et dont toutes les racines réelles sont incommensurables ; les premières ne pouvant jamais avoir de racines égales, et les secondes n'en ayant que lorsque leur second membre est un carré parfait, circonstance facile à reconnaître par une extraction de racine. On ne doit donc appliquer la méthode laborieuse des racines égales qu'aux équations des degrés supérieurs au quatrième, et quant on les a ramenées à n'avoir que des racines incommensurables inégales, mêlées ou non avec des racines imaginaires, leur solution ne dépend plus que des principes posés ci-dessus.

31. Prenons toujours pour exemple l'équation

$$x^{4} - 12x^{2} + 12x - 3 = 0$$

et supposons qu'on n'a essayé les substitutions du n° 22 qu'après s'être assuré qu'elle ne renferme pas de racines entières. Les substitutions jointes au principe du n° 23 nous ont appris que cette équation a une racine positive dont la partie entière est 2, et une racine négative dont la partie entière est — 3, ce qui suffit pour obtenir les valeurs approchées de ces racines avec autant de décimales qu'on peut le désirer, à l'aide de la méthode de Lagrange exposée, tome 1, au mot APPROXIMATION. Si l'on veut employer la méthode de Newton, qui se trouve dans le même article, et qui est beaucoup moins laborieuse, il reste à déterminer ces racines à $\frac{1}{10}$ près; or, en observant que les résultats des substitutions de $+2$ et de $+3$, savoir $—11$ et $+6$ indiquent que la valeur de la racine est plus voisine de 3 que de 2, parce que $+6$ est plus près de o que $—11$, nous poserons $x = 2,7$, et substituant cette valeur dans l'équation, nous obtiendrons $—4,9359$; ce résultat étant négatif, nous montre que la racine est comprise entre 2,7 et 3; faisons maintenant $x = 2,9$, la substitution de ce nombre nous donnera pour résultat $+1,6081$; nous en conclurons que la valeur de la racine est entre 2,7 et 2,9, et par conséquent qu'elle est 2,8 à $\frac{1}{10}$ près. Il ne faut plus qu'appliquer la méthode de Newton à cette valeur pour poursuivre à volonté l'évaluation de la racine. En opérant de la même manière sur la seconde racine comprise entre $—3$ et $—4$, on trouvera que sa valeur approchée à moins de $\frac{1}{10}$ est $—3,9$.

Ces deux racines étant trouvées, il reste à déterminer les deux autres, qui, si elles sont réelles, doivent être comprises entre o et 1; pour cet effet, nous pouvons substituer les nombres

$$0,1 \quad 0,2 \quad 0,3 \quad 0,4 \quad \text{etc., jusqu'à } 0,9;$$

si les racines sont réelles, et que leurs valeurs diffèrent de $\frac{1}{10}$ au moins, nous obtiendrons nécessairement des résultats de signes contraires. Mais, au lieu d'opérer ces substitutions, il est plus simple de rendre les racines de la proposée dix fois plus grandes, et de substituer les nombres entiers 1, 2, 3, 4, et jusqu'à 9; car si la transformée a une racine réelle comprise, par exemple, entre 2 et 3, comme cette racine sera 10 fois plus grande que la racine correspondante de la proposée, on saura que cette dernière est entre 0,2 et 0,3. Cette transformation, qui n'exige qu'un trait de plume, a l'avantage de rendre les calculs plus faciles, et permet de se servir d'une partie de ceux qu'on a dû faire pour les premières substitutions.

Nous rappellerons qu'on multiplie les racines d'une équation par un facteur quelconque m, en multipliant son second terme par m, son troisième par m^2, son quatrième par m^3 et ainsi de suite, tome 2, page 565. Si l'équation n'est pas complète, il faut tenir compte pour le rang des termes de ceux qui manquent. Ici, le facteur étant 10, il n'y a que des zéros à écrire, et l'équation transformée est

$$x^4 — 1200x^2 + 12000x — 30000 = 0.$$

On trouve, en désignant toujours le premier membre de l'équation par X,

$$
\begin{aligned}
\text{Pour } x &= 0, \ \text{X} = —30000 \\
x &= 1, \ \text{X} = —19199 \\
x &= 2, \ \text{X} = —10884 \\
x &= 3, \ \text{X} = —4819 \\
x &= 4, \ \text{X} = —944 \\
x &= 5, \ \text{X} = +625 \\
x &= 6, \ \text{X} = +96 \\
x &= 7, \ \text{X} = —2399.
\end{aligned}
$$

Nous nous arrêterons à 7, puisque nous reconnaissons deux racines, l'une entre 4 et 5, et l'autre entre 6 et 7. Les racines cherchées de la proposée sont donc 0,4 et 0,6, à moins de $\frac{1}{10}$.

32. Proposons-nous encore l'équation résolue directement ci-dessus (17)

$$x^4 — 3x^3 — 30x — 88 = 0.$$

Cette équation, traitée par la méthode des diviseurs (voy. RACINES COMMENSURABLES, tome II), nous offre une racine entière $= 4$, nous la diviserons donc par $x — 4$, pour la débarrasser de cette racine, et nous obtiendrons.

$$x^3 + 4x^2 + 13x + 22 = 0.$$

Les signes de cette dernière n'offrent que des permanences; il en résulte qu'elle n'a pas de racines positives, et qu'on doit substituer seulement les nombres négatifs $0, —1, —2, —3$, etc. Dans ce cas, pour éviter la considération des signes, dans la construction des puissances des nombres substitués, on transforme l'équation en une autre dont les racines sont les mêmes, mais de signes contraires; ce qui s'effectue en changeant les signes des termes qui contiennent les puissances impaires de x, si l'équation est de degré pair, ou ceux des termes qui contiennent les puissances paires de x, x^0 comprise, si l'équation est de degré impair. (Voy. TRANSFORMATION, tome II.) La proposée devient, de cette manière,

$$x^3 — 4x^2 + 13x — 22 = 0,$$

équation dont les racines positives seront les racines négatives demandées.

Nous ferons remarquer que cette transformation si simple ramène la résolution des équations numériques à la recherche des seules racines positives.

Observons maintenant que la limite supérieure ordinaire des racines positives est ici $1 + 22 = 23$ (*voy.* tome II, page 404); de sorte qu'il faudrait substituer tous les nombres entiers depuis 0 jusqu'à 23, pour être sûr de ne pas laisser échapper quelques racines, s'il n'existait aucun moyen de découvrir une limite plus resserrée; mais le procédé de Newton, exposé au mot Limite, tome II, nous apprend, en l'appliquant à la proposée, que la plus petite limite supérieure de ses racines positives (elle n'en a pas de négatives) est 3. Les seuls nombres à substituer sont donc 0, 1, 2, 3; et l'on sait de plus qu'il y a au moins une racine comprise entre 2 et 3. Comme la recherche de la plus petite limite supérieure est souvent très-laborieuse, nous indiquerons plus loin les moyens de s'en passer.

Les substitutions effectuées donnent

$$\text{Pour } x = 0, \ X = -22$$
$$x = 1, \ X = -12$$
$$x = 2, \ X = -4$$
$$x = 3, \ X = +8,$$

résultats qui n'offrent qu'un seul changement de signe.

Si toutes les racines sont réelles, il doit donc s'en trouver deux entre 0 et 1, ou entre 1, 2, à moins qu'elles ne soient toutes trois comprises entre 2 et 3. La marche régulièrement décroissante des résultats $-22, -14 -4$ ne pouvant fournir aucun indice susceptible de guider dans les recherches, on est réduit à essayer la substitution des nombres $\frac{1}{10}$, $\frac{2}{10}$, $\frac{3}{10}$, etc., jusqu'à $2 + \frac{9}{10}$, et encore ce moyen n'est nullement décisif; car si la différence des racines est plus petite que $\frac{1}{10}$, les substitutions ne pourront les mettre en évidence. Pour tirer parti de toutes les inductions, remarquons que la somme des trois racines, prise avec un signe contraire, devant être égale au coefficient 4 du second terme, il est impossible qu'il y ait trois racines comprises entre 2 et 3; car leur somme serait évidemment plus grande que 4. Il est même impossible, par la même raison, qu'il y en ait deux entre 1 et 2. Cette circonstance, toute particulière à l'équation que nous traitons, montre que deux des racines sont imaginaires ou comprises entre 0 et 1. Quant à la troisième, sa partie entière est 2; et en opérant comme ci-dessus, nous trouverons que sa valeur est à moins de $\frac{1}{10}$ près 2,4, ce qui permettra de pousser son approximation aussi loin qu'on pourra le désirer par la méthode de Newton. En lui donnant ensuite le signe $-$ on aura une des racines de la proposée.

Pour trouver s'il existe deux racines entre 0 et 1, on transformera l'équation en une autre dont les racines soient 10 fois plus grandes, et si la substitution des nombres 0, 1, 2, 3, 9 et 10, ne produit que des résultats de même signe, on en conclura, ou que les racines sont imaginaires, ou qu'elles diffèrent de moins qu'une unité; celles de la proposée diffèrent alors de moins que $\frac{1}{10}$. Il faudra donc de nouveau transformer la proposée en une autre dont les racines soient 100 fois, 1000 fois, etc., plus grandes. Mais lors même qu'on obtiendrait toujours des résultats de même signe, on ne pourrait conclure avec certitude que les deux racines sont imaginaires, car elles peuvent très-bien ne commencer à différer qu'après un grand nombre de chiffres décimaux communs si, par exemple, les deux racines étaient

$$0,567843219, \text{ etc.}$$
$$0,567843218, \text{ etc.}$$

leur distinction par des substitutions successives entraînerait des calculs impraticables.

Les considérations précédentes montrent suffisamment quelle serait l'utilité d'une règle capable de faire connaître la plus petite différence des racines d'une équation, et combien il serait important de pouvoir déterminer, dans tous les cas, le nombre exact des racines réelles. Nous allons examiner les moyens que possède aujourd'hui la science pour résoudre ces deux questions.

33. *Équation aux différences.* Désignons par x_1, x_2, x_3 etc., x_m les m racines de l'équation

$$x^m + \Lambda_1 x^{m-1} + \Lambda_2 x^{m-2} + \text{etc.}\ldots + \Lambda_{m-1} x + \Lambda_m = 0,$$

et par u la valeur d'une quelconque des différences

$$x_1 - x_2, \ x_2 - x_3, \ x_3 - x_1, \ x_3 - x_2, \ \text{etc.}$$

Il s'agit de trouver une équation dont l'inconnue u ait pour racines toutes ces différences, dont le nombre est évidemment égal à celui des combinaisons deux à deux avec permutations des m lettres x_1, x_2, x_3, etc. Le degré de l'équation demandée sera, par conséquent, $m(m-1)$. (*Voy.* Combinaison, tome I.)

Or, x_μ et x_ν étant deux quelconques des racines x_1, x_2, x_3, etc., nous avons, d'une part, la relation générale.... (1)

$$u = x_\mu - x_\nu$$

et de l'autre, l'équation.... (2)

$$x_\nu^m + \Lambda_1 x_\nu^{m-1} + \Lambda_2 x_\nu^{m-2} + \text{etc.}\ldots + \Lambda_{m-1} x_\nu + \Lambda_m = 0,$$

car x_ν étant une racine de la proposée, doit y satisfaire. L'égalité (1) donne $x_\mu = x_\nu + u$, et comme x_μ, est aussi une racine de la proposée, on a encore l'équation (3)

$$(x_{\nu} + u)^m + A_1(x_{\nu} + u)^{m-1} + A_2(x_{\nu} + u)^{m-2} + \text{etc}\ldots = 0.$$

La question se réduit donc à éliminer x_{ν} entre les deux équations (2) et (3), et l'équation finale en u aura pour racines toutes les différences des racines de la proposée. x_{ν} désignant une quelconque des racines de l'équation en x, il revient au même, et il est plus simple de considérer les deux équations (4) et (5)

$$x^m + A_1 x^{m-1} + A_2 x^{m-2} + A_3 x^{m-3} + \text{etc}\ldots = 0,$$

$$(x + u)^m + A_1(x + u)^{m-1} + A_2(x + u)^{m-2} + \text{etc}\ldots = 0.$$

Développons d'abord la dernière, nous aurons

$$
\begin{aligned}
x^m &+ mx^{m-1}u + \frac{m(m-1)}{1 \cdot 2}x^{m-2}u^2 + \frac{m(m-1)(m-2)}{1 \cdot 2 \cdot 3}x^{m-3}u^3 + \text{etc.} \\
&+ A_1 x^{m-1} + (m-1)A_1 x^{m-2}u + \frac{(m-1)(m-2)}{1 \cdot 2}A_1 x^{m-2}u^2 + \text{etc.} \\
&+ A_2 x^{m-2} + (m-1)A_2 x^{m-2}u + \text{etc.} \\
&+ A_3 x^{m-3} + \text{etc.}
\end{aligned}
$$

ce que nous pourrons mettre sous la forme..... (6)

$$X + X'u + \frac{X''}{1 \cdot 2}u^2 + \frac{X'''}{1 \cdot 2 \cdot 3}u^3 + \text{etc}\ldots + u^m = 0,$$

en posant

$$X = x^m + A_1 x^{m-1} + A_2 x^{m-2} + A_3 x^{m-3} + \text{etc.} \ldots + A_m$$

$$X' = mx^{m-1} + (m-1)A_1 x^{m-2} + (m-2)A_2 x^{m-3} + \text{etc.}$$

$$X'' = m(m-1)x^{m-2} + (m-1)(m-2)A_1 x^{m-3} + \text{etc.}$$

$$X''' = m(m-1)(m-2)x^{m-3} + (m-1)(m-2)(m-3)A_1 x^{m-4} + \text{etc.}$$

$$\text{etc.} = \text{etc.}$$

Ces polynomes se dérivent les uns des autres en multipliant chaque terme par l'exposant de x qu'on diminue ensuite d'une unité. Les termes sans x sont considérés comme s'ils renfermaient x^0, ce qui les fait disparaître à chaque dérivation.

Le terme X étant identique avec le premier membre de l'équation (4), est nul par lui-même. Ainsi l'équation (6) se réduit à

$$X'u + \frac{X''}{1 \cdot 2}u^2 + \frac{X'''}{1 \cdot 2 \cdot 3}u^3 + \text{etc}\ldots + u^m = 0,$$

ou simplement à

$$X' + \frac{X''}{1 \cdot 2}u + \frac{X'''}{1 \cdot 2 \cdot 3}u^2 + \text{etc}\ldots + u^{m-1} = 0,$$

en divisant tout par u. Les deux équations entre lesquelles il faut éliminer x, sont donc, en dernier lieu (7)

$$x^m + A_1 x^{m-1} + A_2 x^{m-2} + A_3 x^{m-3} + \text{etc}\ldots = 0,$$

$$X' + \frac{X''}{1 \cdot 2}u + \frac{X'''}{1 \cdot 2 \cdot 3}u^2 + \text{etc}\ldots + u^{m-1} = 0.$$

Sans nous arrêter aux cas particuliers, examinons quelle sera la forme de l'équation finale en u. Ses racines étant les différences des racines x_1, x_2, x_3, etc., doivent être numériquement égales deux par deux, et de signes contraires, car deux racines quelconques x_1, x_2, fournissent deux différences contraires $x_1 - x_2$, $x_2 - x_1$. Si nous désignons donc par α, β, γ, δ, etc., les racines positives de l'équation aux différences, ses racines négatives seront $-\alpha$, $-\beta$, $-\gamma$, $-\delta$, etc., et elle sera équivalente au produit des facteurs

$$(u - \alpha)(u + \alpha)(u - \beta)(u + \beta)(u - \gamma)(u + \gamma)\ldots$$

ou bien, en multipliant l'un par l'autre les binomes qui ne diffèrent que par le signe, à celui des facteurs

$$(u^2 - \alpha^2)(u^2 - \beta^2)(u^2 - \gamma^2)(u^2 - \delta^2)\ldots$$

il en résulte que le degré de cette équation est pair, et qu'elle ne renferme que les termes affectés des puissances paires de u; sa forme est donc

$$u^{2n} + P_1 u^{2n-2} + P_2 u^{2n-4} + P_3 u^{2n-6} + \text{etc}\ldots + P_{n-1}u^2 + P_n = 0.$$

Si l'on pose $u^2 = z$, elle deviendra

$$z^n + P_1 z^{n-1} + P_2 z^{n-2} + P_3 z^{n-3} + \text{etc}\ldots + P_{n-1}z + P_n = 0,$$

l'exposant n étant égal à $\dfrac{m(m-1)}{2}$.

Cette dernière se nomme l'*équation aux carrés des différences*, parce que ses racines z sont les carrés des différences u. Les calculs qu'exige la formation de l'une ou de l'autre de ces équations sont les mêmes, puisqu'elles ont les mêmes coefficiens. Nous verrons ailleurs (*voy.* FONCTIONS SYMÉTRIQUES) comment on peut calculer les coefficiens de l'équation aux carrés des différences d'une équation proposée, sans avoir besoin d'éliminer x entre les équations (7); il nous suffit ici d'avoir indiqué la possibilité de ces opérations pour pouvoir apprécier leur degré d'utilité.

34. D'après la construction de l'équation aux carrés des différences, il est évident qu'elle ne peut avoir que des racines positives, si toutes les racines de la proposée dont elle provient sont réelles. En effet, qu'une différence soit $+\alpha$ ou $-\alpha$, son carré est toujours $+\alpha^2$; mais si une différence est $+\alpha\sqrt{-1}$, ou $\alpha + \beta\sqrt{-1}$, son carré est $-\alpha^2$ dans le premier cas, et une quantité imaginaire dans le second. Ainsi, lorsqu'une équation aux carrés des différences offre des permanences de signes, on est assuré que la proposée renferme des racines imaginaires.

35. La limite inférieure des racines positives de l'équation aux carrés des différences fait aisément connaître un nombre plus petit que la plus petite différence entre les racines de la proposée, et lève, par conséquent, la difficulté que nous avons signalée ci-dessus (32).

15

Voyons d'abord comment on trouve cette limite infé-rieure des racines positives.

Soit une équation quelconque

$$x^m + px^{m-1} + qx^{m-2} + \text{etc...} + t = 0,$$

Si l'on fait $x = \frac{1}{z}$, on aura une transformée

$$\frac{1}{z^m} + p\frac{1}{z^{m-1}} + q\frac{1}{z^{m-2}} + \text{etc...} + t = 0,$$

qui, étant ramenée à la forme ordinaire en multipliant tous ses termes par z^m, deviendra

$$1 + pz + qz^2 + \text{etc...} + tz^m = 0,$$

ou plutôt

$$z^m + \text{etc...} + \frac{q}{t}z^2 + \frac{p}{t}z + \frac{1}{t} = 0,$$

transformation qui n'exige aucun calcul. Or, les racines de cette dernière sont égales à l'unité divisée par celles de la proposée, puisque $z = \frac{1}{x}$, donc les plus grandes racines de la transformée correspondent aux plus petites de la proposée, et *vice versâ*; et, par suite, si l désigne la limite supérieure des racines, soit positives, soit négatives de la transformée, $\frac{1}{l}$ sera une limite inférieure des racines de même nature de la proposée.

Revenons à l'équation aux carrés des différences. La limite inférieure de ses racines positives étant un nombre plus petit que le carré de la plus petite différence entre les racines de la proposée, la racine carrée de cette limite sera, à plus forte raison, plus petite que la plus petite différence des racines; de sorte qu'en désignant cette racine carrée par δ, il est évident que la substitution de la suite des nombres $0, \delta, 2\delta, 3\delta$, etc., à la place x, dans le premier nombre de la proposée, mettra en évidence toutes ses racines réelles. S'il arrivait que δ fût plus grand que l'unité, et que cependant la substitution des nombres entiers $0, 1, 2$, etc., n'ait pas donné autant de changemens de signes que la proposée a de racines, on serait certain que toutes celles qui manquent sont imaginaires.

36. Les propriétés de l'équation aux carrés des différences suffiraient, comme on le voit, pour faire disparaître toutes les difficultés de la résolution des équations numériques, si la formation de cette équation n'était pas elle-même une difficulté plus grande que toutes les autres. Nous renvoyons au mot FONCTIONS SYMÉTRIQUES pour donner une idée des calculs prolixes qu'entraîne la détermination de ses coefficiens pour des proposées seulement du troisième degré; dès le cinquième degré les calculs deviennent impraticables par leur longueur, de sorte que les indications que semble pro-

mettre cette méthode manquent précisément lorsqu'elles seraient réellement utiles, car les procédés théoriques directs permettent toujours de s'en passer pour les proposées du troisième et du quatrième degré auxquelles on l'applique exclusivement dans les traités d'algèbre modernes. Il est vraiment affligeant que, par déférence sans doute pour le grand nom de Lagrange, on ait cru devoir faire entrer la théorie de l'équation aux carrés des différences dans l'enseignement élémentaire.

37. *Théorème de M. Sturm.* Ce théorème, dont la découverte est récente, offre un moyen très-simple et généralement praticable pour mettre en évidence toutes les racines réelles d'une équation numérique quelconque. Soit

$$Ax^m + Bx^{m-1} + Cx^{m-2} + \text{etc...} + Mx + N = 0$$

une équation du degré m, que nous supposerons ne point renfermer de racines égales; les coefficiens A, B, C, etc., étant d'ailleurs des nombres réels. Exprimons simplement par X, son premier terme, et par X_1, le polynome

$$mAx^{m-1} + (m-1)Bx^{m-2} + (m-2)Cx^{m-3} + \text{etc...} + M,$$

qu'on en dérive en multipliant chacun de ses termes par l'exposant de la puissance de x qu'il contient, puis en diminuant cet exposant d'une unité. Divisons X par X_1, et comme la division ne peut être exacte, puisque l'équation $X = 0$, n'a pas de racines égales, désignons le reste par X_2; prenons $-X_2$ pour nouveau diviseur et opérons la division de X_1 par $-X_2$: X_3 étant le reste de cette seconde division, divisons encore $-X_2$, par $-X_3$ et ainsi de suite, jusqu'à ce que nous tombions sur un dernier reste qui ne contienne plus x. On voit que ces opérations sont les mêmes que s'il s'agissait de trouver le plus grand commun diviseur (voyez ce mot, tom. I, page 366), entre X et X_1, avec cette seule différence, qu'il faut changer le signe de chaque reste avant de le prendre pour diviseur. Voici la suite des calculs.

Équation proposée $X = 0$

Polynome dérivé de $X = X_1$;

puis

$$\frac{X}{X_1} = X_2, \quad \frac{X_1}{-X_2} = X_3, \quad \frac{-X_2}{-X_3} = X_4, \quad \frac{-X_3}{-X_4} = X_5, \text{ etc.}$$

Ayant ainsi obtenu la suite des fonctions $X, X_1, -X_2, -X_3, -X_4$, etc., si l'on y substitue, à la place de x, un nombre quelconque p positif ou négatif, les résultats, considérés seulement sous le rapport de leurs signes, offriront un certain nombre de variations et de permanences; et il en sera encore de même si l'on substitue ensuite un second nombre q, plus grand que p. Or,

La différence entre le nombre des variations de la suite

des résultats donnés par la substitution de p *et le nombre des variations de la suite des résultats donnés par la substitution de* q, *exprime* EXACTEMENT *le* NOMBRE *des racines réelles de la proposée qui se trouvent comprises entre* p *et* q.

Tel est le théorème très-remarquable dont il s'agit.

38. Observons que, dans la série indéfinie des nombres entiers positifs et négatifs — etc. . . . — 3, — 2, — 1, 0, + 1, + 2, + 3, . . . + etc., les nombres négatifs doivent être considérés comme d'autant plus petits qu'ils s'écartent plus de o ; par exemple, si les deux nombres substitués p et q, étaient — 16 et — 2, — 16 serait le plus petit.

39. On tire d'abord de ce théorème la règle suivante :

Les fonctions X , X_1, — X_2, — X_3, — *etc., étant déterminées, on y fera* $x = -\infty$, *et l'on écrira à la suite les uns des autres, sur une même ligne, les* SIGNES *des résultats de cette substitution ; le signe de la dernière fonction* — X_m, *qui ne contient pas* x, *demeure toujours le même.*

On fera ensuite $x = +\infty$, *et l'on écrira sur une seconde ligne, au-dessous de la première, les* SIGNES *des résultats donnés par la substitution de cette valeur dans les mêmes fonctions.*

On comptera le nombre des variations qu'offre chaque suite de signes. La différence entre les deux nombres exprimera le nombre total des racines réelles de la proposée.

Si, au lieu de substituer $-\infty$ et $+\infty$, on substituait la limite supérieure des racines négatives et celle des racines positives, on arriverait de la même manière à la connaissance du nombre total des racines réelles, mais la substitution de $-\infty$ et $+\infty$ n'exigeant aucun calcul, parce qu'elle réduit chaque polynome à son premier terme, est toujours préférable.

Pour distinguer les racines positives des racines négatives, il suffit d'une nouvelle substitution, celle de $x = o$; on a alors trois suites de signes correspondant respectivement aux substitutions $x = -\infty$, $x = o$, $x = +\infty$; la différence des nombres de variations des deux premières donne le nombre des racines négatives, et la différence des nombres de variations des deux dernières donne le nombre des racines positives. Par exemple, si l'on a trouvé

Pour $x = -\infty$,   — + — + — +   5 variations,
$x = o$,   + + — — + +   2 variations,
$x = +\infty$,   + + + + + +   0 variation,

on en conclura que, puisqu'il disparaît 3 variations dans le passage de $-\infty$ à o, la proposée a trois racines réelles comprises entre $-\infty$ et o, c'est-à-dire, trois racines négatives ; et que, puisqu'il disparaît 2 variations dans le passage de $o = +\infty$, la proposée a, de

plus, 2 racines positives. Nous allons éclaircir cette théorie par quelques exemples.

40. Reprenons l'équation du n° 32,

$$x^3 - 4x^2 + 13x - 22 = 0,$$

dans laquelle la substitution de la suite des nombres entiers o, 1, 2, 3, etc., n'a pu mettre en évidence qu'une seule racine réelle comprise entre 2 et 3. Le polynome dérivé de son premier membre est

$$3x^2 - 8x + 13 = X_1.$$

Pour pouvoir effectuer la division, il faut multiplier tous les termes de X par le facteur 3, et nous devons observer ici, une fois pour toutes, que l'introduction ou le retranchement d'un facteur commun n'a aucune influence sur les résultats, de sorte qu'on doit opérer absolument de la même manière que dans la recherche du plus grand commun diviseur. Le reste de cette première division est $46x - 146$, ou $25x - 73$, en retranchant le facteur commun 2. Nous avons donc, en changeant les signes de ce reste, — $X_2 = -23x + 73$.

Divisant X_1 par — X_2, ou $3x^2 - 8x + 13$ par — $23x + 73$, nous obtiendrons, pour dernier reste, + 9432. D'où — $X_3 = -9432$. La suite des fonctions est donc ici

$$\begin{aligned} X &= x^3 - 4x^2 + 13x - 22, \\ X_1 &= 3x^2 - 8x + 13, \\ -X_2 &= -23x + 73, \\ -X_3 &= -9432. \end{aligned}$$

Faisant successivement $x = -\infty$, $x = o$, $x = +\infty$, et n'écrivant que les signes des résultats, nous aurons,

Pour $x = -\infty$,   — + + —   2 variations,
$x = o$,   — + + —   2 variations,
$x = +\infty$,   + + — —   1 variation.

Il y a donc une seule racine réelle positive, car le passage de $-\infty$ à o, ne produit aucun changement, et celui de o à $+\infty$ ne fait disparaître qu'une variation.

41. Reprenons encore l'équation du n° 22,

$$x^4 - 12x^2 + 12x - 3 = 0,$$

dont nous savons qu'une racine est comprise entre — 3 et — 4, deux entre o et 1, la dernière entre 2 et 3. Nous allons voir que le théorème de M. Sturm fait immédiatement reconnaître l'existence des deux racines comprises entre o et 1, que nous n'avions pu que soupçonner ci-dessus, ce qui aurait entraîné beaucoup de calculs inutiles si le soupçon ne s'était pas trouvé fondé. La dérivation donne

$$4x^3 - 24x + 12, \text{ ou } x^3 - 6x + 3 = X_1,$$

le reste de la première division est

$$- 6x^2 + 9x - 3 ;$$

retranchant le facteur commun 3 et changeant les lignes, nous avons donc

$$2x^2 - 3x + 1 = - X_2 ;$$

le reste de la division de X_1 par $- X_2$ est $- 17x + 9$. D'où

$$17x - 9 = - X_3 ;$$

enfin le reste de la division de $- X_2$ par $- X_3$ est $- 8$; d'où $- X_4 = + 8$. Nous avons donc, en rassemblant les résultats,

$$\begin{aligned}
X &= x^4 - 12x^2 + 12x - 3 \\
X_1 &= x^3 - 6x + 3 \\
- X_2 &= 2x^2 - 3x + 1 \\
- X_3 &= 17x - 9 \\
- X_4 &= + 8
\end{aligned}$$

Substituant successivement $- \infty$, o et $+ \infty$, nous obtiendrons,

Pour $x = - \infty$,	$+ - + - +$	4 variations,
$x = $ o,	$- + + - +$	3 variations,
$x = + \infty$,	$+ + + + +$	o variation.

ce qui nous apprend que l'équation proposée a ses quatre racines réelles, savoir : une négative et trois positives.

Pour déterminer maintenant avec exactitude entre quels nombres entiers chacune de ces racines se trouve comprise, substituons dans ces mêmes fonctions la suite des nombres naturels o, 1, 2, 3, etc., tant avec le signe $+$ qu'avec le signe $-$, nous obtiendrons pour les substitutions positives,

Pour $x = $ o,	$- + + - +$	3 variations,
$x = 1$,	$- - - - +$	1 variation,
$x = 2$,	$- - + + +$	1 variation,
$x = 3$,	$+ + + + +$	o variation.

Nous nous arrêtons à $x = 3$, parce que sa substitution donne les mêmes signes que celle de $+ \infty$, et qu'il en résulte qu'il n'y a pas de racine réelle comprise entre 3 et $+ \infty$.

En examinant ces suites de signes, nous voyons que o donne 3 variations et que 1 n'en donne qu'une, d'où il suit qu'il y a deux racines comprises entre o et 1 ; de même, 2 donnant une variation et 3 n'en donnant aucune, il y a une racine comprise entre 2 et 3.

Il est inutile ici d'opérer la substitution des nombres négatifs dans toutes les fonctions; comme il n'existe

qu'une seule racine négative, il suffit, pour la mettre en évidence, d'effectuer cette substitution dans la proposée.

42. Soit, pour dernier exemple, l'équation

$$x^5 - 4x^4 + 4x^3 - 2x^2 - 5x - 4 = 0.$$

En lui appliquant la règle (37), on obtient la suite de fonctions

$$\begin{aligned}
X &= x^5 - 4x^4 + 4x^3 - 2x^2 - 5x - 4 \\
X_1 &= 5x^4 - 16x^3 + 12x^2 - 4x - 5 \\
- X_2 &= 12x^3 - 9x^2 + 58x + 60 \\
- X_3 &= 41x^2 - 58x - 108 \\
- X_4 &= - 10600x - 8511 \\
- X_5 &= + 3614395239.
\end{aligned}$$

Les substitutions de $- \infty$, o et $+ \infty$ donnent

Pour $x = - \infty$,	$- + - + + +$	3 variations,
$x = $ o,	$- - + - - +$	3 variation,
$x = + \infty$,	$+ + + + - -$	2 variations.

La proposée n'a donc qu'une seule racine réelle positive ; les quatre autres sont imaginaires. En appliquant à cette même équation une règle d'induction, Newton avait trouvé (*Arith. univ.*, tome II, chap. II), qu'elle devait avoir deux racines négatives et une positive; on voit que sa règle est fausse.

Pour déterminer la partie entière de la racine positive, on substituera dans la proposée la suite des nombres o, 1, 2, 3 etc., ce qui donnera,

Pour $x = $ o,	$X = -$	4
$x = 1$,	$X = -$	10
$x = 2$,	$X = -$	22
$x = 3$,	$X = -$	10
$x = 4$,	$X = +$	200

ainsi la racine cherchée est entre 3 et 4, mais beaucoup plus près de 3 que de 4.

43. *Limites des substitutions.* Les limites supérieures ordinaires des racines d'une équation étant souvent de très-grands nombres, et les limites supérieures les plus petites pouvant être rarement obtenues sans beaucoup de calculs, il est important, pour éviter les substitutions inutiles, de savoir reconnaître si les nombres substitués renferment ou non toutes les racines réelles, quoiqu'elles ne soient pas toutes en évidence. Les caractères que nous allons indiquer, et d'après lesquels on devra poursuivre ou arrêter les substitutions, sont liés à un moyen si simple d'obtenir les résultats de ces substitutions, qu'on doit, dans tous les cas, le préférer aux opérations directes. Voici en quoi il consiste.

Lorsque, dans un polynome du degré m, m étant un nombre entier, on substitue, à la place de x, la suite des nombres naturels 0, 1, 2, 3, 4, etc., les résultats qu'on obtient forment une progression arithmétique de l'ordre m (voy. PROGRESSION, tom. II), c'est-à-dire, une progression dont les différences de l'ordre m sont constantes. Pour fixer les idées, soit l'équation générale du troisième degré

$$x^3 + Ax^2 + Bx + C = 0 \,;$$

si nous faisons successivement $x = 0, = 1, = 2$, etc., nous aurons la suite de quantités . . . (a)

$$
\begin{aligned}
& + C\\
&1 + A + B + C\\
&8 + 4A + 2B + C\\
&27 + 9A + 3B + C\\
&64 + 16A + 4B + C\\
&125 + 25A + 5B + C\\
&\text{etc.} \ldots \ldots \ldots \text{ etc.}
\end{aligned}
$$

Or, en retranchant chaque terme de cette suite, de celui qui le suit immédiatement, on obtient la nouvelle série de *premières différences* :

$$
\begin{aligned}
&1 + A + B\\
&7 + 3A + B\\
&19 + 5A + B\\
&37 + 7A + B\\
&61 + 9A + B\\
&\text{etc.} \ldots \text{ etc.}
\end{aligned}
$$

Opérant de la même manière sur celle-ci, on aura pour la série des *secondes différences* :

$$
\begin{aligned}
&6 + 2A\\
&12 + 2A\\
&18 + 2A\\
&24 + 2A\\
&\text{etc.} \ . \ \text{etc.}
\end{aligned}
$$

Les différences de cette dernière, qui sont les *différences troisièmes* de la suite (a), sont évidemment égales entre elles et au nombre 6.

Ainsi, les résultats (a) de la substitution des nombres naturels 0, 1, 2, 3 etc., dans le premier membre d'une équation de troisième degré, forment évidemment une progression arithmétique du troisième ordre dont les différences constantes sont égales à 6. On reconnaît aisément qu'il en serait de même si le premier terme x^3 de l'équation, au lieu d'avoir l'unité pour coefficient, avait un nombre quelconque P, seulement alors les différences constantes seraient égales à 6P. Observons maintenant que lorsqu'on connaît la première différence de chaque ordre, il n'est rien de plus facile que de continuer la progression. Ici, par exemple, il ne faut qu'ajouter 6 à la quatrième différence du second

ordre $24 + 2A$, pour obtenir la cinquième $30 + 2A$; mais celle-ci, ajoutée à la cinquième différence du premier ordre $61 + 9A + B$, donne la sixième différence du premier ordre $91 + 11A + B$, qui, ajoutée à son tour au sixième terme de la progression $125A + 5B + C$, fait connaître le septième terme

$$216 + 36A + 6B + C.$$

Il suffit donc d'une suite d'additions pour pouvoir construire tous les termes de la progression (a), au moyen du premier terme de chaque ordre de différences, savoir :

$$1 + A + B, \quad 6 + 2A, \quad 6.$$

Par exemple, pour l'équation

$$x^3 - 4x^2 + 13x - 22 = 0,$$

on aurait, en faisant $A = -4$, $B = 13$, $C = -22$,

$$1 + A + B = 10, \quad 6 + 2A = -2,$$

c'est-à-dire

Diff. 3e.	Diff. 2e.	Diff. 1re.	Prog.
$+6$	-2	$+10$	-22

Ces premiers termes des diverses séries font connaître les seconds, en ajoutant chacun d'eux avec celui qui le précède; ainsi le second terme de la série des différences secondes est $-2 + 6 = +4$, celui des différences premières est $+10 - 2 = +8$, et enfin le second terme de la progression est $-22 + 10 = -12$. En écrivant toujours $+6$ dans la colonne des différences troisièmes, on obtient de cette manière

Diff. 3e.	Diff. 2e.	Diff. 1re.	Prog.
$+6$	-2	$+10$	-22
$+6$	$+4$	$+8$	-12
$+6$	$+10$	$+12$	-4
$+6$	$+16$	$+22$	$+8$
$+6$	$+22$	$+44$	$+30$

Les termes de la progression correspondent évidemment aux substitutions $x = 0, x = 1, x = 2, x = 3, x = 4$.

En examinant la formation des termes de ces diverses suites, on reconnaît que lorsqu'on est arrivé à une ligne de termes affectés chacun du signe $+$, toutes les autres lignes qu'on pourrait former, et, par conséquent, tous les termes ultérieurs de la progression, offriraient nécessairement ce même signe, de sorte qu'il est impossible d'obtenir des variations de signes dans la colonne des résultats, ou des termes de la progression, au-delà de la substitution à laquelle correspond cette permanence générale. Il ne peut donc y avoir ici de racines positives au-dessus de 4, car 4 correspond au résultat $+8$, précédé de termes tous positifs. Nous avons donc, par ce procédé, non seulement l'avantage de réduire les calculs des substitutions aux deux opérations arithmétiques les plus simples, l'addition et la soustraction, mais encore celui de savoir où nous devons nous arrêter.

On peut obtenir les résultats correspondant aux substitutions -1, -2, -3, $-$ etc., par une suite de soustractions, mais il est généralement plus simple, après avoir cherché les racines positives, de changer le signe des racines de la proposée et de chercher, de la même manière, les racines positives de la transformée; elles seront les racines négatives de la proposée (n° 32).

44. Ce que nous venons de dire pour les équations du troisième degré s'applique à toutes les autres. Dès qu'on a déterminé la première différence de chaque ordre, les résultats des substitutions s'obtiennent par une suite d'additions. Pour les équations du quatrième degré on a

Équation générale. $x^4 + Ax^3 + Bx^2 + Cx + D = 0$

Premier terme des résultats. . . . . $+ D$

1re différence première. . . . $1 + A + B + C$

1re différence seconde. . . . $14 + 6A + 2B$

1re différence troisième.. . . $36 + 6A$

Différence 4e ou constante.. . 24.

Voici le tableau des calculs sur l'équation déjà traitée

$$x^4 - 12x^2 + 12x - 3 = 0.$$

Ici, $A = 0$, $B = -12$, $C = +12$, $D = -3$, et, par suite,

$$1 + A + B + C = 1,$$
$$14 + 6A + 2B = -10,$$
$$36 + 6A = 36.$$

Partant de ces nombres, on trouve pour les substitutions positives,

	Diff. 4e.	Diff. 3e.	Diff. 2e.	Diff. 1re.	Résultats.
$x = 0$	$+ 24$	$+ 36$	$- 10$	$+ 1$	$- 3$
$x = 1$	$+ 24$	$+ 60$	$+ 26$	$- 9$	$- 2$
$x = 2$	$+ 24$	$+ 84$	$+ 86$	$+ 17$	$- 11$
$= 3$	$+ 24$	$+ 108$	$+ 170$	$+ 103$	$+ 6$

3 est donc la limite supérieure des racines positives.

Pour chercher les racines négatives, changeons les signes des racines de la proposée; elle deviendra

$$x^4 - 12x^2 - 12x - 3 = 0.$$

Nous aurons, en comparant avec les formules précédentes,

$$A = 0, \quad B = -12, \quad C = -12, \quad D = -3,$$
$$1 + A + B + C = -23,$$
$$14 + 6A + 2B = -10,$$
$$36 + 6A = 36,$$

ce qui nous donnera, en opérant comme il est indiqué,

	Diff. 4e.	Diff. 3e.	Diff. 2e.	Diff. 1re.	Résultats.
$x = 0$	$+ 24$	$+ 36$	$- 10$	$- 23$	$- 3$
$x = 1$	$+ 24$	$+ 60$	$+ 26$	$- 33$	$- 26$
$x = 2$	$+ 24$	$+ 84$	$+ 86$	$- 7$	$- 59$
$x = 3$	$+ 24$	$+ 108$	$+ 170$	$+ 79$	$- 66$
$x = 4$	$+ 24$	$+ 132$	$+ 278$	$+ 249$	$+ 13$

La limite des racines positives de la transformée est donc 4, et, par conséquent, la proposée n'a pas de racines négatives au-delà de -4.

Nous n'avons sans doute pas besoin de faire observer que tout ce que nous avons dit ci-dessus, concernant les changemens de signes des résultats, s'applique à ceux qui sont obtenus par ce procédé, c'est-à-dire, qu'il faut conclure du premier tableau, qu'il y a au moins une racine réelle comprise entre 2 et 3, et, du second, qu'il y a au moins une racine réelle comprise entre 3 et 4.

45. Nous allons étendre les formules, qui font obtenir immédiatement les différences, au cas où les premiers termes des équations sont affectés de coefficiens, en nous bornant aux équations des huit premiers degrés, ce qui est suffisant pour les applications usuelles. La marche que nous allons suivre montrera d'ailleurs comment il faudrait opérer pour des équations supérieures.

Soit.... (I)

$$Ax^8 + Bx^7 + Cx^6 + Dx^5 + Ex^4 + Fx^3 + Gx^2 + Hx + I = 0$$

une équation du huitième degré dans laquelle les coefficiens A, B, C, etc., sont des nombres entiers quelconques positifs, négatifs ou nuls; on pourra la réduire à une du septième degré en faisant $A = 0$, à une du sixième en faisant $A = 0$, et $B = 0$, et ainsi de suite. Ceci posé, si l'on substitue à la place de x, les nombres entiers 0, 1, 2, 3, etc., les résultats formeront une progression arithmétique du huitième ordre, dont le premier terme sera I.

En retranchant chacun des termes de cette progression de celui qui le suit immédiatement, on formera la série des *premières différences* : progression du septième ordre, qui aura pour premier terme

$$A + B + C + D + E + F + G + H.$$

Opérant de la même manière sur cette série des premières différences, on obtiendra la série des secondes différences, dont le premier terme sera

$$254A + 126B + 62C + 3oD + 14E + 6F + 2G.$$

Continuant de la même manière, jusqu'à ce qu'on parvienne aux *différences huitièmes*, qui sont constantes et égales à $4o32o\,A$, on pourra réunir tous les résultats dans un seul tableau, comprenant ainsi les élémens de la résolution des équations numériques, depuis celles du premier degré jusqu'à celles du huitième. Nous aurons de cette manière R, désignant le premier terme de la série des résultats ou celui qui correspond à $x = o$, et D_1, D_2, D_3, D_4, etc., les premières différences de chaque ordre ....(II).

$$R = I$$
$$D_1 = A + B + C + D + E + F + G + H$$
$$D_2 = 2\Big[127A + 63B + 3iC + 15D + 7E + 3F + G \Big]$$
$$D_3 = 6\Big[966A + 3o1B + 9oC + 25D + 6E + F \Big]$$
$$D_4 = 24\Big[17o1A + 35oB + 65C + 1oD + E \Big]$$
$$D_5 = 120\Big[1o5oA + 14oB + 15C + D \Big]$$
$$D_6 = 72o\Big[266A + 21B + C \Big]$$
$$D_7 = 5o4o\Big[28A + B \Big]$$
$$D_8 = 4o32oA.$$

46. Pour montrer l'application de ces formules, prenons d'abord l'équation

$$x^5 - 4x^4 + 4x^3 - 2x^2 - 5x - 4 = o,$$

dans laquelle le théorème de M. Sturm nous a fait reconnaître qu'il n'existe qu'une seule racine réelle positive. Nous avons, en comparant avec la formule (I),

$$A = o, \; B = o, \; C = o, \; D = 1,$$
$$E = -4, \; F = +4, \; G = -2, \; H = -5, \; I = -4;$$

substituant ces valeurs dans le tableau (II), nous obtiendrons

$$R = -4$$
$$D_1 = 1 - 4 + 4 - 2 - 5 = -6$$
$$D_2 = 2\Big[15 - 28 + 12 - 2 \Big] = -6$$
$$D_3 = 6\Big[25 - 24 + 4 \Big] = +3o$$
$$D_4 = 24\Big[1o - 4 \Big] = +144$$
$$D_5 = 120.$$

Au moyen de ces différences, le calcul des substitutions positives sera compris dans le tableau suivant :

	Diff. 5e.	Diff. 4e.	Diff. 3e.	Diff. 2e.	Diff. 1re.	Résultats.
$x = 0$	120	$+ 144$	$+ 3o$	$- 6$	$- 6$	$- 4$
$x = 1$	120	$+ 264$	$+ 174$	$+ 24$	$- 12$	$- 10$
$x = 2$	120	$+ 384$	$+ 438$	$+ 198$	$+ 12$	$- 22$
$x = 3$	120	$+ 5o4$	$+ 822$	$+ 636$	$+ 210$	$- 10$
$x = 4$	120	$+ 624$	$+ 1326$	$+ 1458$	$+ 846$	$+ 200$

Il y a donc une racine positive comprise entre 3 et 4, et le calcul est fini, puisque tous les signes de la dernière ligne sont positifs.

Si l'on ne savait pas que cette équation n'a qu'une seule racine réelle, il faudrait calculer les résultats des substitutions négatives $- 1$, $- 2$, $- 3$, etc., soit en changeant le signe des racines, pour n'avoir que des additions à faire, soit en prolongeant le tableau précédent par des soustractions du côté des substitutions négatives. Lorsque le calcul des différences est un peu long, ce dernier moyen est préférable. Voici la marche des opérations :

$$x = \;\;\; o, \; +12o, \; +144, \; +3o, \; - 6, \; -6 : -4$$
$$x = -1, \; +12o, \; + 24, \; + 6, \; -12, \; +6 : -10$$

la différence constante $+ 12o$ étant retranchée de la différence quatrième $+144$, donne $+ 24$ nouvelle différence quatrième ; celle-ci, retranchée de la différence troisième $+3o$, donne $+6$, nouvelle différence troisième ; cette dernière retranchée de $- 6$, différence seconde, donne -12, nouvelle différence seconde, qui, retranchée à son tour de la différence première -6, donne $+6$, nouvelle différence première ; enfin, cette nouvelle différence première retranchée du résultat $- 4$, donne le nouveau résultat $- 10$, correspondant à $x = - 1$. Opérant ensuite sur la nouvelle ligne de chiffres comme nous venons de le faire sur la première, on obtiendra le résultat correspondant à $x = - 2$, et ainsi de suite. Le calcul, continué jusqu'à ce que la dernière ligne n'offre que des variations de signes, est résumé dans ce tableau :

	Dif. 5e	Diff. 4e.	Diff. 3e.	Diff. 2e.	Diff. 1re.	Résultats.
$x = \;\;\; 0$	120	$+ 144$	$+ 3o$	$- 6$	$- 6$	$- 4$
$x = -1$	120	$+ 24$	$+ 6$	$- 12$	$+ 6$	$- 10$
$x = -2$	120	$- 96$	$+ 102$	$- 114$	$+ 12o$	$- 13o$

La dernière ligne ne présentant aucune permanence de signes, il en résulte que l'équation n'a point de racines au delà de $- 2$; car, d'après la construction des résultats, on voit qu'il n'est plus possible d'en obtenir de positifs : chaque différence négative devant être augmentée par la soustraction d'une différence positive, et chaque différence positive devant être pareillement augmentée par la soustraction d'une différence négative.

On a donc deux critériums assurés pour limiter les substitutions, savoir : du côté des nombres positifs, lorsqu'il n'y a plus de variations de signes, et du côté des nombres négatifs, lorsqu'il n'y a plus de permanences.

Les substitutions n'ayant mis qu'une seule racine en évidence, et la marche des résultats

$$-10, \quad -4, \quad -10$$

pouvant faire soupçonner (n° 23) qu'il existe un nombre pair de racines entre les nombres $+1$ et -1, il faudrait essayer des substitutions intercalaires que l'application du théorème de M. Sturm rend inutiles. Cet exemple suffit pour montrer sa grande utilité. Nous ferons cependant connaître plus loin un autre théorème qui, bien que moins décisif, peut servir de guide dans un grand nombre de cas.

47. Le but principal de la méthode des substitutions étant de déterminer la valeur des racines à $\frac{1}{10}$ d'unité près, pour pouvoir leur appliquer ensuite les méthodes d'approximation, il nous reste à montrer comment on peut obtenir cette première détermination sans aucun des tâtonnemens indiqués ci-dessus (n° 31), et qui peuvent devenir très-laborieux lorsque l'équation est d'un degré élevé.

Partons toujours de l'équation générale (I), qui embrasse les huit premiers degrés, et supposons que nous ayons trouvé la valeur entière a, d'une de ces racines, si nous désignons par z, sa valeur plus petite que l'unité, elle sera représentée par $x = a + z$, et en substituant $a + z$, à la place de x, dans l'équation (I), on obtiendra une équation en z, dont une des racines doit être nécessairement moindre que l'unité, et comme nous supposons que la proposée n'a qu'une seule racine comprise entre a et $a + 1$, l'équation en z n'aura qu'une seule racine réelle entre 0 et 1 ; il s'agira donc seulement de déterminer le premier chiffre décimal de cette seule racine. Avant de procéder à cette détermination, indiquons le moyen de calculer les coefficiens de l'équation en z, par le moyen de ceux de l'équation en x.

Or, la substitution de $a + z$ dans (I), nous donnera une équation de la forme …(III)

$$Q = I' + H'z + G'z^2 + F'z^3 + E'z^4 + D'z^5 + C'z^6 + {} + B'z^7 + A'z^8,$$

pour laquelle nous aurons, en effectuant le calcul des coefficiens,

$$I' = I + Ha + Ga^2 + Fa^3 + Ea^4 + Da^5 + Ca^6 + Ba^7 + Aa^8$$
$$H' = H + 2Ga + 3Fa^2 + 4Ea^3 + 5Da^4 + 6Ca^5 + 7Ba^6 + 8Aa^7$$
$$G' = G + 3Fa + 6Ea^2 + 10Da^3 + 15Ca^4 + 21Ba^5 + 28Aa^6$$
$$F' = F + 4Ea + 10Da^2 + 20Ca^3 + 35Ba^4 + 56Aa^5$$
$$E' = E + 5Da + 15Ca^2 + 35Ba^3 + 70aA^4$$
$$D' = D + 6Ca + 21Ba^2 + 51Aa^3$$
$$C' = C + 7Ba + 28Aa^2$$
$$B' = B + 8Aa$$
$$A' = A.$$

48. Construisons par le moyen de ces formules l'équation en z, résultante de la substitution de $3 + z$, à la place de x dans l'équation

$$x^5 - 4x^4 + 4x^3 - 2x^2 - 5x - 4 = 0,$$

dont nous savons que la racine réelle a 3 pour partie entière.

Nous avons, en comparant avec (I) et (III),

$$D = 1, \ E = -4, \ F = +4, \ G = -2, \ H = -5, \ I = -4.$$

La proposée n'étant que du cinquième degré, il faut retrancher des formules générales toutes les parties qui contiennent A, B et C. Substituant ces valeurs dans les formules (III), nous trouverons, en faisant $a = 3$,

$$I' = -4 - 15 - 18 + 108 - 324 + 243 = -10$$
$$H' = -5 - 12 + 108 - 432 + 405 = +64$$
$$G' = -2 + 36 - 216 + 270 = +88$$
$$F' = +4 - 48 + 90 = +46$$
$$E' = -4 + 15 = +11$$
$$D' = +1.$$

L'équation en z est donc

$$z^5 + 11z^4 + 46z^3 + 88z^2 + 64z - 10 = 0;$$

et, d'après la règle de Descartes, elle ne peut avoir plus d'une racine positive, laquelle est visiblement comprise entre 0 et 1, car en faisant $z = 0$, il vient un résultat négatif -10, tandis qu'en faisant $z = 1$, le résultat est positif.

Pour trouver maintenant le premier chiffre décimal de cette racine, rendons les racines de l'équation en z, dix fois plus grandes ; par ce moyen, le premier chiffre décimal cherché deviendra le chiffre des entiers de la racine, et nous pourrons l'obtenir par la substitution des nombres entiers 0, 1, 2, etc., jusqu'à 10, s'il est besoin.

La transformation n'exige d'autre peine que celle d'écrire des zéros (n° 31), et l'équation devient

$$z'^5 + 110z'^4 + 4600z'^3 + 88000z'^2 + {} + 640000z' - 1000000 = 0.$$

Les substitutions donnent

$$\text{Pour } z' = 0, \qquad - 1000000$$
$$z' = 1, \qquad - 267289$$
$$z' = 2, \qquad + 670563.$$

Ainsi la valeur entière de z' est 1, et par conséquent la valeur cherchée de z est 0,1. Celle de x est donc 3,1, à moins d'un dixième près.

Le même procédé appliqué à l'équation en z' pourrait faire trouver le premier chiffre décimal de sa racine, ce qui donnerait les deux premières décimales de x, et ainsi de suite, mais il est beaucoup plus prompt d'employer le procédé de Newton, surtout tel qu'il a été modifié par Raphson. (*Voy.* Approximation, tom. I.) Nous examinerons plus loin quelques autres modifications, qui peuvent rendre ce procédé moins laborieux.

49. Le procédé que nous venons d'exposer offre le moyen direct de séparer les racines comprises entre les deux mêmes nombres entiers successifs. Si l'on avait trouvé, par exemple, qu'une équation $X = 0$, renferme deux racines entre 6 et 7, on y ferait $X = 6 + z$, et l'équation résultante en z, $Z = 0$, aurait nécessairement deux racines réelles comprises entre 0 et 1; multipliant par 10 les racines de cette dernière, la transformée en z', $Z = 0$, aurait, par conséquent, deux racines réelles comprises entre 0 et 10, et dont les substitutions feraient connaître les parties entières; en admettant que ces parties soient 4 et 7, les racines de Z seraient 0, 4 et 0, 7 à un dixième près, et l'on aurait pour les racines cherchées de $X = 0$, 6, 4 et 6, 7, à moins d'un dixième près. Dans le cas où les deux racines de $Z' = 0$, seraient comprises entre les deux mêmes nombres, les racines de $X = 0$, auraient non seulement la même partie entière, mais encore le même premier chiffre décimal, et il faudrait opérer sur l'équation $Z = 0$ comme on l'aurait fait sur l'équation $X = 0$; on parviendrait ainsi à la connaissance des seconds chiffres décimaux des racines cherchées, et ainsi de même jusqu'à ce qu'on ait séparé les deux racines.

S'il y avait primitivement trois, ou un plus grand nombre de racines comprises entre les deux mêmes nombres entiers, l'équation en z, aurait le même nombre de racines réelles comprises entre 0 et 1, et celle en z', le même nombre de racines réelles comprises entre 0 et 10.

50. Nous n'avons considéré jusqu'ici que des équations dont la partie entière des racines était exprimée par un seul chiffre, ce qui nous a permis de la déterminer au moyen d'un petit nombre de substitutions; mais si cette partie entière était exprimée par deux ou un plus grand nombre de chiffres, quoique les procédés indiqués soient suffisans pour la faire découvrir,

les calculs pourraient devenir d'une longueur rebutante, ce que l'on peut toujours éviter par de faciles transformations. Soit, par exemple, l'équation

$$x^4 - 180x^4 - 1300x^3 - 18000x - 140000 = 0;$$

les signes nous indiquent qu'il ne peut y avoir qu'une seule racine positive, procédons d'abord à la recherche des racines négatives, en changeant, pour plus de facilité, le signe des racines. La proposée devient alors

$$x^4 + 180x^4 - 1300x^3 + 18000x - 140000 = 0;$$

et, en comparant avec les formules (I) et (II), nous avons

$$A = 0, \ B = 0, \ C = 0, \ D = 0, \ E = 1, \ F = 180,$$
$$G = -1300, \ H = +18000, \ I = -140000;$$

d'où

$$R = - 140000$$
$$D_1 = + 16881$$
$$D_2 = - 1506$$
$$D_3 = + 1116$$
$$D_4 = + 24.$$

Opérant sur ces différences, nous aurons

	Diff. 4e.	Diff. 3e.	Diff. 2e.	Diff. 1re.	Résultats.
$x = 0$	24	+1116	—1506	+16881	—140000
$x = 1$	24	+1140	— 390	+15375	—123119
$x = 2$	24	+1164	+ 750	+14985	—107744
$x = 3$	24	+1188	+1914	+15735	— 92759
$x = 4$	24	+1212	+3102	+17649	— 77024
$x = 5$	24	+1236	+4314	+20751	— 59375
$x = 6$	24	+1260	+5550	+25065	— 38644
$x = 7$	24	+1284	+6810	+30615	— 13559
$x = 8$	24	+1308	+8094	+37425	+ 17056

Nous découvrons donc une racine entre 7 et 8, et la marche régulièrement décroissante des résultats ne nous indique aucun couple de racines compris entre les nombres précédens, de sorte que nous pouvons supposer ou que la proposée a trois racines négatives comprises entre — 7 et — 8, ou qu'elle n'a qu'une seule racine négative et deux imaginaires. Cherchons maintenant la racine positive qu'elle doit nécessairement avoir.

En procédant sur l'équation

$$x^4 - 180x^4 - 1300x^3 - 18000x - 140000 = 0,$$

comme nous venons de le faire sur sa transformée, non seulement les dix premières substitutions n'amènent aucun changement de signes dans les résultats, mais la marche des différences montre qu'on ne peut en espérer qu'après plus d'une centaine de substitutions. Pouvant supposer ainsi que la partie entière de la racine est comprise entre 100 et 1000, ce serait le cas de chercher la plus petite limite supérieure des racines positives; cependant, ne voulant point ici avoir recours à ce moyen, observons qu'on peut rendre les racines de la proposée 100 fois plus petites, en y faisant $x = 100z$, transformation très-facile à effectuer, puisqu'elle se réduit à diviser chaque coefficient par la puissance de 100 dont l'exposant est le nombre des termes qui le précèdent. (*Voy.* Transformation, tome II.) Il n'y a donc en réalité que des virgules à écrire, et la proposée devient

$$z^4 - 1,8z^3 - 0,13z^2 - 0,018z - 0,0014 = 0,$$

dont les racines, multipliées par 100, seront les valeurs de x. Ainsi, les parties entières des racines z seront les centaines des racines x.

Si l'on avait pu supposer que la valeur de x fût entre 10 et 100, on aurait fait seulement $x = 10z$; comme on aurait fait $x = 1000z$, si l'on avait supposé qu'elle fût entre 1000 et 10000.

Appliquant à cette transformée les règles enseignées, nous aurons

$$
\begin{array}{ll}
E = 1 & R = -0,0014 \\
F = -1,8 & D_1 = -0,948 \\
G = -0,13 & D_2 = +2,94 \\
H = -0,018 & D_3 = +25,2 \\
I = -0,0014 & D_4 = +24
\end{array}
$$

et, par suite,

	Diff. 4ᵉ.	Diff. 3ᵉ.	Diff. 2ᵉ.	Diff. 1ʳᵉ.	Résultats.
$z = 0$	24	$+25,2$	$+2,94$	$-0,948$	$-0,0014$
$z = 1$	24	$+49,2$	$+28,14$	$+1,992$	$-0,9494$
$z = 2$	24	$+73,2$	$+77,34$	$+30,132$	$+1,0426$

Après avoir trouvé la partie entière 1 de la racine z, nous pourrons obtenir son premier chiffre décimal, et même son second et son troisième, par les opérations indiquées au n° 47. Ces calculs donnent $z = 1,87$, et par conséquent $x = 100z = 187$, à moins d'une unité près. Dans tous les cas, lorsque la racine z est connue à $\frac{1}{10}$ près, on peut achever de la déterminer par la méthode de Newton; puis, en la multipliant par 10, 100 ou 1000, suivant qu'on a fait $x = 10z$, $= 100z$, $= 1000z$, on obtient la valeur de x.

Les deux racines réelles de la proposée ont donc pour parties entières -7 et $+187$. On peut s'assurer,

par le théorème de M. Sturm, que les deux autres racines sont imaginaires.

51. Ce qui précède renferme l'ensemble des procédés nécessaires pour obtenir la valeur approchée, à moins d'un dixième, des racines de toute équation numérique, par la méthode des substitutions; une fois cette valeur trouvée, on peut ensuite lui donner à volonté tous les degrés d'approximation par le procédé de Newton, dont nous allons rappeler le principe, afin de pouvoir lui appliquer une modification très-utile dans tous les cas où l'on peut se contenter de 3 à 4 décimales.

a étant la valeur approchée de la racine, on substitue dans la proposée $a + z$ à la place de x, et l'on parvient à une équation en z

$$o = M + Nz + Pz^2 + Qz^3 + \text{etc.},$$

dans laquelle on néglige tous les termes affectés des puissances de z supérieures à la première, on a simplement alors

$$o = M + Nz,$$

d'où l'on tire une valeur approchée de z

$$z = -\frac{M}{N}.$$

Or, il est évident que l'erreur serait moins grande si, au lieu de prendre l'équation approximative

$$o = M + Nz,$$

on prenait cette autre

$$o = M + Nz + Pz^2;$$

mais il faudrait résoudre une équation du second degré, et il est important de ne pas compliquer la suite des calculs par des extractions de racines carrées qui deviendraient de plus en plus laborieuses. Voici le moyen très-simple employé par Halley pour éviter ces extractions et abaisser la seconde équation au premier degré, sans erreur sensible. Prenons la valeur de z dans la première équation, savoir : $z = -\frac{M}{N}$, et substituons-la comme il suit dans la seconde

$$o = M + Nz - P\frac{M}{N}z,$$

nous aurons, en résolvant cette dernière..... (IV)

$$z = \frac{MN}{MP - NN},$$

valeur facile à calculer, et nécessairement plus approchée de la véritable que $-\frac{M}{N}$.

La question consiste donc à obtenir les trois premiers coefficiens de la transformée en z, ce qu'on peut toujours faire aisément par les formules (III), car la proposée étant représentée par

$$0 = I + Hx + Gx^2 + Fx^3 + Ex^4 + Dx^5 + Cx^6 + Bx^7 + \text{etc.}$$

on a

$$M = I + Ha + Ga^2 + Fa^3 + Ea^4 + Da^5 + Ca^6 + \text{etc.}$$
$$N = H + 2Ga + 3Fa^2 + 4Ea^3 + 5Da^4 + 6Ca^5 + 7Ba^6 + \text{etc.}$$
$$P = G + 3Fa + 6Ea^2 + 10Da^3 + 15Ca^4 + 21Ba^5 + 28Aa^6 + \text{etc.}$$

expressions dont la loi des coefficiens numériques est évidente, et qu'on peut, par conséquent, prolonger à volonté.

Prenons, par exemple, l'équation

$$x^3 - 4x^2 + 13x - 22 = 0,$$

dont nous avons trouvé ci-dessus (n° 32) que la racine réelle est 2,4 à moins de $\frac{1}{10}$; nous aurons, en nous arrêtant au coefficient F des formules précédentes,

$$I = -22, \quad H = +13, \quad G = -4, \quad F = 1;$$

et, par suite,

$$M = -22 + 13\,(2,4) - 4\,(2,4)^2 + (2,4)^3 = -0,016,$$
$$N = +13 - 8\,(2,4) + 3\,(2,4)^2 = +11,08,$$
$$P = -4 + 3\,(2,4) = +3,2.$$

Substituant ces valeurs dans la formule (IV), il viendra

$$z = \frac{-0,016 \times 11,08}{-0,016 \times 3,2 - (11,08)^2} = 0,00144$$

Ajoutant cette valeur de z à 2,4, on a $x = 2,40144$, valeur exacte, jusqu'à la dernière décimale.

Il ne faut pas s'attendre qu'on obtiendra dans tous les cas 5 décimales exactes; la grande approximation qu'on rencontre ici vient de ce que la partie 2,4 de la racine est déjà une valeur approchée à moins de 0,001. Cette racine est la racine négative de l'équation du quatrième degré, résolue par les fonctions trigonométriques n° 18. Dans tous les cas, en se bornant à 3 décimales, et en recommençant les calculs avec cette première valeur de x, on obtiendra au moins six ou sept décimales exactes; une troisième opération en donnera treize ou quatorze, et ainsi de suite.

Appliquons encore cette formule à l'équation

$$z^4 - 1,8z^3 - 0,13z^2 - 0,018z - 0,0014 = 0,$$

dont nous avons trouvé ci-dessus la racine positive égale

à 1,8, à moins de 0,1. Comparant avec les formules générales, nous avons

$$I = -0,0014 \qquad M = -0,4550$$
$$H = -0,018 \qquad N = +5,346$$
$$G = -0,13 \qquad P = +9,59$$
$$F = -1,8$$
$$E = +1.$$

Substituant les dernières valeurs dans la formule (IV) dont nous désignerons la variable par z', pour éviter toute confusion , il vient

$$z' = \frac{-\,(0,455) \times (5,346)}{-\,(0,455) \times (9,59) - (5,346)^2} = 0,078,$$

d'où $z = 1,8 + 0,078 = 1,878$. Si nous faisons maintenant $z = 1,878 + y$, nous obtiendrons une transformée en y, dont la racine, calculée par la formule (IV), sera $y = -0,003321$; d'où $z = 1,878 - 0,003321 = 1,874679$, valeur exacte jusqu'à la dernière décimale. Cette valeur de z étant la centième partie de la racine de l'équation en x du n° 50, nous avons donc, pour cette dernière, $x = 187,4679$.

52. *Théorème de M. Budan.* Si l'on transforme une équation numérique

$$0 = a + bx + cx^2 + dx^3 + \text{etc.}$$

en une autre équivalente

$$0 = a' + b'\,(x - p) + c'\,(x - p)^2 + d'\,(x - p)^3 + \text{etc.},$$

p étant un nombre entier, il existera entre les coefficiens a', b', c', etc., et ceux de l'équation primitive plusieurs relations importantes qui conduisent au théorème suivant :

Si une équation en x a n racines réelles comprises entre o et le nombre p, elle aura au moins n variations de signes de plus que sa transformée en x — p, lorsque p est positif, et au moins n variations de moins, lorsque p est négatif.

Quoique ce théorème ne soit pas suffisant pour faire découvrir immédiatement les limites de chacune des racines réelles, parce que, ainsi que l'ont fait observer Lagrange et Legendre dans leur rapport à l'Institut , il indique seulement qu'il peut y avoir, mais non qu'il doive y avoir autant de racines comprises entre o et p, que l'équation a de variations en plus ou en moins que sa transformée en $x - p$, sa facile application le rend utile pour diriger les tâtonnemens, lorsqu'on veut éviter les calculs souvent très-pénibles que nécessite le théorème de Sturm, dont la découverte est d'ailleurs postérieure à la sienne. Deux exemples suffiront pour montrer le parti qu'on peut en tirer.

En traitant ci-dessus (52) l'équation

$$x^3 - 4x^2 + 13x - 22 = 0,$$

nous avons reconnu que dans le cas où ses trois racines seraient réelles, il devait y en avoir deux de comprises entre o et 1 ; et pour décider la question, nous avons eu recours plus loin au théorème de M. Sturm (40) ; or, en formant l'équation en $x - 1$, on trouve

$$(x-1)^3 - (x-1)^2 + 8(x-1) - 12 = 0,$$

qui offre tout autant de variations que la proposée ; d'où il résulte, d'après le théorème de M. Budan, qu'il ne saurait y avoir deux racines réelles comprises entre o et 1, et, par conséquent, que les deux autres racines de la proposée sont imaginaires.

L'équation

$$x^4 - 12x^2 + 12 - 3 = 0,$$

dont nous avons découvert, par des substitutions, deux racines comprises entre o et 1, a pour transformée en $x - 1$

$$(x-1)^4 + 4(x-1)^3 - 6(x-2)^2 - 8(x-1) - 2 = 0,$$

qui ne présente qu'une variation, tandis que la proposée en a trois ; il est donc très-probable, d'après cette circonstance, qu'il existe deux racines entre o et 1. Dans ce dernier cas, le théorème engage à des recherches ultérieures ; dans le premier, il prouve qu'elles sont inutiles.

53. Le calcul des équations transformées est si simple, que M. Budan l'a pris pour base d'une *nouvelle méthode de résolution des équations numériques*, recommandée pour l'enseignement élémentaire par le conseil de l'Université. Nous allons en donner une idée, en l'appliquant, comme point de comparaison, à quelques-unes des équations traitées ci-dessus par la méthode des substitutions.

Enseignons d'abord le moyen de passer des coefficiens d'une équation en x à ceux de sa première transformée en $x - 1$. Après avoir écrit les premiers sur une même ligne, en commençant par celui du terme qui contient la plus haute puissance de x, et qu'on nomme ordinairement le premier terme, on prend les sommes successives de 1, de 2, de 3, etc., de ces coefficiens, jusqu'à leur somme totale, ce qui forme une seconde ligne de nombres dont chacun représente la somme du nombre correspondant de la première ligne, avec tous ceux qui le précèdent. Par exemple, pour l'équation précédente du troisième degré, on aura

Coefficiens . . . $1 - 4 + 13 - 22$
Sommes 1res . . $1 - 3 + 10 - 22$;

opérant ensuite sur la seconde ligne comme on l'a fait sur la première, mais sans tenir compte du dernier nombre $- 22$, on obtient

Sommes 2mes. $1 - 2 + 8$;

celle-ci, traitée de la même manière, donne, toujours sans tenir compte du dernier nombre,

Sommes 3mes. $1 - 1$;

et enfin la dernière somme, ou la *somme 4e*, est simplement 1. L'ensemble du calcul est ainsi :

Coefficiens . . . $1 - 4 + 13 - 22$
Sommes 1res. $1 - 3 + 10 - 22$
Sommes 2mes. $1 - 2 + 8$
Sommes 3mes. $1 - 1$
Sommes 4mes. 1.

Les derniers chiffres de chaque ligne sont les coefficiens de la transformée en $x - 1$, savoir : celui de la dernière ligne, le coefficient du premier terme, celui de l'avant dernière, le coefficient du second terme, et ainsi de suite.

Lorsque l'équation n'est pas complète, il faut remplacer les coefficiens des termes qui manquent par o ; ainsi, pour l'équation ci-dessus du quatrième degré, on a :

Coefficiens . . . $1 + 0 - 12 + 12 - 3$
Sommes 1res. $1 + 1 - 11 + 1 - 2$
Sommes 2mes. $1 + 2 - 9 - 8$.
Sommes 3mes. $1 + 3 - 6$
Sommes 4mes. $1 + 4$
Sommes 5mes. 1,

ce qui donne pour les coefficiens de la transformée en $x - 1$, 1, $+ 4$, $- 6$, $- 8$, $- 2$.

Cette détermination des coefficiens de la transformée en $x - 1$, repose sur les propriétés des polynomes dérivés. M. Budan en a fait l'objet de la proposition suivante :

Un polynome quelconque, procédant suivant les puissances entières et positives d'une quantité x, *depuis le degré* m *jusqu'au degré* o, *se transforme en un autre polynome d'égale valeur, procédant suivant les mêmes puissances de* (x — 1) *dont les coefficiens respectifs, à commencer par celui du dernier terme, sont :*

1° *La somme première de tous les coefficiens du polynome donné ;*

2° *La somme seconde de tous les coefficiens, hormis le dernier ;*

3° *La somme troisième de ces coefficiens, excepté les deux derniers, et ainsi de suite.*

La règle est nécessairement la même pour passer du polynome en $x - 1$ au polynome en $x - 2$, de celui-ci au polynome en $x - 3$, et ainsi de suite. Par exemple, ayant

Équation en x. . . . $\quad x^4 + 0x^3 - 12x^2 + 12x - 3 = 0,$
Équation en $(x-1)$. . $\quad (x-1)^4 + 4(x-1)^3 - 6(x-1)^2 - 8(x-1) - 2 = 0,$

on obtiendra l'équation en $(x-2)$ en formant les sommes des coefficiens d'après la règle indiquée,

Coefficiens. . . $\quad 1 + 4 - 6 - 8 - 2$
Sommes 1res. $\quad 1 + 5 - 1 - 9 - 11$
Sommes 2mes. $\quad 1 + 6 + 5 - 4$
Sommes 3mes. $\quad 1 + 7 + 12$
Sommes 4mes. $\quad 1 + 8$
Sommes 5mes. $\quad 1$.

Cette équation est donc

$$(x-2)^4 + 8(x-2)^3 + 12(x-2)^2 - 4(x-2) - 11 = 0.$$

Ceci posé, il est facile de comprendre son application à la recherche de la partie entière des racines réelles d'une équation. Voici le principe fondamental de la méthode.

Étant donnée une équation en x du degré m, on se procurera ses transformées successives en $(x-1)$, $(x-2)$, $(x-3)$, *et ainsi de suite, jusqu'à ce qu'on parvienne à une transformée en* $(x-p)$ *dont les coefficiens soient tous de même signe.*

Cette dernière transformée ne pouvant point avoir de racine positive (d'après la règle de Descartes), *le nombre entier p est une limite de la plus grande valeur positive de l'inconnue.*

Lorsque le dernier coefficient d'une transformée en $(x-m)$ *est de signe contraire au dernier coefficient de la transformée suivante en* $(x-m-1)$, *la proposée a une ou plusieurs racines en nombre impair dont la valeur est comprise entre m et m + 1.*

Cette dernière proposition est une conséquence de la construction des coefficiens, car il est évident que le dernier coefficient d'une transformée en $x - p$, p étant un nombre entier positif quelconque, est égal au résultat qu'on obtiendrait en substituant dans la proposée p à la place de x.

On ne peut découvrir par ce procédé que les racines positives d'une équation; mais en changeant le signe des racines, il devient applicable aux racines négatives.

Soit, pour premier exemple, l'équation

$$x^4 - 12x^2 + 12x - 3 = 0,$$

nous aurons, en cherchant d'abord les racines positives :

Coefficiens des équations :

en x. . . . . . $\quad 1 + 0 - 12 + 12 - 3$
en $(x-1)$. . . . $\quad 1 + 4 - 6 - 8 - 2$
en $(x-2)$. . . . $\quad 1 + 8 + 12 - 4 - 11$
en $(x-3)$. . . . $\quad 1 + 12 + 42 + 48 + 16.$

Tous les coefficiens de la transformée en $x - 3$ étant positifs, on doit en conclure qu'il n'y a pas de racines positives au-dessus de 3; de plus, le changement de signe des deux derniers coefficiens $- 11$ et $+ 16$, annonce qu'il existe au moins une racine réelle entre 2 et 3; et enfin la perte de deux variations dans le passage de x à $x - 1$ indique qu'il peut y avoir deux racines comprises entre 0 et 1, ce que fait soupçonner d'ailleurs la marche des derniers coefficiens $- 3, - 2, - 11$, d'après la proposition du n° 22, puisque ces coefficiens sont identiques avec les résultats des substitutions, dans la proposée, des nombres 0, 1, 2 et 3.

Changeant les signes des puissances impaires de x, pour chercher les racines négatives, la proposée deviendra

$$x^4 - 12x^2 - 12x - 3 = 0;$$

et en procédant comme ci-dessus, on obtiendra

Coefficiens des équations :

en $x = -x$. . . $\quad 1 + 0 - 12 - 12 - 3$
en $(x-1)$. . . . $\quad 1 + 4 - 6 - 32 - 26$
en $(x-2)$. . . . $\quad 1 + 8 + 12 - 28 - 59$
en $(x-3)$. . . . $\quad 1 + 12 + 42 + 24 - 66$
en $(x-4)$. . . . $\quad 1 + 16 + 84 + 148 + 13$

Il existe donc une racine entre 3 et 4, c'est-à-dire que la proposée a une racine négative entre $- 3$ et $- 4$. Les variations de signes montrent que cette racine est seule, car il n'y a qu'une seule variation perdue dans le passage de x à $x - 4$.

Pour découvrir les deux racines probables entre 0 et 1, nous poserons $10x = z$, ce qui nous donnera une équation en z

$$z^4 - 1200z^2 + 12000x - 30000 = 0,$$

dont les racines sont 10 fois plus grandes que celles de l'équation en x; en lui appliquant la méthode, il viendra

Coefficiens des équations :

en z. . . . . . $\quad 1 + 0 - 1200 + 12000 - 30000$
en $(z-1)$. . . . $\quad 1 + 4 - 1194 + 9604 - 19199$
en $(z-2)$. . . . $\quad 1 + 8 - 1176 + 7232 - 10784$
en $(z-3)$. . . . $\quad 1 + 12 - 1146 + 4908 - 4719$
en $(z-4)$. . . . $\quad 1 + 16 - 1104 + 2646 - 954$
en $(z-5)$. . . . $\quad 1 + 20 - 1050 + 490 + 605$
en $(z-6)$. . . . $\quad 1 + 24 - 984 - 1546 + 66$
en $(z-7)$. . . . $\quad 1 + 28 - 906 - 3438 - 2439$

L'équation en z, a donc deux racines comprises l'une entre 4 et 5, et l'autre entre 6 et 7; d'où il résulte que les racines cherchées sont $x = 0,4$, et $x = 0,6$, à moins d'un dixième près. C'est ce que nous avions trouvé précédemment.

Soit encore, pour exemple, l'équation du n° 46

$$x^5 - 4x^4 + 4x^3 - 2x^2 - 5x - 4 = 0;$$

Coefficiens des équations :

en x.	$1 -$	$4 +$	$4 -$	$2 -$	$5 - 4$
en $(x-1)$. . .	$1 +$	$1 -$	$2 -$	$4 -$	$8 - 10$
en $(x-2)$. . .	$1 +$	$6 +$	$12 +$	$6 -$	$13 - 22$
en $(x-3)$. . .	$1 +$	$11 +$	$46 +$	$88 +$	$64 - 10$
en $(x-4)$. . .	$1 +$	$16 +$	$100 +$	$302 +$	$427 + 200$

La transformée en $x-4$ ayant deux variations de moins que la proposée, on pourrait supposer qu'il y a deux racines comprises entre 0 et 4, mais il ne peut y en avoir qu'un nombre impair entre 3 et 4, indiqué par le changement de signes; ainsi il n'existe qu'une seule racine positive entre ces limites, et comme on sait, en outre, que deux résultats de même signe ne peuvent comprendre qu'un nombre pair de racines, on voit que la marche irrégulière des résultats—4,—10,—22,—10, accuse seulement l'existence d'un nombre pair de racines imaginaires.

Coefficiens des équations :

en $x = -x$. .	$1 +$	$4 +$	$4 +$	$2 -$	$5 + 4$
en $(x-1)$. . .	$1 +$	$9 +$	$30 +$	$48 +$	$32 + 10$

Ce dernier résultat prouve que la proposée n'a pas de racines négatives au-delà de — 1, et nous présente un cas où le théorème est en défaut, car la transformée en $x-1$ a deux permanences de plus que l'équation en x, ce qui annoncerait deux racines comprises entre 0 et 1, qui n'existent pas.

54. On voit, d'après ces exemples, que la méthode de M. Budan donne la détermination de la partie entière des racines incommensurables avec une extrême facilité, puisqu'elle n'exige d'autres opérations arithmétiques que l'addition et la soustraction; cependant comme, à part le calcul des différences (45), qui n'est jamais bien pénible, la méthode des substitutions se réduit pareillement à des additions et des soustractions, dont le nombre est toujours beaucoup moindre que dans la méthode de M. Budan, cette dernière lui est inférieure sous le rapport de la promptitude, surtout lorsque le degré des équations est élevé, que leurs coefficiens sont de grands nombres, et qu'il est nécessaire de construire neuf à dix transformées.

M. Budan applique encore son procédé à la détermination approchée de la partie des racines incommen-

surables plus petites que l'unité, mais nous ne pouvons entrer dans les développemens qui seraient indispensables pour l'intelligence des opérations, et nous devons renvoyer à son ouvrage (*Nouvelle Méthode pour la résolution des équations numériques*), qui renferme plusieurs remarques très-ingénieuses, propres à faire distinguer les racines imaginaires des racines réelles dans les cas douteux.

Pour faciliter les applications de son théorème, il nous reste à montrer comment l'on peut passer d'une équation en x à sa transformée en $x-p$, sans être obligé de calculer toutes les transformées intermédiaires. Soit

$$0 = I + Hx + Gx^2 + Fx^3 + Ex^4 + \text{etc.}$$

une équation d'un degré quelconque; posons $x = p + y$, nous obtiendrons une équation en y

$$0 = I' + H'y + G'y^2 + F'y^3 + E'y^4 + \text{etc.}$$

dont les coefficiens seront donnés par les formules (III) en faisant $a = p$; or, cette équation est la transformée demandée, car la relation $x = p + y$ donne $y = x - p$; ainsi, écrivant $x - p$ à la place de y, on a

$$0 = I' + H'(x - p) + G'(x - p)^2 + \text{etc.}\ldots$$

Supposons, par exemple, qu'après avoir trouvé (50) que l'équation

$$x^4 + 180x^3 - 1300x^2 + 18000x - 140000 = 0$$

a un nombre impair de racines comprises entre 7 et 8, on veuille en fixer le nombre exact qui peut être 1 ou 3, puisque les signes présentent trois variations; on calculera les coefficiens de la transformée en $x - 7$, à l'aide des formules (III), puis, au moyen de ceux-ci, on calculera, par le procédé indiqué, les coefficiens de la transformée en $x - 8$, ce qui donnera

Coefficiens des équations :

en $(x-7)$. . .	$1 +$	$208 +$	$2774 +$	$27632 -$	13559
en $(x-8)$. . .	$1 +$	$209 +$	$2983 +$	$30615 +$	$17056.$

Ainsi, comme il n'y a qu'une seule variation de perdue dans le passage de $x - 7$ à $x = 8$, ou de x' à $x' - 1$ (x' exprimant $x - 7$), il ne peut y avoir plus d'une racine comprise entre 7 et 8. Ici, l'inspection seule de l'équation en $(x - 7)$ montre qu'elle ne peut avoir plus d'une racine positive comprise entre 0, 1, et, par conséquent, que la proposée n'en a qu'une entre 7 et 8, car cette équation ne présente qu'une seule variation de signe.

55. Fourier a donné, dans son *Analyse des équations*, un théorème qui, bien que différent, par son énoncé, de celui de M. Budan, est identiquement le même. Si,

comme il le paraît, la découverte de ces théorèmes a été faite à peu près dans le même temps par ces deux géomètres, on ne peut du moins refuser la priorité de la publication à M. Budan. (*Voy.* les ouvrages cités.)

Voyez, dans ce Dictionnaire, pour ce qui concerne les autres procédés de la résolution des équations numériques, l'ingénieuse méthode de Bernouilli (tom. I, page 116), démontrée tom. II, page 420, et le beau développement en série des racines d'une équation dû à Euler, tom. II, page 458. Voyez aussi les articles Approximation, Équation, Limite, Racine, et Transformation.

ÉQUATIONS de condition. (*Astronom.* et *Géod.*) Les tables astronomiques, comme celles des planètes et de la lune, dont la construction repose essentiellement sur la théorie de l'attraction universelle, ont acquis de nos jours un grand degré d'exactitude ; cependant, comme les principaux élémens qui entrent dans cette construction sont empruntés des observations, celles-ci, quelque parfaites qu'elles soient, ne sauraient l'être toutes que dans un cas tout-à-fait fortuit, parce qu'elles sont très-délicates à faire, même dans les circonstances les plus favorables : aussi remarque-t-on souvent entre les tables et les résultats d'un grand nombre d'observations recueillies à des époques éloignées de celle qui a servi de point de départ, de petites différences qui sont alors regardées comme exprimant les *erreurs des tables*. C'est ainsi qu'en déterminant, par exemple, le lieu du soleil à une époque quelconque de l'année, la longitude observée peut différer d'une seconde et plus, de la longitude calculée par les formules de la mécanique céleste. De là, la nécessité de corriger de temps à autre les élémens des tables particulières à chacun des astres ; mais il est nécessaire pour cela de connaître les rapports que l'analyse mathématique établit entre eux, afin d'y avoir égard dans la recherche des corrections dont ils sont susceptibles ; corrections qui doivent être faites de la manière la plus avantageuse. Cette recherche s'effectue à l'aide de la méthode des *équations de condition*.

D'abord, si dans l'équation qui exprime la dépendance qu'ont entre eux les élémens ou *constantes* A, B, C,... on remplace ces élémens respectivement par A + x, B + y, C + z,... (les quantités x, y, z,... désignant par supposition de très-petites corrections) ; si ensuite on fait tous les développemens nécessaires, il est clair qu'en vertu de l'hypothèse, l'on pourra négliger les puissances supérieures de x, y, z, ... et représenter le résultat par cette équation linéaire

$$ax + by + cz + \ldots = m.$$

En supposant donc que les coefficiens a, b, c, . . .

aient été donnés par une première observation, et que l'on ait eu par une seconde observation

$$a'x + b'y + c'z + \ldots = m',$$

et ainsi de suite, en sorte que leur nombre surpasse de beaucoup celui des inconnues, il restera à les résoudre par l'un des procédés suivans.

1° L'idée qui se présente en premier lieu pour combiner ces équations successivement, de manière à en obtenir d'autres qui soient favorables à la détermination de chaque élément, c'est de les ajouter ensemble, ou de les soustraire les unes des autres, selon qu'il résultera d'autres équations où le coefficient numérique de l'erreur due à cet élément sera le plus grand possible, tandis que ceux des autres élémens jouiront de la propriété contraire. On conçoit facilement, en effet, que ce but sera atteint par ce moyen : ainsi, en appliquant le même procédé à chacun des autres élémens, on parviendra à former autant d'équations spéciales qu'il y aura d'erreurs à déterminer. Telle est, en peu de mots, la méthode dont le célèbre astronome Tobie Mayer a le premier fait usage pour perfectionner ses tables de la lune, et qu'on pourrait employer également dans toute recherche physico-mathématique, où il s'agit de représenter un grand nombre d'observations par des formules résultant d'une théorie connue.

2° Il est cependant une autre méthode non moins générale, et qui conduit d'une manière plus directe et plus sûre aux valeurs les plus probables des inconnues ; c'est celle que Legendre a imaginée, et qu'il a nommée *Méthode des moindres carrés*, dans son Mémoire sur la *Détermination de l'orbite des comètes*.

Supposons toujours x, y, z,... les corrections des élémens, et représentons par ε, ε', ε'',... les erreurs commises dans les observations successives ; on aura

$$\varepsilon = ax + by + cz + \ldots$$
$$\varepsilon' = a'x + b'y + c'z + \ldots$$
$$\varepsilon'' = a'x + b'y + c'z + \ldots$$
$$\cdot \quad \cdot \quad \cdot \quad \cdot \quad \cdot \quad \cdot \quad \cdot \quad \cdot \quad \cdot$$

équations qui seront en même nombre que les observations, mais en plus grand nombre que les inconnues. Cela posé, si on fait la somme des carrés de toutes ces erreurs, et que pour abréger l'on désigne $\varepsilon^2 + \varepsilon'^2 + \varepsilon''^2 + \ldots$ par u ; que l'on fasse $a^2 + a'^2 + \ldots = \Sigma(a^2)$, $ab + a'b' + \ldots = \Sigma(ab)$, et ainsi de suite, on aura

$$u = \Sigma(a^2) + \Sigma(b^2)x^2 + \Sigma(c^2)y^2 + \ldots$$
$$+ 2\Sigma(ab)x + 2\Sigma(ac)y + \ldots$$
$$+ 2\Sigma(bc)xy + \ldots$$

différentiant successivement cette expression par rapport à x, y, etc., et égalant chaque différentielle à zéro, l'on aura

$$\frac{du}{dx} = \Sigma(ab) + \Sigma(b^2)x + \Sigma(bc)y\ldots = 0,$$

$$\frac{du}{dy} = \Sigma(ac) + \Sigma(bc)x + \Sigma(c^2)y\ldots = 0.$$

. . . .

Il résulte de là, que pour former l'équation du *minimum* par rapport à l'une des inconnues, il faut multiplier tous les termes de chaque équation de condition par le coefficient de l'inconnue dans cette équation, pris avec son signe, et égaler à zéro la somme de tous ces produits. Il ne reste plus alors qu'à résoudre les équations résultantes par les moyens connus.

Cette méthode, comme l'on voit, consiste en quelque sorte à prendre le centre de gravité des observations que l'on compare, pour trouver les valeurs les plus probables ; mais Laplace a démontré par sa savante théorie des Probabilités, qu'elle est en outre la plus avantageuse entre toutes celles que l'on pourrait proposer ; ainsi, sous ce rapport, elle mérite la préférence sur celle de Mayer, malgré la longueur des calculs numériques dans lesquels elle entraîne, et dont il est impossible de s'affranchir entièrement quand le nombre des équations de condition est un peu grand.

L'application suivante, choisie en géodésie, indiquera suffisamment au lecteur la marche qu'il y aurait à suivre dans d'autres cas.

Il a été démontré, au mot RECTIFICATION (*Supplément*), que les longueurs M, $M^{(1)}$, $M^{(2)}$, $M^{(3)}$ des degrés des méridiens, croissent à très-peu près comme les carrés des sinus des latitudes λ, $\lambda^{(1)}$, $\lambda^{(2)}$, $\lambda^{(3)}$, correspondant respectivement à leurs milieux ; si donc ϵ, $\epsilon^{(1)}$, $\epsilon^{(2)}$, $\epsilon^{(3)}$, expriment les erreurs dont ces mesures peuvent être affectées, l'on aura ces quatre équations de condition (1) :

$$M \quad - z - y \sin^2\lambda \quad = \epsilon$$
$$M^{(1)} - z - y \sin^2\lambda^{(1)} = \epsilon^{(1)}$$
$$M^{(2)} - z - y \sin^2\lambda^{(2)} = \epsilon^{(2)}$$
$$M^{(3)} - z - y \sin^2\lambda^{(3)} = \epsilon^{(3)},$$

dans lesquelles

$$y = \frac{3}{2} \cdot \frac{\pi}{180} \, ae^2 ; \quad z = \frac{\pi}{180} \, a(1 - e^2),$$

a étant le rayon de l'équateur, e^2 le carré de l'excentricité des méridiens, et $\pi = 3,1415926$, le rapport de a circonférence du cercle au diamètre.

D'un autre côté, par les mesures géodésiques et astronomiques, on a trouvé

$$\begin{aligned}
\text{à l'équateur.} \quad & M \quad = 110582^m,1 ; & \lambda \quad &= - \quad 1°31'\ 0',5 \\
\text{dans l'Inde.} \quad & M^{(1)} = 110628\ ,6 ; & \lambda^{(1)} &= + 13 \quad 6\,31\ ,0 \\
\text{en France.} \quad & M^{(2)} = 111131\ ,2 ; & \lambda^{(2)} &= + 45 \quad 4\,18\ ,1 \\
\text{en Suède.} \quad & M^{(3)} = 111489\ ,1 ; & \lambda^{(3)} &= + 66 \quad 20\,10\ ,3.
\end{aligned}$$

Ainsi, les équations (1) deviennent

$$\begin{aligned}
110582,1 - z - y \cdot 0,00070 &= \epsilon \\
110628,6 - z - y \cdot 0,05144 &= \epsilon^{(1)} \\
111131,2 - z - y \cdot 0,50125 &= \epsilon^{(2)} \\
111489,2 - z - y \cdot 0,83890 &= \epsilon^{(3)},
\end{aligned}$$

et se réduisent, en vertu de la condition du *minimum*, à ces deux-ci :

$$443830,4 - 4z - y \cdot 1,39229 = 0,$$
$$- 155000,4 + z \cdot 1,39229 + y \cdot 0,95765 = 0 ;$$

d'où l'on tire

$$y = 1089^m,036 ; \quad z = 110576^m,054 ;$$

et comme l'aplatissement α a pour expression

$$\alpha = \frac{1}{2} \, e^2 = \frac{1}{3} \frac{y}{z},$$

que, de plus, le rayon de l'équateur est

$$a = \frac{180}{\pi} \cdot z(1 + 2\alpha),$$

on trouve

$$\alpha = 0,0032831 ; \quad \text{Log } \alpha = 6.8046357,$$
$$\alpha = \frac{1}{304,58} ; \quad a = 6377284^m ;$$

enfin les erreurs les plus probables sont

$$\epsilon = +2^m,8 ; \ \epsilon^{(1)} = -6^m,1 ; \ \epsilon^{(2)} = +6^m,8 ; \ \epsilon^{(3)} = -3^m,6.$$

Mais, vu l'extrême précision des mesures de France et de l'Inde, les erreurs probables dont elles paraissent être affectées doivent plutôt être attribuées à ce que la terre, bien qu'aplatie aux pôles, n'est pas rigoureusement un ellipsoïde de révolution.

(*M. Puissant.*)

ÉQUATION DES HAUTEURS CORRESPONDANTES. (*Ast.*) Si le soleil décrivait constamment le même parallèle par son mouvement diurne apparent autour de la terre, l'heure de son passage au méridien serait, comme à l'égard des étoiles, la demi-somme des temps des observations de l'un de ses bords faites à la même hauteur au-dessus de l'horizon, avant et après la culmination. Mais cette circonstance n'ayant lieu sensiblement qu'aux époques des solstices, il est généralement nécessaire d'appliquer à l'heure du passage déterminée comme on vient de le dire une petite correction de quelques secondes due au mouvement de l'astre en déclinaison, ou à ce que les deux angles horaires observés ne sont pas égaux. Cette correction du midi approché pour connaître le midi vrai se nomme *équation des hauteurs correspondantes*; on la détermine ainsi qu'il suit :

Soient T, T′ les heures à la pendule ou au chronomètre, lorsque le soleil était à la même hauteur des deux côtés du méridien ; le midi approché sera $\dfrac{T+T'}{2}$, en comptant, bien entendu, les heures consécutivement comme si la pendule marquait les vingt-quatre heures du jour. Soit en outre H la latitude du lieu, D la déclinaison boréale du soleil S ; et supposons que l'observation soit faite entre le printemps et le solstice d'été ; enfin désignons par Z le zénith, et par P le pôle élevé. Cela posé, le triangle sphérique ZPS donnera

$$\cos ZS = \sin H \sin D + \cos H \cos D \cos P,$$

et, à cause du mouvement du soleil en déclinaison, D et l'angle horaire P varieront en même temps. Différentiant donc cette équation en regardant les deux autres quantités comme constantes, et tirant ensuite la valeur de dP, on aura

$$d\mathrm{P} = d\mathrm{D} \frac{\sin H \cos D - \cos H \sin D \cos P}{\cos H \cos D \sin P}.$$

Dans cette expression différentielle, dP et dD sont des arcs censés donnés en secondes de degré ; mais il convient d'avoir le premier en secondes de temps, et il suffit pour cela de changer dD en $\dfrac{d\mathrm{D}}{15}$, puisque 1^h de temps correspond à 15° de l'équateur.

On a donc

$$\frac{1}{2} d\mathrm{P} = \frac{d\mathrm{D}}{30} \left(\frac{\tan H}{\sin P} - \tan D \cot P \right).$$

Lorsque la déclinaison boréale augmente, dD est positif, et l'angle horaire du soir P′ est P + dP, celui du matin étant désigné par P. Si donc m est le midi approché $= \dfrac{T+T'}{2}$, et M le midi vrai, on aura

$$T = M - P, \quad T' = P + d\mathrm{P} + M;$$

partant

$$m = \frac{T+T'}{2} = M + \frac{1}{2} d\mathrm{P};$$

et enfin

$$\text{midi vrai, } M = m - \frac{1}{2} d\mathrm{P}.$$

Ainsi, en retranchant du midi approché la quantité $\frac{1}{2} d$P trouvée ci-dessus, ou l'*équation des hauteurs correspondantes*, on a le midi vrai, lequel sera d'autant mieux connu, que l'on aura pu recueillir le même jour vers neuf heures du matin et trois heures du soir un plus grand nombre d'observations de ce genre.

On remarquera que la variation dD est le changement en déclinaison pendant l'intervalle des deux observations correspondantes, variation qu'il est facile d'évaluer, puisque la *Connaissance des temps* la donne pour 24^h. On la prendra positivement lorsque le soleil montera vers le zénith, et négativement dans le cas contraire. De plus, si D est australe, tang D sera négative. Dans tous les cas, l'angle horaire P sera, en temps, la différence du midi approché à la première observation. Ce calcul, qui s'effectue à l'aide des logarithmes à 5 décimales, est trop simple pour nous y arrêter ; mais il faut faire bien attention au jeu des signes algébriques. Delambre a donné, pour abréger l'opération, une table des facteurs de dD. (*Astron.*, tome I, p. 576.)

L'observation de deux passages consécutifs du soleil au méridien fait connaître l'avance ou le retard de la pendule en 24^h de temps vrai, et par suite en 24^h de temps moyen. (*Voyez* ces mots.)

(M. Puissant.)

ÉQUILIBRE. (*Stat.*) Lorsque plusieurs forces agissant sur un même corps matériel se détruisent de manière que leurs actions simultanées ne communiquent aucun mouvement au corps, on dit que ces forces se font équilibre ou *qu'elles sont en équilibre*. Les lois de l'équilibre des forces forment l'objet de la Statique, l'une des deux branches fondamentales de la Mécanique (tome II, page 217).

Les limites qui nous étaient imposées pour nos deux premiers volumes nous ayant à peine permis d'indiquer les propositions principales de la statique, nous avons dû lui consacrer dans ce *supplément* une suite d'articles liés entre eux par des renvois. Ainsi, tout ce qui concerne la nature et la mesure des forces se trouve aux mots Force, Quantité de mouvement, Quantité d'action ; ce qui a rapport à leur composition est traité au mot Résultante ; et les lois de leur équilibre sont exposées aux mots Momens et Vitesses virtuelles.

EXCENTRIQUE. *Voyez* Courbes excentriques.

EXCÈS SPHÉRIQUE. (*Géod.*) Les triangles que l'on forme sur la terre, dans les opérations qui ont pour objet la mesure d'un arc de méridien, ou le levé géométrique d'une contrée, ne peuvent, à cause de la longueur de leurs côtés, être considérés comme rectilignes; car ces côtés, en tant que la terre est sphérique, sont des arcs de grands cercles compris entre leurs extrémités. Ainsi, dans ce cas, la somme des trois angles horizontaux de chaque triangle surpasse deux angles droits de plusieurs secondes, abstraction faite toutefois des erreurs d'observation. C'est cette petite différence, due à la courbure du globe, qu'on nomme *excès sphérique*. On verra à l'article Trigonométrie sphéroïdique un exemple du calcul de cet excès, et son usage pour évaluer l'erreur commise dans la mesure des trois angles d'un grand triangle.

(M. Puissant.)

EXTRACTION DES RACINES. (*Alg.*) La théorie et le procédé de l'extraction des racines, la plus laborieuse des six opérations arithmétiques élémentaires, sont exposés dans le premier volume, page 574; nous ferons seulement connaître ici quelques méthodes approximatives, capables de faire obtenir les racines des quantités irrationnelles avec un plus grand nombre de décimales exactes que n'en peut donner l'emploi des tables ordinaires des logarithmes.

La plus directe de ces méthodes consiste dans les développemens en séries pareillement enseignés tome I, page 579. On a pu voir que de tels développemens expriment la valeur exacte de la racine, par la totalité de leurs termes, et qu'il est ainsi possible d'approcher indéfiniment de cette valeur en prenant un nombre de termes de plus en plus grand. Mais la sommation des termes d'une série entraîne souvent des calculs prolixes qui, lorsqu'elle est très-peu convergente, ne sont guère moins laborieux que le procédé élémentaire, déjà si pénible pour les racines du troisième degré; et l'on a dû chercher les moyens d'obtenir une approximation plus facile et surtout plus prompte. Le procédé suivant est dû à Halley, qui l'a fait connaître dans les *Transactions philosophiques* de 1694; il ramène toutes les extractions de racines à celle d'une racine carrée.

Soit N, un nombre entier ou fractionnaire, dont il s'agit d'extraire la racine du degré m; désignons par a la racine m^{me} de la plus grande puissance m^{me} contenue dans N, ou de la puissance m^{me} immédiatement plus grande que N, de manière qu'en désignant par b la différence entre N et a^m on ait

$$\sqrt[m]{N} = \sqrt[m]{a^m + b} \ \text{ou} \ \sqrt[m]{N} = \sqrt[m]{a^m - b}.$$

Par exemple, si l'on avait $N = 30$ et $m = 2$, comme le plus grand carré contenu dans 30 est celui de 5, et que le carré immédiatement au-dessus de 30 est celui de 6, on aurait :

$$\sqrt{30} = \sqrt{25 + 5} \ \text{ou} \ \sqrt{30} = \sqrt{36 - 6}.$$

Nous poserons généralement

$$\sqrt[m]{N} = \sqrt[m]{a^m + b}$$

en considérant b comme pouvant être positif ou négatif, suivant la facilité qui peut en résulter pour les calculs. Ceci posé, nous avons pour les diverses valeurs de l'exposant m, plus grandes que 2

$$\sqrt[3]{(a^3 + b)} = \frac{1}{2}a + \sqrt{\left[\frac{1}{4}a^2 + \frac{b}{3a}\right]},$$

$$\sqrt[4]{(a^4 + b)} = \frac{2}{3}a + \sqrt{\left[\frac{1}{9}a^2 + \frac{b}{6a^2}\right]},$$

$$\sqrt[5]{(a^5 + b)} = \frac{3}{4}a + \sqrt{\left[\frac{1}{16}a^2 + \frac{b}{10a^3}\right]},$$

$$\sqrt[6]{(a^6 + b)} = \frac{4}{5}a + \sqrt{\left[\frac{1}{25}a^2 + \frac{b}{15a^4}\right]},$$

$$\sqrt[7]{(a^7 + b)} = \frac{5}{6}a + \sqrt{\left[\frac{1}{36}a^2 + \frac{b}{21a^5}\right]},$$

$$\sqrt[8]{(a^8 + b)} = \frac{6}{7}a + \sqrt{\left[\frac{1}{49}a^2 + \frac{b}{28a^5}\right]},$$

$$\text{etc.} \qquad = \text{etc.}$$

et, en général

$$\sqrt[m]{(a^m + b)} = \frac{m-2}{m-1}a + \sqrt{\left[\frac{a^2}{(m-1)^2} + \frac{2b}{m(m-1)a^{m-2}}\right]}.$$

Pour montrer l'application de ces formules, proposons-nous de trouver avec 10 décimales la racine quatrième de 17.

Le premier point est de se procurer une valeur approchée de la racine, ce qui est toujours facile au moyen des logarithmes. Ainsi, le logarithme de 17 étant 1,2304489, son *quart* est 0,3076122, et le nombre correspondant à ce quart, valeur approchée de $\sqrt[4]{17}$, est 2,030. Faisons $a = 2,03$, et élevons 2,03 à la quatrième puissance, nous trouverons

$$a^4 = 16,98181681,$$

ce qui nous donnera, à cause de $a^4 + b = 17$

$$b = 0,01818319.$$

substituant ces valeurs dans la formule des racines quatrièmes, il viendra

$$\sqrt[4]{17} = \frac{2}{3}(2,03) + \sqrt{\left[\frac{1}{9}(4,1209) + \frac{0,01818319}{6(4,1209)}\right]}.$$

Or,

$$\frac{1}{9}(4,1209) = 0,4578\ 7777\ 7777\ 7777\ 7777$$

$$\frac{0,0181839}{6(4,1209)} = 0,0007\ 3540\ 5291\ 7242\ 9971$$

ajoutant ces deux nombres, nous aurons pour la quantité comprise sous le radical

$$0,\ 4586\ 1318\ 3069\ 5020\ 7748,$$

dont la racine carrée est

$$0,\ 6772\ 0985\ 15;$$

ajoutant enfin à cette dernière quantité

$$\frac{2}{3}(2,03) = 1,\ 3533\ 3333\ 33,$$

nous aurons définitivement

$$\sqrt[4]{17} = 2,\ 0305\ 4318\ 48,$$

valeur exacte jusqu'à la dernière décimale. Si nous avions pris la première valeur approchée de la racine avec 5 ou 6 décimales, nous aurions pu en obtenir 18 ou 20 par ce procédé, et ainsi de suite.

Quelque facile que soit l'extraction d'une racine carrée, la nécessité d'exprimer la quantité radicale par un nombre de chiffres à peu près double de celui qu'on veut avoir à la racine rend le procédé de Halley très-laborieux, et nous pensons qu'on pourrait le remplacer avantageusement par une application de la méthode de Newton pour les racines des équations (*voyez* Approximation tom. I), en modifiant cette méthode comme nous allons le faire.

Soit toujours N un nombre quelconque et a sa racine approchée de manière que z exprimant une fraction, on ait

$$\sqrt[m]{N} = a + z,$$

d'où

$$N = (a + z)^m.$$

Développant le binome, nous aurons

$$N = a^m + ma^{m-1}z + \frac{m(m-1)}{1.2}a^{m-1}z^2 + \text{etc.},$$

ce qui nous donnera l'équation

$$0 = (a^m - N) + ma^{m-1}z + \frac{m(m-1)}{1.2}a^{m-2}z^2 + \text{etc.}$$

Négligeant tous les termes affectés des puissances de z, supérieures à la première, il viendra simplement.

$$0 = a^m - N + ma^{m-1}z;$$

d'où

$$z = \frac{N - a^m}{ma^{m-1}},$$

et, par conséquent, . . . (1)

$$\sqrt[m]{N} = a + \frac{N - a^m}{ma^{m-1}}.$$

Appliquons d'abord cette formule à la racine carrée de 2, en prenant pour première valeur approchée $a = 1,4$; nous aurons

$$\sqrt{2} = (1,4) + \frac{2 - (1,4)^2}{2(1,4)}$$

$$= 1,4 + \frac{0,04}{2,8} = 1,4142,$$

valeur exacte jusqu'à la quatrième décimale. Prenons maintenant $a = 1,414$, la formule nous donnera

$$\sqrt{2} = 1,414 + \frac{2 - (1,414)^2}{2,828}$$

$$= 1,414 + \frac{0,000604}{2,828}$$

$$= 1,4142135,$$

valeur exacte jusqu'à la septième décimale. En posant $a = 1,4142135$, une nouvelle application de la formule donnerait seize décimales exactes.

Évaluons maintenant $\sqrt[4]{17}$, afin de comparer cette méthode avec celle de Halley, et prenons, comme ci-dessus, $a = 2,03$, nous aurons

$$a^4 = 16,98181681;\quad a^3 = 8,365427,$$

et par suite

$$\sqrt[4]{17} = 2,03 + \frac{0,01818319}{33,461708}$$

$$= 2,030543,$$

dont les six décimales sont exactes. En faisant $a = 2,0305$, une nouvelle opération donnerait dix décimales exactes, comme on pourrait en obtenir quatorze en prenant $a = 2,030543$. Ce procédé est si facile dans son exécution, qu'à défaut de tables des logarithmes, on doit le préférer à tous les autres, même lorsqu'on peut se contenter de 3 ou 4 décimales. Soit, par exemple, à trouver la racine cubique de 325, à moins d'un millième près; sa valeur entière étant entre 6 et 7, mais beaucoup plus près de 7 que de 6, car $6^3 = 216$

et $7^3 = 343$, nous ferons $a = 7$, et comparant avec la formule (1) nous aurons

$$\sqrt[3]{325} = 7 + \frac{325 - 343}{3 \times 49} = 7 - \frac{18}{147}$$
$$= 7 - 0,12 = 6,88.$$

Le calcul ne pouvant fournir généralement que le *double* des chiffres exacts pris pour première valeur approchée, nous ferons maintenant $a = 6,8$, et la formule nous donnera

$$\sqrt[3]{325} = 6,8 + \frac{325 - (6,8)^3}{3(6,8)^2}$$
$$= 6,8 + \frac{10,568}{138,720}$$
$$= 6,8 + 0,075 = 6,875,$$

valeur dont toutes les décimales sont exactes. Si l'on voulait connaître ultérieurement cette même racine avec 5 décimales, il serait inutile de faire $a = 6,875$, car en prenant seulement $a = 6,87$ on obtiendrait, par le même procédé $\sqrt[3]{325} = 6,87534$. Pour se borner aux calculs strictement nécessaires, on ne doit prendre dans les valeurs approchées qu'un nombre de chiffres moitié de celui qu'on veut obtenir, comme on doit s'arrêter dans les divisions, dès que le nombre des chiffres du quotient est le double de celui des chiffres de la valeur approchée qu'on a employée. Dans certains cas la division peut fournir une décimale exacte, et même deux de plus que ce nombre ; mais dans le doute on fera toujours bien de n'en pas tenir compte.

F.

FAC

FACTORIELLES. (*Alg.*) L'évaluation numérique des factorielles à exposans fractionnaires est un des points principaux de la théorie de ces fonctions que nous n'avons pu qu'indiquer tom. II, page 7, en donnant leur développement général. Nous allons exposer ici, outre les moyens ingénieux découverts par Kramp, pour n'obtenir que des développemens convergens, plusieurs procédés particuliers au moyen desquels on peut calculer très-promptement les valeurs des factorielles, lorsque leurs bases sont liées par certaines conditions avec la base d'une autre factorielle dont la valeur est connue.

1. Nous avons démontré qu'on a généralement, m et n étant des nombres réels quelconques,

$$(1) \ldots\ a^{m|r} = (a + (m-1)r)^{m|-r}$$
$$a^{m|-r} = (a - (m-1)r)^{m|r}.$$

$$(2) \ldots\ a^{m+n|r} = a^{m|r}(a + mr)^{n|r} = a^{n|r}(a + nr)^{m|r}.$$

$$(3) \ldots\ a^{m-n|r} = \frac{a^{m|r}}{(a + (m-n)r)^{n|r}}.$$

(*Voyez* FACTORIELLES, tome II.)

De plus, comme conséquences immédiates de l'expression (3), et à cause de $a^{0|r} = 1$,

$$(4) \ldots\ a^{-m|r} = \frac{1}{(a - mr)^{m|r}}.$$

cette dernière expression fournit les huit transforma-tions suivantes, par le passage des accroissemens positifs aux accroissemens négatifs, en faisant varier les signes de m et de r

$$(5) \ldots\ a^{-m|r} = \frac{1}{(a - mr)^{m|r}} = \frac{1}{(a - r)^{m|-r}}.$$

$$(6) \ldots\ a^{-m|-r} = \frac{1}{(a + mr)^{m|-r}} = \frac{1}{(a + r)^{m|r}}.$$

$$(7) \ldots\ a^{m|r} = \frac{1}{(a + mr)^{-m|r}} = \frac{1}{(a - r)^{-m|-r}}.$$

$$(8) \ldots\ a^{m|-r} = \frac{1}{(a - mr)^{-m|-r}} = \frac{1}{(a + r)^{-m|r}}.$$

2. Si nous faisons, dans la loi (2), $m + n = p$, nous pourrons en tirer

$$(9) \ldots\ \frac{a^{p|r}}{a^{n|r}} = (a + nr)^{p-n|r},$$

expression qui montre que le rapport de deux factorielles de même base et de même accroissement est rationnel toutes les fois que la différence des exposans est un nombre entier. On a, par exemple, dans le cas de $p = \frac{5}{4}$ et $m = \frac{1}{4}$.

$$\frac{a^{\frac{5}{4}|r}}{a^{\frac{1}{4}|r}} = \left(a + \frac{1}{4}r\right)^{\frac{5}{4} - \frac{1}{4}|r} = a + \frac{1}{4}r.$$

Nous ferons observer généralement que toute factorielle dont l'exposant est un nombre fractionnaire plus grand que l'unité peut toujours être ramenée à une factorielle de même base et de même accroissement, ayant un exposant plus petit que l'unité. Soit en effet $\frac{p}{q}$ une fraction dans laquelle $p>q$, désignant par m le quotient entier et par n le reste de la division, de manière que

$$\frac{p}{q}=m+\frac{n}{q},$$

nous aurons d'après (2),

$$a^{\frac{p}{q}|r}=a^{m|r}.\left(a+mr\right)^{\frac{n}{q}|r};$$

ou bien encore

$$a^{\frac{p}{q}|r}=a^{\frac{n}{q}|r}.\left(a+\frac{n}{q}r\right)^{m|r}.$$

Ainsi, dans le cas de $\frac{p}{q}=\frac{5}{4}$, il vient $m=1$, $n=1$, et par conséquent,

$$a^{\frac{5}{4}|r}=a.\left(a+r\right)^{\frac{1}{4}|r};$$

ou

$$a^{\frac{5}{4}|r}=a^{\frac{1}{4}|r}\left(a+\frac{1}{4}r\right).$$

3. Le produit de deux factorielles de même base et de même accroissement ne peut, dans aucun cas, se réduire à une seule factorielle; mais, lorsque les accroissemens sont de signes différens, on obtient une réduction très-utile dans une foule de cas. Nous avons, d'après la loi (2), . . . (a)

$$(a-mr)^{2m|r}=(a-mr)^{m|r}.a^{m|r}.$$

Or, en vertu de (1),

$$(a-mr)^{m|r}=(a+r)^{m|-r},$$

et il est facile de voir que

$$a(a+r)^{m|-r}=a^{m+1|-r}=a^{m|-r}(a-mr).$$

Multipliant donc d'une part les deux membres de l'égalité (a) par a, et de l'autre les divisant par $(a-mr)$, il viendra

$$(a-mr)^{2m|r}.\frac{a}{a-mr}=a^{m|-r}.a^{m|r}.$$

Mais

$$(a-mr)^{2m|r}=(a-mr).(a-mr+r)^{2m-1|r};$$

donc

$$(10)....\ a^{m|r}.a^{m|-r}=a.(a-mr+r)^{m-1|r}.$$

Si, par exemple, $m=\frac{1}{2}$, on aurait, quels que soient a et r,

$$a^{\frac{1}{2}|r}.a^{\frac{1}{2}|-r}=a.$$

4. Une autre réduction très-utile est la suivante,

$$(11)....\ a^{m|r}.a^{1-m|-r}=a,$$

facile à vérifier; car d'après (3),

$$a^{1-m|r}=\frac{a}{(a-(1-m)r)^{m|-r}};$$

et d'après (1),

$$(a-(1-m)r)^{m|-r}=a^{m|r}.$$

Ainsi, lorsque la somme des accroissemens étant o, la somme des exposans est 1, le produit de deux factorielles de même base est égal à cette base. On a par exemple

$$a^{\frac{1}{2}|r}.a^{\frac{1}{2}|-r}=a,$$

$$a^{\frac{1}{3}|r}.a^{\frac{2}{3}|-r}=a,$$

$$a^{\frac{2}{3}|r}.a^{\frac{1}{3}|-r}=a,$$

$$\text{etc.,}\quad=\text{etc.}$$

5. Lorsque la somme des exposans est zéro, ainsi que celle des accroissemens, on a cette nouvelle réduction,

$$(12)....\ a^{m|r}.a^{-m|-r}=\frac{a}{a+mr}.$$

En effet, (6),

$$a^{-m|-r}=\frac{a}{(a+r)^{m|r}};$$

mais

$$a^{m|r}=a.(a+r)^{m-1|r}\ \text{et}\ (a+r)^{m|r}=(a+r)^{m-1|r}(a+mr);$$

donc

$$a^{m|r}.a^{-m|-r}=\frac{a(a+r)^{m-1|r}}{(a+mr).(a+r)^{m-1|r}}=\frac{a}{a+mr}.$$

6. La factorielle à exposant pair $a^{2m|r}$ peut toujours se décomposer en deux facteurs $a^{m|2r}$, $(a+r)^{m|2r}$, dont le premier exprime le produit des facteurs de rangs impairs

$$a\,(a+2r)\,(a+4r)\,(a+6r)\ldots(a+(2m-2)\,r),$$

et dont le second exprime le produit de tous les facteurs de rangs pairs

$$(a+r)\,(a+3r)\,(a+5r)\,(a+7r)\ldots(a+(2m-1)\,r);$$

ce qui est évident, et donne la relation générale

$$(13)\ldots\ a^{2m|r} = a^{m|2r}\,(a+r)^{m|2r}.$$

Si l'exposant était de la forme $3m$, m aurait encore

$$(14)\ldots\ a^{3m|r} = a^{m|3r}\,(a+r)^{m|3r}\,(a+2r)^{m|3r},$$

et ainsi de suite.

7. Nous avons vu (tome II, page 9) qu'on peut donner à une factorielle une base ou un exposant quelconques, au moyen de ces relations que nous ne ferons que rappeler

$$(15)\ldots\ a^{m|r} = \frac{b^{m}}{a^{m}}\cdot b^{\,m\left|\frac{br}{a}\right.},$$

$$(16)\ldots\ a^{m|r} = \frac{r^{m}}{z^{m}}\cdot\left(\frac{az}{r}\right)^{m|z}.$$

Ces deux transformations reposent en principe sur la construction

$$(17)\ldots\ b^{m}\!\cdot a^{m|r} = (ab)^{m|r},$$

évidente par elle-même, tant que l'exposant m est un nombre entier, quels que soient les signes des quantités a, b, m et r, mais qu'il n'est permis d'étendre généralement aux cas des valeurs fractionnaires de m que lorsque b est un nombre positif. En effet, b étant négatif, l'égalité (17) prend la forme . . . . (a)

$$(-b)^{m}\!\cdot a^{m|r} = (-ab)^{m|-br},$$

abstraction faite des signes de a et de r, qui n'exercent aucune influence sur la nature du facteur $(-b)^{m}$, duquel dépend précisément la possibilité de cette construction. Or il est certain que l'égalité (a) ne peut avoir lieu qu'autant que son premier membre est une quantité réelle, parce que toute factorielle à base et à accroissement positifs ou négatifs est une quantité essentiellement réelle, dont on peut toujours évaluer la grandeur, comme nous le verrons plus loin; mais

le facteur $(-b)^{m}$, et par suite le premier membre $(-b)^{m}\,a^{m|r}$ n'est généralement une quantité réelle que lorsque l'exposant m est un nombre *entier;* donc cette égalité n'est vraie généralement que pour la suite des valeurs entières positives ou négatives de m. Ainsi, s'il est permis d'étendre par *induction* l'égalité (17) aux valeurs fractionnaires de l'exposant m, dans le cas de b *positif*, il est impossible de lui accorder une semblable extension dans le cas de b *négatif;* de sorte qu'en faisant usage, soit de cette construction, soit de toutes les transformations qui en dérivent, il est essentiel de n'introduire ou de ne retrancher dans les bases des factorielles aucun facteur susceptible de changer les signes de ces bases; on ne peut donc généralement poser, quel que soit m, comme l'avait fait Kramp,

$$(-a)^{m|-r} = (-a)^{m}\!\cdot 1^{\,m\left|\frac{a}{r}\right.},$$

mais bien

$$(-a)^{m|-i} = a^{m}\!\cdot(-1)^{\,m\left|\frac{r}{a}\right.}.$$

Si ce géomètre eût fait usage de cette dernière transformation, la seule vraie dans tous les cas, il ne serait pas tombé sur les résultats absurdes qu'il a signalés et dont nous parlerons bientôt.

8. Procédons maintenant à l'évaluation numérique des factorielles, en signalant d'abord, les relations qui existent entre celles qui ne diffèrent que par leurs bases. Nous avons, en vertu de la loi fondamentale (2), l'identité

$$a^{m|r}\,(a+mr)^{n|r} = a^{n|r}\,(a+nr)^{m|r},$$

dont on tire l'expression générale

$$(18)\ldots\ (a+mr)^{n|r} = \frac{(a+nr)^{m|r}}{a^{m|r}}\cdot a^{n|r},$$

à l'aide de laquelle, connaissant la factorielle $a^{n|r}$, l'évaluation de la factorielle $(a+mr)^{n|r}$ se réduit à des multiplications tant que m est un nombre entier. Le seul cas important étant celui de n fractionnaire, nous ferons $n = \dfrac{p}{q}$, ce qui donnera à l'expression (18) la forme

$$(19)\ldots\ (a+mr)^{\frac{p}{q}|r} = \frac{\left(a+\dfrac{p}{q}r\right)^{m|r}}{a^{m|r}}\cdot a^{\frac{p}{q}|r},$$

plus propre à faire connaître toute son importance. Dans le cas, par exemple, de

$$\ ^{\frac{p}{q}|r} = 1^{\frac{1}{2}|1},$$

factorielle dont la valeur connue est $0{,}886227\ldots$, ou $\frac{1}{2}\sqrt{\pi}$, π exprimant le rapport, de la circonférence au diamètre $= 3{,}1415926\ldots$, on aurait

$$(1+m)^{\frac{1}{2}|1} = \frac{\left(1+\frac{1}{2}\right)^{m|1}}{1^{m|1}} \cdot 1^{\frac{1}{2}|1}.$$

$$= \frac{\left(1+\frac{1}{2}\right)^{m|1}}{1^{m|1}} \cdot \frac{1}{2}\sqrt{\pi};$$

et comme $1+m$ peut représenter tous les nombres entiers en faisant successivement $m=0$, $m=1$, $m=2$, etc., cette relation suffit pour évaluer toutes les factorielles de la forme $a^{\frac{1}{2}|1}$ dans laquelle a est un nombre entier; faisant donc $1+m=a$, d'où $m=a-1$, et observant que

$$\left(1+\frac{1}{2}\right)^{a-1|1} = \left(\frac{3}{2}\right)^{a-1|1} = \frac{3^{a-1|2}}{2^{a-1|2}}$$

$$2^{a-1} \cdot 1^{a-1|2} = 2^{a-1|2},$$

nous aurons l'expression plus simple . . . (b)

$$a^{\frac{1}{2}|1} = \frac{3^{a-1|2}}{2^{a-1|2}} \cdot \frac{1}{2}\sqrt{\pi},$$

ce qui nous donnera dans les cas particuliers de $a=2$, $a=3$, $a=4$, etc.

$$2^{\frac{1}{2}|1} = \frac{3}{2} \cdot \frac{1}{2}\sqrt{\pi},$$

$$3^{\frac{1}{2}|1} = \frac{3 \cdot 5}{2 \cdot 4} \cdot \frac{1}{2}\sqrt{\pi},$$

$$4^{\frac{1}{2}|1} = \frac{3 \cdot 5 \cdot 7}{2 \cdot 4 \cdot 6} \cdot \frac{1}{2}\sqrt{\pi},$$

$$5^{\frac{1}{2}|1} = \frac{3 \cdot 5 \cdot 7 \cdot 9}{2 \cdot 4 \cdot 6 \cdot 8} \cdot \frac{1}{2}\sqrt{\pi},$$

$$\text{etc.} = \text{etc.}$$

On pourra évaluer de la même manière la factorielle $a^{\frac{1}{2}|r}$ dans tous les cas où l'accroissement r sera un facteur exact de la base a, car on a généralement

$$a^{\frac{1}{2}|r} = r^{\frac{1}{2}} \left(\frac{a}{r}\right)^{\frac{1}{2}|1}$$

Soit, par exemple, la factorielle $12^{\frac{1}{2}|3}$, la décomposition en facteurs donne

$$12^{\frac{1}{2}|3} = \sqrt{3} \cdot 4^{\frac{1}{2}|1},$$

et, par suite,

$$12^{\frac{1}{2}|3} = \sqrt{3} \cdot \frac{3 \cdot 5 \cdot 7}{2 \cdot 4 \cdot 6} \cdot \frac{1}{2}\sqrt{\pi}.$$

9. Cette évaluation des factorielles à exposant $\frac{1}{2}$ s'applique facilement aux accroissemens négatifs, car nous avons, d'après (10),

$$a^{\frac{1}{2}|-1} = \frac{a}{a^{\frac{1}{2}|1}}.$$

D'où .... (c)

$$a^{\frac{1}{2}|-1} = \frac{a \cdot 2^{a-1|2}}{3^{a-1|2}} \cdot \frac{2}{\sqrt{\pi}},$$

et, pour toutes les factorielles de la forme $(br)^{\frac{1}{2}|-r}$,

$$(br)^{\frac{1}{2}|-r} = \sqrt{r} \cdot \frac{b \cdot 2^{b-1|2}}{3^{b-1|2}} \cdot \frac{2}{\sqrt{\pi}}.$$

On a donc, par exemple,

$$1^{\frac{1}{2}|-1} = \frac{2}{\sqrt{\pi}},$$

$$2^{\frac{1}{2}|-1} = \frac{2 \cdot 2}{3} \cdot \frac{2}{\sqrt{\pi}},$$

$$3^{\frac{1}{2}|-1} = \frac{3 \cdot 2 \cdot 4}{3 \cdot 5} \cdot \frac{2}{\sqrt{\pi}},$$

$$4^{\frac{1}{2}|-1} = \frac{4 \cdot 2 \cdot 4 \cdot 6}{3 \cdot 5 \cdot 7} \cdot \frac{2}{\sqrt{\pi}},$$

$$\text{etc.} = \text{etc.}$$

et, encore,

$$2^{\frac{1}{2}|-2} = \sqrt{2} \cdot \frac{2}{\sqrt{\pi}},$$

$$6^{\frac{1}{2}|-2} = \sqrt{2} \cdot \frac{3 \cdot 2 \cdot 4}{3 \cdot 5} \cdot \frac{2}{\sqrt{\pi}},$$

$$\text{etc.} = \text{etc.}$$

10. Il résulte des deux expressions générales (b) et (c) que, quoique les factorielles à exposant $\frac{1}{2}$ et à accroissement $+1$ ou -1 soient irrationnelles pour

toutes les valeurs entières de leurs bases, le rapport de deux de ces factorielles, de même accroissement, est toujours une quantité rationnelle, ainsi que le produit de deux factorielles d'accroissement de signes contraires. En effet, m et n étant deux nombres entiers, nous avons, en vertu de (b),

$$m^{\frac{1}{2}|1} = \frac{3^{m-1|2}}{2^{m-1|2}} \cdot \frac{\sqrt{\pi}}{2},$$

$$n^{\frac{1}{2}|1} = \frac{3^{n-1|2}}{2^{n-1|2}} \cdot \frac{\sqrt{\pi}}{2},$$

et, par conséquent, ...(d)

$$\frac{m^{\frac{1}{2}|1}}{n^{\frac{1}{2}|1}} = \frac{2^{n-1|2} \cdot 3^{m-1|2}}{2^{m-1|2} \cdot 3^{n-1|2}},$$

Par exemple,

$$\frac{1^{\frac{1}{2}|1}}{2^{\frac{1}{2}|1}} = \frac{2}{3},$$

$$\frac{2^{\frac{1}{2}|1}}{3^{\frac{1}{2}|1}} = \frac{2 \cdot 4 \cdot 3}{2 \cdot 3 \cdot 5} = \frac{4}{5},$$

$$\frac{3^{\frac{1}{2}|1}}{4^{\frac{1}{2}|1}} = \frac{2 \cdot 4 \cdot 6 \cdot 3 \cdot 5}{2 \cdot 4 \cdot 3 \cdot 5 \cdot 7} = \frac{6}{7}.$$

Nous avons également, d'après ....(c),

$$m^{\frac{1}{2}|-1} = \frac{m \cdot 2^{m-1|2}}{3^{m-1|2}} \cdot \frac{2}{\sqrt{\pi}},$$

$$n^{\frac{1}{2}|-1} = \frac{n \cdot 2^{n-1|2}}{3^{n-1|2}} \cdot \frac{2}{\sqrt{\pi}},$$

ce qui donne ....(e)

$$\frac{m^{\frac{1}{2}|-1}}{n^{\frac{1}{2}|-1}} = \frac{m \cdot 2^{m-1|2} \cdot 3^{n-1|2}}{n \cdot 2^{n-1|2} \cdot 3^{m-1|2}}.$$

D'où, par exemple,

$$\frac{1^{\frac{1}{2}|-1}}{2^{\frac{1}{2}|-1}} = \frac{1 \cdot 3}{2 \cdot 2} = \frac{3}{4},$$

$$\frac{2^{\frac{1}{2}|-1}}{3^{\frac{1}{2}|-1}} = \frac{2 \cdot 2 \cdot 3 \cdot 5}{3 \cdot 2 \cdot 4 \cdot 3} = \frac{5}{6},$$

$$\frac{3^{\frac{1}{2}|-1}}{4^{\frac{1}{2}|-1}} = \frac{3 \cdot 2 \cdot 4 \cdot 3 \cdot 5 \cdot 7}{4 \cdot 2 \cdot 4 \cdot 6 \cdot 3 \cdot 5} = \frac{7}{8}.$$

On peut mettre d'ailleurs les expressions (d) et (e) sous une forme plus simple, en opérant les réductions suivantes, fondées sur la loi (7)

$$\frac{2^{n-1|2}}{2^{m-1|2}} = (2 + 2(m-1))^{n-m|2} = (2m)^{n-m|2},$$

$$\frac{3^{n-1|2}}{3^{n-1|2}} = (3 + 2(n-1))^{m-n|2} = (2n+1)^{m-n|2},$$

$$= \frac{1}{(2m+1)^{n-m|2}};$$

elles deviennent ainsi.... (f).

$$\frac{m^{\frac{1}{2}|1}}{n^{\frac{1}{2}|1}} = \frac{(2m)^{n-m|2}}{(2m+1)^{n-m|2}},$$

$$\frac{m^{\frac{1}{2}|-1}}{n^{\frac{1}{2}|-1}} = \frac{n \cdot (2m+1)^{n-m|2}}{m \cdot (2m)^{n-m|2}}.$$

Quant aux produits des factorielles, dont les accroissemens ont des signes différens, il est évident qu'on a, en partant des mêmes valeurs, ...(g).

$$m^{\frac{1}{2}|1} \cdot n^{\frac{1}{2}|-1} = \frac{n \cdot 2^{n-1|2} \cdot 3^{m-1|2}}{2^{m-1|2} \cdot 3^{n-1|2}}$$

$$= \frac{n \cdot (2m)^{n-m|2}}{(2m+1)^{n-m|2}}$$

Dans le cas particulier de $m = 2$, $n = 3$, on aurait, par exemple :

$$2^{\frac{1}{2}|1} \cdot 3^{\frac{1}{2}|-1} = \frac{3 \cdot 4}{5} = \frac{12}{5}.$$

Toutes ces formules s'appliquent sans difficulté aux factorielles comprises sous les formes générales $(mr)^{\frac{1}{2}|r}$, $(mr)^{\frac{1}{2}|-r}$.

11. Les factorielles à accroissement $+2$ ou -2 de l'ordre $\frac{1}{2}$ peuvent être évaluées au moyen de la quantité transcendante $\sqrt{\pi}$, non seulement lorsque leurs bases sont des nombres pairs, ce qui rentre dans les formules précédentes, mais encore lorsque ces exposans sont des

nombres impairs. Si l'on fait dans l'expression (18) $a = 1$, $r = 2$, $n = \frac{1}{2}$, elle deviendra

$$(1 + 2m)^{\frac{1}{2}|2} = \frac{(1 + \frac{1}{2}2)^{m|2}}{1^{m|2}} \cdot 1^{\frac{1}{2}|2},$$

$$= \frac{2^{m|2}}{1^{m|2}} \cdot 1^{\frac{1}{2}|2}.$$

Or $1 + 2m$ représente tous les nombres impairs; ainsi il reste seulement à trouver la valeur de $1^{\frac{1}{2}|2}$. Observons, pour cet effet, que nous avons d'après (13) :

$$1^{2m|1} = 1^{m|2} \cdot 2^{m|2},$$

ou

$$1^{2m|1} = 2^{m} \cdot 1^{m|1} \cdot 1^{m|2},$$

à cause de $2^{m|2} = 2^{m} \cdot 1^{m|1}$. Cette dernière égalité donne

$$1^{m|2} = \frac{1^{2m|1}}{2^{m} \cdot 1^{m|1}},$$

et, en faisant $m = \frac{1}{2}$,

$$1^{\frac{1}{2}|2} = \frac{1}{\sqrt{2} \cdot 1^{\frac{1}{2}|1}},$$

substituant à $1^{\frac{1}{2}|1}$ sa valeur $\frac{1}{2} \sqrt{\pi}$, il vient

$$1^{\frac{1}{2}|2} = \frac{\sqrt{2}}{\sqrt{\pi}},$$

et, par suite, ... (h),

$$(1 + 2m)^{\frac{1}{2}|2} = \frac{2^{m|2}}{1^{m|2}} \cdot \frac{\sqrt{2}}{\sqrt{\pi}}.$$

Pour passer de ces factorielles à celles dont l'accroissement est négatif, on a, d'après la loi (10),

$$(1 + 2m)^{\frac{1}{2}|2} \cdot (1 + 2m)^{\frac{1}{2}|-2} = (1 + 2m);$$

d'où ....(i)

$$(1 + 2m)^{\frac{1}{2}|-2} = \frac{(1 + 2m) \cdot 1^{m|2}}{2^{m|2}} \cdot \frac{\sqrt{\pi}}{\sqrt{2}}.$$

Tom. III.

Ces formules (h) et (i) s'appliquent aisément aux factorielles de la forme

$$(ar)^{\frac{1}{2}|2r}, \quad (ar)^{\frac{1}{2}|-2r},$$

dans lesquelles le facteur a est un nombre impair. Si l'on avait, par exemple, la factorielle

$$6^{\frac{1}{2}|4},$$

on la ramènerait d'abord à la forme

$$\sqrt{2} \cdot 3^{\frac{1}{2}|2}.$$

Puis, en comparant avec (h) et en posant $m = 1$, on obtiendrait

$$6^{\frac{1}{2}|4} = \sqrt{2} \cdot \frac{2}{1} \cdot \frac{\sqrt{2}}{\sqrt{\pi}} = \frac{2}{\sqrt{\pi}}.$$

12. Toutes les factorielles de l'ordre $\frac{1}{2}$ auxquelles on peut donner, par des transformations convenables, les accroissemens 1 ou 2, positifs ou négatifs, peuvent être évaluées par les moyens précédens, pourvu toutefois que leurs bases demeurent des nombres entiers positifs; dans tous les autres cas il faut avoir recours au développement général dont nous avons donné la déduction tome II, p. 10. Ce développement est.... (k).

$$a^{m|r} = a^{m} + A_1 a^{m-1} r + A_2 a^{m-2} r^2 + A_3 a^{m-3} r^3 + \text{etc.},$$

dont les coefficiens A_1, A_2, A_3, etc., ont pour expressions générales

$$A_1 = \frac{m(m-1)}{1 \cdot 2},$$

$$2A_2 = \frac{(m-1)(m-2)}{1 \cdot 2} A_1 + \frac{m(m-1)(m-2)}{1 \cdot 2 \cdot 3},$$

$$3A_3 = \frac{(m-2)(m-3)}{1 \cdot 2} A_2 + \frac{(m-1)(m-2)(m-3)}{1 \cdot 2 \cdot 3} A_1 +$$

$$+ \frac{m(m-1)(m-2)(m-3)}{1 \cdot 2 \cdot 3 \cdot 4},$$

$$4A_4 = \frac{(m-3)(m-4)}{1 \cdot 2} A_3 + \frac{(m-2)(m-3)(m-4)}{1 \cdot 2 \cdot 3} A_2 +$$

$$+ \frac{(m-1)(m-2)(m-3)(m-4)}{1 \cdot 2 \cdot 3 \cdot 4} A_1 +$$

$$+ \frac{m(m-1)(m-2)(m-3)(m-4)}{1 \cdot 2 \cdot 3 \cdot 4 \cdot 5},$$

etc. = etc.

En général,

$$\mu\Lambda_{\mu} = \frac{(m-\mu)^{2|-1}}{1^{2|1}}\Lambda_{\mu-1} + \frac{(m-\mu)^{3|-1}}{1^{3|1}}\Lambda_{\mu-2} +$$
$$+ \frac{(m-\mu)^{4|-1}}{1^{4|1}}\Lambda_{\mu-2} + \text{etc}....$$
$$.... \frac{(m-\mu)^{\mu|-1}}{1^{\mu|1}}\Lambda_{1} + \frac{(m-\mu)^{\mu+1|-1}}{1^{\mu+1|1}}.$$

Dans le cas de $m = \frac{1}{2}$, on a, par exemple,

$$\Delta_1 = -\frac{1}{2^3} \qquad\qquad = -\frac{1}{8}$$
$$\Delta_2 = +\frac{1}{2^7} \qquad\qquad = +\frac{1}{128}$$
$$\Delta_3 = +\frac{5}{2^{10}} \qquad\qquad = +\frac{5}{1024}$$
$$\Delta_4 = -\frac{21}{2^{15}} \qquad\qquad = -\frac{21}{32768}$$
$$\Delta_5 = -\frac{399}{2^{18}} \qquad\qquad = -\frac{399}{262144}$$
$$\Delta_6 = +\frac{869}{2^{22}} \qquad\qquad = +\frac{869}{4194304}$$
$$\Delta_7 = +\frac{39325}{2^{25}} \qquad\qquad = +\frac{39325}{33554432}$$
$$\Delta_8 = -\frac{334477}{2^{31}} \qquad\qquad = -\frac{334477}{2147483648}$$
$$\Delta_9 = -\frac{28717403}{2^{34}} = -\frac{28717403}{17179869184}$$

etc. $=$ etc.

Ainsi, les valeurs de toutes les factorielles de l'ordre $\frac{1}{2}$ sont données par la série

$$a^{\frac{1}{2}|r} = a^{\frac{1}{2}} - \frac{1}{8}a^{\frac{1}{2}-1}r + \frac{1}{128}a^{\frac{1}{2}-2}r^2 +$$
$$+ \frac{5}{1024}a^{\frac{1}{2}-3}r^3 - \text{etc.},$$

qui devient, en divisant tous les termes par $a^{\frac{1}{2}}$,

$$a^{\frac{1}{2}|r} = a^{\frac{1}{2}}\left\{1 - \frac{1}{8}\frac{r}{a} + \frac{1}{128}\frac{r^2}{a^2} + \frac{5}{1024}\frac{r^3}{a^3} - \text{etc...}\right\}.$$

Cette série n'est rapidement convergente que lorsque la grandeur de a dépasse de beaucoup celle de r; mais nous allons voir qu'on peut obtenir dans tous les cas des séries convergentes à volonté. La loi fondamentale (2) donne la relation générale ....(l)

$$a^{m|r} = \frac{a^{r|r}}{(a+mr)^{n|r}}(a+nr)^{m|r},$$

qu'on peut employer pour faire dépendre l'évaluation de $a^{m|r}$ de celle de $(a+nr)^{m|r}$, au moyen d'un nombre arbitraire n. En effet, développant la factorielle $(a+nr)^{m|r}$ par la loi (k), il vient

$$(a+nr)^{m|r} = (a+nr)^{m}\left\{1 + \Lambda_1\frac{r}{a+nr} + \Lambda_2\frac{r^2}{(a+nr)^2} + \text{etc}....\right\},$$

faisant, pour abréger,

$$\frac{r}{a+nr} = q,$$

et, substituant ce développement à la place de la factorielle dans la relation (l), on aura ....(m)

$$a^{m|r} = \frac{a^{n|r}(a+nr)^{m}}{(a+mr)^{n|r}}\left\{1 + \Lambda_1 q + \Lambda_2 q^2 + \Lambda_3 q^3 + \text{etc.}\right\},$$

nouveau développement dont le facteur général est facile à calculer, et qu'on peut toujours rendre très-convergent en donnant au nombre arbitraire n des valeurs convenables.

Dans tous les cas où il sera possible de choisir le nombre n de manière que la puissance $(a+nr)^{m}$ soit un nombre entier, l'évaluation du facteur général n'exigera que quelques multiplications et une division. Pour bien faire comprendre cet artifice, supposons que la valeur de la factorielle $1^{\frac{1}{2}|1}$ ne soit pas connue, et qu'il s'agisse de la déterminer; on aurait alors $a = 1$, $r = 1$, $m = \frac{1}{2}$, et il s'agirait de donner à n une valeur telle que $(1+n)^{\frac{1}{2}}$ fût un nombre entier; or, la suite des carrés des nombres naturels étant 1, 4, 9, 16, 25, etc., on voit qu'on peut faire $n = 3$, ou $n = 8$, ou $n = 15$, ou etc.; la seconde valeur donnant pour q

$$q = \frac{1}{1+8} = \frac{1}{9},$$

fraction assez petite pour rendre la série très-convergente, on peut adopter cette valeur, qui donne

$$1^{\frac{1}{2}|1} = \frac{1^{8|1}.3}{\left(1+\frac{1}{2}\right)^{8|1}}\left\{1 - \frac{1}{8}\frac{1}{9} + \frac{1}{128}\frac{1}{81} + \frac{5}{1024}\frac{1}{729}\right.$$
$$\left. - \frac{21}{32768}\frac{1}{6561} - \frac{399}{262144}\frac{1}{59049} + \text{etc.}...\right\}.$$

Pour éviter les fractions dans le calcul du facteur général, on remarquera que

$$\left(1+\frac{1}{2}\right)^{8,1} = \left(\frac{3}{2}\right)^{8|1} = \frac{3^{8|2}}{2^8},$$

ce qui permettra de lui donner la forme

$$\frac{2^8 \cdot 3 \cdot 1^{8|1}}{3^{8|2}},$$

dont le développement en facteurs simples est

$$\frac{2^8 \cdot 3 \cdot 1 \cdot 2 \cdot 3 \cdot 4 \cdot 5 \cdot 6 \cdot 7 \cdot 8}{3 \cdot 5 \cdot 7 \cdot 9 \cdot 11 \cdot 13 \cdot 15 \cdot 17}.$$

Retranchant les facteurs communs et réalisant les calculs, ce facteur général deviendra définitivement

$$\frac{2^{16}}{11 \cdot 13 \cdot 15 \cdot 17} = \frac{32768}{36465}.$$

Si l'on veut se contenter de huit décimales exactes pour la valeur de $1^{\frac{1}{2}|1}$, il suffira de prendre avec neuf décimales la somme des six premiers termes de la série, et, comme ces termes réduits en décimales sont

$$
\begin{aligned}
&+\ 1,000\ 000\ 000 \\
&-\ 0,013\ 888\ 888 \\
&+\ 0,000\ 096\ 450 \\
&+\ 0,000\ 006\ 698 \\
&-\ 0,000\ 000\ 098 \\
&-\ 0,000\ 000\ 025
\end{aligned}
$$

on trouvera, pour cette somme,

$$+\ 0,986\ 214\ 137,$$

quantité dont le produit par le facteur général est la valeur de la factorielle proposée. Effectuant les calculs, on obtient

$$1^{\frac{1}{2}|1} = 0,886226921.$$

13. Pour rendre le développement (m) applicable aux cas des accroissemens négatifs, il faut prendre n négatif, afin que la quantité $(a+nr)$ soit toujours positive, et que la puissance $(a+nr)^m$ ne puisse jamais devenir imaginaire, ce développement devient ainsi

$$a^{m|-r} = \frac{a^{-n|-r}(a+nr)^m}{(a-mr)^{-n|-r}}\left\{1 + A_1 q + A_2 q^2 + \text{etc.}\right\},$$

la quantité q étant

$$q = -\frac{r}{a+nr}.$$

On évite la considération des exposans négatifs dans le facteur général par les transformations suivantes, fondées sur la loi (6)

$$a^{-n|-r} = \frac{1}{(a+r)^{n|r}},$$

$$(a-mr)^{-n|-r} = \frac{1}{(a-mr+r)^{n|r}},$$

et, en faisant q négatif dans la série, on obtient l'expression générale ....(n)

$$a^{m|-r} = \frac{(a-mr+r)^{n|r} \cdot (a+nr)^n}{(a+r)^{n|r}}\left\{1 - A_1 q + A_2 q^2 - A_3 q^3 + \text{etc...}\right\},$$

dans laquelle

$$q = \frac{r}{a+nr}.$$

Prenons pour exemple la factorielle $1^{\frac{1}{2}|-1}$, nous aurons $a=1$, $r=1$, $m=\frac{1}{2}$, et faisant, comme ci-dessus $n=8$, il viendra

$$(a-mr+r)^{n|r} = \left(\frac{3}{2}\right)^{8|1} = \frac{3^{8|2}}{2^8}, \quad q=\frac{1}{9},$$

$$(a+r)^{n|r} = 2^{8,1}, \quad (a+nr)^m = \sqrt{9} = 3,$$

d'où

$$1^{\frac{1}{2}|-1} = \frac{3 \cdot 3^{8|2}}{2^8 \cdot 2^{8|1}}\left\{1 + \frac{1}{8}\cdot\frac{1}{9} + \frac{5}{128}\cdot\frac{1}{81} - \frac{5}{1024}\cdot\frac{1}{729}\right.$$
$$\left. - \frac{21}{32768}\cdot\frac{1}{6561} + \frac{399}{262144}\cdot\frac{1}{59049} + \text{etc.}\right\}.$$

Nous trouverons, en développant le facteur général,

$$\frac{3 \cdot 3^{8|2}}{2^8 \cdot 2^{8|1}} = \frac{3 \cdot 3 \cdot 5 \cdot 7 \cdot 9 \cdot 11 \cdot 13 \cdot 15 \cdot 17}{2^8 \cdot 2 \cdot 3 \cdot 4 \cdot 5 \cdot 6 \cdot 7 \cdot 8 \cdot 9} = \frac{36465}{32768},$$

et, comme la somme des six premiers termes de la série est par suite des changemens de signes $1,013\ 978\ 567$, nous aurons définitivement

$$1^{\frac{1}{2}|-1} = \frac{36465}{32768}\cdot 1,013978567 = 1,128379 15.$$

14. Lorsque la base a est négative, le développement théorique (k) se complique de quantités imaginaires, pour toutes les valeurs fractionnaires à dénominateurs pairs de l'exposant, que la quantité arbitraire n permet

d'éviter dans les développemens techniques (m) et (n). On peut se rendre raison de ces circonstances en observant que le développement théorique devient alors

$$(-a)^{m|r}=(-a)^{m}\left\{1-\Lambda_{1}\frac{r}{a}+\Lambda_{2}\cdot\frac{r^{2}}{a^{2}}-\Lambda_{3}\cdot\frac{r^{3}}{a^{3}}+\text{etc.}\right\},$$

ce qui implique la décomposition

$$(-a)^{m|r}=(-a)^{m}\cdot 1^{m|-\frac{r}{a}},$$

qui n'est vraie généralement que pour les valeurs entières de l'exposant m, tandis que la décomposition

$$(+a)^{m|r}=(+a)^{m}\cdot 1^{m|\frac{r}{a}}$$

à lieu pour toutes les valeurs possibles de cet exposant; or, dans les développemens techniques, la factorielle décomposée est

$$(a+nr)^{m|r}=(a+nr)^{m}\left\{1+\Lambda_{1}q+\Lambda_{2}q^{2}+\text{etc.}\right\},$$

dont la base, qui dans le cas de a négatif est $nr-a$, peut toujours être considérée comme positive à cause du nombre n, auquel il suffit pour cela de donner une valeur $nr>a$; au moyen de cette condition $nr>a$, les développemens techniques sont toujours réels et font connaître la valeur numérique des factorielles à bases négatives. Faisant donc a négatif dans (m) et dans (n), on aura les deux expressions (o),

$$(-a)^{m|r}=\frac{(-a)^{m|r}(nr-a)^{m}}{(nr-a)^{m|r}}\left\{1+\Lambda_{1}q+\Lambda_{2}q^{2}\right.$$
$$\left.+\Lambda_{3}q^{3}+\text{etc...}\right\}$$

$$(-a)^{m|-r}=\frac{(r-a-mr)^{m|r}\cdot(nr-a)^{m}}{(r-a)^{m|r}}\left\{1-\Lambda_{1}q+\Lambda_{2}q^{2}\right.$$
$$\left.-\Lambda_{3}q^{3}+\text{etc...}\right\},$$

pour lesquelles

$$q=\frac{r}{nr-a}.$$

Soit à évaluer, par exemple $(-3)^{\frac{1}{2}|-4}$. Faisons arbitrairement $n=10$, ce qui nous donnera

$$q=\frac{4}{40-3}=\frac{4}{37}.$$

Nous aurons ainsi

$$(-3)^{\frac{1}{2}|-4}=\frac{(-1)^{10|4}\cdot(37)^{\frac{1}{2}}}{1^{10|4}}\left\{1-\frac{1}{8}\cdot\frac{4}{37}+\text{etc...}\right\}$$

La somme des cinq premiers termes de la série étant $1,013598588$, et le facteur général développé devenant

$$\frac{(-1)\cdot 3\cdot 7\cdot 11\cdot 15\cdot 19\cdot 23\cdot 27\cdot 31\cdot 35}{1\cdot 5\cdot 9\cdot 13\cdot 17\cdot 21\cdot 25\cdot 29\cdot 33\cdot 37}\cdot\sqrt{37},$$

on pourra, pour effectuer le calcul par logarithmes, former plusieurs produits partiels, comme il suit :

$$(-3)^{\frac{1}{2}|-4}=-\frac{399\cdot 713\cdot\sqrt{37}}{1105\cdot 1073}\cdot 1,013598588,$$

et l'on obtiendra

$$(-3)^{\frac{1}{2}|-4}=-1,479338.$$

15. La seule partie vraiment laborieuse de l'évaluation d'une factorielle consiste dans la détermination des coefficiens Λ_{1}, Λ_{2}, Λ_{3}, etc., de la loi (k); car les expressions qui donnent ces coefficiens deviennent assez difficiles à calculer pour les exposans fractionnaires. Kramp a découvert plusieurs procédés abréviatifs dont voici le plus simple.

L'exposant de la factorielle étant représenté par $\frac{m}{n}$, calculons d'abord la suite des nombres entiers

$$\mathrm{M}=m(n-m)$$
$$\mathrm{A}=n(n+m)-3(n-m)^{2}$$
$$\mathrm{B}=\mathrm{A}+2n(n+m)$$
$$\mathrm{C}=5(n-m)^{2}\mathrm{B}-n(n+m)(5\mathrm{A}+2n^{2}$$
$$\mathrm{D}=3\mathrm{C}-n(n+m)(20\mathrm{B}+24n^{2})$$
$$\mathrm{E}=7(n-m)^{2}\mathrm{D}-n(n+m)(35\mathrm{C}-140n^{2}\mathrm{A}-80n^{4}).$$

Nous nous arrêtons à ces six termes, parce qu'il suffit généralement de cinq à six coefficiens pour évaluer toute factorielle proposée avec huit à dix décimales exactes. A l'aide de ces quantités, les six premiers coefficiens deviennent

$$\Lambda_{1}=-\frac{\mathrm{M}}{2n^{2}},$$

$$\Lambda_{2}=\frac{\mathrm{M}\mathrm{A}}{2^{3}\cdot 3\cdot n^{2}},$$

$$\Lambda_{3}=\frac{(n-m)^{2|n}\cdot\mathrm{M}\mathrm{B}}{2^{4}\cdot 3^{3}\cdot n^{6}},$$

$$\Lambda_{4}=\frac{(n-m)^{3|n}\cdot m\mathrm{C}}{2^{7}\cdot 3^{2}\cdot 5\cdot n^{8}},$$

$$\Lambda_{5}=\frac{(n-m)^{4|n}\cdot\mathrm{M}\mathrm{D}}{2^{8}\cdot 3^{3}\cdot 5^{2}\cdot n^{10}},$$

$$\Lambda_{6}=\frac{(n-m)^{5|n}\cdot m\mathrm{E}}{2^{10}\cdot 3^{4}\cdot 5^{2}\cdot 7\cdot n^{12}};$$

expressions très-faciles à calculer. Soit $\frac{m}{n} = \frac{1}{3}$; nous aurons $m = 1$, $n = 3$, et nous trouverons

$$M = 2, \quad A = 0, \quad B = 24, \quad C = 264, \quad D = -7560,$$
$$E = -244800;$$

Substituant ces valeurs dans les expressions des coefficiens, nous obtiendrons pour les six premiers coefficiens du développement de toute factorielle à exposant $\frac{1}{3}$

$$A_1 = -\frac{1}{9} \qquad A_4 = +\frac{11}{3^9},$$
$$A_2 = 0 \qquad A_5 = -\frac{77}{3^{10}},$$
$$A_3 = +\frac{10}{3^7} \qquad A_6 = -\frac{1870}{3^{14}}.$$

Ainsi

$$1^{\frac{1}{3}}\big|^q = 1 - \frac{1}{9}q + \frac{10}{3^7}q^3 + \frac{11}{3^9}q^4 - \frac{77}{3^{10}}q^5 - \text{etc.}$$

Cette série, substituée dans les développemens techniques, servira à évaluer toutes les factorielles de la forme $a^{\frac{1}{3}}\big|^r$, en donnant à q les valeurs convenables.

Il est presque toujours plus prompt de calculer le logarithme d'une factorielle que sa valeur directe; mais nous n'entrerons ici dans aucun détail sur ce sujet traité tome II, page 501; ce qui précède suffit complétement pour mettre en état de trouver la valeur numérique d'une factorielle quelconque, et nous devons signaler au moins les principales applications qui ont été faites jusqu'ici de la théorie de ces fonctions.

16. Les factorielles dont l'exposant est infiniment grand, exprimant des produits composés d'un nombre infini de facteurs toujours croissans en grandeur, ont nécessairement des valeurs infiniment grandes, quels que soient d'ailleurs leurs bases et leurs accroissemens; mais ces valeurs, tout impossible qu'il soit d'exprimer leurs rapports avec les nombres finis, n'en ont pas moins entre elles des rapports qu'on peut toujours déterminer, et qui, dans certains cas, sont exprimables par des nombres finis rationnels ou irrationnels. Nous avons démontré, tome II, page 549, que le rapport des quatre factorielles à exposans infinis

$$\frac{a^{\infty}\big|^r \cdot (b+q)^{\infty}\big|^s}{b^{\infty}\big|^s \cdot (a+p)^{\infty}\big|^r}$$

se réduit à celui des deux factorielles

$$\frac{a^{\frac{p}{r}}\big|^r}{b^{\frac{q}{s}}\big|^s},$$

multiplié par le facteur

$$\frac{(\infty s)^{\frac{q}{s}}}{(\infty r)^{\frac{p}{r}}},$$

qui peut être infiniment grand, fini ou infiniment petit, suivant que $\frac{q}{s}$ est plus grand, égal ou plus petit que $\frac{p}{r}$. Dans le cas de $\frac{q}{s} = \frac{p}{r}$ on a ainsi la réduction très-importante .... (p),

$$\frac{a^{\infty}\big|^r \cdot (b+q)^{\infty}\big|^s}{b^{\infty}\big|^s \cdot (a+p)^{\infty}\big|^r} = \left(\frac{s}{r}\right)^{\frac{p}{r}} \cdot \frac{a^{\frac{p}{r}}\big|^r}{b^{\frac{p}{r}}\big|^s},$$

qui devient simplement, dans le cas de $p = q$, $r = s$ .... (q)

$$\frac{a^{\infty}\big|^r \cdot (b+p)^{\infty}\big|^r}{b^{\infty}\big|^r \cdot (a+p)^{\infty}\big|^r} = \frac{a^{\frac{p}{r}}\big|^r}{b^{\frac{p}{r}}\big|^r},$$

expression qui revient encore à .... (r)

$$\frac{a\,(b+p)\,(a+r)\,(b+p+r)\,(a+2r)\,(b+p+2r)\ldots\text{etc.}}{b\,(a+p)\,(b+r)\,(a+p+r)\,(b+2r)\,(a+p+2r)\ldots\text{etc.}} = $$
$$= \frac{a^{\frac{p}{r}}\big|^r}{b^{\frac{p}{r}}\big|^r}.$$

Sous cette forme, le premier membre de l'égalité est connu sous le nom de *produite continue*, et constitue un mode particulier de génération des quantités introduit dans la science par Wallis. Avant de signaler les conséquences très-importantes de la réduction (q), il ne sera peut-être pas inutile de montrer comment on peut obtenir l'expression la plus simple du rapport des deux factorielles, équivalant à une produite continue; soit d'abord la produite

$$\frac{2 \cdot 2 \cdot 6 \cdot 6 \cdot 10 \cdot 10 \cdot 14 \cdot 14 \ldots \text{à l'infini.}}{1 \cdot 3 \cdot 5 \cdot 7 \cdot 9 \cdot 11 \cdot 13 \cdot 15 \ldots \text{à l'infini.}}$$

Comparant avec (r) et posant $a = 2$, $b = 1$, nous

aurons $p = 1$, $r = 4$; ainsi cette produite est équivalente au rapport

$$\frac{2^{\frac{1}{4}|4}}{1^{\frac{1}{4}|4}},$$

qu'il s'agit de réduire à sa plus simple expression. Or, d'après les lois (2) et (5),

$$2^{\frac{1}{4}|4} = 2.(2+4)^{\frac{1}{4}-1|4} = 2.6^{-\frac{3}{4}|4} = \frac{2}{2^{\frac{3}{4}|-4}},$$

$$1^{\frac{1}{4}|4} = 1.(1+4)^{\frac{1}{4}-1|4} = 1.5^{-\frac{3}{4}|4} = \frac{1}{2^{\frac{5}{4}|4}}.$$

Donc,

$$\frac{2^{\frac{1}{4}|4}}{1^{\frac{1}{4}|4}} = \frac{2.2^{\frac{3}{4}|4}}{2^{\frac{3}{4}|-4}}.$$

Mais (17)

$$2^{\frac{3}{4}|4} = 2^{\frac{3}{4}}.1^{\frac{3}{4}|2}, \qquad 2^{\frac{3}{4}|-4} = 2^{\frac{3}{4}}.1^{\frac{3}{4}|-2};$$

et de plus, d'après (11),

$$1^{\frac{3}{4}|2} = \frac{1}{1^{\frac{1}{4}|-2}}, \qquad 1^{\frac{3}{4}|-2} = \frac{1}{1^{\frac{1}{4}|2}},$$

ce qui nous donne définitivement ....(s)

$$\frac{2^{\frac{1}{4}|4}}{1^{\frac{1}{4}|4}} = \frac{2.1^{\frac{1}{4}|2}}{1^{\frac{1}{4}|-2}}.$$

Ce rapport n'est plus susceptible d'aucune réduction ultérieure dans sa forme de factorielle, mais la loi (13) nous donne le moyen d'obtenir sa valeur exprimée en irrationnelles ordinaires. En effet, d'après cette loi

$$1^{2m|1} = 1^{m|2}.2^{m|2} = 2^m.1^{m|2}.1^{m|1},$$

et par suite

$$\frac{1^{2m|1}}{1^{m|1}} = 2^m.1^{m|2}.$$

Mais

$$\frac{1^{2m|1}}{1^{m|1}} = (1+m)^{m|1} = (2m)^{m|-1}.$$

Ainsi

$$1^{n|2} = \frac{(2m)^{m|-1}}{2^m} = \frac{(4m)^{m|-2}}{2^{2m}}.$$

D'où nous avons la relation générale

$$\frac{(4m)^{m|-2}}{1^{m|2}} = 2^{2m}.$$

Faisant dans cette expression $m = \frac{1}{4}$, elle devient

$$\frac{1^{\frac{1}{4}|-2}}{1^{\frac{1}{4}|2}} = \sqrt{2}.$$

Substituant dans (s), il vient

$$\frac{2^{\frac{1}{4}|4}}{1^{\frac{1}{4}|4}} = \frac{2}{\sqrt{2}} = \sqrt{2},$$

et, par conséquent,

$$\sqrt{2} = \frac{2.2.6.6.8.8.10.10\ldots \text{etc.}}{1.3.5.7.9.11.13.15\ldots \text{etc.}}$$

17. Prenons pour second exemple la produite continue

$$\frac{5.7.11.13.17.19.23\ldots \text{etc.}}{4.8.10.14.16.20.22\ldots \text{etc.}}$$

Nous avons ici $a = 5$, $b = 4$, $p = 3$, $r = 6$, ce qui nous donne, pour la valeur de la produite, le rapport

$$\frac{5^{\frac{3}{6}|6}}{4^{\frac{5}{6}|6}} = \frac{5^{\frac{1}{2}|6}}{4^{\frac{1}{2}|6}} = \frac{2^{\frac{1}{2}|-6}}{4^{\frac{1}{2}|6}};$$

divisant les deux termes de ce rapport par $\sqrt{2}$, il devient, en le désignant par M,

$$M = \frac{1^{\frac{1}{2}|-3}}{2^{\frac{1}{2}|3}}.$$

L'accroissement 3 des factorielles nous montre qu'il est possible de le simplifier encore au moyen de la décomposition (14), en vertu de laquelle on a généralement

$$1^{3m|1} = 1^{m|3}.2^{m|3}.3^{m|3},$$

et, par suite,

$$2^{m|3} = \frac{1^{3m|1}}{1^{m|3}\cdot 3^{m|3}} = \frac{1}{3^{m}}\cdot\frac{1^{3m|1}}{1^{m|3}\cdot 1^{m|1}},$$

ou simplement ....(t)

$$2^{m|3} = \frac{(3m)^{2m|1-1}}{3^{m}\cdot 1^{m|3}},$$

à cause de

$$\frac{1^{3m|1}}{1^{m|1}} = (1+m)^{2m|1} = (2m)^{2m|1-1};$$

faisant $m=\frac{1}{2}$ dans la relation (t), il viendra

$$2^{\frac{1}{2}|3} = \frac{\frac{3}{2}}{\sqrt{3}\cdot 1^{\frac{1}{2}|3}},$$

et, substituant cette valeur dans celle de **M**, nous aurons, en observant que (n° 3) $1^{\frac{1}{2}|3}\cdot 1^{\frac{1}{2}|-3} = 1,$

$$\mathbf{M} = \frac{2}{3}\sqrt{3};$$

d'où, enfin,

$$\frac{2}{3}\sqrt{3} = \frac{5\cdot 7\cdot 11\cdot 13\cdot 17\cdot 19\cdot 23\cdot\ldots}{4\cdot 8\cdot 10\cdot 14\cdot 16\cdot 20\cdot 22\cdot\ldots}.$$

18. On pourrait obtenir par des transformations semblables, et seulement à l'aide des propriétés fondamentales des factorielles, l'expression théorique primitive d'une foule de produites continues; mais ces recherches n'ont d'autre utilité que de faire vérifier *à posteriori*, pour les exposans fractionnaires de ces factorielles, les constructions qui ne sont réellement démontrées que pour leurs exposans entiers; car il existe, comme nous allons le voir, entre les factorielles et les fonctions circulaires, des liaisons qui permettent d'évaluer les premières au moyen des secondes, et *vice versâ*.

Jean Bernouilli a découvert le premier la génération des fonctions circulaires en produites continues données par les élégantes expressions

$$\sin x = x\left(1-\frac{x}{\pi}\right)\left(1+\frac{x}{\pi}\right)\left(1-\frac{x}{2\pi}\right)\left(1+\frac{2x}{2\pi}\right)\ldots\text{etc.},$$

$$\cos x = \left(1-\frac{2x}{\pi}\right)\left(1+\frac{2x}{\pi}\right)\left(1-\frac{2x}{3\pi}\right)\left(1+\frac{x}{2\pi}\right)\ldots\text{etc.},$$

dans lesquelles x est un nombre quelconque et π le rapport de la circonférence au diamètre ou le nombre

3,1415926... Nous en avons donné une déduction tome II, page 548. Pour pouvoir les réduire à des rapports de factorielles, supposons le nombre $x=\frac{m\pi}{2n}$, ce qui leur donnera la forme ordinaire des produites continues numériques, savoir :

$$\sin\frac{m\pi}{2n} = \frac{m\pi}{2n}\left(\frac{2n-m}{2n}\right)\left(\frac{2n+m}{2n}\right)\left(\frac{4n-m}{4n}\right)\left(\frac{4n+m}{4n}\right)\text{etc.}$$

$$\cos\frac{m\pi}{2n} = \left(\frac{n-m}{n}\right)\left(\frac{n+m}{n}\right)\left(\frac{3n-m}{3n}\right)\left(\frac{3n+m}{3n}\right)\ldots\text{etc.}$$

Comparant avec la formule générale (r), nous aurons, pour les sinus, en ne tenant pas compte du premier facteur $\frac{m\pi}{2n}$,

$$a=2n-m,\quad b=2m,\quad p=m,\quad r=2n;$$

d'où

$$(21)\ldots\ \sin\frac{m\pi}{2n} = \frac{m\pi}{2n}\ \frac{(2n-m)^{\frac{m}{2n}|2n}}{(2n)^{\frac{m}{2n}|2n}}.$$

Les nombres m et n étant arbitraires, nous pouvons, en faisant $n=\frac{1}{2}$, donner à cette expression la forme plus simple

$$(22)\ldots\ \sin m\pi = m\pi\cdot\frac{(1-m)^{m|1}}{1^{m|1}},$$

et comme pour tout autre sinus, $\sin n\pi$, nous avons également

$$\sin n\pi = n\pi\cdot\frac{(1-n)^{n|1}}{1^{n|1}},$$

on peut en conclure

$$\frac{\sin m\pi}{\sin n\pi} = \frac{m}{n}\ \frac{1^{n|1}\cdot(1-m)^{m|1}}{1^{m|1}(1-n)^{n|1}}.$$

Opérant sur le second nombre de cette égalité les réductions suivantes :

$$\frac{m\cdot 1^{n|1}\cdot(1-m)^{m|1}}{n\cdot 1^{m|1}(1-n)^{n|1}} = \frac{1^{n-1|1}(1-m)^{m|1}}{1^{m-1|1}(1-n)^{n|1}},$$

$$= \frac{0^{1-m|-1}\cdot 0^{m|-1}}{0^{1-n|-1}\cdot 0^{n|-1}}$$

$$= \frac{m^{1-m|1}\cdot 1^{-n|1}}{n^{1-n|1}\cdot 1^{-m|1}},$$

$$= \frac{m^{1-m-n|1}}{n^{1-m-n|1}},$$

nous aurons définitivement cette égalité de rapports simples

$$(23)\ldots\quad \frac{\sin m\pi}{\sin n\pi} = \frac{m^{1-m-n|1}}{n^{1-m-n|1}}.$$

19. Signalons avant de poursuivre une conséquence remarquable de l'expression (21). Si l'on en tire la valeur de $m\pi$ et qu'on y fasse $m = \frac{1}{2}$, on a, à cause de $\sin\frac{1}{2}\pi = 1$,

$$\frac{1}{2}\pi = \frac{1^{\frac{1}{2}|1}}{\left(\frac{1}{2}\right)^{\frac{1}{2}|1}}.$$

Multipliant les deux termes du rapport par $\left(\frac{1}{2}\right)^{\frac{1}{2}|-1}$ et observant, d'une part, que

$$\left(\frac{1}{2}\right)^{\frac{1}{2}|1} \cdot \left(\frac{1}{2}\right)^{\frac{1}{2}|-1} = \frac{1}{2},$$

et de l'autre que

$$\left(\frac{1}{2}\right)^{\frac{1}{2}|-1} = 1^{\frac{1}{2}|1},$$

on obtient

$$\frac{1}{4}\pi = 1^{\frac{1}{2}|1} \cdot 1^{\frac{1}{2}|1};$$

d'où

$$\frac{1}{2}\sqrt{\pi} = 1^{\frac{1}{2}|1},$$

valeur que nous avons supposée connue dans ce qui précède, parce que nous l'avons déterminée, tome I, page 213, par des considérations très-différentes, mais dont nous obtenons ainsi une déduction directe.

20. La produite continue du cosinus, comparée avec l'expression générale (r), fournit les valeurs

$$a = n - m, \quad b = n, \quad p = m, \quad r = 2n;$$

ce qui donne

$$\cos\frac{m\pi}{2n} = \frac{(n-m)^{\frac{m}{2n}|2n}}{n^{\frac{m}{2n}|2n}},$$

ou, plus simplement, en faisant $n = \frac{1}{2}$,

$$(24)\ldots\quad \cos m\pi = \frac{\left(\frac{1}{2} - m\right)^{m|1}}{\left(\frac{1}{2}\right)^{m|1}}.$$

On tire évidemment de cette valeur pour le rapport de deux cosinus quelconques $\cos m\pi$, $\cos n\pi$,

$$\frac{\cos m\pi}{\cos n\pi} = \frac{\left(\frac{1}{2}\right)^{n|1} \cdot \left(\frac{1}{2} - m\right)^{m|1}}{\left(\frac{1}{2}\right)^{m|1} \cdot \left(\frac{1}{2} - n\right)^{n|1}},$$

$$= \frac{\left(\frac{1}{2} - m\right)^{m+n|1}}{\left(\frac{1}{2} - n\right)^{m+n|1}}.$$

21. Les expressions (22) et (24) du sinus et du cosinus conduisent à celles des tangentes, cotangentes, sécantes et cosécantes, d'où résultent plusieurs rapports très-utiles, dont on peut encore augmenter le nombre en tirant des deux produites continues, dont nous sommes partis, deux autres expressions du sinus et du cosinus. Voici le fait, si l'on met dans ces produites $n - m$ à la place de m, comme on a généralement

$$\sin\frac{(n-m)\pi}{2n} = \cos\frac{m\pi}{2n}, \quad \cos\frac{(n-m)\pi}{2n} = \sin\frac{m\pi}{2n},$$

elles fournissent les deux nouvelles produites continues

$$\cos\frac{m\pi}{2n} = \left(\frac{(n-m)\pi}{2n}\right)\left(\frac{n+m}{2n}\right)\left(\frac{3n-m}{2n}\right)\left(\frac{3n+m}{4n}\right)\ldots \text{etc.}$$

$$\sin\frac{m\pi}{2n} = \frac{m}{n}\left(\frac{2n-m}{n}\right)\left(\frac{2n+m}{3n}\right)\left(\frac{4n-m}{3n}\right)\left(\frac{4n+m}{5n}\right) \text{etc.}$$

La première, en faisant $a = n + m$, $b = 2n$, $p = n - m$, $r = 2n$, se réduit à

$$\cos\frac{m\pi}{2n} = \frac{(n-m)\pi}{2n} \cdot \frac{(n+m)^{\frac{n-m}{2n}|2n}}{(2n)^{\frac{n-m}{2n}|2n}},$$

et la seconde donne, en faisant $a = m$, $b = n$, $p = n - m$, $r = 2n$,

$$\sin\frac{m\pi}{2n} = \frac{m^{\frac{n-m}{2n}|2n}}{n^{\frac{n-m}{2n}|2n}},$$

ou plus simplement, en prenant $n = \frac{1}{2}$,

$$(25)\ldots\ \cos m\pi = \left(\frac{1}{2}+m\right)\pi \cdot \frac{\left(\frac{1}{2}+m\right)^{\frac{1}{2}-m|1}}{1^{\frac{1}{2}-m|1}}\cdot$$

$$(26)\ldots\ \sin m\pi = \frac{m^{\frac{1}{2}-m|1}}{\left(\frac{1}{2}\right)^{\frac{1}{2}-m|1}}\cdot$$

On peut encore déduire directement ces expressions de (22) et de (24) en y substituant $\frac{1}{2}-m$ à la place de m pour changer les sinus en cosinus, et réciproquement.

22. La combinaison des expressions (24) et (26) fournit

$$\frac{\sin m\pi}{\cos m\pi} = \operatorname{tang} m\pi = \frac{\left(\frac{1}{2}\right)^{m|1}\cdot m^{\frac{1}{2}-m|1}}{\left(\frac{1}{2}\right)^{\frac{1}{2}-m|1}\cdot \left(\frac{1}{2}-m\right)^{m|1}},$$

ce qui conduit à l'expression très-remarquable

$$(27)\ldots\ \operatorname{tang} m\pi = \frac{(+m)^{\frac{1}{2}|+1}}{(-m)^{\frac{1}{2}|-1}},$$

en observant que

$$m^{\frac{1}{2}|1} = m^{\frac{1}{2}-m|1}\cdot\left(m+\frac{1}{2}-m\right)^{m|1}$$

$$(-m)^{\frac{1}{2}|-1} = \left(\frac{1}{2}-m\right)^{\frac{1}{2}|1} =$$

$$= \left(\frac{1}{2}-m\right)^{m|1}\cdot\left(\frac{1}{2}-m+m\right)^{\frac{1}{2}-m|1}.$$

23. C'est principalement de cette expression (27) que Kramp a tiré les résultats absurdes dont nous avons parlé ci-dessus (n° 7); supposant à tort que la décomposition

$$a^{m|r} = a^{m}\cdot 1^{m\,|\frac{r}{a}}$$

devait avoir lieu pour toutes les valeurs positives et négatives de la base a, et, par conséquent, que le rapport des factorielles $(+a)^{m|+r}$; $(-a)^{m|-r}$ est toujours

égal à celui des puissances $(+a)^{m}$, $(-a)^{m}$, puisqu'en admettant cette décomposition on a

$$\frac{(+a)^{m|+r}}{(-a)^{m|-r}} = \frac{(+a)^{m}\cdot 1^{m\,|\frac{r}{a}}}{(-a)^{m}\cdot 1^{m\,|\frac{r}{a}}} = \frac{(+a)^{m}}{(-a)^{m}};$$

il avait été conduit, à sa grande surprise, à cette évidente fausseté :

$$\operatorname{tang} m\pi = \frac{(+m)^{\frac{1}{2}|+1}}{(-m)^{\frac{1}{2}|-1}} = \frac{(+m)^{\frac{1}{2}}}{(-m)^{\frac{1}{2}}} =$$

$$= \sqrt{\left(\frac{+m}{-m}\right)} = \sqrt{-1}.$$

D'après ce que nous avons vu, la seule décomposition générale possible pour les bases négatives est

$$(-a)^{m|r} = a^{m}\cdot(-1)^{m\,|\frac{r}{a}};$$

de sorte que le rapport des factorielles $(+a)^{m|+r}$, $(-a)^{m|-r}$ est réellement, pour toutes les valeurs de l'exposant m

$$\frac{(+a)^{m|+r}}{(-a)^{m|-r}} = \frac{a^{m}\cdot 1^{m\,|\frac{r}{a}}}{a^{m}\cdot(-1)^{m\,|-\frac{r}{a}}} = \frac{1^{m\,|\frac{r}{a}}}{(-1)^{m\,|-\frac{r}{a}}}\cdot$$

Appliquant ce théorème à l'expression (27), il vient

$$\operatorname{tang} m\pi = \frac{(+m)^{\frac{1}{2}|+1}}{(-m)^{\frac{1}{2}|-1}} = \frac{m^{\frac{1}{2}}\cdot(+1)^{\frac{1}{2}|+\frac{1}{m}}}{m^{\frac{1}{2}}\cdot(-1)^{\frac{1}{2}|-\frac{1}{m}}}$$

$$= \frac{(+1)^{\frac{1}{2}|+\frac{1}{m}}}{(-1)^{\frac{1}{2}|-\frac{1}{m}}},$$

ce qui est parfaitement exact pour toutes les valeurs de m, et se réduit à

$$\operatorname{tang} m\pi = \frac{(2m-1)^{\frac{1}{2}|-2}}{(1-2m)^{\frac{1}{2}|+2}}\cdot$$

Faisant $2m-1 = n$, on obtient la nouvelle expression très-élégante

$$(28)\ldots\ \operatorname{tang}\left(\frac{n+1}{2}\right)\pi = \frac{(+n)^{\frac{1}{2}|-2}}{(-n)^{\frac{1}{2}|+2}}\cdot$$

19

Soit, par exemple, $n = -\frac{1}{3}$, et, par conséquent, $\frac{n+1}{2} = \frac{1}{3}$, cas dans lequel on a la valeur connue, tang $\frac{1}{3}\pi$ = tang 60° = $\sqrt{3}$; le rapport des factorielles devient

$$\frac{\left(-\frac{1}{3}\right)^{\frac{1}{2}|-2}}{\left(+\frac{1}{3}\right)^{\frac{1}{2}|+2}} = \frac{\left(\frac{2}{3}\right)^{\frac{1}{2}|2}}{\left(\frac{1}{3}\right)^{\frac{1}{2}|2}} = \frac{2^{\frac{1}{2}|6}}{1^{\frac{1}{2}|6}} :$$

or

$$1^{\frac{1}{2}|6} = 1^{1|6}(1+6)^{-\frac{1}{2}|6} = \frac{1}{4^{\frac{1}{2}|6}} ;$$

ainsi

$$\frac{\left(-\frac{1}{3}\right)^{\frac{1}{2}|-2}}{\left(+\frac{1}{3}\right)^{\frac{1}{2}|+2}} = 2^{\frac{1}{2}|6} \cdot 4^{\frac{1}{2}|6},$$

$$= \sqrt{2} \cdot 1^{\frac{1}{2}|3} \cdot \sqrt{2} \cdot 2^{\frac{1}{2}|3}$$

$$= 2 \cdot 1^{\frac{1}{2}|3} \cdot 2^{\frac{1}{2}|3} ;$$

mais nous avons vu ci-dessus (n° 17), que

$$1^{\frac{1}{2}|3} \cdot 2^{\frac{1}{2}|3} = \frac{3}{2\sqrt{3}} = \frac{\sqrt{3}}{2} ;$$

donc

$$\frac{\left(-\frac{1}{3}\right)^{\frac{1}{2}|-2}}{\left(+\frac{1}{3}\right)^{\frac{1}{2}|+2}} = \sqrt{3}.$$

Cette déduction peut servir au besoin de vérification pour toutes les transformations que nous avons employées.

24. Nous venons de voir que les rapports des sinus et des cosinus sont toujours réductibles à des rapports de factorielles. Cherchons maintenant dans quels cas le rapport de deux factorielles peut se réduire à celui de deux sinus. Reprenons l'expression (23) en lui donnant la forme

$$\frac{\sin m\pi}{\sin n\pi} = \frac{m^{q-q+1-m-n|1}}{n^{q-q+1-m-n|1}},$$

dans laquelle q est un nombre entier quelconque. Décomposant le second membre en facteurs, il deviendra

$$\frac{m^{q|1} \cdot (m+q)^{-(q+1-m-n)|1}}{n^{q|1} \cdot (n+q)^{-q+1-m-n|1}},$$

d'où, en passant des exposans négatifs aux exposans positifs,

$$\frac{\sin m\pi}{\sin n\pi} = \frac{m^{q|1} \cdot (n+q-1)^{q-1+m+n|-1}}{n^{q|1} \cdot (m+q-1)^{q-1+m+n|-1}},$$

ou bien encore, en retournant aux accroissemens positifs

$$\frac{\sin m\pi}{\sin n\pi} = \frac{m^{q|1} \cdot (1-m)^{q-1+m+q|1}}{n^{q|1} \cdot (1-n)^{1-1+m-q-n|1}}.$$

La décomposition des deux factorielles non développées peut s'effectuer de deux manières différentes ; suivant la première, on a

$$\frac{\sin m\pi}{\sin n\pi} = \frac{m^{q|1} \cdot (1-m)^{q-1|1} \cdot (q-m)^{m+n|1}}{n^{q|1} \cdot (1-n)^{q-1|1} \cdot (q-n)^{m+n|1}} ;$$

et, suivant la seconde,

$$\frac{\sin m\pi}{\sin n\pi} = \frac{m^{q|1} \cdot (1-m)^{q|1} \cdot (q+m)^{1-m-n|1}}{n^{q|1} \cdot (1-n)^{q|1} \cdot (q+n)^{1-m-n|1}}.$$

Si nous comparons ces deux expressions avec le rapport général

$$\frac{a^{p|1}}{b^{p|1}},$$

nous verrons que toutes les fois que $a + b + p$ sera un nombre entier et *pair*, la première pourra se réduire à un rapport de sinus, et que la même chose pourra être faite par la seconde, lorsque $a + b + p$ sera un nombre entier et *impair*. Posant donc

$$a + b + p = 2q, \quad \text{nombre pair entier,}$$

la première expression nous donnera ....(t)

$$\frac{a^{p|1}}{b^{p|1}} = \frac{(q-b)^{q|1} \cdot (1-q+b)^{q-1|1}}{(q-a)^{q|1} \cdot (1-q+a)^{q-1|1}} \cdot \frac{\sin (q-a)\,\pi}{\sin (q-b)\,\pi},$$

et faisant

$$a + b + p = 2q + 1, \quad \text{nombre impair,}$$

nous tirerons de la seconde ....(u)

$$\frac{a^{p|1}}{b^{p|1}} = \frac{(b-q)^{q|1} \cdot (1-b+q)^{q|1}}{(a-q)^{q|1} \cdot (1-a+q)^{q|1}} \cdot \frac{\sin (a-q)\,\pi}{\sin (b-q)\,\pi}.$$

25. Toutes les produites continues pouvant se réduire au rapport $\dfrac{a^{p|\iota}}{b^{p|\iota}}$, les expressions (t) et (u) donnent le moyen d'exprimer immédiatement ces produites par un rapport de sinus, dans tous les cas où les trois quantités a, b et p satisfont à l'une des conditions prescrites. Quelques exemples vont montrer l'utilité de ces formules. Soit la produite continue

$$\frac{5 \cdot 7 \cdot 11 \cdot 13 \cdot 17 \cdot 19 \cdot 23 \dots \text{etc.}}{3 \cdot 9 \cdot 9 \cdot 15 \cdot 15 \cdot 21 \cdot 21 \dots \text{etc.}}$$

D'après la formule (r) cette produite est équivalente au rapport

$$\frac{5^{\frac{4}{6}|6}}{3^{\frac{4}{6}|6}},$$

qui est identique avec

$$\frac{\left(\dfrac{5}{6}\right)^{\frac{4}{6}|1}}{\left(\dfrac{3}{6}\right)^{\frac{4}{6}|1}}.$$

Faisant $a = \dfrac{5}{6}$, $b = \dfrac{3}{6}$, $p = \dfrac{4}{6}$, on reconnaît que la somme de ces nombres est un nombre pair

$$\frac{5}{6} + \frac{3}{6} + \frac{4}{6} = 2.$$

Prenant donc $2q = 2$, d'où $q = 1$, l'expression (t) donne pour la valeur de la produite

$$\frac{\left(1 - \dfrac{3}{6}\right)}{\left(1 - \dfrac{5}{6}\right)} \cdot \frac{\sin \dfrac{\pi}{6}}{\sin \dfrac{\pi}{2}} = \frac{3}{2},$$

à cause de $\sin \dfrac{\pi}{2} = 1$ et de $\sin \dfrac{\pi}{6} = \sin 30° = \dfrac{1}{2}$ (*voyez* Sinus, tome II, page 476). Donc

$$\frac{3}{2} = \frac{5 \cdot 7 \cdot 11 \cdot 13 \cdot 17 \cdot 19 \cdot 20 \cdot \text{etc.}}{3 \cdot 9 \cdot 9 \cdot 15 \cdot 15 \cdot 21 \cdot 21 \cdot \text{etc.}}$$

La première produite continue que nous avons traitée ci-dessus (n° 16) nous a donnée pour sa valeur

$$\frac{2^{\frac{1}{4}|1}}{1^{\frac{1}{4}|1}}.$$

Ramenant les factorielles à l'accroissement 1, ce rapport devient

$$\frac{\left(\dfrac{2}{4}\right)^{\frac{1}{4}|1}}{\left(\dfrac{1}{4}\right)^{\frac{1}{4}|1}}.$$

Et comme on a $\dfrac{2}{4} + \dfrac{1}{4} + \dfrac{1}{4} = 1$, nombre impair, l'expression (a) nous donnera, en y faisant $q = 0$, à cause de la condition $a + b + p = 2q + 1$,

$$\frac{2^{\frac{1}{4}|4}}{1^{\frac{1}{4}|1}} = \frac{\sin \dfrac{\pi}{2}}{\sin \dfrac{\pi}{4}} = \frac{1}{\sin 45°} = \sqrt{2}.$$

C'est ce que nous avons trouvé par les propriétés des factorielles.

La produite

$$\frac{6 \cdot 6 \cdot 12 \cdot 12 \cdot 18 \cdot 18 \cdot 24 \cdot 24 \dots \text{etc.}}{5 \cdot 7 \cdot 11 \cdot 13 \cdot 17 \cdot 19 \cdot 23 \cdot 24 \dots \text{etc.}},$$

présente une particularité remarquable. Sa valeur est, d'après (r),

$$\frac{6^{\frac{1}{6}|6}}{5^{\frac{1}{5}|6}} = \frac{1^{\frac{1}{6}|1}}{\left(\dfrac{5}{6}\right)^{\frac{4}{6}|1}}.$$

Posant $a = 1$, $b = \dfrac{5}{6}$, $p = \dfrac{1}{6}$, on a $1 + \dfrac{5}{6} + \dfrac{1}{6} = 2$; d'où $q = 1$. Substituant ces valeurs dans (t), il vient

$$\frac{1^{\frac{1}{6}|1}}{\left(\dfrac{5}{6}\right)^{\frac{1}{6}|1}} = \frac{1 - \dfrac{5}{6}}{1 - 1} \cdot \frac{\sin (1 - 1)\pi}{\sin \left(1 - \dfrac{5}{6}\right)\pi}.$$

$$= \frac{\dfrac{1}{6} \cdot \sin 0\pi}{0 \cdot \sin 30°}.$$

Cette dernière quantité est du nombre de celles qui se présentent sous la forme $\dfrac{0}{0}$; mais ici le facteur nul est en évidence, car $\sin 0\pi = 0\pi$, et l'on a, par conséquent,

$$\frac{\dfrac{1}{6} \cdot 0\pi}{0 \cdot \sin 30°} = \frac{\dfrac{1}{6}\pi}{\sin 30°} = \frac{1}{3}\pi,$$

à cause de $\sin 30° = \dfrac{1}{2}$. Telle est, en effet, la valeur de cette produite trouvée par Euler (*Introd. in Analys. infinit.*).

26. Passons à d'autres applications. La factorielle à base binome

$$(a+b)^{m|r}$$

se développe en une suite

$$a^{m|r} + ma^{m-1|r} \cdot b + \frac{m(m-1)}{1 \cdot 2} a^{m-2|r} \cdot b^{2|r} + \frac{m(m-1)(m-2)}{1 \cdot 2 \cdot 3} a^{m-3|r} \cdot b^{3|r} + \text{etc.},$$

dont le terme général est

$$\frac{m^{\mu|-1}}{1^{\mu|1}} \cdot a^{m-\mu|r} \cdot b^{\mu|r},$$

ainsi que nous l'avons démontré, tome I, page 227, pour toutes les valeurs de l'exposant m. Ce développement remarquable, qui renferme le binome de Newton comme cas particulier, celui où $r = 0$, peut être modifié de diverses manières.

Posons, pour plus de simplicité ....(v)

$$(a+b)^{m|r} = \Sigma \frac{m^{\mu|-1}}{1^{\mu|1}} \cdot a^{m-\mu|r} b^{\mu|r},$$

la caractéristique Σ indiquant la somme de toutes les quantités qu'on peut former avec le terme général en y faisant successivement $\mu = 0$, $\mu = 1$, $\mu = 2$, etc. Le développement s'arrête de lui-même, comme celui du binome de Newton, toutes les fois que l'exposant m est un nombre entier positif; il peut s'arrêter encore, lorsque m est un nombre entier négatif, si b et r sont de signes contraires, et si, de plus, b est un multiple de r; dans tous les autres cas le développement prend un nombre infini de termes.

Substituant à la place de a, dans l'expression (v), la quantité $a - mr + r$, nous aurons

$$(a-mr+r+b)^{m|r} = \Sigma \frac{m^{\mu|-1}}{1^{\mu|1}} (a-mr+r)^{m-\mu|r} b^{\mu|r},$$

et, par conséquent ....(x),

$$(a+b)^{m|-r} = \Sigma \frac{m^{\mu|-1}}{1^{\mu|1}} (a-\mu r)^{m-\mu|-r} b^{\mu|r},$$

à cause de

$$(a-mr+r+b)^{m|r} = (a-mr+r+b+(m-1)r)^{m|-r},$$
$$(a-mr+r)^{m-\mu|r} = (a-mr+r+(m-\mu-1)r)^{m-\mu|-r}.$$

Divisant les deux membres de (x) par $a^{m|-r}$, il viendra

$$\frac{(a+b)^{m|-r}}{a^{m|-r}} = \Sigma \frac{m^{\mu|-1}}{1^{\mu|1}} \cdot \frac{b^{\mu|r}}{a^{\mu|-r}},$$

c'est-à-dire ....(y)

$$\frac{(a+b)^{m|-r}}{a^{m|-r}} = 1 + m\frac{b}{a} + \frac{m(m-1)}{1 \cdot 2} \frac{b^{2|r}}{a^{2|-r}} + \frac{m(m-1)(m-2)}{1 \cdot 2 \cdot 3} \frac{b^{3|r}}{a^{3|-r}} + \text{etc.},$$

développement dans lequel on peut varier à volonté les signes de a, de b, de m et de r. Nous allons voir que, sous cette forme, le binome des factorielles donne immédiatement la valeur de plusieurs classes d'intégrales définies.

27. Faisons b et r négatifs, et observons que pour un nombre entier quelconque μ nous avons généralement la décomposition (n° 7)

$$(-b)^{\mu|-r} = (-1)^\mu \cdot b^{\mu|r};$$

le développement deviendra

$$\frac{(a-b)^{m|r}}{a^{m|r}} = 1 - m\frac{b}{a} + \frac{m(m-1)}{1 \cdot 2} \frac{b^{2|r}}{a^{2|r}} - \frac{m(m-1)(m-2)}{1 \cdot 2 \cdot 3} \frac{b^{3|r}}{a^{3|r}} + \text{etc.}$$

Ceci posé, divisons les deux membres de cette dernière égalité par b, et faisons $a = b + r$, nous obtiendrons le développement particulier

$$\frac{r^{m|r}}{b(b+r)^{m|r}} = \frac{1}{b} - \frac{m}{b+r} + \frac{m(m-1)}{1 \cdot 2} \cdot \frac{1}{b+2r} - \frac{m(m-1)(m-2)}{1 \cdot 2 \cdot 3} \cdot \frac{1}{b+3r} + \frac{m(m-1)(m-2)(m-3)}{1 \cdot 2 \cdot 3 \cdot 4} \frac{1}{b+4r} - \text{etc.} ....$$

dont le nombre des termes sera infini pour toutes les valeurs fractionnaires de m.

Or ce dernier développement est, comme on le sait, celui de l'intégrale

$$\int x^{b-1} (1 - x^r)^m dx,$$

prise entre les limites $x = 0$ et $x = 1$, donc ....(z)

$$\int_0^1 x^{b-1} (1 - x^r)^m dx = \frac{r^{m|r}}{b(b+r)^{m|r}}.$$

Soit, par exemple, $b = 1$, $r = \frac{1}{n}$, $m = -n$, on aura

$$\int_1^0 \frac{dx}{\left(1 - x^{\frac{1}{n}}\right)^n} = \frac{\left(\frac{1}{n}\right)^{-n\left|\frac{1}{n}\right.}}{\left(1 + \frac{1}{n}\right)^{-n\frac{1}{n}}}.$$

Passant des exposans négatifs aux exposans positifs, et de l'accroissement $\frac{1}{n}$ à l'accroissement 1, il viendra

$$\int_1^0 \frac{dx}{\left(1 - x^{\frac{1}{n}}\right)^n} = \frac{1^{n|1}}{(1 - n)^{n|1}}.$$

Ce qui nous apprend, en comparant avec l'expression (22) que

$$\int_1^0 \frac{dx}{\left(1 - x^{\frac{1}{n}}\right)^n} = \frac{n\pi}{\sin n\pi}.$$

28. Reprenons l'expression générale (y) et remplaçons l'exposant m par $\frac{p}{q}$, en donnant le signe $-$ à cet exposant ; prenons de plus r négatif, cette expression deviendra

$$\frac{(a + b)^{-\frac{p}{q}|r}}{a^{-\frac{p}{q}|r}} = 1 - \frac{p}{q}\frac{b}{a} + \frac{p(p+q)}{1 \cdot 2 \cdot q^2}\frac{b^{2|-r}}{a^{2|r}} - \frac{p(p+2q)(p+3q)}{1 \cdot 2 \cdot 3 \cdot q^3}\frac{b^{3|-r}}{a^{3|r}} \text{ etc.},$$

le premier membre étant identique avec

$$\frac{(a - r)^{\frac{p}{q}|-r}}{(a + b - r)^{\frac{p}{q}|-r}}.$$

Si nous faisons $a = p + q$, $r = q$, et que nous divisions de part et d'autre par $a - r = p$, nous obtiendrons

$$\frac{p^{\frac{p}{q}|-q}}{p(b+p)^{\frac{p}{q}|-q}} = \frac{1}{p} - \frac{\frac{b}{q}}{p+q} + \frac{\left(\frac{b}{q}\right)^{2|-1}}{1 \cdot 2 \cdot (p + 2q)} - \frac{\left(\frac{b}{q}\right)^{3|-1}}{1 \cdot 2 \cdot 3 (p + 3q)} + \frac{\left(\frac{b}{q}\right)^{4|-1}}{1 \cdot 2 \cdot 3 \cdot 4 (p + 4q)} - \text{etc.}$$

Dans le cas de b infiniment grand, les factorielles du développement se réduisent à de simples puissances, et le premier membre devient

$$\frac{p^{\frac{p}{q}|-q}}{p \cdot b^{\frac{p}{q}}}.$$

Posant $b = qt^q$, multipliant de part et d'autre par t^q, et transformant le premier membre

$$\frac{p^{\frac{p}{q}|-q}}{p \cdot q^{\frac{p}{q}}} \quad \text{en} \quad \frac{1}{p}\left(\frac{p}{q}\right)^{\frac{p}{q}|-1},$$

on aura le développement particulier

$$\frac{1}{p}\left(\frac{p}{q}\right)^{\frac{p}{q}|-1} = \frac{t^p}{p} - \frac{t^{p+q}}{p+q} + \frac{t^{p+2q}}{1 \cdot 2 (p + 2q)}$$
$$- \frac{t^{p+3q}}{1 \cdot 2 \cdot 3 (p + 3q)} + \frac{t^{p+4q}}{1 \cdot 2 \cdot 3 \cdot 4 (p + 4q)}$$
$$- \text{etc.} \ldots$$

dont le second membre est le développement connu de l'intégrale

$$\int t^{p-1} \cdot e^{-t^q} \, dt.$$

Ainsi, pour $t = \infty$, la valeur de cette intégrale est

$$\int_0^\infty t^{p-1} \cdot e^{-t^q} \cdot dt = \frac{1}{p}\left(\frac{p}{q}\right)^{\frac{p}{q}|-1}.$$

Nous ne nous arrêterons pas aux expressions particulières qui résultent des valeurs déterminées de p et q ; il nous suffit ici d'avoir montré la grande utilité des factorielles, et la facilité avec laquelle on peut obtenir, par leur moyen, la génération d'une foule de quantités transcendantes. Frappé de cette utilité, signalée pour la première fois par Kramp, Legendre s'est livré à des recherches très-étendues sur l'expression des intégrales définies en factorielles, ce qui lui a fait découvrir plusieurs relations importantes ; mais nous ne pouvons deviner pourquoi il s'est imaginé de changer la dénomination de *factorielles* en celle de *fonctions gamma*, et de remplacer la notation si commode de Kramp par la notation

$$\Gamma(n + 1) = n\,\Gamma(n),$$

qui masque complètement l'analogie des factorielles et des puissances en faisant perdre de vue l'origine de ces premières fonctions.

29. Plusieurs géomètres étrangers se sont occupés récemment du développement des fonctions en séries de factorielles croissantes, problème embrassé dans toute sa généralité par la loi..... (α).

$$\varphi x = A_0 + A_1 x + A_2 x^{2|z} + A_3 x^{3|z} + A_4 x^{4|z} + \text{etc.},$$

dans laquelle φx désigne une fonction quelconque de la variable x, z l'accroissement des factorielles, et dont les coefficiens A_0, A_1, A_2 etc. sont... (β).

$$A_0 = \varphi \dot{x},$$

$$A_1 = \frac{\Delta \varphi \dot{x}}{1 . z},$$

$$A_2 = \frac{\Delta^2 \varphi \dot{x}}{1 . 2 . z^2},$$

$$A_3 = \frac{\Delta^3 \varphi \dot{x}}{1 . 2 . 3 . z^3},$$

etc. = etc. ;

et en général

$$A_\mu = \frac{\Delta^\mu \varphi \dot{x}}{1^{\mu|1} . z^\mu},$$

le point placé sur $\dot{x}$ indiquant qu'il faut faire $x = 0$, après avoir pris les différences par rapport à z. Nous avons donné (tome I, page 337) une démonstration de cette loi, qui n'est d'ailleurs qu'un cas particulier de la loi universelle des séries (*voy.* SÉRIE, tome II). Nous ferons observer, au sujet des expressions (β), que les différences doivent être formées en considérant l'accroissement z comme négatif, c'est-à-dire qu'au lieu de faire

$$\Delta \varphi x = \varphi(x+z) - \varphi x,$$

il faut faire

$$\Delta \varphi x = \varphi x - \varphi(x-z).$$

Si l'on voulait former les différences de la première manière, on devrait faire z négatif dans le développement (α). Nous appliquerons seulement cette loi à la fonction x^m, dont le coefficient général du développement

$$A_\mu = \frac{\Delta^\mu \varphi \dot{x}}{1^{\mu|1} . z^\mu}$$

se présente sous une forme singulière et très-élégante.

La différence de l'ordre μ de la fonction x^m est,

d'après la construction générale des différences (tom. I, page 449),

$$\Delta^\mu(x^m) = x^m - \mu(x-z)^m + \frac{\mu(\mu-1)}{1 . 2}(x-2z)^m - \frac{\mu(\mu-1)(\mu-2)}{1 . 2 . 3}(x-3z)^m + \ldots \text{etc.}$$

Faisant dans cette expression générale $x = 0$, elle prendra la forme

$$\Delta^\mu(\dot{x}^m) = (-1)^{m+1} z^m \left\{ \mu - \frac{\mu(\mu-1)}{1 . 2}2^m + \frac{\mu(\mu-1)(\mu-2)}{1 . 2 . 3}3^m - \frac{\mu(\mu-1)(\mu-2)(\mu-3)}{1 . 2 . 3 . 4}4^m \right.$$
$$\left. \text{etc.} = \text{etc.} \ldots \ldots \right\}.$$

Ainsi, divisant les deux membres de cette égalité par $1^{\mu|1} . z^\mu$, nous aurons pour l'expression du coefficient général du développement de x^m

$$A_\mu = (-1)^{m+1} \frac{z^{m-\mu}}{1^{\mu|1}} \left\{ \mu - \frac{\mu(\mu-1)}{1 . 2}2^m + \frac{\mu(\mu-1)(\mu-2)}{1 . 2 . 3}3^m - \frac{\mu(\mu-1)(\mu-2)(\mu-3)}{1 . 2 . 3 . 4}4^m + \text{etc.} \ldots \ldots \right\},$$

et, conséquemment, le développement lui-même sera..... (γ).

$$x^m = (-1)^{m+1}\left\{ xz^{m-1} + \frac{1}{2}\left[2-2^m\right]x^{2|z} . z^{m-2} \right.$$
$$+ \frac{1}{2.3}\left[3-3 . 2^m+3^m\right]x^{3|z} . z^{m-3}$$
$$+ \frac{1}{2.3.4}\left[4-6 . 2^m+4 . 3^m - 4^m\right]x^{4|z} . z^{m-4}$$
$$\left. + \text{etc.} \ldots \ldots \ldots \ldots \right\}.$$

On a, par exemple, dans le cas de $m = 4$

$$x^4 = -xz^3 + 7x^{2|z} z^2 - 6x^{3|z} z + x^{4|z}.$$

Tant que m est un nombre entier positif, le développement (γ) se compose d'un nombre fini de termes $= m$; dans tous les autres cas, le nombre des termes est indéfini.

On voit que, dans ce cas de m, nombre entier positif, la suite

$$\mu - \frac{\mu(\mu-1)}{1.2}\,2^m + \frac{\mu(\mu-1)(\mu-2)}{1.2.3}.3^m - \frac{\mu(\mu-1)(\mu-2)(\mu-3)}{1.2.3.4}\,4^m + \text{etc.},$$

se réduit généralement à *zéro* pour toutes les valeurs de μ plus grande que m, et que pour la valeur $\mu = m$ elle est équivalente à 1me.

La nature de cet ouvrage nous interdit de plus grands détails sur la théorie des factorielles et sur les applications dont elles peuvent être l'objet; mais nous croyons en avoir dit assez dans cet article et dans le cours de nos deux premiers volumes pour rendre évidente la nécessité d'introduire ces fonctions dans l'enseignement élémentaire. Ceux de nos lecteurs qui désireraient approfondir la matière doivent consulter l'*Analyse des Réfractions astronomiques* de *Kramp*. *Voyez* aussi, dans ce volume, le mot FRACTION CONTINUE.

FIGURE DE LA TERRE. (*Géod.*) C'est par la théorie et l'expérience que les géomètres et les astronomes, depuis Newton, se sont guidés dans la recherche difficile de la véritable figure du globe que nous habitons. L'histoire de leurs travaux en ce genre ayant été l'objet d'un article assez étendu de ce dictionnaire (*voy.* TERRE), il nous suffira de rappeler les principaux résultats des dernières opérations géodésiques qui ont été faites, principalement en France, parce qu'elles ne laissent aucun doute sur les irrégularités de la terre, bien que sa surface, considérée dans son ensemble, affecte, à très-peu près, la forme d'un ellipsoïde de révolution.

1. Une longue chaîne de triangles partant de Greenwich, dirigée dans le sens même de la méridienne de Dunkerque, et terminée à l'île de Formentera, embrasse un arc de plus de 12 degrés, dont la longueur, toutes corrections faites, a été récemment trouvée de 750552 tois., 4. En divisant cet arc en quatre parties, dont les points de division soient Dunkerque, Panthéon et Montjouy, on a le tableau suivant.

STATIONS.	LATITUDES OBSERVÉES.	ARCS MESURÉS EN TOISES.
Greenwich . .	51° 28′ 40″,00	
Dunkerque . .	51 2 8 ,50	25241ᵗ,9
Panthéon . . .	48 50 49 ,37	124944 ,8
Montjouy . . .	41 21 46 ,58	426672 ,1
Formentera . .	58 39 56 ,11	155673 ,6
	Arc total....	750552 ,4

Selon Delambre, cet arc total serait seulement de 730,431′,3; mais ce célèbre astronome ignorait, dit M. Puissant, que l'on eût commis une erreur de 68 toises en moins dans l'évaluation de l'arc compris entre les parallèles de Montjouy et de Formentera, (*Nouv. Desc. géom. de la France*, tom. II, p. 35). Il crut d'ailleurs que les bases de Melun et de Perpignan, de près de 12000 mètres chacune, s'accordaient, à un tiers de mètre près, et cependant il est maintenant constaté par la triangulation générale de la France que ces deux bases présentent une discordance de 1ᵐ,8, quand on substitue à ceux des triangles de la méridienne de Dunkerque, qui sont d'une forme un peu insolite, d'autres triangles mieux conditionnés. M. Puissant, ayant eu égard à ces deux circonstances, a dressé le tableau suivant :

STATIONS.	LATITUDES OBSERVÉES.	LONGUEURS DES DEGRÉS selon Delambre.	LONGUEURS DES DEGRÉS corrigées.	CHANGEMENT POUR 1°.	LATITUDES MOYENNES.
Greenwich .	51° 23′ 40″,00	11284ᵐ,5	11284ᵐ,5		51° 15′ 24″
Dunkerque. .	51 2 8 ,50	11266 ,0	11266 ,0	— 14,0	49 56 29
Panthéon. . .	48 50 49 ,57	11250 ,2	11258 ,8	— 11,1	47 30 46
Évaux. . . .	46 10 42 ,54	11051 ,8	11060 ,5	— 63,2	44 41 48
Carcassonne .	45 12 54 ,50	11018 ,0	11026 ,7	— 13,9	42 17 21
Montjouy. . .	41 21 46 ,58	10991 ,6	11040 ,6	+ 5,1	40 0 52
Formentera. .	58 59 56 ,11				

On voit que le décroissement des degrés, en allant du nord au sud, est loin d'être régulier, et qu'il se manifeste même un léger accroissement à partir de Montjouy, où Delambre a signalé une anomalie de près de 4″ dans la latitude (*Base du Système mét.*). Néanmoins l'arc entier ci-dessus étant combiné avec celui de l'équateur, mesuré, en 1745, par Bouguer et La Condamine, on obtient un aplatissement de $\frac{1}{304}$ (*voyez* Rectifica-tion), lequel s'accorde merveilleusement avec celui qui dérive d'une inégalité lunaire en latitude et en longitude, dépendante de la figure entière de la terre, et découverte par l'illustre auteur de la *Mécanique céleste.*

Si nous prenons maintenant la méridienne de Bayeux, située à l'occident de celle de Dunkerque, elle nous offrira les résultats suivans, également extraits de la *Nouv. Descript. géom. de la France*, tome II.

STATIONS.	LATITUDES OBSERVÉES.	LONGUEURS DES DEGRÉS.	CHANGEM. POUR 1°.	LATITUDES MOYENNES.
Saint-Martin de Chanlieu. . .	48° 44′ 9″ ,87			
Angers.	47 28 6 ,79	111153ᵐ 4	— 3,0	48° 6′ 8″
La Ferlanderie..	45 44 41 ,04	111148 ,9		46 36 24
Tour de Borda.	43 42 42 ,09	111182 ,7	+ 18,1	44 43 42
Arc total. .	558529 ,2			

Le long de cette ligne, les deux premiers degrés sont sensiblement égaux; ainsi, dans cette partie, l'aplatissement est à peu près nul; mais ensuite il s'opère un changement tellement brusque en passant au 3ᵉ degré, que la terre semble être allongée.

Voyons enfin la méridienne de Sedan, mesurée pareillement par les ingénieurs-géographes. On a ces résultats :

STATIONS.	LATITUDES OBSERVÉES.	LONGUEURS DES DEGRÉS.	CHANGEM. POUR 1°.	LATITUDES MOYENNES.
Longeville . . .	48° 44′ 6″ ,92			
Bréri.	46 47 35 ,94	111233ᵐ,0	—75,0	47° 45′ 51″
Montceau. . . .	45 35 33 ,00	111115 ,3		46 11 34
Marseille. . . .	43 17 48 ,52	111010 ,8	—60,4	44 26 41
Arc total...	604289 ,7			

Quoique les longueurs des degrés décroissent du nord au sud et accusent un fort aplatissement, cependant elles ne sont nullement en rapport avec l'hypothèse d'un ellipsoïde de révolution, puisque le décroisse-

ment, qui devrait être à peu près de 18ᵐ par degré, à notre latitude, est d'abord de 75ᵐ, et ensuite de 60ᵐ.

2. Lorsque l'on compare les latitudes observées en différens lieux de la France avec celles des mêmes lieux calculées avec un aplatissement de $\frac{1}{309}$, ainsi qu'il est indiqué à l'art. Trigonométrie sphéroïdique, on remarque des différences qui ne peuvent résulter en entier ni de l'hypothèse d'aplatissement ni des erreurs d'observations. Par exemple : à Puits-Berteau, près de Bourges, la latitude astronomique de ce point et sa latitude géodésique sont identiques; mais au signal de la Ferlanderie, près de Saintes, la latit. géod. excède de 5″,8 la lat. astron. À Évaux, la différence entre ces deux latitudes est de 6″,9 et en sens contraire. A la tour de Borda, près de Dax, les deux déterminations astronomique et géodésique s'accordent entre elles. Enfin, dans la plupart des lieux où l'on a observé et conclu la hauteur du pôle, il existe des anomalies qu'on ne saurait attribuer qu'à la déviation du fil-à-plomb produite soit par l'effraction de quelque montagne, soit parce que la densité du terrain aux environs de la station est plus grande ou plus petite que la densité générale de la croûte terrestre. Ainsi il est incontestable que la figure de la terre, dans toute la partie du sol français, explorée géodésiquement, est irrégulière; ce qui nous semble mériter d'être signalé aux géologues.

D'autres exemples encore plus frappans de l'effet des attractions locales se présentent en d'autres contrées de l'Europe. En effet, en Angleterre, le capitaine Mudge trouva, à Cliston, que la déviation était de 10″. En Italie, M. Plana signala, il y a peu d'années, une anomalie de 47″,8 dans la petite amplitude céleste de 1° 7′ 27′ qui sépare Andrate de Mondovi.

3. Les mesures d'arcs de méridiens ne sont pas les seules propres à la détermination de la figure de la terre; on les combine avantageusement avec les mesures d'arcs de parallèles, lorsque celles-ci sont accompagnées de bonnes observations de longitudes. (*V.* Rectification.) La méthode que l'on suit à cet égard, de préférence aux phénomènes des éclipses des satellites de Jupiter, des occultations d'étoiles par la lune, etc., est celle des signaux de nuit produits par l'inflammation de la poudre à canon; parce que leur apparition subite et instantanée des stations dont on veut connaître la différence en longitude ayant lieu au même instant physique, à cause de la prodigieuse vitesse avec laquelle la lumière se propage, il en résulte que, si le temps absolu à chacune de ces stations est parfaitement connu, la différence des heures des observations sera celle des méridiens. Mais malheureusement une erreur d'une demi-seconde de temps sur le résultat en produit une de 7 secondes et demie de degré sur l'amplitude me-

surée, et c'est ce qui fait que la mesure des longitudes pour de petites distances est une opération extrêmement délicate, et bien moins susceptible de précision que la détermination des latitudes, qui peut être rendue presque indépendante du temps. Néanmoins cette méthode des feux, essayée dès 1740 par Cassini de Thury et Lacaille, a eu, il y a un petit nombre d'années, un plein succès en France et en Italie par le concours simultané d'ingénieurs-géographes français et de savans italiens. En voici les résultats selon M. Puissant.

L'arc de parallèle, à la latitude de 45°43'12", compris entre l'Océan et la mer Adriatique, est de 1210673ᵐ,9 ; son amplitude astronomique de 1ʰ2'9",78. Cet arc se compose de sept parties qui, étant soumises à la règle des moindres carrés (*voy.* ce mot), donne pour le degré moyen 77897ᵐ,8. Celui du méridien, déduit de la distance ci-dessus de Greenwich à Formentera, est de 111131ᵐ,23, à la latitude moyenne de 45°4'18" ; et la combinaison de ces deux degrés étant faite par le procédé de calcul connu, on obtient l'aplatissement $\frac{1}{247}$, c'est-à-dire celui de l'*ellipsoïde osculateur* en France.

4. Les longueurs du pendule à secondes, quoique moins influencées que celles des degrés du méridien par les causes perturbatrices de la régularité de la terre, sont cependant sujettes à des anomalies qui dévoilent ces causes lorsqu'elles agissent avec une certaine énergie. Cette vérité ressort de la comparaison des observations faites en différens lieux ; et, pour citer un fait à l'appui, nous dirons, d'après le capitaine Sabine, que l'accélération du pendule se manifeste généralement sur les terrains volcaniques, et le retard sur les terrains sablonneux et argileux. (*Bulletin de la Société de Géog.*, n° 50, pag. 247.) Toutefois en faisant un choix des meilleures observations recueillies jusqu'à présent, et traitant les longueurs du pendule qui en dérivent par la méthode des moindres carrés, afin d'atténuer autant que possible les erreurs d'observation, M. Mathieu trouva qu'en prenant pour unité la longueur du pendule à l'équateur, évaluée après lui à 0ᵐ,99102557, son accroissement, depuis ce cercle jusqu'au pôle est égal au produit de 54 dix millièmes par le carré du sinus de la latitude, c'est-à-dire que généralement

$$l = 1 + 0{,}0054 \sin{}^2\lambda,$$

valeur correspondante à l'aplatissement $\frac{1}{305}$. (*V.* PENDULE COMPOSÉ.)

D'autres savans, qui ont discuté de leur côté une plus grande masse de nouvelles observations, pensent qu'elles donnent l'aplatissement $\frac{1}{282}$. On peut consulter à ce sujet un article très-intéressant du *Bulletin*

scientifique de M. Ferrussac, tom. VII, pag. 32, et un excellent mémoire de M. Baily, inséré dans les *Transactions philosophiques* de 1832.

L'accroissement des longueurs du pendule, de l'équateur au pôle, est sensible, même sur les divers points de la méridienne de France, suivant de nombreuses observations faites avec un appareil de Borda par MM. Arago, Biot et Mathieu, et dont voici les résultats, déduits du calcul le plus rigoureux.

STATIONS.	LATITUDES.	HAUTEURS ABSOLUES.	LONGUEURS du pendule à seconde de temps moyen.
Formentera.	38° 40'	196ᵐ	0ᵐ,992976
Bordeaux. .	44 50	0	0 ,993453
Paris. . . .	48 50	65	0 ,993849
Dunkerque.	51 2	0	0 ,994080

Ces longueurs sont réduites au vide et au niveau de la mer. Il serait facile d'en conclure par l'interpolation la longueur du pendule à secondes, sur les côtes de France et à 45 degrés de latitude. Celle-ci et l'arc du degré du méridien, dont le milieu répond à la même latitude, serviront, dit Laplace, à retrouver nos mesures, si, par la suite des temps, elles viennent à s'altérer. (*Exposit. du Syst. du Monde.*)

(M. Puissant.)

FONCTIONS ELLIPTIQUES. *Voyez* TRANSCENDANTES.

FONCTIONS SYMÉTRIQUES. (*Alg.*) La théorie des fonctions symétriques a reçu, de son application à la recherche des racines des équations, une importance qui nous engage à compléter ici les notions élémentaires que nous en avons données, tome II, pag. 515. Désignons toujours, comme nous l'avons fait dans l'article cité, par S_m la somme des puissances

$$a^m + b^m + c^m + d^m + e^m + f^m,\ \text{etc.}$$

d'un nombre quelconque de bases a, b, c, d, etc., inégales et indépendantes entre elles, et représentons par la quantité générale A_m la somme des produits différens qu'on peut former en combinant ces bases m à m. Nous aurons, entre les quantités S_m et A_m, les relations déjà démontrées.... (*a*)

$$S_1 = A_1$$
$$S_2 = A_1 S_1 - 2A_2$$
$$S_3 = A_1 S_2 - A_2 S_1 + 3A_3$$
$$S_4 = A_1 S_3 - A_2 S_2 + A_3 S_1 - 4A_4$$
$$S_5 = A_1 S_4 - A_2 S_3 + A_3 S_2 - A_4 S_1 + 5A_5,$$
$$\text{etc.} = \text{etc.}$$

au moyen desquelles, connaissant les sommes de produits, on peut trouver les sommes de puissances, et *vice versâ*. Il nous reste à montrer que toutes les fonctions symétriques des bases a, b, c, d, etc., peuvent être exprimées par les sommes de puissances S_1, S_2, S_3, etc.

1. Rappelons d'abord qu'on donne en général le nom de fonction symétrique à la somme des produits différens entre eux et compris sous la forme

$$a^r b^q c^r d^s, \text{ etc.}$$

qui résultent tant de la combinaison des bases a, b, c, d, etc., que de la permutation des exposans p, q, r, etc. Pour fixer les idées, considérons seulement trois bases a, b, c; la fonction symétrique à termes d'une seule base et, par conséquent, d'un seul exposant p sera

$$a^p + b^p + c^p ;$$

la fonction symétrique à termes de deux bases et de deux exposans p, q sera

$$a^p b^q + a^p c^q + b^p c^q$$
$$+ a^q b^p + a^q b^p + b^q c^p ;$$

et enfin la fonction symétrique à termes de trois bases sera

$$a^p b^q c^r + a^q b^p c^r + a^r b^p c^q$$
$$+ a^p b^r c^q + a^q b^r c^p + a^r b^q c^p.$$

En général, un nombre quelconque de bases et d'exposans étant donné, on formera la fonction symétrique correspondante en combinant d'abord les bases entre elles pour former des groupes d'autant de facteurs qu'il y a d'exposans, puis on affectera chacun de ces groupes primitifs des exposans en les permutant entre eux de toutes les manières possibles; de cette manière, chaque groupe primitif de combinaison fournira autant de termes différens de la fonction que les exposans admettent de permutations. Proposons-nous, par exemple, de construire une fonction symétrique avec les quatre bases a, b, c, d et les deux exposans p, q; les combinaisons 2 à 2, donnant des produits différens des quatre lettres a, b, c, d, sont

$$ab, \ ac, \ ad, \ bc, \ bd, \ cd,$$

affectant chacun de ces groupes primitifs des permutations p, q et q, p des deux exposans p et q, nous aurons pour la fonction symétrique demandée

$$a^p b^q + a^p c^q + a^p d^q + b^p c^q + b^p d^q + c^p d^q$$
$$+ a^q b^p + a^q c^p + a^q d^p + b^q c^p + b^q d^p + c^q d^p.$$

Si l'on demandait la fonction symétrique des quatre mêmes bases a, b, c, d, et des trois exposans p, q, r, il faudrait former toutes les combinaisons 3 à 3 sans permutations des lettres a, b, c, d, ce qui donnerait les quatre groupes primitifs

$$abc, \ abd, \ acd, \ bcd.$$

Les permutations des exposans étant au nombre de six, savoir :

$$pqr, \ prq$$
$$qpr, \ qrp$$
$$rpq, \ rqp,$$

le premier groupe fournirait les six termes

$$a^r b^q c^r + a^r b^r c^q + a^q b^r c^r$$
$$+ a^q b^r c^r + a^r b^r c^q + a^r b^q c^p ;$$

et comme chacun des autres groupes donnerait également six termes distincts, la fonction cherchée se trouverait composée de vingt-quatre termes.

2. Les divers termes qui composent une fonction symétrique ayant tous la même forme, nous pouvons représenter ces fonctions par un quelconque de leurs termes, en lui donnant une caractéristique particulière. Si nous adoptons, par exemple, la caractéristique $\int$, $\int a^p$ désignera toutes les fonctions symétriques dont les termes ne comprennent qu'une seule base ; $\int a^p b^q$, celles dont les termes comprennent deux bases ; $\int a^p b^q c^r$, les fonctions à termes de trois bases, et ainsi de suite. Chacun des termes pouvant être considéré indifféremment comme le terme général, les quantités $\int a^p b^q$, $\int b^p c^q$, $\int a^p c^q$, etc., représenteront des fonctions identiques ; mais nous nous réglerons toujours sur l'ordre alphabétique, tant pour les bases que pour les exposans ; cet ordre étant le plus propre pour déterminer immédiatement la composition de la fonction.

3. Ceci posé, désignons par m le nombre total des bases a, b, c, d, etc., et par n le nombre de ces bases contenues dans chaque terme d'une fonction symétrique, ou, ce qui est la même chose, le nombre des exposans p, q, r, s, etc., m lettres admettant un nombre de combinaisons n à n représenté par (*voy.* Combinaison, tome I)

$$\frac{m (m-1) (m-2) (m-3) \ldots\ldots (m-n+1)}{1 . 2 . 3 . 4 . 5 \qquad \ldots\ldots \quad n}$$

et chaque groupe de combinaison fournissant par la permutation de n exposans un nombre de produits différens représenté par (*voy.* Permutation, tome II)

$$1 . 2 . 3 . 4 . 5 \ldots\ldots n,$$

il en résulte que le nombre des termes d'une fonction symétrique à termes de n bases est égal à

$$m\,(m-1)\,(m-2)\,(m-3)\,\ldots\ldots\,(m-n+1),$$

le nombre total des bases étant m, et tous les exposans étant d'ailleurs inégaux.

4. Il est plus simple de désigner les fonctions symétriques par le nombre des exposans, puisque ces exposans déterminent la construction de leurs termes ; nous nommerons donc, dans ce qui va suivre, *fonction symétrique à* n *exposans* la fonction composée de termes de n, facteurs, affectés chacun d'un exposant différent.

5. Lorsque plusieurs exposans sont égaux, le nombre total des termes d'une fonction symétrique n'est pas le même que dans le cas de tous les exposans inégaux. Par exemple, la fonction symétrique à deux exposans inégaux, p et q, des trois bases a, b, c, qui est généralement

$$\int a^p b^q = a^p b^q + a^p c^q + b^p c^q,$$
$$+ a^p b^p + a^q c^p + b^q c^p,$$

diffère essentiellement de la fonction symétrique à deux exposans égaux

$$\int a^p b^p = a^p b^p + a^p c^p + b^p c^p,$$

parce que, d'après la définition même (1) des fonctions symétriques, ces fonctions ne se composent que des seuls produits différens qu'on peut former par la combinaison des bases et la permutation des exposans.

6. Il est toujours facile de trouver le nombre des termes d'une fonction symétrique à plusieurs exposans égaux, en supposant d'abord tous ces exposans inégaux, puis en divisant le nombre des termes que donne cette supposition par le nombre des permutations qu'admettraient les exposans égaux s'ils étaient inégaux. Observons, en effet, que, dans le cas particulier de trois exposans inégaux, p, q, r, la fonction symétrique, quel que soit le nombre des bases, se compose de termes primitifs de la forme

$$a^p b^q c^r,$$

dont chacun produit cinq autres termes

$$a^p b^r c^q,$$
$$a^q b^p c^r,$$
$$a^q b^r c^p,$$
$$a^r b^p c^q,$$
$$a^r b^q c^p,$$

par la permutation des exposans. Or, si deux de ces exposans deviennent égaux, q et r, par exemple, les permutations différentes se réduisent à

$$p, q, q;\ q, p, q;\ q, q, p,$$

et chaque groupe primitif de bases abc ne donne plus que trois termes distincts

$$a^p b^q c^q,$$
$$a^q b^p c^q,$$
$$a^q b^q c^p;$$

le nombre total des termes est donc alors la *moitié* de ce qu'il était dans le premier cas. De même, si les trois exposans p, q, r devenaient égaux, les six termes résultant de chaque groupe primitif de bases abc deviendraient pareillement égaux ; de sorte que, dans ce dernier cas, le nombre des termes de la fonction symétrique ne serait plus que le *sixième* du nombre des termes qu'elle avait lorsque tous les exposans étaient inégaux. On voit aisément que l'égalité d'un nombre quelconque d'exposans fait disparaître de la fonction, pour chaque groupe distinct de bases, autant de termes que ces exposans admettaient entre eux de permutations, et, par conséquent, que le nombre des termes de la fonction réduite est égal au nombre des termes de la fonction primitive, divisé par le nombre des permutations des exposans égaux.

En général, si la fonction symétrique des m bases a, b, c, d, etc., a μ exposans égaux à p, ν égaux à q, ξ égaux à r, etc., le nombre total des exposans étant toujours n, le nombre de ses termes sera

$$\frac{m\,(m-1)\,(m-2)\,\ldots\ldots\,(m-n+1)}{1.2.3\ldots\mu \times 1.2.3\ldots\nu \times 1.2.3\ldots\xi \times \text{etc.}}.$$

Soit, par exemple, à déterminer le nombre des termes de la fonction symétrique représentée par le terme général

$$\int a^3 b^2 c^2\, de,$$

et dans laquelle le nombre total des bases est 6, faisant $m=6$, $n=5$, $p=3$, $q=2$, $r=1$; nous aurons $\mu=1$, $\nu=2$, $\xi=2$, et, par suite,

$$\frac{6.5.4.3.2}{1.1.2.1.2} = 360,$$

sera le nombre des termes demandé. Si tous les exposans étaient égaux, c'est-à-dire si le terme général était

$$\int a^p b^p c^p d^p e^p,$$

quel que soit p, différent de o, le nombre des termes de la fonction se réduirait à

$$\frac{6 \cdot 5 \cdot 4 \cdot 3 \cdot 2}{1 \cdot 2 \cdot 3 \cdot 4 \cdot 5} = 6.$$

7. Ce qui précède fait connaître ce que devient une fonction symétrique quelconque lorsqu'on introduit dans ses exposans des relations d'égalité. Si l'on fait, par exemple, $p = q$, dans la fonction ....(b)

$$a^p b^q + a^p c^q + a^p d^q + b^p c^q + b^p d^q + c^p d^q$$
$$+ a^q b^p + a^q c^p + a^q d^p + b^q c^p + b^q d^p + c^q d^p,$$

elle prend la forme

$$a^p b^r + a^p c^r + a^p d^r + b^p c^r + b^p d^r + c^p d^r$$
$$+ a^p b^r + a^p c^r + a^p d^r + b^p c^r + b^p d^r + c^p d^r,$$

qui renferme *deux* fonctions symétriques égales entre elles, et dont le terme général est $a^p b^r$; il est donc visible ici que l'hypothèse $p = q$ réduit la fonction $\int a^p b^q$ à $2\int a^p b^r$. Or désignons par P le terme général d'une fonction symétrique quelconque, par P′ ce que devient ce terme général lorsqu'on rend égaux entre eux quelques-uns de ses exposans inégaux, et représentons par M et M′ les nombres respectifs des termes des deux fonctions symétriques $\int P$, $\int P'$; M étant nécessairement un multiple de M′, faisons de plus $M = M'Q$. Observons maintenant que l'hypothèse qui transforme le terme général P en P′ laisse subsister tous les termes de la fonction $\int P$, qui cesse seulement d'être symétrique, parce que le nombre de ses termes différens se trouve réduit dans le rapport de Q à 1, ou, ce qui est la même chose, parce que chaque terme différent se trouve répété Q fois; mais la somme des termes différens est précisément la fonction symétrique $\int P'$; donc l'hypothèse qui transforme le terme général P en P′ réduit la fonction symétrique $\int P$ à $Q\int P'$. Ainsi, pour trouver ce que devient une fonction symétrique $\int P$, lorsqu'on y rend plusieurs exposans égaux, il suffit de chercher le facteur Q égal au nombre des termes de $\int P$ divisé par le nombre des termes de $S P'$.

Proposons-nous, par exemple, de déterminer ce que devient la fonction symétrique ....(c),

$$\int a^p b^r c^q d^r e,$$

quand on y fait $q = p$. Le nombre des termes de cette fonction est, m désignant comme ci-dessus (c) le nombre total des bases,

$$\frac{m(m-1)(m-2)(m-3)(m-4)}{1 \cdot 2}.$$

L'hypothèse $q = p$ donne au terme général la forme $a^p b^r c^p d^r e$, ce qui conduit à la fonction symétrique

$$\int a^p b^r c^p d^r e,$$

dont le nombre des termes est

$$\frac{m(m-1)(m-2)(m-3)(m-4)}{1 \cdot 2 \cdot 3}.$$

Ainsi

$$Q = \frac{1 \cdot 2 \cdot 3}{1 \cdot 2} = 3.$$

La fonction symétrique proposée se réduit donc à $3\int a^p b^r c^p d^r e$ par la valeur p donnée à q.

Si dans la même fonction symétrique (c) on faisait $p = q = r$, ce qui donnerait au terme général la forme $a^r b^r c^r d^r e$, on aurait pour le nombre des termes de $\int a^r b^r c^r d^r e$

$$\frac{m(m-1)(m-2)(m-3)(m-4)}{1 \cdot 2 \cdot 3 \cdot 4};$$

c'est-à-dire que la fonction (c) deviendrait dans ce cas

$$\frac{1 \cdot 2 \cdot 3 \cdot 4}{1 \cdot 2} \int a^r b^r c^r d^r e.$$

Enfin, dans la supposition de $p = q = r = 1$, la fonction (c) se réduirait à

$$\frac{1 \cdot 2 \cdot 3 \cdot 4 \cdot 5}{1 \cdot 2} \int abcde.$$

8. L'égalité à zéro d'un ou de plusieurs exposans d'une fonction symétrique réduisant à l'unité tous les facteurs affectés de ces exposans, introduit encore des termes égaux dans la fonction, qui cesse conséquemment d'être symétrique, tout en conservant le même nombre de termes. Si l'on fait, par exemple, $q = 0$ dans la fonction symétrique (b) du n° 7, elle devient

$$a^p + a^p + a^p + b^p + b^p + c^p$$
$$+ b^p + c^p + d^p + c^p + d^p + d^p,$$

ou

$$3 \left[a^p + b^p + c^p + d^p \right].$$

Une marche semblable à la précédente va nous faire trouver dans tous les cas ce que devient une fonction symétrique par l'évanouissement de quelques-uns de ses exposans. Désignons toujours par P le terme général d'une fonction proposée, et par M le nombre de ses termes : soit P′ ce que devient P par l'évanouissement d'un nombre quelconque de ses exposans ; soit M′ le nombre des termes de la fonction symétrique $\int P'$, et soit enfin $M = M'R$. La fonction non symétrique dont le terme général est P′ étant composée, comme $\int P$, de M termes parmi lesquels M' seulement sont différens entre eux, chacun de ces derniers doit évidemment se trouver répété R fois, c'est-à-dire que la fonction symétrique $\int P$ se réduit à $R\int P'$ par la valeur o donnée aux coefficiens.

Supposons, pour exemple, que l'on fasse $p = 0$ et $q = 0$ dans la fonction symétrique

$$\int a^p b^r c^q d^r e^s f,$$

dont le nombre total des bases est 12. Cette supposition réduit le terme général de la fonction à la forme $d^r e^s f$; ou, pour conserver l'ordre alphabétique, à la forme $a^r b^s c$, et la fonction se réduit elle-même à

$$R \int a^r b^s c.$$

Il s'agit de trouver la valeur de R. Le nombre des termes de la fonction proposée est, d'après (7),

$$\frac{12 \cdot 11 \cdot 10 \cdot 9 \cdot 8 \cdot 7}{1 \cdot 2};$$

celui de la fonction $\int a^r b^s c$ est

$$12 \cdot 11 \cdot 10.$$

Ainsi

$$R = \frac{12 \cdot 11 \cdot 10 \cdot 9 \cdot 8 \cdot 7}{1 \cdot 2 \cdot 12 \cdot 11 \cdot 10} = 252.$$

La fonction proposée devient donc $252 \int a^r b^s c$ par la supposition $p = 0$, $q = 0$.

Soit encore la fonction $\int a^p bcdef$, dans laquelle l'exposant p devient 0, et qui se réduit, par conséquent, à

$$R \int abcde.$$

En supposant le nombre total des bases $= m$, le nombre des termes de la fonction proposée est

$$m(m-1)(m-2) \ldots (m-5);$$

celui des termes de la fonction symétrique $\int abcde$ est

$$m(m-1)(m-2) \ldots (m-4).$$

D'où

$$R = \frac{m(m-1)(m-2)(m-3)(m-4)(m-5)}{m(m-1)(m-2)(m-3)(m-4)} = m-5.$$

La onction proposée se réduit donc à $(m-5)\int abcde$.

Si tous les exposans s'évanouissaient à la fois, la fonction se réduirait au nombre même de ses termes, puisque chacun de ces termes deviendrait une simple unité. Ainsi, dans le cas de $p = 0$, $q = 0$, $r = 0$,

$s = 0$, etc., le nombre des bases étant toujours m, on aurait

$$\int a^p = m,$$

$$\int a^p b^q = m(m-1),$$

$$\int a^p b^q c^r = m(m-1)(m-2),$$

$$\text{etc.} = \text{etc.}$$

9. Les fonctions symétriques les plus simples sont celles qui ont tous leurs exposans égaux à l'unité; comme elles sont alors les sommes des produits des bases combinées 1 à 1, 2 à 2, 3 à 3, etc., on peut toujours les considérer comme entièrement connues. En effet, étant données m bases a, b, c, d, e, etc., si l'on forme le produit des m binomes

$$(x-a)(x-b)(x-c)(x-d) \ldots (x-m),$$

dont nous représenterons le développement par

$$x^m - A_1 x^{m-1} + A_2 x^{m-2} - A_3 x^{m-3} + \text{etc.} + (-1)^m A_m,$$

on aura, d'après la théorie de la multiplication (t. II, p. 246),

$$\int a = A_1,$$

$$\int ab = A_2,$$

$$\int abc = A_3,$$

$$\int abcd = A_4,$$

$$\text{etc.} = \text{etc.}$$

On peut donc encore considérer comme entièrement connues les fonctions à un seul exposant $\int a^m$, puisqu'elles sont identiques avec les sommes de puissances que nous avons désignées généralement par S_m, et dont nous avons rapporté les expressions en A_1, A_2, A_3, etc., au commencement de cet article; au reste, nous allons donner une déduction très élémentaire de ces expressions.

10. La fonction $\int a^m$ représentant la somme

$$a^m + b^m + c^m + d^m + e^m + \text{etc.},$$

et la fonction $\int a$ la somme

$$a + b + c + d + e + \text{etc.},$$

il est évident, le nombre des bases étant le même dans les deux fonctions, que le produit de ces deux fonctions comprendra, d'une part, la somme de toutes les puissances de la forme a^{m+1}, et de l'autre, la somme des produits de deux facteurs de la forme $a^m b$, c'est-à-dire qu'on a

$$\int a \times \int a^m = \int a^{m+1} + \int a^m b.$$

Le produit de la fonction $\int a^m$ par la fonction $\int ab$, qui représente la somme des produits deux à deux des bases

$$ab + ac + ad + bc + bd + \text{etc.},$$

comprendra pareillement, d'une part, la somme de tous les produits de la forme $a^{m+1}b$, et de l'autre, la somme de tous les produits de la forme $a^m bc$; d'où

$$\int ab \times \int a^m = \int a^{m+1} b + \int a^m bc.$$

Le produit de la fonction $\int a^m$ par la fonction $\int abc$, qui représente la somme des produits trois à trois

$$abc + abd + abe + bcd + \text{etc.},$$

donne tout aussi évidemment lieu à la relation

$$\int abc \times \int a^m = \int a^{m+1} bc + \int a^m bcd,$$

et ainsi de même. Nous pouvons donc poser, comme résultant immédiatement de la construction même des fonctions symétriques, la suite d'égalités ....(d)

$$\int a \cdot \int a^m = \int a^{m+1} + \int a^m b,$$
$$\int ab \cdot \int a^m = \int a^{m+1} b + \int a^m bc,$$
$$\int abc \cdot \int a^m = \int a^{m+1} bc + \int a^m bcd,$$
$$\int abcd \cdot \int a^m = \int a^{m+1} bcd + \int a^m bcde,$$
$$\text{etc.} = \text{etc.}$$

Ces relations étant indépendantes de la valeur de l'exposant m, nous n'avons qu'à remplacer successivement m par $m-1$, $m-2$, $m-3$, etc., pour en tirer les nouvelles relations ....(e)

$$\int a^m = \int a \cdot \int a^{m-1} - \int a^{m-1} b,$$
$$\int a^m = \int a \cdot \int a^{m-1} - \int ab \cdot \int a^{m-2} + \int a^{m-2} bc,$$
$$\int a^m = \int a \cdot \int a^{m-1} - \int ab \cdot \int a^{m-2} + \int abc \int a^{m-3} - \\ - \int a^{m-3} bcd,$$
$$\int a^m = \int a \cdot \int a^{m-1} - \int ab \cdot \int a^{m-2} + \int abc \cdot \int a^{m-3} - \\ - \int abcd \cdot \int a^{m-4} + \int a^{m-4} bcde,$$
$$\text{etc} = \text{etc.}$$

Si nous faisons $m = 1$ dans la première de ces égalités, $m = 2$ dans la seconde, $m = 3$ dans la troisième, et ainsi de suite, et si nous observons (8) que les fonctions symétriques

$$\int a^{m-1}, \quad \int a^{m-1} b, \quad \int a^{m-2} bc, \quad \int a^{m-3} bcd, \quad \int a^{m-4} bcde,$$

se réduisent respectivement par ces valeurs à

$$\mu, \quad (\mu-1)\int a, \quad (\mu-2)\int ab, \quad (\mu-3)\int abc,$$
$$(\mu-4)\int abcd.$$

μ désignant le nombre total des bases, nous parviendrons aux expressions ....(f)

$$\int a = \int a,$$
$$\int a^2 = \int a \cdot \int a - 2\int ab,$$
$$\int a^3 = \int a \cdot \int a^2 - \int ab \cdot \int a + 3\int abc,$$
$$\int a^4 = \int a \cdot \int a^3 - \int ab \cdot \int a^2 + \int abc \cdot \int a - 4\int abcd,$$
$$\int a^5 = \int a \cdot \int a^4 - \int ab \cdot \int a^3 + \int abc \cdot \int a^2 - \\ - \int abcd \cdot \int a + 5\int abcde,$$
$$\text{etc.} = \text{etc.},$$

qui, par un simple changement de notation, nous donnent les expressions de Newton

$$S_1 = A_1,$$
$$S_2 = A_1 S_1 - 2A_2,$$
$$S_3 = A_1 S_2 - A_2 S_1 + 3A_3,$$
$$S_4 = A_1 S_3 - A_2 S_2 + A_3 S_1 - 4A_4,$$
$$S_5 = A_1 S_4 - A_2 S_3 + A_3 S_2 - A_4 S_1 + 5A_5,$$
$$\text{etc.} = \text{etc.}$$

11. Pour procéder maintenant à l'évaluation des fonctions symétriques $\int a^p b^q$, $\int a^p b^q c^r$, etc., par le moyen des sommes de puissances $\int a^m$ ou S_m, examinons la nature des produits qui résultent de la multiplication de ces sommes de puissances les unes par les autres. Il est d'abord visible que le produit des deux sommes

$$a^p + b^p + c^p + d^p + e^p + \text{etc.}\dots$$
$$a^q + b^q + c^q + d^q + e^q + \text{etc.}\dots,$$

dans lesquelles le nombre des bases est le même, doit contenir 1° tous les produits deux à deux de la forme $a^p b^q$, qui composent la fonction symétrique $\int a^p b^q$; 2° tous les produits à une seule base de la forme a^{p+q}, qui composent la somme de puissances $\int a^{p+q}$ ou S_{r+q} : nous pouvons donc poser sans autre démonstration ....(g)

$$\int a^p \times \int a^q = \int a^{p+q} + \int a^p b^q.$$

D'où ....(h)

$$\int a^p b^q = \int a^p . \int a^q - \int a^{p+q}$$
$$= S_p . S_q - S_{p+q}.$$

Dans le cas des exposans égaux $p=q$, comme la fonction $\int a^p b^q$ se réduit (6) à $2\int a^p b^p$, on a ....(i)

$$2\int a^p b^p = (S_p)^2 - S_{2p}.$$

12. Le produit des trois sommes de puissances $\int a^p$, $\int a^q$, $\int a^r$ doit contenir, d'après ce qui précède, le produit de $\int a^{p+q}$ par $\int a^r$, plus le produit de $\int a^p b^q$ par $\int a^r$; or le produit de $\int a^{p+q}$ par $\int a^r$ est en vertu de l'expression (g)

$$\int a^{p+q} \times \int a^r = \int a^{p+q+r} + \int a^{p+q} b^r.$$

Quand au produit de $\int a^p b^q$ par $\int a^r$, comme il ne peut contenir que des produits partiels des formes

$$a^{p+r} b^q, \quad a^p b^{q+r}, \quad a^p b^q c^r,$$

et que chacun de ces produits ne peut s'y trouver qu'une seule fois, on a visiblement

$$\int a^p b^q \times \int a^r = \int a^{p+r} b^q + \int a^p b^{q+r} + \int a^p b^q c^r.$$

Donc, en rassemblant ses résultats ....(k)

$$\int a^p \times \int a^q \times \int a^r = \int a^{p+q+r} + \int a^{p+q} b^r +$$
$$+ \int a^{p+r} b^q + \int a^{q+r} b^p + \int a^p b^q c^r;$$

d'où l'on tire

$$\int a^p b^q c^r = \int a^p . \int a^q . \int a^r - \int a^{p+q} b^r - \int a^{p+r} b^q -$$
$$- \int a^{q+r} b^p - \int a^{p+q+r}.$$

Mais, d'après (h),

$$\int a^{p+q} b^r = \int a^{p+q} . \int a^r - \int a^{p+q+r},$$
$$\int a^{p+r} b^q = \int a^{p+r} . \int a^q - \int a^{p+q+r},$$
$$\int a^{q+r} b^p = \int a^{q+r} . \int a^r - \int a^{p+q+r}.$$

Ainsi, on a définitivement ....(l)

$$\int a^p b^q c^r = \int a^p . \int a^q . \int a^r - \int a^{p+q} . \int a^r -$$
$$- \int a^{p+r} . \int a^q - \int a^{q+r} . \int a^p + 2\int a^{p+q+r};$$

ou, encore, ...(m)

$$\int a^p b^q c^r = S_p . S_q . S_r - S_{p+q} . S_r - S_{p+r} . S_q -$$
$$- S_{q+r} . S_p - 2 S_{p+q+r}.$$

Dans le cas de $p=q=r$ cette expression se réduit à ....(n)

$$\int a^p b^p c^p = \frac{1}{6}\left[(S_q)^3 - 3 S_{2p} . S_p + 2 S_{3p}\right],$$

et, dans le cas seulement de $q=r$, elle devient (o)

$$\int a^p b^q c^q = \frac{1}{2}\left[S_p(S_q)^2 - 2S_{p+q} . S_q - S_{2q} . S_p + 2S_{p+2q}\right].$$

13. Des considérations semblables nous feraient trouver pour le produit des quatre sommes de puissances $\int a^p$, $\int a^q$, $\int a^r$, $\int a^s$, l'expression

$$\int a^{p+q} b^r c^s + \int a^{p+r} b^q c^s + \int a^{p+s} b^q c^r$$
$$+ \int a^{q+r} b^p c^s + \int a^{q+s} b^p c^r + \int a^{r+s} b^p c^q$$
$$+ \int a^{p+q} b^{r+s} + \int a^{p+r} b^{q+s} + \int a^{p+s} b^{q+r}$$
$$+ \int a^{p+q+r} b^s + \int a^{p+q+s} b^r + \int a^{p+r+s} b^q$$
$$+ \int a^{q+r+s} b^p + \int a^{p+q+r+s} + \int a^p b^q c^r d^s;$$

d'où l'on tire ....(p)

$$\int a^p b^q c^r d^s = \int a^p . \int a^q . \int a^r . \int a^s - \int a^{p+q} . \int a^r . \int a^s -$$
$$- \int a^{p+r} . \int a^q . \int a^s - \int a^{p+s} . \int a^q . \int a^r -$$
$$- \int a^{q+r} . \int a^p . \int a^s - \int a^{q+s} . \int a^p . \int a^r -$$
$$- \int a^{r+s} . \int a^p . \int a^q + \int a^{p+q} . \int a^{r+s} +$$
$$- \int a^{p+r} . \int a^{q+s} + \int a^{p+s} . \int a^{q+r} +$$
$$+ 2\int a^{p+q+r} . \int a^s + 2\int a^{p+q+s} . \int a^r +$$
$$+ 2\int a^{p+r+s} . \int a^q + 2\int a^{q+r+s} . \int a^p -$$
$$- 6\int a^{p+q+r+s},$$

Si l'on fait $p = q = r = s$, la fonction à quatre exposans deviendra $24 \int a^\mathrm{p} b^\mathrm{p} c^\mathrm{p} d^\mathrm{p}$, et l'on aura

$$\int a^\mathrm{p} b^\mathrm{p} c^\mathrm{p} d^\mathrm{p} = \frac{1}{24} \left\{ \left(\int a^\mathrm{p} \right)^4 - 6 \int a^\mathrm{2p} \cdot \left(\int a^\mathrm{p} \right)^2 + \right.$$
$$\left. + 3 \left(\int a^\mathrm{2p} \right)^2 + 8 \int a^\mathrm{3p} \cdot \int a^\mathrm{p} - 6 \int a^\mathrm{4p} \right\},$$

ce qui revient à ....(q)

$$\int a^\mathrm{p} b^\mathrm{p} c^\mathrm{p} d^\mathrm{p} = \frac{1}{24} \left\{ \left(S_\mathrm{p} \right)^4 - 6 S_\mathrm{2p} \cdot \left(S_\mathrm{p} \right)^2 + 3 \left(S_\mathrm{2p} \right)^2 + \right.$$
$$\left. + 8 S_\mathrm{3p} \cdot S_\mathrm{p} - 6 S_\mathrm{4p} \right\},$$

en employant la notation des sommes de puissances. Les cas d'égalité de deux ou trois exposans peuvent se tirer sans difficulté de l'expression générale (p).

14. Nous ne nous arrêterons pas à l'évaluation des fonctions de cinq ou d'un plus grand nombre d'exposans, qui ne présente d'autre difficulté que la prolixité des formules; ce qui précède suffit aux applications dont les exemples suivans vont donner une idée.

Exemple I. *On demande la relation qui doit exister entre les coefficiens de l'équation du troisième degré pour que la somme de deux racines soit égale à zéro.*

Soit l'équation générale

$$x^3 - \Lambda_1 x^2 + \Lambda_2 x - \Lambda_3 = 0;$$

représentons les racines par a, b, c; les sommes de ces racines, prises deux à deux, étant $a + b$, $a + c$, $b + c$, il s'agit de déterminer entre Λ_1, Λ_2, Λ_3 une relation telle qu'on ait

$$(a + b)(a + c)(b + c) = 0;$$

développant le produit, il vient

$$a^2 b + a^2 c + b^2 c + ab^2 + ac^2 + bc^2 + 2abc,$$

c'est-à-dire

$$\int a^2 b + 2abc.$$

Comparant avec la formule (h), on a

$$\int a^2 b = S_1 \cdot S_2 - S_3.$$

Mais, d'après les expressions générales (a)

$$S_1 = \Lambda_1, \; S_2 = \Lambda_1 S_1 - 2\Lambda_2, \; S_3 = \Lambda_1 S_2 - \Lambda_2 S \times 3\Lambda_3;$$

ainsi

$$S_1 \cdot S_2 = (\Lambda_1)^3 - 2\Lambda_1 \Lambda_2, \; S_3 = (\Lambda_1)^3 - 3\Lambda_1 \Lambda_2 + 3\Lambda_3;$$

et, par suite,

$$\int a^2 b = \Lambda_1 \Lambda_2 - 3\Lambda_3;$$

observant que $2abc = 2\Lambda_3$, il vient définitivement

$$(a + b)(a + c)(b + c) = \Lambda_1 \Lambda_2 - \Lambda_3.$$

La relation demandée est donc

$$\Lambda_1 \Lambda_2 - \Lambda_3 = 0,$$

ou

$$\Lambda_1 \Lambda_2 = \Lambda_3.$$

Il en résulte que toute équation complète du troisième degré, dans laquelle le produit des deux premiers coefficiens est égal au troisième, a deux racines égales et de signes contraires, lorsque toute foiselle offre des variations de signes.

Exemple II. *On demande quelle relation doit exister entre les coefficiens d'une équation du quatrième degré*

$$x^4 - \Lambda_1 x^3 + \Lambda_2 x^2 - \Lambda_3 x + \Lambda_4 = 0,$$

pour que le produit de deux de ses racines soit égal au produit des deux autres.

Désignons les quatre racines par a, b, c, d, leurs produits, deux à deux, étant

$$ab, \; ac, \; ad, \; bc, \; bd, \; cd,$$

les seules différences susceptibles d'être zéro sont

$$ab - cd, \; ac - bd, \; ad - bc;$$

d'où résulte l'équation

$$(ab - cd)(ac - bd)(ad - bc) = 0,$$

dont il faut exprimer le premier membre en fonction des coefficiens Λ_1, Λ_2, Λ_3, Λ_4.

Le développement des produits montre que ce premier membre est identique avec

$$\int a^3 bcd - \int a^2 b^2 c^2,$$

faisant trois coefficiens égaux à l'unité et le quatrième égal à 3 dans la formule (p), substituant 2 à la place de p dans la formule (n), et remplaçant les sommes de puissances par leurs valeurs en sommes de produits, on trouvera, toutes réductions faites,

$$\int a^3 bcd - \int a^2 b^2 c^2 = (\Lambda_1)^3 \Lambda_4 - (\Lambda_3)^2;$$

ce qui donne pour la relation demandée

$$(\Lambda_1)^2 \Lambda_4 = (\Lambda_3)^2.$$

Ainsi, toute équation complète du quatrième degré, dans laquelle le carré du troisième coefficient est égal au produit du carré du premier coefficient par le dernier, a des racines telles que le produit de deux d'entre elles est égal au produit des deux autres.

EXEMPLE III. *On demande une équation dont les racines soient les carrés des racines d'une équation quelconque du troisième degré,*

$$x^3 - A_1 x^2 + A_2 x - A_3 = 0.$$

Désignons par a, b, c les racines de la proposée; celles de l'équation cherchée seront a^2, b^2, c^2; et si nous représentons cette équation par

$$z^2 - A_1' z^2 + A_2' z - A_3' = 0,$$

le premier coefficient A_1' sera $a^2 + b^2 + c^2$ ou $\int a^2$; le second A_2' sera la somme des produits deux à deux de a^2, b^2, c^2 ou $\int a^2 b^2$; et enfin le troisième coefficient A_3' devant être égal au produit de toutes les racines, sera $a^2 b^2 c^2 = (A_3)^2$. Nous aurons donc les relations

$$A_1' = \int a^2 \; , \; A_2' = \int a^2 b^2 \; , \; A_3' = (A_3)^2.$$

Soit, pour exemple particulier, la proposée

$$x^3 - 7x + 6 = 0,$$

nous avons ici

$$A_1 = 0 \; , \; A_2 = -7 \; , \; A_3 = -6.$$

Substituant ces valeurs dans les expressions (a), nous trouverons

$$S_1 = 0 \; , \; S_2 = 16 \; , \; S_3 = -18 \; , \; S_4 = 98;$$

ce qui nous fait connaître, d'après la formule (i),

$$2 \int a^2 b^2 = (S_2)^2 - S_4 = 98.$$

Donc

$$A_1' = \int a^2 = S_2 = 14,$$

$$A_2' = \int a^2 b^2 = 49,$$

$$A_3' = (A_3)^2 = 36.$$

Ainsi l'équation

$$z^3 - 14 z^2 + 49 z - 36 = 0$$

a pour racines les carrés des racines de la proposée. On

formerait de la même manière l'équation aux puissances quelconques des racines de toute équation proposée, quel que soit son degré.

EXEMPLE IV. *Une équation du troisième degré étant donnée, on demande de construire avec ses coefficiens les coefficiens d'une autre équation, dont les racines soient les carrés des différences des racines de la proposée.*

Soient a, b, c les trois racines de l'équation;

$$x^3 - A_1 x^2 + A_2 x - A_3 = 0.$$

Nous savons (v. ÉQUATIONS, n° 33) que l'équation demandée aux carrés des différences sera du degré $\frac{3 \cdot 2}{2} = 3$; ainsi, nous pourrons la représenter par

$$x^3 - A_1' x^2 + A_2' x - A_3' = 0.$$

Observons que si les sommes de puissances des racines de cette dernière étaient connues, il serait facile d'en déduire les valeurs des coefficiens cherchés A_1', A_2' A_3', à l'aide des relations générales (a), car ces relations donnent pour les valeurs des sommes de produits en sommes de puissances, les expressions..... (r)

$$A_1 = S_1$$
$$2A_2 = S_1 A_1 - S_2$$
$$3A_3 = S_1 A_2 - S_2 A_1 + S_3$$
$$4A_4 = S_1 A_3 - S_2 A_2 + S_3 A_1 - S_4$$
$$5A_5 = S_1 A_4 - S_2 A_3 + S_3 A_2 - S_4 A_1 + S_5,$$
$$\text{etc.} = \text{etc.}$$

Or, les racines de cette équation devant être les carrés des différences des racines a, b, c de la proposée, sont représentées par

$$(a - b)^2 \; , \; (a - c)^2 \; , \; (b - c)^2.$$

Ainsi, désignant par S_1' leur somme, par S_2' la somme de leurs carrés, et par S_3' celle de leurs cubes, on a

$$S_1' = (a - b)^2 + (a - c)^2 + (b - c)^2$$
$$S_2' = (a - b)^4 + (a - c)^4 + (b - c)^4$$
$$S_3' = (a - b)^6 + (a - c)^6 + (b - c)^6.$$

La question se réduit donc à trouver la valeur des quantités S_1', S_2', S_3' en fonctions symétriques des bases a, b, c, car ces fonctions sont toujours réductibles aux coefficiens donnés A_1, A_2, A_3. Une fois les quantités S_1', S_2', S_3 connues, les expressions (r) feront trouver les coefficiens cherchés A_1', A_2', A_3'.

Les développemens des binomes nous montrent que..... (s)

$$S_1' = 2\int a^2 - 2\int ab$$

$$S_2' = 2\int a^4 - 4\int a^3 b + 6\int a^2 b^2$$

$$S_3' = 2\int a^6 - 6\int a^5 b + 15\int a^4 b^2 - 20\int a^3 b^3;$$

et d'après les formules (h) et (i), nous avons

$$\int a^3 b = S_3 . S_1 - S_4,$$

$$\int a^2 b^2 = \frac{(S_2)^2 - S_4}{2},$$

$$\int a^5 b = S_5 . S_1 - S_6,$$

$$\int a^4 b^2 = S_4 . S_2 - S_6,$$

$$\int a^3 b^3 = \frac{(S_3)^2 - S_6}{2};$$

de plus

$$\int a^2 = S_2 , \quad \int a^4 = S_4 , \quad \int a^6 = S_6 , \quad \int ab = \Lambda_2.$$

Substituant ces valeurs dans les expressions (s), elles deviennent (t)

$$S_1' = 2S_2 - 2\Lambda_2,$$
$$S_2' = 3S_4 - 4S_1 . S_3 + 3(S_2)^2,$$
$$S_3' = 3S_6 - 6S_1 . S_5 + 15 S_2 . S_4 - 10(S_3)^2.$$

Les valeurs de S_1, S_2, S_3, S_4, S_5, S_6, pouvant être considérées comme connues d'après les expressions (a), nous aurons définitivement, en vertu des expressions (r) ..... (u)

$$\Lambda_1' = S_1',$$
$$\Lambda_2' = \frac{S_1' \Lambda_1' - S_2'}{2},$$
$$\Lambda_3' = \frac{S_1' \Lambda_2' - S_2' \Lambda_1' + S_3'}{3}.$$

Prenons pour exemple d'application l'équation

$$x^3 - 6x - 7 = 0;$$

nous aurons, en comparant avec la forme générale,

$$x^3 - \Lambda_1 x^2 + \Lambda_2 x - \Lambda_3 = 0,$$
$$\Lambda_1 = 0, \quad \Lambda_2 = -6, \quad \Lambda_3 = 7.$$

Calculant avec ces valeurs et les expressions (a), les six premières sommes de puissances, en observant que toutes les sommes de produits Λ_4, Λ_5, Λ_6, etc., au-dessus de Λ_3 sont nulles, nous trouverons

$$S_1 = 0, \; S_2 = 12, \; S_3 = 21, \; S_4 = 72, \; S_5 = 210, \; S_6 = 579.$$

Substituant ces dernières valeurs dans les expressions (t), il viendra

$$S_1' = 36, \; S_2' = 648, \; S_3' = 10287;$$

et mettant celles-ci dans les expressions (u), nous obtiendrons définitivement, pour les coefficiens demandés,

$$\Lambda_1' = 36 , \quad \Lambda_2' = 324 , \quad \Lambda_3' = -459.$$

L'équation aux carrés des différences de la proposée est donc

$$x^3 - 36x^2 + 324x + 459 = 0.$$

15. La marche que nous venons de suivre peut s'étendre aisément aux équations de tous les degrés; mais comme les calculs deviennent impraticables, par leur excessive longueur, dès le cinquième degré, nous nous contenterons d'indiquer cette extension pour les équations du quatrième degré.

Soit l'équation générale du quatrième degré

$$x^4 - \Lambda_1 x^3 + \Lambda_2 x^2 - \Lambda_3 x + \Lambda_4 = 0.$$

L'équation aux carrés des différences de ses racines devant être du degré $\frac{4 . 3}{2} = 6$, nous lui donnerons la forme

$$x^6 - \Lambda_1' x^5 + \Lambda_2' x^4 - \Lambda_3' x^3 + \Lambda_4' x^2 - \Lambda_5' x + \Lambda_6 = 0.$$

En développant, comme nous l'avons fait ci-dessus, les sommes des puissances des racines de cette équation, on découvre aisément la composition suivante :

$$S_1' = 3\int a^2 - 2\int ab,$$

$$S_2' = 3\int a^4 - 4\int a^3 b + 6\int a^2 b^2,$$

$$S_3' = 3\int a^6 - 6\int a^5 b + 15\int a^4 b^2 - 20\int a^3 b^3,$$

$$S_4' = 3\int a^8 - 8\int a^7 b + 28\int a^6 b^2 - 56\int a^5 b^3 + 70\int a^4 b^4,$$

$$S_5' = 3\int a^{10} - 10\int a^9 b + 45\int a^8 b^2 - 120\int a^7 b^3 + 210\int a^6 b^4 - 252\int a^5 b^5,$$

$$S_6' = 3\int a^{12} - 12\int a^{11} b + 66\int a^{10} b^2 - 220\int a^9 b^3 + 495\int a^8 b^4 - 792\int a^7 b^5 + 924\int a^6 b^6,$$

Les formules (h) et (i) donnent l'évaluation de toutes les fonctions symétriques à deux exposans qui entrent dans ces expressions; ainsi on pourra toujours trouver les valeurs numériques des sommes de puissances S_1', S_2', etc., et l'on passera de ces sommes aux coefficiens A_1', A_2', etc., au moyen des expressions (r). Les calculs sont beaucoup moins longs lorsque l'équation proposée est privée de second terme. Mais, dans tous les cas, il est toujours plus prompt de résoudre une équation du quatrième degré par les procédés directs que de former son équation aux carrés des différences; de sorte que cette méthode, qui semblait devoir faire disparaître toutes les difficultés de la résolution des équations numériques, n'est en réalité d'aucun secours dans la pratique. (*Voyez* ci-dessus le mot ÉQUATION.)

FORCE. (*Méc.*) Cause quelconque qui met ou tend à mettre un corps matériel en mouvement. (*Voy.* t. II, page 33.)

La nature intime des forces, dont l'aspect des phénomènes physiques nous conduit à admettre l'existence, est entièrement inconnue, et il serait impossible de les soumettre au calcul si l'on n'établissait des relations mathématiques entre les effets par lesquels elles se manifestent, et si l'on n'étendait ensuite ces relations aux forces elles-mêmes en les supposant proportionnelles à leurs effets. C'est de cette manière qu'on nomme *forces égales*, par exemple, deux forces capables de produire le même effet, et, par conséquent, de se détruire mutuellement ou de se faire équilibre lorsqu'elles se trouvent appliquées en sens opposé l'une de l'autre, à un même point matériel, quels que soient d'ailleurs leurs caractères distinctifs. Il existe certainement des différences essentielles très-frappantes entre la force de la gravité, la force élastique de la vapeur d'eau, et les efforts spontanés des hommes et des animaux; mais il n'est pas moins vrai que, sans qu'il soit nécessaire de remonter à leurs causes premières, les phénomènes qui résultent du concours de ces forces permettent de comparer les intensités de leurs actions, de les représenter par des nombres ou par des lignes, et de les subordonner ainsi aux lois générales des quantités.

Nous avons fait connaître dans nos deux premiers volumes les dénominations particulières consacrées par l'usage pour désigner les diverses espèces de forces; ici nous exposerons plus particulièrement ce qui concerne leur *mesure*.

1. L'effet d'une force quelconque, qui produit un mouvement, étant d'animer une certaine masse d'une certaine vitesse, les grandeurs respectives de cette masse et de cette vitesse entrent nécessairement comme termes de comparaison dans l'évaluation numérique de l'effet ou de la force qu'il représente; mais il y a deux cas différens à considérer : celui d'une vitesse constante et celui d'une vitesse variable. Dans le premier cas, la force est une de celles qu'on nomme *instantanées*, et qui abandonnent le mobile à lui-même après lui avoir donné une seule impulsion, en vertu de laquelle il parcourt des espaces égaux en temps égaux. Dans le second cas, la force appartient à la classe de celles dites *accélératrices*, et qui s'attachent pour ainsi dire au mobile, lui communiquent à chaque instant une nouvelle impulsion qui fait varier la vitesse acquise par les impulsions précédentes. Occupons-nous d'abord des forces instantanées.

2. Désignons par f et f' deux forces telles qu'étant appliquées successivement à un même point matériel, la première lui communique une vitesse uniforme v, et la seconde une vitesse uniforme v'; il est évident que les effets de ces deux forces ne diffèrent que par les vitesses qu'elles produisent, car toutes les autres circonstances sont les mêmes. Ainsi, nous pourrons dire que la première force est double, triple ou quadruple de la seconde, si la vitesse v est double, triple ou quadruple de la vitesse v', et nous aurons, en général,

$$f : f' = v : v'.$$

Si le point matériel que nous avons supposé isolé et libre était lié d'une manière inébranlable à d'autres points qu'il entraîne avec lui dans son mouvement, l'ensemble de ces points pourrait représenter la masse d'un corps solide quelconque, et comme alors tous les points du système se mouvraient dans une même direction et avec une même vitesse, les effets des deux forces ne différeraient encore que par les vitesses; de sorte que nous pouvons établir comme l'un des principes fondamentaux de la mesure des forces :

Les intensités de deux forces sont entre elles comme les vitesses qu'elles sont capables de communiquer à un même mobile.

3. Pour comparer maintenant les forces qui agissent sur des mobiles différens, observons que, lorsqu'une masse se meut librement par l'action d'une force instantanée, et que tous ses points matériels sont animés d'une même vitesse, l'effet produit doit naturellement se mesurer par le nombre des points matériels mis en mouvement et par la vitesse qui leur a été communiquée. Supposons, par exemple, qu'un corps composé de m molécules élémentaires ou de m points matériels reçoive d'une force f une vitesse de 5 mètres par seconde, tandis qu'un autre corps composé de $2m$ molécules reçoit la même vitesse d'une autre force f'; l'effet de cette dernière sera évidemment le double de celui de la première, car la force f' a mis en mouvement deux fois plus de molécules que la force f et avec la même vi-

tesse. En général, l'effet de la force f' sera n fois plus grand que l'effet de la force f, si le corps qu'elle meut avec une vitesse de 5 mètres par seconde est composé de nm molécules ; et comme cette relation ne change pas, quelle que soit la vitesse, pourvu qu'elle soit la même dans les deux mobiles m, nm, nous avons pour toute vitesse commune V

$$f : f' = m : nm.$$

Mais les nombres m et nm des molécules élémentaires, ou points matériels des deux mobiles, ne sont autre chose que les masses de ces mobiles ; ainsi, représentant généralement les masses par M et M', nous aurons encore

$$f : f' = M : M',$$

c'est-à-dire que *deux forces qui communiquent à deux mobiles une même vitesse sont entre elles comme les masses de ces mobiles.*

Il suffit de combiner ce principe avec le précédent pour conclure que les intensités des deux forces sont dans le rapport composé des masses et des vitesses des corps qu'elles font mouvoir. En effet, soit f' une troisième force qui, appliquée à la masse M', lui communique une vitesse V', différente de la vitesse V, que communique à cette même masse la force f', nous aurons, d'après le premier principe,

$$f' : f' = V : V'.$$

Multipliant cette proportion et la proportion précédente

$$f : f' = M : M',$$

terme par terme, et retranchant le facteur commun f', il viendra

$$f : f' = MV : M'V';$$

ce qui signifie que *les forces qui meuvent des mobiles différens avec des vitesses différentes, sont entre elles comme les produits des masses de ces mobiles par leurs vitesses respectives.*

4. Cette proposition conduit directement à l'évaluation des forces instantanées, car si nous prenons pour *unité de force* celle qui communique l'*unité de vitesse* à l'*unité de masse*, c'est-à-dire si nous faisons $f' = 1$, $M' = 1$, $V' = 1$, nous aurons

$$f = MV.$$

L'intensité d'une force instantanée est donc équivalente au produit de la masse du corps qu'elle meut par sa vitesse, ou du moins peut toujours être représentée par ce produit.

Le produit de la masse d'un corps par sa vitesse actuelle se nomme en général la *quantité de mouvement* de ce corps. (*Voy.* ce mot.)

5. Toutes les considérations précédentes peuvent s'appliquer, avec quelques modifications, au cas des vitesses variables, comme nous allons le faire voir.

On sait qu'une force accélératrice (*voy.* Accéléré, tome I) communique à chaque instant au mobile sur lequel elle agit une nouvelle vitesse qui s'ajoute aux vitesses déjà produites, de sorte que l'expression *vitesse du mobile* ne doit s'entendre que de la vitesse effective qu'il possède à un instant déterminé de son mouvement. Lorsque la vitesse varie par degrés égaux dans des intervalles de temps égaux, la force accélératrice est *constante* ou agit de la même manière à tous les instans du mouvement ; lorsqu'au contraire la vitesse varie par degrés inégaux dans des intervalles de temps égaux, la force accélératrice n'agit pas de la même manière à tous les instans du mouvement ; elle reçoit alors l'épithète de *variée.* Si, au lieu d'augmenter continuellement, la vitesse diminuait par degrés égaux ou inégaux, la force serait une *force retardatrice constante* ou *variée.*

Les forces variées d'une manière quelconque étant toujours comparables entre elles et avec une force accélératrice constante, prise pour *unité*, il est essentiel de se former une idée exacte de la mesure des forces constantes. Or, l'*effet* produit par ces dernières étant d'imprimer une même vitesse au mobile à chaque instant du mouvement, cette vitesse représente l'effet de la force, et, par conséquent, son intensité, en vertu du principe de la proportionnalité des effets aux causes. Mais si nous désignons par v la vitesse effective du mobile après un intervalle de temps t écoulé depuis l'instant où la force a commencé d'agir, cette vitesse v contiendra autant de fois la vitesse constante qui donne la mesure de la force accélératrice, que l'intervalle de temps t contiendra d'unités de temps ; $\frac{v}{t}$ sera donc l'expression de la vitesse constante, et représentera conséquemment la force accélératrice.

C'est ordinairement à la force accélératrice constante de la gravité qu'on compare toutes les autres forces variées ; l'expérience ayant fait connaître qu'à la latitude de Paris et au niveau de la mer la gravité imprime aux corps, dans chaque seconde de leur chute libre, une vitesse de 9,808795 mètres ; nous avons pour cette force

$$\frac{v}{t} = 9^{\mathrm{m}},808795,$$

ou $g = 9^{\mathrm{m}},808795$, parce qu'on est convenu de représenter la force de la gravité par la lettre g.

6. La théorie du mouvement uniformément accéléré

fait connaître toutes les circonstances de la chute libre des corps ; on sait qu'en désignant par h l'espace parcouru, ou la hauteur dont un corps est tombé dans un intervalle de temps désigné par t, et par v la vitesse acquise à l'expiration de ce temps t, on a la relation générale

$$v^2 = 2gh,$$

dont l'usage est si fréquent dans les questions de mécanique. Nous ferons observer, au sujet de cette relation, que dans la démonstration que nous en avons donnée, tome I, page 18, nous avons représenté par g l'espace que les corps pesants décrivent dans la première seconde de leur chute libre, ou $4^m,9043975$; ce qui donne $2g$ pour l'expression de la force de gravité. On devra donc remplacer partout, dans nos deux premiers volumes, $2g$ par g, si l'on veut donner à cette lettre la signification qu'elle a dans ce supplément et qui est généralement adoptée.

7. L'action des forces accélératrices constantes ne peut être comparée à celle des forces instantanées qu'en remontant aux élémens indéfiniment petits de l'espace et du temps ; car si l'on imagine qu'un mobile, après avoir reçu une première impulsion d'une force instantanée, reçoive, après un temps t, une seconde impulsion dans le même sens d'une autre force égale à la première, puis après un temps $2t$, une troisième impulsion, et ainsi de suite, de manière que la vitesse communiquée à l'origine étant v elle devienne successivement

$$2v \text{ après le temps } t,$$
$$3v \ \ldots \ldots \ 2t,$$
$$4v \ \ldots \ldots \ 3t,$$
$$\text{etc.} \ \ldots \ldots \ \text{etc.,}$$

on ne pourra évidemment remplacer toutes les forces instantanées par une seule force accélératrice constante qu'en supposant les intervalles de temps égaux t infiniment petits, ainsi que la vitesse v imprimée au commencement de chaque intervalle. Dans cette hypothèse, qui conduit d'ailleurs à des résultats rigoureux, si nous désignons par M la masse du mobile, et par dv la vitesse infiniment petite qui lui est communiquée au commencement de chaque intervalle de temps dt infiniment petit, Mdv exprimera la *quantité de mouvement* infiniment petite, imprimée en même temps au mobile, et qu'il conservera pendant toute la durée de l'intervalle dt, pendant laquelle la vitesse dv est censée uniforme. $\int Mdv$ ou Mv sera donc la quantité de mouvement que possédera le mobile après le temps fini t, à l'expiration duquel la vitesse effective et finie est v ; de sorte que si la force accélératrice cessait tout-à-coup d'agir, à la fin du temps t, la quantité de mouvement Mv, demeurerait constante, et le mobile se mouvrait comme s'il avait reçu une seule impulsion d'une force instantanée $= Mv$.

8. Lorsqu'il s'agit de la force de la gravité pour laquelle on a l'équation fondamentale $g = \dfrac{v}{t}$, ou $gt = v$, on obtient, en différentiant, $gdt = dv$, d'où

$$Mgdt = Mdv;$$

ce qui donne $Mgdt$ pour la quantité de mouvement qu'acquiert un corps à chaque élément du temps de sa chute libre. Observant que Mg représente le poids de la masse M (*voy.* POIDS), et désignant ce poids par P, on a encore Pdt pour l'expression de cette même quantité de mouvement.

9. Les forces accélératrices variées d'une manière quelconque se mesurent encore par leur vitesse ; mais il faut observer qu'on entend par la vitesse de ces forces le rapport qui existe entre l'accroissement infiniment petit de vitesse, qui a lieu pendant un intervalle de temps infiniment petit, et cet intervalle lui-même. Voici sur quoi repose cette évaluation. Pendant la durée d'un intervalle de temps infiniment petit, on peut considérer une force variée comme une force constante communiquant au mobile un même accroissement de vitesse à chacun des instans de cette durée, accroissement constant dont l'expression est évidemment $\dfrac{dv}{dt}$. Or, cet accroissement est l'*effet* de la force, et, par conséquent, la représente ; ainsi, désignant par φ une force accélératrice variée, nous avons généralement

$$\varphi = \frac{dv}{dt}.$$

10. FORCE DE PRESSION. La tendance des corps matériels vers le centre de la terre les fait peser sur tous les obstacles qui s'opposent à leur chute ; cet effet se nomme une *pression*, et la force de la gravité qui le produit reçoit alors le nom de *force de pression* ou de *force morte*. La force de pression se mesure par le produit Mg de la masse M du corps et de la gravité g, ou par le *poids* du corps. (*Voy.* POIDS.)

11. FORCE DE PERCUSSION. La force en vertu de laquelle un corps parcourt uniformément un certain espace et que nous avons désigné sous le nom de *quantité de mouvement*, prend le nom de *force de percussion*, au moment où ce corps en choque un autre. La force motrice d'un corps, sa quantité de mouvement et sa force de percussion sont donc trois dénominations différentes d'une même chose, seulement l'expression *quantité de mouvement* se rapporte plus particulièrement aux corps qui se meuvent actuellement, et cella

de force de percussion aux corps considérés dans le moment de leur choc.

Dans les corps mus d'un mouvement accéléré, la quantité de mouvement augmentant continuellement, l'intensité du choc est d'autant plus grande qu'il a lieu à une plus grande distance de l'origine du mouvement ; c'est ce qui explique les effets prodigieux des petits corps qui tombent de très-haut. Une pierre du poids d'une once, par exemple, tombant de mille mètres, produirait un choc égal à celui d'une pierre du poids de deux livres tombant d'un mètre, si la résistance de l'air ne modifiait les conditions de la chute. Sans cette résistance, les désastres occasionnés par la grêle seraient bien autrement considérables. (*Voyez* Percussion.)

12. Des forces mouvantes. On désigne spécialement sous le nom de *forces mouvantes* les forces appliquées à des machines, ou destinées à vaincre des résistances ; de là le nom de *moteurs* donné aux agens qu'on emploie pour les produire, tels que les animaux, l'eau courante, le vent, la vapeur, les ressorts, etc. La mesure des forces mouvantes est un point très-important de la mécanique pratique.

L'effet d'une force mouvante se compose généralement d'une pression exercée contre un point, et en vertu de laquelle ce point parcourt un certain espace, pendant que la *résistance,* qu'on peut considérer comme un poids appliqué à un autre point, décrit un autre espace. L'appareil qui lie les deux points ou transmet l'action de la force à la résistance est ce qu'on nomme une *machine.*

13. L'effort exercé par la résistance et que la force mouvante doit surmonter peut toujours être comparé à celui qui serait nécessaire pour élever verticalement un poids à une certaine hauteur ; car, d'après l'observation de M. Navier, il est toujours possible de supprimer la résistance et d'attacher dans sa direction, au point où elle agissait, une corde passant sur une poulie de renvoi, à l'extrémité de laquelle on suspendrait un poids égal à l'effort ou pression que cette résistance exerçait. Rien ne serait changé aux conditions du mouvement de la machine, qui resterait exactement le même, et dont l'effet serait seulement transformé en l'élévation du poids. Et pendant le temps que cette machine aurait employé à exécuter un certain ouvrage donné, un poids égal à l'effort de la résistance se trouvera élevé verticalement d'une hauteur égale à l'espace parcouru pendant ce même temps et dans le sens de la résistance par son point d'application : l'élévation de ce poids représentera donc le travail de la machine, et une machine sera censée faire d'autant plus d'ouvrage qu'elle pourra élever ainsi un poids plus grand à une hauteur plus grande. (Navier, *Notes sur Bélidor.*)

Mais l'effet du moteur sur la machine peut être également considéré comme l'élévation d'un poids à une certaine hauteur, puisqu'on peut, de la même manière, remplacer le moteur par un poids égal à sa pression, attaché à l'extrémité d'une corde qui passe sur une poulie de renvoi, et dont l'autre extrémité serait attachée au point d'application du moteur ; la descente du poids remplacera exactement l'action du moteur ; et comme un poids qui descend est capable de faire monter un poids égal à la hauteur dont il est descendu, l'effet du moteur, pendant un temps donné, sera représenté par un poids, égal à la pression, élevé à une hauteur égale à l'espace parcouru, dans le sens de cette pression, par son point d'application.

Les effets du moteur et de la résistance se trouvent ainsi représentés de la même manière, ce qui donne le moyen de les comparer et de déterminer les conditions d'équilibre d'une machine quelconque.

14. Tout se réduit donc à évaluer numériquement l'intensité de la force capable d'élever un certain poids à une certaine hauteur dans un temps donné. Or, si nous désignons par f et f' les forces capables d'élever les poids P et P' dans un même temps T à une même hauteur H, nous aurons, en partant toujours du principe que l'intensité d'une force est proportionnelle à son effet,

$$1\ldots\ldots f : f' = P : P'.$$

Par la même raison, si f'' désigne une troisième force capable d'élever le poids P' à la hauteur H' dans le temps T, nous aurons aussi

$$2\ldots\ldots f' : f'' = H : H' ;$$

comme nous aurons encore

$$3\ldots\ldots f'' : f''' = T : T' ;$$

si f''' est une quatrième force capable d'élever le poids P' à la hauteur H' dans un temps T'.

Multipliant ces trois proportions terme par terme, et retranchant les facteurs communs du premier rapport, il viendra

$$f : f''' = PHT : P'H'T' ;$$

c'est-à-dire que deux forces mouvantes sont entre elles comme les produits des poids qu'elles élèvent par les hauteurs et par les temps. Ceci posé, si nous prenons pour unité de ces forces celle qui élève l'*unité de poids* à l'*unité de hauteur* dans l'*unité de temps*, nous aurons, en posant $f''' = 1$, P' = 1, H' = 1, T' = 1,

$$f = PHT.$$

Le produit **PHT** représentera donc l'action de la force dans l'intervalle de temps T, et, par conséquent, PH son action dans l'unité de temps. Il en résulte la proposition suivante :

L'intensité d'une force mouvante est équivalente au produit du poids qu'elle peut élever par la hauteur à laquelle elle l'élève, dans l'unité de temps.

15. Le produit PH a reçu diverses dénominations. Smeaton lui avait donné le nom de *puissance mécanique;* Carnot, celui de *moment d'activité;* Monge, celui d'*effet dynamique;* mais on le nomme plus généralement, d'après Coulomb, *quantité d'action.* En adoptant pour unités de poids et de hauteur le *kilogramme* et le *mètre*, P représente un nombre de kilogrammes, et H un nombre de mètres, et on donne même souvent à ces lettres les caractéristiques k et m, et à leur produit la caractéristique km. (*Voy.* Dynamique et Effet.) Nous verrons ailleurs comment on applique cette évaluation des forces au calcul de l'effet des machines. (*Voy.* Machine.)

16. Les forces mouvantes peuvent encore être représentées par le *produit d'une masse et du carré d'une vitesse*, produit qu'on est convenu de nommer une *force vive*, abstraction faite de toute notion métaphysique. Voici le fait : si une force mouvante, au lieu d'exercer une pression P contre un point résistant, qui parcourt un espace H en vertu de cette pression, avait agi sur une masse m, cédant librement à son action, la masse m, après avoir parcouru l'espace H, aurait acquis une certaine vitesse v et, par conséquent, une certaine force vive mv^2 ; c'est donc absolument la même chose, pour la force, de consommer une quantité d'action PH sur une machine, ou d'imprimer une force vive mv^2 à une masse libre m; et il est évident qu'on peut indifféremment représenter l'intensité de son action par l'une ou l'autre des quantités PH, mv^2. Or, pour passer de l'une de ces quantités à l'autre, représentons par M la masse du poids P, nous aurons, g désignant toujours la force de la gravité, P = Mg, et par suite,

$$ \text{PH} = \text{M}g\text{H}. $$

Mais, V étant la vitesse qu'acquerrait la masse M en tombant librement de la hauteur H, nous avons, d'après la relation connue (6),

$$ \frac{1}{2}\,\text{V}^2 = g\text{H}; $$

ainsi

$$ \text{PH} = \frac{1}{2}\,\text{MV}^2. $$

Le produit MV^2 est donc numériquement égal au double du produit PH, et il est prouvé qu'une *quantité d'action* peut toujours se transformer en une *force vive*, c'est-à-dire en un produit d'une masse par le carré d'une vitesse.

La considération des forces vives étant d'une haute importance dans toutes les questions relatives aux machines et aux moteurs, nous allons présenter les élémens de leur théorie.

17. Des forces vives. Sans revenir ici sur la dénomination de *force vive* donnée au produit d'une masse par le carré d'une vitesse (*voy.* tome II, p. 33), nous rappellerons, une fois pour toutes, que la force vive d'un corps en mouvement à un instant quelconque, est représentée par le produit de sa masse et du carré de sa vitesse effective à cet instant. Nous rappellerons également que dans le choc de deux corps parfaitement élastiques,

La somme des forces vives est la même avant et après le choc (tome I, page 325), mais que dans le choc de deux corps incomplètement élastiques, la perte de forces vives est d'autant plus grande que l'élasticité de ces corps est plus imparfaite. Nous avons démontré cette loi de Carnot pour les corps parfaitement durs.

La différence des forces vives, avant et après le choc, est égale à la somme des forces vives qu'auraient les mobiles, si, après le choc, les masses se mouvaient avec les vitesses perdues ou gagnées. (*Voy.* Communication du Mouvement.)

Ceci posé, pour faire comprendre ce qu'on nomme, en mécanique, le *principe des forces vives*, il nous reste à démontrer quelques propositions préliminaires.

18. L'action d'un moteur ou d'une force mouvante consiste uniquement dans un effort ou *pression* exercée extérieurement contre la surface du corps auquel la force est appliquée. Cette pression peut toujours être remplacée par un poids qui donne ainsi sa mesure, et il en résulte que l'effort d'un moteur est toujours comparable à l'action de la force de la gravité, et peut s'exprimer de la même manière. Or, si une force mouvante, au lieu d'exercer une pression p sur un obstacle immobile, répartissait son action sur toutes les molécules matérielles d'une masse libre m, elle lui imprimerait un mouvement uniformément accéléré, de sorte qu'en désignant par γ la vitesse acquise par la masse m dans chaque unité de temps, γ représenterait la force qui agit sur chaque molécule en particulier, et $m\gamma$ la résultante de toutes les forces partielles ou la force totale qui produit la pression p; les deux quantités p et $m\gamma$ ont donc entre elles la même relation que celle qui existe entre le poids d'un corps et le produit de sa masse, par la force de la gravité (*voy.* Poids); c'est-à-dire qu'on a $p = m\gamma$. Ainsi, toutes les fois qu'on saura

qu'une force agissant sur une masse m, qui cède librement à son action, communique à cette masse une vitesse γ dans chaque unité de temps, on en pourra conclure que, si cette force était appliquée contre un obstacle immobile, elle exercerait une pression $p = m\gamma$.

19. Supposons maintenant qu'un point matériel soit soumis à l'action de plusieurs forces accélératrices agissant dans des directions différentes et qui lui font décrire une certaine courbe dans l'espace. En rapportant cette courbe à trois axes rectangulaires, nous pourrons décomposer chaque force en trois autres respectivement parallèles aux axes, et, comme les composantes parallèles à un même axe s'ajoutent entre elles, nous n'aurons plus à considérer que trois forces. Nommons γ la somme des vitesses que les composantes parallèles à l'axe des x peuvent imprimer dans l'unité de temps, γ' la même somme pour les composantes parallèles à l'axe des y, et γ'' la même somme pour les composantes parallèles à l'axe des z. Ces trois quantités représenteront les trois forces variées auxquelles se réduisent toutes les forces du système. Les coordonnées x, y, z représentant les espaces que le mobile parcourt dans le sens des trois axes, nous aurons, d'après les lois du mouvement varié (*voy.* tome I, page 20) .... (1)

$$\gamma = \frac{d^2x}{dt^2}, \quad \gamma' = \frac{d^2y}{dt^2}, \quad \gamma'' = \frac{d^2z}{dt^2}.$$

Les vitesses du mobile, dans le sens des trois axes, seront respectivement $\frac{dx}{dt}$, $\frac{dy}{dt}$, $\frac{dz}{dt}$: et, si nous représentons par v leur résultante ou la vitesse du mobile sur le point de la courbe dont les coordonnées sont x, y, z, nous aurons la relation connue (*voy.* Résultante) .... (2)

$$v = \sqrt{\left[\frac{dx^2 + dy^2 + dz^2}{dt^2}\right]}.$$

Multiplions respectivement les trois équations (1) par les quantités dx, dy, dz, et formons leur somme, il viendra

$$\frac{dx\,d^2x + dy\,d^2y + dz\,d^2z}{dt^2} = \gamma dx + \gamma' dy + \gamma'' dz;$$

ce qui nous donnera, en intégrant,

$$\frac{dx^2 + dy^2 + dz^2}{2dt^2} = \int (\gamma dx + \gamma' dy + \gamma'' dz) + \text{const.}$$

ou, d'après l'expression (2),

$$v^2 = 2 \int (\gamma dx + \gamma' dy + \gamma'' dz) + \text{const.}$$

Pour déterminer la constante, observons que la quantité sans le signe $\int$ était nulle lorsque les forces γ, γ', γ'' ont commencé à agir; de sorte qu'en désignant par v' la vitesse qu'avait le corps à cet instant, et multipliant les deux membres par la masse m du point matériel, nous aurons définitivement .... (3)

$$mv^2 - mv'^2 = 2 \int (m\gamma dx + m\gamma' dy + m\gamma'' dz),$$

équation dont le premier membre représente l'accroissement de force vive que le mobile a éprouvé depuis l'instant où les forces ont commencé à agir sur lui, et dont le second représente le double de la somme des quantités d'action imprimées par ces formes au mobile dans le même temps. En effet, les quantités $m\gamma$, $m\gamma'$, $m\gamma''$ expriment les pressions que les forces agissant sur le corps, dans le sens de chaque axe, exercent sur lui (18), et par conséquent les quantités $m\gamma dx$, $m\gamma' dy$, $m\gamma'' dz$ sont les produits des pressions par l'élément de l'espace que le corps parcourt, suivant leurs directions respectives; le second membre de l'équation (3) est donc le double de la somme des produits semblables, prise depuis l'instant où les forces ont commencé à agir; mais le produit de la pression exercée contre un corps par l'espace que ce corps a parcouru dans la direction de cette pression est la *quantité d'action* (12) développée par la force; donc,

1° *La force vive acquise pendant un certain temps par un corps qui se meut par l'action de plusieurs forces quelconques est toujours numériquement égale au double des quantités d'action que ces forces lui ont imprimées pendant le même temps, en prenant négativement les quantités d'action quand les espaces parcourus sont en sens contraire de l'action des forces.*

2° *La force vive acquise par le corps à un instant donné, et, par conséquent, la valeur de sa vitesse, dépend uniquement de la grandeur des forces qui ont agi sur lui et de l'espace qu'il a parcouru suivant la direction de chacune de ces forces, et non point de la figure de la courbe qu'il a décrite de la manière dont sa vitesse a varié ni de la durée de son mouvement.*

Cette importante proposition est connue sous le nom de *principe de la conservation des forces vives.* On l'étend facilement au cas général d'un système de points matériels liés entre eux soit d'une manière inébranlable pour former un seul corps solide, soit assujettis seulement par des fils et composant un système susceptible de changer de figure; son énoncé devient alors :

La somme des forces vives acquises par les différens points du système pendant un certain temps est toujours numériquement égale au double de la somme des quantités d'action que les forces agissant sur ces points ont imprimées pendant le même temps.

20. Il résulte immédiatement de ce principe que la force vive du système est indépendante des conditions de la liaison et de la nature des lignes décrites par les corps, et peut se calculer uniquement d'après les espaces que les corps ont parcouru dans le sens de chaque force. On voit encore que si, à un instant quelconque, le système était abandonné à lui-même, et qu'aucune force ne vînt agir sur lui, la somme des forces vives qui auraient lieu à cet instant se conserveraient sans altération, quels que fussent les mouvemens que les corps prendraient ensuite les uns par rapport aux autres, et les variations que pourraient éprouver leurs vitesses. Toutefois, nous devons faire observer que la condition fondamentale du principe est qu'il n'y ait point de changement brusque de vitesse, c'est-à-dire, que les courbes décrites par les points soient continues, et que les vitesses de ces points ne varient dans chaque élément de temps que d'une quantité infiniment petite. Tout changement brusque entraîne une perte de force vive qui fait l'objet du principe rappelé ci-dessus (17).

21. Dans l'application de la théorie des forces vives aux machines, on considère chaque moteur comme renfermant une quantité déterminée de force vive qu'il peut transmettre, à l'aide d'une machine, à une résistance quelconque ; le calcul de la machine se réduit ainsi à la détermination du rapport entre la force vive employée et la force vive communiquée. Pour les machines mues par des fluides, ce rapport dépend du principe suivant, que nous pouvons nous contenter de poser :

La force vive communiquée à la résistance est égale à celle que possédait le moteur, diminuée, et des forces vives perdues dans les changemens brusques de vitesse, et de celles que le moteur conserve après avoir exercé son action.

22. FORCE D'INERTIE. L'inertie de la matière (*voy.* t. II, p. 249) est la propriété qu'a chaque corps de persévérer dans son état de repos ou de mouvement. La *force d'inertie* est la résistance qu'un corps oppose à son changement d'état, ou la réaction qu'il exerce sur le système des autres corps qui viennent modifier cet état.

On mesure la force d'inertie d'un mobile par la *quantité de mouvement* qu'il imprime à tout autre corps dont le choc le fait passer du repos au mouvement ou du mouvement au repos, ou enfin d'un mouvement à un autre mouvement : cette *quantité de mouvement* étant, d'après la loi d'*antagonisme* (tome II, page 249), une force égale et opposée à celle qui change l'état primitif du mobile. Si l'on décompose donc la vitesse effective du mobile, avant le choc, en deux autres, dont l'une est celle qu'il doit prendre après le choc, l'autre, multipliée par la masse de ce mobile, donnera l'expression de sa *force d'inertie* au moment du choc. (*Voy.* Carnot, *Princ. de l'Équil. et du Mouv.*)

FORCE ÉLASTIQUE DES GAZ. (*Phys., Math.*) On nomme force élastique d'un gaz l'action qu'il exerce contre tout ce qui s'oppose à l'expansion de ses molécules.

Considérons un vase cylindrique fermé, rempli d'un gaz, et placé dans le vide. La force d'expansion des gaz agissant également dans tous les sens, les parois du vase supporteront dans tous leurs points des pressions égales et dirigées du dedans au dehors ; si nous supposons qu'une des parois, une des bases du cylindre, par exemple, soit mobile, comme le piston d'un corps de pompe, ce piston sera évidemment projeté au dehors, et le gaz se répandra uniformément dans tout l'espace vide, à moins qu'on n'exerce sur le piston une pression extérieure égale à la pression intérieure due à la force expansive du gaz ; cette pression extérieure, égale et opposée à la pression intérieure, donne par conséquent la mesure de la force élastique du gaz. Si, au lieu d'être placé dans le vide, le vase était placé dans l'air atmosphérique, la pression extérieure à exercer sur le piston pour faire équilibre à l'élasticité du gaz ne serait plus que la différence entre la pression intérieure et la pression de l'atmosphère sur le piston. Dans tous les cas, on voit que la force élastique peut être mesurée par un poids.

Imaginons maintenant que la paroi mobile soit un véritable piston capable de monter et de descendre dans le cylindre sans livrer aucun passage au gaz enfermé, et qu'on exerce sur ce piston des pressions extérieures de plus en plus fortes. Le gaz occupera successivement, par l'effet de ces pressions, des espaces de plus en plus petits ; mais quelle que soit la grandeur de chaque pression, tant qu'elle demeurera constante, le gaz occupera un même espace, et, par conséquent, développera une force élastique égale à la pression. Comme aucune pression extérieure, même en la supposant infiniment grande, ne serait capable de faire descendre le piston jusqu'au fond du cylindre, car il faudrait pour cet effet que le gaz fût anéanti, il en résulte que les gaz ont une force élastique indéfiniment croissante, par laquelle ils peuvent résister aux pressions qu'on exerce sur eux en se réduisant à des volumes de plus en plus petits.

Les physiciens emploient, pour mesurer la force élastique des gaz, un instrument nommé *manomètre* ; c'est une espèce de baromètre dont la branche ouverte communique avec le vase fermé qui contient le gaz ; la hauteur de la colonne de mercure, dans la branche fermée et vide d'air, indique la pression du gaz, comme cette hauteur indique la pression atmosphérique dans un baromètre ordinaire. Pour ramener la mesure à un poids, il suffit de calculer le poids de la colonne de mercure qui a pour hauteur la différence des niveaux du mercure dans les deux branches de l'instrument. Si, par exemple, la section du tube manométrique est d'un centimètre carré, et que la différence des niveaux soit de 80 centimètres, la pression exercée par le gaz sur un centimètre carré de surface sera équivalente à un poids de $1^k,08687$, parce qu'un cylindre de mercure dont la base est un centimètre carré et la hauteur 80 centimètres pèse 1,08687 kilogramme.

Il est plus simple de ramener les pressions à l'*unité* de surface ou au mètre carré. Dans le cas précédent, la pression étant de $1^k,08687$ par centimètre carré sera de $10868^k,7$ par mètre carré, et ce sera la même chose de dire que la pression du gaz est de $10868^k,7$ par unité de surface, ou qu'elle correspond à une colonne de mercure de $0^m,80$.

L'évaluation des pressions en colonnes de mercure donne le moyen de les comparer à la pression atmosphérique, qui sert ordinairement d'*unité* pour mesurer les grandes pressions, et dont la valeur moyenne est représentée par une colonne de mercure de $0^m,76$ de hauteur. Ainsi, lorsque la force élastique d'un gaz fait équilibre à une colonne de mercure de $0^m,76$, on dit qu'elle est équivalente à *une atmosphère;* elle serait équivalente à *deux atmosphères* si la colonne de mercure était $1^m,52$, et ainsi de suite. Pour rendre toutes ces mesures exactement correspondantes, il est essentiel de ramener les longueurs des colonnes de mercure à ce qu'elles seraient si elles avaient toutes la température de la glace fondante, qui est celle où la presssion moyenne de l'atmosphère, à la surface de la mer, est de $0^m,76$; comme il est important, aussi, d'employer, pour les conversions en poids, le poids du mercure à *zéro* degré de température. En tenant compte de toutes ces circonstances, si nous désignons par h la hauteur de la colonne de mercure qui mesure la force élastique d'un gaz, nous pourrons représenter cette force par les trois quantités

$$h, \quad 13598\,h, \quad \frac{h}{0,76}.$$

La première est simplement la colonne de mercure; la seconde est la pression en kilogrammes sur l'unité de surface, parce que le poids du mètre cube de mercure est de 13598 kilogrammes, et la troisième est un nombre d'atmosphères. Soit, par exemple, $h = 1^m,14$; on pourra dire indifféremment que la pression du gaz est $1^m,14$, ou qu'elle est de $13598 \times 1,14 = 15501^k,72$ par unité de surface, ou enfin qu'elle est de $1\frac{1}{2}$ atmosphères.

La force élastique des gaz varie avec leur température. Les observations ont fait connaître qu'un même poids de gaz, soumis à une pression constante, se dilate à mesure que sa température s'élève, et que cette dilatation, la même pour tous les gaz, est de $\frac{1}{267}$ ou de 0,00375 de leur volume à $0°$ pour chaque degré centigrade d'accroissement de température.

On sait en outre que la loi de Mariotte (*voy.* tome I, page 33) s'applique à tous les gaz simples, c'est-à-dire que *lorsque la température d'un même poids de gaz demeure constante, les volumes qu'il prend, par l'effet de diverses pressions, sont en raison inverse de ces pressions, et que les densités sont en raison directe des pressions ou des forces élastiques correspondantes.*

Ces deux lois qui subsistent ensemble, du moins dans les limites des expériences faites jusqu'à ce jour, vont nous donner les moyens de déterminer les relations numériques qui existent entre le volume, la température et la force élastique d'une même quantité en poids d'un gaz quelconque.

Nommons A le volume d'un gaz à la température de $0°$ et sous la pression h; A′ ce que devient ce volume à la température de ρ degrés et sous la même pression h; et B le volume du gaz à la température de ρ degrés et sous la pression H. Nous avons, d'après la loi de la dilatation des gaz,

$$(1)\ldots\ A' = A\,(1 + 0,00175\,\rho)\,;$$

et, d'après la loi de Mariotte,

$$B : A' = h : H\,;$$

d'où

$$(2)\ldots\ B = \frac{h}{H}\,A'.$$

Substituant dans cette dernière expression la valeur de A′ donnée par la première, nous obtiendrons la relation générale entre les cinq quantités A, B, h, H, ρ,

$$(3)\ldots\ B = \frac{h}{H}\,(1 + 0,00375\,\rho)\,A,$$

au moyen de laquelle on pourra calculer l'une quelconque de ces quantités lorsque les autres seront données.

Lorsqu'on connaît la force élastique d'un poids de gaz à la température $0°$, il est facile de trouver celle qu'il acquiert à une température quelconque, son volume restant le même. En effet, dégageant H de l'équation (3) et faisant A = B, il vient

$$H = h\,(1 + 0,00375\,\rho).$$

Soit, par exemple, $\rho = 100°$, on a

$$H = h\,(1,375)\,;$$

c'est-à-dire que la force élastique d'un gaz quelconque croît dans le rapport de 1 à 1,375 lorsque sa température s'élève de 0° à 100° sans qu'il change de volume.

Les expressions précédentes nous conduisent encore à la détermination du poids de l'unité de volume d'un gaz dans les diverses circonstances qui font varier sa densité. Désignons par P le poids de cette unité de volume lorsque le volume est A, c'est-à-dire, lorsque la quantité de gaz est soumise à la pression h, et que sa température est 0°, et par Q le poids de l'unité de volume de la même quantité de gaz à la température ρ degrés et sous la pression H, ou lorsque son volume est B. Dans le premier cas, le poids total du gaz sera exprimé par AP, et dans le second par BQ ; mais le poids total est supposé invariable, ainsi

$$AP = BQ,$$

ou

$$Q = \frac{A}{B} P,$$

Prenant la valeur du rapport $\frac{A}{B}$ dans la relation (3), et la substituant dans cette dernière égalité, nous aurons

$$Q = \frac{P}{1 + 0,00375\,\rho} \cdot \frac{H}{h}.$$

Pour montrer l'application de cette formule, proposons-nous de déterminer le poids d'un mètre cube de gaz hydrogène à la température de 100° centigrades, et sous la pression de 0^m,80. Sachant que le poids du mètre cube d'hydrogène, à la température 0° et sous la pression moyenne, est de 89^g,4, nous ferons P = 89^g,4 ; h = 0^m,76 ; et comme nous avons, d'après la question, H = 0^m,80, et ρ = 100, la formule nous donnera

$$Q = \frac{89^g,4}{1,375} \cdot \frac{0,80}{0,76} = 68^g,442 ;$$

le poids demandé est donc à peu près de 68 grammes et demi.

Voici la table des poids d'un litre des principaux gaz, d'après les expériences les plus exactes.

Table des poids d'un litre de gaz à 0°, et sous la pression de 0^m,76.

Nom des gaz.	Poids en grammes.
Air atmosphérique.	1,2991
Gaz hydriodique.	5,7719
— fluo-silicique.	4,6423
— chloro-carbonique.	4,4156

Noms des gaz.	Poids en grammes.
Chlore.	3^{g}2088
Gaz euchlorine.	3,0081
— fluo-borique.	3,0800
— sulfureux.	2,8489
Cyanogène.	2,3467
Protoxyde d'azote.	1,9752
Acide carbonique.	1,9805
Gaz chlorhydrique.	1,6205
— sulfhydrique.	1,5475
Oxygène.	1,4323
Deutoxyde d'azote.	1,3495
Gaz oléfiant.	1,2752
Azote.	1,2675
Gaz oxyde de carbone.	1,2451
Gaz ammoniaque.	0,7752
— hydrogène carboné.	0,7270
Hydrogène.	0,0894

La force élastique des vapeurs n'est pas, comme celle des gaz permanens, susceptible d'un accroissement indéfini ; car, lorsqu'on comprime une vapeur, il arrive toujours un point où la vapeur se condense et repasse à l'état liquide : sa force d'expansion n'étant plus suffisante pour faire équilibre à la pression ; mais, hors de ce point de condensation, les vapeurs isolées se comportent exactement comme les gaz, et on peut leur appliquer les lois précédentes. Il est probable que, si l'on pouvait produire des pressions suffisantes, tous les gaz se liquéfieraient ; c'est du moins ce qui a été fait pour plusieurs gaz considérés jadis comme permanens, et nous devons en conclure que la loi de Mariotte et celle de la dilatation des gaz ne s'étendent pas généralement à toute température et à toute pression.

La force élastique des vapeurs se nomme plus particulièrement *tension*, et on désigne sous le nom de *tension maximum* celle qui fait équilibre à la pression au moment où la vapeur est contrainte de repasser à l'état liquide. Dalton, à qui on doit à peu près tout ce qui est connu sur la théorie des vapeurs, a reconnu :

1° Qu'un liquide vaporisable, mis en contact avec un espace vide, émet instantanément toute la vapeur qu'il peut former ;

2° Que la quantité de vapeur produite est proportionnelle à l'étendue de l'espace vide ;

3° Que sa force élastique est indépendante de cette étendue, c'est-à-dire qu'elle a une valeur déterminée pour chaque température, laquelle ne varie point lors même que l'étendue de l'espace vide varie ;

4° Qu'en augmentant l'espace dans lequel la vapeur

FOR

se forme, il s'en émet une plus grande quantité, s'il y a excès de liquide;

5° Enfin, que si tout le liquide est vaporisé, la vapeur se dilate comme un gaz.

Dans ce dernier cas, si l'espace diminue ou si la température baisse, une portion de la vapeur repasse à l'état liquide, de manière que la partie restant à l'état gazeux n'a que la tension et la densité qui doivent correspondre à la température, d'après ce qui vient d'être dit, 3°.

Dalton a reconnu, en outre, que lorsqu'il se trouve une quantité suffisante de liquide, chaque accroissement de température produit une émission de nouvelles vapeurs et que la force élastique de ces vapeurs croit beaucoup plus rapidement que celle des gaz dans les mêmes circonstances. Par exemple, la force élastique de la vapeur d'eau sur un excès de liquide croît dans le rapport de 1 à 150, lorsque la température passe de 0° à 100; tandis que celle des gaz permanens et des vapeurs isolées n'augmente que dans le rapport de 1 à 1,375. C'est cet accroissement prodigieux de force élastique qui rend la vapeur d'eau le plus précieux et le plus puissant de nos agens mécaniques.

Il y a donc deux cas à considérer pour évaluer la force élastique des vapeurs : celui où elles sont produites sur un excès du liquide vaporisable, et celui où elles sont isolées et soumises à des pressions inférieures à leur tension maximum. Dans ce dernier cas, les vapeurs se comportent comme les gaz permanens, de sorte que tout ce que nous avons dit de ceux-ci leur est applicable. Dans le premier, les vapeurs ne peuvent ni augmenter, ni diminuer de tension par la diminution ou l'augmentation de l'espace qu'elles occupent; mais cette tension varie beaucoup plus rapidement que celle des gaz par les changemens de température. Quant aux lois de la variation des tensions, elles sont encore inconnues.

L'emploi de la vapeur d'eau comme moteur devait engager les physiciens à s'occuper de la détermination de sa force élastique à de hautes températures; cependant, jusqu'en 1830, où furent publiées les expériences faites par MM. Arago et Dulong, d'après la demande du gouvernement français, on ne connaissait que des tensions inférieures à huit asmosphères, et encore les résultats obtenus par différens observateurs étaient loin de s'accorder entre eux. MM. Arago et Dulong, à l'aide d'appareils très-ingénieux et en employant un mode d'expérimentation qui ne permet pas de supposer la moindre erreur, ont constaté directement les tensions de la vapeur d'eau, depuis sa production à 100° jusqu'à la température de 224°,2 où elle est équivalente à 24 atmosphères. Leurs résultats sont consignés dans le tableau suivant.

Table des forces élastiques de la vapeur d'eau et des températures correspondantes de 1 à 24 atmosphères.

Températures comptées sur le thermomètre à mercure.	Tension de la vapeur en prenant la pression de l'atmosphère pour unité.	Pression sur un centimètre carré en kilogrammes.
100°	1	$1^k,033$
112,2	$1\ ^1/_2$	1, 549
121,4	2	2, 066
128,8	$2\ ^1/_2$	2, 582
135,1	3	3, 099
140,6	$3\ ^1/_2$	3, 615
145,4	4	4, 132
149,06	$4\ ^1/_2$	4, 648
153,08	5	5, 165
153,8	$5\ ^1/_2$	5, 681
160,2	6	6, 198
163,48	$6\ ^1/_2$	6, 714
166,5	7	7, 231
169,37	$7\ ^1/_2$	7, 747
172,1	8	8, 264
177,1	9	9, 297
181,6	10	10, 330
186,03	11	11, 363
190,0	12	12, 396
193,7	13	13, 429
197,19	14	14, 462
200,48	15	15, 495
203,60	16	16, 528
206,57	17	17, 561
209,4	18	18, 594
212,1	19	19, 627
214,7	20	20, 660
217,2	21	21, 693
219,6	22	22, 726
221,9	23	23, 759
224,2	24	24, 792

La température et la force élastique sont liées, dans les limites de cette table, par la formule

$$f = (1 + 0,7153t)^5,$$

dans laquelle f désigne la tension exprimée en atmosphères, et t la température à partir de 100°, et en prenant pour unité l'intervalle de 100°. Par exemple, pour connaître la force élastique correspondante à 180°, il faudrait faire $t = 0,80$. Cette formule s'adapte si bien aux expériences que, quoique sa déduction soit entièrement empirique, on croit pouvoir étendre son application jusqu'à 50 atmosphères, au moins, sans craindre des erreurs trop considérables. Si l'on voulait connaître, par son moyen, à quelle température la vapeur a une tension de 5o atmosphères, on lui donnerait la forme

$$t = \frac{\sqrt[5]{f} - 1}{0,7153};$$

et, en faisant $f = 5o$, on trouverait

$$t = \frac{\sqrt[5]{5o} - 1}{0,7153} = 1,6589,$$

c'est-à-dire que la température cherchée est de 265°,89.

Examinons maintenant comment on peut employer les gaz et les vapeurs en qualité d'agens mécaniques.

Une quantité donnée de gaz renfermé dans un vase est un ressort comprimé. En le laissant se dilater et passer de son volume actuel A à un autre volume B, cette dilatation pourra produire une certaine *quantité d'action* évidemment égale à celle qu'il faudrait employer pour comprimer le gaz du volume B au volume A. Supposons que dans ses variations de volume le gaz conserve toujours la même température, et considérons un volume de gaz contenu dans un cylindre dont la base ait l'unité de surface, et qui soit fermé par un piston contre lequel on exerce toujours une pression capable de faire équilibre à la force élastique du gaz.

Nommons A et B les volumes du gaz à deux époques données; x une valeur intermédiaire quelconque entre A et B; H la hauteur de la colonne de mercure qui fait équilibre à la force élastique du gaz, quand son volume est A; μ le poids de l'unité de volume du mercure.

Les pressions étant en raison inverse des volumes, lorsque la température est constante, nous aurons, pour la pression exercée contre le piston mobile, lorsque le volume du gaz est x,

$$\mu H \cdot \frac{A}{x}.$$

La quantité d'action pour diminuer ce volume de dx sera donc

$$- \mu H \cdot \frac{A}{x} dx.$$

Prenant l'intégrale de cette quantité, entre les limites $x = A$ et $x = B$, nous obtiendrons, pour la quantité d'action capable de faire passer le volume de la grandeur B à la grandeur A, l'expression

$$\mu H A \log \frac{B}{A},$$

qui représente en même temps la quantité d'action que le gaz peut développer en se dilatant librement du volume A au volume B.

Si le piston supportait sur sa face extérieure une pression constante mesurée par le poids d'une colonne de mercure d'une hauteur $= h$, on aurait pour la pression en sus qu'il faudrait exercer contre ce piston, quand le volume du gaz serait x,

$$\mu H \cdot \frac{A}{x} - \mu h;$$

la quantité d'action nécessaire pour diminuer le volume de dx deviendrait

$$\mu \left(H \frac{A}{x} - h \right) dx.$$

Intégrant entre les limites $x = A$, $x = B$, on trouverait, pour la quantité d'action développée par le gaz, en se dilatant du volume A au volume B, sous la pression constante μh,

$$\mu H A \cdot \log \frac{B}{A} - \mu h (B - A).$$

Ce résultat nous apprend que si, sous la pression h on avait échauffé un volume de gaz A, de manière à lui procurer une force élastique H plus grande que h, et que, maintenant toujours la température au même degré, on laissait dilater ce gaz jusqu'à ce que son volume fût devenu B, la quantité d'action qu'il aurait pu produire serait capable d'élever à un mètre le nombre de kilogrammes qu'on obtiendrait en substituant dans la formule les valeurs numériques représentées par les lettres.

L'évaluation des effets des machines à feu est principalement fondée sur la comparaison entre la quantité de chaleur développée et la quantité d'action obtenue. Connaissant la capacité calorifique d'un gaz (*voy.* Chaleur), on peut bien déterminer la quantité de chaleur nécessaire pour élever la température d'un volume constant de ce gaz; mais comme la température des gaz s'abaisse lorsqu'ils se dilatent, il serait nécessaire, lorsque le volume augmente, de fournir de nouvelles quantités de chaleur, et la science ne possède pas encore les moyens d'évaluer exactement soit la quantité de chaleur nécessaire pour maintenir à une même température un gaz qui se dilate, soit l'abaissement de température qui résulterait de sa dilatation, si les parois dans lesquels il est contenu ne lui transmettaient point de chaleur. On ne peut donc encore soumettre à un calcul exact les machines dans lesquelles l'agent moteur serait un gaz échauffé.

Conservant les dénominations précédentes, considérons encore le cas où la pression du gaz sur le piston demeure constante, ce qui a lieu lorsqu'une nouvelle quantité de fluide vient à chaque instant compenser la diminution d'élasticité produite par la dilatation, et ce qui est proprement le cas de la vapeur d'eau dans les pompes à feu. μH étant toujours la pression intérieure lorsque le volume est A, le sera encore lorsque le volume est B; et, pour diminuer ce volume d'une quantité dx, le piston étant supposé libre de toute pression extérieure, il faudra employer contre ce piston une quantité d'action égale à

$$\mu H dx.$$

La quantité d'action pour ramener le volume B au volume A, ou la quantité d'action développée par la vapeur, en passant de A à B, sera donc l'intégrale de $\mu H dx$ prise entre les limites $x = A$, $x = B$, c'est-à-dire

$$\mu H (B - A).$$

Il est facile de voir que si le piston supportait une pression extérieure constante μh, la quantité d'action de la vapeur serait

$$\mu (H - h) (B - A).$$

Nous examinerons ce qui concerne plus particulièrement la vapeur de l'eau au mot Vapeur.

FRACTIONS CONTINUES. (*Alg.*) La théorie des fractions continues, considérée sous le point de vue général indiqué tome I, page 380, et tome II, page 345, est une partie très-importante de la science des nombres, car on a pu voir, dans les articles cités, que ces fractions constituent un mode universel de génération technique souvent plus simple que les développemens en séries, et toujours préférable sous le rapport de la convergence. Nous allons compléter ici plusieurs points essentiels de cette théorie et examiner ce qu'on nomme les fractions continues périodiques, dont nous n'avons point parlé dans nos deux premiers volumes.

1. X exprimant une quantité quelconque, la forme la plus générale de sa génération technique en fraction continue est

$$X = a_0 + \cfrac{b_0}{a_1 + \cfrac{b_1}{a_2 + \cfrac{b_2}{a_3 + \cfrac{b_3}{a_4 + \cfrac{b_4}{a_5 + \text{etc.}}}}}},$$

dans laquelle les fractions partielles $\dfrac{b_0}{a_1}$, $\dfrac{b_1}{a_2}$, $\dfrac{b_2}{a_3}$, etc., ont reçu le nom de *fractions intégrantes*, que nous leur conserverons.

Si l'on prend successivement la somme de a_0 avec une, deux, trois, etc., fractions intégrantes, on obtiendra les réductions consécutives

$$a_0 + \cfrac{b_0}{a_1} = \frac{a_0 a_1 + b_0}{a_1},$$

$$a_0 + \cfrac{b_0}{a_1 + \cfrac{b_1}{a_2}} = \frac{a_0 a_1 a_2 + b_0 a_2 + b_1 a_0}{a_1 a_2 + b_1},$$

$$a_0 + \cfrac{b_0}{a_1 + \cfrac{b_1}{a_2 + \cfrac{b_2}{a_3}}} = \frac{a_0 a_1 a_2 a_3 + b_0 a_2 a_3 + b_1 a_0 a_3 + b_2 a_1 a_0 + b_0 b_2}{a_1 a_2 a_3 + b_1 a_3 + b_2 a_1},$$

$$\text{etc.} = \text{etc.},$$

auxquelles on peut donner les formes suivantes, plus propres à rendre sensible la construction du numérateur et du dénominateur de chaque somme, au moyen des numérateurs et des dénominateurs des sommes précédentes;

$$\frac{a_1 a_0 + b_0}{a_1}$$

$$\frac{a_2 (a_1 a_0 + b_0) + b_1 a_0}{a_2 a_1 + b_1}$$

$$\frac{a_3 \left[a_2 (a_1 a_0 + b_0) + b_1 a_0 \right] + b_2 (a_1 a_0 + b_0)}{a_3 (a_2 a_1 + b_1) + b_2 a_1}$$

$$\text{etc.} \ldots \ldots \ldots \text{etc.}$$

Formant donc deux suites de quantités P_0, P_1, P_2, etc. Q_0, Q_1, Q_2, d'après la loi très-simple de construction .... (a)

$$P_0 = a_0 \qquad\qquad Q_0 = 1$$
$$P_1 = a_1 P_0 + b_0 \qquad\qquad Q_1 = a_1 Q_0$$
$$P_2 = a_2 P_1 + b_1 P_0 \qquad\qquad Q_2 = a_2 Q_1 + b_1 Q_0$$
$$P_3 = a_3 P_2 + b_2 P_1 \qquad\qquad Q_3 = a_3 Q_2 + b_2 Q_1$$
$$P_4 = a_4 P_3 + b_3 P_2, \qquad\qquad Q_4 = a_4 Q_3 + b_3 Q_2,$$
$$\text{etc.} = \text{etc.} \qquad\qquad \text{etc.} = \text{etc.}$$
$$P_\mu = a_\mu P_{\mu-1} + b_{\mu-1} P_{\mu-2} \qquad Q_\mu = a_\mu Q_{\mu-1} + b_{\mu-1} Q_{\mu-2},$$

on aura évidemment

$$\frac{P_0}{Q_0} = a_0,$$

$$\frac{P_1}{Q_1} = a_0 + \frac{b_0}{a_1},$$

$$\frac{P_2}{Q_2} = a_0 + \cfrac{b_0}{a_1 + \cfrac{b_1}{a_2}},$$

$$\text{etc} = \text{etc}$$

En général, $\dfrac{P_\mu}{Q_\mu}$ sera la valeur donnée par les μ premières fractions intégrantes, ou la valeur de la fraction continue en ne tenant pas compte de tout ce qui suit le dénominateur a_μ.

Or, les quantités successives $\dfrac{P_0}{Q_0}$, $\dfrac{P_1}{Q_1}$, $\dfrac{P_2}{Q_2}$, etc., que nous nommerons *fractions principales*, sont alternativement plus petites et plus grandes que la valeur totale X de la fraction continue, et il est essentiel, avant tout, de pouvoir déterminer le degré d'approximation qu'on obtient lorsqu'on choisit une quelconque de ces fractions pour valeur approchée de X.

2. Si nous prenons la différence de chaque fraction principale avec celle qui la suit immédiatement, nous trouverons

$$\frac{P_0}{Q_0} - \frac{P_1}{Q_1} = \frac{P_0 Q_1 - P_1 Q_0}{Q_0 Q_1},$$

$$\frac{P_1}{Q_1} - \frac{P_2}{Q_2} = \frac{P_1 Q_2 - P_2 Q_1}{Q_1 Q_2},$$

$$\frac{P_2}{Q_2} - \frac{P_3}{Q_3} = \frac{P_2 Q_3 - P_3 Q_2}{Q_2 Q_3},$$

$$\text{etc.} = \text{etc.},$$

et, en général,

$$\frac{P_{\mu-1}}{Q_{\mu-1}} - \frac{P_\mu}{Q_\mu} = \frac{P_{\mu-1} Q_\mu - P_\mu Q_{\mu-1}}{Q_{\mu-1} Q_\mu}.$$

Ces différences peuvent servir de *limites* pour apprécier le degré d'approximation de chaque fraction principale, car la valeur totale X étant comprise entre $\dfrac{P_{\mu-1}}{Q_{\mu-1}}$ et $\dfrac{P_\mu}{Q_\mu}$, on a nécessairement

$$\frac{P_{\mu-1}}{Q_{\mu-1}} - \frac{P_\mu}{Q_\mu} > \frac{P_{\mu-1}}{Q_{\mu-1}} - X.$$

Ainsi, en prenant $\dfrac{P_{\mu-1}}{Q_{\mu-1}}$ pour valeur approchée de X, l'erreur en *plus* ou en *moins* sera plus petite que

$$\frac{P_{\mu-1} Q_\mu - P_\mu Q_{\mu-1}}{Q_{\mu-1} Q_\mu}.$$

3. Les numérateurs de la suite des différences des fractions principales consécutives ont entre eux des relations qu'il est nécessaire de connaître. Considérons les deux différences successives

$$\frac{P_{\mu-2}}{Q_{\mu-2}} - \frac{P_{\mu-1}}{Q_{\mu-1}} = \frac{P_{\mu-2} Q_{\mu-1} - P_{\mu-1} Q_{\mu-2}}{Q_{\mu-2} Q_{\mu-1}},$$

$$\frac{P_{\mu-1}}{Q_{\mu-1}} - \frac{P_\mu}{Q_\mu} = \frac{P_{\mu-1} Q_\mu - P_\mu Q_{\mu-1}}{Q_{\mu-1} Q_\mu},$$

et observons qu'on a, d'après la loi (*a*) de construction,

$$P_\mu = a_\mu P_{\mu-1} + b_{\mu-1} P_{\mu-2},$$
$$Q_\mu = a_\mu Q_{\mu-1} + b_{\mu-1} Q_{\mu-2}.$$

Si nous multiplions la première de ces égalités par $Q_{\mu-1}$, et la seconde par $P_{\mu-1}$, il viendra

$$P_\mu Q_{\mu-1} = a_\mu P_{\mu-1} Q_{\mu-1} + b_{\mu-1} P_{\mu-2} Q_{\mu-1},$$
$$P_{\mu-1} Q_\mu = a_\mu P_{\mu-1} Q_{\mu-1} + b_{\mu-1} P_{\mu-1} Q_{\mu-2},$$

d'où, en retranchant la première égalité de la seconde,

$$P_{\mu-1} Q_\mu - P_\mu Q_{\mu-1} = b_{\mu-1}\left[P_{\mu-1} Q_{\mu-2} - P_{\mu-2} Q_{\mu-1} \right],$$

ce qu'on peut mettre sous la forme

$$P_{\mu-1} Q_\mu - P_\mu Q_{\mu-1} = -b_{\mu-1}\left[P_{\mu-2} Q_{\mu-1} - P_{\mu-1} Q_{\mu-2} \right].$$

Il résulte de cette expression que le numérateur d'une différence quelconque est égal au numérateur de la différence précédente pris avec un signe contraire et multiplié par le numérateur de la dernière fonction intégrante employée. En désignant par D_μ le numérateur d'une différence, nous avons donc la relation générale

$$D_\mu = -b_{\mu-1} D_{\mu-1},$$

et, par suite, les égalités

$$D_{\mu-1} = -b_{\mu-2} D_{\mu-2},$$
$$D_{\mu-2} = -b_{\mu-3} D_{\mu-3}.$$
$$\dots\dots\dots\dots\dots$$
$$D_3 = -b_2 D_2,$$
$$D_2 = -b_1 D_1,$$

dont la dernière se réduit à

$$D_2 = -b_1 \times -b_0,$$

à cause de

$$D_1 = P_0 Q_1 - P_1 Q_0 = a_0 a_1 - a_1 a_0 - b_0.$$

Substituant la valeur de D_2 dans celle de D_3, puis celle de D_3 dans celle de D_4, et ainsi de suite, nous obtiendrons pour la construction absolue de D_μ l'expression

$$D_\mu = (-1)^\mu \cdot b_0 \cdot b_1 \cdot b_2 \cdot b_3 \dots b_{\mu-1};$$

ce qui nous donne, pour la différence générale, $\dots(b)$

$$\frac{P_{\mu-1}}{Q_{\mu-1}} - \frac{P_\mu}{Q_\mu} = (-1)^\mu \cdot \frac{b_0 \cdot b_1 \cdot b_2 \cdot b_3 \dots b_{\mu-1}}{Q_{\mu-1} Q_\mu}.$$

Lorsque tous les numérateurs des fractions intégrantes

sont égaux entre eux, cette différence générale est simplement, b désignant le numérateur commun ,.....(c)

$$(-1)^{\mu} \cdot \frac{b^{\mu}}{Q_{\mu-1} \, Q_{\mu}}.$$

En faisant $b = 1$, ce qui est proprement le cas des fractions continues numériques, on obtient pour l'expression générale de la différence entre deux fractions principales consécutives ....(d)

$$(-1)^{\mu} \cdot \frac{1}{Q_{\mu-1} \, Q_{\mu}},$$

comme nous l'avons démontré, tome I, page 377.

4. Ces relations générales étant posées, procédons à l'examen des fractions continues périodiques, c'est-à-dire des fractions continues composées d'un nombre déterminé de fractions intégrantes se reproduisant dans le même ordre à l'infini. Telles sont, par exemple, les fractions

$$\cfrac{1}{a+\cfrac{1}{a+\cfrac{1}{a+\text{etc.}}}}, \qquad \cfrac{1}{a+\cfrac{1}{b+\cfrac{1}{a+\cfrac{1}{b+\text{etc.}}}}},$$

dont la première n'a pour période qu'une seule fraction intégrante $\frac{1}{a}$, et la seconde deux fractions $\frac{1}{a}$, $\frac{1}{b}$. Quel que soit le nombre des fractions intégrantes d'une période, la valeur totale de la fraction continue est, comme nous allons le voir, une quantité irrationnelle du second degré.

Désignons par x la valeur inconnue de la fraction continue périodique à une seule fraction intégrante $\frac{1}{a}$, ou posons

$$x = \cfrac{1}{a+\cfrac{1}{a+\cfrac{1}{a+\text{etc.}}}}$$

Aucune différence finie ne pouvant exister entre les valeurs de la fraction continue prise en partant de la première ou de la seconde fraction intégrante, nous avons évidemment encore

$$x = \frac{1}{a+x},$$

d'où

$$ax + x^2 = 1,$$

équation du second degré qui donne pour la valeur de x

$$x = -\frac{a}{2} + \frac{1}{2}\sqrt{(a^2 + 4)}.$$

Soit, par exemple, $a = 2$, on a

$$x = -1 + \frac{1}{2}\sqrt{8} = -1 + \sqrt{2}.$$

Ainsi,

$$\sqrt{2} = 1 + \cfrac{1}{2+\cfrac{1}{2+\cfrac{1}{2+\text{etc.}}}}$$

Soit encore $a = 6$, ce qui donne $x = -3 + \sqrt{10}$, on aura de même

$$\sqrt{10} = 3 + \cfrac{1}{6+\cfrac{1}{6+\cfrac{1}{6+\text{etc.}}}}$$

5. Désignons toujours par x la valeur de la fraction continue à périodes de deux fractions intégrantes $\frac{1}{a}$, $\frac{1}{b}$, nous aurons, en coupant la fraction après la première période,

$$x = \cfrac{1}{a+\cfrac{1}{b+x}};$$

d'où

$$x = \frac{b+x}{ab+ax+1};$$

et, par suite,

$$ax^2 + abx = b,$$

équation du second degré, dont on tire

$$x = -\frac{b}{2} + \sqrt{\left[\frac{ab^2 + 4b}{4a}\right]}.$$

Donc

$$\sqrt{\left[\frac{ab^2 + 4b}{4a}\right]} = \frac{b}{2} + \cfrac{1}{a+\cfrac{1}{b+\cfrac{1}{a+\cfrac{1}{b+\text{etc.}}}}}$$

Dans le cas, par exemple, de $a = 2$, $b = 4$, on aurait

$$\sqrt{6} = 2 + \cfrac{1}{2 + \cfrac{1}{4 + \cfrac{1}{2 + \cfrac{1}{4 + \text{etc.}}}}}$$

Il est facile de voir qu'en suivant la même marche on ramènerait à une quantité irrationnelle du second degré la valeur d'une fraction continue périodique quelconque.

6. Réciproquement, une quantité irrationnelle du second degré étant donnée, on peut toujours la développer en fraction continue périodique. Voici, d'abord, le procédé connu. Soit proposé $\sqrt{11}$; la valeur de cette racine étant comprise entre 3 et 4, posons

$$\sqrt{11} = 3 + \frac{1}{A}$$

et dégageons de cette équation la valeur de A, ce qui donne

$$A = \frac{1}{\sqrt{11} - 3}.$$

Multipliant les deux termes du second membre par $\sqrt{11} + 3$, il viendra

$$A = \frac{\sqrt{11} + 3}{2},$$

à cause de $(\sqrt{11} - 3)(\sqrt{11} + 3) = 11 - 3^2 = 2$. Or, la valeur du numérateur du second membre étant entre $3 + 3 = 6$ et $4 + 3 = 7$, celle de A est entre $\frac{6}{2}$ et $\frac{7}{2}$; elle donne 3 plus une fraction que nous désignerons par $\frac{1}{B}$, en posant

$$A = \frac{\sqrt{11} + 3}{2} = 3 + \frac{1}{B},$$

nous aurons donc déjà

$$\sqrt{11} = 3 + \cfrac{1}{3 + \cfrac{1}{B}};$$

mais

$$\frac{1}{B} = \frac{\sqrt{11} + 3}{2} - 3,$$

et, par conséquent,

$$B = \frac{2}{\sqrt{11} - 3}.$$

Multipliant les deux termes de la fraction par $\sqrt{11} + 3$, il viendra

$$B = \frac{2(\sqrt{11} + 3)}{2} = \sqrt{11} + 3,$$

d'où nous pourrons poser

$$B = \sqrt{11} + 3 = 6 + \frac{1}{C};$$

ainsi

$$\sqrt{11} = 3 + \cfrac{1}{3 + \cfrac{1}{6 + \cfrac{1}{C}}}.$$

La dernière équation donnant

$$\frac{1}{C} = \sqrt{11} + 3 - 6 = \sqrt{11} - 3,$$

et

$$C = \frac{1}{\sqrt{11} - 3},$$

on voit que la valeur de C est la même que celle de A, de sorte qu'en partant de A ou de C, on ne peut que trouver la suite des mêmes dénominateurs 3 et 6 à l'infini. On a donc définitivement

$$\sqrt{11} = 3 + \cfrac{1}{3 + \cfrac{1}{6 + \cfrac{1}{3 + \cfrac{1}{6 + \text{etc.}}}}}$$

7. Tout l'artifice de cette transformation consiste à déterminer ainsi les dénominateurs des fractions intégrantes successives, jusqu'à ce qu'on ait trouvé pour l'un de ces dénominateurs une expression identique avec celle d'un dénominateur précédent; on connaît alors toutes les fractions intégrantes d'un période, et, par conséquent, la fraction continue elle-même. On trouverait, de cette manière, pour $\sqrt{6}$, par exemple,

$$\sqrt{6} = 2 + \frac{1}{A},$$

$$A = \frac{1}{\sqrt{6} - 2} = \frac{\sqrt{6} + 2}{2} = 2 + \frac{1}{B},$$

$$B = \frac{2}{\sqrt{6} - 2} = \frac{2(\sqrt{6} + 2)}{2} = 4 + \frac{1}{C},$$

$$C = \frac{1}{\sqrt{6} - 2};$$

arrêtant le calcul à C, parce que l'expression de C est identique avec celle de A, on a

$$\sqrt{6} = 2 + \cfrac{1}{2 + \cfrac{1}{4 + \cfrac{1}{2 + \cfrac{1}{4 + \text{etc.},}}}}$$

comme nous l'avons trouvé ci-dessus par l'opération inverse, c'est-à-dire en partant de la fraction continue pour obtenir sa valeur totale. Prenons pour dernier exemple $\sqrt{13}$; voici le tableau des calculs :

$$\sqrt{13} = 3 + \frac{1}{A},$$

$$A = \frac{1}{\sqrt{13} - 3} = \frac{\sqrt{13} + 3}{4} = 1 + \frac{1}{B},$$

$$B = \frac{4}{\sqrt{13} - 1} = \frac{\sqrt{13} + 1}{3} = 1 + \frac{1}{C},$$

$$C = \frac{3}{\sqrt{13} - 2} = \frac{\sqrt{13} + 2}{3} = 1 + \frac{1}{D},$$

$$D = \frac{3}{\sqrt{13} - 1} = \frac{\sqrt{13} + 1}{4} = 1 + \frac{1}{E},$$

$$E = \frac{4}{\sqrt{13} - 3} = \sqrt{13} + 3 = 6 + \frac{1}{F},$$

$$F = \frac{1}{\sqrt{13} - 3}.$$

La période recommence à F, ainsi

$$\sqrt{13} = 3 + \cfrac{1}{1 + \cfrac{1}{1 + \cfrac{1}{1 + \cfrac{1}{1 + \cfrac{1}{6 + \cfrac{1}{1 + \text{etc.}}}}}}}$$

8. Voici maintenant un autre procédé beaucoup plus simple et qui n'exige aucun calcul de transformation. Soit N un nombre entier quelconque, mais dont la racine carrée est irrationnelle. Désignons par a la partie entière de la racine, et par $\dfrac{1}{z}$ sa partie fonctionnaire, nous aurons ....(a)

$$\sqrt{N} = a + \frac{1}{z}.$$

Élevant les deux membres de cette égalité à la seconde puissance, nous obtiendrons l'équation

$$(N - a^2) z^2 = 2az + 1;$$

ou désignant, pour plus de simplicité, $N - a^2$ par b,

$$bz^2 = 2az + 1;$$

divisant les deux membres de cette dernière par bz, il viendra

$$z = \frac{2a}{b} + \frac{1}{bz};$$

remplaçant z dans le second membre par sa valeur donnée par ce second membre, on aura

$$z = \frac{2a}{b} + \cfrac{1}{b\left(\dfrac{2a}{b} + \dfrac{1}{bz}\right)}$$

$$= \frac{2a}{b} + \cfrac{1}{2a + \dfrac{1}{z}},$$

ce qui donnera, de la même manière,

$$z = \frac{2a}{b} + \cfrac{1}{2a + \cfrac{1}{\dfrac{2a}{b} + \cfrac{1}{2a + \dfrac{1}{z}}}},$$

et ainsi de suite, à l'infini.

Substituant la valeur développée de z dans (e), nous aurons généralement ....(f)

$$\sqrt{N} = a + \cfrac{1}{\dfrac{2a}{b} + \cfrac{1}{2a + \cfrac{1}{\dfrac{2a}{b} + \cfrac{1}{2a + \cfrac{1}{\dfrac{2a}{b} + \cfrac{1}{2a + \text{etc.}}}}}}}$$

Toutes les fois que $\dfrac{2a}{b}$ sera un nombre entier, la racine $\sqrt{N}$ sera donnée par une fraction continue à période de deux fractions intégrantes; dans tous les autres cas on la ramènera à la forme très-simple ....(g)

$$\sqrt{N} = a + \cfrac{b}{2a + \cfrac{b}{2a + \cfrac{b}{2a + \cfrac{b}{2a + \text{etc.}}}}}$$

Soit, par exemple, $N = 13$, on a alors $a = 3$ et $N - a^2 = 13 - 9 = 4 = b$; donc

$$\sqrt{13} = 3 + \cfrac{4}{6 + \cfrac{4}{6 + \cfrac{4}{6 + \text{etc.}}}}$$

9. Lorsque les fractions intégrantes $\dfrac{b}{2a}$ sont beaucoup plus petites que l'unité, les fractions principales consécutives convergent si rapidement vers la valeur totale de $\sqrt{N}$, qu'il n'existe aucun moyen plus simple et moins laborieux, pour obtenir les valeurs approchées de cette quantité, que d'effectuer les calculs, d'ailleurs si faciles, indiqués par les expressions (a). Prenons pour exemple $\sqrt{487}$, dont la valeur entière est 22, ce qui nous donne

$$N = 487,\ a = 22,\ b = N - a^2 = 487 - 484 = 3,$$

et, par suite,

$$\sqrt{487} = 22 + \cfrac{3}{44 + \cfrac{3}{44 + \cfrac{3}{44 + \text{etc.}}}}$$

Comparant avec les formules générales (a), nous avons

$$a_0 = 22,$$
$$a_1 = a_2 = a_3 = a_4 = \text{etc.} = 44,$$
$$b_0 = b_1 = b_2 = b_3 = \text{etc.} = 3;$$

d'où

$$
\begin{aligned}
P_0 &= \quad 22, & Q_0 &= \quad 1, \\
P_1 &= \quad 971, & Q_1 &= \quad 44, \\
P_2 &= 42790, & Q_2 &= 1939, \\
P_3 &= 1885673, & Q_3 &= 85448, \\
\text{etc.} & \ldots\ldots & \text{etc.} & \ldots\ldots
\end{aligned}
$$

Si l'on ne demandait que six décimales exactes à la racine, la troisième fraction principale

$$\frac{P_2}{Q_2} = \frac{42790}{1939}$$

serait déjà suffisante, car, d'après l'expression (d), on a

$$\frac{P_2}{Q_2} - \sqrt{487} < -\frac{3^3}{1939 \times 85448},$$

ce qui donne, en réduisant en décimales,

$$\sqrt{487} - \frac{P_2}{Q_2} < 0,000000162\ldots$$

Or,

$$\frac{42790}{1939} = 22,06807633\ldots$$

Ainsi, comme les deux dernières décimales seules peuvent être trop faibles, on a, avec six décimales exactes,

$$\sqrt{487} = 22,068076.$$

La quatrième fraction principale $\dfrac{P_3}{Q_3}$, réduite en décimales, donne

$$\frac{1885673}{85448} = 22,068\ 076\ 490\ 96\ldots,$$

dont les neuf premières sont exactes. Pour s'en assurer, il faut calculer Q_4, afin d'avoir la limite

$$\frac{3^4}{Q_3\,Q_4}.$$

On trouve $Q_4 = 3655529$; et, en réduisant la différence en décimales, il vient

$$\frac{81}{85448 \times 3655529} = 0,000\ 000\ 000\ 259\ldots$$

C'est la limite de l'erreur en *plus* qu'on peut commettre en prenant $\dfrac{P_3}{Q_4}$ pour la valeur de $\sqrt{487}$; on a donc, avec neuf décimales exactes,

$$\sqrt{487} = 22,068\ 076\ 490.$$

Cet exemple nous paraît suffisant pour montrer l'utilité des fractions continues dans l'extraction des racines carrées.

10. Quels que soient les avantages que nous venons de signaler, l'usage des fractions continues, pour l'extraction des racines, serait bien borné s'il ne pouvait s'étendre aux racines des degrés supérieurs au second; mais cette extension a lieu, et nous allons exposer une méthode générale qui embrasse les irrationnelles de tous les degrés. Considérons la racine du degré m d'un nombre entier quelconque N, $\sqrt[m]{N}$; désignons par a la plus grande puissance m contenue dans ce nombre, et par b l'excès de N sur a, nous aurons

$$\sqrt[m]{N} = \sqrt[m]{(a + b)} = \sqrt[m]{a} \cdot \left(1 + \frac{b}{a}\right)^{\frac{1}{m}},$$

a étant une puissance exacte, le facteur $\sqrt[m]{a}$ est un nombre entier; ainsi, nous avons seulement à nous occuper de la quantité irrationnelle $\left(1 + \dfrac{b}{a}\right)^{\frac{1}{m}}$.

Pour appliquer à cette quantité le développement en fraction continue du binome $(1 + x)^m$ que nous avons donné tome I, page 383, substituons dans ce développement $\dfrac{1}{m}$ à m, $\dfrac{b}{a}$ à x, et nous obtiendrons, toutes réductions faites ....(h)

$$\left(1 + \frac{b}{a}\right)^{\frac{1}{m}} = 1 + \cfrac{b}{ma + \cfrac{(m-1)b}{2 + \cfrac{(m+1)b}{3ma + \cfrac{(2m-1)b}{2 + \cfrac{(2m+1)b}{5ma + \text{etc.}}}}}},$$

expression dont la loi est évidente, car la suite des numérateurs est

$b, (m-1)b, (m+1)b, (2m-1)b, (2m+1)b, (3m-1)b, (3m+1)b,$ etc.

et celle des dénominateurs

$ma, 2, 3ma, 2, 5ma, 2, 7ma, 2, 9ma, 2,$ etc.

Nous choisirons pour exemple $\sqrt[4]{17}$, dont nous avons trouvé par un autre procédé (*voy.* ci-dessus, page 131) que la valeur est, avec dix décimales,

$$\sqrt[4]{17} = 1,0305431848.$$

La comparaison des deux calculs pourra montrer la supériorité de la présente méthode.

La partie entière de $\sqrt[4]{17}$ étant 2, $2^4 = 16$ est la plus grande quatrième puissance contenue dans 17, et nous devons faire conséquemment $a = 16$, $b = 1$; ces valeurs substituées dans (h), donnent

$$\sqrt[4]{\left(1 + \frac{1}{16}\right)} = 1 + \cfrac{1}{64 + \cfrac{3}{2 + \cfrac{5}{192 + \cfrac{7}{2 + \cfrac{9}{520 + \text{etc.}}}}}}.$$

Nous avons donc, en comparant avec les formules (a),

$a_0 = 1,\ a_1 = 64,\ a_2 = 2,\ a_3 = 192,\ a_4 = 2,\ a_5 = 520,$ etc.
$b_0 = 1,\ b_1 = 3,\ b_2 = 5,\ b_3 = 7,\ b_4 = 9,\ b_5 = 11,$ etc.

Construisant avec ces valeurs les quantités P_μ et Q_μ, nous trouverons

$P_0 =$	1	$Q_0 =$	1
$P_1 =$	65	$Q_1 =$	64
$P_2 =$	135	$Q_2 =$	131
$P_3 =$	25861	$Q_3 =$	25472
$P_4 =$	52655	$Q_4 =$	51861
$P_5 =$	17081709	$Q_5 =$	16824768
etc. $=$ etc.		etc. $=$ etc.	

Nous aurons ainsi, pour la suite des fractions principales alternativement plus petites et plus grandes que la racine demandée,

$$\frac{1}{1},\ \frac{65}{64},\ \frac{135}{131},\ \frac{25861}{25472},\ \frac{52655}{51861},\ \text{etc.}$$

La cinquième, réduite en décimales, donne

$$1,0152715911,$$

quantité dont le produit par 2 est la valeur approchée de $\sqrt[4]{17}$, car

$$\sqrt[4]{17} = \sqrt[4]{16} \cdot \sqrt[4]{\left(1 + \frac{1}{16}\right)} = 2\sqrt[4]{\left(1 + \frac{1}{16}\right)}.$$

Nous avons donc, en nous arrêtant à cette cinquième fraction principale,

$$\sqrt[4]{17} = 1,0305431822,$$

valeur dont les huit premières décimales sont exactes.

En prenant la sixième fraction principale

$$\frac{Q_5}{P_5} = \frac{17081709}{16824768},$$

on trouverait

$$\sqrt[4]{17} = 2,0305431849o4\ldots.$$

Pour évaluer la limite de l'erreur, exprimée, d'après la formule (b), par

$$(-1)^6 \cdot \frac{1 \cdot 3 \cdot 5 \cdot 7 \cdot 9 \cdot 11}{Q_5\, Q_6},$$

il faut calculer Q_6, qu'on trouve égal à 34220007, d'où l'on voit que l'erreur en *plus* est plus petite que

$$\frac{10395}{16824768 \times 34220007},$$

ou ne peut porter que sur le onzième chiffre décimal. Ce onzième chiffre étant zéro, il devient évident que le dixième est trop fort d'une unité, et qu'on a seulement avec 10 décimales exactes,

$$\sqrt[4]{17} = 2,0305431848.$$

En formant la septième fraction principale

$$\frac{P_6}{Q_6} = \frac{34742601}{34220007},$$

on trouverait, pour les douze premières décimales de la racine,

$$\sqrt[4]{17} = 2,030543184884.$$

11. La convergence de la fraction continue (h) étant d'autant plus grande que b est plus petit par rapport à a, il est souvent utile de prendre pour a non la plus grande puissance contenue dans le nombre proposé N, mais la plus grande puissance immédiatement supérieure ; b devient alors négatif, ce qui rend toutes les fractions intégrantes négatives et toutes les fractions principales plus grandes que la valeur totale vers laquelle elles convergent en décroissant continuellement. Soit a la plus grande puissance du degré m immédiatement plus grande que N et b la différence entre a et N, nous aurons

$$\sqrt[m]{N} = \sqrt[m]{(a-b)} = \sqrt[m]{a} \cdot \sqrt[m]{\left[1 - \frac{b}{a}\right]},$$

et....(i)

$$\sqrt[m]{\left[1 - \frac{b}{a}\right]} = 1 - \cfrac{b}{ma-\cfrac{(m-1)b}{2-\cfrac{(m+1)b}{3ma-\cfrac{(2m-1)b}{2 - \text{etc.}}}}}$$

Il suffira de donner le signe — aux quantités b_0, b_1, b_2, etc., dans les formules (a), pour pouvoir les appliquer aux réductions consécutives de cette fraction continue.

S'il s'agissait, par exemple, d'extraire la racine cubique de 509, dont la valeur est comprise entre 7 et 8, mais beaucoup plus près de 8 que de 7, car $7^3 = 441$ et $8^3 = 512$, on ferait $a = 512$, $b = 512 - 509 = 3$, et, en substituant ces nombres dans la formule (i), on aurait

$$\sqrt[3]{\left[1 - \frac{3}{512}\right]} = 1 - \cfrac{3}{1536-\cfrac{6}{2-\cfrac{12}{4608-\cfrac{15}{2-\text{etc.,}}}}}$$

faisant dans les expressions (a)

$$a_0 = 1, \quad a_1 = 1536, \quad a_2 = 2, \quad a_3 = 4608, \quad a_4 = 2, \text{ etc.,}$$
$$b_0 = -3, \quad b_1 = -6, \quad b_2 = -12, \quad b_3 = -15, \text{ etc.,}$$

on obtiendrait

$P_0 =$ 1,	$Q_0 =$	1
$P_1 =$ 1535,	$Q_1 =$	1536
$P_2 =$ 3060,	$Q_2 =$	3066
$P_3 = 14082084$,	$Q_3 =$	14109696
etc. = etc.	etc. = etc.	

Dans le cas où l'on voudrait se contenter de six décimales exactes à la racine, on pourrait s'arrêter à la troisième fraction principale

$$\frac{P_2}{Q_2} = \frac{3060}{3066} = 0,998043052....,$$

car, d'après la formule (b), la différence entre cette fraction et la valeur totale est moindre que

$$(-1)^3 \cdot \frac{-3 \times -6 \times -12}{Q_2 \cdot Q_3},$$

c'est-à-dire que

$$\frac{3 \cdot 6 \cdot 12}{3066 \cdot 14109696},$$

quantité dont le premier chiffre significatif décimal est du huitième ordre. On a donc

$$\sqrt[3]{509} = \sqrt[3]{512} \times 0,998043052,$$
$$= 8 \times 0,998043052,$$
$$= 7,984344416,$$

ou seulement $\sqrt[3]{509} = 7,984344$: la multiplication par 8 ne pouvant affecter la sixième décimale.

La troisième fraction principale, traitée de la même manière, donne

$$\sqrt[3]{509} = 7,986344382.$$

Ces exemples nous paraissent suffisans pour faire comprendre l'esprit et l'utilité de la méthode ; nous ne nous arrêterons pas aux réductions qu'on peut faire subir aux fractions continues, par le retranchement des facteurs communs des fractions intégrantes, ni aux autres simplifications de calculs qui se présentent d'elles-mêmes.

12. Les formules générales de transformation que nous avons rapportées tome I, page 380, et tome II,

page 545, renferment la solution du problème technique de l'évaluation d'une fonction quelconque par le moyen de fractions continues. C'est en les appliquant aux séries simples ou primitives

$$1 - \frac{1}{3} + \frac{1}{5} - \frac{1}{7} + \frac{1}{9} - \frac{1}{11} + \frac{1}{13} - \text{etc.},$$

$$1 + \frac{1}{1} + \frac{1}{1.2} + \frac{1}{1.2.3} + \frac{1}{1.2.3.4} + \text{etc.},$$

qui donnent respectivement la génération du *quart* de la demi-circonférence du cercle dont le rayon est *un*, et celle de la base des logarithmes naturels que nous avons obtenus des deux fractions remarquables

$$\frac{1}{4}\pi = \cfrac{1}{1+\cfrac{\frac{1}{3}}{1+\cfrac{\frac{4}{3.5}}{1+\cfrac{\frac{9}{5.7}}{1+\cfrac{\frac{16}{7.9}}{1+\text{etc.},}}}}} \qquad e = 1+\cfrac{1}{1-\cfrac{\frac{1}{2}}{1+\cfrac{\frac{1}{2.3}}{1-\cfrac{\frac{1}{2.3}}{1+\cfrac{\frac{1}{2.5}}{1-\text{etc.},}}}}}$$

qu'on peut ramener aux formes plus simples

$$\frac{1}{4}\pi = \cfrac{1}{1+\cfrac{1}{3+\cfrac{4}{5+\cfrac{9}{7+\cfrac{16}{9+\text{etc.}}}}}} \qquad e = 1+\cfrac{1}{1-\cfrac{1}{2+\cfrac{1}{3-\cfrac{1}{2+\cfrac{1}{5-\text{etc.}}}}}}$$

Mais ces formules de transformation, dont les données sont les coefficiens du développement de la fonction proposée en série, suivant les puissances progressives φx, φx^2, φx^3, etc., d'une autre fonction quelconque φx de la variable x, ne sont pas les plus générales qu'on puisse obtenir, car le développement le plus général en série est celui qui procède suivant les facultés progressives φx, $\varphi x^{2|\xi}$, $\varphi x^{3|\xi}$, etc., de la fonction arbitraire φx, prise pour *mesure* dans l'évaluation de la fonction proposée, ou dont la forme est ....(I)

$$Fx = \Lambda_0 + \Lambda_1\varphi x + \Lambda_2\varphi x^{2|\xi} + \Lambda_3\varphi x^{3|\xi} + \Lambda_4\varphi x^{4|\xi} + \text{etc.}$$

Nous allons faire connaître ici les formules de transformation que nous avons récemment obtenues pour cette série universelle. μ étant un nombre entier quelconque, désignons généralement par α_μ la valeur de la variable x donnée par l'équation

$$\varphi(x+\mu\xi) = 0,$$

et formons avec les coefficiens Λ_0, Λ_1, Λ_2, etc., de la série (I) une suite de quantités B_3, B_4, B_5, etc., d'après la construction générale

$$B_\mu = \Lambda_2\left[\Lambda_{\mu-1}\left(\frac{\varphi(x+\xi)-(\mu-2)\varphi(\alpha_2+\xi)}{\varphi(x+(\mu-1)\xi)}\right)+\right.$$
$$\left.+(\mu-2)\Lambda_\mu\varphi(\alpha_2+\xi)\right]-\Lambda_1\Lambda_\mu.$$

Formons en outre d'autres suites de quantités C_4, C_5, C_6, etc.; D_5, D_6, D_7, etc.; E_6, E_7, E_8, etc., etc., etc., d'après les constructions ....(II)

$$C_\mu = B_3\left[\Lambda_{\mu-1}\left(\frac{\varphi(x+2\xi)-(\mu-3)\varphi(\alpha_3+2\xi)}{\varphi(x+(\mu-1)\xi)}\right)+\right.$$
$$+(\mu-2)\Lambda_\mu\varphi(\alpha_3+2\xi)\bigg]-$$
$$-\left[\Lambda_2+\Lambda_3\varphi(\alpha_3+2\xi)\right]B_\mu,$$

$$D_\mu = C_4\left[B_{\mu-1}\left(\frac{\varphi(x+3\xi)-(\mu-4)\varphi(\alpha_4+3\xi)}{\varphi(x+(\mu-1)\xi)}\right)+\right.$$
$$+(\mu-3)B_\mu\varphi(\alpha_4+3\xi)\bigg]-$$
$$-\left[B_3+B_4\varphi(\alpha_4+3\xi)\right]C_\mu,$$

$$E_\mu = D_6\left[C_{\mu-1}\left(\frac{\varphi(x+4\xi)-(\mu-5)\varphi(\alpha_5+4\xi)}{\varphi(x+(\mu-1)\xi)}\right)+\right.$$
$$+(\mu-4)C_\mu\varphi(\alpha_5+4\xi)\bigg]-$$
$$-\left[C_4+C_5\varphi(\alpha_5+4\xi)\right]D_\mu,$$

$$F_\mu = E_6\left[D_{\mu-1}\left(\frac{\varphi(x+5\xi)-(\mu-6)\varphi(\alpha_6+5\xi)}{\varphi(x+(\mu-1)\xi)}\right)+\right.$$
$$+(\mu-5)D_\mu\varphi(\alpha_6+5\xi)\bigg]-$$
$$-\left[D_5+D_6\varphi(\alpha_6+5\xi)\right]E_\mu,$$

etc. = etc. . . . .

Calculons, à l'aide de ces quantités, la nouvelle suite ....(III)

$$M_0 = \Lambda_0,$$
$$M_1 = \Lambda_1,$$
$$M_2 = -\frac{\Lambda_2}{\Lambda_1+\Lambda_2\varphi(\alpha_2+\xi)},$$
$$M_3 = \frac{B_3}{\left[\Lambda_1+\Lambda_2\varphi(\alpha_2+\xi)\right]\left[\Lambda_2+\Lambda_3\varphi(\alpha_3+2\xi)\right]_{(x=\alpha_3)}},$$
$$M_4 = \frac{C_4}{\left[\Lambda_2+\Lambda_3\varphi(\alpha_3+2\xi)\right]\left[B_3+B_4\varphi(\alpha_4+3\xi)\right]_{(x=\alpha_4)}},$$
$$M_5 = \frac{D_5}{\left[B_3+B_4\varphi(\alpha_4+3\xi)\right]\left[C_4+C_5\varphi(\alpha_5+4\xi)\right]_{(x=\alpha_5)}},$$
$$M_6 = \frac{E_6}{\left[C_4+C_5\varphi(\alpha_5+4\xi)\right]\left[D_5+D_6\varphi(\alpha_6+5\xi)\right]_{(x=\alpha_6)}},$$

etc. = etc.

Les indices $(x = \alpha_4)$, $(x = \alpha_5)$, $(x = \alpha_6)$ indiquent les valeurs α_4, α_5, α_6, etc., qu'il faut donner à la variable x dans chacune de ces dernières quantités, qui donnent définitivement ....(IV)

$$Fx = M_0 + \cfrac{M_1 \varphi x}{1 + \cfrac{M_2 \varphi(x+\xi)}{1 + \cfrac{M_3 \varphi(x+2\xi)}{1 + \cfrac{M_4 \varphi(x+3\xi)}{1 + \text{etc.}}}}}$$

Lorsque la fonction arbitraire φx est simplement la variable x, la série devient ....(V)

$$Fx = \Lambda_0 + \Lambda_1 x + \Lambda_2 x^{2|\xi} + \Lambda_3 x^{3|\xi} + \Lambda_4 x^{4|\xi} + \text{etc.},$$

c'est-à-dire qu'elle procède suivant les factorielles progressives de la variable. Dans ce cas particulier on a $\alpha_\mu = -\mu\xi$; car l'équation

$$x + \mu\xi = 0$$

donne $x = -\mu\xi$, et toutes les formules précédentes prennent une forme beaucoup plus simple; les quantités auxiliaires B_μ, C_μ, D_μ, etc., se construisent alors par les expressions ....(VI)

$$\Lambda_2 \left[\Lambda_2 - \Lambda_3 \xi \right] - \Lambda_1 \Lambda_3 = B_3,$$

$$\Lambda_2 \left[\Lambda_3 - 2\Lambda_4 \xi \right] - \Lambda_1 \Lambda_4 = B_4,$$

$$\Lambda_2 \left[\Lambda_4 - 3\Lambda_4 \xi \right] - \Lambda_1 \Lambda_5 = B_5.$$

$$\cdots \cdots \cdots \cdots$$

$$\Lambda_2 \left[\Lambda_{\mu-1} - (\mu - 2)\Lambda_\mu \xi \right] - \Lambda_1 \Lambda_\mu = B_\mu.$$

$$B_3 \left[\Lambda_3 - 2\Lambda_4 \xi \right] - \left[\Lambda_2 - \Lambda_3 \xi \right] B_4 = C_4,$$

$$B_3 \left[\Lambda_4 - 3\Lambda_5 \xi \right] - \left[\Lambda_2 - \Lambda_3 \xi \right] B_5 = C_5,$$

$$B_3 \left[\Lambda_5 - 4\Lambda_6 \xi \right] - \left[\Lambda_2 - \Lambda_3 \xi \right] B_6 = C_6,$$

$$\cdots \cdots \cdots \cdots$$

$$B_4 \left[\Lambda_{\mu-1} - (\mu - 2)\Lambda_\mu \xi \right] - \left[\Lambda_2 - \Lambda_3 \xi \right] B_\mu = C_\mu.$$

$$C_4 \left[B_4 - 2B_5 \xi \right] - \left[B_3 - B_4 \xi \right] C_5 = D_5,$$

$$C_4 \left[B_5 - 3B_6 \xi \right] - \left[B_3 - B_4 \xi \right] C_6 = D_6,$$

$$C_4 \left[B_6 - 4B_7 \xi \right] - \left[B_3 - B_4 \xi \right] C_7 = D_7,$$

$$\cdots \cdots \cdots \cdots$$

$$C_4 \left[B_{\mu-1} - (\mu - 3)B_\mu \xi \right] - \left[B_3 - B_4 \xi \right] C_\mu = D_\mu.$$

$$D_5 \left[C_5 - 2C_6 \xi \right] - \left[C_4 - C_5 \xi \right] D_6 = E_6,$$

$$D_5 \left[C_6 - 3C_7 \xi \right] - \left[C_4 - C_5 \xi \right] D_7 = E_7,$$

$$D_5 \left[C_7 - 4C_8 \xi \right] - \left[C_4 - C_5 \xi \right] D_8 = E_8,$$

$$\cdots \cdots \cdots \cdots$$

$$D_5 \left[C_{\mu-1} - (\mu - 4)C_\mu \xi \right] - \left[C_4 - C_5 \xi \right] D_\mu = E_\mu.$$

$$E_6 \left[D_6 - 2D_7 \xi \right] - \left[D_5 - D_6 \xi \right] E_7 = F_7,$$

$$E_6 \left[D_7 - 3D_8 \xi \right] - \left[D_5 - D_6 \xi \right] E_8 = F_8,$$

$$E_6 \left[D_8 - 4D_9 \xi \right] - \left[D_5 - D_6 \xi \right] E_9 = F_9,$$

$$\cdots \cdots \cdots \cdots$$

$$E_6 \left[D_{\mu-1} - (\mu - 5)D_\mu \xi \right] - \left[D_5 - D_6 \xi \right] E_\mu = F_\mu.$$

$$\text{etc.} \cdots \cdots \text{etc.} \cdots = \text{etc.}$$

Si l'on fait, avec ces quantités, ...(VII)

$$M_0 = \Lambda_0,$$
$$M_1 = \Lambda_1,$$
$$M_2 = -\frac{\Lambda_2}{\Lambda_1 - \Lambda_2 \xi},$$
$$M_3 = \frac{B_3}{(\Lambda_1 - \Lambda_2 \xi)(\Lambda_2 - \Lambda_3 \xi)},$$
$$M_4 = \frac{C_4}{(\Lambda_2 - \Lambda_3 \xi)(B_3 - B_4 \xi)},$$
$$M_5 = \frac{D_5}{(B_3 - B_4 \xi)(C_4 - C_5 \xi)},$$
$$M_6 = \frac{E_6}{(C_4 - C_5 \xi)(D_5 - D_6 \xi)},$$
$$M_7 = \frac{F_7}{(D_5 - D_6 \xi)(E_6 - E_7 \xi)},$$
$$M_8 = \frac{G_8}{(E_6 - E_7 \xi)(F_7 - F_8 \xi)},$$
$$\text{etc.} = \text{etc.}\ldots,$$

on aura ....(VIII)

$$Fx = M_0 + \cfrac{M_1 x}{1 + \cfrac{M_2(x+\xi)}{1 + \cfrac{M_3(x+2\xi)}{1 + \cfrac{M_4(x+3\xi)}{1 + \text{etc.}}}}}$$

Pour donner au moins un exemple d'application, proposons-nous de réduire en fraction continue la fonction exponentielle $(1 + a)^x$, dont le développement en série de factorielles est

$$1 + ax + \frac{a^2}{1.2} x^{2|-1} + \frac{a^3}{1.2.3} x^{3|-1} + \frac{a^4}{1.2.3.4} x^{4|-1} + \text{etc.},$$

nous avons

$$\xi = -1, \text{ et } \Lambda_0 = 1, \Lambda_1 = a, \Lambda_2 = \frac{a^2}{1.2}, \Lambda_3 = \frac{a^3}{1.2.3}, \text{etc.}$$

Substituant ces valeurs dans les formules (VI), nous obtiendrons

$$B_\mu = \frac{(\mu - 2)\, a^{\mu+1}\, (1 + a)}{1^{2|1} . 1^{\mu|1}},$$

$$C_\mu = -\frac{(\mu - 3)\, a^{\mu+3}\, (1 + a)}{1^{3|1} . 1^{\mu|1}},$$

$$D_\mu = -\frac{(\mu - 3)\, (\mu - 4)\, a^{\mu+7}\, (1 + a)^3}{1^{2|1} . 1^{3|1} . 1^{4|1} . 1^{\mu|1}},$$

$$E_\mu = -\frac{(\mu - 4)\, (\mu - 5)\, a^{\mu+14}\, (1 + a)^4}{1^{2|1} . 1^{2|1} . 1^{3|1} . 1^{4|1} . 1^{5|1} . 1^{\mu|1}},$$

$$\text{etc.} = \text{etc.}$$

Nous trouverons avec ces dernières valeurs

$$M_0 = 1, \qquad M_5 = \frac{a(1 + a)}{(2 + a)(5 + 3a)},$$

$$M_1 = a, \qquad M_6 = -\frac{a}{(2 + a)(5 + 3a)},$$

$$M_2 = -\frac{a}{2 + a}, \qquad M_7 = \frac{a(1 + a)}{(2 + a)(7 + 3a)},$$

$$M_3 = \frac{a(1 + a)}{(2 + a)(3 + a)}, \qquad M_8 = -\frac{a}{(2 + a)(7 + 3a)},$$

$$M_4 = -\frac{a}{(2 + a)(3 + a)}, \qquad M_9 = \frac{a(1 + a)}{(2 + a)(9 + 4a)},$$

$$\text{etc.} = \text{etc.}$$

La loi de ces quantités est évidente. La fraction continue cherchée est donc

$$(1 + a)^x = 1 + \cfrac{ax}{1 - \cfrac{\cfrac{a}{2 + a}(x - 1)}{1 + \cfrac{\cfrac{a(1 + a)}{(2 + a)(3 + a)}(x - 2)}{1 - \cfrac{\cfrac{a}{(2 + a)(3 + a)}(x - 3)}{1 + \text{etc.};}}}}$$

ou bien, en la ramenant à la forme générale (a),

$$(1 + a)^x = 1 + \cfrac{ax}{1 - \cfrac{a(x - 1)}{(2 + a) + \cfrac{a(1 + a)(x - 2)}{(3 + a) - \cfrac{a(x - 3)}{(2 + a) + \text{etc.}}}}}$$

Cette expression présente un développement tout nouveau des puissances du binome, et qui, pour certaines valeurs particulières de a et de x, peut donner des fractions continues beaucoup plus convergentes que celles que nous avons obtenues ci-dessus. La nature de ce dictionnaire nous interdit de plus grands détails.

FROTTEMENT. (*Méc.*) L'évaluation des frottemens formant un point très-important du calcul de l'effet des machines, nous exposerons ici les notions théoriques admises sur cet objet, que nous n'avons pu donner dans l'article Frottement, de notre second volume.

1. Pour remonter aux premiers élémens de la question, considérons un corps pesant H (pl. XI, fig. 7) posé sur une surface horizontale MN, et recevant l'action d'un poids Q par le moyen d'un fil qui passe sur une poulie fixe A. Le fil AH étant supposé parallèle au plan horizontal, le corps H se trouve sollicité par deux forces : l'une agissant dans le sens de la verticale BC et qui est le propre poids de ce corps, l'autre agissant dans le sens horizontal et qui est le poids Q ; la première se trouvant détruite par la résistance du plan MN, la seconde n'a d'autre résistance à vaincre, pour mettre le corps en mouvement, que celle qui résulte du frottement de sa surface sur le plan ; si donc on augmente successivement par petites parties le poids Q, jusqu'à ce que le corps H se mette en mouvement, la grandeur du poids, qui ne pourra plus subir aucune augmentation sans produire le mouvement, sera nécessairement une force égale et opposée au frottement, et le rapport de ce poids au poids du corps sera le même que le rapport du frottement à la pression exercée par le corps sur le plan.

2. Le plan incliné offre un autre moyen d'évaluer le frottement. Le corps H étant abandonné à lui-même sur le plan MN, imaginons qu'on incline peu à peu ce plan sur le plan de l'horizon, jusqu'à ce que l'angle d'inclinaison MNM' (pl. XI, fig. 8) soit tel qu'on ne puisse plus le faire croître sans que le corps ne glisse, la tangente de ce dernier angle exprimera le rapport entre le frottement et la pression qu'exerce alors le corps H sur le plan incliné MN. En effet, représentons par la partie GH de la verticale le poids P du corps, supposé réuni à son centre de gravité G, et décomposons GH en deux forces, l'une GQ perpendiculaire au plan incliné, et l'autre GP parallèle à ce plan. GQ représentera la pression du corps sur le plan, pression détruite par la résistance du plan, et GP la force qui sollicite le corps à descendre. Cette dernière n'ayant d'autre résistance à vaincre que le frottement, il ne s'agit que de la faire croître jusqu'au moment où elle

peut rompre l'équilibre. Or nous avons dans le rectangle GPHQ,

$$GQ = GH . \cos QGH, \quad GP = GH . \cos PGH,$$

ou

$$GQ = P . \cos \alpha, \quad GP = P . \sin \alpha,$$

en désignant GH par P, et en observant que l'angle QGH, complément de l'angle PGH est égal à l'angle d'inclinaison MNM' que nous désignerons généralement par α.

P . cos α exprimé donc la pression normale du corps sur le plan incliné, et P sin α la force qui sollicite le corps à glisser le long de ce plan, et qui devrait produire un mouvement, quelque petit que soit l'angle α, si le frottement n'y faisait obstacle. Ainsi, lorsqu'en augmentant peu à peu l'angle α, ce qui diminue la pression P cos α et augmente la force sollicitante P sin α, on arrive à un angle qu'on ne puisse plus augmenter sans mettre le corps en mouvement, P sin α donne, à ce moment, la mesure du frottement du corps contre le plan incliné, et le rapport entre ce frottement et la pression correspondante est

$$\frac{P . \sin \alpha}{P . \cos \alpha} = \tang \alpha.$$

Donc, lorsque l'angle d'inclinaison α est tel que le mouvement puisse naître, sa tangente exprime le rapport du frottement à la pression. L'angle α reçoit alors le nom d'*angle du frottement*.

3. En employant ce mode d'expérimentation, Amontons reconnut le premier que le frottement ne dépend pas de la grandeur des surfaces en contact, et qu'il est simplement proportionnel à la pression; mais il ne sut pas distinguer le frottement d'un corps qui commence à se mouvoir du frottement qui a lieu lorsque le mouvement est établi. C'est à Coulomb que sont dues les expériences décisives qui ont fait généralement adopter les deux lois suivantes :

1° *Le frottement est proportionnel à la pression.*

2° *Il est indépendant de la grandeur des surfaces en contact ;*

Auxquelles on doit ajouter la loi découverte par M. le capitaine Morin :

3° *Le frottement est indépendant de la vitesse.*

D'après ces lois, si nous désignons par P la pression exercée par une surface qui se meut sur une autre, et par *f* le rapport entre le frottement et la pression, P*f* exprimera la résistance due au frottement, résistance qu'on doit considérer dans le calcul des machines comme une véritable force qui vient modifier les conditions d'équilibre et de mouvement.

4. Le rapport *f*, qu'on nomme aussi le *coefficient du*

frottement, a des valeurs très-différentes, suivant la nature des surfaces en contact. Ayant déjà donné les nombres trouvés par Coulomb pour les substances les plus ordinairement employées dans la confection des machines, nous rapporterons seulement ici les résultats des belles expériences de M. le capitaine Morin, dont le degré d'exactitude nous paraît supérieur à tout ce qui a été fait jusqu'ici.

PREMIER TABLEAU.

FROTTEMENT DES SURFACES PLANES, A L'INSTANT DU DÉPART ET APRÈS UN LONG REPOS.

Indication des surfaces en contact.	Rapport du frottement à la pression.
CHÊNE SUR CHÊNE, Fibres parallèles, surfaces enduites de savon sec.	0,44
— Fibres parallèles, surfaces enduites de suif.	0,164
— Fibres parallèles, surfaces onctueuses.	0,59
— Fibres perpendiculaires, surfaces enduites de suif.	0,254
— Fibres perpendiculaires, surfac. onctueuses.	0,314
— Bois debout sur bois à plat, sans enduit.	0,271
HÊTRE SUR CHÊNE. Fibres parallèles, surfaces onctueuses.	0,55
ORME SUR CHÊNE. Fibres parallèles, surfaces onctueuses.	0,42
— Fibres parallèles, surfaces enduites de savon sec.	0,411
— Fibres parallèles, surfaces enduites de suif.	0,142
CHANVRE EN BRINS SUR CHÊNE. Fibres perpendiculaires, surfaces enduites et mouillées d'eau.	0,869
ORME SUR ORME. Fibres parallèles, surfaces enduites de savon sec.	0,217
CHÊNE SUR ORME. Fibres parallèles, sans enduit.	0,376
— Fibres parallèles, surfaces enduites de suif.	0,178
FER SUR CHÊNE. Fibres parallèles, surfaces enduites et mouillées d'eau.	0,649
— Fibres parallèles, surfaces enduites de suif.	0,108
FONTE SUR CHÊNE. Surfaces enduites et mouillées d'eau.	0,646
— Surfaces enduites de suif.	0,100
— Surfaces enduites d'huile.	0,100
— Surfaces onctueuses.	0,100
— Surfaces enduites de saindoux.	0,100
CUIVRE SUR CHÊNE. Surfaces enduites de suif.	0,100
CHARME SUR FONTE. Fibres parallèles, surfaces enduites de suif.	0,151
— Fibres parallèles, surfaces enduites de saindoux.	0,136

Indication des surfaces en contact.	Rapport du frottement à la pression.
Cuir de bœuf tanné, sur fonte. Le cuir à plat, surfaces enduites et mouillées d'eau. . .	0,621
— Le cuir de champ, même état des surfaces.	0,615
— Le cuir à plat, surfaces enduites d'huile. .	0,122
— Le cuir de champ, surfaces enduites d'huile.	0,127
— Le cuir onctueux et à plat, la fonte mouillée d'eau.	0,267
Orme sur fonte. Fibres parallèles, surfaces onctueuses.	0,098
Fonte sur fonte. Sans enduit.	0,162
— Surfaces enduites de suif.	0,100
Fer sur fonte. Sans enduit.	0,194
— Surfaces enduites de suif.	0,100
— Surfaces enduites d'huile d'olive.	0,113
— Surfaces onctueuses, ou réduites à des arêtes arrondies.	0,118
Acier sur fonte. Surfaces enduites de suif. . .	0,108
Cuivre jaune sur fonte. Surfaces enduites de suif.	0,103
Bronze sur fonte. Surfaces enduites de suif. .	0,106
Fonte sur fer. Surfaces enduites de suif. . . .	0,100
— Surfaces enduites de saindoux.	0,100
Fer sur fer. Sans enduit.	0,137
— Surfaces enduites de suif.	0,115
Bronze sur bronze. Surfaces onctueuses, ou enduites d'huile d'olive.	0,164

D'après une observation très-importante de M. Morin, il suffit d'un choc ou ébranlement assez léger, imprimé perpendiculairement à la surface de contact, qui doit rester immobile, pour décider la surface mobile à se mettre en mouvement sous un effort de traction généralement bien moindre que celui qu'il faudrait lui appliquer sans cet ébranlement ; cet effort paraît différer si peu de celui qui est nécessaire pour entretenir le mouvement que dans toutes les constructions où le frottement contribue à maintenir la stabilité des parties, et où l'on peut craindre des ébranlemens, il est nécessaire de calculer la résistance des frottemens par les rapports donnés dans le tableau suivant.

DEUXIÈME TABLEAU.

FROTTEMENT DES SURFACES PLANES QUAND LE MOUVEMENT EST ACQUIS.

Indication des surfaces en contact.	Rapport du frottement à la pression.
Chêne sur chêne. Fibres parallèles, à sec. . .	0,48
— Fibres croisées à sec.	0,52
— Fibres croisées, surfaces mouillées. . . .	0,25

Indication des surfaces en contact.	Rapport du frottement à la pression.
Chêne sur chêne. Fibres parallèles, surfaces enduites de savon sec.	0,164
— Fibres parallèles, surfaces enduites de suif.	0,075
— Fibres parallèles, surfaces onctueuses. . .	0,108
— Fibres perpendiculaires à sec.	0,336
— Fibres perpendiculaires, surfaces enduites de suif.	0,083
— Fibres perpendiculaires, surfaces enduites de saindoux.	0,072
— Fibres perpendiculaires, onctueuses. . . .	0,143
— Fibres des bandes frottantes verticales, celles des semelles étant horizontales et parallèles au sens du mouvement, surfaces sans enduit.	0,192
Hêtre sur chêne. Fibres parallèles, à sec. . .	0,36
— Fibres parallèles, surfaces enduites de suif.	0,055
— Fibres parallèles, surfaces onctueuses. . .	0,153
Orme sur chêne. Fibres parallèles à sec. . . .	0,42
— Fibres croisées, à sec.	0,45
— Fibres parallèles, surfaces enduites de savon sec.	0,137
— Fibres parallèles, surfaces enduites de suif.	0,070
— Fibres parallèles, surfaces enduites de saindoux.	0,060
— Fibres parallèles onctueuses.	0,119
Cuir de bœuf fort tanné, sur chêne. Le cuir posé à plat sur le chêne, sans enduit. .	0,296
Fer sur chêne. Fibres parallèles, à sec. . . .	0,626
— Fibres parallèles, surfaces enduites et mouillées d'eau.	0,256
— Fibres parallèles, surfaces enduites de savon sec.	0,214
— Fibres parallèles, surfaces enduites de suif.	0,085
Fonte sur chêne.	
— Les fibres des semelles parallèles au sens du mouvement, sans enduit.	0,490
— *Id.*, surfaces enduites de savon sec.	0,189
— *Id.*, surfaces enduites d'eau.	0,218
— *Id.*, surfaces enduites de suif.	0,078
— *Id.*, surfaces enduites de saindoux.	0,075
— *Id.*, surfaces enduites d'huile.	0,075
— *Id.*, surfaces onctueuses.	0,107
Cuivre sur chêne.	
— Les fibres des semelles parallèles au sens du mouvement, à sec.	0,620
— *Id.*, surfaces onctueuses.	0,100
— *Id.*, surfaces enduites de suif.	0,069

Indication des surfaces en contact. — Rapport du frottement à la pression.

Chanvre en brins sur chêne. Les fibres du chanvre et les fibres des semelles perpendiculaires entre elles, surfaces enduites et mouillées d'eau.. 0,332

Orme sur orme. Fibres parallèles, surfaces enduites de savon sec. 0,139
— *Id.* Surfaces onctueuses. 0,140

Chêne sur orme. Fibres parallèles, sans enduit. 0,246
— *Id.*, surfaces enduites de savon sec. . . . 0,136
— *Id.*, surfaces enduites de suif. 0,073
— *Id.*, surfaces enduites de saindoux. 0,066
— *Id.*, surfaces onctueuses. 0,136

Fonte sur orme. Sans enduit. 0,195
— Surfaces enduites de suif. 0,077
— Surfaces enduites d'huile d'olive. 0,061
— Surfaces enduites de saindoux et plombagine. 0,091
— Surfaces onctueuses, après enduit de suif. 0,125
— Surfaces onctueuses, après enduit de saindoux et plombagine. 0,137

Fer sur orme. Fibres parallèles, sans enduit. 0,252
— Surfaces enduites de suif. 0,078
— Surfaces enduites de saindoux. 0,076
— Surfaces enduites d'huile d'olive. 0,055
— Surfaces onctueuses. 0,138

Orme sur fonte. Fibres parallèles au sens du mouvement, surfaces enduites de suif. . 0,066
— Surfaces onctueuses. 0,135

Chêne sur fonte. Fibres du chêne parallèles au sens du mouvement, sans enduit. . . . 0,372
— Surfaces enduites de suif. 0,080
— *Id.*, surfaces onctueuses. 0,168

Charme sur fonte. Les fibres du charme parallèles au sens du mouvement, sans enduit. 0,394
— Surfaces enduites de suif. 0,070
— Surfaces enduites de saindoux. 0,071
— Surfaces enduites de saindoux et de plombagine. 0,055
— Surfaces enduites d'huile. 0,068
— Surfaces enduites d'asphalte. 0,060
— Surfaces enduites de cambouis. 0,095
— Surfaces onctueuses. 0,136

Gayac sur fonte. Fibres du gayac parallèles au sens du mouvement, surfaces enduites de suif. 0,074
— Surfaces enduites d'huile. 0,076
— Surfaces onctueuses. 0,121

Poirier sauvage sur fonte. Fibres du poirier parallèles au sens du mouvement, sans enduit. 0,436
— Surfaces enduites de suif. 0,067
— Surfaces enduites de saindoux. 0,068
— Surfaces onctueuses. 0,173

Cuir de bœuf tanné, sur fonte. Le cuir posé à plat, sans enduit. 0,559
— Le cuir posé à plat, surfaces enduites et imbibées d'eau. 0,365
— Le cuir posé à plat, surfaces enduites de suif. 0,159
— Le cuir posé à plat, surfaces enduites d'huile. 0,133
— Le cuir onctueux, la fonte mouillée d'eau. 0,229

Fonte sur fonte. Sans enduit. 0,152
— Surfaces enduites d'eau. 0,314
— *Id.* de savon. 0,197
— *Id.* de suif. 0,100
— *Id.* de saindoux. 0,070
— *Id.* d'huile d'olive. 0,064
— *Id.* de saindoux et plombagine. 0,055
— Surfaces onctueuses. 0,144

Fer sur fonte. Les fibres parallèles au sens du mouvement, sans enduit. 0,194
— Surfaces enduites de suif. 0,103
— *Id.* de saindoux. 0,076
— *Id.* d'huile d'olive. 0,066
— *Id.* de cambouis. 0,124

Acier sur fonte. Sans enduit. 0,202
— Surfaces enduites de suif. 0,105
— *Id.* de saindoux. 0,081
— *Id.* d'huile. 0,079
— Surfaces onctueuses. 0,109

Cuivre jaune sur fonte. Sans enduit. 0,189
— Surfaces enduites de suif. 0,072
— *Id.* de saindoux. 0,068
— *Id.* d'huile. 0,066
— *Id.* de cambouis. 0,134
— Surfaces onctueuses. 0,115

Bronze sur fonte. Sans enduit. 0,217
— Surfaces enduites de suif. 0,086
— *Id.* d'huile d'olive. 0,077
— Surfaces onctueuses. 0,107

Chanvre en brins, sur fonte. Les fils du chanvre perpendiculaires au sens du mouvement, comme dans les pistons, surfaces enduites de suif. 0,194
— *Id.*, surfaces enduites d'huile. 0,153

Indication des surfaces en contact.	Rapport du frottement à la pression.
Chêne sur fer. Fibres parallèles, surfaces onctueuses	0,149
— Surfaces enduites de suif.	0,698
Gayac sur fer. Fibres parallèles, surfaces onctueuses.	0,166
— Surfaces enduites d'huile d'olive.	0,072
Fonte sur fer. Surfaces enduites de suif.	0,098
— *Id.* de saindoux.	0,058
— *Id.* d'huile d'olive.	0,063
— *Id.* de cambouis.	0,155
— Surfaces onctueuses.	0,143
Fer sur fer. Fibres parallèles, sans enduit.	0,138
— Surfaces enduites de suif.	0,082
— *Id.* de saindoux.	0,081
— *Id.* d'huile d'olive.	0,070
— Surfaces onctueuses.	0,177
Acier sur fer. Surfaces enduites de suif.	0,093
— Surfaces enduites de saindoux.	0,076
Bronze sur fer. Sans enduit.	0,161
— Surfaces enduites de suif.	0,081
— *Id.* de saindoux et plombagine.	0,089
— *Id.* d'huile d'olive.	0,072
— Surfaces onctueuses.	0,166
Gayac sur bronze. Surfaces enduites de suif.	0,082
— *Id.* d'huile d'olive.	0,053
— Surfaces onctueuses.	0,146
Cuir de bœuf tanné, sur bronze. Le cuir à plat, surfaces enduites de suif.	0,241
— Le cuir à plat, surfaces enduites d'huile d'olive.	0,191
— Le cuir à plat et onctueux, le bronze mouillé d'eau.	0,287
— Le cuir posé de champ, surfaces enduites de suif.	0,138
— *Id.* Surfaces enduites d'huile d'olive.	0,135
— Le cuir posé de champ et onctueux, le bronze mouillé d'eau.	0,244
Fonte sur bronze. Sans enduit.	0,147
— Surfaces enduites de suif.	0,085
— *Id.* de saindoux.	0,070
— *Id.* d'huile d'olive.	0,067
— Surfaces onctueuses.	0,132
Fer sur bronze. Sans enduit.	0,172
— Surfaces enduites de suif.	0,103
— *Id.* de saindoux.	0,075
— *Id.* d'huile d'olive.	0,078

Indication des surfaces en contact.	Rapport du frottement à la pression.
Fer sur bronze. Surfaces enduites de cambouis.	0,168
— Surfaces onctueuses.	0,160
Acier sur bronze. Sans enduit.	0,152
— Surfaces enduites de suif.	0,056
— *Id.* d'huile d'olive.	0,053
— *Id.* de saindoux et plombagine.	0,067
— *Id.* de cambouis.	0,170
Bronze sur bronze. Sans enduit	0,201
— Surfaces enduites d'huile.	0,058
— Surfaces onctueuses.	0,134

5. Les conséquences générales des expériences de M. Morin se formulent par les trois lois énoncées ci-dessus (3), dont la dernière paraît en contradiction non seulement avec quelques-unes des observations de Coulomb, mais encore avec d'autres, faites par des savans étrangers ; mais, en restreignant, comme cela est nécessaire, l'application de ces trois lois aux cas où les surfaces frottantes n'éprouvent aucune altération pendant toute la durée du mouvement, la dernière loi s'établit avec le même degré de certitude que les deux autres. Ainsi, lorsque les pressions sont assez considérables pour altérer la contexture des surfaces frottantes, ou lorsque ces surfaces s'altèrent par le fait même du frottement, ce qui a lieu toutes les fois que des corps glissent à sec les uns sur les autres, l'évaluation de la résistance due au frottement se trouvera compliquée de circonstances étrangères que les lois en question ne sauraient embrasser ; mais, lorsqu'il s'agira de corps polis, tels que ceux dont on se sert dans les organes mécaniques, bien enduits de matières grasses capables d'empêcher les surfaces de s'user, on pourra toujours admettre, sans erreur sensible, que le frottement est soumis à ces trois lois.

6. Les enduits les plus favorables pour diminuer l'intensité du frottement sont le saindoux et l'huile d'olive. En comparant les nombres des tables précédentes, on reconnaît qu'on peut adopter le nombre 0,07 pour coefficient moyen du frottement pour les bois et les métaux, glissant bois sur bois, bois sur métal, métal sur bois, ou métal sur métal, lorsque les surfaces sont enduites d'huile ou de saindoux. Le suif donne à peu près le même coefficient moyen pour les bois glissant sur les bois, les bois glissant sur les métaux, et réciproquement ; mais il paraît moins avantageux pour les métaux glissant sur les métaux, car il donne une valeur moyenne qui diffère peu de 0,09. Ces coefficiens moyens, faciles à retenir, sont précieux dans les questions pratiques.

7. Le frottement des surfaces courbes les unes sur

les autres, et particulièrement celui des tourillons des axes tournans sur les crapaudines qui les supportent, quoique s'effectuant d'une manière très-différente du frottement des surfaces planes, puisque les diverses parties du tourillon viennent s'appliquer successivement sur le même point des crapaudines, paraît encore soumis aux trois lois énoncées. Voici les résultats moyens des expériences de M. Morin.

Indication des surfaces en contact.	Rapport du frottement à la pression.
Bois sur bois. Surfaces mouillées et graissées.	0,07
Bois sur métal et *vice versâ*. Surfaces enduites de graisse renouvelée.	0,05
Métal sur métal. A sec.	0,20
— Surfaces mouillées et graissées.	0,16
— Surfaces onctueuses.	0,14
— Surfaces enduites de graisse renouvelée. .	0,054

D'après Tredgold, le coefficient du frottement pour les essieux des voitures, avec les enduits ordinaires, varie de $\frac{1}{8}$ à $\frac{1}{12}$; c'est moyennant 0,1.

Examinons maintenant l'emploi de ces nombres.

8. En vertu des lois admises, l'évaluation de la résistance due au frottement d'une surface sur une autre se réduit à la détermination de la pression exercée par cette surface ; car, la pression étant connue, son produit par le coefficient du frottement relatif à la nature des surfaces donne la grandeur du frottement. Si l'on sait, par exemple, qu'une surface de fer glissant sur une surface de bois de chêne, enduite de savon sec, exerce sur cette dernière une pression équivalente à 5 kilogrammes, on aura pour la valeur du frottement $5^k \times 0,214 = 1^k,07$, parce que le rapport du frottement à la pression est, dans ce cas, 0,214, d'après le deuxième tableau.

La règle générale pour obtenir la pression consiste à décomposer toutes les forces qui agissent sur le corps frottant en leurs composantes parallèles et perpendiculaires à la surface de contact ; la résultante de toutes les composantes perpendiculaires est évidemment la pression normale du corps, et c'est cette résultante qu'il faut multiplier par le coefficient du frottement, correspondant aux circonstances particulières de la nature des surfaces et de l'enduit qui les recouvre. Les questions suivantes vont éclaircir cette théorie.

9. Considérons en premier lieu un corps posé sur une surface horizontale MN (pl. XI, fig. 9), et sollicité par une force agissant dans une direction GQ inclinée à l'horizon. Les seules forces du système sont ici la pesanteur dont la résultante, que nous représenterons par la partie GP de la verticale, est le poids du corps,

et la force de traction, que nous représenterons par la partie Gb de sa direction. Or, en décomposant Gb suivant sa composante verticale aG et sa composante horizontale Gc, aux deux forces du système, on peut substituer les trois forces GP, Ga et Gc ; et comme Ga agit dans un sens opposé à GP, la résultante de ces deux forces est GP — Ga ; c'est donc simplement cette résultante qui est détruite par la résistance du plan MN, et, par conséquent, la pression exercée par le corps G sur ce plan est égale à GP — Ga. Ainsi, dans le cas que nous examinons, on obtient la pression en retranchant du poids du corps la composante verticale de la force qui le sollicite.

Nommons P le poids du corps, Q la force de traction, et α l'angle d'inclinaison bGc que sa direction fait avec l'horizon ; la composante verticale de Q sera

$$G a = G b \cdot \cos a G b = Q \cdot \sin \alpha ;$$

la pression sera exprimée par

$$P - Q \sin \alpha,$$

et, en désignant par f le coefficient du frottement, on aura, pour l'intensité de ce frottement,

$$(P - Q \sin \alpha) f.$$

La seule quantité variable dans cette expression étant l'angle d'inclinaison α de la force Q, on voit que la pression est d'autant plus petite que cet angle est plus grand. Lorsque la direction de la force est horizontale, α est nul et le frottement est simplement Pf. Si la force était inclinée au-dessous de l'horizon, α deviendrait négatif et le frottement serait

$$(P + Q \sin \alpha) f,$$

c'est-à-dire qu'il augmenterait avec l'angle d'inclinaison.

Dans le cas d'équilibre, la composante horizontale Gc de la force Q, dont la valeur est Q $\cos \alpha$, devant être égale à la résistance du frottement, on a l'équation générale de condition

$$Q \cos \alpha = (P - Q \sin \alpha) f ;$$

d'où l'on tire, pour la valeur de Q ,

$$Q = \frac{P f}{\cos \alpha + f \sin \alpha}.$$

Ainsi, dans ce cas d'équilibre, la force Q ne varie qu'avec son inclinaison.

Pour trouver la valeur de α qui rend Q un *maximum*, il faut prendre la différentielle de Q par rapport à α et l'égaler à zéro. On trouve de cette manière

$$dQ = \frac{P f (- \sin \alpha \cdot d\alpha + f \cdot \cos \alpha \cdot d\alpha)}{(\cos \alpha - f \sin \alpha)^2},$$

et en égalant à zéro

$$- \sin \alpha + f \cos \alpha = 0;$$

d'où

$$\frac{\sin \alpha}{\cos \alpha} = \tang \alpha = f;$$

c'est-à-dire que Q est un maximum lorsque la tangente de l'angle d'inclinaison est égale au rapport du frottement à la pression, ou, ce qui est la même chose, lorsque l'inclinaison est égale à ce qu'on nomme l'*angle du frottement* (2).

10. Soit maintenant le corps placé sur un plan incliné AB (pl. XI, fig. 10), faisant un angle BAC = α avec l'horizon, et soit GQ la direction de la force de traction, dont nous désignerons par β l'angle QG*d* qu'elle fait avec la direction AB du plan. Prenant pour représenter le poids du corps, la verticale GP, et, pour représenter l'intensité de la force, la partie GQ de sa direction, si nous décomposons GP en deux forces, l'une G*b* perpendiculaire, et l'autre G*a* parallèle au plan incliné, et que nous décomposions de même GQ en deux forces, l'une G*c* perpendiculaire, et l'autre G*d* parallèle au plan, la pression du corps sur le plan sera évidemment égale à la différence des deux composantes perpendiculaires G*b* et G*c* qui agissent en sens opposé. Or, nous avons

$$G b = GP . \cos PG b = P \cos \alpha,$$
$$G c = GQ . \cos QG c = Q \sin \beta;$$

Ainsi la pression est représentée par P cos α — Q sin β, et le frottement par..... (*a*)

$$(P \cos \alpha - Q \sin \beta) f;$$

f désignant toujours le coefficient du frottement.

S'il n'y avait pas de frottement, on n'aurait à considérer, pour l'équilibre ou le mouvement du corps, que les deux composantes G*d* et G*a* qui agissent en sens opposé ; car la force de pression G*b* — G*c* est détruite par la résistance du plan ; mais il est évident que la force G*d* = Q cos β ne peut faire monter le corps qu'en surmontant d'une part la force opposée G*a* = P sin α, et de l'autre le frottement (*a*) ; on a donc, dans le cas d'équilibre..... (*b*),

$$Q \cos \beta = (P \cos \alpha - Q \sin \beta) f + P \sin \alpha,$$

équation qui donne, pour la valeur de Q,

$$Q = \frac{P (\sin \alpha + f \cos \alpha)}{\cos \beta + f \sin \beta}.$$

L'angle α étant invariable, la force Q ne varie qu'avec son inclinaison β, et l'on trouve comme ci-dessus

qu'elle est à son maximum de grandeur, lorsque l'angle β est égal à l'*angle du frottement*.

Si la direction de la force Q est parallèle au plan, on a β = 0, et l'équation d'équilibre se réduit à

$$Q = P (\sin \alpha + f \cos \alpha).$$

Lorsque la force agit au-dessous de la direction du plan, il faut considérer l'angle β comme négatif, ce qui donne

$$Q = \frac{P (\sin \alpha + f \cos \alpha)}{\cos \beta - f \sin \beta}.$$

En donnant à β, dans ce cas, la valeur de l'angle du frottement, c'est-à-dire en faisant tang β = f, d'où

$$\cos \beta - f \sin \beta = 0,$$

on voit que la force devient infiniment grande, ce qui signifie que, sous un tel angle, quelque grande que soit cette force, elle ne peut jamais être capable de faire monter le corps.

Enfin, dans le cas où la force serait horizontale, on aurait, dans la dernière formule, β = α, ce qui la rendrait

$$Q = \frac{P (\sin \alpha + f \cos \alpha)}{\cos \alpha - f \sin \alpha}.$$

Nous devons faire observer qu'il se présente deux cas très-distincts dans l'équilibre du plan incliné, savoir : celui où la force doit faire monter le corps, et celui où elle doit seulement l'empêcher de descendre. Dans le premier, auquel se rapportent toutes les formules précédentes, le frottement agit en sens opposé de la force ; mais, dans le second, il concourt avec cette force pour empêcher le corps de glisser, de sorte que l'équation d'équilibre est réellement alors

$$Q \cos \beta = P \sin \alpha - (P \cos \alpha - Q \sin \beta) f.$$

Mais cette considération n'entraîne aucune difficulté, et nous ne nous y arrêterons pas.

11. Le frottement des axes tournans sur leurs supports, et celui des poulies sur leurs chapes, peuvent s'évaluer de la même manière ; pour en faire comprendre la théorie sans recourir aux considérations analytiques, qui laissent du vague dans l'esprit des personnes qui n'en ont pas l'habitude, supposons que l'axe A de la poulie lui soit adhérent (pl. II, fig. 11), et qu'il tourne sur chape EDF. Cette poulie est chargée de deux poids P et Q, dont le second Q est le plus lourd et doit emporter le premier.

Par l'effet du mouvement de rotation, le poids moteur Q forcera l'axe de rouler jusqu'en D, et si la résistance du frottement est équivalente à l'excès de Q sur P, l'équilibre de toutes les forces du système s'établira au point D. Dans ce cas, menons la droite MN tangente à la circonférence de l'axe et à celle du palier à leur point commun D, nous pourrons considérer l'élément de la circonférece du palier en D comme un petit plan incliné dont la direction MN fera avec la ligne horizontale BC un angle NDC que nous désignerons par α.

Observons que l'axe A supporte la pression des poids P et Q, dont la résultante $P + Q = R$ est une force verticale qui passe nécessairement par le point D, où se détruisent toutes les forces de système. Représentons cette résistance par DR, et décomposons-la perpendiculairement et parallèlement à la direction MN du plan incliné, la composante perpendiculaire Db sera la pression normale exercée en D sur le palier, et détruite par sa résistance; la composante parallèle Dc sera la force qui ferait glisser le point D sans la résistance du frottement; elle sera donc égale à cette résistance. Or la composante perpendiculaire ou la pression normale a pour expression

$$DR \cdot \cos bDR = R \cdot \cos \alpha.$$

Ainsi la résistance due au frottement sera

$$fR \cdot \cos \alpha,$$

f étant le coefficient du frottement; ou bien encore

$$R \cdot \cos cDR = R \cdot \sin. \alpha,$$

puisque cette dernière quantité est la valeur de la composante Dc égale et opposée au frottement. Nous avons ainsi

$$fR \cos \alpha = R \sin \alpha,$$

d'où

$$f = \operatorname{tang} \alpha;$$

ce qui doit être nécessairement, puisque la tangente de l'angle d'inclinaison du plan est équivalente au coefficient du frottement, lorsque la résistance de ce frottement est la seule force qui empêche le corps de glisser sur le plan incliné. Mais, en vertu des relations connues,

$$\operatorname{Sin} \varphi = \frac{\operatorname{tang} \varphi}{\sqrt{1 + \operatorname{tang}^2 \varphi}}, \quad \cos \varphi = \sqrt{1 + \operatorname{tang}^2 \varphi},$$

nous avons

$$\sin \alpha = \frac{f}{\sqrt{1 + f^2}}, \quad \cos \alpha = \sqrt{1 + f^2};$$

donc la résistance du frottement exercé au point D par suite de la pression R est..... (c)

$$\frac{fR}{\sqrt{1 + f^2}},$$

laquelle doit être introduite dans le système avec les autres forces, lorsqu'il s'agit de déterminer les conditions d'équilibre.

Pour obtenir maintenant l'équation d'équilibre, prenons le centre de l'axe A pour celui des *momens* (*voyez ce mot*); désignons par r le rayon de la poulie, par ρ celui de l'axe, et faisons, pour abréger,

$$\frac{f}{\sqrt{1 + f^2}} = f',$$

en observant que dans la pratique on peut presque toujours supposer $f = f'$. Le moment de la force P sera Pr; celui de la force Q, Qr; celui de la résistance du frottement, f'Rρ, et comme cette résistance agit avec la force P dans un sens opposé à Q, nous aurons.... (d)

$$Qr = Pr + f'R\rho,$$

ou

$$Qr = Pr + f' (P + Q)\rho,$$

à cause de $R = P + Q$.

Dégageant Q de cette équation, il viendra.... (e)

$$Q = P \cdot \frac{r + f'\rho}{r - f'\rho},$$

dans laquelle il n'y a plus qu'à donner des valeurs particulières aux quantités P, r, ρ et f. Soit, par exemple, le poids à soulever P $=$ 25 kilogrammes, le rayon de la poulie $r =$ 24 centimètres, celui de l'axe $\rho =$ 6 centimètres. Si l'axe et le palier sont en fer, et que les surfaces soient simplement onctueuses, nous aurons, d'après les expériences de M. Morin, $f = 0,14$, et, par suite,

$$f' = \frac{0,14}{\sqrt{1 + (0,14)^2}} = 0,1386.$$

Substituant ces nombres dans (e), nous obtiendrons

$$Q = 25^k \cdot \frac{24 + 6 \times 0,1386}{24 - 6 \times 0,1386} = 26^k,794,$$

c'est-à-dire que Q devrait peser $26^k,794$ pour être susceptible d'élever le poids P pesant 25 k. La résistance due au frottement est donc, dans ce cas, égale à $26^k,794 - 25 = 1^k,794$.

Nous n'avons point tenu compte, dans cet exemple, de la résistance qui provient de la corde, et qui exige encore un accroissement dans le poids moteur. (*Voyez* Corde, tome I.)

Si l'axe de la poulie était fixe, les mêmes considérations conduiraient à la même expression (c) du frottement; mais il faudrait concevoir l'équilibre établi autour du centre du trou de la poulie, et faire entrer le rayon de ce trou dans l'équation d'équilibre. Le frottement du levier sur son axe de suspension, et en général tous les frottemens relatifs aux axes tournans, dépendent de cette expression (c), en faisant R égal à la résultante de toutes les pressions. (*Voy.* Treuil, t. II.)

12. Il existe une autre espèce de frottement qu'on nomme *frottement de roulement* ou *frottement de la seconde espèce*, c'est celui qui a lieu lorsqu'un corps rond roule sur une surface, comme un cylindre sur un plan, ou une roue de voiture sur le terrain. Ce frottement est en général très-petit comparativement à celui de la première espèce (*voyez* Roulement) ; car lorsqu'un cylindre chemine en roulant sur un plan résistant et bien uni, les axes des divers points de sa surface se développent sur celle du plan, et le frottement est presque insensible; aussi peut-on le négliger sans inconvénient dans tous les calculs relatifs aux corps durs et solides qui entrent dans la composition des machines; mais il est nécessaire d'y avoir égard dans les questions relatives à la locomotion des voitures, car le frottement des roues sur le terrain produit des résistances d'autant plus grandes que le terrain est plus raboteux et surtout plus compressible. On a reconnu, par exemple, que sur un chemin horizontal bien pavé le tirage est entre $^1/_{26}$ et $^1/_{30}$ de la charge; tandis que sur un terrain sablonneux, ou sur des cailloux nouvellement placés, il s'élève jusqu'à $^1/_8$. Quand le terrain est mou et que les roues s'y enfoncent, il se produit encore de nouvelles résistances, dues à la nécessité de relever à chaque instant la voiture sur des plans inclinés. Nous allons examiner quelques-unes des circonstances du mouvement des voitures.

13. Soit ABCDR (pl. II, fig. 12), une roue placée sur un plan horizontal MN, A son essieu, et AF la direction de la force appliquée à cet essieu pour lui imprimer un mouvement de translation. Le poids de l'essieu, y compris tout celui dont il peut être chargé, pèse en b sur la surface intérieure du moyeu; ce même poids, plus celui de la roue, pèse en R sur le plan, au point de contact de la roue. Concevons maintenant que la force de traction fasse mouvoir l'essieu en avant : la pression au point R empêchant la roue de glisser sur le plan, elle se met à tourner, et chaque point de sa circonférence vient s'appuyer successivement sur un point du plan MN pendant que l'essieu marche parallèlement à lui-même. Abstraction faite du frottement de roulement, le moteur n'a donc à vaincre que le

frottement de l'essieu sur lequel il agit à l'aide d'un levier du second genre, car on peut considérer une roue comme un tel levier : R est le point d'appui, la puissance est appliquée en A , à l'extrémité du rayon AR de la roue, et la résistance en b à l'extrémité du rayon de l'essieu. Ainsi, en n'ayant égard qu'à la résistance du frottement de l'essieu, on peut admettre que, dans le cas d'équilibre, le rapport de la force tractrice à la résistance est égal au rapport du rayon de l'essieu au rayon de la roue ; d'où l'on voit qu'une roue est d'autant plus avantageuse au moteur que ce dernier rapport est plus petit, c'est-à-dire qu'on peut diminuer de moitié la force nécessaire pour mettre une voiture en mouvement, en doublant le rayon des roues sans changer celui des essieux.

Ce principe se trouve confirmé, pour les chemins de fer, par les expériences de Tredgold, qui a constamment trouvé que, sur de tels chemins, la force qui peut mettre un chariot en mouvement, la charge et les essieux étant les mêmes, est en raison inverse du diamètre des roues. Ainsi, désignant par Q la résistance du frottement à l'essieu, par ρ le rayon de l'essieu, par r celui de la roue, et par P la force motrice, on aurait, sur un chemin horizontal,

$$P = Q\,\frac{\rho}{r} \, ;$$

mais la résistance du frottement à l'essieu est, comme nous l'avons vu (11), égale à

$$\frac{Rf}{\sqrt{1 + f^2}}, \text{ ou simplement à } Rf,$$

R désignant la résultante de toutes les forces qui pressent l'essieu contre le moyeu, donc..... (f)

$$P = Rf.\,\frac{\rho}{r}.$$

Cette formule, dans laquelle on doit faire R égal à la partie du poids total du chariot supportée par une seule roue, donne le moyen de calculer la force de traction nécessaire pour tenir le chariot en mouvement sur un chemin de fer horizontal, bien uni. On peut également s'en servir pour évaluer approximativement, par comparaison, la résistance du roulement sur les autres chemins. Déterminons, pour exemple, la force de traction qui tire les chariots de marchandises sur les chemins en fer de l'Angleterre; ces chariots, dont le poids total est ordinairement de 5 tonneaux anglais (5080 kil.), sont montés sur quatre roues égales, d'un rayon de 1370 millimètres ; le rayon des essieux est de 76 millimètres; la charge étant également répartie, chaque essieu porte 2540 kil. et produit conséquemment sur chaque roue une pression moyenne de 1270 kil.; prenant le coefficient du frottement 0,1, nous aurons donc

$$R = 1270^k, \rho = 76, r = 1370, f = 0,1;$$

substituant ces valeurs dans (f), nous obtiendrons

$$P = 1270 \times 0,1 \cdot \frac{76}{1370} = 7^k,04,$$

chaque roue, en particulier, exige donc une traction de $7^k,04$, et par conséquent la force totale de traction que doit exercer constamment le moteur pour entretenir un mouvement uniforme est de $4 \times 7^k,04 = 28^k,04$; le rapport de la force à la charge est ainsi

$$\frac{28,04}{5080} = \frac{1}{180}.$$

L'expérience a fait connaître que ce rapport varie de $\frac{1}{180}$ à $\frac{1}{240}$, et l'on a adopté $\frac{1}{200}$ comme terme moyen; mais, dans toutes les expériences faites à ce sujet, on a oublié d'indiquer le rapport du diamètre de l'essieu à celui de la roue; en sorte qu'on ne peut encore rien établir de suffisamment exact.

Le frottement de roulement devient très-sensible sur les chemins de fer lorsqu'ils ne sont pas entretenus avec beaucoup de soin. M. Palmer, l'inventeur des chemins à un seul rail, a constaté, sur le chemin à ornières plates de Cheltenham, que la poussière seule produit une résistance assez grande pour exiger une augmentation de 19 1/2 pour 100 de force tractrice. L'inégalité dans les joints produit une autre espèce de résistance qu'on peut comparer à l'effet d'un obstacle placé sur un chemin ordinaire, et c'est particulièrement dans ce cas que les grandes roues, quel que soit d'ailleurs le rapport de leurs diamètres aux diamètres de leurs essieux, sont plus avantageuses que les petites; ce qui ne doit pas s'entendre, cependant, d'une manière absolue. (*Voyez* ROUE.)

14. Le grand avantage des chemins de fer consiste uniquement dans la diminution du frottement de roulement, ce qui permet de traîner sur ces chemins des charges dix à douze fois plus fortes que sur une route ordinaire avec le même effort de traction; mais cet avantage n'a réellement lieu que sur des plans horizontaux; il diminue rapidement, pour les montées, lorsque l'inclinaison d'un chemin de fer dépasse de très-petites limites. Malgré tous les travaux faits jusqu'ici, le problème de la locomotion est à peine ébauché sous le rapport pratique comme sous le rapport théorique, et nous pensons qu'il y a beaucoup à rabattre dans les prétentions respectives des partisans et des adversaires des chemins de fer.

G.

GÉO

GÉOMÉTRIE AUX TROIS DIMENSIONS (*Analyse*). Les grands progrès de la mécanique rationnelle datent de l'application qu'on a faite à cette science de la *géométrie analytique à trois dimensions*. C'est alors seulement qu'on a pu considérer les corps comme se mouvant d'une manière quelconque dans l'espace, et s'élever aux équations générales du mouvement. Il est donc indispensable aujourd'hui, pour pouvoir aborder l'étude des grands traités de mécanique, de posséder une connaissance suffisamment approfondie de cette géométrie, qui repose, d'ailleurs, sur les mêmes principes que la *géométrie analytique à deux dimensions*, et n'offre, par elle-même, aucune difficulté sérieuse. Nous allons compléter ici les notions données, tome I, au mot APPLICATION, du moins dans tout ce qui est nécessaire à l'intelligence des divers articles de mécanique contenus dans ce dictionnaire.

GÉO

1. Pour déterminer la position d'un point dans l'espace à trois dimensions, on le rapporte à trois plans fixes et connus de situation, assujétis à la condition de se couper en un même point. Le plus ordinairement ces trois plans sont rectangulaires, c'est-à-dire que deux quelconques d'entre eux sont perpendiculaires sur le troisième. Dans ce dernier cas, que nous considérerons d'abord, si l'on mène du point donné une perpendiculaire à chaque plan, la position du point sera fixée, comme nous l'avons vu, tome I, page 110. Sans revenir sur ce que nous avons déjà suffisamment expliqué, rappelons les dénominations convenues.

Soient ZOX, ZOY, YOX (Pl. XI, fig. 13) les trois plans rectangulaires, et O le point commun des intersections de ces plans, qu'on nomme *plans coordonnés;* soit A un point quelconque situé dans l'espace, Ap la perpendiculaire menée de ce point sur le plan ZOX,

An la perpendiculaire menée sur le plan ZOY, et Am la perpendiculaire menée sur le plan YOX. Ces trois perpendiculaires seront les *coordonnées* du point A.

Les pieds p, n, m, ou les intersections des perpendiculaires avec les plans coordonnés, sont les projections du point A sur ces plans. Si, de chacun des points p, n, m, et dans le plan où il se trouve, on mène des parallèles aux deux autres coordonnées, on formera le parallélipipède rectangle nx, dans lequel on aura

$$A n = O x, \quad A m = O z, \quad A p = O y.$$

C'est donc absolument la même chose de connaître les trois perpendiculaires An, Am, Ap, ou les trois portions correspondantes Ox, Oy, Oz des intersections des plans coordonnés. En effet, lorsque ces trois portions sont données, il suffit de mener par chacune de leurs extrémités x, y, z un plan perpendiculaire aux deux plans coordonnés dans lesquels elle se trouve : la commune intersection de ces plans perpendiculaires est nécessairement le point A.

Les intersections OX, OY, OZ des plans coordonnés se nomment les axes des coordonnées, et, particulièrement, OX l'axe des x, OY l'axe des y, et OZ l'axe des z, parce qu'on désigne généralement par les lettres x, y et z les droites Ox, Oy, Oz respectivement égales aux coordonnées An, Ap, Am, et qu'on donne aussi le nom de *coordonnées* à ces droites. On voit aisément que Ox est la distance An du point A au plan ZOY, comptée sur l'axe OX; que Oy est la distance du même point au plan ZOX, comptée sur l'axe OY; et enfin que Am est sa distance au plan YOX, comptée sur l'axe OZ. Désignant généralement ces trois distances par a, b, c, on a $Ox = a$, $Oy = b$, $Oz = c$, ou, plus généralement,

$$x = a, \quad y = b, \quad z = c;$$

Ces trois égalités se nomment les équations du point. Nous avons vu (tome I, page 111) comment les *signes* des quantités a, b, c déterminent celui des huit angles trièdres formés par les plans coordonnés dans lequel se trouve le point.

On désigne, pour abréger, chaque plan coordonné par les axes qu'il renferme; ainsi le plan ZOX est dit *plan des xz;* ZOY est le *plan des yz*, et XOY le *plan des xy.*

2. Nous devons faire observer deux particularités importantes :

1° *Un point quelconque A de l'espace a toujours deux coordonnées de communes avec chacune de ses projections;*

2° *Deux projections d'un même point ont toujours une coordonnée commune.*

En effet, rapportant chaque projection aux deux axes

qui se trouvent dans son plan, on voit immédiatement que les coordonnées du point n sont Oz et Oy, ou z et y, celles du point p, x et z, et celles du point m, x et y. Quant à la seconde proposition, on voit également que les deux projections m et n ont le même $y = Oy$; les deux projections n et p, le même $z = Oz$, et les deux projections m et p le même $x = Ox$.

Ces relations nous montrent la liaison qui existe entre les projections et les coordonnées, et expliquent pourquoi il ne faut que deux projections pour déterminer un point dans la géométrie descriptive (*voyez* tome I, page 435), tandis qu'il faut trois coordonnées dans la géométrie analytique. En effet, pour fixer analytiquement la position de la projection p sur le plan xz, il faut deux équations telles que $x = a$, $z = c$; et, pour fixer la position de la projection m sur le plan xy, deux équations $x = a$, $y = b$; mais, d'après la seconde proposition, on doit avoir $a = d$; ainsi la connaissance des deux projections, équivaut à celle des trois équations $x = a$, $y = b$, $z = c$.

3. Nous rappellerons encore que, lorsque dans les équations générales du point,

$$x = a, \quad y = b, \quad z = c,$$

une des quantités a, b, c est zéro, cette circonstance indique que le point est situé dans le plan des deux autres coordonnées. Dans le cas, par exemple, de

$$z = 0 \quad \text{et} \quad x = a, \quad y = b;$$

le point est dans le plan des xy. Si l'on avait à la fois $y = 0$ et $z = 0$, l'équation $x = a$ appartiendrait à un point placé sur l'axe des x. Enfin les trois équations $x = 0$, $y = 0$, $z = 0$ appartiennent à l'origine O des plans coordonnés.

4. Les positions respectives de deux points étant déterminées par leurs trois coordonnées, il est toujours facile de calculer la grandeur numérique de leur distance, quand la grandeur des coordonnées est donnée en nombres. Soient (Pl. XI, fig. 14) A et B, deux points dont les coordonnées sont : pour le point A,

$$On = x', \quad an = y', \quad Aa = z';$$

et, pour le point B,

$$Om = x'', \quad Bm = y'', \quad Bb = z''.$$

Joignons les deux points par la droite AB, et menons Bp parallèle à ab; le triangle ABp étant rectangle, nous aurons

$$A B = \sqrt{\left[\overline{Bp}^2 + \overline{Ap}^2\right]} = \sqrt{\left[\overline{Bp}^2 + (z' - z'')^2\right]}$$

Menons encore bq parallèle à **OX**, le triangle rectangle abq nous donnera

$$\overline{ab}^2 = \overline{aq}^2 + \overline{bq}^2 = (y' - y'')^2 + (x' - x'')^2;$$

donc..... (a)

$$AB = \sqrt{\left[(x' - x'')^2 + (y' - y'')^2 + (z' - z'')^2 \right]}.$$

Si le point B coïncidait avec l'origine O, ses coordonnées seraient nulles et l'on aurait

$$AO = \sqrt{x'^2 + y'^2 + z'^2}.$$

C'est la valeur de la diagonale d'un parallélipipède rectangle dont les trois arêtes sont x', y', z'.

5. DES LIGNES DROITES DANS L'ESPACE. La position d'une ligne droite dans l'espace est déterminée lorsqu'on connaît deux de ses projections sur les plans coordonnés. Si ab (Pl. XII, fig. 3) est la projection de la droite AB sur le plan xz et $a'b'$ sa projection sur le plan yz, les équations respectives de ab et de $a'b'$, chacune dans leur plan, seront les équations de AB (tome I, page 111) dans l'espace. Or, la forme générale des équations de ab et de $a'b'$ étant $x = az + b$, $y = cz + d$, nous avons, pour les équations générales d'une droite dans l'espace..... (b)

$$x = az + b, \quad y = cz + d;$$

c'est de ces deux équations qu'on peut déduire toutes les propriétés des lignes droites.

6. Observons d'abord que, pour déterminer le point où la droite, suffisamment prolongée, coupe l'un des plans coordonnés, ou ce qu'on nomme la *trace* de la droite sur ce plan, il faut donner la valeur o à la coordonnée qui exprime la distance du point au plan, par exemple, la condition $z = o$ exprime que le point est sur le plan xy; ainsi faisant $z = o$, dans les équations (b), on obtient, pour la trace de la droite dans le plan xy, les équations

$$x = b, \quad y = d.$$

La trace dans le plan xz sera exprimée, d'après les mêmes considérations, par

$$x = - \frac{ad}{c} + b, \quad z = - \frac{d}{c};$$

et enfin, la trace dans le plan yz, par

$$y = - \frac{bc}{a} + d, \quad z = - \frac{b}{a}.$$

7. Les constantes a, b, c, d, qui entrent dans l'équation de la ligne droite doivent être considérées géné-

ralement comme des quantités indéterminées susceptibles de tous les états de grandeur et auxquelles il suffit d'attribuer les valeurs dépendantes des conditions imposées à une droite pour obtenir l'équation particulière de cette droite. Les procédés sont tout-à-fait semblables à ceux qu'on emploie dans la géométrie plane, ainsi que nous allons le voir dans les questions suivantes.

8. *Trouver les équations d'une droite assujétie à passer par deux points donnés.*

Soient A et B les deux points (Pl. XI, fig. 14), dont nous exprimerons les coordonnées connues par x', y', z' et x'', y'', z''. Puisque ces points doivent se trouver sur la droite, les relations de leurs coordonnées sont les mêmes que celles de tous les autres points de cette droite, et les trois systèmes d'équations

$$(1)\ldots\ x = az + b \quad , \quad y = cz + d,$$
$$(2)\ldots\ x' = az' + b \quad , \quad y' = cz' + d,$$
$$(3)\ldots\ x'' = az'' + b \quad , \quad y'' = cz'' + d,$$

doivent subsister en même temps. Retranchant les équations (2) des équations (3), et les équations (3) des équations (2), nous obtiendrons les deux systèmes

$$(4)\ldots\ x - x' = a(z - z'), \quad y - y' = c(z - z'),$$
$$(5)\ldots\ x' - x'' = a(z' - z''), \quad y' - y'' = c(z' - z'');$$

substituant dans le premier de ces systèmes les valeurs de a et de c, fournies par le second, nous aurons définitivement

$$x - x' = \frac{x' - x''}{z' - z''}(z - z'),$$

$$y - y' = \frac{y' - y''}{z' - z''}(z - z').$$

Telles sont les équations de la droite qui passe par les deux points donnés (x', y', z'), (x'', y'', z'').

9. Si la droite n'était assujétie qu'à passer par un seul point A ou (x', y', z'), on n'aurait que les deux systèmes d'équation (1) et (2), et les équations finales seraient

$$x - x' = a(z - z') \ , \ y - y' = c(z - z'),$$

lesquelles, tant que a et c restent indéterminées, conviennent à une infinité de droites différentes, passant toutes par le point (x', y', z').

10. *Trouver les équations d'une droite assujétie à passer par un point donné et qui soit en outre parallèle à une autre droite donnée.*

Soient

$$x = a'z + b' , \quad y = c'z + d'$$

les équations de la droite donnée, et

$$x = az + b \quad , \quad y = cz + d$$

celles de la droite cherchée; les valeurs des quantités a', b', c', d' sont connues, et il s'agit de faire disparaître les quantités indéterminées a, b, c, d.

Or, la droite cherchée devant passer par un point donné (x', y', z'), ses équations, d'après ce qui précède, prennent les formes

$$x - x' = a(z - z') \quad , \quad y - y' = c(z - z');$$

mais cette ligne devant être parallèle à la droite donnée, il faut évidemment que les plans projetans de ces deux droites et conséquemment leurs projections soient respectivement parallèles; on a donc les conditions $a = a'$, $c = c'$, et les équations de la droite demandée sont

$$x - x' = a'(z - z') \quad , \quad y - y' = c'(z - z').$$

Si la droite, qu'on veut mener parallèlement à une autre droite donnée

$$x = a'z + b' \quad , \quad y = c'z + d',$$

devait passer par l'origine, point dont les coordonnées sont $x' = 0$, $y' = 0$, $z' = 0$, ses équations seraient simplement

$$x = a'z \quad , \quad y = c'z.$$

11. *Trouver le point de rencontre de deux droites données par les équations*

$$(1)\ldots\ x = az + b \quad , \quad y = cz + d,$$
$$(2)\ldots\ x = a'z + b' \quad , \quad y = c'z + d'.$$

Observons que deux droites, situées d'une manière quelconque dans l'espace, ne sont susceptibles de se rencontrer que lorsqu'on peut les renfermer dans un même plan, et qu'il doit conséquemment exister une relation déterminée entre les constantes a, b, c, d et a', b', c', d' dans le cas où une telle rencontre est possible. Or, dans ce même cas, les valeurs particulières des coordonnées du point d'intersection doivent satisfaire à la fois les deux systèmes d'équations (1) et (2); ainsi, en considérant les variables x, y, z comme des inconnues, la solution des équations fera connaître, d'une part, les valeurs des coordonnées du point d'intersection, et de l'autre, la condition de l'existence de ce point; car il y a quatre équations, et elles ne peuvent subsister en même temps ou être satisfaites par les mêmes valeurs de x, y et z qu'autant qu'il se trouve une certaine relation entre leurs constantes.

Retranchant le premier système du second, il vient

$$0 = z(a' - a) + b' - b,$$
$$0 = z(c' - c) + d' - d,$$

ce qui donne, en éliminant z entre ces deux équations,

$$\frac{b' - b}{a' - a} = \frac{d' - d}{c' - c}.$$

Telle est la relation entre les constantes a, b, c et a', b', c', sans laquelle les droites ne peuvent se couper; en admettant qu'elle ait lieu, il suffit de substituer à la place de z, dans les équations (1) ou (2), sa valeur

$$\frac{b - b'}{a' - a} \quad \text{ou} \quad \frac{d' - d}{c' - c},$$

pour obtenir les valeurs des deux autres coordonnées x et y du point d'intersection.

12. *Trouver les angles que forme avec les trois axes une droite* AO (Pl. XII, fig. 1).

Les équations de la droite AO sont, (10),

$$x = az \quad , \quad y = cz;$$

et, si l'on prend sur cette droite une longueur arbitraire Om, que nous désignerons par r, on aura, pour déterminer les coordonnées x', y', z' du point m, les trois équations

$$r^2 = x'^2 + y'^2 + z'^2,$$
$$x' = az' \quad , \quad y' = cz',$$

dont la première donne, d'après (4), la valeur de la distance Om en fonction des coordonnées x', y', z' de son extrémité m, et dont les deux autres expriment que le point m est sur la droite donnée AO. Résolvant ces trois équations par rapport aux inconnues x', y', z', on obtiendra

$$x' = \frac{ar}{\sqrt{a^2 + c^2 + 1}},$$
$$y' = \frac{cr}{\sqrt{a^2 + c^2 + 1}},$$
$$z' = \frac{r}{\sqrt{a^2 + c^2 + 1}}.$$

Achevons maintenant le parallélipipède rectangle déterminé par les trois coordonnées du point m, et faisons les angles cherchés

$$m\mathrm{OX} = \alpha, \quad m\mathrm{OY} = \beta, \quad m\mathrm{OZ} = \gamma.$$

Ceci posé, les triangles rectangles mOq, mOs, mOt, donnent..... (c)

$$\cos \alpha = \frac{Oq}{Om} = \frac{x'}{r},$$

$$\cos \beta = \frac{Os}{Om} = \frac{y'}{r},$$

$$\cos \gamma = \frac{Ot}{Om} = \frac{z'}{r}.$$

Substituant dans ces relations les valeurs précédentes des coordonnées, on obtiendra définitivement.... (d)

$$\cos \alpha = \frac{a}{\sqrt{a^2 + c^2 + 1}},$$

$$\cos \beta = \frac{c}{\sqrt{a^2 + c^2 + 1}},$$

$$\cos \gamma = \frac{1}{\sqrt{a^2 + c^2 + 1}}.$$

La radical étant susceptible du double signe $\pm$, il faut observer qu'on doit donner le même signe aux trois cosinus à la fois, soit $+$ soit $-$; les deux systèmes résultant de cosinus se rapportent aux angles que la droite AO fait immédiatement avec les demi-axes positifs OX, OY, OZ et à leurs *supplémens*, c'est-à-dire aux angles que fait le prolongement de AO avec ces mêmes demi-axes positifs; car c'est toujours par rapport à ceux-ci qu'on mesure les angles d'une droite avec les axes coordonnés. Le signe $+$ répond aux angles formés par la portion AO de la droite qui se trouve située au-dessus du plan xy, ou qui fait un angle aigu avec OZ; et le signe $-$ aux angles formés par la portion OA' de la droite située au-dessous du même plan, ou qui fait un angle obtus avec OZ.

13. Les valeurs précédentes font découvrir une relation très-remarquable entre les trois angles formés par une droite avec les axes coordonnées. En les élevant toutes au carré et formant leur somme, on obtient.... (e)

$$\cos^2\alpha + \cos^2\beta + \cos^2\gamma = 1 ;$$

d'où il résulte qu'en prenant arbitrairement les valeurs α et β pour fixer la position d'une droite, elles doivent satisfaire à la condition

$$\cos^2\alpha + \cos^2\beta < 1 \text{ ou} = 1 ;$$

car le troisième angle est déterminé par l'expression

$$\cos \gamma = \pm \sqrt{\left[1 - \cos^2\alpha - \cos^2\beta \right]},$$

qui n'est susceptible que de deux valeurs supplémentaires l'une de l'autre.

14. *Connaissant les angles formés par une droite avec les axes coordonnés, trouver ses équations.*

Cette question se trouve résolue en tirant des expressions (d) les valeurs des constantes a et c, ce qu'on fait aisément en divisant les deux premières par la troisième. On trouve de cette manière

$$a = \frac{\cos \alpha}{\cos \gamma}, \quad c = \frac{\cos \beta}{\cos \gamma},$$

et, par conséquent, les équations demandées sont

$$x = \frac{\cos \alpha}{\cos \gamma} z, \quad y = \frac{\cos \beta}{\cos \gamma} z.$$

Si la droite devait passer par un point donné (x', y', z'), on pourrait donner à ses équations la forme élégamment symétrique

$$\frac{x - x'}{\cos \alpha} = \frac{y - y'}{\cos \beta} = \frac{z - z'}{\cos \gamma}.$$

15. La figure 1, dont nous nous sommes servi pour la déduction des expressions (c), montre que les coordonnées d'un point quelconque m, savoir : Oq, Os et Ot sont les *projections* sur les axes de la droite Om, qui joint l'origine au point m, droite qu'on nomme généralement le *rayon vecteur*. Les équations (c) donnent pour les valeurs de ces coordonnées les expressions....(f)

$$x' = r \cos \alpha, \quad y' = r \cos \beta, \quad z' = r \cos \gamma,$$

utiles dans une foule de circonstances.

16. *Trouver l'angle que forment entre elles deux droites représentées par les équations.*

$$(1).... \quad x = az + b, \quad y = cz + d,$$
$$(2).... \quad x = a'z + b', \quad y = c'z + d'.$$

Il est nécessaire d'abord que les constantes de ces équations satisfassent à la condition

$$\frac{b' - b}{a' - a} = \frac{d' - d}{c' - c};$$

car sans cela les droites ne pourraient se rencontrer (n° 11); mais on peut en outre simplifier la question en menant par l'origine deux droites parallèles aux droites données, et en cherchant l'angle compris entre ces dernières, dont les équations sont alors (n° 10)

$$(3).... \quad x = az, \quad y = cz,$$
$$(4).... \quad x = a'z, \quad y = c'z.$$

Soient OM et ON (Pl. XII, fig. 6) ces dernières droites; prenons les parties $OA = OB = 1$, et joignons les points A et B. Le triangle OAB nous donnera (*voy.* TRIGONOMÉTRIE, tome II, page 582)

$$\overline{AB}^2 = \overline{OA}^2 + \overline{OB}^2 - 2OA \cdot OB \cdot \cos AOB = 2 - 2\cos AOB.$$

Maintenant, si nous désignons par x', y', z' les coordonnées du point A, et par x'', y'', z'' les coordonnées du point B, nous aurons (n° 4),

$$\overline{AB}^2 = (x' - x'')^2 + (y' - y'')^2 + (z' - z'')^2.$$

Ainsi

$$(x' - x'')^2 + (y' - y'')^2 + (z' - z'')^2 = 2 - 2\cos AOB;$$

développant les binomes et observant que

$$x'^2 + y'^2 + z'^2 = \overline{OA}^2 = 1,$$
$$x''^2 + y''^2 + z''^2 = \overline{OB}^2 = 1,$$

cette équation sera réduite à..... (g)

$$\cos AOB = x'x'' + y'y'' + z'z''.$$

Pour calculer les coordonnées x', y', z', x'', y'', z'', on a les équations

$$x' = az', \quad y' = c'z',$$
$$x'' = a'z', \quad y'' = c'z',$$

qui expriment que les points A et B sont sur les droites OM et ON, et dont on tire aisément, en les combinant avec les relations,

$$x'^2 + y'^2 + z'^2 = 1, \quad x''^2 + y''^2 + z''^2 = 1,$$

les six valeurs

$$x' = \frac{a}{\sqrt{a^2 + c^2 + 1}}, \qquad x'' = \frac{a'}{\sqrt{a'^2 + c'^2 + 1}},$$

$$y' = \frac{c}{\sqrt{a^2 + c^2 + 1}}, \qquad y'' = \frac{c'}{\sqrt{a'^2 + c'^2 + 1}},$$

$$z' = \frac{1}{\sqrt{a^2 + c^2 + 1}}, \qquad z'' = \frac{1}{\sqrt{a'^2 + c'^2 + 1}};$$

substituant ces valeurs dans (g) on aura définitivement..... (h)

$$\cos AOB = \frac{aa' + cc' + 1}{\sqrt{\left[a^2 + c^2 + 1\right]} \times \sqrt{\left[a'^2 + c'^2 + 1\right]}},$$

expression qui fera connaître l'angle des deux droites OM et ON au moyen des quatre constantes a, c, a', c' qui entrent dans leurs équations.

En partant de la relation générale $\sin\varphi = \sqrt{1 - \cos^2\varphi}$, on obtiendrait pour le sinus du même angle AOB

$$\sin AOB = \frac{\sqrt{\left[(a - a')^2 + (c - c')^2 + (ab' - a'b)^2\right]}}{\sqrt{\left[a^2 + c^2 + 1\right]} \times \sqrt{\left[a'^2 + c'^2 + 1\right]}},$$

et, par suite, on trouverait, pour sa tangente,

$$\tan AOB = \frac{\sqrt{\left[(a - a')^2 + (c - c')^2 + (ab' - a'b)^2\right]}}{aa' + cc' + 1}.$$

Il est souvent utile d'avoir l'angle de deux droites en fonction des angles qu'elles font avec les axes coordonnés; on y parvient aisément par les formules précédentes. Soient α, β, γ, les angles de la droite AO avec les axes OX, OY, OZ, et α', β', γ' ceux de la droite BO; les coordonnées du point A étant x', y', z', et ceux du point B, x'', y'', z'', nous avons, d'après les formules (f),

$$x' = AO \cdot \cos\alpha, \quad y' = AO \cdot \cos\beta, \quad z' = AO \cdot \cos\gamma,$$
$$x'' = BO \cdot \cos\alpha', \quad y'' = BO \cdot \cos\beta', \quad z'' = BO \cdot \cos\gamma',$$

ou, simplement à cause de $AO = BO = 1$,

$$x' = \cos\alpha, \quad y' = \cos\beta, \quad z' = \cos\gamma,$$
$$x'' = \cos\alpha', \quad y'' = \cos\beta', \quad z'' = \cos\gamma';$$

substituant ces valeurs dans l'expression (g)

$$\cos AOB = x'x'' + y'y'' + z'z'',$$

il vient..... (i)

$$\cos AOB = \cos\alpha\cos\alpha' + \cos\beta\cos\beta' + \cos\gamma\cos\gamma'.$$

En donnant des valeurs particulières à $\cos AOB$, les équations (h) et (i) font connaître les relations qui doivent exister, soit entre les quantités a et c, soit entre les angles formés par les droites OM et ON avec les axes, pour que l'angle compris entre ces droites ait une valeur donnée. Si l'on veut, par exemple, que les droites soient perpendiculaires entre elles, il faut faire $AOB = 90°$, et, partant, $\cos AOB = 0$; alors l'équation (h) donne l'équation de condition..... (k)

$$aa' + cc' + 1 = 0;$$

ou bien l'équation (i) donne celle-ci :

$$\cos\alpha \cdot \cos\alpha' + \cos\beta \cdot \cos\beta' + \cos\gamma \cdot \cos\gamma' = 0.$$

Il faut observer que la relation (k) ne détermine pas entièrement l'une des droites, car a et c, par exemple, étant les quantités données, on peut prendre pour a' ou c' une valeur quelconque, afin de trouver la valeur de l'autre de ces deux quantités au moyen de la relation (k). Cette circonstance résulte de ce qu'on peut mener au même point d'une droite une infinité de perpendiculaires; mais toutes ces perpendiculaires sont dans un même plan, et c'est seulement la position de ce plan qui se trouve déterminée par l'équation (k).

17. DES PLANS DANS L'ESPACE. Examinons actuellement comment on peut représenter algébriquement la situation d'un plan dans l'espace. Un plan pouvant toujours être considéré comme engendré par une ligne droite qui se meut parallèlement à elle-même dans une même direction; soit QN (Pl. XII, fig. 2) cette droite, BA la direction de son mouvement, ou, ce qui est la même chose, une autre droite contre laquelle QN est assujétie à glisser pendant qu'elle se meut, en demeurant toujours parallèle à sa première position, c'est-à-dire pour déterminer cette première position, pendant qu'elle se meut parallèlement à une troisième droite donnée OD.

La droite fixe AB se nomme la *directrice*, et la droite mobile QN la *génératrice*.

Soient

$$(1)\ldots\ x = az + b,\quad y = cz + d$$

les équations de la directrice, et $x = a'z$, $y = c'z$ les équations de la droite OD, à laquelle la génératrice doit rester parallèle; celles de la génératrice seront conséquemment de la forme (n° 12)

$$(2)\ldots\ x = a'z + b',\quad y = c'z + d',$$

dans lesquelles a' et c' sont des quantités invariables, et b' et d' des quantités qui changent avec la position de la génératrice.

Or, puisque la génératrice QN a dans toutes ses positions un point commun avec la directrice AB, les équations (1) et (2) doivent pouvoir être satisfaites par un même système de valeurs x, y, z, ce qui ne saurait avoir lieu, s'il n'existe pas entre les quantités a, b, c, d, a', b', c', d' (n° 11) la relation

$$(3)\ldots\ \frac{b'-b}{a'-a} = \frac{d'-d}{c'-c}.$$

Cette relation devient donc ici l'équation qui exprime que BN glisse le long de AB, et il faut la joindre aux équations (2) pour avoir une représentation complète de la génératrice. Mais, en éliminant b' et d' entre les équations (2) et (3), l'équation finale en x, y, z ne contenant plus ces quantités b' et d' qui distinguent une position de la génératrice d'une autre, il en résulte que cette équation finale conviendra à *toutes les positions* de la génératrice, et, par conséquent, à la surface plane qui est le lieu de toutes ces positions; en un mot, l'équa-

tion finale sera *l'équation du plan*. Substituant dans (3) les valeurs de b' et de d' tirées de (2), il viendra

$$\frac{x - a'z - b}{a' - a} = \frac{y - c'z - d}{c' - c},$$

ce qu'on peut mettre sous la forme

$$(c'-c)\,x + (a'-a)\,y + (ac'-a'c)\,z + b\,(c'-c)$$
$$+ d\,(a'-a) = 0.$$

Ainsi la forme générale de l'équation du plan est.... (l)

$$Ax + By + Cz + D = 0.$$

18. Lorsque l'équation d'un plan est donnée, c'est-à-dire lorsque les valeurs des coefficiens A, B, C, D de l'équation (l) sont déterminées, il est facile de trouver les points où ce plan coupe les axes coordonnés. En effet, au point P où le plan MQ coupe l'axe OX, on doit avoir à la fois $y = 0$, $z = 0$; ainsi, donnant ces valeurs à y et à z dans (l), on obtient $x = -\dfrac{D}{A} = OP$. On trouverait de même la distance de l'origine où le plan coupe l'axe OY, en posant $x = 0$, $z = 0$, et la distance où il coupe l'axe OZ, en posant $x = 0$, $y = 0$. Exprimant ces trois distances par p, q, r, ou, faisant

$$x = -\frac{D}{A} = p\ ,\quad y = -\frac{D}{B} = q\ ,\quad z = -\frac{D}{C} = r,$$

l'équation du plan deviendra

$$\frac{x}{p} + \frac{y}{q} + \frac{z}{r} = 1.$$

19. S'il s'agissait de déterminer les *traces* du plan ou ses intersections avec les plans coordonnés, il faudrait observer que, pour sa trace PM, par exemple, sur le plan xz, on a $y = 0$, et, par conséquent, que cette trace est exprimée par les deux équations simultanées

$$y = 0\ ,\quad Ax + Cz + D = 0;$$

par la même raison, les équations de sa trace sur le plan xy sont

$$z = 0\ ,\quad Ax + By + D = 0;$$

et celle de sa trace sur le plan yz,

$$x = 0\ ,\quad By + Cz + D = 0.$$

20. L'équation du plan contient *généralement* les trois variables x, y, z; et, d'après sa déduction, il est facile de voir qu'elle est toujours du premier degré, comme on peut s'assurer réciproquement que toute équation du premier degré de la forme (l) appartient

à une surface plane. Mais un ou plusieurs des coefficiens A, B, C, D peuvent être nuls, et il est nécessaire de connaître, dans ces divers cas, les conditions auxquelles le plan est assujéti.

Imaginons que le plan proposé doit être parallèle à l'axe des x ; alors il ne peut couper cet axe, circonstance qu'on exprime en disant qu'il ne le rencontre qu'à une distance *infiniment grande* de l'origine ou en posant, p exprimant, comme ci-dessus, cette distance, $p = \infty$; mais

$$p = -\frac{D}{A}.$$

Ainsi la condition $p = \infty$ entraîne la condition $A = 0$, et réduit l'équation (l) à

$$By + Cz + D = 0.$$

Cette dernière est donc l'équation d'un plan parallèle à l'axe des x. De même les équations

$$Ax + Cz + D = 0 \ , \ Ax + By + D = 0$$

représentent des plans respectivement parallèles aux axes des y et des z. En général, *lorsque dans l'équation d'un plan, une des variables manque, le plan est parallèle à l'axe sur lequel on compte cette variable.*

Si le plan devait être parallèle à la fois aux deux axes OX et OY, ou parallèle au plan xy, les valeurs de p et de q seraient toutes deux infinies, ce qui entraîne la double condition $A = 0$, $B = 0$, et réduit l'équation (l) à

$$Cz + D = 0 \ , \ \text{ou } z = M;$$

d'où l'on peut conclure généralement que, *lorsque deux variables manquent dans l'équation d'un plan, ce plan est parallèle à la fois aux deux axes de ces variables.*

L'équation $z = M$ exprime évidemment que la distance de chacun des points du plan donné au plan des xy, est égale à M. Si donc cette distance était nulle, ou si l'on avait l'équation $z = 0$, elle représenterait le plan des xy lui-même, tout comme l'équation isolée $y = 0$ représente le plan des xz, et que l'équation $x = 0$ représente le plan des yz. Il est important de ne pas perdre de vue ces diverses significations.

21. DES PLANS ET DES DROITES DANS L'ESPACE. Toutes les questions qu'on peut se proposer sur les plans doivent être traitées de la même manière que les questions relatives aux lignes droites, c'est-à-dire qu'il s'agit toujours de déterminer les valeurs particulières des coefficiens de l'équation

$$Ax + By + Cz + D = 0,$$

d'après les conditions qu'on peut imposer au plan. Quelques exemples suffiront pour indiquer la marche à suivre dans tous les cas.

22. *Trouver l'équation d'un plan assujéti à passer par un point donné.* Soient x', y', z' les coordonnées du point donné, et

$$(1)\dots\ Ax + By + Cz + D = 0$$

l'équation générale du plan. Cette équation devant être satisfaite lorsqu'on donne respectivement aux variables x, y, z les valeurs x', y', z', on a la relation

$$(2)\dots\ Ax' + By' + Cz' + D = 0.$$

Les deux équations (1) et (2) sont insuffisantes pour déterminer les coefficiens A, B, C, D ; et cela doit être, car on peut faire passer une infinité de plans différens par un même point ; mais on peut au moins éliminer une des interminées en retranchant (2) de (1) ; il vient

$$A(x - x') + B(y - y') + C(z - z') = 0.$$

Cette dernière ne renferme réellement que deux indéterminées, savoir : les quantités $\frac{B}{A}$ et $\frac{C}{A}$. On doit observer généralement qu'il y a seulement trois indéterminées dans l'équation générale du plan, puisqu'en divisant tous ses termes par A, on peut la ramener à la forme

$$x + Py + Qz + R = 0.$$

Il suffira donc toujours de trois équations différentes entre les coefficiens de l'équation générale (l) pour déterminer entièrement les rapports $\frac{B}{A}$, $\frac{C}{A}$, $\frac{D}{A}$, et fixer, par conséquent, la position du plan.

23 Si l'on se proposait de faire passer le plan par trois points donnés (x', y', z'), (x'', y'', z''), (x''', y''', z'''), on aurait à la fois les trois relations

$$Ax' + By' + Cz' + D = 0,$$
$$Ax'' + By'' + Cz'' + D = 0,$$
$$Ax''' + By''' + Cz''' + D = 0,$$

dont il serait facile de tirer les valeurs des rapports $\frac{B}{A}$, $\frac{C}{A}$, $\frac{D}{A}$ qu'on substituerait ensuite dans l'équation générale (l). Le plan serait alors fixé de position, parce qu'on ne peut effectivement faire passer qu'un seul plan par trois points donnés.

24. *Déterminer les relations qui existent entre les coefficiens des équations d'un plan et d'une droite, lorsque la droite est située dans le plan.*

Soit

$$(1)\ldots\ \mathrm{A}x + \mathrm{B}y + \mathrm{C}z + \mathrm{D} = 0$$

l'équation du plan, et

$$(2)\ldots\ x = az + b\ ,\ y = cz + d$$

les équations de la droite. D'après les conditions du problème, la droite devant être toute entière dans le plan, il faut que, pour une valeur quelconque de z, ou en laissant z indéterminé, les valeurs de x et y données par les équations (2) satisfassent à l'équation du plan. Substituant donc ces valeurs dans (1), nous obtiendrons

$$(\mathrm{A}a + \mathrm{B}c + \mathrm{C})z + \mathrm{A}b + \mathrm{B}d + \mathrm{D} = 0\,;$$

mais cette dernière doit se vérifier pour toute valeur de z, ainsi nous devons avoir à la fois

$$(3)\ldots\ \mathrm{A}a + \mathrm{B}c + \mathrm{C} = 0,$$
$$(4)\ldots\ \mathrm{A}b + \mathrm{B}d + \mathrm{D} = 0.$$

Telles sont les relations demandées.

25. Si la droite (2) ne devait avoir qu'un seul point commun avec le plan (1), les équations (1) et (2) ne pourraient être satisfaites simultanément que par un seul système de valeurs x, y, z; mais, comme il peut y avoir une infinité de plans qui rencontrent une infinité de droites au même point, cette condition isolée ne saurait établir aucune relation déterminée entre les coefficiens des équations (1) et (2). Ces coefficiens seraient seulement liés à la valeur de la coordonnée z du point d'intersection. Voici le fait : soient x', y', z' les coordonnées du point commun; leurs valeurs devant satisfaire en même temps les équations (1), (2), nous avons les trois relations

$$\mathrm{A}x' + \mathrm{B}y' + \mathrm{C}z' + \mathrm{D} = 0,$$
$$x' = az' + b\ ,\ y' = cz' + d\,;$$

éliminant x' et y' entre ces trois équations, on obtient

$$z' = -\ \frac{\mathrm{A}b + \mathrm{B}d + \mathrm{D}}{\mathrm{A}a + \mathrm{B}c + \mathrm{C}}.$$

Cette expression va nous conduire à la condition du parallélisme de la droite avec le plan. En effet, pour exprimer qu'une droite est parallèle à un plan, il suffit d'établir que leur point de rencontre est à une distance infinie, et, par conséquent, de poser $z' = \infty$, d'où

$$\mathrm{A}a + \mathrm{B}c + \mathrm{C} = 0.$$

Telle est la relation qui doit exister entre les coefficiens

des équations (1) et (2) pour que la droite soit parallèle au plan.

26. *Déterminer les relations qui doivent exister entre les coefficiens des équations d'un plan et d'une droite, pour que la droite soit perpendiculaire au plan.*

On reconnaît sans difficulté que les projections de la droite sur les plans coordonnés sont respectivement perpendiculaires aux traces du plan proposé sur les mêmes plans, et il s'agit seulement d'exprimer algébriquement ces circonstances. Or, si

$$x = az + b\quad,\quad y = cz + d$$

sont les équations de la droite, on sait que la première est l'équation de sa projection sur le plan xz; et la seconde, l'équation de sa projection sur le plan yz (n° 5). Mais la trace du plan

$$\mathrm{A}x + \mathrm{B}y + \mathrm{C}z + \mathrm{D} = 0$$

sur le plan xz est représentée, d'après (19), par

$$y = 0\ ,\ \mathrm{A}x + \mathrm{C}z + \mathrm{D} = 0,$$

et, par conséquent, son équation dans le plan xz, ramenée à la forme ordinaire, est

$$x = -\frac{\mathrm{C}}{\mathrm{A}}z - \frac{\mathrm{D}}{\mathrm{A}}.$$

Ainsi, comme cette trace doit être perpendiculaire à la projection correspondante,

$$x = az + b,$$

on a la relation (*voyez* tome I, page 104)

$$(1)\ldots\ a = \frac{\mathrm{A}}{\mathrm{C}}.$$

L'équation de la trace, dans le plan des yz étant pareillement

$$x = -\frac{\mathrm{C}}{\mathrm{B}}z - \frac{\mathrm{D}}{\mathrm{B}},$$

pour qu'elle soit perpendiculaire à la projection $y = cz + d$, on a la seconde condition

$$(2)\ldots\ c = \frac{\mathrm{B}}{\mathrm{C}}.$$

Dans tous les cas où le coefficient C a une valeur finie, les conditions (1) et (2) sont suffisantes pour exprimer que le plan est perpendiculaire à la droite, c'est-à-dire que l'équation du plan étant

$$\mathrm{A}x + \mathrm{B}y + \mathrm{C}z + \mathrm{D} = 0,$$

les équations de toutes ses perpendiculaires sont

$$x = \frac{A}{C} z + b \ , \ y = \frac{B}{C} z + d,$$

et ne diffèrent entre elles que par les valeurs des quantités b et d; mais si l'on avait $z = 0$, les quantités a et c deviendraient infiniment grandes, ce qui réduirait les équations de la droite à une seule, $z = M$, insuffisante pour la caractériser. Il faudrait alors employer la troisième projection, dont la forme est

$$y = ex + f,$$

et qui, comparée avec la troisième trace, fournirait une troisième condition

$$(3)\dots\ e = \frac{B}{A};$$

mais il est facile de voir que la troisième projection est liée avec les deux premières par la relation

$$e = \frac{c}{a}.$$

Ainsi, les conditions complètes qui déterminent la perpendicularité de la droite sur le plan, sont

$$a = \frac{A}{C} \ , \ c = \frac{B}{C} , e , \left(= \frac{c}{a} \right) = \frac{B}{A} ;$$

et, à l'exception du cas de $C = 0$, il est inutile de tenir compte de la dernière, puisqu'elle n'est qu'une conséquence immédiate des deux premières.

27. *Trouver la distance d'un point donné* (x, y, z) *à un plan*

$$Ax + By + Cz + D = 0.$$

Toutes les droites qui passent par le point donné ont des équations de la forme (n° 19),

$$x - x' = a(z - z') \ , \ y - y' = c (z - z'),$$

et, pour exprimer la perpendicularité, il faut faire $a = \frac{A}{C}$, $c = \frac{B}{C}$; ainsi les équations de la perpendiculaire menée du point au plan, sont.... (m)

$$x - x' = \frac{A}{C} (z - z') \ , \ y - y' = \frac{B}{C} (z - z').$$

Pour trouver la grandeur de la partie comprise entre le point (x', y', z') et le plan, il faut observer que les valeurs des coordonnées du pied de la perpendiculaire doivent satisfaire en même temps à l'équation du plan et aux équations (m), et qu'on peut, conséquemment,

les considérer comme les valeurs des inconnues x, y, z qui entrent dans ces trois équations; il suffira donc d'obtenir ces valeurs, et, comme on connaîtra alors les coordonnées des deux extrémités de la perpendiculaire, la formule (a) n° 4, donnera sa longueur δ.

$$\delta = \sqrt{\left[(x - x')^2 + (y - y')^2 + (z - z')^2 \right]}.$$

Afin d'arriver aux expressions les plus simples, donnons à l'équation du plan la forme.... (n)

$$A (x - x') + B (y - y') + C (z - z') + N = 0.$$

En posant, pour abréger,

$$N = Ax' + By' + Cz' + D,$$

et considérant les différences $x - x'$, $y - y'$, $z - z'$ comme les inconnues, substituons dans (n) les valeurs de $x - x'$ et de $y - y'$ données par (m), nous trouverons définitivement

$$x - x' = \frac{- NA}{A^2 + B^2 + C^2} ,$$
$$y - y' = \frac{- NB}{A^2 + B^2 + C^2} ,$$
$$z - z' = \frac{- NC}{A^2 + B^2 + C^2} .$$

Substituant les carrés de ces quantités dans l'expression de la distance δ, nous obtiendrons, toutes réductions faites,

$$\delta = \frac{Ax' + By' + Cz' + D}{\sqrt{[A^2 + B^2 + C^2]}}.$$

La valeur d'une distance mesurée isolément devant être toujours *positive*, on donnera au radical le signe $+$, si le numérateur de cette expression devenait positif par les valeurs particulières de A, B, C, D, x', y', z', et le signe $-$ dans le cas contraire.

Si le point donné était l'origine même des axes, on aurait $x' = 0$, $y' = 0$, $z' = 0$, d'où il résulte que la distance d'un plan, à l'origine des coordonnées a pour expression

$$\delta = \frac{D}{\sqrt{A^2 + B^2 + C^2}}.$$

28. *Déterminer l'angle d'une droite et d'un plan donnés par leurs équations.*

$$(1)\dots\ x = az + b, \ \ y = cz + d,$$
$$(2)\dots\ Ax + By + Cz + D = 0.$$

Ce qu'on nomme, en géométrie, l'angle d'une droite et d'un plan, est l'angle formé par la droite avec sa projection rectangulaire sur le plan, c'est-à-dire qu'il faut mener par la droite un plan perpendiculaire au plan donné, et que l'angle aigu compris entre la droite et l'intersection des plans, est l'angle dont il s'agit; nous disons l'angle aigu, parce qu'il y a toujours deux angles supplémens l'un de l'autre, et que c'est le plus petit qu'il faut prendre. D'après cette convention, il est visible que, si d'un point quelconque de la droite on abaisse une perpendiculaire au plan, l'angle de ces deux lignes sera le *complément* de l'angle cherché; mais, d'après (26), les équations de la perpendiculaire seront de la forme

$$(3)\ldots x = \frac{A}{C}z + b' \ , \ y = \frac{B}{C}z + d'.$$

Ainsi, la question est ramenée à trouver l'angle des deux droites (1) et (3); car, ce dernier étant connu, son complément ou l'angle cherché le sera également. Or, substituant dans l'expression générale (h) les coefficiens des équations (2) et (3), nous obtiendrons, pour l'angle des droites qu'elles représentent et que nous désignerons par ψ,

$$\cos \psi = \frac{Aa + Bc + C}{\sqrt{\left[A^2 + B^2 + C^2\right]} \cdot \sqrt{\left[a^2 + c^2 + 1\right]}};$$

l'angle cherché étant, en le désignant par φ, $\varphi = 90° - \psi$; on a $\sin \varphi = \cos \psi$, et, par suite,

$$\sin \varphi = \frac{Aa + Bc + C}{\sqrt{\left[A^2 + B^2 + C^2\right]} \cdot \sqrt{\left[a^2 + c^2 + 1\right]}};$$

telle est l'expression du sinus de l'angle demandé.

29. DES PLANS ENTRE EUX. Proposons-nous, pour commencer, la question suivante :

Déterminer les relations qui doivent exister entre les coefficiens des équations de deux plans

$$(1)\ldots Ax + By + Cz + D = 0,$$
$$(2)\ldots A'x + B'y + C'z + D' = 0,$$

pour que ces plans soient parallèles.

Observons que, lorsque deux plans sont parallèles, leurs traces sur chacun des plans coordonnés sont deux droites parallèles. Or, la trace du plan (1) sur le plan xz, a pour équation (n° 26)

$$x = -\frac{C}{A}z - \frac{D}{A},$$

et l'équation de la trace du plan (2) sur le même plan xz, est

$$x = -\frac{C'}{A'}z - \frac{D'}{A'}.$$

Donc, si ces deux droites sont parallèles, on doit avoir (*voyez* tome I, page 104)

$$\frac{C}{A} = \frac{C'}{A'}.$$

En comparant de la même manière les traces des deux plans sur chacun des deux autres plans coordonnés, on obtiendrait les deux autres conditions

$$\frac{C}{B} = \frac{C'}{B'} \ , \quad \frac{A}{B} = \frac{A'}{B'}.$$

Ainsi posant $\frac{A'}{A} = Q$, ces trois conditions donnent

$$A' = AQ, \ B' = BQ, \ C' = CQ.$$

D'où il résulte que le plan (2) ne saurait être parallèle au plan (1) que dans le cas où les trois coefficiens A', B', C' sont les produits respectifs des coefficiens A, B, C par un même facteur. Divisant tous les termes de (2) par le facteur commun Q et posant $\frac{D'}{Q} = E$, l'équation (2) deviendra

$$Ax + By + Cz + E = 0;$$

ce qui nous apprend que deux plans, dont les équations ne diffèrent que par leurs termes absolus, sont parallèles.

30. *Trouver l'angle de deux plans donnés par leurs équations :*

$$(1)\ldots Ax + By + Cz + D = 0,$$
$$(2)\ldots A'x + B'y + C'z + D' = 0.$$

Cette recherche repose sur les considérations géométriques suivantes. Soient MP, MN (Pl. XII, fig. 5) deux plans qui se coupent suivant la droite MK; si d'un point quelconque O de l'espace on mène à ces plans les perpendiculaires OB et OC, l'angle BOC, compris entre les perpendiculaires, sera égal à l'angle des plans. Pour le démontrer, faisons passer un plan par les deux perpendiculaires OB, OC, il sera en même temps perpendiculaire sur les deux plans MN et MP, et l'angle compris entre ses intersections AD et AE mesurera l'angle d'inclinaison des plans. Mais, dans la figure, l'angle EAD étant obtus, c'est proprement son supplément EAH qui mesure l'angle des plans MN, MP. Or, dans le quadrilatère OCAB, rectangle en C et en B, l'angle COB est le supplément de l'angle CAB ou EAB, donc l'angle compris entre les perpendiculaires OB et OD est égal à l'angle des plans. On voit, du reste, en prolongeant OB et OC, que les droites indéfinies CQ et BR forment autour du point O quatre angles égaux à ceux que les plans MN et MP forment autour de leur intersection MK.

Ceci posé, menons par l'origine des coordonnées une perpendiculaire à chacun des plans (1) et (2); l'équation de la première sera $x = az$, $y = cz$, ou plutôt, (n° 26),

$$(3)\dots x = \frac{A}{C}z, \quad y = \frac{B}{C}z,$$

et les équations de la seconde

$$(4)\dots x = \frac{A'}{C'}z, \qquad y = \frac{B'}{C'}z;$$

faisant dans l'équation générale (h), qui donne le cosinus de l'angle de deux droites,

$$a = \frac{A}{C}, \quad b = 0, \quad c = \frac{A'}{C'}, \quad d = 0;$$

et désignant cet angle par φ, nous obtiendrons pour l'angle des perpendiculaires, et, par conséquent, pour l'angle demandé des plans.... (n)

$$\cos \varphi = \frac{AA' + BB' + CC'}{\sqrt{\left[A^2 + B^2 + C^2\right]} \cdot \sqrt{\left[A'^2 + B'^2 + C'^2\right]}}.$$

Le double signe, dont on peut affecter les radicaux, donne pour le cosinus φ deux valeurs, dont l'une répond aux angles aigus, et l'autre aux angles obtus compris entre les deux plans prolongés indéfiniment.

31. L'expression précédente donne immédiatement la condition pour que les plans soient perpendiculaires entre eux; car, en faisant $\varphi = 90°$, on a $\cos \varphi = 0$, et, par suite,

$$AA' + BB' + CC' = 0.$$

32. *Déterminer les angles que fait un plan donné avec les trois plans coordonnés.*

Cette question n'est qu'un cas particulier de la précédente; car, en faisant coïncider successivement le plan (2) avec chacun des plans coordonnés, l'expression (n) fera connaître l'angle que forme ce plan coordonné avec le plan (1). Or, pour faire coïncider le plan (2) avec le plan des xz, dont l'équation est (n° 20) $y = 0$, il faut faire $A' = 0$, $C' = 0$, $D' = 0$, et l'on obtient, en substituant ces valeurs dans (n), pour l'angle du

plan (1) avec le plan xz, angle que nous désignerons par (P, xz),

$$\cos (P, xz) = \frac{B}{\sqrt{A^2 + B^2 + C^2}},$$

on trouverait de la même manière

$$\cos (P, yz) = \frac{A}{\sqrt{A^2 + B^2 + C^2}},$$

$$\cos (P, xy) = \frac{C}{\sqrt{A^2 + B^2 + C^2}}.$$

Prenant la somme des carrés de ces cosinus, on retrouve la relation, (n° 13),

$$\cos^2 (P, xz) + \cos^2 (P, yz) + \cos^2 (P, xy) = 1;$$

ce qui devait être, puisque les angles du plan (1) avec les plans coordonnés sont évidemment les mêmes que ceux de sa perpendiculaire (3) avec ces mêmes plans.

33. *Déterminer l'intersection de deux plans représentés par les équations.*

$$(1)\dots Ax + By + Cz + D = 0,$$
$$(2)\dots A'x + B'y + C'z + D = 0.$$

Soient NP et RQ (pl. XII, fig. 8) les deux plans, MN leur intersection, mn la projection de MN sur le plan xz et $m'n'$ sa projection sur le plan yz. Il s'agit d'obtenir les équations des deux projections mn, $m'n'$. Dans toute l'étendue indéfinie de l'intersection mn, les équations (1) et (2) doivent être satisfaites simultanément par les mêmes valeurs de x, y, z, de sorte qu'en prenant arbitrairement une de ces quantités, z, par exemple, ces équations, qui ne renferment plus que deux variables x, y, suffisent complètement pour les déterminer; et si, après avoir fait $z = p$, on trouve $y = q$, $x = r$, les trois quantités p, q, r seront les coordonnées d'un des points de MN, et fixeront la position de ce point. Cette considération nous montre que les équations (1) et (2) représentent par elles-mêmes l'intersection demandée, dès qu'on pose la condition qu'elles soient satisfaites en même temps par les mêmes valeurs de x, y, z; et l'on pourrait ainsi se dispenser de chercher les équations des projections mn et $m'n'$, si ces dernières n'étaient souvent plus commodes pour représenter la position de l'intersection. Or, il faut se rappeler (n° 2) qu'un point quelconque de l'espace a toujours deux coordonnées de communes avec chacune de ses projections, et, par conséquent, que les variables x et z représentent, à la fois, les coordonnées d'un point de l'intersection MN, et celles de la projection de ce point sur le plan xz ; ainsi, l'équation de la projection mn doit s'obtenir en éliminant y entre les équations (1) et (2), ce qui donne, pour cette équation,

$$(AB' - A'B)\, x + (CB' - C'B)\, z + (DB' - D'B) = 0.$$

Par la même raison, les variables y, z représentent à la fois les coordonnées d'un point de l'intersection et celles de la projection de ce point sur le plan yz, et il suffira d'éliminer x entre (1) et (2) pour obtenir l'équation de la projection $m'n'$, savoir :

$$(BA' - B'A)\, y + (CA' - C'A)\, z + (DA' - D'B) = 0.$$

En réalisant les calculs, on arrivera définitivement à deux équations de la forme ordinaire

$$x = az + b, \quad y = cz + d.$$

34. Nous avons supposé, dans tout ce qui précède, que les plans coordonnés étaient rectangulaires. Dans le cas de plans coordonnés obliques, la forme des équations de la ligne et du plan ne change pas ; seulement, comme dans la géométrie des deux dimensions, les coordonnées ne sont plus perpendiculaires entre elles, mais bien parallèles chacune à son axe. Les projections sont également déterminées par des droites parallèles aux axes, c'est-à-dire que la projection d'une droite sur le plan xz, par exemple, s'effectue en menant par chaque point de la droite une parallèle à l'axe des y ; l'équation de cette projection, qui est nécessairement une ligne droite, est alors rapportée aux axes obliques des x et des z, et rien n'est changé dans la forme des résultats généraux obtenus ci-dessus. La transformation des coordonnées obliques en coordonnées rectangulaires, et *vice versá*, s'effectue par des procédés analogues à ceux de la géométrie plane pour le même objet ; et, comme dans cette dernière, le degré d'une équation ne change pas, quel que changement de forme qu'on lui fasse subir, en rapportant successivement la ligne ou la surface qu'elle représente à différens systèmes de plans coordonnés. *Voyez*, pour tout ce qui concerne le passage d'un système d'axes à un autre, le mot Transformation des Coordonnées, dans ce volume et dans le tom. II, pag. 566.

35. Des Surfaces courbes. Les équations de toutes les surfaces courbes qu'on peut engendrer par le mouvement d'une ligne droite, s'obtiennent au moyen d'un procédé semblable à celui que nous avons employé (n° 17) pour trouver l'équation du plan. Concevons une droite MN (Pl. XII, fig. 4) assujétie à glisser le long d'une courbe plane MPQ, tout en restant parallèle à une direction donnée OB, et, pour plus de simplicité, prenons le plan de la courbe MPQ pour plan des xy ; son équation dans ce plan étant fonction des seules va-

riables x et y, nous la représenterons généralement par $\varphi\,(x, y) = 0$, en ajoutant la condition $z = 0$. Les équations de la génératrice MN seront en outre de la forme

$$x = mz + p, \quad y = nz + q,$$

en supposant que celles de la droite fixe OB sont $x = mz$, $y = nz$; m et n seront des quantités invariables, et p et q des quantités différentes pour chaque position de la génératrice.

Ceci posé, il faut commencer par exprimer que la génératrice MN a, dans toutes ses positions, un point de commun avec la directrice courbe MPQ, ce qui implique la condition que les quatre équations

$$z = 0, \qquad \varphi\,(x, y) = 0,$$
$$x = mz + p, \qquad y = nz + q,$$

soient satisfaites par un même système de valeurs x, y, z, condition qui ne saurait avoir lieu généralement, s'il ne se trouve, entre les constantes de ces équations, une relation particulière qu'on déterminera en éliminant les trois variables x, y, z. Ayant obtenu ainsi une nouvelle équation renfermant les quantités p et q, on la joindra aux deux équations de la génératrice, et, par l'élimination de ces quantités, on obtiendra une équation finale qui conviendra à *toutes les positions* de la génératrice, et, par conséquent, à la surface courbe, lieu de toutes ces positions, laquelle se nomme généralement une *surface cylindrique*.

36. Pour éclaircir cette théorie, prenons l'ellipse pour directrice ; et, en admettant que l'origine des coordonnées soit à son centre et que les axes des x et des y soient dans la direction de ses diamètres principaux $2A$ et $2B$, son équation sera $B^2 x^2 + A^2 y^2 = A^2 B^2$. Il faudra donc éliminer x, y, z entre les quatre équations

$$z = 0, \qquad B^2 x^2 + A^2 y^2 = A^2 B^2,$$
$$x = mz + p, \qquad y = ny + q.$$

Faisant $z = 0$ dans les deux dernières, il viendra $x = p$, $y = q$; substituant ces valeurs dans la seconde, nous trouverons

$$B^2 p^2 + A^2 q^2 = A^2 B^2.$$

Telle est la relation qui exprime que la génératrice glisse le long de l'ellipse. Éliminant maintenant p et q, entre cette dernière équation et les équations de la génératrice, nous obtiendrons, pour l'équation du *cylindre elliptique*,

$$\frac{(x - mz)^2}{A^2} + \frac{(y - nz)^2}{B^2} = 1.$$

Lorsque $A = B$, l'ellipse devient un cercle, et le cylindre elliptique, un *cylindre circulaire ;* l'équation de ce dernier est donc

$$(x - mz)^2 + (y - nz)^2 = A^2,$$

A étant le rayon du cercle directeur.

Si la génératrice était parallèle à l'axe des z, on aurait $m = 0$ et $n = 0$; l'équation se réduirait dans ce cas, qui est celui des *cylindres droits à bases elliptiques,* à

$$\frac{x^2}{A^2} + \frac{y^2}{B^2} = 1.$$

La variable z n'entre plus dans cette équation, parce que la relation des x et des y devient indépendante des z dans tous les points de la surface.

37. On nomme *surfaces coniques* celles qui sont engendrées par le mouvement d'une droite assujétie à passer toujours par un point fixe, en glissant constamment sur une directrice courbe. Leurs équations s'obtiennent de la même manière que celles des surfaces cylindriques.

Soient

$$z = 0, \quad B^2x^2 + A^2y^2 = A^2B^2$$

les équations de la directrice. Si nous désignons par α, β, γ les coordonnées du point fixe, les équations de la génératrice assujéties à passer par ce point, seront (n° 9)

$$x - \alpha = a(z - \gamma), \quad y - \beta = c(z - \gamma),$$

dans lesquelles a et c auront des valeurs différentes pour chaque position de cette droite. Éliminant x, y, z entre ces quatre équations, on obtient

$$\frac{(\alpha - a\gamma)^2}{A^2} + \frac{(\beta - c\gamma)^2}{B^2} = 1.$$

Telle est la relation qui exprime que, dans chacune des positions, la directrice et la génératrice ont un point de commun.

Éliminant a et c entre cette relation et les équations de la génératrice, il vient, pour l'équation de la surface conique.... (o),

$$\frac{(az - \gamma x)^2}{A^2} + \frac{(\beta z - \gamma y)^2}{B^2} = (z - \gamma)^2.$$

Si la directrice était un cercle, on aurait $A = B$, et la surface serait

$$(az - \gamma x)^2 + (\beta z - \gamma y)^2 = A^2(z - \gamma)^2;$$

c'est la surface du cône oblique de la géométrie élémentaire. Pour avoir l'équation de la surface du *cône droit,* il suffit de poser $\alpha = 0$, $\beta = 0$, et l'on obtient

$$x^2 + y^2 = \frac{A^2}{\gamma^2}(z - \gamma)^2,$$

ou bien encore

$$x^2 + y^2 = (z - \gamma)^2 . \tang^2 \omega,$$

en désignant par ω l'angle constant de la génératrice avec l'axe.

L'équation générale des surfaces coniques embrasse celle des surfaces cylindriques, et il est toujours facile de déduire la seconde de la première en rejetant le point fixe (α, β, γ) à l'infini. En effet, le rapport de deux quantités infiniment grandes du même ordre étant toujours une quantité finie, si l'on pose

$$\frac{\alpha}{\beta} = m, \quad \frac{\beta}{\gamma} = n, \quad \gamma = \infty,$$

et qu'on observe, alors, que

$$\frac{(z - \gamma)^2}{\gamma^2} = 1,$$

on obtiendra, en divisant les deux membres de l'équation (o) par γ^2 et en y introduisant les valeurs précédentes,

$$\frac{(mz - x)^2}{A^2} + \frac{(nz - y)^2}{B^2} = 1;$$

c'est l'équation des surfaces cylindriques (n° 56).

38. En généralisant les procédés que nous venons d'exposer, on pourra toujours obtenir l'équation d'une surface courbe engendrée par le mouvement d'une droite assujétie à des conditions quelconques. Quant aux surfaces dites de révolution, ou produites par le mouvement d'une courbe autour de l'axe fixe, voici le moyen le plus simple d'arriver à leur représentation algébrique, dans tous les où la génératrice est une courbe plane.

Soit AB (Pl. XII, fig. 10) une courbe plane qui tourne autour de l'axe OZ, de telle manière que chaque point M décrit un cercle dont le plan est perpendiculaire à l'axe. Partons du moment ou cette courbe coïncide avec le plan xz, et désignons par $\varphi(x, z) = 0$ son équation dans ce plan, rapportée aux axes OZ et OX.

Il est visible que la question de trouver l'équation de la surface engendrée par AB est la même que celle de trouver la relation des coordonnées x, y, z d'un point quelconque M de cette génératrice dans une quelconque de ses positions A′B. Or, si du point M, arrivé en M′, nous abaissons la perpendiculaire M′c sur le plan des xy, et la perpendiculaire M′d sur l'axe Oz, ces droites seront les coordonnées de la courbe A′B dans le plan BOX′ et par rapport aux axes OZ, OX′, de sorte qu'en posant généralement M′$d = \alpha$, M′$c = \beta$, nous aurons

$$\varphi(\alpha, \beta) = 0;$$

car l'équation de la courbe A'B , rapportée dans le plan BOX', aux axes OZ et OX', est nécessairement la même que celle de la courbe AB rapportée dans le plan ZOX , aux axes OZ et OX , puisqu'on peut imaginer non seulement que la courbe AB a pris, par son mouvement de rotation autour de OZ, la position A'B, mais encore que le plan ZOX lui-même a tourné avec la courbe et coïncide avec le plan ZOX'. Ainsi, les coordonnées α et β du point M', dans le plan ZOX', sont identiquement les mêmes en grandeur, que les coordonnées x et z du point M dans le plan ZOX; et comme, de plus, la coordonnée $M'c = Od = \beta$, est toujours comptée sur l'axe invariable OZ, si $\varphi(x,z) = 0$ est l'équation de la courbe dans le plan xz, $\varphi(z,z)$ sera son équation dans le plan ZOX', c'est-à-dire que α sera toujours égal à x pour toutes les valeurs de z; la différence de notation signifie donc seulement que la courbe AB est dans une position quelconque A'B.

Ceci posé, observons que les coordonnées, dans l'espace, du point quelconque M', sont

$$M'a = x \ , \ M'b = y \ , \ M'c = z;$$

et que, de plus, nous avons, en achevant le parallélipipède rectangle OM',

$$\overline{M'a}^2 + \overline{M'b}^2 = \overline{M'd}^2,$$

c'est-à-dire, en général,

$$x^2 + y^2 = \alpha^2.$$

Éliminant α entre cette équation et l'équation $\varphi(\alpha,z)=0$, nous obtiendrons une équation finale qui ne contiendra plus que les trois variables x, y, z, et sera, par conséquent, l'équation de la surface courbe, engendrée par le mouvement de la courbe AB, autour de l'axe OZ.

De là résulte cette règle très-simple : *Prenez l'axe de rotation pour axe des* z, *et rapportez l'équation de la courbe génératrice aux coordonnées* x, z, *ce qui vous donnera une équation*

$$\varphi(x, z) = 0.$$

Remplacez dans cette équation x *par* α, *et tirez de* $\varphi(z,z)$ *la valeur de* α, *que vous substituerez dans l'équation....* (p)

$$x^2 + y^2 = \alpha^2.$$

Le résultat sera l'équation demandée de la surface courbe, rapportée à trois plans coordonnés rectangulaires , ayant pour origine l'origine de l'équation $\varphi(x, z) = 0$, *et les mêmes axes des* x *et des* z.

39. Proposons-nous, pour premier exemple, de trouver l'équation de la surface courbe engendrée par

la révolution d'une ellipse autour de son grand axe. L'équation au centre de l'ellipse étant (*voyez* tome I, page 524)

$$y^2 = \frac{b^2}{a^2}(a^2 - x^2),$$

dans laquelle a est le demi grand axe, et b le demi petit axe, prenons le grand axe $2a$ pour axe des z; et, plaçant le centre de l'ellipse à l'origine O (pl. XII, fig. 11), observons que dans le plan xz les abscisses On sont représentées par z, et les coordonnées Om par x; l'équation de l'ellipse dans le plan xz sera donc

$$x^2 = \frac{b^2}{a^2}(a^2 - z^2).$$

Remplaçant x par α, nous avons immédiatement

$$\alpha^2 = b^2 - \frac{b^2}{a^2}z^2.$$

Mettant cette valeur dans (p), il vient

$$x^2 + y^2 = b^2 - \frac{b^2}{a^2}z^2,$$

ou.....(q)

$$\frac{x^2}{b^2} + \frac{y^2}{b^2} + \frac{z^2}{a^2} = 1.$$

Telle est l'équation de l'*ellipsoïde allongé*.

Si, au lieu de faire tourner l'ellipse sur son grand axe $2a$, on le faisait tourner sur son petit $2b$, on produirait l'*ellipsoïde aplati*; mais alors (Pl. XII, fig. 7), l'équation de la courbe dans le plan xz serait

$$z^2 = \frac{b^2}{a^2}(a^2 - x^2);$$

car les abscisses Om sont représentées par des x, et les coordonnées On par des z. Remplaçant x par α, on aurait

$$\alpha^2 = a^2 - \frac{a^2}{b^2}z^2;$$

d'où

$$x^2 + y^2 = a^2 - \frac{a^2}{b^2}z^2;$$

ce qui donnerait définitivement, pour l'équation de l'ellipsoïde aplati,

$$\frac{x^2}{a^2} + \frac{y^2}{a^2} + \frac{z^2}{b^2} = 1.$$

Les deux ellipsoïdes deviennent des sphères lorsque $a = b$.

40. Lorsque la courbe génératrice est une parabole, son équation dans le plan xz est, en plaçant son sommet à l'origine O (Pl. XII, fig. 13),

$$x^2 = pz;$$

ce qui donne $\alpha^2 = pz$, et, par suite.... (r),

$$\frac{x^2}{p} + \frac{y^2}{p} = z,$$

pour l'équation du *paraboloïde* de révolution.

41. La révolution de l'hyperbole engendre deux surfaces distinctes, suivant qu'on la fait tourner autour de son grand axe ou de son petit axe, dit l'*axe imaginaire*. Dans le premier cas (Pl. XII, fig. 9), les abscisses On de la courbe doivent être comptées sur l'axe OZ, et ses ordonnées Om sur l'axe OX. On a ainsi, pour son équation,

$$x^2 = \frac{b^2}{a^2}\,(z^2 - a^2).$$

Faisant $x = \alpha$, il vient

$$\alpha^2 = \frac{b^2}{a^2}\,z^2 - b^2;$$

ce qui donne, en substituant dans (p).... (s),

$$\frac{z^2}{a^2} - \frac{y^2}{b^2} - \frac{x^2}{2} = 1,$$

équation de l'*hyperboloïde à deux napes*. L'hyperbole ayant deux branches isolées, cette surface se compose de deux napes qui se prolongent à l'infini en sens opposé, et sont séparées l'une de l'autre par un espace vide, comme le montre la figure. La discussion de l'équation (s) met au jour toutes ces circonstances, mais nous ne pouvons nous y arrêter.

Dans le second cas, où l'on fait tourner l'hyperbole autour de son axe imaginaire, il faut compter les abscisses Om (Pl. XII, fig. 12) sur l'axe OX, et les ordonnées On sur l'axe OZ; on a alors pour l'équation de la courbe, dans le plan xz,

$$z^2 = \frac{b^2}{a^2}\,(x^2 - a^2).$$

On en tire, en faisant $x = \alpha$,

$$\alpha^2 = \frac{a^2}{b^2}\,z^2 + a^2.$$

Puis, substituant cette valeur dans (p).... (t),

$$\frac{x^2}{a^2} + \frac{y^2}{a^2} - \frac{z^2}{b^2} = 1.$$

C'est l'équation de l'*hyperboloïde à une seule nape*, surface courbe qui s'étend indéfiniment dans le sens des z positifs et des z négatifs.

42. Quelle que soit la courbe plane génératrice, on parviendrait de la même manière à l'équation de la surface courbe engendrée par sa révolution autour de l'axe des z. Si on voulait faire tourner la courbe autour de l'axe des x, il suffirait d'une transposition de lettres, ce qui est d'ailleurs insignifiant, parce qu'on obtiendrait toujours les mêmes équations, sauf que les z y seraient désignés par des x, et *vice versâ*.

43. Cette méthode peut encore s'appliquer au cas où la génératrice serait une simple ligne droite donnée par son équation sur le plan xz

$$z = ax + b.$$

Nous rappellerons que, dans cette équation, a désigne la tangente trigonométrique de l'angle de la droite avec l'axe des x; et b, l'ordonnée du point où la droite coupe l'axe des z (tome I, page 103).

Faisant $x = \alpha$, nous obtiendrons

$$\alpha^2 = \frac{1}{a^2}\,(z - b)^2.$$

Cette valeur, mise dans (p), nous donnera pour l'équation de la surface engendrée

$$x^2 + y^2 = \frac{1}{a^2}\,(z - b)^2,$$

ou bien, en posant $a = \tang\,\varphi$,

$$x^2 + y^2 = (z - b)^2 \cdot \cot^2\varphi.$$

L'angle φ étant le complément de l'angle constant que la droite fait avec l'axe des z, on voit que cette équation est identique avec celle du cône droit trouvée ci-dessus (n° 36). Si la droite était parallèle à l'axe des z, on aurait $a = \infty$, $b = \infty$, d'où

$$\frac{(z - b)^2}{a^2} = \frac{b^2}{a^2} = A^2,$$

A désignant la distance de l'origine où la droite coupe l'axe des x; l'équation deviendrait donc

$$x^2 + y^2 = A^2,$$

qui est celle d'un cylindre droit.

44. En prenant, comme nous l'avons fait jusqu'ici, l'origine des coordonnées de la courbe pour origine des coordonnées de la surface, nous avons obtenu les équations de cette dernière sous leur forme la plus simple, et il serait facile ensuite, par des transformations, de rapporter ces équations à d'autres systèmes de plans

coordonnés rectangulaires ou obliques. On pourrait également, en faisant tourner les courbes autour d'autres axes que leurs axes principaux, engendrer, avec les sections coniques, des surfaces très-différentes de celles que nous venons d'examiner; nous en donnerons un exemple.

Soit AMBNA (Pl. XIII, fig. 1) une ellipse assujettie à tourner autour de la droite MN, située dans son plan d'une manière quelconque par rapport à son grand axe AB. Par le point O, où MN coupe le grand axe AB, menons OX perpendiculaire à MN, et rapportons l'équation de la courbe aux deux axes OZ et OX. Cette équation, par rapport au grand axe AB et au centre C, étant, en désignant les coordonnées par x', y' ....(1),

$$a^2 y'^2 + b^2 x'^2 = a^2 b^2,$$

nous avons, entre les coordonnées x', y' et les nouvelles coordonnées x et z, les relations connues

$$x' = x \cos \alpha - z \sin \alpha - q,$$
$$y' = x \sin \alpha + z \cos \alpha,$$

dans lesquelles α désigne l'angle BOX, et q la distance OC de l'ancienne origine à la nouvelle, prise négativement, parce qu'elle est dans le sens des x' négatives. (*Voy.* t. II, p. 567.)

Substituant ces valeurs dans (1), nous obtiendrons pour l'équation de l'ellipse, dans le plan xz,

$$a^2 (x \sin \alpha + z \cos \alpha)^2 + b^2 (x \cos \alpha - z \sin \alpha - q)^2 = a^2 b^2.$$

Développant les puissances et posant, pour abréger,

$$A = b^2 \cos^2 \alpha + a^2 \sin^2 \alpha,$$
$$B = b^2 \sin^2 \alpha + a^2 \cos^2 \alpha,$$
$$C = 2 (a^2 - b^2) \sin \alpha \cdot \cos \alpha,$$
$$D = 2qb^2 \cos \alpha,$$
$$E = 2qb^2 \sin \alpha,$$

cette équation deviendra

$$A x^2 + (2C - D) x = a^2 b^2 - b^2 q^2 - Bz^2 - Ez.$$

Changeant x en α, et résolvant par rapport à α, nous trouverons

$$\alpha = -\frac{Cz - D}{2A} \pm \sqrt{\left[\frac{a^2 b^2 - b^2 q^2 - Bz^2 - Ez}{A} + \frac{(Cz - D)^2}{4A^2} \right]}.$$

Substituant cette valeur dans (p), nous obtiendrons

$$\sqrt{x^2 + y^2} = -\frac{Cz - D}{2A} \pm \sqrt{\left[\frac{a^2 b^2 - b^2 q^2 - Bz^2 - Ez}{A} + \frac{(Cz - D)^2}{4A^2} \right]},$$

équation qui s'élèvera au quatrième degré par la disparition des radicaux. La forme de la surface courbe qu'elle représente est très-remarquable : elle offre un noyau vide autour de l'axe des z, lorsque q est plus grand que a, et une espèce d'entonnoir formé par la nape intérieure, lorsque q est plus petit que a.

Si l'axe de rotation OZ était perpendiculaire à l'axe principal AB de l'ellipse, l'équation deviendrait beaucoup plus simple, car on aurait alors $\alpha = 0$, d'où $\sin \alpha = 0$, $\cos \alpha = 1$, et, par suite,

$$A = b^2, \ B = a^2, \ C = 0, \ D = 2qb^2, \ E = 0.$$

La surface serait donc

$$x^2 + y^2 = \left(q \pm \sqrt{\left[a^2 - \frac{b^2}{a^2} z^2 \right]} \right)^2.$$

Lorsque $a = b$ ou que l'ellipse est un cercle, l'équation se réduit à

$$x^2 + y^2 = \left(q \pm \sqrt{a^2 - z^2} \right)^2.$$

C'est celle du *tore*, surface courbe qu'on rencontre dans les tracés de la géométrie descriptive.

Il suffirait de faire $q = 0$, dans cette dernière, pour exprimer que l'axe de rotation est un diamètre, et l'on retrouverait l'équation de la sphère

$$x^2 + y^2 + z^2 = a^2.$$

45. DE L'INTERSECTION DES SURFACES. L'intersection de deux surfaces quelconques est toujours une ligne dont la nature est déterminée par les équations de ses projections sur deux des plans coordonnés. On obtient ces équations en opérant comme nous l'avons fait ci-dessus pour l'intersection de deux plans, c'est-à-dire que l'équation de la projection sur le plan xz résulte de l'élimination de y entre les équations des deux surfaces; que celle de la projection sur le plan yz résulte de l'élimination de x, et qu'enfin l'équation de la projection sur le plan xy résulte de l'élimination de z entre les mêmes équations.

Lorsqu'une des surfaces est un plan parallèle à l'un des plans coordonnés, la projection de l'intersection sur ce plan est une ligne parfaitement égale et semblable à l'intersection, elle suffit donc pour la faire connaître.

Si, par exemple, la surface courbe était celle de l'ellipsoïde

$$\frac{x^2}{b^2} + \frac{y^2}{b^2} + \frac{z^2}{a^2} = 1,$$

et que le plan coupant fût parallèle au plan des xy, son équation étant de la forme $z = h$, l'équation de la projection sur le plan xy serait

$$\frac{x^2}{b^2} + \frac{y^2}{b^2} = 1 - \frac{h^2}{a^2}.$$

C'est l'équation d'un cercle qui a pour rayon

$$\sqrt{\left(b^2 - \frac{h^2 b^2}{a^2} \right)};$$

d'où il suit que toutes les sections de l'ellipsoïde, parallèles au plan des xy, sont des cercles, ce qui est d'ailleurs une conséquence immédiate de la génération de cette surface. Si le plan coupant était parallèle au plan xz, son équation serait de la forme $y = h$, et l'équation de la projection sur ce plan xz deviendrait

$$\frac{x^2}{b^2} + \frac{z^2}{a^2} = 1 - \frac{h^2}{b^2},$$

laquelle appartient à une ellipse dont les demi-axes, qu'on obtient en faisant successivement $z = 0$, $x = 0$, sont

$$\frac{a}{b} \sqrt{b^2 - h^2}, \quad \sqrt{b^2 - h^2}.$$

Toutes les sections parallèles au plan des xz sont donc des ellipses, et, de plus, ces ellipses sont semblables, car, quelle que soit la valeur de h, le rapport des deux axes est le même pour toutes les ellipses, savoir : $\frac{a}{b}$. Dans le cas d'un plan sécant parallèle à l'un des plans coordonnés, il est visible que les deux autres projections sont des lignes droites.

Lorsque le plan sécant n'est parallèle à aucun des plans coordonnés, aucune des trois projections n'est identique avec la courbe d'intersection; mais on peut, en effectuant une transformation de coordonnées, choisir le plan sécant lui-même pour nouveau plan des xy, et alors il suffit de faire $z = 0$ dans l'équation de la surface pour avoir l'équation de l'intersection considérée dans le plan sécant. Nous allons indiquer les moyens d'obtenir directement cette équation.

46. Soient

$$(1)\ldots\ f(x, y, z) = 0,$$

l'équation de la surface courbe, et

$$(2)\ldots\ \mathrm{A}x + \mathrm{B}y + \mathrm{C}z + \mathrm{D} = 0,$$

celle du plan sécant, par rapport aux trois axes rectangulaires OX, OY, OZ (Pl. XIII, fig. 2). Représentons par la courbe AMB l'intersection de ces deux surfaces, et par la droite O'X' la *trace* du plan sécant sur le plan xy; menons, dans ce plan sécant, la droite O'Y' perpendiculaire à O'X', et proposons-nous de rapporter à ces deux axes la courbe d'intersection AMB.

D'un point quelconque M de la section, abaissons MP perpendiculaire sur O'X', et MQ perpendiculaire sur le plan xy; joignons P et Q par la droite PQ, et menons QR perpendiculaire sur OX. Il est visible que OR, QR, QM sont les coordonnées dans l'espace du point M, par rapport aux premiers axes, et O'P, PM les coordonnées de ce même point dans le plan sécant, par rapport aux axes O'X', O'Y'. Nous pouvons donc poser, en distinguant par un accent les dernières coordonnées des premières,

$$\mathrm{OR} = x, \quad \mathrm{QR} = y, \quad \mathrm{MQ} = z,$$
$$\mathrm{O'P} = x', \quad \mathrm{PM} = y'.$$

Or, PQ est perpendiculaire sur O'X', et par conséquent l'angle MPQ, que nous désignerons par ω, mesure l'inclinaison du plan sécant sur le plan xy; la grandeur de cet angle est donc donnée par l'expression (n° 32) $\ldots (u)$

$$\cos \omega = \frac{\mathrm{C}}{\sqrt{\mathrm{A}^2 + \mathrm{B}^2 + \mathrm{C}^2}};$$

de plus, l'équation de la trace O'X' (n° 19) étant

$$\mathrm{A}x + \mathrm{B}y + \mathrm{D} = 0,$$

on a pour l'angle XO'X' $= \varphi$, de cette trace avec l'axe O'X, la relation $\ldots (v)$

$$\tan \varphi = - \frac{\mathrm{A}}{\mathrm{B}}.$$

Ceci posé, le triangle rectangle PQM donne

$$\mathrm{MQ} = z = y' \sin \omega,$$
$$\mathrm{PQ} = y'' = y' \cos \omega,$$

en désignant généralement PQ par y''.

Si nous considérons maintenant le point Q, projection du point M, comme rapporté successivement aux deux systèmes de coordonnées rectangulaires,

$$x = \mathrm{OR}, \quad y = \mathrm{QR},$$
$$x' = \mathrm{O'P}, \quad y'' = \mathrm{PQ},$$

dont les premières ont pour axes OX, OY, et les secondes O'X', O'Y', nous aurons entre ces deux systèmes, en désignant par m la distance des deux origines O, O', les relations (*voy.* TRANSFORMATION DES COORDONNÉES, tome II)

$$x = x' \cos \varphi + y' \sin \varphi + m,$$
$$y = x' \sin \varphi - y' \cos \varphi.$$

y' est pris ici avec le signe —, parce que, dans notre figure, les y'' positifs se projettent sur les y négatifs. Substituant dans ces formules la valeur de $y'' = y' \cos \omega$, nous obtiendrons les relations suivantes entre les coordonnées x, y, z et x', y' ....(x)

$$x = x' \cos \varphi + y' \cos \omega . \sin \varphi + m,$$
$$y = x' \sin \varphi - y' \cos \omega . \cos \varphi,$$
$$z = y' \sin \omega.$$

Ces formules, substituées dans l'équation $f(x, y, z) = 0$, donneront évidemment l'équation $f(x', y') = 0$ de l'intersection rapportée à deux axes rectangulaires pris dans son plan.

Si le plan sécant était perpendiculaire au plan xy, il faudrait faire $\omega = 90°$, et les formules (x) deviendraient simplement (y)

$$x = x' \cos \varphi + m,$$
$$y = x' \sin \varphi,$$
$$z = y'.$$

Dans tous les cas, on poserait $m = 0$, si le plan sécant passait par l'origine O.

47. Appliquons ces formules à quelques exemples particuliers. L'équation du paraboloïde de révolution étant (n° 40)

$$\frac{x^2}{p} + \frac{y^2}{p} = z,$$

nous obtiendrons l'équation de sa section par un plan quelconque, en donnant à x, y, z les valeurs (x) ; mais nous parviendrons à des expressions plus simples en prenant l'axe des x pour axe de révolution, ce qui, d'après la remarque du n° 42, change l'équation précédente en

$$\frac{z^2}{p} + \frac{y^2}{p} = x.$$

Introduisant donc dans cette dernière les valeurs (x), il viendra

$$y'^2 \sin^2 \omega + (x' \sin \varphi - y' \cos \omega . \cos \varphi)^2 = p(x' \cos \varphi + y' \cos \omega . \sin \varphi + m).$$

Développant le carré, et posant, pour abréger,

$$\sin^2 \varphi + \cos^2 \omega . \cos^2 \varphi = P,$$
$$\sin^2 \varphi = Q,$$
$$2 \sin \varphi \cos \varphi \cos \omega = R,$$
$$p \cos \varphi = S,$$
$$p \sin \varphi \cos \omega = T,$$

l'équation de la section sera ....(z)

$$Py'^2 + Qx'^2 - Rx'y' - Sx' - Ty' - mp = 0,$$

que la discussion montre ne pouvoir appartenir qu'à un cercle, une ellipse ou une parabole, suivant la grandeur des angles φ et ω. En effet, tant que l'angle ω n'est pas nul, l'équation (z) appartient à une courbe fermée; car en faisant successivement $x' = 0$, $y' = 0$, pour obtenir les points où la courbe coupe les axes O'X', O'Y', on trouve,

$$\text{pour } x' = 0, \quad y' = \frac{T}{2P} \pm \frac{\sqrt{T^2 + 4mpP^2}}{2P},$$

$$\text{pour } y' = 0, \quad x' = \frac{S}{2Q} \pm \frac{\sqrt{S^2 + 4mpQ^2}}{2Q},$$

valeurs toujours réelles quand m n'est pas négatif. Dans ce cas général de ω plus grand que zéro, la section est donc une ellipse.

Lorsque le plan sécant est parallèle au plan yz, on a à la fois $\omega = 90°$; et $\varphi = 90°$; d'où

$$P = 1, \ Q = 1, \ R = 0, \ S = 0, \ T = 0.$$

La section est alors un cercle,

$$y'^2 + x'^2 - mp = 0,$$

dont le rayon est égal à $\sqrt{mp}$, et dont le centre est à l'origine des coordonnées x', y'.

Dans le cas de $\omega = 0$, le plan sécant est parallèle au plan des xy, il n'existe plus de *trace* sur ce dernier plan, et les formules (x) ne peuvent être appliquées sans les avoir préalablement modifiées ; mais il est alors beaucoup plus simple d'opérer comme au n° 45, ce que l'on doit toujours faire pour toutes les sections parallèles à un des plans coordonnés. Ici, l'équation du plan sécant devenant de la forme $z = h$, la projection sur le plan xy, laquelle est identique avec la section, serait

$$\frac{h^2}{p} + \frac{y^2}{p} = x,$$

ou

$$y^2 = p(x - q),$$

en posant $h^2 = pq$. C'est l'équation d'une parabole.

Ainsi, toutes les sections parallèles au plan xy sont des paraboles ; celle de ce plan lui-même est la parabole génératrice $y^2 = px$.

48. Cherchons encore la nature des sections faites par un plan dans la surface d'un cylindre droit, dont l'équation est

$$y^2 + z^2 = A^2,$$

en prenant l'axe des x pour axe de révolution. Substituant dans cette équation les valeurs de y et de z données par les formules (x), nous obtiendrons

$$y'^2 \sin^2\omega + (x' \sin\varphi - y' \cos\omega \cos\varphi)^2 = A^2.$$

Développant le carré, et posant

$$P = \cos^2\omega \cdot \cos^2\varphi + \sin^2\omega,$$
$$Q = \sin^2\varphi,$$
$$R = \sin\varphi \cdot \cos\omega \cdot \cos\varphi,$$

l'équation de la section prendra la forme

$$Py'^2 + Qx'^2 - Rx'y' = A^2 ;$$

ce qui nous apprend que, pour toutes les valeurs de ω autres que *zéro*, les sections sont des courbes fermées, coupant les axes aux points

$$x' = 0, \ y' = + \sqrt{\frac{A^2}{P}} \ ; \quad x' = 0, \ y' = - \sqrt{\frac{A^2}{P}} \ ;$$

$$x' = 0, \ y' = + \sqrt{\frac{A^2}{Q}} \ ; \quad y' = 0, \ x' = - \sqrt{\frac{A^2}{Q}} \ ;$$

elles sont des cercles, lorsque $\omega = \varphi = 90°$, et des ellipses dans tous les autres cas. Quant aux sections correspondantes à $\omega = 0$, ou parallèles au plan xy, leurs projections sur ce plan xy étant déterminées par les deux équations

$$z = h, \ y^2 + z^2 = A^2,$$

on voit qu'elles se réduisent à deux lignes droites

$$y = + \sqrt{A^2 - h^2}, \ y = - \sqrt{A^2 - h^2},$$

parallèles au plan xz.

49. Les considérations précédentes peuvent s'étendre aux intersections de deux surfaces courbes, toutes les fois que ces intersections sont des courbes planes ; mais, lorsque les sections sont des courbes dites *à double courbure*, on ne peut les considérer que dans l'espace à trois dimensions, ce qui exige toujours le concours des équations de deux projections.

Quand on connaît les équations de deux projections d'une courbe quelconque située dans l'espace, on peut évidemment l'envisager, quelle que soit sa nature et

celles des surfaces dont elle est l'intersection, comme la section commune des deux surfaces cylindriques qui ont pour directrices les projections, et pour génératrices des droites parallèles aux axes qui ne sont pas dans les plans de ces projections ; de cette manière, toutes les courbes sont ramenées à un mode unique de génération, et les intersections de deux surfaces courbes quelconques aux intersections de deux surfaces cylindriques. (*Voy.* Projection.)

50. La théorie des surfaces courbes présente, comme celle des lignes, deux problèmes fondamentaux qu'on peut énoncer en ces termes :

I. *Trouver l'équation d'une surface ; sa description et ses propriétés caractéristiques étant données.*

II. *Étant donnée l'équation d'une surface, la décrire et trouver ses principales propriétés.*

Les élémens de la solution du premier problème viennent d'être exposés ; il nous reste à présenter ceux du second.

51. Une équation quelconque à trois variables $f(x, y, z) = 0$, dans laquelle x, y, z représentent des droites respectivement parallèles à trois axes coordonnés, est une équation doublement indéterminée qu'il est toujours possible de satisfaire en donnant des valeurs arbitraires à deux de ses variables. Si nous faisons, par exemple, $x = m$, $y = n$, et qu'en résolvant l'équation $f(z, m, n) = 0$, nous obtenions $z = p$, les trois coordonnées

$$x = m \ , \ y = n \ , \ z = p$$

appartiendront à un point de l'espace qui se trouvera complètement fixé et ne pourra plus être confondu avec aucun autre. Si nous obtenons de même

$$z = p' \text{ en faisant } x = m' \ , \ y = n',$$
$$z = p'' \ldots\ldots x = m'', \ y = n'',$$
$$z = p''' \ldots\ldots x = m''', \ y = n''',$$
$$\text{etc.}, \ \ldots\ldots \text{ etc.}$$

tous les points (m, n, p), (m', n', p'), (m'', n'', p''), etc., seront déterminés ; de sorte qu'en les supposant infiniment proches les uns des autres, leur réunion formera une surface.

Or, tous les points de cette surface ayant des coordonnées liées par la même relation $f(x, y, z) = 0$, c'est cette relation qui caractérise la surface, la distingue de toutes les autres qu'on peut imaginer dans l'espace, et constitue en un mot ce qu'on nomme son *équation*. Il résulte de là qu'une équation à trois variables représente toujours une certaine surface dont la nature et les propriétés dépendent évidemment du degré de l'équation et de la grandeur des constantes qu'elle renferme. Lorsque l'équation est du premier degré, la surface est toujours plane, comme nous l'avons reconnu (n° 20) ; dans tous les autres cas, la surface est courbe et se classe d'après le degré de son équation. Ainsi, toutes les surfaces courbes dont les équations sont du second degré composent la classe des *surfaces du second ordre*, celles dont les équations sont du troisième degré forment la classe des *surfaces du troisième ordre*, et ainsi de suite.

52. Une équation qui a pour coefficiens des nombres déterminés en grandeur et en *signe* ne peut nécessairement représenter qu'une seule et unique surface ; par exemple, a et b étant des nombres donnés essentiellement positifs, l'équation

$$\frac{x^2}{a^2} + \frac{y^2}{a^2} + \frac{z^2}{b^2} = 1$$

convient exclusivement à l'*ellipsoïde aplati de révolution*, tandis que l'équation

$$\frac{x^2}{a^2} + \frac{y^2}{a^2} - \frac{z^2}{2} = 1$$

représente exclusivement l'*hyperboloïde de révolution à une seule nape* (n°ᵉ 39 et 41). Mais si l'on considère les coefficiens comme pouvant être positifs, négatifs ou nuls, une même équation devient susceptible de représenter plusieurs surfaces, et l'on conçoit aisément que toutes les surfaces d'un même ordre ou d'un même degré sont comprises dans l'équation générale de ce degré. Ce n'est donc qu'en partant de la forme la plus générale d'une équation à trois variables d'un degré quelconque, qu'il est possible de reconnaître les diverses surfaces correspondantes aux valeurs particulières des coefficiens. Observons, en outre, qu'une même surface peut être représentée par plusieurs équations très-différentes les unes des autres, quoique du même degré ; car, en rapportant, par exemple, l'ellipsoïde à d'autres axes coordonnés rectangulaires ou obliques, nous obtiendrons des équations beaucoup moins simples que la précédente, et qui, cependant, ne seront que les représentations de la même surface. Il résulte de ces considérations que, lorsqu'une équation est donnée, il faut d'abord la ramener à sa forme la plus simple par des transformations convenables des coordonnées ; car il est toujours plus facile alors de reconnaître la nature et les propriétés des surfaces qu'elle exprime. Cette réduction d'une équation à sa forme la plus simple exige quelques notions préliminaires.

53. On nomme *cordes* toutes les droites menées d'un point d'une surface à ses autres points.

Lorsqu'il existe dans l'espace un point tel que toutes les cordes menées par ce point y sont divisées cha-

cune en parties égales, il prend le nom de *centre* de la surface.

54. Si, dans une surface quelconque, on mène une suite de cordes parallèles entre elles et qu'on les partage en deux parties égales, la surface qui passera par tous ces milieux sera ce qu'on nomme une *surface diamétrale* de la première. Le degré de cette surface diamétrale dépendra du nombre des points d'intersection des cordes avec la surface donnée. Si le degré de cette dernière est n, chaque droite indéfinie la rencontrera dans n points différens, réels ou imaginaires, qui, combinés deux à deux, fourniront sur cette même droite $\frac{n(n-1)}{2}$, cordes différentes et, par conséquent, $\frac{n(n-1)}{2}$ points différens pour la surface diamétrale. Donc, cette dernière pouvant être rencontrée en $\frac{n(n-1)}{2}$ par une même droite, est du degré $\frac{n(n-1)}{2}$ (*voy.* SURFACE) ; $\frac{n(n-1)}{2}$ se réduisant à 1 lorsque $n = 2$, on voit que les surfaces diamétrales des surfaces du second ordre sont des plans.

55. Lorsque trois plans diamétraux sont disposés de telle manière que chacun d'eux coupe en deux parties égales les cordes qui sont parallèles à l'intersection des deux autres, ils sont dits *conjugués* entre eux.

L'intersection des deux plans conjugués se nomme un *diamètre* de la surface.

56. Un plan diamétral qui se trouve en même temps perpendiculaire aux cordes qu'il coupe, reçoit le nom de *plan principal*.

L'intersection de deux plans principaux est un *diamètre principal*, ou un *axe* de la surface courbe.

57. Examinons maintenant comment la considération des centres et des plans diamétraux peut servir à ramener une équation donnée à sa forme la plus simple.

Dans toutes les surfaces courbes douées d'un centre, si l'on transporte l'origine des coordonnées à ce centre, l'équation transformée ne contiendra plus que les termes dans lesquels la somme des exposans des variables est de même parité que le degré de l'équation. En effet, AA' étant une corde quelconque dont nous supposerons l'extrémité A au-dessus du plan xy, ou du côté des z positifs, il est visible que l'extrémité A' est située au-dessous de ce plan d'une manière symétrique ; car AA' étant coupée en deux parties égales par l'origine, les coordonnées x, y, z du point A sont égales et de signes contraires aux coordonnées du point A'. Ainsi, lorsque l'équation de la surface est satisfaite par un système de valeurs x', y', z', elle doit l'être également par le système de signes opposés $-x'$, $-y'$ $-z'$; d'où il résulte que cette équation doit demeurer identiquement la même quand on change à la fois les signes des trois variables x, y, z.

Si l'équation est de degré pair, elle ne pourra donc renfermer que des termes dont le degré soit pair; et si elle est de degré impair, tous ses termes devront être aussi de degré impair; de sorte qu'elle ne pourra avoir de terme absolu. Par exemple, l'équation

$$Ax^2 + By^2 + Cz^2 + Dxy + Exz + Fzy + G = 0,$$

qui ne change pas en remplaçant x, y, z par $-x$ $-y$, $-z$, représente une surface dont le *centre* est l'origine des coordonnées actuelles, et il en est de même de l'équation

$$Ax^3 + Bx^2y + Cxyz + Dz + Ey + Fx = 0.$$

Toute équation proposée qui ne remplit pas ces conditions n'est donc pas rapportée au centre de la surface comme origine, ou ne peut appartenir qu'à une surface dépourvue de centre.

58. Pour reconnaître si une surface dont l'équation est rapportée à des axes quelconques admet un centre, il faut transporter ces axes parallèlement à eux-mêmes en un point indéterminé α, β, γ, ce qui exige simplement de substituer, dans l'équation $f(x, y, z) = 0$, les valeurs

$$x = x' + a, \quad y = y' + b, \quad z = z' + c$$

(*voy.* Transformation). On parvient ainsi à une équation $f(x', y', z') = 0$, dont on ne conserve que les termes dans lesquels la somme des exposans des variables est de même parité que le degré de l'équation. Les autres termes, égalés à zéro, fournissent les équations de condition nécessaires à la détermination des coordonnées du centre α, β, γ. Si ces coordonnées admettent des valeurs réelles et finies, la surface proposée est douée d'un centre; dans le cas contraire, elle en est dépourvue.

59. Les équations des surfaces qui admettent des plans diamétraux deviennent plus simples, lorsqu'on choisit l'un de ces plans pour plan coordonné. Si, par exemple, la surface $f(x, y, z) = 0$ est dans ce cas, et qu'après avoir pris les axes des x et des y dans un plan diamétral, on prenne l'axe des z parallèle aux cordes coupées en deux parties égales par ce plan, l'équation nouvelle $f(x, y, z)$ devra donner évidemment deux valeurs de z égales et de signes contraires pour chaque système de valeurs $x = m$, $y = n$; ainsi cette équation ne devra contenir que des puissances paires de z; d'où l'on peut conclure, réciproquement, que lorsqu'une équation ne renferme que des puissances paires de z, le plan xy est *diamétral* et coupe en deux parties égales toutes les cordes parallèles à l'axe des z. Il en

serait de même pour chacun des plans xz, yz, si l'équation ne renfermait que des puissances paires de y ou de x. Une équation rapportée à trois plans diamétraux conjugués (55) comme plans coordonnés, ne peut donc contenir que des puissances paires de chacune des trois variables. Il faut observer que, dans les surfaces douées d'un centre, tous les plans diamétraux, quand il en existe, passent par le centre; de sorte qu'en prenant un plan diamétral pour plan des xy, et le centre pour origine, la nouvelle équation ne contient plus que des termes dont le degré est de même parité que celui de l'équation et qui ne renferment, en outre, que des puissances paires de z. Lorsqu'il peut y avoir trois plans diamétraux conjugués, l'équation se simplifie encore, car elle doit toujours satisfaire à la première condition et ne contenir que les puissances paires des trois variables. Appliquons ces considérations aux surfaces du second ordre, comprises toutes dans l'équation générale du second degré à trois variables.... (z).

$$\begin{aligned} Ax^2 + A'y^2 + A''z^2 + Bxy + B'xz + B''yz \\ + Cx + C'y + C''z + D \end{aligned} = 0.$$

60. Il s'agit, avant tout, d'examiner si les surfaces comprises dans l'équation (z) admettent un ou plusieurs plans principaux; car, dans ce cas, on n'aurait à considérer que des coordonnées rectangulaires, ce qui permet de distinguer beaucoup plus facilement les diverses circonstances du cours de la surface. Cherchons donc l'équation du plan diamétral qui coupe un système quelconque de cordes parallèles dont nous représenterons l'une d'entre elles par les équations.... (α)

$$x = mz + p, \quad y = nz + q,$$

rapportées, ainsi que l'équation générale z, à trois axes rectangulaires quelconques. Lorsque nous connaîtrons cette équation du plan diamétral, nous verrons s'il est possible d'attribuer aux constantes m et n, dont dépendent la direction des cordes, des valeurs telles que le plan diamétral leur soit perpendiculaire.

Pour avoir les points où la corde (α) rencontre la surface (z) il faut éliminer x et y entre (α) et (z), ce qui conduit à une équation du second degré en z, dont les deux racines sont les ordonnées des extrémités de la corde. Représentant ces deux racines par z' et z'' et observant que l'ordonnée du milieu de la corde est égale à la demi-somme des ordonnées des deux extrémités, nous aurons, en désignant par z_1 l'ordonnée du milieu,

$$z_1 = \frac{1}{2}(z' + z'').$$

Ceci posé, et désignant par x_1 et y_1 les deux autres coordonnées du milieu de la corde, les trois coordonnées

x_1, y_1, z_1, doivent satisfaire aux équations (α); ainsi nous avons encore

$$x_1 = mz_1 + p \ , \ y_1 = nz_1 + q ;$$

mais p et q sont les seules constantes qui distinguent une corde d'une autre, de sorte qu'en éliminant ces quantités entre les trois dernières équations, l'équation finale conviendra à toutes les cordes et représentera, par conséquent, la surface qui passe par tous les points (x_1, y_1, z_1). Cette équation sera donc celle du plan diamétral que nous cherchons.

Réalisant les calculs indiqués, nous obtiendrons... (β)

$$\left. \begin{aligned} & (Am + B''n + B') x_1 + (A'n + B''m + B) y_1 \\ & + (A'' + Bn + B'm) z_1 + Cm + C'n + C'' \end{aligned} \right\} = 0.$$

Or, pour que le plan soit perpendiculaire aux cordes, il faut que ses *traces* (n° 26) sur les plans xz et yz soient respectivement perpendiculaires aux projections de la corde (α) sur les mêmes plans. La trace sur le plan xz étant

$$x_1 = - \frac{A'' + Bn + B'm}{Am + B''n + B'} z_1 - \frac{Cm + C'n + C''}{Am + B''n + B'},$$

et celle sur le plan yz étant

$$y_1 = - \frac{A'' + Bn + B'm}{A'n + B''m + B} z_1 - \frac{Cm + C'n + C''}{A'n + B''m + B},$$

il en résulte les deux équations de condition

$$m = \frac{Am + B''n + B'}{A'' + Bn + B'm},$$

$$n = \frac{A'n + B''m + B}{A'' + Bn + B'm}.$$

Éliminant m, on obtient une équation du troisième degré en n, et comme une telle équation admet toujours une racine réelle, on voit que m et n sont toujours susceptibles de valeurs réelles, et qu'il existe conséquemment, pour toutes les surfaces du second ordre, au moins un plan principal.

61. Arrêtons-nous à ce résultat, et rappelons qu'en prenant ce plan principal pour plan des xy, avec un axe des z qui lui soit perpendiculaire, l'équation des surfaces ne doit renfermer que les puissances paires de z; ce qui réduit l'équation générale (z) à la forme (γ)

$$Ax^2 + A'y^2 + A''z^2 + B'xy + Cx + C'y + C''z + D = 0.$$

On peut encore simplifier cette équation; car, sans changer l'axe OZ, si l'on fait tourner les axes OX et OY dans leur plan en les laissant rectangulaires, on passe des coordonnées x, y à de nouvelles coordonnées x', y', à l'aide des formules

$$x = x' \cos \alpha - y' \sin \alpha ,$$
$$y = x' \sin \alpha + y' \cos \alpha ;$$

ce qui permet de faire disparaître le rectangle xy en posant la condition toujours admissible

$$\tang 2\alpha = \frac{2 B'}{A - A'}.$$

On parvient donc définitivement à une équation de la forme (δ)

$$Px^2 + P'y^2 + P''z^2 - Qx - Q'y - Q'z + E = 0,$$

laquelle renferme encore toutes les surfaces du second ordre.

62. Les coefficiens P, P', P'', Q, Q', etc., pouvant avoir des valeurs numériques et des signes quelconques, l'équation (δ) représente diverses espèces de surfaces qu'il s'agit maintenant de classer. Examinons d'abord si elles ont toutes un centre, et posons, pour cet effet (n° 58),

$$x = x' + a \ , \ y = y' + b \ , \ z = z' + c.$$

Ces valeurs, substituées dans (δ), donnent, en retranchant les accens,

$$\left. \begin{aligned} & c^2 + P'y^2 + P''z^2 + (2aP - Q)x + (2bP' - Q')y \\ & + (2cP'' - Q') + PA^2 + P'b^2 + P''c^2 + E \end{aligned} \right\} = 0,$$

et où résultent les conditions

$$2aP - Q = 0 \ , \ 2bP' - Q' = 0 \ , \ 2cP'' - Q' = 0.$$

Or, tant que P, P', P'' ont des valeurs finies, on peut satisfaire à ces conditions par des valeurs finies de a, b, c: ainsi l'équation (δ), ramenée à la forme... (ε),

$$Px^2 + P'y^2 + P''z^2 = H$$

comprend toutes les surfaces du second ordre douées d'un centre.

63. Lorsque dans l'équation (δ) un seul des coefficiens des carrés, P par exemple, est nul, et que le coefficient correspondant Q de la première puissance n'est pas zéro, on ne peut plus faire disparaître le terme Qx, puisque la condition $2aP - Q = 0$ entraînerait une valeur infinie pour a; mais on peut, en place de ce terme, faire évanouir le terme absolu, en posant les trois équations de conditions

$$2bP' - Q' = 0 \ , \ 2cP'' - Q'' = 0,$$
$$Pa^2 + P'b^2 + P''c^2 + E = 0;$$

ce qui réduit l'équation (δ) à la forme.... (μ)

$$P'y^2 + P''z^2 = Qx,$$

qui comprend toutes les surfaces du second ordre dépourvues de centre.

64. Si l'on avait à la fois $P = 0$, $Q = 0$, l'équation générale (δ) se réduirait d'elle-même à la forme.... (v)

$$P'y^2 + P''z^2 - Q'y - Q''z + E = 0.$$

Celle-ci comprend un genre particulier de surfaces appartenant à la première classe ; car on peut la ramener à la forme

$$P'y^2 + P''z^2 = H,$$

qui se déduit de (v) en posant $P = 0$.

65. Enfin, si l'on avait en même temps $P = 0$, $P' = 0$, l'équation (δ) réduite à

$$P''z^2 - Qx - Q'y - Q''z + E = 0,$$

pourrait se ramener, comme nous le verrons plus loin, à la forme

$$P''z'^2 = Rx',$$

qui n'est qu'un cas particulier de (μ).

Toutes les surfaces du second ordre sont donc comprises dans deux classes représentées par les équations

$$Px^2 + P'y^2 + P''z^2 = H,$$
$$P'y^2 + P''z^2 = Qx,$$

dont les coordonnées sont rectangulaires. Nous allons les examiner chacune en particulier.

66. *Des surfaces douées d'un centre.* L'équation générale de ces surfaces,

$$Px^2 + P'y^2 + P''z^2 = H,$$

ne renfermant que les puissances paires des trois variables x, y, z, se trouve rapportée à trois plans principaux conjugués entre eux (n° 59) ; d'où nous voyons que cette première classe des surfaces du second degré admet généralement un tel système de plans diamétraux. Comme elles ne peuvent différer les unes des autres que par les signes des coefficiens P, P', P'', H, nous n'avons à considérer que trois cas essentiellement distincts, savoir :

$$(1).... Px^2 + P'y^2 + P''z^2 = H,$$
$$(2).... Px^2 - P'y^2 + P''z^2 = H,$$
$$(3).... Px^2 - P'y^2 - P''z^2 = H ;$$

car il est évident que toutes les autres combinaisons de

signes se ramènent à celles-ci par un changement général, à l'exception de la combinaison

$$Px^2 + P'y^2 + P''z^2 = -H,$$

qui ne peut représenter une surface réelle.

Iᵉʳ CAS. *Trois carrés positifs.* Les coefficiens P, P', P'', représentant maintenant des nombres essentiellement positifs, l'équation

$$(1).... Px^2 + P'y^2 + P''z^2 = H$$

exprime exclusivement un genre particulier de surfaces courbes dont il s'agit de trouver la nature. Pour cet effet, déterminons les points où la surface rencontre les axes coordonnés, points qu'on nomme généralement les *sommets de la surface.* Faisant successivement $y = 0$, $z = 0$; $x = 0$, $z = 0$; $x = 0$, $y = 0$; nous obtiendrons

$$x = \pm \sqrt{\frac{H}{P}},$$
$$y = \pm \sqrt{\frac{H}{P'}},$$
$$z = \pm \sqrt{\frac{H}{P''}}.$$

Il y a donc six *sommets réels* situés deux à deux sur chaque axe à égale distance de l'origine. Construisant les droites

$$\sqrt{\frac{H}{P}} = a,$$
$$\sqrt{\frac{H}{P'}} = b,$$
$$\sqrt{\frac{H}{P''}} = c,$$

et prenant $OA = OA' = a$, $OB = OB' = b$, $OC = OC' = c$ (Pl. 13, fig. 3) ; les points A, A', B, B', C, C' seront les six sommets de la surface.

Chacune des droites $2a$, $2b$, $2c$ étant l'intersection de deux plans principaux se nomme un *axe* ou un *diamètre principal* de la surface. On peut introduire ces axes dans l'équation (1), en observant que

$$P = \frac{H}{a^2},\ P' = \frac{H}{b^2},\ P'' = \frac{H}{c^2},$$

et elle prend alors la forme symétrique

$$\frac{x^2}{a^2} + \frac{y^2}{b^2} + \frac{z^2}{c^2} = 1.$$

Les sections de la surface par les trois plans coordonnés sont respectivement

$$\frac{x^2}{a^2} + \frac{y^2}{b^2} = 1,$$

$$\frac{x^2}{a^2} + \frac{z^2}{c^2} = 1,$$

$$\frac{y^2}{a^2} + \frac{z^2}{c^2} = 1;$$

ainsi, ces sections sont des ellipses, et il est facile de voir que toutes les sections faites par d'autres plans parallèles aux plans coordonnés sont également des ellipses. Par exemple, les sections parallèles au plan xy sont données par les deux équations simultanées

$$z = \pm h, \ \frac{x^2}{a^2} + \frac{y^2}{b^2} = 1 - \frac{h^2}{c^2},$$

dont la seconde appartient à une ellipse qui a pour demi-axes

$$a\sqrt{1 - \frac{h^2}{c^2}}, \ b\sqrt{1 - \frac{h^2}{c^2}};$$

d'où il résulte que toutes ces sections sont semblables, car le rapport de leurs demi-axes est une quantité constante $\frac{a}{b}$. Comme, en outre, elles deviennent imaginaires quand h est plus grand que c, on doit en conclure que la surface ne s'étend pas au-dessus du point C ni au-dessous du point C'. Les mêmes conséquences se présentant pour les sections parallèles aux deux autres plans coordonnés xz et yz, la surface est évidemment *fermée dans tous les sens*, et l'on peut s'assurer aisément, en combinant l'équation du plan avec l'équation (1), que la section faite par un plan quelconque est toujours une *section elliptique*.

La surface (1) a reçu le nom d'*ellipsoïde à trois axes*. Si deux de ces axes devenaient égaux, par exemple, a et b, toutes les sections parallèles au plan xy seraient des cercles, et l'équation

$$\frac{x^2}{a^2} + \frac{y^2}{a^2} + \frac{z^2}{c^2} = 1$$

représenterait l'*ellipsoïde de révolution* autour de l'axe des z (n° 39). Si l'on avait à la fois $a = b = c$, l'ellipsoïde se changerait en une sphère.

IIe CAS. *Deux carrés positifs*. Faisant successivement $y = 0$, $z = 0$; $x = 0$, $z = 0$; et $x = 0$, $y = 0$ dans l'équation

$$(2)..... \ Px^2 + P'y^2 - P'z^2 = H,$$

nous obtiendrons, pour les points où la surface rencontre les axes coordonnés,

$$x = \pm\sqrt{\frac{H}{P}},$$

$$y = \pm\sqrt{\frac{H}{P'}},$$

$$z = \pm\sqrt{-\frac{H}{P'}}.$$

Il n'y a donc ici que *quatre sommets réels*, et les deux autres sont imaginaires; ce qui indique que la surface ne rencontre pas l'axe des z. Cependant, construisant les valeurs

$$\sqrt{\frac{H}{P}} = a,$$

$$\sqrt{\frac{H}{P'}} = b,$$

$$\sqrt{-\frac{H}{P'}} = c\sqrt{-1},$$

on donne toujours aux quantités a, b, c le nom de *demi-axes* de la surface; les deux premiers a et b sont dits les *axes réels*, et le dernier c l'*axe imaginaire*. En les introduisant dans l'équation (2), elle prend la forme

$$\frac{x^2}{a^2} + \frac{y^2}{b^2} - \frac{z^2}{c^2} = 1.$$

Les sections faites par les plans coordonnés dans cette surface sont :

$$\text{plan des } xy. \ . \ . \ . \ . \ \frac{x^2}{a^2} + \frac{y^2}{b^2} = 1,$$

$$\text{plan des } xz. \ . \ . \ . \ . \ \frac{x^2}{a^2} - \frac{z^2}{c^2} = 1,$$

$$\text{plan des } yz. \ . \ . \ . \ . \ \frac{y^2}{b^2} - \frac{z^2}{c^2} = 1,$$

dont la première est une ellipse, et les deux autres des hyperboles. Nous avons, pour toutes les sections parallèles au plan xy, les deux équations simultanées

$$z = \pm h, \ \frac{x^2}{a^2} + \frac{y^2}{b^2} = 1 + \frac{h^2}{c^2};$$

ainsi, ces sections sont toutes des ellipses semblables, dont les dimensions s'accroissent indéfiniment avec la grandeur de h (Pl. XIII, fig. 4); la plus petite, qui correspond à $h = 0$, est celle faite par le plan xy lui-même, on la nomme l'*ellipse de gorge*. Quant aux sections parallèles aux deux autres plans coordonnés, elles sont toutes des hyperboles. La surface que nous considérons est donc composée d'une seule nape continue qui s'étend indéfiniment dans le sens des z positifs et dans celui des z négatifs; elle porte le nom d'*hyperboloïde à une nape.*

En examinant les intersections d'un plan quelconque avec cette surface, on reconnaît qu'elles sont tour à tour des ellipses, des paraboles ou des hyperboles, suivant l'inclinaison du plan.

Lorsque les deux axes réels sont égaux, toutes les sections parallèles au plan xy sont des cercles, et l'hyperboloïde se trouve de révolution autour de l'axe OZ (n° 41).

IIIe CAS. *Un seul carré positif.* Opérant sur l'équation

$$(3)\ldots\ Px^2 - P'y^2 - P''z^2 = H,$$

comme nous venons de le faire sur les précédentes, nous trouverons, pour les distances où la surface rencontre les axes coordonnés, les valeurs

$$x = \pm \sqrt{\frac{H}{P}} = a,$$

$$y = \pm \sqrt{-\frac{H}{P'}} = b\sqrt{-1},$$

$$z = \pm \sqrt{-\frac{H}{P''}} = c\sqrt{-1}.$$

Il n'y a donc que deux sommets *réels* A et A′ (Pl. XIII, fig. 5), et les quatre autres sont imaginaires; mais on n'en nomme pas moins les distances

$$OA = a, \quad OB = b, \quad OC = c,$$

les *demi-axes* de la surface; le premier seul rencontre la surface, et, pour cette raison, est dit *l'axe réel.* L'équation (2) prend la forme

$$\frac{x^2}{a^2} - \frac{y^2}{b^2} - \frac{z^2}{c^2} = 1,$$

par l'introduction de ces axes.

Toutes les sections parallèles aux plans coordonnés sont données par les trois systèmes d'équations

$$z = \pm h, \quad \frac{x^2}{a^2} - \frac{y^2}{b^2} = 1 + \frac{h^2}{c^2};$$

$$y = \pm h, \quad \frac{x^2}{a^2} - \frac{z^2}{c^2} = 1 + \frac{h^2}{b^2},$$

$$x = \pm h, \quad \frac{y^2}{b^2} + \frac{z^2}{c^2} = \frac{h^2}{a^2} - 1;$$

d'où l'on voit que : 1° les sections parallèles aux plans xz sont toutes des hyperboles semblables, et celle de ce

plan même est l'hyperbole PAQ, qui a pour demi-axes a et b; 2° les sections parallèles au plan des xy sont pareillement des hyperboles semblables; celle de ce plan lui-même est l'hyperbole MAN, dont les demi-axes sont a et c; 3° enfin, les sections parallèles au plan yz sont toutes des ellipses semblables. Les demi-axes de ces dernières, donnés par les expressions

$$b\sqrt{\frac{h^2}{a^2} - 1}, \quad c\sqrt{\frac{h^2}{a^2} - 1},$$

nous montrent qu'elles se réduisent à des points pour les valeurs $h = a$, $h = -a$; qu'elles sont imaginaires pour toutes les valeurs de h comprises entre $h = 0$ et $h = \pm a$; mais, qu'à partir de $h = \pm a$, leurs dimensions croissent indéfiniment avec la grandeur de h. Il en résulte que la surface nommée l'*hyperboloïde à deux napes* se compose de deux napes indéfinies séparées l'une de l'autre par un intervalle; elle devient de *révolution* autour de l'axe OX lorsque les deux axes imaginaires sont égaux.

67. Sans entrer dans de plus grands détails, nous voyons que la première classe des surfaces du second degré comprend trois genres principaux, les *ellipsoïdes,* les *hyperboloïdes à une nape* et les *hyperboloïdes à deux napes;* mais nous devons encore examiner quelques variétés résultant de la valeur zéro que peuvent avoir un ou plusieurs des coefficiens de l'équation générale de cette première classe.

Soit d'abord P = 0, ce qui réduit les trois équations (1), (2), (3) à la forme

$$(1')\ldots\ P'y^2 + P''z^2 = H,$$
$$(2')\ldots\ P'y^2 - P''z^2 = H,$$
$$(3')\ldots\ P'y^2 + P''z^2 = -H.$$

La dernière (3′) ne pouvant représenter aucune surface réelle, puisque quelque valeur qu'on prenne pour y on obtient des valeurs imaginaires pour z et *vice versâ,* nous n'avons à nous occuper que des deux premières. Or, la variable x ne se trouvant ni dans l'une ni dans l'autre, elles représentent évidemment des *cylindres* dont la base est sur le plan yz; l'équation (1′) appartient à un *cylindre elliptique* (fig. 6), et l'équation (2′) à un *cylindre hyperbolique* (fig. 7). Ces deux surfaces ont une infinité de centres tous situés sur l'axe OX qu'on nomme alors l'*axe du cylindre.*

Les hypothèses isolées P′ = 0, ou P″ = 0 conduisent également à des cylindres dont les bases, au lieu d'être sur le plan yz, sont sur le plan xy, ou sur le plan xz.

Si l'on avait à la fois P = 0, P′ = 0, les trois équations principales deviendraient

$$P''z^2 = H, \quad P''z^2 = -H, \quad P''z^2 = -H,$$

dont la première n'est qu'un système de deux plans parallèles au plan xz :

$$z = +\sqrt{\frac{\text{H}}{\text{P}'}} \ , \ z = -\sqrt{\frac{\text{H}}{\text{P}'}}$$

(*voy.* n° 20), et dont les deux autres expriment des plans imaginaires. Les hypothèses P $= 0$, P$' = 0$, ou P$' = 0$, P$'' = 0$ conduisent aux mêmes résultats.

68. Lorsque le terme absolu H est nul, les équations principales deviennent

$$(1'')\ldots \ \text{P}x^2 + \text{P}'y^2 + \text{P}''z^2 = 0,$$
$$(2'')\ldots \ \text{P}x^2 + \text{P}'y^2 - \text{P}''z^2 = 0,$$
$$(3'')\ldots \ \text{P}x^2 - \text{P}'y^2 - \text{P}''z^2 = 0.$$

La première, ne pouvant être satisfaite par d'autres valeurs réelles que $x = 0$, $y = 0$, $z = 0$ représente un seul point : l'origine des coordonnées. La seconde représente une *surface conique* VOV' (Pl. XIII, fig. 4) dont le sommet est à l'origine O, et qui est *asymptote* à l'hyperboloïde à une nape. La troisième représente également une surface conique ROS (Pl. XIII, fig. 5) asymptote à l'hyperboloïde à deux napes. On reconnaît que ces surfaces sont des cônes en s'assurant que toutes les sections faites par des plans passant par l'origine, forment des systèmes de deux lignes droites.

69. L'équation (v)

$$\text{P}'y^2 + \text{P}''z^2 - \text{Q}'y - \text{Q}''z + \text{E} = 0$$

que nous avons signalée (n° 64) comme un cas particulier de l'équation générale de toutes les surfaces du second ordre, est celle d'un cylindre dont l'axe parallèle à l'axe des x ne passe pas par l'origine. On le reconnaît sans difficulté en transportant cette origine sur un autre point du plan yz, tout en conservant des axes rectangulaires parallèles aux anciens, ce qui donne les relations suivantes entre les nouvelles coordonnées et les anciennes,

$$y = y' + \alpha \ , \ z = z' + \beta,$$

α et β désignant les coordonnées de la nouvelle origine par rapport à l'ancienne. Substituant ces valeurs dans (v), on obtient

$$\left.\begin{array}{l} \text{P}'y'^2 + \text{P}''z'^2 + (2\alpha\text{P}' - \text{Q}')y' + (2\beta\text{P}'' - \text{Q}'')z' \\ \quad + \alpha^2\text{P}' + \beta^2\text{P}'' - \text{Q}'\alpha - \text{Q}''\beta + \text{E} \end{array}\right\} = 0,$$

équation qui se réduit à

$$\text{P}'y'^2 + \text{P}''z'^2 = \text{H},$$

en faisant

$$\text{H} = \text{Q}'\alpha + \text{Q}''\beta - \text{E} - \alpha^2\text{P}' - \beta^2\text{P}'',$$

après avoir donné aux quantités α et β les valeurs

$$\alpha = \frac{\text{Q}'}{2\text{P}'}, \ \beta = \frac{\text{Q}''}{2\text{P}''}.$$

70. *Des surfaces dépourvues de centre.* Les combinaisons des signes des coefficiens, dans l'équation générale de ces surfaces, ne présentent que deux cas essentiellement différens :

$$(1)\ldots \ \text{P}'y^2 + \text{P}''z^2 = \text{Q}x,$$
$$(2)\ldots \ \text{P}'y^2 - \text{P}''z^2 = \text{Q}x.$$

Le premier se rapporte aux surfaces nommées *paraboloïdes elliptiques*, et le second aux surfaces nommées *paraboloïdes hyperboliques*. L'inspection des puissances des variables montre que des trois plans coordonnés auxquels sont rapportées ces équations, deux seulement, les plans xy et xz, sont *diamétraux* et *principaux*.

Iᵉʳ GENRE. PARABOLOÏDE ELLIPTIQUE. Cette surface ne coupe les axes coordonnés qu'à l'origine ; car, en donnant la valeur zéro à deux des variables, on obtient cette même valeur pour l'autre. L'axe OX (Pl. XIII, fig. 8), intersection des plans principaux xy, xz, est l'*axe unique* et *indéfini* du paraboloïde.

La section de la surface par le plan xy ayant pour équation

$$z = 0 \ \ \text{et} \ \ y^2 = \frac{\text{Q}}{\text{P}'}x,$$

est une parabole AOA' que nous représenterons par $y^2 = px$, en posant $\frac{\text{Q}}{\text{P}'} = p$. De même, la section par le plan xz, dont les équations sont

$$y = 0 \ \ \text{et} \ \ z^2 = \frac{\text{Q}}{\text{P}''}x,$$

est une parabole BOB' que nous désignerons par $z^2 = p'x$, en posant $\frac{\text{Q}}{\text{P}''} = p'$. Introduisant les paramètres p et p' dans l'équation (1), elle deviendra

$$(1')\ldots \ \frac{y^2}{p} + \frac{z^2}{p'} = x.$$

On reconnaît immédiatement que toutes les sections parallèles aux plans xy et xz sont aussi des paraboles.

Les sections parallèles au plan yz sont données par les équations simultanées

$$x = h, \ \frac{y^2}{p} + \frac{z^2}{p'} = h ;$$

d'où l'on voit que ce sont toujours des ellipses semblables ; car le rapport de leurs demi-axes ph et $p'h$ est une quantité constante $\dfrac{p}{p'}$. Ces ellipses croissent indéfiniment avec h du côté des x positifs ; mais elles deviennent imaginaires pour toute valeur négative de h. Ainsi, le paraboloïde elliptique s'étend indéfiniment du côté des x positifs, mais se termine à l'origine et n'a aucun point du côté des x négatifs.

Lorsque les deux paramètres p et p' sont égaux, les ellipses deviennent des cercles, et le paraboloïde est de révolution autour de son axe OX (nᵒ 40).

En coupant la surface par un plan quelconque, on reconnaît que les sections sont des ellipses ou des paraboles, suivant l'inclinaison du plan ; circonstance qui motive le nom donné à cette surface.

IIᵉ GENRE. PARABOLOÏDE HYPERBOLIQUE. Cette surface, représentée par l'équation

$$(2)\dots\ \mathrm{P}'y^2 - \mathrm{P}''z^2 = \mathrm{Q}x,$$

ne coupe encore les axes coordonnés qu'à l'origine, et n'a qu'un seul *axe* indéfini OX, intersection des plans principaux xy, xz, auxquels se trouve rapportée l'équation actuelle. Les sections faites par ces plans dans la surface, sont

$$z = 0 \quad \text{et} \quad y^2 = \frac{\mathrm{Q}}{\mathrm{P}'}\,x = px,$$

$$y = 0 \quad \text{et} \quad z^2 = -\frac{\mathrm{Q}}{\mathrm{P}''}\,x = -p'x.$$

La première est la parabole AOA′ (Pl. XIII, fig. 9), qui tourne sa concavité vers les x positifs ; et la seconde, la parabole BOB qui, ayant un paramètre négatif, tourne sa concavité vers les x négatifs. Introduisant les paramètres dans l'équation (2), elle prend la forme

$$(2')\dots\ \frac{y^2}{p} - \frac{z^2}{p'} = x.$$

Les sections parallèles au plan yz, données par les équations

$$x = h\ ,\quad \frac{y^2}{p} - \frac{z^2}{p'} = h,$$

sont des hyperboles semblables qui croissent indéfiniment avec la grandeur de h ; mais dont la position change suivant qu'on prend h positif ou négatif. Lorsque h est positif, l'axe réel DD′ de l'hyperbole est horizontal, et son axe imaginaire O′C est vertical, tandis que le contraire a lieu lorsque h est négatif ; l'axe réel EE′ est vertical, et l'axe imaginaire cd, horizontal. Ces circonstances, indiquées par l'équation précédente, montrent que la surface est composée d'une seule nappe

continue indéfinie dans le sens des x positifs comme dans celui des x négatifs, mais dont la courbure présente une forme opposée dans ces deux sens. On en doit conclure que le paraboloïde hyperbolique ne peut jamais être de révolution.

Dans le cas de $h = 0$, la section, qui est celle du plan yz lui-même, se réduit à deux lignes droites,

$$x = 0,\quad y = \pm z\,\sqrt{\frac{p}{p'}},$$

asymptotes communes à toutes les hyperboles dont nous venons de parler, projetées sur le plan yz.

La combinaison de l'équation du plan avec l'équation (2′) fait connaître que toutes les sections planes de ce paraboloïde sont des *hyperboles* ou des *paraboles*, et que ce dernier cas arrive seulement lorsque le plan sécant est parallèle à l'axe OX.

71. Les variétés des surfaces de la seconde classe sont comprises dans les deux équations

$$\mathrm{P}'y^2 = \mathrm{Q}x,$$
$$\mathrm{P}''z^2 = -\,\mathrm{Q}x,$$

qu'on obtient en faisant $\mathrm{P}'' = 0$ dans l'équation (1), et $\mathrm{P}' = 0$ dans l'équation (2). La première exprime un cylindre parabolique dont la base est sur le plan xy, et la seconde un cylindre parabolique dont la base est sur le plan yz, mais qui s'étend du côté des x négatifs, car ce n'est qu'en prenant x avec le signe — qu'on peut obtenir des valeurs réelles pour z.

72. L'équation

$$\mathrm{P}''z^2 - \mathrm{Q}x - \mathrm{Q}'y - \mathrm{Q}''z + \mathrm{E} = 0,$$

signalée (nᵒ 65) comme un cas particulier de l'équation générale du second degré, représente également un cylindre à *base parabolique*, car en coupant cette surface par des plans parallèles au plan xy, on obtient des droites parallèles entre elles et à ce plan, et, en outre, sa section par le plan xz est une parabole. Il est vrai que les arêtes du cylindre sont obliques par rapport à cette parabole qui lui sert de base ; mais, si on le coupe par un plan perpendiculaire à ses arêtes, la section sera encore évidemment une parabole ; de sorte qu'en prenant cette dernière pour base, et rapportant l'équation à son plan, on la ramènera à la forme $\mathrm{P}''z'^2 = \mathrm{R}x'$, comprise dans les variétés de l'équation générale de la seconde classe des surfaces du second degré.

73. L'énumération complète que nous venons de faire des surfaces du second degré, indique la marche qu'il faudrait suivre pour les surfaces des degrés supérieurs. Nous exposerons successivement, autant que le comporte la nature de cet ouvrage, les procédés ana-

lytiques qui font découvrir les propriétés particulières des surfaces dont les équations sont données. (*Voy.* Os-culateur, Plans tangens et Surface.)

GRUE. (*Méc.*) Appareil qui sert à élever les far-deaux, et dont les élémens principaux sont un treuil et une poulie.

Il existe diverses espèces de grues : les unes sont établies à demeure, dans les ports, pour charger et dé-charger les bateaux; les autres sont mobiles, et sont principalement employées à la construction des édifices. La fig. 10 de la Pl. XIII représente une de ces dernières. L'effet de cette machine se calcule de la même manière que celui du treuil (*voy.* Treuil, tome II), mais il faut tenir compte en outre de la résistance sur les pou-lies due à la raideur des cordes. Voy. l'*Art de bâtir* de Rondelet, et le tome II de la *Mécanique appliquée aux arts*, de M. Borgnis.

H.

HAU

HAUTEUR DUE A UNE VITESSE. (*Méc.*) On dé-signe communément sous le nom de *hauteur due à la vitesse* la hauteur dont un corps pesant devrait tomber librement pour acquérir cette vitesse par l'effet de la force de gravité. Quoiqu'il soit très-facile de calculer la hauteur due à toute vitesse donnée, puisque son ex-pression générale est .... (*a*)

$$h = \frac{v^2}{2g},$$

dans laquelle h désigne la hauteur, v la vitesse, et g la force de gravité $= 9^m,808795$ (*voy.* ci-dessus, p. 165), le grand usage qu'on fait de cette quantité dans les questions de mécanique nous détermine à donner ici une table des hauteurs correspondantes aux vitesses qui se présentent le plus habituellement. Les vitesses, de-puis celle de *un centimètre* jusqu'à celle de *dix mètres par seconde sexagésimale* de temps, y croissent de cen-timètre en centimètre, ce qui est suffisant pour tous les besoins pratiques; de sorte que, lorsqu'une vitesse est donnée, et que le nombre qui la représente en unités métriques contient des millimètres, il faut cher-cher simplement dans la colonne des vitesses le nombre qui en approche le plus. Par exemple, si la vitesse donnée était $2^m,553$, on prendrait la hauteur corres-pondante à $2^m,55$; si elle était $2^m,557$, on prendrait la hauteur correspondante à $2^m,56$. La petite différence entre les hauteurs données ainsi par la table, et celles qu'on obtiendrait par la formule (*a*), en y substituant la valeur exacte de la vitesse, ne peut jamais entraîner d'erreur appréciable dans la pratique. Si l'on avait à considérer des vitesses supérieures à 10 mètres, il fau-drait calculer les hauteurs par la formule (*a*), à la-quelle on peut donner la forme plus commode pour les calculs ..... (*b*)

$$h = 0,050975 \cdot v^2,$$

en y remplaçant $2g$ par la valeur

$$\frac{1}{2g} = \frac{1}{19,61759} = 0,050975.$$

On peut encore se servir de la table pour la question inverse de trouver *la vitesse due à une hauteur donnée*. Il faut alors chercher dans la colonne des hauteurs le nombre qui approche le plus de la hauteur donnée, et le nombre correspondant, dans la colonne des vitesses, est la vitesse demandée. S'il s'agissait, par exemple, de connaître la vitesse due à une chute de $3^m,574$, comme ce nombre est compris entre les deux nom-bres 3,5711 et 3,5796, qui se suivent dans la colonne des hauteurs, et qu'il est plus près de 3,5711 que de 3,5796, on prendrait pour la vitesse cherchée celle qui correspond à $3^m,5711$, savoir : $8^m,37$. Lorsque les hauteurs dépassent $5^m,098$, il faut avoir recours à la formule (*a*), d'où l'on tire

$$v = \sqrt{2gh},$$

ou

$$v = \sqrt{19,61759 \cdot h}.$$

La table suivante est celle que Navier a donnée dans ses notes sur le premier volume de l'*Architecture hy-draulique* de Bélidor; nous y avons corrigé quelques erreurs de calcul reproduites dans tous les ouvrages où cette table a été insérée jusqu'ici, et qui ont été signa-lées par M. le baron de Prony. (*Mém. sur les remous,* Ann. des Ponts et Chaussées.)

VITESSES. (Mètres.)	HAUTEURS DES CHUTES. (Mètres.)	VITESSES. (Mètres.)	HAUTEURS DES CHUTES. (Mètres.)	VITESSES. (Mètres.)	HAUTEURS DES CHUTES. (Mètres.)	VITESSES. (Mètres.)	HAUTEURS DES CHUTES. (Mètres.)	VITESSES. (Mètres.)	HAUTEURS DES CHUTES. (Mètres.)
0,01	0,00001	0,68	0,0236	1,35	0,0929	2,02	0,2080	2,69	0,3688
0,02	0,00002	0,69	0,0243	1,36	0,0943	2,03	0,2100	2,70	0,3716
0,03	0,00005	0,70	0,0250	1,37	0,0957	2,04	0,2121	2,71	0,3744
0,04	0,00009	0,71	0,0257	1,38	0,0970	2,05	0,2142	2,72	0,3771
0,05	0,00013	0,72	0,0264	1,39	0,0984	2,06	0,2163	2,73	0,3799
0,06	0,00019	0,73	0,0272	1,40	0,0999	2,07	0,2184	2,74	0,3827
0,07	0,00026	0,74	0,0279	1,41	0,1013	2,08	0,2205	2,75	0,3855
0,08	0,00034	0,75	0,0287	1,42	0,1028	2,09	0,2226	2,76	0,3883
0,09	0,00043	0,76	0,0295	1,43	0,1042	2,10	0,2248	2,77	0,3911
0,10	0,00051	0,77	0,0302	1,44	0,1057	2,11	0,2269	2,78	0,3939
0,11	0,00062	0,78	0,0310	1,45	0,1072	2,12	0,2291	2,79	0,3967
0,12	0,00074	0,79	0,0318	1,46	0,1086	2,13	0,2313	2,80	0,3996
0,13	0,00087	0,80	0,0326	1,47	0,1101	2,14	0,2334	2,81	0,4025
0,14	0,00100	0,81	0,0334	1,48	0,1116	2,15	0,2356	2,82	0,4054
0,15	0,00115	0,82	0,0343	1,49	0,1131	2,16	0,2378	2,83	0,4082
0,16	0,00131	0,83	0,0351	1,50	0,1147	2,17	0,2400	2,84	0,4111
0,17	0,00148	0,84	0,0360	1,51	0,1162	2,18	0,2422	2,85	0,4140
0,18	0,00166	0,85	0,0368	1,52	0,1177	2,19	0,2444	2,86	0,4169
0,19	0,00185	0,86	0,0377	1,53	0,1193	2,20	0,2467	2,87	0,4198
0,20	0,00204	0,87	0,0386	1,54	0,1209	2,21	0,2490	2,88	0,4228
0,21	0,00225	0,88	0,0395	1,55	0,1225	2,22	0,2512	2,89	0,4257
0,22	0,00247	0,89	0,0404	1,56	0,1241	2,23	0,2535	2,90	0,4287
0,23	0,00270	0,90	0,0413	1,57	0,1257	2,24	0,2557	2,91	0,4316
0,24	0,00291	0,91	0,0422	1,58	0,1273	2,25	0,2580	2,92	0,4346
0,25	0,00319	0,92	0,0431	1,59	0,1289	2,26	0,2603	2,93	0,4376
0,26	0,00345	0,93	0,0441	1,60	0,1305	2,27	0,2626	2,94	0,4406
0,27	0,00372	0,94	0,0450	1,61	0,1321	2,28	0,2649	2,95	0,4436
0,28	0,00400	0,95	0,0460	1,62	0,1337	2,29	0,2673	2,96	0,4466
0,29	0,00429	0,96	0,0470	1,63	0,1354	2,30	0,2696	2,97	0,4496
0,30	0,00459	0,97	0,0480	1,64	0,1371	2,31	0,2720	2,98	0,4526
0,31	0,00490	0,98	0,0490	1,65	0,1388	2,32	0,2743	2,99	0,4557
0,32	0,00522	0,99	0,0500	1,66	0,1405	2,33	0,2767	3,00	0,4588
0,33	0,00555	1,00	0,0510	1,67	0,1422	2,34	0,2791	3,01	0,4618
0,34	0,00589	1,01	0,0520	1,68	0,1439	2,35	0,2815	3,02	0,4649
0,35	0,00624	1,02	0,0530	1,69	0,1456	2,36	0,2839	3,03	0,4680
0,36	0,00660	1,03	0,0541	1,70	0,1473	2,37	0,2863	3,04	0,4711
0,37	0,00697	1,04	0,0551	1,71	0,1490	2,38	0,2887	3,05	0,4742
0,38	0,00735	1,05	0,0562	1,72	0,1508	2,39	0,2911	3,06	0,4773
0,39	0,00775	1,06	0,0573	1,73	0,1525	2,40	0,2936	3,07	0,4804
0,40	0,00816	1,07	0,0584	1,74	0,1543	2,41	0,2960	3,08	0,4835
0,41	0,0086	1,08	0,0595	1,75	0,1561	2,42	0,2985	3,09	0,4866
0,42	0,0090	1,09	0,0606	1,76	0,1579	2,43	0,3010	3,10	0,4899
0,43	0,0094	1,10	0,0617	1,77	0,1597	2,44	0,3034	3,11	0,4930
0,44	0,0098	1,11	0,0628	1,78	0,1615	2,45	0,3060	3,12	0,4962
0,45	0,0103	1,12	0,0639	1,79	0,1633	2,46	0,3085	3,13	0,4994
0,46	0,0108	1,13	0,0651	1,80	0,1651	2,47	0,3110	3,14	0,5026
0,47	0,0112	1,14	0,0662	1,81	0,1670	2,48	0,3135	3,15	0,5058
0,48	0,0117	1,15	0,0674	1,82	0,1680	2,49	0,3160	3,16	0,5090
0,49	0,0122	1,16	0,0686	1,83	0,1707	2,50	0,3186	3,17	0,5122
0,50	0,0127	1,17	0,0698	1,84	0,1726	2,51	0,3211	3,18	0,5155
0,51	0,0132	1,18	0,0710	1,85	0,1745	2,52	0,3237	3,19	0,5187
0,52	0,0138	1,19	0,0722	1,86	0,1763	2,53	0,3263	3,20	0,5220
0,53	0,0143	1,20	0,0734	1,87	0,1782	2,54	0,3289	3,21	0,5252
0,54	0,0148	1,21	0,0746	1,88	0,1802	2,55	0,3315	3,22	0,5285
0,55	0,0154	1,22	0,0758	1,89	0,1820	2,56	0,3341	3,23	0,5318
0,56	0,0160	1,23	0,0771	1,90	0,1849	2,57	0,3367	3,24	0,5351
0,57	0,0165	1,24	0,0783	1,91	0,1859	2,58	0,3393	3,25	0,5384
0,58	0,0171	1,25	0,0797	1,92	0,1878	2,59	0,3419	3,26	0,5417
0,59	0,0177	1,26	0,0809	1,93	0,1898	2,60	0,3446	3,27	0,5450
0,60	0,0185	1,27	0,0822	1,94	0,1918	2,61	0,3472	3,28	0,5484
0,61	0,0190	1,28	0,0835	1,95	0,1938	2,62	0,3499	3,29	0,5517
0,62	0,0196	1,29	0,0848	1,96	0,1958	2,63	0,3526	3,30	0,5551
0,63	0,0202	1,30	0,0861	1,97	0,1978	2,64	0,3553	3,31	0,5585
0,64	0,0209	1,31	0,0875	1,98	0,1998	2,65	0,3580	3,32	0,5618
0,65	0,0215	1,32	0,0888	1,99	0,2018	2,66	0,3607	3,33	0,5652
0,66	0,0222	1,33	0,0901	2,00	0,2039	2,67	0,3634	3,34	0,5686
0,67	0,0229	1,34	0,0915	2,01	0,2059	2,68	0,3661	3,35	0,5721

VITESSES.	HAUTEURS DES CHUTES.	VITESSES.	HAUTEURS DES CHUTES.	VITESSES.	HAUTEURS DES CHUTES.	VITESSES.	HAUTEURS DES CHUTES.	VITESSES.	HAUTEURS DES CHUTES.
Mètres.	Mètres.	Mètres.	Mètres.	Mètres.	Mètres.	Mètres.	Mètres.	Mètres.	Mètres.
3,36	0,5755	4,03	0,8279	4,70	1,1260	5,37	1,4699	6,04	1,8596
3,37	0,5789	4,04	0,8320	4,71	1,1308	5,38	1,4754	6,05	1,8658
3,38	0,5823	4,05	0,8361	4,72	1,1356	5,39	1,4809	6,06	1,8720
3,39	0,5858	4,06	0,8402	4,73	1,1404	5,40	1,4864	6,07	1,8782
3,40	0,5893	4,07	0,8444	4,74	1,1452	5,41	1,4919	6,08	1,8843
3,41	0,5927	4,08	0,8485	4,75	1,1501	5,42	1,4975	6,09	1,8905
3,42	0,5962	4,09	0,8527	4,76	1,1549	5,43	1,5030	6,10	1,8968
3,43	0,5997	4,10	0,8569	4,77	1,1598	5,44	1,5085	6,11	1,9030
3,44	0,6032	4,11	0,8611	4,78	1,1647	5,45	1,5141	6,12	1,9092
3,45	0,6067	4,12	0,8653	4,79	1,1695	5,46	1,5196	6,13	1,9155
3,46	0,6102	4,13	0,8695	4,80	1,1744	5,47	1,5252	6,14	1,9217
3,47	0,6138	4,14	0,8737	4,81	1,1793	5,48	1,5308	6,15	1,9280
3,48	0,6173	4,15	0,8779	4,82	1,1842	5,49	1,5364	6,16	1,9343
3,49	0,6209	4,16	0,8821	4,83	1,1891	5,50	1,5420	6,17	1,9405
3,50	0,6244	4,17	0,8865	4,84	1,1941	5,51	1,5476	6,18	1,9468
3,51	0,6280	4,18	0,8906	4,85	1,1990	5,52	1,5532	6,19	1,9531
3,52	0,6316	4,19	0,8949	4,86	1,2040	5,53	1,5588	6,20	1,9595
3,53	0,6352	4,20	0,8992	4,87	1,2090	5,54	1,5645	6,21	1,9658
3,54	0,6388	4,21	0,9035	4,88	1,2139	5,55	1,5701	6,22	1,9721
3,55	0,6424	4,22	0,9078	4,89	1,2189	5,56	1,5758	6,23	1,9785
3,56	0,6460	4,23	0,9121	4,90	1,2239	5,57	1,5815	6,24	1,9848
3,57	0,6497	4,24	0,9164	4,91	1,2289	5,58	1,5865	6,25	1,9912
3,58	0,6533	4,25	0,9207	4,92	1,2339	5,59	1,5929	6,26	1,9976
3,59	0,6569	4,26	0,9251	4,93	1,2389	5,60	1,5986	6,27	2,0039
3,60	0,6606	4,27	0,9294	4,94	1,2440	5,61	1,6043	6,28	2,0103
3,61	0,6643	4,28	0,9337	4,95	1,2490	5,62	1,6100	6,29	2,0167
3,62	0,6680	4,29	0,9381	4,96	1,2541	5,63	1,6157	6,30	2,0232
3,63	0,6717	4,30	0,9425	4,97	1,2591	5,64	1,6215	6,31	2,0296
3,64	0,6754	4,31	0,9469	4,98	1,2642	5,65	1,6272	6,32	2,0361
3,65	0,6791	4,32	0,9513	4,99	1,2693	5,66	1,6330	6,33	2,0425
3,66	0,6828	4,33	0,9557	5,00	1,2744	5,67	1,6388	6,34	2,0490
3,67	0,6866	4,34	0,9601	5,01	1,2795	5,68	1,6446	6,35	2,0554
3,68	0,6903	4,35	0,9646	5,02	1,2846	5,69	1,6505	6,36	2,0619
3,69	0,6940	4,36	0,9690	5,03	1,2897	5,70	1,6562	6,37	2,0684
3,70	0,6978	4,37	0,9734	5,04	1,2948	5,71	1,6620	6,38	2,0749
3,71	0,7016	4,38	0,9779	5,05	1,3000	5,72	1,6678	6,39	2,0814
3,72	0,7054	4,39	0,9824	5,06	1,3051	5,73	1,6736	6,40	2,0879
3,73	0,7092	4,40	0,9867	5,07	1,3103	5,74	1,6795	6,41	2,0945
3,74	0,7130	4,41	0,9913	5,08	1,3155	5,75	1,6854	6,42	2,1010
3,75	0,7168	4,42	0,9958	5,09	1,3206	5,76	1,6912	6,43	2,1075
3,76	0,7206	4,43	1,0003	5,10	1,3258	5,77	1,6971	6,44	2,1141
3,77	0,7245	4,44	1,0048	5,11	1,3311	5,78	1,7030	6,45	2,1207
3,78	0,7283	4,45	1,0094	5,12	1,3363	5,79	1,7089	6,46	2,1273
3,79	0,7322	4,46	1,0140	5,13	1,3415	5,80	1,7148	6,47	2,1338
3,80	0,7361	4,47	1,0185	5,14	1,3467	5,81	1,7207	6,48	2,1404
3,81	0,7400	4,48	1,0231	5,15	1,3520	5,82	1,7266	6,49	2,1471
3,82	0,7438	4,49	1,0276	5,16	1,3572	5,83	1,7326	6,50	2,1537
3,83	0,7478	4,50	1,0322	5,17	1,3625	5,84	1,7385	6,51	2,1603
3,84	0,7517	4,51	1,0368	5,18	1,3678	5,85	1,7445	6,52	2,1670
3,85	0,7556	4,52	1,0414	5,19	1,3730	5,86	1,7505	6,53	2,1736
3,86	0,7595	4,53	1,0460	5,20	1,3784	5,87	1,7564	6,54	2,1803
3,87	0,7634	4,54	1,0507	5,21	1,3857	5,88	1,7624	6,55	2,1869
3,88	0,7674	4,55	1,0553	5,22	1,3890	5,89	1,7684	6,56	2,1936
3,89	0,7713	4,56	1,0599	5,23	1,3943	5,90	1,7744	6,57	2,2003
3,90	0,7753	4,57	1,0646	5,24	1,3996	5,91	1,7805	6,58	2,2070
3,91	0,7793	4,58	1,0692	5,25	1,4050	5,92	1,7865	6,59	2,2137
3,92	0,7833	4,59	1,0739	5,26	1,4103	5,93	1,7925	6,60	2,2205
3,93	0,7873	4,60	1,0786	5,27	1,4157	5,94	1,7986	6,61	2,2272
3,94	0,7913	4,61	1,0833	5,28	1,4211	5,95	1,8046	6,62	2,2339
3,95	0,7953	4,62	1,0880	5,29	1,4265	5,96	1,8107	6,63	2,2407
3,96	0,7994	4,63	1,0927	5,30	1,4319	5,97	1,8168	6,64	2,2474
3,97	0,8034	4,64	1,0974	5,31	1,4373	5,98	1,8229	6,65	2,2542
3,98	0,8074	4,65	1,1022	5,32	1,4427	5,99	1,8290	6,66	2,2610
3,99	0,8115	4,66	1,1069	5,33	1,4481	6,00	1,8351	6,67	2,2678
4,00	0,8156	4,67	1,1117	5,34	1,4535	6,01	1,8412	6,68	2,2746
4,01	0,8197	4,68	1,1164	5,35	1,4590	6,02	1,8473	6,69	2,2814
4,02	0,8238	4,69	1,1212	5,36	1,4645	6,03	1,8535	6,70	2,2883

VITESSES.	HAUTEURS DES CHUTES.	VITESSES.	HAUTEURS DES CHUTES.	VITESSES.	HAUTEURS DES CHUTES.	VITESSES.	HAUTEURS DES CHUTES.	VITESSES.	HAUTEURS DES CHUTES.
Mètres.	Mètres.	Mètres.	Mètres.	Mètres.	Mètres.	Mètres.	Mètres.	Mètres.	Mètres.
6,71	2,2951	7,37	2,7688	8,03	3,2869	8,69	3,8494	9,35	4,4563
6,72	2,3019	7,38	2,7763	8,04	3,2951	8,70	3,8583	9,36	4,4659
6,73	2,3088	7,39	2,7838	8,05	3,3033	8,71	3,8671	9,37	4,4754
6,74	2,3156	7,40	2,7914	8,06	3,3115	8,72	3,8760	9,38	4,4850
6,75	2,3225	7,41	2,7989	8,07	3,3197	8,73	3,8849	9,39	4,4945
6,76	2,3294	7,42	2,8063	8,08	3,3280	8,74	3,8938	9,40	4,5041
6,77	2,3363	7,43	2,8140	8,09	3,3362	8,75	3,9028	9,41	4,5137
6,78	2,3432	7,44	2,8216	8,10	3,3444	8,76	3,9117	9,42	4,5233
6,79	2,3501	7,45	2,8292	8,11	3,3527	8,77	3,9206	9,43	4,5329
6,80	2,3571	7,46	2,8368	8,12	3,3610	8,78	3,9295	9,44	4,5425
6,81	2,3640	7,47	2,8444	8,13	3,3693	8,79	3,9385	9,45	4,5522
6,82	2,3709	7,48	2,8521	8,14	3,3776	8,80	3,9475	9,46	4,5618
6,83	2,3779	7,49	2,8597	8,15	3,3859	8,81	3,9565	9,47	4,5715
6,84	2,3849	7,50	2,8673	8,16	3,3942	8,82	3,9654	9,48	4,5811
6,85	2,3919	7,51	2,8750	8,17	3,4025	8,83	3,9744	9,49	4,5908
6,86	2,3989	7,52	2,8826	8,18	3,4108	8,84	3,9834	9,50	4,6005
6,87	2,4059	7,53	2,8903	8,19	3,4192	8,85	3,9925	9,51	4,6102
6,88	2,4129	7,54	2,8980	8,20	3,4275	8,86	4,0015	9,52	4,6199
6,89	2,4199	7,55	2,9057	8,21	3,4359	8,87	4,0105	9,53	4,6296
6,90	2,4269	7,56	2,9134	8,22	3,4443	8,88	4,0196	9,54	4,6393
6,91	2,4339	7,57	2,9211	8,23	3,4526	8,89	4,0286	9,55	4,6490
6,92	2,4410	7,58	2,9288	8,24	3,4610	8,90	4,0377	9,56	4,6588
6,93	2,4481	7,59	2,9365	8,25	3,4695	8,91	4,0468	9,57	4,6685
6,94	2,4551	7,60	2,9443	8,26	3,4779	8,92	4,0559	9,58	4,6783
6,95	2,4622	7,61	2,9520	8,27	3,4863	8,93	4,0650	9,59	4,6880
6,96	2,4693	7,62	2,9598	8,28	3,4947	8,94	4,0741	9,60	4,6978
6,97	2,4764	7,63	2,9676	8,29	3,5032	8,95	4,0832	9,61	4,7076
6,98	2,4835	7,64	2,9754	8,30	3,5116	8,96	4,0923	9,62	4,7174
6,99	2,4906	7,65	2,9832	8,31	3,5201	8,97	4,1015	9,63	4,7272
7,00	2,4978	7,66	2,9910	8,32	3,5286	8,98	4,1106	9,64	4,7370
7,01	2,5049	7,67	2,9988	8,33	3,5371	8,99	4,1198	9,65	4,7469
7,02	2,5121	7,68	3,0066	8,34	3,5455	9,00	4,1289	9,66	4,7567
7,03	2,5192	7,69	3,0144	8,35	3,5541	9,01	4,1381	9,67	4,7666
7,04	2,5264	7,70	3,0223	8,36	3,5626	9,02	4,1473	9,68	4,7764
7,05	2,5336	7,71	3,0301	8,37	3,5711	9,03	4,1565	9,69	4,7863
7,06	2,5408	7,72	3,0380	8,38	3,5796	9,04	4,1657	9,70	4,7962
7,07	2,5480	7,73	3,0459	8,39	3,5882	9,05	4,1750	9,71	4,8061
7,08	2,5552	7,74	3,0538	8,40	3,5968	9,06	4,1841	9,72	4,8160
7,09	2,5624	7,75	3,0617	8,41	3,6053	9,07	4,1934	9,73	4,8259
7,10	2,5696	7,76	3,0696	8,42	3,6139	9,08	4,2017	9,74	4,8358
7,11	2,5769	7,77	3,0775	8,43	3,6225	9,09	4,2119	9,75	4,8458
7,12	2,5841	7,78	3,0854	8,44	3,6311	9,10	4,2212	9,76	4,8557
7,13	2,5914	7,79	3,0933	8,45	3,6397	9,11	4,2305	9,77	4,8657
7,14	2,5987	7,80	3,1013	8,46	3,6483	9,12	4,2398	9,78	4,8756
7,15	2,6060	7,81	3,1092	8,47	3,6570	9,13	4,2491	9,79	4,8856
7,16	2,6132	7,82	3,1172	8,48	3,6656	9,14	4,2584	9,80	4,8956
7,17	2,6205	7,83	3,1252	8,49	3,6743	9,15	4,2677	9,81	4,9056
7,18	2,6279	7,84	3,1332	8,50	3,6829	9,16	4,2771	9,82	4,9156
7,19	2,6352	7,85	3,1412	8,51	3,6916	9,17	4,2864	9,83	4,9256
7,20	2,6425	7,86	3,1492	8,52	3,7003	9,18	4,2958	9,84	4,9356
7,21	2,6499	7,87	3,1572	8,53	3,7090	9,19	4,3051	9,85	4,9457
7,22	2,6572	7,88	3,1652	8,54	3,7177	9,20	4,3145	9,86	4,9557
7,23	2,6646	7,89	3,1733	8,55	3,7264	9,21	4,3239	9,87	4,9658
7,24	2,6720	7,90	3,1813	8,56	3,7351	9,22	4,3323	9,88	4,9758
7,25	2,6794	7,91	3,1894	8,57	3,7438	9,23	4,3417	9,89	4,9859
7,26	2,6868	7,92	3,1974	8,58	3,7526	9,24	4,3511	9,90	4,9960
7,27	2,6942	7,93	3,2055	8,59	3,7613	9,25	4,3615	9,91	5,0061
7,28	2,7016	7,94	3,2136	8,60	3,7701	9,26	4,3710	9,92	5,0162
7,29	2,7090	7,95	3,2217	8,61	3,7789	9,27	4,3804	9,93	5,0264
7,30	2,7164	7,96	3,2298	8,62	3,7876	9,28	4,3898	9,94	5,0365
7,31	2,7239	7,97	3,2380	8,63	3,7964	9,29	4,3993	9,95	5,0466
7,32	2,7313	7,98	3,2461	8,64	3,8052	9,30	4,4088	9,96	5,0568
7,33	2,7388	7,99	3,2542	8,65	3,8141	9,31	4,4183	9,97	5,0668
7,34	2,7463	8,00	3,2624	8,66	3,8229	9,32	4,4278	9,98	5,0770
7,35	2,7538	8,01	3,2705	8,67	3,8317	9,33	4,4373	9,99	5,0872
7,36	2,7613	8,02	3,2787	8,68	3,8405	9,34	4,4468	10,00	5,0975

HOMME. (*Méc.*) L'homme, considéré comme moteur, peut agir d'une infinité de manières différentes, mais il ne peut produire dans toutes le même *effet utile*, et pour tirer le plus grand parti possible de sa force, il est nécessaire de bien connaître les circonstances où son développement est accompagné de la moindre fatigue.

L'action de l'homme, comme celle des animaux, est sujette à un si grand nombre de variations, qu'il a été impossible, jusqu'ici, de la soumettre à des lois théoriques. Les recherches de Lambert sur cet objet, celles de Daniel Bernouilli et de quelques autres savans, quoique très-ingénieuses, présentent trop peu de certitude pour servir de base à des évaluations exactes; et ce qu'il a de mieux à faire, provisoirement, c'est de se guider d'après les résultats des expériences qui offrent au moins des termes de comparaison dans les diverses espèces de travaux auxquels l'homme peut être employé.

Ayant déjà donné aux mots Cheval, Dynamique et Effet utile les principes admis pour l'évaluation de l'effet produit par les agens moteurs, nous aborderons immédiatement les faits, parmi lesquels ceux qui ont été observés par Coulomb tiennent encore aujourd'hui le premier rang.

D'après ce célèbre physicien, un homme sans fardeau, marchant sur un chemin horizontal, et qui n'a, ainsi, que son propre corps à mouvoir, peut parcourir 54000 mètres dans une journée de dix heures, coupées par un ou deux repas de deux à trois heures ensemble. En prenant 65 kilogrammes pour le poids moyen du corps, l'effet journalier produit, et que le même homme peut recommencer plusieurs jours de suite, est donc $65^k \times 54000^m = 3510000^{km}$, c'est-à-dire, 3510000 kilogrammes transportés à un mètre par jour, ou 3510 *unités dynamiques*. Ici il n'y a point d'effet utile de produit.

Si, au lieu de marcher sur un chemin horizontal, le même homme montait une pente douce ou un escalier commode, il ne serait plus capable de se mouvoir, comme dans le cas précédent, avec une vitesse moyenne de $1^m,5$ par seconde, il ne pourrait en prendre une que de $0^m,15$; et s'il continuait cet exercice pendant plus de huit heures par jour, il serait hors d'état de le répéter les jours suivans. Ainsi, rien que la différence de marcher en montant sur un plan incliné au lieu de marcher sur un plan horizontal, diminue l'effet de la force de l'homme de $\frac{11}{12}$; car, dans ce cas, l'effet produit est, par seconde, $65^k \times 0^m,15 = 9^{km},75$, ce qui fait, pour huit heures, 280800^{km}, ou 281 *unités dynamiques*; or, le rapport de 281 à 3510 est, à très-peu près, le même que celui de 1 à 12.

Dans ces deux cas, aucun effet utile, dans le sens attaché à cette expression, n'est produit, puisqu'il n'y a

aucun travail effectué; mais, si nous supposons maintenant que l'homme porte des poids sur son dos, nous pourrons comparer les produits de son travail. L'expérience prouve qu'un homme marchant en plaine, et chargé de 40 kilogrammes, peut se mouvoir avec une vitesse de $0^m,75$ pendant une durée de sept heures par jour, ce qui donne pour la quantité d'action journalière, ou d'*effet utile*, 756000^{km}. S'il monte un escalier ou une pente douce, chargé de 65^k, sa vitesse ne sera plus que $0^m,04$, et il ne pourra supporter ce travail plus de six heures par jour; l'effet utile ne sera donc que de 5160^{km} par jour. Ainsi, dans le premier cas, l'effet utile est représenté par 756 unités dynamiques, et dans le second, seulement par 56.

Voici l'ensemble des résultats qui, d'après Navier, comportent le maximum d'effet utile dans l'emploi indiqué de la force.

1° Homme marchant sur un chemin horizontal, sans fardeau.

Poids moyen du corps. . . . . 65 kil.
Vitesse par seconde. . . . . $1^m,5$
Durée du travail journalier. . . . . 10 heures.
Effet produit en unités dynamiques. 3510

2° Homme voyageant en plaine, et portant des fardeaux sur son dos.

Poids transporté. . . . . 40 kil.
Vitesse par seconde. . . . . $0^m,75$
Durée du travail journalier. . . . . 7 heures.
Effet utile en unités dynamiques. . 756

3° Homme montant une rampe douce ou un escalier, sans fardeau.

Poids moyen du corps. . . . . 65 kil.
Vitesse par seconde. . . . . $0^m,15$
Durée du travail journalier. . . . . 8 heures.
Effet produit en unités dynamiques. 281

4° Homme montant une rampe douce ou un escalier, avec un poids sur son dos.

Poids transporté. . . . . 65 kil.
Vitesse par seconde. . . . . $0^m,04$
Durée du travail journalier. . . . . 6 heures.
Effet utile. . . . . 56 unités dyn.

5° Manœuvre transportant en plaine des matériaux sur son dos, et revenant à vide chercher de nouvelles charges.

Poids transporté. . . . . 65 kil.
Vitesse par seconde. . . . . $0^m,5$
Durée du travail journalier. . . . . 6 heures.
Effet utile. . . . . 702 unités dyn.

6° Manœuvre transportant des matériaux dans une brouette, et revenant à vide chercher de nouvelles charges.

Poids transporté. . . . . 60 kil.
Vitesse par seconde. . . . . $0^m,5$
Durée du travail journalier. . . . . 10 heures.
Effet utile. . . . . 1080 unités dyn.

7° Manœuvre transportant des matériaux dans une petite charrette, ou camion à deux roues, et revenant à vide chercher de nouvelles charges.

Poids transporté. . . . . 100 kil.
Vitesse par seconde. . . . . $0^m,5$
Durée du travail journalier. . . . . 10 heures.
Effet utile. . . . . 1300 unités dyn.

8° Manœuvre élevant des poids au moyen d'une corde passant sur une poulie, ce qui l'oblige à faire descendre la corde à vide.

Poids élevé. . . . . 18 kil.
Vitesse par seconde. . . . . . . $0^m,2$
Durée du travail journalier. . . . 6 heures.
Effet utile. . . . . 77 unités dyn.

9° Manœuvre élevant des poids en les soulevant avec la main.

Poids transporté. . . . . 20 kil.
Vitesse par seconde. . . . . $0^m,17$
Durée du travail journalier. . . . 6 heures.
Effet utile. . . . . 75 unités dyn.

10° Homme agissant sur une manivelle.

Effort constant exercé. . . . . . . 8 kil.
Vitesse par seconde. . . . . . . $0^m,2$
Durée du travail journalier. . . . 8 heures.
Effet utile. . . . . 175 unités dyn.

11° Manœuvre marchant en poussant ou tirant dans une direction horizontale.

Effort exercé. . . . . 12 kil.
Vitesse par seconde. . . . . . . $0^m,6$
Durée du travail journalier. . . . 8 heures.
Effet utile. . . . . 207 unités dyn.

12° Manœuvre agissant par son poids sur une roue à chevilles ou à tambour, et placé au niveau de l'axe de la roue.

Effort exercé. . . . . 60 kil.
Vitesse par seconde. . . . . . . $0^m,15$
Durée du travail journalier. . . . 8 heures.
Effet utile. . . . . 259 unités dyn.

13° Manœuvre agissant par son poids vers le bas d'une roue à chevilles ou à tambour.

Effort exercé. . . . . 12 kil.
Vitesse par seconde. . . . . . . $0^m,7$
Durée du travail journalier. . . . 8 heures.
Effet utile. . . . . 251 unités dyn.

14° Manœuvre poussant avec les pieds une roue à chevilles.

Effort exercé. . . . . 62,5 kil.
Vitesse par seconde. . . . . . . $0^m,15$
Durée du travail. . . . . 8 heures.
Effet utile. . . . . 270 unités dyn.

Les efforts de traction que l'homme peut développer ont été très-différemment appréciés par divers auteurs. Schulze évalue à 48 ou 49 kilogrammes l'*effort absolu*, c'est-à-dire celui que l'homme est capable de soutenir pendant quelque temps sans prendre de vitesse. Bernouilli ne porte cet effort qu'à 34 kilogrammes; mais Guenyveau a trouvé que, lorsque la traction s'effectue au moyen de bricoles, l'effort absolu peut s'élever de 50 à 60 kilogrammes.

La vitesse absolue, ou la plus grande vitesse que l'homme puisse soutenir pendant quelque temps sans avoir d'autre effort à produire que celui du déplacement de son corps, est de $1^m,637$ par seconde, d'après Schulze ; de 2 mètres, d'après Bernouilli; et de 2 à 3 mètres, d'après Guenyveau.

On nomme *effort relatif* et *vitesse relative* l'effort moyen et la vitesse moyenne dont la combinaison peut produire le maximum d'effet utile.

L'effort relatif est, suivant Schulze, de 13 à 14 kilogrammes; de 15 kilogrammes, suivant Bernouilli, et de $17^k,13$ suivant Guenyveau, quand la traction se fait au moyen d'une bricole. La vitesse relative est de $0^m,757$, $1^m,660$, et $0^m,8$, suivant les mêmes observateurs.

La plus grande charge qu'un homme puisse porter à une petite distance, est moyennement de 145 à 150 kilogrammes.

Nous n'avons pas besoin de faire observer que l'âge, le climat, et surtout l'habitude, occasionnent de grandes variétés dans la valeur des quantités d'actions journalières produites par divers individus, et qu'on ne doit considérer les nombres rapportés ci-dessus que comme des termes moyens à partir desquels plusieurs circonstances, et principalement l'inégalité des forces des individus, peuvent causer des écarts plus ou moins grands; mais ces nombres n'en présentent pas moins des indications très-importantes sur les moyens d'employer la force de l'homme de la manière la plus avantageuse; car il suffit d'y jeter un coup d'œil pour reconnaître, par exemple, qu'on obtient un effet utile plus que double en faisant agir un homme sur une manivelle, qu'en lui faisant élever des poids au moyen d'une corde passant sur une poulie fixe; que le manœuvre transportant des matériaux sur une brouette fait plus d'ouvrage que celui qui les porte sur son dos, etc., etc. On doit consulter, pour tout ce qui concerne les moteurs animés, le mémoire de Coulomb sur *la Force des Hommes*, ainsi que les ouvrages suivans : Prony, *Nouv. Archit. hydraulique;* Christian, *Mécanique industrielle;* Guenyveau, *Essai sur la science des Machines;* Coriolis, *Calcul de l'effet des Machines.* M. Borgnis, dans son *Traité de la composition des Machines*, expose en grands détails tout ce qui a été fait ou proposé pour le meilleur emploi de la force de l'homme et des animaux.

HYDRAULIQUE. (*Méc.*) L'objet général de cette branche de la mécanique est le mouvement des liquides, et particulièrement celui de l'eau.

L'eau en mouvement peut être considérée de quatre manières différentes: 1° coulant dans un lit (*voy.* Courant d'Eau); 2° sortant d'un réservoir (*voy.* Écoulement des Fluides); 3° agissant comme moteur (*voy.* Eau motrice); 4° enfin, dans un état passif, élevée par des machines.

On donne le nom générique de *machines hydrauliques* à deux classes de machines très-différentes dans leurs effets et dans leur but : la première comprend divers appareils pour lesquels l'eau est l'agent moteur, la *puissance;* la seconde se compose des organes mécaniques destinés à élever l'eau, qui constitue alors la *résistance.* On pourrait former une troisième classe de machines où l'eau joue tout à la fois le rôle de *puissance* et de *résistance*, c'est-à-dire où la force d'un courant d'eau est employée à élever une portion de cette eau, comme le *bélier hydraulique*, la *colonne oscillante*, etc. Mais, en observant que l'action de ces machines exige le concours d'une force étrangère, l'élasticité de l'air atmosphérique, on voit qu'elles doivent être rangées dans la seconde classe.

La première classe des machines hydrauliques se subdiviserait en trois genres, si l'on pouvait établir des limites absolues entre l'action de l'eau par son choc, son poids et sa force centrifuge; mais, comme dans la plupart de ces machines, l'eau n'agit jamais d'une seule manière, ce ne pourrait être que d'après le mode d'action prédominant qu'il serait possible d'assigner le genre de la machine. Quoi qu'il en soit, les machines de cette première classe sont les *roues à aubes*, les *roues à augets*, les *roues à pots*, les *turbines*, les *roues à réaction*, les *turbines* ou *roues à force centrifuge*, et la *machine à colonne d'eau* (*voy.* ces divers mots); la dernière se distingue de toutes les autres par la nature de son mouvement, qui est *alternatif;* tandis que celui des premières est un mouvement continu de rotation. Il existe encore

beaucoup d'autres machines de cette classe, projetées ou exécutées, mais celles que nous venons de citer sont les plus usuelles. Nous donnons, en traitant chaque machine en particulier, l'indication de son effet utile.

La seconde classe des machines ou *organes* hydrauliques présente un très-grand nombre d'appareils, car il n'existe pas de problème qui ait plus occupé l'imagination des praticiens que celui de l'élévation de l'eau. Parmi ces machines, celle dont l'usage est plus habituel sont les *seaux*, les *pompes*, les *norias*, les *chapelets*, les *roues à tympan*, et la *vis d'Archimède.* Nous les examinons dans des articles particuliers, ainsi que quelques autres moins usuelles, mais dont les dispositions ingénieuses réclament l'attention. (*Voy.* Fontaine, tom. II.)

HYDROMÈTRES. (*Hydraul.*) Nom générique des instrumens destinés à mesurer la vitesse des courans d'eau.

L'hydromètre le plus simple et peut-être le plus sûr est un *flotteur.* C'est un morceau de bois ou un autre corps d'une pesanteur spécifique presque égale à celle de l'eau, et qui, placé dans le courant, en prend la vitesse. Dès que le mouvement est bien établi, on compte le nombre de secondes que le flotteur employe pour parcourir une distance préalablement mesurée; cette distance, divisée par le nombre des secondes, fait connaître l'espace parcouru dans une seconde, ou la vitesse. Les meilleurs flotteurs sont des boules creuses de fer blanc ou de cuivre, lestées avec de la grenaille de plomb, de manière qu'elles s'enfoncent presque entièrement dans l'eau; on doit les placer dans le plus fort du courant ou au fil de l'eau, et assez au-dessus du point où l'on commence à compter, pour qu'on soit assuré qu'elles aient, en y arrivant, la vitesse du liquide qui les entoure. Ce mode d'opération, qu'il faut répéter plusieurs fois pour prendre une moyenne, fait connaître avec assez d'exactitude la vitesse du fil de l'eau, mais il ne peut être employé pour les filets plus près du bord, parce que le flotteur ne se maintiendrait pas dans une même direction.

Le *volant à aubes* peut être employé avantageusement pour déterminer la vitesse d'un filet quelconque. C'est une petite roue à aubes très-mobile sur son axe et construite en bois très-léger; on l'établit sur le courant, au point dont on veut connaître la vitesse, de manière qu'une aube plonge dans l'eau, son centre de percussion prend bientôt, à très-peu près, la vitesse du filet.

Le *pendule hydrométrique* sert également pour déterminer la vitesse d'un filet quelconque. Il se compose d'une boule creuse, d'ivoire ou de métal, suspendue par un fil au centre d'un quart de cercle gradué. On pose cet appareil sur le point à reconnaître, le quart de cercle fixé hors de l'eau, et la boule plongeant dans le liquide (Pl. **XIII**, fig. 12); le courant entraîne la boule, le fil s'incline, et lorsque l'angle d'inclinaison est devenu constant, on calcule la vitesse d'après la grandeur de cet angle. Voici la théorie de cette opération.

Soit P le poids de la boule A, et OA l'inclinaison constante du fil, mesurée sur le quart de cercle par l'angle EOA $= i$. Construisons le rectangle ABCD, dans lequel AD $=$ P, CAD $=$ EOA $= i$. Les côtés AB et AC seront les composantes de AD, et nous aurons

$$AC = P \cos i \ , \ AB = P \sin i.$$

Ainsi P $\cos i$ exprime le poids effectif ou la force avec laquelle la boule tend à descendre, et P $\sin i$ la partie du poids absolu qui fait équilibre à l'action du courant, et mesure son effort. L'effort du courant, comparativement au poids effectif, sera donc

$$\frac{P \sin i}{P \cos i} = \tang i,$$

c'est-à-dire qu'il est proportionnel à la tangente d'inclinaison. Mais ce même effort est également proportionnel au carré de la vitesse du courant (*voy.* Eau motrice); donc, en désignant par v cette vitesse, le rapport des deux quantités v^2, tang i doit être un nombre constant, et, en exprimant par n^2 ce dernier, nous aurons

$$v = n \sqrt{\tang i}.$$

Le coefficient constant n aura une valeur particulière pour chaque boule, qu'on peut déterminer directement, par l'expérience, en essayant le pendule sur un courant dont la vitesse aura été déterminée soit par un flotteur, soit par un volant à aubes. La vitesse connue, divisée par la racine carrée de la tangente de l'inclinaison observée, donnera la valeur de n.

Les hydromètres précédens ne peuvent faire connaître que la vitesse à la surface du courant; pour mesurer les vitesses au-dessous de la surface, il faut avoir recours à d'autres instrumens.

Le plus simple, nommé *tube de Pitot*, du nom de son inventeur, est un tuyau de verre recourbé par le bout inférieur (Pl. **XIII**, fig. 11); on l'enfonce dans le courant, jusqu'à ce que l'orifice de ce bout, tourné vers l'amont, soit au niveau du filet dont on veut avoir la vitesse; ce filet presse le liquide, le fait monter dans la branche verticale, et la hauteur de la colonne d'eau, au-dessus de la surface du courant, indique approximativement la hauteur due à la vitesse. Dubuat a trouvé qu'en donnant à l'orifice la forme d'un entonnoir dont on fermé l'entrée par une plaque percée d'un petit trou au centre, les deux tiers seulement de la hauteur dans le tube étaient la hauteur due à la vitesse

de la veine fluide, c'est-à-dire, qu'en désignant par h la hauteur dans le tube, la vitesse cherchée serait

$$v = \sqrt{2g \times \frac{2}{3} h}.$$

On a fait plusieurs perfectionnemens à cet instrument, qui est peu employé, mais qui fait époque dans la science, parce que c'est avec son aide que Pitot a découvert le fait très-important du décroissement graduel de la vitesse des filets fluides depuis la surface jusqu'au fond.

Les *balances* ou *romaines hydrométriques* sont susceptibles d'une bien plus grande exactitude : le principe sur lequel elles sont fondées consiste en ce que, si l'on expose directement une plaque au choc d'une veine d'eau, le poids qu'il faut employer pour la maintenir en équilibre contre l'effort du courant donne la mesure de cet effort, d'où l'on peut ensuite conclure la vitesse. La balance employée par Brünings, et à laquelle il a donné le nom de *tachomètre*, est représentée (pl. **XIV**, fig. 4); elle se compose d'une plaque A fixée à l'extrémité d'une tige AB, qui se meut dans une douille m perpendiculairement à la barre DE, dont l'extrémité E repose sur le fond du lit de la rivière. Un cordon DB est attaché à l'extrémité B de la tige AB, et se rend, en passant sur une poulie de renvoi C, à l'extrémité du petit bras d'une romaine, dont l'autre bras porte le poids P. Lorsque cet instrument est posé, la veine fluide qui agit sur la plaque A la presse vers B, et il faut alors reculer le poids P jusqu'à ce qu'il la maintienne en équilibre; les divisions du grand bras de la romaine font connaître le poids absolu qui mesure l'effort du courant, et, par suite, sa vitesse.

Les hydrauliciens allemands considèrent comme le plus parfait des hydromètres inventés jusqu'ici le *moulinet hydrométrique de Woltmann*. C'est un arbre tournant (Pl. **XIV**, fig. 1) qui porte quatre petites ailes disposées comme celles d'un moulin à vent. Lorsqu'elles sont mues par le courant, le nombre de leurs révolutions dans un temps déterminé, indiqué par l'instrument même, fait connaître la vitesse.

Quel que soit l'instrument qu'on emploie pour mesurer la vitesse d'une veine fluide, ce n'est que par une énorme série d'expériences qu'il est possible de déterminer la vitesse moyenne de la section d'une grande rivière; car il faut décomposer cette section en tranches verticales, mesurer la vitesse d'un grand nombre de points pris verticalement les uns au-dessous des autres dans chaque tranche, afin de conclure par une moyenne la vitesse moyenne de la tranche; puis, des vitesses moyennes de toutes les tranches, déduire la vitesse moyenne de la section. On voit combien il serait important de connaître la loi du décroissement des vitesses et de pouvoir obtenir la vitesse moyenne par celle du fil de l'eau, toujours facile à mesurer exactement; mais on ne connaît pas même encore le rapport qui peut exister entre la vitesse du filet supérieur et la vitesse moyenne de la verticale à laquelle il appartient. (*Voy.* Courant d'eau.)

HYGROMÉTRIE. On désigne sous le nom d'*hygromètres* les instrumens destinés à mesurer la quantité de la vapeur d'eau contenue dans l'air atmosphérique, et, par suite, sous celui d'*hygrométrie*, la partie de la physique qui a pour objet les principes fondamentaux sur lesquels repose leur construction.

Tout le monde sait que, lorsqu'on met de l'eau dans un vase ouvert et qu'on l'expose à l'air libre, elle diminue peu à peu et disparaît enfin en totalité. Ce phénomène, qu'on nomme *évaporation*, et qui s'effectue continuellement à la surface des mers et des rivières, est cause que l'air n'est jamais complètement sec, mais qu'il contient toujours une certaine quantité d'eau en dissolution, dont la présence modifie son élasticité et sa densité.

On a attribué pendant long-temps l'évaporation de l'eau et celle de beaucoup d'autres liquides à une *affinité* ou action élective des molécules intégrantes de l'air sur les molécules intégrantes de ces liquides; l'air était alors doué d'une *force dissolvante* d'autant plus grande, que sa température et sa densité étaient plus grandes. Cette théorie ne peut plus être admise depuis qu'il est prouvé que l'évaporation s'effectue en même quantité et beaucoup plus promptement dans un espace vide que dans un espace plein d'air; et l'on ne doit voir dans la transformation des liquides en vapeurs qu'un effet de la force répulsive du calorique interposé entre leurs molécules.

Dalton a reconnu : 1° que les vapeurs qui se développent dans les gaz ne saturent pas instantanément l'espace occupé par le gaz; de sorte qu'il s'écoule toujours un certain temps depuis l'instant où le liquide est introduit dans la capacité occupée par le gaz jusqu'à celui où il ne se forme plus de vapeurs ; 2° que la force élastique d'un mélange de gaz et de vapeurs est égale à la force élastique du gaz, plus à celle de la vapeur qui se développerait dans le vide; 3° que la quantité de vapeur qui se forme dans un gaz est égale à celle qui se formerait dans un même espace vide à la même température. Il résulte de ces faits, vérifiés par tous les physiciens, que les vapeurs se développent dans les gaz comme dans le vide, et que le mélange des gaz et des vapeurs s'effectue comme celui des gaz permanens. Seulement, les gaz opposent à l'évaporation un obstacle mécanique qui la retarde.

On nomme *état hygrométrique* de l'air le rapport entre la quantité de vapeur d'eau qu'il contient, à celle qui

s'y trouverait s'il était complètement saturé, ou, ce qui est la même chose, le rapport de la tension de la vapeur dans l'air à sa tension maximum (*voy.* Force élastique) à la même température. La déterminaison de cet état hygrométrique est le problème principal de l'hygrométrie; car, lorsqu'il est connu, on peu en déduire aisément, comme nous le verrons plus loin, le poids de la vapeur d'eau renfermée dans un volume d'air donné.

De tous les moyens proposés pour mesurer le degré d'humidité de l'air, le plus rigoureux est de mettre un volume connu d'air en contact avec une substance dont l'affinité pour l'eau soit telle qu'elle puisse enlever la totalité de la vapeur contenue dans le volume donné. Lorsque la dessiccation est effectuée complètement, on pèse la substance, et la différence de son poids avec le poids qu'elle avait avant l'opération fait connaître le poids de l'eau absorbée, et, par suite, la densité de la vapeur d'eau primitivement mélangée à l'air; mais cette méthode exige une extrême précision dans les détails, qui rend son application très-difficile. Les substances qui présentent le plus d'affinité pour l'eau sont le chlorure de calcium, la potasse caustique et la chaux vive.

Les changemens de formes ou de dimensions que diverses substances éprouvent par l'humidité semblent offrir un moyen beaucoup plus simple pour déterminer le degré d'humidité de l'air. On a observé que presque toutes les substances organiques, plongées dans l'air humide, absorbent une certaine quantité de vapeur aqueuse qui dépend de leur nature propre et de l'état hygrométrique de l'air. Lorsque l'air devient plus humide, elles absorbent une nouvelle quantité de vapeur, qu'elles restituent lorsqu'il devient plus sec. Cette absorbtion ou cette émission de vapeur est toujours accompagnée d'un changement dans toutes les dimensions du corps; mais les substances composées de filamens éprouvent toujours plus d'augmentation dans le sens de leur diamètre que dans celui de leur longueur; aussi les cordes, qui sont formées de fibres tordues, se gonflent, se détordent et se raccourcissent par l'humidité.

On a tiré parti de cette propriété pour construire des instrumens destinés à faire connaître, à la simple vue, l'humidité de l'air, et ce sont ces instrumens qu'on nomme des *hygromètres*. Le plus anciennement employé se compose d'une corde à boyau, longue de 5 à 6 centimètres, fixée par une de ses extrémités et portant à l'autre un petit poids pour la tendre. Une échelle graduée indique les diminutions de longueur que subit la corde en se détordant par l'effet de l'humidité, ou les accroissemens qu'elle éprouve en devenant plus sèche. Cet appareil, propre tout au plus à faire connaître que l'air est plus humide dans un moment que dans un autre, ne peut fournir aucune indication utile sur son état hygrométrique.

L'hygromètre de Saussure, aujourd'hui le plus usité, consiste en un cadre de cuivre ABCD (Pl. XIII, fig. 15) dans lequel un cheveu *ab*, dépouillé de toutes substances grasses, par l'ébullition dans une lessive un peu alcaline, est suspendu en *a* à une petite pince que l'on peut monter ou descendre par une vis; il est fixé par son autre extrémité à une petite poulie mobile sur son axe, et garnie d'une aiguille *mn* dont la pointe parcourt un arc de cercle *pq*; un fil enroulé dans le même sens sur une autre poulie ayant le même axe que la première et faisant corps avec elle porte un petit poids *c* qui tend à tendre le cheveu. Le cheveu, dont la propriété est de s'allonger par l'humidité, restant toujours tendu par le petit poids, fait tourner les poulies dans ses variations de longueur, et la marche de l'aiguille indique sur l'arc de cercle le nombre des degrés correspondans d'humidité.

L'arc de cercle est divisé en 100 parties égales, o répond au point de la parfaite sécheresse, et 100 à celui de la complète saturation de l'air. Pour déterminer ces deux limites de l'échelle hygrométrique, on place d'abord l'instrument sous un récipient qui renferme des matières propres à dessécher l'air; et lorsque, après plusieurs jours, l'aiguille demeure fixe à un certain point du cadran, on marque o à ce point. Ceci fait, on transporte l'hygromètre dans un autre récipient dont les parois sont mouillées et dont l'air se trouve bientôt saturé d'humidité. L'aiguille marche avec rapidité et finit par devenir stationnaire en un point qu'on marque 100, et qui est celui de l'humidité extrême. L'intervalle de o à 100 étant divisé en cent parties égales, l'hygromètre est achevé.

Cet instrument, lorsqu'il a été bien construit, donne toujours des indications identiques dans les mêmes circonstances; et, de plus, quelle que soit la température de l'air, il marque toujours o" dans l'air sec, et 100° dans l'air saturé d'eau; de sorte que l'influence de la température sur la longueur du cheveu est sensiblement nulle dans les limites de température de l'atmosphère, mais les degrés d'humidité qu'il indique ne sont pas proportionnels aux quantités réelles de vapeur d'eau contenue dans l'air; et, pour pouvoir déduire de l'observation de cet instrument la force élastique de la vapeur, il faudrait connaître la relation qui existe entre les degrés de l'hygromètre et les tensions correspondantes de la vapeur pour chaque degré de température.

A défaut de cette relation, qui n'est point encore découverte, M. Gay-Lussac a rendu les indications de l'hygromètre de Saussure propres à déterminer la quantité absolue d'eau renfermée dans un volume donné d'air humide, en observant, concurremment avec les

degrés marqués par l'hygromètre, les tensions de la vapeur d'eau contenue dans un certain volume d'air sec, pour la température particulière de 10 degrés centigrades. Ses résultats sont consignés dans les tables suivantes, dont la première donne les degrés de l'hygromètre, quand on connaît la tension de la vapeur d'eau existante dans l'air; et la seconde, la tension de cette vapeur, quand on connaît les degrés de l'hygromètre. La tension de la vapeur, pour la saturation complète, est représentée par 100; de sorte que, lorsqu'on veut exprimer les tensions plus petites en fractions décimales de cette tension maximum, il faut considérer les nombres de ces tables comme exprimant des *centièmes* de la tension maximum prise pour *unité*.

TABLEAU

DES DEGRÉS DE L'HYGROMÈTRE CORRESPONDANS AUX TENSIONS DE LA VAPEUR, A LA TEMPÉRATURE DE 10° CENTÉSIMAUX.

TENSION DE LA VAPEUR.	DEGRÉS CORRESPONDANS DE L'HYGROMÈTRE.	TENSION DE LA VAPEUR.	DEGRÉS CORRESPONDANS DE L'HYGROMÈTRE.	TENSION DE LA VAPEUR.	DEGRÉS CORRESPONDANS DE L'HYGROMÈTRE.
0	0,00	34	57,42	68	84,06
1	2,19	35	58,58	69	84,64
2	4,37	36	59,61	70	85,22
3	6,56	37	60,64	71	85,77
4	8,75	38	61,66	72	86,31
5	10,94	39	62,69	73	86,86
6	12,93	40	63,72	74	87,41
7	14,92	41	64,63	75	87,95
8	16,92	42	65,53	76	88,47
9	18,91	43	66,43	77	88,99
10	20,91	44	67,34	78	89,51
11	22,81	45	68,24	79	90,03
12	24,71	46	69,03	80	90,55
13	26,61	47	69,83	81	91,05
14	28,51	48	70,62	82	91,55
15	30,41	49	71,42	83	92,05
16	32,08	50	72,21	84	92,54
17	33,76	51	72,94	85	93,04
18	35,43	52	73,68	86	93,52
19	37,11	53	74,41	87	94,00
20	38,78	54	75,14	88	94,48
21	40,27	55	75,87	89	94,95
22	41,76	56	76,54	90	95,43
23	43,26	57	77,21	91	95,90
24	44,75	58	77,88	92	96,36
25	46,24	59	78,55	93	96,82
26	47,55	60	79,22	94	97,29
27	48,86	61	79,84	95	97,75
28	50,18	62	80,46	96	98,20
29	51,49	63	81,08	97	98,69
30	52,81	64	81,70	98	99,10
31	53,96	65	82,32	99	99,55
32	55,11	66	82,90	100	100,00
33	56,27	67	83,48		

Si les tensions avaient été observées en colonnes de mercure, comme cela se pratique généralement, il faudrait les ramener en centièmes de la tension maximum, pour pouvoir se servir de cette table; la tension observée étant, par exemple, de $0^{mm},534$, comme on sait que la tension maximum de la vapeur d'eau à la température de 10° est de $9^{mm},475$ (*voy.* Vapeur), on poserait la proportion

$$9,475 : 0,534 = 100 : x = 5,63;$$

d'où l'on voit que pour obtenir la tension en centièmes il faut multiplier la tension exprimée en millimètres par 100, et diviser le produit par la tension maximum exprimée en millimètres. Le nombre 5,63, ne se trouve pas dans la colonne des tensions, qui marche par différences égales à un centième, et ce n'est que par une interpolation entre les nombres 10,94 et 14,92 qui expriment les degrés de l'hygromètre, correspondant respectivement aux tensions 5 et 6, entre lesquelles est comprise la tension donnée 5,63, qu'on peut déterminer le degré de l'hygromètre correspondant à cette dernière. Mais, comme les tensions ne sont pas proportionnelles aux degrés, il faut se guider, pour interpoler, d'après les indications du second tableau, qui nous apprennent ici que le douzième degré de l'hygromètre correspond à la tension 5,05, et le treizième à la tension 6,00; ainsi, le premier tableau nous montre que le degré cherché est entre 10,94 et 14,92, et le second tableau, que ce degré ne peut être qu'entre 11 et 12, mais plus près de 11 que de 12: d'où nous devons conclure que l'hygromètre placé dans l'air, renfermant une quantité de vapeur dont la tension serait 5,63, marquerait 11 degrés, plus une petite fraction de degré.

Soit encore la tension observée $= 4^{mm},24$. Réduisant en centièmes de la tension maximum, on aura

$$\frac{4,24 \times 100}{9,475} = 44,75.$$

Cherchant dans la colonne des tensions les nombres qui approchent le plus de 44,75, c'est-à-dire 44 et 45, et observant ensuite que, d'après la seconde table, le 68ᵉ de l'hygromètre correspond à la tension 44,49, on en conclura que le degré cherché est entre 68 et 68,24.

Quoique les nombres de ces tableaux ne se rapportent exactement qu'à la température de 10°, on peut étendre leur usage aux températures voisines de 10°, sans crainte d'erreur sensible, parce qu'il paraît que les variations de la température exercent peu d'influence sur l'affinité du cheveu pour la vapeur.

TABLEAU

DE LA FORCE ÉLASTIQUE DE LA VAPEUR CORRESPONDANTE AUX DEGRÉS DE L'HYGROMÈTRE, A LA TEMPÉRATURE DE 10° CENTÉSIMAUX.

DEGRÉS DE L'HYGROMÈTRE.	TENSIONS CORRESPONDANTES DE LA VAPEUR.	DEGRÉS DE L'HYGROMÈTRE.	TENSIONS CORRESPONDANTES DE LA VAPEUR.	DEGRÉS DE L'HYGROMÈTRE.	TENSIONS CORRESPONDANTES DE LA VAPEUR.
0	0,00	34	17,10	68	44,49
1	0,45	35	17,68	69	46,04
2	0,90	36	18,30	70	47,19
3	1,35	37	18,92	71	48,51
4	1,80	38	19,54	72	49,82
5	2,25	39	20,16	73	51,14
6	2,71	40	20,78	74	52,45
7	3,18	41	21,45	75	53,76
8	3,64	42	22,12	76	55,25
9	4,10	43	22,79	77	56,74
10	4,57	44	23,46	78	58,24
11	5,05	45	24,13	79	59,73
12	5,52	46	24,86	80	61,22
13	6,00	47	25,59	81	62,89
14	6,48	48	26,52	82	64,57
15	6,96	49	27,06	83	66,24
16	7,46	50	27,79	84	67,92
17	7,95	51	28,58	85	69,59
18	8,45	52	29,38	86	71,49
19	8,95	53	30,17	87	73,39
20	9,45	54	30,97	88	75,29
21	9,97	55	31,76	89	77,19
22	10,49	56	32,66	90	79,09
23	11,01	57	33,57	91	81,09
24	11,53	58	34,47	92	83,08
25	12,05	59	35,37	93	85,08
26	12,59	60	36,28	94	87,07
27	13,14	61	37,31	95	89,06
28	13,69	62	38,34	96	91,25
29	14,23	63	39,36	97	93,44
30	14,78	64	40,39	98	95,63
31	15,36	65	41,42	99	97,81
32	15,94	66	42,58	100	100,00
33	16,52	67	43,73		

Ce tableau fait connaître la tension de la vapeur contenue dans l'air correspondant au degré observé de l'hygromètre. Pour exprimer cette tension en millimètres de mercure, il suffit de multiplier le nombre donné par la table, par le facteur $9^{mm},475$, et diviser le produit par 100. Si, par exemple, le degré de l'hygromètre était 70, nombre auquel correspond, dans la table, la tension 47,19, on aurait, pour cette tension en millimètres,

$$\frac{47,19 \times 9,475}{100} = 4^{mm},471.$$

Pour déterminer, par le moyen de ces tables, le poids de la vapeur contenue dans un volume d'air donné, à une température également donnée, et dont on connaît le degré hygrométrique, il faut savoir que la densité de la vapeur d'eau à une température t et sous une tension p, est égale à la densité maximum qu'elle peut avoir à la même température, multipliée par sa tension actuelle p, exprimée en fraction de la tension maximum prise pour unité; ainsi, en désignant par δ la densité maximum, et par d la densité sous la tension p, on a la relation

$$(1)\dots\ d = \delta p.$$

Or, en multipliant la densité d par le poids d'un volume d'eau égal à celui de la vapeur, on obtient le poids du volume de vapeur; donc, en prenant le mètre cube pour unité de volume, et en observant que le poids d'un mètre cube d'eau est de 1000 kilogrammes ou de 1000000 de grammes, on voit que le poids d'un mètre cube de vapeur est exprimé par

$$(2)\dots\ 1000000^{\mathrm{g}}\,\delta p.$$

Soit, par exemple, 72 le degré de l'hygromètre auquel correspond, dans la seconde table, la tension 49,82; nous écrirons cette tension comme il suit 0,4982, pour la rapporter à la tension maximum comme unité; la densité maximum de la vapeur étant 0,00000974 à la température de 10° (*voy.* Vapeur), nous ferons

$$\delta = 0,00000974\ ,\quad p = 0,4982,$$

et nous aurons, d'après la formule (2), pour le poids de la vapeur d'eau contenue dans un mètre cube d'air, dans les circonstances données,

$$1000000^{\mathrm{g}}\times 0,00000974\times 0,4982 = 4^{\mathrm{g}},85.$$

On a observé que, dans les couches inférieures de l'atmosphère, l'hygromètre marque très-rarement 100°, même lorsqu'il pleut. Son indication moyenne dans toutes les saisons est 72°, d'où l'on peut conclure que la quantité moyenne de vapeur aqueuse que contient l'air atmosphérique est la moitié de celle qui correspond à la saturation. La limite de sécheresse est 40° d'après Saussure, qui n'a jamais vu l'hygromètre au-dessous de cette limite sur le sommet des Alpes. Cependant, lorsqu'on s'élève à de grandes hauteurs, on rencontre des couches d'air beaucoup moins humides; car, dans le voyage aérostatique de M. Gay-Lussac, l'hygromètre est descendu à 26°; le thermomètre marquait alors — 10°. (*Voy.* le *Traité de Physique mathématique* de Biot.)

I.

INCOMPRESSIBILITÉ. On admet comme un principe fondamental, dans la recherche des lois de l'équilibre des liquides, que ces corps sont incompressibles (*voy.* Hydrostatique, tom. II), c'est-à-dire qu'une masse liquide n'éprouve aucune diminution de volume par suite des pressions qu'on peut lui faire supporter. Cette hypothèse n'est pas rigoureuse; mais les liquides se contractent d'une si petite quantité sous les pressions les plus considérables, qu'on peut l'adopter sans inconvénient.

Les premières expériences décisives, sur le peu de compressibilité des liquides, datent de la fin du XVII° siècle, et sont dues aux académiciens de Florence. Ayant renfermé de l'eau dans une sphère d'argent exactement fermée, ces savans virent qu'en comprimant la sphère pour diminuer son volume, le liquide suintait à travers ses parois. De l'eau, comprimée par eux dans un tube droit par une colonne de mercure de 24 pieds de haut, n'éprouva aucune diminution sensible de volume, et il leur fut impossible de constater la plus légère contraction en variant de plusieurs manières leurs appareils d'essais. Ils en conclurent que l'eau était, sinon complètement incompressible, du moins que sa compressibilité ne pouvait être mesurée.

Cette dernière opinion était généralement adoptée, lorsque, en 1761, John Canton entreprit de nouvelles expériences avec un appareil de son invention, qui lui permit non seulement de reconnaître la compressibilité de l'eau, mais encore d'en mesurer la quantité, qu'il évalua à $\dfrac{1}{22710}$ du volume primitif pour chaque atmosphère de pression (*voy.* Force élastique). M. Perkins, en 1829, et M. Oersted, en 1823, constatèrent les faits annoncés par John Canton, et trouvèrent, par des moyens différens, le premier, une compression de 0,000048 par atmosphère, et, le second, une compression de 0,000045.

Aucun de ces observateurs n'avait tenu compte de la

compression des vases, et il restait d'ailleurs à opérer sur d'autres liquides que sur l'eau ; c'est ce que firent MM. Coladon et Sturm, dont les expériences, décrites dans un mémoire présenté à l'Académie des sciences en 1827, ont été couronnées par corps savant. Voici leurs résultats :

CONTRACTION ABSOLUE POUR UNE ATMOSPHÈRE.

Mercure à 0°	0,00000503
Eau distillée privée d'air à 0°	0,0000513
Eau distillée non privée d'air à 0°	0,0000495
Alcool à 11°,6 (pour la 2ᵉ)	0,0000962
Id. (pour la 9ᵉ)	0,0000935
Id. (pour la 21ᵉ)	0,000089
Éther sulfurique à 0°, de 1 à 3	0,000133
Id. de 3 à 26	0,000122
Éther sulfurique à 11°,4, de 1 à 3	0,00015
Id. de 3 à 21	0,000141
Eau saturée d'ammoniaque à 10°	0,000038
Éther nitrique concentré à 0°	0,0000715
Éther acétique à 12°	0,0000793
Id.	0,0000713
Éther chlorhydrique à 11°,2, de 1 à 3	0,0000859
Id. de 6 à 12	0,00008225
Acide acétique à 0°	0,0000422
Acide sulfurique à 0°	0,000032
Acide nitrique à 2,405 de densité	0,0000322
Essence de térébenthine à 0°	0,000073

Ces expériences, exécutées sous des pressions de 1 à 24 atmosphères, ont prouvé que la contraction des liquides n'est pas proportionnelle à la pression, mais qu'elle diminue sensiblement, à mesure que la pression est plus grande.

Les nombres de ce tableau, comparés à ceux qui expriment la dilatation des liquides par l'effet de la chaleur (*voy.* Chaleur), montrent l'énorme force que développe le calorique pour produire cette dilatation ; car il est évident que la force avec laquelle les corps tendent à augmenter de volume par l'accroissement de température est égale à l'effort qu'il faudrait faire pour les comprimer d'une quantité égale à la dilatation. Nous préviendrons nos lecteurs, au sujet de la dilatation des corps, qu'il s'est glissé une erreur très-grave dans les tables de notre article Chaleur ; les nombres de ces tables n'expriment pas la quantité de dilatation correspondante à un accroissement d'*un* degré de température, comme on pourrait le croire, d'après le titre, mais bien celle qui correspond à un accroissement de *cent degrés*, à partir de 0°. La dilatation pour 1° n'est donc que la *centième partie* du nombre donné par la table, et le calcul de la page 35 est entièrement inexact, car il aurait fallu faire $l = 0,0000122$, au lieu de

$l = 0,00122$; ce qui aurait produit, pour la longueur cherchée, $L' = 2^m,5001525$. La même erreur se trouve dans la dernière édition du *Traité de Physique* de M. Péclet, d'où nous avons tiré ces tables.

INFLEXION DES VOUTES. (*Arch.*) Les changemens de courbure qu'éprouvent les arches de pont et les voûtes, après leur décintrement, par l'effet de la contraction des joints, fournissent plusieurs problèmes géométriques dont la solution intéresse les ingénieurs, et pour lesquels nous allons donner les formules les plus simples. Une observation très-importante rapportée par M. le baron de Prony, dans les Annales des Ponts et Chaussées (année 1832), sur les inflexions qu'avaient subies après, un laps de vingt années, des lignes droites tracées sur le plan des têtes de l'arche du milieu du pont Louis XVI, avant son décintrement, a donné l'occasion à cet illustre savant de rappeler ces formules et de faire connaître des moyens nouveaux de calcul que nous croyons utile de développer. Voici d'abord l'observation.

L'arche du milieu du pont Louis XVI, posée sur cintres avec une flèche de $3^m,975$, avait, avant le décintrement, un développement d'arc de douille de $32^m,519$, dont la valeur angulaire était de 57° 12′ 24″, et le rayon $32^m,570$.

La longueur de l'arc, dit M. de Prony, excédait celle de sa corde de $1^m,334$; les joints de lit étaient convergens, élargis à l'extrados vers la clef, à l'intrados vers les naissances. Ces joints, préalablement calfeutrés à l'intrados, étaient remplis de ciment coulé à la cuillère dans un état de demi-fluidité ; quelques cales fixées à l'extrados pour faire refluer le ciment n'occupaient qu'une partie extrêmement petite de la surface comprise entre deux cours de voussoirs. Le calcul des pressions normales à cette surface, qui devaient avoir lieu immédiatement après le décintrement, pressions variables de la clef aux naissances, m'a donné en nombre rond les limites de 92000 à 78000 kilogrammes par mètre carré ; et il faut remarquer que ces évaluations, relatives uniquement aux masses de pierres supportées par les cintres, devaient ensuite éprouver une augmentation considérable lors de l'achèvement des parties supérieures des voûtes.

« D'après ces résultats de calculs, j'aurais eu quelque inquiétude sur les effets de compression des joints et de l'abaissement de la clef qui devait avoir lieu après le décintrement, si d'autres calculs, dont les données étaient fournies par des constructions antérieures, ne m'eussent rassuré. Il était important de faciliter aux ingénieurs les moyens de déduire avec précision de pareilles données de la construction du pont Louis XVI ; en conséquence, trois lignes droites furent tracées sur

le parement d'amont des têtes de la voûte, savoir :
1° une horizontale d'environ 22^m de longueur, dont le point milieu se trouvait dans la verticale passant par le milieu de la clef; 2° deux lignes inclinées, chacune de 6 mètres de longueur, partant des extrémités de la précédente et dirigées perpendiculairement aux points des naissances.

» Vingt ans après le décintrement, lorsque M. Lamandé faisait ses dispositions pour la construction du pont d'Iéna; il vérifia avec beaucoup de soin l'état de ces lignes, et il trouva que l'horizontale du milieu avait pris une flèche en contre-bas de 0^m,113, et que les lignes inclinées latérales s'étaient relevées dans leur milieu de 0^m,008 du côté de la rive gauche, et de 0^m,007 du côté de la rive droite; le sens de ces inflexions sont tout-à-fait conformes à ce qui avait été prévu.

» Pour calculer, d'après ces mesures, les changemens qu'ont dû éprouver la courbure de l'arc intrados et sa longueur développée, on considérera la courbe comprimée comme se confondant sensiblement avec un arc de cercle passant par ses naissances et son sommet; cette hypothèse est compatible avec toute l'exactitude exigible pour l'application dont il s'agit ici. »

La question se réduit, comme on le voit aisément, à calculer la grandeur angulaire d'un arc de cercle dont on connaît la corde et la flèche; car de la détermination de cette quantité dépendent les déterminations ultérieures de la grandeur du rayon et de celle de l'arc développé.

Soit donc ADB (Pl. XIV, fig. 2) un arc de cercle; désignons par

- a, sa moitié AD, développée ou mesurée en unités linéaires,
- k, la moitié AC de sa corde AB,
- r, son rayon AO ou DO,
- f, sa flèche CD,
- α, la valeur angulaire de l'arc AD, ou sa grandeur exprimée en degrés du cercle.

Le triangle rectangle ACO donne (*voy.* Trigonométrie, tome II)

$$AO = \frac{AC}{\sin AOC}, \quad \text{ou} \quad r = \frac{k}{\sin \alpha},$$

$$OC = \frac{AC}{\tang AOC}, \quad \text{ou} \quad r - f = \frac{k}{\tang \alpha}.$$

Retranchant la seconde égalité de la première, il vient

$$f = \frac{k\,(\tang \alpha - \sin \alpha)}{\sin \alpha \,.\, \tang \alpha} = \frac{k\,(1 - \cos \alpha)}{\sin \alpha} = k \tang \tfrac{1}{2}\alpha;$$

d'où l'on tire définitivement

$$(1)\ldots\ \tang \tfrac{1}{2}\alpha = \frac{f}{k}.$$

Connaissant l'angle α, la première des égalités précédentes,

$$(2)\ldots\ r = \frac{k}{\sin \alpha},$$

fait trouver la valeur du rayon r. Par exemple, les mesures prises par M. Lamandé ayant fait connaître que la flèche de l'arche du milieu du pont Louis XVI avait éprouvé une dépression de 0^m,113, ce qui réduit sa valeur primitive 3^m,975 à 3^m,975 — 0^m,113 = 3^m,862, on a, pour calculer la valeur angulaire de l'arc comprimé et son rayon, les données $f = 3^m,862$, et $k = 15^m,5925$; car la corde demeure constante. Ces nombres, substitués dans (1), fournissent

$$\tang \tfrac{1}{2}\alpha = \tang (13^\circ\, 54'\, 40'',\, 56).$$

et, par conséquent, $\alpha = 27^\circ\, 49'\, 21''$. Ainsi, l'arc total contracté $= 2\alpha = 55^\circ\, 38'\, 42''$. La valeur de α mise dans (2) donne $r = 33^m,408$.

On pourrait déduire immédiatement la valeur du rayon r de celles de la corde et de la flèche; mais les calculs sont plus longs. En effet, d'après la propriété des triangles rectangles

$$\overline{AO}^2 = \overline{AC}^2 + \overline{CO}^2,$$

ou

$$r^2 = k^2 + (r - f)^2,$$

développant le carré et dégageant r, il vient

$$r = \frac{k^2 + f^2}{2f},$$

formule peu commode pour le calcul logarithmique, et qu'on ne doit employer que lorsque les quantités k et f sont exprimées par un petit nombre de chiffres. Ici nous aurions

$$r = \frac{(15,5925)^2 + (3,862)^2}{2 \times 3,862},$$

$$= \frac{258,04119025}{7,724} = 33,4076.$$

Pour obtenir maintenant la grandeur de l'arc développé, il faut observer que si la grandeur d'un arc en parties du rayon, pris pour unité, est exprimée par le nombre m, et que sa grandeur angulaire soit exprimée par le nombre m' de *secondes sexagésimales*, il existe nécessairement entre ces deux nombres m et m' le même rapport qu'entre les nombres π et 648000, dont le premier représente la demi-circonférence du cercle au rayon $= 1$, et le second la valeur angulaire, ou le nombre des secondes d'une demi-circonférence ; c'est-à-dire qu'on a

$$m = m' \frac{\pi}{648000}.$$

Si le rayon du cercle, au lieu d'être l'*unité*, était un nombre quelconque r, on aurait

$$m = \frac{m''\pi r}{648000} ;$$

car les arcs d'une même grandeur angulaire, dans des cercles différens, sont proportionnels à leurs rayons. Appliquant ces considérations à l'arc **AD**, nous aurons, en désignant par α'' le nombre des secondes contenues dans la valeur angulaire α,

$$a = \alpha'' . r . \frac{\pi}{648000} ;$$

ou bien, en substituant les nombres de la question qui nous occupe,

$$a = 100161 \times 33,408 \times \frac{3,1415926}{648000} = 16^{\mathrm{m}},223,$$

l'arc entier est ainsi de $52^{\mathrm{m}},446$; et, en comparant avec la valeur primitive $52^{\mathrm{m}},519$, on voit que la contraction totale est $= 0^{\mathrm{m}},073$; ce qui ne donne, à très-peu près, qu'un millimètre de contraction moyenne pour chaque joint.

Le calcul de la valeur de l'arc développé est trop prolixe pour ne pas employer les logarithmes, et il faut donner à l'expression précédente la forme

$$(3)\dots \log a = -6 + 0,6855749 + \log \alpha'' + \log r,$$

à cause de

$$\log \left(\frac{3,415926556}{64800} \right) = -6 + 0,6855748668.$$

L'opération se trouve réduite, de cette manière, à une addition.

Une question plus importante, sous le rapport pratique, est celle de calculer les effets de tassement que doivent éprouver les arches dans diverses hypothèses de contraction de joints. Supposons, par exemple, qu'une arche projetée, pour avoir sur les cintres une corde de 30 mètres et un arc total de douelle de $51^{\mathrm{m}},12$, soit composée de 39 voussoirs offrant 80 joints, dont

on ait évalué la contraction moyenne à $0^{\mathrm{m}},0015$, de sorte qu'après le décintrement l'arc total contracté ne soit plus que de

$$51^{\mathrm{m}},12 - 80 \times 0,0015 = 51^{\mathrm{m}}.$$

Il s'agit de trouver la valeur angulaire de ce nouvel arc et son rayon ; la corde est toujours la même avant et après la contraction.

M. de Prony donne, pour cet objet, la formule nouvelle et très-élégante que nous allons rapporter.

Soit toujours (Pl. XIV, fig. 2) $2a$ l'arc ADB exprimé en unités linéaires, et $2k$ la grandeur de sa corde AB en mêmes unités. Désignons par

α la valeur angulaire du demi-arc AD exprimée en degrés et fractions décimales de degré ;

ρ le nombre de degrés contenus dans l'arc égal au rayon, savoir : $57°, 2957796$;

on a.... (4)

$$z = \left(\rho \sqrt{10} \right) \times \left\{ 1 - \left[1 - 1,2 \left(1 - n \right) \right]^{\frac{1}{2}} \right\}^{\frac{1}{2}},$$

dans laquelle n est le rapport des quantités k et a, c'est-à-dire $n = \frac{2k}{2a}$. Le logarithme du premier facteur est

$$\log \left(\rho \sqrt{10} \right) = 2,2581226.$$

Prenons pour exemple d'application $2a = 31^{\mathrm{m}}$, $2k = 30^{\mathrm{m}}$, nous aurons

$$n = \frac{30}{31} = 0,967742,$$

$$\left[1 - 1,2 \left(1 - n \right) \right]^{\frac{1}{2}} = \sqrt{0,9612904}$$

$$= 0,9804544,$$

$$x = \left(\rho \sqrt{10} \right) \times \sqrt{0,0195456}.$$

Achevant le calcul par logarithmes, il viendra

$$x = 25^{\circ},3509 = 25° 19' 51'.$$

L'arc total contracté aura donc une valeur angulaire de $2\alpha = 50° 39' 42'$.

Faisant $k = 15^{\mathrm{m}}$ et $\alpha = 25° 19' 51'$ dans la formule (2), on obtiendra pour le rayon de cet arc la valeur

$$r = 35^{\mathrm{m}},059.$$

La formule (4) n'est qu'approximative, mais ses résultats sont d'une exactitude supérieure à celle qu'exige les besoins pratiques. Nous allons suppléer au silence de M. de Prony sur sa déduction, puis nous lui donnerons une forme qui nous paraît rendre les calculs plus faciles.

Sous le rapport géométrique, le problème peut s'énoncer ainsi :

Connaissant la longueur développée d'un arc de cercle ADB, *et celle de sa corde* AB, *trouver sa valeur angulaire* AOB.

Prenons Od pour *unité*, et avec cette droite, comme rayon, décrivons l'arc $ad = \varphi$; les deux arcs AD et ad ont une même valeur angulaire, et de plus leurs longueurs développées sont entre elles, comme leurs rayons AO et aO, ou comme les demi-cordes AC et ac, des arcs doubles $2a$ et 2φ ; ainsi

$$\frac{a}{\varphi} = \frac{\mathrm{AC}}{ac}.$$

Mais, dans le cercle dont le rayon est l'unité, la demi-corde ac est le *sinus* de l'arc φ ; donc $ac = \sin\varphi$, et par suite

$$\frac{a}{\varphi} = \frac{k}{\sin\varphi} ;$$

d'où l'on tire

$$\frac{k}{a}\varphi = \sin\varphi, \quad \text{ou} \quad n\varphi = \sin\varphi,$$

en posant $\frac{k}{a} = n$. Substituant à la place de $\sin\varphi$ son développement en fonction de l'arc φ (*voyez* Sinus, tome II), il vient

$$n\varphi = \varphi - \frac{\varphi^3}{1.2.3} + \frac{\varphi^5}{1.2.3.4.5} - \frac{\varphi^7}{1.2.3.4.5.6} + \text{etc.}$$

Négligeant les termes qui contiennent les puissances de φ supérieures à la cinquième, et divisant tout par φ, on a l'équation

$$\varphi^4 - 20\,\varphi^2 = 120\,(n - 1),$$

qui est résoluble par la méthode du second degré, en faisant $\varphi^2 = x$; d'où

$$x = 10 \pm \sqrt{\left[100 + 120\,(n - 1)\right]} ;$$

observant que φ doit toujours être plus petit que l'unité, on voit que le signe — du radical est le seul admissible et, en mettant le facteur 100 en dehors, on a

$$x = 10 - \sqrt{100} \cdot \sqrt{\left[1 - 1{,}2\,(1 - n)\right]},$$

$$= 10\left\{1 - \sqrt{\left[1 - 1{,}2\,(1 - n)\right]}\right\} ;$$

ce qui donne enfin, à cause de $x = \varphi^2$,

$$\varphi = \sqrt{10} \cdot \sqrt{\left\{1 - \sqrt{\left[1 - 1{,}2\,(1 - n)\right]}\right\}}.$$

Or, φ est la grandeur de l'arc ad en parties du rayon $= 1$; pour avoir sa valeur angulaire, égale à celle de l'arc AD $= \alpha$, il faut multiplier φ par le nombre de degrés contenus dans l'arc égal au rayon ou par $57°{,}2957795 = \rho$. Donc enfin

$$\alpha = (\rho\sqrt{10}) \cdot \sqrt{\left\{1 - \sqrt{\left[1 - 1{,}2\,(1 - n)\right]}\right\}}.$$

Les calculs nécessaires pour obtenir la valeur de α deviennent très-faciles au moyen des tables logarithmiques et trigonométriques. a et k conservant la même signification que ci-dessus, tout se réduit à calculer un arc auxiliaire A par la formule..... (5)

$$\mathrm{Log}\,\sin\mathrm{A} = \tfrac{1}{4}\left\{39{,}3010300 + \mathrm{Log}(6k - a) - \mathrm{Log}\,a\right\},$$

et l'on obtient la valeur angulaire α par la relation très-simple..... (6)

$$\mathrm{Log}\,\alpha = \mathrm{Log}\,\cos\mathrm{A} - 7{,}7418774.$$

Voici le calcul entier pour les données précédentes $a = 15^m{,}5$; $k = 15^m$, d'où $6k - a = 74{,}5$:

Nombre constant. .	$= 39{,}3010300$
Log $(74{,}5)$.	$= 1{,}8721563$
Somme.	$= 41{,}1731863$
Log $(15{,}5)$.	$= 1{,}1903317$
	$39{,}9828546$
Quart de ce nombre $=$	$9{,}9957136 = $ Log sin A.

Les tables trigonométrique font connaître A $= 80°57'48''$; d'où ensuite,

Log cos A.	$= 9{,}1455283$
Nombre constant. .	$= 7{,}7418774$
Log α.	$= 1{,}4036509.$

La valeur de α correspondant à ce logarithme est comme ci-dessus $\alpha = 25°{,}3309$.

On peut obtenir les résultats de nos formules (5) et

(6) ou ceux de la formule (4) de M. de Prony d'une manière beaucoup plus expéditive à l'aide d'une petite table jointe à son mémoire et qui contient les logarithmes des rapports entre les arcs de cercle et leurs cordes; il suffit alors de prendre dans les tables ordinaires le logarithme de $\frac{a}{k}$, et l'on trouve d'un coup d'œil la valeur angulaire de l'arc $2a$. (*Voy.* la note sur les *inflexions*, citée plus haut.) (Paris, 1832, chez Carilian Gœury, lib.)

INTERVALLES MUSICAUX. (*Acoust.*) On désigne généralement, en musique, sous le nom d'*intervalle* de deux sons le rapport des nombres de vibrations que font dans le même temps les cordes sonores qui rendent ces sons. Si, par exemple, une corde sonore, en rendant un son A, fait 124 vibrations dans une seconde sexagésimale, et qu'une autre corde sonore, en rendant un son B, fasse 186 vibrations dans le même temps, on dira que l'*intervalle* des sons A et B est égal à $\frac{186}{124}$, ou simplement à $\frac{3}{2}$, parce que la fraction $\frac{186}{124}$, réduite à sa plus simple expression, devient $\frac{3}{2}$.

1. Il faut observer qu'au moyen de cette convention l'un des deux sons comparés est toujours représenté par l'*unité* et le second par le nombre de vibrations qu'il fait pendant que le premier donne *une seule vibration*, quelle que soit d'ailleurs la durée de cette vibration, car c'est absolument la même chose de dire que le son B fait 186 vibrations dans le temps que le son A en fait 124, ou de dire que le son B fait $\frac{186}{124} = \frac{3}{2}$ vibrations pendant que le son A en fait *une*.

Considérons maintenant trois sons A, B, C, dont les nombres respectifs des vibrations pendant une seconde soient 124, 155, 186; on aura, en leur appliquant les considérations précédentes,

$$\text{Intervalle de A à B} = \frac{155}{124} = \frac{5}{4},$$

$$\text{Intervalle de A à C} = \frac{186}{124} = \frac{3}{2},$$

c'est-à-dire qu'en prenant le son A pour terme de comparaison, la représentation numérique de ces trois sons devient..... (1)

$$\begin{array}{ccc} \text{A} & \text{B} & \text{C} \\ 1, & \frac{5}{4}, & \frac{3}{2}. \end{array}$$

Si l'on demandait l'intervalle des sons B et C, il faudrait prendre le son B pour unité de comparaison, et l'on aurait

$$\text{Intervalle de B à C} = \frac{186}{155} = \frac{6}{5},$$

ou, ce qui revient au même, en employant les rapports précédens,

$$\text{Intervalle de B à C} = \frac{3}{2} : \frac{5}{4} = \frac{6}{5}.$$

Les intervalles partiels sont ainsi..... (2)

$$\begin{array}{ccc} \text{A} & \text{B} & \text{C} \\ & \frac{5}{4}, & \frac{6}{5}. \end{array}$$

2. On voit qu'il faut distinguer la représentation numérique d'un son, par rapport à un autre son pris pour *unité*, de l'*intervalle* de ces deux sons, quoique l'une et l'autre soient exprimées par le même nombre. En effet, la fraction $\frac{5}{4}$ représente dans le tableau (1) le son B par rapport à un son fixe en *fondamental* A, tandis que, dans le tableau (2), cette même fraction exprime l'*intervalle* des deux sons A et B, abstraction faite de tout son fondamental pris pour point de départ. Dans le premier cas, $\frac{5}{4}$ est un *rapport constituant* qui fixe la place du son B parmi tous les autres sons rapportés au même son fondamental A; dans le second, $\frac{5}{4}$ est uniquement l'*intervalle* des sons A et B, et n'apprend pas autre chose, sinon que le son B fait 5 vibrations dans le temps que le son A en fait 4.

3. Pour pouvoir déterminer l'intervalle de deux sons, il n'est donc pas besoin de connaître les nombres absolus de leurs vibrations, c'est-à-dire les nombres réels de vibrations qu'ils font l'un et l'autre dans l'unité de temps, mais seulement les nombres relatifs de ces vibrations, ou ce que nous venons de nommer leurs *rapports constituans*. Ces calculs, fondés sur les propriétés des rapports géométriques, ne présentent, par eux-mêmes aucune difficulté; mais il ne faut pas perdre de vue la signification exacte des nombres qu'on emploie; et, pour l'intelligence de ce qui va suivre, nous allons donner un exemple plus développé.

4. Soient les sons A, B, C, D, E, F, G, H, rendus par des cordes sonores faisant dans l'unité de temps les nombres absolus de vibrations

144, 162, 180, 192, 216, 240, 270, 288.

L'intervalle de deux quelconques de ces sons étant le rapport de leurs nombres respectifs de vibrations (1), si l'on demande, par exemple, l'intervalle des deux sons C et F, on aura

$$\text{Intervalle de C à F} = \frac{240}{180} = \frac{4}{3}.$$

Ceci posé, prenons A pour son fondamental, et, en divisant tous les nombres par 144, nous aurons, après la réduction des fractions à leur plus simple expression,

$$\begin{array}{ccccccc} A & B & C & D & E & F & G & H \\ 1, & \frac{9}{8}, & \frac{5}{4}, & \frac{4}{3}, & \frac{3}{2}, & \frac{5}{3}, & \frac{15}{8}, & 2. \end{array}$$

Ces nouveaux nombres expriment les *nombres relatifs* des vibrations des sons ou les nombres des vibrations que font toutes les cordes sonores pendant que la première, celle du son A, fait une *seule vibration*. Il est évident que les rapports de ces nombres relatifs entre eux sont exactement les mêmes que ceux des nombres absolus, et ils ont de plus l'avantage d'indiquer immédiatement l'intervalle entre chaque son et le son fondamental A. Le nombre $\frac{5}{3}$, par exemple, constituant le son E, exprime tout à la fois que ce son fait une *vibration et deux tiers de vibration* pendant que le son A en fait *une*, et que l'intervalle des sons A et E est égal à $\frac{5}{3}$.

Pour calculer à l'aide de ces nombres l'intervalle de C à F, pour lequel nous avions ci-dessus 240 : 180, nous aurons maintenant

$$\text{Intervalle de C à F} = \frac{5}{3} : \frac{5}{4} = \frac{4}{3},$$

ce qui revient au même.

Voici le calcul de l'intervalle de chacun de ces sons avec celui qui le suit immédiatement

$$\text{Intervalle de A à B} = \frac{9}{8} : 1 = \frac{9}{8},$$
$$\text{B à C} = \frac{5}{4} : \frac{9}{8} = \frac{10}{9},$$
$$\text{C à D} = \frac{4}{3} : \frac{5}{4} = \frac{16}{15},$$
$$\text{D à E} = \frac{3}{2} : \frac{4}{3} = \frac{9}{8},$$
$$\text{E à F} = \frac{5}{3} : \frac{3}{2} = \frac{10}{9},$$
$$\text{F à G} = \frac{15}{8} : \frac{5}{3} = \frac{9}{8},$$
$$\text{G à H} = 2 : \frac{15}{8} = \frac{16}{15},$$

ce qui nous donne le tableau suivant, dont nous ferons usage plus loin..... (3)

$$\begin{array}{ccccccccc} \text{Sons.} & A & B & C & D & E & F & G & H \\ \text{Rapports constituans} & 1, & \frac{9}{8}, & \frac{5}{4}, & \frac{4}{3}, & \frac{3}{2}, & \frac{5}{3}, & \frac{15}{8}, & 2 \\ \text{Intervalles partiels.} & & \frac{9}{8}, & \frac{10}{9}, & \frac{16}{15}, & \frac{9}{8}, & \frac{10}{9}, & \frac{9}{8}, & \frac{16}{15} \end{array}$$

5. Lorsqu'on connaît les intervalles partiels deux à deux d'une suite de sons, on peut trouver l'intervalle des deux sons extrêmes sans avoir besoin de remonter à leurs rapports constituans ou aux nombres absolus de leurs vibrations. Par exemple, étant donnés les trois intervalles partiels

$$\begin{array}{ccc} A & B & C & D \\ \frac{9}{8}, & \frac{10}{9}, & \frac{16}{15} \end{array}$$

on aura

$$\text{Intervalle de A à D} = \frac{9}{8} \times \frac{10}{9} \times \frac{16}{15}.$$

Cette règle n'est autre chose que la *règle conjointe* (*voy. ce mot*, tom. I), et l'on s'en rend facilement raison en observant que puisque les lettres A, B, C, D ne sont ici que la représentation des nombres absolus ou relatifs des vibrations, on a nécessairement

$$\frac{B}{A} = \frac{9}{8}, \quad \frac{C}{B} = \frac{10}{9}, \quad \frac{D}{C} = \frac{16}{15},$$

mais le produit des rapports $\frac{B}{A} \times \frac{C}{B} \times \frac{D}{C}$ se réduit à $\frac{D}{A}$ par le retranchement des facteurs communs ; donc

$$\frac{D}{A} = \frac{9 \times 10 \times 16}{8 \times 9 \times 15} = \frac{4}{3},$$

c'est-à-dire

$$\text{Intervalle de A à D} = \frac{4}{3}.$$

Le dernier nombre 2 de la seconde colonne du tableau (3) doit donc être égal au produit de tous les intervalles de ce tableau, car il exprime l'intervalle entre le premier et le dernier sons A et H. On a en effet

$$2 = \frac{9 \times 10 \times 16 \times 9 \times 10 \times 9 \times 16}{8 \times 9 \times 15 \times 8 \times 9 \times 8 \times 15}.$$

Appliquons maintenant ces principes élémentaires du calcul des intervalles musicaux aux sons dont se composent les diverses échelles adoptées par les musiciens.

6. La production du son par les corps sonores est l'effet des mouvemens vibratoires que font les molécules de ces corps pour reprendre leur position primitive lorsqu'elles en ont été écartées par l'action instantanée d'une force étrangère (*voy.* Acoustique, tome I) si les vibrations sont régulières; elles forment le *son distinct* ou *son musical*, lequel n'est perceptible cependant que lorsque ces vibrations ont une certaine vitesse; et plus cette vitesse est grande, plus le son est *aigu*. Lorsque le nombre des vibrations de deux corps sonores est le même dans le même temps, les sons ne peuvent être distingués l'un de l'autre que par leur intensité et leur timbre. L'intensité dépend de l'amplitude des ondes sonores (*voy.* Son), le timbre est une qualité donnée au son par la nature propre du corps sonore.

L'intervalle de deux sons est dit *consonnant* quand le rapport numérique qui le constitue est très-simple, il est dit *dissonant* dans le contraire. Cependant cette division n'a rien d'absolu et repose seulement sur le plus ou moins de facilité que l'oreille éprouve à saisir le rapport de deux sons co-existans, facilité qui dépend du degré de culture musicale de l'oreille, de sorte que tels intervalles qui passaient jadis pour dissonans sont aujourd'hui au nombre des consonnans.

Deux sons co-existans, perçus en même temps par l'oreille, forment un *accord*, si leur intervalle est consonnant. Pour se rendre compte de la nature du phénomène qui se passe alors dans l'oreille, il faut observer que dans la sensation d'un son simple ou isolé la membrane du tympan reçoit un mouvement vibratoire qu'on peut comparer à celui qui serait produit par une suite de coups frappés dans des intervalles de temps égaux. Or, lorsque deux sons différens frappent à la fois l'oreille, il s'opère un mélange de deux suites de coups dans chacune desquelles les distances en temps sont égales, mais dans l'une plus grande que dans l'autre ; ces coups ne peuvent donc frapper ensemble qu'à de certaines distances, et plus ces distances sont petites, plus facilement l'oreille saisit le rapport des deux sons. Si, par exemple le premier son frappe deux coups pendant que le second n'en frappe qu'un, les 2ᵉ, 3ᵉ, 4ᵉ, 5ᵉ, etc. coups de la seconde suite coïncideront avec les 5ᵉ, 6ᵉ, 8ᵉ, 10ᵉ, etc. de la première, ce qui produit une liaison très-harmonique, tandis que, si le premier son frappait 11 coups pendant que le second en frappe 10, les coïncidences n'auraient lieu qu'entre les 11ᵉ, 22ᵉ, 33ᵉ, etc. coups de la première avec les 10ᵉ, 20ᵉ, 30ᵉ, etc. coups de la seconde, ce que l'oreille ne pourrait saisir sans beaucoup de difficulté. Or l'oreille exécute pour ses sensations particulières les mêmes opérations que l'œil pour les siennes propres, elle saisit les rapports des sons avec une facilité d'autant plus grande que ces rapports sont plus simples, et, de même que l'œil est affecté d'une

manière agréable par des rapports justes des formes, sans mesurer ni calculer ses rapports, l'oreille est agréablement frappée lorsqu'elle perçoit sans difficulté l'effet de la concurrence des vibrations simultanées de plusieurs sons.

7. Le rapport le plus simple des vibrations de deux sons est 1 : 1, on le nomme l'*unisson*. Après l'unisson, le rapport le plus facile à saisir est celui de 2 : 1; il constitue l'*octave*; deux sons à l'octave l'un de l'autre diffèrent par leur degré d'acuité, mais ils se ressemblent d'ailleurs si bien, que lorsqu'on veut imiter un son avec la voix on prend très-souvent son octave si l'oreille n'est pas exercée. Les autres intervalles consonnans les plus simples après l'octave se nomment

$$\textit{quinte,} \text{ lorsque le rapport est égal à } 3 : 2,$$
$$\textit{quarte,} \ldots\ldots\ldots\ldots\ldots 4 : 3,$$
$$\textit{tierce,} \ldots\ldots\ldots\ldots\ldots 5 : 4.$$

En rapportant ces divers intervalles à un son quelconque considéré comme *son fondamental* et en donnant le nom d'*ut* à ce son, celui de *mi* à sa *tierce*, de *fa* à sa *quarte*, de *sol* à sa *quinte*, et de *ut*$_2$ à son *octave*, les rapports constituans des nombres de vibrations de ces derniers sons avec celui des vibrations du son fondamental pris pour unité seront

$$ut \quad mi \quad fa \quad sol \quad ut_2$$
$$1 \ , \ \frac{5}{4} \ , \ \frac{4}{3} \ , \ \frac{3}{2} \ , \ 2$$

Si l'on part de l'octave ut_2 du son fondamental et qu'on forme une nouvelle suite de sons mi_2, fa_2, sol_2, ut_2, qui aient avec ut_3 les mêmes rapports que les sons mi, fa, sol, ut_2, avec ut, on aura une nouvelle suite de sons qui seront chacun respectivement à l'octave de ceux de la première suite, et dont les rapports constituans, en partant toujours du son fondamental ut, seront évidemment

$$ut_2 \quad mi_2 \quad fa_2 \quad sol_2 \quad ut_3$$
$$2 \ , \ \frac{5}{2} \ , \ \frac{8}{3} \ , \ \frac{6}{2} \ , \ 4.$$

On pourrait de la même manière former une troisième période, puis une quatrième, et ainsi de suite. Il est visible que les nombres de la première période sont respectivement égaux à ceux de la première multipliés par 2 ; que ceux de la troisième sont égaux à ceux de la seconde multipliés par 2 ou à ceux de la première multipliés par 4, et ainsi de suite. En général, les nombres d'une période dont l'*ut* serait de l'ordre μ ou ut_{μ} seront égaux à ceux de la première multipliés par $2^{\mu-1}$.

Pour former des périodes au-dessous de la première, il faudrait faire l'opération inverse, c'est-à-dire, diviser les nombres de la première période par autant de fois le facteur 2 qu'on prendrait d'octaves en-dessous. La première période en-dessous serait ainsi

$$\underset{\dfrac{1}{2}}{ut'}, \quad \underset{\dfrac{5}{8}}{mi''}, \quad \underset{\dfrac{2}{3}}{fa'}, \quad \underset{\dfrac{3}{4}}{sol'}, \quad \underset{1.}{ut}$$

Mais dans cette génération des sons musicaux, chacun d'eux peut être pris successivement pour *son fondamental*, et il en résulte d'autres sons dont les uns se trouvent déjà compris parmi ceux des périodes successives croissantes à l'*aigu* et décroissantes au *grave* que nous venons de signaler, et dont les autres viennent s'intercaler entre eux. Par exemple, partant des sons *mi*, *fa*, *sol* et calculant les sons à la *tierce* et à la *quinte* de chacun d'eux, nous trouverons, d'après les règles précédentes de calcul,

$$\textit{tierce de } mi = \frac{5}{4} \times \frac{5}{4} = \frac{25}{16},$$
$$\textit{tierce de } fa = \frac{4}{3} \times \frac{5}{4} = \frac{5}{3},$$
$$\textit{tierce de } sol = \frac{3}{2} \times \frac{5}{4} = \frac{15}{8},$$
$$\textit{quinte de } mi = \frac{5}{4} \times \frac{3}{2} = \frac{15}{8},$$
$$\textit{quinte de } fa = \frac{4}{3} \times \frac{3}{2} = 2,$$
$$\textit{quinte de } sol = \frac{3}{2} \times \frac{3}{2} = \frac{9}{4}.$$

Les tierces nous donnent des sons exprimés par $\frac{25}{16}$, $\frac{5}{3}$, $\frac{15}{8}$, et les quintes des sons exprimés par $\frac{15}{8}$, 2 et $\frac{3}{4}$; rejetant le premier, qui diffère peu de $\frac{24}{16} = \frac{3}{2} = sol$, il nous reste un son $\frac{5}{3}$ compris entre les sons $\frac{3}{2}$ et 2 ; un autre $\frac{15}{8}$ encore compris entre les mêmes, et un dernier son $\frac{9}{4}$ qui va s'intercaler entre les sons 2 et $\frac{5}{2}$ de la seconde période ; prenant son octave en-dessous, on a le son $\frac{9}{8}$ intercalaire entre les sons 1 et $\frac{5}{4}$ de la première période. Cette première période devient après les intercalations..... (4)

$$\underset{1}{ut}, \underset{\dfrac{9}{8}}{ré}, \underset{\dfrac{5}{4}}{mi}, \underset{\dfrac{4}{3}}{fa}, \underset{\dfrac{3}{2}}{sol}, \underset{\dfrac{5}{3}}{la}, \underset{\dfrac{15}{8}}{si}, \underset{2.}{ut_2}$$

Elle se compose ainsi de sept intervalles, dont chacun tire sa dénomination de la distance que les sons ont entre eux. Par exemple, l'intervalle de *ut* à *ré* est une *seconde*; celui de *ut* à *mi* une *tierce*; de *ut* à *fa* une *quarte*; de *ut* à *sol* une *quinte*; de *ut* à *la* une *sixième*; de *ut* à *si* une *septième*; et enfin de *ut* à *ut₂* une *octave*. Les mêmes désignations de sons et d'intervalles recommencent dans une seconde période comme dans toutes les autres. La succession des sons depuis l'*ut* fondamental jusqu'au *si* se nomme une *gamme naturelle*.

8. La gamme naturelle d'un son fondamental étant formée, si l'on part de chacun des sons qui la composent pour construire sa gamme particulière, on tombe de nouveau sur des sons qui ne sont pas compris parmi ceux de la gamme primitive ou de leurs octaves successives, et l'on se voit encore obligé d'intercaler d'autres sons intermédiaires entre les sons de la gamme naturelle pour pouvoir embrasser dans une seule série composée de périodes égales tous les sons musicaux entre lesquels l'oreille peut saisir une différence. Comme l'échelle de la gamme naturelle n'est pas composée de degrés égaux, mais que l'intervalle de *mi* à *fa* et celui de *si* à *ut* sont beaucoup plus petits que les autres, c'est entre ces derniers qu'on a intercalé les sons intermédiaires dont nous allons faire mention. Observons d'abord que les intervalles des sons de la gamme naturelle avec ceux qui les suivent immédiatement sont, d'après ce que nous avons trouvé ci-dessus (4),

$$\begin{array}{ccccccc} ut & ré & mi & fa & sol & la & si & ut_2 \end{array}$$
$$\text{Intervalles....} \quad \frac{9}{8}, \frac{10}{9}, \frac{16}{15}, \frac{9}{8}, \frac{10}{9}, \frac{8}{9}, \frac{16}{15}$$

D'où l'on voit, ainsi que nous venons de le dire, que les intervalles de *ut* à *ré*, *ré* à *mi*, *fa* à *sol*, *sol* à *la*, *la* à *si*, qui diffèrent peu entre eux, sont sensiblement le double des intervalles de *mi* à *fa*, *si* à *ut₂*; car si l'on introduisait entre *ut* et *ré* un son intercalaire *ut'* de manière que les intervalles de *ut* à *ut'*, *ut'* à *ré* fussent

$$\begin{array}{ccc} ut & ut' & ré \end{array}$$
$$\frac{16}{15}, \quad \frac{16}{15},$$

l'intervalle de *ut* à *ré* serait alors égal à $\frac{16}{15} \times \frac{16}{15} = \frac{256}{225}$ (*voy.* ci-dessus, n° 5), nombre qui diffère très-peu de $\frac{10}{9}$. Une semblable intercalation n'est pas possible, et nous ne l'avons citée que pour montrer le sens qu'on doit attacher à l'expression *intervalle double d'un autre intervalle;* ce n'est que lorsque nous considérerons les intervalles sous le rapport de leur *mesure* que nous apprendrons à déterminer leurs véritables rapports de grandeur.

9. Les intervalles des sons de la gamme naturelle étant inégaux, on leur a donné des dénominations différentes ; ainsi les plus grands intervalles ont reçu le nom de *tons*, et les plus petits celui de *semi-tons*. On nomme particulièrement *tons majeurs* ceux dont le rapport est $\frac{9}{8}$, et *tons mineurs* ceux dont le rapport est $\frac{10}{9}$. Le rapport de l'intervalle d'un ton majeur à l'intervalle d'un ton mineur, ou le nombre $\frac{9}{8} : \frac{10}{9} = \frac{81}{80}$, se nomme un *comma* ; on le considère comme le plus petit intervalle que l'oreille puisse saisir. Deux sons dont l'intervalle est plus petit qu'un comma diffèrent si peu l'un de l'autre, qu'on peut approximativement les considérer comme à l'*unisson*.

La gamme naturelle se trouve donc composée d'une suite d'intervalles dans cet ordre, abstraction faite de la différence des tons majeurs aux tons mineurs,

$$ut \quad ré \quad mi \quad fa \quad sol \quad la \quad si \quad ut_2$$
$$1 \;,\; 1 \;,\; {}^1\!/_2 \;,\; 1 \;,\; 1 \;,\; 1 \;,\; {}^1\!/_2$$

et c'est en introduisant un semi-ton entre chaque intervalle d'un ton qu'on forme la gamme en demi-tons, ou la *gamme chromatique*. Mais ces semi-tons ne peuvent être égaux entre eux, et il est essentiel de les choisir de manière que la *tierce* et la *quinte* de chaque son de la gamme approchent le plus possible des rapports exacts précédemment déterminés.

10. L'intervalle d'un ton mineur $\frac{10}{9}$ au demi-ton $\frac{15}{8}$, qu'on nomme *semi-ton majeur*, a reçu le nom de *semi-ton mineur* ; son expression numérique est

$$\frac{10}{9} : \frac{16}{15} = \frac{150}{144} = \frac{25}{24},$$

d'où l'on voit que l'intervalle de ton mineur se partage naturellement en deux demi-tons, l'un majeur et l'autre mineur. Cet intervalle $\frac{25}{24}$ est le plus petit dont on se sert dans la pratique. C'est avec lui qu'on forme les semi-tons intercalaires de la gamme chromatique, comme nous allons le voir.

Observons que pour passer d'un son quelconque M, donné par son rapport constituant $\frac{a}{b}$, à un autre son M' dont l'intervalle avec M soit $\frac{a'}{b'}$, il faut multiplier les deux rapports $\frac{a}{b}$, $\frac{a'}{b'}$, et que le produit $\frac{aa'}{bb'}$ est le rapport constituant de M' ou son intervalle avec le son fonda-

mental 1. C'est une conséquence de ce qui a été exposé ci-dessus n° 5. Ainsi, en multipliant chaque rapport constituant des sons de la gamme naturelle par l'intervalle $\frac{25}{24}$, nous obtiendrons une suite de sons dont les intervalles respectifs avec les sons primitivement plus bas seront tous d'un *demi-ton mineur*, tout comme en divisant ces mêmes rapports par ce même intervalle $\frac{25}{24}$, nous obtiendrons une autre suite de sons dont les intervalles avec les sons primitivement plus hauts seront tous d'un *demi-ton mineur*. En général, un son multiplié par $\frac{25}{24}$ monte d'un *demi-ton mineur*, et le même son, divisé par $\frac{25}{24}$, ou multiplié par $\frac{24}{25}$, descend du même demi-ton.

Les nouveaux sons formés de cette manière n'ont pas reçu de noms particuliers ; ils portent celui du son inférieur suivi du mot *dièze*, ou celui du son supérieur suivi du mot *bémol*. Par exemple, le *la* naturel $= \frac{5}{3}$ multiplié par $\frac{25}{24}$, ou *diézé*, devient *la dièze* $= \frac{125}{72}$, et ce même son multiplié par $\frac{24}{25}$ ou *bémolisé* devient *la bémol* $= \frac{8}{5}$. Le signe caractéristique des sons diézés est ♯, et celui des sons bémolisés ♭.

11. En exécutant l'opération que nous venons d'indiquer, on introduit deux sons intermédiaires entre chaque couple de sons de la gamme naturelle, soit que leur intervalle soit un ton majeur ou un ton mineur. Les rapports constituans de ces nouveaux sons, tous calculs faits, se trouvent :

$$ut^{\sharp} = \frac{25}{24}, \qquad sol^{\flat} = \frac{36}{25},$$
$$ré^{\flat} = \frac{27}{25}, \qquad sol^{\sharp} = \frac{25}{16},$$
$$ré^{\sharp} = \frac{75}{64}, \qquad la^{\flat} = \frac{8}{5},$$
$$mi^{\flat} = \frac{6}{5}, \qquad la^{\sharp} = \frac{125}{72},$$
$$fa^{\sharp} = \frac{25}{18}, \qquad si^{\flat} = \frac{9}{5}.$$

Dans les instrumens à sons fixes comme le piano, la même touche frappant le dièze et le bémol des deux sons naturels de l'intervalle d'un ton, on est forcé de considérer les deux sons intercalaires comme identiques, et il faut choisir entre ces deux sons celui qui partage le plus également l'intervalle primitif. Cette nécessité résulte encore de la grande difficulté qu'il y aurait à embrasser une si grande quantité de sons, dont la plupart ne diffèrent pas d'une manière sensible.

On admet donc comme limite d'intervalle celui qui existe entre un demi-ton majeur et un demi-ton mineur, savoir :

$$\frac{16}{15} : \frac{25}{24} = \frac{128}{125},$$

c'est-à-dire que tous les sons dont l'intervalle n'est pas plus grand que $\frac{128}{125}$ sont considérés comme identiques ou comme à l'unisson les uns des autres. Et, en effet, deux cordes sonores dont les nombres de vibrations, dans le même temps, seraient 128 et 125 feraient entendre deux sons que l'oreille la plus délicate distinguerait difficilement l'un de l'autre.

12. Employons ce petit intervalle $\frac{128}{125}$, ou ce *comma*, pour nous guider dans le choix des demis-tons qui doivent composer la gamme chromatique. L'intervalle entre $ut^{\sharp}$ et $ré^{\flat}$ étant

$$\frac{27}{25} : \frac{25}{24} = \frac{648}{625} = \frac{129,5}{125},$$

c'est-à-dire plus grand que le comma $\frac{128}{125}$, nous voyons qu'aucun des deux nombres constituans $\frac{25}{24}$, $\frac{27}{25}$ ne peut représenter le son compris entre ut et $ré$, et qui doit être à la fois $ut^{\sharp}$ et $ré^{\flat}$, mais en haussant le plus petit de ces nombres de l'intervalle $\frac{128}{125}$ et en baissant le plus grand de ce même intervalle, nous obtiendrons deux sons qui ne différeront pas sensiblement des proposés et que nous pourrons prendre ensuite l'un pour l'autre sans inconvénient : or

$$\frac{25}{24} \times \frac{128}{125} = \frac{16}{15}; \quad \frac{27}{25} : \frac{128}{125} = \frac{135}{128}.$$

Ainsi les deux rapports $\frac{16}{15}$, $\frac{135}{128}$ dont l'intervalle est plus petit que $\frac{128}{125}$ peuvent être pris indifféremment pour représenter le demi-ton intercalaire entre ut et $ré$, et comme c'est une règle fondée sur la nature même de l'organe de l'ouïe, que l'intervalle représenté par les nombres les plus simples est le plus facilement appréciable, nous poserons

$$ut^{\sharp} = ré^{\flat} = \frac{16}{15}.$$

L'intervalle de $ré^{\sharp}$ à $mi^{\flat}$ étant

$$\frac{6}{5} : \frac{75}{64} = \frac{384}{375} = \frac{128}{125},$$

nous poserons, par la même raison,

$$ré^{\sharp} = mi^{\flat} = \frac{6}{5}.$$

L'intervalle de $fa^{\sharp}$ à $sol^{\flat}$ étant

$$\frac{36}{25} : \frac{25}{18} = \frac{648}{625},$$

il faut opérer sur ces deux sons comme nous l'avons fait sur $ut^{\sharp}$ et $ré^{\flat}$; le premier étant haussé et le second baissé du comma $\frac{128}{125}$, ils deviennent

$$\frac{25}{18} \times \frac{128}{125} = \frac{64}{45}, \quad \frac{36}{25} : \frac{128}{125} = \frac{45}{32}.$$

Choisissant le rapport le plus simple, nous ferons

$$fa^{\sharp} = sol^{\flat} = \frac{45}{32}.$$

Comparant de la même manière les sons $sol^{\sharp}$ et $la^{\flat}$, nous trouverons pour leur intervalle

$$\frac{8}{5} : \frac{25}{16} = \frac{128}{125};$$

on peut donc prendre

$$sol^{\sharp} = la^{\flat} = \frac{8}{5}.$$

Enfin, l'intervalle de $la^{\sharp}$ à $si^{\flat}$

$$\frac{9}{5} : \frac{125}{72} = \frac{648}{625}$$

étant plus grand que le comma $\frac{128}{125}$, nous trouverons, en haussant le plus bas et en baissant le plus haut de ces sons de ce même comma,

$$la^{\sharp} = \frac{125}{72} \times \frac{128}{125} = \frac{16}{9}, \quad si^{\flat} = \frac{9}{5} : \frac{128}{125} = \frac{225}{128}.$$

D'où

$$la^{\sharp} = si^{\flat} = \frac{16}{9}.$$

Réunissant tous ces résultats, nous aurons pour l'échelle complète de la gamme chromatique..... (5)

$$1, \frac{16}{15}, \frac{9}{8}, \frac{6}{5}, \frac{5}{4}, \frac{4}{3}, \frac{45}{32}, \frac{3}{2}, \frac{8}{5}, \frac{5}{3}, \frac{16}{9}, \frac{15}{8}, 2.$$

Le son du milieu de l'échelle $\frac{45}{32}$ étant exprimé par des nombres un peu grands, comparativement aux autres sons, on a trouvé qu'au lieu d'altérer les deux sons *fa*♯ et *la*♭ du comma $\frac{128}{125}$, il serait plus exact de prendre une moyenne proportionnelle entre ces deux sons $\frac{25}{18}, \frac{36}{25}$, d'autant mieux que cette moyenne

$$\sqrt{\left[\frac{25}{18} \times \frac{36}{25}\right]} = \sqrt{2}$$

est en même temps la moyenne des deux sons extrêmes 1 et 2, et que l'intervalle total de l'octave se trouve, de cette manière, partagé en deux parties égales par le son du milieu.

En effectuant ce changement, l'échelle chromatique devient... (6)

SONS.	NOMBRES RELATIFS DES VIBRATIONS	
	exacts.	en décimales.
ut..	1	1,000000
ut♯ ou *ré*♭	$\frac{16}{15}$	1,006666
ré	$\frac{9}{8}$	1,125000
ré♯ ou *mi*♭	$\frac{6}{5}$	1,200000
mi.	$\frac{5}{4}$	1,250000
fa..	$\frac{4}{3}$	1,333333
fa♯ ou *sol*♭	$\sqrt{2}$	1,414213
sol.	$\frac{3}{2}$	1,500000
sol♯ ou *la*♭	$\frac{8}{5}$	1,600000
la..	$\frac{5}{3}$	1,666666
la♯ ou *si*♭	$\frac{16}{9}$	1,777777
si.	$\frac{15}{8}$	1,875000
*ut*₂	2	2,000000

12 *bis*. Avant de poursuivre, rappelons-nous que, pour construire la *gamme naturelle* (4), et, par suite, la *gamme chromatique* (5) au (6) nous sommes partis des rapports de vibrations $\frac{1}{1}, \frac{2}{1}, \frac{3}{2}, \frac{4}{3}, \frac{5}{4}$, qui sont les plus simples de tous ceux qu'on peut exprimer au moyen des seuls *nombres premiers* 1, 2, 3, 5. En y ajoutant le rapport $\frac{6}{5}$ que l'oreille saisit avec presque autant de facilité que le rapport $\frac{5}{4}$, et qui forme, dans la gamme naturelle (4), l'intervalle exact de *la* à *ut*, savoir :

$$2 : \frac{5}{3} = \frac{6}{5};$$

nous aurons, pour l'ensemble, des intervalles consonnans fondamentaux :

Intervalles.	Nombres constituans.
Unisson	$1 : 1$,
Octave.	$2 : 1$,
Quinte.	$3 : 2$,
Quarte.	$4 : 3$,
Tierce majeure.	$5 : 4$,
Tierce mineure.	$6 : 5$.

Tous les autres intervalles résultant des combinaisons de ceux-ci, on voit que l'échelle musicale actuelle dérive des nombres premiers, 1, 2, 3, 5. Si on voulait introduire le nombre 7, il faudrait faire subir à cette échelle des changemens dont l'utilité pour les progrès de la musique est encore problématique.

13. S'il est nécessaire, pour juger des qualités et des effets des intervalles consonnans, de leur attribuer les rapports précédens, il est tout-à-fait impossible de se servir toujours de ces rapports dans la pratique, surtout pour les instrumens à sons fixes, où l'on est forcé de confondre les *dièzes* avec les *bémols*. L'échelle chromatique (6), destinée à modifier la plupart des intervalles en leur conservant le plus haut degré possible d'exactitude, est loin de remplir complètement son but; car deux sons, dont l'intervalle est égal au comma $\frac{128}{125}$, quoique peu différens l'un de l'autre et sensiblement à l'unisson pour l'oreille, quand elle les perçoit isolément, produisent des dissonances très-appréciables dans leur co-existence avec d'autres sons. Un forte-piano, par exemple, dont toutes les gammes seraient exactement accordées sur l'échelle (5), offrirait plusieurs tierces majeures et mineures intolérables, parce qu'elles sont inexactes de ce comma $\frac{128}{125}$. Ce n'est qu'en altérant plus ou moins les intervalles de l'échelle (5) qu'on

peut obtenir des accords suffisamment exacts ; mais , en exécutant de telles altérations , il est essentiel de les répartir de manière que chaque intervalle s'approche le plus de l'exactitude absolue sans dénaturer les autres. Les altérations des sons qui produisent ces effets se nomment le *tempérament ;* un système d'*échelle tempérée* doit être considéré comme d'autant plus parfait qu'il présente une plus grande quantité d'accords entièrement justes.

14. On a proposé divers systèmes de *tempérament* dont le plus simple consiste à faire les douze degrés de l'échelle chromatique parfaitement égaux. Cette échelle se compose alors de treize sons, y compris l'octave ut_2, qui ont pour intervalle partiel un *demi-ton* un peu plus grand que le demi-ton mineur, et un peu plus petit que le demi-ton majeur; toutes les quintes s'y trouvent sensiblement justes, et les tierces y sont moins altérées que dans l'échelle (5). Mais pour apprécier les avantages ou les inconvéniens d'un *tempérament* quelconque, il devient nécessaire de considérer les intervalles sous un autre point de vue que celui de leur génération; car si les nombres constituans de ces intervalles ont le précieux avantage d'être l'expression fidèle des phénomènes acoustiques, ils sont insuffisans, ou du moins compliquent la question de difficultés étrangères, dès qu'il s'agit d'aborder les phénomènes musicaux, c'est-à-dire de *comparer* ces intervalles entre eux, et de déterminer leurs rapports réels de grandeur. Lorsque, dans le *tempérament égal,* on dit, par exemple, qu'un *demi-ton* est la *moitié* d'un *ton,* qu'une tierce majeure est composée de quatre demi-tons, etc. , etc., on emploie des expressions justes et convenables, parce qu'on considère l'intervalle de deux sons comme une *distance* composée de distances plus petites; ainsi la voix qui monte de l'*ut* au *mi,* par la succession des sons *ut, ut♯, ré, ré♯, mi,* parcourt quatre distances égales, et si l'on prend la première pour *unité,* la distance totale, ou l'intervalle *ut, mi,* doit être représentée par le nombre 4, qui fait connaitre immédiatement le rapport de grandeur de l'intervalle de tierce avec l'intervalle de demi-ton. Il n'en est plus de même si l'on veut exclusivement représenter les intervalles par les rapports des vibrations, comme l'ont fait jusqu'ici tous les auteurs des traités d'harmonie; car ce n'est alors qu'en attachant aux mots un tout autre sens que le sens ordinaire qu'on peut dire qu'un *intervalle* est une *moitié* ou une partie quelconque d'un autre intervalle, puisqu'il ne s'agit jamais, dans ces prétendus rapports de grandeur, du Rapport géométrique, base de la notion de mesure.

15. La comparaison des intervalles ne peut donc s'effectuer d'une manière rationnelle qu'en prenant l'un d'entre eux pour unité, et qu'en représentant chacun des autres par le nombre qui exprime combien de fois il contient cette unité. Quant au choix de l'intervalle destiné à servir d'unité, il est évidemment arbitraire, et ne saurait être provoqué que par des raisons de convenance ou de facilité pour les calculs. L'échelle chromatique étant composée de douze intervalles partiels inégaux, si l'on prenait pour unité soit le demi-ton mineur $\frac{25}{24}$, soit le demi-ton majeur $\frac{16}{15}$, aucun d'eux ne serait compris un nombre exact de fois dans l'intervalle d'octave, ce qui compliquerait singulièrement la comparaison des sons appartenant à deux périodes différentes. Il est donc beaucoup plus simple d'adopter pour unité un *semi-ton moyen* exactement égal à la douzième partie de l'octave , c'est-à-dire le demi-ton du *tempérament égal.*

16. Pour bien comprendre les nouveaux principes que nous allons exposer, il ne faut pas perdre de vue les règles données ci-dessus pour le calcul des intervalles représentés par les rapports des vibrations; car la première chose à faire est de représenter, par un rapport semblable, le demi-ton qui va nous servir d'unité. Or ce demi-ton doit être tel qu'étant multiplié douze fois par lui-même, il produise le nombre 2, puisque l'intervalle de deux sons extrêmes est toujours égal au produit de tous les intervalles partiels des sons intermédiaires entre ces extrêmes (5). Le demi-ton moyen en question aura donc pour expression numérique

$$\sqrt[12]{2};$$

et il ne s'agit plus, pour mesurer un intervalle donné par son rapport constituant, que de trouver combien de fois le nombre $\sqrt[12]{2}$ est *facteur* de ce rapport, ou, ce qui est la même chose, à quelle puissance il faut élever $\sqrt[12]{2}$ pour obtenir le nombre constituant de l'intervalle. Si, par exemple, l'intervalle donné, que nous désignerons généralement par M, contient exactement deux fois l'unité d'intervalle adopté, on aura

$$\left(\sqrt[12]{2}\right) \times \left(\sqrt[12]{2}\right) \text{ ou } \left(\sqrt[12]{2}\right)^2 = M.$$

S'il le contient deux fois et demie, on aura de même

$$\left(\sqrt[12]{2}\right)^{2,5} = M,$$

et ainsi de suite.

Il en résulte généralement que si m est l'exposant de la puissance à laquelle il faut élever $\sqrt[12]{2}$ pour produire M, m donnera la *mesure* de l'intervalle M, ou exprimera le nombre des demi-tons moyens dont se compose cet intervalle. Ainsi, considérant $\sqrt[12]{2}$ comme la base d'un système particulier de logarithmes, nous pourrons dire que la *mesure* d'un intervalle est le *logarithme* de ce que nous avons nommé son *nombre constituant*.

17. Proposons-nous, pour exemple de calcul, de trouver combien l'intervalle d'*ut* à *la*, dont le nombre constituant est $\frac{5}{3}$, contient de demi-tons moyens. Désignant par x le nombre cherché, nous avons à résoudre l'équation exponentielle

$$\left(\sqrt[12]{2}\right)^{x} = \frac{5}{3},$$

qui donne, en employant les logarithmes (*voy.* tom. I, page 557),

$$x \log \left(\sqrt[12]{2}\right) = \log \frac{5}{3} = \log 5 - \log 3,$$

et

$$x = \frac{\log 5 - \log 3}{\log \sqrt[12]{2}} = \frac{0,22185}{0,02509}.$$

En nous arrêtant aux *centièmes*, ce qui est plus que suffisant, il vient $x = 8,84$, c'est-à-dire que l'intervalle de *ut* à *la* comprend huit demi-tons moyens et $\frac{84}{100}$ de demi-tons.

18. Une semblable opération, effectuée sur tous les nombres de l'échelle chromatique (6), fournira le tableau suivant qui rend sensibles les rapports de grandeur des divers intervalles de cette échelle.

TABLEAU

DES INTERVALLES DE LA GAMME CHROMATIQUE, LE DEMI-TON MOYEN ÉTANT PRIS POUR UNITÉ.

Intervalle de *ut* à	Nombres proportionnels.	Différences.
ut.	0,00	
ut# ou *ré*♭	1,12	1,12
ré.	2,04	0,92
ré# ou *mi*♭	3,16	1,12
mi.	3,86	0,70
fa.	4,98	1,12
fa# ou *sol*♭	6,00	1,02
sol.	7,02	1,02
sol# ou *la*♭	8,14	1,12
la.	8,84	0,70
la# ou *si*♭	9,96	1,12
si.	10,88	0,92
*ut*₂.	12,00	1,12

La colonne intitulée *différences* contient les intervalles partiels des 12 degrés de l'échelle. On voit que le plus petit de ces intervalles 0,70 diffère du plus grand 1,12 de 0,42 ou d'environ $\frac{1}{5}$ de demi-ton.

Voici, en particulier, les intervalles les plus usuels, et qui doivent servir de points de comparaison dans les diverses échelles tempérées :

Noms des intervalles.	Nombres constituans.	Nombres proportionnels.
octave.	$\frac{2}{1}$	12,00
quinte.	$\frac{3}{2}$	7,02
quarte.	$\frac{4}{3}$	4,98
tierce majeure.	$\frac{5}{4}$	3,86
tierce mineure.	$\frac{6}{5}$	3,16
ton majeur.	$\frac{9}{8}$	2,04
ton mineur.	$\frac{10}{9}$	1,82
semi-ton majeur.	$\frac{16}{15}$	1,12
semi-ton mineur.	$\frac{25}{24}$	0,70

Tous les intervalles plus petits que le demi-ton mineur $\frac{25}{24}$ sont désignés sous le nom de *comma*. L'intervalle du semi-ton mineur au semi-ton majeur, ou le comma $\frac{128}{125}$, est égal à 0,42, ou à peu près $\frac{2}{5}$ du demi-ton moyen. Le comma vulgaire $\frac{81}{80}$, considéré comme la limite supérieure des erreurs permises dans l'emploi du *tempérament*, répond à $\frac{22}{100}$ de ce demi-ton moyen.

19. En considérant la grande facilité qu'apporte dans le calcul des intervalles leur représentation par des nombres proportionnels, on doit s'étonner qu'aucun harmoniste théoricien n'ait fait son profit de la distinction établie pour la première fois par Euler (*Tentamen novæ Theoriæ musicæ*, etc., 1739) entre les *rapports des sons* et la *mesure des intervalles*; distinction reproduite par Lambert (*Mém. de l'Acad. de Berlin*, 1776), et enseignée depuis par Suremain de Missery dans sa *Théorie de l'Acoustique*. A l'exception de ce dernier, trop bon géomètre pour partager l'erreur commune, tous les

auteurs français qui ont écrit sur la théorie de la musique n'ont pas dit un seul mot qui ait rapport à la véritable mesure des intervalles, et quand ils ont à les comparer comme *quantités mensurables*, ils emploient les rapports des nombres relatifs de vibrations; ce qui est un véritable non-sens; car $\frac{3}{2}$, par exemple, est bien le *rapport constituant* de l'intervalle de *quinte*; mais il ne lui est ni égal ni proportionnel. Si cette égalité ou proportionnalité avait lieu, il faudrait que la double quinte fût exprimée par $\frac{6}{2}$, la triple quinte par $\frac{9}{2}$, et ainsi de suite. Cette absurde mesure des intervalles musicaux se retrouverait dans la mesure des édifices, si un architecte, pour énoncer la différence de *grandeur absolue* entre une colonne corinthienne et une colonne toscane, disait que cette différence est celle de $\frac{2}{10}$ à $\frac{1}{7}$, parce que la proportion entre le diamètre de la colonne et sa hauteur est $\frac{1}{10}$ pour l'ordre corinthien, et $\frac{1}{7}$ pour l'ordre toscan.

Parmi les bévues résultant de la fausse représentation des mesures des intervalles par les rapports constituans, une des plus singulières est celle de J.-J. Rousseau qui, dans son *Dictionnaire de Musique*, a voulu calculer les intervalles partiels d'une échelle enharmonique comprise entre deux *ut* (on nomme échelle *enharmonique* celle qui ne confond pas le son inférieur diézé avec le son supérieur bémolisé), et ne s'est pas aperçu que le résultat de ses calculs donnait une somme plus grande que l'octave.

20. On a vu (16) que la *vraie mesure* des intervalles tient à un emploi des logarithmes qui, bien que très-simple, n'a pas encore pu, se naturaliser en France, malgré les tentatives faites jusqu'ici pour mettre à la portée des intelligences les plus médiocres ce puissant et commode instrument de calcul. C'est probablement au manque de notions suffisantes, sur la nature et l'usage des logarithmes, qu'on doit cette multitude effrayante de chiffres dont quelques musiciens théoristes surchargent les pages de leurs ouvrages pour arriver à des résultats, souvent erronés, et qui, lorsqu'ils sont exacts, ont toujours l'inconvénient de reposer sur un système faux de mesure, capable de dérouter les étudians, s'il n'égare pas les professeurs.

Cependant, si l'on peut pardonner à certains auteurs modernes de ne pas connaître les ouvrages étrangers d'Euler et de Lambert, et l'ouvrage français de Suremain de Missery, publié à une époque (1793) où l'on ne s'occupait guère de théories musicales, et qui manque

d'ailleurs des développemens nécessaires, il n'est pas possible de leur éviter le reproche d'ignorance pour des travaux beaucoup plus complets et beaucoup plus décisifs. En 1815, dans sa *Mécanique analytique*, M. le baron de Prony a consacré un chapitre très-détaillé à l'*acoustique musicale*, dans lequel il insiste sur la nécessité d'appliquer au calcul des intervalles musicaux des procédés analogues à la nature des quantités qu'on veut comparer. Ce chapitre, reproduit en partie dans le *Bulletin Férussac* (avril 1825), ramène la *mesure des intervalles* à son véritable point de vue. Depuis, le même savant, frappé des erreurs que commettent journellement les musiciens qui essaient de calculer les intervalles, a publié une *Instruction sur le calcul des intervalles musicaux* (*Paris, Firmin Didot*, 1832), où toutes les difficultés sont définitivement aplanies. Cette instruction, qu'on pourrait nommer une *arithmétique musicale*, est un modèle de clarté et de précision qui ne laisse rien à désirer : tous les calculs s'y trouvent ramenés à l'*addition* et à la *soustraction*, au moyen de deux petites tables de logarithmes dont l'usage n'exige que les connaissances arithmétiques les plus élémentaires. Nous y puiserons d'utiles enseignemens pour la suite de cet article.

21. Le choix de l'*unité* d'intervalle est, comme nous l'avons déjà dit, entièrement arbitraire; M. de Prony a pris le *demi-ton moyen*, déjà indiqué par Lambert; Euler s'était servi de l'octave, et l'on pourrait tout aussi bien employer le *ton moyen*, sixième partie exacte de l'octave. Il suffit, du reste, de connaître les nombres proportionnels des intervalles rapportés à l'une quelconque de ces unités pour obtenir très-aisément ceux qui se rapportent aux autres.

En effet, avec le *demi-ton moyen* pour unité, les intervalles sont mesurés par les logarithmes à base $= \sqrt[12]{2}$; avec l'*octave*, par les logarithmes binaires ou à base $= 2$; et avec le *ton moyen* par les logarithmes à base $\sqrt[6]{2}$. Ainsi, désignant par m, m', m'' les logarithmes, dans ces divers systèmes, d'un même nombre M représentant le rapport constituant d'un intervalle, on a à la fois les trois expressions

$$\left(\sqrt[12]{2}\right)^{m} = \text{M}, \quad 2^{m'} = \text{M}, \quad \left(\sqrt[6]{2}\right)^{m''} = \text{M}$$

qui donnent les trois égalités

$$2^{\frac{m}{12}} = 2^{m'}, \quad 2^{\frac{m}{12}} = 2^{\frac{m''}{6}}, \quad 2^{m'} = 2^{\frac{m''}{6}};$$

d'où l'on tire les relations suivantes entre les nombres m, m', m''

$$m = 12m', \quad m'' = 6m', \quad m = 2m''.$$

C'est-à-dire que, pour exprimer en demi-tons moyens un intervalle exprimé en parties de l'octave, il faut multiplier par 12 le nombre de ces parties, et que, réciproquement pour avoir en parties de l'octave un intervalle exprimé en demi-tons moyens, il faut diviser par 12 le nombre de ces demi-tons. Par exemple, l'intervalle de quinte, mesuré en demi-tons moyens, étant exprimé par 7,02, ce même intervalle, rapporté à l'octave comme *unité*, sera représenté par le nombre

$$\frac{7{,}02}{12} = 0{,}585;$$

ce qui nous apprend que la quinte est à très-peu près les $\frac{6}{10}$ ou les $\frac{3}{5}$ de l'octave.

Si l'intervalle était exprimé en tons moyens et qu'on voulût l'avoir en parties d'octave, il faudrait le diviser par 6 ; et réciproquement multiplier par 6 le nombre des parties de l'octave, pour obtenir le nombre correspondant des tons moyens. En partant du nombre précédent 0,585, on aurait donc, pour l'intervalle de quinte exprimé en tons moyens,

$$0{,}585 \times 6 = 3{,}510.$$

Ce dernier chiffre montre que la quinte est composée de trois tons moyens et d'un demi-ton, à un *centième* de ton près.

Enfin, pour passer de l'expression en demi-tons à l'expression en tons, ou *vice versâ*, il faut diviser la première par 2, ou multiplier par 2 la seconde. Toutes ces particularités sont évidentes ; car les intervalles, représentés par des nombres proportionnels, se comportent comme toutes les autres quantités, dont on peut, à son gré, changer l'unité de mesure, en multipliant les nombres qui les expriment par le rapport de la nouvelle unité à l'ancienne ; et de même, par exemple, qu'on réduit en *pieds* un nombre donné de *toises* en le multipliant par 6, parce qu'il y a 6 pieds dans une toise, on réduit en *demi-tons moyens* un nombre donné d'*octaves* en le multipliant par 12, parce qu'il y a douze demi-tons dans une octave, etc., etc.

Nous indiquerons dorénavant, par les caractéristiques *d*, *t*, *oc*, signes abréviatifs de *demi-ton*, *ton* et *octave*, la nature de l'*unité* à laquelle se rapporte un nombre. Nous aurons ainsi :

intervalle de quinte = 0ᵒᶜ,585 = 5ᵗ,51 = 7ᵈ,02.

22. En prenant l'intervalle d'octave pour *unité*, les intervalles les plus usuels ne sont exprimés que par des fractions décimales sans entiers ; ce qui ne laisse pas apercevoir leurs rapports aux personnes peu familières

avec les nombres, aussi facilement que lorsqu'ils sont exprimés en tons ou en demi-tons. Toutefois, comme il est très-facile de passer d'une unité de mesure à une autre, nous adopterons ici l'octave pour unité. M. de Prony, dans le but de faciliter les calculs, a donné deux tables de logarithmes, qu'il nomme *acoustiques*, dont l'une contient les logarithmes binaires, et l'autre les logarithmes de la base $\sqrt[12]{2}$: la première se rapporte à l'octave, et la seconde au demi-ton moyen comme unités. Elles renferment, l'une et l'autre, les logarithmes des nombres depuis 1 jusqu'à 320. La table des logarithmes binaires étant suffisante pour toutes nos déterminations, nous l'avons augmentée de cent logarithmes, mais nous n'y conservons que cinq décimales, ce qui dépasse encore les besoins de la pratique.

23. L'emploi de cette table réduit aux deux premières règles de l'arithmétique toutes les opérations relatives à l'évaluation des intervalles en parties décimales de l'octave ; ce dont on peut aisément se rendre compte en se rappelant le principe fondamental de cette évaluation (16). Représentons par $\frac{a}{b}$ le nombre constituant d'un intervalle quelconque ; celui de l'octave étant 2 ; soit μ le nombre de fois, entier ou fractionnaire, qu'il faut multiplier le nombre $\frac{a}{b}$ par lui-même pour produire 2, nous aurons.... (*a*),

$$\left(\frac{a}{b}\right)^{\mu} = 2,$$

et par conséquent μ donnera le rapport de grandeur entre l'intervalle $\frac{a}{b}$ et l'octave, c'est-à-dire que si $\mu = 2$, cet intervalle sera la *moitié* de l'octave ; il en sera le *tiers* si $\mu = 3$, le *quart* si $\mu = 4$, et ainsi de suite. Généralement, quel que soit le nombre μ, le rapport vrai de la grandeur de l'intervalle à celle de l'octave sera

$$\frac{1}{\mu};$$

si donc on considère l'octave comme unité, ce nombre $\frac{1}{\mu}$ sera le nombre proportionnel de l'intervalle et son expression en unités, chacune égale à une octave. Or, la relation (*a*) donne la relation réciproque

$$2^{\frac{1}{\mu}} = \frac{a}{b},$$

ou..... (*b*).

$$2^{m} = \frac{a}{b},$$

posant, pour abréger, $\frac{1}{\mu} = m$. Ainsi, étant donné un intervalle par son nombre constituant $\frac{a}{b}$, on obtiendra son nombre proportionnel, par rapport à l'octave prise pour unité, en tirant la valeur de m de l'équation (b).

Mais, quelle que soit la base du système de logarithmes dont on veuille se servir pour résoudre l'équation (b), on a toujours

$$\log (2^m) = \log \left(\frac{a}{b}\right), \text{ et } m \log 2 = \log a - \log b;$$

d'où

$$m = \frac{\log a - \log b}{\log 2}.$$

Ainsi, lorsque ce système est celui des logarithmes binaires, comme alors le logarithme de sa base 2 est l'unité, on a simplement

$$m = \log a - \log b;$$

le caractéristique $\log$, désignant les logarithmes binaires, ou les logarithmes de la table ci-jointe.

Il résulte de ces considérations que le *nombre proportionnel d'un intervalle est égal à la différence des logarithmes binaires des deux termes de son nombre constituant.* Appliquons cette règle à l'intervalle de tierce mineure $\frac{6}{5}$: prenant dans la table les logarithmes de 6 et de 5, nous aurons

Tierce mineure $= 2{,}58496 - 2{,}32193 = 0{,}26303.$

Cette différence représente immédiatement un nombre d'octaves; ainsi, la tierce mineure est, à très-peu près, les $\frac{26}{100}$ d'une octave. Nous aurons de la même manière

Tierce majeure $= \log 5 - \log 4,$
$$= 2{,}32193 - 2{,}00000 = 0^{\text{oc}}{,}32193.$$

Quinte $= \log 3 - \log 2,$
$$= 1{,}58496 - 1 = 0^{\text{oc}}{,}58496,$$

et ainsi de suite.

Observons, en passant, que la comparaison de ces nombres montre immédiatement que la quinte est exactement composée d'une tierce majeure et d'une tierce mineure, car

$$0^{\text{oc}}{,}32193 + 0^{\text{oc}}{,}26303 = 0^{\text{oc}}58496.$$

24. Veut-on connaître maintenant ces mêmes intervalles exprimés en *tons moyens*, il suffit de multiplier les nombres précédens par 6, et l'on trouve

Tierce mineure $= 6 \times 0{,}26303 = 1^{\text{t}}{,}57818,$

Tierce majeure $= 6 \times 0{,}32193 = 1^{\text{t}}{,}93158,$

Quinte $= 6 \times 0{,}58496 = 3^{\text{t}}{,}50976.$

25. Les mêmes opérations, exécutées sur tous les intervalles de la gamme naturelle ou de l'échelle diatonique, fournissent le tableau suivant :

TABLEAU

DES INTERVALLES DE LA GAMME NATURELLE, L'OCTAVE ÉTANT PRISE POUR UNITÉ.

Intervalle de *ut* à	Nombres proportionnels.	Différences partielles.
ut	$0^{\text{oc}}{,}00000$	$0^{\text{oc}}{,}00000$
ré	$0{,}16992$	$0{,}16992$
mi.	$0{,}32193$	$0{,}15201$
fa.	$0{,}41504$	$0{,}09311$
sol.	$0{,}58496$	$0{,}16992$
la	$0{,}73697$	$0{,}15201$
si	$0{,}90689$	$0{,}16992$
ut$_2$	$1{,}00000$	$0{,}09311$

Les différences partielles nous apprennent que les intervalles nommés *ton majeur*, *ton mineur* et *semi-ton majeur* ont, pour valeurs respectives,

$$0^{\text{oc}}{,}16992 , \quad 0^{\text{oc}}{,}15201 , \quad 0^{\text{oc}}{,}09311;$$

et il suffit de ces nombres pour se guider sans difficulté dans toutes les recherches qui ont pour objet les intervalles musicaux.

26. Signalons quelques particularités. La différence du ton majeur au ton mineur est

$$0^{\text{oc}}{,}16992 - 0^{\text{oc}}{,}15201 = 0^{\text{oc}}{,}01791.$$

Ainsi, en montant de *ut* à *ré*, on *monte* d'une partie de l'octave plus grande de la fraction d'octave $\frac{18}{1000}$, que lorsqu'on monte de *ré* à *mi*. Cette fraction, réduite en *tons moyens*, est $6 \times 0{,}01791 = 0^{\text{t}}{,}10746$, ou, à très-peu près, $\frac{1}{9}$ de ton moyen.

L'habitude des musiciens est de représenter la *différence* du ton majeur au ton mineur par le comma $\frac{81}{80}$; ce qui est non seulement insignifiant, mais donne encore une acception fausse au mot différence. La véritable différence de ces deux intervalles est en *octave* $0^{oc},01791$; en *tons moyens*, $0^t,10746$; et, en *demi-ton moyen*, $0^d,21492$. Ces nombres proportionnels font connaître les rapports réels de grandeur de l'intervalle en question avec l'un ou l'autre des intervalles comparés, tandis que le nombre constituant $\frac{81}{80}$ indique seulement que le ton majeur est plus grand que le ton mineur. Les rapports

$$\frac{0^{oc},16992}{0^{oc},01781} = 9,487, \quad \frac{0^{oc},15201}{0^{oc},01791} = 8,487$$

montrent en effet que cet intervalle ou *comma* $\frac{81}{80}$ est contenu 8 fois et à peu près $^1/_2$ dans l'intervalle de ton mineur, et 9 fois $^1/_2$ dans celui de ton majeur.

La différence du semi-ton majeur au ton mineur, ou

$$0^{oc},15201 - 0^{oc},09311 = 0^{oc},0589,$$

est ce qu'on nomme le *semi-ton mineur*. Ce demi-ton est, à très-peu près, les $\frac{6}{100}$ de l'octave. On augmente donc un intervalle des $\frac{6}{100}$ de l'octave lorsqu'on *dièze* le ton supérieur, et on l'abaisse de la même quantité lorsqu'on *bémolise* ce même son. Par exemple, l'intervalle de *ut* à *ré* étant $0^{oc},16992$, celui de *ut* à *ré* ^{b} est $0^{oc},16992 - 0^{oc},0589 = 0^{oc}11102$; et celui de *ut* à *ré* $^\sharp$ = $= 0^{oc},16992 + 0^{oc},0589 = 0^{oc},22881$.

L'intervalle de *ut* à *mi* ^{b} étant, par la même raison, $0^{oc},32193 - 0^{oc},0589 = 0^{oc}26303$, on voit qu'on ne peut confondre *ré* $^\sharp$ avec *mi* ^{b} qu'en forçant l'oreille à négliger l'intervalle

$$0^{oc},26303 - 0^{oc},22882 = 0^{oc},03422,$$

qui diffère peu de $\frac{1}{5}$ du ton moyen. L'intervalle $0^{oc},03422$, différence du semi-ton majeur au semi-ton mineur est le comma dont le nombre constituant $= \frac{128}{125}$ nous a servi dans la construction de l'échelle chromatique. On peut maintenant apprécier avec facilité le degré d'exactitude de cette échelle.

27. Parmi les problèmes qu'on peut se proposer sur les intervalles musicaux, nous choisirons les suivans, qui nous paraissent les plus propres à faire bien sentir l'utilité des logarithmes binaires.

I. PROBLÈME. *Un son étant donné, par son rapport constituant, déterminer la place qu'il occupe dans la série des sons ascendans qui commence au son fixe ou fondamental.*

Soit $\frac{176}{33}$ le rapport donné; ce nombre signifie que le son auquel il se rapporte fait 176 vibrations pendant que le son fixe en fait 33. Il s'agit d'abord de trouver l'intervalle vrai de ces deux sons.

Nous avons, pour cet intervalle (23),

$$\text{Log } 176 - \text{Log } 33 = 7,45943 - 5,04439 = 2,41504.$$

Ainsi, le son dont il s'agit est distant du son fixe de deux octaves, plus de la fraction $0^{oc},41504$; faisant abstraction des deux octaves, pour ramener le son dans les limites de l'octave du son fixe, et cherchant dans le tableau du n° 25 le son supérieur de l'intervalle $0^{oc},41504$, nous voyons que c'est un *fa* : donc le son proposé est la double octave du *fa* compris dans l'octave du son fixe.

Si le rapport donné était un nombre entier tel que 3, il faudrait lui donner la forme fractionnaire pour y faire entrer le son fondamental; mais, comme log $1 = 0$, il n'y a aucune soustraction à effectuer, et le logarithme binaire de 3 est immédiatement la mesure de l'intervalle. Ce logarithme étant $1,58496$, l'intervalle du son proposé au son fixe se compose d'une octave, plus de l'intervalle $0,58496$, qu'on reconnaît être une quinte (tableau n° 25); l'intervalle $\frac{3}{1}$ ou plutôt $1^{oc},58496$ se nomme une *dix-septième;* en admettant que le son inférieur soit l'*ut* fondamental, le son supérieur est le *sol* de la seconde octave, ou sol_2.

II. PROBLÈME. *Deux intervalles étant donnés par leurs rapports constituans avec un même son fondamental, déterminer l'intervalle des deux sons supérieurs.*

Soient en général $\frac{a}{b}$, $\frac{c}{d}$, deux intervalles quelconques rapportés à un même son fixe, l'intervalle des sons supérieurs, ou de ceux dont les nombres relatifs de vibrations sont respectivement a et c, sera

$$\frac{c}{d} : \frac{a}{b} = \frac{cb}{ad},$$

et on aura, pour la mesure de cet intervalle,

$$\text{Log } c + \text{Log } b - (\text{Log } a + \text{Log } d).$$

Dans le cas des deux rapports particuliers $\frac{15}{8}$ et $\frac{10}{3}$, les logarithmes, pris dans la table, donneraient

Log 15 = 3,90689	Log 10 = 3, 32193
Log 3 = 1,58496	Log 8 = 3, 00000
5,49185	6, 32193
	5, 49185
	Intervalle $= 0^{oc},83008$

32

Il reviendrait au même d'évaluer séparément chaque intervalle, puis de prendre leur différence ; on aurait ainsi

$$\text{Intervalle} \quad \frac{15}{8} = 3{,}90689 - 3{,}00000 = 0^{\text{oc}}{,}90689$$

$$\text{Intervalle} \quad \frac{10}{3} = 3{,}32193 - 1{,}58496 = 1{,}73697$$

$$\text{Int. demandé} \quad = 1{,}73697 - 0{,}90689 = 0{,}83008$$

Pour discuter plus facilement ces valeurs, exprimons-les en demi-tons moyens, c'est-à-dire multiplions par 12, et comparons-les ensuite avec les intervalles de l'échelle chromatique n° 18. Nous aurons, en nous bornant aux centièmes,

$$\text{Premier intervalle,} \left(\frac{15}{8}\right) = 10^{\text{d}}{,}88$$

$$\text{Second intervalle,} \left(\frac{10}{3}\right) = 20^{\text{d}}{,}84$$

$$\text{Diff. ou intervalle partiel,} = 9^{\text{d}}{,}96.$$

Le dernier nombre est celui qui exprime, dans la table, l'intervalle de *ut* à *la*$^{\sharp}$ ou à *si*$^{\flat}$; c'est l'intervalle cherché. Quant aux intervalles proposés, on voit immédiatement que le premier est l'intervalle de *ut* à *si* ; mais le son supérieur du second étant placé dans les limites de la seconde octave, à partir de l'*ut* fixe ; car tous les sons de cette seconde octave sont distans de *ut* de quantités comprises entre 12^{d} et 24^{d}, il faut retrancher 12 de l'intervalle 20^{d},84, pour le ramener dans les limites de la première octave. Comme le nombre 8^{d},84 auquel il se réduit exprime l'intervalle de *ut* à *la*, il en résulte que 20^{d},84 exprime celui de *ut* à *la*$_2$. Les sons supérieurs des intervalles proposés sont donc *si* et *la*$_2$, et leur intervalle 9^{d},96, se trouve parfaitement égal à celui *ut* à *la*$^{\sharp}$.

La détermination complète des sons qui se trouvent désignés ici par *si* et *la*$_2$ exigerait que le son fixe *ut* fût lui-même déterminé ; ce qui ne peut être que l'objet d'une convention. Quel que soit le degré d'acuité absolue de ces sons, leur intervalle sera toujours de dix demi-tons moyens, à $\frac{4}{100}$ de demi-tons près. Nous verrons ailleurs tout ce qui concerne les sons en eux-mêmes (*voy.* SON) ; il ne s'agit dans cet article que de la mesure de leurs intervalles.

28. On peut se proposer un autre problème important, sur les intervalles, pour lequel notre table des logarithmes binaires est insuffisante, à cause de son peu d'étendue. Le voici :

Étant donné un intervalle, soit en octaves, en tons moyens, ou en demi-tons moyens, trouver son nombre constituant, c'est-à-dire le rapport des nombres de vibrations que font dans le même temps les deux sons dont il exprime la distance.

Ce problème est l'inverse de celui dont nous nous sommes occupés jusqu'ici ; et si l'on pouvait trouver aussi facilement, dans la table des logarithmes binaires, le nombre correspondant à un logarithme donné qu'on y trouve le logarithme correspondant à un nombre donné, cette table en offrirait immédiatement la solution. Mais comme on ne pourrait l'employer à cet usage que dans un petit nombre de cas et en ayant égard à diverses circonstances qu'il serait trop long d'expliquer, nous allons aborder directement la question au moyen des logarithmes vulgaires, que nous désignons par la caractéristique log, conservant la caractéristique *log* pour les logarithmes binaires.

Soit *m* le nombre d'octaves ou de fractions d'octave exprimant l'intervalle et M son nombre constituant cherché, nous avons la relation fondamentale

$$2^{m} = M,$$

qui donne, en prenant le logarithme vulgaire de chacun de ses membres

$$m \operatorname{Log} 2 = \operatorname{Log} M.$$

Or, le logarithme vulgaire de 2 est 0,30103, donc

$$\operatorname{Log} M = 0{,}30103 \cdot m ;$$

c'est-à-dire qu'en multipliant le nombre proportionnel de l'intervalle par le facteur constant 0,30103, on obtient le logarithme vulgaire du nombre constituant, nombre qu'on peut ensuite trouver au moyen des tables ordinaires. Il est bien entendu qu'il s'agit exclusivement d'un nombre proportionnel rapporté à l'octave comme unité ; si l'intervalle était exprimé en tons ou en demi-tons moyens, il faudrait commencer par le réduire en octaves. Prenons pour exemple l'intervalle 0^{oc},58496 ; nous aurons

$$\operatorname{Log} M = 0{,}30103 \times 0{,}58496 = 0{,}176091.$$

Cherchant le nombre correspondant à ce logarithme dans nos tables du mot LOGARITHME, nous trouverons

$$M = 1{,}5 \text{ ou } M = \frac{3}{2} ;$$

l'intervalle en question est donc celui de quinte juste.

Proposons-nous encore de trouver le nombre constituant de l'intervalle égal à *un millième* de l'octave, savoir : 0^{oc},001. Le produit de ce nombre, par le facteur constant 0,30103, donne

$$\operatorname{Log} M = 0{,}000301,$$

en nous bornant toujours à six décimales, d'où M = = 1,0007. Ce nombre mis sous la forme des fractions ordinaires devient $\frac{10007}{10000}$, et nous apprend que de deux sons, dont l'intervalle est 0ᵒᵘ,001, le premier fait 10000 vibrations dans le temps que le second en fait 10007. Ces deux sons paraîtraient donc exactement à l'*unisson*, car aucune oreille n'est susceptible de s'apercevoir du retard des premières vibrations sur les secondes.

On conçoit que si $\frac{1}{1000}$ d'octave est un intervalle insensible, $\frac{1}{100}$ de demi-ton moyen, qui n'est que $\frac{1}{1200}$ d'octave, est encore bien moins perceptible, de sorte qu'en se bornant aux deux premières décimales, dans toutes les évaluations des intervalles en demi-tons moyens, on dépasse encore de beaucoup toutes les exigences de l'oreille.

29. C'est ici le lieu de mentionner un fait très-avantageux pour la musique. Lorsqu'on entend un intervalle qui diffère très-peu d'un autre exprimé par des nombres plus simples, on croit entendre réellement le plus simple, et l'illusion est d'autant plus complète que la différence est moindre. Par exemple, deux cordes sonores, vibrantes simultanément, et dont la première ferait 340 vibrations pendant que la seconde en ferait 226, donneraient un accord de quinte qui paraîtrait très-juste, parce que l'oreille substituerait au rapport $\frac{340}{226}$ le rapport plus simple $\frac{339}{226} = \frac{3}{2}$. Ce phénomène ne repose pas uniquement, comme quelques auteurs l'ont pensé, sur les limites de la sensibilité des organes de l'ouïe, mais encore et principalement sur l'action qu'exercent les unes sur les autres les diverses ondulations sonores excitées dans l'air par les corps vibrans simultanément. Il est certain qu'une foule de dissonances légères, dont on serait frappé si l'on était placé très-près d'un orchestre exécutant, disparaissent quand on s'en trouve éloigné d'une certaine distance, et que les sons s'harmonisent d'autant mieux qu'ils ont à parcourir un plus grand espace avant d'être perçus. Sans cette circonstance, il n'y aurait pas d'harmonie possible.

30. Dans le système du *tempérament égal*, suivant lequel on accorde généralement aujourd'hui les forte-pianos, les douze demi-tons de la gamme chromatique sont égaux, et les intervalles des degrés successifs de cette gamme sont en nombres constituans

$$\left(\sqrt[12]{2}\right)^1, \left(\sqrt[12]{2}\right)^2, \left(\sqrt[12]{2}\right)^3, \left(\sqrt[12]{2}\right)^4, \text{etc.}\ldots\left(\sqrt[12]{2}\right)^{12}$$

dont on présente les approximations suivantes.

ÉCHELLE CHROMATIQUE DU TEMPÉRAMENT ÉGAL.

Notes.	Nombres des vibrations relatives.
ut.	1,000000
ut # ou *ré* ♭	1,059463
ré.	1,122462
ré # ou *mi* ♭	1,189207
mi.	1,259921
fa.	1,334840
fa # ou *sol* ♭	1,414213
sol.	1,498306
sol # ou *la* ♭	1,587400
la.	1,681793
la # ou *si* ♭	1,781796
si.	1,887745
*ut*₂.	2,000000

Ces nombres ne sont guère susceptibles de faire connaître les différences de la présente échelle avec l'échelle (5); car, en comparant, par exemple, la quinte exprimée ici par 1,498306 avec la quinte juste de l'échelle (5) = 1,5, tout ce qu'on peut voir, c'est que la quinte juste est plus haute que la quinte tempérée; mais, si on voulait savoir de combien, il faudrait se perdre dans une foule de calculs, que nous laisserons faire aux auteurs des traités d'harmonie, pour aborder directement la question.

Prenant le demi-ton moyen pour unité, les intervalles des degrés successifs de la gamme chromatique moyenne sont exprimés, par la suite, des nombres entiers,

$$1^d, 2^d, 3^d, 4^d, 5^d, 6^d, 7^d, 8^d, 9^d, 10^d, 11^d, 12^d$$

qu'il suffit de comparer avec la suite des nombres du tableau n° 18, pour trouver toutes les différences des deux échelles. Ainsi, comme la quinte juste est égale à $7^d,02$, et la quinte tempérée seulement à 7^d, on voit que la dernière pêche par défaut de $\frac{2}{100}$ de demi-ton; la tierce majeure tempérée $= 4^d$ dépasse, au contraire, la tierce majeure juste $= 3,86$ de $\frac{14}{100}$ de demi-ton, etc. Nous ne nous arrêterons point à signaler les autres dissidences : il nous suffit d'avoir montré l'extrême facilité de toutes ces comparaisons quand on y emploie les mesures vraies des intervalles. M. de Prony ayant mis en regard, dans son *Instruction*, diverses échelles tempérées, nous renverrons ceux de nos lecteurs qui désireraient de plus amples détails à cet ouvrage, où aucune difficulté n'est laissée sans solution, aucun point obscur sans éclaircissement.

TABLE DES LOGARITHMES BINAIRES DES NOMBRES,

DEPUIS 1 JUSQU'À 420.

NOMBRES.	LOGARITHMES.	NOMBRES.	LOGARITHMES.	NOMBRES.	LOGARITHMES.	NOMBRES.	LOGARITHMES.	NOMBRES.	LOGARITHMES.	NOMBRES.	LOGARITHMES.	NOMBRES.	LOGARITHMES.
1	0,00000	61	5,93074	121	6,91886	181	7,49985	241	7,91289	301	8,23362	361	8,49586
2	1,00000	62	5,95420	122	6,93074	182	7,50779	242	7,91886	302	8,23810	362	8,49965
3	1,58496	63	5,97728	123	6,94251	183	7,51570	243	7,92481	303	8,24317	363	8,50383
4	2,00000	64	6,00000	124	6,95420	184	7,52356	244	7,93074	304	8,24793	364	8,50779
5	2,32193	65	6,02237	125	6,96578	185	7,53138	245	7,93664	305	8,25267	365	8,51175
6	2,58496	66	6,04439	126	6,97728	186	7,53916	246	7,94251	306	8,25739	366	8,51570
7	2,80735	67	6,06609	127	6,98863	187	7,54689	247	7,94837	307	8,26209	367	8,51964
8	3,00000	68	6,08746	128	7,00000	188	7,55459	248	7,95420	308	8,26679	368	8,52356
9	3,16992	69	6,10852	129	7,01123	189	7,56224	249	7,96000	309	8,27146	369	8,52748
10	3,32193	70	6,12928	130	7,02237	190	7,56986	250	7,96578	310	8,27612	370	8,53138
11	3,45943	71	6,14975	131	7,03342	191	7,57713	251	7,97153	311	8,28077	371	8,53528
12	3,58496	72	6,16992	132	7,04439	192	7,58496	252	7,97728	312	8,28540	372	8,53916
13	3,70044	73	6,18982	133	7,05528	193	7,59246	253	7,98299	313	8,29002	373	8,54303
14	3,80735	74	6,20945	134	7,06609	194	7,59991	254	7,98868	314	8,29462	374	8,54689
15	3,90689	75	6,22882	135	7,07682	195	7,60733	255	7,99435	315	8,29921	375	8,55075
16	4,00000	76	6,24793	136	7,08746	196	7,61471	256	8,00000	316	8,30378	376	8,55459
17	4,08746	77	6,26679	137	7,09803	197	7,62205	257	8,00562	317	8,30834	377	8,55812
18	4,16992	78	6,28540	138	7,10852	198	7,62936	258	8,01123	318	8,31288	378	8,56224
19	4,21793	79	6,30378	139	7,11894	199	7,63662	259	8,01681	319	8,31741	379	8,56605
20	4,32193	80	6,32193	140	7,12928	200	7,64386	260	8,02237	320	8,32193	380	8,56986
21	4,39232	81	6,33985	141	7,13955	201	7,65105	261	8,02791	321	8,32643	381	8,57365
22	4,45943	82	6,35755	142	7,14975	202	7,65821	262	8,03342	322	8,33092	382	8,57743
23	4,52356	83	6,37504	143	7,15987	203	7,66534	263	8,03892	323	8,33539	383	8,58120
24	4,58496	84	6,39232	144	7,16993	204	7,67243	264	8,04439	324	8,33985	384	8,58496
25	4,64386	85	6,40939	145	7,17991	205	7,67948	265	8,04985	325	8,34430	385	8,58871
26	4,70044	86	6,42626	146	7,18982	206	7,68650	266	8,05528	326	8,34873	386	8,59246
27	4,75489	87	6,44294	147	7,19967	207	7,69349	267	8,06070	327	8,35315	387	8,59619
28	4,80735	88	6,45943	148	7,20945	208	7,70044	268	8,06609	328	8,35755	388	8,59991
29	4,85798	89	6,47573	149	7,21917	209	7,70736	269	8,07146	329	8,36194	389	8,60363
30	4,90689	90	6,49185	150	7,22882	210	7,71425	270	8,07682	330	8,36632	390	8,60733
31	4,95420	91	6,50779	151	7,23840	211	7,72110	271	8,08215	331	8,37069	391	8,61102
32	5,00000	92	6,52356	152	7,24793	212	7,72792	272	8,08746	332	8,37504	392	8,61471
33	5,04439	93	6,53916	153	7,25739	213	7,73471	273	8,09276	333	8,37938	393	8,61839
34	5,08746	94	6,55459	154	7,26679	214	7,74147	274	8,09803	334	8,38370	394	8,62205
35	5,12928	95	6,56986	155	7,27612	215	7,74819	275	8,10329	335	8,38802	395	8,62571
36	5,16992	96	6,58496	156	7,28540	216	7,75489	276	8,10852	336	8,39232	396	8,62936
37	5,20945	97	6,59991	157	7,29462	217	7,76155	277	8,11374	337	8,39660	397	8,63300
38	5,21793	98	6,61471	158	7,30378	218	7,76818	278	8,11894	338	8,40088	398	8,63662
39	5,28510	99	6,62936	159	7,31288	219	7,77479	279	8,12412	339	8,40514	399	8,64024
40	5,32193	100	6,64386	160	7,32193	220	7,78136	280	8,12928	340	8,40939	400	8,64386
41	5,35755	101	6,65821	161	7,33092	221	7,78790	281	8,13443	341	8,41365	401	8,64746
42	5,39232	102	6,67243	162	7,33985	222	7,79442	282	8,13955	342	8,41785	402	8,65105
43	5,42626	103	6,68550	163	7,34873	223	7,80090	283	8,14466	343	8,42206	403	8,65464
44	5,45943	104	6,70044	164	7,35755	224	7,80735	284	8,14975	344	8,42626	404	8,65821
45	5,49185	105	6,71425	165	7,36632	225	7,81378	285	8,15482	345	8,43045	405	8,66178
46	5,52356	106	6,72792	166	7,37501	226	7,82018	286	8,15987	346	8,43463	406	8,66534
47	5,55159	107	6,74147	167	7,38370	227	7,82655	287	8,16491	347	8,43879	407	8,66889
48	5,58496	108	6,75489	168	7,39232	228	7,83289	288	8,16993	348	8,44294	408	8,67243
49	5,61471	109	6,76818	169	7,40088	229	7,83920	289	8,17493	349	8,44708	409	8,67596
50	5,64386	110	6,78136	170	7,40939	230	7,84549	290	8,17991	350	8,45121	410	8,67948
51	5,67243	111	6,79442	171	7,41785	231	7,85175	291	8,18488	351	8,45533	411	8,68299
52	5,70044	112	6,80735	172	7,42626	232	7,85798	292	8,18982	352	8,45943	412	8,68650
53	5,72792	113	6,82018	173	7,43463	233	7,86419	293	8,19476	353	8,46352	413	8,69000
54	5,75480	114	6,83289	174	7,44294	234	7,87036	294	8,19967	354	8,46761	414	8,69349
55	5,78136	115	6,84549	175	7,45121	235	7,87652	295	8,20457	355	8,47168	415	8,69697
56	5,80735	116	6,85798	176	7,45943	236	7,88264	296	8,20945	356	8,47573	416	8,70044
57	5,83289	117	6,87036	177	7,46761	237	7,88874	297	8,21432	357	8,47978	417	8,70390
58	5,85793	118	6,88264	178	7,47573	238	7,89482	298	8,21917	358	8,48382	418	8,70736
59	5,88264	119	6,89482	179	7,48382	239	7,90087	299	8,22400	359	8,48784	419	8,71081
60	5,90689	120	6,90689	180	7,49185	240	7,90689	300	8,22882	360	8,49185	420	8,71425

L.

LAM

LAMINOIR. (*Méc.*) Nom générique donné aux machines métallurgiques, composées de deux cylindres, qui sont destinées à aplatir les métaux et à les étirer.

L'invention des laminoirs, faite par Olivier Aubry vers 1540, est l'origine de la supériorité incontestable que possèdent les modernes sur les anciens pour le travail des métaux. L'usage de ces machines éminemment simples n'est cependant devenu général que long-temps après leur découverte, car il n'y a pas plus d'une quarantaine d'années qu'on l'a substitué, en Angleterre, à l'emploi des marteaux et des martinets, dont on se sert encore dans nos usines pour forger et étirer le fer. Ce changement de procédés, disent MM. Élie de Beaumont et Dufrénoy, dans leur description des forges de l'Angleterre, a produit une économie considérable dans la main-d'œuvre, et a permis de fabriquer une beaucoup plus grande quantité de fer, à cause de la prodigieuse rapidité des nouvelles opérations. Ainsi, tandis qu'autrefois une affinerie, marchant avec un marteau, produisait à peine 10 milliers de fer en barres par semaine, aujourd'hui une affinerie de moyenne grandeur, travaillant avec des cylindres, en produit 150 milliers dans le même temps, sans autre moteur qu'une machine à vapeur. La consommation du fer ne pouvant que s'augmenter de plus en plus, car ce métal précieux est appelé à remplacer le bois, dont la pénurie se fait déjà sentir, il est essentiel qu'on s'occupe sérieusement de perfectionner nos forges, surtout si l'on a jamais l'intention de réaliser toutes ces grandes lignes de chemin de fer, sources de richesse nationale et de bien-être particulier, à ce que disent les prospectus des entrepreneurs.

Les laminoirs sont employés dans diverses fabrications; ils servent aux orfèvres, aux metteurs en œuvre, aux fabricans d'objets plaqués en argent, aux manufactures de galons, etc, etc. À l'aide de cylindres unis ou cannelés, suivant les besoins, on forme, avec une célérité remarquable, des feuilles de cuivre, de plomb et d'étain de toutes les épaisseurs; un grand nombre d'objets utiles, tels que des couteaux, des clous, des barres garnies d'ornemens et de moulures, qui sembleraient exiger un travail long et minutieux, sont confectionnés avec la plus grande facilité par ces appareils, dont on peut voir la description dans le tome VI de *la Mécanique appliquée aux Arts*, de M. Borgnis.

LAT

LANTERNE. (*Méc.*) Pièce d'engrenage qui sert à transmettre le mouvement d'un arbre tournant à un autre arbre.

Une lanterne se compose de cylindres en bois ou en métal insérés circulairement, à distances égales, dans deux plateaux parallèles; ces plateaux portent le nom de *tourtes* ou *tourteaux*, et les cylindres celui de *fuseaux*. Le mouvement est imprimé à la lanterne par une roue dont les dents engrènent avec les fuseaux. (*Voy.* Roue dentée.)

LATITUDE. (*Géog.*) Quelle que soit la figure de la Terre, la latitude d'un de ses points est l'angle que la verticale en ce point fait avec le plan de l'équateur : elle est aussi égale à la hauteur du pôle sur l'horizon du même lieu.

Le point où la verticale rencontre la sphère céleste dont le centre est celui de la terre se nomme le *zénith apparent*. Le rayon terrestre correspondant au pied de la verticale ou au lieu de l'observateur, et prolongé indéfiniment, atteint la sphère céleste en un point qu'on nomme *zénith vrai*. Enfin, l'angle de ce rayon avec le plan de l'équateur s'appelle *latitude géocentrique*; ainsi cette latitude est égale à la latitude géographique moins l'angle de la verticale avec le rayon, puisque la terre est aplatie aux pôles.

Soit H la hauteur du pôle et G la latitude géocentrique correspondante; on a, par conséquent,

$$G - H = \frac{\alpha \sin 2H}{\sin 1''},$$

α désignant l'aplatissement de la terre. (*Voy.* Terre.)

La latitude géocentrique est un élément du calcul du lieu apparent des planètes et de leur parallaxe en ascension droite et en déclinaison. (*Voy. ces mots.*)

Depuis que l'on est en possession du cercle répétiteur, la latitude géographique s'obtient avec une grande précision par des distances zénithales circomméridiennes des étoiles ou du soleil, c'est-à-dire, par des observations faites quelques instans avant et après le passage au méridien. Soit P le pôle du monde, D la déclinaison de l'astre E, Z sa distance zénithale réduite au centre de la terre s'il est nécessaire (*voy.* Parallaxe), et H la latitude cherchée. Dans le triangle sphérique ZEP, le côté ZE = Z, le côté EP = 90° — D, lorsque la déclinaison est boréale, et l'on a par la propriété fondamentale de ce triangle (1)

$$\cos Z = \sin H \sin D + \cos H \cos D \cos P.$$

Mais comme l'astre E est supposé très-près du méridien, il est évident que lorsqu'il y passera l'on aura

$$Z - x + 90° - H = 90° - D,$$

x étant une quantité fort petite. Ainsi, dans ce cas,

$$Z = H - D + x \text{ ou } H = Z - x + D,$$

et (1) devient

$$\cos (H - D + x) = \sin H \sin D + \cos H \cos D \cos P.$$

Développant le 1er membre en vertu de la relation

$$\cos (A + x) = \cos A \cos x - \sin A \sin x,$$

et faisant attention que

$$\cos P = 1 - 2 \sin^2 . \tfrac{1}{2} P,$$

on aura

$$\cos (H - D) \cos x - \sin (H - D) \sin x$$
$$= \cos (H - D) - 2 \cos H \cos D \sin^2 . \tfrac{1}{2} P;$$

et comme par supposition la réduction x au méridien est fort petite, on peut faire

$$\cos x = 1 \text{ et } \sin x = x;$$

partant

$$x = \frac{2 \cos H \cos D \sin^2 . \tfrac{1}{2} P}{\sin (H - D) \sin 1''}.$$

Mais cette réduction, qui est exprimée en secondes de degré à cause du facteur $\sin 1'$ au dénominateur, ne saurait se calculer sans que l'on ait une valeur approchée de la latitude H, ce qui est d'ailleurs toujours possible. Quant à l'élément le plus essentiel à déterminer, savoir l'angle horaire P, on l'obtient en ôtant de l'heure du passage à la pendule l'heure de l'observation, soit que cette pendule suive le temps sidéral pour les étoiles, soit qu'elle marque le temps moyen pour le soleil. Enfin il est avantageux, lorsqu'on observe le soleil, de faire autant que possible le même nombre d'observations avant et après le passage au méridien, et à des temps également éloignés de midi, afin d'éviter d'avoir égard au mouvement de l'astre en déclinaison.

L'emploi du cercle répétiteur procurant plusieurs distances zénithales avant et après le passage, on évalue les réductions x correspondantes, et la moyenne de leur somme est la réduction à appliquer à la distance zénithale moyenne observée, pour avoir la distance méridienne $Z - x$. Il est entendu que la première distance doit être augmentée de la réfraction dépendante de l'état du baromètre et du thermomètre, diminuée de la parallaxe et corrigée convenablement du demi-diamètre apparent du soleil lorsqu'on a observé l'un de ses bords.

Ce procédé, dont Delambre et Méchain ont les premiers fait de si nombreuses applications lors de la dernière mesure de l'arc de méridien en France, est expliqué dans tous ses détails au 2e volume de la *Base du Système métrique décimal* et dans le *Traité de Géodésie* de M. Puissant, ouvrage où l'on trouve une table de réduction au méridien qui abrége de beaucoup le calcul.

Les doubles passages de la polaire font en général connaître la latitude avec une grande précision ; toutefois les astronomes ne la considèrent comme définitive que quand elle a pu être vérifiée par l'observation d'étoiles situées au sud du zénith de la station, et à peu près à la même distance que la polaire. Dans tous les cas, la demi-somme des deux résultats est la latitude véritable, et leur demi-différence est ce qu'on appelle l'*erreur constante* de l'instrument.

Terminons par un exemple. Le 17 décembre 1798, Méchain fit l'observation suivante à l'Observatoire royal de Paris, peu de momens avant le passage supérieur de la polaire au méridien.

Heure du passage à la pendule sidérale. . . $0^h.51'.46''$	Angles horaires.	Réduction au mérid.
1re observation, à. . . $0^h.19'.40''$	$32'. 6''$	$-64',34$
2e 21. 30	30. 16	57, 22
3e . . . . , 23. 31	28. 15	50, 26
4e 26. 23	25. 23	40, 26
4 observations.		— 212, 08
Réduction moyenne. . . . . $x = -$		53', 02
Arc simple. . . . . $Z = 39°.24'.$		7, 81
Distance méridienne apparente. . . . 39. 23.		14, 79
Réfraction. . . . . $+$		46, 45
Distance méridienne vraie. . . . . . 39. 24.		1, 22
Distance polaire apparente. . . . . . 2. 45.		40, 05
Colatitude. . . . . 90 — H = 41. 9.		41, 25
Latitude. . . . . H = 48. 50.		18, 75

Ce résultat, donné par une seule et courte série, n'excède que de 5',55 la latitude que Méchain trouva par 2764 observations.

(M. Puissant.)

LETTRES NUNDINALES. (*Calendrier.*) On a désigné sous le nom de *lettres nundinales* les huit premières lettres de l'alphabet attachées au calendrier réformé de Jules César, comme depuis y ont été fixées nos lettres dominicales, parce qu'on a cru généralement que ces lettres indiquaient les marchés romains. Cette fausse dénomination, attribuée à une époque où l'on avait perdu la trace de la véritable destination de ces lettres, se refuse matériellement à une pareille application par l'impossibilité de pouvoir avec huit lettres seulement, indiquer le retour des marchés qui ne revenaient que tous les neuf jours, ou, comme le remarque expressément Macrobe (*Saturnal.*, l. I, c. 16), *après huit jours consacrés au travail.*

Mais c'est peu de cette fausseté matérielle, un inconvénient plus grave est celui d'avoir caché une vérité intéressante, savoir : que ces lettres forment un vrai calendrier lunaire, lequel fut accolé par Jules César à son calendrier solaire; en sorte qu'il a été le réformateur de l'un aussi bien que de l'autre, mérite que presque tout le monde ignore.

Cependant en 1704, dans un ouvrage ayant pour titre *Kalendarium Cæsario*, composé à l'occasion de la découverte récente d'un de ces calendriers dans une fouille faite à Rome, Bianchini, à l'aide d'une analyse très-subtile, parvint à reconnaître la destination véritable de ces lettres, et il la prouva d'une manière irrécusable. Néanmoins, soit que son livre n'ait point été assez répandu, soient que ses démonstrations aient paru difficiles à saisir, l'erreur n'a point disparu, et des hommes instruits, tels, par exemple, que les auteurs de l'*Art de vérifier les Dates*, ont continué à répéter la dénomination de *nundinales*, et à essayer même, très-infructueusement d'ailleurs, d'expliquer comment ces lettres pouvaient remplir l'office qu'on leur attribuait. Cette erreur se trouve implicitement dans notre article CALENDRIER (tom. I); car nous y avons dit que Jules César avait banni l'année lunaire de son calendrier.

On peut trouver dans la note xx d'un ouvrage ayant pour titre : *Tables synchroniques de l'histoire de France,* et faisant suite à l'histoire de France d'Anquetil (*édit. Cotelle*, 1829), des détails circonstanciés sur la découverte de Bianchini; sur la construction du calendrier lunaire de Jules César: sur son usage pour obtenir, même aujourd'hui, les nouvelles lunes moyennes; sur les causes qui l'ont fait tomber dans un oubli si complet; sur le mode enfin qui l'a remplacé, savoir, celui des nombres d'or ecclésiastiques, lesquels n'en sont qu'une vraie traduction, mais traduction si commode qu'elle a fait totalement disparaître l'original.

Sans entrer dans des détails qui n seraient pas en proportion avec l'utilité du sujet, peut-être serait-il bon néanmoins, pour justifier des assertions qui sans cela pourraient paraître hasardées, de faire observer, d'après les ouvrages cités ci-dessus,

Qu'en l'an 45 avant J.-C., première de la réforme de Jules César, et première aussi des ennéadécatérides de son calendrier lunaire, la lune ayant été nouvelle le 1er janvier, cette lunaison fut désignée en janvier par la lettre A de la *première octave*, ou par A', et que dans les années suivantes *impaires* de l'ennéadécatéride, les néoménies le furent successivement par les lettres A', A'', A'', B', B', B'', B''', C', C'. Que pareillement, dans les années *paires* de la même ennéadécatéride, les néoménies en janvier furent successivement désignées par les lettres C'', C''', E', E', E'', E''', F', F', F'''; et la vingtième, ou première du cycle suivant, de nouveau par A', ce qui fait recommencer le même ordre dans l'ennéadécatéride suivante ; circonstance remarquable qui prouve que l'ordre des séries n'est pas arbitraire, mais l'effet d'une combinaison déterminée.

Or, aux lettres ci-dessus, si dans le calendrier lunaire on substitue le rang des années dans l'ennéadécatéride, on aura formé immédiatement le calendrier des nombres d'or beaucoup plus commode que celui de Jules César. Dans celui-ci, en effet, les séries ci-dessus ne subsistent que dans les quatre mois initiaux des saisons, et même dans les deux derniers de ces mois les indices sont formés d'une autre série de lettres qu'en janvier, série dépendante à la vérité de la première, et connue par celle-ci ; mais dans les mois intermédiaires, les lunaisons ne sont plus déterminées que par l'effet de l'alternation paire et impaire des jours qui les composent.

Il résulte de tout ceci que, quelque ingénieux que fût le mode de Sosigènes, il exigerait une foule de considérations minutieuses pour pouvoir en faire usage, et que dès lors la méthode, qui consistait simplement à observer en chaque mois le quantième auquel correspondait l'année de l'ennéadécatéride dans laquelle on se trouvait, devait nécessairement l'emporter sur l'autre et la faire oublier complètement.

Mais il en résulte aussi que depuis Bianchini on ne peut plus se permettre d'appeler *nundinales* les octaves de lettres attachées au calendrier de Jules César, et que leur véritable nom est celui de *lettres lunaires.*

Nous devons la substance de cet article à M. *de Vaublanc,* qui a bien voulu nous signaler, en outre, quelques omissions importantes dans nos deux premiers volumes.

LEVÉ DES PLANS. (*Géod.*) Le levé d'un plan exige deux séries d'opérations distinctes : les unes s'exécutent sur le terrain, les autres sur le papier. Les premières ont pour objet de mesurer les distances entre divers points fixes qu'on choisit sur le terrain pour le diviser en figures géométriques. Dans les secondes, il s'agit de représenter en petit, avec leurs proportions exactes, ces figures géométriques, et par suite tous les détails de la configuration du terrain. (*Voy.* Arpentage, t. I, et Plan, t. II.) Lorsque le terrain est vaste et qu'il contient beaucoup de détails, la formation du réseau de triangles dont il faut le couvrir peut présenter plusieurs difficultés, que nous allons réunir dans une suite de propositions, afin d'en faire connaître les solutions les plus simples.

1. Problème I. *Déterminer la distance de deux points C et D (pl. XIV, fig. 3), desquels on peut apercevoir deux autres points A et B, dont la distance est connue.*

Ayant observé au point C les angles ACB et BCD, et au point D les angles CDA et ADB, on attribuera à la ligne inconnue CD une grandeur arbitraire, et on calculera avec ces données la grandeur de AB, comme s'il s'agissait de trouver cette ligne au moyen de la ligne CD. Le résultat du calcul différera nécessairement de la véritable grandeur de AB; mais il y aura même rapport entre ce résultat et cette grandeur qu'entre la grandeur attribuée à CD et sa grandeur réelle ; de sorte qu'il n'y aura plus besoin que d'une règle de trois pour trouver cette dernière.

Supposons, par exemple, que les angles observés aux points C et D, avec un graphomètre ou tout autre instrument, soient :

$$ACB = 57°, \qquad CDA = 55°,$$
$$BCD = 43°, \qquad ADB = 60°,$$

et qu'on attribue à CD une grandeur arbitraire = 1000 mètres.

Les opérations à exécuter pour obtenir la valeur de AB correspondante à l'hypothèse CD = 1000, sont les suivantes :

Dans le triangle ACD, dont on connaît le côté CD = 1000, et les deux angles adjacens ACD = ACB + BCD = 100°, CDA = 55°, le troisième angle CAD, étant égal à 180° — 100° — 55° = 25°, on calculera le côté AD par la proportion

$$\sin 25° : \sin 100° = 1000 : AD.$$

Dans le triangle CDB, dont on connaît le côté CD = 1000 et les angles BCD = 43°, CDB = CDA + ADB = 115°, CBD = 180° — 115° — 43° = 22°, on calculera le côté BD par la proportion

$$\sin 22° : \sin 43° = 100 : BD.$$

Ceci fait, on connaîtra, dans le triangle DAB, les deux côtés AD, DB et l'angle compris ADB = 60°, et on pourra calculer le côté AB par la formule ....(1)

$$AB = \sqrt{\left[\overline{AD}^2 + \overline{DB}^2 - 2AD \times DB \cos 60° \right]},$$

ou bien on commencera par déterminer les angles DAB, DBA, puis on calculera le côté AB par l'une ou l'autre des proportions ....(2)

$$\sin DAB : \sin 60° = DB : AB,$$
$$\sin DBA : \sin 60° = AD : AB.$$

Voici les calculs relatifs à la détermination des côtés AD et DB :

$$
\begin{aligned}
\text{Log } 1000 &= 3,0000000 \\
\text{Log sin } 100° &= 9,9933515 \\
\hline
&\ 12,9933515 \\
\text{Log sin } 25° &= 9,6259483 \\
\hline
\text{Log } AD &= 3,3674032
\end{aligned}
$$

D'où AD = 2330^m,253.

$$
\begin{aligned}
\text{Log } 1000 &= 3,0000000 \\
\text{Log sin } 43° &= 9,8337833 \\
\hline
&\ 12,8337833 \\
\text{Log sin } 22° &= 9,5735754 \\
\hline
\text{Log } BD &= 3,2602079
\end{aligned}
$$

D'où BD = 1820^m,572.

Les logarithmes de AD et de BD se trouvant donnés par les opérations précédentes, il est tout aussi prompt de calculer directement AB par la formule (1) que de le déterminer par les proportions (2), après avoir préalablement calculé les angles DAB, DBA. Multipliant chacun de ces logarithmes par 2, ils deviennent respectivement 6,7348064, 6,5204158, dont les nombres sont :

$$\overline{AD}^2 = 5430082,5, \qquad \overline{BD}^2 = 3314433.$$

Quant au troisième terme, sous le radical, on l'obtient comme il suit :

$$
\begin{aligned}
\text{Log } 2 &= 0,3010300 \\
\text{Log } AD &= 3,3674032 \\
\text{Log } BD &= 3,2602079 \\
\text{Log cos } 60° &= 9,6989700 \\
\hline
\text{Somme} &= 16,6276111
\end{aligned}
$$

Retranchant 10 de la caractéristique, pour tenir compte du rayon des tables, on a

$$\text{Log } (2AD \,.\, BD \,.\, \cos 60°) = 6,6276111.$$

D'où

$$2AD \,.\, BD \,.\, \cos 60° = 4242394.$$

Substituant ces valeurs dans (1), il vient

$$AB = \sqrt{\left[5430082,5 + 3314483 - 4242394\right]}$$

$$= \sqrt{\left[4502171,5\right]} = 2121,831.$$

Ainsi, quelles que soient les grandeurs réelles de AB et de CD, le rapport de ces grandeurs est maintenant connu; car on a évidemment

$$AB : CD = 2121,831 : 1000;$$

d'où

$$CD = \frac{1000 \times AB}{2121,831},$$

expression dans laquelle il ne faut plus que substituer la valeur réelle de AB pour obtenir la valeur réelle de CD. Si, par exemple, la grandeur donnée de AB était $= 2625^m$, on trouverait CD $= 1237^m,14$.

2. S'il s'agissait de mesurer la distance de deux points inaccessibles A et B visibles des deux extrémités d'une base connue CD, on aurait à exécuter les mêmes opérations, sauf la dernière; car alors la grandeur réelle de AB entrerait dans les calculs, et le résultat final serait la grandeur cherchée de AB.

3. En prenant l'angle ACD égal à la somme des angles ACB, BCD, nous avons supposé que ces derniers étaient dans un même plan. Lorsque cette circonstance n'a pas lieu, il faut mesurer directement l'angle ACD. La même observation s'applique à l'angle CDB.

4. La formule (1), qui sert à déterminer le côté d'un triangle dont on connaît les deux autres côtés et l'angle compris, se prêtant difficilement au calcul logarithmique, est rarement employée. On trouve plus simple de calculer préalablement les angles adjacens au côté cherché, au moyen de l'égalité qui existe entre le rapport de la somme et de la différence des côtés connus, et le rapport de la tangente de la demi-somme et de la tangente de la demi-différence de ces angles. (*Voy.* Tri-gonométrie, tom. II.) Dans la question précédente, où nous avions les données

$$AD = 2330,253, \quad BD = 1820,572, \quad \text{angle } ADB = 60^c,$$

on aurait eu

$$AD + BD = 4150,853; \quad AD - BD = 509,681,$$

demi-somme des angles inconnus $= \frac{1}{2}(180^\circ - 60^\circ) = 60^\circ$.

Représentant par δ la demi-différence de ces mêmes angles, la proportion

$$4150,853 : 509,681 = \text{tang } 60^\circ : \text{tang } \delta,$$

donnerait

$$\begin{aligned}
\text{Log } 509,681 &= 2,7072985 \\
\text{Log tang } 60^\circ &= 10,2385606 \\
\hline
&12,9458591 \\
\text{Log } 4150,853 &= 3,6181344 \\
\hline
\text{Log tang } \delta &= 9,327724
\end{aligned}$$

d'où

$$\delta = 12^\circ\, 0'\, 24''.$$

Cette demi-différence des angles cherchés, retranchée de leur demi-somme 60°, fait connaître le plus petit d'entre eux, BAD $= 47^\circ 59' 36'$, à l'aide duquel on pose la proportion

$$\sin 47^\circ 59' 36' : \sin 60^\circ = 1820,572 : AB,$$

qui donne

$$\begin{aligned}
\text{Log } 1820,572 &= 3,2602079 \\
\text{Log sin } 60^\circ &= 9,9375506 \\
\hline
&13,1977585 \\
\text{Log sin } 47^\circ 59' 36'' &= 9,8710277 \\
\hline
\text{Log } AB &= 3,3267108
\end{aligned}$$

D'où, comme ci-dessus,

$$AB = 2121,831.$$

5. Problème II. *Déterminer la position d'un point d'où l'on découvre les trois sommets d'un triangle connu.*

Il se présente trois cas : le point à fixer peut être ou dans l'intérieur du triangle, ou dehors, ou sur la direction de l'un des côtés.

Premier cas. Soit ABC le triangle (Pl. XIV, fig. 5), dont nous désignerons les côtés et les angles connus par

$$BC = a, \quad AC = b, \quad AB = c,$$
$$BAC = A, \quad ABC = B, \quad ACB = C.$$

M étant le point à fixer, toutes les opérations sur le terrain se réduisent à la mesure des angles CMB $= \alpha$, AMC $= \beta$, AMB $= \gamma$, à l'aide desquels il s'agit de calculer la grandeur de deux quelconques des trois rayons visuels MA, MB, MC, ces deux rayons déterminant complètement la position du point M dans le plan du triangle ABC.

Imaginons une circonférence de cercle qui passe par le point M et par les deux sommets A, C, et menons les droites AE, CE, BE.

Nous connaîtrons dans le triangle AEC le côté $AC = b$, l'angle ACE égal à l'angle AME, supplément de l'angle observé $AMB = \gamma$, et l'angle CAE égal à l'angle CME, supplément de l'angle observé $CMB = \alpha$; le troisième angle AEC sera par conséquent égal à

$$180^\circ - (180^\circ - \gamma) - (180^\circ - \alpha) = \alpha + \gamma - 180^\circ,$$

et l'on pourra calculer le côté AE par la proportion

$$AC : AE = \sin AEC : \sin ACE,$$

ou

$$b : AE = \sin(\alpha + \gamma - 180^\circ) : \sin(180^\circ - \gamma);$$

ce qui donne

$$AE = \frac{b \cdot \sin(180^\circ - \gamma)}{\sin(\alpha + \gamma - 180^\circ)}.$$

Le côté AE étant ainsi déterminé, nous connaîtrons dans le triangle EAB les deux côtés AE, $AB = c$, et l'angle compris BAE égal à la somme des deux angles $BAC = A$, $CAE = 180^\circ - \alpha$. Nous pourrons donc calculer l'angle ABE, et alors les trois angles du triangle ABM seront connus, et les deux rayons visuels MA, MB, seront donnés par les proportions

$$\sin \gamma : \sin ABM = c : AM,$$
$$\sin \gamma : \sin BMA = c : BM.$$

Appliquons ces règles aux données

$$a = BC = 12000^{\mathrm{m}}, \qquad A = 93^\circ\,55'\,55'',6,$$
$$b = AC = 8600, \qquad B = 45\ 38\ 29,4,$$
$$c = AB = 7800, \qquad C = 40\ 25\ 35,0,$$

et supposons que les angles observés au point M soient

$$\alpha = CMB = 115^\circ\,25'\,30'',$$
$$\beta = AMC = 113\ 59\ 5,$$
$$\gamma = AMB = 130\ 35\ 25,$$

nous aurons, par suite,

$$180^\circ - \gamma = 180^\circ - 130^\circ\,35'\,25' = 49^\circ\,24'\,35',$$
$$\alpha + \gamma - 180^\circ = 246^\circ\,0'\,55' - 180^\circ = 66^\circ\,0'\,55'.$$

Substituant ces valeurs dans l'expression de AE, elle deviendra

$$AE = \frac{8600 \cdot \sin(49^\circ\,24'\,35')}{\sin(66^\circ\,0'\,55')}.$$

D'où, en réalisant les calculs,

$$
\begin{aligned}
\mathrm{Log}\ 8600 &= 3{,}9344984\\
\mathrm{Log}\ \sin(49^\circ\,24'\,35'') &= 9{,}8804606\\
\hline
&13{,}8149590\\
\mathrm{Log}\ \sin(66^\circ\ 0'\,55'') &= 9{,}9607817\\
\hline
\mathrm{Log}\ AE &= 3{,}8541773
\end{aligned}
$$

$$AE = 7147^{\mathrm{m}},88.$$

Pour avoir l'angle ABE, les données seront :

$$AE + AB = 7147{,}88 + 7800 = 14947{,}88$$
$$AB - AE = 7800 - 7147{,}88 = 652{,}12;$$

et de plus, à cause de *angle* $BAE = A + 180^\circ - \alpha = 158^\circ\,30'\,25'',6$,

$$\tfrac{1}{2}(ABE + AEB) = 10^\circ\,44'\,47'',2.$$

Désignant par δ la demi-différence de ces mêmes angles ABE, AEB, nous calculerons δ par la proportion

$$14947{,}88 : 652{,}12 = \tan(10^\circ\,44'\,47'',2) : \tan \delta.$$

$$
\begin{aligned}
\mathrm{Log}\ 652{,}12 &= 2{,}8143275\\
\mathrm{Log\ tang}(10^\circ\,44'\,47'',2) &= 9{,}2782771\\
\hline
&12{,}0926046\\
\mathrm{Log}\ 14947{,}88 &= 4{,}1745796\\
\hline
\mathrm{Log\ tang}\ \delta &= 7{,}9180250
\end{aligned}
$$

D'où

$$\delta = 0^\circ\,28'\,27',8.$$

Retranchant cette demi-différence de la demi-somme $10^\circ\,44'\,47'',2$, nous aurons le plus petit des deux angles, savoir : $ABE = 10^\circ\,16'\,19'',4$, qui est opposé au plus petit côté AE.

Maintenant, pour calculer les rayons visuels MA, MB, nous avons, dans le triangle AMB,

$$AB = 7800,\ ABM = 10^\circ\,16'\,19'',4,\ AMB = \gamma = 130^\circ\,35'\,25'.$$

Le troisième angle BAM, conclu des deux autres, est $39° 8' 15'',6$. Ces valeurs donnent

$$\sin(130°35'25') : \sin(10°16'19'',4) = 780 : AM$$
$$\sin(130°35'25') : \sin(39° 8'15'',6) = 780 : MB.$$

Voici les calculs, en observant que le sinus de l'angle obtus $130°35'25'$ est égal au sinus de son supplément $49°24'35''$.

$$
\begin{array}{rl}
\text{Log } 7800 = & 3,8920946 \\
\text{Log sin}(10°16'19'',4) = & 9,2512057 \\
\hline
 & 13,1433003 \\
\text{Log sin}(49°24'35') = & 9,8804606 \\
\hline
 & \\
\text{Log } AM = & 3,2628397 \\
\end{array}
$$

$$AM = 1831^m,6.$$

$$
\begin{array}{rl}
\text{Log } 7800 = & 3,8920946 \\
\text{Log sin}(39° 8'15'',6) = & 9,8001572 \\
\hline
 & 13,6922518 \\
\text{Log sin}(49°24'35') = & 9,8804606 \\
\hline
\text{Log } MB = & 3,8117912 \\
\end{array}
$$

$$MB = 6483^m,3.$$

Second cas. Le point M est hors du triangle connu ABC (Pl. XIV, fig. 6).

Concevons toujours la circonférence du cercle AECM et les droites AE et CE. Les angles observés seront AMB, BMC, AMC, et l'on aura AMB = ACE, BMC = EAC; de sorte que dans le triangle AEC, les trois angles étant connus, ainsi que le côté AC, on pourra calculer AE.

Dans le triangle ABE, on calculera l'angle ABE au moyen des deux côtés connus AE, AB, et de l'angle compris BAE = BAC — EAC.

Enfin, connaissant ainsi les trois angles du triangle BAM, on pourra calculer les deux côtés AM et BM, qui sont les rayons visuels cherchés. Les calculs étant les mêmes que dans le cas précédent, nous nous bornons à les indiquer.

Troisième cas. Le point M est sur la direction de l'un des côtés du triangle connu ABC (Pl. XIV, fig. 7).

Si le point M est entre les deux points A et C, on a tout de suite les deux rayons AM et BM, puisque dans le triangle ABM on connaît les deux angles BAC, AMB, et le côté AB.

Si le point M est seulement dans la direction de AC,

on connaît pareillement dans le triangle ABM les angles BAC, AMB et le côté AB, d'où l'on peut calculer AM et BM.

6. Ce problème, qui se présente souvent dans la construction des cartes, peut être résolu très-aisément par une opération graphique enseignée tom. I, p. 269.

7. **Problème III.** *De l'extrémité A d'une droite connue AB ne pouvant, faute d'objets, prendre que l'angle XAB, et le point X étant invisible de B, former le triangle ABX par le moyen d'autres points, connus D et F, desquels les objets X et B puissent être vus.* (Pl. XIV, fig. 8.)

Quoique de B on ne puisse voir l'objet X, le seul qui ait été observé de A, pourvu que l'on en puisse observer d'autres, on peut aller en avant, dans l'espérance que de quelques-uns des objets vus de B on pourra observer X. Laissant donc indéterminé le triangle ABX, on ira recourir, par exemple, à D et à F, d'où l'on observera B et X en formant les angles des deux triangles BDF, DXF. La difficulté est de calculer ces triangles et de les lier avec A et B.

Supposons le problème résolu, c'est-à-dire les cinq points A, **B, X, D, F** fixés sur le plan. Si du point C, intersection des droites AX et BD, nous menons CG parallèle à XF; puis du point G, GH parallèle à DF, nous déterminerons sur les côtés BX et BD deux points I et H, tels que la droite IH sera parallèle à DX. En effet, d'après les parallèles GH et DF, on a

$$BG : BF = BH : BD;$$

et d'après les parallèles CG et XF,

$$BG : BF = BI : BX;$$

donc

$$BH : BD = BI : BX,$$

et par conséquent HI est parallèle à DX.

Ainsi, abstraction faite de la ligne BX, le point I peut être déterminé sur CG, en menant par H la droite HI parallèle à DX; et comme ce point se trouve sur BX, il donne, comme on va le voir, la solution du problème.

Dans le triangle ABC, le côté AB et les deux angles connus CAB, ABC, donnent l'angle de supplément ACB et le côté CB.

Dans le triangle CBG, dont on vient de trouver le côté CB, on a les angles CBG et CGB = *angle observé* XFB; on peut donc calculer les côtés CG et BG.

Dans le triangle BGH, on a le côté BG et les deux angles HBG et BGH = BFD, d'où l'on peut calculer les côtés BH et GH.

Dans le triangle GHI, dont on a les deux angles

IHG = EDF, et IGH = BGH — BGC = BFD — BFX, ainsi que le côté GH, on calculera le côté HI.

Enfin, dans le triangle HBI, dont on a l'angle BHI = BDX, et les côtés qui le comprennent BH et HI, on aura l'angle cherché HBI ou HBX, qui détermine le triangle ABX.

On pourra calculer ensuite toutes les autres parties des triangles ABX, DBF, XBF, XFD, qui fixent les relations des cinq points A, B, X, D, F.

8. Problème IV. *Connaissant les deux parties AB et CD d'un alignement qui traverse un marécage, ou autre endroit qu'on ne peut mesurer avec la chaîne, trouver la partie comprise BC au moyen des angles α, β, γ observés d'un point E, d'où l'on découvre les trois parties AB, BC et BD de l'alignement.* (Pl. XIV, fig. 10.)

Désignons les grandeurs connues AB par a, CD par b, et la longueur cherchée BC par x. Représentons en outre par φ l'angle ABE, et par ψ l'angle BCE. Ces deux angles ne sont pas donnés dans la question; mais comme φ est extérieur par rapport au triangle BCE, on a $\varphi = \psi + \beta$, d'où $\psi = \varphi - \beta$, relation qui permet de les éliminer après s'en être servi pour trouver la liaison des données avec l'inconnue du problème.

Nous avons, dans le triangle ABE,

$$a : AE = \sin \alpha : \sin \varphi ;$$

et dans le triangle AEC,

$$AE : (a + x) = \sin \psi : \sin (\alpha + \beta).$$

Multipliant ces deux proportions terme par terme, retranchant le facteur commun AE, et remplaçant ψ par $\varphi - \beta$, il vient ....(1)

$$a : (a + x) = \sin \alpha . \sin (\varphi - \beta) : \sin \varphi . \sin (\alpha + \beta).$$

Nous obtiendrons de la même manière, en considérant les triangles EDC, EDB, et en observant que les angles ECD et EBC, supplément des angles ψ et φ, ont les mêmes sinus que ces derniers ....(2)

$$b : (b + x) = \sin \gamma . \sin \varphi : \sin (\varphi - \beta) . \sin (\beta + \gamma).$$

Multipliant terme par terme les proportions (1) et (2), et divisant ensuite le second rapport par le facteur commun $\sin \varphi . \sin (\varphi - \beta)$, nous aurons définitivement

$$ab : (a + x)(b + x) = \sin \alpha . \sin \gamma : \sin (\alpha + \beta) \sin (\beta + \gamma);$$

ce qui nous donnera, en dégageant x,

$$x = - \tfrac{1}{2}(a + b) \pm \sqrt{\left[\frac{(a - b)^2}{4} + \frac{\sin (\alpha + \beta) . \sin (\beta + \gamma) \, ab}{\sin \alpha . \sin \gamma} \right]}.$$

Cette formule se réduit à

$$x = - a + a \sqrt{\left[\frac{\sin (\alpha + \beta) . \sin (\beta + \gamma)}{\sin \alpha . \sin \gamma} \right]},$$

lorsque $a = b$, circonstance qu'on est souvent le maître de rencontrer dans la pratique.

Soient, par exemple, $a = b = 100$ mètres; $\alpha = 35°$, $\beta = 42°$, $\gamma = 37°$, le calcul sera

$$
\begin{aligned}
\text{Log} \sin (\alpha + \beta) &= 9,9887239 \\
\text{Log} \sin (\beta + \gamma) &= 9,9919466 \\
\hline
\text{Somme} &= 19,9806705 \\[4pt]
\text{Log} \sin \alpha &= 9,7585913 \\
\text{Log} \sin \gamma &= 9,7794630 \\
\hline
\text{Somme} &= 19,5380543 \\[4pt]
1^{re} \text{ somme} &= 19,9806705 \\
2^{e} \text{ somme} &= 19,5380543 \\
\hline
\text{Différence} &= 0,4426162 \\
\hline
\text{Moitié . .} &= 0,2213081 \\
\text{Log} \, a &= 2,0000000 \\
\hline
&2,2213081
\end{aligned}
$$

Le nombre correspondant à ce dernier logarithme étant 166,46, nous avons pour la longueur cherchée BC,

$$x = 166,46 - 100 = 66^m,46.$$

9. Problème V. *Réduire au centre de la station les angles observés à quelque distance de ce centre.*

Lorsqu'on veut lier des points inconnus avec d'autres points déjà fixés, il arrive souvent qu'il est impossible de placer exactement l'instrument sur ces derniers, et on est alors forcé de faire subir aux angles observés une réduction, pour les rendre tels qu'ils seraient si le centre du graphomètre eût coïncidé avec le point connu, et qu'on nomme le *centre de la station*. Si, par exemple, il s'agissait d'observer l'angle ABC (Pl. XIV, fig. 12) du point B déterminé par ses relations avec d'autres points, mais dont on ne peut approcher qu'à une petite distance BB', parce que ce point est le sommet d'un clocher ou de quelque autre édifice, l'angle AB'C mesuré du point B', où l'on établirait l'instrument, différerait généralement de l'angle ABC qu'il s'agit d'obtenir. Les opérations numériques par lesquelles on conclut l'angle ABC de l'angle AB'C portent le nom de *réductions au centre des stations*.

La distance BB′ comprise entre le centre B de la station et le point B′ où l'on observe, se nomme *distance au centre*; nous la désignerons par r.

Les côtés BA et BC de l'angle au centre, sont les *rayons centraux*.

Les angles AB′B, CB′B, formés par les rayons visuels et la distance au centre, sont appelés *angles à la direction*.

Les angles B′AB, B′CB, formés par les rayons visuels et les rayons centraux, se nomment *angles opposés à la distance*.

L'observateur peut avoir trois positions différentes à l'égard du centre et des objets : ou il est dans la direction même du centre à l'un de ces objets (Pl. XIV, fig. 13), ou dans une direction intermédiaire (fig. 12), ou enfin dans une direction oblique (fig. 11). Dans le premier cas, la ligne du centre BB′ prolongée passe par l'un des objets, dans le second elle passe entre eux, et dans le troisième elle passe en dehors.

Première position. Si l'observateur est en B′ (fig. 13) entre le centre et l'un des objets, l'angle observé AB′C est plus grand que l'angle au centre ABC de l'angle B′CB. S'il est en B″ de l'autre côté du centre, l'angle observé AB″C est plus que l'angle ABC de l'angle B″CB.

Seconde position. Si l'observateur est en B′ (fig. 12), l'angle observé AB′C est plus grand que l'angle au centre ABC de la somme des angles BAB′, BCB′. S'il est en B′, l'angle observé AB′C est au contraire plus petit que l'angle au centre de la somme des angles BAB′, BCB′.

Troisième position. Si l'observateur est en B′ (fig. 11), l'angle AOC extérieur par rapport aux deux triangles AOB, COB′ étant égal à la somme des angles intérieurs opposés, on a

$$BAB' + ABC = BCB' + AB'C;$$

d'où

$$ABC = AB'C + BCB' - BAB';$$

c'est-à-dire que l'angle observé diffère de l'angle au centre de la différence des deux angles BCB′, BAB′.

Ainsi, dans tous les cas, l'angle au centre sera connu quand on connaîtra les angles opposés à la distance.

Désignons généralement par m et n, comme c'est l'usage, les angles opposés à la distance, et notamment BAB′ par m et BCB′ par n; représentons en outre par y l'angle à la direction CB′B, et par y' l'angle à la direction AB′B, angles qu'il faut toujours observer concurremment avec AB′C, que nous ferons $= A$ en consacrant la lettre O à l'angle au centre ABC. Ceci posé, et les rayons centraux AB et BC étant toujours représentés

par les lettres D et G, savoir : le rayon de droite BC par D, et le rayon de gauche AB par G, nous avons :

Premier cas (fig. 13). L'observateur étant en B′,

$$O = A - n,$$

$$\sin n = \frac{r \cdot \sin y}{D}.$$

L'observateur étant en B′,

$$O = A + n,$$

$$\sin n = \frac{r \cdot \sin A}{D}.$$

Si les points B′ ou B″ étaient sur la direction du rayon central CB au lieu d'être sur celle de AB, on changerait dans ces formules n en m et D en G.

Second cas (fig. 12). L'observateur étant en B′,

$$O = A - m - n,$$

$$\sin m = \frac{r \sin y'}{G}, \qquad \sin n = \frac{r \sin y}{D}.$$

L'observateur étant en B′,

$$O = A + m + n,$$

les angles m et n ayant les mêmes valeurs que ci-dessus.

Troisième cas (fig. 11). L'observateur étant en B′,

$$O = A + n - m,$$

$$\sin m = \frac{r \sin y'}{G}, \qquad \sin n = \frac{r \sin y}{D}.$$

L'observateur étant en B′,

$$O = A + m - n,$$

$$\sin m = \frac{r \sin y}{G}, \qquad \sin n = \frac{r \sin y'}{D}.$$

Lorsque les rayons centraux D et G ne sont pas connus, il faut lier les points A, B, C avec d'autres points capables de déterminer leur longueur, soit par des calculs de triangles, soit simplement par des opérations graphiques ; car r étant toujours très-petit par rapport à D et à G, il n'est pas nécessaire d'évaluer ces côtés avec une précision rigoureuse. Nous prendrons, pour application, le cas où l'angle observé est relevé du point B′ (fig. 12); soient

$$BC = D = 2000^m, \quad AB = G = 1855^m, \quad BB' = r = 10^m,$$
$$AB'C = A = 65°20', \quad AB'B = y' = 135°30', \quad CB'B = y = 159°10',$$

Substituant ces valeurs dans les formules du second cas, nous aurons

$$\text{Log } r = 1,0000000$$
$$\text{Log sin } y' = 9,8456618$$
$$\overline{ 10,8456618}$$
$$\text{Log G} = 3,2683439$$

$$\text{Log sin } m = 7,5773179$$
$$m = 12' 59'$$

$$\text{Log } r = 1,0000000$$
$$\text{Log sin } y = 9,5510257$$
$$\overline{ 10,5510257}$$
$$\text{Log D} = 3,3010300$$

$$\text{Log sin } n = 7,2299937$$
$$n = 6' 7'$$

Nous avons donc

$$O = 65° 20' - 12' 59' - 6' 7' = 65° 0' 54'.$$

10. PROBLÈME VI. *Ayant observé au point* O (Pl. XIV, fig. 9) *l'angle* DOE *de deux objets* D *et* E *inégalement élevés au-dessus de l'horizon, trouver l'angle* BAC, *projection de* DOE, *sur le plan horizontal.*

Lorsqu'on forme entre les divers points d'un terrain une suite de triangles pour en lever le plan, ce ne sont pas ces points eux-mêmes qui figurent sur le plan, mais bien leurs projections sur une même surface parallèle à l'horizon, et qu'on peut considérer comme plane pour des terrains dont l'étendue n'est pas très-considérable. L'observateur doit donc, autant que possible, choisir des objets dont le niveau apparent soit sensiblement le même que le sien, car dans le cas contraire ses triangles ne se trouveraient pas dans un même plan, et il lui serait impossible de les faire concorder sur le papier, à moins d'opérer les réductions qui font l'objet du présent problème. Pour donner une idée exacte de la question, soient B', C', D', E', divers objets inégalement élevés sur un plan horizontal MN (P. XIV, fig. 14) où l'observateur relève du point O les angles B'OC', B'OE', E'OD', D'OC'. Ces points seront représentés sur la carte du terrain par leurs projections A, B, C, D, E, et la somme de tous les angles au point A sera égale à quatre angles droits ; de sorte que si l'observateur se servait des angles relevés, et non des angles réduits ou projetés BAC, BAE, EAD, DAC, dont la somme, dans le cas de notre figure, est plus grande que quatre angles droits, il ne pourrait les tracer les uns à côté des autres sans faire rentrer le dernier D'OC' dans le premier B'OC', et par conséquent les lignes de sa carte ne pourraient indiquer les relations des diverses parties du terrain, car le point C' de l'angle D'OC' ne coïnciderait pas avec le point C' de l'angle B'OC', quoique ces deux points se confondent sur le terrain.

Il existe des cercles, munis de lunettes mobiles, qui donnent immédiatement l'angle horizontal BAC quand on observe l'angle incliné B'AC' ; mais comme on n'a pas toujours de tels instrumens à sa disposition, il est essentiel de connaître les moyens d'y suppléer par les méthodes de calcul dont leur emploi dispense.

Soit O (Pl. XIV, fig. 9) le centre des observations, et DOE l'angle qu'il s'agit de réduire à l'horizon, ou dont il s'agit de trouver la projection horizontale BAC. Il faudra non seulement relever l'angle DOE, mais encore les angles ZOD et ZOE que font, avec la verticale du point O, les rayons visuels OD et OE ; ces trois angles étant supposés connus, nous poserons

$$\text{DOE} = \alpha, \quad \text{ZOD} = h, \quad \text{ZOE} = h', \quad \text{BAC} = A.$$

Imaginons maintenant que le point O est au centre d'une sphère dont le rayon $On = 1$; les arcs de cercle nm, pn, pm, formés sur la surface de cette sphère par les sections des plans DOE, DOAB, EOAC, seront les mesures respectives des angles DOE, DOA, EOA, dont le premier est l'angle à réduire α, et les deux autres les supplémens des angles h et h'. Or, l'angle BAC étant l'angle des deux plans DOAB, EOAC, est le même que l'angle npm du triangle sphérique mnp, et la question est ramenée à trouver cet angle npm par le moyen des trois côtés connus du triangle sphérique ; savoir :

$$nm = \alpha, \quad pn = 180° - h, \quad pm = 180° - h'.$$

Substituant ces valeurs dans la formule connue (*voy.* tom. II, pag. 591), on aura ....(1)

$$\sin \tfrac{1}{2} A = \sqrt{\left[\frac{\sin \tfrac{1}{2}(\alpha + h - h') . \sin \tfrac{1}{2}(\alpha + h' - h)}{\sin h . \sin h'} \right]};$$

dans laquelle il n'y a plus qu'à donner aux quantités α, h, h' des valeurs déterminées pour obtenir l'angle réduit A.

Si les deux angles au zénith h et h' étaient égaux, ce qui arrive lorsque les deux objets D et E sont également élevés au-dessus ou également abaissés au-dessous du plan horizontal passant par le centre O, la formule précédente se réduirait à ....(2)

$$\sin \tfrac{1}{2} A = \frac{\sin \tfrac{1}{2} \alpha}{\sin h}.$$

Enfin, dans le cas où l'un des objets, D, serait élevé au-dessus du plan horizontal, passant par le point O, de la même quantité que l'autre objet E serait abaissé au-dessous de ce plan, on aurait

$$90° - h = h' - 90°,$$

ou

$$h' = 180° - h.$$

Cette valeur de h' introduite dans la formule (1), après avoir élevé ses deux membres au carré la transforme en

$$\sin^2 \tfrac{1}{2} A = \frac{\sin \left(\tfrac{1}{2}\alpha + h - 90°\right) \cdot \sin \left(\tfrac{1}{2}\alpha - h + 90°\right)}{\sin^2 h}.$$

Passant des produits aux sommes, il vient

$$\sin^2 \tfrac{1}{2} A = \frac{\sin^2 h - \cos^2 \tfrac{1}{2}\alpha}{\sin^2 h} = 1 - \frac{\cos^2 \tfrac{1}{2}\alpha}{\sin^2 h};$$

et, par suite,

$$1 - \sin^2 \tfrac{1}{2} A = \frac{\cos^2 \tfrac{1}{2}\alpha}{\sin^2 h}.$$

Or,

$$1 - \sin^2 \tfrac{1}{2} A = \cos^2 \tfrac{1}{2} A,$$

donc ... (3)

$$\cos \tfrac{1}{2} A = \frac{\cos \tfrac{1}{2}\alpha}{\sin h}.$$

On a rarement à se servir des formules (2) et (3); mais le calcul de la formule (1) est si simple, que nous le préférons aux expressions approximatives qu'on lui substitue dans plusieurs ouvrages. Elle devient, en employant les logarithmes,

$$\operatorname{Log} \sin \tfrac{1}{2} A = \tfrac{1}{2} \left\{ 20 + \log \sin \tfrac{1}{2} (\alpha + h - h') \right.$$
$$\left. + \log \tfrac{1}{2} (\alpha + h' - h) - \log \sin h - \log \sin h' \right\}.$$

Prenons pour exemple d'application les données suivantes :

Angle observé　$\alpha = 70°$,

Angles au zénit　$h = 82°$, $h' = 81° 10'$,

$\tfrac{1}{2}(\alpha + h - h') = 69° 10'$, $\tfrac{1}{2}(\alpha + h' - h) = 70°50'$.

Le calcul donne :

$$\begin{array}{lcl}
\text{Carré du rayon} & = & 20,0000000 \\
\operatorname{Log} \sin 69° 10' & = & 9,9706346 \\
\operatorname{Log} \sin 70° 50' & = & 9,9752330 \\
\hline
\text{Somme} \ldots\ldots & = & 39,9458676 \\
\operatorname{Log} \sin 82° & = & 9,9957528 \\
\hline
\text{Différence} \ldots & = & 29,9501148 \\
\operatorname{Log} \sin 81° 10' & = & 9,9948181 \\
\hline
\text{Différence} \ldots & = & 19,9552967 \\
\text{Moitié} \ldots\ldots & = & 9,9776483 = \log \sin \tfrac{1}{2} A \\
\end{array}$$

Angle réduit $= 71° 46' 27'',7$.

11. La formule (1) se simplifie beaucoup lorsqu'un des deux objets se trouve dans le plan de l'observateur. Dans ce cas, une des distances au zénith, h', par exemple, est de 90°; si l'on fait donc $h' = 90°$, on obtient, par des transformations analogues à celles dont nous avons fait usage,

$$\cos A = \frac{\cos \alpha}{\sin h}.$$

Dans les grandes triangulations, la réduction des angles au plan horizontal se complique de diverses particularités pour lesquelles nous devons renvoyer aux ouvrages spéciaux, et particulièrement au *Traité de Géodésie* de M. Puissant.

12. PROBLÈME VII. *Rapporter les principaux points d'une carte à la méridienne et à sa perpendiculaire.*

Lorsqu'on trace sur le papier les triangles observés sur le terrain, il est impossible, malgré tous les soins les plus minutieux, que le dessin soit rigoureusement exact. Si l'on se sert d'un rapporteur pour construire les angles, on n'a qu'une grossière approximation, dont l'erreur devient sensible dès le premier triangle. Si l'on emploie les échelles des cordes, ou même si, pour plus d'exactitude, on a calculé les trois côtés de chaque triangle, afin de n'avoir pas besoin de s'occuper des angles, il suffit de l'épaisseur des pointes des compas et des crayons pour produire, dans la fixation des sommets d'un triangle, une inexactitude qui, d'abord imperceptible, influe sur les triangles suivans et s'accroît très-rapidement à mesure que leur nombre augmente. C'est pour éviter cette multiplication d'erreurs qu'on a imaginé de rapporter la position de chaque point, en particulier, à deux droites perpendiculaires entre elles tracées sur le plan, et qui sont ordinairement la *méridienne* (voy. ce mot) de l'un des points les plus remarquables du terrain, et la perpendiculaire à cette méridienne passant par le même point.

Il n'est pas indispensable, pour cette opération, de connaître la direction de la méridienne avec une grande exactitude : car toute autre ligne d'une direction donnée pourrait remplir le même office ; aussi se contente-t-on des indications de la boussole. Ce qu'il importe, c'est de déterminer l'angle que fait la méridienne adoptée avec un côté d'un quelconque des triangles du réseau.

Supposons qu'étant au point A (Pl. XIV, fig. 15) la direction de l'aiguille aimantée fasse avec la droite AC un angle de 45° ; la déclinaison de l'aiguille étant à cette époque de 22° 10′, la ligne du Nord, ou la méridienne NS du point A, fera donc avec la ligne AC un angle de 23° 50′, et comme l'angle BAC est un de ceux qui ont été relevés dans la triangulation, on connaîtra l'angle BAN = BAC — 23° 50′ que forme le côté AB avec la méridienne NS. Si, par exemple, l'angle BAC était de 125°, l'angle BAN serait de 102° 10′, et alors, après avoir tracé sur le canevas une ligne NS, faisant avec AB un angle de 102° 10′, on lui mènerait par le point A la perpendiculaire OE ; ces deux droites seraient les *axes coordonnés* (*voy.* APPLICATION, tom. I), auxquels il s'agirait ensuite de rapporter tous les points de la triangulation.

Soient A, B, C, D, E, F les sommets des triangles observés ; imaginons par chacun de ces points deux droites respectivement parallèles à la méridienne NS et à sa perpendiculaire OE ; nous aurons en particulier, pour le point D, nD parallèle à NS et mD parallèle à OE, et il est évident que la position du point D sur le plan sera parfaitement déterminée, quelles que soient d'ailleurs ses relations avec les autres points, lorsqu'on connaîtra la longueur des lignes nD et mD ; car, en prenant sur AE la partie An = mD, et sur AS la partie Am = nD, les perpendiculaires mD et nD élevées aux points m et n se couperont au point D. La même chose ayant lieu pour tous les autres points B, C, E, etc., on voit qu'on pourra placer chacun d'eux isolément sur la carte, et que les petites erreurs provenant de l'épaisseur des lignes, ou de l'inégalité du papier, se répartiront également, au lieu de s'accumuler, en passant d'un point à un autre.

Tous les rayons qui concourent au point A étant connus de longueur et de direction, on obtient, par une addition ou une soustraction, les angles qu'ils forment avec la méridienne, et l'on n'a plus que des triangles rectangles à résoudre pour calculer les distances de leurs extrémités à la méridienne et à sa perpendiculaire.

Si l'angle CAD est de 92° 50′, l'angle NAD sera

$$\text{NAC} + \text{CAD} = \text{BAC} - \text{BAN} + \text{CAD}$$
$$= 125° - 102°10′ + 92°50′ = 115°40′;$$

et, par conséquent, dans le triangle rectangle nAD, dont l'angle en A est

$$\text{NAD} - 90° = 115°40′ - 90° = 25°40′,$$

on aura

$$n\text{D} = m\text{A} = \text{AD} \cdot \sin 25°40′,$$
$$m\text{D} = n\text{A} = \text{AD} \cdot \cos 25°40′,$$

et de même pour tous les autres rayons AC, AII, AB, AG, AF, AE.

Quant aux points tels que K et R observés d'une autre station H, et qui ne sont pas immédiatement liés avec le point A, on peut les rapporter à une autre méridienne N′S′, c'est-à-dire à une parallèle à la méridienne NS passant par le point H déjà fixé sur le plan par les distances Hp, Hc. On connaît l'angle S′HA = HAN ; ainsi, à l'aide de cet angle et des angles observés autour du point H, on peut déduire la valeur de l'angle KHa, puis calculer les distances Ka, Ha suffisantes pour placer le point K dans le plan. D'ailleurs, lorsque Ka et Ha sont connus, on a

$$\text{K}b = \text{K}a + ab = \text{K}a + \text{H}p,$$
$$\text{K}d = \text{H}c - \text{H}a,$$

et l'on peut, si l'on veut, n'employer que la seule méridienne NS. (*Voyez*, pour les détails, le *Traité d'Arpentage* de M. Lefèvre. Les grandes opérations géodésiques doivent être étudiées dans les traités de *Géodésie* et de *Topographie* de M. Puissant.)

LIEUE. (*Métrol.*) Ancienne mesure itinéraire usitée en France, et qui, sous le même nom, désignait plusieurs longueurs différentes. On divisait les lieues en *grandes*, *moyennes* et *petites*, ou en lieues de 20, 25 et 30 au degré terrestre. Les premières, nommées aussi *lieues marines*, étaient évaluées à 2851 $\frac{1}{7}$ toises ; les lieues moyennes à 2283 toises, et plus exactement à 2281 toises, et les petites à 1900 $\frac{4}{7}$ toises. Outre ces lieues légales, chaque province avait sa lieue particulière très-arbitrairement déterminée, et l'on se servait encore, pour la mesure des postes, d'une lieue de 2000 toises, nommée *lieue de poste*. Les réformateurs du système métrique ont substitué à toutes ces mesures une unité fixe, le *kilomètre* (1000 mètres), dont il faut espérer que l'usage s'étendra généralement, et fera disparaître des dénominations qui ne sont plus en rapport avec les évaluations modernes.

Le quart du méridien terrestre, dont la dix millionnième partie forme notre *mètre*, contenant 90° inégaux (*voy.* TERRE, t. II, et FIGURE DE LA TABLE), la longueur du *degré moyen* est de $111111\frac{1}{9}$ mètres, ou de $111\frac{1}{9}$ kilomètres; ainsi,

La lieue de 20 au degré équivaut à $5\frac{5}{9}$ kilom. $= 5555\frac{5}{9}$ mèt.

La lieue moyenne de 25 au degré $\quad 4\frac{4}{9} \qquad = 4444\frac{4}{9}$

La petite lieue de 30 au degré . $\quad 3\frac{703}{999} \qquad = 3703\frac{7}{10}$

La lieue de poste, à peu près . . $\quad 3\frac{10}{11} \qquad = 3898\frac{7}{100}$

Toutes les réductions des toises en mètres, et *vice versâ*, s'effectuent au moyen des rapports généraux

$$1 \text{ toise} = 1^{\text{m}},949037,$$
$$1 \text{ mètre} = 0^{\text{t}},513074,$$

déterminés très-exactement entre la toise dite du *Pérou* et le mètre adopté définitivement en 1801. (*Voy.* Mesure, tom. II.)

LOGARITHMES. La théorie des logarithmes ayant été développée, tom. II, dans tous ses détails, nous ne considérerons ici ses fonctions importantes que comme un instrument de calcul dont il est essentiel de populariser l'usage. C'est dans ce but que nous donnons la table suivante, qui, malgré son peu d'étendue, présente immédiatement les logarithmes des nombres jusqu'à 10000, et les donne jusqu'à 1000000 à l'aide d'une petite opération sur les différences. Les principes de sa composition étant les mêmes que ceux des grandes tables de Callet et de Borda, les explications dans lesquelles nous allons entrer sur son emploi pourront s'appliquer à ces dernières; mais on peut se contenter de la nôtre pour toutes les questions relatives au commerce et à l'industrie.

1. Les logarithmes vulgaires des nombres entiers se composent de deux parties: l'une entière, qu'on nomme la *caractéristique*, et l'autre fractionnaire, exprimée en décimales. La caractéristique ayant toujours autant d'unités que la partie entière du nombre a de chiffres moins un (*voy.* LOGARITHMES, tom. II), on l'omet ordinairement dans les tables; ce qui ne peut jamais être une cause d'erreur, puisque l'inspection seule du nombre dont on cherche le logarithme fait connaître cette caractéristique. Ainsi, les logarithmes des nombres, depuis 1 jusqu'à 9 inclusivement, ont 0 pour caractéristique; ceux des nombres depuis 10 jusqu'à 99 ont 1; 2, depuis 100 jusqu'à 999; 3, depuis 1000 jusqu'à 9999, etc., etc. Un nombre quelconque étant donné, on connaît donc immédiatement la caractéristique de son logarithme, et il suffit de trouver dans les tables la partie fractionnaire de ce logarithme pour qu'il soit entièrement déterminé.

2. La table ci-jointe se compose de onze colonnes,

intitulées N, 0, 1, 2, 3, 4, 5, 6, 7, 8, 9. La première colonne à gauche, marquée N, contient les nombres naturels, depuis 100 jusqu'à 999; la seconde colonne, marquée 0, offre les logarithmes de ces nombres, ou du moins leurs parties fractionnaires, car les caractéristiques ne s'y trouvent pas. Comme chaque logarithme a ses deux premiers chiffres décimaux communs avec quelques-uns de ceux qui le suivent, on s'est contenté d'écrire une seule fois ces chiffres communs au lieu de les répéter; de sorte que, lorsqu'on ne trouve que quatre chiffres, dans la colonne 0, devant le nombre proposé, il faut les faire précéder par le groupe isolé de deux chiffres, le plus prochain en remontant. Si l'on demandait, par exemple, le logarithme du nombre 201, devant lequel on ne trouve, dans la colonne 0, que les quatre chiffres 3196, on écrirait à la gauche de ces quatre chiffres le nombre isolé 30, qu'on rencontre le premier en remontant la colonne; la partie décimale du logarithme cherchée est donc ainsi 303196, et l'on aurait, en ajoutant la caractéristique,

$$\text{Log } 201 = 2,303196.$$

3. La colonne 0 ne donne pas seulement les logarithmes des nombres depuis 100 jusqu'à 999, mais encore ceux de tous les nombres qui sont des multiples ou des sous-multiples décimaux de ces premiers: car on sait (*voy.* tom. II, pag. 186) que les nombres décuples les uns des autres ont des logarithmes qui ne diffèrent que par leurs caractéristiques. Le nombre 303196, que nous venons de trouver pour la partie décimale du logarithme de 201, est donc en même temps la partie décimale des logarithmes des nombres 2,01, 20,1, 201, 2010, 20100, 201000, etc.; c'est-à-dire qu'on a

$$\text{Log } 2,01 \ = 0,303196$$
$$\text{Log } 20,1 \ = 1,303196$$
$$\text{Log } 201 \ = 2,303196$$
$$\text{Log } 2010 \ = 3,303196$$
$$\text{Log } 20100 = 4,303196$$
$$\text{etc.} \ = \ \text{etc.,}$$

et ainsi de même pour tous les autres.

C'est à cause de cette propriété des logarithmes vulgaires que nous n'avons pas cru devoir donner à part les logarithmes des nombres depuis 1 jusqu'à 99, qui se trouvent compris parmi ceux des nombres depuis 100 jusqu'à 999. Ainsi, pour avoir le logarithme de 8 ou celui de 80, on cherchera celui de 800, et comme la partie décimale de ce dernier, donnée par la table, est 903090, on aura

$$\text{Log } 8 = 0,903090; \ \text{Log } 80 = 1,903090.$$

En général, toutes les fois que le nombre proposé sera plus petit que 100, on lui ajoutera un ou deux zéros à droite, de manière à ce qu'il devienne l'un de ceux compris dans la colonne N; puis on donnera une caractéristique convenable à la partie décimale du logarithme qu'on trouvera dans la colonne o. Proposons-nous, par exemple, de trouver le logarithme de 19; nous chercherons celui de 190, qui a pour partie décimale, dans la colonne o, 278754, et nous aurons

$$\text{Log } 19 = 1,278754.$$

4. On voit, d'après ce qui précède, que la colonne o peut être considérée comme donnant immédiatement les logarithmes des nombres 1000, 1010, 1020, 1030, etc. Pour avoir les logarithmes des nombres intermédiaires 1001, 1002, 1003, etc.; 1011, 1012, 1013, etc.; 1021,1022, 1023, etc., il faut avoir recours aux colonnes marquées 1, 2, 3, 4, 5, 6, 7, 8, 9; celles-ci offrent les quatre dernières décimales des logarithmes des nombres terminés par ces mêmes chiffres 1, 2, 3, 4, 5, 6, 7, 8, 9, c'est-à-dire que la colonne 1 correspond aux nombres terminés par 1, tels que 1001, 1011, 1021, 1031, 1041, etc., etc.; que la colonne 2 correspond aux nombres terminés par 2, tels que 1002, 1012, 1022, 1032, 1042, etc., etc., et ainsi des autres. Demande-t-on, par exemple, le logarithme de 2475; on cherchera dans la colonne N le nombre 247, puis on prendra dans la ligne des chiffres placés devant ce nombre les quatre chiffres compris dans la colonne 5, savoir: 3575; on écrira à leur gauche le nombre 39, qu'on trouve isolé dans la colonne o en remontant, et l'on aura, en ajoutant la caractéristique 3, parce que 2475 est compris entre 1000 et 9999,

$$\text{Log } 2475 = 3,393575.$$

La table présente donc immédiatement les logarithmes de tous les nombres depuis 1 jusqu'à 10000, et, ceci bien compris, il est facile de résoudre les deux questions suivantes, auxquelles on peut ramener tout ce qui concerne son usage.

5. Problème I. *Un nombre quelconque étant donné, trouver son logarithme.*

Si le nombre n'a que quatre chiffres significatifs, on cherchera les trois premiers dans la colonne N, puis on suivra de l'œil la ligne sur laquelle on les aura trouvés, jusqu'à ce qu'on soit dans la colonne qui porte pour indice le quatrième chiffre. Les quatre chiffres ou figures qui sont dans cette dernière colonne et dans l'alignement des trois premiers chiffres du nombre donné sont les quatre dernières décimales du logarithme cherché. Quant aux deux premières, on les trouvera dans la

colonne o, où elles sont isolées par un point, soit immédiatement devant les trois premiers chiffres du nombre, soit en remontant jusqu'au premier groupe isolé de deux chiffres qu'on rencontre au-dessus de leur alignement. Soit, par exemple, 7568 le nombre dont on demande le logarithme; on cherchera 756 dans la colonne N, et, parcourant la ligne du nombre 756, on s'arrêtera à la colonne marquée 8, dans laquelle on trouvera 8981; ces chiffres sont les quatre derniers chiffres décimaux du logarithme de 7568. Pour avoir les deux premiers, on examinera si dans la colonne o il ne se trouve pas, dans l'alignement de 756, deux chiffres isolés des autres par un point, et comme on n'en rencontre pas, on remontera jusqu'aux premiers chiffres isolés, qui sont 87; la partie décimale du logarithme est donc 878981, et il ne s'agit plus que de lui donner une caractéristique convenable. Dans le cas du nombre entier 7568, cette caractéristique serait 3; elle serait 2 si le nombre était 756,8; 1, s'il était 75,68; et enfin 0, s'il était 7,568. Nous examinerons plus loin quelles caractéristiques on doit donner aux nombres entièrement fractionnaires ou plus petits que l'unité, tels que 0,7568, 0,07568, etc.

6. Si le nombre proposé a moins de trois chiffres significatifs, on trouvera son logarithme au moyen de la seule colonne o, comme nous l'avons indiqué ci-dessus.

7. Quel que soit le nombre des zéros qui terminent un nombre donné, pourvu qu'il n'ait pas plus de quatre chiffres significatifs, on trouvera donc immédiatement son logarithme dans la table. Par exemple, si au lieu du nombre 7568 il s'était agi du nombre 756800, la partie décimale du logarithme aurait toujours été 878981; seulement on aurait pris 5 pour caractéristique, parce que 756800 a 6 chiffres entiers.

8. Lorsque le nombre a plus de quatre chiffres significatifs, la table ne présente pas immédiatement son logarithme, mais on peut le trouver par le calcul suivant: Soit 255686 le nombre proposé; séparons par une virgule les quatre premiers chiffres à gauche, et considérons pour un moment les chiffres demeurés à droite comme des décimales, il s'agira alors de trouver le logarithme de 2556,86. Cherchons d'abord le logarithme de 2556, et prenons en même temps celui du nombre immédiatement plus grand 2557; nous trouverons, en opérant comme il vient d'être dit, et sans tenir compte des caractéristiques,

$$\text{Log } 2557 \ldots 407731$$
$$\text{Log } 2556 \ldots 407561$$

$$\text{Différence} = 170$$

Maintenant, nous dirons, si la différence d'une unité

entre les nombres entraîne une différence de 170 entre les logarithmes, quelle sera la différence de ces derniers lorsque celle des nombres ne sera que 0,86, c'est-à-dire que nous poserons la proportion

$$1 : 170 = 0,86 : x;$$

d'où

$$x = 170 \times 0,86 = 146,2.$$

Ainsi, ajoutant 146 au logarithme de 2556, nous obtiendrons pour la partie décimale du logarithme de 2556,86, ou, ce qui est la même chose, du logarithme de 255686, le nombre 407707, et nous aurons par conséquent

$$\text{Log } 255686 = 5,407707.$$

Proposons-nous pour second exemple le nombre 4,856359. L'ayant écrit comme il suit : 4856,359, nous chercherons dans la table les logarithmes de 4857 et de 4856, ce qui nous donnera

$$\text{Log } 4857 \ldots 686368$$
$$\text{Log } 4856 \ldots 686279$$
$$\text{Différence} = \quad\; 89$$

Multipliant la différence 89 par 0,359, nous aurons

$$89 \times 0,359 = 31,951;$$

cette différence 31,951 étant plus proche de 32 que de 31, nous ajouterons 32 au logarithme de 4856, et nous aurons, toujours abstraction faite des caractéristiques,

$$\text{Log } 4856,359 \ldots 686311.$$

Or, le nombre proposé étant 4,856359, la caractéristique de son logarithme est 0; ainsi

$$\text{Log } 4,856359 = 0,686311.$$

Dans les grandes tables des logarithmes, les différences forment une dernière colonne que nous n'aurions pu introduire dans la nôtre sans trop la compliquer; mais il suffit d'un peu d'habitude pour prendre ces différences à l'œil et s'éviter la peine d'écrire les deux logarithmes qui comprennent le logarithme cherché.

9. Lorsque le nombre donné est une fraction, on obtient son logarithme en retranchant le logarithme de son dénominateur de celui de son numérateur. Cette soustraction ne pouvant s'effectuer dans tous les cas où la fraction est plus petite que l'unité, il faut alors exécuter l'opération inverse, c'est-à-dire retrancher le logarithme du numérateur de celui du dénominateur et donner le signe — au résultat; on obtient ainsi un logarithme entièrement *négatif*, dont il ne faut pas perdre de vue la signification dans tous les calculs où l'on peut le faire entrer. Soit à trouver, par exemple, le logarithme de $\dfrac{8}{13}$, on aura

$$\text{Log } 13 = 1,113943$$
$$\text{Log } \;\, 8 = 0,903090$$
$$\text{Différence} = 0,210853$$

Donc

$$\text{Log } \frac{8}{13} = -\, 0,210853.$$

10. On peut encore exprimer de deux autres manières les logarithmes des fractions plus petites que l'unité, en attachant une signification particulière à la caractéristique. Pour cet effet, on ajoute à la caractéristique du logarithme du numérateur assez d'unités pour que la soustraction soit possible, ordinairement 10; il en résulte que le logarithme de la fraction est un nombre entièrement positif, mais dont la caractéristique est plus grande qu'elle ne devrait être; de sorte qu'après avoir employé ce logarithme dans des calculs quelconques, il faut tenir compte, pour le résultat final, de l'excédant de la caractéristique. Dans le cas de la fraction $\dfrac{8}{13}$, nous ajouterions 10 à la caractéristique du logarithme de 8, et la soustraction donnerait

$$10,903090$$
$$1,113943$$
$$\text{Différence} = 9,789147$$

d'où nous aurions

$$\text{Log } \frac{8}{13} = 9.789147.$$

Le point placé après la caractéristique 9, au lieu d'une virgule, indique que cette caractéristique est trop grande de dix unités.

Si l'on veut retrancher immédiatement les dix unités dont la caractéristique 9 est trop grande, il reste une caractéristique négative — 1, et la partie décimale du logarithme demeure positive : on exprime cette circonstance par le signe — placé *au-dessus* de la caractéristique, comme il suit :

$$\operatorname{Log} \frac{8}{13} = \bar{1},789147.$$

Les trois logarithmes

$$- 0,210853, \quad 9.789147, \quad \bar{1},789147,$$

appartiennent donc à la même fraction $\frac{8}{13}$, et c'est seulement la facilité qui peut en résulter dans la suite des calculs qu'on doit consulter pour choisir entre eux.

Si la fraction proposée était décimale, on pourrait opérer de la même manière, en rétablissant son dénominateur. Soit, par exemple, 0,086 ; cette fraction est la même chose que $\frac{86}{1000}$, et, partant,

$$
\begin{aligned}
\operatorname{Log} 1000 &= 3,000000 \\
\operatorname{Log} 86 \ \ &= 1,934498 \\
\hline
\text{Différence} &= 1,065502
\end{aligned}
$$

Ainsi

$$\operatorname{Log} 0,086 = -1,065502$$

Veut-on le logarithme sous une forme positive, on obtient, en ajoutant 10 à la caractéristique du logarithme de 86,

$$
\begin{aligned}
&11,934498 \\
&\ 3,000000 \\
\hline
\text{Différence} =\ &\ 8,934498
\end{aligned}
$$

D'où

$$\operatorname{Log} 0,086 = 8.934498, \quad \text{et} \quad \operatorname{Log} 0,086 = \bar{2},934498.$$

On peut arriver immédiatement à ces derniers résultats par une observation très-simple : la partie décimale du logarithme d'un nombre dont les seuls chiffres significatifs sont 86 étant 934498, si ce nombre est 86, son logarithme est 1,934498 ; s'il est seulement 8,6, son logarithme devient 0,934498, et comme sa caractéristique doit toujours diminuer d'une unité à mesure que le nombre devient dix fois plus petit, il est évident qu'on a, la partie décimale du logarithme demeurant toujours positive,

$$
\begin{aligned}
\operatorname{Log} 0,86 \ \ &= \bar{1},934498 \\
\operatorname{Log} 0,086 \ &= \bar{2},934498 \\
\operatorname{Log} 0,0086 &= \bar{3},934498 \\
\text{etc.} \ \ &= \ \ \text{etc.}
\end{aligned}
$$

Ainsi, pour trouver le logarithme d'une fraction décimale sans entiers, il faut faire abstraction des zéros qui précèdent, à gauche, les chiffres significatifs ; chercher dans la table la partie décimale du logarithme, comme si les chiffres significatifs exprimaient des entiers, et donner pour *caractéristique négative* un nombre d'unités égal à celui des zéros retranchés. De cette manière, on voit tout de suite que le logarithme de 0,000086 est $\bar{5},934498$. Si l'on veut avoir un logarithme tout positif, on substitue à la caractéristique négative son *complément arithmétique* ou sa différence avec 10, abstraction faite de son signe, et il faut alors se rappeler que la nouvelle caractéristique est trop grande de dix unités.

11. **Problème II.** *Un logarithme étant donné, trouver le nombre auquel il appartient.*

Laissant d'abord de côté la caractéristique, on cherchera dans la colonne 0, et dans le rang des groupes de deux chiffres, les deux premières figures de la partie décimale du logarithme ; les ayant trouvées, on cherchera les quatre dernières figures du logarithme parmi les nombres de quatre chiffres qui sont dans cette même colonne 0, à partir de ceux qui se trouvent en face des deux premières figures et en descendant. Si l'on trouve ces quatre dernières figures, le nombre placé sur leur alignement dans la colonne N contiendra les chiffres significatifs du nombre demandé, et il n'y aura plus qu'à le compléter par des 0 ou le partager par une virgule, suivant la grandeur de la caractéristique.

Soit, par exemple, à trouver le nombre dont le logarithme est 2,195900 ; ayant trouvé les deux premières figures 19 dans les chiffres isolés de la colonne 0, on descendra jusqu'à ce qu'on ait rencontré dans cette même colonne les quatre derniers 5900, et observant alors que ceux-ci sont placés dans l'alignement du nombre 157, on en conclura que les chiffres significatifs du nombre cherché sont 157. Or, la caractéristique étant 2, le nombre cherché doit avoir trois figures aux entiers : donc ce nombre est 157. Si la caractéristique était 3, le nombre serait dix fois plus grand, c'est-à-dire 1570 ; comme il serait 15700 si la caractéristique était 4, et ainsi de suite. Par la même raison, le nombre ne serait que 15,7 ou 1,57 si la caractéristique était 1 ou 0.

12. Lorsqu'on ne trouve pas dans la colonne 0 les quatre dernières figures du logarithme, il faut s'arrêter à celles qui en approchent le plus *en moins*, puis suivre leur alignement dans les autres colonnes 1, 2, 3, etc., pour reconnaître si l'on n'y découvrira pas ces quatre figures. Dans le cas où on les trouverait, le nombre cherché n'aurait que quatre chiffres significatifs, dont les trois premiers sont dans la colonne N, sur le même alignement, et dont le dernier, à droite, est donné par l'indice de la colonne dans laquelle on a rencontré les quatre dernières figures du logarithme. Demande-t-on,

par exemple, le nombre dont le logarithme est 0,937367 ? Après avoir trouvé dans la colonne 0 les deux premières figures 93, on commencera par chercher dans cette colonne les quatre dernières 7367, et comme le nombre le plus proche *en moins* qu'on y trouvera est 7016, on suivra l'alignement de ces derniers dans les autres colonnes, et on trouvera 7367 dans la colonne marquée 8 ; observant que sur ce même alignement répond le nombre 865 dans la colonne N, on écrira 8 à la droite de ce nombre et on aura 8658 ; c'est le nombre qu'il s'agissait de trouver. Observant qu'il ne doit avoir qu'un seul chiffre aux entiers, parce que la caractéristique est 0, on l'écrira : 8,658.

13. Si les quatre dernières figures du logarithme ne se trouvent ni dans la colonne 0 ni dans les autres colonnes 1, 2, 3, etc., le nombre demandé n'est pas compris dans les limites de la table, et l'on ne peut trouver immédiatement que ses quatre premiers chiffres significatifs, en s'arrêtant au logarithme qui approche le plus *en moins* du logarithme proposé. Soit, par exemple, le logarithme 0,497150 ; il est facile de reconnaître que ce logarithme est entre les logarithmes 0,497058 et 0,497206, dont les nombres correspondans donnés par la table sont 3141 et 3142, ou 3,141 et 3,142, en ayant égard aux caractéristiques. Nous savons ainsi tout de suite que le nombre demandé est plus grand que 3,141 et plus petit que 3,142, de sorte que nous pouvons prendre l'un ou l'autre de ces nombres pour sa valeur approchée à moins d'un millième d'unité près. Lorsqu'on veut avoir une approximation plus grande, ou qu'on demande six à sept chiffres significatifs, il faut exécuter sur les différences des logarithmes une opération inverse de celle que nous avons indiquée ci-dessus (8), et, pour cet effet, il faut se procurer d'abord la différence entre le logarithme proposé et le logarithme de la table qui en approche le plus *en moins*, ainsi que la différence de ce dernier avec celui qui le suit immédiatement dans la table. Nous aurions toujours, abstraction faite des caractéristiques,

$$\text{Log proposé} \dots \quad 497150$$
$$\text{Log } 3141 \dots \quad 497068$$
$$\rule{3cm}{0.4pt}$$
$$\text{Différence} = \quad 82$$

$$\text{Log } 3142 \dots \quad 497206$$
$$\text{Log } 3141 \dots \quad 497068$$
$$\rule{3cm}{0.4pt}$$
$$\text{Différence} = \quad 138$$

Ceci fait, on doit dire : si une différence de 138 entre les logarithmes donne une unité de différence entre les

nombres, que donnera la différence 82 ? On posera donc la proportion

$$138 : 1 = 82 : x ;$$

d'où, en s'arrêtant à la troisième décimale,

$$x = \frac{82}{138} = 0,594.$$

Ainsi, le logarithme proposé 497150 est celui du nombre 3141,594, ou, à cause de la caractéristique 0, celui du nombre 3,141594.

Il est inutile de poursuivre la division des différences plus loin que la troisième décimale, parce que, avec des logarithmes à six décimales, on ne peut obtenir, dans les cas les plus favorables, que sept chiffres significatifs exacts ; généralement, on devra se borner aux deux premières décimales et par suite à six chiffres significatifs.

14. Si la caractéristique du logarithme proposé était négative, on procéderait de la même manière à la recherche des six ou sept chiffres significatifs du nombre, puis on écrirait à la gauche de ces chiffres autant de zéros que la caractéristique a d'unités et on poserait la virgule après le premier zéro. Dans le cas, par exemple, où le logarithme précédent aurait été $\overline{4},497150$ au lieu de 0,497150, on aurait écrit quatre zéros à la gauche des sept chiffres significatifs trouvés 3141594, et après avoir placé la virgule à la droite du premier on aurait eu la fraction 0,0003141594 pour le nombre dont le logarithme est $\overline{4},497150$. Le cas d'une caractéristique complémentaire se ramène toujours à celui d'une caractéristique négative, et ne présente par conséquent aucune difficulté.

15. Enfin, si le logarithme proposé était entièrement négatif, on le chercherait dans la table comme s'il était positif, et après avoir trouvé le nombre correspondant, on ferait de ce nombre le dénominateur d'une fraction à laquelle on donnerait l'unité pour numérateur. Soit à trouver le nombre du logarithme $-$ 0,210853. Cherchant dans la table le logarithme 0,210853, on trouve qu'il répond au nombre 1,625, et l'on en conclut que la fraction cherchée est $\frac{1}{1,625}$ ou $\frac{1000}{1625}$, qui se réduit à $\frac{8}{13}$.

Pour se rendre raison de cette règle, il faut observer qu'en désignant par x le nombre dont le logarithme est $-$ m, on a

$$10^{-m} = x.$$

Mais

$$10^{-m} = \frac{1}{10^{m}};$$

ainsi

$$x = \frac{1}{10^{m}}.$$

Maintenant, si z est le nombre dont le logarithme est $+ m$, on a aussi

$$10^{m} = z;$$

donc

$$x = \frac{1}{z}.$$

Lorsqu'on veut obtenir en chiffres décimaux la fraction correspondante à un logarithme négatif, il faut retrancher ce logarithme de celui de l'unité, et comme ce dernier est 0, on augmente de 10 sa caractéristique, ce qui conduit à un logarithme tout positif, mais dont la caractéristique est *complémentaire*, c'est-à-dire trop grande de dix unités (10). Le logarithme que nous venons de considérer $- 0,210853$, traité de cette manière, donne

$$\begin{array}{r} 10,000000 \\ 0,210853 \\ \hline 9.789147 \end{array}$$

ou bien encore $\overline{1},789147$, en remplaçant la caractéristique complémentaire par une caractéristique négative. Ce dernier logarithme cherché (14) dans la table fournit le nombre $0,615385$; ainsi

$$\frac{8}{13} = 0,615385;$$

ce qui est exact, à moins d'une unité près sur la dernière décimale.

On voit que tout se réduit à prendre le complément arithmétique (*voy.* COMPLÉMENT, tom. I) du logarithme proposé, et à considérer la caractéristique du résultat comme une caractéristique *complémentaire* (10). Du reste, cette transformation est liée avec les propriétés des logarithmes, pour lesquelles nous renverrons nos lecteurs au mot LOGARITHME de notre second volume. Quant à l'emploi des logarithmes dans les calculs, il est peu d'articles de ce Dictionnaire où l'on n'en rencontre des exemples, ce qui nous dispense d'en donner ici de particuliers, notre seul objet ayant été d'expliquer la composition et l'usage de notre table.

Si l'on avait besoin de connaître le logarithme natu-rel ou hyperbolique d'un nombre donné, il faudrait multiplier le logarithme vulgaire de ce nombre, trouvé dans la table, par le facteur constant

$$2,302585093;$$

le produit, réduit à 6 décimales, serait le logarithme naturel demandé. Réciproquement, pour transformer un logarithme naturel donné en logarithme vulgaire, on le diviserait par le même facteur, ou, ce qui revient au même, on le multiplierait par le module

$$0,434294482.$$

Voyez LOGARITHME, tom. II.

Nous saisirons cette occasion pour faire connaître une génération par factorielles, que nous croyons nouvelle, de la base des logarithmes naturels, de ce nombre e, si remarquable par sa génération théorique primitive entièrement idéale,

$$e = \left(1 + \frac{1}{\infty}\right)^{\infty}.$$

Désignant par π, comme c'est l'usage, le rapport du diamètre à la circonférence, ou le nombre $3,1415926...$ Nous avons

$$e = \frac{\left(1 - \dfrac{\sqrt{-1}}{\pi}\right)^{\frac{\sqrt{-1}}{\pi}\Big|1}}{1^{\frac{\sqrt{-1}}{\pi}\Big|1}} + \frac{\left(1 - \dfrac{2\sqrt{-1}}{\pi}\right)^{\frac{\sqrt{-1}}{\pi}\Big|2}}{1^{\frac{\sqrt{-1}}{\pi}\Big|2}}.$$

Le développement de cette expression, par le binome des factorielles, donne la série singulière

$$\begin{aligned} e = A_0 &+ A_1 \cdot \frac{1}{\pi^2} + A_2 \frac{(1+\pi^2)}{\pi^4} \\ &+ A_3 \frac{(1+\pi^2)(1+4\pi^2)}{\pi^6} \\ &+ A_4 \frac{(1+\pi^2)(1+4\pi^2)(1+9\pi^2)}{\pi^8} \\ &+ A_5 \frac{(1+\pi^2)(1+4\pi^2)(1+9\pi^2)(1+16\pi^2)}{\pi^{10}} \\ &+ \text{etc.} \end{aligned}$$

dans laquelle les coefficiens numériques A_0, A_1, A_2, etc, sont :

$$A_0 = 2, \quad A_1 = 3, \quad A_2 = \frac{11}{12}, \quad A_3 = \frac{7}{60}, \quad \text{etc.}$$

En général,

$$A_\mu = \frac{1^{\mu|2}}{1^{\mu|1} \cdot 1^{\mu|1} \cdot 1^{\mu|2}}.$$

N.	0	1	2	3	4	5	6	7	8	9
100	00.0000	0434	0868	1301	1734	2166	2598	3029	3461	3891
01	4321	4751	5181	5609	6038	6466	6894	7321	7748	8174
02	8600	9026	9451	9876						
01.					0300	0724	1147	1570	1995	2415
03	2837	3259	3680	4100	4521	4940	5360	5779	6197	6616
04	7033	7451	7868	8284	8701	9116	9532	9947		
02.									0361	0775
105	1189	1603	2016	2428	2841	3252	3664	4075	4486	4896
06	5306	5716	6124	6533	6942	7350	7757	8164	8571	8978
07	9384	9789								
03.			0195	0600	1004	1408	1812	2216	2619	3021
08	3424	3826	4227	4628	5029	5430	5830	6230	6629	7028
09	7427	7825	8223	8620	9017	9414	9811			
04.								0207	0602	0998
110	1393	1787	2182	2576	2969	3362	3755	4148	4540	4932
11	5325	5714	6105	6495	6885	7275	7664	8053	8442	8830
12	9218	9606	9993							
05.				0380	0766	1153	1538	1924	2309	2694
13	3078	3463	3846	4230	4613	4996	5378	5760	6142	6524
14	6905	7286	7666	8046	8426	8805	9185	9563	9942	
06.										0320
115	0698	1075	1452	1829	2206	2582	2958	3335	3709	4085
16	4458	4832	5206	5580	5953	6326	6699	7071	7443	7815
17	8186	8557	8928	9298	9668					
07.						0038	0407	0776	1145	1514
18	1882	2250	2617	2985	3352	3718	4085	4451	4816	5182
19	5547	5912	6276	6640	7004	7368	7731	8094	8457	8819
120	9181	9543	9904							
08.				0266	0626	0987	1347	1707	2067	2426
21	2785	3144	3503	3861	4219	4576	4934	5291	5647	6004
22	6360	6716	7071	7426	7781	8136	8490	8845	9198	9552
23	9905									
09.		0258	0611	0963	1315	1667	2018	2370	2721	3071
24	3422	3772	4122	4471	4820	5169	5518	5866	6215	6562
125	6910	7257	7604	7951	8298	8644	8990	9335	9681	
10.										0026
26	0371	0715	1059	1403	1747	2091	2434	2777	3119	3462
27	3804	4146	4487	4823	5169	5510	5851	6191	6531	6871
28	7210	7549	7888	8227	8565	8903	9241	9579	9916	
11.										0253
29	0590	0926	1263	1599	1934	2270	2605	2940	3275	3609
130	3943	4277	4611	4944	5278	5611	5943	6276	6608	6940
31	7271	7603	7934	8265	8595	8926	9256	9586	9915	
12.										0245
32	0574	0903	1231	1560	1888	2216	2544	2871	3198	3525
33	3852	4178	4504	4830	5156	5481	5806	6131	6456	6781
34	7105	7429	7753	8076	8399	8722	9045	9368	9690	
13.										0012
135	0334	0655	0977	1298	1619	1939	2260	2580	2900	3219
36	3539	3858	4177	4496	4814	5133	5451	5768	6086	6403
37	6721	7037	7354	7670	7987	8303	8618	8934	9249	9564
38	9879									
14.		0194	0508	0822	1136	1450	1763	2076	2389	2702
39	3015	3327	3639	3951	4263	4574	4885	5196	5507	5818
140	6128	6438	6749	7058	7367	7676	7985	8294	8603	8911
41	9219	9527	9835							
15.				0142	0449	0756	1063	1370	1676	1982
42	2288	2594	2900	3205	3510	3815	4120	4424	4728	5032
43	5336	5640	5943	6246	6549	6852	7154	7457	7760	8061
44	8362	8664	8965	9266	9567	9868				
16.							0168	0468	0769	1068
145	1368	1667	1967	2266	2564	2863	3161	3460	3758	4055
46	4353	4650	4947	5244	5541	5838	6134	6430	6726	7022
47	7317	7613	7908	8203	8497	8792	9086	9381	9674	9968
48	17.0262	0555	0848	1141	1434	1726	2019	2311	2603	2895
49	3186	3478	3769	4060	4351	4641	4932	5222	5512	5802

N.	0	1	2	3	4	5	6	7	8	9
150	17.6091	6381	6670	6960	7248	7536	7825	8113	8401	8689
51	8977	9264	9552	9839						
18.					0126	0413	0699	0986	1272	1558
52	1844	2129	2415	2700	2985	3270	3554	3839	4123	4407
53	4691	4975	5259	5542	5825	6108	6391	6674	6956	7239
54	7521	7803	8084	8366	8647	8928	9209	9490	9771	
19.										0051
155	0332	0612	0892	1171	1451	1730	2010	2289	2567	2846
56	3125	3403	3681	3959	4237	4514	4792	5069	5346	5623
57	5900	6176	6452	6729	7005	7281	7556	7832	8107	8382
58	8657	8932	9206	9481	9755					
20.						0029	0303	0577	0850	1124
59	1397	1670	1943	2216	2488	2761	3033	3305	3577	3848
160	4120	4391	4662	4933	5204	5475	5745	6016	6286	6556
61	6826	7095	7365	7634	7903	8172	8441	8710	8978	9247
62	9515	9783								
21.			0051	0318	0586	0853	1120	1388	1654	1921
63	2188	2454	2720	2986	3252	3518	3783	4049	4314	4579
64	4844	5109	5373	5638	5902	6166	6430	6694	6957	7221
165	7484	7747	8010	8273	8535	8798	9060	9322	9584	9846
66	22.0108	0370	0631	0892	1153	1414	1675	1936	2196	2456
67	2716	2976	3236	3496	3755	4015	4274	4533	4792	5051
68	5309	5568	5826	6084	6342	6600	6858	7115	7372	7630
69	7887	8144	8400	8657	8913	9170	9426	9682	9938	
23.										0193
170	0449	0704	0960	1215	1470	1724	1980	2235	2488	2742
71	2996	3250	3504	3757	4011	4264	4517	4770	5023	5276
72	5528	5781	6033	6285	6537	6789	7041	7292	7544	7795
73	8046	8297	8548	8799	9049	9299	9550	9800		
24.									0050	0300
74	0549	0799	1048	1297	1546	1795	2044	2293	2541	2790
175	3038	3286	3534	3782	4030	4277	4524	4772	5019	5266
76	5513	5760	6006	6252	6499	6745	6991	7236	7482	7729
77	7975	8219	8464	8709	8954	9198	9443	9687	9932	
25.										0176
78	0420	0664	0908	1151	1393	1638	1881	2125	2367	2610
79	2855	3096	3338	3580	3822	4064	4306	4548	4790	5031
180	5272	5514	5755	5996	6236	6477	6718	6958	7198	7439
81	7679	7918	8158	8398	8637	8877	9116	9355	9594	9833
82	26.0071	0310	0548	0787	1025	1263	1501	1738	1976	2214
83	2451	2688	2925	3162	3399	3636	3873	4109	4345	4582
84	4818	5054	5290	5525	5761	5996	6231	6467	6702	6937
185	7172	7406	7641	7875	8110	8344	8578	8811	9046	9279
86	9513	9746	9980							
27.				0213	0446	0679	0912	1144	1377	1609
87	1840	2071	2302	2533	2763	2993	3224	3454	3684	3915
88	4158	4389	4620	4850	5081	5311	5542	5772	6002	6232
89	6462	6691	6921	7151	7380	7609	7838	8067	8296	8525
190	8754	8982	9210	9439	9667	9895				
28.							0123	0351	0578	0806
91	1033	1261	1488	1715	1942	2169	2395	2622	2849	3075
92	3301	3527	3753	3979	4205	4431	4656	4882	5107	5332
93	5557	5782	6007	6252	6456	6681	6905	7130	7354	7578
94	7802	8025	8249	8473	8696	8920	9143	9366	9589	9812
195	29.0035	0257	0480	0702	0923	1147	1369	1591	1813	2034
96	2256	2478	2699	2920	3141	3363	3583	3804	4025	4246
97	4466	4687	4907	5127	5347	5567	5787	6007	6226	6446
98	6665	6884	7101	7323	7542	7761	7979	8198	8416	8635
99	8853	9071	9289	9507	9725	9943				
30.							0160	0378	0595	0815

N.	0	1	2	3	4	5	6	7	8	9

N.	0	1	2	3	4	5	6	7	8	9
200	30.1030	1247	1464	1681	1898	2114	2331	2547	2764	2980
01	3196	3412	3628	3844	4059	4275	4490	4706	4921	5136
02	5351	5566	5781	5996	6210	6425	6639	6854	7068	7282
03	7496	7710	7924	8137	8351	8564	8778	8991	9204	9417
04	9630	9843								
	31.		0056	0268	0481	0693	0906	1118	1330	1542
205	1754	1966	2177	2389	2600	2812	3023	3234	3445	3656
06	3867	4078	4289	4499	4710	4920	5130	5340	5550	5760
07	5970	6180	6390	6599	6809	7018	7227	7436	7645	7854
08	8063	8272	8481	8689	8898	9106	9314	9522	9730	9938
09	32.0146	0354	0562	0769	0977	1184	1391	1598	1805	2012
210	2219	2426	2633	2839	3046	3252	3458	3664	3871	4077
11	4282	4488	4694	4899	5105	5310	5516	5721	5926	6131
12	6336	6541	6745	6950	7154	7359	7563	7767	7972	8176
13	8380	8583	8787	8991	9194	9398	9601	9804		
	33.								0008	0211
14	0414	0617	0819	1022	1225	1427	1630	1832	2034	2236
215	2438	2640	2842	3044	3246	3447	3649	3850	4051	4253
16	4454	4655	4856	5056	5257	5458	5658	5859	6059	6260
17	6460	6660	6860	7060	7259	7459	7659	7858	8058	8257
18	8456	8656	8855	9054	9253	9451	9650	9849		
	34.								0047	0246
19	0444	0642	0840	1039	1237	1434	1632	1830	2028	2225
220	2423	2620	2817	3014	3212	3409	3605	3802	3999	4196
21	4392	4589	4785	4981	5178	5374	5570	5766	5961	6157
22	6353	6549	6744	6939	7135	7330	7525	7720	7915	8110
23	8305	8500	8694	8889	9083	9277	9472	9666	9860	
	35.									0054
24	0248	0442	0636	0829	1023	1216	1410	1603	1796	1989
225	2182	2375	2568	2761	2954	3146	3339	3532	3724	3916
26	4108	4301	4493	4685	4876	5068	5260	5451	5643	5834
27	6026	6217	6408	6599	6790	6981	7172	7363	7554	7744
28	7935	8125	8316	8506	8696	8886	9076	9266	9456	9646
29	9835									
	36.	0025	0215	0404	0593	0783	0972	1161	1350	1539
230	1728	1917	2105	2294	2482	2671	2859	3048	3236	3424
31	3612	3800	3988	4176	4363	4551	4739	4926	5113	5301
32	5488	5675	5862	6049	6236	6423	6610	6796	6983	7169
33	7356	7542	7728	7915	8101	8287	8473	8659	8844	9030
34	9216	9401	9587	9772	9958					
	37.					0143	0328	0513	0698	0883
235	1068	1253	1437	1622	1806	1991	2175	2360	2544	2728
36	2912	3096	3280	3464	3647	3831	4015	4198	4382	4565
37	4748	4932	5115	5298	5481	5664	5846	6029	6212	6394
38	6577	6759	6942	7124	7306	7488	7670	7852	8034	8216
39	8398	8580	8761	8943	9124	9305	9487	9668	9849	
	38.									0030
240	0211	0392	0573	0754	0934	1115	1296	1476	1656	1837
41	2017	2197	2377	2557	2737	2917	3097	3277	3457	3636
42	3815	3995	4174	4353	4533	4712	4891	5070	5249	5427
43	5606	5785	5964	6142	6321	6499	6677	6855	7034	7212
44	7390	7568	7746	7923	8101	8279	8456	8634	8811	8989
245	9166	9343	9520	9697	9875					
	39.					0051	0228	0405	0582	0758
46	0935	1112	1288	1464	1641	1817	1993	2169	2345	2521
47	2697	2873	3048	3224	3400	3575	3751	3926	4101	4276
48	4452	4627	4802	4977	5152	5326	5501	5676	5850	6025
49	6199	6374	6548	6722	6896	7070	7245	7418	7592	7766
N.	0	1	2	3	4	5	6	7	8	9

N.	0	1	2	3	4	5	6	7	8	9
250	39.7940	8114	8287	8461	8634	8808	8981	9154	9327	9504
51	9674	9847								
	40.		0020	0192	0365	0538	0711	0883	1056	1228
52	1400	1573	1745	1917	2089	2261	2433	2605	2777	2949
53	3120	3292	3464	3635	3807	3978	4149	4320	4492	4663
54	4834	5005	5175	5346	5517	5688	5858	6029	6199	6370
255	6540	6710	6881	7051	7221	7391	7561	7731	7900	8070
56	8240	8410	8579	8749	8918	9087	9257	9426	9595	9764
57	9933									
	41.	0102	0271	0440	0608	0777	0946	1114	1283	1451
58	1620	1788	1956	2124	2292	2460	2628	2796	2964	3132
59	3300	3467	3635	3802	3970	4137	4305	4472	4639	4806
260	4973	5140	5307	5474	5641	5808	5974	6141	6308	6474
61	6640	6807	6973	7139	7306	7472	7638	7804	7970	8135
62	8301	8467	8633	8798	8964	9129	9295	9460	9625	9791
63	9956									
	42.	0121	0286	0451	0616	0781	0946	1110	1275	1439
64	1604	1768	1933	2097	2261	2426	2590	2754	2918	3082
265	3246	3410	3573	3737	3901	4064	4228	4392	4555	4718
66	4882	5045	5208	5371	5534	5697	5860	6023	6186	6349
67	6511	6674	6836	6999	7161	7324	7486	7648	7811	7973
68	8135	8297	8459	8621	8782	8944	9106	9268	9429	9591
69	9752	9914								
	43.		0075	0236	0398	0559	0720	0881	1042	1203
270	1364	1525	1685	1846	2007	2167	2328	2488	2649	2809
71	2969	3129	3290	3450	3610	3770	3930	4090	4249	4409
72	4569	4728	4888	5048	5207	5366	5526	5685	5844	6003
73	6163	6322	6481	6640	6798	6957	7116	7275	7433	7592
74	7751	7909	8067	8226	8384	8542	8700	8859	9017	9175
275	9333	9491	9648	9806	9964					
	44.					0122	0279	0437	0594	0752
76	0909	1066	1224	1381	1538	1695	1852	2009	2166	2323
77	2480	2636	2793	2950	3106	3263	3419	3576	3732	3888
78	4045	4201	4357	4513	4669	4825	4981	5137	5293	5448
79	5604	5760	5915	6071	6226	6382	6537	6692	6848	7003
280	7158	7313	7468	7623	7778	7933	8088	8242	8397	8552
81	8706	8861	9015	9170	9324	9478	9633	9787	9941	
	45.									0095
82	0249	0403	0557	0711	0865	1018	1172	1326	1479	1633
83	1786	1940	2093	2247	2400	2553	2706	2859	3012	3165
84	3318	3471	3624	3777	3930	4082	4235	4387	4540	4692
285	4845	4997	5149	5302	5454	5606	5758	5910	6062	6214
86	6366	6518	6670	6821	6973	7125	7276	7428	7579	7730
87	7882	8033	8184	8336	8487	8638	8789	8940	9091	9242
88	9392	9543	9694	9845	9995					
	46.					0146	0296	0447	0597	0747
89	0898	1048	1198	1348	1498	1649	1799	1948	2098	2248
290	2398	2548	2697	2847	2997	3146	3296	3445	3594	3744
91	3893	4042	4191	4340	4489	4639	4787	4936	5085	5234
92	5383	5532	5680	5829	5977	6126	6274	6423	6571	6719
93	6868	7016	7164	7312	7460	7608	7756	7904	8052	8200
94	8347	8495	8643	8790	8938	9085	9233	9380	9527	9675
295	9822	9969								
	47.		0116	0263	0410	0557	0704	0851	0998	1145
96	1292	1438	1585	1731	1878	2025	2171	2317	2464	2610
97	2756	2903	3049	3195	3341	3487	3633	3779	3925	4070
98	4216	4362	4508	4653	4799	4944	5090	5235	5381	5526
99	5671	5816	5962	6107	6252	6397	6542	6687	6832	6976
N.	0	1	2	3	4	5	6	7	8	9

N.	0	1	2	3	4	5	6	7	8	9
500	47 7121	7266	7411	7555	7700	7844	7989	8133	8278	8422
01	8566	8711	8855	8999	9143	9287	9431	9575	9719	9863
02	48.0007	0151	0294	0458	0582	0725	0869	1012	1156	1299
03	1443	1586	1729	1872	2016	2159	2302	2445	2588	2731
04	2874	3016	3159	3302	3445	3587	3730	3872	4015	4157
305	4300	4442	4584	4727	4869	5011	5153	5295	5437	5579
06	5721	5863	6005	6147	6289	6430	6572	6714	6855	6997
07	7138	7280	7421	7563	7704	7845	7986	8127	8269	8410
08	8551	8692	8833	8975	9114	9255	9396	9537	9677	9818
09	9958	49.0099	0239	0380	0520	0661	0801	0941	1081	1222
510	1362	1502	1642	1782	1922	2062	2201	2341	2481	2621
11	2760	2900	3040	3180	3319	3459	3597	3737	3876	4015
12	4155	4294	4433	4572	4711	4850	4989	5128	5267	5406
13	5514	5683	5822	5960	6099	6257	6376	6514	6655	6791
14	6939	7063	7206	7314	7482	7621	7759	7897	8035	8173
315	8311	8418	8586	8724	8862	8999	9137	9275	9412	9550
16	9687	9824	9962	50.0099	0236	0374	0511	0648	0785	0922
17	1059	1196	1333	1470	1607	1744	1880	2017	2154	2290
18	2427	2564	2700	2837	2973	3110	3246	3382	3518	3654
19	3791	3927	4063	4199	4335	4471	4607	4743	4878	5014
320	5150	5286	5421	5557	5692	5828	5963	6099	6234	6370
21	6505	6640	6775	6911	7046	7181	7316	7451	7586	7721
22	7856	7991	8126	8260	8395	8530	8664	8799	8933	9068
23	9203	9337	9471	9606	9740	9874	51.0008	0143	0277	0411
24	0545	0679	0813	0947	1081	1214	1348	1482	1616	1750
325	1883	2017	2150	2284	2417	2551	2684	2818	2951	3084
26	3218	3351	3484	3617	3750	3883	4016	4149	4282	4415
27	4548	4680	4813	4946	5079	5211	5344	5476	5609	5741
28	5873	6006	6139	6271	6403	6535	6668	6800	6932	7064
29	7196	7328	7460	7592	7724	7855	7987	8119	8251	8382
330	8514	8645	8777	8909	9040	9172	9303	9434	9566	9697
31	9828	9959	52.0090	0221	0352	0483	0614	0745	0876	1007
32	1138	1269	1400	1530	1661	1792	1922	2053	2183	2314
33	2444	2575	2705	2835	2966	3096	3226	3356	3486	3616
34	3746	3876	4006	4136	4266	4396	4526	4655	4785	4915
335	5045	5174	5304	5434	5563	5693	5822	5951	6081	6210
36	6339	6469	6598	6727	6856	6985	7114	7243	7372	7501
37	7630	7759	7888	8016	8145	8274	8402	8531	8660	8788
38	8917	9045	9174	9302	9430	9559	9687	9815	9943	53.0072
39	0200	0328	0456	0584	0712	0840	0968	1096	1225	1353
340	1470	1607	1734	1862	1990	2117	2245	2372	2500	2627
41	2754	2882	3009	3136	3263	3391	3518	3645	3772	3899
42	4026	4153	4280	4407	4534	4661	4787	4914	5041	5167
43	5294	5421	5547	5674	5800	5927	6053	6180	6306	6432
44	6558	6685	6811	6937	7063	7189	7315	7441	7567	7693
345	7819	7945	8071	8197	8322	8448	8574	8699	8825	8951
46	9076	9202	9327	9453	9578	9703	9829	9954	54.0079	0204
47	0329	0455	0580	0705	0830	0955	1080	1205	1330	1454
48	1579	1704	1829	1954	2078	2203	2327	2452	2576	2701
49	2825	2950	3074	3199	3323	3447	3571	3696	3820	3944

N.	0	1	2	3	4	5	6	7	8	9
550	54.4068	4192	4316	4440	4564	4688	4812	4936	5060	5183
51	5307	5431	5554	5678	5802	5925	6049	6172	6296	6419
52	6543	6666	6789	6913	7036	7159	7282	7405	7529	7652
53	7775	7898	8021	8144	8267	8389	8512	8635	8758	8881
54	9003	9126	9249	9371	9494	9616	9739	9861	9984	55.0106
555	0228	0351	0473	0595	0717	0840	0962	1084	1206	1328
56	1450	1572	1694	1816	1938	2060	2181	2303	2425	2546
57	2668	2790	2911	3033	3154	3276	3397	3519	3640	3762
58	3883	4004	4126	4247	4368	4489	4610	4731	4852	4973
59	5094	5215	5336	5457	5578	5699	5820	5940	6061	6182
560	6302	6423	6544	6664	6785	6905	7025	7146	7266	7387
61	7507	7627	7748	7868	7988	8108	8228	8348	8469	8589
62	8709	8829	8948	9068	9188	9308	9428	9548	9667	9787
63	9907	56.0026	0146	0263	0385	0504	0624	0743	0863	0982
64	1101	1221	1340	1459	1578	1697	1817	1936	2055	2174
565	2293	2412	2531	2650	2768	2887	3006	3125	3244	3362
66	3481	3600	3718	3837	3955	4074	4192	4311	4429	4548
67	4666	4784	4903	5021	5139	5257	5375	5493	5612	5730
68	5848	5966	6084	6202	6320	6437	6555	6673	6791	6909
69	7026	7144	7262	7379	7497	7614	7732	7849	7967	8084
570	8202	8319	8436	8553	8671	8788	8905	9023	9140	9257
71	9374	9491	9608	9725	9842	9959	57.0076	0193	0309	0426
72	0543	0660	0776	0893	1010	1126	1243	1359	1476	1592
73	1709	1825	1942	2058	2174	2291	2407	2523	2639	2755
74	2872	2988	3104	3220	3336	3452	3568	3684	3800	3915
575	4051	4147	4263	4378	4491	4610	4725	4841	4957	5072
76	5188	5303	5419	5534	5650	5765	5880	5996	6111	6226
77	6341	6456	6572	6687	6802	6917	7032	7147	7262	7377
78	7492	7607	7721	7836	7951	8066	8181	8295	8410	8525
79	8639	8754	8868	8983	9097	9212	9326	9441	9555	9669
580	9784	9898	58.0012	0126	0240	0355	0469	0583	0697	0811
81	0926	1039	1153	1267	1381	1494	1608	1722	1836	1949
82	2063	2177	2291	2404	2518	2631	2745	2858	2972	3085
83	3199	3312	3425	3539	3652	3765	3879	3992	4105	4218
84	4331	4444	4557	4670	4783	4896	5009	5122	5235	5348
585	5461	5573	5686	5799	5912	6024	6137	6250	6362	6475
86	6587	6700	6812	6925	7037	7149	7262	7374	7486	7598
87	7711	7823	7935	8047	8160	8272	8384	8496	8608	8720
88	8832	8944	9055	9167	9279	9391	9503	9614	9726	9838
89	9950	59.0061	0173	0284	0396	0508	0619	0730	0842	0953
590	1065	1176	1287	1399	1510	1621	1732	1843	1955	2066
91	2177	2288	2399	2510	2621	2732	2843	2954	3065	3176
92	3286	3397	3508	3618	3729	3840	3950	4061	4171	4282
93	4393	4503	4613	4724	4834	4945	5055	5165	5276	5386
94	5496	5606	5717	5827	5937	6047	6157	6267	6377	6487
595	6597	6707	6817	6927	7037	7146	7256	7366	7476	7586
96	7695	7805	7914	8024	8134	8245	8355	8465	8572	8681
97	8791	8900	9009	9119	9228	9337	9446	9556	9665	9774
98	9883	9992	60.0101	0210	0319	0428	0537	0645	0754	0863
599	0973	1082	1190	1299	1408	1517	1626	1734	1843	1952

N.	0	1	2	3	4	5	6	7	8	9	N.	0	1	2	3	4	5	6	7	8	9

N.	0	1	2	3	4	5	6	7	8	9
400	63.2066	2169	2277	2386	2494	2602	2711	2819	2928	3036
01	3144	3253	3361	3469	3577	3685	3794	3902	4010	4118
02	4226	4334	4442	4550	4653	4766	4874	4982	5089	5197
03	5305	5413	5520	5728	5735	5815	5951	6039	6106	6271
04	6581	6689	6696	6704	6811	6913	7026	7133	7240	7348
405	7455	7562	7669	7777	7884	7991	8098	8205	8312	8419
06	8527	8655	8710	8817	8951	9060	9167	9274	9531	9488
07	9534	9701	9808	9914						
61.					0021	0123	0254	0341	0447	0554
08	0660	0767	0873	0979	1086	1192	1298	1405	1511	1617
09	1725	1825	1936	2042	2148	2254	2380	2466	2572	2678
410	2734	2895	2906	3101	3207	3313	3419	3525	3630	3736
11	3842	3947	4055	4159	4264	4570	4475	4581	4686	4792
12	4897	5005	5108	5245	5359	5421	5529	5634	5740	5845
13	5950	6055	6160	6265	6370	6475	6580	6685	6790	6893
14	7000	7105	7211	7315	7420	7525	7629	7734	7859	7945
415	8043	8135	8257	8362	8468	8571	8675	8780	8831	8989
16	9115	9198	9302	9406	9511	9615	9719	9823	9928	
62.										0032
17	0156	0240	0344	0443	0552	0656	0760	0864	0968	1072
18	1176	1286	1384	1488	1592	1695	1799	1903	2007	2110
19	2274	2318	2421	2525	2628	2732	2835	2939	3042	3146
420	3249	3353	3455	3558	3665	3766	3869	3972	4076	4179
21	4282	4385	4488	4591	4694	4798	4901	5004	5107	5209
22	5312	5415	5518	5621	5724	5827	5930	6052	6155	6258
23	6540	6445	6548	6648	6751	6853	6956	7058	7161	7263
24	7366	7468	7571	7675	7773	7878	7930	8032	8181	8237
425	8389	8491	8593	8695	8797	8900	9002	9104	9206	9308
26	9410	9511	9613	9715	9817	9919				
63.							0021	0123	0224	0326
27	0428	0530	0631	0733	0834	0936	1038	1139	1241	1342
28	1444	1545	1647	1748	1849	1951	2052	2153	2255	2356
29	2457	2558	2660	2760	2862	2963	3064	3165	3266	3367
430	3468	3569	3670	3771	3872	3973	4074	4175	4276	4376
31	4477	4578	4679	4779	4830	4931	5031	5182	5283	5383
32	5484	5584	5685	5785	5886	5986	6086	6187	6287	6388
33	6488	6588	6688	6789	6889	6989	7089	7189	7289	7390
34	7490	7590	7690	7790	7890	7990	8090	8190	8289	8389
435	8489	8589	8689	8789	8888	8988	9088	9188	9287	9387
36	9486	9586	9686	9785	9885	9984				
64							0084	0183	0283	0382
37	0481	0581	0680	0779	0879	0978	1077	1176	1276	1375
38	1474	1573	1672	1771	1870	1970	2069	2168	2267	2368
39	2464	2565	2662	2761	2860	2959	3058	3156	3255	3354
440	3453	3551	3650	3749	3847	3946	4044	4143	4242	4340
41	4439	4537	4635	4734	4832	4931	5029	5127	5226	5324
42	5422	5520	5619	5717	5815	5913	6011	6109	6208	6306
43	6404	6502	6600	6698	6796	6894	6991	7089	7187	7285
44	7383	7481	7579	7676	7774	7872	7969	8067	8165	8262
445	8360	8458	8552	8653	8750	8848	8945	9043	9140	9237
46	9335	9432	9530	9627	9724	9821	9919			
65.								0016	0115	0240
47	0393	0405	0502	0599	0696	0793	0890	0987	1084	1181
48	1278	1375	1472	1569	1666	1762	1859	1956	2053	2150
49	2246	2343	2440	2536	2633	2730	2826	2923	3019	3116

N.	0	1	2	3	4	5	6	7	8	9
450	63.3215	3309	3405	3502	3598	3695	3791	3888	3984	4080
51	4177	4273	4369	4465	4562	4678	4751	4855	4946	5042
52	5138	5231	5351	5427	5523	5619	5711	5810	5936	6002
53	6098	6194	6290	6385	6481	6577	6673	6769	6865	6960
54	7056	7151	7247	7343	7438	7534	7629	7725	7820	7916
455	8011	8107	8202	8298	8393	8488	8584	8679	8774	8870
56	8965	9060	9155	9250	9346	9441	9536	9631	9726	9821
57	9916									
66.		0011	0106	0201	0296	0391	0486	0581	0676	0771
58	0865	0960	1055	1150	1245	1339	1434	1529	1623	1718
59	1813	1907	2002	2096	2191	2285	2380	2474	2569	2663
460	2758	2852	2947	3041	3135	3230	3324	3418	3512	3607
61	3701	3795	3889	3983	4078	4172	4266	4360	4454	4548
62	4642	4735	4830	4924	5018	5112	5206	5299	5393	5487
63	5581	5675	5769	5862	5956	6050	6143	6237	6331	6424
64	6518	6612	6705	6799	6892	6986	7079	7173	7266	7359
465	7453	7546	7640	7733	7826	7920	8013	8106	8199	8293
66	8386	8479	8572	8665	8758	8852	8945	9038	9131	9224
67	9317	9410	9503	9596	9689	9782	9874	9967		
67.									0060	0153
68	0246	0339	0431	0524	0617	0710	0802	0895	0988	1080
69	1173	1265	1358	1451	1543	1636	1728	1821	1913	2005
470	2098	2190	2283	2375	2467	2560	2652	2744	2836	2929
71	3021	3113	3206	3297	3390	3482	3574	3666	3758	3850
72	3942	4034	4126	4218	4310	4402	4494	4586	4677	4769
73	4861	4953	5045	5138	5228	5320	5412	5503	5595	5687
74	5778	5870	5961	6053	6145	6236	6328	6419	6511	6602
475	6694	6785	6876	6968	7059	7150	7242	7333	7424	7515
76	7607	7693	7789	7881	7972	8065	8154	8243	8336	8421
77	8518	8609	8700	8791	8882	8973	9064	9155	9246	9337
78	9428	9519	9610	9700	9791	9882	9973			
68.								0063	0154	0235
79	0336	0426	0517	0607	0698	0789	0879	0970	1060	1151
480	1241	1332	1422	1513	1605	1695	1784	1874	1964	2055
81	2145	2235	2326	2416	2506	2596	2686	2777	2867	2957
82	3047	3137	3227	3317	3407	3497	3587	3677	3767	3857
83	3947	4037	4127	4217	4307	4396	4486	4576	4666	4755
84	4845	4935	5025	5111	5201	5294	5385	5473	5565	5652
485	5742	5831	5921	6010	6100	6189	6279	6368	6457	6547
86	6636	6726	6815	6904	6994	7083	7172	7261	7351	7440
87	7529	7618	7707	7796	7885	7975	8064	8153	8242	8331
88	8420	8509	8598	8687	8776	8865	8955	9042	9131	9220
89	9309	9398	9486	9575	9664	9753	9841	9930		
69.									0019	0107
490	0196	0285	0373	0462	0550	0639	0727	0816	0905	0993
91	1081	1170	1258	1347	1435	1523	1612	1700	1788	1877
92	1965	2053	2142	2230	2318	2406	2494	2583	2671	2759
93	2847	2935	3023	3111	3199	3287	3375	3463	3551	3639
94	3727	3815	3903	3991	4078	4166	4254	4342	4430	4517
495	4605	4693	4781	4868	4956	5044	5131	5219	5306	5394
96	5482	5569	5657	5744	5832	5919	6007	6094	6182	6269
97	6356	6444	6531	6618	6706	6793	6880	6968	7055	7142
98	7229	7316	7404	7491	7578	7665	7752	7839	7926	8013
99	8101	8188	8275	8362	8448	8535	8622	8709	8796	8883

N.	0	1	2	3	4	5	6	7	8	9

N.	0	1	2	3	4	5	6	7	8	9
500	69.8970	9057	9144	9230	9317	9404	9491	9578	9664	9751
01	9838	9924								
	70.		0011	0098	0184	0271	0358	0444	0531	0617
02	0704	0790	0876	0963	1050	1136	1222	1309	1395	1482
03	1568	1654	1741	1827	1913	1999	2086	2172	2258	2344
04	2431	2517	2603	2689	2775	2861	2947	3033	3119	3205
505	3291	3377	3463	3549	3635	3721	3807	3893	3979	4065
06	4151	4236	4322	4408	4494	4579	4665	4751	4837	4922
07	5008	5094	5179	5265	5350	5436	5522	5607	5693	5778
08	5864	5949	6035	6120	6206	6291	6376	6462	6547	6632
09	6718	6803	6888	6974	7059	7144	7229	7315	7400	7485
510	7570	7655	7740	7826	7911	7996	8081	8166	8251	8336
11	8421	8506	8591	8676	8761	8846	8930	9015	9100	9185
12	9270	9355	9440	9524	9609	9694	9779	9863	9948	
	71.									0033
13	0117	0202	0287	0371	0456	0540	0625	0710	0794	0879
14	0963	1048	1132	1216	1301	1385	1470	1554	1638	1723
515	1807	1891	1976	2060	2144	2229	2313	2397	2481	2565
16	2650	2734	2818	2902	2986	3070	3154	3238	3322	3406
17	3491	3574	3658	3742	3826	3910	3994	4078	4162	4246
18	4330	4414	4497	4581	4665	4749	4832	4916	5000	5084
19	5167	5251	5335	5418	5502	5586	5669	5753	5836	5920
520	6003	6087	6170	6254	6337	6421	6504	6588	6671	6754
21	6838	6921	7004	7088	7171	7254	7338	7421	7504	7587
22	7671	7754	7837	7920	8003	8086	8169	8252	8336	8419
23	8502	8585	8668	8751	8834	8917	9000	9083	9165	9248
24	9331	9414	9497	9580	9663	9745	9828	9911	9994	
	72.									0077
525	0159	0242	0325	0407	0490	0573	0655	0738	0821	0903
26	0986	1068	1151	1233	1316	1398	1481	1563	1646	1728
27	1811	1893	1975	2058	2140	2222	2305	2387	2469	2552
28	2634	2716	2798	2881	2963	3045	3127	3209	3291	3374
29	3456	3538	3620	3702	3784	3866	3948	4030	4112	4194
530	4276	4358	4440	4522	4603	4685	4767	4849	4931	5013
31	5095	5176	5258	5340	5422	5503	5585	5667	5748	5830
32	5912	5993	6075	6156	6238	6320	6401	6483	6564	6646
33	6727	6809	6890	6972	7053	7134	7216	7297	7379	7460
34	7541	7623	7704	7785	7866	7948	8029	8110	8191	8273
535	8354	8435	8516	8597	8678	8759	8841	8922	9003	9084
36	9165	9246	9327	9408	9489	9570	9651	9732	9812	9893
37	9974									
	73.	0055	0136	0217	0298	0378	0459	0540	0621	0701
38	0782	0863	0944	1024	1105	1186	1266	1347	1428	1508
39	1589	1669	1750	1830	1911	1991	2072	2152	2233	2313
540	2394	2474	2555	2635	2715	2796	2876	2956	3037	3117
41	3197	3277	3358	3438	3518	3598	3679	3759	3839	3919
42	3999	4079	4159	4240	4320	4400	4479	4560	4640	4720
43	4800	4880	4960	5040	5120	5199	5279	5359	5439	5519
44	5599	5679	5758	5838	5918	5998	6078	6157	6237	6317
545	6396	6476	6556	6635	6715	6795	6874	6954	7033	7113
46	7193	7272	7352	7431	7511	7590	7670	7749	7828	7908
47	7987	8067	8146	8225	8305	8384	8463	8543	8622	8701
48	8781	8860	8939	9018	9097	9177	9256	9335	9414	9493
49	9572	9651	9730	9810	9889	9968				
	74.						0047	0126	0205	0284
N.	0	1	2	3	4	5	6	7	8	9

N.	0	1	2	3	4	5	6	7	8	9
550	74.0363	0442	0521	0600	0678	0757	0836	0915	0994	1073
51	1152	1230	1309	1388	1467	1546	1624	1703	1782	1860
52	1939	2018	2096	2175	2254	2332	2411	2489	2568	2647
53	2725	2804	2882	2961	3039	3118	3196	3275	3353	3431
54	3510	3588	3666	3745	3823	3902	3980	4058	4136	4215
555	4293	4371	4449	4528	4606	4684	4762	4840	4918	4997
56	5075	5153	5231	5309	5387	5465	5543	5621	5699	5777
57	5855	5933	6011	6089	6167	6245	6323	6401	6478	6556
58	6634	6712	6790	6868	6945	7023	7101	7179	7256	7334
59	7412	7489	7567	7645	7722	7800	7878	7955	8033	8110
560	8188	8266	8343	8421	8498	8576	8653	8731	8808	8885
61	8963	9040	9118	9195	9272	9350	9427	9504	9582	9659
62	9736	9814	9891	9968						
	75.				0045	0122	0200	0277	0354	0431
63	0508	0585	0663	0740	0817	0894	0971	1048	1125	1202
64	1279	1356	1433	1510	1587	1664	1741	1818	1895	1972
565	2048	2125	2202	2279	2356	2433	2509	2586	2663	2740
66	2816	2893	2970	3047	3123	3200	3277	3353	3430	3506
67	3583	3660	3736	3813	3889	3966	4042	4119	4195	4272
68	4348	4425	4501	4578	4654	4730	4807	4883	4960	5036
69	5112	5189	5265	5341	5417	5494	5570	5646	5722	5799
570	5875	5951	6027	6103	6179	6256	6332	6408	6484	6560
71	6636	6712	6788	6864	6940	7016	7092	7168	7244	7320
72	7396	7472	7548	7624	7700	7775	7851	7927	8003	8079
73	8155	8230	8306	8382	8458	8533	8609	8685	8760	8836
74	8912	8987	9063	9139	9214	9290	9366	9441	9517	9592
575	9668	9743	9819	9894	9970					
	76.					0045	0121	0196	0272	0347
76	0422	0498	0573	0649	0724	0799	0875	0950	1025	1100
77	1176	1251	1326	1402	1477	1552	1627	1702	1777	1853
78	1928	2003	2078	2153	2228	2303	2378	2453	2528	2603
79	2679	2754	2829	2904	2978	3053	3128	3203	3278	3353
580	3428	3503	3578	3653	3727	3802	3877	3952	4027	4101
81	4176	4251	4326	4400	4475	4550	4624	4699	4774	4848
82	4923	4998	5072	5147	5221	5296	5370	5445	5519	5594
83	5669	5743	5817	5892	5966	6041	6115	6190	6264	6338
84	6413	6487	6562	6636	6710	6784	6859	6933	7007	7082
585	7156	7230	7304	7378	7453	7527	7601	7675	7749	7823
86	7898	7972	8046	8120	8194	8268	8342	8416	8490	8564
87	8638	8712	8786	8860	8934	9008	9082	9156	9230	9303
88	9377	9451	9525	9599	9673	9746	9820	9894	9968	
	77.									0042
89	0115	0189	0263	0336	0410	0484	0557	0631	0705	0778
590	0852	0926	0999	1073	1146	1220	1293	1367	1440	1514
91	1587	1661	1734	1808	1881	1955	2028	2102	2175	2248
92	2322	2395	2468	2542	2615	2688	2762	2835	2908	2981
93	3055	3128	3201	3274	3347	3421	3494	3567	3640	3713
94	3786	3860	3933	4006	4079	4152	4225	4298	4371	4444
595	4517	4590	4663	4736	4809	4882	4955	5028	5100	5173
96	5246	5319	5392	5465	5538	5610	5683	5756	5829	5902
97	5974	6047	6120	6192	6265	6338	6411	6483	6556	6629
98	6701	6774	6846	6919	6992	7064	7137	7209	7282	7354
99	7427	7499	7572	7644	7717	7789	7862	7934	8006	8079
N.	0	1	2	3	4	5	6	7	8	9

N.	0	1	2	3	4	5	6	7	8	9
600	77.8151	8224	8296	8368	8441	8513	8585	8658	8730	8802
01	8874	8947	9019	9091	9163	9236	9308	9380	9452	9524
02	9596	9669	9741	9813	9885	9957				
	78.						0029	0101	0173	0245
03	0317	0389	0461	0533	0605	0677	0749	0821	0893	0965
04	1037	1109	1181	1253	1324	1396	1468	1540	1612	1684
605	1755	1827	1899	1971	2042	2114	2186	2258	2329	2401
06	2472	2544	2616	2688	2759	2831	2902	2974	3046	3117
07	3189	3260	3332	3403	3475	3546	3618	3689	3761	3832
08	3904	3975	4046	4118	4189	4261	4332	4403	4475	4546
09	4617	4689	4760	4831	4902	4974	5045	5116	5187	5259
610	5330	5401	5472	5543	5614	5686	5757	5828	5899	5970
11	6041	6112	6183	6254	6325	6396	6467	6538	6609	6680
12	6751	6822	6893	6964	7035	7106	7177	7248	7319	7390
13	7460	7531	7602	7673	7744	7815	7885	7956	8027	8098
14	8168	8239	8310	8380	8451	8522	8593	8663	8734	8804
615	8875	8946	9016	9087	9157	9228	9299	9369	9440	9510
16	9581	9651	9722	9792	9863	9933				
	79.						0003	0074	0144	0215
17	0285	0356	0426	0496	0567	0637	0707	0778	0848	0918
18	0988	1059	1129	1199	1269	1340	1410	1480	1550	1620
19	1691	1761	1831	1901	1971	2041	2111	2181	2252	2322
620	2392	2462	2532	2602	2672	2742	2812	2882	2952	3022
21	3092	3161	3231	3301	3371	3441	3511	3581	3651	3721
22	3790	3860	3930	4000	4070	4139	4209	4279	4349	4418
23	4488	4558	4627	4697	4767	4836	4906	4976	5045	5115
24	5185	5254	5324	5393	5463	5532	5602	5671	5741	5810
625	5880	5949	6019	6088	6158	6227	6297	6366	6436	6505
26	6574	6644	6713	6782	6852	6921	6990	7060	7129	7198
27	7268	7337	7406	7475	7544	7614	7683	7752	7821	7890
28	7960	8029	8098	8167	8236	8305	8374	8443	8512	8582
29	8651	8720	8789	8858	8927	8996	9065	9134	9203	9272
630	9341	9409	9478	9547	9616	9685	9754	9823	9892	9960
31	80.0029	0098	0167	0236	0305	0373	0442	0511	0580	0648
32	0717	0786	0854	0923	0992	1060	1129	1198	1266	1335
33	1404	1472	1541	1609	1678	1747	1815	1884	1952	2021
34	2089	2158	2226	2295	2363	2432	2500	2568	2637	2705
635	2774	2842	2910	2979	3047	3116	3184	3252	3320	3389
36	3457	3525	3594	3662	3730	3798	3867	3935	4003	4071
37	4139	4208	4276	4344	4412	4480	4548	4616	4684	4753
38	4821	4889	4957	5025	5093	5161	5229	5297	5365	5433
39	5501	5569	5637	5705	5773	5840	5908	5976	6044	6112
640	6180	6248	6316	6383	6451	6519	6587	6655	6722	6790
41	6858	6926	6994	7061	7129	7197	7264	7332	7400	7467
42	7535	7603	7670	7738	7805	7873	7941	8008	8076	8143
43	8211	8278	8346	8414	8481	8549	8616	8683	8751	8818
44	8886	8953	9021	9088	9155	9223	9290	9358	9425	9492
645	9560	9627	9694	9762	9829	9896	9963			
	81.							0031	0098	0165
46	0233	0300	0367	0434	0501	0568	0636	0703	0770	0837
47	0904	0971	1038	1106	1173	1240	1307	1374	1441	1508
48	1575	1642	1709	1776	1843	1910	1977	2044	2111	2178
49	2245	2312	2378	2445	2512	2579	2646	2713	2780	2846
N.	0	1	2	3	4	5	6	7	8	9

N.	0	1	2	3	4	5	6	7	8	9
650	81.2913	2980	3047	3114	3180	3247	3314	3381	3447	3514
51	3581	3648	3714	3781	3848	3914	3981	4048	4114	4181
52	4248	4314	4381	4447	4514	4580	4647	4714	4780	4847
53	4913	4980	5046	5113	5179	5246	5312	5378	5445	5511
54	5578	5644	5710	5777	5843	5910	5976	6042	6109	6175
655	6241	6308	6374	6440	6506	6573	6639	6705	6771	6838
56	6904	6970	7036	7102	7169	7235	7301	7367	7433	7499
57	7565	7631	7698	7764	7830	7896	7962	8028	8094	8160
58	8226	8292	8358	8424	8490	8556	8622	8688	8754	8820
59	8885	8951	9017	9083	9149	9215	9281	9346	9412	9478
660	9544	9610	9675	9741	9807	9873	9937			
	82.							0004	0070	0136
61	0201	0267	0333	0398	0464	0530	0595	0661	0729	0792
62	0858	0924	0989	1055	1120	1186	1251	1317	1382	1448
63	1513	1579	1644	1710	1775	1841	1906	1972	2037	2103
64	2168	2233	2299	2364	2430	2495	2560	2626	2691	2756
665	2822	2887	2952	3017	3083	3148	3213	3279	3344	3409
66	3474	3539	3605	3670	3735	3800	3865	3930	3996	4061
67	4126	4191	4256	4321	4386	4451	4516	4581	4646	4711
68	4776	4841	4906	4971	5036	5101	5166	5231	5296	5361
69	5426	5491	5556	5621	5686	5751	5815	5880	5945	6010
670	6075	6140	6204	6269	6334	6399	6464	6528	6593	6658
71	6723	6787	6852	6917	6981	7046	7111	7175	7240	7305
72	7369	7434	7499	7563	7628	7692	7757	7821	7886	7951
73	8015	8080	8144	8209	8273	8338	8402	8466	8531	8595
74	8660	8724	8789	8853	8918	8982	9046	9111	9175	9239
675	9304	9368	9432	9497	9561	9625	9690	9754	9818	9882
76	9947									
	83.	0011	0075	0139	0204	0268	0332	0396	0460	0525
77	0589	0653	0717	0781	0845	0909	0973	1037	1102	1166
78	1230	1294	1358	1422	1486	1550	1614	1678	1742	1806
79	1870	1934	1998	2062	2125	2189	2253	2317	2381	2445
680	2509	2573	2637	2700	2764	2828	2892	2956	3019	3083
81	3147	3211	3275	3338	3402	3466	3530	3593	3657	3721
82	3784	3848	3912	3975	4039	4103	4166	4230	4293	4357
83	4421	4484	4548	4611	4675	4738	4802	4866	4929	4993
84	5056	5120	5183	5246	5310	5373	5437	5500	5564	5627
685	5691	5754	5817	5881	5944	6007	6071	6134	6197	6261
86	6324	6387	6451	6514	6577	6640	6704	6767	6830	6893
87	6957	7020	7083	7146	7209	7273	7336	7399	7462	7525
88	7588	7652	7715	7778	7841	7904	7967	8030	8093	8156
89	8219	8282	8345	8408	8471	8534	8597	8660	8723	8786
690	8849	8912	8975	9038	9101	9164	9227	9289	9352	9415
91	9478	9541	9604	9667	9729	9792	9855	9918	9981	
	84.									0043
92	0106	0169	0232	0294	0357	0420	0482	0545	0608	0671
93	0733	0796	0859	0921	0984	1046	1109	1172	1234	1297
94	1359	1422	1485	1547	1610	1672	1735	1797	1860	1922
695	1985	2047	2110	2172	2235	2297	2360	2422	2484	2547
96	2609	2672	2734	2796	2859	2921	2983	3046	3108	3170
97	3233	3296	3357	3420	3482	3544	3606	3669	3731	3793
98	3855	3918	3980	4042	4104	4166	4229	4291	4353	4415
99	4477	4539	4601	4663	4726	4788	4850	4912	4974	5036
N.	0	1	2	3	4	5	6	7	8	9

N.	0	1	2	3	4	5	6	7	8	9
700	84.5098	5160	5222	5284	5346	5408	5470	5532	5594	5656
01	5718	5780	5842	5904	5966	6028	6090	6151	6213	6275
02	6337	6399	6461	6523	6584	6646	6708	6770	6832	6893
03	6955	7017	7079	7141	7202	7264	7326	7388	7449	7511
04	7573	7634	7696	7758	7819	7881	7943	8004	8066	8127
705	8189	8251	8312	8374	8435	8497	8559	8620	8682	8743
06	8805	8866	8928	8989	9051	9112	9174	9235	9296	9358
07	9419	9481	9542	9604	9665	9726	9788	9849	9911	9972
08	85.0033	0095	0156	0217	0279	0340	0401	0462	0524	0585
09	0646	0707	0769	0830	0891	0952	1014	1075	1136	1197
710	1258	1319	1381	1442	1503	1564	1625	1686	1747	1808
11	1870	1931	1992	2053	2114	2175	2236	2297	2358	2419
12	2480	2541	2602	2663	2724	2785	2846	2907	2968	3029
13	3090	3150	3211	3272	3333	3394	3455	3516	3576	3637
14	3698	3759	3820	3881	3941	4002	4063	4124	4185	4245
715	4306	4367	4427	4488	4549	4610	4670	4731	4792	4852
16	4913	4974	5034	5095	5156	5216	5277	5337	5398	5459
17	5519	5580	5640	5701	5761	5822	5882	5943	6003	6064
18	6124	6185	6245	6306	6366	6427	6487	6548	6608	6668
19	6729	6789	6850	6910	6970	7031	7091	7151	7212	7272
720	7332	7393	7453	7513	7574	7634	7694	7754	7815	7875
21	7935	7995	8056	8116	8176	8236	8296	8357	8417	8477
22	8537	8597	8657	8718	8778	8838	8898	8958	9018	9078
23	9138	9198	9258	9318	9378	9438	9499	9559	9619	9679
24	9739	9798	9858	9918	9978					
	86.					0038	0098	0158	0218	0278
725	0338	0398	0458	0518	0578	0637	0697	0757	0817	0877
26	0936	0996	1056	1116	1176	1236	1295	1355	1415	1475
27	1534	1594	1654	1714	1773	1833	1893	1952	2012	2072
28	2131	2191	2251	2310	2370	2430	2489	2549	2608	2668
29	2728	2787	2847	2906	2966	3025	3085	3144	3204	3263
730	3323	3382	3442	3501	3561	3620	3680	3739	3798	3858
31	3917	3977	4036	4096	4155	4214	4274	4333	4392	4452
32	4511	4570	4630	4689	4748	4808	4867	4926	4985	5045
33	5104	5163	5222	5282	5341	5400	5459	5518	5578	5637
34	5696	5755	5814	5873	5933	5992	6051	6110	6169	6228
735	6287	6346	6405	6465	6524	6583	6642	6701	6760	6819
36	6878	6937	6996	7055	7114	7173	7232	7291	7350	7409
37	7467	7526	7585	7644	7703	7762	7821	7880	7939	7997
38	8056	8115	8174	8233	8292	8350	8409	8468	8527	8586
39	8644	8703	8762	8821	8879	8938	8997	9056	9114	9173
740	9232	9290	9349	9408	9466	9525	9584	9642	9701	9760
41	9818	9877	9935	9994						
	87.				0053	0111	0170	0228	0287	0345
42	0404	0462	0521	0579	0638	0696	0755	0813	0872	0930
43	0989	1047	1106	1164	1223	1281	1339	1398	1456	1515
44	1573	1631	1690	1748	1806	1865	1923	1981	2040	2098
745	2156	2215	2273	2331	2389	2448	2506	2564	2622	2681
46	2739	2797	2855	2913	2972	3030	3088	3146	3204	3262
47	3321	3379	3437	3495	3553	3611	3669	3727	3785	3843
48	3902	3960	4018	4076	4134	4192	4250	4308	4366	4424
49	4482	4540	4598	4656	4714	4772	4830	4887	4945	5003
N.	0	1	2	3	4	5	6	7	8	9

N.	0	1	2	3	4	5	6	7	8	9
750	87.5061	5119	5177	5235	5293	5351	5409	5466	5524	5582
51	5640	5698	5756	5813	5871	5929	5987	6045	6102	6160
52	6218	6276	6333	6391	6449	6506	6564	6622	6680	6737
53	6795	6853	6910	6968	7026	7083	7141	7198	7256	7314
54	7371	7429	7486	7544	7602	7659	7717	7774	7832	7889
755	7947	8004	8062	8119	8177	8234	8292	8349	8407	8464
56	8522	8579	8637	8694	8751	8809	8866	8924	8981	9038
57	9096	9153	9211	9268	9325	9383	9440	9497	9555	9612
58	9669	9726	9784	9841	9898	9955				
	88.						0013	0070	0127	0185
59	0242	0299	0356	0413	0471	0528	0585	0642	0699	0756
760	0814	0871	0928	0985	1042	1099	1156	1213	1270	1328
61	1385	1442	1499	1556	1613	1670	1727	1784	1841	1898
62	1955	2012	2069	2126	2183	2240	2297	2354	2411	2468
63	2524	2581	2638	2695	2752	2809	2866	2923	2980	3036
64	3093	3150	3207	3264	3321	3377	3434	3491	3548	3605
765	3661	3718	3775	3832	3888	3945	4002	4059	4115	4172
66	4229	4285	4342	4399	4455	4512	4569	4625	4682	4739
67	4795	4852	4909	4965	5022	5078	5135	5191	5248	5305
68	5361	5418	5474	5531	5587	5644	5700	5757	5813	5870
69	5926	5983	6039	6096	6152	6209	6265	6321	6378	6434
770	6491	6547	6603	6660	6716	6773	6829	6885	6942	6998
71	7054	7111	7167	7223	7280	7336	7392	7448	7505	7561
72	7617	7674	7730	7786	7842	7898	7955	8011	8067	8123
73	8179	8236	8292	8348	8404	8460	8516	8573	8629	8685
74	8741	8797	8853	8909	8965	9021	9077	9134	9190	9246
775	9302	9358	9414	9470	9526	9582	9638	9694	9750	9806
76	9862	9918	9974							
	89.			0030	0086	0141	0197	0253	0309	0365
77	0421	0477	0533	0589	0644	0700	0756	0812	0870	0924
78	0980	1035	1091	1147	1203	1259	1314	1370	1426	1482
79	1537	1593	1649	1705	1760	1816	1872	1927	1983	2039
780	2095	2150	2206	2262	2317	2373	2429	2484	2540	2595
81	2651	2707	2762	2818	2873	2929	2985	3040	3096	3151
82	3207	3262	3318	3373	3429	3484	3540	3595	3651	3706
83	3762	3817	3873	3928	3984	4039	4094	4150	4205	4261
84	4316	4371	4427	4482	4538	4593	4648	4704	4759	4814
785	4870	4925	4980	5036	5091	5146	5201	5257	5312	5367
86	5423	5478	5533	5588	5643	5699	5754	5809	5864	5919
87	5975	6030	6085	6140	6195	6251	6306	6361	6416	6471
88	6526	6581	6636	6691	6747	6802	6857	6912	6967	7022
89	7077	7132	7187	7242	7297	7352	7407	7462	7517	7572
790	7627	7682	7737	7792	7847	7902	7957	8012	8067	8122
91	8176	8231	8286	8341	8396	8451	8506	8561	8615	8670
92	8725	8780	8835	8890	8944	8999	9054	9109	9164	9218
93	9273	9328	9383	9437	9492	9547	9602	9656	9711	9766
94	9821	9875	9930	9985						
	90.				0039	0094	0149	0203	0258	0312
795	0367	0422	0476	0531	0586	0640	0695	0749	0804	0858
96	0913	0968	1022	1077	1131	1186	1240	1295	1349	1404
97	1458	1513	1567	1622	1676	1731	1785	1840	1894	1948
98	2003	2057	2112	2166	2220	2275	2329	2384	2438	2492
99	2547	2601	2655	2710	2764	2818	2873	2927	2981	3036
N.	0	1	2	3	4	5	6	7	8	9

N.	0	1	2	3	4	5	6	7	8	9
800	90.5090	5144	5198	5255	5307	5361	5416	5470	5524	5578
01	5633	5687	5741	5795	5849	5903	5958	4012	4066	4120
02	4174	4228	4285	4337	4391	4445	4499	4553	4607	4661
03	4716	4770	4824	4878	4932	4986	5040	5094	5148	5202
04	5256	5310	5364	5418	5472	5526	5580	5634	5688	5742
805	5796	5850	5904	5958	6012	6065	6119	6173	6227	6281
06	6335	6389	6443	6497	6550	6604	6658	6712	6766	6820
07	6874	6927	6981	7035	7089	7142	7196	7250	7304	7358
08	7411	7465	7519	7573	7626	7680	7734	7787	7841	7895
09	7949	8002	8056	8109	8163	8217	8270	8324	8378	8431
810	8485	8538	8592	8646	8699	8753	8807	8860	8914	8967
11	9021	9074	9128	9181	9235	9288	9342	9395	9449	9502
12	9556	9609	9663	9716	9770	9823	9877	9930	9984	0037
91.										
13	0091	0144	0197	0251	0304	0358	0411	0464	0518	0571
14	0624	0678	0731	0784	0838	0891	0944	0998	1051	1104
815	1158	1211	1264	1317	1371	1424	1477	1530	1584	1637
16	1690	1743	1797	1850	1903	1956	2009	2063	2116	2169
17	2222	2275	2328	2381	2435	2488	2541	2594	2647	2700
18	2753	2806	2859	2912	2966	3019	3072	3125	3178	3231
19	3284	3337	3390	3443	3496	3549	3602	3655	3708	3761
820	3814	3867	3920	3973	4026	4079	4131	4184	4237	4290
21	4343	4396	4449	4502	4555	4608	4660	4713	4766	4819
22	4872	4925	4977	5030	5083	5136	5189	5241	5294	5347
823	5400	5453	5505	5558	5611	5664	5716	5769	5822	5874
24	5927	5980	6033	6085	6138	6191	6243	6296	6349	6401
825	6454	6507	6559	6612	6664	6717	6770	6822	6875	6927
26	6980	7033	7085	7138	7190	7243	7295	7348	7400	7453
27	7506	7558	7610	7663	7715	7768	7820	7873	7925	7978
28	8030	8083	8135	8188	8240	8292	8345	8397	8450	8502
29	8555	8607	8659	8712	8764	8816	8869	8921	8975	9026
830	9078	9130	9183	9235	9287	9340	9392	9444	9496	9549
31	9601	9653	9705	9758	9810	9862	9914	9967	0019	0071
92.										
32	0123	0175	0228	0280	0332	0384	0436	0489	0541	0593
33	0645	0697	0749	0801	0853	0906	0958	1010	1062	1114
34	1166	1218	1270	1322	1374	1426	1478	1530	1582	1634
835	1686	1738	1790	1842	1894	1946	1998	2050	2102	2154
36	2206	2258	2310	2362	2414	2466	2518	2570	2622	2674
37	2726	2777	2829	2881	2933	2985	3037	3088	3140	3192
38	3244	3296	3348	3399	3451	3503	3555	3607	3658	3710
39	3762	3814	3865	3917	3969	4021	4072	4124	4176	4228
840	4279	4331	4383	4434	4486	4538	4589	4641	4693	4744
41	4796	4848	4899	4951	5002	5054	5106	5157	5209	5260
42	5312	5364	5415	5467	5518	5570	5621	5673	5724	5776
43	5828	5879	5931	5982	6034	6085	6137	6188	6239	6291
44	6342	6394	6445	6497	6548	6600	6651	6702	6754	6805
845	6857	6908	6959	7011	7062	7114	7165	7216	7268	7319
46	7370	7422	7473	7524	7576	7627	7678	7730	7781	7832
47	7883	7935	7986	8037	8088	8140	8191	8242	8293	8345
48	8396	8447	8498	8549	8601	8652	8703	8754	8805	8856
49	8908	8959	9010	9061	9112	9163	9214	9266	9317	9368
N.	0	1	2	3	4	5	6	7	8	9

N.	0	1	2	3	4	5	6	7	8	9
850	92.9419	9470	9521	9572	9623	9674	9725	9776	9827	9878
51	9930	9981	0032	0083	0134	0185	0236	0287	0338	0389
93.										
52	0440	0491	0542	0593	0644	0694	0745	0796	0847	0898
53	0949	1000	1051	1102	1153	1205	1254	1305	1356	1407
54	1458	1509	1560	1610	1661	1712	1763	1814	1864	1915
855	1966	2017	2068	2118	2169	2220	2271	2321	2372	2423
56	2474	2524	2575	2626	2677	2727	2778	2829	2879	2930
57	2981	3031	3082	3133	3185	3234	3285	3335	3386	3437
58	3487	3538	3588	3639	3690	3740	3791	3841	3892	3943
59	3993	4044	4094	4145	4195	4246	4296	4347	4397	4448
860	4498	4549	4599	4650	4700	4751	4801	4852	4902	4953
61	5003	5054	5104	5154	5205	5255	5306	5356	5406	5457
62	5507	5558	5608	5658	5709	5759	5809	5860	5910	5960
63	6011	6061	6111	6162	6212	6262	6313	6363	6413	6463
64	6514	6564	6614	6664	6715	6765	6815	6865	6916	6966
865	7016	7066	7116	7167	7217	7267	7317	7367	7418	7468
66	7518	7568	7618	7668	7718	7769	7819	7869	7919	7969
67	8019	8069	8119	8169	8219	8269	8319	8370	8420	8470
68	8520	8570	8620	8670	8720	8770	8820	8870	8920	8970
69	9020	9070	9120	9170	9220	9270	9319	9369	9419	9469
870	9519	9569	9619	9669	9719	9769	9819	9868	9918	9968
71	94.0018	0068	0118	0168	0218	0267	0317	0367	0417	0467
72	0516	0566	0616	0666	0716	0765	0815	0865	0915	0964
73	1014	1064	1114	1163	1213	1263	1313	1362	1412	1462
74	1511	1561	1611	1660	1710	1760	1809	1859	1909	1958
875	2008	2058	2107	2157	2206	2256	2306	2355	2405	2454
76	2504	2553	2603	2653	2702	2752	2801	2851	2900	2950
77	3000	3049	3099	3148	3198	3247	3297	3346	3396	3445
78	3495	3544	3593	3643	3692	3742	3791	3841	3890	3939
79	3989	4038	4088	4137	4186	4236	4285	4335	4384	4433
880	4483	4532	4581	4631	4680	4729	4779	4828	4877	4927
81	4976	5025	5074	5124	5173	5222	5272	5321	5370	5419
82	5469	5518	5567	5616	5665	5715	5764	5813	5862	5911
83	5961	6010	6059	6108	6157	6207	6256	6305	6354	6403
84	6452	6501	6550	6600	6649	6698	6747	6796	6845	6894
885	6943	6992	7041	7090	7139	7189	7238	7287	7336	7385
86	7434	7483	7532	7581	7630	7679	7728	7777	7826	7875
87	7924	7973	8022	8070	8119	8168	8217	8266	8315	8364
88	8413	8462	8511	8560	8608	8657	8706	8755	8804	8853
89	8902	8951	8999	9048	9097	9146	9195	9244	9292	9341
890	9390	9439	9488	9536	9585	9634	9683	9732	9780	9829
91	9878	9926	9975	0024	0073	0121	0170	0219	0267	0316
95.										
92	0365	0413	0462	0511	0560	0608	0657	0705	0754	0803
93	0851	0900	0949	0997	1046	1095	1143	1192	1240	1289
94	1338	1386	1435	1483	1532	1580	1629	1677	1726	1774
895	1823	1872	1920	1969	2017	2066	2114	2163	2211	2259
96	2308	2356	2405	2453	2502	2550	2599	2647	2696	2744
97	2792	2841	2889	2938	2986	3034	3083	3131	3180	3228
98	3276	3325	3373	3421	3470	3518	3566	3615	3663	3711
99	3760	3808	3856	3905	3953	4001	4049	4098	4146	4194
N.	0	1	2	3	4	5	6	7	8	9

N.	0	1	2	3	4	5	6	7	8	9
900	95.4245	4291	4339	4387	4435	4484	4532	4580	4628	4677
01	4725	4773	4821	4869	4918	4966	5014	5062	5110	5158
02	5207	5255	5303	5351	5399	5447	5495	5543	5592	5640
03	5688	5736	5784	5832	5880	5928	5976	6024	6072	6120
04	6168	6216	6264	6312	6361	6409	6457	6505	6553	6601
905	6649	6697	6744	6792	6840	6888	6936	6984	7032	7080
06	7128	7176	7224	7272	7320	7368	7416	7464	7511	7559
07	7607	7655	7703	7751	7799	7847	7894	7942	7990	8038
08	8086	8134	8181	8229	8277	8325	8373	8420	8468	8516
09	8564	8612	8659	8707	8755	8803	8850	8898	8946	8994
910	9041	9089	9137	9184	9232	9280	9328	9375	9423	9471
11	9518	9566	9614	9661	9709	9757	9804	9852	9900	9947
12	9995									
96.		0042	0090	0138	0185	0233	0280	0328	0376	0423
13	0471	0518	0566	0613	0661	0709	0756	0804	0851	0899
14	0946	0994	1041	1089	1136	1184	1231	1279	1326	1374
915	1421	1469	1516	1563	1611	1658	1706	1753	1801	1848
16	1895	1943	1990	2038	2085	2132	2180	2227	2275	2322
17	2369	2417	2464	2511	2559	2606	2653	2701	2748	2795
18	2843	2890	2937	2985	3032	3079	3126	3174	3221	3268
19	3316	3363	3410	3457	3504	3552	3599	3646	3693	3741
920	3788	3835	3882	3929	3977	4024	4071	4118	4165	4212
21	4260	4307	4354	4401	4448	4495	4542	4590	4637	4684
22	4731	4778	4825	4872	4919	4966	5013	5060	5108	5155
23	5202	5249	5296	5343	5390	5437	5484	5531	5578	5625
24	5672	5719	5766	5813	5860	5907	5954	6001	6048	6095
925	6142	6189	6236	6283	6329	6376	6423	6470	6517	6564
26	6611	6658	6705	6752	6798	6845	6892	6939	6986	7033
27	7080	7127	7173	7220	7267	7314	7361	7408	7454	7501
28	7548	7595	7642	7688	7735	7782	7829	7875	7922	7969
29	8016	8062	8109	8156	8203	8249	8296	8343	8389	8436
930	8483	8530	8576	8623	8670	8716	8763	8810	8856	8903
31	8950	8996	9043	9090	9136	9183	9229	9276	9323	9369
32	9416	9462	9509	9556	9602	9649	9695	9742	9789	9835
33	9882	9928	9975							
97.				0021	0068	0114	0161	0207	0254	0300
34	0347	0393	0440	0486	0533	0579	0626	0672	0719	0765
935	0812	0858	0904	0951	0997	1044	1090	1137	1183	1229
36	1276	1322	1368	1415	1461	1508	1554	1600	1647	1693
37	1740	1786	1832	1879	1925	1971	2018	2064	2110	2157
38	2203	2249	2295	2342	2388	2434	2480	2527	2573	2619
39	2666	2712	2758	2804	2851	2897	2943	2989	3035	3082
940	3128	3174	3220	3266	3313	3359	3405	3451	3497	3543
41	3590	3636	3682	3728	3774	3820	3866	3913	3959	4005
42	4051	4097	4143	4189	4235	4281	4327	4373	4420	4466
43	4512	4558	4604	4650	4696	4742	4788	4834	4880	4926
44	4972	5018	5064	5110	5156	5202	5248	5294	5340	5386
945	5432	5478	5524	5570	5616	5661	5707	5753	5799	5845
46	5891	5937	5983	6029	6075	6121	6166	6212	6258	6304
47	6350	6396	6442	6487	6533	6579	6625	6671	6717	6762
48	6808	6854	6900	6946	6991	7037	7083	7129	7175	7220
49	7266	7312	7358	7403	7449	7495	7541	7586	7632	7678

N.	0	1	2	3	4	5	6	7	8	9
950	97.7724	7769	7815	7861	7906	7952	7998	8043	8089	8135
51	8180	8226	8272	8317	8363	8408	8454	8500	8545	8591
52	8637	8683	8728	8774	8819	8865	8911	8956	9002	9047
53	9093	9138	9184	9230	9275	9321	9366	9412	9457	9503
54	9548	9594	9639	9685	9730	9776	9821	9867	9912	9958
955	98.0003	0049	0094	0140	0185	0231	0276	0322	0367	0412
56	0458	0503	0549	0594	0640	0685	0730	0776	0821	0867
57	0912	0957	1003	1048	1093	1139	1184	1229	1275	1320
58	1365	1411	1456	1501	1547	1592	1637	1683	1728	1773
59	1819	1864	1909	1954	2000	2045	2090	2135	2181	2226
960	2271	2316	2362	2407	2452	2497	2543	2588	2633	2678
61	2723	2769	2814	2859	2904	2949	2994	3040	3085	3130
62	3175	3220	3265	3310	3356	3401	3446	3491	3536	3581
63	3626	3671	3716	3762	3807	3852	3897	3942	3987	4032
64	4077	4122	4167	4212	4257	4302	4347	4392	4437	4482
965	4527	4572	4617	4662	4707	4752	4797	4842	4887	4932
66	4977	5022	5067	5112	5157	5202	5247	5292	5337	5382
67	5426	5471	5516	5561	5606	5651	5696	5741	5786	5830
68	5875	5920	5964	6010	6055	6100	6144	6189	6234	6279
69	6324	6369	6413	6458	6503	6548	6593	6637	6682	6727
970	6772	6816	6861	6906	6951	6995	7040	7085	7130	7174
71	7219	7264	7308	7353	7398	7443	7487	7532	7577	7622
72	7666	7711	7756	7800	7845	7890	7934	7979	8024	8068
73	8113	8157	8202	8247	8291	8336	8381	8425	8470	8514
74	8559	8603	8648	8693	8737	8782	8826	8871	8915	8960
975	9005	9049	9094	9138	9183	9227	9272	9316	9361	9405
76	9450	9494	9539	9583	9628	9672	9717	9761	9806	9850
77	9895	9939	9983							
99.				0028	0072	0117	0161	0206	0250	0294
78	0339	0383	0428	0472	0516	0561	0605	0650	0694	0738
79	0783	0827	0871	0916	0960	1004	1049	1093	1137	1182
980	1226	1270	1315	1359	1403	1448	1492	1536	1580	1625
81	1669	1713	1757	1802	1846	1890	1934	1979	2023	2067
82	2111	2156	2200	2244	2288	2333	2377	2421	2465	2509
83	2554	2598	2642	2686	2730	2774	2819	2863	2907	2951
84	2995	3039	3083	3127	3172	3216	3260	3304	3348	3392
985	3436	3480	3524	3568	3613	3657	3701	3745	3789	3833
86	3877	3921	3965	4009	4053	4097	4141	4185	4229	4273
87	4317	4361	4405	4449	4493	4537	4581	4625	4669	4713
88	4757	4801	4845	4889	4933	4977	5021	5064	5108	5152
89	5196	5240	5284	5328	5372	5416	5460	5504	5547	5591
990	5635	5679	5723	5767	5811	5854	5898	5942	5986	6030
91	6074	6117	6161	6205	6249	6293	6336	6380	6424	6468
92	6512	6555	6599	6643	6687	6730	6774	6818	6862	6905
93	6949	6993	7037	7080	7124	7168	7212	7255	7299	7343
94	7386	7430	7474	7517	7561	7605	7648	7692	7736	7779
995	7823	7867	7910	7954	7998	8041	8085	8128	8172	8216
96	8259	8303	8346	8390	8434	8477	8521	8564	8608	8652
97	8695	8739	8782	8826	8869	8913	8956	9000	9043	9087
98	9131	9174	9218	9261	9305	9348	9392	9435	9478	9522
99	9565	9609	9652	9696	9739	9783	9826	9870	9913	9957

LUMIÈRE. (*Phys. Math.*) Nous allons résumer dans cet article les points fondamentaux de l'optique générale, à peine indiqués dans nos deux premiers volumes.

1. Les impressions sensibles que nous font éprouver les objets extérieurs sont généralement produites par l'action du choc immédiat ou médiat de ces objets contre les organes matériels de nos sens. Le choc est immédiat lorsqu'il y a *contact* entre l'objet et l'organe, comme dans les sensations du *tact* et du *goût*, et même comme dans celles de l'*odorat ;* car ce n'est qu'en lançant dans l'espace des particules capables de frapper les membranes qui recouvrent les nerfs olfactifs que les objets nous paraissent odorans. Il est médiat, lorsqu'il est transmis par une matière intermédiaire entre l'objet et l'organe, comme dans les sensations de l'*ouïe*, où le mouvement vibratoire des coups sonores est transmis à l'oreille par les ondulations qu'il excite dans l'air environnant. (*Voy.* Son.) Les sensations propres à l'organe de la vue s'effectuant toujours sans aucun contact entre l'œil et l'objet, il était naturel d'admettre, par analogie, soit que les corps *visibles* lancent autour d'eux des particules déliées, dont le choc sur les organes de la vue produit la vision de ces corps, soit qu'il existe dans leurs parties constituantes des mouvemens internes particuliers, qui se propagent jusqu'aux nerfs optiques par les ondulations qu'ils déterminent dans une matière fluide intermédiaire.

Ces deux hypothèses sont, en effet, les bases de deux systèmes différens entrevus dès la plus haute antiquité, mais précisés par Descartes et Newton, et qui depuis ces grands hommes partagent les physiciens. Le premier supposait que l'univers est rempli d'un fluide extrêmement subtil et élastique, qu'il nomme l'*éther*, dont les ondulations, déterminées par l'action des corps *visibles*, agissent sur l'œil, comme les ondulations de l'air, déterminées par l'action des corps *sonores*, agissent sur l'oreille. Dans ce système, qui porte le nom de *système des vibrations*, la cause de la visibilité, la *lumière*, est un mouvement de vibration excité dans l'éther par les corps visibles, et qui, propagé de proche en proche dans toutes les directions, se modifie d'après la nature des résistances qu'il éprouve. Newton admettait, au contraire, que la lumière est une matière propre, un agent distinct de la substance des corps, un fluide extrêmement subtil, dont les molécules, lancées dans tous les sens par les corps lumineux, se meuvent avec une très-grande rapidité, et éprouvent, de la part des objets matériels qu'elles rencontrent, diverses actions dont la nature et les intensités varient suivant la nature des objets. Ce système porte le nom de *système d'émission*.

Tous les phénomènes connus du temps de Newton pouvant s'expliquer d'une manière simple et précise par le système de l'émission, l'autorité de son auteur, qui venait de poser les lois fondamentales de la physique céleste, avait fait abandonner l'hypothèse de Descartes, si bien développée ultérieurement dans ses conséquences mathématiques par Huygens et Euler ; mais les dernières découvertes de Young, et surtout de Fresnel, ont ramené les physiciens modernes vers cette hypothèse, qui paraît s'accorder plus exactement avec les faits. C'est ce que nous aurons l'occasion de faire observer dans le cours de l'exposition suivante.

2. *Propagation de la lumière.* Les corps visibles se divisent en *lumineux* et en *éclairés*. On nomme corps lumineux ceux qui répandent la lumière autour d'eux, comme le soleil, les étoiles, la flamme et tous les corps en ignition. Les corps éclairés sont ceux qui ne deviennent visibles que parce qu'ils reçoivent la lumière des premiers.

On reconnaît aisément que la lumière émanée d'un corps lumineux se répand dans tous les sens autour de ce corps ; car la flamme d'une bougie, par exemple, est visible de tous les points de la sphère dont on peut supposer qu'elle occupe le centre.

Chaque corps lumineux peut être considéré comme une réunion de *points lumineux*, de la même manière qu'on peut considérer chaque corps matériel comme une réunion de points matériels. Il suffit alors d'examiner le mode d'action d'un seul point lumineux pour arriver à la connaissance de celui de leur ensemble. Nous supposerons donc, dans ce qui va suivre, qu'un corps lumineux est réduit à un seul point.

3. La lumière émanée d'un point lumineux pénètre à travers tous les gaz, de la plupart des liquides et de plusieurs solides. Les corps qui laissent ainsi passer la lumière prennent le nom de *transparens ;* ceux, au contraire, qui la retiennent, se nomment *corps opaques*. Parmi les corps transparens, les uns transmettent complètement la lumière, et laissent apercevoir nettement au travers de leur substance toutes les formes des objets : on les nomme *diaphanes ;* les autres ne transmettent qu'une partie de la lumière qu'ils reçoivent, et ne permettent pas de distinguer la forme des objets : on les nomme *translucides*. Le cristal poli est diaphane ; le cristal dépoli est translucide.

4. Dans un milieu diaphane et parfaitement homogène, la transmission de la lumière s'effectue en ligne droite. On reconnaît immédiatement ce fait fondamental par l'impossibilité où l'on est d'apercevoir un point lumineux s'il se trouve un corps opaque dans la ligne droite qu'on peut mener de ce point lumineux à notre œil.

La direction que suit la lumière en se propageant se nomme un *rayon lumineux*. D'après ce que nous venons de dire, ce rayon est une ligne droite dans tous les milieux transparens homogènes.

5. Lorsqu'un rayon de lumière passe d'un milieu transparent dans un autre, il éprouve à la surface du contact un changement de direction, et se propage dans le second milieu, suivant une ligne droite qui n'est plus la même que celle de sa propagation dans le premier milieu. Ce phénomène porte le nom de *réfraction*.

6. Si, pendant sa propagation dans un milieu transparent, la lumière tombe sur un corps opaque, elle éprouve diverses modifications, suivant la nature de la surface du corps. Quand la surface est polie, le rayon lumineux est rejeté en arrière ou *réfléchi* dans une direction déterminée ; quand elle n'est pas polie, le rayon est bien encore réfléchi, mais il subit plusieurs changemens importans : le corps devient *éclairé* ; c'est-à-dire que chacun des points de sa surface agit comme s'il était lumineux par lui-même, et qu'il renvoie de la lumière vers tous les points du milieu transparent qu'on pourrait unir à lui par des lignes droites. Toute cette lumière renvoyée, et en vertu de laquelle ce corps est devenu visible, ne provenant que de la dispersion du rayon lumineux, on conçoit que chaque rayon réfléchi est très-faible comparativement à celui-ci, qui se trouve pour ainsi dire subdivisé à l'infini : aussi l'impression que produit sur l'œil un corps éclairé est-elle toujours moins forte que celle qui résulte de la lumière éblouissante d'un corps lumineux.

Une autre cause concourt encore puissamment à affaiblir l'impression de la lumière réfléchie : la réflexion n'est jamais complète, parce que tous les corps opaques, même les mieux polis, absorbent une quantité plus ou moins grande de la lumière qu'ils reçoivent. Mais ce qu'il importe de remarquer, c'est que la lumière irrégulièrement réfléchie produit une impression sur l'œil très-différente de celle de la lumière primitive ; cette impression est la *couleur* que nous attribuons aux objets visibles, et qui n'appartient réellement pas à ces objets, puisqu'elle réside en principe dans la lumière, comme nous le verrons mieux plus loin.

7. La propagation de la lumière présente donc trois modes différens : 1° propagation directe ou en ligne droite ; 2° propagation indirecte par *réflexion* ; 3° propagation indirecte par *réfraction*. Les lois de la propagation directe forment l'objet de l'*optique proprement dite* ; les lois de la propagation par réflexion celui de la *catoptrique* ; et les lois de la propagation par réfraction sont l'objet de la *dioptrique*. On désigne encore sous le nom d'*optique générale* l'ensemble de ces trois branches fondamentales de la théorie de la lumière. (*Voy.* OPTIQUE, tom. II.)

8. *Propagation directe.* Nous avons déjà indiqué le phénomène principal qui a fait conclure que, *dans un milieu homogène, la lumière se transmet en ligne droite.* On peut encore vérifier ce principe en laissant pénétrer par un petit trou un faisceau de lumière solaire dans une chambre obscure : la poussière en suspension dans l'air se trouvant éclairée sur toute la route du faisceau, fait reconnaître que cette route est rectiligne.

9. La lumière émanée d'un point lumineux, se propageant par tous les rayons de la sphère dont il est le centre, doit nécessairement diminuer d'intensité à mesure qu'elle s'éloigne de sa source ; car, si l'on conçoit deux sphères concentriques à cette source, chacune d'elles recevra toute la lumière fournie par le point lumineux ; de sorte qu'une étendue quelconque, prise sur la plus grande des sphères, recevra une quantité de lumière moindre que la même étendue prise sur la plus petite. Les quantités de lumière reçues par ces deux étendues égales seront en raison inverse des surfaces dont elles font partie, ou en raison inverse des carrés de leurs distances au point lumineux. Ainsi l'*intensité de la lumière émanée d'un point lumineux diminue en raison directe du carré de la distance.*

Cette loi n'est exacte que lorsque la lumière se propage dans le vide ; car, dans les milieux diaphanes matériels, il y en a toujours une partie d'absorbée, et le décroissement d'intensité s'effectue plus rapidement. Mais on peut la considérer comme vraie dans l'air atmosphérique, surtout si les distances ne sont pas très-grandes.

D'après ce qui précède, on doit considérer toute surface éclairée comme la base d'une pyramide dont le sommet est au point lumineux d'où émane la lumière. Si au lieu d'un seul point lumineux nous en concevons plusieurs, la surface recevra une lumière d'autant plus intense que ces points seront en plus grand nombre et qu'ils seront plus près d'elle.

Nous verrons cependant qu'il existe des circonstances particulières où un corps éclairé peut devenir plus obscur lorsqu'on ajoute une nouvelle lumière à celle qu'il recevait primitivement, ce qui ne serait possible dans aucun cas imaginable si la lumière était une substance distincte émise par les corps lumineux.

10. On a essayé de comparer l'intensité des lumières fournies par des sources différentes ; mais jusqu'ici les procédés employés ont donné des résultats si divergens qu'on ne peut même pas les considérer comme des approximations ; car, pour citer un exemple, l'intensité de la lumière solaire a été trouvée 94500 fois plus grande que celle de la lune, par Leslie ; 800000 fois plus grande, par Wollaston, et 256289 fois, par Bouguer. Comparée à la lumière d'une bougie, celle du soleil est 12000 fois plus grande, suivant Leslie, et 30000 fois suivant Bouguer. Nous ferons observer qu'on ne doit pas confondre l'intensité d'*éclairement* avec l'intensité de la *lumière* ; car cette dernière dépend de la nature du corps lumineux, tandis que la première

dépend de la nature du corps éclairé, c'est-à-dire de la manière dont il absorbe ou réfléchit la lumière.

11. Lorsqu'un corps opaque intercepte une partie des rayons émanés d'un point lumineux, il existe derrière ce corps un espace plus ou moins grand, privé de lumière, qu'on nomme l'*ombre* du corps. S'il se trouvait un autre corps dans cet espace, et qu'il ne reçût aucun rayon de lumière, il serait invisible. (*Voy.* Ombre, tom. II.)

12. Quoique la transmission de la lumière se fasse avec une rapidité si grande qu'il soit impossible de la mesurer, sur la surface de la terre, elle n'est cependant point instantanée; mais, pour observer la plus petite différence entre l'apparition d'un point lumineux et celui où sa lumière vient éclairer les corps dont il est séparé par un milieu transparent, il faut avoir recours aux observations astronomiques. La planète de Jupiter est accompagnée de plusieurs satellites qui circulent autour d'elle, et qui sont alternativement visibles et invisibles pour nous, suivant qu'ils sont éclairés par la lumière du soleil ou qu'ils se trouvent dans l'ombre que Jupiter projette derrière lui dans l'espace. Or, le premier de ces satellites décrit son orbite dans l'intervalle de 42 h. 28′ 55″ ou environ 42 h. et demie; de sorte que dans chaque période de 42 h. et demie il se plonge une fois dans l'ombre de la planète et en sort bientôt après. Ce phénomène, semblable en tout aux éclipses de lune, se nomme une *occultation*. Or, si la terre était toujours à une même distance de Jupiter, ou si la lumière renvoyée par le satellite lui arrivait toujours dans le même temps, 42 h. et demie après qu'on aurait observé la sortie du satellite de l'ombre, on devrait pouvoir l'observer de nouveau, c'est-à-dire que les éclipses se succéderaient à des intervalles exacts de 42 h. et demie. Il n'en est point ainsi : lorsqu'on observe successivement les éclipses des satellites, dans la période de temps pendant laquelle la terre se rapproche de Jupiter, on trouve que l'intervalle entre la première et la seconde éclipse est plus long que l'intervalle entre la seconde et la troisième, que celui-ci est plus long que l'intervalle entre la troisième et la quatrième; tandis, au contraire, que si l'on fait les mêmes observations dans la période de temps pendant laquelle la terre s'éloigne de Jupiter, on trouve que l'intervalle entre la première et la seconde éclipse est plus court que l'intervalle entre la seconde et la troisième, et ainsi de suite. En général, l'intervalle d'une éclipse à l'autre augmente si, pendant sa durée, la terre s'est éloignée, et elle diminue si la terre s'est rapprochée. Ces faits, observés pour la première fois par l'astronome danois Roemer, prouvent évidemment que la lumière met un temps d'autant plus long pour parvenir de Jupiter à la terre que la distance de ces deux corps est plus grande.

En mesurant avec soin la différence des temps pour les deux limites extrêmes des distances, on a trouvé que le temps employé par la lumière pour parcourir la longueur du diamètre de l'orbite terrestre est de 16′ 26″; cette longueur étant de 68 à 69 millions de lieues, il en résulte que la vitesse de la lumière est d'environ 700000 lieues par seconde. On s'est assuré de plus, par les mêmes observations, que cette vitesse est uniforme. On ne peut se faire une idée de cette vitesse prodigieuse qu'en la comparant à celles qui nous paraissent très-grandes. Par exemple, un boulet de canon emploierait plus de dix-sept ans pour atteindre le soleil, en supposant qu'il conservât sa vitesse initiale; de sorte qu'il ferait en un an la moitié du chemin que la lumière fait en une minute.

13. *Réflexion de la lumière.* Lorsqu'on fait pénétrer un rayon solaire dans une chambre parfaitement obscure et qu'on place un corps poli sur son trajet, on voit le rayon lumineux se briser sur la surface du corps et porter contre les parois de la chambre une image du soleil. Outre cette réflexion régulière, il s'en effectue une seconde irrégulière; car, des divers points de la chambre obscure, on distingue la portion de miroir sur laquelle tombe le rayon. Cette dernière, par opposition à la première, a d'autant plus d'éclat que le corps est moins poli.

Pour ne considérer ici que la réflexion régulière, nous dirons que, si l'on conçoit une droite perpendiculaire à la surface polie au point où elle est rencontrée par le rayon solaire, l'angle que forme cette perpendiculaire avec ce rayon se nomme l'*angle d'incidence*, et l'angle qu'elle forme avec le rayon réfléchi se nomme l'*angle de réflexion*. Ces deux angles sont toujours situés dans le même plan et sont égaux; propriété qui constitue cette loi fondamentale de la catoptrique : *Quand un rayon de lumière est réfléchi par une surface quelconque, l'angle d'incidence est égal à l'angle de réflexion.*

Cette loi, qu'on peut aisément constater par expérience, se démontre par des considérations théoriques dans les deux systèmes de l'émission et des vibrations.

14. La réflexion régulière dont il est ici question ne rend visible que le corps lumineux, car on ne doit considérer le rayon réfléchi et le rayon incident que comme un seul et même rayon, dont la direction a subi un changement. C'est donc uniquement le corps lumineux qu'on apercevrait en plaçant son œil dans la direction du rayon réfléchi, s'il n'existait aucune réflexion irrégulière à la surface polie; mais toutes les surfaces produisent des réflexions irrégulières, et c'est même là la condition nécessaire de la visibilité des corps qui ne sont pas lumineux par eux-mêmes.

La quantité de lumière réfléchie régulièrement et irrégulièrement n'est jamais égale à la quantité de lumière fournie par le corps lumineux, parce qu'il y en a toujours une partie absorbée par le corps réfléchissant. Cette partie est éteinte quand ce corps est opaque ; elle le traverse quand il est transparent. L'absorption plus ou moins grande de la lumière par tous les corps opaques, jointe à son énorme vitesse, explique l'obscurité instantanée qu'on produit dans un appartement en empêchant les rayons directs d'y pénétrer.

15. Toute surface assez polie pour opérer une réflexion régulière se nomme un *miroir*. Parmi les corps solides, quelques métaux et quelques amalgames sont seuls susceptibles de recevoir un poli parfait. Les miroirs de verre ne sont que des miroirs métalliques , car ils ne doivent leurs propriétés qu'à l'amalgame de mercure et de zinc dont leur surface postérieure est revêtue ; mais, comme le verre, en sa qualité de corps transparent, fait éprouver une réfraction aux rayons lumineux qui le traversent en sortant de l'air, les miroirs employés pour les expériences catoptriques ne doivent être que des surfaces métalliques polies.

16. Le principe fondamental énoncé ci-dessus (13) s'applique aux rayons lumineux émanés de toutes les sources ; il est vrai, pour la lumière naturelle qui nous vient du soleil comme pour toutes les lumières artificielles que nous pouvons produire, pour les rayons directs comme pour les rayons déjà réfléchis régulièrement ou irrégulièrement. C'est à l'aide de ce principe qu'on explique avec beaucoup de facilité, ainsi que nous l'avons fait ailleurs (*voy.* Catoptrique), tous les phénomènes que présentent les miroirs, suivant la nature de leur surface.

17. La quantité de lumière réfléchie par un même corps dépend à la fois du poli de sa surface et de la grandeur de l'angle d'incidence. Pour un même angle, cette quantité est d'autant plus grande que le poli est plus parfait ; pour un même poli, elle croît avec l'angle d'incidence. Une expérience curieuse constate ce dernier fait : si l'on prend une plaque de verre dépoli et qu'on place l'œil très-près de sa surface, de manière à recevoir des rayons réfléchis sous un très-grand angle d'incidence, on apercevra des images des objets environnans aussi nettes qu'avec un miroir. Nous renverrons à notre premier volume pour tout ce qui concerne la catoptrique.

18. *Réfraction de la lumière.* On nomme *réfraction* le changement de direction que subit un rayon lumineux qui passe obliquement d'un milieu transparent dans un autre. Soit AB un rayon lumineux (Pl. XIV, fig. 19) ; supposons qu'après s'être propagé dans l'air, il rencontre en B la surface d'une masse d'eau MN : au lieu de continuer à se propager, suivant BC' prolon

gement de AB, il se brisera au point B en entrant dans l'eau, et prendra une direction BC, déterminée d'après une loi que nous allons exposer.

Imaginons une droite DE perpendiculaire, au point B, à la surface de séparation MN des deux milieux ; l'angle ABD du rayon incident sera ce qu'on nomme l'*angle d'incidence*, et l'angle CBE du rayon réfléchi, avec la même perpendiculaire, sera l'*angle de réfraction*. Or, la relation générale qui lie ces deux angles, pour deux milieux transparens quelconques, s'énonce comme il suit :

Lorsqu'un rayon lumineux passe d'un milieu dans un autre, il est réfracté de manière que le sinus de l'angle d'incidence et celui de l'angle de réfraction sont entre eux dans un rapport constant.

Ce principe fondamental de la dioptrique, et l'un des plus importans de l'optique générale, a été découvert par Descartes. (*Voy.* Optique, tom. II.)

19. Tous les milieux dans lesquels la lumière peut se propager ont été nommés *milieux réfringens*, parce qu'ils font tous éprouver une déviation ou réfraction aux rayons lumineux au moment où ceux-ci les pénètrent pour les traverser. Le vide est aussi un milieu réfringent, car la lumière qui sort d'un autre milieu se réfracte en y entrant.

Un milieu est plus réfringent par rapport à un autre lorsque le rayon réfléchi se rapproche de la perpendiculaire, ou lorsque l'angle de réfraction est plus petit que celui d'incidence ; il est au contraire moins réfringent lorsque le rayon réfléchi s'écarte de la perpendiculaire, ou lorsque l'angle de réfraction est plus grand que celui d'incidence.

19 *bis.* Pour vérifier par expérience le principe fondamental ci-dessus (18), on prend un vase de verre de forme hémisphérique NP'N' (Pl. XIV, fig. 16) ; on le remplit d'eau de manière que le niveau NN' atteigne le centre C de la sphère, et on dirige vers ce centre un petit faisceau de lumière solaire sous diverses inclinaisons. Un cercle gradué dont le centre coïncide avec C, et qu'on peut amener dans le plan du rayon lumineux, sert ensuite à mesurer les angles que fait ce rayon avant et après sa réfraction avec la verticale PP'. La marche du rayon réfracté est facile à reconnaître par le point où il sort du vase pour rentrer de l'eau dans l'air ; si, par exemple, le rayon incident est LC et le rayon réfracté CR, le point R, où ce dernier sort du vase pour continuer sa route dans l'air, fait connaître l'arc RP' qui mesure l'angle de réfraction RCP'. On peut ainsi constater que le rapport entre les droites LD et RF, qui sont respectivement les sinus des angles PCL et RCP', est une quantité constante ; c'est-à-dire que pour un tout autre angle d'incidence L'CP, dont l'angle correspondant de réfraction est R'CP', le rapport des sinus L'D'

et R'F' est égal à celui des sinus LD et RF ; car, ayant trouvé, par la mesure des angles PCL et RCP, que ce dernier rapport est sensiblement

$$\frac{LD}{RF} = \frac{4}{3},$$

on trouve également, par la mesure des angles PCL' et R'CP', que le rapport de leurs sinus est :

$$\frac{L'D'}{R'F'} = \frac{4}{3},$$

et qu'il en serait de même pour une incidence quelconque. On peut en outre observer qu'un *angle de réfraction est toujours situé dans le même plan que l'angle d'incidence correspondant.*

20. En substituant à l'eau du vase, de l'alcool ou tout autre liquide, on reconnaîtrait de la même manière qu'il y a toujours un rapport constant entre les sinus des angles d'incidence et de réfraction ; mais ce rapport ne serait plus $\frac{4}{3}$; on le trouverait plus grand ou plus petit, suivant que le liquide employé serait plus ou moins réfringent que l'eau. Si on désigne généralement par I l'angle d'incidence, et par R celui de réfraction, on pourra représenter la loi de la réfraction, pour deux milieux quelconques, par la relation.

$$\frac{\sin I}{\sin R} = n,$$

n étant un nombre constant pour deux mêmes milieux, mais qui varie avec leur nature. Ce nombre n se nomme l'*indice de réfraction.*

21. L'appareil précédent peut encore servir à constater un fait important, c'est que lorsque la lumière repasse de l'eau dans l'air, le second angle de réfraction est le même que le premier angle d'incidence ; c'est-à-dire qu'en représentant par AB (Pl. XIV, fig. 19) un rayon incident, et par BC un rayon réfléchi, la lumière qui parcourt la ligne brisée ABC, en partant de A, parcourrait la même ligne si elle se propageait en sens contraire, en partant de C ; l'angle de réfraction serait alors l'angle d'incidence, et celui d'incidence l'angle de réfraction. Cette propriété s'exprime d'une manière générale en disant qu'*un rayon qui rebrousse chemin repasse exactement par les mêmes lieux.* Il en résulte que si n est l'indice de réfraction quand la lumière passe d'un milieu A dans un milieu B, $\frac{1}{n}$ sera l'indice de réfraction quand elle passera, au contraire, du milieu B dans le milieu A. Ainsi $\frac{4}{3}$ étant l'indice de réfraction de l'eau par rapport à l'air, $\frac{3}{4}$ est celui de l'air par rapport à l'eau.

22. En analysant les conséquences de la loi représentée par la formule

$$\frac{\sin I}{\sin R} = n,$$

on reconnaît d'abord que, si l'angle d'incidence est nul, c'est-à-dire si le rayon incident est perpendiculaire à la surface du second milieu, l'angle de réfraction est pareillement nul, ou, en d'autres termes, il n'y a pas de réfraction, et le rayon incident pénètre en ligne droite sans dévier ; car on ne saurait avoir $\frac{0}{\sin R} = n$, à à moins que sin R = 0. C'est ce qui est d'ailleurs confirmé par l'expérience. La plus grande incidence ayant lieu lorsque le rayon est parallèle à la surface de séparation des milieux, cas où I = 90°, et sin I = 1, on a alors

$$\frac{1}{\sin R} = n,$$

d'où

$$\sin R = \frac{1}{n}.$$

Mais, en supposant que la lumière rebrousse chemin, ou qu'elle repasse du second milieu dans le premier par un angle d'incidence dont le sinus soit $\frac{1}{n}$, l'angle de réfraction serait de 90°, et par conséquent le rayon réfracté serait parallèle à la surface de séparation : il ne sortirait donc pas du milieu où il se propage. Il en serait encore de même, à plus forte raison, si l'angle d'incidence était plus grand que $\frac{1}{n}$. En général, lorsqu'un rayon passe d'un milieu réfringent dans un autre moins réfringent, il existe toujours une limite, pour l'angle d'incidence, au-delà de laquelle le rayon ne peut plus sortir du premier milieu.

23. La formule n'est donc plus applicable quand l'angle d'incidence est plus grand que l'angle limite, et cette circonstance se manifeste par les valeurs absurdes qu'on en tire dans ce cas. Par exemple, l'indice de réfraction de l'eau par rapport à l'air étant $\frac{4}{3}$, on a, en faisant I = 90°

$$\sin R = \frac{3}{4};$$

d'où l'on conclut que R = 48°35' ; telle est la valeur de l'*angle limite,* et tous les rayons qui se présenteront pour passer de l'eau dans l'air, sous une plus grande incidence, ne pourront sortir de l'eau. Or, en donnant à sin R des valeurs plus grandes que $\frac{4}{3}$, dans la formule, on obtient pour sin I des valeurs plus grandes que 1, ou plus grandes que le rayon du cercle, ce qui est absurde.

24. Si la formule devient insuffisante pour nous faire connaître la marche du rayon lumineux, passé l'incidence maximum, l'expérience montre que ce rayon se réfléchit complètement dans le milieu qu'il ne peut quitter, en faisant un angle de réflexion égal à celui d'incidence. En supposant, par exemple, qu'un rayon CO (Pl. XIV, fig. 18) se présente perpendiculairement à la surface de séparation des milieux, et qu'il s'incline successivement, en prenant les directions EO, FO, etc., il sortira en premier lieu, par le prolongement de la perpendiculaire CO; puis on le verra faire des angles de réfraction plus grands que ceux d'incidence, et qui croîtront plus rapidement que ces derniers; lorsque l'angle d'incidence FOC sera égal à l'angle limite, le rayon réfracté coïncidera avec OB; mais aussitôt que le rayon incident formera un angle FOC plus grand que l'angle limite, il sera complètement réfléchi et formera un angle de réflexion COF' égal à celui d'incidence FOC. Il n'y a pas continuité dans le passage de la réfraction à la réflexion intérieure.

Cette réflexion intérieure étant totale, ce qui n'arrive jamais avec les miroirs du poli le plus parfait, produit des images beaucoup plus brillantes que celles qu'on peut observer dans ces miroirs. On peut en faire aisément l'expérience en remplissant d'eau un vase de verre (Pl. XIV, fig. 17) et en plaçant l'œil en O dans une direction au-dessus de l'angle limite : la surface de l'eau donnera comme un miroir, mais avec un plus grand éclat, les images des objets qui y sont plongés.

25. La détermination des *indices de réfraction* des divers milieux réfringens les uns par rapport aux autres étant d'une grande importance, nous devons signaler une propriété qui donne un moyen très-simple de trouver l'indice de réfraction pour un rayon qui passe d'un milieu dans un autre, lorsqu'on connaît ceux de ces deux milieux par rapport à un troisième. Il est reconnu, par expérience, qu'en appliquant l'une contre l'autre deux lames transparentes parallèles ayant des pouvoirs réfringens différens, les rayons incidens qui pénètrent par une des faces de ce système sortent parallèlement à eux-mêmes par la face opposée : car, ainsi qu'on peut l'observer aisément, les objets qu'on regarde à travers ces lames ne paraissent déplacés en rien de leurs positions. Soit donc a (Pl. XV, fig. 2) l'angle d'incidence primitif, a' celui de réfraction dans la première lame, b l'angle d'incidence dans cette lame, et b' l'angle de réfraction dans la seconde lame; soit enfin c l'angle d'incidence dans la seconde lame, et c' l'angle de sortie du système, ou, comme on le nomme, *l'angle d'émergence*, nous avons, d'après ce qui précède, $\sin a = \sin c'$. Or, n étant l'indice de réfraction de la première lame

par rapport à l'air, et m celui de la seconde lame, aussi par rapport à l'air, nous avons

$$\frac{\sin a}{\sin a'} = n, \quad \frac{\sin c'}{\sin c} = m,$$

et, par suite, $\sin a = n \sin a' = n \sin b$, $\sin c' = \sin a = m \sin c = m \sin b$; d'où

$$\frac{\sin b}{\sin b'} = \frac{m}{n};$$

c'est-à-dire que l'indice de réfraction de la seconde lame, par rapport à la première, est égal au rapport inverse de leurs indices respectifs par rapport à l'air. La relation serait la même si les indices respectifs des deux lames se rapportaient à tout autre milieu que l'air. Sachant, par exemple, que l'indice du diamant, par rapport au vide, est 2,755, et que celui de l'alcool, toujours par rapport au vide, est 1,374, on en conclura immédiatement que l'indice de réfraction de l'alcool, par rapport au diamant, est égal à

$$\frac{2,755}{1,374} = 2,005.$$

Nous indiquerons plus loin les moyens de déterminer les indices de réfraction des divers milieux réfringens par rapport à l'air.

26. La disposition des rayons qui traversent un milieu terminé par des surfaces planes et situé dans l'air ou dans tout autre milieu réfringent, présente plusieurs particularités très-remarquables. Supposons qu'un rayon lumineux, qui se propage dans l'air, rencontre sur son passage une masse de verre et qu'il la traverse, en entrant et en sortant par deux surfaces planes; il se présente deux cas : ou les surfaces sont parallèles, ou elles sont inclinées l'une sur l'autre. Dans le premier cas (fig. 1, pl. XV), comme le rayon doit sortir sous un angle, avec la perpendiculaire au point d'émergence, parfaitement égal à l'angle d'incidence (21), et que les faces AB et CD sont parallèles, le rayon incident et le rayon émergent seront parallèles entre eux. Dans le second cas, les deux surfaces faisant un angle quelconque BAC (fig. 6), et le rayon incident ab devant se rapprocher de la perpendiculaire nm, parce que le verre est plus réfringent que l'air, le rayon réfracté bc doit s'éloigner du sommet A, de l'intersection des surfaces par le plan de ce rayon, et comme en émergeant en a il doit s'écarter de la perpendiculaire $m'n'$, il s'éloignera de nouveau du sommet A; de sorte que l'effet d'un milieu réfringent angulaire est d'éloigner le rayon du sommet de l'angle. S'il arrivait que le rayon réfracté bc fût perpendiculaire à la face AC, il émergerait sans une seconde réfraction; mais s'il rencontrait cette face sous

un angle avec la perpendiculaire plus grand que l'angle limite (24), il serait complètement réfléchi intérieurement, et par conséquent rejeté sur la première face, où il éprouverait une seconde réflexion qui le rejetterait sur la seconde, et ainsi de suite. Dans la disposition de la figure, le rayon incident étant dirigé vers le sommet A, les rayons successivement réfléchis s'inclineraient de moins en moins sur les faces AC et AB, et il finirait par y avoir, après un nombre plus ou moins grand de réflexions, un rayon émergent; mais si le rayon incident était dirigé vers l'ouverture de l'angle BAC, les rayons réfléchis s'inclineraient de plus en plus sur les faces du milieu et ne pourraient jamais sortir. Ces diverses circonstances peuvent être aisément représentées par des constructions géométriques ou par des formules très-simples, et lorsque l'angle A est donné, il est facile de trouver s'il existe ou non un rayon émergent pour un angle d'incidence déterminé.

27. Tout milieu réfringent, ayant deux faces planes inclinées entre elles, se nomme un *prisme*, en optique, qu'il soit d'ailleurs un véritable prisme géométrique, ou seulement une de ses parties. Le *sommet* du prisme est la droite suivant laquelle les deux faces se coupent, ou suivant lesquelles elles se couperaient en les prolongeant suffisamment. La *base* du prisme est une troisième face opposée au sommet, qu'elle existe ou non en réalité. L'angle du prisme, qu'on nomme aussi l'*angle réfringent*, est l'angle des deux faces. Quand un rayon lumineux pénètre par une des faces et sort par l'autre, on dit qu'il *traverse le prisme*. Dans tout ce qui va suivre, nous ne considérerons que des prismes complets; mais les phénomènes que vont nous offrir ces corps seraient les mêmes pour des fragmens quelconques de prismes géométriques, pourvu que les deux faces par lesquelles la lumière entre et sort soient planes et inclinées l'une vers l'autre.

28. La déviation qu'éprouve un rayon de lumière en traversant un prisme produit des apparences différentes suivant la position du prisme. Lorsque la base du prisme est horizontale et que le sommet est en haut, les objets qu'on peut apercevoir, en approchant l'œil d'une des faces pour recevoir la lumière qui est entrée par l'autre, sont comme relevés vers le sommet du prisme, et leurs bords horizontaux sont colorés de toutes les couleurs de l'iris; si le sommet est au bas, la déviation des objets s'effectue dans un ordre inverse. Lorsque le prisme est posé verticalement, la déviation a toujours lieu vers son sommet; mais ce sont les bords verticaux des objets qui se colorent. En général, quelle que soit la position du prisme, la déviation a toujours lieu vers le sommet, perpendiculairement aux arêtes, et la coloration s'effectue parallèlement à ces arêtes, toujours seulement vers le bord des objets, de sorte que les seuls bords colorés sont ceux qui se trouvent parallèles aux arêtes.

29. On nomme *angle de déviation* l'angle que l'image directe d'un objet fait avec son image déviée par un prisme, quand l'œil est supposé placé assez loin pour pouvoir recevoir en même temps le rayon direct et le rayon réfracté. Soit, par exemple, LI (fig. 3, Pl. XV) un rayon incident émergé suivant I'O et reçu par l'œil placé en O, à une grande distance du prisme; si OL' est un rayon direct venu du même point lumineux que le rayon incident LI, l'angle de *déviation* sera l'angle I'OL'.

Cet angle de déviation peut être plus ou moins grand, suivant la position du prisme; car, pendant qu'on regarde l'objet réfracté, si l'on fait tourner le prisme sur lui-même, l'objet paraît se déplacer et se rapprocher ou s'écarter, sans cependant sortir de deux limites. Il y a donc une déviation minimum et une déviation maximum.

On démontre facilement que la déviation minimum a lieu lorsque les angles d'incidence et d'émergence sont égaux. Dans cette position remarquable, les angles SII' et SI'I étant nécessairement égaux, le triangle ISI' est isocèle, et la moitié de l'angle S au sommet, ou de l'angle réfringent du prisme, est le complément de chacun des angles à la base, car

$$S = 180° - 2\,\mathrm{SII'}, \quad \text{et} \quad \tfrac{1}{2}\,S = 90° - \mathrm{SII'}.$$

Or, l'angle SII' est lui-même complément de l'angle de réfraction I'IN'; donc, dans le cas de la déviation minimum, l'angle de réfraction qui a lieu au passage du rayon lumineux de l'air dans la substance du prisme est égal à la moitié de l'angle réfringent. C'est au moyen de cette relation qu'on détermine les indices de réfraction des diverses substances.

30. Pour indiquer les principes de cette détermination, menons OB parallèle à SA et OB' parallèle à SA', et observons qu'en désignant par I l'angle d'incidence LIN, par R l'angle de réfraction N'II', par G l'angle réfringent du prisme, nous avons, D étant la déviation minimum I'OL',

$$D = 180° - \mathrm{L'OB} - \mathrm{BOB'} - \mathrm{B'OE};$$

mais

$$\mathrm{L'OB} = \mathrm{B'OE} = \mathrm{LIA} = 90° - I;$$

ainsi

$$D = 2\,I - G,$$

d'où

$$I = \frac{D + G}{2};$$

substituons maintenant cette valeur, ainsi que celle de $R = \dfrac{G}{2}$, dans l'expression du numéro 22, et nous aurons la relation

$$n = \frac{\sin \frac{1}{2}(D + G)}{\sin \frac{1}{2} G},$$

au moyen de laquelle on peut trouver l'indice de réfraction, par la seule observation de la déviation minimum, avec un prisme dont l'angle réfringent est connu.

31. Si la substance qu'on veut essayer est solide, on construira donc un prisme avec elle, et on le posera verticalement à une grande distance d'une mire. À quelques pas du prisme, on placera un cercle gradué muni de deux lunettes mobiles, et, après avoir dirigé la première lunette sur la mire, on dirigera la seconde de manière à recevoir l'image de la mire réfractée par le prisme, puis on fera tourner le prisme et la lunette jusqu'à ce qu'on trouve la déviation minimum, ce qui est facile par quelques essais. Cette déviation obtenue, l'angle des lunettes, sur le limbe du cercle, donne sa mesure, et il ne faut plus que la substituer dans la relation précédente, avec la valeur de l'angle du prisme, pour connaître l'indice cherché.

Ce procédé, dû à Newton, peut être encore employé pour les liquides, et même pour les gaz, en les renfermant dans une cavité creusée au milieu d'un prisme de verre.

32. Les physiciens désignent sous le nom de *puissance réfractive* d'une substance le carré de son indice de réfraction, par rapport au vide, diminué de l'unité ; cette quantité se représente généralement par $n^2 - 1$. Ils nomment *pouvoir réfringent* la puissance réfractive divisée par la densité de la substance. Ces dénominations ont été adoptées, parce que dans le système de l'émission $n^2 - 1$ exprime l'accroissement du carré de la vitesse de la lumière à son passage du vide dans un milieu réfringent, le pouvoir réfringent est la puissance réfractive sous l'unité de densité. Dans le système des ondulations, la puissance réfractive dépend du degré de condensation où se trouve l'éther renfermé dans la substance réfringente. Nous ferons observer que les pouvoirs réfringens de l'air et des gaz étant très-petits par rapport à ceux des autres corps, on peut toujours, sans erreur sensible, prendre pour l'indice de réfraction de ces corps, par rapport au vide, celui qu'on observe par rapport à l'air.

MM. Biot et Arago ont posé comme principe fondamental, que *les puissances réfractives d'un même gaz sont proportionnelles à sa densité*, ou, ce qui est la même chose, que *le pouvoir réfringent d'un gaz est le même à toute température et à toute pression*. Dulong a constaté que ce principe avait encore lieu pour les mélanges de gaz, de sorte que la puissance réfractive d'un mélange de gaz et de vapeurs est égale à la somme des puissances réfractives des gaz composans ; mais, s'il y a combinaison chimique dans le mélange, la puissance réfractive du gaz composé n'a plus aucun rapport avec celles de ses élémens.

33. Il suffit de connaître l'indice de réfraction d'un milieu réfringent par rapport au vide, pour trouver immédiatement sa puissance réfractive ; sachant, par exemple, que l'indice de réfraction de l'eau de pluie est $\dfrac{529}{396}$, on a,

$$\text{Puissance réfractive de l'eau} = \left(\frac{529}{396}\right)^2 - 1 = 0,7845.$$

Voici, d'après les expériences les plus récentes, les indices de réfraction de diverses substances, avec les puissances réfractives et les pouvoirs réfringens qui en résultent.

TABLEAU

DES INDICES DE RÉFRACTION, DES PUISSANCES RÉFRACTIVES ET DES POUVOIRS RÉFRINGENS DE PLUSIEURS SUBSTANCES.

NOMS DES SUBSTANCES.	INDICES de réfraction.	PUISSANCES réfractives, $n^2 - 1$.	DENSITÉS δ.	POUVOIRS réfringens, $\frac{n^2 - 1}{\delta}$.
Sulfate de baryte.	$\frac{23}{14}$	1,699	4,27	0,3979
Verre d'antim. . .	$\frac{17}{9}$	2,568	5,28	0,4864
Chaux sulfatée. .	$\frac{61}{44}$	1,215	2,252	0,5386
Verre commun. .	$\frac{31}{20}$	1,4025	2,58	0,5456
Cristal de roche..	$\frac{25}{18}$	1,445	2,65	0,5456
Chaux carbonat..	$\frac{5}{3}$	1,778	2,72	0,6536
Sel gemme. . . .	$\frac{17}{11}$	1,588	2,143	0,6477
Alun.	$\frac{35}{24}$	1,1267	1,714	0,6570
Borax.	$\frac{22}{15}$	1,1511	1,714	0,6716
Nitrate de potasse	$\frac{32}{21}$	1,545	1,9	0,7079
Sulfate de fer. . .	$\frac{303}{200}$	1,295	1,715	0,7551
Acide sulfurique.	$\frac{10}{7}$	1,041	1,7	0,6124
Eau de pluie. . .	$\frac{529}{396}$	0,7845	1,0	0,7845
Gomme arabique.	$\frac{34}{21}$	1,179	1,375	0,8574
Alcool rectifié.. .	$\frac{100}{73}$	0,8765	0,866	1,0121
Camphre.	$\frac{3}{2}$	1,25	0,996	1,2551
Huile d'olive. . .	$\frac{22}{15}$	1,1511	0,915	1,2607
Huile de lin. . .	$\frac{40}{27}$	1,1948	0,932	1,2819
Essence de téréb.	$\frac{25}{17}$	1,1626	0,876	1,3222
Ambre.	$\frac{14}{9}$	1,42	1,04	1,3654
Diamant.	$\frac{100}{41}$	4,949	3,4	1,4556

TABLEAU

DES INDICES DE RÉFRACTION ET DES PUISSANCES RÉFRACTIVES
DES GAZ A 0° ET SOUS LA PRESSION 0^m,76.

NOMS DES GAZ.	INDICES de réfraction, n.	PUISSANCES réfractives, $n^2 - 1$.	DENSITÉ, δ.
Air atmosphérique. .	1,000294	0,000589	1,000
Oxygène.	1,000272	0,000544	1,103
Hydrogène. . . .	1,000158	0,000277	0,068
Azote.	1,000300	0,000601	0,976
Ammoniaque. . . .	1,000385	0,000771	0,591
Acide carbonique. .	1,000449	0,000899	1,524
Chlore.	1,000772	0,001545	2,476
Acide chlorhydrique.	1,000449	0,000899	1,254
Oxyde d'azote. . .	1,000503	0,001007	1,527
Gaz nitreux. . . .	1,000303	0,000606	1,059
Oxyde de carbone. .	1,000340	0,000681	1,992
Cyanogène.	1,000834	0,001668	1,818
Gaz oléfiant. . . .	1,000678	0,001356	0,980
Gaz des marais. . .	1,000443	0,000886	0,559
Ether chlorhydrique.	1,001095	0,002191	2,234
Acide cyanhydrique.	1,000451	0,000903	0,944
Gaz oxy-chloro-carb.	1,001159	0,002318	3,442
Acide sulfureux. . .	1,000665	0,001331	2,247
Hydrogène sulfuré. .	1,000644	0,001288	1,178
Ether sulfurique. . .	1,001530	0,003061	2,580
Soufre carburé. . .	1,015000	0,003010	2,644
Hydr. proto-phosph.	1,000389	0,001579	1,256

34. Les propriétés des prismes se retrouvent dans les verres connus sous le nom de *lentilles*, qui grossissent ou diminuent les objets qu'on regarde au travers d'eux. Ces verres pouvant être considérés comme composés d'une infinité de prismes tronqués, on conçoit que les rayons qui les traversent subissent des réfractions différentes suivant l'inclinaison différente des deux faces de chaque prisme tronqué élémentaire; de sorte que les rayons envoyés par le même objet, et qui convergent naturellement dans l'œil pour y produire la vision de cet objet, peuvent émerger de la lentille avec une convergence plus ou moins grande que celle qu'ils avaient en y entrant; dans le premier cas, l'objet paraît plus grand qu'à l'œil nu, et dans le second, plus petit. (*Voy.* Lentilles, tom. II.)

35. *Analyse de la lumière.* Nous avons signalé ci-dessus (28) le phénomène de la coloration des bords des objets vus au travers d'un prisme; ce phénomène indique évidemment que la lumière subit une certaine modification en passant dans le prisme, car les couleurs accidentelles qu'on aperçoit sont indépendantes de la couleur propre des objets et présentent toutes les nuances de l'arc-en-ciel; mais pour reconnaître la nature de

cette modification, il est nécessaire d'avoir recours à des expériences plus décisives.

Imaginons qu'au volet d'une chambre bien close, et dans laquelle ne pénètre aucun rayon lumineux, on ait percé un petit trou rond de 3 ou 4 millimètres de diamètre, et qu'à l'aide d'un miroir plan, placé au dehors, on fasse passer par ce trou un faisceau réfléchi de lumière solaire; tant que ce faisceau ne rencontrera aucun obstacle sur son chemin, il se propagera en ligne droite et il ira peindre sur le mur opposé une image ronde du soleil. Supposons maintenant qu'à une petite distance du trou on place un prisme de verre ou de cristal de manière que le faisceau lumineux soit forcé de le traverser; on observera alors, non seulement que le faisceau dévie de sa direction, mais qu'il se dilate et se colore : en sortant du prisme, il est plus large que lorsqu'il y est entré, et continue à s'élargir, en se propageant jusqu'au mur opposé, sur lequel il va peindre une image oblongue composée de bandes diversement colorées. La fig. 4, pl. XV, indique l'élargissement du faisceau incident, GG′ est le diamètre de l'image propagée directement, et RU la largeur de l'image réfractée et colorée.

Si l'image réfractée est reçue sur un fond blanc distant du prisme de 5 à 6 mètres, ses couleurs seront vives et tranchées, et l'on pourra reconnaître, 1° que sa longueur, cinq à six fois plus grande que sa largeur, est dans un sens perpendiculaire aux arêtes du prisme; 2° qu'elle est terminée, sur sa largeur, par deux droites parallèles, et sur sa longueur, par deux demi-cercles; 3° que sa surface est divisée en sept bandes parallèles entre elles et aux arêtes du prisme; les nuances très-brillantes de ces bandes se succèdent dans l'ordre indiqué par la figure 5, savoir : *rouge, orangé, jaune, vert, bleu, indigo, violet.* Le rouge est à l'extrémité la plus proche de l'angle réfringent du prisme, et le violet à l'extrémité opposée. Cette image, ainsi réfractée et colorée, se nomme le *spectre solaire.*

36. On ne peut expliquer ces phénomènes qu'en supposant chaque rayon de la lumière blanche solaire composé de sept rayons parallèles élémentaires diversement colorés; et comme il est impossible d'attribuer au prisme aucune force particulière capable de les désunir, il faut supposer en outre que ces rayons sont inégalement réfrangibles, ce qui les fait s'écarter de plus en plus les uns des autres dans les deux réfractions qu'ils subissent en traversant le prisme. Pour élever cette hypothèse à la certitude, il s'agit donc de prouver, 1° que les rayons colorés ont des réfrangibilités différentes; 2° que la réunion de ces rayons produit de la lumière blanche. C'est ce que l'expérience démontre complètement.

Si l'on reçoit le spectre solaire sur un écran, et qu'on

perce une petite ouverture au centre d'une des bandes colorées, le faisceau des rayons de cette couleur qui passera par l'ouverture se propagera isolément de l'autre côté de l'écran, et on pourra le soumettre à toutes les expériences capables de faire connaître son degré de réfrangibilité. C'est de cette manière qu'on a constaté que le rayon rouge est le moins réfrangible de tous, et le rayon violet le plus réfrangible. Entre ces deux limites, la réfrangibilité des autres rayons varie d'une manière continue. On a également constaté que chaque rayon n'est plus susceptible d'aucune décomposition ultérieure, et qu'il conserve invariablement sa nuance en se réfractant. Les traités complets d'optique renferment un grand nombre d'expériences qui conduisent toutes à ces résultats.

Pour recomposer de la lumière blanche avec les rayons colorés, il suffit de recevoir le faisceau émergent sur un second prisme semblable au premier, mais tourné en sens inverse; le faisceau, qui est coloré entre les deux prismes, sort parfaitement blanc du second, et va porter contre l'écran une image ronde du soleil. On peut encore recomposer la lumière blanche par plusieurs autres procédés.

Nous pouvons donc énoncer comme une vérité démontrée, que *la lumière blanche du soleil est composée de rayons diversement colorés et diversement réfrangibles*, tout en faisant observer, cependant, que nous entendons par *rayon coloré* un rayon qui a la propriété de produire la sensation d'une couleur déterminée.

37. Toutes les lumières que nous produisons artificiellement donnent des spectres analogues au spectre solaire; mais les couleurs sont moins vives, et il manque toujours certaines nuances, ce qui explique la différence qu'on observe dans les couleurs des objets vus le jour et vus à la clarté des bougies ou des lampes; car les couleurs naturelles des objets ne sont produites que par la décomposition de la lumière blanche qui s'opère à leur surface : certains rayons élémentaires étant absorbés et certains autres réfléchis. Par exemple, les corps qui nous paraissent blancs réfléchissent également tous les rayons colorés; ceux qui nous paraissent noirs les absorbent tous, et les autres n'en réfléchissent que quelques-uns et absorbent le reste. Ainsi, la lumière de nos foyers n'étant pas absolument la même que celle du soleil, les nuances des couleurs produites sur un même corps par ces lumières doivent être différentes.

38. Il résulte des diverses réfrangibilités des rayons élémentaires, que lorsqu'un rayon de lumière blanche traverse un milieu terminé par des surfaces parallèles, il se décompose en entrant, et se recompose en sortant, car la décomposition est une suite nécessaire de la première réfraction, et la recomposition une conséquence non moins nécessaire du fait même de l'émergence sans

coloration. Ainsi, quoique la lumière blanche n'éprouve aucune altération en traversant des lames parallèles, si l'on pouvait placer son œil dans l'intérieur d'une telle lame, on recevrait, dans différentes directions, des rayons différemment colorés.

39. *Des raies du spectre.* On nomme *raies du spectre* des lignes noires, ou seulement obscures, parallèles, et réparties très-inégalement sur son étendue, qui ont été signalées pour la première fois par Wollaston, et dont on doit l'analyse complète à Frauenhoffer.

Ces raies sont fines et si rapprochées, qu'on ne peut les apercevoir qu'à l'aide d'une lunette. La figure 12, pl. XV, représente leur disposition, telle qu'elle a été observée par Frauenhoffer; leur nombre est de plus de 700. Pour établir quelques points fixes de comparaison, cet habile observateur a choisi les raies marquées B, C, D, E, F, G, H, qui, parmi les plus faciles à reconnaître, ont l'avantage de ne pas diviser le spectre en parties trop inégales. La figure indique leur position dans les diverses bandes colorées.

Frauenhoffer a constaté, 1° que les raies sont entièrement indépendantes de l'angle réfringent et de la substance du prisme; 2° qu'elles sont les mêmes pour la lumière solaire et pour toutes les lumières qui en proviennent, comme celle de la lune et des planètes; 3° que la lumière d'une lampe, au lieu de donner des raies noires, donne des raies brillantes autrement disposées. Les flammes de l'hydrogène et de l'alcool présentent sous ce rapport les mêmes apparences que la flamme d'huile; la flamme électrique donne pareillement des bandes brillantes; 4° que la lumière de Sirius donne des raies noires, mais différemment disposées. D'autres étoiles de première grandeur paraissent donner des raies différentes de celles de Sirius et de celles du soleil.

La découverte de ces raies est d'une grande importance pour établir des caractères distinctifs entre les diverses lumières naturelles et artificielles; elle a permis, par les points fixes que les raies établissent dans le spectre, de déterminer les indices de réfraction des principaux rayons colorés, avec une précision beaucoup plus grande qu'on ne l'avait pu faire avant.

40. La connaissance des indices de réfraction des divers rayons colorés étant très-importante pour la construction des instrumens d'optique, et leur recherche offrant de grandes difficultés, parce que les nuances des couleurs, loin d'être brusquement tranchées, passent insensiblement de l'une à l'autre, on s'est attaché à déterminer les indices de réfractions des raies fixes marquées B, C, D, etc. Voici les résultats de ces recherches. Les indices donnés ci-dessus (33) ne doivent être considérés que comme ceux de la réfraction moyenne.

TABLEAU DES INDICES DE RÉFRACTION DES RAYONS DU SPECTRE CORRESPONDANT AUX PRINCIPALES RAIES.

SUBSTANCES RÉFRINGENTES.	B.	C.	D.	E.	F.	G.	H.
Flint-glass, n° 13.	1,627749	1,629681	1,635056	1,642024	1,648260	1,650285	1,671062
Crown-glass.	1,525852	1,526846	1,529587	1,533005	1,536052	1,541657	1,546566
Eau.	1,330935	1,331712	1,333577	1,335851	1,337818	1,341295	1,344177
Eau.	1,330977	1,331709	1,333577	1,335849	1,337788	1,341261	1,344162
Dissolution de potasse.	1,399629	1,400515	1,402805	1,405632	1,408081	1,412579	1,416568
Huile de térébenthine.	1,470496	1,479530	1,474434	1,478553	1,481736	1,488198	1,493874
Flint-glass, n° 3.	1,602042	1,603800	1,608494	1,614532	1,620042	1,630772	1,640373
Flint-glass, n° 30.	1,623570	1,625477	1,630585	1,637356	1,645466	1,655406	1,666072
Crown-glass, n° 13.	1,524312	1,525299	1,527982	1,531372	1,534557	1,539908	1,544684
Crown-glass, lettre M.	1,554774	1,555933	1,559075	1,563150	1,566741	1,575535	1,579470
Flint-glass, n° 23, prisme de 60°.	1,626596	1,628469	1,633667	1,640495	1,646756	1,658848	1,669686
Flint-glass, n° 23, prisme de 45°.	1,626564	1,628451	1,633666	1,640544	1,646780	1,658849	1,669680

Ces résultats sont d'autant plus précieux qu'on ne connaissait réellement rien de fixe, dans le spectre, avant les découvertes de Frauenhoffer, car les nuances y sont en nombre infini depuis le rouge le plus vif jusqu'au violet le plus sombre, et chacune de ces nuances a nécessairement un indice particulier de réfraction.

41. *De la dispersion.* Des prismes égaux de substances différentes ne produisent pas des spectres identiques dans les mêmes circonstances. Les couleurs y sont bien toujours rangées dans le même ordre, mais leurs longueurs ne sont pas proportionnelles. Par exemple, un prisme de verre ordinaire donne proportion-

nellement plus de rouge et moins de violet qu'un prisme de flint-glass. Ce phénomène se trouve nécessairement lié avec la grandeur des indices de réfraction de chaque couleur. On a donné le nom de *dispersion* à la différence des indices des rayons extrêmes, rouge et violet. Ainsi la dispersion d'une substance est d'autant plus grande que la différence des indices extrêmes est plus considérable. La dispersion, divisée par l'indice moyen de réfraction diminué de l'unité, se nomme le *pouvoir dispersif de la substance.*

En désignant par n' l'indice de réfraction du rayon rouge, par n'' celui du rayon violet, et par n l'indice moyen, la *dispersion* est représentée par $n' - n''$, et le *pouvoir dispersif* par

$$\frac{n' - n''}{n - 1}.$$

42. Brewster a donné dans son Encyclopédie une table des dispersions et des pouvoirs dispersifs d'un grand nombre de substances. Les expériences qui lui servent de base, faites avant la découverte des raies du spectre, ne peuvent avoir autant d'exactitude que si les teintes eussent été rapportées à ces raies; mais on peut en tirer d'utiles indications. Nous en extrairons seulement ce qui concerne les substances les plus usuelles.

Noms des substances.	Pouvoirs dispersifs.	Dispersions.
Chromate de plomb maximum, estimé à	0,400	0,770
Chromate de plomb, *idem,* doit excéder de.	0,296	0,576
Chromate de plomb minimum.	0,267	0,394
Carbonate de plomb minimum.	0,066	0,056
Verre vert.	0,061	0,037
Sulfate de plomb.	0,060	0,056
Verre rouge foncé.	0,060	0,044
Verre opale.	0,060	0,038
Verre orangé.	0,053	0,042
Sel gemme.	0,053	0,029
Flint-glass.	0,052	0,032
Verre pourpre foncé.	0,051	0,031
Flint-glass.	0,048	0,029
Idem	0,048	0,028
Acide nitrique.	0,045	0,019
Acide nitreux.	0,044	0,018
Verre rose.	00,44	0,025
Huile de térébenthine.	0,042	0,020
Ambre.	0,041	0,025
Spath calcaire maximum.	0,040	0,027
Verre de bouteille.	2,040	0,023
Sulfate de fer.	0,039	0,019
Diamant.	0,038	0,056
Huile d'olive.	0,038	0,018

Noms des substances.	Pouvoirs dispersifs.	Dispersions.
Alun.	0,036	0,020
Sulfate de cuivre.	0,036	0,019
Eau.	0,035	0,012
Verre de borax.	0,034	0,018
Verre à vitres.	0,032	0,017
Alcool.	0,029	0,011
Cristal de roche.	0,026	0,014
Spath calcaire, minimum.	0,026	0,016
Spath fluor.	0,022	0,010

43. La dispersion des rayons colorés est l'unique cause des bandes irisées qui apparaissent sur les bords des objets vus à travers un prisme, bandes dont l'effet est de rendre les contours de l'image mal terminés et incertains. Ce phénomène ayant également lieu avec les verres lenticulaires des lunettes, il est très-difficile de construire des instrumens dioptriques capables de donner des images bien nettes et sans coloration étrangère; si, comme l'avait cru Newton, le pouvoir dispersif de toutes les substances réfringentes était le même, il serait absolument impossible de construire des instrumens qui eussent la propriété de dévier la lumière sans y développer les couleurs, instrumens auxquels on donne le nom d'*achromatiques*. Newton, désespérant du perfectionnement des télescopes ordinaires, voulut les remplacer par un instrument plus exact, et c'est à une erreur qu'est due l'invention du télescope à miroir, devenu si fécond entre les mains d'Herschell.

Euler signala le premier la possibilité de composer des lentilles achromatiques, en se fondant sur la constitution de l'œil humain; mais c'est à Dollond, célèbre opticien anglais, qu'on doit la solution du problème et la découverte de la différence des pouvoirs dispersifs des divers corps transparens. Après beaucoup d'essais sur toutes les espèces de verres, il obtint, de deux prismes placés l'un contre l'autre, les angles réfringens opposés, une lumière émergente incolore, quoique déviée d'une manière assez considérable. C'est avec les deux sortes de verres de ces prismes qu'il construisit ensuite des lentilles achromatiques, en réunissant un verre convexe de *crown-glass* avec un verre concave de *flint-glass*.

Pour faire comprendre comment un prisme peut devenir achromatique, imaginons un prisme quelconque triangulaire, traversé par un faisceau de lumière blanche; si on applique sur la surface d'émergence celle d'un autre prisme semblable au premier, mais tourné en sens opposé, le système formera un prisme quadrangulaire, et la dispersion et la déviation produites par le premier prisme étant détruites par la dispersion et la déviation produites par le second en sens inverse, la lumière sortira du système sans altération; ce qui résulte d'ailleurs du fait, que le système se réduit à une

simple plaque à faces parallèles. Mais ce système ne faisant éprouver aucune déviation aux rayons lumineux, l'objet vu au travers apparaîtra sous les mêmes dimensions qu'à l'œil nu; et ce qu'il importe, c'est d'avoir des images plus grandes ou plus petites, suivant le besoin. Concevons maintenant que la substance du second prisme, au lieu d'être la même que celle du premier, soit plus dispersive; comme la dispersion augmente avec l'angle du prisme, il faudra donner au second prisme un angle réfringent plus petit que le premier, pour que l'image soit incolore; et alors elle conservera une certaine déviation. Nous ne pouvons qu'indiquer ce principe, dont l'application à la construction des instrumens achromatiques présente des difficultés très-embarrassantes, malgré tous les progrès de l'optique.

44. *Des couleurs produites par des lames minces.* Tous les corps diaphanes réduits en lames très-minces font éprouver à la lumière des décompositions analogues à celles du prisme, et les rayons réfléchis, comme les rayons émergens, prennent des teintes très-variées. On peut observer ces phénomènes dans les bulles de verre ou de savon soufflées jusqu'au point où elles éclatent; un moment avant de se briser elles présentent des couleurs vives et changeantes. Les liquides volatils répandus en lames minces sur des surfaces polies d'une teinte foncée se colorent pareillement. L'air lui-même partage cette propriété, lorsqu'il est contenu entre deux plaques transparentes, comme le seraient, par exemple, deux plaques de verre pressées fortement l'une contre l'autre. Newton s'est beaucoup occupé de ces phénomènes, qui l'ont conduit à des résultats très-importans. Nous allons indiquer les faits principaux qu'il a observés.

Si l'on place une lentille bi-convexe AB d'un très-grand foyer (Pl. XV, fig. 7) sur un verre plan, et qu'on fasse arriver sur la lentille un rayon de lumière blanche, on aperçoit au point de contact des verres une tache noire et tout autour une série d'anneaux diversement colorés, dont le nombre augmente à mesure qu'on presse avec plus de force la lentille contre la plaque. Le point noir ne devient visible que lorsque la pression est assez grande pour établir un contact immédiat des deux verres. Ainsi, on commence par voir au centre, sous une pression modérée, un cercle d'une certaine couleur; cette couleur s'étend, en augmentant la pression, jusqu'à ce qu'il paraisse au centre une nouvelle couleur que la première entoure en bande circulaire. La pression croissant toujours, la nouvelle couleur s'étend à son tour; une autre la remplace au centre, et ainsi de suite, jusqu'à ce qu'enfin il arrive un point noir qu'entourent tous les cercles de couleur. En diminuant graduellement la pression, les mêmes phénomènes se reproduisent en sens inverse, et tous les cercles colorés diminuent et disparaissent successivement.

Ces cercles colorés se succèdent dans cet ordre autour du point noir : *bleu, blanc, jaune* et *rouge;* l'anneau bleu est faible, les anneaux rouge et jaune sont très-apparens et de même largeur que le blanc ; cette première série est entourée d'une seconde dont l'ordre est : *violet, bleu, vert, jaune* et *rouge.* Toutes ces couleurs sont larges et claires, à l'exception du vert, qui paraît terne et étroit ; une troisième série, *pourpre, bleu, vert, jaune, rouge,* entoure la seconde ; enfin une quatrième série, consistant en deux anneaux *vert* et *rouge,* n'est plus entourée que d'anneaux ternes, dont les couleurs indécises finissent par se confondre avec le blanc.

Si, au lieu de recevoir les rayons réfléchis, on place l'œil au-dessous de la plaque pour recevoir les rayons transmis, on voit un cercle blanc au centre et une suite de cercles colorés dont les teintes se succèdent dans un ordre tel que les anneaux qui se correspondent par réflexion et réfraction ont des *couleurs complémentaires,* c'est-à-dire des couleurs qui, réunies, composeraient de la lumière blanche. Par exemple, si la couleur d'un anneau réfléchi est produite par le mélange des deux premières couleurs du spectre, le *rouge* et l'*orangé,* celle de l'anneau réfracté correspondant sera produite par le mélange des cinq couleurs restantes, *jaune, vert, bleu, indigo* et *violet.*

Les bandes colorées ne sont circulaires que lorsque les rayons incidens sont perpendiculaires ; s'ils tombent obliquement, les anneaux s'élargissent et deviennent elliptiques.

45. Pour ramener le phénomène à ses élémens, Newton répéta les expériences, en employant de la lumière homogène ou d'une seule couleur primitive ; il vit qu'avec la lumière rouge, il ne se formait que des cercles rouges séparés par des cercles noirs ; qu'avec la lumière jaune, il n'y avait pareillement que des cercles jaunes, et ainsi de suite. En général, chaque rayon simple produit par réflexion et par réfraction une série d'anneaux alternativement noirs et de sa couleur ; les anneaux noirs réfléchis correspondent aux anneaux colorés réfractés, et *vice versâ.*

En mesurant les diamètres des anneaux réfléchis dans leur partie la plus brillante, Newton trouva que, quelle soit la couleur de la lumière homogène, les carrés de ces diamètres sont entre eux comme les nombres impairs 1, 3, 5, 7, 9, etc. ; et que les carrés des diamètres des anneaux transmis ou des anneaux noirs réfléchis sont comme les nombres pairs 0, 2, 4, 6, 8, etc.

Ces rapports une fois trouvés, il devenait facile de calculer l'épaisseur de la couche d'air correspondante à un anneau, en mesurant d'abord son diamètre, car la courbure du verre convexe étant connue, et le verre plan lui étant perpendiculaire, la distance des deux surfaces à une distance quelconque du point de contact est déterminée par cette dernière distance, c'est-à-dire

par le diamètre de l'anneau correspondant. En outre, le diamètre d'un anneau quelconque étant mesuré directement, ses rapports précédens avec les autres servent à calculer ceux-ci ; mais il n'est pas même besoin de connaître ces derniers pour obtenir les épaisseurs de la couche d'air ; car en désignant par e l'épaisseur de l'air correspondante à la circonférence intérieure du premier anneau réfléchi, on voit aisément que les épaisseurs aux périmètres intérieurs et extérieurs des anneaux successifs sont e, $3e$, $5e$, $7e$, $9e$, et que les épaisseurs de l'air correspondantes au milieu des anneaux sont $2e$, $6e$, $10e$, $14e$, etc., pour les anneaux réfléchis, et 0, $4e$, $8e$, $12e$, $16e$, etc., pour les anneaux réfractés. Ces rapports sont les mêmes pour chaque lumière homogène ; mais l'épaisseur absolue de la lame d'air correspondante à un anneau du même rang varie avec la couleur, et augmente du rouge au violet. En prenant pour unité l'épaisseur de la lame d'air à la circonférence du premier anneau de la lumière rouge, celles qui se rapportent aux autres couleurs sont :

Désignation des couleurs.	Épaisseur de la lame d'air, au périmètre intérieur du premier anneau.
Rouge extrême..................	e.
Limite du rouge et de l'orangé....	e. 0,9248
Limite de l'orangé et du jaune....	e. 0,8855
Limite du jaune et du vert........	e. 0,8255
Limite du vert et du bleu........	e. 0,7635
Limite du bleu et de l'indigo......	e. 0,7114
Limite de l'indigo et du violet.....	e. 0,6814
Violet extrême...............	e. 0,6300

La valeur de e en millimètres est $0^{mm},00008057$; si l'on multiplie par cette valeur de e les nombres ci-dessus, ceux qu'on obtient représentent les valeurs absolues des épaisseurs, et par une particularité très-remarquable, ces valeurs absolues sont entre elles comme les racines cubiques des carrés des fractions

$$1, \ \tfrac{8}{9}, \ \tfrac{1}{6}, \ \tfrac{3}{4}, \ \tfrac{2}{3}, \ \tfrac{3}{5}, \ \tfrac{9}{16} \text{ et } \tfrac{1}{2}$$

qu'on retrouve dans la théorie des sons. (*Voyez* Son.)

Il résulte encore de toutes ces relations que les diamètres des anneaux de même rang formés avec les différentes lumières correspondantes aux limites des sept couleurs du spectre sont entre eux comme les racines cubiques de ces mêmes fractions.

46. Les lois précédentes s'appliquent aussi bien à une lame très-mince d'une substance transparente quelconque, qu'à une lame d'air ; mais les valeurs absolues des diamètres des anneaux de même couleur et de même ordre sont d'autant plus petits que la substance a une puissance réfractive plus grande. La loi suivante embrasse toutes ces variations :

Dans deux lames de différente nature, les épaisseurs qui transmettent un anneau de même ordre sous la même incidence sont entre elles dans le rapport inverse des indices de réfraction.

47. Les phénomènes offerts par les lumières homogènes expliquent ceux que présente la lumière blanche; car on conçoit que puisque cette dernière est composée de rayons de toutes les couleurs, chacun d'eux doit former sur une lame mince la série d'anneaux qu'il produirait s'il était seul ; et comme les diamètres des anneaux de même ordre des diverses couleurs ne sont pas les mêmes , les couleurs anticipent les unes sur les autres, et forment des anneaux de diverses teintes, suivant la nature du mélange.

Newton a calculé les épaisseurs correspondantes aux diverses teintes que prennent, sous l'incidence perpendiculaire, des lames d'air, d'eau et de verre; nous les rapporterons ici parce qu'elles donnent le moyen de mesurer des épaisseurs qui échappent à tous procédés directs.

COULEURS RÉFLÉCHIES.	ÉPAISSEUR DES LAMES ou millionième de pouce anglais		
	d'air.	d'eau.	de verre.
1er ORDRE.			
Très-noir	$\frac{1}{2}$	$\frac{3}{8}$	$\frac{10}{31}$
Noir	1	$\frac{3}{4}$	$\frac{20}{31}$
Commencement de noir	2	$1\,\frac{1}{2}$	$1\,\frac{2}{7}$
Bleu	$2\,\frac{2}{3}$	$1\,\frac{4}{5}$	$1\,\frac{11}{20}$
Blanc	$5\,\frac{1}{4}$	$3\,\frac{7}{8}$	$3\,\frac{2}{5}$
Jaune	$7\,\frac{1}{9}$	$5\,\frac{1}{5}$	$4\,\frac{3}{6}$
Orangé	8	6	$5\,\frac{1}{6}$
Rouge	9	$6\,\frac{3}{4}$	$5\,\frac{4}{5}$
2e ORDRE.			
Violet	$11\,\frac{1}{6}$	$8\,\frac{3}{8}$	$7\,\frac{1}{6}$
Indigo	$12\,\frac{5}{6}$	$9\,\frac{5}{8}$	$8\,\frac{2}{11}$
Bleu	14	$10\,\frac{1}{2}$	9
Vert	$15\,\frac{1}{8}$	$11\,\frac{1}{3}$	$9\,\frac{5}{7}$
Jaune	$16\,\frac{2}{7}$	$12\,\frac{1}{5}$	$10\,\frac{2}{5}$
Orangé	$17\,\frac{2}{9}$	13	$11\,\frac{1}{9}$
Rouge éclatant	$18\,\frac{1}{3}$	$13\,\frac{3}{4}$	$11\,\frac{5}{6}$
Écarlate	$19\,\frac{2}{3}$	$14\,\frac{3}{4}$	$12\,\frac{2}{3}$
3e ORDRE.			
Pourpre	21	$15\,\frac{3}{4}$	$13\,\frac{10}{20}$
Indigo	$22\,\frac{1}{10}$	$16\,\frac{4}{7}$	$14\,\frac{1}{4}$
Bleu	$23\,\frac{2}{5}$	$17\,\frac{11}{20}$	$15\,\frac{1}{10}$
Vert	$25\,\frac{1}{5}$	$18\,\frac{3}{10}$	$16\,\frac{1}{4}$
Jaune	$27\,\frac{1}{7}$	$20\,\frac{1}{3}$	$17\,\frac{1}{2}$
Rouge	29	$21\,\frac{1}{4}$	$18\,\frac{5}{7}$
Rouge bleuâtre	32	24	$20\,\frac{1}{3}$
4^e ORDRE.			
Vert bleuâtre	34	$25\,\frac{1}{2}$	22
Vert	$35\,\frac{2}{7}$	$26\,\frac{1}{2}$	$22\,\frac{3}{4}$
Vert jaunâtre	36	27	$23\,\frac{2}{9}$
Rouge	$40\,\frac{1}{3}$	$30\,\frac{1}{4}$	26
5^e ORDRE.			
Bleu verdâtre	46	$34\,\frac{1}{2}$	$29\,\frac{2}{3}$
Rouge	$52\,\frac{1}{2}$	$39\,\frac{3}{8}$	34
6e ORDRE.			
Bleu verdâtre	$58\,\frac{3}{4}$	44	38
Rouge	65	$48\,\frac{3}{4}$	42
7e ORDRE.			
Bleu verdâtre	71	$53\,\frac{1}{4}$	$45\,\frac{4}{5}$
Rouge	77	$57\,\frac{3}{4}$	$49\,\frac{2}{3}$

Pour donner un exemple de l'application de cette table à la détermination de l'épaisseur d'une lame très-mince , supposons qu'une couche d'éther sulfurique réfléchisse, sous l'incidence perpendiculaire, le rouge bleuâtre du troisième ordre. Si nous désignons par e son épaisseur, par n son indice de réfraction , et par n' l'indice de réfraction de l'air, nous aurons, en vertu de la loi du numéro 46 et en observant que le nombre 32 répond, dans la table, au rouge bleuâtre de la lame d'air,

$$32 : e = n : n',$$

d'où

$$e = 32\,\frac{n}{n'},$$

et en remplaçant les nombres n et n' par les valeurs prises dans les tableaux du numéro 33 , nous obtiendrons

$$e = \frac{32 \times 1,000294}{1,001530} = 30,9,$$

c'est-à-dire à peu près 31 millionièmes de pouce anglais.

48. Newton a encore découvert un autre phénomène non moins remarquable : c'est la coloration de la lumière réfléchie par des lames épaisses ; mais les détails qu'exigerait son exposition dépassant nos limites, nous devons nous contenter de donner une idée de la théorie qu'il a fondée sur ces faits singuliers.

Considérant la lumière comme une substance composée de molécules infiniment petites lancées par les corps lumineux, Newton a supposé que, dans leur mouvement très-rapide, ces molécules acquièrent, en traversant une surface réfringente, une disposition passagère, rentrant dans des intervalles toujours égaux , à l'aide de laquelle elles traversent plus facilement une nouvelle surface réfringente qu'elles rencontrent, si elles atteignent cette surface pendant la durée de l'*accès* de cette disposition, tandis qu'elles s'y réfléchissent plus facilement si elles la rencontrent dans les intervalles de ces accès. Pour caractériser cette tendance des molécules lumineuses, il a désigné sous le nom d'*accès de facile transmission* la disposition où se trouve la lumière lorsqu'elle peut plus facilement se transmettre que se réfléchir, et sous celui d'*accès de facile réflexion* la disposition contraire. Cette hypothèse résume parfaitement les phénomènes des anneaux colorés, comme nous allons le démontrer. Qu'on imagine un rayon lumineux pénétrant dans une première surface , et prenant à son entrée un accès de facile transmission, cet accès ira croissant jusqu'à une certaine limite pendant une certaine durée, puis décroîtra pendant une seconde durée égale à la première ; parvenu à sa fin, il se changera en accès de facile réflexion qui ira croissant à son tour jusqu'à son maximum, d'où il décroîtra pour se changer de nouveau en accès de facile transmission, et ainsi de suite, tant que le rayon ne rencontrera pas une nouvelle surface capable de le modifier. Chaque accès se composera donc d'une période croissante et d'une période décroissante, pendant lesquelles le rayon parcourra des espaces égaux. L'espace entier que parcourt le rayon pendant la durée d'un accès est ce qui mesure la *longueur de l'accès*. Imaginons maintenant qu'après avoir pris, par son passage au travers de la première surface, un accès de facile transmission, le rayon rencontre une seconde surface moins éloignée de la première que la longueur d'un accès; ce rayon pourra passer outre, parce qu'il est dans l'accès favorable, et avec d'autant plus de facilité que la distance des surfaces différera moins de la longueur d'un demi-accès. Si, au contraire, la distance des deux surfaces est un peu plus grande que la longueur d'un accès, mais moindre cependant que celle de deux accès, le rayon rencontrera la seconde surface pendant la durée de son accès de facile réflexion, et sera réfléchi. En général, quand la distance des surfaces est moindre que la longueur d'un accès, ou égale à *deux* fois, *quatre* fois, *six* fois cette longueur, le rayon est transmis; et lorsque cette épaisseur est égale à *une* fois, *trois* fois, *cinq* fois, etc., la longueur d'un accès, le rayon est réfléchi.

En appliquant cette théorie à la formation des anneaux colorés, on reconnaît que l'épaisseur de la lame mince au milieu du premier anneau coloré doit être égale à la longueur d'un accès; de sorte que cette longueur varie avec la réfrangibilité de la substance.

49. *De la diffraction.* On nomme *diffraction* la déviation que subit un rayon de lumière qui rase la surface d'un corps, déviation toujours accompagnée d'une décomposition analogue à celle qu'éprouve la lumière en traversant des lames minces. Ce phénomène a été observé pour la première fois par Grimaldi, en 1665, et étudié depuis par Newton, Young et Fresnel. C'est à ce dernier qu'on en doit la théorie complète et l'explication.

Les effets de la diffraction peuvent être reconnus en regardant la flamme d'une bougie à travers une fente étroite pratiquée dans une feuille de papier noir; on aperçoit alors de larges bandes diversement colorées qui environnent la flamme. Un cheveu placé verticalement entre l'œil et la flamme produit encore les mêmes apparences, lorsqu'il est très-près de l'œil; mais pour constater toutes les circonstances du phénomène, il faut l'observer dans la chambre obscure. Lorsqu'un rayon introduit dans une chambre obscure rencontre le bord d'une lame opaque, on le voit s'écarter comme s'il était

repoussé par ce bord; et en recevant à quelque distance l'ombre de la lame et la lumière du rayon sur un écran blanc, le bord de l'ombre paraît accompagné de bandes brillantes ou de franges colorées parallèles entre elles, dont l'éclat diminue à mesure qu'elles s'éloignent de l'ombre. Cette ombre n'est pas tout-à-fait noire, on y distingue pareillement des bandes faiblement colorées.

5o. En recevant le rayon lumineux sur une lentille, pour le concentrer en un point et le réduire presque à une ligne mathématique, le phénomène est plus sensible. Si l'on emploie un verre coloré afin d'avoir seulement des rayons de sa teinte, les franges lumineuses sont toutes de la même couleur, et elles sont séparées les unes des autres par des intervalles obscurs, comme les anneaux produits sur une lame mince par une lumière homogène. Les franges obscures et les franges brillantes des divers ordres d'intensité semblent prendre naissance au bord même du corps opaque; mais la lumière ne poursuit pas sa route en ligne droite; car en suivant les traces des franges, on reconnait qu'elles se propagent suivant des lignes courbes qui sont des *hyperboles* dont le sommet commun est sensiblement au bord de la lame opaque. L'explication que Newton a donnée de ces faits, fondée sur une action répulsive que les molécules des corps exerceraient à de très-petites distances sur les molécules de la lumière, est évidemment insuffisante.

51. Les expériences de Young sur les franges colorées l'ont conduit à une autre explication devenue célèbre sous le nom de *principe des interférences*. Ce physicien a observé qu'en dirigeant deux rayons de même couleur dans une chambre obscure de manière qu'ils se rencontrent, ils produisent, en se pénétrant, des franges alternativement brillantes et sombres semblables à celles qui résultent de la diffraction. Le fait le plus important dans cette production de franges colorées, c'est qu'en fermant l'ouverture par laquelle passe un des rayons, les franges disparaissent, et qu'une teinte lumineuse uniforme remplace dans l'espace qu'elles occupaient les alternatives de lumière et d'obscurité qu'on y observait avant. Le concours des deux lumières avait donc produit l'obscurité. Ce phénomène singulier, observé déjà par Grimaldi sur deux rayons de lumière blanche, paraît inconciliable avec le système de l'émission; car dans ce système deux rayons réunis doivent toujours augmenter l'intensité de la lumière. Ce n'est qu'en accumulant hypothèse sur hypothèse que les partisans de l'émission peuvent aujourd'hui conformer leur théorie aux faits.

Le principe des interférences, lié au système des vibrations, peut s'énoncer en ces termes :

Deux rayons homogènes, émanés d'une même source et

qui se rencontrent sous une petite obliquité, ajoutent leur éclat ou se détruisent suivant que la différence des chemins qu'ils ont parcourus depuis leur origine jusqu'à leur rencontre est un multiple pair ou impair de la longueur d'une demi-onde lumineuse.

Pour faire comprendre ce principe, nous rappellerons que, dans le système des vibrations, la lumière n'est qu'un mouvement oscillatoire isochrone des corps lumineux transmis à l'éther environnant et se propageant dans ce fluide par des ondulations analogues à celles de l'air dans la propagation du son (2). D'après cette hypothèse, chaque onde lumineuse est composée de deux demi-ondes dans lesquelles les mouvemens sont égaux, mais opposés ; de sorte que si deux systèmes d'ondes de même longueur d'ondulation et de même intensité se propagent dans le même sens, et que l'un soit en retard sur l'autre d'une demi-ondulation ou d'un nombre quelconque impair de demi-ondulations, tous les mouvemens se détruiront comme dans le choc de deux corps égaux qui se rencontrent avec des vitesses égales ; mais si la différence de marche est nulle ou égale à un nombre pair de demi-ondulations, les mouvemens s'ajouteront. Nous ne pouvons que faire entrevoir cette ingénieuse théorie, portée par les travaux de Fresnel à un très-haut degré de probabilité.

52. La longueur, dans l'air, des ondes des divers rayons colorés a été déterminée par Fresnel, avec le dernier degré d'exactitude. En voici le tableau ; les nombres expriment des *millièmes de millimètre :*

Limites des couleurs principales.	Valeurs extrêmes d'une demi-onde.	Couleurs principales.	Valeurs moyennes d'une demi-onde.
Violet extrême	406		
Violet indigo	439	Violet	423
Indigo bleu	459	Indigo	449
Bleu vert	492	Bleu	475
Vert jaune	532	Vert	521
Jaune orangé	571	Jaune	551
Orangé rouge	596	Orangé	583
Rouge extrême	645	Rouge	620

Ces valeurs, obtenues par des expériences directes sur la lumière diffractée, sont exactement le *quadruple* des longueurs des *accès* déterminées par Newton ; et comme dans le système des vibrations l'épaisseur de la lame mince correspondante au premier anneau coloré qui se développe par la réflexion d'une lumière homogène est le double de la longueur d'une onde entière, on ne peut qu'admirer l'accord surprenant de mesures effectuées sur des grandeurs insensibles.

53. *De la double réfraction.* La plupart des corps transparens cristallisés ont la propriété de diviser un seul *faisceau incident* en deux *faisceaux réfractés*, dont l'un est soumis aux lois de la réfraction ordinaire, mais dont l'autre obéit à des lois différentes. Ce phénomène de double réfraction se manifeste par la double image qu'on aperçoit en regardant un corps au travers d'un cristal *bi-réfringent*. Tous les cristaux dont la forme primitive n'est ni un cube ni un octaèdre régulier sont *bi-réfringens*.

Pour observer les phénomènes de la double réfraction, on emploie communément des cristaux de chaux carbonatée (spath d'Islande), dont la forme ordinaire est celle d'un prisme rhomboïdal. Cette substance, qu'on peut se procurer aisément, possède la propriété bi-réfringente au plus haut degré.

Or, en regardant au travers d'un cristal de chaux carbonatée un objet délié quelconque, comme une ligne noire tracée sur un papier blanc, on aperçoit très-distinctement deux images de cet objet, quelle que soit d'ailleurs la position du cristal. Ces images paraissent d'autant plus écartées l'une de l'autre que l'objet est plus éloigné. Si l'on fait tourner le cristal sur lui-même, une des deux images reste immobile, tandis que l'autre se met en mouvement, et semble tourner autour de la première. Ce fait prouve : 1° que chaque rayon se divise en deux faisceaux distincts, d'égale densité ; 2° que ces deux faisceaux ne sont pas réfractés de la même manière. On peut encore reconnaître avec évidence l'existence des deux faisceaux réfractés en faisant passer un rayon solaire à travers le cristal, dans une chambre obscure ; car on obtient alors deux images du soleil sur un écran opposé.

Il est facile de reconnaître que l'image immobile est celle qui est vue par le faisceau réfracté à la manière ordinaire ; car, lorsque la position de l'œil et de l'objet reste la même, l'image aperçue au travers d'une lame transparente à faces parallèles ne change pas de place quand on fait tourner la lame de manière que ses faces restent dans le même plan.

On nomme *rayon ordinaire* le rayon réfracté d'après les lois précédemment établies, et *rayon extraordinaire* celui qui n'est pas soumis à ces lois.

54. Dans tous les cristaux doués de la double réfraction, il existe toujours *une* ou *deux* directions suivant lesquelles un rayon incident ne se divise pas et ne subit qu'une réfraction ordinaire. Ces directions ont reçu les noms d'*axes optiques* du cristal. Les cristaux dans lesquels il n'y a qu'une seule direction d'indivisibilité se nomment *cristaux à un axe ;* ceux dans lesquels il y a deux directions d'indivisibilité se nomment *cristaux à deux axes.* La chaux carbonatée est un cristal à un axe dont la direction est celle de la diagonale AA′ (fig. 11, Pl. XV), qui passe par les sommets des deux angles trièdres obtus du solide rhomboïdal ; ainsi, tous les rayons incidens qui rencontrent une des faces de ce cristal, de manière à se réfracter dans une direction paral-

lèle à cette diagonale, ne subissent aucune division ; tandis que, dans toutes les autres directions possibles, le phénomène de la double réfraction a lieu. En *minéralogie*, on donne le nom d'*axe cristallographique* à une droite imaginaire menée dans l'intérieur d'un cristal et qui est soumise à certaines conditions ; cette droite ne doit pas être confondue avec les *axes optiques* ; cependant, dans les cristaux à un *seul* axe optique, l'axe cristallographique coïncide *toujours* avec l'axe optique ; dans les cristaux à deux axes, l'axe cristallographique n'a aucune relation déterminée avec les axes optiques.

55. La marche du rayon extraordinaire, dans un cristal à un axe, diffère généralement de celle du rayon ordinaire soumis aux deux lois que nous allons rappeler : 1° *les angles d'incidence et de réfraction sont toujours situés dans un même plan ;* 2° *les sinus de ces angles ont un rapport constant.* Il existe toutefois deux coupes du cristal où la direction du rayon extraordinaire se rapproche de ces lois. Ces coupes se nomment la *section principale* et *la section perpendiculaire à l'axe.*

Quelle que soit la forme du cristal, naturelle comme celle qu'il a acquise en se formant, artificielle comme toutes celles qu'on peut lui donner en le divisant, on nomme *section principale* la section faite par un plan perpendiculaire à une face et qui passe par l'axe, et *section perpendiculaire à l'axe* la section faite par un plan perpendiculaire à l'axe.

Lorsque le rayon incident est compris dans le plan d'une section principale, les deux rayons réfractés sont également compris dans ce plan. Le rayon extraordinaire est donc alors soumis à la première loi de la réfraction. Il en est encore de même lorsque le rayon incident est dans le plan de la section perpendiculaire à l'axe ; mais alors, dans ce dernier cas, il est soumis, en outre, à la seconde loi de la réfraction, c'est-à-dire que les sinus d'incidence et de réfraction ont un rapport constant pour toutes les obliquités d'incidence. Ce rapport, qui diffère nécessairement de celui de la réfraction ordinaire, est ce qu'on nomme l'*indice de réfraction extraordinaire.* En désignant par n l'indice de réfraction des rayons ordinaires, et par n' celui des rayons extraordinaires, Malus a trouvé, pour la chaux carbonatée :

$$n = 1,654295 \qquad n' = 1,482959.$$

56. Tous les cristaux à un axe n'ont pas, comme la chaux carbonatée, un indice de réfraction extraordinaire plus petit que celui de la réfraction ordinaire ; il en est, au contraire, dans lesquels le rayon extraordinaire, au lieu de s'écarter de l'axe, s'en rapproche ; ce qui donne un indice plus grand que l'indice ordinaire. M. Biot, qui, le premier, a découvert ces circonstances, nommait *cristaux attractifs* ceux qui se trouvent dans le dernier cas, et *cristaux répulsifs* les autres ; mais ces dénominations ont été remplacées par celles de *cristaux positifs* et de *cristaux négatifs.* On connaît jusqu'ici trente-un cristaux négatifs et quatorze positifs ; ce sont :

Cristaux négatifs.

Carbonate de chaux.	Phosphate de plomb arséniaté.
Carbonate de chaux et de magnésie.	Hydrate de strontiane.
Carbonate de chaux et de fer.	Arséniate de potasse.
Tourmaline.	Hydrochlorate de chaux.
Rubellite.	Hydrochlorate de strontiane.
Corindon.	Sous-phosphate de potasse.
Saphir.	Sulfate de nickel et de cuivre.
Rubis.	Cinabre.
Émeraude.	Mellite.
Béryl.	Molybdate de plomb.
Apate.	Octoédrite.
Idocrase.	Prussiate de potasse.
Vernerite.	Phosphate de chaux.
Mica (de Kariat).	Arséniate de plomb.
Phosphate de plomb.	Arséniate de cuivre.
	Népheline.

Cristaux positifs.

Zircon.	Suracétate de cuivre et de chaux.
Quartz.	Hydrate de magnésie.
Oxide de fer.	Glace.
Tungstate de zinc.	Hyposulfate de chaux.
Stanite.	Dioptase.
Bornéite.	Argent rouge.
Apophylite.	
Sulfate de potasse et de fer.	

57. Le caractère distinctif des cristaux à deux axes est d'offrir deux directions suivant lesquelles un rayon incident les traverse sans se diviser, tandis que dans toutes les autres il se partage en deux rayons réfractés ; mais ici les phénomènes se compliquent, car il n'y a plus de rayon ordinaire, c'est-à-dire qu'aucun des deux rayons ne suit les lois de Descartes. On peut constater ce fait en regardant un objet au travers d'une lame de sulfate de chaux à faces parallèles : lorsqu'on fait tourner la plaque, les deux images deviennent mobiles.

Les deux axes optiques font entre eux des angles très-différens dans les divers cristaux. J.-F.-W. Herschell a reconnu en outre que les axes relatifs aux rayons homogènes sont distincts les uns des autres, mais disposés symétriquement, de manière que les angles qu'ils forment, deux à deux, sont tous partagés en deux parties égales par une même droite.

Il y a encore dans les cristaux à deux axes deux coupes remarquables qu'on nomme *la section perpendiculaire à la ligne moyenne* et *la section perpendiculaire à la ligne supplémentaire.* Qu'on imagine un plan passant par les deux axes et deux droites tracées sur le plan dont l'une partage en deux parties égales les deux plus petits angles opposés par le sommet que forment les axes, et dont l'autre partage en deux parties égales les deux plus grands angles opposés par le sommet; la première sera la *ligne moyenne*, et la seconde la *ligne supplémentaire*. Toute section formée dans le cristal par un plan perpendiculaire à la ligne moyenne sera une *section perpendiculaire à la ligne moyenne*, comme toute section formée par un plan perpendiculaire à la ligne supplémentaire sera une *section perpendiculaire à la ligne supplémentaire*.

Dans l'une et l'autre de ces sections, un des deux rayons est soumis aux lois ordinaires de la réfraction.

Les formes primitives des cristaux à un axe sont le *rhomboïde*, le *prisme hexaèdre régulier*, l'*octaèdre isoscèle à base carrée*, et le *prisme droit à base carrée*. Toutes les autres formes appartiennent à des cristaux à deux axes ou à des cristaux qui n'exercent qu'une seule réfraction. Voici la liste des cristaux à deux axes :

TABLEAU

DES CRISTAUX BI-RÉFRINGENS A DEUX AXES.

NOMS DES SUBSTANCES.	ANGLES des axes.	NOMS DES SUBSTANCES.	ANGLES des axes.
Sulfate de nickel (certains échantillons).	2° 0'	Benzoate d'ammoniaque.	45 8
Sulfo-carbonate de plomb.	»	Carbonate de baryte. . . .	» »
Nitrate de potasse.	5 20	Sulfate de soude et de mag.	46 49
Mica (certains échant.). . .	6 0	Sulfate d'ammoniaque. . .	49 42
Carbonate de strontiane. .	6 56	Topaze du Brésil.	49à50 0
Talc.	7 24	Sucre.	50 0
Perle.	11 28	Sulfate de strontiane. . . .	50 0
Hydrate de baryte.	13 18	Sulfo - hydrochlorate de magn. et de fer.	51 16
Mica (certains échant.). .	14 0	Sulfate de magnésie et d'ammoniaque.	51 22
Aragonite.	18 18		
Prussiate de potasse. . . .	19 24	Phosphate de soude. . .	55 20
Mica (certains échant.). . .	25 0	Comptonite.	56 6
Cymophane. . . . . . . ,	27 51	Sulfate de chaux.	60 0
Anhydrite.	28 7	Oxynitrate d'argent. . . .	62 16
Borax.	38 42	Iolite.	62 50
	30 0	Feldspath.	65 0
	31 0	Topaze (Aberdeenshire) .	65 0
Mica { divers échant. examinés par M. Biot.	32 0	Sulfate de potasse.	67 0
	34 0	Carbonate de soude. . . .	70 1
	37 0	Acétate de plomb.	70 25
Apophylite.	35 8	Acide citrique.	70 29
Sulfate de magnésie. . . .	37 24	Tartrate de potasse. . . .	71 20
Sulfate de baryte.	37 42	Acide tartrique.	79 0
Spermacite.	37 40	Tartrate de pot. et de soude.	80 0
Borax natif.	38 48	Carbonate de potasse. . .	80 30
Nitrate de zinc.	40 0	Cyanite.	81 48
Stylbite.	41 42	Chlorate de potasse. . . .	82 0
Sulfate de nickel.	42 4	Epidote.	84 19
Carbonate d'ammoniaque.	43 24	Hydrochlorate de cuivre.	84 30
Sulfate de zinc.	44 28	Péridot.	87 56
Anhydrite (M. Biot). . . .	44 41	Acide succinique. . . .	90 0
Mica.	45 0	Sulfate de fer.	90 0

M. Sorret, de Genève, a trouvé une relation remarquable entre la position des deux axes et la forme primitive du cristal; d'après ce physicien, le plan des deux axes serait toujours disposé d'une manière symétrique par rapport aux faces de la forme primitive, et les axes seraient placés dans ce plan de manière à faire des angles égaux avec ces faces.

58. *Polarisation de la lumière.* On nomme *polarisation* la modification qu'éprouve un rayon de lumière réfléchi ou réfracté par des surfaces polies, ou transmis à travers les cristaux bi-réfringens, sous certains angles d'incidence déterminés, et qui lui fait perdre la propriété de pouvoir se réfléchir ultérieurement, sous toutes les conditions d'incidence, lorsqu'il rencontre de nouvelles surfaces polies.

Supposons, pour mieux fixer les idées, qu'on présente à un rayon de lumière préalablement réfléchi sur une lame de verre polie, en faisant un angle d'incidence de 54° 35', une seconde lame de verre parallèle à la première, afin qu'il la rencontre également sous une incidence de 54° 35'; ce rayon sera réfléchi de nouveau, et si c'est un rayon solaire, on pourra, en l'isolant dans une chambre obscure, recueillir sur un écran une brillante image du soleil. Imaginons maintenant qu'on fasse tourner lentement la seconde lame sur son propre plan autour de l'axe du rayon; le second plan de réflexion, coïncidant jusqu'ici avec le premier, changera de position sans que l'angle d'incidence cesse d'être de 54° 35', de sorte que si le rayon jouissait après sa première réflexion de toutes les propriétés qu'il avait auparavant, l'image transmise ne devrait éprouver aucune altération; mais il n'en est pas ainsi : à mesure que le second plan de réflexion s'écarte du premier, l'image diminue d'éclat, s'efface peu à peu, et finit par disparaître entièrement, lorsque le second plan de réflexion est devenu perpendiculaire au premier. Dans cette position, il n'y a plus aucune réflexion sur la seconde lame, et le rayon se trouve détruit par son contact avec elle.

Il résulte de ce phénomène singulier que, par le fait seul de sa réflexion sur une plaque de verre, sous un angle d'incidence de 54° 34' le rayon a cessé d'être également réflexible, sous cette même incidence, sur une autre plaque de verre; il a donc subi un changement dans sa constitution primitive, une modification dans ses propriétés naturelles; or, c'est ce changement ou cette modification qu'on désigne sous le nom beaucoup trop significatif de *polarisation*, qui se rapporte à l'hypothèse de molécules lumineuses pourvues d'axes et de pôles de rotation, hypothèse qui ne paraît guère soutenable aujourd'hui. Quoi qu'il en soit de cette désignation, un rayon lumineux ainsi modifié se nomme un *rayon polarisé*, et l'on peut entrevoir, d'après ce qui précède, que les propriétés de la *lumière polarisée* diffèrent essentiellement de celles de la lumière naturelle. C'est par la découverte de ce fait important que Malus a changé la face de l'optique et ouvert aux investigations des physiciens une carrière aussi féconde que nouvelle.

59. Le phénomène fondamental que nous venons de

signaler peut être aisément observé au moyen de l'appareil suivant :

TH (fig. 10, Pl. XV) est un tube de cuivre semblable à un tuyau de lunette et mobile sur une charnière A. On le pose sur un pied. Ce tube est garni à chacune de ses extrémités d'un tambour mobile terminé par deux tiges parallèles à son axe, et qui supportent l'axe d'un petit miroir plan en verre noir. Les petits miroirs AB et CD peuvent prendre toutes les inclinaisons possibles par rapport à l'axe du tube, et leurs axes de rotation peuvent aussi prendre entre eux toutes les positions possibles, parce que les tambours qui les supportent entrent à frottement dans le tube et peuvent ainsi tourner sur eux-mêmes ; des cercles gradués, fixés dans chaque plan de mouvement, servent à mesurer ces diverses inclinaisons. Enfin, un diaphragme DD' ne laisse pénétrer dans le tube que les rayons réfléchis parallèlement à son axe.

L'appareil étant monté sur son pied, on incline les miroirs de manière que leur direction fasse un angle de 35° 25' avec l'axe du tube, et on donne au tube une position telle qu'on puisse apercevoir par réflexion la lumière du ciel, ou celle d'une bougie sur le miroir CD, après qu'elle a été réfléchie sur le premier miroir AB. Lorsque les deux miroirs sont parallèles, on aperçoit une image brillante sur le miroir CD ; mais si, sans changer l'inclinaison des miroirs par rapport à l'axe, on fait tourner le miroir CD, on verra se reproduire successivement les phénomènes déjà indiqués, c'est-à-dire que l'image brillante s'affaiblira à mesure que le second plan de réflexion s'écartera angulairement du premier. A la distance de 90°, l'image disparaîtra ; passé cette distance, elle recommencera à se montrer, et son intensité sera croissante jusqu'à ce qu'après une demi-révolution du miroir CD, les deux plans de réflexion coïncident de nouveau. La rotation continuant toujours, l'intensité de l'image deviendra décroissante une seconde fois, et elle disparaîtra encore quand les plans de réflexion seront devenus rectangulaires. Il y aura ainsi dans le cours d'une révolution complète du miroir CD deux instants où l'image aura son maximum de clarté et deux instants où elle cessera d'être visible.

60. Les variations d'intensité de la lumière réfléchie une seconde fois paraissent être les mêmes dans les deux moitiés d'une révolution entière du miroir CD, et Malus avait supposé que l'intensité du faisceau réfléchi était constamment proportionnelle au carré du cosinus de l'angle des deux plans de réflexion, de sorte qu'en désignant par O le maximum d'intensité et par i l'angle des deux plans, on aurait pour l'intensité correspondante à l'angle i l'expression

$$O \cos^2 i.$$

Cette loi très-simple a été constatée depuis par M. Arago.

61. En changeant un peu l'inclinaison du miroir CD sur l'axe du tube, sans toucher à celle du premier miroir, les intensités de clarté des images se succèdent encore dans le même ordre ; mais il n'y a plus de disparition totale : on a seulement le maximum de clarté, lorsque les plans de réflexion coïncident, et le minimum, lorsqu'ils sont rectangulaires. Les mêmes phénomènes ont lieu lorsqu'on fait varier un peu l'inclinaison du premier miroir sans changer celle du second, et même en les faisant varier l'un et l'autre à la fois d'une petite quantité.

Ainsi, le rayon lumineux n'est pas polarisé seulement lorsqu'il rencontre le premier miroir sous une inclinaison de 35° 25', ou, ce qui est la même chose, sous un angle d'incidence de 54° 35' ; il l'est encore sous d'autres angles d'incidence, incomplètement à la vérité ; mais on est conduit à admettre que dans toute réflexion il y a toujours une partie de lumière polarisée d'autant plus grande que l'angle d'incidence diffère moins de l'angle de la polarisation complète.

62. Tous les corps polis ont la propriété de polariser la lumière sous une certaine incidence qui varie avec leur nature ; mais ils n'ont pas tous la propriété de la polariser complètement. On nomme en général *angle de polarisation* l'angle d'inclinaison sous lequel le rayon doit rencontrer la surface réfléchissante pour être polarisé ; cet angle est le complément de l'angle d'incidence : ainsi l'angle de polarisation complète pour le verre est de 35° 25'. Quelle que soit la substance sur laquelle un rayon ait été complètement polarisé, ses propriétés sont identiquement les mêmes, et il ne peut plus être réfléchi par aucune des surfaces complètement polarisantes, lorsqu'il rencontre ces surfaces sous leurs angles respectifs de polarisation complète, et que les plans de réflexion sont perpendiculaires entre eux. On est convenu de nommer le premier plan de réflexion, c'est-à-dire celui dans lequel se meut le rayon, après la première réflexion qui l'a polarisé, *plan de polarisation*.

Pour reconnaître si un rayon de lumière est polarisé complètement ou incomplètement, il suffit donc de le recevoir sur une plaque de verre, sous un angle d'inclinaison de 35° 25', puis de faire tourner cette plaque sur elle-même sans changer son inclinaison. Si, dans une certaine position de la plaque, le rayon n'est plus réfléchi, on peut en conclure qu'il était complètement polarisé dans un plan perpendiculaire au plan d'incidence ; s'il y a seulement minimum d'éclat, le rayon était polarisé incomplètement, toujours dans un plan perpendiculaire au plan de l'incidence qui correspond à ce minimum ; mais si, dans toutes les positions de la plaque, le rayon réfléchi conserve la même intensité, on peut être assuré qu'il était naturel. Nous verrons bientôt qu'il existe des moyens plus faciles pour distinguer immédiatement un rayon naturel d'un rayon polarisé.

63. M. Brewster a découvert que l'angle de la polarisation maximum des corps transparens est lié au pouvoir réfringent de ces corps par cette loi d'une remarquable simplicité :

La cotangente de l'angle de polarisation est égale à l'indice de réfraction.

Elle résulte du fait très-important, constaté par ce physicien, que lorsqu'il y a polarisation complète ou maximum, *le rayon réfléchi est perpendiculaire au rayon réfracté*. En effet, d'après cette relation, l'angle de réfraction est le complément de l'angle de réflexion, et l'on a

$$(90° - P) + R = 90°.$$

R désignant l'angle de réfraction, P celui de polarisation, et, par conséquent 90° — P étant l'angle d'incidence égal à celui de la réflexion, cette égalité donne P = R ; mais n étant l'indice de réfraction, on a aussi (453)

$$\frac{\sin(90 - P)}{\sin R} = \frac{\cos P}{\sin R} = n$$

et par suite

$$\frac{\cos P}{\sin P} = \cot P = n.$$

On peut ainsi trouver très-facilement l'angle de polarisation quand l'indice de réfraction est connu, et *vice versâ*.

Nous réunirons ici quelques angles de polarisation observés directement, pour les comparer avec ceux qu'on tire de cette formule.

Noms des substances.	Angle de polarisation complète au maximum	
	observé.	calculé.
Eau.	37° 15'	36° 49'
Spath fluor.	35 10	34 51
Obsidienne.	33 57	33 54
Sulfate de chaux. . . .	33 32	33 15
Cristal de roche. . . .	32 38	33 2
Verre opale.	31 59	31 27
Topaze.	31 20	31 26
Verre orangé.	30 48	30 32
Rubis spinelle.	29 44	29 35
Verre d'antimoine. . . .	25 15	25 30
Soufre natif.	25 50	26 15
Diamant.	21 58	21 59

Si jamais la loi de Brewster se trouve démontrée *à priori*, elle offrira un contrôle assuré dans la recherche des indices de réfraction et des angles de polarisation. D'après le même observateur, les corps ne polarisent complètement la lumière que lorsque leur indice de réfraction est au-dessous de 1,7. De toutes les surfaces polies, celles qui polarisent le moins sont les surfaces métalliques.

64. Un rayon de lumière polarisé dans un plan déterminé demeure polarisé dans le même sens lorsqu'il traverse perpendiculairement des milieux diaphanes quelconques, à l'exception toutefois des cristaux bi-réfringens, dont nous verrons l'action plus loin; mais lorsqu'il se réfléchit sur une surface polie, sous diverses inclinaisons, la portion réfléchie, quoique toujours polarisée, ne l'est plus dans le même plan. Par exemple, en supposant que le plan de polarisation du rayon incident fasse un angle de 40° avec le plan de la nouvelle réflexion, le plan de polarisation du rayon réfléchi fera un angle plus grand ou plus petit que 40° avec le même plan de réflexion, suivant les circonstances de l'incidence.

L'angle du plan de polarisation avec le plan de réflexion ou d'incidence se nomme l'*azimut* du plan de polarisation.

65. La lumière se polarise non seulement à la première surface des corps transparens, mais encore à la seconde, c'est-à-dire dans leur intérieur. Soit DE (fig. 8, Pl. XV) la première surface d'un prisme de verre, et GH la seconde surface parallèle à la première; concevons qu'un rayon incident AB rencontre la surface DE sous l'inclinaison correspondante à la polarisation complète, la partie du faisceau réfracté BC qui se réfléchit dans la direction CO, sur la seconde surface GH, sera aussi complètement polarisée; et si l'on a taillé le prisme de manière que ce rayon puisse sortir perpendiculairement par une face EF, ce qui ne fait pas dévier le plan de polarisation, on pourra reconnaître que le rayon est polarisé dans le plan de réflexion. C'est encore à Malus qu'est due la découverte de ce fait remarquable.

La relation des angles d'incidence et de réfraction permet de trouver facilement la grandeur de l'angle de la polarisation complète à la seconde surface; car cet angle BCN étant égal au complément de l'angle de réfraction NBC, si dans l'expression générale

$$\sin I = n \sin R$$

on substitue 90° — P à I, et 90° — P' à R, P étant l'angle de polarisation à la première surface, et P' l'angle de polarisation à la seconde, on a

$$\sin(90° - P) = n \sin(90° - P'),$$

ou

$$\cos P = n \cos P'.$$

D'après la loi de Brewster, $\cot P = n$, et par suite $\cos P' = \sin P$; ainsi l'angle de la polarisation complète à la seconde surface est le complément de l'angle de la polarisation complète à la première.

66. La polarisation de la lumière par réfraction présente plusieurs phénomènes importans. Si l'on taille un prisme de verre EDF (Pl. **XV**, fig. 9) de manière qu'un rayon incident AB, sous l'inclinaison de la polarisation complète, puisse émerger perpendiculairement à la face opposée EF, on reconnaît que le rayon émergent BC est lui-même polarisé dans un plan perpendiculaire au plan d'incidence ; mais la polarisation n'est pas complète. La même chose a lieu pour le rayon émergent CA' (fig. 8), lorsque la face d'émergence est parallèle à celle d'incidence. Dans ce dernier cas, si l'on fait passer le rayon émergent à travers une seconde lame à faces parallèles et parallèle à la première, il se trouvera contenir plus de lumière polarisée après la seconde émergence. La quantité de lumière polarisée ira toujours en croissant avec le nombre des lames qu'on fera traverser au rayon ; et enfin, lorsque ce nombre sera suffisant, le dernier rayon émergent sera complètement polarisé.

67. Les cristaux bi-réfringens polarisent complètement la lumière qui les traverse en se divisant en deux faisceaux, l'un ordinaire, l'autre extraordinaire (53). On peut vérifier ce fait en recevant les deux rayons émergens sur une glace, sous une inclinaison de 35° 25', et en observant les variations des deux images ; lorsque le plan de réflexion est parallèle à la section principale du cristal, l'image ordinaire est la seule visible ; lorsque, au contraire, le plan de réflexion est perpendiculaire à cette section, c'est l'image extraordinaire qu'on aperçoit. Il résulte de ces phénomènes que le rayon ordinaire est polarisé suivant la section principale, et le rayon extraordinaire perpendiculairement à cette même section.

Si le rayon incident était primitivement polarisé dans un plan quelconque, les rayons émergens seraient encore polarisés, le premier dans le plan de la section principale, et le second dans un plan perpendiculaire à cette section ; mais l'intensité de ces rayons ne serait plus la même que si le rayon incident eût été naturel.

68. Plusieurs cristaux bi-réfringens ont la propriété d'absorber plus abondamment dans certaines directions la lumière polarisée que la lumière naturelle ; celui de tous qui la possède au plus haut degré est la tourmaline ; car une plaque très-mince de tourmaline brune absorbe complètement la lumière polarisée quand son axe optique est parallèle au plan de réflexion : dans toute autre position, elle transmet cette lumière avec une intensité d'autant plus grande que son axe est plus près d'être perpendiculaire au même plan. Cette

propriété offre un moyen très-simple de reconnaître immédiatement la nature d'un rayon et son plan de polarisation, en le regardant au travers d'une plaque de tourmaline taillée parallèlement à son axe. Si, en faisant tourner la plaque dans son plan, l'intensité du rayon n'éprouve aucune altération, c'est qu'il est composé seulement de lumière naturelle ; lorsque cette intensité varie, on peut en conclure que le rayon est en partie polarisé ; et enfin, si dans une position déterminée de la plaque, le rayon disparaît entièrement, il en résulte qu'il était complètement polarisé dans un plan parallèle à la section principale de la plaque.

69. Dans l'impossibilité où nous sommes d'exposer tous les phénomènes de la polarisation, nous avons dû choisir de préférence ceux qui sont en quelque sorte caractéristiques ; il en est d'autres, cependant, que nous croyons essentiel d'indiquer, pour donner au moins le désir de les étudier dans les ouvrages spéciaux. Tels sont, par exemple, les faits si curieux découverts par MM. Fresnel et Arago, sur l'action mutuelle des rayons polarisés, et ceux non moins curieux de la coloration de la lumière polarisée qui traverse des lames minces de cristaux.

Deux faisceaux polarisés émanés d'une même source peuvent produire, comme deux faisceaux naturels, des franges colorées, par leur interférence (51), lorsque leur plan de polarisation est le même ; mais en faisant varier les plans de polarisation, on voit successivement les franges s'affaiblir à mesure que ces plans s'écartent du parallélisme, et elles finissent par disparaître lorsque les plans sont devenus perpendiculaires entre eux. Ainsi, l'influence que deux rayons polarisés exercent l'un sur l'autre dépend de la relation de leurs plans de polarisation : elle est à son maximum quand ces plans sont parallèles : elle est nulle quand ils sont rectangulaires.

Quand un faisceau de lumière blanche polarisée traverse perpendiculairement une lame mince de chaux carbonatée, taillée perpendiculairement à l'axe, on aperçoit, en observant le rayon émergent à travers une tourmaline, une série d'anneaux colorés concentriques coupés par une grande croix ; cette croix est noire, si la section principale de la tourmaline est parallèle au plan primitif de polarisation ; elle est blanche, si la section est perpendiculaire au même plan ; dans ce dernier cas, les couleurs des anneaux sont complémentaires de celles qui se manifestent dans le premier cas. Les mêmes phénomènes ont lieu avec toutes les lames minces des cristaux bi-réfringens à un axe. Les cristaux à deux axes font naître des franges colorées diversement contournées. Fresnel a donné des explications très-satisfaisantes de tous ces phénomènes, dans un Mémoire inséré dans le *Recueil des savans étrangers*. Les principaux résultats obtenus par ce physicien sont rapportés dans le tome XVII des *Annales de Physique et de Chimie*.

70. La lumière se polarisant de plus en plus par des réfractions successives (66), on peut entrevoir que celle du soleil et des astres se trouve toujours plus ou moins polarisée par son passage à travers l'atmosphère de la terre. M. Arago a trouvé que le maximum de polarisation de la lumière bleue du ciel a lieu à une distance angulaire de 90°, c'est-à-dire qu'en observant cette lumière dans le plan vertical du soleil, on trouve que sa portion polarisée croît jusqu'à 90° de distance, et qu'elle diminue ensuite successivement, à mesure que la distance angulaire s'élève au-dessus de 90°. La lumière de la lune renferme une assez grande quantité de lumière polarisée.

Les rayons de lumière homogène ont chacun un angle particulier de polarisation, comme ils ont chacun un indice particulier de réfraction, et quoique ces angles diffèrent très-peu, il en résulte plusieurs phénomènes de coloration lorsqu'on détruit, par la réflexion, un rayon de lumière blanche polarisée. Par exemple, quand deux plans de réflexion sont perpendiculaires, et qu'un rayon s'y trouve réfléchi sous l'angle de la polarisation complète, l'image blanche que cette position a fait disparaître laisse toujours de faibles teintes provenant des rayons homogènes inégalement polarisés.

71. *Analogie entre la lumière et la chaleur.* Nous avons vu (CHALEUR) que la chaleur se réfléchit, ainsi que la lumière, en faisant un angle de réflexion égal à l'angle d'incidence, et situé dans le même plan. Les phénomènes de la réfraction de la chaleur étant encore les mêmes que ceux de la réfraction de la lumière, et d'après les belles expériences de M. Bérard, la chaleur rayonnante étant susceptible de *polarisation* et de *double réflexion*, on est naturellement conduit à admettre que la *lumière* et la *chaleur* ne sont que deux manifestations différentes d'une seule et même cause. Cette hypothèse paraît d'autant plus raisonnable que la lumière émanée directement des principales sources est toujours accompagnée de chaleur, et qu'en général un corps devient lumineux lorsque sa température surpasse 500° centigrades. Mais les dernières expériences de M. Melloni, tout en révélant de nouvelles similitudes entre la lumière et la chaleur, viennent singulièrement compliquer la question. Ces expériences prouvent de la manière la plus convaincante qu'un rayon de chaleur naturelle, ou directement émané, est composé de plusieurs rayons primitifs diversement réfrangibles, comme le sont les rayons de lumière homogène.

Cet ingénieux observateur a su distinguer la nature différente des rayons transmis à travers les corps diathermanes (*voy.* CHALEUR), et il a pu reconnaître que deux substances diathermanes différentes se comportent par rapport à la chaleur rayonnante, comme deux substances transparentes colorées par rapport à la lumière naturelle, dont elles ne transmettent que certains rayons homogènes, tandis qu'elles absorbent les autres. Ainsi, la chaleur transmise à travers une plaque d'alun n'est pas la même que celle transmise à travers une plaque d'acide nitrique, et l'on ne peut expliquer ce phénomène qu'en attribuant à chacune de ces plaques une espèce de *coloration* calorifique, en vertu de laquelle elles ne laissent passer que les rayons pourvus de la *même coloration*, tout comme une plaque de verre rouge ne laisse passer que la lumière rouge.

Quand on examine les couleurs du spectre solaire, il est facile de reconnaître que chaque rayon homogène élève différemment un thermomètre sur lequel on le reçoit. On avait cru d'abord que les couleurs les plus brillantes devaient posséder la plus grande chaleur, et l'on avait fixé le maximum de chaleur dans le milieu du spectre, c'est-à-dire dans le jaune. Depuis, M. Bérard avait reconnu que ce maximum se trouvait généralement dans le rouge, tandis que Herschell, analysant les parties obscures du spectre, le plaçait dans la bande obscure qui suit le rouge. M. Seebeck fit voir enfin, en 1828, que le maximum de chaleur avait une position variable dépendante de la nature du prisme réfringent : ainsi, selon que le prisme est d'eau, d'acide sulfurique, de verre ordinaire ou de flint-glass, le maximum de chaleur se trouve dans le jaune, l'orangé, le rouge ou au-delà du rouge. Ces changemens de position du maximum de chaleur se trouvent expliqués par les propriétés des substances diathermanes, et d'après M. Melloni, le maximum s'écarte d'autant plus du jaune vers le rouge que la substance du prisme est plus diathermane. Par exemple, si le prisme est de *sel gemme*, corps dont les propriétés transcalorifiques sont les plus intenses, le maximum est au-delà du rouge, à une distance égale à celle du rouge au jaune. Si l'on fait passer le spectre solaire produit par un prisme de sel gemme à travers diverses lames colorées, on peut constater que le spectre calorifique est indépendant du spectre lumineux ; car, dans certains cas, la forme et la grandeur du premier restent les mêmes, tandis que le second éprouve des changemens considérables, et *vice versâ*. Ainsi, quoique liées ensemble dans le faisceau incident, la chaleur et la lumière sont deux choses parfaitement distinctes, et qu'il est impossible de confondre.

72. La théorie de l'*émission de la lumière*, qui expliquait de la manière la plus satisfaisante tous les phénomènes de *réflexion* et de *réfraction* connus du temps de Newton, mais qui ne pouvait se plier qu'avec difficulté à ceux de la diffraction et de la double réflexion, est aujourd'hui complètement insuffisante, et, malgré tous les efforts de ses plus habiles adhérens, elle reste en

dehors des phénomènes de la polarisation. Si l'exclusion de l'un des deux systèmes sur la propagation de la lumière entraînait la certitude de l'autre, on devrait, sans aucun doute, adopter exclusivement le *système des vibrations;* mais rien jusqu'ici n'a pu établir que la vérité se trouve nécessairement dans l'un ou dans l'autre de ces systèmes, et si le premier paraît devoir être entièrement rejeté, le second demeure compliqué d'un assez grand nombre de difficultés. Cependant, en partant de la double hypothèse que la lumière se propage par les ondulations de l'éther, et que l'éther répandu dans tous les espaces a plus ou moins de densité

dans chacun de ces espaces, suivant la nature du corps qui le remplit, Fresnel est parvenu à rendre compte de tous les phénomènes connus jusqu'ici, à en déterminer les lois, et à reconnaître *à priori* des faits constatés ensuite par l'expérience. Si ces travaux remarquables ne suffisent pas pour revêtir d'une certitude absolue le point de départ du système, il l'élève du moins à un très-haut degré de probabilité, qu'on peut espérer de voir augmenter encore par des découvertes ultérieures. *Voyez* les *Annales de Physique et de Chimie,* tome **XVII.**

M.

MAC

MACHINE. (*Méc.*) Le mot *machine* désigne généralement un appareil quelconque au moyen duquel un moteur transmet son action à une résistance; ainsi, la *pioche* qui sert à creuser les terres, la *brouette* qu'on emploie pour les transporter, le *marteau* qu'on fait agir sur la tête d'un coin pour fendre du bois, le *coin* lui-même, etc., etc., sont tout autant de *machines;* mais il existe entre ces appareils des différences caractéristiques qui les font répartir en trois classes principales : 1° les machines qui servent à exécuter certains mouvemens particuliers sans qu'on prenne en considération la grandeur de la force employée à les produire : celles-ci se nomment plus particulièrement des *outils;* 2° les machines qui peuvent non seulement prendre des mouvemens donnés, mais produire un effort dont le but est de mettre en équilibre la pression momentanée du moteur avec la résistance qu'on veut surmonter, comme les *balanciers,* les *presses,* etc. ; 3° enfin les machines qui produisent un travail continu par l'action permanente d'un moteur, et prennent toujours soit un mouvement uniforme, soit un mouvement périodique dans lequel la vitesse croît et décroît entre des limites fixes. L'un des objets principaux qu'on se propose dans la construction de ces dernières est de remplacer la force de l'homme, dans les travaux utiles, par les forces plus puissantes des moteurs naturels.

Les opérations ou fabrications qu'on exécute à l'aide des machines de la troisième classe, quoique extrêmement variées, peuvent toujours être comparées à l'élévation d'un poids (*voy.* Effet) ; ce qui permet de rapporter à une unité commune la quantité de travail effectuée par diverses machines employées à des usages

MAC

différens, et de déterminer son rapport avec l'action du moteur mesurée par la même unité.

« La comparaison de diverses machines, dit Navier, dans une de ses notes si remarquables sur l'architecture hydraulique de Bélidor, se fait naturellement, pour le négociant ou le capitaliste, d'après la quantité de travail qu'elles exécutent et le prix de ce travail. Pour estimer les valeurs respectives de deux moulins à blé, par exemple, on examinera quelle quantité de farine chacun peut moudre dans l'année; et pour comparer un moulin à blé à un moulin à scier, on estimera la valeur du premier d'après la quantité de farine moulue annuellement et le prix de la mouture, et la valeur du second d'après la quantité de bois qu'il débitera dans le même temps et le prix du sciage. On peut se borner à cette manière de considérer les machines et les travaux qu'elles exécutent, tant qu'il ne s'agit que d'acheter ou d'échanger entre elles des machines toutes faites et dont le produit est connu; mais il y a plusieurs cas où elle devient insuffisante.

» Supposons en effet une personne qui possède un moulin à blé et qui désirerait, au moyen de quelques changemens dans son mécanisme, en faire un moulin à scier. Elle ne pourrait juger de l'avantage ou du désavantage de cette opération qu'autant qu'elle saurait évaluer, d'après la quantité de farine produite par son moulin, la quantité de bois qu'il serait dans le cas de débiter. Or, cette évaluation est une chose absolument impossible, à moins qu'on n'ait trouvé une mesure commune pour ces deux travaux de natures si différentes. Cet exemple suffit pour montrer la nécessité d'établir une sorte de monnaie mécanique, si l'on peut *s*'exprimer ainsi, avec laquelle on puisse exprimer les quantités de travail employées pour effectuer toute espèce de fabrication.

» Le choix d'une unité de mesure est, jusqu'à un certain point, arbitraire : il est seulement indispensable que cette unité soit une chose de même nature que celle dont elle doit former le terme de comparaison. Les Anglais, par exemple, ont pris pour unité des quantités de travail l'action d'un cheval. Mais ils sont les premiers à reconnaître l'inconvénient d'un terme de comparaison dont la grandeur est si variable, que les évaluations données par leurs savans diffèrent entre elles plus que dans le rapport de 1 à 2. Il en résulte effectivement qu'une même expression employée par divers auteurs présente à chacun d'eux une idée différente, et qu'elle ne devient intelligible au lecteur qu'après qu'ils la lui ont traduite, en expliquant ce qu'ils entendent par l'action d'un cheval, c'est-à-dire quel effort ils supposent qu'un cheval peut exercer en même temps qu'il parcourt un certain espace dans un temps donné.

» C'est effectivement à cela que se réduit l'exécution d'un travail quelconque. Il y a toujours dans l'action d'une machine un effort ou pression exercée contre un point, pendant qu'un espace est parcouru par ce point. Cette remarque conduit naturellement à reconnaître que le genre de travail le plus propre à servir à l'évaluation de tous les autres est l'élévation verticale des corps pesans. »

Nous avons montré, au mot FORCES MOUVANTES, comment ce même mode d'évaluation s'applique à l'action du moteur, nous rappellerons donc seulement ici qu'en désignant par P le poids égal à l'effort exercé par un moteur à son point d'application, et par p l'espace décrit par ce point dans la direction de l'effort, le produit Pp exprime la *quantité de travail*, ou, comme on dit plus communément, la *quantité d'action* fournie par le moteur. Le poids P représentant généralement un nombre de kilogrammes, et l'espace p un nombre de mètres, Pp indique un nombre de kilogrammes élevé à un mètre, de sorte que l'unité de mesure est naturellement *un kilogramme élevé à un mètre;* mais comme cette unité est trop petite, on a proposé de la remplacer par un poids de *mille kilogrammes élevé à un mètre;* cette dernière unité est ce qu'on nomme un *dynamode* d'après M. Coriolis, ou une *unité dynamique* d'après quelques autres auteurs. Il y a encore le *dyname* ou le *cheval vapeur* qui se compose d'un poids de 75 kilogrammes élevé à un mètre en une seconde de temps. (*Voyez* les mots DYNAME et DYNAMIQUE.) On voit aisément que l'emploi de ces diverses unités ne peut entraîner aucune fausse interprétation, car l'unité primitive est toujours un *kilogramme élevé à un mètre.*

Pour comparer le travail exécuté par une machine avec la quantité d'action fournie par le moteur qui la met en jeu, il faut évaluer les efforts respectifs exercés aux points d'application du moteur et de la résistance, ainsi que les espaces parcourus dans le même temps par ces deux points dans la direction des efforts. Soient P et P′ les poids équivalens aux efforts, et p et p' les espaces en question, le produit Pp sera la quantité d'action fournie par le moteur, et le produit P′p' la quantité de travail exécutée par la machine ou son *effet utile* (*voy.* ce mot). Le rapport des nombres Pp et P′p' donnera une idée de la bonté de la machine ou de sa perfection; car on doit considérer une machine comme d'autant mieux appropriée à son objet, qu'elle transmet une plus grande partie de l'action qu'elle reçoit; mais il ne faut jamais espérer, quelque parfaite qu'on puisse la supposer, de trouver P′p' = Pp, et à plus forte raison P′p' > Pp. On ne doit pas oublier qu'une machine est incapable de produire de la force, et que tout ce qu'elle peut faire est de transmettre celle qui lui est communiquée, après en avoir nécessairement absorbé une partie employée à vaincre les résistances qu'opposent au mouvement les organes qui la composent. Dans tous les cas, donc, P′p' sera plus petit que Pp, et le rapport

$$\frac{P'p'}{Pp}$$

une fraction plus petite que l'unité. Supposons, pour fixer les idées, qu'on ait, dans un temps donné, pour une certaine machine, P = 100^k, p = 0^m,5, P′ = 160^k, p' = 0^m,25 ; le travail du moteur sera exprimé par

$$100^k \times 0^m,5 = 50^{km},$$

et l'effet utile de la machine par

$$160^k \times 0,25 = 40^{km}.$$

Le rapport entre ces deux quantités

$$\frac{40}{50} = 0,8$$

indique que la machine rend les 8 dixièmes de la quantité d'action dépensée par le moteur. La quantité d'action perdue, 10^{km}, est donc consommée par les résistances dues à la constitution physique de la machine, et qu'on nomme les résistances passives. (*Voy.* EFFET UTILE.)

Le moyen le plus direct de mesurer les effets exercés aux points d'application de la puissance et de la résistance consiste à remplacer ces deux forces par des poids. Imaginons d'abord qu'on ait supprimé la puissance, et qu'après avoir attaché à son point d'application l'extrémité d'une corde passant sur une poulie de renvoi, on charge l'autre extrémité de cette corde de poids de plus en plus grands, jusqu'à ce que le travail exécuté par la machine soit le même que celui qui s'effectuait par l'action du moteur, le dernier poids sera nécessairement équivalent à l'effort du moteur, sauf le frottement de la corde sur la poulie dont il faudra tenir compte. Si l'on supprime ensuite la résistance, et qu'on la remplace de même par un poids agissant à l'extrémité d'une corde fixée par son autre extrémité au point d'application de la résistance, ce dernier poids, augmenté jusqu'à ce que la machine ait repris un mouvement uniforme, sera la mesure de l'effort de la résistance. Mais ce moyen n'est que bien rarement praticable, et l'on est presque toujours forcé, dans la pratique, de recourir à des procédés moins exacts.

La partie d'une machine qui reçoit directement l'action du moteur se nomme l'*organe récepteur ;* lorsque la transmission du mouvement de l'organe récepteur aux autres parties s'effectue par des engrenages ou des axes ayant un mouvement circulaire continu, ce qui est le cas le plus ordinaire, on peut arriver à l'évaluation de la quantité d'action communiquée en employant un appareil très-ingénieux inventé par M. de Prony, et qui porte le nom de *frein dynamométrique* (*voy.* Annales des Mines, tom. XII). Ce frein se compose de deux demi-colliers qu'on applique à l'arbre tournant contre lequel on les serre par des vis qui les relient entre eux; le collier supérieur porte un long levier chargé d'un poids à son extrémité. On opère avec cet instrument de la manière suivante.

Après avoir enlevé les engrenages de manière que l'arbre tournant soit isolé, on place les collets et on assujettit le levier dans une position horizontale, puis on serre les écrous jusqu'à ce que le frottement des colliers ramène la vitesse de l'arbre, mis en mouvement par le moteur, au point où elle était lorsque l'arbre transmettait son mouvement aux engrenages. Ceci fait, on remplace l'obstacle invincible qui empêchait le levier de tourner avec l'arbre par un poids posé à son extrémité, et qu'on augmente suffisamment pour qu'il produise le même effet que l'obstacle invincible, c'est-à-dire qu'il maintienne le levier dans la position horizontale. Lorsque cet effet est obtenu, on estime la quantité d'action transmise à l'arbre tournant en une seconde de temps, par le produit du poids suspendu et de la vitesse que prendrait en une seconde ce poids s'il suivait le mouvement de l'axe avec le bras du levier pour rayon. Supposons, par exemple, qu'il s'agisse d'évaluer la force transmise par l'arbre de couche d'une roue hydraulique, et que la vitesse de cette roue étant de 15 tours par minute, la charge du frein soit de 80 kilogrammes, et la longueur du bras du levier de 3ᵐ5. La circonférence qui correspond à un rayon de 3ᵐ,5 étant de

21ᵐ, la vitesse du poids par minute serait $15 \times 21^m = 315^m$, et par seconde de 5ᵐ,25. Cette quantité multipliée par 80ᵏ donne 420ᵏᵐ pour la quantité d'action transmise en une seconde par la roue sur son axe, abstraction faite du frottement des tourillons et de la résistance de l'air. Pour comparer maintenant cette quantité d'action avec celle que possède l'eau motrice, et déterminer ainsi le degré de perfection de la roue, il faut mesurer la force du courant par le procédé indiqué. (*Voy.* EAU MOTRICE.)

Ce moyen, le plus commode de tous ceux qu'on peut employer, lorsqu'il est impossible d'avoir recours à l'élévation des poids, ne saurait donner cependant qu'une approximation plus ou moins suffisante, parce que, comme l'a observé M. Coriolis, le mouvement d'un organe récepteur de force motrice, si bien construit qu'il soit, et quelque précaution qu'on ait prise pour que la force arrive régulièrement, n'est jamais bien uniforme ; d'où il résulte des oscillations assez fortes dans le levier. Du reste, toutes les questions relatives au *calcul de l'effet des machines* se compliquent de difficultés pour lesquelles nous devons renvoyer à l'excellent ouvrage publié, sous ce titre, par le savant que nous venons de citer.

Dans toutes les machines où le mouvement une fois établi est uniforme, on observe (*voy.* COMMUNICATION DU MOUVEMENT) que lorsqu'elles commencent à se mouvoir en partant du repos, l'effort du moteur est plus grand et celui de la résistance plus petit qu'ils ne le seront lorsque le mouvement uniforme sera produit. La vitesse croît peu à peu, comme pour un corps soumis à l'action de deux forces accélératrices agissant en sens contraire, dont l'une l'emporterait sur l'autre ; à mesure que la vitesse augmente, l'effort de la résistance croît, celui du moteur diminue, et il arrive bientôt un instant où ces efforts deviennent constans et ont respectivement les valeurs qu'il faudrait leur donner pour mettre la machine en équilibre. Alors le mouvement se continue uniformément, et si l'on désigne par P l'effort du moteur, par p l'espace décrit par son point d'application, par Q l'effort de la résistance, y compris toutes les résistances passives, et par q l'espace décrit par le point d'application de la résistance; on a, en vertu du principe des *vitesses virtuelles* (*voy.* ce mot), l'équation :

$$Pdp - Qdq = 0,$$

qui exprime que la quantité d'action imprimée au système est nulle. Il en résulte, d'après le principe de la conservation des forces vives (*voy.* FORCE VIVE), que la force vive du système ne reçoit plus aucune augmentation, c'est-à-dire que la vitesse de la machine demeurera la même tant que les efforts P et Q conserveront les valeurs susdites.

L'équation précédente, dans laquelle le terme Qdq ne représente pas seulement le moment de la résistance proprement dite, mais bien la somme des momens de toutes les résistances, telles que frottemens, raideur des cordes, résistances des milieux où les corps se meuvent, et encore les quantités d'action correspondantes aux quantités de forces vives qui seraient perdues par l'effet des chocs ; cette équation n'a plus lieu si les effets P et Q demeurent variables lorsque le mouvement de la machine est réglé. Dans ce dernier cas, dit Navier, si on supposait les efforts arbitrairement variables, la machine prendrait un mouvement irrégulier qui ne pourrait être soumis utilement au calcul. Lorsque dans les machines les efforts dont il s'agit n'ont point des valeurs constantes, les variations de ces valeurs, aussi bien que les variations correspondantes des vitesses de leurs points d'application, sont ordinairement périodiques, comprises entre des limites fixes, et les périodes des variations se correspondent exactement par le moteur et la résistance. Considérons une machine dans cet état, lequel consiste essentiellement en ce que l'effort P du moteur est alternativement plus grand et plus petit qu'il ne devrait être, pour faire équilibre, conformément aux lois de la statique, à l'effort Q de la résistance, ou, pour mieux dire, de la somme des résistances ; nommons Dm un élément de la masse de la machine, et v la vitesse de cet élément (D et S étant des signes de différentiation et d'intégration qui se rapportent exclusivement aux élémens de la masse des parties mobiles de la machine, et d le signe de différentation qui se rapporte au temps). Supposons d'abord qu'on se trouve à l'instant où il y a équilibre entre P et Q, et qu'à partir de cet instant l'effort P devient plus grand ou l'effort Q plus petit qu'ils ne devraient être respectivement pour que cet équilibre continuât à subsister, la force vive de la machine, exprimée par Sv^2Dm, croîtra conformément à la loi exprimée par l'équation.... (a)

$$Svdv Dm = Pdp - Qdq.$$

Elle ne cessera de croître qu'autant que Pdp sera redevenu égal à Qdq, et alors la machine aura acquis la plus grande vitesse possible. Supposons ensuite qu'à partir de cet instant l'effort Q de la résistance surmonte à son tour l'effort P du moteur, en sorte que Qdq soit plus grand que Pdp ; la vitesse de la machine décroîtra d'après la même loi (a). Elle aura atteint son minimum lorsque les efforts P et Q auront recommencé à se faire équilibre. Elle recommencera ensuite à croître, à partir de ce dernier instant, si P surmonte Q, comme on l'a supposé d'abord ; et ainsi de suite indéfiniment.

La vitesse de la machine, dans les circonstances que nous considérons, croît et décroît donc alternativement, en oscillant autour d'une valeur moyenne. L'é-

quation (a) montre que les accroissemens ou décroissemens qu'éprouve cette vitesse, et par suite les écarts de ses *maxima* et *minima*, à partir de sa valeur moyenne, sont d'autant plus grands, 1° que l'excès du moment du moteur sur celui de la résistance est plus grand ; 2° que la masse des parties mobiles de la machine est plus petite ; 3° que la vitesse de ces mêmes parties est plus petite. En augmentant la masse et la vitesse des parties de la machine, on diminue les variations qu'éprouve la vitesse par suite des variations dans les actions du moteur et de la résistance.

Quand la vitesse d'une machine éprouve ainsi des alternatives d'accroissemens et de décroissemens, les roues qui reçoivent l'action du moteur conduisent les autres et en sont conduites alternativement, quoique le mouvement se fasse toujours dans le même sens ; mais il n'en résulte aucune perte de force si la périodicité est parfaitement exacte.

Considérons, en effet, un intervalle de temps compris entre deux *maxima* ou entre deux *minima* quelconques de la vitesse ; il arrive nécessairement, par suite du principe des vitesses virtuelles, que la quantité d'action fournie par le moteur pendant ce temps est égale à la quantité d'action qui a été consommée par les résistances ; car si ces quantités d'action n'étaient pas égales, la machine aurait acquis ou perdu une quantité de force vive égale au double de leur différence. La vitesse aurait donc augmenté ou diminué à la fin de l'intervalle, ce qui est contre la supposition. La quantité d'action fournie en excès par le moteur pendant l'accélération du mouvement est fournie en moins pendant sa retardation. Cependant, malgré cette circonstance, il peut résulter de la variation du mouvement des inconvéniens qui engagent à l'éviter, ou du moins à la rendre la plus petite possible ; c'est à quoi l'on parvient par l'emploi des *volants*. (*Voy.* ce mot, et Pendule conique.)

Les résistances passives d'une machine consommant sans effet utile une partie de la force qui lui est appliquée, le premier principe qui doit diriger sa construction est de n'y faire entrer que les organes absolument nécessaires au but auquel elle est destinée. Il faut dans tout ouvrage, dit Daniel Bernouilli, commencer par examiner quel est l'effet essentiellement et nécessairement attaché à cet ouvrage, effet qui soit inévitable par la nature même de l'ouvrage, et éviter ensuite, autant qu'il est possible, tout autre effet.

On doit donc,

1° Éviter tout choc, ou changement brusque quelconque, qui ne serait pas essentiel à la constitution même de la machine, puisque toutes les fois qu'il y a choc il y a perte de force vive, et par conséquent consommation inutile d'une partie de l'effort du moteur.

2° Préférer les pressions aux percussions, toutes les fois qu'un effet utile peut être obtenu indifféremment par l'un ou l'autre de ces moyens, pour le double motif de la perte de force vive qu'on évite, et de la régularité du mouvement qu'on peut produire en se servant de la pression, mais qui est incompatible avec la percussion.

3° Éviter de communiquer à la résistance une vitesse et une quantité de mouvement qui dépassent celles qui sont strictement nécessaires. Ainsi, par exemple, veut-on élever de l'eau à une hauteur déterminée, soit avec une pompe, soit avec tout autre appareil, on doit faire en sorte que l'eau, en arrivant dans le réservoir supérieur, n'ait précisément qu'autant de vitesse qu'il lui en faut pour s'y rendre, car toute celle qu'elle aurait au-delà consommerait inutilement l'effort de la force motrice.

4° Apporter, comme nous l'avons déjà dit, le plus grand soin à éviter ou diminuer, autant que possible, les résistances dues à la constitution physique de la machine, telles que les frottemens, la raideur des cordes, la résistance de l'air, etc., etc.

Il ne faut pas conclure de tout cela, que les machines les plus simples sont toujours les meilleures, mais seulement qu'on ne doit y employer que les organes strictement nécessaires, soit pour la transmission du mouvement, soit pour sa transformation. (*Voyez* Composition des Machines.) Un seau suspendu à une corde passant sur une poulie de renvoi est certainement une machine beaucoup plus simple qu'une pompe; cependant un homme produira un effet utile bien plus considérable avec le second de ces appareils qu'avec le premier. Lorsqu'on emploie des moteurs animés, il faut encore avoir égard au mode le plus favorable de leur application. (*Voyez* Cheval et Homme.)

Nous indiquerons à ceux de nos lecteurs qui veulent approfondir la mécanique pratique, les ouvrages de Navier, ceux de M. de Prony, et celui déjà cité de M. Coriolis. La mécanique appliquée aux arts, de M. Borgnis, renferme la description de toutes les principales machines connues.

MACHINE SOUFFLANTE. *Voy.* Soufflet.

MANÉGE. (*Méc.*) Espèce de treuil vertical mû par un cheval, et qui sert à transmettre l'effort de l'animal à des machines quelconques.

Les dispositions des manéges peuvent être très-variées; voici, d'après M. Christian, celles qui présentent les combinaisons les plus favorables pour l'emploi de la force motrice.

1° Le cheval est attelé à un levier horizontal (pl. **XV**, fig. 13) fixé à un arbre vertical, qui porte une poulie horizontale a d'un grand diamètre. Une corde s'enroule sur cette poulie, et va passer sur deux autres poulies projetées en b, d'où elle se rend sur la poulie c, nommée *poulie de tension* parce qu'elle peut avancer et reculer, de manière à ce que la corde soit bien tendue sur les deux poulies a, b, et que l'une d'elles puisse ainsi transmettre le mouvement.

2° L'arbre vertical, mis en mouvement par un levier aux extrémités duquel les chevaux sont attelés (pl. **XV**, fig. 14), porte une forte roue dentée aa, qui communique son mouvement à une lanterne b appliquée à l'arbre de couche c, par lequel il est transmis dans l'atelier.

3° La disposition de la figure 15 ne diffère de la précédente que parce que l'arbre de couche est au-dessous du sol sur lequel se meuvent les chevaux.

4° La figure 1, Pl. **XVI**, représente le *manége* dit *suédois*. Une fusée conique en fonte h est supportée par quatre moutons en fonte a, a, boulonnée sur une croix de Saint-André en bois cc, maçonnée dans le sol; la fusée conique supporte, par l'une de ses extrémités, l'arbre de couche gg, lequel est mis en mouvement par le pignon e engrenant sur la couronne d; au-dessous de la couronne est ajustée la flèche à laquelle le cheval est attelé.

La *flèche* du manége, ou le bras de levier auquel on attelle le cheval, doit être généralement disposé de manière à ce que le cheval se trouve à 6 mètres de distance de l'arbre vertical, ce qui lui fait décrire une circonférence d'environ 19 mètres. Il tire alors à peu près perpendiculairement à ce levier, tout en tournant; tandis que si le bras de levier était plus court, l'angle qu'il ferait pour parcourir le cercle serait plus sensible, et une partie de son effort s'anéantirait contre les points fixes du manége. Un bras de levier plus long entraînerait des frais plus considérables pour la construction du manége, parce qu'il faudrait augmenter les dimensions de la charpente qui recouvre le bâtiment.

On construit maintenant en fonte de fer des manéges *en dessous*, semblables à celui de la fig. 15, Pl. **XV**, qui réunissent à l'avantage de la solidité et de la légèreté, une grande facilité de placement et coûtent beaucoup moins que les manéges en bois.

Nous devons dire un mot du manége des *maraîchers*, appareil très-employé dans les environs de Paris pour l'arrosage des jardins. Ce manége, très-simple et très-économique, se compose d'un arbre vertical qui peut tourner sur son axe, et auquel on ajuste deux vieilles roues de voitures sur lesquelles sont clouées quelques planches placées obliquement pour former un tambour (pl. **XVI**, fig. 2) dont la surface est concave. Une corde enroulée autour de ce tambour porte un seau à chacune de ses extrémités; et quand le cheval, attelé à une barre oblique qui part du tambour, tourne dans un sens, un des seaux monte plein d'eau, et l'autre descend vide dans le puits. Comme il faut pour chaque seau d'eau qu'on tire changer la direction du cheval, il y a beaucoup de temps et de force consommés en pure perte ; mais le peu de dépense qu'exige l'établissement de cet appareil le fera long-temps préférer à d'autres plus parfaits. (*Voy.* le *Traité des Machines*, de M. Hachette, et le *Traité des Machines hydrauliques*, de M. Borgnis.)

MANIVELLE. (*Méc.*) On donne ce nom à une barre qui tourne autour d'un axe, et à l'extrémité de laquelle est appliquée une puissance ou une résistance, suivant qu'on veut transformer un mouvement rectiligne alternatif en circulaire continu, ou *vice versá*. Il y a des manivelles simples, doubles, triples, etc. (*Voy.* Composition des Machines, § II.) Cet organe mécanique se remplace souvent par une *courbe excentrique*. (*Voyez* ce mot.)

MANOMÈTRE. (*Méc.*) Instrument de physique qui sert à mesurer la force élastique des gaz. Nous avons indiqué sa nature et ses usages au mot Force élastique.

MASSE. (*Phys. mat.*) Les physiciens désignent sous le nom de *masse* la quantité absolue de matière dont un corps est composé. Cette quantité varie avec le volume du corps ; mais elle ne lui est pas proportionnelle, car un corps peut contenir une très-petite quantité de matière sous un très-grand volume, et *vice versá*. En considérant les élémens primitifs des corps comme des points matériels égaux entre eux, on peut dire que de deux corps d'un même volume, celui qui a la plus grande masse renferme un plus grand nombre d'élémens ; ce nombre étant indéfiniment grand ne saurait être exprimé, et l'on ne peut mesurer directement la masse d'un corps, mais on peut trouver, comme nous allons le voir, son rapport avec la masse des autres corps.

Observons que chaque point matériel d'un corps est soumis à la force de la gravité, et que cette force est représentée par la vitesse g qu'un corps acquiert dans la première seconde de sa chute libre à la surface de la terre. L'intensité de la résultante de toutes les forces partielles agissant sur un nombre quelconque M de points matériels liés entre eux, et formant un corps, est égale à la somme de ces forces (*voy.* Résultante), c'est-à-dire à $M \times g$, et comme cette résultante est d'ailleurs égale au poids du corps, on a, P désignant le *poids* (*voy.* ce mot), la relation

$$P = M \times g.$$

Tout autre corps dont la masse serait M′ et le poids P′ donnant également

$$P' = M' \times g,$$

il en résulte

$$P : P' = Mg : M'g = M : M';$$

c'est-à-dire que *les masses de deux corps sont entre elles comme leurs poids ;* car les nombres M et M′ des points matériels sont, d'après ce qui vient d'être dit, les masses respectives des corps dont les poids sont P et P′. Il est facile de voir que la notion de *masse* n'a d'autre valeur réelle que celle qu'elle tire de la conception transcendante de *force*.

La relation $P = Mg$, d'où l'on tire $M = \dfrac{P}{g}$, permet de remplacer la masse par le poids dans toutes les questions de mécanique, et par conséquent d'évaluer en nombres des quantités qui demeureraient indéterminées sans cette circonstance.

Veut-on, par exemple, évaluer la vitesse commune qu'auront après leur choc deux corps sans ressorts, dont les poids exprimés en kilogrammes sont P et P′, et qui se rencontrent directement avec les vitesses respectives v et v' ; on sait (*voy.* Choc, tom. I) que pour le cas du choc direct, lorsque les corps se meuvent dans le même sens, on a l'expression générale

$$u = \frac{Mv + M'v'}{M + M'},$$

u désignant la vitesse cherchée et M et M′ les masses des mobiles. Posant donc $M = \dfrac{P}{g}$, $M' = \dfrac{P'}{g}$, et substituant, il vient, en réduisant,

$$u = \frac{Pv + P'v'}{P + P'};$$

d'où l'on voit qu'il suffit de remplacer les masses par les poids. Si l'on avait, par exemple,

$$P = 12^k, \quad P' = 8^k, \quad v = 1^m,5, \quad v' = 2^m,$$

on trouverait

$$u = \frac{12 \times 1,5 + 8 \times 2}{12 + 8} = 1^m,7,$$

c'est-à-dire qu'après le choc les deux corps auraient une vitesse commune de $1^m,7$ par seconde. S'il s'agissait de comparer les *quantités de mouvement* des deux mobiles avant le choc, on aurait d'abord, pour leur évaluation,

$$Mv = \frac{Pv}{g} = \frac{1}{g} . 12 \times 1,5 = \frac{1}{g} . 18,$$

$$M'v' = \frac{P'v'}{g} = \frac{1}{g} . 8 \times 2 = \frac{1}{g} . 16,$$

et, sans avoir besoin de tenir compte du facteur $\dfrac{1}{g}$, on en conclurait que les quantités de mouvement des deux mobiles sont entre elles comme 18 : 16, ou comme 9 : 8. Après le choc, la quantité de mouvement du premier mobile serait $\frac{1}{g} 12 \times 1,7 = \frac{1}{g} . 20,4$, et celle du second $\frac{1}{g} 8 \times 1,7 = \frac{1}{g} 13,6$. On peut vérifier ces résultats de calcul en observant que, puisque la somme des quantités de mouvement doit être la même avant et après le choc, il faut qu'on ait l'égalité

$$\frac{1}{g} 18 + \frac{1}{g} 16 = \frac{1}{g} 20,4 + \frac{1}{g} 13,6,$$

laquelle se réduit en effet à l'identité

$$\frac{1}{g} 34 = \frac{1}{g} . 34.$$

Ces exemples suffisent pour indiquer la marche à suivre dans tous les cas.

Le rapport de la masse d'un corps à son volume est ce qu'on nomme sa densité (*voy.* Densité, tome I et Aréométrie dans ce vol.). On peut encore, dans les questions de mécanique, substituer le produit du volume par la densité à la masse et réciproquement.

MOMENT. (*Statique.*) On considère, en mécanique, diverses espèces de *momens* (*voy.* ce mot, tom. II), dont nous allons exposer la théorie et les usages.

§ I. *Des momens par rapport à un point.* Le moment d'une force par rapport à un point est le produit de cette force par la perpendiculaire abaissée de ce point sur sa direction. Soit, par exemple, une force P représentée par la partie AP de sa direction (Pl. XV, fig. 16). Si d'un point quelconque O on abaisse sur AP ou sur son prolongement une perpendiculaire OB $= p$, le produit AP $\times$ OB ou Pp sera le *moment* de la force P par rapport au point O. Le point d'où l'on abaisse la perpendiculaire se nomme *centre des momens*.

1. Ces momens jouissent d'une propriété remarquable qui fait l'objet de la proposition suivante.

Le moment de la résultante de deux forces, dirigées dans un même plan, pris par rapport à un point quelconque de leur plan, est égal à la somme ou à la différence des momens des composantes, pris par rapport au même point : à la somme, quand le centre des momens est en dehors de l'angle des composantes et de son opposé au sommet; à la différence, quand ce point est compris dans l'angle des composantes, ou dans son opposé au sommet.

Soit donc P et P' deux forces, AP et AP' (Pl. XV, fig. 17), leurs directions; R leur résultante, AR sa direction. Prenons d'abord le centre des momens en O hors de l'angle PAP', et abaissons les perpendiculaires O$p = p$, O$r = r$, O$p' = p'$, nous aurons

$$Rr = Pp + P'p'.$$

En effet, menons une droite OA qui joigne le centre des momens et le point d'application des forces, et nommons

a, la droite OA,
α, l'angle RAO,
α', l'angle PAO,
α'', l'angle P'AO;

les triangles rectangles ApO, ArO, Ap'O nous donneront..... (a)

$$p = a \cos \alpha', \quad r = a \cos \alpha, \quad p' = a \cos \alpha'.$$

Ceci posé, décomposons les trois forces P, P', R, suivant deux axes rectangulaires AX, AY, en faisant, pour plus de simplicité, coïncider l'axe AX avec la droite OA; les composantes suivant l'axe AX nous fourniront l'équation (*voy.* Résultante)

$$R \cos \alpha = P \cos \alpha' + P' \cos \alpha'.$$

Multipliant tous les termes par a, et substituant à la place de $a \cos \alpha$, $a \cos \alpha'$, $a \cos \alpha'$, leurs valeurs r, p, p', il viendra

$$Rr = Pp + P'p',$$

ce qui démontre la première partie de la proposition.

2. Prenons maintenant le centre des momens dans l'intérieur de l'angle PAP' des forces P et P' (fig. 18, pl. XV) ou dans l'angle de leur prolongement p'Ap (fig. 19), et conservons les dénominations précédentes, nous aurons toujours les relations (a); mais les composantes rectangulaires des trois forces P, P', R, suivant l'axe AX, nous donneront

$$R \cos \alpha = P \cos \alpha' - P' \cos \alpha'',$$

et par suite

$$Rr = Pp - P'p';$$

ce qui démontre la seconde partie de la proposition.

Dans ce dernier cas, les perpendiculaires abaissées du centre des momens ne sont pas toutes situées du même côté de la droite OA qui joint le centre des momens au point d'application des forces, de sorte qu'on peut embrasser les deux parties de la proposition par une seule, en donnant des signes différens aux perpendiculaires, suivant qu'elles sont à la droite ou à la gauche de la droite OA. D'après cette convention, la perpendiculaire O$p' = p'$ qui est *positive*, par exemple, dans la fig. 17, sera *négative* dans les figures 18 et 19 ou *vice versâ*. L'énoncé du théorème devient alors simplement :

Le moment de la résultante de deux forces, par rapport à un point quelconque pris dans leur plan, est égal à la somme des momens de ces deux forces.

3. Il faudra, dans les diverses applications de ce théorème, affecter du signe $+$ ou du signe $-$, à volonté, les perpendiculaires situées d'un même côté de la droite qui joint le centre des momens au point d'application des forces, et donner un signe contraire à celles qui sont situées de l'autre côté.

4. On donne ordinairement au théorème en question un autre énoncé qui dispense de considérer les *signes* des perpendiculaires. Voici le fait : si l'on suppose que le point O soit fixe et que les perpendiculaires Op, Or, Op' soient des droites inflexibles, on peut imaginer que les forces P, R, P′ agissent aux extrémités de ces droites, et comme alors elles ne peuvent produire qu'un mouvement de rotation autour du point O, on voit que, lorsque le point O est dans l'intérieur de l'angle PAP′ ou de son opposé au sommet (fig. 18 et 19), la force P et la résultante R tendent à faire tourner leurs points d'application p et r dans un sens, et que l'autre force P′ tend à faire tourner le sien, p', dans un sens opposé; tandis que lorsque le point O est hors de ces angles (fig. 17), les trois forces P, P′, R′ tendent à faire tourner leurs points d'application dans le même sens. Observant que, dans le premier cas, la résultante R agit dans le même sens que la puissance dont le moment est le plus grand, on a l'énoncé général suivant :

Le moment de la résultante de deux forces est égal à la somme ou à la différence des momens de ces forces, selon qu'elles tendent à faire tourner leurs points d'application (supposés aux pieds des perpendiculaires) dans le même sens ou dans des sens différens.

On doit observer que le mouvement de rotation introduit dans ce principe n'est qu'un moyen indirect pour déterminer les signes des momens.

5. Ce que nous venons de dire pour la résultante de deux forces s'étend facilement à la résultante d'un nombre quelconque de forces agissant dans le même plan. Soient P, P′, P″, P‴, etc., des forces dirigées dans un même plan et appliquées à différens points situés sur ce plan, désignons par

R_1 la résultante des deux forces P et P′,

R_2 la résultante des deux forces R_1 et P″,

R_3 la résultante des deux forces R_2 et P‴,

etc. . . . . . etc.

et représentons en outre par p, p', p'', p''', etc., r_1, r_2, r_3, etc., les perpendiculaires abaissées respectivement du

centre des momens sur les directions de ces forces. Nous aurons, en vertu du principe démontré, les équations

$$R_1 r_1 = Pp + P'p',$$
$$R_2 r_2 = R_1 r_1 + P''p'',$$
$$R_3 r_3 = R_2 r_2 + P'''p''',$$
$$\text{etc.} = \text{etc.} ;$$

puis, en substituant chaque valeur dans celle qui la suit,

$$R_2 r_2 = Pp + P'p' + P''p'',$$
$$R_3 r_3 = Pp + P'p' + P''p'' + P'''p''',$$
$$\text{etc.} = \text{etc.} ,$$

et, en général..... (b),

$$Rr = Pp + P'p' + P''p'' + \text{etc.}.....$$

R étant la résultante de toutes les forces P, P′, P″, etc., et r la perpendiculaire abaissée du centre des momens sur sa direction. Il est bien entendu que dans l'équation (b) il faut donner le signe $+$ aux momens des forces qui tendent à faire tourner le système dans le même sens que la résultante R, et le signe $-$ aux momens de celles qui tendent à le faire tourner dans le sens opposé.

6. L'équation (b) devient..... (c)

$$Pp + P'p' + P''p'' + \text{etc.} = 0$$

dans le cas de $Rr = 0$. Or, ce cas peut avoir lieu dans deux circonstances très-différentes, savoir: lorsque R = 0, c'est-à-dire lorsque les forces P, P′, P″, etc., n'ont point de résultante ou sont en équilibre, et lorsque $r = 0$, ce qui a lieu quand on prend le centre des momens sur la direction de la résultante. Ainsi, cette équation (c) n'est pas généralement suffisante pour déterminer les conditions d'équilibre d'un système de forces concourantes, et on doit lui joindre les deux équations

$$P \cos \alpha + P' \cos \alpha' + P'' \cos \alpha'' + \text{etc.} = 0,$$
$$P \sin \alpha + P' \sin \alpha' + P'' \sin \alpha'' + \text{etc.} = 0$$

(*voy.* Résultante), dans lesquelles les angles α, α', α'', etc., sont ceux que forment respectivement les forces P, P′ P″, etc., avec l'un des axes rectangulaires auxquels on rapporte les directions de ces forces.

On observera encore, pour tout ce qui concerne l'équation (b), que s'il y avait quelque force dont la direction passât par le centre des momens, son moment serait nul.

7. Le théorème général, dont l'équation (b) n'est que l'expression algébrique, ayant lieu pour des forces qui

font entre elles des angles quelconques, doit nécessairement subsister lorsque toutes ces forces sont parallèles, car des droites parallèles peuvent toujours être considérées comme concourant à l'infini. Nous ne nous arrêterons donc pas aux démonstrations particulières qu'on peut donner de ce cas.

8. Les propriétés des momens, par rapport à un point, fournissent le moyen le plus simple de déterminer les conditions d'équilibre du *levier*, machine d'autant plus importante qu'on peut lui ramener presque toutes les autres. Soit BAC (Pl. XVI, fig. 5) un levier courbe aux extrémités B et C duquel sont appliquées des forces P et Q, il est évident que l'équilibre ne peut avoir lieu entre ces forces qu'autant qu'elles agissent dans le même plan, et que leur résultante, passant sur le point d'appui A, se trouve détruite par la résistance de ce point. Or, prenant le point d'appui pour centre des momens et menant les perpendiculaires Ap et Aq sur les directions des forces P et Q, le moment de la résultante est nul, et l'on a, en vertu du théorème précédent,

$$o = Pp + Qq,$$

ou plutôt

$$o = Pp - Qq,$$

puisque les forces P et Q tendent à faire tourner le levier autour au point A dans des sens opposés. Cette égalité fournit la proportion

$$P : Q = q : p,$$

c'est-à-dire que, dans le cas d'équilibre, *la puissance et la résistance sont en raison inverse des perpendiculaires abaissées du point d'appui sur leurs directions.*

9. Si le levier est droit (fig. 10) et les forces P et Q parallèles, les perpendiculaires Ap et Aq sont entre elles comme les longueurs AB et AC des bras du levier, et l'on a

$$P : Q = AC : AB;$$

d'où l'on conclut que *le rapport des forces est l'inverse de celui des bras auxquels elles sont respectivement appliquées.*

10. Ces conditions d'équilibre n'ont lieu qu'en supposant le levier une ligne inflexible sans pesanteur. Si l'on veut avoir celles qui conviennent à un levier physique, il faut considérer son poids comme une troisième force agissant à son centre de gravité. En général, quel que soit le nombre des forces P, P', P'', etc., Q, Q', Q'', etc., appliquées à un levier et agissant dans son plan, il faudra, pour l'équilibre, que ces forces aient une résistance unique qui vienne passer par le point

d'appui; de sorte qu'en prenant toujours ce point pour centre des momens, on aura l'équation d'équilibre

$$o = Pp + P'p' + P''p'' + \text{etc.}, - Qq - Q'q' - Q''q'' - \text{etc.}$$

P, P', P'', etc., désignant les forces qui tendent à faire tourner le levier dans un certain sens, Q, Q' Q'', etc., celles qui tendent à le faire tourner dans le sens opposé, et p, p', p'', etc., q, q', q'', etc., les perpendiculaires respectives abaissées du point d'appui sur les directions des forces.

§ II. *Des momens par rapport à un plan.* Le moment d'une force par rapport à un plan diffère essentiellement de son moment par rapport à un point; ce dernier dépend, comme nous venons de le voir, de la direction de la force, et se trouve indépendant de son point d'application, tandis que le premier est indépendant de la direction et dépend du point d'application : *c'est le produit de la force par la perpendiculaire abaissée de son point d'application sur un plan quelconque.*

11. Soit AP (Pl. XVI, fig. 9), la direction d'une force appliquée à un point A, MN un plan dirigé d'une manière quelconque dans l'espace; si l'on abaisse du point A sur le plan MN la perpendiculaire $AB = p$, et qu'on représente la grandeur de la force par P, le produit Pp sera le moment de la force P par rapport au plan MN.

La propriété principale de cette espèce de momens est énoncée dans ce théorème :

Le moment de la résultante d'un nombre quelconque de forces parallèles, par rapport à un plan choisi arbitrairement, est égal à la somme des momens de ces forces par rapport au même plan.

Considérons d'abord deux forces (Pl. XVI, fig. 11) $P = AP$, $P' = BP'$ appliquées aux points A et B; leur résultante $R = CR$ sera égale à leur somme $P + P'$, et l'on déterminera son point d'application C (*voy.* RÉSULTANTE), par la proportion..... (*d*)

$$R : P' = AB : AC.$$

Des trois points d'application A, B, C, abaissons sur un plan quelconque YOX les perpendiculaires $Aa = z$, $Bb = z'$, $Cc = z_1$, et menons la droite Am parallèle à ab, nous aurons, d'après les propriétés des parallèles... (*e*)

$$AB : AC = Bm : Cn,$$

et nous pourrons conclure des deux proportions (*d*) et (*e*).....(*f*)

$$R \times Cn = P' \times Bm,$$

mais $Aa = nc = mb$; ainsi le produit $R \times nc$ ou $(P + P') nc$ est la même chose que.....(*g*)

$$R \times nc = P \times Aa + P' \times mb.$$

Ajoutant les deux égalités (f) et (g), il viendra

$$R \times (Cn + nc) = P \times Aa + P' \times (Bm + mb),$$

ou..... (h)

$$Rz_1 = Pz + P'z'.$$

Or, les produits Rz_1, Pz, Pz', sont les momens respectifs des forces R, P, P' par rapport au plan YOX, donc, etc.

12. Si les forces P et P' n'étaient pas dirigées dans le même sens, ou si les points d'application A, B, C n'étaient pas situés tous trois d'un même côté du plan YOX, l'équation (h) aurait toujours lieu ; il faudrait seulement affecter de signes opposés celles des quantités P, P', R et z_1, z, z' dont les directions se trouveraient opposées. Ainsi, les momens que nous considérons peuvent être positifs ou négatifs ; positifs lorsque la force et la perpendiculaire sont de même signe ; négatifs lorsqu'elles sont de signes différens.

13. En procédant comme nous l'avons fait ci-dessus (5), il est facile de voir qu'on peut étendre l'équation (h) à un nombre quelconque de forces parallèles P, P', P', etc., et qu'en désignant toujours par R la résultante générale, et par z_1 la perpendiculaire abaissée de son point d'application, on a..... (i)

$$Rz_1 = Pz + P'z' + P''z'' + P'''z''' + \text{etc.}$$

Si l'on prenait de la même manière les momens des forces P, P', P', etc., par rapport aux plans ZOX, ZOY coordonnés rectangulairement avec le premier plan YOX, il est évident qu'on aurait encore.... (i)

$$Ry_1 = Py + P'y' + P'y' + \text{etc.},$$
$$Rx_1 = Px + P'x' + P'x' + \text{etc.}$$

Les trois équations (i) déterminent le point d'application de la résultante, ou, ce qui est la même chose, le *centre des forces parallèles*, d'une manière très-simple ; car, en observant que

$$R = P + P' + P' + \text{etc.},$$

on obtient, pour les valeurs des trois coordonnées z_1, y_1, x_1, de ce centre, les expressions

$$z_1 = \frac{Pz + P'z' + P'z' + \text{etc.}}{P + P' + P' + \text{etc.}}$$

$$y_1 = \frac{Py + P'y' + P'y' + \text{etc.}}{P + P' + P' + \text{etc.}}$$

$$x_1 = \frac{Px + P'x' + P'x' + \text{etc.}}{P + P' + P' + \text{etc.}}$$

14. Si l'un des plans coordonnés, celui des yx, par

exemple, passait par le centre des forces parallèles, le moment de la résultante Rz_1 deviendrait nul, à cause de $z_1 = 0$, et l'on aurait pour la somme des momens, par rapport à ce plan, l'équation..... (k)

$$Pz + P'z' + P'z' + \text{etc.} = 0.$$

15. Ce qui précède suffit pour trouver les conditions générales de l'équilibre d'un système de forces parallèles P, P', P', etc., appliquées à des points situés d'une manière quelconque dans l'espace, et liés entre eux d'une manière inébranlable. En effet, pour qu'un tel système soit en équilibre, il faut qu'une quelconque des forces soit égale et directement opposée à la résultante de toutes les autres ; ainsi faisant

$$R' = P' + P'' + P''' \text{ etc.},$$

on a pour première condition

$$P + R' = 0,$$

ou

$$(1).... \quad P + P' + P'' + \text{etc.} = 0;$$

et il s'agit d'exprimer que les deux forces P et R' sont directement opposées. Or, désignant par α, β, γ les coordonnées du point d'application de la force R', ou du centre des forces parallèles P', P'', P''', etc., on doit avoir, en vertu des équations (i)..... (k)

$$R'\alpha = P'x' + P'x' + \text{etc.},$$
$$R'\beta = P'y' + P'y' + \text{etc.},$$
$$R'\gamma = P'z' + P'z' + \text{etc.} ;$$

mais le point d'application de la force R' doit se trouver sur la direction de la force P ; car sans cela ces deux forces ne pourraient être directement opposées ; de sorte que si l'on prend, pour simplifier, le plan des xy perpendiculaire à cette direction, les coordonnés z et γ seront sur une même droite perpendiculaire au plan xy, et l'on aura de plus

$$\alpha = x, \quad \beta = y.$$

Substituant donc x à α, y à β et $-P$ à R' dans les deux premières des équations (k), on obtiendra

$$(2)....\begin{cases} Px + P'x' + P'x' + \text{etc.} = 0, \\ Py + P'y' + P'y' + \text{etc.} = 0, \end{cases}$$

équations qui, jointes à l'équation (1), renferment toutes les conditions de l'équilibre d'un système de forces parallèles. Ces deux dernières signifient que *la somme des momens des forces* P, P', P', *etc., est nulle par rapport aux plans des xz et des yz, qui sont parallèles à leur direction.*

Ainsi, pour qu'un système de forces parallèles soit en équilibre, il est nécessaire et il suffit :

1° *Que la somme de ces forces soit égale à zéro;*

2° *Que la somme de leurs momens soit nulle, par rapport à deux plans parallèles à leur direction.*

16. Un système de forces dirigées d'une manière quelconque dans l'espace pouvant toujours être décomposé en deux systèmes, dont l'un ne renferme que des forces parallèles, et l'autre des forces dirigées dans un même plan, ses conditions d'équilibre dépendent des deux espèces de momens dont nous venons d'exposer les principes fondamentaux. *Voy.* RÉSULTANTE pour tout ce qui concerne la composition et la décomposition des forces.

MOMENT D'ACTIVITÉ, *voy.* QUANTITÉ D'ACTION.

MOMENT D'INERTIE. (*Dynamique.*) On donne ce nom à la somme des produits de tous les élémens matériels d'un corps, par les carrés de leurs distances respectives à l'axe de rotation de ce corps; c'est l'intégrale de l'expression

$$\int p^2 dm,$$

dans laquelle dm désigne l'élément de la masse du corps, et r sa distance à l'axe fixe de rotation.

Nous nous bornerons ici à indiquer les moyens d'obtenir les valeurs numériques de ces momens qu'on est conduit à considérer dans les questions relatives au mouvement d'un corps solide autour d'un axe fixe (*voy.* MOUVEMENT), et qui trouvent d'importantes applications dans la théorie des machines.

1. Le cas le plus simple est celui d'un solide homogène de révolution; le moment d'inertie étant pris par rapport à l'axe même de la figure génératrice. Soit donc (fig. 8, Pl. XVI) ACB une courbe quelconque dont la révolution autour de la droite AB engendre le solide dont il s'agit de déterminer le moment d'inertie relatif à cette droite. Imaginons ce solide partagé en une infinité de tranches, d'une épaisseur infiniment petite, par des plans perpendiculaires à l'axe AB, et chacune de ces tranches partagée en une infinité d'anneaux circulaires concentriques d'une largeur infiniment petite; soit abm' la section d'un de ces anneaux, o son centre, om son rayon intérieur, et om' son rayon extérieur. Nommons r le rayon om, dr la largeur mm' de l'anneau, et prenant A pour l'origine des abscisses comptées sur l'axe AB, faisons $Ao = x$; dx sera l'épaisseur de l'anneau.

Il est visible que l'anneau en question est la différence de deux cylindres qui ont pour hauteur commune dx, pour rayons respectifs r et $r + dr$, et dont les volumes sont conséquemment $\pi r^2 dx$, $\pi (r + dr)^2 dx$; le volume de l'anneau sera donc représenté par

$$\pi (r + dr)^2 dx - \pi r^2 dx,$$

ce qui se réduit à

$$2 \pi r \, dr \, dx,$$

en développant le carré et en négligeant le terme $\pi dr^2 dx$ infiniment petit du troisième ordre. Si nous désignons maintenant par ρ la densité du corps, la masse de l'anneau sera $2 \pi \rho r \, dr \, dx$, et comme tous ses points sont à des distances de l'axe AB qu'on peut considérer comme égales à r, puisque la distance des plus éloignés ne diffère de r que de la quantité infiniment petite dr, le produit

$$2 \pi \rho r \, dr \, dx \times r^2 \text{ ou } 2 \pi \rho r^3 dr \, dx$$

sera le *moment d'inertie* de l'anneau.

L'intégrale de cette quantité prise, par rapport à r, entre les limites $r = 0$ et $r = oC$, donnera le *moment d'inertie* d'une tranche élémentaire du solide, ou la somme des momens d'inertie de tous les anneaux dont cette tranche est composée. Cette intégrale est, en désignant oC par y,

$$\int_0^y 2 \pi \rho r^3 dr \, dx \; = \; \frac{1}{2} \pi \rho y^4 dx.$$

Mais le moment d'inertie du solide est égal à la somme des momens d'inertie de toutes ses tranches élémentaires, donc intégrant cette dernière quantité par rapport à x, et entre les limites $x = 0$, $x = AB$, on obtiendra définitivement l'expression de ce moment.

La question se réduit donc à tirer la valeur de y en fonction de x, de l'équation de la courbe génératrice, et, après l'avoir substituée dans la formule

$$(1)\ldots\ldots \frac{1}{2} \pi \rho y^4 dx,$$

à intégrer cette formule depuis $x = 0$ jusqu'à $x = AB$.

2. Soit, pour premier exemple, la génératrice une simple droite CD (fig. 5) tournant autour de l'axe MN mené dans son plan, son équation sera de la forme

$$y = ax + b.$$

Prenons le point A pour origine, et AB pour axe des abscisses, nous aurons

$$b = AC, \quad a = \text{tang } BSD;$$

et substituant la valeur de y dans (1), le moment d'inertie demandé sera

$$\frac{1}{2}\,\pi\rho \cdot \int (ax+b)^4\,dx;$$

désignant AB par h, et intégrant entre les limites $x=0$, $x=h$, nous obtiendrons, pour le moment d'inertie du cône tronqué CBD, engendré par la révolution du trapèze ABDC autour de la droite AB..... (a),

$$\frac{1}{10}\,\frac{\pi\rho}{a}\left\{\,(ah+b)^5 - b^5.\,\right\}$$

3. Lorsque la droite CD est parallèle à l'axe, on a $a=0$ et le cône devient un cylindre. Le moment d'inertie d'un cylindre par rapport à son axe est donc.... (b)

$$\frac{1}{2}\,\pi\rho\,hb^4;$$

h étant la hauteur du cylindre, et b le rayon de sa base; si l'on décompose cette quantité en trois facteurs $\frac{1}{2}b^2$, ρ et πhb^2, et qu'on observe que $\rho \times \pi hb^2$ est le produit de la densité ρ par le volume πhb^2, on en pourra conclure que *le moment d'inertie d'un cylindre tournant autour de son axe propre, est égal à la moitié du produit de sa masse par le carré de son rayon.*

4. On peut tirer de l'expression (b) la valeur du moment d'inertie d'un anneau cylindrique, par rapport à son axe, en observant que ce moment doit être la différence de ceux des deux cylindres qui auraient respectivement pour rayons le plus grand et le plus petit rayon de l'anneau. Si $Am = r$ (fig. 6, pl. XVI) est le plus grand rayon, et $Am' = r'$ le plus petit, le moment d'inertie de l'anneau cylindrique *mps* sera donc

$$\frac{1}{2}\pi\rho hr^4 - \frac{1}{2}\pi\rho hr'^4 = \frac{1}{2}\pi\rho h\,(r^4 - r'^4\,);$$

h exprimant la hauteur *mp*.

Désignons par R le rayon moyen $=\dfrac{r+r'}{2}$, et par e l'épaisseur $mm' = r - r'$ de l'anneau, cette expression deviendra

$$\pi\rho h\,(r^2 - r'^2) \times \left(\mathrm{R}^2 + \frac{e^2}{4}\right),$$

ce qui signifie que *le moment d'inertie d'un anneau cylindrique tournant autour de son axe propre, est égal au produit de sa masse par la somme du carré du rayon moyen et du carré de la moitié de l'épaisseur de l'anneau.*

Supposons, pour second exemple d'application,

que la courbe génératrice ACB (fig. 8, Pl. XVI) soit une demi-circonférence de cercle, son équation rapportée aux axes Ax, Ay sera (*voy.* APPLICATION, tome I)

$$y^2 = 2ax - x^2$$

$2a$ désignant le diamètre AB. Cette équation fournit

$$y^4 = 4a^2 x^2 - 4ax^3 + x^4;$$

et, substituant dans l'expression (1), la formule à intégrer devient

$$\frac{1}{2}\pi\rho\,(4a^2 x^2 - 4ax^3 + x^4)\,dx,$$

dont l'intégrale est

$$\frac{1}{2}\pi\rho\left(\frac{4\,a^2 x^3}{3} - ax^4 + \frac{x^5}{5}\right).$$

Tel est le moment d'inertie de la portion de sphère engendrée par le secteur AoC; pour avoir celui de la sphère entière, il faut prendre $x = 2a$, et l'on obtient

$$\frac{8}{15}\,\pi\rho a^5,$$

observant que $\dfrac{4}{3}\pi\rho a^3$ exprime la masse de la sphère, on en conclut que *le moment d'inertie de la sphère par rapport à un axe passant par son centre, est égal au produit de sa masse par les deux cinquièmes du carré de son rayon.*

5. Lorsque le solide dont on cherche le moment d'inertie n'est point un solide de révolution, la valeur de ce moment ne peut être déterminée que par une triple intégration. C'est ce que nous allons éclaircir par un exemple.

Soit BE (Pl. XVI, fig. 12) un parallélipipède de rectangle et composé d'une matière homogène, le solide dont il s'agit de déterminer le moment d'inertie par rapport à une de ses arêtes AB, par exemple, prise pour axe. Nommons a, b, c les trois arêtes AC, AD, AB de ce solide, et supposons le partage en une infinité de parties élémentaires par des plans perpendiculaires à chacune des arêtes; prenons AB pour axes des z, AD pour axe des y, et AC pour axe des x. Chaque partie élémentaire m, correspondante aux coordonnées x, y, z, sera un petit parallélipipède rectangle ayant pour arêtes dx, dy, dz; son volume sera exprimé par $dx\,dy\,dz$, et sa masse par

$$\rho dx\,dy\,dz;$$

ρ désignant la densité.

La distance Λp de cet élément à l'axe des z est égale à $\sqrt{\left[\overline{\Lambda q}^2 + \overline{pq}^2\right]}$, ou à

$$\sqrt{x^2 + y^2} \,;$$

ainsi, son moment d'inertie a pour expression

$$\rho\,(x^2 + y^2)\,dxdydz,$$

et l'expression du moment d'inertie du solide est

$$(2)\ldots\int\int\int \rho\,(x^2 + y^2)\,dxdydz;$$

le triple signe $\int$ indiquant qu'il faut intégrer successivement par rapport à chacune des variables, en considérant à chaque opération les deux autres comme constantes.

Pour que l'intégrale embrasse tous les élémens du parallélipipède BE, il faut intégrer d'abord par rapport à z, entre les limites $z = 0$, $z = \mathrm{AB} = c$; puis, par rapport à y, entre les limites $y = 0$, $y = \mathrm{AD} = b$, et enfin par rapport à x, entre les limites $x = 0$, $x = \mathrm{AC} = a$.

La première intégration donne

$$\rho c \int\int (x^2 + y^2)\,dxdy,$$

la seconde

$$\rho c \int \left(x^2 b + \frac{b^3}{3}\right) dx,$$

et la troisième

$$\rho c \left(\frac{a^3 b}{3} + \frac{ab^3}{3}\right),$$

expression qu'on peut mettre sous la forme

$$\frac{\rho abc}{3}\,(a^2 + b^2)\,;$$

mais abc est le volume du parallélipipède, et ρabc sa masse; donc, *le moment d'inertie d'un parallélipipède rectangle, par rapport à l'une de ses arêtes, est égal au tiers du produit de sa masse par la somme des carrés des deux autres arêtes.*

6. Cherchons encore le moment d'inertie du même parallélipipède par rapport à un axe OZ passant par le centre des deux faces opposées BE, DC (fig. 13). Choisissant cet axe, qui est égal et parallèle à l'arête AB, pour axe des z, nous prendrons les axes des y et des x respectivement parallèles aux arêtes AD et AC, et par

les mêmes considérations que ci-dessus, nous trouverons pour l'expression du moment d'inertie,

$$\int\int\int \rho\,(x^2 + y^2)\,dxdydz\,;$$

mais il est évident, ici, que la première intégration, par rapport à z, doit s'effectuer entre les limites $z = 0$, $z = c$; la seconde, par rapport à y, entre les limites $y = \mathrm{O}n' = \frac{1}{2}\,b$, $y = -\,\mathrm{O}n' = -\,\frac{1}{2}\,b$; et la troisième, par rapport à x, entre les limites $x = \mathrm{O}m' = \frac{1}{2}\,a$, $x = -\,\mathrm{O}m' = -\,\frac{1}{2}\,a$. Effectuant les opérations, la première intégration donne

$$\rho c \int\int (x^2 + y^2)\,dxdy,$$

on obtient par la seconde

$$\rho cb \int \left(x^2 + \frac{1}{12}\,b^2\right) dx,$$

et par la troisième,

$$\frac{1}{12}\,\rho abc\,(a^2 + b^2).$$

Ainsi, *le moment d'inertie d'un parallélipipède rectangle tournant autour d'un axe qui passe par les centres de deux faces opposées et qui est, par conséquent, parallèle à l'une de ses dimensions, est égal au douzième du produit de sa masse par la somme des carrés des deux autres dimensions.*

7. Les momens d'inertie de tous les solides par rapport à des axes quelconques sont exprimés par l'intégrale triple (2); car on peut concevoir un solide, quelle que soit sa forme, comme composé d'un nombre infini de parallélipipèdes rectangles infiniment petits; la seule difficulté est donc de déterminer les limites entre lesquelles doivent être effectuées les intégrations, pour que la dernière embrasse tous les points du solide, ce qui n'est généralement possible que lorsque la surface du solide est susceptible d'être représentée par une équation. Voici la marche qu'on doit suivre dans ce cas.

Considérons un solide AOCB (Pl. XVI, fig. 7) compris entre trois plans rectangulaires coordonnés et une surface courbe donnée par l'équation..... (c)

$$\mathrm{F}\,(x,\ y,\ z) = 0.$$

Le moment d'inertie d'un élément m de ce solide par rapport à l'axe OZ sera, d'après ce qui précède.... (d)

$$\rho\,(x^2 + y^2)\,dxdydz;$$

et en intégrant cette expression, par rapport à z, depuis $z = 0$ jusqu'à la valeur de z donnée par l'équation (c), on aura le moment d'inertie d'un parallélipipède élémentaire pq commençant au plan xy, et se terminant à la surface courbe. Si nous désignons par $f(x, y)$ la valeur de z tirée de (c), le résultat de la première intégration sera de la forme

$$\rho (x^2 + y^2)\, f(x, y)\, dx\,dy.$$

Regardant x et dx comme constans, il est visible que l'intégrale de cette expression, par rapport à y, sera le moment d'une tranche élémentaire rst parallèle au plan zy; mais pour que cette tranche se termine à la surface courbe, il faut prendre l'intégrale entre les limites $y = 0$ et $y = Ov$; cette valeur Ov n'est autre chose que l'ordonnée y du point t, dont l'abscisse est x et qui appartient à la section CtB de la surface courbe, par le plan xy; on obtiendra donc Ov en faisant $z = 0$ dans l'équation (c), et en la résolvant par rapport à y. Le moment d'inertie de la tranche élémentaire rst deviendra en définitive

$$\varphi x \cdot dx\,;$$

φx désignant une fonction de la seule variable x. L'intégrale de cette dernière quantité, prise entre les limites $x = 0$ et $x = OB$, sera la somme des momens d'inertie de toutes les tranches élémentaires qui composent le solide et par conséquent le moment d'inertie du solide. La limite OB est la valeur de x donnée par l'équation (c), après y avoir fait $y = 0$, $z = 0$.

8. L'ordre des intégrations est tout-à-fait arbitraire; mais l'intégrale, par rapport à z, étant toujours la plus simple à déterminer, on fera bien de commencer par elle, puis on intégrera par rapport à x ou à y, suivant le plus ou moins de facilité qu'il en pourra résulter pour les calculs. Si l'on prend la seconde intégrale par rapport à x, les limites seront $x = 0$ et $x = $ à la valeur qu'on tire de l'équation (c), après y avoir fait $z = 0$; les limites de la troisième intégrale seront alors $y = 0$ et $y = $ à la valeur fournie par (c), après avoir fait $z = 0$, $x = 0$. L'exemple suivant éclaircira ce procédé.

Soit le solide $AOCB$ un quart d'ellipsoïde à trois axes rapporté à ses demi-diamètres principaux $OB = a$, $OC = b$, $OA = c$, nous aurons, pour l'équation de la surface courbe (*voy.* Géom. aux trois dim., n° 64)... (d),

$$\frac{x^2}{a^2} + \frac{y^2}{b^2} + \frac{z^2}{c^2} = 1\,,$$

prenant pour la limite supérieure de l'intégrale, par rapport à z, de l'expression

$$\int\int\int \rho\,(x^2 + y^2)\, dx\,dy\,dz\,,$$

la valeur de z tirée de l'équation (d), savoir :

$$z = c \sqrt{\left[1 - \frac{x^2}{a^2} - \frac{y^2}{b^2}\right]}\,,$$

nous trouverons, pour cette intégrale,

$$\int\int \rho c\,(x^2 + y^2)\sqrt{\left[1 - \frac{x^2}{a^2} - \frac{y^2}{b^2}\right]} dx\,dy\,,$$

ce qu'on peut mettre sous la forme..... (e).

$$\rho c \int\int x^2 \sqrt{\left[1 - \frac{x^2}{a^2} - \frac{y^2}{b^2}\right]} dx\,dy$$
$$+ \rho c \int\int y^2 \sqrt{\left[1 - \frac{x^2}{a^2} - \frac{y^2}{b^2}\right]} dx\,dy.$$

Occupons-nous d'abord du premier terme de cette dernière expression. L'intégration par rapport à y devant s'effectuer comme si x et dx étaient des quantités constantes, posons, pour abréger,

$$b^2 - \frac{b^2 x^2}{a^2} = r^2,$$

et le premier terme de (e) deviendra, abstraction faite des signes d'intégration..... (f),

$$\frac{\rho c x^2 dx}{b} \cdot \sqrt{r^2 - y^2} \cdot dy.$$

Faisant, dans l'équation de la surface, $z = 0$, et tirant la valeur de y^2, il viendra

$$y^2 = b^2 - \frac{b^2 x^2}{a^2} = r^2.$$

Ainsi, les limites de l'intégrale par rapport à y sont $y = 0$, $y = r$; or, l'intégrale de $dy\sqrt{r - y^2}$, prise entre ces limites, est égale au quart de l'aire du cercle dont le rayon est r (*voy.* Quadrature, t. II, p. 393), donc

$$\frac{\rho c x^2 dx}{b} \int dy \sqrt{r^2 - y^2} = \frac{\rho c x^2 dx}{b} \cdot \frac{1}{4}\pi r^2\,;$$

π désignant le rapport de la circonférence au diamètre. Remettant pour r^2 sa valeur, cette intégrale devient

$$\frac{\rho\,bc\,\pi}{4a^2}\,(a^2 x^2 - x^4)\,dx\,;$$

quantité qui étant, à son tour, intégrée par rapport à x, entre les limites $x = 0$, $x = a$, donne..... (g)

$$\frac{1}{15}\,\rho\,bca^3 \pi\,;$$

telle est, conséquemment, la valeur du premier membre de l'expression (c), et nous avons

$$\rho c \int\int x^2 \sqrt{\left[1 - \frac{x^2}{a^2} - \frac{y^2}{b^2}\right]} dx\,dy = \frac{1}{15} \rho b c a^2 \pi.$$

Observons maintenant que le second membre de (e) serait identique avec le premier si l'on y changeait y en x et b en a, et qu'il suffit, par conséquent, d'opérer ce changement dans la valeur du premier membre pour obtenir immédiatement celle du second, qui est ainsi :

$$\rho c \int\int y^2 \sqrt{\left[1 - \frac{x^2}{a^2} - \frac{y^2}{b^2}\right]} dx\,dy = \frac{1}{15} \rho a c b^2 \pi.$$

Ajoutant ces deux valeurs, nous obtiendrons pour le moment d'inertie du quart d'ellipsoïde à trois axes, tournant autour de son demi-diamètre c ou de l'axe des z, l'expression

$$\frac{1}{15} abc\rho\pi\,(a^2 + b^2).$$

On peut en conclure que le moment d'inertie de l'ellipsoïde entier par rapport à l'axe des z, est

$$\frac{4}{15} abc\rho\pi\,(a^2 + b^2);$$

car les relations de distance des molécules élémentaires avec l'axe des z sont les mêmes dans chaque quart de ce solide.

Un simple changement de lettres fait connaître les momens d'inertie de l'ellipsoïde par rapport aux axes des y et des x; le premier est :

$$\frac{4}{15} abc\rho\pi\,(c^2 + a^2),$$

et le dernier

$$\frac{4}{15} abc\rho\pi\,(c^2 + b^2).$$

Observant que le volume de ce solide est égal $\frac{4\pi}{3} abc$, et qu'ainsi la quantité $\frac{4\pi}{3} abc\rho$ représente sa masse, les valeurs des trois momens d'inertie deviendront, en désignant la masse par M :

Par rapport à l'axe des x . . . $\frac{M}{5}\,(c^2 + b^2),$

Par rapport à l'axe des y . . . $\frac{M}{5}\,(a^2 + c^2),$

Par rapport à l'axe des z . . . $\frac{M}{5}\,(a^2 + b^2);$

d'où l'on voit que le plus grand moment répond au plus petit diamètre principal et réciproquement.

9. Si l'on fait $a = b = c$, l'ellipsoïde devient une sphère, et les trois momens d'inertie se réduisent à la même quantité

$$\frac{8}{15} \rho\pi a^5;$$

c'est ce que nous avions trouvé ci-dessus n° 4.

10. Toutes les déterminations précédentes des momens d'inertie supposent que les solides sont homogènes, c'est-à-dire que toutes leurs parties ont une même densité; si cette circonstance n'avait pas lieu, il faudrait chercher séparément le moment d'inertie de chaque partie homogène, et la somme de tous les momens partiels donnerait le moment d'inertie total. Dans le cas où la densité varierait d'un élément à l'autre, on aurait une quatrième intégration à effectuer, pour laquelle il deviendrait essentiel de connaître la loi que suit la densité dans les couches successives du solide. Considérons, par exemple, un cylindre d'une hauteur h tournant autour de son axe propre; son moment d'inertie est, comme nous l'avons trouvé plus haut, dans le cas d'une densité constante ρ,

$$\frac{1}{2} \pi\rho h b^4.$$

Si la hauteur h augmente d'une quantité infiniment petite et devient $h + dh$, l'accroissement correspondant $\frac{1}{2} \pi\rho b^4 dh$ du moment d'inertie, exprimera le moment d'inertie d'une tranche cylindrique perpendiculaire à l'axe. Or, si le cylindre n'est point homogène, mais composé d'une infinité de tranches homogènes, la densité ρ sera fonction de la hauteur h, et il faudra, pour obtenir le moment d'inertie du cylindre, intégrer la formule

$$\frac{1}{2} \pi\rho b^4 dh$$

qui exprime le moment d'inertie d'une tranche quelconque. D'où l'on voit que le moment d'inertie d'un cylindre composé de tranches circulaires homogènes est égal à

$$\frac{1}{2} \pi b^2 \int \rho\,dh,$$

expression dans laquelle ρ est une fonction de h. Dans le cas où la densité diminuerait comme la hauteur augmente, on aurait, en désignant par δ la densité de la première tranche,

$$\rho = \frac{\delta}{h},$$

et, par suite,

$$\frac{1}{2}\pi b^2 \int \rho \, dh = \frac{1}{2}\pi b^2 \delta \, \mathrm{Log}\, h,$$

à cause de

$$\int \frac{dh}{h} = \mathrm{Log}\, h\,;$$

l'intégrale devant être prise depuis $h = o$ jusqu'à $h = h$.

11. Si le cylindre, au lieu d'avoir une densité variable dans le sens de sa hauteur h, était composé de couches cylindriques homogènes, la variation s'effectuerait dans le sens de son rayon b, et par conséquent le moment d'inertie d'une quelconque de ces couches serait la différentielle du moment d'inertie

$$\frac{1}{2}\pi\rho h b^4,$$

prise par rapport à b, c'est-à-dire

$$\frac{1}{8}\pi\rho h b^3 \, db\,;$$

de sorte que le moment d'inertie du cylindre à densité variable deviendrait

$$\frac{1}{8}\pi h \int \rho b^3 \, db.$$

Dans l'hypothèse d'une densité, variant de l'axe à la surface convexe, en rapport inverse du rayon de la couche cylindrique, on poserait

$$\rho = \frac{\delta}{b},$$

ρ désignant la densité de l'axe, et l'on aurait, pour le moment d'inertie,

$$\frac{1}{8}\pi h \delta \int b^2 \, db = \frac{3}{8}\pi h \delta b^3\,;$$

l'intégrale étant prise entre les limites $b = o$, $b = b$.

12. Soit, encore, une sphère composée de couches homogènes concentriques. On trouvera, par des considérations semblables aux précédentes, que le moment d'inertie d'une couche élémentaire est égal à la différentielle de celui de la sphère homogène prise par rapport au rayon, c'est-à-dire à

$$\frac{8}{3}\pi\rho a^4 \, da,$$

de sorte que ρ étant une fonction de a, le moment d'inertie de cette sphère à densité variable est

$$\frac{8}{3}\pi \int \rho a^4 \, da.$$

Admettons que la densité décroisse, du centre à la surface, proportionnellement aux carrés des rayons des couches concentriques, et désignons par δ la densité au centre, nous aurons, pour la densité d'une couche quelconque,

$$\rho = \frac{\delta}{a^2},$$

et par suite, pour le moment d'inertie de la sphère,

$$\frac{8}{3}\pi\delta \int a^2 \, da = \frac{8}{9}\pi\delta a^3.$$

Ces exemples nous paraissent indiquer suffisamment la marche qu'il faudrait suivre pour tout autre solide et pour toute autre loi des densités.

13. Lorsque le moment d'inertie d'un corps, par rapport à un axe passant par son centre de gravité, est connu, il est facile d'en déduire son moment d'inertie par rapport à tout autre axe parallèle au premier.

En effet, prenons le premier axe pour axe des z, le centre de gravité pour origine, et faisons $x = \alpha$, $y = \beta$, les coordonnées du point où le nouvel axe de rotation coupe le plan des xy auquel il est aussi perpendiculaire. Désignons de plus par a la distance des deux axes, par r la distance d'une molécule élémentaire au premier de ces axes, et par r' la distance de la même molécule au second. Le moment d'inertie qui se rapporte au premier axe, et qui est supposé connu, sera $\int r^2 dm$, et $\int r'^2 dm$ sera celui qui se rapporte au second axe. Or, nous avons

$$r'^2 = (x - \alpha)^2 + (y - \beta)^2,$$
$$= x^2 + y^2 - 2\alpha x - 2\beta y + \alpha^2 + \beta^2,$$

et, de plus,

$$r^2 = x^2 + y^2\,; \quad a^2 = \alpha^2 + \beta^2,$$

donc

$$r'^2 = r^2 + a^2 - 2\alpha x - 2\beta y.$$

Multipliant tout par dm et intégrant, il vient

$$\int r'^2 dm = \int r^2 dm + \int a^2 dm - 2\alpha \int x \, dm - 2\beta \int y \, dm.$$

Mais l'axe de gravité étant sur l'axe de z, il en résulte

$$\int x \, dm = o\,, \quad \int y \, dm = o\,;$$

car x et y désignant les coordonnées d'un élément dm de la masse M, les momens (*voy.* Moment, § 11) de cet élément, par rapport aux axes des x et des y, sont respectivement $x\,dm$, $y\,dm$, et conséquemment les coordonnées x_1 et y_1 du centre de gravité de M doivent être déterminées par les équations :

$$M x_1 = \int x\,dm, \quad M y_1 = \int y\,dm$$

(*voy.* Centre de gravité, tom. I) ; or, ici, les coordonnées x_1, y_1 sont nulles, puisque le centre de gravité est à l'origine : donc $\int x\,dm = 0$, $\int y\,dm = 0$. L'intégrité $\int dm$ n'étant autre chose que la masse entière du corps que nous venons de désigner par M, nous avons donc définitivement..... (*h*)

$$\int r'^2 dm = \int r^2 dm + a^2 M,$$

c'est-à-dire que *le moment d'inertie rapporté au nouvel axe est égal au moment d'inertie rapporté au premier, plus le produit de la masse du corps par le carré de la distance du centre de gravité au nouvel axe.*

14. On a adopté la notation k^2 pour représenter le rapport du moment d'inertie $\int r^2 dm$ à la masse M du mobile ; ce qui donne à l'expression (*h*) la forme

$$\int r'^2 dm = M\,(k^2 + a^2).$$

Il devient ainsi visible 1° que le moment d'inertie rapporté à un axe quelconque, passant par le centre de gravité, est toujours plus petit que celui qui se rapporte à tout autre axe parallèle au premier ; 2° que les momens d'inertie, pris par rapport à des axes parallèles entre eux et également distans du centre de gravité sont égaux, et 3° enfin que la valeur de ces momens augmente avec la distance des axes au centre de gravité du corps.

Nous devons renvoyer, pour les détails ultérieurs, au *Traité de mécanique* de M. Poisson.

MOMENTUM. *Voy.* Quantité de mouvement.

MOTEUR. (*Méc.*) On donne ce nom à tout agent capable d'imprimer le mouvement à un corps inerte ou à une machine.

Nous avons déjà établi (*voy.* Cheval), qu'en nommant P l'effort exercé par un moteur à son point d'application, et V l'espace que ce point parcourt dans le sens de l'effort et dans l'unité de temps, le produit PV représente la quantité d'action fournie par le moteur, quelle que soit d'ailleurs sa nature. Or, le travail effectué par une machine étant toujours relatif à la quantité

d'action fournie par le moteur et augmentant avec elle, le problème le plus intéressant qui se présente, lorsqu'un moteur est donné, c'est d'en obtenir la plus grande quantité d'action possible : mais comme on ne peut jamais augmenter un des facteurs du produit PV sans diminuer l'autre, il s'agit de déterminer les valeurs respectives de P et de V de manière à rendre PV un maximum. Voici les considérations théoriques sur lesquelles on fonde cette détermination.

Lorsque la vitesse est nulle, c'est-à-dire lorsque l'effort P s'exerce sur un obstacle inébranlable, sa pression est évidemment la plus grande possible ; mais il n'y a point de quantité d'action produite, car alors PV $= 0$. Si l'obstacle acquiert un mouvement, la pression diminue d'autant plus que la vitesse augmente ; de sorte qu'elle serait nulle si l'obstacle pouvait se mouvoir aussi vite que le moteur ; dans ce dernier cas, on aurait encore PV $= 0$.

Entre ces deux extrêmes doit se trouver nécessairement une certaine vitesse qui rend le produit de la pression et de la vitesse le plus grand possible : c'est ce degré de vitesse qu'il importe de connaître.

Soit P' la pression qu'un moteur peut exercer contre un obstacle inébranlable, V' la vitesse qui rend la pression nulle, V une vitesse intermédiaire, et P la pression correspondante à cette vitesse ; on suppose qu'il existe toujours entre ces quantités, du moins pour les moteurs animés, la proportion

$$P' : P = V'^2 : (V' - V)^2,$$

d'où ..... (*a*)

$$PV = P'\left(1 - \frac{V}{V'}\right)^2 . V.$$

Pour obtenir la valeur de V, qui rend cette quantité un maximum, il faut égaler à zéro sa différentielle prise par rapport à V, ce qui donne

$$\left(1 - \frac{V}{V'}\right)^2 - \frac{2V}{V'}\left(1 - \frac{V}{V'}\right) = 0,$$

équation dont on tire

$$V = \frac{1}{3} V'.$$

Substituant cette valeur dans (*a*), on obtient

$$P = \frac{4}{9} P'.$$

Ainsi, d'après cette théorie, le maximum de quantité d'action aurait lieu lorsque la pression du moteur est les $\frac{4}{9}$ de la plus grande pression dont il est susceptible sans prendre de vitesse, et sa vitesse les $\frac{2}{5}$ de la plus grande vitesse qu'il peut prendre sans produire de pression. La quantité d'action maximum serait donc égale aux $\frac{4}{27}$ du produit de la plus grande pression par la plus grande vitesse; car les valeurs précédentes donnent

$$PV = \frac{4}{27} P'V'.$$

L'expérience a démontré que ce résultat ne peut être appliqué sans restriction à toutes les espèces de moteurs, et ce n'est encore que par des observations immédiates qu'on peut déterminer approximativement les valeurs les plus convenables des quantités P et V pour chaque moteur en particulier.

Les moteurs que l'on emploie communément pour mettre les machines en mouvement sont : les moteurs animés (*voy.* Homme et Cheval), l'eau, le vent, la force expansive des fluides élastiques, les poids et les ressorts (*voy.* ces divers mots); les effets qu'ils produisent peuvent toujours être comparés à des poids élevés à une certaine hauteur (*voy.* Forces mouvantes). On a signalé tout récemment diverses tentatives faites en Angleterre et aux États-Unis, pour tirer parti de la force motrice des aimans artificiels traversés par des courans électriques. Si les espérances que font concevoir ces essais se réalisent, l'industrie se trouvera en possession d'un nouveau moteur d'autant plus utile, que son application paraît ne présenter aucun des dangers qui accompagnent celle de la vapeur.

MOULIN A VENT. *Voy.* Vent.

MOUTON. (*Méc.*) Masse inerte, qu'un moteur élève à une hauteur déterminée pour l'abandonner ensuite à l'action de la gravité, qui lui fait acquérir une force de percussion d'autant plus grande que la hauteur de la chute est elle-même plus grande. On en fait usage pour enfoncer les pilots ou les pieux. *Voy.* Sonnette.

MOUVEMENT (*Dyn.*) Nous allons réunir, dans cet article, les lois principales du mouvement omises ou seulement indiquées dans nos deux premiers volumes.

1. *Mouvement rectiligne.* Lorsqu'un mobile, que nous considérerons provisoirement comme un point matériel, se meut dans l'espace, il parcourt une ligne droite ou courbe nommée sa *trajectoire.* Si la trajectoire est une ligne droite, le mouvement est dit *rectiligne;* si elle est une ligne courbe, le mouvement est dit *curviligne.*

Le mouvement rectiligne est *uniforme* ou *varié*, suivant que le mobile parcourt ou ne parcourt pas des portions égales de sa trajectoire dans des intervalles égaux de temps.

2. On nomme *vitesse*, dans le mouvement uniforme, l'espace parcouru par le mobile pendant un intervalle de temps pris pour unité.

3. L'unité de temps est entièrement arbitraire; il est seulement essentiel d'employer toujours la même durée lorsqu'on veut comparer les mouvemens de plusieurs mobiles. Comme on a adopté assez généralement la *seconde* sexagésimale pour unité, lorsque nous parlerons, dans ce qui va suivre, de la *vitesse* d'un mobile, nous entendrons toujours l'espace qu'il parcourt uniformément dans une *seconde de temps.*

4. Si nous désignons par V la vitesse d'un mobile, c'est-à-dire l'espace qu'il parcourt dans l'unité de temps, l'espace parcouru en deux unités sera 2V; l'espace parcouru en trois unités, 3V, et ainsi de suite. En général l'espace parcouru par le même mobile dans un temps T sera TV, de sorte qu'en désignant par E ce dernier espace, nous aurons l'équation

$$(1)\ldots\ldots E = TV,$$

qui renferme toute la théorie du mouvement uniforme.

5. L'équation (1) donne les deux relations particulières

$$V = \frac{E}{T}, \qquad T = \frac{E}{V},$$

dont la première signifie que *la vitesse est égale à l'espace divisé par le temps*, et la seconde que *le temps est égal à l'espace divisé par la vitesse.*

Il est essentiel d'observer que par ces mots *espace, temps, vitesse*, il faut toujours entendre les nombres abstraits qui marquent le rapport de chacune de ces quantités avec l'unité de son espèce. Par exemple, si l'on demandait quelle est la vitesse d'un mobile qui parcourt uniformément 120 mètres en 30 secondes, on aurait

$$V = \frac{120}{30} = 4,$$

et ce résultat 4, rapporté à l'unité d'espace qui est ici le *mètre*, ferait connaître que la vitesse cherchée est de 4 mètres par *seconde.* De même, s'il s'agissait de trouver le *temps* qu'il faut à un mobile, dont la vitesse est de 5 mètres par seconde, pour parcourir 2000 mètres, on aurait

$$T = \frac{2000}{5} = 400,$$

et le résultat 400, rapporté à l'unité de temps, apprendrait que le temps demandé est de 400 secondes, ou de 6 minutes 40 secondes.

6. L'équation (1) donne le moyen de résoudre facilement tous les problèmes relatifs au mouvement rectiligne et uniforme des corps. Nous nous contenterons de donner un seul exemple.

Connaissant les vitesses de deux mobiles qui partent en même temps de deux points différens de la même droite qu'ils parcourent, trouver le temps de leur rencontre.

Soient A et B (fig. 4, pl. XVI) les points de départ, C celui de rencontre, et V et V′ les vitesses respectives. Dans l'intervalle de temps cherché T, le premier mobile ayant parcouru l'espace AC, et le second l'espace BC, on a, en vertu de la loi (1),

$$AC = VT, \quad BC = V'T.$$

Exprimons par a la distance AB des deux mobiles à l'instant d'où l'on commence à compter le temps T, et faisons BC $= m$, ce qui donne AC $= a - m$, et par suite

$$a - m = VT, \quad m = V'T.$$

On tire de ces égalités

$$a - V'T = VT;$$

et, dégageant T,

$$T = \frac{a}{V + V'},$$

c'est-à-dire que le temps cherché est égal à la distance initiale divisée par la somme des vitesses.

Si les deux mobiles, au lieu d'aller à la rencontre l'un de l'autre, se mouvaient dans le même sens, on aurait, en faisant toujours la distance initiale AB $= a$ et l'espace parcouru par le second mobile B$c = m$,

$$A = a + m.$$

La valeur de T serait

$$V = \frac{a}{V - V'},$$

valeur qui peut être positive, infinie ou négative, suivant que $V > V'$, $V = V'$, $V > V'$. Dans le premier cas, les mobiles se rencontreront en un certain point C ; dans le second, ils n'ont pu et ne pourront jamais se rencontrer ; et dans le troisième, leur rencontre aura dû avoir lieu avant l'instant où leur distance était AB, c'est-à-dire avant l'instant à partir duquel on compte le temps T.

7. Le mouvement se nomme *varié* lorsque le mobile,

après avoir parcouru un certain espace dans un temps déterminé, parcourt ensuite dans un intervalle de temps égal un espace plus grand ou plus petit ; si l'espace est plus grand, on dit que le mouvement est *accéléré ;* dans le cas contraire, on dit qu'il est *retardé.*

Les variations du mouvement peuvent s'effectuer de deux manières, savoir : dans des intervalles finis de temps ou d'une manière discontinue, et dans des intervalles infiniment petits de temps, ou d'une manière continue. Dans le premier cas, le mouvement est un assemblage de mouvemens uniformes partiels, dont on peut trouver toutes les circonstances au moyen de la loi (1) du mouvement uniforme ; dans le second, le mouvement est soumis à d'autres lois. C'est principalement au mouvement dont les variations sont continuelles que s'applique l'épithète de *varié.*

8. On nomme *vitesse* d'un mouvement varié à un certain instant, la vitesse qu'aurait le mobile, si, à partir de cet instant, son mouvement devenait uniforme.

9. Lorsque la vitesse croît ou décroît par degrés égaux, le mouvement se nomme *uniformément varié;* il est *uniformément accéléré* dans le premier cas, et *uniformément retardé* dans le second.

Désignons par g l'accroissement constant de vitesse qui a lieu par unité de temps; de manière que si, après un temps quelconque t', à partir de l'origine du mouvement, la vitesse du mobile était a, elle serait

$$a + g \text{ après le temps } t' + 1,$$
$$a + 2g \ldots \ldots t' + 2,$$
$$a + 3g \ldots \ldots t' + 3,$$
$$\text{etc.}, \ldots \ldots \text{etc.},$$

et, en général,

$$a + tg \text{ après le temps } t' + t.$$

Exprimons par v cette vitesse, nous aurons l'équation fondamentale

$$(2)\ldots\ldots v = a + tg,$$

dans laquelle il suffit de donner le signe $-$ à la quantité g pour passer d'un mouvement uniformément accéléré à un mouvement uniformément retardé.

Pour trouver maintenant la relation qui existe entre le temps et l'espace dans le mouvement uniformément varié, nommons e l'espace parcouru par le mobile depuis le commencement du temps t, jusqu'à l'instant où il a la vitesse v, et observons que cet espace croîtra d'une quantité infiniment petite de, dans une durée de temps infiniment petite dt, pendant laquelle nous pourrons considérer le mouvement comme uniforme, et dû à la vitesse v : or, dans le mouvement uniforme, l'espace est le produit de la vitesse par le temps ; donc

$$de = vdt.$$

Substituant à la place de v sa valeur (2), il viendra

$$de = adt + gtdt,$$

d'où nous tirerons, en intégrant,

$$(3)\ldots\ e = at + \tfrac{1}{2} gt^2.$$

Il n'y a pas besoin d'ajouter de constante, puisque e doit être nul lorsque $t = 0$.

Les équations (1) et (2) renferment toute la théorie du mouvement uniformément varié ; ce mouvement sera accéléré ou retardé suivant que la quantité g sera positive ou négative ; il deviendrait uniforme si $g = 0$.

Si la vitesse a du mobile, au commencement du temps t, était nulle, les deux équations fondamentales (2) et (3) deviendraient

$$v = tg, \qquad e = \tfrac{1}{2} gt^2.$$

Dans ce cas, le mobile partirait du repos, et son mouvement ne serait dû qu'à l'action de la seule force accélératrice constante dont on représente l'intensité par la vitesse qu'elle produit dans l'unité de temps, c'est-à-dire par g. L'expression de cette force accélératrice est ainsi

$$(4)\ldots\ g = \frac{v}{t}.$$

Nous n'entrerons pas dans de plus grands détails sur une théorie déjà développée aux mots Accéléré (tom. I) et Force.

10. Lorsque les accroissemens de vitesse ne sont pas les mêmes dans des intervalles égaux de temps, le mouvement est dit varié d'une manière quelconque, et l'on entend toujours par la vitesse de ce mouvement, à un instant déterminé, celle qui aurait lieu si, à partir de cet instant, le mouvement devenait uniforme ; de sorte qu'il est facile de voir qu'on a toujours la relation $de = vdt$ entre l'espace, le temps et la vitesse. Mais, les accroissemens de vitesse étant différens pour deux intervalles égaux de temps, quelque petits que soient ces intervalles, ce n'est qu'en prenant un intervalle de temps infiniment petit qu'on peut considérer la vitesse comme croissant par degrés égaux pendant sa durée ; ainsi, désignant par φ l'accroissement constant de vitesse qui a lieu à chaque instant de l'intervalle dt, et qui finit par produire un accroissement total dv dans

la durée de cet intervalle, nous aurons, d'après la loi (4),

$$\varphi = \frac{dv}{dt};$$

et comme cette vitesse φ est l'effet de la force variée et représente son intensité (voy. Force), nous pourrons dire que la grandeur d'une force variée d'une manière quelconque est égale à la dérivée différentielle de la vitesse prise par rapport au temps.

Substituant, dans la valeur de φ, celle de v tirée de l'équation $de = vdt$, savoir :

$$v = \frac{de}{dt},$$

en observant que dt est une quantité constante, il viendra

$$(5)\ldots\ \varphi = \frac{d^2e}{dt^2}.$$

C'est l'expression générale, en fonction du temps et de l'espace, de la force accélératrice qui produit un mouvement varié d'une manière quelconque. Nous l'avons déjà déduite d'autres considérations, au mot Accéléré, tom. I, et nous ne la rappelons ici que parce que nous allons en faire usage plus loin.

11. *Mouvement curviligne.* Le mouvement produit par une seule force ou par plusieurs forces, agissant dans une même direction, étant nécessairement rectiligne, tout mouvement qui ne s'effectue pas en ligne droite exige le concours de plusieurs forces agissant dans des directions différentes. Examinons les circonstances générales d'un tel concours.

Soit un point mobile M (Pl. XVI, fig. 14), sollicité par deux forces instantanées P et Q dans les directions AP et AQ ; prenons sur ces directions les parties MA et MB, telles que la première représente la vitesse uniforme due à la force P, ou l'espace qu'elle ferait parcourir au mobile dans l'unité de temps, si elle agissait seule, et que la seconde représente également la vitesse due à la force Q agissant isolément. Construisons sur ces deux vitesses le parallélogramme MARB, sa diagonale MR sera la direction de la résultante des forces P et Q, et représentera la vitesse avec laquelle le point M se mouvra uniformément sur cette direction dans l'unité de temps (voy. Résultante). Supposons maintenant qu'arrivé en M', par l'action de la résultante R des deux forces P et Q, le mobile reçoive dans la direction M'S l'impulsion d'une nouvelle force instantanée S, capable de lui faire parcourir l'espace M'B' dans l'unité de temps ; alors, au lieu de parcourir M'A' = MR, le mobile prendra la direction M'R' de la diagonale du parallélogramme construit sur les vitesses M'A' et M'B', et continuera à se mouvoir uniformément dans cette direction avec la vitesse M'R'. Si, arrivé en M″, où il tend à décrire M'A' = M'R' dans l'unité de temps, une nouvelle force instantanée vient encore à agir sur lui dans la direction M″T, et tend à lui faire décrire M″T dans le même temps, sa direction se brisera de nouveau, il décrira la diagonale M″U du parallélogramme M″TUR', et ainsi de suite ; de sorte que, en vertu des diverses impulsions qu'il aura reçues, le mobile aura décrit les côtés MM', M'M″, M″M‴, etc., d'un polygone.

Pour passer de cette espèce de mouvement en ligne brisée à un mouvement curviligne, il suffit de supposer que les impulsions successives sont données sans interruption, comme celles qui sont produites par une force constante, car les côtés du polygone deviennent alors infiniment petits, et il se change en ligne courbe.

12. Tout mouvement curviligne exige donc le concours d'une force accélératrice au moins. Le cas le plus simple de ce mouvement est celui où le mobile n'est sollicité que par deux forces, l'une instantanée et l'autre constante ; par exemple, si la force instantanée P, qui tend à donner au point M une vitesse uniforme dans la direction MP, se trouve combinée avec une force accélératrice agissant dans la direction MQ, les impulsions successives de cette dernière se succédant dans des intervalles infiniment petits de temps, les points M, M', M″, etc., où la direction du mobile change à chaque impulsion, se suivent immédiatement, et le mobile décrit une courbe dont les côtés, infiniment petits MM', M'M″, M″M‴, etc., sont les élémens.

13. Si la force accélératrice cessait d'agir en un point quelconque M' de la courbe, il est évident que le mobile continuerait à se mouvoir avec sa dernière vitesse dans la direction M'R', prolongement du dernier élément de courbe M'M″, c'est-à-dire qu'il s'échapperait par la tangente de la courbe au point M'.

On nomme vitesse d'un mouvement curviligne, à un instant déterminé, la vitesse effective qu'aurait le mobile, si, à cet instant, le mouvement devenait rectiligne et uniforme, c'est-à-dire si toutes les causes qui font varier la vitesse et la direction du mobile venaient à cesser et qu'il continuât à se mouvoir uniformément sur la tangente de sa trajectoire, au point où il se trouve à l'instant que l'on considère.

14. Pour déterminer les diverses circonstances du mouvement d'un point matériel dans l'espace, il faut rapporter sa trajectoire à trois plans coordonnés, ce qui permet d'assigner à chaque instant la position des projections du mobile sur les trois axes fixes. On peut alors considérer chaque projection comme un point mobile qui suit le point matériel dans son mouvement et se

trouve lié avec lui ; de sorte que toutes les questions relatives au mouvement curviligne se réduisent à la recherche des lois de trois mouvemens rectilignes. Nous allons éclaircir cette théorie en considérant encore la trajectoire du mobile comme une ligne brisée OMM'M″, etc. (fig. 15, Pl. XVI), dont il parcourt successivement les côtés OM, MM', M'M″, etc., avec des vitesses uniformes, pour chaque côté en particulier, mais qui varient à mesure qu'il passe d'un côté sur l'autre.

Rapportons cette ligne aux trois axes rectangulaires OX, OY, OZ ; imaginons que l'origine O est le point de départ du mobile, et menons les droites Mm, M'm', M″m″, etc., perpendiculaires à l'axe OX ; les points m, m', m″, etc., seront les projections des points M, M', M″, etc., de la trajectoire sur cet axe ; et les droites Om, mm', m'm″, etc., les projections des côtés OM, OM', M'M″, etc.

Ceci posé, observons que, pendant que le point matériel parcourt les côtés OM, MM', M'M″, sa projection parcourt Om, mm', m'm″, de manière qu'elle est en m lorsqu'il est en M, en m' lorsqu'il est en M', et ainsi de suite. Or, en quelque nombre que soient les forces appliquées au mobile lorsqu'il est en O, on peut toujours les réduire à trois, dirigées suivant les trois axes OX, OY, OZ, et dont OM est la résultante ; ainsi, représentant par Om, On et Op les vitesses des composantes, OM sera la diagonale du parallélipipède construit sur ces droites, et on peut observer que, si la composante Om agissait seule, le mobile décrirait l'espace Om que parcourt sa projection quand il décrit OM par suite de l'action simultanée des trois composantes. Ce que nous disons de la projection sur l'axe OX s'applique évidemment aux projections sur les deux autres axes, et nous pouvons établir, généralement, que dans le trajet du mobile de O en M chacune de ses projections se meut uniformément sur son axe respectif comme si elle était sollicité par la composante dirigée suivant cet axe.

Arrivé au point M, où le mobile reçoit l'action de nouvelles forces qui lui font prendre la direction MM', si nous décomposons de nouveau toutes les forces sollicitantes en trois forces parallèles aux axes, nous reconnaîtrons que, dans le cas où la composante Mq parallèle à OX agirait seule, elle ferait parcourir au mobile la droite Mq égale à la droite mm' que parcourt la projection du mobile lorsqu'il décrit MM' en vertu de l'action simultanée des trois composantes Mq, Mr, Ms ; nous pouvons donc considérer le mouvement de la projection du mobile de m en m' comme s'il était dû à la composante parallèle à l'axe OX. Continuant de la même manière, nous verrons que le mouvement de la projection sur l'axe des x ne dépend que des vitesses qui seraient produites par les forces parallèles à cet axe, et qu'il en est de même pour les deux autres projections par rapport à leurs axes respectifs.

Cette propriété ayant lieu quelle que soit la grandeur des côtés OM, MM', MM', etc., elle existe encore lorsque ces côtés sont infiniment petits, ou lorsque le mobile décrit une courbe par l'action combinée de plusieurs forces instantanées et accélératrices ; donc :

Si l'on décompose en trois forces parallèles à trois axes les forces quelconques qui produisent le mouvement curviligne d'un point matériel dans l'espace, et si l'on considère comme des points mobiles les projections du point matériel sur ces axes, le mouvement sur chaque axe sera dû aux forces qui lui sont parallèles et sera le même que si les autres forces étaient nulles.

15. Cette importante proposition conduit directement aux équations différentielles du mouvement curviligne d'un point matériel soumis à l'action d'un nombre quelconque de forces accélératrices et instantanées. Ces dernières peuvent toujours être ramenées à une seule force qui aurait imprimé une vitesse finie au mobile à l'origine de son mouvement, et qui n'exerce conséquemment aucune influence sur les variations de vitesse qu'il éprouve en parcourant sa trajectoire.

Désignons par x, y, z les trois coordonnées du mobile après un temps quelconque t, et observons que ces coordonnées, qui seront des fonctions de t, sont également les espaces décrits par les projections du mobile, depuis l'origine, où nous supposons que le temps commence, jusqu'à l'instant où il se trouve sur le point de sa trajectoire auquel elles répondent. Décomposons chacune des forces accélératrices données en trois autres respectivement parallèles aux trois axes, et désignons par X la somme de toutes les composantes parallèles à l'axe des x, par Y la somme des composantes parallèles à l'axe des y, et par Z la somme des composantes parallèles à l'axe des z. Ces trois forces X, Y, Z, dont on aura la valeur en fonction des coordonnées x, y, z, dans chaque cas particulier, doivent être prises avec les signes $+$ ou $-$, suivant qu'elles tendent à augmenter ou à diminuer les coordonnées.

Soient maintenant v, v', v' les vitesses respectives des projections sur les trois axes, à l'expiration du temps t, vitesses qui demeureraient uniformes si les forces accélératrices cessaient d'agir à cet instant, et qui ont pour expressions (n° 10)

$$v = \frac{dx}{dt}, \quad v' = \frac{dy}{dt}, \quad v' = \frac{dz}{dt}.$$

Les variations de ces vitesses, dues aux forces X, Y, Z, dans l'instant infiniment petit dt qui suit le temps t, seront

$$dv = \frac{d^2x}{dt}, \quad dv' = \frac{d^2y}{dt}, \quad dv' = \frac{d^2z}{dt};$$

et comme ces variations, divisées par le temps dans lequel elles ont lieu, représentent les forces accélératrices qui les produisent (n° 10), nous aurons, en vertu de la théorie du mouvement varié,

$$(6)\dots \mathrm{X} = \frac{d^2x}{dt^2}, \quad \mathrm{Y} = \frac{d^2y}{dt^2}, \quad \mathrm{Z} = \frac{d^2z}{dt^2}.$$

Telles sont les équations générales du mouvement curviligne d'un point matériel dans l'espace ; elles sont indépendantes de la vitesse initiale du mobile, c'est-à-dire de celle qui est due aux forces instantanées. Cette dernière sert à déterminer les constantes arbitraires avec lesquelles on complète les intégrales. Lorsque les fonctions X, Y, Z sont données par la nature d'un problème, on a trois équations différentielles à intégrer, et après avoir obtenu les intégrales complètes, l'élimination de t conduit à deux équations qui ne contiennent plus d'autres variables que x, y, z, et sont les équations de la trajectoire.

16. Les fonctions X, Y, Z, représentant uniquement la somme des forces accélératrices parallèles à chaque axe, lorsque le mouvement de la projection sur l'un de ces axes est uniforme, la variation de la vitesse est nulle pour cet axe, et il faut égaler à zéro l'expression de la force accélératrice qui lui correspond. Nous en donnerons plus loin un exemple.

16. Pour déterminer la vitesse du mobile à un instant quelconque de son mouvement, il faut observer que celle qui a lieu sur l'élément OM est, en désignant cet élément par la différentielle ds de la courbe,

$$v = \frac{ds}{dt}.$$

Or, multipliant la première des équations (6) par $2dx$, la seconde par $2dy$, la troisième par $2dz$, on a, en ajoutant les résultats,

$$\frac{2dx\,d^2x + 2dy\,d^2y + 2dz\,d^2z}{dt^2} = 2\left[\mathrm{X}dx + \mathrm{Y}dy + \mathrm{Z}dz\right].$$

Mais le premier membre de cette égalité n'est que la différentielle de $dx^2 + dy^2 + dz^2$ divisée par dt^2 ; ainsi elle revient à

$$\frac{d\left[dx^2 + dy^2 + dz^2\right]}{dt^2} = 2\left[\mathrm{X}dx + \mathrm{Y}dy + \mathrm{Z}dz\right],$$

ou simplement à

$$\frac{d\left(ds^2\right)}{dt^2} = 2\left[\mathrm{X}dx + \mathrm{Y}dy + \mathrm{Z}dz\right],$$

à cause de $ds^2 = dx^2 + dy^2 + dz^2$. Intégrant, en regardant dt^2 comme constant, il vient

$$\frac{ds^2}{dt^2} = 2\int\left[\mathrm{X}dx + \mathrm{Y}dy + \mathrm{Z}dz\right] + \mathrm{C},$$

ou, remplaçant $\frac{ds}{dt}$ par v

$$(7)\ldots\ v^2 = 2\int \Big[\mathrm{X}dx + \mathrm{Y}dy + \mathrm{Z}dz\Big] + \mathrm{C}.$$

Cette expression est la seconde loi fondamentale du mouvement curviligne.

17. On obtient une autre expression de la vitesse en remplaçant simplement, dans l'équation

$$v = \frac{ds}{dt},$$

l'élément ds de la courbe par sa valeur $\sqrt{[dx^2 + dy^2 + dz^2]}$; il vient

$$v = \frac{1}{dt}\sqrt{\Big[dx^2 + dy^2 + dz^2\Big]},$$

ou plutôt, en observant que toutes les différentielles sont prises par rapport au temps,

$$(8)\ldots\ v = \sqrt{\Big[\frac{dx^2}{dt^2} + \frac{dy^2}{dt^2} + \frac{dz^2}{dt^2}\Big]}.$$

18. Lorsque toutes les forces agissent dans le même plan, il faut prendre ce plan pour celui des x, y, alors la variable z n'existe pas, et il suffit d'employer les deux équations

$$\mathrm{X} = \frac{d^2x}{dt^2}, \quad \mathrm{Y} = \frac{d^2y}{dt^2}.$$

Dans ce cas la trajectoire est une courbe plane ; dans tous les autres, c'est une courbe à double courbure.

18. Pour première application des lois précédentes, cherchons l'équation de la trajectoire d'un point matériel qui se meut dans l'espace en vertu de l'unique impulsion d'une force instantanée. Ici, toutes les forces accélératrices sont nulles, et l'on a

$$\mathrm{X} = 0, \quad \mathrm{Y} = 0, \quad \mathrm{Z} = 0.$$

Les équations (6) se réduisent donc à

$$\frac{d^2x}{dt^2} = 0, \quad \frac{d^2y}{dt^2} = 0, \quad \frac{d^2z}{dt^2} = 0.$$

Multipliant les deux termes de chacune par dt, elles deviennent

$$\frac{d^2x}{dt} = 0, \quad \frac{d^2y}{dt} = 0, \quad \frac{d^2z}{dt} = 0;$$

ce qui donne, en considérant dt comme constant, et en intégrant.... (m)

$$\frac{dx}{dt} = a, \quad \frac{dy}{dt} = b, \quad \frac{dz}{dt} = c;$$

a, b, c représentant des constantes arbitraires. Mettant ces dernières équations sous la forme

$$dx = adt, \quad dy = bdt, \quad dz = cdt;$$

et intégrant de nouveau, il vient

$$x = at + a', \quad y = bt + b', \quad z = ct + c';$$

a', b', c' étant de nouvelles constantes arbitraires. Éliminant t, on obtient

$$x = \frac{a'c - ac'}{c} + \frac{a}{c}z,$$

$$y = \frac{b'c - bc'}{c} + \frac{b}{c}z,$$

équations qu'on reconnaît aisément pour être celles d'une ligne droite dans l'espace. Tel est en effet le résultat que nous devions obtenir d'après les conditions du problème.

Si nous plaçons l'origine des coordonnées au point de départ du mobile, et que le temps t soit compté à partir de ce départ, nous aurons $x = 0$, $y = 0$, $z = 0$ lorsque $t = 0$, et, conséquemment, $a' = 0$, $b' = 0$, $c' = 0$. Les équations précédentes se réduisent alors à

$$x = \frac{a}{c}z, \quad y = \frac{b}{c}z,$$

et il est facile de reconnaître que les constantes a, b, c, sont les composantes de la vitesse suivant les trois axes.

Substituons les valeurs (m) dans la loi (8), nous obtiendrons

$$v = \sqrt{\Big[a^2 + b^2 + c^2\Big]} = constante,$$

d'où il suit que le mouvement est uniforme. C'est encore ce que nous devions nécessairement trouver.

19. Proposons-nous pour second exemple de déterminer la trajectoire d'un point matériel pesant lancé dans l'espace par l'impulsion d'une force instantanée. Nous avons ici deux forces à considérer, la force impulsive et celle de la gravité.

Soit A (fig. 16, Pl. XVI) l'origine du mouvement, AB la direction de la force impulsive que suivrait le mobile, si cette force agissait seule sur lui, et AY′ la verticale le long de laquelle il tomberait en vertu de sa pesanteur, si la force impulsive n'existait pas.

Comme on peut toujours faire passer un plan par deux droites qui se coupent, les deux forces que nous considérons agissent dans un même plan, et par conséquent la trajectoire est une courbe plane. Prenons donc la verticale pour axe des y, et menons par l'origine A du mouvement une droite horizontale AX qui sera l'axe des x, de cette manière la force accélératrice n'aura pas de composante parallèle à l'axe des x, ce qui nous donnera d'abord

$$X = o, \quad \text{d'où} \quad \frac{d^2 x}{dt^2} = o.$$

Observant ensuite que la force de gravité, généralement représentée par g, est la seule force accélératrice qui agisse dans le sens de l'axe AY, mais qu'elle tend à diminuer les coordonnées y de la trajectoire, et qu'il faut dès lors donner le signe — à Y, nous aurons

$$\frac{d^2 y}{dt^2} = - g.$$

Les deux équations du mouvement sont ainsi :

$$\frac{d^2 x}{dt^2} = o, \quad \frac{d^2 y}{dt^2} = - g;$$

les multipliant l'une et l'autre par dt et intégrant, nous obtiendrons

$$\frac{dx}{dt} = a, \quad \frac{dy}{dt} = - gt + b.$$

a et b sont des constantes arbitraires qu'on peut déterminer immédiatement, en observant que $\frac{dx}{dt}$ et $\frac{dy}{dt}$ expriment les vitesses horizontale et verticale du mobile à l'origine du mouvement, ou lorsque $t = o$, vitesses qui sont les composantes de la vitesse initiale due à la force impulsive.

Multipliant les dernières équations par dt et intégrant de nouveau, il vient

$$x = at, \quad y = - gt^2 + bt.$$

Nous n'ajouterons pas de constantes, parce qu'en comptant le temps à partir de l'origine du mouvement, on doit avoir $x = o$ et $y = o$ lorsque $t = o$.

Éliminant t, nous aurons définitivement

$$y = \frac{b}{a} x - \frac{g}{a^2} x^2.$$

C'est l'équation de la trajectoire; il ne faut plus que remplacer a et b par leurs valeurs pour que tout y soit déterminé. Or, nous avons reconnu que ces quantités ne sont que les composantes de la vitesse initiale ; ainsi, désignant par v cette vitesse, et par α l'angle BAX que fait sa direction AB avec l'axe des x, nous avons

$$a = v \cos \alpha, \quad b = v \sin \alpha;$$

substituant dans l'équation précédente, nous aurons

$$y = x \, \text{tang} \, \alpha - g \frac{x^2}{v^2 \cos^2 \alpha};$$

ce qui est l'équation d'une parabole.

Si l'on veut connaître la vitesse V en un point quelconque de la trajectoire, il faut faire dans l'expression générale (7) $Z = o$ et $X = o$, $Y = - g$, on a

$$V^2 = 2 \int \left[- g dy \right] = - 2gy + C ;$$

et comme cette intégrale doit donner la vitesse initiale v à l'origine du mouvement où $y = o$, la constante C est égale à v^2, d'où

$$V = \sqrt{\left[v^2 - 2gy \right]}.$$

La vitesse du mobile diminue donc à mesure que l'ordonnée y augmente, elle est la plus petite lorsque y est l'ordonnée du sommet de la parabole, puis elle augmente successivement pour redevenir égale à la vitesse initiale v, au moment où le mobile rencontre la ligne horizontale AX; au-dessous de cette ligne, l'ordonnée devenant négative, la vitesse s'accroît de plus en plus.

Le problème que nous venons de résoudre est celui du *mouvement des projectiles dans le vide ;* nous renverrons, pour le cas d'un milieu résistant, au mot BALISTIQUE de notre premier volume. La question s'y trouve traitée dans les plus grands détails. *Voyez,* pour les trajectoires des corps célestes, le mot TRAJECTOIRE, tome II.

20. *Mouvement d'un point matériel sur une courbe.* Le mouvement des mobiles assujettis à glisser le long d'une courbe présente quelques particularités remarquables que nous devons signaler.

Considérons la courbe comme une portion de polygone A$mm'm'$ (Pl. XVI, fig. 17), et imaginons que le point m, qui est contraint de la parcourir en vertu d'une force d'impulsion, soit sans pesanteur. Nommons v la vitesse du mobile, lorsqu'il est arrivé au point m où il est forcé de quitter sa direction Am pour prendre celle du côté mm'. Représentons la vitesse v par la partie mv de sa direction, et achevons le rectangle $mpvr$; mp et mr seront les composantes de v. Or, la composante mp étant normale au côté mm', se trouve détruite par la résistance de ce côté, et la composante mr a seule son effet ; c'est donc uniquement avec cette vitesse que le mobile parcourra le côté mm' du polygone.

Nous pouvons donc concevoir la résistance exercée par la courbe au point m comme une force mp' égale et opposée à la composante mp; car, abstraction faite de la courbe, si le mobile était sollicité par les deux forces mp' et mv, il prendrait la direction mm' avec la vitesse mr, tout comme il le fait par suite du concours de la résistance de la courbe avec la force mv.

Nommons ω l'angle de la vitesse mv avec la composante mr, nous aurons

$$mr = v \cos \omega, \quad mp = v \sin \omega.$$

$v \sin \omega$ représente donc l'intensité de la force qu'il faudrait appliquer en m au point mobile, dans une direction opposée à mp, pour remplacer la résistance de la courbe.

Lorsque le mobile est arrivé au point m', on peut de nouveau faire abstraction de la résistance du côté $m'm'$, qui change sa direction mm', en lui substituant une force égale et opposée à la composante mp' de la vitesse perpendiculaire à $m'm'$, et ainsi de même à chaque changement de côté.

21. Dans le cas d'une courbe continue, les côtés Am, mm', $m'm'$ et, sont infiniment petits; et pour remplacer la résistance de la courbe, qui change alors à chaque point la direction du mobile, il faut imaginer une force agissant continuellement sur le mobile, dans une direction normale à sa trajectoire, d'où l'on voit que la résistance de la courbe peut être assimilée à une force accélératrice.

22. Faisons observer, avant de passer outre, que la vitesse d'impulsion v, demeure la même sur toutes les parties de la courbe. En effet, v étant la vitesse sur l'élément Am, la vitesse sur l'élément mm' est égale à mr, ou à $v \cos \omega$, et par conséquent

$$v - v \cos \omega = (1 - \cos \omega) v$$

représente la perte de vitesse effectuée par le passage d'un élément sur le suivant. Mais l'angle ω est l'angle de la courbe avec sa tangente, et l'on sait que cet angle, nommé *angle de contingence,* est infiniment petit; ainsi $\cos \omega = 1$, et $v - v \cos \omega = 0$. Il résulte de ces considérations que le mobile assujéti à parcourir une courbe conserve toujours toute la vitesse qui lui a été imprimée à l'origine du mouvement; si cette vitesse varie par l'effet de forces accélératrices, qui peuvent agir sur le mobile, la résistance de la courbe n'entre pour rien dans cet effet.

23. Imaginons maintenant que, outre la force d'impulsion, à laquelle est due la vitesse v, le mobile est soumis à plusieurs forces accélératrices; chacune de ces forces pouvant être décomposée en deux autres, dont l'une soit normale et l'autre tangente à la courbe, il est visible que la somme de toutes les composantes normales est détruite par la résistance de la courbe; de sorte qu'en représentant par N une force égale et opposée à

MOU

la somme de toutes les forces détruites par cette résistance, on peut, en introduisant cette nouvelle force dans le système, faire abstraction de la courbe et considérer le mouvement du mobile comme celui d'un point matériel libre.

Désignons donc, comme ci-dessus, par X, Y, Z, les composantes parallèles à trois axes rectangulaires fixes, des forces accélératrices appliquées au mobile et pour faire entrer dans le système la force N égale et opposée à la résistance de la courbe, observons qu'en nommant α, β, γ les angles que cette force accélératrice, normale à la trajectoire, fait avec les trois axes, les composantes de N, suivant ces axes, seront respectivement

$$N \cos \alpha, \quad N \cos \beta, \quad N \cos \gamma.$$

De cette manière, les sommes des composantes parallèles aux axes, de toutes les forces accélératrices du système, sont

$$X + N \cos \alpha, \quad Y + N \cos \beta, \quad Z + N \cos \gamma;$$

et nous avons, d'après le n° 10, pour les équations générales du mouvement.... (c)

$$\frac{d^2 x}{dt^2} = X + N \cos \alpha,$$

$$\frac{d^2 y}{dt^2} = Y + N \cos \beta,$$

$$\frac{d^2 z}{dt^2} = Z + N \cos \gamma,$$

auxquelles on doit joindre ces deux autres.... (d)

$$\cos^2 \alpha + \cos^2 \beta + \cos^2 \gamma = 1,$$

$$\frac{dx}{ds} \cos \alpha + \frac{dy}{ds} \cos \beta + \frac{dz}{ds} \cos \gamma = 0,$$

qui résultent des relations nécessaires qu'ont entre eux les angles α, β, γ. En effet, la première est la relation connue des trois angles d'une droite avec les axes coordonnées (*voy.* Géom. AUX TROIS DIM., n° 13). Quant à la seconde, en voici une déduction très-simple :

La direction de la force N étant, à chaque point de la courbe, perpendiculaire à la tangente de ce point, si nous désignons par α', β', γ' les angles de la tangente avec les trois axes, nous aurons (*voy.* Géom., n° 16)

$$\cos \alpha \cdot \cos \alpha' + \cos \beta \cdot \cos \beta' + \cos \gamma \cdot \cos \gamma' = 0.$$

Mais les angles α', β', γ' sont également ceux de l'élément ds de la courbe avec les trois axes, puisque la tangente n'est que le prolongement de l'élément; ainsi

$$\cos \alpha' = \frac{dx}{ds}, \quad \cos \beta' = \frac{dy}{ds}, \quad \cos \gamma' = \frac{dz}{ds}.$$

Substituant ces valeurs dans l'équation précédente, on aura la seconde des équations (d).

24. Pour obtenir l'expression de la vitesse en un point quelconque de la courbe, rappelons-nous qu'en désignant cette vitesse par v, nous avons encore ici (*voy.* n° 16)

$$v = \frac{ds}{dt} \, ;$$

car la courbe n'est plus qu'une simple trajectoire. Or, multipliant la première des équations (c) par $2dx$, la seconde par $2dy$, la troisième par $2dz$, il viendra, en les ajoutant ensuite,

$$\frac{2dx d^2 x + 2dy d^2 y + 2dz d^2 z}{dt^2} = 2\left[Xdx + Ydy + Zdz \right]$$
$$+ 2\,N\left[dx \cos \alpha + dy \cos \beta + dz \cos \gamma \right].$$

Le second terme du second membre étant nul en vertu de la seconde des équations (d) et le premier membre se réduisant à $\frac{d\,(ds^2)}{dt^2}$, il vient, en intégrant,

$$\frac{ds^2}{dt^2} = 2\int\left[Xdx + Ydy + Zdz \right] + C,$$

et, conséquemment, ... (e)

$$v^2 = 2\int\left[Xdx + Ydy + Zdz \right] + C.$$

25. La première conséquence qu'on doit tirer de l'expression (e), c'est que la vitesse du mobile est indépendante de la résistance de la courbe. Dans le cas où les forces accélératrices X, Y, C sont nulles, on a simplement

$$v^2 = C,$$

c'est-à-dire que la vitesse est constante, comme si le point matériel était libre (n° 18).

26. Lorsque la seule force accélératrice agissant sur le mobile est la pesanteur, et qu'on prend l'axe des z vertical dans la direction de cette force, on a

$$X = 0, \quad Y = 0, \quad Z = g.$$

Ces valeurs, mises dans l'équation (e), donnent

$$v^2 = 2\int gdz + C = 2gz + C.$$

Pour déterminer la constante C, supposons que la vitesse soit v' lorsque $z = 0$, nous aurons

$$v'^2 = C,$$

et, par suite, ... (f)

$$v = \sqrt{2gz + v'^2},$$

cette expression de la vitesse étant indépendante des relations différentes qui existent entre les coordonnées x, y, z pour chaque courbe particulière, on voit que la forme de la courbe n'exerce aucune influence sur la vitesse du mobile. Il en résulte que si plusieurs corps pesans partent d'un même point A, où $z = 0$ (Pl. XVI, fig. 18) avec une même vitesse initiale v', pour se mouvoir dans des courbes différentes AB, AB′, AB″, etc., ils auront tous la même vitesse quand ils atteindront le plan horizontal MN. Si la vitesse initiale v' est nulle, la vitesse commune aux points B, B′, B″, etc., sera $v = \sqrt{2gz}$, c'est-à-dire la même que si tous les mobiles fussent tombés librement de la hauteur $z = Az$.

27. Quant à la durée du mouvement, elle est liée à la nature de la courbe, et, bien que tous les mobiles atteignent le plan horizontal MN avec la même vitesse, ils ne l'atteignent pas tous au même instant. Pour obtenir les relations qui existent entre le temps et l'espace parcouru, nommons s l'arc OA (Pl. XVI, fig. 19) compris entre le point de départ O du mobile et un point quelconque A de la courbe, t le temps employé à décrire cet arc, et plaçons l'origine des coordonnées au point O en comptant les coordonnées verticales z dans le sens de l'action de la pesanteur. Nous savons que $v = \frac{ds}{dt}$; ainsi, l'équation (f) nous donne

$$\frac{ds}{dt} = \sqrt{2gz + v'^2},$$

d'où nous tirerons.... (g)

$$dt = \frac{ds}{\sqrt{2gz + v'^2}}.$$

Il faudra, dans chaque cas particulier, tirer de l'équation de la courbe la valeur de z en fonction de s, ou *vice versâ*, et la substituer dans (g), puis, en intégrant cette équation, on aura la valeur de t correspondante à une valeur quelconque de s ou de z.

28. Prenons pour exemple d'application le mouvement d'un point matériel pesant sur une cycloïde : Soit ADB (Pl. XVI, fig. 20) une cycloïde située dans un plan vertical et dont le grand axe AB est horizontal; CD étant le diamètre du cercle générateur, D est le point le plus bas de la courbe, et ce point est le seul où un mobile pesant pourrait demeurer en équilibre ; car en le plaçant, sans impulsion initiale, à tout autre point M, la gravité le ferait glisser le long de l'arc MD, et il arriverait en D avec une vitesse due à la hauteur verticale pD de la chute,

vitesse en vertu de laquelle il remonterait sur l'autre branche DB jusqu'à un point M′ situé à la même hauteur verticale que le point M. On sait que la longueur de la cycloïde entière ADB est égale à quatre fois celle du diamètre CD du cercle générateur (*voy.* tom. II, page 417), et qu'un arc quelconque MD est égal au double de la racine carrée du produit du diamètre CD par l'abscisse correspondante *p*D. Ainsi, désignant MD par *s*, CD par *a* et *p*D par *u*, nous avons

$$ s = 2\sqrt{au}, \text{ ou } s^2 = 4au. $$

Si le point O est le point de départ du mobile, la variable *z* de l'équation (*g*) sera comptée à partir de ce point, c'est-à-dire qu'en *m*, par exemple, la coordonnée *z* du mobile aura pour valeur

$$ \mathrm{M}z = \mathrm{PD} - p\mathrm{D}, $$

de sorte qu'en désignant par *h* la distance verticale de l'origine O au point D, nous aurons généralement

$$ z = h - u. $$

Ceci posé et faisant nulle, pour simplifier, la vitesse initiale *v′* du mobile au point O, observons que l'arc *s* compté du point D diminue quand *t* augmente, d'où il résulte qu'il faut donner à l'équation (*g*) la forme

$$ dt = - \frac{ds}{\sqrt{2gz}}. $$

Substituant dans cette dernière la valeur de *z* et celle de *ds* tirée de l'équation $s^2 = 4au$, savoir :

$$ ds = \frac{2adu}{s} = \frac{2adu}{2\sqrt{au}} = \frac{\sqrt{a} \cdot du}{\sqrt{u}}, $$

il viendra

$$ dt = - \sqrt{\frac{a}{2g}} \cdot \frac{du}{\sqrt{hu - u^2}}. $$

On obtient, en intégrant,

$$ t = \sqrt{\frac{a}{2g}} \cdot arc\left(\cos = \frac{2u - h}{h}\right), $$

expression à laquelle il n'y a pas besoin d'ajouter de constante, parce que le temps *t* étant compté à partir du point de départ O, on doit avoir à la fois $u = h$, $t = 0$.

Si l'on fait $u = 0$, on aura le temps employé par le mobile pour parvenir au point D; ce temps est donc

$$ t = \sqrt{\frac{a}{2g}} \cdot arc(\cos = -1); $$

mais l'arc dont le cosinus $= -1$ est égal à la moitié de la circonférence (*voy.* SINUS, tom. II). Ainsi, désignant par π la demi-circonférence, nous avons

$$ t = \pi \sqrt{\frac{a}{2g}}; $$

d'où l'on voit que le temps du mouvement est indépendant de la hauteur verticale *h* du point de départ, et, conséquemment, que le mobile emploiera toujours le même temps pour arriver au point le plus bas D de la cycloïde, quel que soit ce point de départ. Cette propriété a fait donner à la cycloïde le nom de *courbe tautochrone*. (*Voy.* TAUTOCHRONE, tom. II.)

29. Il nous reste à indiquer les moyens d'obtenir l'expression de la force normale N, qui entre dans les équations (*c*) et qui est équivalente à la résistance de la courbe, ou plus exactement à la pression qu'exerce le point matériel sur chacun des points de la courbe par suite de l'action des forces sollicitantes. D'après ce que nous avons vu précédemment (22 et 23), la pression totale en un point quelconque comprend non seulement la somme de toutes les composantes normales à ce point des forces accélératrices, mais encore la composante normale de la vitesse; si le mobile était en repos, cette seconde partie de la pression n'existerait pas, car c'est uniquement l'état de mouvement qui développe cette force, due à la tendance continuelle qu'a le mobile à s'échapper suivant la tangente de sa trajectoire en vertu de son inertie. Dans la recherche de la pression totale exercée contre une courbe par un corps en mouvement, il est donc nécessaire d'évaluer séparément la pression due à la vitesse, et qu'on nomme la *force centrifuge* du mobile, et la pression due aux forces accélératrices auxquelles le corps est soumis. Pour évaluer d'abord la force centrifuge, soient *mm′* et *m′m″* (Pl. XVI, fig. 21) deux droites infiniment petites faisant entre elles un angle infiniment petit $nm′m″ = \omega$, ces droites seront deux élémens successifs d'une courbe quelconque, et nous aurons pour l'expression de la composante normale à l'élément *m′m″*, de la vitesse *v* qui a lieu sur le premier élément *mm′*,

$$ v \sin\omega, $$

c'est ce que nous avons trouvé ci-dessus n° 20. Par les milieux *a* et *b* des droites *mm′*, *m′m″*, menons les perpendiculaires *a*O et *b*O, et par le point de concours O de ces perpendiculaires menons O*m′*; les angles en *a* et en *b* du quadrilatère *a*O*bm′* étant droits, nous avons

$$ \text{angle } aOb + \text{angle } am'b = 2 \text{ droits}; $$

d'où

$$ \text{angle } aOb = \text{angle } nm'm'' = \omega. $$

Mais on peut considérer les élémens mm', $m'm'$ comme égaux; ainsi $aO = bO$, et l'angle aOm' est la moitié de l'angle ω. Or, le triangle rectangle aom' donne

$$\sin \tfrac{1}{2} \omega = \frac{am'}{Om'},$$

ou simplement

$$\tfrac{1}{2} \omega = \frac{am'}{Om'},$$

car l'angle $\tfrac{1}{2} \omega$ se confond avec son sinus; ainsi, désignant par ds l'élément $mm' = 2am'$ et observant que Om' est le rayon de courbure de la trajectoire au point m', nous aurons, en désignant par γ ce rayon de courbure,

$$\omega = \frac{ds}{\gamma}.$$

Nommons φ la force accélératrice qui dérive de la composante normale de la vitesse, et rappelons que toute force accélératrice est représentée par l'élément de la vitesse divisé par l'élément du temps. Ici, l'élément de la vitesse étant $v \sin \omega$, nous aurons

$$\varphi = \frac{v \sin \omega}{dt} = \frac{v\omega}{dt};$$

substituant à la place de ω sa valeur, il viendra

$$\varphi = \frac{vds}{\gamma dt},$$

ou

$$\varphi = \frac{v^2}{\gamma}.$$

L'intensité de la pression due à la vitesse est donc en raison directe du carré de la vitesse et en raison inverse du rayon de courbure de la trajectoire.

Quant à la partie de la pression totale qui résulte des forces accélératrices appliquées au mobile, on la déterminera en réduisant toutes ces forces en une seule, qu'on décomposera ensuite en deux autres : l'une dirigée suivant la tangente, l'autre perpendiculaire à cette ligne; cette dernière composante sera la pression due aux forces accélératrices. Il n'y aura plus qu'à chercher la résultante des deux parties de la pression, et l'on obtiendra la pression totale, laquelle est égale et contraire à la force N. On peut encore tirer directement l'expression de la force N des équations fondamentales (d), mais nous ne pouvons nous arrêter à ces détails.

30. Si la trajectoire est une courbe plane et que toutes les forces appliquées au mobile agissent dans son plan, les deux parties de la pression seront dirigées

suivant une même droite, de sorte que la pression totale sera égale à leur somme ou à leur différence. Soit R la résultante des forces accélératrices, θ l'angle que fait sa direction avec la normale; $R \cos \theta$ sera la composante normale, et l'on aura pour la pression totale

$$\frac{v^2}{\gamma} \pm R \cos \theta,$$

selon que les deux parties de la pression agissent dans le même sens ou dans un sens opposé.

31. *Mouvement d'un point matériel sur une surface.* On peut encore, dans cette espèce de mouvement, considérer le mobile comme libre et faire abstraction de la surface sur laquelle il est assujetti à se mouvoir en remplaçant la résistance de cette surface par une force égale et opposée à la pression qu'exerce le mobile, en vertu de sa vitesse et des forces accélératrices qui lui sont appliquées. Désignons par N la force égale et contraire à la pression que la surface éprouve, par α, β, γ les angles que fait avec les axes coordonnées la direction de cette force, nous aurons pour les composantes de N parallèles aux axes $N \cos \alpha$, $N \cos \beta$, $N \cos \gamma$; et désignant toujours par X, Y, Z les composantes, par rapport aux axes, de toutes les forces accélératrices, les équations du mouvement seront

$$\frac{d^2 x}{dt^2} = X + N \cos \alpha,$$

$$\frac{d^2 y}{dt^2} = Y + N \cos \beta,$$

$$\frac{d^2 z}{dt^2} = Z + N \cos \gamma;$$

Les angles α, β, γ seront connus lorsque l'équation de la surface sera donnée. En effet, soit $L = 0$ cette équation, on aura (*voy.* PLAN TANGENT)

$$\cos \alpha = V \frac{dL}{dx},$$

$$\cos \beta = V \frac{dL}{dy},$$

$$\cos \gamma = V \frac{dL}{dz},$$

en posant, pour abréger,

$$V = \frac{1}{\sqrt{\left[\left(\frac{dL}{dx}\right)^2 + \left(\frac{dL}{dy}\right)^2 + \left(\frac{dL}{dz}\right)^2\right]}}.$$

Le radical comportant le double signe $\pm$, V est positif ou négatif, selon que les angles α, β, γ se rapportent à la partie de la normale qui tombe dans la concavité de la surface, ou à son prolongement.

Substituant ces valeurs des cosinus dans les équations précédentes, elles deviennent.... (h)

$$\frac{d^2x}{dt^2} = \mathrm{X} + \mathrm{NV}\,\frac{d\mathrm{L}}{dx},$$

$$\frac{d^2y}{dt^2} = \mathrm{Y} + \mathrm{NV}\,\frac{d\mathrm{L}}{dy},$$

$$\frac{d^2z}{dt^2} = \mathrm{Z} + \mathrm{NV}\,\frac{d\mathrm{L}}{dz}.$$

L'élimination de N entre ces équations fera disparaître V en même temps, et l'on obtiendra deux équations différentielles qui, jointes à celle de la surface $\mathrm{L} = 0$, serviront dans chaque cas particulier pour déterminer les coordonnées du mobile en fonction du temps. Nous allons éclaircir cette théorie par un exemple.

32. Considérons un point matériel pesant assujetti à se mouvoir sur une sphère et n'étant soumis à d'autre force accélératrice que la pesanteur. Ce cas est celui du pendule simple, lorsque l'impulsion initiale n'est pas dirigée suivant le plan vertical qui passe par le centre de suspension. Plaçons l'origine des coordonnées au centre de la sphère et prenons l'axe des z vertical et dirigé dans le sens de la pesanteur; nous aurons d'abord

$$\mathrm{X} = 0, \quad \mathrm{Y} = 0, \quad \mathrm{Z} = g.$$

Ceci posé, a désignant le rayon de la sphère, l'équation de sa surface est

$$x^2 + y^2 + z^2 - a^2 = 0,$$

(*voy.* Géométrie aux trois dimensions, n° 44) et nous avons, en posant

$$\mathrm{L} = x^2 + y^2 + z^2 - a^2$$

pour les trois dérivées différentielles de L,

$$\frac{d\mathrm{L}}{dx} = x, \quad \frac{d\mathrm{L}}{dy} = y, \quad \frac{d\mathrm{L}}{dz} = z;$$

de plus,

$$\mathrm{V} = \pm\,\frac{1}{\sqrt{(x^2 + y^2 + z^2)}} = \pm\,\frac{1}{a}.$$

Ces valeurs réduisent les équations générales (h) à.... (i)

$$\frac{d^2x}{dt^2} = \pm\,\mathrm{N}\,\frac{x}{a},$$

$$\frac{d^2y}{dt^2} = \pm\,\mathrm{N}\,\frac{y}{a},$$

$$\frac{d^2z}{dt^2} = g \pm \mathrm{N}\,\frac{z}{a}.$$

Pour éliminer $\pm\,\mathrm{N}$ entre ces équations, multiplions

chacune d'elles par la différentielle de la variable qu'elle renferme et prenons leur somme, il viendra .... (k)

$$\frac{dx\,d^2x + dy\,d^2y + dz\,d^2z}{dt^2} = g\,dz \pm \mathrm{N}(x\,dx + y\,dy + z\,dz)$$

observant que l'équation différentiée de la sphère donne .... (l)

$$x\,dx + y\,dy + z\,dz = 0,$$

nous verrons que l'équation (k) est la même chose que

$$\frac{d(dx^2 + dy^2 + dz^2)}{dt^2} = g\,dz,$$

d'où l'on tire, en intégrant les deux membres, ... (m)

$$\frac{dx^2 + dy^2 + dz^2}{dt^2} = 2gz + c',$$

c' étant une constante arbitraire.

Nous obtiendrons une seconde équation débarrassée de $\pm\,\mathrm{N}$, en éliminant cette quantité entre les deux premières des équations (i). Pour cet effet, il suffit de multiplier la première par y, la seconde par x, et de prendre leur différence, qu'on trouve être

$$\frac{y\,d^2x}{dt^2} - \frac{x\,d^2y}{dt^2} = 0,$$

ou bien, en supprimant un des facteurs de dt^2, et observant que $y\,d^2x - x\,d^2y = d(y\,dx - x\,dy)$,

$$\frac{d(y\,dx - x\,dy)}{dt} = 0;$$

intégrant et désignant par c une constante arbitraire, la seconde équation cherchée sera .... (n)

$$y\,dx - x\,dy = c\,dt.$$

Les trois équations (l), (m), (n) renferment la détermination du mouvement d'un point matériel pesant sur la surface d'une sphère. En éliminant entre ces équations deux des variables x, y, z, on obtiendra la troisième en fonction du temps t, ce qui fera connaître toutes les circonstances du mouvement indépendamment de la force normale N, qui a disparu de ces équations. Pour parvenir à une équation finale en z, mettons l'équation (l) sous la forme

$$x\,dx + y\,dy = -\,z\,dz;$$

élevons-la au carré, ainsi que l'équation (n), ce qui nous donnera

$$x^2\,dx^2 + 2xy\,dx\,dy + y^2\,dy^2 = z^2\,dz^2,$$

$$y^2\,dx^2 - 2xy\,dx\,dy + x^2\,dy^2 = c^2\,dt^2;$$

ajoutant ces deux dernières, il viendra

$$(x^2 + y^2)dx^2 + (x^2 + y^2)dy^2 = c^2dt^2 + z^2dz^2 ;$$

substituant dans celle-ci la valeur de $x^2 + y^2$ tirée de l'équation de la sphère, savoir :

$$x^2 + y^2 = a^2 - z^2 ;$$

et la valeur de $dx^2 + dy^2$ tirée de l'équation (m), savoir :

$$dx^2 + dy^2 = 2gzdt^2 + c'dt^2 - dz^2,$$

nous aurons définitivement

$$dt = \frac{adz}{\sqrt{\left[(a^2 - z^2)(2gz + c') - c^2\right]}},$$

l'intégrale de cette expression, qu'on ne peut obtenir sous une forme finie, mais dont on obtient les valeurs approximatives par le développement en série, fera connaître z en fonction de t ou réciproquement.

Il faut observer que l'ordonnée z fait seulement connaître le plan horizontal dans lequel se trouve à chaque instant le mobile, ce qui ne suffit pas pour déterminer complètement sa situation ; mais, comme en cherchant les expressions des deux autres coordonnées x et y, on tombe sur des équations dans lesquelles ces variables ne sont pas séparées du temps t, il est plus simple de fixer la position du mobile en faisant concourir son rayon vecteur avec sa coordonnée z ; or la position du rayon vecteur est connue lorsqu'on connaît l'angle que fait sa projection horizontale avec l'axe des x ou celui des y : ainsi il s'agit d'obtenir l'expression générale de cet angle que nous désignerons par θ.

Observons que la projection horizontale du rayon vecteur est le côté d'un triangle rectangle qui a ce rayon lui-même pour hypothénuse et l'ordonnée z pour troisième côté : sa valeur est donc

$$\sqrt{a^2 - z^2},$$

et l'on a, conséquemment .... (o)

$$x = \cos\theta . \sqrt{a^2 - z^2}, \quad y = \sin\theta\sqrt{a^2 - z^2};$$

différentiant ces équations, on obtient

$$dx = -\sin\theta . d\theta\sqrt{a^2 - z^2} - \frac{zdz}{\sqrt{a^2 - z^2}}\cos\theta,$$

$$dy = \cos\theta . d\theta\sqrt{a^2 - z^2} - \frac{zdz}{\sqrt{a^2 - z^2}}\sin\theta,$$

Multipliant la dernière de ces équations par la première des équations (o) et la première par la seconde de ces mêmes équations (o), puis retranchant le premier produit du second et observant que $\sin^2\theta + \cos^2\theta = 1$, il viendra

$$ydx - xdy = -(a^2 - z^2)d\theta = (z^2 - a^2)d\theta.$$

Comparant avec (n), nous aurons

$$d\theta = \frac{cdt}{z^2 - a^2}.$$

Cette dernière équation intégrée par approximation, après y avoir substitué pour dt sa valeur précédente, fera connaître la valeur de θ en fonction de z, et l'on aura ainsi pour un instant quelconque la position du mobile sur la sphère, puisque z est censé connu en fonction de t.

33. L'expression de la vitesse en un point quelconque de la surface sphérique est donnée immédiatement par l'équation (m), car en désignant par ds l'élément de la trajectoire et se rappelant que

$$\frac{ds^2}{dt^2} = v^2,$$

cette équation est la même chose que

$$v^2 = 2gz + c',$$

d'où

$$v = \sqrt{2gz + c'},$$

la constante c' est la vitesse initiale ou la vitesse qui a lieu lorsque $z = 0$.

34. Si l'on demande la valeur de la force N égale et opposée à la pression qu'exerce le mobile contre la surface de la sphère, il faut multiplier respectivement chacune des équations (i) par la variable qu'elle renferme et prendre la somme des produits, ce qui donne .... (p)

$$\frac{xd^2x + yd^2y + zd^2z}{dt^2} = gz \pm \frac{N}{a}(x^2 + y^2 + z^2),$$

$$= gz \pm Na,$$

à cause de $x^2 + y^2 + z^2 = a^2$.

Mais, en différentiant l'équation (l), on trouve

$$xd^2x + dx . dx + yd^2y + dy . dy + zd^2z + dz . dz = 0,$$

d'où, en divisant par dt^2,

$$\frac{xd^2x + yd^2y + zd^2z}{dt^2} = -\frac{dx^2 + dy^2 + dz^2}{dt^2} = -v^2.$$

Substituant dans (p), on obtient

$$\pm N = -\frac{v^2 + gz}{a}.$$

On choisira toujours celui des deux signes de N qui rend sa valeur positive, parce que cette quantité, qui représente l'intensité d'une force concourante avec d'autres forces en un même point, ne saurait avoir de valeur négative. (*Voy.* RÉSULTANTE.) Dans tous les cas, abstraction faite du signe, la quantité

$$\frac{v^2 + gz}{a}$$

est égale à la pression exercée par le mobile contre la surface de la sphère.

35. *Mouvement d'un corps autour d'un axe fixe.* Lorsqu'un corps solide, qu'on peut toujours considérer comme un assemblage de points matériels liés entre eux d'une manière invariable, est assujetti à tourner uniformément autour d'un axe fixe AB (Pl. XVI, fig. 22), si l'on imagine une infinité de plans perpendiculaires à cet axe, on pourra considérer chaque point matériel comme décrivant, dans une révolution entière, une circonférence de cercle sur l'un des plans. Les molécules ou masses élémentaires m, m', m', etc. parcourent ainsi dans le même temps des arcs d'un même nombre de degrés, et leurs vitesses respectives seront d'autant plus grandes que les arcs parcourus appartiendront à des circonférences plus grandes. Les arcs d'un même nombre de degrés étant proportionnels à leurs rayons, il en sera de même des vitesses, de sorte qu'en prenant pour unité la distance d'une molécule à l'axe et en désignant par ω sa vitesse, qui sera la vitesse angulaire du système, les vitesses des molécules m, m', m', etc., placées à des distances $am = r$, $a'm' = r'$, $a'm' = r'$, etc., seront respectivement représentées par

$$r\omega, \ r'\omega, \ r''\omega, \ r'''\omega, \ \text{etc.}$$

Les quantités de mouvement effectives qui animeront les masses élémentaires m, m', m', etc., auront donc pour expressions

$$mr\omega, \ m'r'\omega, \ m''r''\omega, \ m'''r'''\omega, \ \text{etc.}$$

Supposons que des forces données en grandeur et en direction agissent simultanément sur toutes ces molécules et leur impriment des vitesses qui seraient v, v', v', etc., si les molécules étaient entièrement libres ; les quantités de mouvement reçues seront conséquemment

$$mv, \ m'v', \ m''v'', \ m'''v''', \ \text{etc.}$$

et il faudra, d'après le principe de d'Alembert, (*voy.* tom. II, pag. 398) qu'il y ait équilibre entre les quantités de mouvement imprimées et les quantités de mouvement effectives, chacune de ces dernières étant prise en sens contraire de sa direction.

Pour obtenir l'équation d'équilibre, considérons en particulier la masse élémentaire m, et représentons la force mv qui agit sur elle par la partie mn de sa direction ; abaissons du point n la perpendiculaire np sur le plan du cercle décrit par cette masse ; nommons θ l'angle nmp entre la force et le plan, et décomposons mn ou mv en deux forces, l'une $np = mv \sin \theta$ parallèle à l'axe fixe AB, et l'autre $pm = mv \cos \theta$, située dans le plan mpa. La première sera détruite par la résistance de l'axe, et la seconde aura son effet. Désignant de même par θ', θ'', θ''', etc. les angles que les forces $m'v'$, $m'v'$, etc. font avec les plans de rotation des molécules m', m'', m''', etc., les quantités de mouvement imprimées aux divers points du système seront

$$mv \cos \theta, \ m'v' \cos \theta', \ m''v'' \cos \theta'', \ \text{etc.},$$

et elles se trouveront situées dans les mêmes plans que les quantités de mouvement effectives $mr\omega$, $m'r'\omega$, $m'r'\omega$, etc.

Or, puisque toutes ces quantités de mouvement agissent dans des plans perpendiculaires à l'axe de rotation, leur effet doit être le même que si tous ces plans n'en formaient qu'un seul ; ainsi, projetant sur un plan perpendiculaire à l'axe, les directions de toutes les forces appliquées, et prenant ces projections pour les directions elles-mêmes (Pl. XVI, fig. 23), il faudra, pour que l'équilibre puisse subsister, que la somme des momens, pris par rapport au point fixe a, soit nulle ou que la somme des momens qui tendent à faire tourner le système dans un sens autour du point a soit égale à la somme des momens qui tendent à le faire tourner dans le sens opposé. (*Voy.* MOMENT.) Mais les directions des forces $mr\omega$, $m'r'\omega$, etc., dans le plan de projection, sont tangentes aux circonférences décrites par les masses m, m', m', etc. autour du point fixe a, avec les rayons r, r', r', etc. Ainsi les momens de ces forces par rapport au centre a seront

$$mr^2\omega, \ m'r'^2\omega, \ m''r'^2\omega, \ \text{etc.}$$

et comme elles tendent toutes à faire tourner le système dans le même sens, il faut prendre la somme de tous ces momens, qui sera

$$\omega\left[mr^2 + m'r'^2 + m''r'^2 + \text{etc.....}\right].$$

Représentant par la caractéristique Σ la somme de toutes les quantités semblables mr^2, $m'r'^2$, etc., $\omega\Sigma mr^2$ désignera la somme des momens des forces effectives, et c'est cette quantité qui doit faire équilibre à la somme des momens des forces $mv \cos \theta$, $m'v' \cos \theta'$, $m'v' \cos \theta'$, etc. Pour obtenir cette dernière, observons que plusieurs des forces peuvent tendre à faire tourner le système dans un sens et les autres dans un sens opposé : la somme des momens sera donc en général la différence de deux sommes dont la plus grande se composera de tous les momens des forces qui tendent à faire tourner le système dans le sens de son mouvement effectif; si **L** désigne cette différence, l'équation d'équilibre cherchée deviendra

$$L = \omega \Sigma mr^2,$$

et l'on pourra, par son moyen, déterminer la vitesse angulaire ω. Abstraction faite des signes des momens, si nous désignons par p, p', p'', etc. les perpendiculaires abaissées du centre a sur les directions des forces $mv \cos \theta$, $m'v' \cos \theta'$, etc. nous aurons

$$L = mvp \cos \theta + m'v'p' \cos \theta' + m''v''p'' \cos \theta'' + \text{etc.}$$

ou bien, en employant encore la caractéristique Σ pour désigner la somme des quantités semblables dont se compose le second membre de cette égalité,

$$L = \Sigma mvp \cos \theta;$$

l'équation d'équilibre devient ainsi

$$\Sigma mvp \cos \theta = \omega \Sigma mr^2,$$

d'où l'on tire, pour l'expression de la vitesse angulaire, ... (q)

$$\omega = \frac{\Sigma mvp \cos \theta}{\Sigma mr^2}.$$

36. Lorsque les vitesses v, v', v'', etc. sont toutes égales, parallèles entre elles, et qu'elles agissent dans les plans de rotation des molécules, les angles θ, θ', θ'', etc. sont nuls, et l'on a alors

$$\cos \theta = 1, \cos \theta' = 1, \cos \theta'' = 1, \cos \theta''' = 1, \text{etc.}$$

Dans ce cas, la somme des momens des vitesses devenant

$$mvp + m'vp' + m''vp'' + \text{etc.} = v\left[mp + m'p' + m''p'' + \text{etc.} \right],$$

on peut lui donner la forme $v\Sigma mp$, en conservant à la caractéristique Σ sa signification générale d'agrégat de termes semblables, et l'équation (q) devient .... (r)

$$\omega = \frac{v\Sigma mp}{\Sigma mr^2}.$$

Concevons maintenant un plan parallèle à la vitesse v et qui passe par l'axe fixe, les perpendiculaires

abaissées des points m, m', m'', etc., sur ce plan seront égales aux perpendiculaires p, p', p'', etc., des centres de rotation sur les directions des vitesses égales et parallèles v, v', v'', etc., et si l'on nomme q, q', q'', etc. les nouvelles perpendiculaires, qu'on désigne en particulier par Q celle qui serait abaissée du centre de gravité du système, et qu'enfin l'on exprime par **M** la masse totale ou la somme de toutes les molécules élémentaires, on aura, d'après la propriété connue du centre de gravité

$$MQ = mq + m'q' + m''q'' + \text{etc.},$$

ou, à cause de $q = p$, $q' = p'$, $q'' = p''$, etc.,

$$MQ = \Sigma mp.$$

Observant en outre que les masses élémentaires m, m', m'', etc. sont toutes égales, et qu'on peut les remplacer par l'élément $d\mathrm{M}$ de la masse totale, on voit que la somme Σmr^2 n'est autre chose que l'intégrale de $r^2 . d\mathrm{M}$, de sorte que l'équation (r) devient définitivement .... (s)

$$\omega = \frac{v\mathrm{MQ}}{\displaystyle\int r^2 d\mathrm{M}}.$$

La quantité Σmr^2 ou $\int r^2 d\mathrm{M}$ se nomme le *moment d'inertie* du mobile; nous avons exposé ailleurs les moyens d'obtenir sa valeur numérique. (*Voy.* MOMENT D'INERTIE.)

37. S'il arrivait que quelques-unes seulement des molécules m, m', m'', etc. eussent reçu la vitesse v, on aurait cette autre expression

$$\omega = \frac{v\mathrm{M'Q'}}{\displaystyle\int r^2 d\mathrm{M}},$$

dans laquelle M' désigne la somme des masses élémentaires qui ont reçu la vitesse v, et Q' la perpendiculaire abaissée du centre de gravité de cette somme sur le plan mené par l'axe parallèlement à la vitesse.

38. Examinons le cas où diverses forces accélératrices agissant sur les points du système le feraient tourner autour de l'axe fixe avec un mouvement varié.

Soit OZ (Pl. XVII, fig. 1) l'axe de rotation, mrs le cercle décrit autour de cet axe par l'une des molécules m, φ la force accélératrice appliquée au point m, dans la direction Pm, et δ l'angle PmT que fait la direction de la force φ avec la tangente Tm du cercle mrs.

Décomposons la force φ en trois autres : la première parallèle à l'axe OZ, la seconde dirigée suivant le rayon Am, et la troisième dirigée suivant la tangente Tm; les deux premières seront détruites par la résistance de l'axe, la dernière seule, dont l'expression sera $\varphi \cos \delta$, tendra à faire mouvoir le point m. Nommons r le rayon

Am, et représentant par *dm* l'élément de la masse, exprimons par ω la vitesse angulaire du système après le temps *t*; la vitesse de l'élément *dm* sera au même instant $r\omega$ et dans la durée infiniment petite *dt*, cette vitesse croîtra de celle qui sera due à l'action de la force accélératrice.

Ceci posé, observons que si le mobile était libre, la force $\varphi \cos \delta$ lui imprimerait dans l'instant *dt* une vitesse

$$\varphi \cos \delta \, . \, dt,$$

de sorte qu'après le temps $t + dt$ la vitesse serait

$$r\omega + \varphi \cos \delta \, . \, dt.$$

Mais, comme l'élément matériel *dm* est lié au système, sa vitesse effective après le temps $t + dt$ est

$$r\omega + rd\omega,$$

et sa quantité de mouvement effective

$$(r\omega + rd\omega)dm,$$

tandis que la quantité de mouvement imprimée est

$$(r\omega + \varphi \cos \delta \, . \, dt)dm.$$

Ces considérations s'appliquant indifféremment à toutes les molécules du système, nous aurons, en général, pour la somme des quantités de mouvement imprimées, l'expression

$$\Sigma \, (r\omega + \varphi \cos \delta \, . \, dt)dm$$

et, pour la somme des quantités de mouvement effectives,

$$\Sigma \, (r\omega + rd\omega)dm.$$

Ces dernières quantités de mouvement, prises en changeant leurs directions, devant faire équilibre aux premières, d'après le principe de d'Alembert, il faut que leurs momens, par rapport à l'axe fixe, soient égaux aux momens de ces premières par rapport au même axe, et comme les forces agissent suivant les tangentes des circonférences décrites par les points matériels auxquels elles sont appliquées, il suffit de multiplier chaque quantité de mouvement par le rayon du cercle qui lui correspond pour avoir son moment. L'équation des momens est donc

$$\Sigma(r^2\omega + r\varphi \cos \delta \, . \, dt)dm = \Sigma(r^2\omega + r^2 d\omega)dm,$$

ce qui se réduit à .... (*t*)

$$\Sigma r\varphi \cos \delta \, . \, dtdm = \Sigma r^2 d\omega dm.$$

Mettant en dehors du signe Σ les quantités *dt* et *dω*, qui sont les mêmes dans tous les termes, et observant que la *sommation* d'une suite indéfinie de quantités infiniment petites est une intégration, on pourra donner à l'équation (*t*) la forme

$$dt \int r\varphi \cos \delta \, . \, dm = d\omega \int r^2 dm,$$

d'où l'on tire .... (*u*)

$$\frac{d\omega}{dt} = \frac{\displaystyle\int r\varphi \cos \delta \, . \, dm}{\displaystyle\int r^2 dm} \, .$$

Cette expression donnera la vitesse angulaire du système, pour chaque instant du mouvement, après qu'on aura effectué les intégrations pour lesquelles il faut connaître l'intensité et la direction de la force accélératrice φ qui agit sur chaque élément du corps, ainsi que la position de ces élémens. On trouvera un exemple d'application au mot PENDULE.

39. *Mouvement d'un corps libre dans l'espace.* Les lois du mouvement d'un point matériel libre dans l'espace, s'appliquent immédiatement à tout corps, ou système de points matériels, dont tous les points se meuvent avec la même vitesse et décrivent des trajectoires parallèles. Lorsqu'il n'en est point ainsi, on doit se représenter le mouvement du système comme composé de deux mouvemens différens, l'un de translation dans l'espace, commun à toutes les molécules, l'autre de rotation autour d'un point du solide, et particulier à chaque molécule. Supposons, par exemple, que dans l'intervalle de temps que la molécule *m* du corps A (Pl. **XVII**, fig. 2) a employé pour se transporter de *m* en *m'*, les autres molécules ont changé de position, de manière que la molécule *n* qui se trouvait à la droite de la ligne *mm'* se trouve à la gauche ; comme cette molécule est liée invariablement au point *m*, elle n'a pu prendre cette nouvelle position sans tourner autour du point *m*, et de même pour toutes les autres molécules. Ainsi, observant que si le mouvement de rotation n'eût pas eu lieu, tous les points du système se fussent mus parallèlement à la direction imprimée au point *m*, tandis qu'au contraire, si le mouvement de translation n'eût point existé, le système aurait tourné autour d'un centre fixe *m*, on voit qu'on peut décomposer le mouvement effectif en deux autres et considérer la vitesse de chaque molécule à un instant donné comme la résultante de deux vitesses, l'une égale et parallèle à celle du centre de rotation, l'autre différente pour chaque molécule et dépendant de la distance de la molécule au centre de rotation ainsi que de la vitesse angulaire du

système. La question consiste donc dans la détermination de ces deux espèces de mouvement.

Admettons généralement, pour plus de simplicité, que le point autour duquel tourne le système soit son centre de gravité, et décomposons toutes les forces accélératrices qui agissent sur un élément en trois forces X, Y, Z respectivement parallèles à trois axes rectangulaires coordonnés. Après un temps t, les vitesses de l'élément dm suivant ces trois axes seront

$$\frac{dx}{dt}, \quad \frac{dy}{dt}, \quad \frac{dz}{dt},$$

et après un temps $t + dt$, elles deviendront

$$\frac{dx}{dt} + d\frac{dx}{dt}, \quad \frac{dy}{dt} + d\frac{dy}{dt}, \quad \frac{dz}{dt} + d\frac{dz}{dt}.$$

Ces vitesses sont les vitesses effectives ; mais si à la fin du temps t le point matériel eût cessé de faire partie du système et qu'il eût cédé librement à l'action des forces accélératrices qui agissent sur lui, ses vitesses suivant les axes se seraient augmentées dans l'instant dt des quantités

$$Xdt, \quad Ydt, \quad Zdt,$$

et seraient par conséquent devenues

$$\frac{dx}{dt} + Xdt,$$

$$\frac{dy}{dt} + Ydt,$$

$$\frac{dz}{dt} + Zdt.$$

Retranchant de ces vitesses imprimées à l'élément matériel dm, les vitesses effectives précédentes, nous aurons pour les vitesses perdues ou gagnées par cet élément dans le sens des trois axes les expressions

$$Xdt - d\frac{dx}{dt},$$

$$Ydt - d\frac{dy}{dt},$$

$$Zdt - d\frac{dz}{dt},$$

Ainsi, d'après le principe de d'Alembert, le corps resterait en équilibre si l'on appliquait à l'élément dm les quantités de mouvement

$$\left(Xdt - d\frac{dx}{dt}\right)dm,$$

$$\left(Ydt - d\frac{dy}{dt}\right)dm,$$

$$\left(Zdt - d\frac{dz}{dt}\right)dm,$$

correspondantes à ces vitesses perdues ou gagnées. Ceci s'appliquant à toutes les molécules du système, et l'équilibre du corps supposé libre exigeant que les sommes de toutes les forces parallèles à chaque axe soient nulles séparément, nous aurons les trois équations

$$\int \left(Xdt - d\frac{dx}{dt}\right)dm = 0,$$

$$\int \left(Ydt - d\frac{dy}{dt}\right)dm = 0,$$

$$\int \left(Zdt - d\frac{dz}{dt}\right)dm = 0,$$

d'où l'on tire .... (z)

$$\int \frac{d^2x}{dt^2} dm = \int X dm,$$

$$\int \frac{d^2y}{dt^2} dm = \int Y dm,$$

$$\int \frac{d^2z}{dt^2} dm = \int Z dm,$$

les intégrantes doivent être prises dans toute l'étendue de la masse du corps.

Soient, maintenant, x_i, y_i, z_i les coordonnées du centre de gravité et M la masse du mobile, nous avons, d'après les propriétés connues de ce centre

$$Mx_i = \int x dm, \quad My_i = \int y dm, \quad Mz_i = \int z dm.$$

Différentions deux fois de suite ces équations en regardant M et dm comme des constantes et x_i, y_i, z_i, x, y, z comme des fonctions du temps t, nous obtiendrons

$$M \frac{d^2x_i}{dt^2} = \int \frac{d^2x}{dt^2} dm,$$

$$M \frac{d^2y_i}{dt^2} = \int \frac{d^2y}{dt^2} dm,$$

$$M \frac{d^2z_i}{dt^2} = \int \frac{d^2z}{dt^2} dm.$$

Substituant à la place des seconds membres leurs valeurs (z), nous trouverons pour les équations du mouvement du centre de gravité .... (α)

$$M \frac{d^2x_i}{dt^2} = \int X dm,$$

$$M \frac{d^2y_i}{dt^2} = \int Y dm,$$

$$M \frac{d^2z_i}{dt^2} = \int Z dm.$$

40. Ces dernières équations nous font connaître une

propriété très-remarquable du centre de gravité : c'est que *ce centre se meut comme si toutes les forces du système lui étaient immédiatement appliquées.* En effet, les quantités $\int X dm$, $\int Y dm$, $\int Z dm$, sont les sommes des composantes de toutes les forces suivant les trois axes, de sorte que si l'on désigne par X_1, Y_1, Z_1 les composantes de la résultante du système des forces, on a

$$MX_1 = \int X dm, \quad MY_1 = \int Y dm, \quad MZ_1 = \int Z dm.$$

Comparant avec (α), on en déduit

$$\frac{d^2 x_1}{dt^2} = X_1, \quad \frac{d^2 y_1}{dt^2} = Y_1, \quad \frac{d^2 z_1}{dt^2} = Z_1.$$

c'est-à-dire, les mêmes équations qu'on trouverait en considérant le centre de gravité comme un point isolé auquel seraient appliquées toutes les forces du système, parallèlement à leurs directions.

41. Nous ne déterminerons l'équation du mouvement de rotation que dans le cas où le corps est mû par une force accélératrice dont la direction ne passe pas par le centre de gravité : c'est le cas le plus fréquent du problème. Soit PQ (fig. 3, Pl. XVII) la direction de la force accélératrice, abaissons sur cette droite, du centre de gravité G, une perpendiculaire Gm ; la force PQ tendant à faire tourner Gm autour du point G fera dé-

crire au point m un cercle dont Gm sera le rayon, de sorte que le point m, en entraînant tous les autres points du système, imprimera au corps un mouvement de rotation autour d'un axe perpendiculaire au plan du cercle Gm et passant par le point G. Ainsi, désignant par v la vitesse imprimée par la force accélératrice au centre de gravité, par M la masse du solide, et faisant Gm = Q, nous aurons (n° 36), pour la vitesse angulaire ω,

$$\omega = \frac{v M Q}{\int r^2 dm}.$$

Le moment d'inertie $\int r^2 dm$ étant pris par rapport à un axe qui passe par le centre de gravité, se réduit à Mk^2 (*Voy.* Moment d'inertie). Ainsi, l'équation précédente devient

$$\omega = \frac{v Q}{k^2}.$$

On obtiendra par cette formule la vitesse angulaire au moyen de la vitesse du centre de gravité lorsqu'on aura déterminé cette dernière à l'aide des équations (α). Nos limites nous interdisent de plus grands détails.

Voyez, pour ce qui concerne le mouvement des fluides, les mots Hydrodynamique, Écoulement, Pneumatique et Vapeur.

N.

NOR

NORIA. (*Hydraul.*) Machine hydraulique qui sert à élever l'eau. Une noria se compose d'une suite de seaux fixés à une chaîne sans fin passant sur un tambour ou gros treuil établi au-dessus du réservoir dont on veut tirer l'eau. L'extrémité inférieure de la chaîne, ainsi que les seaux qu'elle porte, plongent dans cette eau. Leur ouverture est tournée vers le haut dans la branche ascendante et vers le bas dans la branche descendante. Le mouvement est imprimé à la chaîne au moyen d'une manivelle ou d'un engrenage placé à l'extrémité de l'axe de rotation du tambour. Les seaux, en passant dans le puisard, s'y remplissent d'eau ; ils la portent avec eux le long de la branche qui monte ; arrivés au haut, ils s'inclinent en suivant la convexité supérieure du tambour et ils versent leur eau dans une auge ou un bassin destiné à la recevoir ; de sorte que les seaux se emplissent et se vident d'eux-mêmes et que la continuité du mouvement est parfaitement établie.

Cette machine est très-employée dans le midi de l'Europe ; elle sert depuis des siècles à l'arrosement de tous les grands jardins aux environs de Toulouse, où elle est mue par un manège. On voit encore, dans quelques localités, des norias dont les chaînes sont des tresses de paille ; les seaux, de simples pots de terre cylindriques ; et les rouages, des bouts de solive assemblés en double croisillon ; mais cet appareil grossier a reçu, généralement, des améliorations qui augmentent de beaucoup son effet utile. Maintenant les seaux sont en bois choisis et peints ou en feuilles de cuivre ; les chaînes sont en fer, et les engrenages en fonte.

M. d'Aubusson donne la description suivante d'une bonne noria établie par M. Abadie.

Le tambour, dans sa coupe verticale, est un hexagone régulier de 0ᵐ,45 de côté : c'est une lanterne à six fuseaux. Elle est fermée par deux plateaux en fonte ayant 0ᵐ,02 d'épaisseur, distans de 0ᵐ,43 et réunis par des fuseaux ou boulons en fer de 0ᵐ,03 de diamètre. Un des plateaux est percé d'une simple ouverture pour le passage de l'axe de rotation, lequel consiste en une pièce de fer de 0ᵐ,054 d'équarissage. L'autre présente à son centre comme un moyeu formé de deux anneaux concentriques de 0ᵐ,08 de saillie en largeur; le petit, de 0ᵐ,06 de diamètre, embrasse l'axe; entre lui et le grand, qui a 0ᵐ,13, sont six petites cloisons placées dans le sens des rayons : le tout est en fonte et coulé avec le plateau. Entre les deux plateaux, et comme un noyau au milieu du tambour, on fixe horizontalement une pyramide tronquée hexagonale et creuse; sa hauteur est de 0ᵐ,43, le côté de la grande base de 0ᵐ,20, et celui de la petite de 0ᵐ,05 : cette petite base s'applique contre le petit anneau du moyeu, et la grande contre la paroi intérieure du plateau opposé. Ces six arêtes correspondent aux six petites cloisons du moyeu et aux six fuseaux. Entre chaque arête et le fuseau correspondant est une plaque en fonte ou grande cloison, et le tambour se trouve ainsi divisé en six compartimens.

La chaîne a 13ᵐ,72 de long et est fermée de 28 grands chaînons. Chacun porte un seau fait en feuilles de cuivre : la figure 4, Pl. XVII en présente une coupe perpendiculaire à l'axe de rotation : on a $AC = 0^m,271$; $AB = 0^m,21$; $CD = 0^m,13$; et la largeur, parallèlement à l'axe, est de 0ᵐ,335 : la capacité du seau est ainsi de 15 litres (elle n'est que moitié dans les norias les plus ordinaires, et qui reviennent à 700 fr. environ mises en place). Au milieu du fond CD est un trou circulaire de 0ᵐ,027 de diamètre, recouvert d'une petite soupape en bois.

Sur les deux côtés opposés de chaque seau sont fixées deux petites lames de fer M, ayant 0ᵐ,005 d'épaisseur, 0ᵐ,032 de largeur et 0ᵐ,53 de longueur. Leurs extrémités sont traversées par un boulon de 0ᵐ,02 de diamètre, et de manière que celui qui traverse les extrémités supérieures des lames d'un seau traverse aussi les extrémités inférieures des lames du seau qui est au-dessus. C'est ainsi que se forment les chaînons, et il faut avoir grand soin que leur longueur (la distance d'un boulon à l'autre) soit telle que, dans la partie de la chaîne qui se plie sur la partie supérieure du tambour, les boulons correspondent parfaitement aux fuseaux de la lanterne, c'est-à-dire aux sommets des angles de l'hexagone.

Une des extrémités de l'axe de rotation porte une roue verticale à 23 dents qui engrènent dans celles, au nombre de 38, d'une roue horizontale. Celle-ci est traversée par un arbre vertical en fer de 0ᵐ,054 d'équarissage et de 1ᵐ,10 de long : son extrémité inférieure repose sur une crapaudine, et son extrémité supérieure, disposée en anneau, reçoit le bras du manége, lequel a 4 mètres de long.

Sur l'axe horizontal, on a encore une roue à rochet destinée à empêcher le mouvement rétrograde.

Lorsque la machine se meut et que l'extrémité supérieure d'un chaînon arrive à la lanterne, il est comme pris par un fuseau qui l'emmène avec lui. Dès qu'en montant le seau de ce chaînon commence à s'incliner, il commence aussi à verser son eau dans le compartiment qui lui correspond, et il a fini avant d'avoir atteint la position horizontale, et par conséquent avant d'avoir commencé à descendre. Cette eau descend dans le compartiment; arrivée au fond, lequel est une des faces inclinées du tronc de pyramide, elle le suit et va sortir par l'ouverture correspondante du moyeu, sans qu'il s'en soit perdu une goutte durant le versement.

Cette noria est établie sur un puits dont le niveau est à 5ᵐ,20 au-dessous de l'axe de rotation. Mue par un cheval de jardinier de force ordinaire, elle élève 23 mètres cubes d'eau en une heure et la verse à 5ᵐ,13 au-dessus du puisard. Observant qu'un mètre cube d'eau pèse 1000 kilogrammes, on voit que l'effet utile en une heure de temps est de

$$23000^k \times 5^m,13 = 117990^{km}$$

ou de 118 unités dynamiques. Dans une journée de 8 heures de travail, cet effet est donc de 944 unités dynamiques, et comme l'effet moyen d'un cheval agissant sur un manége est évalué à 1164 unités dynamiques (*voy.* CHEVAL), il en résulte que la noria en question donne les 0,81 de la force transmise.

Navier rapporte qu'une noria employée à des épuisemens auprès de Paris, menée par deux chevaux, élevait en une heure 70ᵐᶜ,12 d'eau à 5ᵐ,60 de hauteur; c'est-à-dire qu'elle rendait les 0,87 de la force motrice. Habituellement la perte est beaucoup plus forte, et M. d'Aubusson l'évalue de 20 à 30 pour 100. Dans une expérience faite par M. l'ingénieur Emmery, cinq forts ouvriers agissant à la fois et exerçant sur la manivelle un effet de 46ᵏ,38 avec une vitesse de 0ᵐ,838, ont élevé en une heure, avec une noria, 25 mètres cubes et ¹/₂ d'eau à 3ᵐ,60. L'effet utile n'a donc été que les 0,657 de la force employée.

Une bonne pompe produit un effet utile supérieur, et on doit la préférer aux norias lorsqu'on a les moyens de se la procurer et de l'entretenir; mais, dans le cas contraire, il faut employer ces dernières machines, dont la simplicité permet de confier les réparations au forgeron du plus petit village.

La perte de force, dans les norias, provient de deux causes : 1° de ce que les seaux, en montant, laissent retomber une partie de l'eau qu'ils contiennent; 2° de ce que l'eau est toujours élevée plus haut que la surface du réservoir supérieur.

On peut avoir égard à la première de ces pertes et à quelques autres causes de déchets en réduisant de 145 à 120 mètres cubes le volume moyen d'eau qu'un cheval doit élever à *un mètre* dans une heure de temps. Pour tenir compte de la seconde, on devra diminuer ces 120^{mc} dans le rapport de H à H $+ r$; H étant la hauteur de la surface du réservoir supérieur au-dessus de celle du puisard, et r étant la distance verticale entre la première de ces surfaces et le point culminant auquel l'eau est portée avant de couler dans le réservoir supérieur; r sera généralement le rayon du tambour augmenté d'un à deux décimètres.

Au moyen de ces réductions, l'effet utile qu'un cheval peut produire, dans une heure, à l'aide d'une noria bien construite est exprimé, en unités dynamiques, par

$$120 \frac{H}{H + r}.$$

Ainsi, le volume d'eau qu'il peut élever dans le même temps à une hauteur H est, en mètres cubes,

$$\frac{120}{H + r}.$$

Il résulte de là que le nombre de chevaux à employer, à une ou plusieurs norias, pour élever un nombre Q de mètres cubes d'eau à une hauteur H dans une heure de temps est

$$Q \cdot \frac{H + r}{120}.$$

On doit consulter, pour l'usage des norias, l'*architecture hydraulique* de Bélidor (*édit.* Navier). — Le tom. 8 du *Cours d'agriculture* de Rosier et le *Traité des machines hydraul.* de Borgnis.

NUTATION. (*Ast.*) Ce phénomène du balancement de l'axe de la terre affecte nécessairement les ascensions droites et les déclinaisons des astres, puisque ces coordonnées sont rapportées à l'équateur céleste et à la ligne des équinoxes, qui se trouvent ainsi soumis tous deux à une variation périodique de même durée que celle de la révolution rétrograde des nœuds de la lune. Il importe donc de trouver la *position vraie* d'une étoile, étant donnée sa position moyenne, ou, ce qui est de même, celle qui dépend uniquement de la précession et de l'obliquité moyenne (*voyez* ces mots). Or, par la théorie de l'attraction, la variation périodique de cette obliquité due à la nutation est, selon M. Bessel (*Funda. astron.*, p. 128),

$$d\omega = 9',426 \cos N,$$

N désignant la longitude du nœud ascendant de la lune; et la variation périodique en longitude, due à la même cause, est

$$dl = -17',615 \sin N.$$

À ces deux inégalités s'ajoutent quelquefois, pour plus de précision, celles beaucoup plus petites provenant de l'action du soleil, et qu'on nomme *nutation solaire*; ces dernières sont à très-peu près

$$d\omega' = \quad 0',5253 \cos 2L,$$
$$dl' = -1',1104 \sin 2L,$$

L représentant la longitude du soleil.

Admettant donc ces données comme certaines, le problème énoncé n'offre aucune difficulté, ainsi qu'on va voir.

Soit (Pl. XVII, fig. 5) ΥQ l'équateur, P son pôle; ΥE' l'écliptique, P' son pôle; ΥB $=$ A l'ascension droite moyenne de l'étoile E, BE $=$ D sa déclinaison moyenne; ΥB' $= l$ sa longitude, B'E $= \lambda$ sa latitude; enfin ω l'obliquité de l'écliptique ou l'angle P'CP.

Cela posé, le triangle sphérique PEP' dans lequel PE $= 90° - $ D, P'E $= 90° - \lambda$, PP' $= \omega$, et angle P $= 90° + $ A, angle P' $= 90° - l$, donnera ces trois relations

$$\sin \lambda = \cos \omega \sin D - \sin \omega \cos D \sin A,$$
$$\sin D = \cos \omega \sin \lambda + \sin \omega \cos \lambda \sin l,$$
$$\cos A \cos D = \cos l \cos \lambda.$$

Différentiant la seconde relation par rapport à D, l et ω, on tirera du résultat une valeur de dD, dont on pourra éliminer les facteurs $\cos \lambda \sin l$ et $\sin \lambda$ déduits des deux premières relations; et, toute opération faite, on aura .... (1)

$$dD = d\omega \sin A + dl \sin \omega \cos A.$$

Telle sera la nutation en déclinaison, si l'on remplace $d\omega$ et dl par leurs valeurs ci-dessus, et que l'on prenne pour ω sa valeur actuelle, qui est à peu près de $23°.27'.40'$.

Si l'on différentie également la relation (3) et qu'on substitue, dans la valeur de dA résultante, celles de $\cos \lambda \sin l$ et de dD qu'on vient d'obtenir, on aura définitivement .... (2)

$$dA = -d\omega \cos A \tan D + dl (\cos \omega + {} + \sin \omega \sin A \tan D),$$

et ce sera la nutation en ascension droite, en mettant pour $d\omega$ et dl leurs valeurs.

Telles sont, en peu de mots, les formules que les astronomes ont mises en tables pour calculer la nutation et pouvoir par conséquent changer les positions moyennes en positions vraies. *Voyez*, pour plus de détail, les traités d'Astronomie et l'art. POSITION APPARENTE.

(M. Puissant.)

O.

OBL

OBLIQUITÉ DE L'ÉCLIPTIQUE. (*Ast.*) Les géomètres qui ont aprofondi la théorie de l'attraction universelle ont découvert la cause de la diminution progressive mais très-lente de l'obliquité de l'écliptique, et assigné à peu près les limites étroites entre lesquelles cette diminution, après qu'elle se sera affaiblie de plus en plus, se changera en augmentation (*voy.* ÉCLIPTIQUE). M. Bessel, astronome de Kœnigsberg, a fait et discuté un grand nombre d'observations solsticiales qui fixent pour le 1ᵉʳ janvier 1800 l'obliquité moyenne à 23°27′54″,8, et sa diminution annuelle à 0″,457. Des observations semblables faites à Paris, et également discutées avec beaucoup de soin, portent cette obliquité à 23°27′57″ et la diminution séculaire à 48″. On a donc généralement, t étant les nombres d'années écoulées depuis 1800, et n le rang du jour de l'année que l'on considère

Obliq. moyenne, $\Omega = 23°27′57″ - 0″,48 \cdot t - 0″,0013 \cdot n$.

Si à cette obliquité l'on ajoute les nutations lunaire et solaire, l'on a ce qu'on appelle l'*obliquité apparente*. Or, la nutation lunaire qui dépend de la longitude moyenne N du nœud ascendant de la lune est $9″,426 \cos N$, et la nutation solaire qui dépend du double de la longitude moyenne ☉ du soleil est $0″,525 \cos 2 ☉$; ainsi, en définitive, ω étant l'obliquité apparente, on a

$$\omega = \Omega + 9″,426 \cos N + 0″,525 \cos 2 ☉.$$

Les coefficiens $9″,426$ et $0″,525$ sont les *constantes* de la nutation luni-solaire. Tous les astronomes ne sont pas précisément d'accord sur ces valeurs, que nous donnons comme les plus probables, car M. Lindeneau prend le premier de $8″,97707$, et M. Bessel porte le second à $0″,5799$. Ces légères variantes tiennent en partie à ce qu'il existe encore quelque incertitude sur la masse de la lune, que l'on peut cependant supposer être $\frac{1}{80}$ de celle de la terre, d'après les calculs les plus récens.

La théorie indique encore deux très-petites inégalités

OCC

périodiques qui affectent l'obliquité et qui dépendent, l'une du double de la longitude N du nœud de la lune, l'autre du double de la longitude ☽ de ce satellite, savoir :

$$- 0″,08773 \cos 2 N + 0″,08738 \cos 2 ☽ ;$$

mais jusqu'à présent, il n'y a guère que M. Bessel qui en ait tenu compte.

Cherchons, pour application, l'obliquité apparente pour le 1ᵉʳ janvier 1838 à midi à Paris. A cette époque, les tables donnent

Longitude moyenne. . . . . . . ☉ $= 280°40′56″,$
Longitude moyenne du nœud. . N $= 18.14.29;$

et, par ce qui précède, la nutation luni-solaire ayant cette forme

$$+ a \cos N + b \cos 2 ☉$$

on a

Log $a = 0,97433$	Log $b = 9.52016$
Log cos N $= 9.97761 +$	Log cos 2 ☉ $= 9.96908 -$
$0.95194 +$	$9.68924 -$
Nutat. lun. $+ 8″,95$	Nutat. sol. $- 0″,49$

En 1800. . . . . $\Omega - 23°27′57″$
Diminution en 38 ans. . . . . $- 18″,24$

Obliquité moyenne en 1838. . . . . 23°27′38″,76
Nutation luni-solaire. . . . . $+ 8″,46$

Obliquité apparente cherchée. . . . 23°27′47″,22

C'est, à un dixième de seconde près, le nombre que donne la *Connaissance des temps*. Les tables de nutation dispensent de ce petit calcul.

(M. Puissant.)

OCCULTATION. (*Ast.*) La détermination des longitudes terrestres par les éclipses en général est d'une trop grande utilité en astronomie et en géographie pour que nous n'entrions pas dans quelques détails à ce sujet. Toutefois nous ne considérerons que le cas le plus simple et le plus fréquent, celui des occultations d'étoiles par la lune.

Lorsque cet astre, en décrivant son orbite d'occident en orient, éclipse une étoile et cesse bientôt après de la cacher aux regards du spectateur, la différence des longitudes des stations où ce phénomène a été aperçu dans les circonstances atmosphériques les plus favorables se déduit des heures de l'*immersion* et de l'*émersion*. Mais comme par l'effet des parallaxes ces deux phases ne répondent pas aux mêmes instans physiques pour des observateurs placés sous des méridiens différens, il est nécessaire de ramener les choses à cet état en calculant pour chaque station l'heure de la *conjonction vraie*, c'est-à-dire l'instant où la longitude vraie des deux astres était la même; parce qu'alors la différence des heures de cette conjonction à deux stations est celle de leurs longitudes.

Il faut d'abord connaître à peu près la longitude cherchée par rapport au méridien de Paris pour lequel les tables de la *Connaissance des temps* ont été calculées, afin de pouvoir déterminer la position de la lune au moment de chaque phase observée, et par suite son mouvement horaire en longitude et en latitude. Cette éphéméride donne également la parallaxe horizontale équatoriale de la lune, qu'on réduit pour le lieu de l'observateur dont on connaît la latitude géographique, si l'on veut pour plus de précision avoir égard à l'aplatissement de la terre; enfin l'on y prend le demi-diamètre de cet astre, dont on calcule l'*augmentation* à raison de son élévation au-dessus de l'horizon (*voyez* ce mot).

Cela fait, le temps moyen de l'observation se convertit en temps sidéral en y ajoutant l'ascension droite moyenne du soleil. Ce temps sidéral est ce qu'on nomme l'*ascension droite du zénith*.

La latitude géographique du spectateur diminuée de l'angle de la verticale avec le rayon de la terre, est la *latitude géocentrique* ou la *déclinaison du zénith*.

Le calcul de la longitude et de la latitude apparentes de la lune s'effectue directement par le procédé indiqué à l'article Position apparente, ou plus simplement l'on évalue les parallaxes de longitude et de latitude qu'on ajoute ensuite au lieu vrai pour avoir le lieu apparent. Dans l'un et l'autre cas, il est nécessaire de déterminer préalablement la position du *nonagésime* ou la longitude et la latitude du zénith (*voy.* Parallaxe).

L'étoile occultée doit aussi être rapportée à l'écliptique, c'est-à-dire donnée de position par sa longitude et sa latitude apparentes; mais de ce que cet astre est sans parallaxe, il suffit, ayant pris son ascension droite et sa déclinaison apparentes dans la *Connaissance des temps*, de passer de ces deux coordonnées à la longi-

tude et à la latitude apparentes (*voy.* Transformation des coordonnées).

Maintenant soit (Pl. XVII, fig. 6) P le pôle de l'écliptique QQ', E le lieu apparent d'une étoile en contact avec le bord de la lune dont le centre apparent est en L, et FE un arc parallèle à l'écliptique; le triangle ELF pourra, pendant la durée de l'éclipse, être considéré, à cause de son extrême petitesse, comme un triangle rectiligne rectangle en F. L'hypothénuse LE sera la distance apparente du centre de la lune à l'étoile, et FE la différence des longitudes apparentes, mesurée dans la région de l'étoile. Si donc L' et Λ' sont respectivement la longitude et la latitude apparentes de la lune, l' et λ' les coordonnées semblables de l'étoile; que Δ' soit le demi-diamètre apparent de la lune, et que pour abréger l'on fasse $\Lambda' - \lambda' = \varepsilon$, $FE = \beta$, on aura cette relation

$$\beta = \sqrt{\Delta'^2 - \varepsilon^2} = \sqrt{(\Delta' + \varepsilon)(\Delta' - \varepsilon)}.$$

Mais β étant la différence des longitudes apparentes mesurée sur un parallèle à l'écliptique dont la latitude est λ', cette même différence estimée sur le grand cercle QQ' sera $QQ' = \dfrac{\beta}{\cos \lambda'}$. On a donc à l'instant de l'immersion

$$l' - L' = \frac{\sqrt{(\Delta' + \varepsilon)(\Delta' - \varepsilon)}}{\cos \lambda'},$$

et à l'instant de l'émersion

$$L' - l' = \frac{\sqrt{(\Delta' + \varepsilon)(\Delta' - \varepsilon)}}{\cos \lambda'}.$$

Faisant $l' - L' = x$, et appelant π la parallaxe de longitude de la lune, on aura, en désignant par L sa longitude vraie,

$$L' = L + \pi, \text{ et } l' - L' = l' - L - \pi;$$

par conséquent, $l' - L = x + \pi$ est pour l'immersion et $L - l' = x - \pi$ pour l'émersion, la différence des longitudes vraies des deux astres; différence qu'il importe de connaître pour calculer le temps écoulé depuis l'époque de la phase observée jusqu'à l'heure de la conjonction vraie. Or, m étant le mouvement horaire de la lune, exprimé en secondes de temps moyen, l'on a évidemment cette proportion

$$m : 3600'' :: x \pm \pi : dt = \frac{3600}{m}(x \pm \pi);$$

et si t est l'heure de l'observation, T celle de la conjonction vraie, l'on aura définitivement (A)

$$x = \frac{\sqrt{(\Delta' + \varepsilon)(\Delta' - \varepsilon)}}{\cos \lambda'},$$

$$T = t \pm dt = t \pm \frac{3600}{m}(x \pm \pi),$$

en prenant le signe $+$ pour l'immersion et le signe $-$ pour l'émersion.

Éclaircissons cet exposé de la méthode par un exemple numérique.

Le 30 mars 1822, M. Rupel observa au Caire l'occultation de deux étoiles mentionnées dans le catalogue de Piazzi. La position apparente de la première, à laquelle nous nous arrêtons, était ainsi qu'il suit :

> Ascension droite apparente. $\mathcal{R}' = 111°52'19'',1$,
>
> Déclinaison apparente. . . $D' = 24°45' 9'',0$;

à la même époque, l'obliquité apparente de l'écliptique était $\omega = 23°27'54''$.

Avec ces données, l'on trouvera par les formules démontrées à l'article TRANSFORMATION DES COORDONNÉES et en opérant par les logarithmes à sept décimales,

> Longitude apparente. $l' = 109°47'53'',0$,
>
> Latitude apparente. . $\lambda' = 2°46'47'',0$ boréale.

Pour avoir le lieu de la lune, il faut remarquer d'abord que la position géographique du Caire a été supposée ainsi qu'il suit :

> Latitude H $= 30° 3'20'$ Nord.
>
> Longitude P $= 28°58' 0'$ Est.
>
> En temps. . $= 1^h55'52'$

Ainsi l'observation de l'immersion ayant été faite en cette ville le 30 mars 1822 à $19^h33'37'',7$, temps moyen ou vers 9^h du soir, on comptait à Paris $1^h55'52'$ de moins ou $5^h37'45'',7$ du soir. C'est donc pour cette époque qu'on doit déterminer, au moyen de la *Connaissance des temps* de 1822, la longitude et la latitude vraies de la lune, c'est-à-dire celles qui auraient lieu pour un observateur placé au centre de la terre. Or ces deux coordonnées sont

> Longitude vraie $\mathbb{C}$. . L $= 109°59'22'',6$,
>
> Latitude vraie. . . . $\Lambda = 2°56'44',5$ boréale.

et le mouvement horaire en longitude est $m = 33'48'$. On prendra en outre à vue dans la même éphéméride

> Parallèle horizontale. . $\Pi = 57'55',2$,
>
> Demi-diamètre horizontal $\Delta = 15'47'',0$.

Réduisant le temps moyen de l'observation en temps sidéral, on a

> Temps sidéral, ou ascens. dr. du zénith. $= 8^h 3'45'',24$,
>
> En arc. . . . . $g = 120°56'18'',6$,
>
> Latitude du Caire. — Angle de la verticale, ou déclinaison du zénith.. . $h = 29°53'24'',0$,

Cet angle de la verticale est $= \dfrac{1}{300} \dfrac{\sin 2H}{\sin 1'}$, en supposant l'aplatissement de la terre de $\dfrac{1}{300}$.

Avec ces élémens, nous pouvons maintenant calculer la longitude n du zénith et sa latitude q.

Formules du nonagésime.

$$\operatorname{tang} n = \cos \omega \operatorname{tang} g + \frac{\sin \omega \operatorname{tang} h}{\cos g},$$

$$\sin q = \sin h \cos \omega - \cos h \sin \omega \sin g.$$

Par la 1re, on a

Log cos $\omega = 9.96251$	Log sin $\omega = 9.60009$
Log tang $g = 0.22228 -$	c. Log tang $h = 9.75951$
$\overline{\quad 0.18479 -\quad}$	Log cos $g = 0.28893 -$
	$\overline{\quad 9.64853 -\quad}$

Ainsi

> 1er terme $= - 1,53040$
>
> 2e terme $= - 0,44517$

tang $n = - 1,97557$, Log tang $n = 0.2956770 -$

d'où

$$n = - 63°9'5'', \text{ et longitude du zénith } n = 116°50'55'.$$

Par la 2e formule, on a sans aucun doute sur l'espèce de l'angle cherché

Log sin $h = 9.69752$	Log cos $h = 9.93801 -$
Log cos $\omega = 9.96251$	Log sin $\omega = 9.60009$
$\overline{\quad 9.66003 +\quad}$	Log sin $g = 9.93334$
	$\overline{\quad 9.47144 -\quad}$

De là

> 1er terme $= + 0,45712$
>
> 2e terme $= - 0,29610$
>
> $\sin q = + 0,16102$ Log sin $q = 9.20688$
>
> Latitude du zénith . . . $q = 9°15'57'$

Calcul des parallaxes en longitude et en latitude.

La formule de parallaxe de longitude, en faisant $\theta = \dfrac{\sin \Pi \cos q}{\cos \Lambda}$, est

$$\pi = \theta \frac{\sin(L-n)}{\sin 1'} + \tfrac{1}{2}\theta^2 \frac{\sin 2(L-n)}{\sin 1''} \ldots$$

Effectuant le calcul, on a d'abord

$$
\begin{aligned}
L &= 109°39'22'',6 \\
n &= 116.50.55,0 \\
\hline
L - n &= - 7.11.32,4
\end{aligned}
$$

Ensuite, opérant par les logarithmes à cinq décimales, il vient

Log sin $\Pi = 8.22651$	Log $\tfrac{1}{2}\theta^2 = 6.14171$
Log cos $q = 9.99429$	L. sin $2(L-n) = 9.39524-$
c. Log cos $\Lambda = 0.00057$	c. Log sin $1'' = 5.31443$
Log $\theta = 8.22137$	$0.85138-$
L. sin $(L-n) = 9.09760-$	
c. Log sin $1'' = 5.31443$	
$2.63340-$	

Ainsi

$$
\begin{aligned}
1^{er} \text{ terme} &\quad - 429',94 \\
2^e \text{ terme} &\quad - 7,10 \\
\hline
\text{Parallaxe de longitude } \pi &= - 437,04 = - 7'17',0.
\end{aligned}
$$

Le calcul de la parallaxe de latitude est moins simple que le précédent, à cause de celui d'un angle auxiliaire dépendant de la parallaxe de longitude (*voy.* Parallaxe). Il sera presque aussi court de déterminer directement la distance polaire apparente de la lune pour la formule suivante

$$\cot \delta' = \frac{\sin (L'-n)}{\sin (L-n)} \left(\cot \delta - \frac{\sin \Pi \sin q}{\sin \delta} \right),$$

que l'on tire aisément de l'analyse trigonométrique employée à l'article cité, et qui se change en cette autre plus commode pour le calcul

$$\cot \delta' = \frac{\sin (L'-n)\,\cos(\delta+\theta)}{\sin (L-n)\,\sin \delta \cos \theta},$$

en faisant $\tan \theta = \dfrac{\sin \Pi \sin q}{\sin \delta}$, δ étant la distance polaire vraie, et δ' l'apparente. Par l'emploi de la 1re formule, on a

$$
\begin{aligned}
L' &= 109.32'\,5'',6 & \delta &= 90° - \Lambda = 87°3'15'',5 \\
n &= 116.50.55,0 & \delta &= 90° - \Lambda'. \\
\hline
L' - n &= - 7.18.49,4
\end{aligned}
$$

et ensuite, en employant sept décimales,

0.0072463	0.0072463
L. sin $(L'-n) = 9.1048456-$	L. sin $\Pi = 8.2265091-$
c. L. sin$(L-n) = 0.9024007-$	L. sin $q = 9.2069059$
Log cot $\delta = 8.7114684$	c. L. sin $\delta = 0.0005743$
8.7187147	$7.4412356-$

$$
\begin{aligned}
1^{er} \text{ terme} &\quad 0,052326 \\
2^e \text{ terme} &\quad - 0,002762 \\
\hline
\cot \delta' &= + 0,049564 \qquad \text{Log cot } \delta' = 8.6951663.
\end{aligned}
$$

Partant,

$$
\begin{aligned}
\text{Distance polaire apparente } \mathbb{C}\ \ \delta' &= 87°9'45'',0 \\
\text{Distance polaire vraie} \ldots \delta &= 87.3.15,5 \\
\hline
\text{Parallaxe de distance polaire} \ldots &\quad 6'29'',5
\end{aligned}
$$

Calcul de la conjonction vraie.

Il n'est plus question maintenant que de déduire les valeurs de x et de T des formules (A). Or on a

$$
\begin{aligned}
\text{Demi-diamètre horizontal } \mathbb{C} \ldots \Delta &= 15'47'',0 \\
\text{Augmentation} \ldots &\quad 16,3 \\
\hline
\text{Demi-diamètre apparent} \ldots \Delta' &= 16'\,3'',3 = 963'',3 \\
\text{Différence des latitudes apparentes. } \varepsilon &= 3.27,7 = 207,7 \\
\hline
\Delta' + \varepsilon &\ldots 1171,0 \\
\Delta' - \varepsilon &\ldots 755,6
\end{aligned}
$$

Ensuite, par les logarithmes, il vient

$$
\begin{aligned}
\text{Log } (\Delta' + \varepsilon) &= 3.0685469 \\
\text{Log } (\Delta - \varepsilon) &= 2.8782919 \\
\hline
\text{Somme} &\quad 5.9468488 \\
\tfrac{1}{2} \text{ somme} &= 2.9734244 \\
\text{c. Log cos } \lambda' &= 0.0005116 \\
\hline
\text{Log } x &= 2.9739360, \quad x = 941',74 \\
\pi &= - 437,04 \\
\hline
x + \pi &= 504,70
\end{aligned}
$$

$$
\begin{aligned}
\text{Log } (x + \pi) &= 2.7030333 \\
\text{Log } 3600'' &= 3.5563025 \\
\text{c. Log } m &= 6.6929237 \\
\hline
\text{Log } dt &= 2.9522595, \quad dt = 995',9 \\
&= 14'\,55',9
\end{aligned}
$$

En définitive,

Heure de l'immersion. . . . $t = 19^\text{h}33'37'',7$ temps moyen.

Temps écoulé jusqu'à la conjonc. . $+\ 14.55, 9$

Conjonction vraie au Caire $\quad T = 19^\text{h}48'33'',6$

Conjonction vraie à Paris, d'après

les tables. 17.51.49, 2

Longitude du Caire. . . . . . . $1^\text{h}55'44'',4$

La seconde étoile a donné 1.55.36, 9

$\hspace{6em}$ Moyenne $\quad$ 1.55.40, 6

Le calcul de la longitude géographique par une éclipse de soleil est en tout semblable à celui-ci ; mais il exige de plus qu'on assigne la position apparente de cet astre au moyen des parallaxes de longitude et de latitude. Pour ne pas donner plus d'extension au présent article, nous ferons seulement remarquer que comme la latitude λ du soleil est nulle, les formules (A) se changent en celles-ci :

$$x = \sqrt{(\Delta' + \varepsilon)(\Delta' - \varepsilon)}$$
$$dt = \frac{3600}{m - \mu}\left(x \pm (\pi - p)\right),$$

dans lesquelles ε est la différence des latitudes apparentes des deux astres, p la parallaxe de longitude du soleil, μ son mouvement horaire dans ce sens, et Δ' la demi-somme ou la différence des demi-diamètres de la lune et du soleil, selon que le contact a été extérieur ou intérieur.

C'est par de bonnes et nombreuses observations de ce genre que les astronomes et les navigateurs corrigent les longitudes géographiques imparfaites. Elles servent en outre à mettre en évidence les erreurs des tables lunaires, des anciennes surtout, quand la position vraie de la lune, qu'elles font connaître pour l'époque précise de la conjonction, diffère de celle que donnent ces tables ; position facile à déterminer, puisque les mouvemens horaires en longitude et en latitude ne sont nullement douteux, et que le temps écoulé depuis l'instant d'une phase jusqu'à l'heure où les deux astres ont eu même longitude peut être exactement évalué.

$\hspace{8em}$ (*M. Puissant.*)

OMBILIC. (*Géom.*) On désigne sous ce nom le point d'une surface courbe pour lequel toutes les sections normales ont la même courbure. *Voy.* Section.

La recherche des *ombilics* d'une surface donnée par son équation $F(x, y, z) = o$ se réduit à trouver si elle possède des points tels que *tous les rayons de courbure des sections normales relatives à ces points sont égaux entre eux.* Or, l'expression générale du rayon de cour-

bure d'une section normale, relative à un point quelconque (x, y, z), étant.... (a)

$$\rho = \sqrt{1 + p^2 + q^2} \cdot \frac{(1 + p^2) + 2pqm + (1 + q^2)m^2}{r + 2sm + tm^2}$$

dans laquelle (*voy.* Rayon de courbure),

$$p = \frac{dz}{dx}, \quad q = \frac{dz}{dy}, \quad r = \frac{d^2z}{dx^2},$$
$$s = \frac{d^2z}{dxdy}, \quad t = \frac{d^2z}{dy^2},$$

et la valeur de ce rayon ne variant pour chaque point donné que par la quantité m qui varie seule lorsque le plan sécant normal tourne autour du même point donné (x, y, z) sur la surface, il est visible que le point (x, y, z) ne peut être un ombilic qu'autant que la valeur du rayon ρ demeure la même pour toutes les valeurs de m. Ainsi, pour obtenir la condition de l'existence d'un ombilic, il faut établir entre les quantités p, q, r, s, t des relations qui rendent le second membre de (a) indépendant de la variable m. Observons, pour cet effet, qu'une quantité fractionnaire de la forme

$$\frac{a + bx + ox^2}{a' + b'x + c'x^2},$$

bien que renfermant une variable x, devient constante quand les coefficiens de chaque puissance de la variable ont entre eux le même rapport ; car en posant

$$\frac{a}{a'} = \frac{b}{b'} = \frac{c}{c'} = \Lambda,$$

cette quantité devient

$$\frac{a'\Lambda + b'\Lambda x + c'\Lambda x^2}{a' + b'x + c'x^2} = \Lambda.$$

Ainsi, le point (x, y, z) sera un ombilic si l'on a la double équation.... (b)

$$\frac{1 + p^2}{r} = \frac{pq}{s} = \frac{1 + q^2}{t}.$$

Il résulte de ces considérations que, pour trouver si une surface donnée admet des ombilics, il faut déduire de son équation $F(x, y, z) = o$ les dérivées différentielles p, q, r, s, t, puis poser les deux conditions (b) qui, jointes à l'équation de la surface, formeront un système de trois équations finies, lequel n'admettra des valeurs réelles pour x, y, z que s'il existe des ombilics. Chaque système de valeurs x, y, z correspondra à un ombilic, d'où l'on voit qu'en général le nombre de ces points est limité sur une surface donnée.

Lorsque les deux équations (*b*) se réduisent à une seule vraiment distincte, celle-ci, jointe à l'équation $F(x, y, z) = 0$, détermine sur la surface donnée une courbe dont chaque point est un ombilic, et qu'on nomme *la ligne des courbures sphériques*, parce que dans chacun de ces points la surface offre une courbure uniforme comme celle d'une sphère.

La surface de la sphère est la seule qui offre une courbure uniforme tout autour de chaque normale. On peut s'assurer que chacun de ces points est un ombilic en observant que la condition (*b*) se trouve remplie par tout système de valeurs des coordonnées x, y, z capable de satisfaire à l'équation de la sphère

$$x^2 + y^2 + z^2 = r^2.$$

En effet, les dérivées différentielles tirées de cette équation sont :

$$p = \frac{dz}{dx} = -\frac{x}{z},$$

$$q = \frac{dz}{dy} = -\frac{y}{z},$$

$$r = \frac{d}{dx^2} = -\frac{z^2 + x^2}{z^3},$$

$$s = \frac{d^2z}{dxdy} = -\frac{xy}{z^3},$$

$$t = \frac{d^2z}{dy^2} = -\frac{z^2 + y^2}{z^3}.$$

D'où

$$\frac{1 + p^2}{r} = -z, \quad \frac{pq}{s} = -z, \quad \frac{1 + q^2}{t} = -z.$$

Voyez, pour tout ce qui concerne les *ombilics*, un mémoire de M. Poisson inséré dans le 21ᵉ cahier *du Journal de l'École polytechnique*.

OSCULATEUR. (*Géom.*). On estime la courbure d'une ligne quelconque, en un point donné, par l'arc du cercle qui, ayant deux élémens communs autour de ce point, présente la même courbure que la ligne. Le rayon du cercle se nomme *rayon de courbure*, et le cercle lui-même *cercle osculateur*. En général, deux lignes sont dites *osculatrices* l'une de l'autre lorsqu'elles ont le même rayon de courbure à leur point de contact. (*Voy.* COURBURE, tom. I.)

La courbure des surfaces ne peut pas être assimilée à celle de la sphère, car cette dernière est uniforme tout autour d'une même normale, ce qui n'a pas ordinairement lieu pour une surface générale. Ce n'est qu'en imaginant divers plans passant tous par la normale de la surface au point donné, qu'on peut calculer les rayons de courbure des sections de ces plans et juger de la courbure de la surface autour du point par la comparaison des courbures des sections. (*Voy.* SECTION.)

Deux surfaces sont dites *osculatrices* l'une de l'autre en un point où la normale est commune, lorsque toutes les sections normales sont respectivement osculatrices.

On peut comparer la courbure d'une surface quelconque, en chacun de ses points, à celle d'un ellipsoïde dans un de ses sommets (*voy.* RAYON DE COURBURE); l'ellipsoïde est dit alors *osculateur*.

P.

PAR

PARALLAXES. (*Ast.*) Pour ne laisser rien d'essentiel à désirer sur le calcul des parallaxes dont il a été parlé dans ce dictionnaire, montrons comment les astronomes passent des coordonnées du lieu d'un astre rapporté à l'équateur et vu du centre de la terre à celles de son lieu apparent. En d'autres termes, cherchons l'ascension droite et la déclinaison *apparentes* en fonction de l'ascension droite et de la déclinaison *vraies*.

Soit C le centre de la terre pris pour origine des coordonnées rectangles, et concevons l'axe des x passant par le point équinoxial du printemps, l'axe des y dans le plan de l'équateur, et celui des z passant par le pôle boréal de ce cercle. La position de l'astre E, sujet à la parallaxe, sera connue par ses distances à ces trois axes :

si donc r désigne le rayon CE de la sphère céleste, Æ l'ascension droite de l'astre, D sa déclinaison, on aura, comme à l'art. ABERRATION,

$$x = r \cos Æ \cos D, \quad y = r \sin Æ \cos D, \quad z = r \sin D.$$

Soient pareillement X, Y, Z les coordonnées du point A où se trouve l'observateur sur la surface de la terre, et g l'ascension droite du zénith ou le temps sidéral du passage de l'astre au méridien, h sa déclinaison ou la latitude géocentrique (*voy.* ces mots); on aura, en appelant d'ailleurs ρ le rayon de la terre,

$$X = \rho \cos g \cos h, \quad Y = \rho \sin g \cos h, \quad Z = \rho \sin h.$$

Enfin, prenant le lieu de l'observation pour l'origine

commune de trois autres axes rectangulaires respectivement parallèles aux primitifs, puis, appelant r' la distance de l'observateur à l'astre, $Æ',D'$ l'ascension droite et la déclinaison apparentes de cet astre, on aura

$$x'=r'\cos Æ'\cos D', \quad y'=r'\sin Æ'\cos D', \quad z'=r'\sin D'.$$

Or, il existe évidemment entre les coordonnées du lieu vrai et du lieu apparent E' les relations suivantes :

$$x'=x-X, \quad y'=y-Y, \quad z'=z-Z,$$

lesquelles, à cause des valeurs précédentes, se changent en celles-ci :

$$r'\cos Æ'\cos D'=r\cos Æ\cos D-\rho\cos g\cos h,$$
$$r'\sin Æ'\cos D'=r\sin Æ\cos D-\rho\sin g\cos h,$$
$$r'\sin D'=r\sin D-\rho\sin h.$$

Maintenant, si on divise successivement la seconde et la troisième équation par la première, qu'on fasse $\frac{\rho}{r}=\sin \Pi$, Π étant alors la plus grande parallaxe de hauteur, on aura.... (a)

$$\operatorname{tang} Æ'=\frac{\sin Æ\cos D-\sin \Pi\sin g\cos h}{\cos Æ\cos D-\sin \Pi\cos g\cos h},$$
$$\operatorname{tang} D'=\frac{\cos Æ'(\sin D-\sin \Pi\sin h)}{\cos Æ\cos D-\sin \Pi\cos g\cos h}.$$

Ces deux formules, attribuées à M. Olbers, et qui dérivent naturellement de la méthode analytique de Lagrange, dont nous venons de faire usage, donnent le lieu apparent, connaissant le lieu vrai et la parallaxe de hauteur ; ainsi le problème et résolu. Mais dans la pratique il est plus simple d'évaluer les parallaxes $Æ'-Æ$ et $D'-D$ d'ascension droite et de déclinaison. Or la première équation (a) ayant lieu quelle que soit l'origine des ascensions droites, on peut retrancher de chacune d'elles la même quantité, l'arc $Æ$ par exemple ; ce qui revient évidemment à changer la direction des axes $x\,y$, en les laissant toutefois dans leur plan primitif. Ainsi l'on a sur-le-champ

$$\operatorname{tang}(Æ'-Æ)=\frac{\sin \Pi\cos h\sin (Æ-g)}{\cos D-\sin \Pi\cos h\cos (Æ-g)};$$

mais la parallaxe $Æ'-Æ$ étant toujours très-petite, même pour la lune, on pourra réduire cette expression en série et n'en conserver que les termes les plus sensibles ; on aura alors en secondes de degré

$$Æ'-Æ=\frac{\sin \Pi\cos h}{\cos D}\cdot\frac{\sin (Æ-g)}{\sin 1''}$$
$$+\frac{1}{2}\left(\frac{\sin \Pi\cos h}{\cos D}\right)^{2}\cdot\frac{\sin 2(Æ-g)}{\sin 1''}\Big)+\dots$$

Quant à la parallaxe de déclinaison ou de distance polaire, on la tire moins aisément des formules précédentes. Il nous suffit de dire que si on fait $\Delta=90°-D$, et $\Delta'=90°-D'$, Δ et Δ' étant respectivement les distances polaires vraie et apparente, on trouve pour la parallaxe de distance polaire donnée par Delambre

$$\Delta'-\Delta=\frac{\sin \Pi\sin h}{\cos \theta}\cdot\frac{\sin (\Delta-\theta)}{\sin 1''}$$
$$+\frac{1}{2}\left(\frac{\sin \Pi\sin h}{\cos \theta}\right)^{2}\cdot\frac{\sin 2(\Delta-\theta)}{\sin 1''}+\dots$$

en faisant

$$\operatorname{tang}\theta=\frac{\cot h\cos (Æ'+Æ-g)}{\cos \tfrac{1}{2}(Æ'-Æ)}.$$

Dans la détermination des longitudes terrestres par les éclipses de soleil ou les occultations d'étoiles par la lune, on rend les calculs plus exacts et plus prompts en prenant pour coordonnées circulaires des astres celles rapportées à l'écliptique, et alors il est nécessaire de passer des ascensions droites et déclinaisons aux latitudes et longitudes (voy. Transformation des coordonnées). Mais il est à observer que les formules de parallaxe sont, pour le cas actuel, absolument de même forme que les précédentes. En effet, les ascensions droites sont changées en longitudes, et les déclinaisons en latitudes ; ainsi l'ascension droite du zénith doit être remplacée par sa longitude, qu'on nomme aussi longitude du *nonagésime*, et sa déclinaison doit l'être par sa *latitude*, qui est le complément de la hauteur du nonagésime.

La *parallaxe annuelle* (voy. ce mot) s'obtient en supposant l'observateur sur un point de l'écliptique, et pour lors la latitude du zénith est nulle, la longitude de ce point représente la longitude terrestre, et Π désigne la parallaxe annuelle ou du grand orbe, lorsqu'elle est la plus grande possible. Appelant donc ♁ la longitude héliocentrique de la terre, ☉ le lieu du soleil, p la parallaxe annuelle en longitude, η celle en latitude, on aura

$$♁=☉+180°,$$

et il est aisé de démontrer que ces deux parallaxes sont

$$p=\frac{\Pi\sin (L-♁)}{\cos \lambda}, \quad \eta=\Pi\sin \lambda\cos (L-♁),$$

L et λ étant la longitude et la latitude héliocentriques de l'étoile. Nous n'entreprendrons pas de discuter les apparences produites par la parallaxe actuelle, parce que cet angle, s'il existe réellement pour les étoiles les plus brillantes, est tellement petit, qu'il a à peu près échappé jusqu'à présent aux observations les plus précises.   (M. *Puissant*.)

PARALLÉLOGRAMME ARTICULÉ. (*Méc.*) Cet organe mécanique, inventé par le célèbre Watt pour conserver la verticalité de la tige du piston des machines à vapeur, est aujourd'hui un des appareils le plus usités. Nos limites ne nous permettent pas d'autres détails que ceux que nous avons donnés au mot COMPOSITION DES MACHINES, § IV.

PENDULE COMPOSÉ. (*Méc.*) Tout corps suspendu, que l'on fait osciller autour d'un axe fixe, se trouve dans des circonstances physiques dont la théorie du *pendule simple* (*voy.* ce mot) fait abstraction. L'explication succincte des expériences de ce genre et des procédés de calcul par lesquels on parvient à déterminer exactement la longueur du pendule à secondes fait l'objet du présent article.

1. Le pendule composé, mis en expérience, doit avoir une forme régulière et géométrique, parce qu'il serait impossible sans cela d'assigner rigoureusement par le calcul la distance du point de suspension au centre d'oscillation. Celui dont Bouguer fit usage en Amérique, vers 1740, était un petit poids de cuivre formé de deux cônes tronqués opposés base à base et suspendu à l'extrémité d'un fil de pitte très-mince, d'un mètre environ. Ce fil était attaché à une pince à son extrémité supérieure, mais de manière à conserver toute sa souplesse. Maupertuis, l'un des académiciens français qui mesurèrent les premiers, à la même époque de 1740, un arc de méridien au cercle polaire, se servit de petits globes de différens métaux, traversés chacun par une verge de cuivre qu'il adaptait à son horloge. Enfin, lors de l'établissement du nouveau système métrique en France, Borda fit usage d'un appareil de son invention, aussi ingénieux que simple, lequel consiste en une boule de platine du poids de 520 grammes environ, qu'on fait osciller à l'extrémité d'un fil métallique de 4 mètres de longueur, attaché à une suspension à couteau, posant sur des plans d'une matière très-dure (*voy. Base du système métrique*, tom. III, par Delambre). Mais malgré la simplicité de cet appareil, le pendule *invariable* dont se sont servis, dans leurs voyages de circomnavigation, les capitaines Fressinet, Duperrey et autres savans navigateurs, est d'un usage plus commode. Celui-ci se compose d'une tige cylindrique de cuivre jaune coulée avec la lentille, et à l'extrémité de laquelle est fixé un couteau d'acier. Ce couteau, lors des expériences, repose sur deux agathes qui sont incrustées dans une pièce d'acier supportée par un trépied de fer très-solide, et qui se placent horizontalement au moyen d'un niveau à bulle d'air. A cet instrument est jointe une échelle des amplitudes et une horloge dont les oscillations du balancier, qui peuvent n'être pas à compensation, doivent être rendues synchrones à celles du pendule. Quant à la durée des oscillations de ce dernier dans un temps donné, elle se mesure au moyen d'un chronomètre dont la marche diurne est exactement connue par rapport au temps moyen ou au temps sidéral. On conçoit que le pendule doit être mis dans une cage vitrée pour être soustrait à l'influence des courans d'air, et qu'il est indispensable de tenir compte de l'état du baromètre et du thermomètre durant les expériences.

Depuis long-temps feu M. de Prony, frappé de cette propriété du pendule découverte par Huygens, savoir : que les centres de suspension et d'oscillation sont réciproques l'un à l'autre, avait proposé d'employer un appareil qui fût tel qu'en prenant pour point de suspension le centre d'oscillation, les nouvelles oscillations eussent une même durée que les premières ; parce qu'alors la distance des deux points de suspension eût représenté la longueur du pendule simple correspondant à cette durée. Cet appareil fut en effet construit en Angleterre par les soins du capitaine Kater, qui en fit l'application à la mesure du pendule à Londres (*Transac. philos.*, 1818).

2. Pour nous renfermer dans le cadre que nous nous sommes tracé, passons rapidement en vue les différentes formules de correction et de réduction applicables aux expériences faites avec le pendule invariable.

CORRECTION D'AMPLITUDE.

Borda, s'appuyant sur ce fait observé que les amplitudes des excursions du pendule, à droite et à gauche de la verticale, décroissent en progression géométrique quand le nombre des oscillations croît en progression arithmétique, trouva cette formule

$$N = n\left[1 + \frac{1}{12} \frac{\sin(\theta + \theta_n)\sin(\theta - \theta_n)}{\mu(\mathrm{Log}.\sin\theta - \mathrm{Log}.\sin\theta_n)} \right],$$

dans laquelle 2θ est l'arc d'oscillation à l'origine du mouvement, $2\theta_n$ l'arc d'oscillation à la fin de l'expérience, mesurés tous deux à l'échelle des amplitudes ; μ le module tabulaire $0,30258\ldots$; N le nombre des oscillations infiniment petites correspondantes à n oscillations finies du pendule observé (*voy. Supplément au Traité de Géodésie* de Puissant, p. 99).

Les expériences faites le 25 avril 1822 à l'observatoire de Paris ont donné au commencement $\theta = 3°0'31'$; à la fin $\theta_n = 1°36'30'$; et pendant l'intervalle de ces deux comparaisons, le pendule a fait un nombre d'oscillations $n = 3763^{osc.},890$; on aura donc

$$\theta + \theta_n = 4°37'1^s$$
$$\theta - \theta_n = 1.24.1,$$

et, par logarithmes,

$$
\begin{array}{ll}
\text{Log } n = 3.5756369 & \text{Log sin } \theta = 8.7200038 \\
\text{Log sin}(\theta + \theta_{\shortmid\shortmid}) = 8.9057619 & \text{c. Log sin } \theta_{\shortmid} = 1.5518036 \\
\text{Log sin}(\theta - \theta_{\shortmid\shortmid}) = 8.3880483 & \text{Somme K} = 0.2718074 \\
\text{Log numér.} = 0,8694471 & \text{Log K} = 9.4342613 \\
\text{c. Log dénom.} = 8.6983730 & \text{Log } 32\,\mu = 1.8673657 \\
\text{Log correct.} = 9.5678201 & \text{Log dénom.} = 1.3016270
\end{array}
$$

donc, correction d'amplitude $= 0,36968$.

CORRECTION DE DILATATION.

Si l'on désigne par N_0 les oscillations que le pendule aurait faites à la température zéro durant le même temps qu'à la température x, à laquelle les oscillations N infiniment petites ont été obtenues, on aura, ainsi qu'il est aisé de le démontrer,

$$N_0 = N + \tfrac{1}{2}\,\delta x N,$$

δ étant la dilatation linéaire du pendule pour $1°$ centigrade d'accroissement de température.

Par exemple, soit $\delta = 0,0000178$, température moyenne $x = 15°,03$ durant l'expérience, $N = 90330,47$ les oscillations infiniment petites dans un jour solaire moyen, et $t = 15°$ la température *normale;* on aura

$$
\begin{array}{l}
\text{Log } \tfrac{1}{2}\delta = 4.9493900 \\
\text{Log }(x - t) = 8.4771212 \\
\text{Log N} = 4.9558342 \\
\hline
\phantom{\text{Log N}} 8.3823454 = 0,0241,
\end{array}
$$

c'est-à-dire que la correction de dilatation calculée pour $15°$ centigrades de température est $+\,0^{\text{osc.}},024$.

RÉDUCTION AU VIDE.

Il s'agit maintenant de savoir combien le pendule invariable qui fait un nombre connu N' d'oscillations infiniment petites dans l'air, en un temps donné, en ferait dans le même temps s'il se trouvait dans le vide; or on a, dans ce cas,

$$\text{Réduction au vide} = \tfrac{1}{2}\,\frac{\Delta_0\,h_0\,N'}{0^m,76\,(D - \Delta_0)\,(1 + mx)\,(1 + m'x)},$$

en appelant h la hauteur du baromètre observé, x la température, D la pesanteur spécifique du pendule d'expérience, et Δ_0 celle de l'air à la température zéro.

Remarquons que lorsque $\Delta = 1$ l'on avait $D = 6381$ pour le pendule employé aux îles Malouines par M. Duperrey, et que $m = \frac{1}{250}$ est la dilatation d'un volume

d'air, tandis que $m' = \frac{1}{5550}$ est celle du mercure pour $1°$ centigrade d'accroissement de chaleur.

Lors des expériences citées, la hauteur moyenne du baromètre était de $751^{mm},40 = \dfrac{h}{1 + m'x} = h_0$, et celle du thermomètre centigrade $+\,15°,c3 = x$. De plus, le nombre des oscillations du pendule en 24^h de temps moyen dans l'air, était $N' = 90330^{\text{osc.}},470$; on a donc

$$
\begin{array}{ll}
\text{Log } \tfrac{1}{2} = 9.6989700 & \text{Log } 751^{mm},40 = 2.8758712 \\
\text{Log N}' = 4.9558342 & \text{c.L. } 760,\ 00 = 7.1191864 \\
\text{Log } \dfrac{h_0}{0,76} = 9.9950576 & 9.9950576 \\
\text{c. Log}(6381) = 6.1951113 & 1 + mx = 1,0563625 \\
\text{c. L.}(1 + mx) = 9.9761871 &
\end{array}
$$

Log réduct. $= 0.8211602$, réduct. au vide $= +\,6^{\text{osc.}},625$

C'est ainsi qu'on opère ordinairement ; toutefois les considérations physiques sur lesquelles cette réduction est fondée ne sont pas parfaitement conformes à ce qui a lieu réellement. En effet, M. Bessel a remarqué (*Académie de Berlin,* 1826) qu'une couche d'air reste adhérente au pendule lors de son mouvement oscillatoire, et que par conséquent elle accroît le volume de la masse, diminue la densité moyenne et augmente le moment d'inertie. M. Poisson, qui a de son côté soumis ce fait à l'analyse, pense que si la réduction précédente était multipliée par $\dfrac{3}{2}$, elle remplirait assez bien, faute d'expérience directe, les conditions requises (*Mémoires de l'Académie des sciences,* tome **XI**), du moins à l'égard du pendule de Borda.

RÉDUCTION AU NIVEAU DE LA MER.

Puisque l'intensité de la pesanteur varie dans le sens de la verticale, elle influe nécessairement sur la durée des oscillations du pendule dans un temps donné. Cet instrument, pour battre les secondes, doit donc être plus long au niveau de la mer qu'au sommet d'une montagne. Ainsi, en nommant N'', N''' les nombres d'oscillations infiniment petites faites respectivement dans le même temps en ces deux lieux, et appelant z la hauteur de la station élevée, on a assez exactement

$$N''' = N''\left(1 + \frac{z}{R}\right),$$

$R = 6366198^m$ étant d'ailleurs le rayon de la terre.

À Paris, la hauteur du lieu des expériences était $z = 72^m$, et l'on a eu, par sept comparaisons,

$$N' = 90330,47:$$

partant,

$$\text{Log } N'' = 4.9558342$$
$$\text{Log } z = 1.8573325$$
$$\text{c. Log } R = 3.1961197$$
$$\text{Log réduct.} = 0.0092864 = 1,0216.$$

La réduction au niveau de la mer est donc de $1^{\text{mètre}},022$.

3. Parmi le grand nombre d'expériences du pendule invariable faites en 1822 à l'Observatoire de Paris, dont la latitude la plus récente est de $48°50'13''$, et à la hauteur de 72^{m} au-dessus du niveau de l'océan (mer moyenne), celles du 24 avril, que nous avons citées, ont donné par sept comparaisons le nombre suivant d'oscillations en 24^{h} de temps moyen, comptées dans l'air,

$$90330^{\text{osc}},470$$

On a eu ensuite, réduction à la température

de 15° centigrades. . . . . $+$	0,	024
Réduction au vide. . . . . $+$	6,	625
Réduction au niveau de la mer. . . . . $+$	1,	022
Résultat partiel.	90338,	141

Résultat moyen de trois résultats partiels $n' = 90336, \ 845$.

Pour les îles Malouines, M. Mathieu a obtenu par le même procédé $n = 90349,198$; ainsi la longueur du pendule à secondes à Paris étant prise pour unité, celle aux îles Malouines désignée par l' sera

$$l' = \frac{n^2}{n'^2} = 1,00027350.$$

Quant à sa longueur métrique, que nous désignerons par a, elle est à Paris, suivant Borda, de $0^{\text{m}},993855$; concluons de là et de ce que la théorie donne entre la pesanteur g et la longueur a du pendule simple la relation

$$1' = \pi \sqrt{\frac{a}{g}},$$

π étant le rapport de la circonférence au diamètre, concluons enfin que

$$g = 9^{\text{m}},80896.$$

Tel est le double de l'espace que parcourt dans la première seconde un corps qui tombe librement dans le vide.

4. La longueur l du pendule à secondes croissant comme le carré de la latitude λ, on a généralement (a)

$$l = A + B \sin^2\lambda,$$

A et B étant deux constantes qui peuvent être obtenues à l'aide d'expériences faites comme ci-dessus en différens lieux, et d'où l'on peut ensuite tirer la valeur de l'aplatissement de la terre. En effet, Clairaut a démontré le premier, par la théorie de l'attraction, que cet aplatissement est égal aux $\frac{5}{2}$ du rapport de la force centrifuge sous l'équateur à la pesanteur, moins l'excès B de la longueur du pendule au pôle sur celle A du pendule équatorial, divisé par cette dernière longueur; c'est-à-dire que

$$\text{Aplatissement} = \frac{5}{2} \cdot \frac{1}{289} - \frac{B}{A} = 0,00865 - \frac{B}{A}.$$

Mais la détermination exacte des constantes A, B, exige qu'on ait recueilli un très-grand nombre d'observations à des latitudes différentes, et alors on applique à l'ensemble de toutes les équations de condition (a) la méthode des *moindres carrés*. (*Voy.* ce mot.)

On doit reconnaître maintenant de quelle importance sont les expériences du pendule dans la recherche de la variation de la pesanteur et de la figure de la terre.

(*M. Puissant.*)

PENDULE CONIQUE. (*Méc.*) Appareil destiné à régulariser l'action variable d'un moteur. Il se compose d'un axe vertical tournant i (Pl. XVII, fig. 7), qui porte deux tiges kl mobiles en k; ces tiges sont terminées par des boules pesantes l, et sont réunies, à articulations, à deux autres tiges mn qui tiennent un anneau ni mobile le long de l'axe i. Qu'on imagine ce régulateur adapté à une machine, laquelle fasse tourner l'axe i avec une vitesse variable, on voit d'abord qu'en vertu de la force centrifuge acquise par les boules l, l, elles tendront à s'écarter d'autant plus que leur vitesse de rotation autour de l'axe i sera plus grande; au fur et à mesure qu'elles s'écartent, les tiges mn font monter l'anneau ni; si la vitesse diminue, la force centrifuge diminue également, les boules se rapprochent par l'effet de la pesanteur, et l'anneau ni descend. C'est ce mouvement d'élévation et d'abaissement qu'acquiert l'anneau ni, en vertu de l'augmentation et de la diminution de la force centrifuge, qu'on met à profit pour régulariser l'action variable de la vapeur dans les machines à feu. L'anneau ni tient alors entre deux guides la tête o d'un levier dont le point d'appui p est à charnière mobile; en montant, il soulève avec le bras po une tige qr qui communique avec une vulve servant à régler l'introduction de la vapeur; cette vulve diminue la quantité de vapeur introduite sous le piston quand la tige qr monte, et l'augmente quand elle descend. Le pendule est mis en mouvement par une corde sans fin qui s'enroule d'une part autour d'une roue horizontale fixée à son pied, et de l'autre autour de l'axe principal de la machine à vapeur. D'après cette disposition, quand l'axe principal vient à prendre un mouvement très-rapide, la corde sans fin le communique à l'axe vertical i du pendule, les boules l, l s'écartent, la tige qr monte, la vulve se ferme et la force motrice se trouve diminuée en proportion de son excès. Lorsque l'équilibre est rétabli, et que la résistance commence à l'emporter sur le moteur, la vitesse du pendule diminue, les boules l, l redescendent, ainsi que la tige qr, la vulve se rouvre, et une nouvelle affluence de vapeur surmonte l'excès de la résistance. L'invention de cet appareil aussi ingénieux qu'important est attribuée à Watt.

On peut déterminer à priori la relation entre la vitesse de rotation de l'axe vertical et la hauteur à laquelle se tiennent les boules de la manière suivante. Réduisons l'appareil à deux points pesans Q, Q (Pl. XVII, fig. 8) retenus par deux fils inflexibles et inextensibles AQ, AQ, sans pesanteur, et nommons

r la distance horizontale QB des points Q à l'axe AB,

h la distance verticale AB des mêmes points au point de suspension A,

t le temps employé par l'axe AB pour faire une révolution;

le cercle décrit par les points Q, Q sera $2\pi r$, et, par conséquent, l'expression de leur vitesse v sera

$$v = \frac{2\pi r}{t},$$

la force centrifuge due à la vitesse v étant (*voy.* Mouvement, n° 29)

$$\frac{v^2}{r}.$$

Nous aurons, pour l'expression de cette force,

$$\frac{4\pi^2 r}{t^2}.$$

Observons que les points matériels Q, Q soumis simultanément aux actions de la force centrifuge et de la force de gravité se placent nécessairement dans une position telle que la résultante de ces deux forces soit dans la direction de la droite AQ qui soutient chacune d'elles, de sorte que le rapport des droites AB et BQ est le même que celui de la gravité g à la force centrifuge $\frac{4\pi^2 r}{t^2}$; nous avons donc

$$h : r = g : \frac{4\pi^2 r}{t^2},$$

d'où

$$h = \frac{g t^2}{4\pi^2}; \quad \text{et } t = 2\pi \sqrt{\frac{h}{g}},$$

cette relation entre la hauteur verticale à laquelle se tiennent les boules et la durée d'une révolution de l'axe donne le moyen de régler le mécanisme de la vulve. On voit que la hauteur verticale h est la longueur du pendule simple (*voy.* ce mot), qui ferait deux oscillations pendant que l'axe fait un tour.

Le pendule conique peut s'appliquer très-avantageusement aux roues hydrauliques; voici, d'après M. Flachat (*Mécanique industrielle*), les meilleures dispositions à donner à l'appareil pour lui faire lever et abaisser une vanne, ce qui exige plus de force que pour lever et abaisser une vulve ou soupape de machine à vapeur.

Le pendule conique est disposé comme on le voit fig. XVII, Pl. 9; l'anneau mobile a est au-dessus du point d'attache c des tiges, et les tiges ci sont trois à quatre fois plus grandes que les tiges cb. La force centrifuge, en écartant les boules, fait descendre l'anneau, ce qui élève le bras de levier al, dont l'extrémité ou manchon l, armé d'une double griffe (fig. 10), glisse par frottement dans le sens vertical sur un arbre f, lequel reçoit aussi son mouvement de la machine. Suivant que le manchon l monte ou descend, il *embraye* (*voy.* Embrayages) par la griffe o ou par la griffe p la roue m ou la roue n qui sont *folles* sur l'axe f. Quand le manchon s'approche de l'une ou de l'autre, et vient, par l'une de ses griffes, sous la griffe que porte chacune de ces roues, comme le manchon n'est mobile autour de l'axe que dans le sens vertical, mais non dans le sens horizontal, la roue qu'il touche ou qu'il embraye se trouve ainsi entraînée dans le mouvement de l'axe. Les deux roues m et n engrènent d'ailleurs sur une troisième roue r, laquelle porte un axe st qui est susceptible de soulever ou de fermer la vanne au-delà du point assigné pour le travail moyen, ou, en d'autres termes, accroît ou limite la dépense d'eau selon qu'il faut produire un effort supérieur ou inférieur à celui de l'appareil dans sa marche ordinaire.

Lorsque l'appareil est dans cet état moyen ou ordinaire, le manchon l prend une position moyenne, et dans laquelle il n'embraye ni l'une ni l'autre des deux roues; l'arbre cf tourne ainsi sans communiquer de mouvement aux roues m et n, et celles-ci, par conséquent, n'en communiquent pas à la roue r et à son axe.

Si la vitesse s'accélère, le manchon, en se soulevant, embraye l'une des roues, et cette roue communique son mouvement à la roue r et celle-ci à la vanne. Ce mouvement, en définitive, on voit que c'est la force centrifuge qui le produit. Si maintenant il se produit un ralentissement, le levier agit dans le sens inverse, la roue qui était prise est désembrayée, et l'autre roue est embrayée à son tour; de telle sorte, que la roue r tourne en sens inverse et produit un effet contraire de celui qui venait d'avoir lieu.

Au reste, ajoute M. Flachat, il faut remarquer que ce moyen ne remplit entièrement le but proposé que lorsque l'accélération ou la diminution de vitesse moyenne durait pendant un temps assez long. Alors la régularisation du moteur est bien complète ; mais si l'accélération vient d'une cause qui n'agisse qu'instantanément, ou bien si elle n'arrive que peu à peu au point où l'appareil est assez poussé par la force centrifuge pour agir, on voit qu'il se sera écoulé un certain temps entre l'instant où la cause de l'accélération aura commencé et le moment où le régulateur l'aura fait cesser. Tel est donc l'inconvénient du régulateur à force centrifuge ; il ne peut augmenter ou diminuer instantanément l'action du moteur, c'est-à-dire au moment même où une cause vient à déranger le régime de la vitesse le plus avantageux à la machine. Nous signalons cet inconvénient afin qu'on connaisse bien cet organe mécanique ; mais ce serait mal nous comprendre que de trouver dans cette indication une atténuation des avantages qui nous paraissent appartenir à ce régulateur, l'une des plus utiles et des plus ingénieuses conceptions de la mécanique.

Voyez, pour d'autres appareils propres à régulariser le mouvement des machines, les mots Régulateur et Volant.

PENDULE SIMPLE. (*Méc.*) La théorie du pendule simple se déduit des lois générales du mouvement sur les courbes d'une manière plus directe et plus complète que des considérations employées tom. II, page 288. L'importance de cette théorie en fait une des applications les plus intéressantes des principes exposés ci-dessus page 325.

Soit O (Pl. XVII, fig. 11) le point de suspension du pendule, et $AO = r$ sa longueur. Imaginons qu'après l'avoir élevé au point M on lui imprime une vitesse perpendiculaire à sa longueur et dirigée dans le plan vertical MOA ; toutes les forces qui agissent sur lui se trouvant ainsi dans ce plan vertical, il ne pourra s'en écarter, et le mouvement du point matériel M s'effectuera de la même manière que s'il devait rouler sur un arc de cercle résistant MBM' et qu'il n'y eût pas de fil de suspension.

Menons par le point de départ M une horizontale MX et une verticale MZ ; prenons la première pour axe des x et la seconde pour axe des z, en comptant les z dans le sens de la pesanteur. Le point mobile n'étant soumis à aucune autre force accélératrice que la pesanteur, les équations de son mouvement seront

$$\frac{d^2x}{dt^2} = 0, \quad \frac{d^2z}{dt^2} = g,$$

d'où l'on déduira pour l'expression de sa vitesse en un point quelconque de sa trajectoire (*Voy.* Mouvement, n° 26).... (*a*)

$$v^2 = v'^2 + 2gz,$$

v' désignant la vitesse initiale ou la vitesse imprimée au point matériel à son point de départ M pris pour origine des coordonnées.

L'équation (*a*) nous montre que la vitesse du pendule augmente à mesure qu'il descend de M vers le point A, le plus bas de sa course ; car l'ordonnée verticale z, qui est la seule variable du second membre, croît depuis o jusqu'à AP, pendant cette partie du mouvement. Au point A, où l'ordonnée z a atteint son maximum de grandeur, $AP = h$, la vitesse du pendule est la plus grande possible ; et comme au-dessus de ce point, pendant que le mobile s'élève sur l'arc AM' en vertu de la vitesse acquise, l'ordonnée z diminue, la vitesse décroît aussi successivement. Arrivé en M' dans l'horizontale, le mobile n'a plus que sa vitesse initiale v', car $z = o$. Au-dessus du point M', l'ordonnée z devient négative, l'expression de la vitesse est alors

$$v^2 = v'^2 - 2gz,$$

c'est-à-dire qu'elle diminue à mesure que z augmente, et qu'elle est complètement anéantie lorsque

$$2gz = v'^2,$$

ou lorsque la grandeur absolue de z est celle de la hauteur due à la vitesse initiale v'.

Si nous prenons

$$z = \frac{v'^2}{2g} = M'z,$$

le point M' sera donc celui où la vitesse du mobile est nulle, et où, n'étant plus soumis qu'à l'action de la pesanteur, il doit commencer à redescendre le long de l'arc M'A, acquérant à chaque instant du mouvement un nouveau degré de vitesse ; de sorte que, de retour en A, sa vitesse se retrouvera de nouveau être égale à

$$v^2 = v'^2 + 2gh.$$

En effet, la vitesse acquise par la chute le long de l'arc M'A est la même que celle qui serait due à la hauteur AQ ; or

$$AQ = PQ + AP = M'z + h ;$$

donc la vitesse en A est

$$\sqrt{M'z \cdot 2g + 2gh} = \sqrt{v'^2 + 2gh}.$$

Du point A, le mobile remontera sur la branche AM; mais il dépassera le point de départ primitif M; car la vitesse ne redeviendra nulle qu'en un point M‴, dont la hauteur verticale au-dessus de A sera la même que celle du point M″. Parvenu en M‴, il redescendra de nouveau pour remonter sur l'autre branche en M‴, et ainsi de suite indéfiniment. A l'exception du premier arc MA, chaque arc de descente étant égal à l'arc de montée, le mobile oscillera autour du point le plus bas A; la durée de la première oscillation MA différera seule de la durée de toutes les autres, qui seront isochrones.

Si la vitesse initiale v' était assez grande pour que le mobile parvînt au point A′ avant d'avoir perdu toute sa vitesse, il redescendrait par l'arc A′M‴, et au lieu d'osciller il parcourrait un nombre indéfini de fois et dans des durées égales la circonférence entière du cercle. Dans le cas des oscillations, qui est le seul que nous ayons à considérer, nous pouvons supposer la vitesse initiale $v' = 0$, ce qui revient à transporter l'origine des coordonnées au point M‴ et à ne point tenir compte de la première oscillation MA. Pour ne rien changer aux dénominations précédentes, nous admettrons qu'après avoir élevé le mobile au point M, on l'abandonne simplement à la pesanteur; les arcs d'oscillations seront alors MA et AM′, et l'expression de la vitesse en un point de l'arc total MAM′, dont l'ordonnée verticale est z, sera ..... (b)

$$v^2 = 2gz.$$

Désignons par s l'arc Mm compris entre le point de départ M et un point quelconque m de la circonférence, et par t le temps employé à décrire; nous aurons

$$v = \frac{ds}{dt},$$

d'où, en comparant avec (b), ... (c)

$$dt = \frac{ds}{\sqrt{2gz}}.$$

Cette équation nous fera connaître le temps t en fonction de l'arc parcouru s et réciproquement; mais pour plus de simplicité, il faut exprimer l'ordonnée z en fonction des coordonnées du cercle décrit par OM. Prenant le point A pour origine et comptant les x sur le diamètre vertical AA′, l'équation du cercle sera

$$y^2 = 2rx - x^2,$$

et nous aurons pour le point quelconque m

$$Ap = x, \quad pm = y.$$

Ainsi, l'ordonnée verticale z ou Pp du point m deviendra AP $- x$, ou

$$z = h - x.$$

Cette valeur, substituée dans les équations (b) et (c), les rendra

$$(1) \ \ldots \ldots \ v^2 = 2g(h - x),$$
$$(2) \ \ldots \ldots \ dt = \frac{ds}{\sqrt{2g(h - x)}};$$

la dernière équation devient

$$dt = \frac{\sqrt{dx^2 + dy^2}}{\sqrt{2g(h - x)}},$$

en y substituant à la place de ds sa valeur générale $\sqrt{dx^2 + dy^2}$.

Or on tire de l'équation du cercle, par la différentiation,

$$dy = \frac{(r - x)\,dx}{y},$$

et par suite,

$$dx^2 + dy^2 = dx^2 + \frac{(r - x)^2}{y^2}\,dx^2,$$
$$= dx^2 \left[\frac{y^2 + (r - x)^2}{y^2} \right],$$

Substituant à la place de y^2 sa valeur $2rx - x^2$, il viendra, toutes réductions faites,

$$dx^2 + dy^2 = dx^2 \left[\frac{r^2}{2rx - x^2} \right],$$

donc ..... (d)

$$dt = - \frac{r\,dx}{\sqrt{\left[2rx - x^2 \right]} \cdot \sqrt{\left[2g(h - x) \right]}}.$$

Nous donnons le signe $-$ au second membre, parce que x diminue à mesure que t augmente.

L'intégrale de l'expression (d), prise entre les limites $x = h$, $x = 0$, donnera le temps de la descente le long de l'arc MA, c'est-à-dire la durée d'une *demi-oscillation*; mais on ne peut l'obtenir sous une forme finie par les procédés connus jusqu'ici. Pour la développer en série, donnons à cette expression la forme

$$dt = - \frac{1}{2} \sqrt{\frac{r}{g}} \cdot \frac{dx}{\sqrt{\left[hx - x^2 \right]} \cdot \sqrt{\left[1 - \frac{x}{2r} \right]}},$$

et observant qu'en vertu du binôme de Newton nous avons

$$\left(1 - \frac{x}{2r}\right)^{-\frac{1}{2}} = 2 + \frac{1}{2}\cdot\frac{x}{2r} + \frac{1.3}{2.4}\cdot\frac{x^2}{4r^2} + \frac{1.3.5}{2.4.6}\cdot\frac{x^3}{8r^3} + \text{etc....},$$

série dont le terme général est

$$\frac{1^{\mu|2}}{2^{\mu|2}}\cdot\left(\frac{x}{2r}\right)^\mu,$$

il viendra

$$dt = -\frac{1}{2}\sqrt{\frac{r}{g}}\cdot\frac{dx}{\sqrt{hx-x^2}}\cdot\left[1+\frac{1}{2}\cdot\frac{x}{2r}+\text{etc...}\right].$$

Les intégrales des différens termes de cette expression, abstraction faite du facteur commun et constant,

$$\frac{1}{2}\sqrt{\frac{r}{g}},$$

sont toutes comprises sous la forme

$$\frac{1^{\mu|2}}{1^{\mu|2}\cdot(2r)^\mu}\cdot\int\frac{-x^\mu\cdot dx}{\sqrt{hx-x^2}};$$

de sorte qu'en posant

$$A_0 = \int\frac{-dx}{\sqrt{hx-x^2}},$$

$$A_1 = \int\frac{-xdx}{\sqrt{hx-x^2}},$$

$$A_2 = \int\frac{-x^2dx}{\sqrt{hx-x^2}},$$

etc. = etc.

on a

$$t = \frac{1}{2}\sqrt{\frac{r}{g}}\left[A_0 + \frac{1}{2}\cdot\frac{1}{2r}A_1 + \frac{1.3}{2.4}\cdot\frac{1}{4r^2}A_2 + \frac{1.3.5}{2.4.6}\cdot\frac{1}{8r^2}A_3 + \text{etc...}\right].$$

Le terme général de cette série est

$$\frac{1}{2}\sqrt{\frac{r}{g}}\cdot\frac{1^{\mu|2}}{2^{\mu|2}}\cdot\left(\frac{1}{2r}\right)^\mu\cdot A_\mu.$$

Lorsqu'on prend les intégrales depuis $x=h$ jusqu'à $x=0$, leurs valeurs A_0, A_1, A_2, etc., sont liées entre elles de manière qu'il suffit de connaître la première pour obtenir toutes les autres. En effet, l'intégration

par parties (voy. Intégral, tom. II) donne l'expression générale

$$\int\frac{-x^\mu dx}{\sqrt{hx-x^2}} = \frac{x^{\mu-1}\sqrt{hx-x^2}}{\mu} + \frac{h(2\mu-1)}{2\mu}\int\frac{-x^{\mu-1}dx}{\sqrt{hx-x^2}}.$$

Or, aux deux limites $x=0$, $x=h$ le premier terme du second membre se réduit à zéro, et l'on a simplement

$$\int\frac{-x^\mu dx}{\sqrt{hx-x^2}} = \frac{h(2\mu-1)}{2\mu}\int\frac{-x^{\mu-1}dx}{\sqrt{hx-x^2}},$$

ou

$$A = \frac{h(2\mu-1)}{2\mu}A_{\mu-1},$$

faisant successivement dans cette dernière expression $\mu=1$, $\mu=2$, etc., on obtient

$$A_1 = \frac{1}{2}hA_0,$$

$$A_2 = \frac{3}{4}hA_1 = \frac{1.3}{2.4}h^2A_0,$$

$$A_3 = \frac{5}{6}hA_2 = \frac{1.3.5}{2.4.6}h^3A_0,$$

etc. = etc.

et, en général,

$$A_\mu = \frac{1^{\mu|2}}{2^{\mu|2}}h^\mu\cdot A_0.$$

Pour déterminer la valeur de A_0, nous avons généralement (voy. Intégral, tom. II)

$$\int\frac{dx}{\sqrt{hx-x^2}} = arc\left[\cos = \frac{2x-h}{h}\right] + \text{constante},$$

intégrale qui, prise depuis $x=h$ jusqu'à $x=0$, se réduit à

$$arc\left[\cos = -1\right] = \pi,$$

π désignant la demi-circonférence du cercle dont le rayon $=1$. Ainsi la valeur de A_μ est

$$A = \frac{1^{\mu|2}}{2^{\mu|2}}\pi h^\mu$$

et le terme général du développement (d) devient

$$\frac{1}{2}\pi\sqrt{\frac{r}{g}}\cdot\left(\frac{1^{\mu|2}}{2^{\mu|2}}\right)^2\cdot\left(\frac{h}{2r}\right)^\mu.$$

Désignant donc par T la durée d'une oscillation entière, qui est le double de celle de la demi-oscillation, nous aurons définitivement ..... (e)

$$T = \pi\sqrt{\frac{r}{g}}\left[1 + \left(\frac{1}{2}\right)^2\cdot\frac{h}{2r} + \left(\frac{1.3}{2.4}\right)^2\cdot\left(\frac{h}{2r}\right)^2 + \left(\frac{1.3.5}{2.4.6}\right)^2\cdot\left(\frac{h}{2r}\right)^3 + \text{etc...}\right].$$

Cette série est d'autant plus convergente que h est plus petit par rapport à $2r$.

Lorsque l'arc d'oscillation MM' est très-petit, le rapport de la hauteur verticale AP $= h$ au double de la longueur r du pendule est une très-petite fraction, la série se réduit à son premier terme, et l'on peut alors poser approximativement ... (f)

$$T = \pi \sqrt{\frac{r}{g}}.$$

Nous avons vu les conséquences de cette expression au mot PENDULE, tome II.

Dans le cas d'un très-petit arc d'oscillation, la résistance de l'air n'a aucune influence sensible sur la durée des oscillations : son effet général étant de diminuer l'amplitude de l'arc et par suite la hauteur verticale h, qui n'entre pas dans l'expression (f), on voit que la valeur de T reste la même pour toutes les valeurs de h négligeables devant $2r$, de sorte que, bien qu'à la vérité les arcs d'oscillations d'un pendule diminuent continuellement depuis l'instant où il est mis en mouvement jusqu'à celui où il s'arrête par l'effet des résistances étrangères, toutes ses oscillations s'exécutent dans des intervalles égaux de temps, lorsque d'ailleurs l'amplitude de la première oscillation est très-petite. Les expressions (e) et (f), qui donnent les moyens d'apprécier l'influence de l'amplitude de l'arc sur la durée des oscillations, vont nous servir à légitimer cette assertion.

Supposons que la longueur r du pendule CM soit de 1^m; la durée d'une de ses oscillations infiniment petite sera rigoureusement

$$T = \pi \sqrt{\frac{1}{g}},$$

T exprimant un nombre de secondes. Substituant à la place de π et de g leurs valeurs connues, on trouvera, pour la latitude de Paris,

$$T = \frac{3,1415926}{\sqrt{9,8088}} = 1'',0030946.$$

Considérons maintenant un arc d'oscillation MM' dont l'amplitude soit de 2 degrés; la hauteur verticale $h = $ AP sera

$$AP = AO - OP = 1 - OP,$$

ou, à cause de OP $=$ OM . cos MOA $=$ 1 . cos 1°,

$$h = 1 - \cos 1° = 1 - 0,9998407 = 0,0001593,$$

ce qui donnera

$$\frac{h}{2r} = 0,0000796.$$

Substituant cette valeur dans la série (e), on obtiendra, avec sept décimales exactes,

$$T = 1'',0031145,$$

durée qui ne diffère de celle déterminée ci-dessus que de moins $\frac{1}{10000}$ de seconde. Pour des arcs plus petits, la différence serait tout-à-fait inappréciable, et l'on voit qu'on peut admettre, sans erreur sensible, que les petites oscillations d'un pendule sont isochrones et indépendantes de la quantité h. Cependant, dans les observations qui exigent une très-grande précision, on conserve les deux premiers termes de la série (e), ce qui donne pour la valeur de T

$$T = \pi \sqrt{\frac{r}{g}} \left[1 + \frac{1}{8} \cdot \frac{h}{r} \right].$$

On peut mettre cette expression sous une forme plus simple en y introduisant le demi-arc d'oscillation MOA exprimé en parties du rayon $= 1$. Pour cet effet, il faut observer qu'en désignant cet arc par α, le triangle rectangle MAO donne

$$OP = OM . \cos \alpha = r . \cos \alpha,$$

d'où

$$AP = h = r - r \cos \alpha = r(1 - \cos \alpha),$$

et, par suite,

$$\frac{h}{r} = 1 - \cos \alpha.$$

Or, $(voy.$ SINUS, tome II$)$

$$1 - \cos \alpha = 2 \left(\sin \frac{\alpha}{2} \right)^2.$$

Ainsi, comme un petit arc se confond sensiblement avec son sinus, on a à très-peu près

$$\frac{h}{r} = 1 - \cos \alpha = \frac{\alpha^2}{2}.$$

Cette valeur, mise dans l'expression précédente, la change en

$$T = \pi \sqrt{\frac{r}{g}} \left[1 + \frac{\alpha^2}{16} \right].$$

Lorsqu'un arc est donné en degrés, on obtient son expression en parties du rayon pris pour unité par la formule

$$\alpha = \frac{\pi \alpha''}{648000},$$

dans laquelle z est le nombre de secondes sexagési-males contenues dans l'arc α. Les logarithmes de Callet renferment une table qui dispense de ces calculs. *Voyez*, pour d'autres détails concernant le pendule, les mots Pendule, tome II, et Pendule composé, dans ce Supplément.

PERCUSSION. (*Méc.*) Impression que fait un corps en mouvement sur un autre qu'il rencontre et qu'il choque. (*Voy.* Choc, tome Ier, et Communication du mouvement.)

Les effets mécaniques de la percussion ont paru très-surprenans aux premiers observateurs, qui ne pouvaient se rendre compte de ce qu'avec un petit marteau et un petit mouvement on enfonce sans peine des clous qui supportent des fardeaux immenses et qu'on aurait peine de faire enfoncer en les chargeant de poids excessifs. « Ne serait-ce pas, dit Camus dans son *Traité des forces mouvantes*, une chose inconcevable et incroyable, si l'on n'en voyait l'expérience, que quelques ouvriers enfoncent en peu de temps, avec le mouton, des pilotis qui supportent et tiennent en équilibre des murailles et des tours entières, d'une masse et d'une hauteur prodigieuses, pendant plusieurs siècles, sans qu'ils aient paru baisser? Il faut sans doute, par exemple, qu'en enfonçant les pilotis qui supportent les tours de la métropolitaine de Paris depuis tant de siècles, on leur ait donné plus de force avec le mouton, ou qu'on ait mis dessus plus de poids que toutes les tours et la masse qui est dedans ne pèse, puisqu'ils les ont toujours tenues en équilibre depuis, sans avoir enfoncé ou baissé, et qu'il est probable qu'ils les y tiendront encore pendant plusieurs siècles à venir. » On saisira aisément la raison de ces phénomènes, a dit d'Alembert, si l'on fait attention à la différence essentielle qui existe entre la *pression* d'un corps immobile et la *percussion* d'un corps en mouvement. Tout corps qui tombe s'accélère en tombant; mais sa vitesse au commencement de sa chute est infiniment petite; de façon que, s'il ne tombe pas réellement, mais qu'il soit soutenu par quelque chose, l'effort de la pesanteur ne tend qu'à lui donner au premier instant une vitesse infiniment petite. Ainsi, un poids énorme, appuyé sur un clou, ne tend à descendre qu'avec une vitesse infiniment petite; et comme la force de ce corps est le produit de sa masse par la vitesse avec laquelle il tend à se mouvoir, il s'ensuit qu'il tend à pousser le clou avec une force très-petite. Au contraire, un marteau avec lequel on frappe le clou a une vitesse et une masse finies, et par conséquent sa force est plus grande que celle du poids. Si on ne voulait pas admettre que la vitesse actuelle avec laquelle le corps tend à se mouvoir est infiniment petite, on ne pourrait au moins s'empêcher de convenir qu'elle est

fort petite, et alors l'explication que nous venons de donner demeurerait la même.

Il est certain que l'effort produit par la charge que supporte un clou ou un pieu ne peut être comparé à celui qui résulte du choc d'un corps en mouvement, tel que le marteau qui vient frapper la tête du clou ou du pieu; car le premier effort, qui n'est qu'une pression, est représenté par

$$mgdt,$$

m étant la charge, g la vitesse que la pesanteur tend à imprimer au corps dans l'unité de temps, et dt l'élément du temps; tandis que le second effort est exprimé par

$$MV,$$

M étant la masse du corps choquant et V une vitesse finie. Or les quantités $mgdt$ et MV appartiennent à des ordres différens, de sorte qu'il est théoriquement et physiquement impossible d'établir l'équilibre entre un choc et une pression, et, conséquemment, de comparer l'un des efforts à l'autre. En un mot, la force des corps en mouvement ne peut être mesurée par des poids, c'est-à-dire par la pression seule destituée de mouvement local; et si l'on a souvent observé que des forces de pression peuvent produire des effets égaux ou supérieurs à ceux des forces de percussion, c'est que la masse pressante, par suite de l'insuffisance de son appui, se trouve animée d'une vitesse finie, et par suite d'une quantité de mouvement du même ordre de grandeur que la quantité de mouvement d'une masse percutante.

Quant à la supériorité des forces de percussion sur celles de pression pour l'enfoncement des clous ou des pieux, elle tient encore à une autre circonstance qu'il ne sera peut-être pas inutile de signaler. Le clou qu'on veut introduire dans un corps dur a deux résistances à vaincre : il faut d'abord qu'il ouvre devant lui un espace dans lequel il puisse entrer; puis, à mesure qu'il s'avance, il faut de plus qu'il surmonte le frottement et la pression qu'exercent les parois du trou en contact avec sa surface. Si l'introduction s'effectue par une pression, il est évident que le clou cessera de s'avancer aussitôt que la pression motrice sera en équilibre avec les deux résistances que nous venons de signaler; mais lorsque cette introduction est produite par la percussion réitérée d'un marteau, il faut observer que chaque coup de marteau produit deux effets : le premier est de pousser le clou dans la cavité formée par sa pointe; le second, de comprimer ce clou dans le sens de sa longueur, c'est-à-dire d'augmenter momentanément sa grosseur aux dépens de sa longueur. Cette petite augmentation de grosseur tend à agrandir le trou; et comme, après que la percussion a cessé, le clou, en vertu de son élasticité, reprend, au moins à peu près, sa première figure, il existe un vide entre les parois du trou et la partie de la surface du clou déjà introduite ; ce vide détruit en tout ou en partie la résistance due au frottement et à la pression des parois, de sorte que le coup de marteau suivant n'a qu'à surmonter la résistance que rencontre la pointe du clou pour aller en avant. Ainsi, la pression doit surmonter deux espèces de résistances qui se mettent bientôt en équilibre avec elle, quelle que grande qu'elle soit, tandis que la percussion n'a à vaincre qu'une des deux. Ajoutez à cela que la force musculaire qui fait agir le marteau peut accumuler dans cet outil une quantité de mouvement très-grande, eu égard à la petitesse de sa masse.

Plusieurs savans ont fait des expériences sur les effets des chocs des corps pesans qu'on laisse tomber librement. Les résultats obtenus par les deux Camus, Bernouilli, Mariotte, S'Gravesande, l'ingénieur Soyer, tendent à établir que ces effets sont proportionnels aux masses des corps choquans ainsi qu'aux hauteurs des chutes, ou, ce qui est la même chose, aux carrés des vitesses finales, ce qui s'accorde avec les meilleures théories de la percussion. Quelques autres résultats, et notamment ceux de Rondelet, sembleraient indiquer que les effets des chocs sont proportionnels aux masses et aux racines carrées des hauteurs des chutes ou aux simples vitesses finales, mais, comme Navier l'a fort bien fait observer, il y a lieu de croire que, si dans ces expériences les effets des grands chocs paraissent moindres qu'ils devraient être, cela tient à ce qu'il est impossible d'éviter alors qu'une partie de la force du coup ne soit communiquée à l'appui du corps soumis à l'expérience et perdue pour l'effet que l'on mesure, circonstance qui d'ailleurs se retrouve également dans la plupart des cas des battages des pieux. Camus, l'auteur du *Traité des forces mouvantes*, qu'il ne faut pas confondre avec Camus l'académicien, a reconnu le premier que la nature des corps choqués et des appuis sur lesquels ils se trouvent portés exerce une grande influence sur les effets de la percussion ; quoique ses recherches n'offrent aucun résultat précis, elles ne sont pas dépourvues d'intérêt et peuvent être encore consultées avec fruit.

Les effets utiles principaux qu'on obtient de la percussion employée comme agent mécanique sont :

1° L'enfoncement d'un corps dans un autre qui se laisse pénétrer, tel que, par exemple, l'enfoncement des pieux dans le terrain (*voy.* Sonnette) ;

2° L'aplatissement et l'allongement des corps ductiles et malléables ;

3° La pulvérisation des corps non ductiles ou la séparation de ces corps en plusieurs fragmens ;

4° Une très-forte pression, produite par l'introduction de coins entre des corps assujettis à ne pouvoir s'écarter que faiblement.

La percussion peut être employée de deux manières essentiellement différentes. Suivant la première, on élève un corps à une hauteur déterminée, puis on l'abandonne librement à l'action de la pesanteur. C'est ainsi qu'on fait agir les moutons des sonnettes et les gros marteaux ou martinets des forges. Suivant la seconde, le moteur ajoute à la force accélératrice de la pesanteur une autre force accélératrice qu'il imprime au corps en le comprimant pendant toute la durée du mouvement. Par exemple, le forgeron augmente considérablement la force de percussion du marteau dont il se sert, et lui communique une quantité de mouvement, due à sa force musculaire, bien supérieure à celle qu'il acquerrait s'il tombait librement. Pour donner un puissant coup de marteau, il est essentiel de l'élever et de lui faire décrire le plus grand arc possible, afin que la force accélératrice ait le temps d'accumuler dans la masse de l'instrument une grande quantité de mouvement.

Voyez, pour la théorie de la percussion : Prony, *Nouvelle architecture hydraulique ;* et, pour ses effets : Camus, gentilhomme lorrain, *Traité des forces mouvantes.* — Camus, de l'Académie des Sciences. *Mémoire sur l'enfoncement des boules dans la glaise* (Mémoire de l'Académie, 1728). — Bernouilli, *Discours sur la communication du mouvement* (Prix de l'Académie des Sciences.) — Mariotte, *Traité du mouvement des eaux.* — Rondelet, *Traité de l'art de bâtir.* — Perronet, *Mémoire sur les pieux et pilotis.* — Sganzin, *Programme d'un cours de construction.*

PILON. (*Méc.*) Appareil destiné à pulvériser les substances dures. Il se compose d'une pièce de bois équarrie DQ (Pl. XVII, fig. 11) qui se meut verticalement, et dont la partie inférieure Q est armée d'une masse de fer ou de fonte ; une pièce transversale PR, nommée *mentonnet*, reçoit l'action d'une *came*, qui, après l'avoir élevée à une certaine hauteur, l'abandonne, ainsi que le pilon auquel elle est fixée et qu'elle entraîne, à l'action de la pesanteur. Le pilon est retenu par deux *prisons* ou manchons A, B, qui s'opposent à tout autre mouvement que le mouvement vertical. La courbure de la came doit être celle d'une développante de cercle lorsqu'on veut que l'ascension du pilon soit régulière. *Voy.* Came.

La direction de la force qui soulève le mentonnet ne passant pas par le centre de gravité du poids Q, il en résulte que le pilon exerce contre ses prisons A et B des pressions qui produisent une résistance de frottement d'autant plus considérable que la came est plus éloignée de l'axe du pilon. Il est facile de voir qu'en désignant par Q le poids total du pilon, par ℓ la distance AB des prisons, et par p la longueur PR du mentonnet, la pression sur l'une des prisons est $Q\,\dfrac{p}{l}$, et la pression totale $2Q\,\dfrac{p}{l}$. Ainsi, désignant par f le coefficient du frottement, dont la valeur dépend de la nature des surfaces frottantes (*voy.* Frottement), on aura pour l'expression de la résistance due au frottement,

$$2fQ\,\frac{p}{l}.$$

P désignant la force motrice, l'équation d'équilibre est donc

$$P = Q + 2fQ\,\frac{p}{l}.$$

On diminue les frottemens en substituant au mentonnet un boulon qui traverse le pilon parallèlement à l'arbre des cames et dans l'axe même du pilon. Ce boulon peut être placé de deux manières différentes : la première consiste à pratiquer dans le pilon une entaille revêtue de lames de fer, le boulon traverse cette entaille, dans laquelle entre une came en fonte pour soulever le pilon; la seconde, qui n'a pas l'inconvénient d'affaiblir le pilon par une entaille, consiste à faire soulever les deux extrémités du boulon, saillantes sur les faces latérales du pilon, par deux cames parallèles ayant une tête commune et qui dans leur jeu embrassent le pilon.

Un autre inconvénient grave de cet appareil, c'est que toutes les fois qu'une came se met en contact avec le mentonnet ou le boulon, il s'ensuit un choc impossible à éviter et qui occasionne un perte de force de vive (*voy.* Communication du mouvement), mais cet inconvénient tient à la nature même de la machine, et l'on ne pourrait y remédier sans renoncer à l'uniformité du mouvement d'ascension. (*Voy.* Bélidor, *Architecture hydraulique*, et le *Journal des Mines* de l'an II.)

PILOT ou PILOTIS. (*Hydraul.*.) Nom générique des pièces de bois qu'on enfonce dans un terrain pour le consolider et lui donner la force nécessaire pour soutenir une fondation. On les emploie principalement pour porter les édifices de maçonnerie, comme les ponts, les murs des quais et autres ouvrages, que l'on veut fonder sous les basses eaux.

On enfonce les pilots avec une machine nommée *Sonnette* (*voy.* ce mot) jusqu'à ce qu'ils n'entrent plus, ou du moins jusqu'à ce qu'ils n'entrent que de deux ou trois millimètres par volée, ce qu'on appelle le *refus.* Souvent ce refus est illusoire, et le frottement qu'ils éprouvent dans des terrains sablonneux les empêche seul de descendre. En général, l'emploi des pilotis n'est utile que lorsque après avoir traversé les couches

molles du terrain ils trouvent un fond d'une meilleure qualité où ils peuvent prendre une fiche suffisante. La méthode la plus sûre de fondation, dans les terrains peu consistans, est d'encaisser ces terrains à la plus grande profondeur possible et à les charger ensuite, avant d'élever les constructions, d'un poids au moins égal à celui que doit avoir l'édifice. En laissant ce poids agir assez long-temps, le fond se resserre autant qu'il peut l'être, et il ne doit rester aucune inquiétude pour l'avenir, tandis que l'établissement d'un pilotis, dans des circonstances semblables, peut laisser craindre que les couches où les pieux sont arrêtés soient placées sur d'autres couches susceptibles de se comprimer, comme cela n'arrive que trop souvent pour des couches d'argiles qui, naturellement fermes, finissent par se pénétrer, s'amollir, par l'eau qui s'insinue toujours le long des pilots, et prennent un tassement qui n'aurait point eu lieu si l'on n'avait pas fait de pilotis, et que rien ne pouvait faire prévoir. *Voy.* Ponts.

PLAN TANGENT. (*Géom.*) Un plan est dit *tangent* à une surface courbe lorsqu'il la touche en un point. Si la surface est convexe dans toutes ses parties, le plan tangent n'a qu'un seul point de commun avec elle : celui de *contact;* dans le cas contraire, le plan peut être tout à la fois tangent et sécant, c'est-à-dire qu'il peut toucher seulement la surface en un point et la couper dans d'autres, tout comme une droite peut être en même temps tangente et sécante par rapport à une même ligne courbe.

Pour déterminer les conditions du contact d'un plan et d'une surface courbe, on caractérise plus particulièrement le *plan tangent* de la manière suivante :

Si par un point donné sur une surface quelconque on y trace une infinité de courbes et qu'on leur mène des tangentes par le point en question, *toutes ces droites se trouveront* en général *dans un seul et même* plan que l'on nomme le *plan tangent* de la surface.

Soit donc

$$F(x,\,y,\,z) = 0$$

l'équation d'une surface quelconque. Deux des variables devant recevoir des valeurs arbitraires, prenons z pour variable dépendante, et résolvant cette équation par rapport à z, nous obtiendrons une autre équation de la forme

$$(1) \ldots. \quad z = f(x,\,y).$$

Imaginons que par un point donné, x', y', z', sur la surface, on ait tracé une courbe quelconque dont les projections soient représentées par les équations

$$(2) \ldots \quad y = \varphi x, \quad z = \psi x,$$

cette courbe sera parfaitement déterminée par l'ensemble des équations (1) et (2), et sa tangente au point x', y', z', aura pour équations.

$$y - y' = \frac{d_\varphi x'}{dx'} (x - x'),$$

$$z - z' = \frac{d_\psi x'}{dx'} (x - x').$$

En effet, la tangente d'une courbe dans l'espace se projète toujours sur la tangente de sa projection (voy. Projection), de sorte que les équations des tangentes des courbes planes (2) sont en même temps les équations de la tangente dans l'espace de la courbe tracée sur la surface. Or, les coordonnées x' et y' sont communes au point donné et à sa projection sur le plan des xy; ainsi la tangente de la courbe plane $y = \varphi x$, au point x', y', a pour équation (voy. tome II, pag. 525)

$$y - y' = \frac{d_\varphi x'}{dx'} (x - x').$$

De même les coordonnées x' et z' sont communes au point donné et à sa proportion sur le plan des xz, et, par suite, la tangente de la courbe plane $z = \psi x$, à ce point x', z', a pour équation

$$z - z' = \frac{d_\psi x'}{dx'} (x - x') ;$$

donc, etc.

Observons maintenant que la dérivée différentielle $\frac{d_\psi x'}{dx'}$ n'est autre chose que la dérivée totale de z', dont la valeur est donnée par l'équation (1), car cette équation doit être satisfaite en y faisant $x = x'$, $y = y'$, $z = z'$. Or, représentant pour abréger $f(x', y')$ par f, nous avons

$$dz' = \frac{df}{dx'} \cdot dx' + \frac{df}{dy'} dy',$$

et, conséquemment,

$$\frac{dz'}{dx'} = \frac{d_\psi x'}{dx'} = \frac{df'}{dx'} + \frac{df'}{dy'} \cdot \frac{dy'}{dx'}.$$

Posant

$$\frac{df}{dx'} = p, \quad \frac{df}{dy'} = q,$$

les équations de la tangente deviendront

$$(3) \ldots y - y' = \frac{d_\varphi x'}{dx'} (x - x'),$$

$$(4) \ldots z - z' = \left(p + q \frac{d_\varphi x'}{dx'}\right)(x - x'),$$

et il ne s'agit plus, pour obtenir le lieu géométrique des tangentes à toutes les courbes tracées sur la surface par

le point x', y', z', que d'éliminer entre ces équations la quantité $\frac{d_\varphi x'}{dx'}$ qui distingue seule la courbe particulière que nous avons considérée jusqu'ici. Opérant cette élimination, il vient

$$(5) \ldots z - z' = p(x - x') + q(y - y').$$

Cette équation étant du premier degré par rapport aux variables x, y, z, appartient au plan qui *touche* la surface au point x', y', z', et l'on voit en outre que le *lieu de toutes les tangentes est bien un plan*, comme le supposait la définition générale du plan tangent. Nous remarquerons cependant qu'il existe des *points singuliers* dans certaines surfaces pour lesquels cette proposition n'a pas lieu; tel est, par exemple, le sommet d'un cône; c'est ce qu'on reconnaît par les valeurs $\frac{0}{0}$, que prennent alors les dérivées partielles p et q.

On peut donner à l'équation (5) une forme plus générale en tirant les dérivées p et q de l'équation

$$F(x', y', z') = 0,$$

sans la résoudre préalablement par rapport à z'. Différentiant successivement par rapport à x' et à y', il vient

$$\frac{dF}{dx'} + \frac{dF}{dz'} \cdot p = 0,$$

$$\frac{dF}{dy'} + \frac{dF}{dz'} \cdot q = 0.$$

Substituant dans (5) les valeurs de p et de q données par ces équations, on obtient pour l'équation du plan tangent ..... (6)

$$(x - x') \frac{dF}{dx'} + (y - y') \frac{dF}{dy'} + (z - z') \frac{dF}{dz'} = 0.$$

Prenons comme exemple d'application les surfaces du second ordre, que nous pouvons comprendre toutes sous la forme générale (voy. Géométrie aux trois dimensions, n° 61)

$$Ax^2 + A'y^2 + A''z^2 + 2Cx + 2C'y + 2C''z + E = 0.$$

Nous aurons ici

$$F = Ax'^2 + A'y'^2 + A''z'^2 + 2Cx' + 2C'y' + 2C''z' + E,$$

d'où nous tirerons les trois dérivées partielles

$$\frac{dF}{dx'} = 2Ax' + 2C,$$

$$\frac{dF}{dy'} = 2A'y' + 2C',$$

$$\frac{dF}{dz'} = 2A''z' + 2C''.$$

Ces valeurs substituées dans (6) donnent ..... (7)

$$(\mathrm{A}x' + \mathrm{C})(x - x') + (\mathrm{A}'y' + \mathrm{C}')(y - y') \atop + (\mathrm{A}''z' + \mathrm{C}'')(z - z') \Big\} = 0.$$

Telle est l'équation générale du plan tangent à une surface quelconque du second ordre. Cette équation se réduit à .... (8)

$$\mathrm{A}xx' + \mathrm{A}'yy' + \mathrm{A}''zz' + \mathrm{E} = 0$$

pour les surfaces qui admettent un centre.

S'il s'agissait, par exemple, d'un ellipsoïde à trois axes

$$\frac{x^2}{a^2} + \frac{y^2}{b^2} + \frac{z^2}{c^2} = 0,$$

on ferait

$$\mathrm{A} = b^2 c^2, \ \ \mathrm{A}' = a^2 c^2, \ \ \mathrm{A}'' = a^2 b^2, \ \ \mathrm{E} = - a^2 b^2 c^2,$$

et l'on aurait. pour l'équation de son plan tangent en un point quelconque x', y', z',

$$b^2 c^2 xx' + a^2 c^2 yy' + a^2 b^2 zz' - a^2 b^2 c^2 = 0.$$

Dans le cas particulier de $x' = a$, $y' = 0$, $z' = 0$, où le point donné est le sommet qui se trouve sur l'axe des x, l'équation précédente devient

$$b^2 c^2 ax - a^2 b^2 c^2 = 0,$$

ce qui donne

$$x = a,$$

équation d'un plan parallèle au plan des yz (voy. Géom., n° 20), et, conséquemment, perpendiculaire à l'axe des x. On trouverait de la même manière que les plans tangens aux autres sommets sont perpendiculaires aux axes de ces sommets, quant aux plans tangens aux autres points de l'ellipsoïde, et en général aux points quelconques d'une surface du second ordre douée d'un centre, on peut voir qu'ils sont parallèles au plan diamétral conjugué avec le diamètre qui passe par le point de contact. En effet, nous avons vu (Géom., n° 60) que le plan diamétral conjugué avec une corde quelconque, représentée par les équations

$$(9) \ ... \ x = mz + p, \ y = nz + q,$$

a pour équation

$$(\mathrm{A}m + \mathrm{B}'n + \mathrm{B}')x + (\mathrm{A}'n + \mathrm{B}''m + \mathrm{B})y \atop + (\mathrm{A}'' + \mathrm{B}n + \mathrm{B}'m)z + \mathrm{C}m + \mathrm{C}'n + \mathrm{C}'' \Big\} = 0.$$

Toutes ces équations se rapportent à trois axes rectangulaires coordonnés quelconques pour lesquels l'équation générale des surfaces du second ordre est de la forme

$$\mathrm{A}x^2 + \mathrm{A}'y^2 + \mathrm{A}''z^2 + \mathrm{B}xy + \mathrm{B}'xz + \mathrm{B}''yz \atop + \mathrm{C}x + \mathrm{C}'y + \mathrm{C}''z + \mathrm{D} \Big\} = 0.$$

Or, pour ne considérer que les surfaces douées d'un centre et rapporter leur équation à leurs trois diamètres principaux, il suffit de poser

$$\mathrm{B} = 0, \ \ \mathrm{B}' = 0, \ \ \mathrm{B}'' = 0, \ \ \mathrm{C} = 0, \ \ \mathrm{C}' = 0, \ \ \mathrm{C}'' = 0,$$

et l'équation du plan diamétral conjuguée avec la corde (9) se réduit à ... (10)

$$\mathrm{A}mx + \mathrm{A}'nz + \mathrm{A}''z = 0.$$

Ceci posé, si la corde (9) est le diamètre mené du point de contact x', y', z' d'un plan tangent, elle passe par le centre, et ses équations deviennent

$$x = mz = \frac{x'}{z'} z, \ \ y = nz = \frac{y'}{z'} z.$$

D'où

$$m = \frac{x'}{z'}, \ \ n = \frac{y'}{z'}.$$

Substituant ces valeurs dans (10), nous obtiendrons, pour l'équation du plan diamétral conjugué avec le diamètre en question,

$$\mathrm{A}xx' + \mathrm{A}'yy' + \mathrm{A}''zz' = 0,$$

équation qu'il suffit de comparer avec l'équation (8) du plan tangent pour reconnaître que ce dernier est parallèle au plan diamétral (voy. Géom., n° 29).

Dans une sphère, tous les plans diamétraux étant perpendiculaires à leurs diamètres conjugués, il en résulte que le plan tangent à un point quelconque de sa surface est perpendiculaire au rayon de ce point.

Nous déduirons encore des expressions précédentes l'équation générale de la normale à une surface quelconque. Cette normale étant la perpendiculaire au plan tangent, menée par le point de contact x', y', z', ses équations sont de la forme (voy. Géom., n° 9)

$$x - x' = a(z - z'), \ y - y' = c(z - z'),$$

et comme l'équation du plan tangent, trouvée ci-dessus, est

$$z - z' = p(x - x') + q(y - y'),$$

on a, d'après les conditions déterminées (Géom. aux trois dim., n° 25),

$$a = - p, \ c = - q.$$

Ainsi, les équations de la normale sont

$$x - x' + p(z - z') = 0, \ y - y' + q(z - z') = 0;$$

d'où l'on peut conclure que les angles α, β, γ, formés par cette droite avec les demi-axes coordonnés positifs ont pour expressions (Géom., n° 12)

$$\cos \alpha = \frac{-p}{\sqrt{p^2 + q^2 + 1}},$$

$$\cos \beta = \frac{-q}{\sqrt{p^2 + q^2 + 1}},$$

$$\cos \gamma = \frac{1}{\sqrt{p^2 + q^2 + 1}}.$$

Si l'on substitue dans ces formules les valeurs des dérivées p et q en fonctions des dérivées partielles de l'équation $F(x, y, z) = 0$, elles prendront la forme

$$\cos \alpha = V \frac{dF}{dx},$$

$$\cos \beta = V \frac{dF}{dy},$$

$$\cos \gamma = V \frac{dF}{dz},$$

en faisant, pour abréger,

$$V = \frac{1}{\sqrt{\left[\left(\frac{dF}{dx}\right)^2 + \left(\frac{dF}{dy}\right)^2 + \left(\frac{dF}{dz}\right)^2\right]}}.$$

Ces expressions sont employées dans la théorie du mouvement d'un corps assujetti à se mouvoir sur une surface donnée. (*Voy.* Mouvement, 51.)

PNEUMATIQUE. Branche de la mécanique générale qui a pour objet les lois du mouvement des gaz ou fluides élastiques.

La théorie du mouvement des fluides est, comme nous l'avons dit ailleurs (*voy.* Hydrodynamique, tome II), la partie la moins avancée de la mécanique; aussi nous attacherons-nous principalement aux résultats constatés par l'expérience, et qui peuvent être employés utilement dans la pratique.

1. Lorsqu'un gaz est renfermé dans un vase clos, il exerce, abstraction faite de son poids, des pressions égales sur tous les points des parois et dont l'intensité dépend de sa densité et de sa température (*voy.* Force élastique). Si le vase était placé dans un espace vide limité et qu'on ouvrît un orifice à l'une de ses parois, le gaz s'écoulerait par cet orifice et se répandrait uniformément dans l'espace vide avec une vitesse d'écoulement qui diminuerait avec la densité du gaz dans le vase; cette vitesse deviendrait nulle et l'écoulement cesserait lorsque la force élastique de la portion écoulée pourrait faire équilibre à celle de la portion restant dans le vase, c'est-à-dire lorsque la densité serait la même au-dedans et au-dehors du vase. Si au lieu d'être

placé dans un espace primitivement vide le vase se trouvait dans un espace plein d'un autre gaz, la vitesse initiale de l'écoulement dépendrait de la différence des forces élastiques ou des pressions intérieures et extérieures, de sorte que dans le cas où la pression du gaz intérieur serait la plus petite, non seulement il ne pourrait s'échapper, mais il serait encore refoulé dans le vase par le gaz extérieur qui y pénétrerait en vertu de la supériorité de sa force d'expansion.

2. Dans ces divers cas d'écoulement, la vitesse est nécessairement variable, car à mesure que la masse gazeuse diminue dans le vase, la portion restante augmente de volume, pour occuper toujours toute la capacité du vase, ce qui diminue sa densité, et par conséquent sa force élastique. Il est visible que la vitesse de l'écoulement ne saurait être constante, à moins que la pression qui la détermine ne soit elle-même constante, et que la résistance due au milieu dans lequel le gaz s'écoule demeure la même pendant toute la durée de l'écoulement.

3. Pour fixer les idées, imaginons un cylindre vertical exactement fermé et rempli d'air à l'état ordinaire, c'est-à-dire à la simple pression de l'atmosphère; si l'on perce un orifice à la base inférieure, aucun écoulement n'aura lieu, car les molécules d'air intérieur qui se trouvent devant cet orifice éprouvent de la part de l'air extérieur une pression égale et opposée à leur pression intérieure; mais si l'air intérieur vient à subir un surcroît de pression, si, par exemple, la base supérieure du cylindre est un piston mobile qu'on charge d'un poids, l'air intérieur se trouvera plus comprimé que l'air extérieur et s'échappera au dehors en vertu de cet excès de pression; et comme l'espace occupé par le gaz dans le cylindre diminue à mesure qu'il s'écoule, parce que le piston descend, il en résulte que la pression et la densité du gaz intérieur sont les mêmes pendant toute la durée de l'écoulement, dont la vitesse est conséquemment constante, car la résistance de l'air extérieur ne saurait être modifiée par les portions de l'air écoulé qui viennent se perdre dans l'espace illimité qu'il occupe.

4. Nommons p le poids de l'atmosphère et P le poids additionnel qui charge le piston, les molécules intérieures en face de l'orifice seront poussées de dedans en dehors par la force $p + P$, et de dehors en dedans par la force p; ces deux forces agissant dans des directions opposées, leur résultante sera $p + P - p = P$, et, par conséquent, l'écoulement aura lieu comme s'il était dû à la seule force P et qu'il s'effectuât dans le vide.

5. On ramène théoriquement l'écoulement des gaz à celui des liquides en considérant le gaz qui s'écoule comme un liquide d'égale densité dont la *charge* au-dessus de l'orifice (*voy.* Écoulement) a pour hauteur la hauteur de la colonne liquide dont le poids serait égal à

la pression qui produit l'écoulement; ainsi, désignant par b la hauteur d'une colonne d'air qui aurait pour base le piston et dont le poids serait P, nous aurons pour la vitesse V de l'écoulement,

$$V = \sqrt{2gb}.$$

Comme il est d'usage d'évaluer la pression des fluides élastiques en colonnes de mercure, supposons maintenant qu'un manomètre à mercure (*voy.* Force élastique) soit adapté au cylindre et s'élève à une hauteur h', tandis qu'un baromètre placé dans l'air extérieur s'élève à une hauteur h; h' représentera la pression $p + P$ de l'air intérieur, et la différence des hauteurs $h' - h$, que nous désignerons par H, représentera la pression due au poids placé sur le piston et qui détermine l'écoulement. Il s'agit donc d'évaluer b en fonction de H pour n'avoir à considérer que des colonnes de mercure.

On emploie souvent, pour mesurer les pressions plus grandes que la pression moyenne de l'atmosphère, des manomètres ouverts à leur extrémité supérieure, de sorte que le mercure qu'ils contiennent est pressé dans l'une des branches par le gaz et dans l'autre par l'air extérieur; la hauteur qu'ils marquent est alors la différence entre la pression intérieure et la pression de l'atmosphère ou la quantité que nous venons de désigner par H. Nous supposerons, dans tout ce qui va suivre, qu'on se sert de semblables instrumens.

L'évaluation de b en fonction de H ne présente aucune difficulté, car puisque ces hauteurs appartiennent à des colonnes de même base, celle du piston, et de même poids P, elles sont entre elles dans le rapport inverse des densités de leurs fluides respectifs; ainsi, désignant par Δ la densité du mercure et par δ celle de l'air, on a

$$b = H \frac{\Delta}{\delta},$$

Substituant cette valeur de b dans celle de V, on obtient ..... (a)

$$V = \sqrt{2g \cdot H\frac{\Delta}{\delta}}.$$

6. Cette expression peut s'appliquer à tout autre gaz que l'air atmosphérique, en entendant par δ la densité de ce gaz, et il en résulte une conséquence très-importante. Soient δ et δ' les densités de deux gaz quelconques, H la pression sous laquelle ils s'écoulent, et V et V' leurs vitesses respectives, nous avons

$$V = \frac{M}{\sqrt{\delta}}, \quad V' = \frac{M}{\sqrt{\delta'}},$$

désignant, pour abréger, par M la quantité $\sqrt{2gH\Delta}$;

$$V : V' = \sqrt{\delta'} : \sqrt{\delta}$$

c'est-à-dire que les vitesses d'écoulement de deux gaz sous une même pression sont en raison inverse des racines carrées de leurs densités.

7. Considérons en particulier l'air atmosphérique, et modifions la formule (a) de manière à la rendre immédiatement applicable à toutes les circonstances de pression et de température.

On sait que le mètre cube d'air sec à la température 0 et sous la pression moyenne de l'atmosphère $0^m,76$ pèse $1^k,299$ (*voy.* ci-dessus, page 171); comme ce fluide se dilate de 0,00375 de son volume primitif à 0°, pour chaque degré centigrade d'accroissement de température, si nous représentons par 1 son volume à 0°, ce volume deviendra $1 + 0,00375t$ à t°; d'où il résulte qu'à la température de t° centigrades et toujours sous la même pression $0^m,76$, le poids d'un mètre cube d'air est représenté par

$$\frac{1^k,299}{1 + 0,00375t},$$

ce qu'on peut porter à

$$\frac{1^k,299}{1 + 0,004t},$$

pour tenir compte de la vapeur d'eau toujours mêlée à l'air atmosphérique et qui diminue son poids. Toutes les autres circonstances étant les mêmes, si la pression était k, le mètre cube d'air serait

$$\frac{k}{0,76} \cdot \frac{1,299}{1 + 0,004t} = 1,709 \cdot \frac{k}{1 + 0,004t}.$$

Quant au poids du mètre cube de mercure à la température t°, il est

$$\frac{13598^k}{1 + 0,00018t};$$

car ce fluide pèse 13598 kilogrammes le mètre cube à 0° et se dilate de $\frac{1}{5550}$ ou de 0,00018 de son volume à 0 par accroissement de température d'un degré centigrade.

Ceci posé, observons que le rapport des densités Δ et δ du mercure et de l'air est le même que celui des poids de leur unité de volume, et, partant, que ce rapport est

$$\frac{\Delta}{\delta} = 7956 \cdot \frac{1 + 0,004t}{(1 + 0,00018t)k},$$

ou simplement

$$\frac{\Delta}{\delta} = 7956 \cdot \frac{1 + 0,004t}{k},$$

en négligeant le facteur $1 + 0,00018t$, qui diffère toujours très-peu de l'unité, cette suppression, d'ailleurs, corrige encore un peu l'effet des vapeurs aqueuses sur le poids de l'air.

Pour introduire ce résultat dans la formule (a), il n'y a plus qu'à substituer à la pression quelconque k, la pression $h + H$, à laquelle est soumise la masse d'air renfermée dans le cylindre; et il vient, toutes réductions faites, après avoir remplacé g par sa valeur $9^m,8088$,

$$V = 395 \sqrt{\left[\frac{H}{h + H}(1 + 0,004t)\right]},$$

ce qu'on met sous la forme ..... (b)

$$V = 395 \sqrt{H \cdot \frac{T}{h + H}},$$

en posant

$$1 + 0,004t = T.$$

8. On obtient immédiatement le volume d'air écoulé dans une seconde de temps en multipliant la vitesse V par l'aire S de l'orifice d'écoulement; ce volume d'air ou la *dépense* de l'orifice est donc

$$395 S \sqrt{H \frac{T}{h + H}};$$

Mais ici, comme pour l'écoulement des liquides, il faut tenir compte de la contraction qu'éprouve la veine fluide à son passage par l'orifice et qui diminue la dépense théorique; soit donc m un coefficient de réduction à déterminer par l'expérience : Q désignant la dépense réelle, nous aurons ..... (d)

$$Q = 395 m S \sqrt{H \cdot \frac{T}{h + H}}.$$

9. M. D'Aubusson, par la comparaison de cent cinquante expériences qu'il a faites avec le plus grand soin sur l'air atmosphérique, a trouvé qu'il fallait donner à m la valeur

    0,65 pour les orifices ou minces parois,

    0,93 pour les ajutages cylindriques,

    0,94 pour les ajutages légèrement coniques.

Les ajutages dont on se sert le plus dans la pratique, tels que les buses qui terminent les porte-vents des usines et les bouts des soufflets, étant des tubes assez allongés et aigus, le coefficient 0,94 serait celui qui paraîtrait le mieux leur convenir; cependant, pour plus de sûreté, M. d'Aubusson adopte pour ces buses les coefficiens 0,93, et transforme l'expression (d) en (e)

$$Q = 289 D^2 \sqrt{H \cdot \frac{T}{h + H}},$$

en y introduisant en outre le diamètre D de l'orifice de sortie.

Tome iii.

10. Si l'on veut connaître le poids de la masse d'air écoulée dans une seconde de temps, il faut multiplier cette dernière valeur de Q par le poids d'un mètre cube d'air à la température t et sous la pression $h + H$ ou par la quantité

$$1,709 \cdot \frac{h + H}{1 + 0,004t},$$

Désignant par P le poids demandé, on obtient, toutes réductions faites, ... (f)

$$P = 493 \cdot D^2 \sqrt{H \frac{h + H}{T}}.$$

11. Il est essentiel d'observer que le volume d'air donné par les formules (d) et (e) est censé avoir la même densité que dans l'intérieur du réservoir d'où il sort ou être toujours soumis à la pression $h + H$; pour transformer ce volume en celui qu'aurait la même masse d'air sous la seule pression atmosphérique h ou sous toute autre pression h', il faudrait le multiplier par le rapport des deux pressions $\frac{h + H}{h'}$, et l'on aurait alors ..... (g)

$$Q = 289 \frac{D^2}{h'} \sqrt{H(h + H)T}.$$

12. Les exemples suivans vont indiquer l'emploi de ces diverses formules.

I. *On demande le volume d'air atmosphérique, réduit à la pression moyenne* $0^m,76$, *que fournira un réservoir sur lequel le manomètre à mercure marque* $0^m,04$ *et auquel est adapté un tuyau ou buse de* $0^m,065$ *de diamètre. La pression atmosphérique extérieure indiquée par le baromètre est* $0^m,75$ *et la température est de* $15°$.

On a

$$t = 15°; \quad h = 0^m,75; \quad h' = 0^m,76; \quad H = 0^m,04;$$
$$D = 0^m,065,$$

et, par suite,

$$h + H = 0^m,79; \quad T = 1 + 0,004 \times 15 = 1,06.$$

Substituant ces valeurs dans la formule (g), on obtiendra

$$Q = 289 \cdot \frac{(0,065)^2}{0,76} \sqrt{\left[0,04 \times 0,79 \times 1,06\right]}$$
$$= 0^{mc},294,$$

c'est-à-dire que le réservoir donnera, à peu de chose près, le tiers d'un mètre cube d'air par seconde, ce qui suffit pour alimenter le feu de quatre grosses forges d'affinerie.

Si l'on voulait connaître cette dépense en *poids*, il faudrait multiplier le volume $0^{mc},294$ par le poids du mètre cube à 15° et sous la pression $0^m,76$ (*voy.* ci-dessus, n° 7), ou bien faire usage immédiatement de la formule (*f*). Par le premier procédé, on trouverait

$$P = 0,294 \times \frac{1,299}{1,06} = 0^k,360,$$

et par le second

$$P = 493(0,065)^3 . \sqrt{\left[0,04 . \frac{0,79}{1,06}\right]}$$
$$= 0^k,35964,$$

résultats qu'on peut considérer comme identiques.

II. *On demande quel doit être le diamètre de la buse d'écoulement pour que la dépense soit de* $0^k,32$ *par seconde sous une pression manométrique de* $0^m,043$. *Le baromètre marque moyennement dans l'usine* $0^m,75$ *et le thermomètre* 11°.

La quantité demandée étant le diamètre D, on pourrait indifféremment dégager D de l'une des expressions (*f*) ou (*g*) ; mais comme la dépense est exprimée en poids, il faut employer l'expression (*f*), qui n'exige aucune réduction préalable. Il vient ainsi

$$D = \sqrt{\left[\frac{P}{493\sqrt{\left[H\frac{h+H}{T}\right]}}\right]}.$$

Substituant dans cette formule les valeurs données, on obtient

$$D = \sqrt{\left[\frac{0,32}{493\sqrt{\left(0,043 . \frac{0,793}{1,044}\right)}}\right]};$$
$$= 0^m,0599.$$

Le diamètre demandé est donc $0^m,06$.

III. *Quelle doit être la hauteur du manomètre pour faire sortir par une buse de* $0^m,075$ *de diamètre* 413 *grammes ou* $0^k,413$ *d'air atmosphérique en une seconde? Le baromètre marque* $0^m,744$ *dans l'usine et le thermomètre* 13°.

La quantité cherchée étant ici la hauteur manométrique H, il faut la dégager d'abord de l'expression (*f*). Élevant les deux membres de cette expression au carré, on obtient l'équation du second degré en H,

$$TP^2 = (493)^2 . D^4 . h . H + (493)^2 . D^4 . H^2,$$

d'où l'on tire

$$H = -\frac{1}{2}h + \sqrt{\left[\frac{P^2T}{(493)^2 . D^4} + \frac{1}{4}h^2\right]}.$$

Faisant donc

$$h = 0^m,744 ; \quad D = 0^m,075 ; \quad P = 0^k,413 ;$$
$$T = 1 + 0,004 \times 13 = 1,052,$$

il vient

$$H = -0,372 + \sqrt{\left[\frac{(0,413)^2 . 1,052}{(493)^2 . (0,075)^4} + (0,372)^2\right]},$$

et l'on trouve, tous calculs faits,

$$H = 0^m,030.$$

13. Le principe du n° 6 donne le moyen d'étendre à tous les gaz les formules (*f*) et (*g*) relatives à l'air atmosphérique. En effet, désignant par δ la densité de l'air, par δ' celle d'un gaz quelconque et par V et V' les vitesses respectives d'écoulement, nous avons, en vertu de ce principe,

$$V' = V\frac{\sqrt{\delta}}{\sqrt{\delta'}}.$$

Ainsi, nommant S l'aire de l'orifice d'écoulement du gaz dont la densité est δ', la dépense de ce gaz en une seconde sera

$$V'S = VS . \frac{\sqrt{\delta}}{\sqrt{\delta'}} ;$$

mais VS représente la dépense d'air par le même orifice, ou la quantité représentée ci-dessus par Q. Donc, nommant Q' la dépense du gaz, nous avons

$$Q' = Q\frac{\sqrt{\delta}}{\sqrt{\delta'}}.$$

Si nous prenons pour unité des densités celle de l'air, le rapport $\frac{\delta'}{\delta}$ exprimera la pesanteur spécifique du gaz, et en l'exprimant par φ, nous aurons ..... (*h*)

$$Q' = \frac{Q}{\sqrt{\varphi}}.$$

Remplaçant Q par sa valeur (*g*), il viendra définitivement ..... (*i*)

$$Q = \frac{289D^2}{h\sqrt{\varphi}}\sqrt{\Pi(h+H)T},$$

formule qui fera connaître la dépense d'un gaz dont la pesanteur spécifique est φ.

Si l'on ne veut rien préjuger sur la valeur du coefficient de contraction, il faut substituer dans l'expression (*h*) la valeur de Q donnée par l'expression générale (*d*), on a alors ..... (*k*)

$$Q' = \frac{395 . mS}{\sqrt{\varphi}} . \sqrt{H . \frac{T}{h+H}},$$

et le volume Q' du gaz est censé avoir la même densité que dans l'intérieur du réservoir où il est soumis à la pression $h + \text{H}$. C'est cette dernière formule qu'on devra employer pour toutes les évaluations relatives au gaz hydrogène dans les appareils d'éclairage.

14. Proposons-nous, par exemple, de déterminer le nombre de mètres cubes de gaz hydrogène que pourra fournir en une heure de temps un gazomètre d'éclairage sous une pression manométrique de $0^m,004$ et par une ouverture circulaire pratiquée dans ses parois, de $0^m,124$ de diamètre. La température étant de $15°$ et la pression atmosphérique de $0^m,755$.

L'orifice est à mince paroi, et il faut conséquemment employer le coefficient de contraction $m = 0,65$; les données sont donc

$$m = 0,65 \,;\ \text{H} = 0^m,004 \,;\ h = 0^m,755 \,;$$
$$\text{T} = 1 + 0,004 \times 15 = 1,06,$$

et l'on a, puisque le demi-diamètre de l'orifice $= 0^m,062$,

$$\text{S} = 3,1416 \times (0,062)^2 = 0^{m\,q},01208.$$

Substituant toutes ces valeurs dans la formule (k) en y faisant de plus, d'après Dulong, $\varphi = 0,559$, on aura

$$Q' = \frac{395 \times 0,65 \times 0,01208}{\sqrt{0,559}} \sqrt{\left[0,004 \cdot \frac{1,06}{0,795}\right]},$$
$$= 0^{m\,c},309956.$$

Cette dépense est celle qui a lieu par seconde; pour avoir la dépense en une heure, il faut la multiplier par 3600, nombre de secondes contenues dans une heure, ce qui donne pour la valeur cherchée $1115^{m\,c},8416$. Ainsi, il s'écoulera environ 1116 mètres cubes, par heure, du gazomètre.

Soit encore à déterminer la grandeur de l'orifice qu'il faudrait pratiquer dans la paroi mince d'un gazomètre d'éclairage, pour avoir une dépense de mille mètres cubes de gaz par heure, sous une charge représentée par une colonne d'eau de $0^m,05$ de hauteur. En admettant que la hauteur moyenne du baromètre soit de $0^m,75$ dans la localité et la température de $12°$.

Dégageant S de l'expression (k), on obtient l'expression générale

$$\text{S} = \frac{Q'\sqrt{\varphi}}{395 \cdot m\sqrt{\left[\text{H} \cdot \dfrac{\text{T}}{h + \text{H}}\right]}},$$

dans laquelle il n'y a plus qu'à substituer les valeurs données; mais comme ici la hauteur manométrique est exprimée en colonne d'eau, il faut préalablement la réduire en colonne de mercure, en observant que la hauteur H d'une colonne de mercure équivalente en poids à une colonne d'eau dont la hauteur est b est donnée par la relation

$$\text{H} = \frac{b}{\delta},$$

dans laquelle δ désigne la pesanteur spécifique du mercure, celle de l'eau étant 1. La valeur connue de δ étant 13,598, nous avons ici, à cause de $b = 0,05$,

$$\text{H} = \frac{0,05}{13,598} = 0^m,003677 \,;$$

observant de plus que mille mètres cubes par heure donnent par seconde $\frac{1000}{3600} = 0^{m\,c},2778$, nous ferons

$$Q' = 0,2778 \,;\ \text{H} = 0,003677 \,;\ h = 0,75 \,;\ \varphi = 0,559 \,;$$
$$\text{T} = 1,048 \,;\ m = 0,65,$$

et la formule précédente nous donnera

$$\text{S} = \frac{0,2778 \times \sqrt{0,559}}{395 \times 0,65 \times \sqrt{\dfrac{0,003677 \times 1,048}{0,753677}}},$$
$$= 0^{m\,c},011313.$$

Ainsi, l'aire de l'ouverture doit être de $0^{m\,c},011313$; si c'est un carré, son côté devra avoir $0^m,106$; si c'est un cercle, son diamètre sera de $0^m,12$.

15. Quand les gaz s'écoulent du gazomètre par un long tuyau de conduite dont l'extrémité est entièrement ouverte ou munie d'un ajutage qui en diminue l'orifice, les circonstances de l'écoulement ne sont plus les mêmes, et sa vitesse est d'autant moindre que les gaz ont rencontré plus de résistance depuis leur sortie du réservoir jusqu'à leur sortie de la conduite. Ces résistances étant dues, comme celles que l'eau éprouve dans les tuyaux de conduite (*voy.* Courant), à l'action des parois sur le fluide, on suppose qu'elles sont :

1° Proportionnelles à la largeur et au diamètre du tuyau ;
2° En raison inverse de la section du tuyau ou du carré de son diamètre ;
3° Proportionnelles au carré de la vitesse.

Ainsi, nommant u la vitesse moyenne d'un gaz dans une conduite dont la longueur est L et le diamètre D, et, de plus, nommant n un coefficient constant, la résistance totale sera représentée par

$$n \frac{\text{L}\text{D}u^2}{\text{D}^2} \text{ ou par } n \frac{\text{L}u^2}{\text{D}}.$$

Or, si l'on établit un manomètre sur le réservoir et un autre sur le tuyau, tout près de la bouche de sortie, la hauteur H du premier indiquera la force qui chasse le gaz du réservoir, et la hauteur h du second celle qui chasse le fluide de la conduite ; la différence de ces hauteurs, $H - h$, sera la perte de force produite par la résistance des parois, et l'on aura conséquemment l'équation ..... (l)

$$H - h = n \frac{L u^2}{D}.$$

16. La vitesse d'un gaz dans un tuyau de conduite n'est pas uniforme comme celle de l'eau, car, puisque la pression diminue successivement depuis l'orifice du réservoir jusqu'à l'orifice de sortie, il en est de même de la densité du gaz ; de sorte qu'en imaginant deux tranches transversales d'égale épaisseur à quelque distance l'une de l'autre, la tranche la plus près de l'orifice de sortie renfermera moins de molécules que la plus éloignée ; et comme il doit passer dans un même temps une même masse ou un même nombre de molécules par toutes les sections de la conduite, les molécules devront se mouvoir avec plus de vitesse dans la première tranche que dans la seconde. La densité étant proportionnelle à la pression, et le décroissement de pression s'effectuant dans une progression arithmétique, la vitesse moyenne u est celle qui a lieu au milieu de la conduite. Or, désignant par b la pression atmosphérique extérieure, la pression est $b + H$ à l'orifice du réservoir et $b + h$ à l'orifice de la conduite ; la pression au milieu de la conduite est donc

$$\tfrac{1}{2}(b + H + b + h) = b + \tfrac{1}{2}(H + h),$$

et l'on a entre la vitesse u due à cette pression et la vitesse v de l'écoulement due à la pression extrême $b + h$ la relation

$$u : v = (b + h) : (b + \tfrac{1}{2}(H + h)),$$

d'où

$$u = v \cdot \frac{b + h}{b + \tfrac{1}{2}(H + h)},$$

telle est la valeur de la vitesse moyenne qui doit être mise dans l'équation fondamentale (l).

Dans le cas où la conduite serait terminée par un ajutage qui aurait un diamètre d à son orifice, si nous nommons V la vitesse de sortie, nous aurons entre cette vitesse V et la vitesse v qui aurait lieu à tuyau ouvert la relation

$$v = m V \frac{d^2}{D^2},$$

m désignant le coefficient de la contraction. Mais la vitesse de sortie V dépend de la pression manométrique h, et, conséquemment, son carré V^2 est proportionnel à h. Nous pouvons donc poser

$$V^2 = n' h,$$

n' étant un nombre constant. D'après cette observation, l'équation (l) devient

$$H - h = n m n' \left(\frac{b + h}{b + \tfrac{1}{2}(H + h)} \right)^2 \cdot \frac{h \, L d^4}{D^5},$$

ce qu'on peut réduire à ..... (m)

$$H - h = \mu \cdot \frac{h \, L d^4}{D^5},$$

en représentant par une constante μ le produit des trois constantes m, n, n', et du facteur $\left(\frac{b + h}{b + \tfrac{1}{2}(H + h)} \right)^2$, dont la valeur, quoique variable, est toujours renfermée entre des limites assez rapprochées pour qu'on puisse la considérer comme constante.

17. Nous avons supposé, dans tout ce qui précède, que la hauteur manométrique h indiquait exactement la hauteur due à la vitesse de sortie, et, pour cet effet, il faudrait que le manomètre fût placé sur un réservoir adapté à l'extrémité de la conduite, et auquel tiendrait l'ajutage de sortie, tandis qu'en réalité ce manomètre est immédiatement établi sur la conduite même, tout près de l'ajutage ; la hauteur h' à laquelle il s'élève est donc plus petite que h, hauteur réellement due à la vitesse de sortie d'une quantité égale à la hauteur due à la vitesse v que le gaz a sous le manomètre ; cette dernière étant $\frac{v^2}{2g}$, ou

$$\frac{v^2}{2g} \frac{\Delta}{\delta}$$

en colonne de mercure (n° 5), nous aurons pour son expression en fonction de h

$$h \frac{m^2 d^4}{D^4},$$

à cause de $v^2 = m^2 V^2 \frac{d^4}{D^4}$, et de (n° 5) $V = \sqrt{2 g h' \frac{\Delta}{\delta}}$ ainsi

$$h' = h - h \frac{m^2 d^4}{D^4} = h \left(1 - \frac{m^2 d^4}{D^4} \right)$$

et ..... (n)

$$h = \frac{h'}{1 - \frac{m^2 d^4}{D^4}}.$$

Mais dans les grandes conduites, où d est au plus le tiers de D, on peut négliger le terme $\frac{m^2 d^4}{D^4}$, très-petit par rapport à l'unité, et prendre h' pour h.

18. Un très-grand nombre d'expériences, consignées dans les *Annales des mines* (années 1828 et 1829), ont été faites par M. d'Aubusson pour déterminer la valeur

du coefficient constant μ de l'équation (m). Elles lui ont donné la valeur moyenne

$$\mu = 0{,}0238,$$

qui, mise dans (m), rend cette équation ..... (p)

$$H - h' = 0{,}0238 \frac{h'Ld^4}{D^5}$$

en prenant h' pour h. On en tire ..... (q)

$$h' = \frac{42HD^5}{Ld^4 + 42D^5},$$

expression au moyen de laquelle on pourra calculer la hauteur manométrique h', qui a lieu à l'extrémité de la conduite.

« J'ai comparé, dit M. d'Aubusson, les valeurs de h' données par cette formule avec celles de plus de trois cents observations, et les résultats du calcul ont suivi ceux de l'expérience dans toutes leurs variations, quelles que fussent les conduites et les buses employées, lorsque la section de celles-ci était les $0{,}73$ de la section des premières, tout comme lorsqu'elle n'en était que les $0{,}04$. Ainsi notre formule, bien qu'elle ne soit pas rigoureuse en théorie, a pleinement la sanction de l'expérience, au moins entre les limites où nous l'avons appliquée, et c'est entre ces limites que se trouveront presque tous les cas de la pratique. »

19. Supposant toujours $h = h'$, on obtient, en substituant la valeur (q) dans la formule

$$395 \sqrt{h \frac{T}{b+h}},$$

qui donne la vitesse de sortie due à la hauteur h (n° 8), et, en multipliant le résultat par l'aire de l'orifice $= 0{,}785d^2$, afin d'avoir la dépense ..... (r)

$$Q = 2011 \sqrt{\frac{T}{b+h}} \sqrt{\frac{HD^5}{L + 42\frac{D^5}{d^4}}},$$

Q désignant toujours la dépense.

20. Le volume d'air donné par cette formule est à la pression $b + h$. Pour l'avoir à la pression atmosphérique b ou à toute autre expression b', il faut (n° 11) multiplier le second membre par

$$\frac{b+h}{b'},$$

on a alors ..... (s)

$$Q = \frac{2011}{b'} \sqrt{T(b+h)} \sqrt{\frac{HD^5}{L + 42\frac{D^5}{d^4}}}.$$

Si l'on veut connaître la dépense en *poids*, c'est (n° 11) par la quantité

$$1{,}709 \frac{b+h}{T},$$

qu'on doit multiplier ce même second membre. Dans tous les cas, on obtiendra la valeur de h par la formule (q), ou, si l'on voulait plus d'exactitude, par la formule (n), en y substituant à la place de h' la valeur de cette quantité, donnée par la formule (q).

21. M. d'Aubusson pense que, sans s'exposer à une erreur de plus de $\frac{1}{100}$ on peut faire disparaître les quantités b et t des formules précédentes, en leur substituant une valeur moyenne pour une grande étendue de pays. Ainsi, pour la France, il prend $t = 12°$; ce qui donne $T = 1{,}048$ et $b + h = 0^m{,}78$. La formule (m) devient simplement ainsi ..... (t)

$$Q = 2531 \sqrt{\frac{HD^5}{L + 42\frac{D^5}{d^4}}}.$$

22. Pour appliquer la formule (m) au cas des conduites ouvertes, il ne suffit pas d'y faire $d = D$, il faut encore, d'après l'expérience, substituer au coefficient 2011 le coefficient 1989; on a donc ..... (u)

$$Q = 1989 \sqrt{\frac{T}{b+h}} \sqrt{\frac{HD^5}{L + 42D}},$$

ce qui peut se réduire à ..... (v)

$$Q = 2305 \sqrt{\frac{HD^5}{L + 42D}},$$

en donnant à T et à $b + h$ les valeurs moyennes ci-dessus.

23. D'après le principe du n° 6 et les considérations du n° 15, si nous désignons toujours par φ la pesanteur spécifique d'un gaz quelconque par rapport à l'air, la dépense Q' de ce gaz sera donnée par la relation

$$Q' = \frac{Q}{\sqrt{\varphi}},$$

dans laquelle Q sera la dépense d'air dans les mêmes conditions de conduites, d'ajutages et de pression.

24. Pour présenter tout à la fois un exemple d'application et comparer le calcul à l'expérience, nous choisirons la question suivante, traitée par M. d'Aubusson.

A un gazomètre rempli de gaz d'éclairage, on a adapté une conduite de $0^m{,}01579$ de diamètre et de $126^m{,}58$ de long ; la hauteur du manomètre à eau établi sur le gazomètre est de $0^m{,}03383$: on demande quelle sera la dépense *par seconde. Le baromètre est à* $0^m,754$ *et le thermo-mètre à* $19°$.

On a

$$b = 0^m,754; \quad T = 1,076; \quad D = 0^m,01579; \quad L = 126^m,58;$$
$$\varphi = 0,559;$$

la hauteur du manomètre à eau, réduite à celle du manomètre à mercure, est

$$H = \frac{0,03383}{13,589} = 0^m,002488.$$

Ces valeurs, mises dans l'expression (u) divisée par $\sqrt{\varphi}$, donnent

$$Q' = \frac{1989}{\sqrt{0,559}} \sqrt{\frac{1,076}{0,7564}} \sqrt{\frac{0,002488\,(0,01579)^5}{126,58 + 42 \times 0,01579}}$$
$$= 0^{mc},000440$$

l'expérience a donné $0^{mc},000420$.

En employant la formule réduite (v), on aurait

$$Q' = \frac{2305}{\sqrt{0,559}} \sqrt{\frac{0,002488\,(0,01579)^5}{126,58 + 42 \times 0,01579}}$$
$$= 0^{mc},0004271,$$

ce qui s'accorde encore mieux avec le fait.

25. Les principes théoriques qui servent de base à la déduction des formules pratiques que nous venons d'exposer sont dus à Daniel Bernouilli. Tous les géomètres qui s'étaient occupés de l'écoulement des fluides, jusqu'à ces derniers temps, les avaient adoptés, en s'efforçant de faire coïncider les calculs avec l'expérience par l'emploi des coefficiens de correction; mais dans un mémoire publié parmi ceux de l'Académie des sciences pour 1830, Navier a établi une théorie toute nouvelle et beaucoup plus générale que celle de Bernouilli. Nous renverrons à cet ouvrage très-remarquable, dont nous n'avons pas cru devoir présenter ici les résultats, parce qu'ils ne diffèrent pas sensiblement de ceux de M. d'Aubusson, pour les cas qui intéressent la pratique, et que les formules de ce dernier sont plus simples et plus faciles à calculer. Voyez, pour d'autres objets relatifs aux mouvemens des fluides élastiques, les mots RÉSISTANCE et SOUFFLET.

POIDS. (*Méc.*) Le poids d'un corps est proportionnel à la quantité absolue de matière qu'il contient, car il est produit (tom. II, pag. 337) par la force de la gravité qui agit également sur toutes les molécules de la matière (*voy.* FORCE). Pour se former une idée exacte de l'action de la gravité, on doit considérer tous les points ou élémens matériels d'un même corps comme étant sollicités par des forces égales et parallèles agissant dans la direction de la verticale. La résultante de toutes ces forces forme proprement le *poids* du corps, et il est important de ne pas confondre la *pesanteur* avec le poids, parce que la pesanteur est la force qui imprime des impulsions égales à toutes les particules élémentaires des corps, tandis que le *poids* n'est que la résultante de toutes ces impressions. Si la composition des corps était homogène, deux corps égaux en volume contiendraient le même nombre de particules matérielles également pesantes, et auraient, par conséquent, le même poids; mais on sait que tous les corps sont poreux et qu'ils renferment ainsi des quantités de matière très-différente sous des volumes égaux. La quantité absolue de matière dont un corps est composé se nomme sa *masse* (*voy.* ce mot).

D'après la théorie des forces parallèles, si nous désignons par M le nombre des particules élémentaires ou la *masse* d'un corps; chacune de ces particules étant sollicitée par la pesanteur, qu'on représente par la vitesse g, que cette force peut imprimer dans l'unité de temps, la résultante des forces agissant sur le système ou corps M aura pour expression Mg (*voy.* RÉSULTANTE), et comme cette résultante est le *poids* du corps, en nommant P ce dernier, nous aurons la relation fondamentale

$$P = Mg,$$

qui permet de substituer les poids aux masses dans toutes les questions de mécanique où entrent ces dernières.

Deux corps ont des masses égales, et par suite des poids égaux, lorsque, suspendus aux extrémités d'un levier du premier genre à bras égaux, ils se font équilibre. En effet, si nous désignons par M et M' les masses de deux corps et que nous imaginions qu'ils soient suspendus par des fils sans pesanteur aux deux extrémités d'un levier dont les bras égaux aient une longueur $= a$, nous pourrons faire abstraction de ces corps et considérer seulement le levier comme s'il était sollicité par deux forces Mg et M'g; or, pour qu'il y ait équilibre, il faut, d'après la théorie du levier, qu'on ait

$$aMg = aM'g,$$

relation qui entraîne nécessairement l'égalité M $=$ M'.

C'est sur ce principe qu'est fondée l'évaluation du poids des corps, au moyen de la balance (*voy.* ce mot), instrument qui n'est qu'un levier. On prend pour unité de mesure un corps d'un volume déterminé et d'une composition homogène, et ce que l'on nomme le *poids* d'un corps en général est le nombre qui exprime combien il faut d'unités de poids pour lui faire équilibre dans une balance. Dans notre système métrique, l'unité de poids, sous le nom de *gramme*, est un centimètre cube d'eau distillée ramenée à son maximum de condensation ; ainsi lorsqu'on dit, par exemple, qu'un certain corps pèse 20 grammes, on entend qu'en le plaçant dans le plateau d'une balance, il faudrait placer dans l'autre plateau 20 centimètres cubes d'eau distillée pour lui faire équilibre.

On donne en particulier le nom de *poids* aux corps qui servent à mesurer ou à *peser* les autres corps. Ainsi, le morceau de cuivre capable de faire équilibre à un centimètre cube d'eau distillée est le *poids d'un gramme*, qu'on peut employer ensuite à la place de ce centimètre, soit pour peser, soit pour former des multiples de l'*unité* primitive ou des poids plus grands, comme le *décagramme*, l'*hectogramme*, le *kilogramme*, etc. *Voy.* Mesure, tome II.

POMPE. (*Hydraul.*) Nous exposerons, dans cet article, la théorie des diverses espèces de pompes dont nous n'avons qu'indiqué les dispositions principales, tome II, page 346.

1. *Pompe aspirante.* La figure 13, Pl. XVII, représente une pompe de ce genre, la figure 14 est sa coupe verticale.

e est le tuyau d'aspiration, ou celui qui plonge dans l'eau, *hh* le corps de pompe, *b* le piston qui se meut dans le corps de pompe par un mouvement de va-et-vient, imprimé à l'aide d'un levier coudé *d*. La figure 2 montre le jeu de l'appareil au moment où le piston remonte ; alors il pousse au-dessus de lui l'eau contenue dans le corps de pompe et la jette dans le dégorgeoir ; dans le même temps, le vide se formant au-dessous du piston, la pression atmosphérique qui agit sur l'eau du puisard la fait monter dans le tuyau d'aspiration ; elle pousse la soupape *f*, nommée *soupape dormante*, et se répand dans le corps de pompe en suivant le piston. Lorsque celui-ci, parvenu au haut de sa course, commence à descendre, le poids de l'eau ferme la soupape *f*, et l'eau contenue dans le corps de pompe se trouve isolée ; la résistance qu'elle oppose à la descente du piston soulève la soupape *c* du piston, de sorte que lorsqu'il est arrivé au bas de sa course, l'eau qu'il avait sous lui se trouve au-dessus. Dans une nouvelle ascension, il trouve devant lui une masse d'eau à enlever, sa soupape se ferme, la soupape dormante *f* se rouvre, et ainsi de suite. Nous avons supposé, dans ce qui précède, que le tuyau d'aspiration ainsi que le corps de pompe étaient déjà pleins d'eau au moment où le piston se meut ; pour mieux nous rendre compte de la manière dont cette première action s'effectue, imaginons le piston à son point le plus bas et tous les tuyaux vides. Il reste ordinairement entre le piston et la soupape dormante un espace plus ou moins grand, et que les hydrauliciens

allemands nomment l'*espace nuisible*, pour des raisons que nous verrons tout-à-l'heure ; l'air dont cet espace est rempli lorsque le piston s'élève pour la première fois se dilatant à mesure que le piston monte, et finissant par remplir toute la capacité du corps de pompe, diminue de densité et de force élastique, de sorte qu'il ne peut plus faire équilibre à la pression constante que l'air extérieur exerce sur la surface *nn* de l'eau du puisard, et qui est transmise à la soupape dormante par l'air contenu dans le tuyau d'aspiration : cette soupape est donc poussée de bas en haut, elle s'ouvre, et l'air du tuyau d'aspiration se mêle avec celui du corps de pompe, pendant qu'une colonne d'eau monte dans le tuyau aspirateur jusqu'à une hauteur telle que sa pression augmentée de celle qui est due à l'air intérieur fasse équilibre à la pression atmosphérique. Si maintenant on abaisse le piston, la soupape dormante se ferme, celle du piston s'ouvre, l'air contenu dans le corps de pompe passe sur le piston, et lorsqu'il remonte de nouveau, la masse d'air comprise entre lui et la colonne d'eau se trouvant diminuée, cette colonne acquiert une plus grande hauteur en vertu de la pression toujours constante que l'air extérieur exerce en dehors sur la surface de l'eau du puisard. Ainsi, à chaque montée du piston, l'eau monte dans le tuyau d'aspiration, jusqu'à ce que la densité de l'air contenu dans le corps de pompe soit égale à celle de l'air extérieur, et comme à chaque descente une partie de cet air intérieur passe au-dessus du piston qui le chasse, en remontant, dans le tuyau de décharge, il en résulte qu'après un certain nombre de coups de piston le corps de pompe et le tuyau d'aspiration seront vides d'air, et, par conséquent, que la colonne d'eau acquerra la plus grande hauteur à laquelle la pression atmosphérique puisse faire équilibre dans le vide ; en admettant donc que la distance verticale du piston, au niveau *nn* de l'eau du puisard ne dépasse pas cette hauteur, lorsqu'il est au plus haut de sa course, le jeu de la pompe se trouvera définitivement établi, comme nous l'avons exposé en premier.

2. La première condition essentielle du jeu d'une pompe aspirante consiste donc en ce que la plus grande hauteur du piston au-dessus du niveau de l'eau du puisard soit tout au plus égale à la hauteur de la colonne d'eau que la pression atmosphérique est capable de soutenir dans le vide ; or, en désignant par *h* la hauteur moyenne du baromètre dans le lieu où la pompe est établie, et par K celle de cette colonne d'eau, on sait que le rapport des quantités *h* et K est égal au rapport inverse des densités du mercure et de l'eau (*voy*. Hydrodynamique, tome II), c'est-à-dire qu'on a

$$h : K = 1 : 13{,}598,$$

d'où

$$K = 13,598h.$$

Ainsi, au niveau de la mer, où l'on a $h = 0^m,762$, la hauteur K ne peut dépasser $10^m,4$, mais en observant que la pression atmosphérique varie d'un jour à l'autre dans le même lieu, il faut admettre que, pour les pompes aspirantes, la limite que le piston ne doit pas dépasser dans son ascension ne saurait être à plus de $12\,h$ au-dessus du puisard, h étant la hauteur moyenne du baromètre dans la localité où est la pompe ; ce sera de 9 à 8 mètres, selon que l'élévation du lieu au-dessus du niveau de la mer sera de 100 à 1000 mètres.

3. Une autre circonstance tend à diminuer la hauteur K, c'est l'espace qui reste entre le piston parvenu au bas de sa course et la soupape dormante. En effet, désignons par e cet espace, par E la capacité totale du corps de pompe, et nommons h' la hauteur de la colonne d'eau $= 13,598h$, qui représente la pression atmosphérique. Soit, de plus, k la hauteur à laquelle l'eau est parvenue dans le tuyau d'aspiration, après quelques coups de piston, et φ la force élastique de l'air comprimé entre la surface de cette eau et la soupape dormante, ou plutôt φ la hauteur d'une colonne d'eau dont le poids mesurerait cette force élastique ; comme celle-ci, plus le poids de la colonne d'eau k fait équilibre à la pression atmosphérique, nous avons

$$h' = k + \varphi,$$

d'où

$$\varphi = h' - k.$$

D'autre part, le piston étant supposé au bas de sa course, la masse d'air qui remplit l'espace e a la même force élastique que l'air atmosphérique et par conséquent égale à h'. Ceci posé, lorsque le piston se lève, cette masse d'air se dilate et finit par remplir l'espace E ; sa densité diminue dans le rapport $\dfrac{e}{E}$, et sa force élastique devient

$h' \dfrac{e}{E}$; si la force φ de l'air au-dessus de la soupape dormante est plus grande que cette dernière, elle ouvrira la soupape, dont nous ne considérons point ici le poids, une partie de l'air inférieur entrera dans le corps de pompe, φ diminuera et deviendra φ_1, et l'eau s'élèvera d'une nouvelle quantité dans le tuyau d'aspiration. Lorsque le piston descendra, la masse d'air qui vient de s'introduire dans le corps de pompe s'échappera en soulevant la soupape c, de sorte qu'à la fin de sa course il ne restera entre lui et la soupape dormante, dans l'espace e qu'une quantité d'air égale à la première, ayant toujours la force h'. Quand le piston remontera,

la soupape dormante ne pourra se rouvrir qu'autant qu'on aura

$$\varphi_1 > h' \frac{e}{E},$$

de sorte qu'après un nombre μ d'oscillations du piston à partir de celle où la colonne élevée était k, si les deux forces au-dessus et au-dessous de la soupape dormante se font équilibre, cette soupape ne s'ouvrira plus et l'eau ne s'élèvera pas davantage, quoique le jeu du piston continue. On aurait alors

$$\varphi_\mu = h' \frac{e}{E},$$

d'où l'on peut déduire

$$k_\mu = h'\left(1 - \frac{e}{E}\right),$$

à cause de la relation $\varphi_\mu = h' - k_\mu$. Cette expression indique la plus grande hauteur k_μ que l'eau puisse atteindre dans un long tuyau d'aspiration. Ce sera donc seulement lorsque la plus grande hauteur K du piston au-dessus du niveau du puisard ne dépassera pas k_μ que l'effet utile de la pompe pourra avoir lieu, et l'on voit que K différera d'autant plus de $h' = 13,598h$ que e sera plus grand par rapport à E, ce qui rend sensible combien cet espace e est préjudiciable à l'effet de l'aspiration. Il est donc important de le rendre le plus petit possible, tout en lui laissant assez de grandeur pour que, par suite du jeu que prennent toutes les pièces du mécanisme qui meut le piston, celui-ci n'aille pas frapper la soupape dormante. Pour un piston dont la course excède 50 centimètres, on peut donner à cet espace 5 centimètres de hauteur, et c'est avec cette condition qu'on admet l'expression ci-dessous

$$K = 12h.$$

Il faut en général, pour éviter l'*arrêt*, placer la soupape dormante et conséquemment le fond du corps de pompe de manière que le piston, en descendant, s'en approche le plus possible.

4. L'arrêt pourrait encore avoir lieu si la vitesse du piston en montant était plus grande que celle de l'eau qui s'élève dans le corps de pompe, car alors l'eau ne pouvant suivre immédiatement le piston dans sa course, il s'établirait un vide entre eux qui augmenterait à chaque aspiration et qui finirait par devenir si grand, que le piston ne pourrait plus atteindre, dans sa descente, la colonne d'eau, ce qui arrêterait le travail de la pompe. On évite cet inconvénient en donnant au piston une vitesse modérée et en n'employant pas des tuyaux d'aspiration trop étroits.

5. Lorsque le jeu de la pompe est bien établi, chaque coup de piston fait monter un volume d'eau équi-

valent à un cylindre dont la base est celle du piston, et la hauteur celle de l'espace parcouru. Nommons r le rayon de la base du piston, l la longueur de sa course, et π le rapport de la circonférence au diamètre, le volume d'eau fourni par un coup de piston sera

$$\pi r^2 l,$$

et, si m est le nombre de coups de piston donnés dans un temps déterminé, $m\pi r^2 l$ exprimera la quantité d'eau qui s'écoulera pendant ce même temps par le tuyau de décharge de la pompe.

6. Quant à la hauteur où cette quantité d'eau peut être ensuite portée dans un tuyau d'ascension G placé au-dessus du corps de pompe, elle est illimitée. On cite une pompe aspirante établie dans les mines de sel de la Bavière, qui verse son eau d'un seul jet à 370 mètres de hauteur; il ne s'agit donc que d'avoir une force motrice suffisante. Lorsqu'une pompe aspirante est surmontée d'un long tuyau d'ascension, elle prend le nom de *pompe élévatoire.*

7. Pour évaluer la force nécessaire à l'élévation du piston, il faut observer qu'il remplit alors deux fonctions différentes : il aspire, d'une part, l'eau qui est au-dessous de lui et soulève, de l'autre, celle qui est au-dessus; de sorte qu'il subit deux pressions, l'une de haut en bas, produite par le poids de l'eau supérieure et par le poids de l'atmosphère, l'autre de bas en haut, produite par le poids de l'atmosphère diminué de celui de la colonne d'eau qui est au-dessous de lui. Ainsi, désignant par d, à un instant quelconque de son mouvement, la distance verticale du piston au point de versement, par d' sa distance au niveau de l'eau du puisard, et nommant comme ci-dessus r le rayon de la base du piston et h' la pression atmosphérique, nous aurons, pour l'expression numérique de la pression exercée de haut en bas... (a)

$$1000 r^2 \pi \, (h' + d),$$

et pour celle de la pression exercée de bas en haut .... (b)

$$1000 r^2 \pi \, (h' - d').$$

En effet, la pression due à l'eau supérieure ne dépend que de sa hauteur verticale et de la surface de la base du piston (*voy.* Hydrostatique, n° 10, tom. II) ; elle se mesure donc par le poids d'un cylindre d'eau dont le volume est égal à

$$r^2 \pi d.$$

Ainsi, en exprimant r et d en mètres, la quantité $r^2\pi d$ représente un nombre de mètres cubes d'eau

dont chacun pèse 1000 kilogrammes, et, par conséquent,

$$1000 r^2 \pi d$$

représente, en kilogrammes, le poids du cylindre d'eau ou la pression supportée par la base du piston. De plus, h' étant la pression atmosphérique sur l'unité de surface, $r^2\pi h'$ est la pression atmosphérique sur la surface $r^2 \pi$, et

$$1000 r^2 \pi h'$$

cette même pression exprimée en kilogrammes.

Or, les deux pressions (a) et (b) agissant en sens inverse, leur résultante ou la charge effective du piston sera

$$1000 r^2 \pi (h' + d) - 1000 r^2 \pi (h' - d') = 1000 r^2 \pi (d + d').$$

Observant que $d + d'$ est la distance verticale du niveau du puisard au point de versement, on en conclura :

Quelle que soit la hauteur à laquelle une pompe verse son eau, quels que soient le diamètre et l'inclinaison des tuyaux d'aspiration et d'ascension, le piston porte toujours une charge d'eau égale au poids d'une colonne de ce fluide, qui aurait pour base celle du piston même et pour hauteur la différence de niveau entre la surface du puisard et le point de versement.

8. Cette charge, qui en faisant $d + d' = H$ aura pour expression

$$(1) \ ..... \ 1000 r^2 \pi H,$$

n'est pas la seule résistance que le moteur ait à vaincre pour faire agir la pompe, il doit surmonter de plus les résistances passives suivantes :

1° Le frottement du piston contre la paroi du corps de pompe;

2° Le frottement de l'eau contre ces mêmes parois et contre celles des tuyaux ;

3 La résistance que le liquide éprouve lorsqu'il entre dans le tuyau d'aspiration et qu'il passe par l'ouverture de la soupape dormante;

4° Le poids de la soupape ;

5° Enfin l'inertie de la masse d'eau à mettre en mouvement.

Ces diverses résistances ne peuvent être encore évaluées rigoureusement; mais, à défaut de formules exactes, nous allons rapporter les déterminations approximatives qui résultent des recherches de M. d'Aubuisson, elles sont suffisantes pour guider dans tous les cas ordinaires de pratique.

9. La résistance due au frottement du piston dépend : 1° du nombre des points du pourtour du piston en contact avec les parois du corps de pompe, nombre qui est

proportionnel au rayon r; 2° de la pression de chacun de ces points contre les parois, laquelle est proportionnelle à la hauteur totale H de la charge; 3° du poli et de la nature des surfaces frottantes.

Désignant par μ un nombre à déterminer par l'expérience, et qui dépendra principalement du poli des surfaces, nous aurons donc pour l'expression de cette première résistance passive

$$(2) \ \ldots \ \mu r H;$$

la valeur approximative de μ est, d'après les hydrauliciens allemands, pour des corps de pompe, en

$$\begin{array}{ll}
\text{Laiton bien poli.} & 14^k \\
\text{Fonte simplement forée.} & 30 \\
\text{Bois assez lisse.} & 50 \\
\text{Bois dégradé par l'usage.} & 100
\end{array}$$

Il n'existe encore aucune observation positive à ce sujet.

Pour évaluer la résistance due au frottement de l'eau, nommons

D le diamètre du corps de pompe;
L sa longueur;
D' le diamètre du tuyau d'aspiration;
L' sa longueur;
D″ le diamètre du tuyau d'ascension;
L″ sa longueur;
v la vitesse du piston.

Remarquons d'abord que la vitesse de l'eau n'est pas la même dans les divers tuyaux; un même volume d'eau devant passer, dans un même temps, par chacune des sections (*voy.* COURANT D'EAU, n° 18), et les aires de ces sections étant entre elles comme les carrés de leurs diamètres, les vitesses sont entre elles dans le rapport inverse de ces carrés; de sorte qu'en nommant u la vitesse de l'eau dans le tuyau d'aspiration et v sa vitesse dans le corps de pompe, nous avons

$$u = v \cdot \frac{D^2}{D'^2}.$$

De même, u' désignant la vitesse de l'eau dans le tuyau d'ascension,

$$u' = v \cdot \frac{D^2}{D''^2}.$$

Or, V étant en général la vitesse de l'eau qui parcourt une conduite dont la longueur est L, l'aire de la section S et la circonférence de cette même section P, la résistance due au frottement contre les parois est exprimée par (*voy.* COURANT D'EAU, n° 23)

$$0,0003425 \, \frac{LP}{S} \, (V^2 + 0,055V),$$

formule que les relations connues entre le diamètre D, la circonférence P et l'aire S,

$$P = \pi D, \quad S = \frac{1}{4} \pi D^2$$

permettent de transformer en ..... (*c*)

$$0,00137 \, \frac{L}{D} \, (V^2 + 0,055V);$$

mais, pour appliquer cette expression aux pompes, il faut observer que la vitesse V qui y entre est la vitesse moyenne du fluide dans une conduite, laquelle est plus grande que la vitesse des molécules voisines des parois et d'où dépend le frottement. Dans les pompes où les molécules se meuvent avec une vitesse à peu près égale, il faut donc donner à V une valeur plus grande que celle de la vitesse réelle dans le rapport de la vitesse près des parois à la vitesse moyenne des conduites. M. d'Aubuisson admet, d'après les observations de Dubuat, que si v désigne la vitesse réelle de l'eau dans le corps de pompe, vitesse qui est celle du piston, il faut donner à la quantité V de la formule (*c*) la valeur

$$V = v + 0,17\sqrt{v};$$

l'expression du frottement de l'eau dans le corps de pompe, c'est-à-dire la hauteur de la colonne d'eau dont le poids exprime la résistance due à ce frottement, deviendrait ainsi

$$0,00137 \, \frac{L}{D} \left[(v + 0,17\sqrt{v})^2 + 0,055(v + 0,17\sqrt{v}) \right],$$

ou, plus simplement, mais avec un peu moins d'exactitude ..... (*d*)

$$0,00143 \, \frac{L}{D} \, (v + 0,17\sqrt{v})^2.$$

Dans le tuyau d'aspiration, on aurait, par suite du rapport des vitesses,

$$0,00143 \, \frac{L'}{D'} \, (v + 0,17\sqrt{v})^2 \cdot \left(\frac{D}{D'} \right)^4,$$

et dans celui d'ascension, lorsqu'il s'agit d'une pompe élévatoire,

$$0,00143 \, \frac{L''}{D''} \, (v + 0,17\sqrt{v})^2 \cdot \left(\frac{D}{D''} \right)^4.$$

La somme de ces résistances partielles est ..... (*e*)

$$0,00143(v + 0,17\sqrt{v}) \left[\frac{L}{D} + \frac{L'}{D'} \cdot \left(\frac{D}{D'} \right)^4 + \frac{L''}{D''} \left(\frac{D}{D''} \right)^4 \right].$$

Comme c'est le piston qui doit vaincre cette résistance totale, et que c'est sur sa base $\frac{1}{4}\pi D^2$ que pèse la colonne d'eau dont l'expression (*e*) donne la hauteur, nous avons définitivement, pour le poids en kilogrammes qui représente la valeur absolue des résistances provenant du frottement de l'eau ..... (3)

$$0,3575\pi D^2(v + 0,17\sqrt{v})\left[\frac{L}{D} + \frac{L'}{D'}\left(\frac{D}{D'}\right)^4 + \frac{L''}{D''}\left(\frac{D}{D''}\right)^4\right].$$

Pour la résistance due à chacun des étranglemens que la colonne fluide éprouve dans les pompes, conservons les dénominations précédentes, et nommons en outre

m le coefficient de contraction à l'entrée du tuyau d'aspiration. (Sa valeur varie de 0,82 à 0,95, suivant la forme de l'évasement. *Voy.* Écoulement des Fluides, n° 13);

s la section ou l'aire de l'ouverture de la soupape dormante;

m' le coefficient de contraction relatif à cette ouverture, lequel sera généralement $= 1$ (*voy.* Courant d'eau, n° 30) lorsque le diamètre de l'ouverture dépassera la moitié de celui du tuyau d'aspiration;

γ le rapport entre la vitesse dans le tuyau d'aspiration et celle du piston $= \left(\dfrac{D}{D'}\right)^2$.

g la force de la gravité.

La résistance totale des deux étranglemens sera... (4)

$$250\pi D^2\frac{v^2}{2g}\left[\frac{1}{m^2}\left(\frac{D}{D'}\right)^4 + \left(\frac{\pi D^2}{4m's^2}\right)^2 - \gamma^2\right].$$

La déduction de cette formule repose sur le principe que *la résistance qu'éprouve une colonne fluide en passant d'un tuyau plus large dans un tuyau plus étroit est représentée par la hauteur due à la vitesse de l'eau lors de son passage par l'étranglement, diminuée de la hauteur due à la vitesse que le fluide avait immédiatement avant.* Ainsi, représentant par S l'aire de la section du corps de pompe et par S' l'aire de la section du tuyau d'ascension, et observant que cette dernière se réduit à mS' à l'entrée de ce tuyau par l'effet de la contraction, nous aurons, pour la vitesse au moment de l'entrée de l'eau,

$$v \cdot \left(\frac{S}{mS'}\right),$$

laquelle correspond à une hauteur (*voy.* Hauteur),

$$\frac{v^2}{2gm^2}\left(\frac{S}{S'}\right)^2,$$

celle-ci représentera la résistance de l'étranglement,

puisque la vitesse de l'eau avant son entrée est nulle. Nous lui donnerons la forme

$$\frac{v^2}{2gm^2}\left(\frac{D}{D'}\right)^4,$$

en remplaçant le rapport des aires par celui des carrés des diamètres.

Au passage de l'eau par la soupape dormante, sa vitesse dans le tuyau d'ascension, que nous représenterons par γv, devient

$$v\left(\frac{\frac{1}{4}\pi D^2}{m'S}\right),$$

car $\frac{1}{4}\pi D^2$ est la section du corps de pompe et m'S la section contractée de la soupape. La différence des hauteurs dues à ces vitesses, savoir :

$$\frac{v^2}{2g}\left(\frac{\pi D^2}{4m'S}\right)^2 - \frac{\gamma^2 v^2}{2g}$$

est donc la résistance de ce second étranglement. Observant de nouveau que ces résistances agissent sur la base $\frac{1}{4}\pi D^2$ du piston, nous aurons pour leur valeur absolue exprimée en kilogrammes,

$$1000 \cdot \frac{1}{4}\pi D^2\left[\frac{v^2}{2gm^2}\left(\frac{D}{D'}\right)^4 + \frac{v^2}{2g}\left(\frac{\pi D^2}{4m'S}\right)^2 - \frac{\gamma^2 v^2}{2g}\right],$$

ce qui est identique avec la formule (4). Dans une pompe élévatoire il faudrait tenir compte, en outre, de l'étranglement qu'éprouve la colonne fluide en passant du corps de pompe dans le tuyau d'ascension. La résistance due au poids de la soupape dormante doit se calculer de deux manières différentes, suivant que cette soupape est à clapet ou à coquille (*voy.* Soupape). Dans le cas d'une soupape à clapet, soient P son poids, λ la distance de son centre de gravité à l'axe de rotation, S l'aire de l'ouverture, λ' la distance de son centre au même axe et x la hauteur de la colonne d'eau dont le poids représente la résistance cherchée : Pλ sera le moment (*voy.* ce mot) de la résistance due au poids du clapet, et $1000sx\lambda'$ sera celui de la force opposée; ainsi, comme ces deux actions sont égales, on a l'équation

$$P\lambda = 1000sx\lambda',$$

d'où l'on tire

$$x = \frac{P\lambda}{1000s\lambda'},$$

Multipliant cette hauteur par $1000^k\,\frac{1}{4}\pi D^2$ pour avoir, exprimé en kilogrammes, l'effort à exercer sur le piston, il vient ..... (5)

$$\frac{P\pi D^2\lambda}{4s\lambda'}.$$

Si la soupape est à coquille, sa résistance sera simplement ..... (6)

$$P \cdot \frac{D^2}{d^2},$$

d étant le diamètre de l'orifice circulaire qu'elle recouvre.

Enfin, pour évaluer la résistance provenant de l'inertie de l'eau, observons que si le piston était libre et que la force capable de balancer cette résistance lui fût appliquée et agît constamment sur lui, il prendrait un mouvement uniformément accéléré ; de sorte qu'en parcourant la longueur totale de sa course l dans un temps t, la vitesse acquise par unité de temps serait $\frac{2l}{t^2}$, et par suite $\frac{2l}{t^2}$ représenterait la force accélératrice. Ainsi, M représentant la masse du fluide mis en mouvement,

$$M \cdot \frac{2l}{t^2}$$

représente la force motrice cherchée. Désignant par Π le poids de cette masse d'eau, cette expression deviendra ..... (7)

$$\frac{\Pi}{g} \cdot \frac{2l}{t^2},$$

et l'on aura, en réduisant les diverses parties de l'eau à la vitesse du piston,

$$\Pi = 1000^k \cdot \frac{1}{4}\pi D^2 \left[L + L'\frac{D^2}{D'^2} \right].$$

Il faut observer que toutes les fois que le piston sera mis en jeu par une machine qui règle les circonstances de son mouvement, lorsqu'il tient, par exemple, à la manivelle d'une roue animée d'un mouvement uniforme, l'inertie n'entraînera aucune dépense de force : le piston se mouvant avec une vitesse accélérée pendant la première moitié de sa course et retardée pendant la seconde, l'inertie rend à la force motrice, dans cette seconde partie du mouvement, l'effort qu'elle a exigé dans la première.

10. Nous prendrons pour exemple d'application de ces diverses formules celui qu'en a donné M. d'Aubuisson sur une pompe dont il avait déterminé, par des expériences directes, toutes les espèces de résistances.

Cette pompe avait les dimensions suivantes :

Diamètre du corps de pompe. . . . . $D = 0^m,3248$
Longueur de ce corps. . . . . $L = 1^m,80$
Rayure de la base du piston $= \frac{1}{2}$ D. . $r = 0^m,1624$
Diamètre du tuyau d'aspiration. . . . $D' = 0^m,13535$
Longueur de ce tuyau. . . . . $L' = 7^m,652$
Différence du niveau du puisard au point de versement, L + L'. . . . . $H = 9^m,452$
Longueur de la course du piston. . . $l = 1^m,453$
Vitesse moyenne du piston $\left(4\frac{1}{2}\right.$ levées en une minute). . . . . $v = 0^m,218$
Poids de la soupape. . . . . $P = 1^k$
Coefficient de contraction à l'entrée du tuyau d'aspiration. . . . . $m = 0,85$
Coefficient à la soupape dormante. . . $m' = 1,00$

   (L'eau sortant du tuyau d'aspiration n'éprouve pas de contraction à sa sortie.)

Section effective de l'ouverture de la soupape. . . . . $s = \frac{2}{12}\pi D^2$

   (Par approximation, on a pris les $\frac{2}{3}$ de la section du tuyau d'aspiration.)

La vitesse de l'eau dans le tuyau d'aspiration étant à sa vitesse dans le corps de pompe ou à la vitesse moyenne du piston dans le rapport $\left(\frac{D}{D'}\right)^2$, elle arrive à la soupape dormante avec la vitesse $v\left(\frac{D}{D'}\right)^2$, et l'on a. . . . . $\gamma = \left(\frac{D}{D'}\right)^2.$

Substituant ces valeurs dans les formules précédentes, on trouve :

1° Poids de la colonne d'eau à élever (1).

$$1000 \cdot (3,1416) \cdot (0,1624)^2 \cdot (9,452) = \ldots 783^k,2$$

2° Frottement du piston (2).

$$30 \cdot (0,1624) \cdot (9,452) = \ldots 46,1$$

On fait $\mu = 30$, parce que les tuyaux sont en fonte.

3° Frottement de l'eau (3).

$$250(3,1416)(0,3248)^2\left[0,218 + 0,17\sqrt{0,218}\right]^2$$
$$\times \left[\frac{1,80}{0,325} + \frac{7,652}{0,1353}\left(\frac{0,325}{0,135}\right)^2\right] = \ldots 19,7$$

$$\text{Total.} \ldots \ldots 850^k,0$$

Total ci-contre. . . . . $850^k,0$

4° Étranglemens de la colonne fluide (4).

Observant que $\left(\dfrac{\pi D^2}{4m'S^2}\right)^2 = \dfrac{9}{4}\left(\dfrac{D}{D'}\right)^4$ et

que $\left(\dfrac{D}{D'}\right)^4$ se trouve dans tous les termes du

facteur complexe, on a

$$250(3,1416)(0,3248)^2 \cdot \dfrac{(0,218)^2}{2(9,8088)}$$
$$\times \left(\dfrac{0,325}{0,135}\right)^4 \left[\dfrac{1}{(0,85)^2} + \dfrac{9}{4} - 1\right] = . \quad 17,5$$

5° Résistance due au poids de la soupape (6).

$$1 \times \left(\dfrac{0,325}{0,135}\right)^2 \times \dfrac{0,151}{0,131} = ... \quad 5,8$$

6° Pour l'inertie, la pompe étant mue par une
roue hydraulique. . . . . $0,0$

Total des résistances. . . . . . $872^k,5$

Retranchant de cette somme le poids de l'eau déplacée par le piston, il reste, pour l'ensemble des résistances active et passives, $858^k,5$.

L'expérience avait donné 860^k, et l'on peut considérer ces deux résultats comme parfaitement identiques.

11. Les résistances passives sont de deux espèces :
les unes, les plus considérables, sont indépendantes de
la vitesse ; les autres varient avec cette vitesse ; mais elles
sont généralement si petites, comparativement à la résistance totale, qu'on peut, dans les cas ordinaires, considérer le rapport du poids de la colonne d'eau élevée à
la somme des résistances passives de toutes espèces
comme un nombre constant. D'après les expériences
faites par **M. d'Aubuisson** pour déterminer ce nombre
(*Journal des Mines*, tome 21), il suffirait de multiplier
par le facteur $1,08$ le poids de la colonne d'eau donnée
par la formule (1) pour obtenir immédiatement la résistance totale au mouvement d'une pompe aspirante,
celle enfin que le moteur doit surmonter pour la mettre
en jeu ; on aurait ainsi, en désignant par R cette résistance totale

$$R = 1,08 \times \left[1000r^2\pi H\right],$$

ce qui se réduit à

$$R = 848D^2H,$$

en remplaçant π par sa valeur numérique et r par $\dfrac{1}{2}D$.

On peut adopter, pour plus d'exactitude . . . . . (7)

$$R = 850D^2H,$$

et cette expression éminemment simple dispensera,
dans presque tous les cas, des longs calculs que nous
venons d'indiquer. Par exemple, avec les données précédentes, on aurait

$$R = 850 . (0,3248)^2 . (9,452) = 847^k,6,$$

résultat peu différent de $858^k,3$. On doit observer que
le tuyau d'aspiration de la pompe en question était
plus étroit que d'ordinaire, ce qui a donné lieu à une
résistance pour le frottement de l'eau, beaucoup plus
forte que celle qu'on a habituellement ; de sorte qu'on
peut espérer, en général, de l'emploi de la formule (7)
des résultats tout aussi exacts que de celui des formules
relatives à chaque résistance.

Il faudra toujours ajouter à la résistance totale calculée le poids du piston et de sa tige.

12. Lorsque le piston descend, la force motrice n'a
à surmonter que son frottement contre le corps de
pompe et l'étranglement de la colonne fluide qui traverse sa soupape. De sorte que, dans les pompes bien
faites, il devrait suffire du seul poids du piston et de
son attirail pour vaincre ces résistances, qui n'exigent
d'ailleurs qu'un effort du moteur comparativement
très-petit avec celui qu'il doit déployer pour lever le
piston. Il en résulte que, pendant la moitié du temps
que dure le jeu de la pompe, la force motrice n'a presque pas d'emploi ; aussi, pour mieux l'utiliser, on réunit
souvent deux pompes, de manière qu'à l'aide d'un balancier, un piston monte tandis que l'autre descend.
En faisant verser l'eau des deux pompes dans une même
auge, on obtient un jet à peu près continu, qu'on ne
pourrait produire avec une seule pompe qu'en y ajoutant un réservoir d'air, comme aux pompes d'incendie.

13. Nous avons vu (n° 5) que, lorsque le jeu de la
pompe est établi, chaque coup de piston fournit un volume d'eau égal à $\pi r^2 l$, expression que nous ramènerons à la forme . . . . . (8)

$$0,785D^2l,$$

pour n'avoir à considérer que le diamètre du piston $= 2r$. A la vérité, pendant que le piston monte, le
volume d'eau qu'il soulève n'est pas précisément celui
qui correspond à l'espace engendré par sa base, et il
faudrait diminuer celui-ci de l'espace occupé par la
tige ; mais, dans la descente, lorsque l'eau qui était
sous le piston passe dessus, la tige en déplace et en fait
verser un même volume ; de sorte qu'en résultat, la
quantité d'eau fournie par une oscillation entière du
piston est toujours celle de l'expression (8).

Mais quand une pompe a servi quelque temps, elle
est loin de donner ce produit. La garniture du piston
et les soupapes laissent redescendre une partie de l'eau

aspirée, ce qui occasionne un déchet qu'on peut évaluer moyennement à 0,15 du produit théorique. Le produit réel n'est donc plus qu'environ $0,65D^2 l$, et il peut encore devenir beaucoup moindre, si le mouvement du piston est très-lent. Cependant il est essentiel, d'ailleurs, de ne pas donner au piston une vitesse capable d'occasionner un arrêt (n° 4). La vitesse des grandes pompes qui travaillent d'un mouvement continu est communément de $0^m,16$ à $0^m,24$ par seconde; c'est 4 à 6 levées par minute pour une course de $1^m,20$.

13. *Pompe foulante.* Dans la pompe aspirante, le corps de pompe et la soupape dormante sont placés à une certaine hauteur au-dessus du niveau de l'eau du puisard; dans la pompe foulante, au contraire, le corps de pompe, le piston et la soupape sont immergés. Lorsqu'on élève le piston a (Pl. XVII, fig. 15), l'eau soulève la soupape dormante b, et monte dans l'intérieur du corps de pompe pour prendre le niveau MN de l'eau du puisard, qui est la limite de l'élévation du piston, pour qu'il n'y ait jamais lieu à aspiration. Quand le piston redescend, la soupape b se ferme, l'eau foulée ouvre la soupape c, nommée *soupape de retenue*, et pénètre dans le tuyau d'ascension D. Lorsque la course descendante du piston est achevée, la soupape de retenue se referme, isole le piston de la masse d'eau chassée dans le tuyau d'ascension; de sorte qu'à chaque levée, les circonstances du jeu de la machine sont les mêmes.

La masse d'eau refoulée, à chaque descente du piston, dans le tuyau d'ascension est toujours celle qui répond au volume engendré par la base de ce piston, et se calcule par la formule (8). Quand le tuyau d'ascension est rempli jusqu'au point de dégorgement, une oscillation entière du piston fournit une quantité d'eau exprimée théoriquement par $0,785D^2 l$, mais qui, dans la pratique, va de $0,7D^2 l$ à $0,6D^2 l$. Il est évident que la charge du piston, quand il foule, est équivalente au poids d'une colonne d'eau qui aurait pour base la base même du piston, et pour hauteur la différence de niveau entre le puisard et le point où l'eau est élevée. Cette différence de niveau peut être, d'ailleurs, aussi grande que le besoin le requiert, et n'a d'autre limite que celle que pourrait y mettre la force dont on peut disposer.

14. Tout ce qui concerne les résistances des frottemens, des étranglemens et de l'inertie, s'applique aux pompes foulantes comme aux pompes aspirantes; seulement il y a une résistance particulière dans les pompes foulantes; c'est celle de la soupape de retenue c, qui, pour porter la masse d'eau contenue dans le tuyau d'ascension, doit avoir une surface supérieure plus grande que celle de l'ouverture qu'elle recouvre. Cependant cette cause de résistance ne paraît pas devoir être éva-

luée à plus d'un vingt-cinquième de la charge sur le piston.

15. *Pompe aspirante et foulante.* Elle est composée (Pl. XVII, fig. 16) d'un corps de pompe dans lequel se meut un piston plein, d'un tuyau d'aspiration, d'un tuyau d'ascension et de deux soupapes. Quelquefois les tuyaux d'aspiration et d'ascension sont sur la même ligne, comme dans la figure.

Lorsque le piston monte, il aspire, et le moteur doit développer un effort équivalent au poids d'une colonne d'eau qui aurait pour base le piston et pour hauteur la distance entre le point le plus élevé de la course du piston et le niveau de l'eau dans le puisard (n° 7). Lorsqu'il descend, il refoule l'eau dans le tuyau d'ascension, et doit alors surmonter le poids d'une colonne d'eau qui aurait toujours pour base le piston et pour hauteur la distance verticale comprise entre sa surface inférieure et le point de versement.

16. Pour faire un emploi judicieux de la force du moteur, les pompes aspirantes foulantes devraient être construites de manière que les efforts fussent égaux dans la descente comme dans la montée du piston. On obtient ce résultat en accouplant deux pompes, dont l'un des pistons monte pendant que l'autre descend. L'effort total du moteur se compose alors de l'effort nécessaire pour faire monter un seul piston, ajouté à celui qu'il faut déployer pour le faire descendre.

Faisons abstraction pour un moment des résistances passives, et nommons d la distance verticale du piston à la surface du puisard, lorsqu'il est parvenu au point le plus haut de sa course, et d' sa distance verticale au point de versement, l'effort de la montée exprimée en kilogrammes sera

$$1000 r^2 \pi d,$$

r étant le rayon du piston; et l'on aura pour l'effort de la descente

$$1000 r^2 \pi d'.$$

L'effort total est donc

$$1000 r^2 \pi (d+d'),$$

ou

$$1000 r^2 \pi H,$$

H désignant la hauteur verticale du point de versement au-dessus du niveau du puisard. Remplaçant r par $\frac{1}{2}D$ et π par sa valeur, nous aurons, pour la charge correspondante à une demi-oscillation du balancier qui met en jeu les deux pistons,

$$785 D^2 H,$$

expression qui, en tenant compte des résistances passives, devient, d'après M. d'Aubuisson ..... (9)

$$900 \, D^2 H.$$

Si nous désignons par v la vitesse du piston, $900 \, D^2 Hv$ sera la quantité d'action dépensée par le moteur dans l'unité de temps pour tenir les deux pompes en activité. Comme on estime ordinairement la vitesse v par le nombre d'oscillations que fait chacun des pistons en une minute, nous avons, en désignant ce nombre par N : l étant la largeur de la course,

$$v = \frac{2\,N l}{60''}.$$

Ainsi, la force dépensée ou l'effet dynamique (*voy.* Effet) produit en une seconde de temps est .... (10)

$$30 \, ND^2 H l^{km}.$$

Pour comparer cet effet dynamique avec l'effet utile, observons que celui des deux pistons qui parcourt l'espace v en s'abaissant fait entrer dans le tuyau d'ascension un volume d'eau égal à

$$\frac{1}{4}\pi D^2 v = 0{,}785 D^2 v,$$

que nous réduirons moyennement à

$$0{,}65 \, D^2 v,$$

à cause des déchets (n° 12). C'est là le produit réel de l'appareil ; en le multipliant par 1000, nous aurons son poids exprimé en kilogrammes ; ainsi, $650 \, D^2 v$ représente le nombre de kilogrammes d'eau que donne la pompe en une seconde ; et comme, par le fait, cette eau se trouve élevée à une hauteur H, l'effet utile est représenté par

$$650 \, D^2 v H^{km}$$

Remplaçant v par sa valeur en fonction de la course du piston, cette expression devient ..... (11)

$$21{,}7 \, ND^2 H l^{km}.$$

Comparant avec (10), on voit que le rapport de l'effet utile à la quantité d'action dépensée est celui des nombres 21,7 et 30 ; c'est-à-dire que l'appareil n'utilise que les 0,72 environ de la force. Ce résultat s'accorde assez bien avec la pratique ; car l'expérience a prouvé que l'effet utile des pompes les mieux faites s'élève, au plus, aux 0,82 de la force dépensée. D'après M. Boistard (*Expériences sur la main d'œuvre de différens travaux*), les pompes employées aux épuisemens et mises en jeu par des hommes agissant sur un balancier, consumeraient en pure perte près de la moitié de la force.

17. Un des assemblages les plus utiles et les plus remarquables des pompes aspirantes et foulantes est la *pompe d'incendie*. Nous emprunterons au *Portefeuille du Conservatoire* la description du meilleur appareil de ce genre qui soit encore connu.

Les deux corps de pompe vus en plan (fig. 1, Pl. XVIII) et vus en coupe (fig. 2) portent deux pistons kk mus par deux doubles bielles ou tringles attachées en c au balancier aa, et en i aux deux pistons. Les bielles sont mobiles autour de ces deux points, et elles peuvent ainsi soulever verticalement les deux pistons. Pour assurer complètement cette verticalité, les pistons portent entre les doubles bielles une tige fixe dd qui monte et descend dans un guide e. La fig. 2 montre ce mouvement, et elle indique aussi en $ghhq$ les points les plus hauts et les plus bas atteints par les points e dans leur montée et leur descente.

L'eau est fournie à la pompe par le tuyau d'aspiration d (fig. 1), et se distribue, après avoir été aspirée, dans un double fond uu commun aux deux pompes. La fig. 2 montre le mouvement alternatif des soupapes : du côté gauche, où monte le piston, la soupape dormante s'ouvre, la soupape de retenue se ferme ; de l'autre côté, le contraire a lieu ; de sorte qu'il entre constamment de l'eau dans le grand réservoir commun de refoulement, primitivement rempli d'air. Cet air, refoulé par l'eau affluente, qui arrive en plus grande quantité qu'elle n'en peut sortir, sous une petite pression, par le tuyau d'injection, réagit sur l'eau, la chasse dans le tuyau d'injection mnp, qui se recourbe en p (fig. 1), et présente sur un des côtés de la pompe son extrémité, sur laquelle on visse les tuyaux à corps de cuir et ajustemens en cuivre, au moyen desquels on dirige l'injection où le besoin l'exige.

Les traverses rr (fig. 2) servent à empêcher que le balancier ne soit poussé trop bas par les efforts des manœuvres, dans lequel cas, d'un côté, le piston viendrait se heurter contre la soupape dormante, tandis que de l'autre il sortirait du corps de pompe. Les chaînes attachées en ww (fig. 1) servent à maintenir dans le balancier les allonges wa, qui se terminent par un double bras portant à chacune de ses extrémités un anneau dans lequel on glisse un levier tt (fig. 1) qui est assez long pour être pris et manœuvré par plusieurs hommes à la fois.

La pompe est très-facilement portative. Sur deux de ses côtés parallèles, elle porte deux crochets mobiles zz autour de clous à tête g. On relève les crochets jusqu'à ce qu'ils viennent buter contre le clou v, et l'on y passe un levier rr (fig. 1). La même opération se répète de l'autre côté, et la pompe est ainsi armée comme de deux bras de brancard, avec lesquels elle peut être portée où il est nécessaire. Les deux patins sur lesquels elle porte se replient en deux autour des charnières $e'o'$, oo. On voit sur la gauche le patin déployé en $d'c'$, et replié sur la droite en $d'b'$. Quand la pompe manœuvre, les hommes montent sur le patin déployé, ce qui contribue à la stabilité de l'appareil.

Cette pompe, manœuvrée par huit pompiers bien exercés, reçoit 6o coups de balancier par minute; la course des pistons est de $0^m,12$. Elle peut jeter par minute 648 litres d'eau à 20 mètres de hauteur. Abstraction faite de tout déchet, c'est 27^{km} d'effet utile par pompier et par seconde. Outre les hommes employés à mettre le balancier en mouvement et à diriger les tuyaux d'injections, le service d'une pompe d'incendie exige un nombre de travailleurs assez grand pour qu'il y soit versé continuellement de l'eau avec des seaux en cuir faits pour un tel usage.

18. *Pompes rotatives.* Depuis Ctésibius, auquel on attribue l'invention des pompes, jusqu'à ces derniers temps, les efforts des hydrauliciens s'étaient bornés à perfectionner leurs dispositions; mais, tout récemment, deux mécaniciens très-distingués, Bramah en Angleterre, et M. Dietz en France, se sont frayé des routes nouvelles, en construisant des appareils dans lesquels le mouvement de rotation continu est substitué au mouvement alternatif. Nous donnerons une idée du mode d'action de ces ingénieuses machines, en empruntant à M. d'Aubuisson la description de la pompe de Dietz.

« Le corps de pompe y est remplacé par un tambour ou boîte cylindrique (Pl. XVII, fig. 17) en cuivre A, ayant, dans œuvre, de $0^m,20$ à $0^m,40$ de diamètre, et de $0^m,04$ à $0^m,12$ d'épaisseur, selon la force de la machine. Elle contient, entre ses deux fonds, une seconde boîte BB′, également en cuivre et cylindrique, mais d'un moindre diamètre et sans couvercle : elle est mobile autour d'un arbre tournant C muni d'une manivelle. Dans l'intérieur de la boîte ou roue BB′, et joignant son bord concave, on a un excentrique D fixé à vis sur le tambour. Celui-ci renferme encore, du côté des tuyaux E et F, une large lame de fer GbH, qui est pressée, en b, contre les convexités de la roue, et qui est percée de deux ouvertures : par l'une c, l'eau passe du tuyau d'aspiration E dans l'intervalle $aaaa$ qui existe entre les deux boîtes; et par l'autre d, elle entre dans le tuyau d'ascension F. Enfin, la boîte BB′, dans toute son épaisseur et jusque auprès de l'arbre tournant, présente quatre entailles en croix, dans lesquelles sont et glissent quatre languettes en fer I, I′, I″ et I‴ : leur largeur (parallèlement à l'arbre), comme celle de la bande GbH, est égale à la distance qu'il y a entre les deux fonds

du tambour : une de leurs extrémités est constamment appuyée contre le bord extérieur de l'excentrique D, et l'autre l'est contre la paroi concave de l'intervalle aaa; de sorte que, pareilles à des cloisons, elles divisent cet intervalle en cases séparées.

» Lorsqu'on met la machine en mouvement, que la roue BB′ va de b vers B′, la languette I, après avoir passé le point b, laisse derrière elle un vide, et dès qu'elle est au-delà de l'ouverture c, l'eau entre pour la remplir; la languette I′, qui vient ensuite, pousse devant elle cette eau, lui fait parcourir l'intervalle aaa, la force à passer par l'orifice d et à monter dans le tuyau F. Ainsi successivement, et l'on a un mouvement et un jet continus.

» D'après ce qui vient d'être dit, pour que la machine élève toute l'eau possible, il faut que le fluide soit très-exactement retenu dans les cases, qu'il ne puisse passer de l'une à l'autre, et, par conséquent, que la boîte mobile et les languettes joignent parfaitement les deux fonds du tambour, sans toutefois y occasionner un frottement considérable; et pour qu'il en soit ainsi, il faut une grande perfection dans l'ajustage des pièces de la machine. Lors même que cette perfection existerait à la sortie des mains de l'artiste, il est à craindre qu'elle ne soit altérée par un long travail, par l'élévation des eaux sales, etc., et qu'au bout d'un certain temps, l'effet utile ne devienne bien inférieur à ce qu'il était primitivement : celui-ci, dans une expérience faite par MM. Molard et Mallet, aurait été les 0,44 de la force employée à le produire. »

Ce résultat est inférieur à celui des pompes ordinaires, lors même qu'elles ont déjà un assez long service; mais nous devons ajouter que la machine sur laquelle MM. Molard et Mallet ont fait leur expérience n'avait probablement pas toute la perfection de celles qu'on trouve maintenant dans les ateliers de M. Stolz; car, ayant eu plusieurs fois l'occasion d'employer ces dernières, nous avons pu reconnaître que l'effet utile, qui s'élevait aux 0,66 de la force appliquée quand l'appareil était neuf, ne descendait pas au-dessous de 0,50 après un service journalier et continuel d'une année.

Ouvrages à consulter. Bélidor, *Archit. hydraul.,* t. II. — Hachette, *Traité élém. des machines.* — De Prony, *Nouvelle architect. hydraul.* — D'Aubuisson, *Traité d'hydraulique.*

PONT. (*Archit. hydraul.*) Construction faite sur un fleuve, une rivière, un torrent ou même un fossé, pour en faciliter le passage.

On distingue deux espèces de ponts, les *ponts fixes* et les *ponts mobiles.* Les premiers, qu'on nomme aussi *ponts dormans*, sont des bâtimens en pierre, en bois ou en fer, assis sur des fondations inébranlables, et dont toutes les parties sont liées de manière à ne former qu'une seule masse capable de résister pendant une longue suite d'années aux injures du temps et à toutes les autres causes de destruction. Les seconds sont des constructions, ordinairement en bois, qui peuvent être déplacées à volonté, pour livrer ou refuser le passage, comme les *ponts levis* dans les places fortifiées, et les *ponts tournans* sur les canaux de navigation. Il existe encore une autre espèce de ponts dont l'usage n'est que momentané; elle se compose des *ponts de bateaux* ou *ponts flottans,* qu'on jette sur une rivière pour faire passer une armée.

La construction des ponts fixes est une des parties les plus importantes de la science des ingénieurs; elle embrasse une foule de détails théoriques et pratiques dont l'exposition, même très-succincte, dépasse nos limites et sort d'ailleurs de notre plan. Dans l'impossibilité où nous sommes de résumer ici l'ensemble des connaissances actuelles sur un genre de construction qui intéresse au plus haut degré le bien-être public, nous essaierons du moins de mettre à la portée des étudians les questions élémentaires d'hydraulique, de géométrie et de mécanique, inhérentes à ce sujet.

1. Un pont de pierre se compose généralement de plusieurs massifs de maçonnerie qui supportent une ou plusieurs voûtes sous lesquelles l'eau de la rivière s'écoule.

2. Parmi ces massifs, ceux qui sont établis aux deux bords de la rivière, comme MN et MN (Pl. XVIII, fig. 3), portent le nom de *culées.* Ceux qui sont établis au milieu des eaux, comme AABB, se nomment *piles.*

3. L'espace voûté qui est entre deux piles ou entre une pile et une culée est une *arche.* On donne aussi le nom d'*arche* à la voûte elle-même, laquelle est formée de pierres taillées qu'on nomme *voussoirs.*

Les points A et D, où commence la courbure de la voûte, se nomment les *naissances* de l'arche. Le voussoir du milieu de la voûte porte le nom de *clef.*

4. Pour construire une arche, on établit entre deux piles un assemblage de charpentes nommé *cintre,* dont la partie supérieure est convexe, et présente la même surface courbe que celle que doit avoir l'arche dans sa concavité. C'est sur ce cintre qu'on établit successivement les divers voussoirs, en commençant par ceux des naissances; le dernier qu'on place est la *clef,* et l'on dit alors que l'*arche* est *bandée.* Après la pose de la clef, les voussoirs qui n'étaient supportés que par le cintre se soutiennent les uns les autres, et l'on comble avec une maçonnerie de moellons les espaces vides CEC, nommés les *reins,* jusqu'au niveau MM qu'on veut donner à la chaussée du pont.

5. Les piles de la figure 3, dont la figure 4 donne la coupe horizontale, sont de simples prismes à base de

rectangle offrant une face plane au courant. Ordinairement on leur donne la forme d'un prisme hexagonal (fig. 5 et 6), et alors la partie en pointe BCB, tournée du côté du courant, reçoit le nom d'*avant-bec;* l'autre partie opposée se nomme l'*arrière-bec.*

6. Lorsque l'emplacement que doit occuper un pont a été fixé par des raisons de convenance, il se présente trois questions principales, que nous allons examiner : 1° le débouché qu'il faut laisser à la rivière, 2° la forme des arches, 2° la grandeur des arches.

7. Le débouché d'un pont, ou l'espace libre que les arches doivent laisser au passage de l'eau, se détermine d'après la vitesse que prendra naturellement l'eau sous ces arches. Si ce débouché est moins grand que la section qu'avait la rivière avant la construction du pont, la vitesse de l'eau sous le pont sera plus grande que la vitesse primitive; si, au contraire, le débouché est plus grand que la section, la vitesse sera plus petite (*voy.* Courant, n° 18). Le premier cas arrive lorsque le lit primitif de la rivière se trouve resserré par l'établissement des culées et des piles; le second, lorsque le lit se trouve élargi, parce qu'on a fait rentrer les culées dans les terrains au-delà des bords, et qu'on a retranché de ces bords un espace plus grand que celui qui est occupé par les piles.

8. Le resserrement et l'élargissement du lit d'une rivière peuvent présenter l'un et l'autre de graves inconvéniens.

Lorsque, par un trop grand resserrement, les eaux sont forcées de prendre brusquement une vitesse beaucoup plus grande que leur vitesse primitive, il se forme un remous (*voy.* ce mot) en amont de chaque pile et une chute en aval; de sorte que l'eau réagit contre le fond de son lit, et tend à le creuser jusqu'à ce qu'elle ait gagné proportionnellement en profondeur ce qu'on lui a ôté en largeur. Or, le point essentiel est d'éviter que la vitesse augmente assez pour que les eaux puissent attaquer le fond de la rivière et affouiller les fondations des piles, ce qui est une des principales causes de la ruine des ponts. D'un autre côté, la diminution de la vitesse primitive occasionne des dépôts de matières ou des atterrissemens qui deviennent dangereux.

Pour pouvoir fixer son opinion sur la vitesse qu'on doit adopter, il faut examiner avec soin la nature du terrain qui compose le fond de la rivière. Si ce terrain est dur et compacte, et qu'on n'ait point à craindre que le pont soit affouillé, il faut seulement observer que le débouché ne soit pas resserré au point d'occasionner des remous assez considérables pour gêner la navigation et produire des inondations dans la partie supérieure du fleuve; si, au contraire, le fond est composé d'une matière que l'eau puisse attaquer facilement, il est nécessaire de donner au débouché des dimensions telles que la vitesse ne soit pas sensiblement augmentée.

9. La détermination du débouché d'un pont exige donc deux élémens dont on ne peut fixer la valeur que d'après des expériences et des observations faites sur le lieu où l'on veut l'établir. Ces élémens sont la vitesse moyenne de l'eau dans ce lieu et la vitesse moyenne qu'elle prendra après la construction du pont. Quand ces deux élémens sont connus, l'aire du débouché s'en déduit très-facilement.

En effet, nommons U la vitesse moyenne primitive de l'eau, et Ω l'aire de la section de la rivière, section qu'on a dû, avant tout, mesurer très-exactement; la quantité d'eau qui passe dans l'unité de temps par la section Ω, ou la dépense de cette section (*voy.* Courant), est ΩU. Nommons actuellement v la vitesse moyenne qu'on veut laisser à l'eau sous le pont, et ω l'aire du débouché de ce pont; la dépense de la section ω, dans l'unité de temps, sera ωv. Mais les quantités d'eau qui passent dans un même temps par les diverses sections d'une même masse fluide en mouvement sont égales; ainsi

$$\Omega U = v\omega,$$

d'où l'on tire

$$\omega = \Omega \cdot \frac{U}{v}.$$

Il suffit donc de multiplier la section primitive Ω par le rapport des deux vitesses pour obtenir l'aire du débouché, qui donnera la vitesse adoptée v.

Observons toutefois que l'expression $v\omega$ de la dépense du débouché n'est pas exacte dans la pratique; car les eaux subissent une contraction en pénétrant sous les arches qui diminuent la section ω (*voy. Écoulement des fluides*); de sorte que la section réelle du débouché n'est pas ω, mais une quantité plus petite, $m\omega$, m étant un coefficient de contraction à déterminer par l'expérience. Il résulte de cette observation que l'expression de la dépense par la section contractée est $mv\omega$, et qu'on a en réalité

$$\Omega U = mv\omega,$$

relation qui fournit les deux expressions

$$(1) \ldots \omega = \Omega \cdot \frac{U}{mv},$$

$$(2) \ldots v = U \cdot \frac{\Omega}{m\omega},$$

dont la première fait connaître le débouché au moyen des deux vitesses U et v, et dont la seconde peut être employée pour déterminer la vitesse que prendraient

les eaux sous les arches dans le cas d'une valeur donnée de l'aire du débouché.

10. La valeur du coefficient de contraction m n'est point encore connue avec une exactitude suffisante: Eytelwein l'estime à 0,855 pour les piles dont les avant-becs présentent carrément leur face antérieure au courant, et à 0,95 lorsqu'ils lui présentent un angle aigu. Quelques expériences de Dubuat semblent indiquer, pour ce dernier cas, la valeur $m = 0,91$. Comme l'épaisseur des piles et la forme des avant-becs influe très-sensiblement sur la manière dont la contraction s'opère, cette question réclame une suite d'observations plus précises et plus directes que toutes celles qui ont été faites jusqu'à ce jour.

11. En laissant de côté la grandeur du remous, sur laquelle nous reviendrons tout-à-l'heure, la détermination du débouché dépend seulement des deux vitesses U et v, et se trouve donnée par la formule (1). Il s'agit donc avant tout de trouver les valeurs de ces vitesses et principalement la valeur de U, puisque celle de v doit être adoptée d'après la nature du terrain du fond de la rivière (nº 9).

Rappelons-nous que U représente la vitesse moyenne de la rivière à la section Ω de son lit au lieu où l'on veut construire le pont : or la seule vitesse facilement observable est la vitesse à la surface, et c'est de cette dernière qu'il serait très-utile de pouvoir conclure la vitesse moyenne, dont l'évaluation directe présente de grandes difficultés. Nous avons rapporté ailleurs (Courant) la formule de Dubuat, qui donne le rapport de la vitesse du fil de l'eau avec la vitesse moyenne, ainsi que la formule de M. de Prony conclue des mêmes expériences,

$$(3) \ldots U = \frac{V(V + 2,37187)}{V + 3,15312},$$

dans laquelle V désigne la vitesse du fil de l'eau. Cette dernière, dont on peut se servir très-utilement, dans les cas ordinaires de pratique, se réduit à l'expression très-simple

$$(4) \ldots U = 0,82 V$$

pour des vitesses V comprises entre les limites $V = 0$, $V = 3$ mètres. Ainsi, après avoir mesuré la vitesse du fil de l'eau avec un flotteur (*voy.* Hydromètre), il serait très-facile d'en conclure la vitesse moyenne si la formule (3) s'étendait à tous les cas; mais cette formule suppose que la relation des vitesses U et V est indépendante de la grandeur et de la figure du lit du courant, ce qui ne paraît guère admissible et ne permet pas d'espérer qu'une détermination ultérieure des coefficiens numériques, d'après de nouvelles expériences, puisse jamais lui donner un plus haut degré de certitude.

M. de Prony, dans ses *Recherches sur la théorie des eaux courantes*, a donné la formule suivante, qui fait connaître la vitesse moyenne au moyen de la pente de la rivière

$$(5) \ldots\ldots U = -0,07 + \sqrt{\left[0,005 + 3233 \frac{\Omega \cdot I}{P}\right]}.$$

Ω est, comme ci-dessus, l'aire de la section;

P le périmètre mouillé, ou la partie du périmètre de la section en contact avec la paroi renfermant le fluide;

I la pente par mètre.

Cette équation suppose essentiellement que la grandeur de la section et la valeur de la pente sont sensiblement les mêmes sur une assez grande longueur du lit pour que la vitesse moyenne y puisse être regardée comme constante. Dans tous les cas de pratique qui ne s'écarteront pas trop de cette hypothèse, on pourra donc en tirer la valeur de la vitesse moyenne avec une exactitude suffisante.

12. M. de Prony a déterminé les valeurs de ses coefficiens numériques d'après trente-une expérience, choisies et discutées avec beaucoup de soin, mais il ne les a considérées que comme provisoires et devant naturellement subir des modifications, par suite d'expériences ultérieures. Depuis, Eytelwein, en combinant quatre-vingt-onze expériences faites sur divers canaux et rivières, a obtenu d'autres valeurs, qui changent l'équation (5) en

$$(6) \ldots\ldots U = -0,0332 + \sqrt{\left[0,0011 + 2736 \frac{\Omega \cdot I}{P}\right]}.$$

Nous avons donné la déduction de cette dernière au mot COURANT.

13. Il nous reste à faire une observation très-importante; c'est que le débouché d'un pont ne doit jamais être fixé d'après la quantité moyenne d'eau que conduit le lit de la rivière, mais bien d'après celle qu'il contient à l'époque des grandes eaux. Ainsi, la mesure de la section Ω et la détermination de la vitesse moyenne U, soit par les formules précédentes, soit par des procédés directs, doivent être effectuées au moment où le niveau de la rivière a atteint sa plus grande hauteur; et, comme à ce moment les eaux sont ordinairement débordées et s'étendent des deux côtés sur une grande surface où elles coulent lentement, tandis qu'elles ont une grande vitesse au milieu du courant, on s'exposerait à commettre de grandes erreurs dans l'évaluation de la vitesse moyenne, si l'on employait aveuglément les formules (4) ou (6). Il faut alors choisir, s'il est possible, un endroit de la rivière où les eaux se trouvent encaissées et où pendant les crues elles ne débordent pas sensiblement; après avoir mesuré avec soin la section de la

rivière à cet endroit et la vitesse moyenne correspondante, on connaîtra la dépense de cette section, et par conséquent la dépense de la section au lieu du pont projeté; on n'aura donc plus qu'à diviser cette dépense par l'aire de cette dernière section pour connaître la vitesse moyenne cherchée, en admettant toutefois qu'aucun affluent ne vienne augmenter la quantité des eaux entre les deux sections, car dans ce cas il serait nécessaire de tenir compte de l'augmentation de la dépense qui aurait lieu à la dernière section.

Supposons, pour éclaircir la question, qu'on projette un pont en AB (Pl. XIX, fig. 1) où la section de la rivière à été trouvée de 1200 mètres carrés; le lit n'étant point encaissé et sa largeur AB = 400 mètres étant considérable par rapport à sa profondeur moyenne 3 mètres, il serait difficile de connaître la vitesse moyenne avec une suffisante exactitude; mais à une lieue au-dessus, en *ab*, la rivière passe entre deux rochers à pic et dans cet endroit sa largeur n'est que de 150 mètres et sa hauteur moyenne de $4^m,85$. Sa vitesse moyenne mesurée en *ab* étant de $4^m,10$ par seconde, il en résulte que la dépense par la section *ab* est

$$150 \times 4,85 \times 4,10 = 2983 \text{ mètres cubes.}$$

Ainsi, s'il n'y avait pas d'affluent, la vitesse moyenne à la section AB serait

$$U = \frac{2983}{1200} = 2^m,49.$$

Mais, entre les deux sections AB et *ab*, une petite rivière vient jeter ses eaux dans le lit de la grande, et l'on a trouvé par les mesures de sa section *mn* et de sa vitesse moyenne, à cette section, que la dépense de cette petite rivière, c'est-à-dire la quantité d'eau qu'elle verse dans la grande, par seconde de temps, est de 150 mètres cubes. Ainsi, le volume d'eau qui passe en AB par seconde est égal à

$$2983 + 150 = 3133 \text{ mètres cubes,}$$

ce qui, pour une section de 1200 mètres carrés, donne une vitesse moyenne

$$U = \frac{3133}{1200} = 2^m,61.$$

Admettons maintenant que le fond de la rivière soit composé de matières peu consistantes et qu'il soit dangereux de resserrer son lit; il faudra, dans ce cas, que le débouché du pont n'augmente pas sensiblement la vitesse moyenne $2^m,61$; de sorte que nous poserons dans la formule (1) $v = 2^m,61$ et nous aurons, en employant le coefficient de contraction $m = 0,95$, parce que les avant-becs doivent présenter un angle aigu au courant,

$$\omega = 1200 \cdot \frac{2,61}{0,95 \times 2,61} = \frac{1200}{0,95} = 1263 \text{ mètres carrés.}$$

Le pont projeté devra donc offrir un débouché de 1263 mètres carrés. Nous ferons observer, en passant, que si les naissances des voûtes étaient placées au-dessous du niveau des grandes eaux, il faudrait employer le plus petit coefficient de contraction $m = 0,85$.

Dans le cas, au contraire, où le fond du lit se rapprocherait de la nature du roc et où l'on croirait pouvoir sans danger laisser prendre aux eaux, sous le pont, une vitesse moyenne plus grande que $2^m,61$, par exemple, une vitesse moyenne de $3^m,50$, ce qui permet de donner moins de développement au pont et diminue les dépenses de son établissement, on ferait $v = 3,50$, et la formule (1) donnerait

$$\omega = 1200 \cdot \frac{2,61}{0,95 \times 3,50} = 942^{m.q.}$$

14. C'est lorsqu'on veut resserrer le lit de la rivière qu'il devient important de considérer si les remous ne seront pas assez considérables pour gêner la navigation et produire des inondations en amont du pont. Le problème à résoudre est donc de trouver la hauteur des remous pour une valeur particulière du débouché. En voici une solution, d'après Dubuat, qui peut être utile dans la pratique, quoique plusieurs circonstances y soient négligées ; elle est rapportée par Gauthey dans son beau *Traité de la construction des ponts*.

Supposons que ACDB (Pl. **XIX**, fig. 2) représente la face latérale d'une pile, et EF la pente naturelle de la rivière avant la construction du pont. Le courant se trouvant resserré sur toute la longueur CD, la vitesse et conséquemment la pente de la rivière y seront plus considérables, et la surface de l'eau, en faisant abstraction des résistances particulières produites par les avant-becs, prendra une inclinaison qui pourra être représentée par la ligne HL. Cette surface en amont s'élèvera nécessairement au-dessus du point H, et nous la représenterons par la ligne MG, qui, sur une petite longueur, est sensiblement horizontale.

Nommons

Ω l'aire de la section naturelle de la rivière ;

ω l'aire de la section après la construction du pont, ou la surface du débouché ;

U la vitesse moyenne de l'eau ;

v la vitesse moyenne que prendra l'eau sous les arches après la construction du pont ;

I la pente par mètre de la rivière ;

L la longueur des piles $= $ CD ou AB ;

H la hauteur GK du remous ;

g la force de gravité.

Les vitesses, dans un même fleuve, étant en raison inverse de l'aire des sections correspondantes, on aura

$$v = \frac{\Omega}{\omega} U,$$

et, conséquemment, les hauteurs dues aux vitesses U et v seront respectivement

$$\frac{U^2}{2g} \text{ et } \frac{\Omega^2}{\omega^2} \frac{U^2}{2g}.$$

Mais la partie GH de la hauteur du remous correspond à l'augmentation de la vitesse ; ainsi

$$GH = \frac{\Omega^2}{\omega^2} \frac{U^2}{2g} - \frac{U^2}{2g}.$$

Toutefois, comme le rapport $\frac{\Omega}{\omega}$ n'est pas exactement égal au rapport inverse des vitesses $\frac{v}{U}$, à cause de la contraction de la veine fluide et des frottemens sur les parois des orifices, nous lui substituerons la quantité $\mu \frac{\Omega}{\omega}$, dans laquelle μ est un coefficient de correction à déterminer par l'expérience ; nous aurons alors

$$GH = \frac{U^2}{2g}\left(\mu^2 \frac{\Omega^2}{\omega^2} - 1\right).$$

Quant à la partie KH de la hauteur du remous, elle dépend de la pente qui se formera sur la longueur des piles : or, avant la construction du pont, cette pente était égale à L . I ; elle doit donc être, après,

$$LI\mu^2 \frac{\Omega^2}{\omega^2},$$

car les pentes augmentent dans le rapport des hauteurs dues aux vitesses, et il résulte

$$KH = LI\mu^2 \frac{\Omega^2}{\omega^2} - LI.$$

Prenant la somme des deux parties GH et KH, nous aurons définitivement pour la hauteur totale $GK = H$, à laquelle les eaux s'élèvent en amont, puisque leur niveau doit rester le même en aval

$$(7) \ldots\ldots H = \left(\frac{U^2}{2g} + IL\right)\left(\frac{\Omega^2}{m^2\omega^2} - 1\right).$$

Appliquons cette expression à l'exemple précédent,

dans le cas d'un débouché $= 942^{mq}$, et admettons de plus que la pente I ait été trouvée de $0^m,001$, et que la longueur L des piles doive être de 10 mètres. Substituant ces valeurs dans l'expression (7) en observant que la hauteur $\dfrac{U^2}{2g}$ due à la vitesse $U = 2^m,61$ se trouve toute calculée dans la table des hauteurs (*voy.* Hauteur), et qu'elle est égale à $0^m,3472$; nous aurons

$$H = \left(0,3472 + 0,001 \times 10\right)\left(\frac{(1200)^2}{(0,95)^2 \cdot (942)^2} - 1\right)$$

$$= 0,3572\left[\left(\frac{1200}{894,9}\right)^2 - 1\right] = 0^m,285.$$

Cette grandeur étant peu considérable, on pourrait en conclure que le débouché adopté est suffisant; mais, en général, la formation d'un remous ne pouvant jamais être que préjudiciable, il est très-essentiel de le rendre le plus petit possible. Si la hauteur trouvée H paraissait trop grande, il faudrait augmenter la section ω du débouché, et par conséquent diminuer la vitesse v, ou bien prendre pour H la valeur qu'on jugerait convenable et la substituer dans l'équation (7) dont on tirerait alors la valeur de ω.

15. Lorsqu'il s'agit seulement de calculer H et qu'on veut faire usage de la table des *hauteurs dues aux vitesses*, on peut donner à l'expression (7) une forme beaucoup plus commode, en remplaçant $\dfrac{\Omega^2}{m^2\omega^2}$ par le rapport égal $\dfrac{v^2}{U^2}$; il vient ainsi

$$H = \left(\frac{U^2}{2g} + IL\right)\left(\frac{v^2}{U^2} - 1\right),$$

et, développant le produit,

$$H = \left(\frac{v^2}{2g} - \frac{U^2}{2g}\right) + IL\left(\frac{v^2}{U^2} - 1\right).$$

Par exemple, avec les données ci-dessus,

$$v = 3^m,50; \quad U = 2^m,61; \quad I = 0^m,001; \quad L = 10^m;$$

on n'a d'autre calcul à faire que celui du second terme

$$IL\left(\frac{v^2}{U^2} - 1\right) = 0,01\left[\left(\frac{3,50}{2,61}\right)^2 - 1\right] = 0,00798,$$

car la table fait immédiatement connaître

$$\frac{v^2}{2g} = 0,6244, \quad \frac{U^2}{2g} = 0,3472.$$

D'où

$$H = 0,6244 - 0,3472 + 0,0798 = 0^m,285.$$

16. Si, pour plus de simplicité, nous désignons par h la hauteur due à la vitesse U ou la valeur de la quantité $\dfrac{U^2}{2g}$, nous obtiendrons, en dégageant ω de l'équation (7), l'expression

$$(8) \ \ldots\ldots\ \omega = \frac{\Omega}{m} \cdot \sqrt{\left[\frac{h + IL}{H + h + IL}\right]},$$

qui fera connaître l'aire du débouché pour une valeur adoptée de la hauteur H du remous. Par exemple, toujours dans l'exemple précédent où nous avons

$$h = \frac{U^2}{2g} = 0,3472; \quad \Omega = 1200^m; \quad m = 0,95;$$

$$I = 0^m,001; \quad L = 10;$$

si l'on ne voulait pas que la hauteur du remous dépassât $0^m,2$, on ferait $H = 0^m,2$ et l'on aurait

$$\omega = \frac{1200}{0,95} \cdot \sqrt{\left[\frac{0,3472 + 0,01}{0,2 + 0,3472 + 0,01}\right]}$$

$$= \frac{1200}{0,95} \cdot \sqrt{\left[\frac{0,3572}{0,5572}\right]} = 1011^{mq}.$$

Ainsi l'aire du débouché devrait s'élever à 1011 mètres carrés.

Dans le cas où l'on adopterait ce débouché et qu'on voulût connaître la vitesse que l'eau prendrait sous le pont, il faudrait faire $\omega = 1011$, et la formule (2) donnerait pour cette vitesse

$$v = 2,61 \cdot \frac{1200}{0,95 \times 1011} = 3^m,26.$$

17. Les moyens de calcul que nous venons d'exposer ne donnent en réalité que des valeurs approximatives, mais ils n'en sont pas moins très-utiles pour établir le projet d'un pont. Lorsque l'ingénieur a fixé la grandeur du débouché, il doit procéder au choix de la forme des arches, dont on distingue trois espèces principales :

1° Les arches en *plein cintre*, décrites par une demi-circonférence de cercle (Pl. XIX, fig. 3);

2° Les arches en *anse de panier* (*voy.* ce mot, tom I), décrites par plusieurs arcs de cercle de différens rayons (Pl. XIX, fig. 4);

33° Les arches en *arc de cercle*, qui sont formées d'un seul arc de cercle (Pl. XIX, fig. 5) d'un nombre plus ou moins grand de degrés.

Chacune de ces espèces d'arches présente des avantages et des inconvéniens particuliers.

18. Les arches en plein cintre sont les plus faciles à construire et celles qui offrent le plus de solidité, mais elles obstruent considérablement le passage de l'eau et occasionnent la plus grande contraction de la masse

fluide. On place ordinairement leurs naissances à la hauteur des fondations ou au niveau AB (fig. 3) des basses eaux, de sorte que, dans ce dernier cas, le débouché, au temps des grandes eaux ab, se compose d'un espace mixtiligne $CabE$, dont on peut calculer l'aire de la manière suivante :

Soit $OF = h$ la hauteur des basses eaux, $GF = h'$ celle des grandes eaux, $AB = 2a$ le diamètre de l'arche. Faisons $OG = h' - h = \theta$ et menons le rayon Oa.

Le demi-débouché $CAaGF$ sera composé d'un rectangle $CAOF$ dont l'aire est égale à $AO \times OF$, c'est-à-dire à ah.

Plus d'un secteur de cercle AOa, dont l'aire a pour expression ($voy.$ Secteur, tom. II) $\frac{1}{2} AO \times$ arc Ama, ou $\frac{1}{2} a \times$ arc Ama.

Plus enfin d'un triangle rectangle aGO, dont la surface est égale à $\frac{1}{2} aG \times GO$. Nous avons pour ce dernier $aG . \sqrt{aO^2 - GO^2} = \sqrt{a^2 - \theta^2}$; ainsi son aire est représentée par $\frac{1}{2} \theta \sqrt{a^2 - \theta^2} = \frac{1}{2} \theta \sqrt{(a + \theta)(a - \theta)}$.

Doublant toutes ces quantités pour avoir l'aire entière du débouché $CabE$, nous aurons donc, en nommant cette aire S,

$$S = 2ah + \theta \sqrt{(a + \theta)(a - \theta)} + a \times \text{arc } Ama,$$

expression dans laquelle tout est connu, excepté l'arc Ama, dont il faut exprimer la longueur en unités linéaires de même nature que celles employées pour mesurer le rayon a. Pour cet effet, observons qu'en menant la perpendiculaire $aQ = GO = \theta$, le triangle rectangle aQO donne

$$\sin Ama = \frac{OQ}{AO} = \frac{\theta}{a}.$$

Ayant calculé à l'aide de cette expression le sinus de l'arc Ama, les tables des sinus feront connaître le nombre des degrés de l'arc Ama ; et en désignant par φ'' le nombre des *secondes* de cet arc, comme le nombre des secondes comprises dans une demi-circonférence est 648000, nous aurons, pour la longueur de l'arc Apa,

$$\text{arc } Ama = a\pi \frac{\varphi''}{648000},$$

π étant la demi-circonférence du cercle dont le rayon $= 1$, ou le nombre 3,1415926. Ainsi l'expression générale de l'aire du débouché de l'arche est ..... (9)

$$S = 2ah + \theta \sqrt{(a + \theta)(a - \theta)} + a^2 \pi \cdot \frac{\varphi''}{648000},$$

dans laquelle l'arc φ qu'il faut exprimer en secondes est donné par la relation

$$\sin \varphi = \frac{\theta}{a}.$$

Tous les termes de cette expression peuvent être évalués au moyen des logarithmes, ce qui rend les calculs très-simples.

Soient, par exemple, $AB = 2a = 20$ mètres ; $OF = h = 1^{m},20$; $GO = \theta = 3^{m},55$. On aura, en tenant compte du rayon des tables $= 10$,

$$\text{Log sin } \varphi = 10 + \text{Log } 3,55 - \text{Log } 10 = 9,5502283 ;$$

ce logarithme fera connaître

$$\varphi = 20°47'36'',4 ;$$

d'où

$$\varphi'' = 74856'',4.$$

Ayant ainsi la valeur de toutes les quantités qui entrent dans l'expression (9), on trouvera

$$20 \times 1,20 = 24,$$
$$3,55 \sqrt{13,55 \times 6,45} = 33,188,$$
$$100 \pi \frac{74856,4}{648000} = 36,292.$$

La somme de ces valeurs donnera définitivement

$$S = 93^{mq},48.$$

19. On peut arriver au même résultat en calculant séparément l'aire totale $CADBE$ de l'arche, celle du segment aDb, et en prenant leur différence. L'aire totale $CADBE$, qu'il peut être utile d'ailleurs de connaître, se compose du rectangle $ACEB$ et du demi-cercle ADB ; elle a pour expression, en conservant les dénominations précédentes, et en la désignant par Π,

$$(10) \ldots \ldots \Pi = 2ah + \frac{1}{2} a^2 \pi.$$

L'aire du segment aDb est égale à l'aire du secteur $DaOb$ moins celle du triangle aOb ; pour obtenir l'aire du secteur, il faut observer que le triangle rectangle OaG donne

$$(11) \ldots \ldots \cos \psi = \frac{OG}{Oa} = \frac{\theta}{a},$$

ψ désignant l'angle aOD ou l'arc aD. Calculant, au moyen de cette relation, la valeur de ψ en secondes de degré, on a ensuite

$$\text{Aire du secteur } aOD = \frac{1}{2} a^2 \pi \frac{\psi''}{648000},$$

et, par conséquent,

$$\text{Aire du secteur } DaOb = a^2 \pi \frac{\psi''}{648000}.$$

Quant à l'aire du triangle aOb, comme on connaît les deux côtés $aO = bO = a$ et l'angle compris $aOb = 2\psi$, on a immédiatement (*voy.* Trigonométrie, tom. II)

$$\text{Aire du triangle } aOb = \frac{1}{2} a^2 . \sin 2\psi.$$

Ainsi, l'aire du segment aDb, que nous désignerons par Π', aura pour expression

$$(12) \ldots \Pi' = a^2 \pi \frac{\psi''}{648000} - \frac{1}{2} a^2 \sin 2\psi,$$

et nous aurons, pour l'aire du débouché $CabE$,

$$S = \Pi - \Pi'.$$

Appliquons ces formules aux données de l'exemple précédent. Nous avons d'abord

$$\Pi = 20 \times 1,20 + \frac{1}{2} . 100 \times 3,1416 = 181^{mq},08.$$

La formule (11) donne

$$\text{Log cos } \psi = 10 + \text{Log } 3,55 - \text{Log } 10 = 9,5502283;$$

d'où

$$\psi = 69°12'23'',6$$

et

$$\psi'' = 249143'',6.$$

Substituant ces valeurs dans la formule (12), en observant que le sinus de

$$2\psi = 138°24'47'',2$$

est le même que celui du supplément de cet arc

$$180° - 2\psi = 41°35'12'',8,$$

nous trouverons

$$100 \times 3,1416 \times \frac{249143,6}{648000} = 120,788,$$

$$\frac{1}{2} . 100 . \sin (41°35'12'',8) = 33,188,$$

et, par suite,

$$\Pi' = 120,788 - 33,188 = 87^{mq},60.$$

La valeur du débouché S est donc, comme ci-dessus,

$$S = 181,08 - 87,60 = 93^{mq},48.$$

On peut employer concurremment ces deux procédés pour la vérification des calculs.

20. Les arches en *anse de panier*, dont l'usage ne s'est introduit en France que vers la fin du dix-septième siècle, offrent presque autant de solidité et de facilité dans la construction que les arches en plein cintre, lorsque leurs deux diamètres ne sont pas très-inégaux. Elles ont sur ces dernières l'avantage de donner un plus grand débouché, sans qu'on soit obligé d'augmenter considérablement la hauteur. On les forme de 3, 5, 7 ou d'un plus grand nombre d'arcs de cercle, mais il est presque toujours inutile d'employer plus de cinq arcs.

La largeur et la hauteur d'une anse de panier ne suffisent pas pour déterminer sa forme, car il est toujours possible de décrire sur deux diamètres donnés une infinité de courbes différentes. La seule condition générale à laquelle toutes ces courbes soient assujéties est que la tangente au sommet soit horizontale et que les tangentes aux naissances soient verticales. On se donne, dans tous les cas particuliers, des conditions particulières qui servent à déterminer les rayons de chaque arc.

Lorsque la voûte n'est pas très-surbaissée et qu'on peut se contenter de décrire l'anse de panier avec trois arcs, on s'assujettit à la condition que les trois arcs soient égaux chacun à la sixième partie de leur circonférence respective ou soient tous de 60°, ou bien encore à ce que les trois rayons diffèrent entre eux le moins possible. Ces deux conditions donnent des courbes peu différentes entre elles.

21. Dans le premier cas, celui de trois arcs de 60°, soient DM (Pl. XIX, fig. 6) la hauteur de l'arche, CE sa largeur et AB le niveau des naissances. Supposons l'anse de panier décrite, et désignons par R le rayon OD de l'arc du sommet C'DC'', par r les deux rayons égaux AR et QB des deux autres arcs égaux AC' et C'B. La question se réduit à trouver l'un quelconque des centres R, O, Q; car, connaissant par exemple le centre R, on décrira de ce point, avec le rayon Ar un arc AC de 60°, puis des points C' et R on mènera la droite C'R, dont le prolongement coupera Dm en un point O, qui sera le centre de l'arc OC'; quant au troisième centre Q, il est naturellement déterminé par la condition AR = QB.

Or, l'angle C'OC'' étant de 60°, le triangle ROQ est équilatéral, et l'on a

$$RQ = OR ;$$

donc, à cause de

$$AR = RC'$$

et de

$$OC' = OD,$$

on a aussi

$$AR + RQ = OR + RC' = ON + ND.$$

Ceci posé, prenons pour inconnue la distance RN du centre R au milieu N de AB, et désignons AB par $2a$, et DN par b; nous aurons

$$RQ = 2RN = 2x,$$

le triangle rectangle ORN nous donnera

$$ON = \sqrt{\overline{OR}^2 - \overline{RN}^2} = \sqrt{3x^2},$$

d'où nous conclurons

$$\sqrt{3x^2} + b = x + a.$$

La valeur de x, tirée de cette équation, est

$$x = \frac{1}{2}(a - b) + \sqrt{\frac{3}{4}(a - b)^2};$$

on peut la calculer ou la construire graphiquement avec beaucoup de facilité. Pour la construire, on prendra $NF = a - b$, et après avoir construit sur cette base le triangle équilatéral NEF, on abaissera la perpendiculaire EG, puis du point G comme centre avec GE pour rayon, on décrira un arc de cercle qui coupera AB en un point Q tel qu'on aura $NQ = x$. Le point Q sera donc l'un des centres et servira à déterminer les deux autres, comme nous l'avons dit ci-dessus.

22. La description de l'anse de panier soumise à la condition de trois arcs de 60° ne présente donc aucune difficulté. Pour avoir la valeur des deux rayons OD et AR ou R et r, il faut observer que

$$r = AN - NR = a - x$$

et que

$$R = OR + RC = 2x + r = a + x.$$

On a donc, en donnant à x sa valeur précédente..... (13),

$$r = \frac{a + b - (a - b)\sqrt{3}}{2},$$

$$R = \frac{3a - b + (a - b)\sqrt{3}}{2},$$

expressions dans lesquelles il n'y a plus qu'à substituer à la place de a et de b les valeurs relatives à chaque cas particulier.

23. Si l'on voulait connaître l'aire de l'arche CADBE, il faudrait évaluer séparément l'aire du rectangle ABEC celle de l'espace mixtiligne AE'DE'B, et prendre leur somme. Pour otenir l'aire AC'DC'B, il faut observer qu'elle est composée des trois secteurs RAC', OC'C', QC'B moins le triangle équilatéral ROQ, et comme chaque arc est la sixième partie de la circonférence,

chaque secteur est le sixième du cercle dont il fait partie. On a donc

$$\text{Secteur RC'A ou QC'B} = \frac{1}{6}r^2\pi,$$

$$\text{Secteur OC'C'} = \frac{1}{6}R^2\pi.$$

Quant au triangle ROQ, son aire a pour expression

$$\frac{1}{2}OR \cdot OQ \cdot \sin \cdot ROQ,$$

ce qui se réduit à $\frac{1}{2}(R - r)^2\sqrt{3}$, à cause de $OR = OQ = R - r$ et de $\sin 6° = \frac{1}{2}\sqrt{3}$ (voy. Sinus, tom II).

Nommant Π l'aire totale CADBE, h la hauteur AC du rectangle ABEC et rassemblant toutes les aires partielles, il vient ..... (14)

$$\Pi = 2ah + \frac{1}{3}r^2\pi + \frac{1}{6}R^2\pi - \frac{1}{4}(R - r)^2 \cdot \sqrt{3}.$$

24. Pour donner un exemple d'application de ces formules, prenons en hauteur et en largeur les dimensions de l'arche en plein cintre n° 18, c'est-à-dire; faisons AB ou $2a = 20^m$, $DM = 11^m,20$, et supposons DN ou $b = 7^m$, ce qui nous donnera AC ou $h = 4^m,20$.

Ces valeurs substituées d'abord dans les formules (13), nous ferons connaître les rayons r et R

$$r = \frac{17 - 3\sqrt{3}}{2} = 5^m,90192,$$

$$R = \frac{23 - 3\sqrt{3}}{3} = 14^m,09807,$$

et leur différence $R - r = 8^m,19615$; puis, évaluant les quatre termes de l'expression (14), nous trouverons

$$20 \times 4,20 = 84^{mq},00,$$

$$\frac{1}{3}(5,90192)^2 \cdot 3,1416 = 36^{mq},48,$$

$$\frac{1}{6}(14,09807)^2 \cdot 3,1416 = 104^{mq},07,$$

$$\frac{1}{4}(8,19615)^2 \cdot \sqrt{3} = 29^{mq},09,$$

d'où définitivement

$$\Pi = 195^{mq},56.$$

Comparant avec l'aire trouvée ci-dessus (n° 19) pour l'arche en plein cintre de même largeur et de même hauteur, nous voyons que l'arche en anse de panier offre 13 mètres carrés de plus. S'il s'agissait de calculer le débouché que cette dernière présente aux grandes eaux, dont la hauteur supposée est de $4^m,75$, on partagerait l'aire mixtiligne de ce débouché en rectangles, triangles et secteurs, comme nous l'avons fait pour l'arche en plein cintre. On voit d'ailleurs qu'en plaçant les naissances au niveau des grandes eaux on a le plus grand débouché possible, ce qu'on peut faire avec une anse de panier, sans augmenter la hauteur, et seulement en la surbaissant un peu plus, tandis qu'avec le plein cintre ce moyen entraîne nécessairement une élévation d'arche qui ne peut s'adapter à toutes les localités.

25. Examinons maintenant le cas où l'on adopte pour condition que les rayons R et r diffèrent le moins possible. Nommons toujours la moitié de l'ouverture de l'arche $AN = a$ (P. XIX, fig. 6), sa montée $DN = b$, r le rayon AR de l'arc des naissances, et R celui de l'arc du sommet DO. Le triangle rectangle ORN donne

$$(R - r)^2 = (a - r)^2 + (R - b)^2,$$

et telle est, dans tous les cas possibles, l'équation de condition entre les rayons inconnus R, r et les quantités données a et b.

Résolvant cette équation par rapport à R, on trouve

$$R = \frac{\frac{1}{2}(a^2 + b^2) - ar}{b - r}.$$

Ainsi l'expression du rapport des deux rayons est

$$\frac{R}{r} = \frac{\frac{1}{2}(a^2 + b^2) - ar}{br - r^2}.$$

Or, r devant toujours être plus petit que R, ce rapport est un *minimum* lorsque les deux rayons diffèrent le moins possible. Égalant donc à zéro la différentielle (*voy.* MAXIMA, tome II) du second membre, prise par rapport à la variable r, on aura

$$ar^2 - (a^2 + b^2)r + \frac{1}{2}(a^2 + b^2)b = 0,$$

d'où, tirant la valeur de r

$$r = \frac{a^2 + b^2 - (a - b)\sqrt{a^2 + b^2}}{2a};$$

mettant cette valeur dans celle de R, on obtient

$$R = \frac{a^2 + b^2 + (a - b)\sqrt{a^2 + b^2}}{2b}.$$

On peut donner à ces expressions des formes plus simples en multipliant les deux termes de la première par $\sqrt{a^2 + b^2} + (a - b)$, et les deux termes de la seconde par $\sqrt{a^2 + b^2} - (a - b)$; toutes réductions faites et en posant pour abréger

$$\sqrt{a^2 + b^2} = c,$$

il vient ..... (15)

$$r = \frac{bc}{c + (a - b)},$$

$$R = \frac{ac}{c - (a - b)}.$$

On construit très-facilement ces deux expressions en menant la droite AD, lui retranchant la partie $DP = a - b$ et élevant une perpendiculaire CO sur le milieu H du reste AP; les points R et Q, où cette perpendiculaire coupe les deux axes de la courbe, sont les centres cherchés.

26. L'évaluation de l'aire mixtiligne ACDC'B s'effectuera, comme nous l'avons indiqué ci-dessus, en retranchant de la somme des aires des trois secteurs ARC, COC', C'QB, l'aire du triangle ROQ. On calculera préalablement le nombre des degrés des arcs AC et CC', au moyen de la relation suivante, donnée par le triangle rectangle ORN

$$\sin RON = \frac{RN}{OR} = \frac{a - r}{R - r};$$

nommant φ la valeur en degrés de l'angle RON, on a

$$\varphi = \text{arc } CC', \text{ et } 90° - \varphi = \text{arc } AC,$$

car l'angle RON est la moitié de l'angle COC' et le complément de l'angle ARC.

27. Toutes les fois que la montée DN n'est pas plus petite que le tiers de l'ouverture AB, on peut se contenter de décrire l'anse de panier avec trois arcs de cercle; mais dans les autres cas, comme le passage d'un arc à l'autre deviendrait trop sensible, il faut employer cinq arcs. *Voyez*, pour les anses de panier à cinq arcs, notre premier volume, page 92.

28. Les arches en *arc de cercle* sont d'une construction plus facile que les arches en anse de panier. L'arc de la voûte aDb (Pl. XIX, fig. 5) est entièrement déterminé par la position des naissances et par sa flèche DH, car un seul arc de cercle peut passer par les trois points a, D, b.

Cette forme donne un débouché moins grand que l'anse de panier, lorsque les naissances sont plongées dans l'eau, et devient dès lors désavantageuse; aussi dans la plupart des ponts où elle a été employée on a eu le soin de placer les naissances au niveau des grandes eaux. Quand il est possible d'adopter cette dernière disposition, sans que la voûte soit trop surbaissée pour que l'ouvrage puisse présenter la solidité nécessaire, on doit préférer les arches en arc de cercle à toutes les autres.

Le calcul de l'aire totale d'une telle arche se réduit à l'évaluation de l'aire du rectangle $aCEb$ et à celle du segment *aDb*. On obtient le rayon DO de l'arc *a*D, au moyen des deux quantités données *ab* et DH, par l'expression

$$r = \frac{k^2 + f^2}{2f},$$

dans laquelle

$$r = \text{DO}, \quad k = a\text{H}, \quad f = \text{DH};$$

ou bien encore, en calculant d'abord l'angle *a*OD = α et en substituant sa valeur donnée par l'expression

$$\tan \frac{1}{2}\alpha = \frac{f}{k},$$

dans la formule

$$r = \frac{k}{\sin \alpha}.$$

(*Voy.* Inflexion.) Connaissant le rayon DO, la détermination de l'aire du segment s'effectue comme il a été indiqué ci-dessus.

Quant à l'aire du débouché offert aux grandes eaux, c'est celle du rectangle *a*CE*b*, et elle est par conséquent la plus grande possible.

29. Les trois espèces d'arches que nous venons de considérer sont les seules dont on fasse maintenant usage en France. L'anse de panier a remplacé la demi-ellipse, qui offre une courbure plus uniforme et plus agréable à l'œil, mais qui a le désavantage de compliquer la coupe des voussoirs et de ne pas donner autant de débouché. L'arche gothique ou en *ogive*, formée de deux arcs de cercle (Pl. **XIX**, fig. 7), n'a pas été employée par les modernes, malgré la simplicité de sa construction et son extrême solidité ; l'élévation qu'elle exige dans la voie du pont, jointe à son peu de débouché, sont des inconvéniens qui ont paru plus grands que ses avantages.

30. Le choix qu'on doit faire entre les différentes espèces d'arches ne saurait être assujetti à des règles générales. La surface du débouché qu'il faut donner à la rivière, la différence des niveaux des plus basses et des plus grandes eaux, la hauteur à laquelle on est le maître d'élever la surface du pavé du pont, la nature des matériaux qu'on a à sa disposition et le degré de résistance dont ils sont capables, en un mot, toutes les circonstances locales devront être consultées avec soin, car la forme la plus convenable est celle qui s'accorde le mieux avec ces circonstances.

31. Il en est de même de la grandeur à donner aux arches, cette question dépend de la localité ; cependant on peut poser en principe que les grandes arches doivent être employées de préférence pour les fleuves et les grandes rivières, et les petites pour les rivières tranquilles dont les eaux ne s'élèvent pas à une grande hau-

teur. Afin de laisser un passage libre au fil de l'eau, le nombre des arches doit être toujours impair ; on peut faire l'arche du milieu plus grande que les autres, et diminuer progressivement l'ouverture de ces dernières, de manière que les deux plus petites joignent les culées ; ou bien on peut faire toutes les arches égales entre elles, ce qui permet de les cintrer toutes avec les bois qui ont servi pour les deux premières. Cette dernière disposition augmente la hauteur des abords du pont et oblige ordinairement de faire des levées plus considérables et plus dispendieuses. Quel que soit le parti qu'on prenne à cet égard, il est essentiel de donner aux arches une hauteur suffisante pour que, dans les grandes crues, les corps étrangers que la rivière peut entraîner trouvent une libre issue sous les arches. Quand les arches sont égales, leur hauteur au-dessus des grandes eaux ne doit pas être moindre d'un mètre ; quand elles sont inégales, cette hauteur peut être de 1^m,40 pour la plus grande, et de 0^m,70 pour les deux plus petites.

31 *bis*. Les questions précédentes ne sont, pour ainsi dire, que préliminaires, et lorsqu'on a déterminé la courbure des arches, il se présente trois difficultés très-graves, que la science ne peut encore résoudre rigoureusement. Il s'agit :

1° De fixer l'épaisseur des culées à proportion de la grandeur des arches et des poids qu'elles doivent supporter ;

2° De trouver la largeur des piles ;

3° Et enfin, de déterminer l'épaisseur des voûtes à la clef.

32. La dernière question domine les deux premières, car la grandeur et la direction de la poussée, et par suite la résistance que doivent opposer les points d'appui dépendent de l'épaisseur de la voûte à la clef. Or, en supposant que les voussoirs soient incompressibles, qu'ils soient posés les uns sur les autres sans cales ni mortier, et que la voûte ne puisse prendre aucun tassement, il est évident qu'il suffirait, pour l'équilibre, que la hauteur de la clef fût assez grande pour que la pierre ne s'écrasât pas sous la pression qu'elle aurait à supporter, les culées ayant d'ailleurs l'épaisseur convenable. Dans cette hypothèse, il faudrait calculer, par le procédé exposé plus loin, la pression horizontale que les deux demi-voûtes exercent l'une sur l'autre, et connaître la résistance de la pierre qu'on doit employer ; la hauteur de la clef s'en conclurait de la manière suivante ; soient

P la pression par mètre de longueur ;

Q la résistance de la pierre par centimètre carré de surface ;

x la hauteur de la clef, exprimée en mètres.

La surface qui supporte la pression P ayant un mètre de longueur sur une hauteur x, a pour expression $1 \times x$ ou x^{mq}, chaque centimètre carré de cette surface offrant une résistance R, la surface entière offre une résistance représentée par

$$\frac{x^{mq}}{0^{mq},0001} \cdot Q \; ;$$

mais cette résistance doit faire équilibre à la pression P, ainsi l'on a l'équation

$$\frac{x}{0,0001} \, Q = P,$$

d'où l'on tire

$$x = 0,0001 \cdot \frac{P}{Q}.$$

Supposons, par exemple, que la pression ait été trouvée de 141000 kilogrammes, et que la voûte doive être construite en pierre de Saillancourt qui s'écrase sous un poids de 2994 kilog. par 25 centimètres de surface ; comme on ne doit pas faire porter aux pierres (*voy.* Résistance) un poids plus grand que le *tiers* de celui sous lequel elles s'écrasent, on admettra que la résistance est de 1000^k par 25 centimètres carrés ou de 40^k par centimètre carré ; on fera donc

$$Q = 40^k, \; P = 141000^k,$$

et on trouvera

$$x = 0,0001 \cdot \frac{141000}{40} = 0^m,3525.$$

33. Cette détermination repose sur des hypothèses qui ne se rencontrent jamais exactement dans la pratique ; on ne doit donc la considérer que comme donnant une limite dont on peut essayer d'approcher, mais qu'il serait dangereux d'atteindre. Les données du calcul précédent sont prises sur le pont de Neuilly, que l'on compte au nombre des plus hardis, et qui a cependant $1^m,624$ de hauteur à la clef.

34. Jusqu'ici les ingénieurs ont employé diverses règles empiriques pour déterminer l'épaisseur des voûtes. Voici celle que donne le célèbre Perronet, auteur du pont de Neuilly et de plusieurs autres non moins remarquables par leur hardiesse. Soit a l'ouverture de l'arche exprimée en mètres, et x la hauteur de la clef, il faut faire

$$x = \frac{a}{24} + 0^m,325 - \frac{a}{144},$$

c'est-à-dire, retrancher du vingt-quatrième de l'ouverture, la cent quarante-quatrième partie de cette même ouverture, et ajouter 325 millimètres au reste. Les ré-

sultats donnés par cette règle s'accordent avec les hauteurs employées dans les ponts connus, surtout pour les ponts en plein cintre ; mais ils diffèrent tellement en plus de ceux de la théorie, qu'on pourrait, sans aucun doute, exécuter des ponts beaucoup plus hardis et plus légers que tous ceux qui ont été construits jusqu'à présent. Telle est du moins l'opinion de Gauthey, à qui l'on doit accorder une grande autorité dans ces matières.

35. La question de l'épaisseur des culées n'admet pas encore de solution rigoureuse, mais elle a été considérablement éclaircie par les expériences de Gauthey et de Boistard sur la rupture des voûtes. « Lorsque la clef est posée (Gauthey, *Traité de la construction des ponts*) et que le décintrement est fait, les parties supérieures de la voûte DE et dE (Pl. XIX, fig. 8) ne sont plus soutenues que par leur pression réciproque et à raison du tassement qui se produit, leur point d'appui commun se trouve nécessairement porté en E à l'extrados : les joints tendent donc à s'y resserrer, ainsi qu'on l'a observé constamment, et quelques constructeurs ajoutent même à cet effet, en y chassant des coins de bois dont l'objet est d'augmenter la solidité de la voûte en même temps que l'énergie de la pression que ces deux parties exercent l'une sur l'autre, et au moyen de laquelle elles se soutiennent mutuellement. »

» Cependant l'effort de cette pression se reporte nécessairement vers les culées et les parties inférieures de la voûte, qu'il tend à renverser en les faisant tourner autour de leurs arêtes extérieures K et k. Chaque moitié de la voûte se sépare en deux parties à de certains points D et d, qui servent de points d'appui aux parties supérieures, et par lesquels leur effort se transmet aux culées : ces points d'appui se trouvent nécessairement placés à l'intrados ; si les culées n'ont pas assez de stabilité pour résister à l'effort de la voûte, les quatre parties s'écroulent en tournant autour des points K, D, E, d et k. Si elles sont capables de le soutenir, l'effet du tassement se borne à faire resserrer les joints à l'extrados près du point E et à l'intrados près des points d et D, et à les faire ouvrir à l'intrados près du point F et à l'extrados près des points d' et D'. »

On suppose ici qu'il y a un joint vertical EF au sommet de la voûte, tandis qu'il s'y trouve un voussoir en réalité ; mais cette hypothèse ne produit pas d'erreur sensible pour la détermination des points D et d, qu'on nomme les *points de rupture*, et qu'il est principalement essentiel de connaître.

36. D'après ces considérations, déduites d'un grand nombre d'expériences, on peut réduire les diverses parties d'une voûte à un système de quatre leviers KD, DE, Ed, dk, chargés chacun des poids respectifs des parties qui leur correspondent et susceptibles de tourner autour des points d'appui K, D, E, d, k, où ils sont

liés entre eux par des charnières. De cette manière, la question de l'équilibre de la voûte se trouve ramenée à celle de l'équilibre de ces leviers.

Or, si les points N, M, m, n sont ceux où les leviers sont rencontrés par les verticales qui passent par les centres de gravité des parties correspondantes de la voûte, on peut imaginer que les poids respectifs de ces parties sont réunis à ces points, et comme la voûte se trouve partagée en deux parties symétriques par la verticale EC, il suffit de considérer les deux leviers KD et DE dont le premier, chargé en N d'un poids μ, a son point d'appui en K, et dont le second, chargé en M d'un poids π, a son point d'appui en D.

En effet, il n'y aura évidemment rien de changé au système, si à la place du poids π on substitue deux autres poids, l'un appliqué en D et représenté par (*voy.* Résultante)

$$\pi \cdot \frac{EM}{DE}, \text{ ou par } \pi \cdot \frac{EF}{EQ},$$

et l'autre appliqué en E et représenté par

$$\pi \cdot \frac{DM}{DE}, \text{ ou par } \pi \cdot \frac{FQ}{EQ}.$$

Mais si l'on décompose ce dernier en deux forces, la première horizontale

$$(16) \ldots \pi \cdot \frac{FQ}{EQ} \cdot \frac{DQ}{EQ},$$

et la seconde, agissant dans le sens du levier DE,

$$\pi \cdot \frac{FQ}{EQ} \cdot \frac{ED}{EQ},$$

la première sera détruite par la force horizontale égale et opposée de l'autre partie supérieure E*d* de la voûte, et la seconde seule agira en D sur le levier KD. Ce levier sera donc sollicité par trois forces différentes, le poids μ qui agit en N, la force verticale $\pi \frac{EF}{EQ}$ qui agit en D, et enfin la pression $\pi \cdot \frac{FQ}{EQ} \cdot \frac{ED}{EQ}$ qui agit en D dans la direction ED. Ainsi, pour qu'il y ait équilibre, il faut que la somme des momens de ces trois forces prise par rapport au point d'appui K, soit nulle (*voy.* Moment). Abaissant donc du point K des perpendiculaires sur les directions ED, DR, NS, et multipliant chaque force par la perpendiculaire à sa direction, nous aurons pour l'équation d'équilibre

$$\pi \cdot \frac{FQ}{EQ} \cdot \frac{ED}{EQ} \cdot KV = \pi \cdot \frac{EF}{EQ} \cdot KR + \mu \cdot KS.$$

On peut donner à cette équation une forme plus simple, en observant que la perpendiculaire KV est égale à

$$\frac{KU \cdot DQ - DU \cdot EQ}{ED}.$$

Substituant cette valeur et réduisant, il vient....(17)

$$\pi \cdot \frac{FQ}{EQ} \cdot \frac{DQ}{EQ} \cdot KU = \pi \cdot KR + \mu \cdot KS.$$

Telle est l'équation générale de l'équilibre des voûtes.

37. L'équation (17) offre le moyen direct de déterminer l'épaisseur des culées, lorsqu'on connaît la position des points de rupture D et d; mais elle donne lieu à des calculs très-compliqués dont il n'est guère possible d'enseigner la marche générale autrement que par des exemples. Nous choisirons le suivant comme le plus simple et le plus propre à servir de guide.

Soit (fig. 9, Pl. XIX) KBDGEk la moitié d'une voûte en arc de cercle, ayant une ouverture 2BC ou 2DQ de 20 mètres et une épaisseur EG à la clef de un mètre. Supposons de plus DB de 5 mètres et l'arc DG de 30 degrés.

Dans une arche de cette espèce, les points de rupture sont aux naissances; ainsi la position du point D est connue, et il est facile de trouver la longueur de toutes les lignes de la figure. Les quantités à chercher, qui entrent dans l'équation d'équilibre, sont : π, μ, FQ, DQ, EQ, KR, KS; et comme ici KR se confond avec BK, que FQ fait connaître EQ, et que DQ $=$ BC $= 10^m$, il ne reste à évaluer que π, μ, FQ et KS.

Considérons en premier lieu la partie agissante de la voûte comprise dans la figure EHIDG. Cette partie se trouve décomposée par les lignes horizontales Ic et bG et par la verticale aD en deux rectangles abGE et HIca, un triangle rectiligne IDc et un triangle mixtiligne bDG. Pour avoir son aire totale, il faut donc calculer séparément les aires de ces diverses figures.

Or, dans le triangle rectangle IDc on a ID $=$ EG $= 1^m$ et l'angle ID$c =$ angle DOE $= 30°$; ces données font trouver I$c = 0^m,5$ et D$c = 0^m,87$; on connaît en outre bD égal à la flèche GQ $= 2^m,68$; ainsi tous les côtés des figures sont connus, et l'on trouve

$$
\begin{aligned}
\text{Aire du rectangle } ab\text{GE} &= 10^{mq},000 \\
\text{Aire du rectangle HI}ca &= 1,\ 407 \\
\text{Aire du triangle ID}c &= 0,\ 217 \\
\text{Aire du triangle mixtiligne D}b\text{G} &= 8,\ 678 \\
\hline
\text{Aire totale} &= 20^{mq},302
\end{aligned}
$$

L'aire du triangle mixtiligne DbG s'obtient en retranchant l'aire du segment DGm de celle du triangle rectangle DGb.

Pour trouver maintenant le poids de la partie agissante de la voûte par mètre de longueur, il faudrait multiplier l'aire que nous venons d'obtenir par le poids du mètre cube des matériaux employés à sa construction; mais comme nous avons seulement besoin de connaître, pour l'objet de notre recherche, le rapport des poids des deux parties de la voûte et que ces poids sont entre eux comme les aires, nous pouvons poser

$$\pi = 20^{mq},302.$$

Cette valeur de π va nous faire trouver MF ou la distance du poids de la partie agissante de la voûte à la ligne EC, en observant que le moment de π par rapport à EC, c'est-à-dire, le produit de l'aire HIDGE par la distance de son centre de gravité à l'axe EC, est égal à la somme des momens de toutes les aires composantes. Calculant donc, pour chacune des aires, la distance de son centre de gravité, nous formerons le tableau suivant :

INDICATION DES FIGURES.	AIRES des figures.	DISTANCES des centres de gravité à la ligne EC.	MOMENS par rapport à la ligne EC.
	mèt. carrés.	mètres.	mèt. carrés.
Rectangle abGE.....	10,000	5,00	50,000
Rectangle HIca.....	1,407	10,25	14,422
Triangle IDc......	0,217	10,17	2,207
Triangle mixtiligne DbG	8,678	7,53	65,345
Sommes......	20,302		131,974

Nous avons, en conséquence,

$$FM \times 20,302 = 131,974,$$

d'où

$$FM = \frac{131,974}{20,302} = 6^m,50.$$

Il est facile d'en conclure, à cause de la proportion DQ : MF = GQ : EF,

$$EF = 2^m,39 \text{ et } FQ = EQ - EF = 1^m,29.$$

Procédons maintenant au calcul de la partie résistante de la voûte comprise dans la figure kKBDIH. Cette figure est partagée en un rectangle ABDd, un triangle dDI et un rectangle kKAH. Tous les côtés sont connus, excepté KA, dont la valeur dépend de BK par la relation

$$KA = BK - AB = BK - 0^m,5;$$

ainsi, désignant BK par x, la surface du rectangle aKAH sera exprimée par

$$8,68 (x - 0,5) = 8,68x - 4,34.$$

Quant aux deux autres figures, nous en formerons sans difficulté le tableau suivant :

INDICATION DES FIGURES.	AIRES des figures.	DISTANCES des centres de gravité à la ligne aB.	MOMENS par rapport à la ligne aB.
	mèt. carrés.	mètres.	mèt. carrés.
Rectangle ABDd....	2,500	0,25	0,625
Triangle IdD......	0,217	0,33	0,072
Sommes......	2,717		0,697

L'aire de la figure ABDI est donc de 2,717 mètres carrés, et la distance de son centre de gravité à la ligne aA est $\dfrac{0,697}{2,717} = 0^m,26$; la surface totale de la partie résistante est, en conséquence,

$$\mu = 2,717 + 8,68x - 4,34$$
$$= 8,68x - 1,623,$$

et comme KS représente dans la figure la distance du centre de gravité de μ à la ligne kK, si nous prenons les momens par rapport à cette dernière ligne, nous aurons, en observant que la distance du centre de gravité de l'aire ABDI à la ligne kK est $x - 0,26$

$$\mu \cdot KS = 2,717(x - 0,26) + (8,68x - 4,34)\frac{x - 0,5}{2}.$$

Substituant dans l'équation d'équilibre (17) les différentes valeurs que nous venons de trouver, elle devient

$$20,302 \cdot \frac{1,29 \times 10}{(3,68)^2} \cdot 5 = 20,302x + 2,717(x - 0,26)$$
$$+ (4,34x - 2,17)(x - 0,5),$$

ce qui se réduit à

$$4,34x^2 + 18,679x = 96,216.$$

On en déduira, pour la valeur de l'inconnue x ou BK, $3^m,02$. Ce calcul effectué avec un plus grand nombre de décimales dans toutes les quantités donne

$$BK = 2^m,95.$$

58. La détermination des distances des centres de gravité ne présente aucune difficulté tant qu'il s'agit de figures rectilignes qui sont toujours ici des rectangles ou des triangles rectangles; il suffit de ne pas oublier que le centre de gravité d'un rectangle est au point où ses diagonales se coupent, et que celui d'un triangle quelconque est au point d'intersection des droites menées par ses sommets aux milieux des côtés opposés. De sorte que la distance du centre de gravité d'un rectangle à l'un de ses côtés est la moitié du côté adjacent, et que la distance du centre de gravité d'un triangle

rectangle à l'un des côtés de l'angle droit est le tiers de l'autre côté de l'angle droit. Quant aux triangles mixtilignes, le calcul en est assez pénible, et dans les voûtes en anse de panier, où l'on est obligé d'en former plusieurs, il est utile de recourir aux constructions graphiques qui, lorsque les figures sont tracées avec soin, peuvent donner des approximations suffisantes. Le procédé le plus simple consiste à mener dans l'intérieur d'un triangle mixtiligne une suite de lignes parallèles à l'un des côtés rectilignes, de les partager toutes en deux parties égales et de faire passer une courbe par tous les points de division; on recommence la même opération par rapport à l'autre côté rectiligne, et le point d'intersection des deux courbes est le centre de gravité du triangle. Voici, d'ailleurs, le calcul rigoureux.

Le triangle mixtiligne $bDmG$ de la figure 9, est ce qui reste du triangle rectangle bDG, quand on en retranche le segment de cercle DGm, et, par conséquent, son moment par rapport à l'axe EC est la différence des momens de ces deux dernières figures par rapport au même axe. Or, la surface du triangle rectangle bDG est

$$\frac{1}{2} bD \cdot bG = \frac{1}{2} \cdot 2{,}6795 \times 10 = 13{,}3975,$$

et la distance de son centre de gravité à la ligne EC est égale aux $\frac{2}{3}$ de bG on a 6,6667; son moment est donc $= 89{,}3167$.

La surface du segment DGm, obtenue en prenant la différente des aires du secteur $DOGm$ et du triangle DGO est $= 4^{m\,q}{,}7198$. La distance de son centre de gravité au centre O, mesurée sur le rayon qui passe par ces deux centres et qui partage l'arc DmG en deux parties égales, a pour expression générale

$$\frac{1}{12} \cdot \frac{C^3}{A},$$

C désignant la corde et A l'aire du segment; on trouve pour cette valeur $19^m{,}5913$, et il est facile d'en conclure que la distance du centre de gravité du segment à l'axe EC $= 5{,}0707$; d'où l'on obtient, pour son moment, 23,9323. Le moment du triangle mixtiligne est donc

$$89{,}3167 - 23{,}9323 = 65{,}3844,$$

et comme son aire est $= 8^{m\,q}{,}6777$, il en résulte que la distance de son centre de gravité à l'axe EC est

$$\frac{65{,}3844}{8{,}6777} = 7{,}5348.$$

Nous l'avons fait seulement $= 7{,}55$ dans les calculs précédens.

39. La grandeur de la pression horizontale que les deux demi-voûtes exercent l'une sur l'autre entre comme partie constituante dans les élémens de l'évaluation des culées, de sorte que cette grandeur se trouve connue sans calculs ultérieurs. En effet, son expression (n° 36)

$$\pi \cdot \frac{FQ}{EQ} \cdot \frac{DQ}{EQ}$$

est le coefficient de KU dans le premier membre de l'équation d'équilibre (17); sa valeur numérique, avec les données de notre exemple, est

$$20{,}302 \cdot \frac{1{,}29 \times 10}{(3{,}68)^2} = 19^{m\,q}{,}339,$$

et il ne s'agit plus que de multiplier cette quantité par le poids du mètre cube de la pierre employée pour avoir la grandeur absolue de la pression horizontale par mètre de longueur. En admettant que cette pierre soit celle de Saillancourt, dont le mètre cube pèse 2261 kilogrammes, on aurait pour l'effort réciproque des deux demi-voûtes

$$2261 \times 19{,}339 = 43725 \text{ kil.}$$

On voit que l'épaisseur de la voûte à la clef est un des élémens qui entre dans la détermination de la pression horizontale, et que la règle donnée n° 32 n'a d'autre utilité que de faire connaître si la longueur adoptée pour la clef convient à la résistance particulière de la pierre employée.

40. Les divers calculs que nous venons d'indiquer, ainsi que toutes les applications de l'équation d'équilibre (17) reposent sur la détermination préalable des points de rupture, détermination que la théorie seule ne peut encore donner et pour laquelle il faut avoir recours à l'expérience. Ainsi, lorsqu'il s'agit d'établir un projet d'arche, il faut, après avoir tracé sa courbe, faire différentes hypothèses sur la position du point D (fig. 8) et calculer pour chacune la valeur correspondante de BK, en se guidant d'ailleurs sur les résultats d'expérience et par l'exemple des ponts connus, dont la forme se rapproche de celui qu'on projette. La plus grande valeur de BK sera celle qu'on devra adopter, et la position du point de rupture sera déterminée par la valeur correspondante de l'arc BD. Gauthey donne le tableau suivant, qui renferme les résultats de ces calculs pour les voûtes le plus fréquemment employées:

Indication des espèces de voûtes.	Épaisseur des culées.	Position des points de rupture.
	mètres.	degrés.
Plein cintre..	0,45	27
Anse de panier surbaissée au tiers..	0,66	45
Anse de panier surbaissée au quart.	0,82	54
Arc de cercle de 60° élevé sur des piédroits de 5 mètres de hauteur.	2,95	0

Ces nombres se rapportent à des voûtes extradossées de niveau, de 20 mètres d'ouverture et d'un mètre d'épaisseur à la clef. Les nombres de degrés compris dans la dernière colonne sont comptés à partir des naissances et sur le petit arc dans les anses de panier, en supposant ces anses de panier décrites avec trois arcs égaux chacun au sixième de la circonférence.

41. Ces résultats, dans ce qui concerne l'épaisseur des culées, sont très-inférieurs aux dimensions adoptées par les meilleurs architectes; mais comme la théorie suppose que les diverses parties des voûtes sont parfaitement liées entre elles et ne peuvent éprouver aucun tassement, on ne doit pas s'étonner de voir l'expérience réclamer des épaisseurs plus fortes. Cette théorie suppose en outre que la rupture des voûtes ne peut avoir lieu qu'autant que leurs culées tournent autour de leur arête extérieure; et cependant il pourrait arriver que la partie supérieure glissât sur la partie inférieure et qu'il se fît une disjonction horizontale. La résistance que la culée oppose à cette seconde espèce de mouvement dépend en grande partie de l'adhérence des mortiers et des frottemens, dont il n'est pas facile d'évaluer les effets.

Il résulte toutefois des expériences de M. Boistard que l'adhérence du mortier est proportionnelle à la surface, et qu'elle peut être évaluée moyennement à 6960 kilogrammes par mètre carré pour le mortier de chaux et de sable, et à 3700 kilogrammes pour le mortier de chaux et ciment. La valeur de cette adhérence varie très-peu avec le temps; elle est presque aussi grande après le premier mois qu'après plusieurs années. La supériorité du mortier de sable sur celui de ciment, n'a plus lieu quand ces mortiers sont employés sous l'eau; dans ce dernier cas, le mortier de ciment contracte très-promptement une forte consistance, tandis que le mortier de sable demeure à l'état mou. M. Boistard a également trouvé que le rapport du frottement à la pression est une quantité constante, et que ce rapport, pour une pierre piquée ou bouchardée, glissant sur une pierre semblable ou sur une superficie de mortier durcie à l'air, est moyennement de 0,76.

En introduisant ces données dans la question traitée sous le point de vue d'une disjonction horizontale, on parvient à l'équation d'équilibre

$$\pi \cdot \frac{FQ \cdot DQ}{EQ \cdot EQ} = 6960 \cdot KR + 0,76 (\pi + \mu),$$

qui donne des résultats plus rapprochés des valeurs adoptées par les constructeurs; si l'on ne tient pas compte de la pression verticale résultant du poids des parties supérieures de la voûte, l'équation d'équilibre se réduit à ..... (18)

$$\pi \cdot \frac{FQ \cdot DQ}{EQ \cdot EQ} = 6960 \cdot KR$$

Dans ces deux dernières, les quantités π et μ ne peuvent plus être considérées comme de simples aires, à cause du poids absolu 6960 qui entre dans le terme relatif à l'adhérence du mortier, mais on peut leur conserver cette signification en introduisant le poids spécifique de la pierre, ou le poids de son mètre cube. Désignant par δ ce poids, l'équation (18) devient ..... (19)

$$\pi \delta \cdot \frac{FQ \cdot DQ}{EQ \cdot EQ} = 6960 \cdot KR + 0,76 \delta \mu,$$

et alors π représente l'aire de la partie agissante de la voûte et μ l'aire de la partie résistante. Cette équation, appliquée au calcul de voûtes semblables à celles du tableau précédent, en supposant que la disjonction se fait toujours au niveau des naissances, et en prenant pour le poids du mètre cube de la maçonnerie le nombre de 2600 kilogrammes, a donné à Gauthey les résultats suivans :

INDICATION DES ESPÈCES DE VOÛTES.	ÉPAISSEUR des culées	POSITION des points de rupture.
	mètres.	degrés.
Plein cintre.	1,32	13°30'
Anse de panier surbaissée au tiers. .	1,62	31 30
Anse de panier surbaissée au quart.	2,24	40 50
Arc de cercle de 60°.	3,09	0 0

Les épaisseurs des culées de ce tableau sont encore au-dessous des dimensions ordinaires; mais en admettant qu'il soit essentiel de les augmenter dans la pratique, il n'en résulte pas moins que les règles empiriques des constructeurs donnent généralement des grandeurs trop considérables.

42. La dernière question dont nous avons à dire quelques mots est celle de l'épaisseur des piles. Cette épaisseur peut être déterminée de deux manières différentes, suivant qu'on destine les piles à supporter simplement le poids des arches, ou bien à servir de culées et à résister à la poussée des voûtes. Dans les ponts dont les voûtes doivent être cintrées l'une après l'autre, il serait peut-être imprudent de ne pas donner à chaque pile la force nécessaire pour faire l'office de culée; mais tout en admettant qu'une large pile est toujours plus avantageuse qu'une étroite sous le rapport de la solidité, comme elle occasionne une plus grande contraction de l'eau, il est au moins avantageux de réduire ses dimensions à ce qu'il y a de strictement nécessaire. Lorsque le but d'une pile est uniquement de porter le poids des arches, la résistance de la pierre qui doit entrer dans sa construction est la chose principale à laquelle il faut avoir égard. Nous devons renvoyer, pour tous les détails de la pratique, aux ouvrages spéciaux. Voy. Gauthey, Traité de construction des ponts,

—Boistard, *Expériences sur la main-d'œuvre de différens travaux ;* — Perronet, *OEuvres complètes;* — Frezier, *Coupe des pierres;* — Rondelet, *Traité de l'art de bâtir.*

PONTS SUSPENDUS. La construction des ponts en maçonnerie est généralement très-dispendieuse et présente en outre des difficultés et des dangers qu'on ne peut pas toujours surmonter. Dans certaines localités, la nécessité d'entasser des masses énormes au sein de fleuves larges et rapides, entraîne des frais accessoires de transport et de main-d'œuvre grossière qui forment toujours la plus grande partie de la dépense totale. Aussi, depuis que l'impérieux besoin de communications promptes et faciles a fait construire un grand nombre de ponts en des lieux où l'emploi de la pierre seule aurait absorbé des capitaux trop considérables, on a dû chercher et employer diverses dispositions plus ou moins avantageuses sous le rapport de l'économie et de la solidité. Le bois a d'abord été mis en œuvre, soit seul, soit combiné avec la pierre; puis on lui a substitué le fer; mais ce n'est que tout récemment que l'emploi de ce métal a acquis le plus haut degré d'utilité par le développement du système des ponts suspendus, système dont les nombreux avantages sont maintenant incontestables.

L'idée d'ouvrir une voie de communication, en suspendant par des cordes ou des chaînes un plancher à des points d'appuis supérieurs, n'est pas nouvelle; on la trouve en usage, pour le passage des torrens et des vallons escarpés, aux Grandes-Indes, en Chine et dans l'Amérique méridionale; cependant il n'y a pas plus de trente-six ans que le premier pont suspendu capable de donner passage aux voitures a été construit aux États-Unis par M. Finley. Le succès de cette construction et d'un grand nombre d'autres semblables, exécutées dans le même pays, ayant appelé l'attention des ingénieurs anglais, on vit bientôt s'élever en Angleterre et en Écosse plusieurs ponts suspendus dont l'utilité ne tarda pas à être appréciée par le gouvernement français. En 1821, la direction des ponts et chaussées chargea Navier d'examiner les avantages et les inconvéniens de ce nouveau système et de recueillir les documens nécessaires pour le compléter et l'introduire en France. Après deux voyages en Angleterre, ce savant consigna les résultats de ses nombreuses recherches dans un mémoire très-remarquable que l'Académie des sciences a justement considéré comme un traité aussi nouveau que complet sur la matière, et dont nous ne saurions trop recommander l'étude aux constructeurs. Les notions suivantes sont destinées à leur faciliter l'intelligence de ce beau travail.

1. Un *pont suspendu* se compose d'un plancher horizontal, ou à peu de chose près horizontal, MN (fig. 10,

Pl. XIX) suspendu par des tiges verticales AM, *am*, *a'm'*, etc., à des chaînes AB courbes et flexibles, dont les extrémités A et B sont attachées à des points fixes.

On voit aisément qu'il y a à considérer dans un tel système :

1° La figure de la courbe que doit prendre la chaîne AB en vertu du poids dont elle est chargée ;

2° Les efforts exercés aux points d'appuis A et B, efforts auxquels ces points doivent opposer une résistance suffisante ;

3° Les modifications apportées dans la courbure des chaînes par les surcharges momentanées dues au passage des voitures et des piétons ;

4° La résistance des chaînes, tant au poids permanent du pont qu'aux surcharges accidentelles.

2. Si le poids supporté par la chaîne AB, supposée inextensible et parfaitement flexible, était distribué uniformément sur sa longueur, elle se trouverait dans le même cas que si elle était uniquement chargée par son propre poids, et sa figure, lorsque l'équilibre serait établi, devrait être celle de la *chaînette* (*voyez* ce mot, tome I) ; mais en admettant, ce qui a lieu dans le plus grand nombre des cas, que le plancher soit horizontal et que toutes ses parties soient égales entre elles, ou que le poids de l'unité des longueurs soit partout le même, la charge de la chaîne peut être censée distribuée uniformément sur une ligne horizontale, car son poids propre et celui des tiges de suspension ne forment jamais qu'une petite partie de la charge totale. Examinons d'abord quelle sera la forme de la courbe dans cette dernière hypothèse, qu'on peut prendre pour base des calculs servant aux projets des ponts suspendus.

3. Soit AOB la chaîne (Pl. XIX, fig. 11), A et B ses points d'attache que nous supposerons d'abord, pour plus de simplicité, placés dans une même ligne horizontale AB, et MN la droite horizontale, ou le plancher, sur laquelle la charge est uniformément distribuée. Le système étant supposé en équilibre et la chaîne ayant pris la forme qu'elle doit avoir en vertu des poids dont elle est chargée, il est évident que rien ne sera changé dans les conditions d'équilibre si l'on substitue au point d'attache B une force égale et opposée à l'effort que la chaîne exerce contre ce point, ou même encore, si l'on remplace cette force par ses composantes verticale et horizontale, que nous désignons respectivement par P et Q. Ceci posé, prenons le point A pour origine des ordonnées verticales y de la courbe AOB, et de ses abscisses horizontales x, que nous compterons sur la droite AB.

La tension particulière supportée par un élément quelconque *mm'* de la courbe, considérée comme une force agissant au point *m* dans la direction de cet élément, ou dans celle de la tangente de la courbe en *m*, doit faire équilibre à toutes les forces appliquées à la partie mOB de la chaîne, c'est-à-dire aux forces P et Q et au poids distribué le long de DN; cette tension, que nous désignerons par T, est conséquemment égale et directement opposée à la résultante de toutes ces forces, en supposant qu'on les applique immédiatement au point m sans changer leurs grandeurs et leurs directions respectives. Or, désignant les coordonnées du point m, Ap et pm par x et y; l'arc Am par s, l'élément mm' par ds, l'accroissement mr de l'abscisse par dx, l'accroissement rm' de l'ordonnée par dy, et l'angle rmm' par φ, nous aurons.... (a)

$$\sin \varphi = \frac{rm'}{mm'} = \frac{dy}{ds},$$

$$\cos \varphi = \frac{mr}{mm'} = \frac{dx}{ds}.$$

Maintenant, si nous décomposons la tension T en deux forces, l'une horizontale et l'autre verticale, la composante horizontale aura pour expression $T\dfrac{dx}{ds}$ et la composante verticale $T\dfrac{dy}{ds}$; et comme d'après ce qui précède la composante horizontale doit être égale à Q et que la composante verticale doit être égale à la somme des poids suspendus aux points de la courbe depuis m jusqu'à B, diminuée de la force P, qui agit en sens contraire de ces poids, nous aurons les équations..... (b)

$$T\frac{dx}{ds} = Q,$$

$$T\frac{dy}{ds} = p(2a - x) - P,$$

p désignant le poids de l'unité de longueur de l'horizontale MN et $2a$ la longueur totale de cette ligne. En effet, la somme des poids de la partie $DN = 2a - x$ a pour expression $p \times DN$ ou $p(2a - x)$.

Divisant la dernière équation par la première, nous obtiendrons, pour l'équation différentielle de la courbe..... (c),

$$\frac{dy}{dx} = \frac{p(2a - x) - P}{Q}.$$

Or, on sait que la quantité $\dfrac{dy}{dx}$ désigne généralement la tangente trigonométrique de l'angle formé par l'axe des x avec la tangente de la courbe au point dont les coordonnées sont x, y (voy. TANGENTE, tome II); ce qui résulte d'ailleurs ici des relations (a), dont le quotient donne

$$\frac{dy}{dx} = \frac{\sin \varphi}{\cos \varphi} = \tan \varphi,$$

ainsi, en supposant $x = 0$, l'équation (c) nous donnera

TOM. III.

la valeur de la tangente trigonométrique de l'angle de la courbe avec l'axe AB au point A; cette valeur sera, en désignant l'angle par α,

$$\tan \alpha = \frac{2pa - P}{Q},$$

ce qui nous permet de donner à l'équation (c) la forme

$$\frac{dy}{dx} = \tan \alpha - \frac{px}{Q}.$$

Intégrant cette équation, en observant qu'il n'y a pas de constante à ajouter, parce qu'on doit avoir $y = 0$; lorsque $x = 0$, il vient..... (d)

$$y = x \tan \alpha - \frac{px^2}{2Q}.$$

4. On peut faire disparaître la quantité $\tan \alpha$ de cette dernière, en observant qu'elle doit être satisfaite par les valeurs $y = 0$, $x = 2a$; d'où

$$0 = 2a \tan \alpha - \frac{2pa^2}{Q},$$

ce qui donne..... (e)

$$\tan \alpha = \frac{pa}{Q}.$$

Substituant cette valeur dans (d), l'équation de la courbe devient définitivement..... (f)

$$y = \frac{p(2ax - x^2)}{2Q},$$

et il est facile de reconnaître que cette courbe est une parabole.

5. La distribution uniforme des poids sur l'horizontale MN indique suffisamment que les deux parties AO et OB de la courbe de chaque côté du point le plus bas O sont égales et symétriques; ce point O est donc le sommet de la parabole, et il faut y transporter l'origine des coordonnées, si l'on veut avoir l'équation de la courbe sous sa forme la plus simple. Remarquons d'abord que l'abscisse AC du point O est égale à la moitié a de la *corde* AB, et qu'en faisant $x = a$, dans l'équation (f), nous obtiendrons la valeur de l'ordonnée OC ou de la *flèche* de la courbe; cette valeur est donc, en désignant OC par f..... (g),

$$f = \frac{pa^2}{2Q}.$$

Ceci posé, les nouvelles abscisses horizontales x' étant comptées à partir du point O sur l'axe MN, avec le signe $+$ à droite et le signe $-$ à gauche, et les nouvelles ordonnées verticales y' étant comptées de bas en haut, nous avons entre ces nouvelles coordonnées et les anciennes x et y, les relations

$$x = a + x', \quad y = f - y' \text{ ou } y = \frac{pa^2}{2Q} - y',$$

lesquelles, substituées dans (f), donnent, toutes réductions faites .... (h)

$$y' = \frac{p}{2Q}\, x'^2.$$

6. Les grandeurs de la corde $2a$ et de la flèche f étant généralement les premières données de l'établissement d'un pont suspendu, substituons dans (h) à la place de Q sa valeur tirée de la relation (g), savoir ..... (i)

$$Q = \frac{pa^2}{2f},$$

nous ramènerons notre équation à la forme ..... (k)

$$y' = \frac{f}{a^2} x'^2,$$

qui ne renferme plus que des constantes données immédiatement. Cette dernière donne le moyen de résoudre toutes les questions relatives à la longueur de la chaîne et à celles des tiges de suspension.

7. Déterminons maintenant en fonction des données a et f la tension qui a lieu en un point quelconque de la courbe ; son expression est, d'après l'équation (b),

$$T = Q\frac{dx}{ds},$$

ou

$$T = Q\frac{dx'}{ds},$$

à cause de $dx = dx'$. Or, $ds = \sqrt{dx'^2 + dy'^2}$; ainsi

$$T = Q \cdot \sqrt{\left[1 + \frac{dy'^2}{dx'^2}\right]}.$$

Substituant dans cette expression la valeur de $\left(\frac{dy'}{dx'}\right)^2$, tirée de l'équation (h) différentiée, on obtient ..... (l)

$$T = Q\sqrt{\left[1 + \frac{4f^2 x'^2}{a^4}\right]},$$

aux points extrêmes A et B, où la tension est la plus grande, et correspond aux valeurs $x = -a$, $x = a$, on a pour cette tension maximum ..... (m)

$$Q\sqrt{\left[1 + \frac{4f^2}{a^2}\right]}.$$

Au point le plus bas O, on voit, en faisant $x = 0$, que la tension est égale à Q, ce qui est d'ailleurs évident.

On obtient une autre expression de la tension maximum en observant que, (g),

$$f^2 = \frac{p^2 a^4}{4Q^2},$$

d'où, en vertu de l'expression (e),

$$\frac{4f^2}{a^2} = \frac{p^2 a^2}{Q^2} = \operatorname{tang}^2 \alpha.$$

Ainsi,

$$\sqrt{\left[1 + \frac{4f^2}{a^2}\right]} = \sqrt{\left[1 + \operatorname{tang}^2\alpha\right]} = \frac{1}{\cos\alpha},$$

et l'on a pour la tension maximum ..... (n)

$$Q\sqrt{\left[1 + \operatorname{tang}^2\alpha\right]}, \text{ ou } \frac{Q}{\cos\alpha}.$$

La composante verticale de cette tension maximum est évidemment ..... (o)

$$Q \operatorname{tang}\alpha, \text{ ou } pa.$$

C'est d'après ces diverses tensions qu'il faut régler, ainsi que nous le verrons plus loin, la résistance des points d'appui A et B.

8. Comme il est essentiel de connaître la longueur de la courbe, nous rappellerons qu'un arc s de parabole, compté à partir du sommet O jusqu'au point dont les coordonnées sont x' et y' a pour expression (*voy.* RECTIFICATION, tome II)

$$s = \frac{1}{2}x'\sqrt{\left[1 + 4p^2 x'^2\right]} + \frac{1}{4p}\operatorname{Log}\left[2px' + \sqrt{\left[1 + 4p^2 x'^2\right]}\right],$$

p désignant le paramètre, et la caractéristique *Log* un logarithme naturel. Le paramètre étant ici $\frac{f}{a^2}$, nous avons

$$s = \frac{1}{2}x'\sqrt{\left[1 + \frac{4f^2 x'^2}{a^4}\right]} + \frac{a^2}{4f}\cdot\operatorname{Log}\left[\frac{2fx'}{a^2} + \sqrt{\left[1 + \frac{4f^2 x'^2}{a^4}\right]}\right],$$

et, par conséquent, la longueur de l'arc OA ou de la moitié de la chaîne, longueur que nous désignerons par c, est ..... (p)

$$c = \frac{1}{2}a\sqrt{\left[1 + \frac{4f^2}{a^2}\right]} + \frac{a^2}{4f}\operatorname{Log}\left[\frac{2f}{a} + \sqrt{\left(1 + \frac{4f^2}{a^2}\right)}\right].$$

Cette expression, développée en série, devient ..... (q)

$$c = a \left[1 + \frac{1}{3 \cdot 2} \left(\frac{2f}{a}\right)^2 - \frac{1}{5 \cdot 8} \left(\frac{2f}{a}\right)^4 \right.$$
$$+ \frac{1}{7 \cdot 16} \left(\frac{2f}{a}\right)^6$$
$$\left. - \frac{5}{9 \cdot 128} \left(\frac{2f}{a}\right)^8 \right.$$
$$\left. + \text{etc.} \ldots \ldots \right].$$

Il sera toujours plus facile de calculer c par cette série, dans les cas ordinaires où elle est très-convergente, que par l'expression (p). Lorsque la flèche f est $\frac{1}{15}$ de la corde $2a$, rapport assez généralement employé, les deux premiers termes donnent une approximation suffisante.

9. Pour donner un exemple d'application de ces diverses formules, supposons les données suivantes :

$$AC = a = 32^m, \quad CO = f = 4^m.$$

L'équation (k) devient, avec ces valeurs,

$$y = \frac{4}{(32)^2} x^2.$$

Nous retranchons les accens ′, qui ne sont plus d'aucune utilité.

Cette équation, réduite, par la suppression des facteurs communs, à

$$y = \frac{1}{256} x^2,$$

est donc celle de la parabole particulière AOB ; ainsi, en admettant que le plancher MN (fig. 18) doive être soutenu par des tiges verticales am, $a'm'$, $a''m''$, etc., distantes l'une de l'autre de un mètre à partir du point O, on obtiendra les longueurs de ces tiges en faisant successivement $x = 1^m$, $x = 2^m$, $x = 3^m$, etc., jusqu'à $x = 32^m$. On trouvera, de cette manière, y_1, y_2, y_3, etc., désignant les tiges

$$y_1 = \frac{1}{256} (1)^2 = 0^m,0039,$$

$$y_2 = \frac{1}{256} (2)^2 = 0^m,0156,$$

$$y_3 = \frac{1}{256} (3)^2 = 0^m,0352,$$

$$y_4 = \frac{1}{256} (4)^2 = 0^m,0625,$$

$$\text{etc.} = \text{etc.}$$

La longueur de la tige qui fixe la planche au point O

est considérée comme nulle, parce qu'ici ce point touche le plancher. La longueur de la demi-chaîne AO se calculera en faisant dans la série (q) $a = 32$, $f = 4$. On trouvera, au moyen seulement des deux premiers termes

$$c = 32 \left[1 + \frac{1}{6} \left(\frac{8}{31}\right)^2 \right] = 32^m,33.$$

La chaîne entière aura donc $64^m,66$.

On conclura des mêmes données

$$\tan g\, \alpha = \frac{f}{a} = \frac{8}{32} = 0,25,$$

ce qui fera connaître $\alpha = 14° 2′ 10′$; c'est l'angle que fait la chaîne à ses deux extrémités A et B avec l'horizon.

Connaissant les longueurs de la chaine et des tiges de suspension, on déterminera, comme nous le verrons plus loin, les autres dimensions qu'il faut leur donner pour qu'elles puissent supporter sans se rompre le poids du plancher. On connaîtra ainsi le poids total du pont, et par suite la charge par mètre de longueur, charge au moyen de laquelle on calculera ensuite les tensions extrêmes aux points d'attache des chaînes, et conséquemment les résistances dont ces points doivent être susceptibles. Admettons que la charge totale par unité de longueur, c'est-à-dire la charge permanente due au poids du plancher, augmentée de la surcharge momentanée due au passage des voitures et piétons, ait été trouvée de 4522 kilogrammes, on fera $p = 4522$, et la formule (i) donnera

$$Q = \frac{4522 \cdot (32)^2}{2 \times 4} = 578816^k.$$

Cette valeur et celle de tang α, substituées dans la formule (n), donnent pour la tension des chaînes aux extrémités supérieures, ou pour leur tension maximum,

$$578816 \sqrt{\left[1 + (0,25)^2 \right]} = 596630 \text{ kil.}$$

Enfin la tension verticale aux points d'attache sera, d'après la formule (o),

$$pa = 4522 \times 32 = 144704 \text{ kil.}$$

Dans le cas où le plancher ne serait soutenu que par deux chaînes, la charge totale se partageant également entre elles, la tension maximum de chacune serait

$$\frac{1}{2} \cdot 596630 = 298315^k.$$

Chaque point d'attache subirait une tension horizontale de

$$\frac{1}{2} \cdot 578816 = 289408^k$$

et une pression verticale de

$$\frac{1}{2} \cdot 144704 = 72352^k.$$

S'il y avait deux chaînes de chaque côté du pont, leurs tensions respectives à leurs points d'attache seraient les moitiés des précédentes.

10. Nous avons supposé jusqu'ici que les points d'appui A et B avaient le même niveau, et conséquemment que la courbe était composée de deux parties symétriques. Ce cas n'est pas le plus général, et nous devons indiquer les modifications qu'on doit faire subir aux formules précédentes, pour les rendre immédiatement applicables à toutes les positions possibles des points d'attache.

Soient A et E (Pl. XX, fig. 1) ces points d'attache, dont on connaît la distance horizontale $AD = k$ et la différence de niveau $DE = d$. La portion AOE de l'arc parabolique AOB ne pouvant évidemment changer de nature par le transport du point d'appui B en E, puisque ce transport ne fait que rendre fixe le point E sans altérer en rien la relation des autres points, l'équation de la courbe AOE, rapportée au sommet O, sera toujours, abstraction faite des accens, (k),

$$y = \frac{f}{a^2}\, x^2,$$

dans laquelle $f = OC$ et $a = AC$. Or, ici on connaît bien $OC = AM$, mais AC n'est pas au nombre des quantités données, et il faut préalablement en déterminer la valeur. Observons que l'équation (k) doit donner $x = ON = AD - AC = k - a$, lorsqu'on y fait $y = EN = DN - DE = f - d$, et qu'on a par conséquent

$$f - d = \frac{f}{a^2}\, (k - a)^2.$$

Développant le carré et réduisant, nous obtiendrons l'équation du second degré en a

$$a^2 - \frac{2fk}{d}\, a = -\frac{fk^2}{d},$$

dont les deux racines sont

$$\frac{fk}{d} + \frac{k}{d}\sqrt{f^2 - df}, \quad \frac{fk}{d} - \frac{k}{d}\sqrt{f^2 - df},$$

a devant être plus petit que k, la seconde racine satisfait seule à la question ; ainsi

$$a = \frac{k(f - \sqrt{f^2 - df})}{d}.$$

On peut mettre cette expression sous une forme plus simple en multipliant les deux termes du second membre par le facteur $f + \sqrt{f^2 - df}$; on a alors ..... (r)

$$a = \frac{kf}{f + \sqrt{f^2 - df}},$$

au moyen de cette formule, le paramètre $\dfrac{f}{a^2}$ de la parabole se trouve connu.

11. La tension horizontale Q en chaque point de la chaîne est toujours ..... (s)

$$Q = \frac{pa^2}{2f},$$

et la tension particulière au point dont les coordonnées sont x, y a de même, pour expression ..... (t)

$$T = Q\sqrt{\left[1 + \frac{4f^2 x^2}{a^4}\right]}.$$

La composante verticale de cette tension particulière est ..... (u)

$$Q\,\frac{2fx}{a^2},$$

ou simplement ..... (v)

$$px,$$

en remplaçant Q par sa valeur (s).

Ainsi, la tension maximum ou celle qui a lieu au point A, où l'on a $x = a$, a pour expression ..... (x)

$$T = Q\sqrt{\left[1 + \frac{4f^2}{a^4}\right]},$$

et la tension à l'autre point d'attache E, où l'on a $x = k - a$, a pour expression ..... (y)

$$T' = Q\sqrt{\left[1 + \frac{4f^2(k - a)^2}{a^4}\right]}.$$

Les composantes verticales de ces dernières tensions ou les efforts exercés verticalement sur les points d'attache A et E, sont respectivement ..... (z)

$$pa \text{ et } p(k - a).$$

12. Enfin, pour déterminer la longueur AOE de la

chaîne, on calculera séparément l'arc AO par la formule (q), puis l'arc OE par la série ..... (α)

$$s = x + \frac{a^2}{2f}\left[\frac{1}{3\cdot 2}\left(\frac{2fx}{a^2}\right)^3 - \frac{1}{5\cdot 8}\left(\frac{2fx}{a^2}\right)^5 \right.$$
$$+ \frac{1}{7\cdot 16}\left(\frac{2fx}{a^2}\right)^7$$
$$- \frac{5}{9\cdot 128}\left(\frac{2fx}{a^2}\right)^9$$
$$\left. + \text{etc.} \ . \ . \ . \ . \ . \right],$$

dans laquelle on fera $x = k - a$. La somme des résultats $c + s$ sera la longueur totale AOE.

13. Appliquons ces diverses formules aux données

$$k = 75 \text{ mètres}, \ f = 6 \text{ mètres}, \ d = 4^m,5.$$

La première chose à faire est de calculer la valeur de a ou de AC par la formule (r), qui donne ici

$$a = \frac{75 \times 6}{6 + \sqrt{36 - 27}} = 50 \text{ mètres.}$$

Substituant cette valeur de a, ainsi que la valeur donnée de f dans la formule (k), nous aurons l'équation

$$y = \frac{6}{(50)^2} x^2, \text{ ou } y = \frac{3}{1250} x^2,$$

qui se rapporte à la parabole particulière AOE, dont le sommet O est situé sur l'horizontale MN à une distance de 50 mètres de l'extrémité M, et conséquemment à une distance de 25 mètres de l'autre extrémité N.

Si le plancher MN doit être suspendu par des tiges distantes entre elles de un mètre à partir du point O, on fera successivement $x = 1$, $x = 2$, $x = 3$, etc., et l'on trouvera pour les longueurs de ces tiges

$$y_1 = \frac{5}{1250} (1)^2 = 0^m,0024,$$
$$y_2 = \frac{5}{1250} (2)^2 = 0,0096,$$
$$y_3 = \frac{5}{1250} (3)^2 = 0,0216,$$
$$\text{etc.} = \text{etc.} \ . \ . \ = \text{etc.}$$

Il est visible que les 25 tiges qui doivent supporter la partie ON du plancher ont respectivement les mêmes longueurs que les 25 premières des 50 tiges qui doivent supporter l'autre partie OM.

On trouvera la longueur de la partie AO de la chaîne au moyen des deux premiers termes de la série (q), en y faisant $2f = 12$, $a = 50$; le calcul donnera

$$c = 50\left[1 + \frac{1}{6}\left(\frac{12}{50}\right)^2\right] = 50^m,48.$$

Pour avoir l'autre partie OE, on fera dans la série (α) $x = k - a = 25^m$, et l'on obtiendra, en se contentant de deux termes,

$$s = 25 + \frac{(50)^2}{12}\cdot\frac{1}{6}\left(\frac{12\times 25}{(50)^2}\right)^3 = 25^m,04.$$

Ainsi,

$$\text{AOE} = c + s = 75^m,52.$$

Dans le cas d'une charge de 5500 kilogrammes par unité de longueur, on aurait pour la tension horizontale des chaînes

$$Q = \frac{5500 \times (50)^2}{12} 1145833^k.$$

Puis, au moyen de cette valeur, on trouverait pour la tension extrême en A, d'après la formule (x),

$$T = 1145833\sqrt{\left[1 + \frac{4\times 36}{2500}\right]} = 1178371 \text{ kil.},$$

et, pour la tension extrême en E, d'après la formule (y),

$$T' = 1145833\sqrt{\left[1 + \frac{4\times 36\times 25}{6250000}\right]} = 1154053 \text{ kil.}$$

Les tensions verticales en ces points extrêmes seraient, d'après les formules (z),

$$pa = 5500 \times 50 = 275000 \text{ kil.},$$
$$p(k - a) = 5500 \times 25 = 137500 \text{ kil.}$$

14. Les efforts exercés par les chaînes de suspension contre leurs points d'attache se trouvant suffisamment déterminés dans ce qui précède, il nous reste seulement à examiner les diverses dispositions que peuvent présenter ces points. Toutes les fois que les localités n'offrent pas des points fixes à une hauteur convenable, il devient nécessaire d'élever des supports pour y attacher les chaînes. Dans plusieurs ponts de l'Écosse, ces supports sont de simples poteaux en bois ou des colonnes de fer fondu qui ne présentent qu'une très-faible résistance aux efforts horizontaux, de sorte qu'il est essentiel de les arcbouter par une chaîne de retenue dont l'action horizontale détruise celle de la chaîne de suspension. Soit AM (Pl. **XIX**, fig. 12) un tel support, AB la chaîne de suspension du plancher, et AD la chaîne de retenue attachée au sol par son extrémité inférieure et supposée tendue de manière à maintenir AM dans la position verticale. Désignons par ω l'angle que forme la chaîne AD avec l'horizon, et par R sa tension. La composante horizontale de cette tension sera exprimée par R $\cos\omega$, et sera l'effort exercé par la chaîne de retenue contre le support AM pour le renverser dans le sens MD.

Mais Q représente l'effort horizontal de la chaîne de suspension AB pour renverser AM dans le sens opposé MN, ainsi, pour que ces deux efforts se détruisent et que le support AM ne reçoive aucune action transversale, il faut qu'on ait

$$R \cos \omega = Q.$$

Cos ω diminuant à mesure que ω augmente, et sa valeur maximum étant l'unité, cette équation nous montre que la tension R de la chaîne de retenue ne peut jamais être plus petite que la tension horizontale Q de la chaîne de suspension, et qu'elle doit être d'autant plus grande que l'angle ω est plus grand, ou que la direction de la chaîne de retenue se rapproche de la verticale.

On fait ordinairement l'angle ω égal à l'angle α de la courbe avec l'horizon au point A; alors

$$R = \frac{Q}{\cos \omega} = \frac{Q}{\cos \alpha},$$

c'est-à-dire que la tension de la chaîne de retenue est égale à la tension maximum de la chaîne de suspension.

15. Quel que soit l'angle ω, si nous admettons que la tension de la chaîne de retenue soit réglée de manière qu'on ait

$$R = \frac{Q}{\cos \omega},$$

Le support AM ne recevra aucun effort horizontal, et il s'agit seulement de lui donner la solidité nécessaire pour qu'il puisse résister à la pression verticale qu'il supporte. Or, cette pression, que nous nommerons P, est évidemment égale à la somme des composantes verticales des tensions des deux chaînes.

$$R \sin \omega \text{ et } Q \tan \alpha;$$

son expression générale est donc

$$P = R \sin \omega + Q \tan \alpha$$

ou..... (β)

$$P = Q (\tan \omega + \tan \alpha),$$

à cause de

$$R \sin \omega = Q \frac{\sin \omega}{\cos \omega} = Q \tan \omega.$$

Il en résulte que la pression P augmente à mesure que la direction de la chaîne de retenue se rapproche de la verticale.

16. Proposons-nous de déterminer la pression ver-

ticale des supports, dans le cas de l'exemple du n° 9, nous avons les données

$$\alpha = 14°2'10', \tan \alpha = 0,25; \quad AM = f = 4^m;$$
$$Q = 578816^k.$$

Si le pont n'est soutenu que par deux chaînes, la tension horizontale de chacune d'elles est

$$\frac{1}{2} . 578816 = 289408^k,$$

et en admettant que $\omega = \alpha$, la pression verticale qui tend à écraser chaque support, est

$$P = 289408 \left[0,25 + 0,25 \right] = 144704^k.$$

Il serait donc nécessaire que la résistance de chaque support fût supérieure à 144704 kilogrammes.

On peut diminuer la pression en diminuant l'angle ω et en augmentant par conséquent la longueur de la chaîne de retenue. Mais les localités ne permettent pas toujours de donner une longueur arbitraire à cette chaîne. En supposant ici l'angle ω de 10°, ce qui donne tang $\omega = 0, 1763$, on aurait

$$P = 289408 \times 0,4263 = 123375 \text{ kil.}$$

17. La longueur de la chaîne de retenue est donnée, dans tous les cas, par l'expression.... (γ)

$$L = \frac{H}{\sin \omega},$$

H désignant la hauteur AM du support, et L la longueur AD de la chaîne.

18. Lorsque le support est construit en maçonnerie ou qu'il est formé par une charpente en bois ou en fer, ayant une large base, il devient susceptible de résister à une action horizontale, et il en résulte une diminution dans la tension des chaînes de retenue; alors, au lieu d'attacher à l'extrémité de l'appui les extrémités des chaînes de retenue et de suspension, ces deux chaînes n'en forment qu'une seule qui repose seulement sur l'appui et peut glisser dans un sens et dans l'autre, sans que le support prenne aucun mouvement. Il se présente deux cas dans cette disposition : ou la chaîne peut glisser sans frottement sur l'appui dont la surface supérieure est circulaire (Pl. XX, fig. 2), et alors sa tension est la même dans toutes ses parties et égale à $\frac{Q}{\cos \alpha}$; ou le frottement est assez considérable pour empêcher la tension de la partie AB de se transmettre toute entière à la partie AD. Dans le premier cas, le pilier supporte un effort horizontal égal à

$$Q \left(1 - \frac{\cos \omega}{\cos \alpha} \right)$$

et une charge verticale égale à

$$Q \left(\frac{\sin \alpha + \sin \omega}{\cos \alpha} \right).$$

Dans le second cas, l'effort horizontal est

$$Q - R \cos \omega,$$

et la charge verticale

$$Q \tang \alpha + R \sin \omega.$$

R étant ici la tension de la partie AD de la chaîne, donnée par l'expression

$$R = Q . \frac{e^{-\frac{\varphi . S}{\rho}}}{\cos \alpha},$$

dans laquelle e est la base des logarithmes naturels, φ le rapport du frottement à la pression, ρ le rayon de l'arc de cercle AEC, et S la longueur de cet arc. Le développement de cette expression donne la série

$$R = \frac{Q}{\cos \alpha} \left[1 - \frac{\varphi S}{\rho} + \frac{1}{1 . 2} \left(\frac{\varphi S}{\rho} \right)^2 \right.$$
$$\left. - \frac{1}{1 . 2 . 3} \left(\frac{\varphi S}{\rho} \right)^3 + \dots \right],$$

et l'on a généralement, AEC étant toujours supposé un arc de cercle,

$$\frac{S}{\rho} = 3,1416 . \frac{\alpha + \omega}{180°}.$$

On trouvera la déduction de ces formules dans le mémoire de Navier, auquel nous renverrons pour tout ce qui concerne les moyens de fixer au sol l'extrémité des chaînes de retenue.

19. On détermine le diamètre des chaînes de suspension d'après la règle pratique de ne leur faire supporter que des charges inférieures à celles qui commenceraient à altérer leur élasticité. Ces charges ne doivent donc jamais dépasser le tiers des charges capables de déterminer la rupture (*voy.* Résistance); ainsi, en admettant comme la moyenne des expériences les plus exactes qu'une barre de fer forgé se rompt sous un poids de $43^k,84$ par millimètre carré de surface, la tension maximum des chaînes de suspension ne devra pas être plus grande que 13 ou au plus 14 kilogrammes par millimètre carré de leur section transversale, qu'il s'agit conséquemment de fixer de manière à ne pas dépasser cette limite.

Désignons par Ω l'aire de la section transversale des chaînes et par π le poids de l'unité de volume du fer forgé; $\pi\Omega$ représentera le poids de l'unité de longueur des chaînes, et si ϖ représente en particulier le poids du plancher et des tiges de suspension par unité de longueur, $\varpi + \pi\Omega$ sera le poids total de l'unité de longueur de la construction ou la quantité que nous avons désignée ci-dessus par p. Or, en remplaçant p par $\varpi + \pi\Omega$ dans la formule (i), on obtient, pour l'expression de la tension horizontale,

$$Q = \frac{(\varpi + \pi\Omega)a^2}{2f},$$

et par suite, pour celle de la tension maximum (m),

$$\frac{(\varpi + \pi\Omega)a^2}{2f} \sqrt{\left[1 + \frac{4f^2}{a^2} \right]},$$

ce qui se réduit à .... (δ)

$$(\varpi + \pi\Omega) \frac{a\sqrt{(a^2 + 4f^2)}}{2f} .$$

Mais si μ désigne la plus grande tension à laquelle puisse être exposée l'unité de surface de la section transversale des chaînes, $\mu\Omega$ exprimera la plus grande charge qu'on peut faire supporter à ces chaînes, et comme la tension maximum (δ) ne doit pas dépasser cette charge, on aura l'équation

$$\mu\Omega = (\varpi + \pi\Omega) . \frac{a\sqrt{(a^2 + 4f^2)}}{2f},$$

qui donne pour la valeur de Ω l'expression (ε)

$$\Omega = \frac{\varpi . a\sqrt{(a^2 + 4f^2)}}{\mu . 2f - \pi . a\sqrt{(a^2 + 4f^2)}} .$$

Lorsque les chaînes sont en fer forgé, substance qu'on ne doit pas exposer à une tension de plus de 14 kilogrammes par millimètre carré de la section transversale, on a les données

$$\varpi = 7788 \text{ kilogrammes},$$
$$\mu = 14000000 \text{ kilogrammes},$$

le mètre étant l'unité linéaire.

20. On doit comprendre dans le poids ϖ du plancher et des tiges de suspension les surcharges momentanées que les chaînes sont exposées à supporter par l'effet du passage des voitures, des hommes et des animaux. D'après l'évaluation de Navier, la limite supérieure de ces surcharges est de 195 kilogrammes par mètre carré de superficie du plancher. Ainsi, L désignant la largeur du plancher qui sert au passage, la quantité ..... (μ)

$$195 L$$

exprime la surcharge par mètre de longueur qu'il faut ajouter au poids du plancher et des tiges.

21. Quant aux tiges de suspension, si nous désignons par n leur nombre et par Π le poids du plancher, y compris celui de la surcharge maximum, le poids supporté par chacune d'elle en particulier sera évidemment

$$\frac{\Pi}{n},$$

de sorte qu'en nommant ψ leur section transversale et ε la charge par millimètre carré, nous aurons $\varepsilon\psi = \dfrac{\Pi}{n}$, d'où ..... ($\nu$)

$$\psi = \frac{\Pi}{n \cdot \varepsilon}.$$

Les secousses qu'éprouvent les tiges de suspension par l'effet du passage des voitures ne permettent pas de les exposer à une charge au-dessus de $1^k,50$ par millimètre carré de leur section transversale; on fera donc $\varepsilon = 1,50$, et la formule (ν) fera connaître l'aire de la section des tiges exprimée en millimètres carrés.

Connaissant l'aire de la section, on aura facilement son diamètre en se rappelant que l'aire ψ d'un cercle est égale au produit du carré de son rayon par le rapport de la circonférence au diamètre ou par le nombre 3,1416. On a ainsi, en nommant D le diamètre ..... (ξ)

$$D = 2\sqrt{\left[\frac{\psi}{3,1416}\right]}.$$

22. Nous éclaircirons l'emploi de ces dernières formules en les appliquant à l'exemple du n° 9, pour lequel nous avons

$$a = 32 \text{ mètres}, \quad f = 4 \text{ mètres}.$$

Nous supposerons de plus que la largeur du pont est de 8 mètres et que le poids de son plancher seul s'élève à 166165 kilogrammes.

La longueur du pont étant de 64 mètres et sa largeur de 8, son aire est $64 \times 8 = 512$ mètres carrés, et, conséquemment, la surcharge totale a pour valeur

$$512 \times 195^k = 99840^k,$$

d'où

$$\Pi = 166165 + 99840 = 266005 \text{ kilogrammes}.$$

Les tiges de suspension sont au nombre de 65 pour chaque côté du plancher; leur nombre total est donc 130, et le poids supporté par chacune d'elles en particulier

$$\frac{266005}{130} = 2078^k,16.$$

Il en résulte, pour la section de la tige,

$$\psi = \frac{2078,16}{1,50} = 1385,44 \text{ millimètres carrés}.$$

et pour son diamètre,

$$D = 2\sqrt{\left[\frac{1385,44}{3,1416}\right]} = 42 \text{ millimètres}.$$

On devra donc donner à chaque tige un diamètre de $0^m,042$.

La connaissance de la section des tiges nous conduit directement à celle de leur poids. En effet, cette section, ramenée au mètre carré pour unité, étant $0^{mq},00138544$, si nous la multiplions par 7788 kilogrammes, poids du mètre cube de fer forgé, nous obtiendrons le poids d'un mètre de longueur des tiges; il ne faudra plus que multiplier ce poids

$$0,00138544 \times 7788 = 10^k,7898$$

par la somme des longueurs des tiges, pour avoir leur poids total. Or, la somme des longueurs des 32 tiges y_1, y_2, y_3, etc., que nous avons calculées n° 9, est $44^m,6875$; ainsi, abstraction faite des tiges du milieu du pont, qui sont perdues ici dans l'épaisseur du plancher et font partie de son poids, la longueur totale des 128 tiges est

$$4 \times 44,6875 = 178^m,75,$$

et, par conséquent, nous avons pour leur poids total

$$178,75 \times 10,7898 = 1929 \text{ kilogrammes}.$$

Ceci trouvé, procédons au calcul de l'aire des chaînes de suspension par la formule (ε).

Le poids du plancher 166165^k ajouté à celui des chaînes 1929^k et à la surcharge maximum déterminée ci-dessus 99840^k est égal à 267934^k. Divisant ce poids par la longueur du pont $= 64^m$, nous avons le poids de l'unité de longueur, savoir :

$$\pi = \frac{267934}{64} = 4190 \text{ kil.}$$

Ainsi, la section demandée Ω est

$$\Omega = \frac{4190 \times 32\sqrt{[(32)^2 + 4\times 16]}}{14000000 \times 8 - 7788 \times 32\sqrt{[(32)^2 + 4\times 16]}}.$$

Réalisant les calculs et observant que l'unité de surface est ici le mètre carré, nous trouverons

$$\Omega = 0^{mq},042615.$$

Mais cette aire est celle de la somme des sections des deux chaînes entre lesquelles se partage la charge; ainsi, la section d'une seule chaîne est

$$0^{mq},0213075,$$

ce qui nous donne pour son diamètre

$$2\sqrt{\left[\frac{0,0213075}{3,1416}\right]} = 0^m,165.$$

Si le pont était soutenu par une double chaîne de chaque côté, ce qui est toujours préférable, la section de chaque chaîne simple serait le quart de Ω, et ainsi de suite.

Pour avoir maintenant le poids des chaînes, observons que le poids d'un mètre de longueur sur une section Ω est

$$0,042615 \times 7788^{k} = 331^{k},886.$$

La longueur des chaînes, trouvée n° 9, étant de $64^{m},66$, leur poids total est égal à

$$331^{k},886 \times 64,66 = 21460 \text{ kil.}$$

Ainsi, le poids de toute la construction, y compris la surcharge maximum, s'élève à 289394 kilogrammes, et la charge p sur un mètre de longueur du plancher est, par conséquent,

$$\frac{289394}{64} = 4522 \text{ kil. ;}$$

c'est la donnée que nous avons prise n° 9, et d'après laquelle nous avons trouvé que la tension maximum est équivalente à 596630 kilogrammes. En comparant cette tension maximum avec la somme des aires des sections des chaînes $= 42615$ millimètres carrés, on voit que la charge par millimètre carré de la section est

$$\frac{596630}{42615} = 14 \text{ kilogrammes,}$$

ce qui sert de vérification aux derniers calculs.

23. L'hypothèse de l'égale répartition de la charge sur une ligne horizontale est la plus simple de toutes celles dont on peut partir pour déterminer la forme de la courbe des chaînes ; mais elle n'est pas rigoureusement exacte, car, en réalité, le poids du plancher est le seul que l'on puisse considérer comme distribué uniformément sur la ligne horizontale liée aux chaînes, et l'unité de longueur de cette ligne se trouve d'autant plus chargée qu'on la prend plus près des extrémités, où les tiges de suspension sont plus longues, ainsi que les parties correspondantes des chaînes. Il en résulte que si, en construisant un pont, on avait donné la forme parabolique aux chaînes, cette forme se modifierait lorsque la construction serait abandonnée à elle-même et prendrait une figure intermédiaire entre celles de la parabole et de la chaînette, de manière que la courbure des chaînes augmenterait aux extrémités et diminuerait au milieu, ce qui ferait élever le milieu du plancher. Navier donne la formule suivante pour calculer la grandeur de cette élévation

$$f' = f \left(1 - \frac{3\tau a + 2\sigma f^2}{30(\pi + \sigma)a^2} \right),$$

dans laquelle

a est la demi-corde,

f la flèche de la courbe parabolique,

f' la nouvelle flèche ou celle de la courbe modifiée,

τ le poids total des tiges de suspension,

π le poids par mètre courant du plancher,

σ le poids par mètre courant des chaînes.

Si nous prenons pour exemple les données du numéro précédent, qui sont

$$a = 32^{m}, \; f = 4^{m}, \; \tau = 1929^{k}, \; \pi = \frac{166165}{64} = 2596^{k},$$
$$\sigma = 332^{k},$$

nous aurons

$$f' = 4 \left(1 - \frac{3 \times 1929 \times 32 + 2 \times 332 \times 16}{30 \, (2596 + 332) \, (32)^2} \right),$$
$$= 3^{m},991,$$

d'où nous conclurons pour la différence des deux flèches

$$f - f' = 4 - 3,991 = 0^{m},009.$$

Ainsi, dans le cas de notre exemple, lorsque la construction serait abandonnée à elle-même, le changement subi par la flexion des chaînes ferait remonter le plancher au milieu de $0^{m},009$ seulement, ce qui serait à peine sensible. Il est facile de voir, en général, que la différence entre f et f' sera toujours très-petite, et d'autant plus que l'ouverture de l'arche sera plus grande.

24. Les longueurs des tiges calculées par l'équation de la parabole ne correspondant pas exactement avec les ordonnées de la courbe modifiée, il résulterait encore de l'emploi exclusif de cette équation que les tiges ne se maintiendraient pas verticales et également espacées, ce qui pourrait avoir des inconvéniens. Dans la pratique, même en se conservant la facilité de régler par des vis la longueur des tiges, il sera toujours plus prudent, après avoir déterminé provisoirement tous les élémens d'un pont suspendu d'après l'équation de la parabole

$$y = \frac{f}{a^2} x,$$

de recommencer le calcul de la longueur des tiges au moyen de l'équation de la courbe modifiée

$$y = \frac{\pi + \sigma}{2Q} x^2 + \frac{3\tau a + 2\sigma f^2}{12Qa^4} x^4,$$

qui contient les mêmes quantités a et f, et dont les autres constantes ont la signification ci-dessus. On doit consulter pour cet objet un mémoire de M. l'ingénieur Stapfer inséré dans la seconde édition de l'ouvrage de Navier.

25. Une autre cause tend à modifier la courbe des chaînes lorsque le pont est abandonné à lui-même ; mais celle-ci agit d'une manière régulière et progressive, et fait varier seulement la longueur des tiges sans qu'elles cessent d'être verticales ; c'est l'élasticité du fer. « Puisqu'une barre de fer, dit Navier, s'étend nécessairement quand elle est tirée par les deux extrémités, l'effet de la charge du plancher d'un pont sera d'allonger les chaînes qui le tiennent suspendu, et par conséquent d'augmenter la flèche de la courbe qu'affecteraient ces chaînes si elles étaient formées par des verges inextensibles. Des charges additionnelles placées sur le plancher produiront encore dans la flèche de courbure de nouvelles augmentations, qui cesseront en même temps que l'action de ces charges. Il est nécessaire de soumettre ces effets au calcul, et d'être à même de prévoir l'abaissement durable qui se manifestera à l'instant où les chaînes se trouveront chargées pour la première fois du poids du plancher, et les abaissemens momentanés produits par les charges accidentelles. » Voici les résultats de l'analyse de ce savant. Soit c la longueur de la demi-chaîne avant son extension, et c' sa longueur après, on a ..... (1)

$$c' = c + \frac{pa^3}{E \cdot 2f}\left(1 + \frac{4f^2}{3a^2}\right),$$

p étant le poids total de la construction par mètre courant de longueur, et E une constante dont la valeur est

$$E = 20000^k \cdot \Omega,$$

dans laquelle Ω désigne l'aire de la section tranversale des chaînes exprimée en millimètres carrés.

Pour calculer la nouvelle flèche f, on a la formule approximative ..... (2)

$$f' = \sqrt{\frac{3}{2}(c' - a)a},$$

dont on peut se contenter dans le plus grand nombre des cas. Si l'on veut plus d'exactitude ; on doit employer la série

$$f'^2 = \frac{3}{2}a^2\left[\frac{c'-a}{a} + \frac{9}{10}\left(\frac{c'-a}{a}\right)^2 - \frac{54}{175}\left(\frac{c'-a}{a}\right)^3 + \frac{307}{350}\left(\frac{c'-a}{a}\right)^4 - \text{etc.}\right].$$

La formule (1) peut servir également pour calculer l'allongement résultant d'une charge additionnelle uniformément répartie sur le plancher, en considérant

alors p comme représentant la charge additionnelle placée sur chaque unité de longueur.

26. Une conséquence très-importante de ces résultats, c'est qu'il ne faut pas, dans le projet d'un pont, donner à la flèche f la grandeur qu'on veut qu'elle ait lorsque la construction sera terminée, cette flèche devant nécessairement augmenter par l'effet de l'extension des chaînes sous la charge permanente. Par exemple, le pont dont nous avons calculé les élémens n°s 22 et 23, dans l'hypothèse d'une flèche $f = 4^m$, se trouverait avoir une flèche $f = 4^m,112$ après le tassement. En effet, nous avons trouvé pour le poids total de la construction 189554 kilogrammes. Ce nombre, divisé par 64^m, longueur du plancher, nous donne pour la charge permanente, sur un mètre de longueur, 2962^k. De plus, l'aire de la section des chaînes est de 42615 millimètres carrés, d'où

$$E = 20000 \times 42615 = 852300000.$$

Ainsi, substituant ces valeurs dans la formule (1) avec les autres données, nous aurons

$$c' = 32,33 + \frac{2962 \cdot (32)^3}{8 \times 852300000}\left[1 + \frac{4\times16}{3\times1024}\right],$$

ce qui nous donnera, sans avoir besoin de tenir compte du dernier facteur,

$$c' = 32^m,344 ;$$

l'allongement de la moitié de la chaîne sera donc $= 0^m,014$, et celui de la chaîne entière $= 0^m,028$.

Cette valeur de c', mise dans la formule (2), donne

$$f' = \sqrt{\left[\frac{3}{2}(32,344 - 32)32\right]} = 4^m,112,$$

d'où nous voyons que l'effet de l'extension des chaînes est de donner à la flèche primitive un accroissement de $0^m,112$. L'effet de la modification de la courbe parabolique, due à l'inégale répartition de la charge ($n°23$), étant, au contraire, de diminuer la flèche f de la quantité de $0^m,009$, la flèche réelle aura donc en définitive $4^m,103$ de longueur, et ce n'est qu'autant qu'on aurait voulu lui donner cette dimension qu'il aurait fallu employer la valeur $f = 4^m$ dans le calcul des élémens du pont.

27. Ce n'est guères que dans les ponts d'une très-petite longueur que le plancher est horizontal ; dès que cette longueur est un peu considérable, on lui donne la forme d'un arc de cercle ou d'un arc de parabole ; de sorte que les tiges de suspension ne sont plus simplement les ordonnées d'une courbe, mais bien les distances de deux points situées sur deux courbes dif-

férentes. Le calcul de leurs longueurs se compose alors de deux parties comme nous allons l'expliquer. Soit AOB (fig. 3, pl. XX) la courbe des chaînes, MON celle du plancher, M'N' la ligne horizontale tangente commune aux deux courbes au point O. C'est sur cette ligne que nous compterons les abscisses à partir du point O. A chaque abscisse $Om = x$ correspondra une ordonnée mp appartenant à la courbe des chaînes, et une ordonnée mq appartenant à la courbe du plancher. La somme de ces ordonnées $pm + mq = pq$ sera la distance des deux points p et q des courbes, et, par conséquent, la longueur de la tige qui lie ces points. Ainsi, après avoir calculé, au moyen des équations des deux courbes, les deux ordonnées pm et mq, correspondantes à un point m de l'horizontale, par lequel doit passer une tige, on formera leur somme, pour avoir la longueur de cette tige. Supposons la courbe du plancher circulaire; nommons γ sa flèche $OD = M'M$, et y' ses ordonnées mq. L'équation du cercle rapportée au point O et à l'axe M'N' étant

$$x^2 = 2ry' - y'^2,$$

dans laquelle r désigne le rayon, observons que cette équation doit donner $x = OM' = a$, lorsqu'on y fait $y' = MM' = \gamma$; ainsi,

$$a^2 = 2r\gamma - \gamma^2,$$

d'où

$$2r = \frac{a^2 + \gamma^2}{\gamma}.$$

Substituant cette valeur à la place de $2r$, l'équation de l'arc MON devient

$$x^2 = \frac{a^2 + \gamma^2}{\gamma} y' - y'^2,$$

et ne renferme plus que des constantes données a et f. En la résolvant par rapport à y', on obtient l'expression

$$y' = \frac{a^2 + \gamma^2}{2\gamma} - \sqrt{\left[\left(\frac{a^2 + \gamma^2}{2\gamma}\right)^2 - x^2\right]},$$

qui servira à calculer les ordonnées y' correspondant à des abscisses données x. Dans les cas ordinaires, la flèche γ est très-petite par rapport à la demi-corde a, et l'on peut se contenter des deux premiers termes du développement du radical. On a alors simplement

$$y' = \frac{\gamma}{a^2 + \gamma^2} x^2,$$

ou même, avec une exactitude suffisante, car l'arc de cercle en question ne diffère pas sensiblement d'un arc de parabole, ... (3)

$$y' = \frac{\gamma}{a^2} x^2.$$

Ayant donc calculé la partie pm ou y' de la tige par cette dernière formule, on l'ajoutera à la partie qm, calculée, comme nous l'avons enseigné ci-dessus, pour un plancher horizontal M'N'. Les premières évaluations devant toujours être faites dans l'hypothèse d'une courbe AOB parabolique, dont l'équation est ..... (4)

$$y = \frac{f}{a^2} x^2,$$

f désignant la flèche CO, on peut se dispenser de calculer séparément les deux parties y' et y, car la somme des équations (3) et (4) donne

$$y' + y = \frac{\gamma + f}{a^2} x^2.$$

Ainsi, désignant par z la longueur pq de la tige, on a immédiatement ..... (5)

$$z = \frac{\gamma + f}{a^2} x^2.$$

Supposons, par exemple, qu'on ait les données

$$AC = a = 8^m,5; \quad CO = f = 1^m,4; \quad OD = \gamma = 0^m,3,$$

et que le plancher doive être soutenu de chaque côté par 18 tiges distantes l'une de l'autre de 1^m; de manière que, pour une moitié AO de la chaîne, la première tige soit à $0^m,50$ de distance du point a, la seconde à $1^m,50$, la troisième à $2^m,50$, et ainsi de suite jusqu'à la neuvième et dernière AM, dont la longueur est fixée à l'avance par la condition $AM' + M'M = CO + OD = 1^m,7$. Substituant les nombres à la place des lettres dans la formule (4), elle devient

$$z = \frac{1,7}{72,25} x^2, \text{ ou } z = \frac{34}{1445} x^2.$$

Ainsi, désignant les tiges successives par z_1, z_2, z_3, et jusqu'à z_9, on a

$$z_1 = \frac{34}{1445} (0,50)^2 = 0^m,006,$$

$$z_2 = \frac{34}{1445} (1,50)^2 = 0,033,$$

$$z_3 = \frac{34}{1445} (2,50)^2 = 0,147,$$

$$z_4 = \frac{34}{1445} (3,50)^2 = 0,288,$$

$$z_5 = \frac{34}{1445} (4,50)^2 = 0,476,$$

$$z_6 = \frac{34}{1445} (5,50)^2 = 0,712,$$

$$z_7 = \frac{34}{1445} (6,50)^2 = 0,994,$$

$$z_8 = \frac{34}{1445} (7,50)^2 = 1,324,$$

$$z_9 = \frac{14}{1445} (8,50)^2 = 1,700.$$

Ces valeurs étant connues, on pourra ensuite déterminer tous les autres élémens de la construction, tels que le diamètre et le poids des tiges et des chaînes par les procédés indiqués.

Voyez, pour tout ce qui concerne la théorie des ponts suspendus, le mémoire de Navier déjà cité; voyez aussi l'ouvrage, sur le même sujet, de M. Séguin aîné. C'est à ce dernier ingénieur que la France doit son premier pont suspendu.

POSITION APPARENTE. (*Ast.*) Non seulement les astres ne paraissent pas dans leur lieu réel, par l'effet de la réfraction, mais ils en sont encore un peu écartés par l'effet de l'aberration, parce que nous voyons les corps célestes dans la direction de la résultante de deux vitesses, celles de la lumière et de la terre. Lorsqu'on cherche dans les tables astronomiques l'ascension droite et la déclinaison d'une étoile, on n'y trouve ordinairement que son ascension droite et sa déclinaison *moyenne*, qui s'observeraient sans l'aberration et la nutation (*voy.* ces mots). Cette position moyenne se rapporte au 1ᵉʳ janvier de l'année pour laquelle le *catalogue* a été dressé. Il faut alors, pour avoir cette position à toute autre époque, évaluer le mouvement de précession en ascension droite et en déclinaison pour le temps écoulé depuis l'époque du catalogue jusqu'à celle proposée; mouvement qui, pour un court intervalle, est proportionnel au temps, et qui se calcule au moyen de la *variation annuelle* donnée par le catalogue (*voy.* Précession). Ensuite on détermine la petite quantité due au phénomène de la nutation, qu'on ajoute à l'ascension droite et à la déclinaison moyenne pour avoir le *lieu vrai*. Enfin l'on évalue les petits termes dépendant de l'aberration, qu'on ajoute également au lieu vrai pour avoir le lieu apparent ou l'ascension droite et la déclinaison apparentes.

M. Baily a publié dans le tome II des *Mém. de la Société astron. de Londres*, des tables assez simples pour un très-grand nombre d'étoiles; mais celles insérées à la page 115 des additions à la *Conn. des temps* pour 1833, et calculées par les formules que nous avons fait connaître, sont encore plus commodes, en ce qu'elles dispensent de l'usage des logarithmes et qu'elles sont relatives aux étoiles qu'on observe le plus souvent. On n'a même plus aucun calcul à faire à ce sujet depuis que le Bureau des longitudes, à l'instar des auteurs du *Nautical almanac* et des *Éphémérides* de Gotha, insère chaque année dans la *Conn. des temps* les positions apparentes des principales étoiles. Ces positions entrent comme élémens essentiels dans le calcul du temps sidéral, dans celui de la latitude d'un lieu de la terre par l'observation de la hauteur des étoiles audessus de l'horizon, etc. (*Voy.* Heure, Latitude, Azimut.)

POUSSÉE DES TERRES. (*Archit. prat.*) On nomme *poussée des terres* l'effort qu'exercent contre les murs de revêtement destinés à les soutenir, les terres coupées à pic.

L'expérience a démontré que toutes les terres nouvellement remuées prennent un talus naturel dont la surface est plane, et dont l'inclinaison sur le plan horizontal varie en raison de l'adhérence et du frottement des molécules. Imaginons qu'on ait coupé à pic, sur la hauteur BE, une masse de terre dont ABEF (Pl. XX, fig. 4) représente le profil; cette masse n'étant pas un véritable corps solide, mais bien un agrégat de molécules solides imparfaitement adhérentes entre elles, ses parties, qui ne seront plus soutenues du côté de BE, et qui tendent à descendre par l'effet de leur pesanteur, s'ébouleront dans l'espace vide qui leur est offert, de manière qu'après leur chute et lorsque l'équilibre de la masse sera établi, cette masse offrira du côté du déblai une pente ou talus AB plus ou moins incliné par rapport à la ligne horizontale ED. Si l'adhérence des molécules terreuses était, comme dans les pierres, plus grande que leur pesanteur, il est évident qu'aucun éboulement ne pourrait avoir lieu et que la masse conserverait le talus vertical BE; tandis que si cette adhérence était nulle, comme dans les fluides, la masse entière s'affaisserait jusqu'à ce que sa surface supérieure fût devenue horizontale. Entre ces deux limites extrêmes d'adhérence, il est facile de voir que le talus AB sera d'autant plus incliné que l'adhérence sera plus petite; mais cette force ne détermine pas seule la forme et l'inclinaison du talus, qui dépendent principalement de la résistance due au frottement des molécules les unes contre les autres; ainsi, en supposant que la masse ABEF soit composée de sable sec, dont on peut considérer la cohésion comme nulle, l'inclinaison du talus AD sera parvenue à son degré naturel lorsque la molécule *m*, qui tend à glisser sur le plan incliné *mD*, demeurera en repos par le seul effet du frottement (*voy.* ce mot). Dans ce cas, l'inclinaison du plan du talus est indépendante de la hauteur du déblai, et se trouve uniquement donnée par la valeur du frottement; de sorte que l'angle d'inclinaison ADF est en réalité *l'angle du frottement* (*voy.* ce mot), et sa tangente le rapport du frottement à la pression. Dans tous les autres cas, où il est nécessaire de faire entrer l'adhérence en considération, l'angle d'inclinaison ADF diminue à mesure que la hauteur du déblai augmente, parce que les différentes espèces de terres se soutiennent d'elles-mêmes quand elles sont taillées à pic sur une certaine hauteur, qui dépend uniquement de leur force de cohésion.

Il résulte de ces notions générales que, si l'on élève un mur en BE pour empêcher le mouvement des terres, ce mur supportera l'effort ou pression du prisme de terre ABC, qui se détacherait sans l'obstacle opposé à son mouvement. La même chose aurait évidemment lieu pour un mur BCDE (Pl. XX, fig. 5) derrière lequel on ferait un remblai de terre.

La recherche des principes d'après lesquels doivent être construits les murs de revêtement qui doivent résister à la poussée des terres, a beaucoup occupé les savans du dernier siècle; mais leurs travaux ne présentent plus aucun intérêt depuis que Coulomb a fait entrer dans l'analyse de la question les diverses circonstances physiques que nous venons de signaler, et surtout depuis que M. de Prony en a donné une théorie très-simple et très-générale, dont l'expérience a confirmé tous les résultats. C'est cette dernière que nous allons exposer.

1. Soit BCDE (fig. 5, Pl. XX) un mur de revêtement derrière lequel on a fait un remblai de terre dont une partie, le prisme FBE, s'éboulerait sans la résistance de ce mur. Il s'agit, 1° d'évaluer la force ou poussée qui tend à renverser le mur, 2° de déterminer la forme et les dimensions qu'il est nécessaire de donner au mur pour résister à la pression.

Observons d'abord que le prisme FBE déterminé par le talus naturel BF, que prendraient les terres abandonnées à elles-mêmes, n'est pas celui dont l'effort contre le mur est le plus considérable; car l'inclinaison du plan du talus est telle que le frottement et la cohésion seuls y retiennent les terres en équilibre. Si nous concevons une suite de plans moins inclinés que celui du talus, et passant tous en B par l'arête inférieure du prisme, chacun de ces plans, BH, séparera un prisme BHE qui tend aussi à s'écrouler, puisque le prisme FBE ne forme pas une masse solide, et parmi tous ces prismes il s'en trouvera nécessairement un qui aura besoin d'une plus grande force qu'aucun autre pour s'opposer à son glissement. Or, nommons

P la force horizontale qui soutient le prisme BHE,
Q le poids de ce prisme;
φ l'angle HBE, formé par le plan incliné HB et la verticale;
γ la force de cohésion sur l'unité de surface;
f le coefficient du frottement, ou le rapport de la pression normale au frottement;
τ le complément de l'angle du frottement ou l'angle dont la cotangente $= f$;
h la hauteur EB du remblai;
b la longueur de la ligne HB sur laquelle la cohésion a lieu;
ϖ la pesanteur spécifique des terres.

Nous avons, d'après la théorie du plan incliné, pour l'équation d'équilibre du prisme HBE sur le plan incliné HB (*Voy.* Plan incliné, tom. II, et Frottement.)

$$P = \frac{Q(\cos\varphi - f\sin\varphi) - b\gamma}{\sin\varphi + f\cos\varphi}.$$

Ainsi, il ne s'agit plus que de déterminer la valeur de φ, qui convient au prisme de la plus grande poussée, et rend conséquemment P un *maximum*.

Observons d'abord que le triangle HBE rectangle en E fournit les relations

$$EH = EB \cdot \tan EBH = h\tan\varphi,$$

$$HB = \frac{EB}{\cos EBH}, \text{ ou } b = \frac{h}{\cos\varphi},$$

d'où nous avons pour l'aire de ce triangle l'expression $\frac{1}{2}h^2\tan\varphi$. Si nous représentons le poids du prisme par sa base, nous aurons donc

$$Q = \frac{1}{2}\varpi h^2\tan\varphi.$$

Substituant ces diverses valeurs dans l'équation d'équilibre, elle deviendra

$$P = \frac{1}{2}\varpi h^2\tan\varphi\,\frac{\cos\varphi - f\sin\varphi}{\sin\varphi + f\cos\varphi} - \frac{h\gamma}{\cos\varphi(\sin\varphi + f\cos\varphi)}.$$

Remplaçant dans cette dernière f par $\cot\tau = \dfrac{1}{\tan\tau}$, on pourra la ramener à une forme beaucoup plus simple, au moyen des réductions suivantes :

$$\frac{\cos\varphi - \dfrac{\sin\varphi}{\tan\tau}}{\sin\varphi + \dfrac{\cos\varphi}{\tan\tau}} = \frac{\tan\tau - \tan\varphi}{1 + \tan\tau\cdot\tan\varphi}$$

$$= \tan(\tau - \varphi)$$

$$\cos\varphi\left(\sin\varphi + \frac{\cos\tau}{\sin\tau}\cos\varphi\right) = \frac{\cos\varphi(\sin\varphi\sin\tau + \cos\varphi\cos\tau)}{\sin\tau}$$

$$= \frac{\cos\varphi\cdot\cos(\tau + \varphi)}{\sin\tau}$$

$$= \frac{1}{\tan\varphi + \tan(\tau - \varphi)}.$$

Nous avons ainsi ..... (*a*)

$$P = \frac{1}{2}\varpi h^2\tan\varphi\cdot\tan(\tau - \varphi) - h\gamma\left[\tan\varphi + \tan(\tau - \varphi)\right],$$

ce qu'on peut encore mettre sous la forme ..... (*b*)

$$P = \left[\frac{1}{2}\varpi h^2 + h\gamma\tan\tau\right]\tan\varphi\cdot\tan(\tau - \varphi) - h\gamma\tan\tau.$$

Pour avoir maintenant la valeur de φ qui rend P un maximum, il faut égaler à zéro la différentielle du second membre de cette équation (*voy.* Maximum, tom. II), prise en faisant varier la seule quantité φ. On a donc

$$o = d\left[\tang \varphi \, . \, \tang (\tau - \varphi)\right],$$

ou

$$o = \tang (\tau - \varphi) \, . \, d\tang \varphi + \tang \varphi \, . \, d\tang (\tau - \varphi);$$

mais

$$d\tang \varphi = \frac{d\varphi}{\cos^2\varphi}, \; d\tang(\tau - \varphi) = -\frac{d\varphi}{\cos^2 (\tau - \varphi)}.$$

Ainsi

$$o = \cos^2(\tau - \varphi) \, . \, \tang(\tau - \varphi) - \cos^2\varphi \, . \, \tang \varphi.$$

Remplaçant chaque tangente par le sinus divisé par le cosinus, il vient

$$\cos (\tau - \varphi) \, . \, \sin (\tau - \varphi) = \cos \varphi \, . \, \sin \varphi,$$

ce qui se réduit à

$$\sin 2 (\tau - \varphi) = \sin 2 \varphi,$$

et donne définitivement

$$\varphi = \frac{1}{2}\tau.$$

Cette valeur étant indépendante de la cohésion γ, on voit que le prisme de la plus grande poussée est le même, pour la même terre, qu'elle ait été ou non nouvellement remuée. En la substituant dans (a), on obtient pour l'expression de la force P

$$P = \frac{1}{2}\varpi h^2 \tang^2\left(\frac{1}{2}\tau\right) - 2h\gamma \tang\left(\frac{1}{2}\tau\right),$$

ou, représentant pour abréger $\tang \left(\frac{1}{2}\tau\right)$ par t, ... (c)

$$P = ht\left[\frac{1}{2}\varpi ht - 2\gamma\right].$$

2. Il entre dans l'expression de P deux quantités à déterminer par des expériences ; l'une est t ou $\tang\left(\frac{1}{2}\tau\right)$, qui dépend du rapport f du frottement à la pression, et l'autre est γ ou la force de cohésion sur l'unité de surface. La quantité f peut être observée directement ; quant à la quantité γ, si l'on observe à quelle hauteur H l'espèce de terre dont il est question se soutient d'elle-même quand elle est taillée à pic, et qu'on substitue H à la place de h dans l'équation (1), on aura

$$o = Ht\left[\frac{1}{2}\varpi Ht - 2\gamma\right],$$

puisque la poussée P est nulle pour cette hauteur. On en déduira

$$\gamma = \frac{1}{4}\varpi Ht,$$

et conséquemment γ sera connu lorsqu'on connaîtra t ou f.

3. Dans la pratique, comme les murs de revêtement sont presque toujours destinés à soutenir des terres nouvellement remuées et dont la cohésion est peu considérable, il est nécessaire de faire abstraction de cette force dans l'évaluation de la poussée P, pour ne pas s'exposer à donner des dimensions insuffisantes aux murs. Ainsi, en nous bornant aux résultats susceptibles d'une application immédiate, nous aurons simplement ..... (d)

$$P = \frac{1}{2}\varpi h^2 . \tang^2\left(\frac{1}{2}\tau\right), \text{ ou } P = \frac{1}{2}\varpi h^2 t^2,$$

et l'angle τ sera ici l'angle du talus naturel des terres avec la verticale. Nous ferons observer que dans cette hypothèse d'une cohésion nulle, comme on a toujours

$$\varphi = \frac{1}{2}\tau,$$

le prisme de plus grande poussée HBE est donné par le plan incliné qui partage l'angle du talus naturel FBE en deux parties égales.

4. Il est facile de déduire de l'équation (d) le point de la hauteur du mur où la puissance P peut être censée appliquée. En effet, menons par un point quelconque b, de EB, une droite hb parallèle à HB, et désignons Eb par z, la somme des pressions horizontales dues au triangle Ehb sera

$$\frac{1}{2}\varpi z^2 t^2,$$

dont la différentielle $\pi z t^2 dz$ exprimera la pression élémentaire ou celle qui a lieu au point quelconque b situé à la distance $h - z$ du point B. Le moment de cette pression élémentaire, pris par rapport au point B, sera donc

$$\frac{1}{2}\varpi t^2 z (h - z) dz,$$

et, en intégrant cette expression depuis $z = o$ jusqu'à $z = h$, on trouvera pour la somme des momens de toutes les pressions horizontales du triangle HBE, ou pour le moment de leur résultante ..... (e)

$$\frac{1}{6}\varpi h^3 t^2.$$

Divisant cette somme par celle des masses, $\frac{1}{2}\varpi h^2 t^2$, on obtient $\frac{1}{3}h$; c'est la distance du point B à la résultante des pressions. Ainsi, le point d'application de la force qui résulte de la poussée des terres est situé au tiers de la hauteur du remblai, à partir de sa base.

5. Procédons à la détermination des dimensions qu'il faut donner au mur de revêtement pour rendre sa résistance suffisante. Nommons

x l'épaisseur ED du mur au sommet,

n le rapport entre la base CK et la hauteur CD du talus du parement extérieur,

Π la pesanteur spécifique de la maçonnerie ;

la surface du profil EBKD sera exprimée par

$$hx + \frac{1}{2}nh^2,$$

et l'on aura pour le poids du mur, en le représentant par la surface EBKD,

$$h\left(x + \frac{1}{2}nh\right)\Pi.$$

Or, si la résistance du mur n'est pas suffisante, il peut céder de deux manières à la poussée des terres : il peut être repoussé horizontalement en glissant sur sa fondation, ou bien être renversé en tournant autour de l'arête extérieure de sa base. Dans le premier cas, considérant comme nulle l'adhérence de l'assise inférieure avec la surface qui la supporte, et désignant par ρ le rapport du poids du mur au frottement qu'il exercerait en glissant sur cette surface, l'expression

$$h\left(x + \frac{1}{2}nh\right)\rho\Pi$$

représentera la résistance du mur, et en l'égalant à celle de la poussée (d), nous aurons l'équation d'équilibre.

$$h\left(x + \frac{1}{2}nh\right)\rho\Pi = \frac{1}{2}\varpi h^2 t^2.$$

Dégageant x de cette équation, nous obtiendrons .... (f)

$$x = \frac{1}{2}h\left[\frac{\varpi t^2}{\rho\Pi} - n\right].$$

Lorsque le parement extérieur du mur est vertical, ainsi que son parement intérieur, on a $n = 0$, et la valeur de x devient ..... (h)

$$x = \frac{h\varpi t^2}{2\rho\Pi}.$$

Dans le cas où l'on considère le mur comme prêt à tourner autour de son arête extérieure, il faut, pour former l'équation d'équilibre entre sa résistance et la poussée, égaler les momens de ces deux forces pris par rapport au point K considéré comme le centre de rotation. Ainsi, observant que l'aire EBKD se compose, 1° du rectangle EBCD, dont la surface est hx, et dont la distance du centre de gravité au point K est $MK = \frac{1}{2}x + nh$; 2° du triangle DCK, dont la surface est $\frac{1}{2}nh^2$, et dont la distance du centre de gravité au même point K est $NK = \frac{2}{3}nh$ (voy. ci-devant, p. 389), nous aurons pour le moment du mur

$$\frac{1}{2}h\left[x^2 + 2nhx + \frac{2}{3}n^2h^2\right]\Pi.$$

Celui de la poussée (e) étant le même par rapport au point K que par rapport au point B, puisque BK est une droite parallèle à la direction de la résultante de toutes les poussées horizontales du prisme HBE, nous avons

$$\frac{1}{2}h\left[x^2 + 2nhx + \frac{2}{3}n^2h^2\right]\Pi = \frac{1}{6}\varpi h^3 t^2,$$

d'où nous tirerons

$$x = h\left[-n + \sqrt{\left(\frac{\varpi t^2}{3\Pi} + \frac{n^2}{3}\right)}\right].$$

La quantité n étant généralement très-petite, on peut, sans erreur sensible, négliger sa seconde puissance sous le radical, et l'on a simplement ..... (i)

$$x = h\left[-n + \sqrt{\left(\frac{\varpi t^2}{3\Pi}\right)}\right],$$

ce qui, dans le cas d'un parement extérieur vertical, se réduit à ..... (k)

$$x = h \cdot \sqrt{\left(\frac{\varpi t^2}{3\Pi}\right)}.$$

6. Les exemples suivans vont donner une idée de l'usage de ces formules.

1. *On demande quelle épaisseur il faut donner à un mur de pierres de taille destiné à soutenir un remblai de terre végétale de 8 mètres de hauteur.*

La pesanteur spécifique de la pierre employée est 2,4 ; celle de la terre végétale est 1,5 ; et l'on sait, de plus, que le talus naturel des terres végétales nouvellement remuées est de 45°.

Nous avons les données $4 = 8^m$; $\varpi = 1,5$; $\Pi = 2,4$; $\tau = 45°$, d'où tang $\left(\frac{1}{2}\tau\right) = 0,4142$ et $t^2 = 0,1716$.

Admettant que le rapport du frottement à la pression est 0,8 pour les pierres (*voy.* Résistance), nous ferons $\rho = 0,8$, et la formule (h) nous donnera

$$x = \frac{8 \times 1.5 \times 0.1716}{2 \times 0,8 \times 2,4} = 0^m,55.$$

Les mêmes valeurs substituées dans la formule (k) produiront

$$x = 8 \sqrt{\left(\frac{1,5 \times 0,1716}{3 \times 2,4}\right)} = 1^{\mathrm{m}},51.$$

C'est à cette dernière valeur qu'il faut s'arrêter, afin que le mur ne soit exposé ni à se mouvoir horizontalement, ni à être renversé ; et comme la formule (k) donnera toujours des épaisseurs plus grandes que celles indiquées par la formule (h), on peut se dispenser d'effectuer le calcul de cette dernière.

Si le mur devait avoir un parement extérieur en talus, il faudrait employer la formule (i), en y donnant à n la valeur convenable. Par exemple, les données précédentes restant les mêmes, si la base du talus du parement extérieur devait être la douzième partie de sa hauteur 8^{m}, on ferait $n = \frac{1}{12}$, et on trouverait

$$x = 8\left[-\frac{1}{12} + \sqrt{\left(\frac{1,5 \times 0,1716}{3 \times 2,4}\right)}\right] = 0^{\mathrm{m}},84,$$

l'épaisseur du mur au sommet serait alors $0^{\mathrm{m}},84$, et son épaisseur à la base $0^{\mathrm{m}},84 + \frac{1}{12} 8^{\mathrm{m}} = 1^{\mathrm{m}},51$. On voit qu'il est avantageux de construire les murs en talus, et que la forme triangulaire serait la plus convenable, si, pour résister aux causes de destruction auxquelles il est exposé, le sommet du mur ne devait pas toujours avoir une certaine épaisseur, qui dépend de la nature de ses matériaux. Dans tous les cas, on fera bien de donner à son parement extérieur le plus grand talus possible.

II. *Le remblai haut de 12 mètres étant de sable dont le mètre cube pèse 1341 kilogrammes, et le mur devant être construit en briques, dont le mètre cube pèse 1750 kilogrammes, on demande l'épaisseur du mur, sachant que le rapport du frottement à la pression est, pour le sable, 0,4.*

La première chose à déterminer pour pouvoir employer la formule (k), c'est la valeur de t ou de tang $\left(\frac{1}{2}\tau\right)$.

La quantité donnée est ici $f = 0,4$, et comme $f = \cot \tau$, on a $\cot \tau = 0,4$; d'où Log cot $\tau = 9,6020600$. Ce logarithme, cherché dans les tables, fait connaître $\tau = 68°11'54'',92$; ainsi $\frac{1}{2}\tau = 34°5'57'',46$; et l'on trouve dans les tables

$$\text{Log tang}\left(\frac{1}{2}\tau\right) = 9,8306098 ;$$

On en conclut tang $\left(\frac{1}{2}\tau\right)$ ou $t = 0,677033$.

Observant ensuite que le rapport des pesanteurs spécifiques est le même que celui des poids d'un même vo-

lume, on peut poser $\varpi = 1341$, $\Pi = 1750$. Substituant toutes ces valeurs dans (k), il vient

$$x = 12 \times 0,677033 \sqrt{\frac{1345}{3 \times 1750}}.$$

En opérant au moyen des logarithmes, ce qui est toujours plus prompt, et convient d'autant mieux ici que la formule ne comprend ni addition ni soustraction, et qu'on a déjà le logarithme de $0,677033$, on obtient

$$x = 4^{\mathrm{m}},11.$$

7. Les dimensions calculées d'après les formules (i) et (k) pourront être employées avec confiance dans la pratique, parce qu'on y a fait abstraction de la cohésion des terres ; d'où il résulte que la résistance du mur ne fait pas seulement équilibre à la poussée, mais qu'elle lui est supérieure. Cependant, comme ces formules supposent que la base sur laquelle le mur est élevé est incompressible, ce qui n'a jamais lieu, et en outre que toutes les parties de ce mur sont assez bien unies entre elles pour faire une seule masse qui ne peut céder qu'en glissant horizontalement ou qu'en tournant autour d'une des arêtes de sa base, hypothèse très-peu exacte, on devra toujours, pour plus de sécurité, augmenter un peu les épaisseurs données par le calcul.

8. M. Mayniel, à qui l'on doit un grand nombre d'expériences sur la poussée des terres, a calculé, d'après leurs résultats, les épaisseurs suivantes pour les murs de revêtement à deux paremens verticaux : x exprime partout l'épaisseur et h la hauteur.

1° Si le remblai est en terre végétale soigneusement *damée* ou *foulée*, dont le mètre cube pèse moyennement 1108 kilogrammes, l'épaisseur sera

Pour un mur en briques....... $x = 0,16h,$
en moellons...... $x = 0,15h,$
en cailloux roulés. $x = 0,14h,$
en pierres de taille $x = 0,13h ;$

en admettant ici, comme plus loin, que le mètre cube de la maçonnerie en briques pèse 1750 kil., en moellons 2158 kil., en cailloux roulés 2363 kil., et en pierres de taille 2712 kil.

2° Si le remblai est formé en terres mêlées de gros gravier, damées, dont le mètre cube pèse 1546 kil., l'épaisseur sera

Pour un mur en briques....... $x = 0,19h,$
en moellons...... $x = 0,17h,$
en cailloux roulés. $x = 0,17h,$
en pierres de taille $x = 0,16h.$

3° Si le remblai est formé en sable pesant 1341 kil. par mètre cube, l'épaisseur sera

Pour un mur en briques....... $x = 0,33h$,
en moellons...... $x = 0,30h$,
en cailloux roulés. $x = 0,30h$,
en pierres de taille $x = 0,26h$.

4° Si le remblai est formé en décombres ou débris de roche, dont le mètre cube pèse 1750 kil., l'épaisseur sera

Pour un mur en briques....... $x = 0,24h$,
en moellons...... $x = 0,22h$,
en cailloux roulés. $x = 0,21h$,
en pierres de taille $x = 0,17h$.

5° Enfin, si le remblai est en terres argileuses soigneusement damées, dont le mètre cube pèse 1225 kil., l'épaisseur sera

Pour un mur en briques....... $x = 0,17h$,
en moellons...... $x = 0,17h$,
en cailloux roulés. $x = 0,15h$,
en pierres de taille $x = 0,14h$.

Ces épaisseurs devront être un peu augmentées dans la pratique, d'après l'observation du paragraphe précédent.

M. Magniel prescrit encore de donner aux murs de revêtement destinés à supporter un remblai de terres savonneuses susceptibles d'être pénétré par les eaux, les épaisseurs suivantes :

Pour un mur en briques....... $x = 0,54h$,
en moellons...... $x = 0,49h$,
en cailloux roulés. $x = 0,47h$,
en pierres de taille $x = 0,44h$.

Si ces terres n'étaient point sujettes à être presque saturées entièrement par les eaux, ces dimensions seraient trop fortes, et il suffirait de donner les épaisseurs :

Pour un mur en briques...... $x = 0,54h$,
en moellons...... $x = 0,29h$,
en cailloux roulés. $x = 0,27h$,
en pierres de taille $x = 0,24h$.

Dans le cas d'un terrain susceptible de se délayer par les eaux et de prendre un talus naturel approchant de l'angle droit, il faut faire $\tau = 90°$, et les formules (i) et (k) deviennent

$$x = h\left[-n + \sqrt{\left(\frac{\varpi}{3\mathrm{II}}\right)} \right],$$

$$x = h\sqrt{\left(\frac{\varpi}{3\mathrm{II}}\right)},$$

Tom. III.

elles expriment alors les épaisseurs d'un mur qui doit résister à la poussée d'un fluide.

9. L'expérience a montré qu'à épaisseurs égales les murs les plus longs avaient moins de résistance que les autres, il est donc nécessaire, lorsque la longueur du mur est un peu considérable, d'établir des contreforts intérieurs ou extérieurs qui soient liés avec soin à la maçonnerie. Ces contreforts offrent des points d'appui dont la résistance est beaucoup plus grande que l'effort qu'ils supportent, et divisent en quelque sorte le mur en parties indépendantes les unes des autres. Il est évident que plus ils sont rapprochés, moins l'épaisseur du mur doit être considérable.

10. Quelquefois le mur de revêtement doit soutenir, outre la poussée des terres, celle d'autres matières superposées sur le terrain rapporté, comme un pavé, un bâtiment, etc. Il devient alors nécessaire d'évaluer l'augmentation de poussée qui en résulte. En supposant le poids distribué uniformément sur la surface du terrain et nommant p la pression sur l'unité de surface, le poids porté par le prisme de plus grande poussée HBE est exprimé par $ph\,\tan\left(\frac{1}{2}\tau\right)$; il faut donc substituer $Q + ph\,\tan\left(\frac{1}{2}\tau\right)$ à la place de Q dans les équations d'équilibre, ou, ce qui est la même chose, $\frac{1}{2}\varpi h^2 t + pht$ à la place de $\frac{1}{2}\varpi h^2 t$. L'expression de la poussée devient ainsi

$$P = \left(\frac{1}{2}\varpi h + p \right) h t^2,$$

celle de son moment, déduite au moyen des considérations indiquées ci-dessus, est

$$\frac{1}{2}\left(\frac{1}{3}\varpi h + p \right) h^2 t^2,$$

et l'on a, pour l'épaisseur x du mur,

$$x = h\left[-n + t\sqrt{\left(\frac{\varpi + \dfrac{3p}{h}}{3\mathrm{II}} \right)} \right].$$

Voyez : Coulomb, *Recueil de Mémoires.* — Prony, *Recherches sur la poussée des terres.* — Magniel, *Traité de la poussée des terres.*

PRÉCESSION DES ÉQUINOXES. (*Astron.*) La cause et les effets de ce phénomène ayant été suffisamment expliqués dans le deuxième volume de ce dictionnaire, nous nous bornerons à rappeler les formules qui sont le plus en usage parmi les astronomes pour assigner les variations qu'éprouvent les ascensions droites et les déclinaisons des astres par suite de ce mouvement rétrograde de la ligne des équinoxes.

Lorsque, dans la théorie du mouvement de la terre dans son orbite, l'on considère le déplacement fort lent de cette courbe, et qu'on la rapporte à une écliptique fixe, telle que celle de 1750, on trouve que son obliquité sur celle-ci s'accroît proportionnellement au carré du temps, mais d'une quantité si petite, qu'il est absolument inutile, pour l'objet que nous nous proposons, d'y avoir égard. Il n'en est pas de même de la variation séculaire de l'angle que l'équateur céleste fait avec le plan de l'écliptique variable ; car, depuis 1750 jusqu'à ce jour, il a diminué progressivement de 0′48 par an. En général, soit ω l'obliquité moyenne ; celle de 1750 s'étant trouvée de $28°28'18'$, on a, au bout de t années,

$$\omega = 25°28'18' - t \cdot 0',48368,$$

en négligeant toutefois le terme dépendant du carré du temps, et dont le coefficient négatif est extrêmement petit.

Le mouvement de précession annuelle *luni-solaire*, estimé sur l'écliptique fixe, étant désigné par dl', on a, à partir de 1750,

$$dl' = 50',37572 - t \cdot 0',0002435890,$$

tandis que la précession générale annuelle mesurée sur l'écliptique actuelle ou variable est

$$dl = 50',21129 + t \cdot 0',0002442966.$$

Maintenant, si l'on a recours aux formules différentielles (2) (1) obtenues à l'art. NUTATION, lesquelles expriment généralement les variations en ascension droite et en déclinaison, lorsque la longitude d'un astre et l'obliquité de l'écliptique changent d'une très-petite quantité, on aura, en faisant ici $d\omega = 0$, puisque l'obliquité moyenne peut être censée constante pendant un petit nombre d'années, on aura, disons-nous,

$$dA = (\cos \omega + \sin \omega \tang D \sin A)dl,$$
$$dD = \sin \omega \cos A \cdot dl.$$

Cependant il est à remarquer que la variation dA étant comptée à partir de l'écliptique de 1750, il est nécessaire de lui faire une légère correction pour la rapporter à l'origine actuelle des ascensions droites ; ce qui s'effectuera en diminuant cette variation de la petite quantité $\mu = 0',17926 \cdot t$.

Il résulte de là que si l'on fait

$$m = \cos \omega \cdot dl - \mu,$$
$$n = \sin \omega \cdot dl,$$

les formules de précession en ascension droite et en déclinaison seront respectivement

$$dA = m + n \sin A \tang D,$$
$$dD = n \cos A.$$

Les coefficiens m, n, sont ce qu'on appelle les *constantes* de la précession, quoique, dans la réalité, elles varient un peu avec le temps. En effet, **M.** Bessel a trouvé qu'à partir de 1750

$$m = 46',02824 + 0',00030865 \cdot t,$$
$$n = 20',06442 - 0',00009702 \cdot t.$$

Voy. la *Connaissance des temps* pour 1829.

Dans le catalogue contenant les positions moyennes des étoiles, le mouvement de précession est compris sous la dénomination de *variation annuelle*, à partir du 1ᵉʳ janvier de l'année à laquelle se rapporte ce catalogue, et il a été calculé pour chaque étoile au moyen des formules précédentes.

En terminant, nous ferons observer que l'obliquité *apparente* de l'écliptique est égale à l'obliquité moyenne augmentée du terme $9',426 \cos N$, en appelant N la longitude moyenne du nœud ascendant de la lune. (*Voy.* NUTATION.)

(M. Puissant.)

PRESSION. (*Méc.*) Les moyens généraux de déterminer la pression des solides contre les surfaces qui les supportent ayant été exposés au mot FROTTEMENT, nous nous occuperons seulement dans cet article de la pression des fluides dont l'évaluation est importante pour diverses questions d'hydraulique. Quant à l'emploi des pressions comme moteurs, il en a été question aux mots FORCE, MOUVEMENT et MACHINE.

1. Considérons un liquide homogène renfermé dans un vase de forme quelconque et abandonné à lui-même. Il est évident que l'équilibre ne peut exister dans la masse liquide qu'autant que chaque molécule en particulier subit des pressions égales dans tous les sens de la part des molécules environnantes ; car, si la pression était plus forte dans une certaine direction que dans la direction opposée, la molécule se mettrait nécessairement en mouvement. Or, lorsqu'une masse liquide est en repos, on peut toujours supposer, sans rien changer aux conditions d'équilibre, qu'une de ses parties soit solidifiée ; ainsi, en admettant que toute la masse devienne solide, à l'exception d'un petit canal vertical *cd* (fig. 6, Pl. XX) qui contient une seule file de molécules, les pressions supportées par la dernière, *d*, de ces molécules, resteront les mêmes ; mais la molécule *d* supporte le poids total de la file *cd* des molécules, donc, avant la solidification, elle supportait la même pression verticale, et puisque alors elle restait en repos, c'est qu'elle était pressée par le liquide inférieur de manière à faire équilibre à la pression verticale. Imaginons maintenant un petit canal *cde* toujours composé d'une seule file de molécules et allant aboutir sur une des parois latérales du vase ; la pression des molécules ren-

fermées dans le bras horizontal *de* sur la molécule *d* sera évidemment égale au poids des molécules renfermées dans le bras vertical *cd*, et il en serait encore de même si le bras *de*, au lieu d'être horizontal, était incliné. On peut donc conclure qu'*une molécule quelconque d'une masse liquide éprouve dans tous les sens une pression égale au poids d'une colonne verticale du liquide qui aurait pour base cette molécule et pour hauteur sa distance à la surface libre du liquide*. Il résulte de cette proposition plusieurs conséquences remarquables :

1° Tous les points d'une tranche horizontale quelconque d'une masse fluide supportent la même pression.

2° La somme des pressions supportées par une tranche horizontale est égale au poids d'un prisme liquide qui aurait pour base la surface de la tranche et pour hauteur la distance de cette tranche au niveau du liquide.

3° La pression normale *fg* exercée par le liquide sur un point *g* d'une paroi inclinée BN est égale au poids de la colonne liquide verticale *hg*, qui a pour hauteur la distance du point *g* au niveau du liquide. En effet, cette pression normale *fg* est celle que supporte la molécule *g* en contact avec la paroi, et à laquelle la résistance de la paroi fait équilibre ; et l'on vient de voir que les pressions d'une molécule, dans tous les sens, sont les mêmes que sa pression verticale.

Si la paroi est horizontale, comme AB, il est visible que la pression exercée en un de ses points *b* est toujours égale au poids de la colonne liquide verticale *ab*.

2. Nommant ω l'aire d'une paroi, $d\omega$ son élément, z la distance de cet élément au niveau du liquide, et ϖ le poids de l'unité de volume de ce liquide, le poids de la colonne verticale qui a pour base $d\omega$ aura pour expression

$$\varpi z d\omega,$$

et comme, d'après ce qui précède, ce poids est égal à la pression normale que le liquide exerce contre l'élément $d\omega$ de la surface ω, la pression totale supportée par la surface ω sera

$$\int \varpi z d\omega,$$

de sorte qu'en désignant cette pression totale par P, nous aurons l'expression fondamentale ..... (*a*)

$$P = \varpi \int z d\omega,$$

dont nous avons donné ailleurs la déduction analytique. (*Voy.* Hydrostatique, tome II.)

3. Ceci posé, il est facile de voir que le problème d'évaluer la pression d'un fluide contre une surface qui en est recouverte se réduit à trouver la valeur de $d\omega$ en

fonction de z et à effectuer ensuite l'intégration indiquée.

Examinons d'abord le cas le plus simple. Soit, la surface pressée, le parallélogramme ABCD (Pl. XX, fig. 7) incliné d'une manière quelconque par rapport à l'horizon, mais dont les deux côtés AB et CD sont des lignes horizontales. Par un point quelconque Q de la base AB, menons une perpendiculaire QG, cette perpendiculaire mesurera la distance des côtés opposés AB et CD et l'angle GQN qu'elle formera avec l'horizontale MN, sera l'inclinaison de ABCD sur le niveau inférieur du fluide. Nommons

a le côté AB ;
b la longueur GQ de la perpendiculaire ;
x la distance GO d'un point quelconque O de la perpendiculaire à son extrémité supérieure G ;
z la distance OE de ce même point O au niveau supérieur *mn* du fluide ;
α l'angle GQN.

Si nous partageons le parallélogramme ABCD en une infinité de tranches horizontales d'une largeur infiniment petite, la pression sera la même sur tous les points d'une même tranche, et nous pourrons, conséquemment, considérer ces tranches comme les élémens de la surface. Or, la tranche *abcd*, qui correspond au point O, a pour aire $ab \times Op$ ou adx ; car $ab = AB = a$, et Op est l'accroissement infiniment petit de $GO = x$; ainsi

$$d\omega = adx.$$

Nommons h la distance FG de la base supérieure CD au niveau supérieur du fluide, et, menant GH parallèle à *mn*, observons que le triangle rectangle GHO, dans lequel l'angle HGO = GQN = α, donne

$$HO = OG \cdot \sin \alpha = x \sin \alpha,$$

d'où il résulte

$$EO = z = FG + HO = h + x \sin \alpha.$$

Substituant ces valeurs de $d\omega$ et de z dans l'équation (*a*), elle devient

$$P = \varpi \int \left(h + x \sin \alpha \right) adx,$$

et l'on obtient, en prenant l'intégrale depuis $x = o$ jusqu'à $x = b$,

$$P = \varpi \left(abh + \frac{1}{2} ab^2 \sin \alpha \right),$$

expression dans laquelle il n'y a plus qu'à substituer les valeurs particulières des quantités a, b, h, α et ϖ, pour obtenir la valeur numérique de P.

3. Si la surface ABCD était horizontale, l'angle α serait nul et la valeur de P deviendrait

$$P = \varpi abh,$$

c'est-à-dire qu'elle serait égale au poids du prisme de fluide qui aurait ab pour base et h pour hauteur ; résultat déjà obtenu quelle que soit la forme de la paroi (*voy.* tome II, p. 93), et dont nous avons signalé les conséquences extrêmement importantes.

4. Si la surface était verticale, l'angle α serait de 90°, et comme sin 90° = 1, il viendrait

$$P = \varpi \left(abh + \frac{1}{2}\, ab^2 \right).$$

Dans le cas où le côté supérieur CD serait à fleur d'eau, c'est-à-dire au niveau de la surface supérieure du fluide, on aurait $h = 0$, et la pression se réduirait à

$$P = \frac{1}{2}\, \varpi ab^2,$$

Elle serait donc alors équivalente au poids de la moitié d'un prisme de fluide ayant la surface ab pour base et b pour hauteur.

5. Proposons-nous, comme application, de déterminer la pression qui a lieu sur les parois rectangulaires d'un réservoir d'eau ABCD (Pl. XX, fig. 8) ; en supposant que ce réservoir, constamment plein, soit un parallélipipède rectangle ayant 10 mètres de long sur 15 de large et 8 de hauteur. Les dimensions des deux plus petites parois seront ainsi $a = 10$, $b = 8$, et celles des deux plus grandes $a = 15$ et $b = 8$; le mètre étant l'unité linéaire, nous avons de plus $\varpi = 1000$ kilogrammes, et, par conséquent,

Pression sur la plus petite paroi $= \frac{1}{2} \cdot 1000 \times 10 \times 8^2$
$$= 320000^k,$$

Pression sur la plus grande paroi $= \frac{1}{2} \cdot 1000 \times 15 \times 8^2$
$$= 480000^k.$$

Dans la construction d'un pareil réservoir, il faudrait donc donner aux murs formant les parois des épaisseurs suffisantes pour résister à ces pressions. (*Voy.* Poussée des terres.)

6. On nomme *centre de pression* le point où la résultante des pressions de tous les élémens de la paroi vient la rencontrer, et où, par conséquent, la pression totale peut être censée appliquée. Ce centre se confond avec le centre de gravité pour les parois horizontales dont tous les points sont également pressés ; mais pour les parois latérales, comme la pression augmente avec la distance au niveau du fluide, le centre de pression est toujours plus bas que le centre de gravité. On déter-

mine sa position au moyen de la théorie des forces parallèles, en opérant de la manière suivante. Reprenons l'expression générale

$$P = a\varpi \int (h + x \sin \alpha)dx,$$

dont la différentielle

$$dP = a\varpi (h + x \sin \alpha)dx$$

représente la pression élémentaire qui a lieu sur l'élément $abcd$ (fig. 7). Or, si l'on multiplie cette pression élémentaire par la distance x de l'élément à la droite CD, et qu'on fasse la somme des produits semblable pour tous les élémens, cette somme sera égale à la pression totale P multipliée par la distance de son point d'application à la même droite CD. Nommant donc t cette distance inconnue, on aura

$$a\varpi t \int (h + x \sin \alpha)dx = a\varpi \int (h + x \sin \alpha)x dx,$$

les deux intégrales étant prises depuis $x = 0$ jusqu'à $x = b$. Retranchant les facteurs communs a et ϖ et intégrant entre les limites prescrites, on obtient

$$t = \frac{3hb + 2b^2\sin \alpha}{6h + 3b \sin \alpha}.$$

Connaissant la valeur de t, le centre de pression se trouve déterminé ; car ce centre devant se trouver nécessairement sur la ligne RS qui partage tous les élémens du parallélogramme en deux parties, si l'on prend $Gt = t$ et qu'on mène to parallèle à CD, le point o où cette parallèle coupe RS est le centre de pression.

7. Quand la paroi est horizontale, α est nul et la valeur de t se réduit à

$$t = \frac{1}{2}\, b.$$

Il est facile de voir que cette valeur coïncide avec le centre de gravité, ce qui devait être.

Si la base CD est *à fleur d'eau*, cas pour lequel $h = 0$, on a simplement, quel que soit l'angle α, dont le sinus disparaît,

$$t = \frac{2b}{3}.$$

Ainsi le centre de pression d'un parallélogramme dont un des côtés est à fleur d'eau se trouve aux deux tiers de la droite qui joint les milieux des deux bases horizontales, à partir de la base supérieure. Ce résultat, dans le cas d'un rectangle, est identique avec celui que nous avons obtenu pour la *poussée des terres*. (*Voy.* ce mot.)

8. Si la surface pressée avait une autre forme que celle d'un parallélogramme, les procédés généraux de la détermination de la pression et de son centre de pression seraient toujours ceux que nous venons d'indiquer; il n'y aurait de différent que le calcul relatif aux expressions particulières de z et de $d\omega$ en fonctions d'une variable commune. Prenons pour exemple le trapèze ABCD (Pl. XX, fig. 9), dont les deux bases parallèles AB et CD sont horizontales. Faisons $AB = m$, $CD = n$, prolongeons les deux autres côtés AC et BD jusqu'à ce qu'ils se rencontrent en un point Q, duquel nous abaisserons la perpendiculaire QH sur les deux bases parallèles. Imaginons par cette perpendiculaire un plan vertical qui coupe le fond du vase suivant l'horizontale MN et le niveau du liquide suivant l'horizontale mn. Enfin, partageons le trapèze en une infinité de tranches parallèles et horizontales d'une largeur infiniment petite; nommons $d\omega$ l'une de ces tranches ab, z sa distance EO au niveau du liquide, x sa distance OH à la base supérieure CD, et nous aurons, comme ci-dessus (n° 2), pour l'aire de la tranche, $ab \times dx$, et pour la pression qu'elle supporte

$$ab \times \varpi z dx.$$

Il reste donc seulement à trouver la valeur de ab. Or, faisant $QH = y$, nous avons

$$ab : CD = QO : QH,$$

ou

$$ab : n = y - x : y,$$

ce qui donne

$$ab = \frac{n(y-x)}{y}.$$

Mais, quand $x = GH = b$, on a $ab = AB = m$; ainsi

$$m = \frac{n(y-b)}{y},$$

d'où

$$y = \frac{nb}{n-m}.$$

Substituant cette valeur de y dans celle de ab, il vient

$$ab = \frac{nb - nx + mx}{b}.$$

Ainsi la pression sur l'élément ab est définitivement

$$\frac{\varpi}{b}(nb - nx + mx)z dx,$$

et la pression totale sur le trapèze est l'intégrale de cette quantité prise depuis $x = 0$ jusqu'à $x = b$.

Pour pouvoir effectuer l'intégration, il faut encore exprimer z en fonction de x. Menons donc HR parallèle à MN ; désignons par α l'angle RHO égal à l'angle HGN d'inclinaison de la paroi, et par h la distance FH de la base CD au niveau du liquide. Nous aurons

$$OR = OH \cdot \sin\alpha = x\sin\alpha,$$
$$z = ER + OR = h + x\sin\alpha,$$

d'où, définitivement, nommant P la pression totale

$$P = \frac{\varpi}{b}\int (nb - nx + mx)(h + x\sin\alpha)dx.$$

Intégrant entre les limites 0 et b, on trouve ..... (b)

$$P = \varpi\left(\frac{1}{2}bh(n+m) + \frac{1}{6}b^2(n+2m)\sin\alpha\right).$$

Signalons, avant de passer outre, les conséquences de ce résultat. Si les deux côtés n et m étaient égaux, le trapèze deviendrait un parallélogramme, et l'on aurait, comme ci-dessus (n° 2), en faisant $m = n = a$

$$P = \varpi\left(abh + \frac{1}{2}ab\sin\alpha\right).$$

Si le côté $AB = m$ était nul, le trapèze se changerait en un triangle d'une base n et d'une hauteur b, et la pression deviendrait

$$P = \varpi\left(\frac{1}{2}nbh + \frac{1}{6}nb^2\sin\alpha\right).$$

Cette dernière formule donne le moyen de calculer la pression sur une paroi plane rectiligne quelconque; car toutes les figures rectilignes peuvent être décomposées en triangles.

Si l'on veut connaître maintenant le *centre de pression* du trapèze, il faut observer, comme nous l'avons fait au n° 6, que la somme des pressions élémentaires multipliées par les distances respectives x des élémens au côté CD, est égale à la pression totale P multipliée par la distance de son point d'application à la même droite; de sorte qu'en nommant t cette distance inconnue, on a l'équation

$$tP = \frac{\varpi}{b}\int (nb - nx + mx)(hx + x^2\sin\alpha)dx,$$

ou, en intégrant le second membre entre les limites $x = 0$, $x = b$,

$$tP = \varpi\left(\frac{1}{6}b^2h(n+2m) + \frac{1}{12}b^3(n+3m)\sin\alpha\right).$$

Substituant à P sa valeur (b) et tirant la valeur de t, il vient, toutes réductions faites,

$$t = \frac{2bh(n+2m) + b^2(n+3m)\sin\alpha}{6h(n+m) + 2b(n+3m)\sin\alpha}.$$

Ainsi, prenant sur GH, à partir du point H, la partie Ht = t, et menant to parallèle à CD, le point o où cette droite rencontrera la ligne menée par les milieux des côtés opposés AB et CD sera le *centre de pression*; car ce centre doit se trouver nécessairement sur la ligne des milieux et à une distance t de CD.

Lorsque le côté CD est *à fleur d'eau* ou que h = 0, on a simplement

$$t = \frac{b\,(n + 3m)}{2\,(n + 2m)},$$

ce qui nous montre que la position du centre de pression est alors indépendante de l'angle d'inclinaison α du trapèze.

Si, le côté CD étant toujours supposé à fleur d'eau, l'on avait m = 0, et dans ce cas le trapèze deviendrait un triangle ayant son sommet au fond du vase, la valeur de t se réduirait à

$$t = \frac{b}{2},$$

c'est-à-dire que le centre de pression occupe le milieu de la droite menée du sommet au milieu de la base.

Dans le cas de n = 0, où le triangle a son sommet à fleur d'eau, on a

$$t = \frac{3b}{4},$$

c'est-à-dire que le centre de pression est situé aux trois quarts, à partir du sommet, de la droite qui joint ce sommet au milieu de la base.

Il est facile de voir que, dans tous les cas, le centre de pression d'une paroi inclinée est plus bas que le centre de gravité de cette paroi.

9. On déduit facilement de ces résultats que lorsqu'un liquide est renfermé dans un vase prismatique à base horizontale, les centres de pression de toutes les parois latérales sont situés sur le polygone formé par l'intersection de ces parois et d'un plan parallèle à la base distant du niveau du liquide des $\frac{2}{3}$, à partir de ce niveau, de la hauteur du liquide dans le vase. Dans un vase cylindrique, la ligne des centres de pression est un cercle.

Pour un vase conique dont le sommet serait en bas, la ligne des centres serait un cercle situé à égale distance du niveau de l'eau et du fond. Si le sommet était en haut, la ligne des centres serait placée aux $\frac{3}{4}$ de la hauteur à partir du niveau du liquide.

10. La propriété caractéristique des fluides en repos étant de transmettre dans tous les sens les pressions qu'on exerce sur eux, si la surface libre d'un liquide

éprouvait une pression quelconque, le centre de pression d'une paroi ne changerait pas; mais il faudrait ajouter à la pression due au poids du liquide et considérée comme appliquée à ce centre la totalité de la pression étrangère. (*Voy.* Hydrostatique, tome II. *Voy.* aussi, dans ce supplément, les mots Réaction et Résistance.)

PROJECTIONS DES SURFACES PLANES. La liaison qui existe entre les propriétés des *momens* (voy. ce mot) et celles des projections rend la considération de ces dernières très-utile dans les questions de haute mécanique. Nous indiquerons ici les propositions les plus importantes qui les concernent. Elles reposent sur le théorème fondamental suivant :

1. Théorème. *La projection d'une surface plane, sur un plan, est égale à l'aire de cette surface multipliée par le cosinus de son inclinaison sur le plan de projection.*

Une surface plane quelconque, rectiligne, curviligne ou mixtiligne, pouvant toujours être décomposée en triangles rectilignes finis ou indéfiniment petits, il suffit de démontrer que ce théorème a lieu pour un triangle. Soit donc ABC ce triangle (fig. 10, Pl. XX) et A′B′C′ sa projection sur un plan situé d'une manière quelconque dans l'espace. On sait que l'aire A′B′C′ se trouve déterminée par les pieds des perpendiculaires AA′, BB′, CC′ abaissées des sommets du triangle ABC sur le plan de projection; ainsi cette projection A′B′C′ peut être considérée comme la base d'un prisme triangulaire tronqué, dont les trois arêtes sont AA′BB′CC′. Or, le volume d'un prisme tronqué (*voy.* ce mot) est équivalent au tiers du produit de sa base par la somme des perpendiculaires abaissées des trois sommets opposés sur cette base ; donc, comme ici les arêtes sont perpendiculaires à la base A′B′C′, nous avons

$$\text{volume} = \text{aire } A'B'C' \times \frac{1}{3}\,(AA' + BB' + CC').$$

Mais si nous renversons le prisme de manière que ABC devienne sa base (fig. 11, Pl. XX), nous aurons encore, pour l'expression de son volume,

$$\text{volume} = \text{aire } ABC \times \frac{1}{3}\,(A'a + B'b + C'c),$$

A′a, B′b, C′c étant les perpendiculaires abaissées des sommets A′B′C′ sur la base ABC. Il en résulte évidemment ..... (*a*)

$$\text{aire } A'B'C' \times \frac{1}{3}\,(AA' + BB' + CC')$$
$$= \text{aire } ABC \times \frac{1}{3}\,(A'a + B'b + C'c).$$

Observons maintenant que les angles respectivement

formés par les arêtes AA', BB', CC' et les perpendiculaires A'a, B'b, C'c sont les mêmes, et que l'un quelconque de ces angles, aA'A, mesure l'inclinaison des deux plans ABC, A'B'C' (*voy.* Géom. aux trois dim., n° 30); de sorte qu'en désignant par α cet angle d'inclinaison, nous avons

$$\alpha = \text{angle } a\text{A'A} = \text{angle } b\text{B'B} = \text{angle } c\text{C'C}.$$

Menant, dans le plan ABC, les droites Aa, Bb, Cc, les triangles A'aA, B'bB, C'cC, respectivement rectangles en a, en b et en c, nous donneront

$$\text{A'}a = \text{AA'} . \cos\alpha, \quad \text{B'}b = \text{BB'} . \cos\alpha, \quad \text{C'}c = \text{CC'} . \cos\alpha,$$

d'où nous conclurons

$$\text{A'}a + \text{B'}b + \text{C'}c = (\text{AA'} + \text{BB'} + \text{CC'})\cos\alpha.$$

Comparant cette égalité avec (a), il viendra

$$\text{aire A'B'C'} \times \frac{1}{3}(\text{AA'} + \text{BB'} + \text{CC'})$$
$$= \text{aire ABC} \times \frac{1}{3}(\text{AA'} + \text{BB'} + \text{CC'})\cos\alpha,$$

et nous obtiendrons définitivement, en supprimant les facteurs communs,

$$\text{aire A'B'C'} = \text{aire ABC} . \cos\varphi,$$

ce qui est le théorème en question.

2. On déduit immédiatement de cette propriété un théorème très-remarquable sur les projections, et dont voici l'énoncé :

La projection d'une surface plane sur un plan est égale à la somme des projections de cette même surface sur trois plans coordonnés, multipliées respectivement par les cosinus des angles qui mesurent les inclinaisons du plan de projection sur les plans coordonnés.

En effet, désignons, pour ne pas les confondre, par A et A' deux plans situés dans l'espace, et nommons α, β, γ les angles que le plan A fait avec trois plans rectangulaires coordonnés, et α', β', γ' les angles que le plan A' fait avec les mêmes plans coordonnés. Si de l'origine des coordonnées nous abaissons une perpendiculaire sur chacun des plans A et A', l'angle de ces deux perpendiculaires mesurera l'inclinaison des deux plans; et comme, en outre, les angles d'un plan avec les axes sont les mêmes que les angles de sa normale, nous aurons (Géom., n° 16), en nommant φ l'angle d'inclinaison des plans A et A',

$$\cos\varphi = \cos\alpha . \cos\alpha' + \cos\beta . \cos\beta' + \cos\gamma . \cos\gamma'.$$

Or, si nous représentons par λ l'aire d'une surface plane renfermée dans le plan A, et que nous multipliions

par λ les deux membres de l'équation précédente, il viendra ..... (b)

$$\lambda\cos\varphi = \lambda\cos\alpha . \cos\alpha' + \lambda\cos\beta . \cos\beta' + \lambda\cos\gamma . \cos\gamma',$$

relation qui constitue le théorème énoncé; car, en vertu du théorème fondamental (1), $\lambda\cos\varphi$ est la projection de l'aire λ sur le plan A', et $\lambda\cos\alpha$, $\lambda\cos\beta$, $\lambda\cos\gamma$, ses projections sur les trois plans coordonnés.

3. Pour généraliser ce dernier théorème, nommons λ, λ', λ'', etc., des aires situées sur divers plans et projetées toutes sur un plan formant les angles α, β, γ avec les plans coordonnés, et désignons par

φ, l'inclinaison de l'aire λ sur le plan de projection,
a, b, c, les angles de l'aire λ avec les plans coordonnés,
φ', l'inclinaison de l'aire λ' sur le plan de projection,
a', b', c', les angles de l'aire λ' avec les plans coordonnés,
φ'', l'inclinaison de l'aire λ'' sur le plan de projection,
a'', b'', c'', les angles de l'aire λ'' avec les plans coordonnés,
etc...... etc......

Nous aurons, en vertu de la loi (b),

$$\lambda\cos\varphi = \lambda\cos a\cos\alpha + \lambda\cos b\cos\beta + \lambda\cos c\cos\gamma,$$
$$\lambda'\cos\varphi' = \lambda'\cos a'\cos\alpha + \lambda'\cos b'\cos\beta + \lambda'\cos c'\cos\gamma,$$
$$\lambda''\cos\varphi'' = \lambda''\cos a''\cos\alpha + \lambda''\cos b''\cos\beta + \lambda''\cos c''\cos\gamma,$$
etc. . = etc.,

d'où nous tirerons, en additionnant,

$$\lambda\cos\varphi + \lambda'\cos\varphi' + \lambda''\cos\varphi'' + \text{etc.} =$$
$$= (\lambda\cos a + \lambda'\cos a' + \lambda''\cos a'' + \text{etc.})\cos\alpha,$$
$$+ (\lambda\cos b + \lambda'\cos b' + \lambda''\cos b'' + \text{etc.})\cos\beta,$$
$$+ (\lambda\cos c + \lambda'\cos c' + \lambda''\cos c'' + \text{etc.})\cos\gamma,$$
$$+ \text{etc.},$$

expression que nous pourrons mettre sous la forme plus simple ..... (c)

$$P = A\cos\alpha + B\cos\beta + C\cos\gamma,$$

en désignant par P la somme des projections des aires λ, λ', λ'', etc., sur le plan de projection, et par A, B, C la somme des projections de ces mêmes aires sur les trois plans coordonnés. Ainsi, quel que soit le nombre des aires λ, λ', λ'', etc., et leurs positions dans l'espace, la somme de leurs projections sur un plan quelconque est équivalente à la somme de leurs projections sur les trois plans coordonnés, multipliées respectivement par les cosinus des angles qui mesurent les inclinaisons du plan de projection sur les plans coordonnés.

4. Supposons que, sans rien changer à la position des plans coordonnés, on projette encore les aires λ, λ', λ'', etc., sur deux autres plans formant respectivement avec les plans coordonnés des angles α', β', γ' et

α', β', γ', on aura évidemment, en nommant P et P′ les sommes des projections sur les nouveaux plans .... (c')

$$P' = A \cos \alpha' + B \cos \beta' + C \cos \gamma',$$
$$P' = A \cos \alpha' + B \cos \beta' + C \cos \gamma''.$$

Joignant l'équation (c) à ces deux dernières, les élevant toutes trois au carré et additionnant, il viendra ..... (d)

$$
\begin{aligned}
P^2 + P'^2 + P'^2 =\ & A^2 (\cos^2 \alpha + \cos^2 \beta + \cos^2 \gamma) \\
& + B^2 (\cos^2 \beta + \cos^2 \beta' + \cos^2 \beta') \\
& + C^2 (\cos^2 \gamma + \cos^2 \gamma' + \cos^2 \gamma'') \\
& + 2AB (\cos \alpha \cos \beta + \cos \alpha' \cos \beta' \\
& \qquad\qquad + \cos \alpha'' \cos \beta') \\
& + 2AC (\cos \alpha \cos \gamma + \cos \alpha' \cos \gamma' \\
& \qquad\qquad + \cos \alpha'' \cos \gamma') \\
& + 2BC (\cos \beta \cos \gamma + \cos \beta' \cos \gamma' \\
& \qquad\qquad + \cos \beta' \cos \gamma').
\end{aligned}
$$

Ceci posé, observons que si les plans de projection P, P′, P″ étaient rectangulaires, on pourrait considérer leurs intersections comme trois nouveaux axes coordonnés; mais alors les angles des nouveaux axes avec les anciens mesurent les inclinaisons des nouveaux plans coordonnés sur les anciens plans, et sont conséquemment, d'après l'hypothèse α, β, γ; α', β', γ'; α'', β', γ' : de sorte que

l'ancien axe des x fait avec les nouveaux axes les angles α, α', α',

l'ancien axe des y .... les angles β, β', β',

l'ancien axe des z .... les angles γ, γ', γ',

et l'on a (Géom., n° 13) les relations ..... (e)

$$
\begin{aligned}
\cos^2 \alpha + \cos^2 \alpha' + \cos^2 \alpha' &= 1, \\
\cos^2 \beta + \cos^2 \beta' + \cos^2 \beta' &= 1, \\
\cos^2 \gamma + \cos^2 \gamma' + \cos^2 \gamma'' &= 1.
\end{aligned}
$$

De plus, l'angle formé par deux quelconques des nouveaux axes étant droit, on a encore (Géom., n° 16) ..... (f)

$$
\begin{aligned}
\cos \alpha \cos \beta + \cos \alpha' \cos \beta' + \cos \alpha'' \cos \beta' &= 0, \\
\cos \alpha \cos \gamma + \cos \alpha' \cos \gamma' + \cos \alpha'' \cos \gamma' &= 0, \\
\cos \beta \cos \gamma + \cos \beta' \cos \gamma' + \cos \beta' \cos \gamma' &= 0.
\end{aligned}
$$

Substituant ces valeurs dans l'expression (d), elle devient ..... (g)

$$P^2 + P'^2 + P'^2 = A^2 + B^2 + C^2,$$

ce qui nous apprend que *la somme de projection des aires* λ, λ', λ'', *etc., sur trois plans rectangulaires est toujours la même.*

5. Lorsqu'on projette successivement les mêmes aires λ, λ', λ'', etc., sur divers plans, la somme des projections varie nécessairement de grandeur en passant d'un plan

à un autre, et il doit conséquemment se trouver un plan sur lequel elle est la plus grande possible. L'équation (g) donne les moyens de déterminer la position de ce plan de la plus grande projection, et qu'on nomme le *plan principal*. En la résolvant par rapport à P, on trouve

$$P = \sqrt{\left[A^2 + B^2 + C^2 - P'^2 - P'^2 \right]}.$$

Or, la plus grande valeur que puisse avoir la somme P des projections est évidemment lorsque P′ et P′ sont nuls : ainsi cette plus grande somme des projections des aires λ, λ', λ'', etc., sera donnée par l'expression .... (h)

$$P = \sqrt{\left[A^2 + B^2 + C^2 \right]},$$

et pour déterminer le plan sur lequel elle a lieu, il ne s'agit plus que de connaître les valeurs des inclinaisons α, β, γ du plan P correspondant à l'hypothèse (h). Observons pour cet effet qu'en multipliant respectivement les deux membres des égalités (c) et (c') par $\cos \alpha$, $\cos \alpha'$, $\cos \alpha''$, il vient

$$
\begin{aligned}
P \cos \alpha &= A \cos^2 \alpha + B \cos \beta \cos \alpha + C \cos \gamma \cos \alpha, \\
P' \cos \alpha' &= A \cos^2 \alpha' + B \cos \beta' \cos \alpha' + C \cos \gamma' \cos \alpha', \\
P' \cos \alpha'' &= A \cos^2 \alpha'' + B \cos \beta' \cos \alpha'' + C \cos \gamma' \cos \alpha'',
\end{aligned}
$$

d'où, en prenant la somme et en réduisant d'après les relations (e) et (f),

$$P \cos \alpha + P' \cos \alpha' + P' \cos \alpha'' = A,$$

on trouverait de la même manière, en multipliant les expressions (c) et (c') par $\cos \beta$, $\cos \beta'$, $\cos \beta'$,

$$P \cos \beta + P' \cos \beta' + P' \cos \beta'' = B;$$

et en multipliant les mêmes expressions par $\cos \gamma$, $\cos \gamma'$, $\cos \gamma''$,

$$P \cos \gamma + P' \cos \gamma' + P' \cos \gamma' = C.$$

Mais, dans l'hypothèse P′ = 0, P′ = 0, ces dernières égalités se réduisent à ..... (i)

$$A = P \cos \alpha, \quad B = P \cos \beta, \quad C = P \cos \gamma.$$

Ainsi,

$$\cos \alpha = \frac{A}{P}, \quad \cos \beta = \frac{B}{P}, \quad \cos \gamma = \frac{C}{P},$$

ce qui devient, en substituant à P sa valeur (h), ... (k)

$$\cos \alpha = \frac{A}{\sqrt{A^2 + B^2 + C^2}},$$

$$\cos \beta = \frac{B}{\sqrt{A^2 + B^2 + C^2}},$$

$$\cos \gamma = \frac{C}{\sqrt{A^2 + B^2 + C^2}}.$$

Donc, lorsqu'on connaîtra la somme des projections A, B, C, sur trois plans rectangulaires quelconques, les expressions (k) détermineront immédiatement les inclinaisons du plan de la plus grande projection, ou du *plan principal*, par rapport à ces trois plans coordonnés. Comme cette détermination du plan principal ne dépend que des inclinaisons α, β, γ, on voit qu'il existe une infinité de plans principaux parallèles entre eux, et qu'en général la somme des projections d'un nombre quelconque d'aires est la même sur tous les plans parallèles entre eux.

6. Il est encore facile de voir que la somme des projections des aires λ, λ', λ', etc., est la même sur tous les plans également inclinés sur le plan principal; car, en nommant Q la somme des projections sur un plan quelconque dont les inclinaisons par rapport aux plans coordonnés sont a, b, c, on a, d'après la relation (c),

$$Q = A \cos a + B \cos b + C \cos c.$$

Mais si α, β, γ désignent toujours les inclinaisons du plan principal, on a aussi

$$A = P \cos \alpha, \quad B = P \cos \beta, \quad C = P \cos \gamma,$$

d'où, substituant ces valeurs dans l'équation précédente,

$$Q = P (\cos a \cos \alpha + \cos b \cos \beta + \cos c \cos \gamma).$$

Or, la quantité $\cos a \cos \alpha + \cos b \cos \beta + \cos c \cos \gamma$ est équivalente au cosinus de l'angle formé par le plan principal (α, β, γ) avec le plan quelconque (a, b, c); donc, nommant θ cet angle d'inclinaison, la valeur de Q se réduit à

$$Q = P \cos \theta,$$

ou, remplaçant P par sa valeur (h),

$$Q = \cos \theta . \sqrt{A^2 + B^2 + C^2},$$

Cette dernière expression nous montre que la somme Q des projections est la même pour tous les plans qui font un même angle θ avec le plan principal, et que cette somme diminue à mesure que l'angle θ augmente. Lorsque $\theta = 90°$, on a $\cos \theta = 0$, et, par conséquent,

$$Q = 0;$$

c'est-à-dire que la somme des projections est nulle sur tous les plans perpendiculaires au plan principal.

7. Examinons comment toutes les propriétés précédentes des projections et du plan principal peuvent s'appliquer aux momens.

Soit R une force représentée en grandeur et en direction par la droite AB (Pl. XX, fig. 12); si d'un point

quelconque O on abaisse sur AB une perpendiculaire $OA = r$, le produit

$$OA \times AB \quad \text{ou} \quad rR$$

sera le moment de la force R par rapport au point O (*voy.* Moment, n° 1); mais en menant la droite OB on forme un triangle rectangle OAB, dont l'aire est égale à $\frac{1}{2} OA \times AB$ ou $\frac{1}{2} rR$; ainsi l'aire de ce triangle est équivalente à la moitié du moment de la force R, et il en résulte qu'un moment peut toujours être représenté par le double de l'aire du triangle qui a pour base la force et pour sommet le centre des momens. Or, la projection du triangle OAB sur un plan mené arbitrairement par le centre O des momens est un autre triangle OA'B' qui a même sommet que le premier, et dont la base A'B', projection de la droite AB, peut représenter une force R' différente de la force R représentée par AB; donc la projection du moment de la force AB est équivalente au moment de la force A'B'. Par le point B', menons B'a parallèle à AB, et supposons que la force R soit transportée parallèlement à elle-même au point B'; elle sera alors représentée par B'$a = AB$; de sorte que, si on la décompose en deux autres forces, l'une perpendiculaire au plan de projection, et l'autre dirigée dans ce plan, la dernière composante sera évidemment B'A', et nous pourrons dire que la projection du moment d'une force quelconque est équivalente au moment de sa composante suivant le plan de projection. C'est sur cette propriété qu'est établie la liaison des momens avec les projections des surfaces planes.

8. En effet, soient R, R_1, R_2, R_3, etc., des forces quelconques; prenons sur leurs directions des droites proportionnelles à leur intensité, et considérons ces droites comme les bases d'autant de triangles ayant pour sommet commun le centre O des momens, que nous prendrons pour origine des coordonnées, et pour hauteurs les perpendiculaires r, r_1, r_2, r_3, abaissées du centre sur les bases R, R_1, R_2, etc. : les projections de ces triangles sur un plan formant les angles α, β et γ avec les axes, seront d'autres triangles ayant pour bases les projections R', R'_1, R'_2, R'_3, etc., des côtés R, R_1, R_2, etc., et pour hauteurs les perpendiculaires r', r_1', r_2', r_3', etc., abaissées du centre O sur ces bases.

Les aires des triangles dans l'espace seront ainsi... (l)

$$\frac{1}{2} rR, \quad \frac{1}{2} r_1 R_1, \quad \frac{1}{2} r_2 R_2, \quad \text{etc.},$$

et les aires de leurs projections sur le plan (α, β, γ) seront respectivement ..... (m)

$$\frac{1}{2} r'R', \quad \frac{1}{2} r_1'R_1', \quad \frac{1}{2} r_2'R_2', \quad \text{etc.}$$

Mais, d'après le théorème du n° 3, si nous désignons respectivement par A, B, C les sommes des projections des aires (l) sur les plans coordonnés, nous aurons

$$\tfrac{1}{2}\,r'\mathrm{R}' + \tfrac{1}{2}\,r_1'\mathrm{R}_1' + \tfrac{1}{2}\,r_2'\mathrm{R}_2' + \text{etc.} = \mathrm{A}\cos\alpha + \mathrm{B}\cos\beta + \mathrm{C}\cos\gamma,$$

ou

$$r'\mathrm{R}' + r_1'\mathrm{R}_1' + r_2'\mathrm{R}_2' + \text{etc.} = 2\mathrm{A}\cos\alpha + 2\mathrm{B}\cos\beta + 2\mathrm{C}\cos\gamma.$$

Ainsi, observant que les produits $r'\mathrm{R}$, $r_1'\mathrm{R}_1'$, etc., sont les momens des forces R', R_1', R'_2, etc., et que les quantités $2\mathrm{A}$, $2\mathrm{B}$, $2\mathrm{C}$ représentent les sommes du double des projections des aires (l) sur les plans coordonnés, nous

en conclurons que *la somme des momens des projections des forces sur le plan* (α, β, γ), *qui passe par l'origine, est égale aux trois sommes des momens des projections des mêmes forces sur les plans coordonnés, multipliées respectivement par les cosinus des inclinaisons du plan de projection.*

9. On trouverait par des substitutions semblables dans l'équation (g) que

La somme des carrés des momens des projections des diverses forces par rapport à trois plans rectangulaires est constante.

Enfin les équations (i) feront connaître la position du plan sur lequel la somme des momens est la plus grande, et l'équation (h) donnera la valeur de la somme des momens sur le plan principal. On nomme cette dernière somme *moment principal*.

Q.

QUA

QUADRATURE. (*Calcul intégral.*) On désignait jadis sous le nom de *méthode des quadratures* la méthode de trouver les intégrales de la forme

$$\int \mathrm{X}\,dx,$$

dans lesquelles X est une fonction algébrique de x. Cette dénomination, employée encore par quelques auteurs modernes, vient probablement de ce que les premières recherches faites sur de telles intégrales avaient pour but la détermination des aires terminées par des courbes. Ainsi l'on disait qu'une solution *dépendait des quadratures* lorsqu'elle dépendait de l'intégration de $\int \mathrm{X}dx$: cette intégrale représentant généralement une aire quand X est la fonction de x qui exprime l'ordonnée y d'une courbe. (*Voy.* QUADRATURE, tome II.)

QUA

QUANTITÉ D'ACTION. (*Méc.*) C'est l'action exercée par une force dans un intervalle déterminé de temps. On la représente généralement par le produit d'un poids et d'une hauteur, parce que l'effet d'une force mouvante peut toujours être comparé à l'élévation d'un certain poids à une certaine hauteur. Nous avons déjà suffisamment exposé les principes de cette manière d'évaluer la force des moteurs. (*Voyez* FORCE, n°ˢ 14 et 15, et CHEVAL.)

QUANTITÉ DE MOUVEMENT. (*Méc.*) Produit de la masse d'un corps par sa vitesse actuelle. Ce produit représente l'intensité de la force qui agit sur le corps. (*Voyez* FORCE, n° 4.) On le nomme aussi *momentum.* Nous avons exposé, tome II, p. 398, le célèbre principe de d'Alembert sur les quantités de mouvement, au moyen duquel on peut ramener les problèmes de dynamique à de simples questions de statique.

R.

RAY

RAYON DE COURBURE. (*Géom.*) Pour compléter ce qui a été exposé dans nos deux premiers volumes sur la courbure des lignes et des surfaces, aux mots COURBURE, DÉVELOPPÉE et RAYON, nous donnerons ici la déduction de la formule générale du *rayon de courbure* des sections planes d'une surface.

Soit M (Pl. XX, fig. 13), un point quelconque x, y, z, pris sur une surface représentée par l'équation,

$$(1) \ \ldots \ z = f(x, y),$$

MT une tangente de la surface à ce point et MO sa normale. Si l'on imagine un plan passant par les deux droites MT et MO, ce plan déterminera par son intersection avec la surface (1) une courbe AMB dont il s'agit de trouver le rayon de courbure au point M.

Observons, pour cet effet, que si l'on prend sur la courbe AB un point M' infiniment proche de M, la normale M'O de ce point M' coupera la normale MO du point M en un point O qui sera le centre du cercle osculateur de la courbe AB en M, c'est-à-dire que MO sera le rayon de courbure demandé, et qu'il suffit, pour connaître sa grandeur, de déterminer les coordonnées x', y', z' du centre O, car la distance des deux points M (x, y, z), O $(x', y'\ z')$ est donnée par la formule connue (GÉOMÉTRIE AUX TROIS DIMENSIONS, n° 4), (2)

$$MO = \sqrt{(x' - x)^2 + (y' - y)^2 + (z' - z)^2}.$$

Or, le centre O est l'intersection de trois plans, savoir du plan de la courbe AB et des deux plans normaux consécutifs passant par les normales consécutives MO et M'O, ou simplement l'intersection de la normale MO par le plan normal au point M'; ainsi les valeurs des coordonnées x, y, z qui satisferont à la fois aux équations de la normale et à l'équation de ce dernier plan seront précisément les valeurs de x', y', z'.

Représentons par

$$x' = \varphi z', \quad y' = \psi z'$$

les équations de la courbe AB, les équations de sa tangente seront (*Voy.* PLAN TANGENT) :

$$x' - x = \frac{dx}{dz}(z' - z),$$

$$y' - y = \frac{dy}{dz}(z' - z).$$

RAY

x', y', z' désignant les coordonnées générales et x, y, z, les coordonnées particulières du point M. Mais l'équation du plan normal au point x, y, z, étant nécessairement de la forme

$$A (x' - x) + B(y' - y) + C(z' - z) = 0,$$

on a (GÉOMÉTRIE, n° 26)

$$\frac{A}{C} = \frac{dx}{dz}, \quad \frac{B}{C} = \frac{dy}{dz},$$

puisque ce plan est perpendiculaire à la tangente ; son équation devient donc... (3)

$$(x' - x)dx + (y' - y)dy + (z' - z)dz = 0.$$

Quant à l'équation du plan normal infiniment voisin, ou passant par le point M', elle se déduit très-aisément de la précédente, car il suffit d'y changer x en $x + dx$, y en $y + dy$ et z en $z + dz$, ce qui donne... (4)

$$\left. \begin{array}{l} (x' - x)dx + (y' - y)dy + (z' - z)dz \\ (x' - x)d^2x + (y' - y)d^2y + (z' - z)d^2z \\ \quad - dx^2 - dy^2 - dz^2 \end{array} \right\} = 0.$$

Nous avons en outre pour les équations de la normale au point M...(5)

$$(x' - x) + \frac{dz}{dx}(z' - z) = 0,$$

$$(y' - y) + \frac{dz}{dy}(z' - z) = 0.$$

Maintenant, si nous regardons les coordonnées générales x' y', z' comme les mêmes dans les équations (3), (4) et (5), elles représenteront les coordonnées du point O commun aux deux plans normaux consécutifs (3) et (4) et à la normale (5). Mais en vertu de l'équation (3), l'équation (4) se réduit alors à... (6)

$$\left. \begin{array}{l} (x' - x)d^2x + (y' - y)d^2y + (z' - z)d^2z \\ \quad - dx^2 - dy^2 - dz^2 \end{array} \right\} = 0.$$

ainsi combinant cette dernière avec les équations (5) on en tirera (7)

$$z' - z = \frac{du^2}{d^2z - pd^2x - qd^2y},$$

$$y' - y = \frac{-qdu^2}{d^2z - pd^2x - qd^2y},$$

$$x' - x = \frac{-pdu^2}{d^2z - pd^2x - qd^2y},$$

en posant pour abréger

$$\frac{dz}{dx} = p, \qquad \frac{dz}{dy} = q,$$

$$dx^2 + dy^2 + dz^2 = du^2.$$

Substituant les valeurs (7) dans la formule (2), on obtiendra donc pour la grandeur du rayon de courbure MO, et en désignant ce rayon par ρ.... (8)

$$\rho = \frac{du^2 \sqrt{1 + p^2 + q^2}}{d^2z - p d^2x - q d^2y}.$$

La variable q de cette expression étant fonction des deux variables indépendantes x et y admet, dans les divers ordres, plusieurs dérivées partielles qu'on est dans l'usage de désigner par

$$\frac{dz}{dx} = p, \qquad \frac{dz}{dy} = q,$$

$$\frac{d^2z}{dx^2} = r, \qquad \frac{d^2z}{dx\,dy} = s, \qquad \frac{d^2z}{dy^2} = t,$$

de sorte que ses différentielles totales du premier et du second ordre sont :

$$dz = pdx + qdy,$$

$$d^2z = dpdx + dqdy + rdx^2 + 2sdxdy + tdy^2,$$

remplaçant dans (8) d^2z par sa valeur il vient..... (9)

$$\rho = \frac{du^2 \sqrt{1 + p^2 + q^2}}{rdx^2 + 2sdxdy + tdy}.$$

Telle est l'expression générale du rayon de courbure de la *section normale* AMB ; nous verrons plus loin comment on en déduit la valeur du rayon de courbure d'une *section oblique* (*Voy.* Section).

On peut donner à l'expression (9) une autre forme en y introduisant les angles α, β, γ, que fait la tangente MT avec les axes coordonnés. Il faut observer pour cela, que du n'est autre chose que la différentielle ou l'élément MM' de la courbe AB, et qu'ainsi l'on a les rapports

$$\frac{dx}{du} = \cos\alpha, \qquad \frac{dy}{du} = \cos\beta, \qquad \frac{dz}{du} = \cos\gamma.$$

divisant donc par du^2 les deux termes du second membre de l'égalité (9) et remplaçant les rapports par leurs valeurs, on obtient (10)

$$\rho = \frac{\sqrt{1 + p^2 + q^2}}{r\cos^2\alpha + 2s\cos\alpha\cos\beta + t\cos^2\beta},$$

dans laquelle les angles α et β sont liés par une relation particulière. En effet, les coordonnées de la courbe AB

doivent satisfaire non seulement à la condition générale

$$dx^2 + dy^2 + dz^2 = du^2,$$

mais encore à l'équation différentielle de la surface

$$dz = pdx + qdy,$$

ce qui donne

$$(1 + p^2)dx^2 + 2pqdxdy + (1 + q^2)dy^2 = du^2.$$

Divisant les deux membres de cette dernière équation par du^2 et substituant les cosinus aux rapports des différentielles, on trouve.... (11)

$$(1 + p^2)\cos^2\alpha + 2pq\cos\alpha\cos\beta + (1 + q^2)\cos^2\beta = 1,$$

c'est-à-dire que l'angle γ étant arbitraire, les deux autres angles α et β ne peuvent varier qu'en restant soumis à la condition (11).

Lorsqu'on veut n'employer qu'une seule indéterminée dans l'expression (10) on pose... (12)

$$\frac{\cos\beta}{\cos\alpha} = \frac{dy}{dx} = m.$$

cette valeur substituée dans (10) et (11) conduit, par l'élimination de $\cos^2\alpha$, à l'expression... (13)

$$\rho = \frac{\sqrt{1 + p^2 + q^2}\left[(1 + p^2) + 2pqm + (1 + q^2)m^2\right]}{r + 2sm + tm^2}.$$

c'est cette dernière dont nous avons fait usage au mot Ombilic.

RÉACTION. (*Phys.*) Lorsqu'un corps agit sur un autre d'une manière quelconque, ce dernier agit sur le premier et lui rend une action égale et en sens contraire que l'on nomme *réaction*.

On avait admis de tout temps, comme un axiome de physique, qu'il n'y a pas d'action sans réaction ; mais on ignorait que la réaction est toujours égale à l'action. C'est à Newton qu'est due la découverte de cette loi, dont l'existence peut être facilement constatée dans les phénomènes du choc des corps. On sait, en effet, que, dans la communication du mouvement par le choc, le corps choquant transmet au corps choqué une certaine partie de la quantité de mouvement dont il est animé ; de sorte qu'en désignant par M la quantité primitive de mouvement du corps choquant, et par N celle qu'il communique au corps choqué, ce corps choquant n'a plus, après le choc, qu'une quantité de mouvement représentée par M — N. Le résultat est donc absolument le même que si le corps choqué avait imprimé au corps choquant une quantité de mouvement — N, c'est-à-dire une quantité de mouvement égale à N et dans un sens opposé à M ; mais le corps choqué a reçu en même temps, dans le sens de M, la quantité de mouvement N ; donc l'action qu'il a exercée sur le corps choquant est égale et opposée à celle qu'il a reçue de ce corps. Or, la quantité de mouvement acquise par le corps choqué est dite provenir de l'ACTION du corps choquant, et la quantité de mouvement égale perdue par ce dernier est dite provenir de la RÉACTION du corps choqué. Ainsi il est vrai que, dans toute communication de mouvement par le choc, *la réaction est égale à l'action*. Il est facile de voir *à priori* qu'il ne saurait jamais en être autrement ; car, de quelque manière qu'un corps agisse sur un autre, il ne peut le faire qu'en consommant une partie de sa force précisément égale à celle qu'acquiert le second corps.

MACHINES A RÉACTION. On désigne sous ce nom divers appareils hydrauliques mis en mouvement par la réaction d'une veine fluide qui s'écoule.

Pour bien comprendre le jeu de ces machines, il faut se rappeler que, lorsqu'un liquide est en repos dans un vase, les pressions qui ont lieu sur les parois opposées étant égales et contraires, se détruisent mutuellement et ne peuvent donner aucun mouvement au vase (*voy.* PRESSION.) Considérons, pour mieux fixer les idées, un vase rectangulaire (fig. 14, Pl. XX) rempli d'eau jusqu'au niveau *mn*, et observons que la pression qui a lieu en A sur une petite partie de la paroi verticale *mp* est égale au poids d'une colonne liquide qui aurait cette petite partie de paroi pour base, et pour hauteur la distance A*m* du point A au niveau *mn*. Si cette pression agissait seule, elle tendrait à entraîner le point A, et par conséquent le vase, dans la direction de la ligne AD normale en A à la paroi *mp* ; mais comme, sur la paroi opposée *nq*, le point B placé vis-à-vis du point A est également soumis à une pression qui, si elle agissait librement, entraînerait le vase dans la direction BC opposée à AD, ces deux pressions égales et contraires se détruisent ; de sorte que le vase n'éprouve aucune tendance à se mouvoir horizontalement dans un sens ou dans un autre. Ce que nous venons de dire du point A s'applique évidemment à tous les autres points de la paroi verticale *mp*. Supposons maintenant qu'on pratique en B un orifice par lequel le liquide puisse s'échapper ; la pression en A, qui ne sera plus contrebalancée par la résistance de la portion de la paroi supprimée, tendra à imprimer au vase un mouvement dans la direction AD, opposée à celle du jet, et en vertu de cette pression, le vase glissera sur la surface horizontale qui le supporte, si toutefois la résistance du frottement n'est pas plus grande que la force de pression. On peut vérifier ce phénomène en faisant flotter sur de l'eau tranquille un petit vase plein d'un liquide quelconque et

percé d'un petit trou à l'une de ses parois latérales, ou, mieux encore, en employant un appareil très-simple nommé *tourniquet hydraulique :* à l'extrémité d'un tube de verre, on soude en forme de T un autre tube plus étroit percé à son milieu d'un petit trou qu'on fait correspondre avec l'ouverture du premier, puis on recourbe les bouts de ce second tube perpendiculairement et en sens opposé, en les affilant en becs très-fins, et après avoir rempli d'eau le premier tube, on le suspend à un fil par son extrémité ouverte ; l'eau coule dans le tube horizontal, jaillit par ses extrémités, et l'on voit aussitôt tout l'appareil tourner sur lui-même avec une grande rapidité. Les roues hydrauliques dites à réaction ne sont, en principe, que de semblables tourniquets.

Imaginons un gros tuyau vertical, dont MN (Pl. XX, fig. 15) est la base, et qui serait mobile autour de son axe A ; à sa partie inférieure est adapté un tube horizontal percé en *a* d'un orifice. Quand cet orifice est fermé, si l'on remplit d'eau le tuyau vertical, le liquide arrive dans le tube horizontal ; mais l'appareil ne prend aucun mouvement, parce que l'équilibre des pressions latérales s'établit immédiatement. Lorsque, au contraire, l'orifice *a* est ouvert, l'eau s'écoule, il n'y a plus de pression latérale en *a*, et la pression qui s'exerce en *b* à l'opposite pousse le tube dans la direction de *a* en *b;* le jet qui sort en *a* fait donc tourner, par réaction, la machine autour de l'axe C. Si nous supposons que plusieurs tubes semblables à BC et semblablement percés soient disposés autour de MN comme les rayons d'un cercle, nous aurons une véritable *roue à réaction*.

Daniel Bernouilli a constaté par l'expérience que l'effort de la réaction, celui qui a lieu sur la partie *b* des tubes, est parfaitement égal à l'effort dont le jet sortant est capable, c'est-à-dire qu'il a pour mesure le poids d'un prisme d'eau qui aurait pour base l'orifice *a* et pour hauteur le double de la hauteur due à la vitesse de sortie. Ce résultat, indiqué d'ailleurs par la théorie, est une vérification directe de la loi de l'égalité entre l'action et la réaction.

Euler, Bossut, Navier, et d'autres hydrauliciens, se sont livrés à une foule de recherches sur les circonstances du mouvement et de l'action des molécules fluides dans les diverses parties d'une roue à réaction. Comme ce qu'il importe le plus de connaître pour la pratique, c'est la limite de l'effet utile, nous nous contenterons ici de rapporter les considérations théoriques au moyen desquelles M. d'Aubuisson détermine cette limite.

Considérons un vase cylindrique ABCD (Pl. XX, fig. 16) contenant de l'eau jusqu'en IK, et auquel on imprime un mouvement de rotation uniforme autour de l'axe vertical EF. L'effet de ce mouvement étant d'imprimer une force centrifuge aux molécules fluides, la surface de l'eau quittera la forme plane et horizontale ; elle s'abaissera vers le milieu O, s'élèvera vers les bords, et prendra enfin dans sa coupe verticale la forme courbe GOH, dont il s'agit de reconnaître la nature.

Observons, pour cet effet, que, puisque le mouvement de rotation est uniforme, la surface fluide aura une figure permanente, et par conséquent que les molécules liquides seront en équilibre. Ces molécules seront donc également pressées dans tous les sens ; de sorte que si l'on prend sur l'horizontale OR une molécule quelconque P, elle sera autant pressée de haut en bas par le filet vertical MP, que de droite à gauche par le filet vertical PR, ou de gauche à droite par le filet vertical OP. Or, si nous imaginons qu'à l'exception des deux filets MP et OP, toute la masse fluide devienne solide, rien ne sera changé aux conditions de l'équilibre, et nous n'aurons plus à considérer que les actions de ces deux filets sur la molécule placée en P à l'angle du petit canal OPM, qui les contient. Pour ce qui concerne le filet MP, puisque la force centrifuge qui agit sur ses molécules est dirigée perpendiculairement aux parois du petit canal, elle est détruite par leur résistance ; ainsi les molécules de ce filet n'ont d'autre action en P que celle qui résulte de leur gravité, et par conséquent la pression en P est égale à la somme de leur poids. Si nous désignons par m la masse d'une molécule et par g la force de gravité, mg représentera son poids, et comme la hauteur $mP = x$ peut représenter la somme des molécules du filet, le poids total sera

$$mgx.$$

Pour ce qui concerne maintenant le filet OP, puisqu'il repose sur un plan horizontal, l'action de la gravité sur ses molécules est détruite ; ainsi il ne peut agir en P que par l'effet de a force centrifuge ; mais cette force anime chaque molécule liquide du filet OP d'une manière très-différente ; elle croît, à partir du centre O de rotation, où elle est nulle, jusqu'au P, où elle est la plus grande proportionnellement à la distance au centre. En général, si y' représente la distance au centre O d'une molécule m, et v sa vitesse de rotation, l'expression de sa force centrifuge sera

$$\frac{mv^2}{y'},$$

ou plus simplement

$$mw^2y',$$

en désignant par w la vitesse angulaire du filet OP. Nommant donc y la distance totale OP, nous aurons mw^2y pour la force centrifuge de la molécule placée en P,

et comme les forces des autres molécules décroissent en progression arithmétique, ainsi que les distances auxquelles elles sont proportionnelles, la somme de toutes ces forces sera

$$mw^2y \times \frac{1}{2}y = \frac{1}{2}mw^2y^2,$$

Cette somme étant celle des efforts que font les molécules du filet OP pour se porter de O en P, ou pour presser ce dernier point, doit être équivalente à la pression mgx exercée sur le même point P par la colonne verticale MP ; donc $\frac{1}{2}mw^2y^2 = mgx$, ou

$$(1) \ \ldots\ldots\ y^2 = \frac{2g}{w^2}x,$$

équation qui nous apprend que la courbe OMH est une parabole conique dont le paramètre est $\frac{2g}{w^2}$.

Pour appliquer ce résultat aux roues à réaction, supposons qu'au point R, sur le prolongement de OP, on ait pratiqué un orifice par lequel l'eau sort du vase pendant qu'il tourne ; supposons en outre que le vase reçoive constamment autant d'eau qu'il en perd. Nommons A et H' les coordonnées OR et HR du point R et v sa vitesse de rotation, qui sera égale à Aw, en nommant toujours w la vitesse angulaire du rayon OR. L'équation (1) devant être satisfaite lorsqu'on y fait $y = $A, $x = $H', nous avons

$$A^2 = \frac{2g}{w^2}H',$$

et par suite,

$$H' = \frac{v^2}{2g},$$

C'est-à-dire que la hauteur à laquelle la force centrifuge élève l'eau au-dessus de l'orifice R ouvert au niveau de O est égale à la hauteur due à la vitesse de rotation de cet orifice ; mais H est aussi la charge en R ; donc la vitesse de l'écoulement qui est due à cette charge, sera égale à la vitesse de rotation de l'orifice.

Si l'eau était fournie au vase par un tuyau ayant même axe, d'une section horizontale considérablement plus grande que celle de l'orifice de sortie, et dans lequel le fluide se maintiendrait en L, pendant la durée du mouvement de rotation, l'eau sortirait en R en vertu de la hauteur H' et de la hauteur de la nouvelle charge LO, que nous désignons par H. Ainsi la hauteur due à la vitesse de sortie serait H' $+$ H, et la vitesse d'écoulement serait

$$\sqrt{2g(\mathrm{H'} + \mathrm{H})},$$

ou

$$v + \sqrt{2gH},$$

puisque $\sqrt{2gH} = v$.

Admettons maintenant qu'un obstacle physique, tel qu'un diaphragme horizontal placé dans le vase un peu au-dessus du point O mette obstacle à l'élévation du fluide au-dessus de l'orifice R, l'effort H résultant de la tendance à s'élever ou de la force centrifuge n'en aura pas moins lieu, n'en produira pas moins son effet sur la vitesse de sortie, qui sera toujours $v + \sqrt{2gH}$.

Ceci posé, voici les conséquences qu'en tire M. d'Aubuisson pour l'effet des roues à réaction.

On sait qu'en nommant P le poids de l'eau dépensée dans l'unité de temps et H la hauteur due à la vitesse de cette eau, sa force est représentée par PH (*voy.* EAU MOTRICE). Or, dit M. d'Aubuisson, pour que la roue prît la force entière PH du moteur, il faudrait qu'après qu'on lui aurait donné la hauteur H, l'eau y entrât et la parcourût sans éprouver de changement brusque de vitesse. Afin qu'il en soit ainsi, on évasera autant que possible l'entrée des tubes, on les courbera de manière que leur extrémité soit perpendiculaire au rayon de la roue, et l'on fera sortir l'eau par cette extrémité, comme on le voit à la figure 17, Pl. XX. Il faudrait, en second lieu, que la vitesse absolue du fluide, au moment où il abandonne la roue, fût nulle, et par conséquent que sa vitesse relative, dans ce même moment, fût égale et directement opposée à celle de l'orifice de sortie. En appelant v cette dernière et observant, d'après ce qui vient d'être dit, que celle du fluide sortant est $v + \sqrt{2gH}$, il faudrait que l'on eût

$$v = v + \sqrt{2gH}.$$

Cette condition ne saurait être remplie qu'autant que H serait nul, ou que v serait infiniment grand. Or, le premier cas ne peut exister; l'effet est d'ailleurs proportionnel à H; le second ne peut encore avoir lieu, mais on peut en approcher. Concluons donc que l'effet dynamique d'une simple roue à réaction sera d'autant plus grand qu'elle se mouvra plus vite, sans que, dans aucun cas, il puisse être PH, valeur qu'il atteint, en théorie, dans les roues à aubes courbes.

Ces considérations théoriques sont loin, sans doute, d'être rigoureuses, mais elles font du moins connaître les conditions sous lesquelles on peut espérer le plus grand effet utile possible; et il en résulte que la propriété caractéristique des roues à réaction est entièrement opposée à celle des roues à augets; car, dans ces dernières, le maximum d'effet correspond au minimum de vitesse. On ne peut donc employer avantageusement les roues à réaction que lorsqu'on a des chutes d'eau très-élevées; dans le cas contraire, les roues à augets, qui produisent en général un plus grand effet utile, seront toujours préférables. La *danaïde* (*voy.* ce mot) de M. Manoury d'Hectot était considérée comme la meilleure machine à réaction avant l'invention de la *turbine à réaction* (*voy.* TURBINE) de M. Burdin.

On a essayé d'appliquer le principe de la réaction aux machines à vapeur, mais jusqu'ici toutes les tentatives ont été sans succès.

RÉCEPTEUR. (*Méc.*) On nomme en mécanique *organe récepteur* celui qui, dans une machine quelconque, reçoit immédiatement l'action du moteur.

RECTIFICATION. (*Géodésie.*) La différentielle ds d'un arc d'ellipse en fonction de l'abscisse x prend une forme très-commode pour les applications de la géodésie, lorsqu'on exprime cette abscisse en fonction de la latitude du point auquel elle appartient, et qu'on veut assigner la longueur d'un arc de méridien. D'abord, en appelant λ cette latitude ou l'angle que la normale en ce point fait avec le plan de l'équateur, et remarquant que $\frac{dy}{dx} = \cot \lambda$, on a

$$ds = - dx \sqrt{1 + \frac{dy^2}{dx^2}} = - dx \sqrt{1 + \cot^2 \lambda},$$

lorsqu'on prend l'origine de l'arc s à l'équateur même. D'un autre côté, l'équation de l'ellipse rapportée à son centre étant

$$a^2 y^2 + b^2 x^2 = a^2 b^2,$$

on en tire, par la différentiation,

$$\frac{dy}{dx} = - \frac{b^2 x}{a^2 y} = \cot \lambda,$$

et l'on a alors deux équations entre x et y, qui donnent, toutes transformations faites et à cause de $e^2 = \frac{a^2 - b^2}{a^2}$,

$$x = \frac{a \cos \lambda}{\sqrt{1 - e^2 \sin^2 \lambda}}, \quad y = \frac{a(1 - e^2)}{\sqrt{1 - e^2 \sin^2 \lambda}},$$

e^2 étant par conséquent le carré de l'excentricité d'une ellipse dont le demi-grand axe est l'unité.

Maintenant, si l'on différentie la première de ces valeurs, on aura

$$dx = \frac{- a(1 - e^2)d\lambda \sin \lambda}{(1 - e^2 \sin^2 \lambda)^{\frac{3}{2}}},$$

et, par suite,

$$ds = \frac{a(1 - e^2)d\lambda}{(1 - e^2 \sin^2 \lambda)^{\frac{1}{2}}}.$$

Si ensuite on intègre entre les limites zéro et λ, il viendra..... (1)

$$s = a(1 - e^2)\left[m\lambda - \frac{1}{2} n \sin 2\lambda + \frac{1}{4} p \sin 4\lambda.....\right],$$

série dans laquelle

$$m = 1 + \frac{3}{4} e^2 + \frac{45}{64} e^4.....$$

$$n = \frac{3}{4} e^2 + \frac{15}{16} e^4.....$$

$$p = \frac{15}{64} e^4.....,$$

ou bien, prenant l'intégrale entre les limites λ et λ', et faisant pour abréger $\lambda - \lambda' = \varphi$, $\lambda + \lambda' = \Phi$, on aura ..... (2)

$$s = a(1 - e^2)\left[m\varphi - n \sin \varphi \cos \Phi + \frac{1}{2} p \sin 2\varphi \cos 2\Phi...\right].$$

Pour faire servir cette formule à la rectification d'un arc de méridien mesuré par une chaîne de triangles, il faut déterminer exactement l'*amplitude géodésique* de cet arc, c'est-à-dire le nombre de degrés et parties de degré qu'il contient, en calculant de proche en proche, par les formules de la *Trigonométrie sphéroïdique* (voy. ce mot), les différences de latitude des sommets des triangles dont il s'agit ; ce qui exige alors qu'on pousse l'exactitude jusqu'aux termes du troisième ordre inclusivement, afin d'avoir ces différences à un ou deux centièmes de seconde près.

Par exemple, les opérations géodésiques de MM. Biot et Arago, faites en Espagne pour prolonger la méridienne de France jusqu'à l'île de Formentera, ont donné lieu à de très-grands triangles qui ont été calculés par nos soins au Dépôt de la guerre, et l'on a eu en degrés centésimaux

Latitude géodésique de Montjouy .... $45^g,9599',30$

Latitude géodésique de Formentera......... $42, 9626, 24$

On a eu, en outre, par parties et par un

milieu......................... $\varphi = 2^g,9974',89$

le tout en supposant la terre un ellipsoïde de révolution dont l'aplatissement $= \frac{1}{309}$; et comme la formule (2) peut se mettre sous cette forme

$$s = V\varphi - V' \sin \varphi \cos \Phi + V'' \sin 2\varphi \cos 2\Phi;$$

que, de plus, $\text{Log } a = 6.8046154$, a étant exprimé en

mètres, il est facile de s'assurer qu'en prenant le degré centésimal pour unité, il vient

$$\text{Log } V = 5.0000313,$$
$$\text{Log } V' = 4.9912209,$$
$$\text{Log } V'' = 1.4924200,$$

logarithmes auxquels il faut ajouter 9.7101800 pour avoir l'arc s en toises, et dont le premier serait $\text{Log } V = 4.9542758$ si l'amplitude φ était donnée en degrés. Faisant le calcul, qui ne présente aucune difficulté, l'on a enfin

$$s = 153674^{\text{T}}.$$

Telle est la valeur que nous avons assignée définitivement à la distance méridienne de Montjouy à Formentera, contrairement à celle de $153605^{\text{T}},2$, rapportée dans la *Base du système métrique décimal* par suite d'une erreur de calcul. (*Voy.* page 35 du tome II de la *Nouvelle description géométrique de la France*, ou le tome **XVI** des *Mémoires de l'Institut*, page 457.)

Si dans l'équation (1) l'on nomme Q ce que devient s lorsque la latitude λ est de 90° ou $\frac{1}{2}\pi$, π désignant la demi-circonférence d'un cercle ayant l'unité pour rayon ; le quart du méridien elliptique aura pour expression ..... (3)

$$Q = a(1 - e^2)\frac{1}{2}m\pi = \frac{1}{2}\pi a\left(1 - \frac{1}{4}e^2 - \frac{3}{64}e^4....\right),$$

et en divisant celle-ci par (2), il viendra ..... (4)

$$Q = \frac{\frac{1}{2}\pi s}{\varphi - \frac{n}{m}\sin \varphi \cos \Phi + \frac{1}{2}\frac{p}{m}\sin 2\varphi \cos 2\Phi};$$

autre expression dans laquelle

$$\frac{n}{m} = \frac{3}{4}e^2 + \frac{3}{8}e^4...; \quad \frac{p}{m} = \frac{15}{64}e^4....$$

Ainsi, lorsque l'arc s et l'excentricité e de la terre supposée elliptique seront connus, le quart du méridien s'obtiendra aisément. Par exemple, la valeur ci-dessus de cet arc étant combinée avec celle de l'arc du méridien mesuré sous l'équateur, on trouve l'aplatissement de la terre de $\frac{1}{303}$ et le quart du méridien de 5131658^{T}. (*Voy.* APLATISSEMENT.) Ainsi, d'après cette dernière détermination, le mètre, considéré comme le dix-millionième partie de la distance du pôle à l'équateur, serait de $3^{\text{pi}}0^{\text{po}}11^{\text{li}},575$, c'est-à-dire un peu plus long que le mètre *légal* fixé par les lois françaises à $3^{\text{pi}}0^{\text{po}}11^{\text{li}},296$ de l'ancienne toise de l'Académie prise à 13 degrés de Réaumur.

Il est facile de s'assurer que si l'on prend le logarithme de chaque membre de la série (3), l'on aura

$$\mathrm{Log}\,.\,\frac{2Q}{\pi} = \mathrm{Log}\,a - \mu\left(\frac{1}{4}\,e^2 + \frac{5}{64}\,e^4\dots\right),$$

$\mu = 0{,}4342945$ étant le module des tables. Ainsi, réciproquement,

$$\mathrm{Log}\,a = \mathrm{Log}\,\frac{2Q}{\pi} + \mu\left(\frac{1}{2}\,\alpha + \frac{1}{16}\,\alpha^2\dots\right),$$

lorsqu'au lieu de e^2 on met sa valeur $2\alpha - \alpha^2$, α étant l'aplatissement de la terre. (*Voy.* ce mot.) De même, à cause de $b = a\sqrt{1 - e^2}$, on a

$$\mathrm{Log}\,b = \mathrm{Log}\,\frac{2Q}{\pi} - \mu\left(\frac{1}{2}\,\alpha + \frac{7}{16}\,\alpha^2\dots\right),$$

et comme le rayon terrestre est exactement

$$r = \sqrt{x^2 + y^2} = a\sqrt{\frac{1 - (2e^2 - e^4)\sin^2\lambda}{1 - e^2\sin^2\lambda}},$$

on obtient avec un peu d'attention cette série

$$\mathrm{Log}\,r = \mathrm{Log}\,\frac{2Q}{\pi} + \frac{1}{4}\,\mu.e^2 + \frac{5}{64}\,\mu e^4$$
$$- \frac{1}{2}\,\mu e^2\sin^2\lambda + \frac{1}{2}\,\mu e^4\sin^2\lambda - \frac{3}{4}\,\mu e^4\sin^4\lambda\dots,$$

laquelle rentre dans les deux dernières, en faisant successivement $\lambda = 0$ et $\lambda = 90°$.

Le rayon ρ de courbure d'un arc de méridien, en un point dont la latitude est λ, étant déterminé de grandeur par l'intersection de deux normales consécutives au même point, il est évident que le triangle infinitésimal formé par ces deux lignes et par l'arc ds donne $\frac{ds}{d\lambda} = \rho$; partant

$$\rho = \frac{a\,(1 - e^2)}{(1 - e^2\sin^2\lambda)^{\frac{3}{2}}},$$

et si l'on désigne par M l'arc d'un degré du méridien, l'on aura

$$M = \frac{\pi}{180} \cdot \frac{a\,(1 - e^2)}{(1 - e^2\sin^2\lambda)^{\frac{3}{2}}},$$

ou, réduisant en série et ne conservant que les termes en e^2,

$$M = \frac{\pi}{180}\,a\left(1 - e^2 + \frac{3}{2}\,e^2\sin^2\lambda\right),$$

résultat qui fait voir que, sur la terre, les degrés des méridiens croissent à très-peu près comme les carrés des sinus des latitudes correspondantes, en allant de l'équateur vers les pôles. Il ne faut pas croire cependant

que cette loi se vérifie constamment ; car les irrégularités de notre globe, qui se manifestent en différens lieux, la troublent quelquefois d'une manière très-sensible. (*Voy.* Figure de la terre.)

(*M. Puissant.*)

RÉFRACTION TERRESTRE. (*Géodésie.*) Les objets situés près de la surface de la terre et vus de loin paraissent ordinairement plus élevés qu'ils ne le sont effectivement, parce que la trajectoire lumineuse qui en transmet l'image tourne sa convexité vers le ciel. (*Voy.* Réfraction atmosphérique, tome II.) Par exemple, l'objet D (Pl. XX, fig. 18), observé du point A à la distance de 12000ᵐ au moins, est vu en D′ par l'effet de la réfraction, c'est-à-dire suivant la tangente AD′ à la trajectoire AMD, et l'angle D′AD est la mesure de cette réfraction.

Comme la courbe que décrit la lumière a peu d'étendue, on la remplace par son cercle osculateur, et alors l'angle de réfraction DAD′ ayant pour mesure la moitié de l'arc AMD, est sensiblement proportionnel à la distance horizontale AB, interceptée entre les deux verticales des points A, D. Si donc r désigne la réfraction, et que C soit l'angle de ces deux verticales, on aura généralement

$$r = nC,$$

n étant un coefficient constant pour le même état de l'atmosphère et variable avec lui. Pour en déterminer la valeur par l'observation, appelons δ la distance zénithale apparente ZAD′, et δ' la distance zénithale apparente Z′DA′ ; et supposons que ces deux distances réciproques soient prises au même moment par deux observateurs, afin que les circonstances atmosphériques soient les mêmes de part et d'autre (*voy.* Altitude). Les distances zénithales vraies seront respectivement $\delta + r = $ ZAD et $\delta' + r = $ ZDA ; puisque, par supposition, la réfraction élève les objets A, D d'une même quantité ; et le triangle ACD offrira nécessairement cette relation

$$\delta + r + \delta' + r = 180° + C,$$

laquelle donne

$$r = 90° + \frac{C}{2} - \frac{1}{2}(\delta + \delta').$$

Ainsi l'on a

$$n = \frac{r}{C} = \frac{90° + \frac{1}{2}C - \frac{1}{2}(\delta + \delta')}{C}.$$

Telle est l'expression trigonométrique du coefficient de la réfraction. Pour l'obtenir numériquement, on évaluera en secondes l'angle au centre de la terre C, au moyen de l'arc $AB = K$ donné par la triangulation, et l'on aura $C = \dfrac{K}{R \sin 1''}$, $R = 6366198^m$ étant le rayon terrestre.

Les opérations trigonométriques ont fait connaître que dans l'état moyen de l'atmosphère $n = 0{,}08$; la réfraction est donc environ $\frac{1}{12}$ de l'arc qui mesure la distance à laquelle se voient les objets. La *Base du système métrique décimal*, par Delambre, offre pour la première fois un grand nombre d'exemples de cette détermination.

C'est aussi par le jeu des réfractions, souvent si déréglées dans les basses régions de l'atmosphère, que la valeur de n est quelquefois négative, et que se manifeste en certains lieux échauffés par la présence du soleil, le phénomène singulier connu sous le nom de *mirage*. (*Voyez* un mémoire de M. Biot ayant pour titre : *Recherches sur les réfractions extraordinaires qui s'observent près de l'horizon.*)

La théorie de la réfraction terrestre étant une conséquence de celle des réfractions atmosphériques en général, c'est principalement dans le livre X de la *Mécanique céleste* que le lecteur verra sur quelles considérations physiques et analytiques elle est fondée. Quant à ses applications, elles sont l'objet d'une note que nous avons insérée dans le *Compte rendu des séances de l'Académie des sciences* (15 mai 1857), et subséquemment dans le deuxième volume de la *Nouvelle description géométrique de la France*, page 24; nous en donnerons bientôt une idée.

Nous ne terminerons pas cet article sans faire voir comment on pourrait déterminer avec une certaine précision les hauteurs relatives d'une suite de sommités visibles les unes des autres, en observant simplement les distances zénithales réciproques de ces sommités comparées une à une, mais dans des circonstances atmosphériques très-favorables.

D'abord on remarquera que la formule donnée au mot Altitude, et par laquelle on calcule la différence de niveau de deux stations, à l'aide de leurs distances zénithales réciproques, peut, en développant le dénominateur, se mettre sous cette forme (1)

$$dE = \frac{2R \tan \frac{1}{2} C \tan \frac{1}{2} (\delta' - \delta)}{1 - \tan \frac{1}{2} C \tan \frac{1}{2} (\delta' - \delta)},$$

puisque R étant le rayon moyen de la terre, on a $K = 2 R \sin \frac{1}{2} C$, l'angle C étant celui des verticales des deux stations. Or il existe entre cet angle, les distances zénithales apparentes δ, δ' et les réfractions correspondantes r, r', la relation (2)

$$\delta + \delta' + r + r' = 180^e + C,$$

et comme généralement $r = nC$, $r' = n'C'$ d'après ce qu'on vient de démontrer, il est évident que l'on a, en supposant $r = r'$,

$$\frac{1}{2} C = \frac{90'' - \frac{1}{2} (\delta + \delta')}{2n - 1},$$

ainsi, sans erreur sensible

$$\tan \frac{1}{2} C = \frac{\cot \frac{1}{2} (\delta + \delta')}{2n - 1}.$$

Il suffit donc de connaître le coefficient n de la réfraction pour pouvoir évaluer l'angle C des verticales, et par suite la différence de niveau (1). On s'écartera très-peu de la vérité en supposant $n = 0{,}08$ comme nous l'avons dit ci-dessus; et l'on pourra même, à cause de la petitesse de C et de la demi-différence des distances zénithales, réduire la formule (1) à la suivante (2)

$$dE = \frac{2R \cot \frac{1}{2} (\delta' + \delta)}{2n - 1} \tan \frac{1}{2} (\delta' - \delta).$$

Ce procédé mériterait d'autant mieux d'être employé dans une exploration scientifique, qu'il procurerait le moyen de niveler promptement, à peu de frais, et avec un certain succès, les hauteurs relatives de tous les points qui offriraient le plus d'intérêt aux géologues: c'est même en suivant cette marche que l'on obtiendrait d'une manière approchée les distances respectives des objets qui auraient été observés, puisqu'elles se déduiraient naturellement de cette expression

$$K = 2R \sin \frac{1}{2} C.$$

Quoique la théorie physique de la réfraction terrestre, telle que Laplace l'a exposée au livre X de la *Mécanique céleste*, laisse encore à désirer pour être en parfaite harmonie avec les phénomènes naturels, elle ne conduit pas moins à des résultats très-satisfaisans dans tous les cas où l'état de l'atmosphère s'écarte peu de l'hypothèse de cet illustre géomètre. Par exemple, il a démontré que le coefficient de la réfraction, que nous avons désigné ci-dessus par n, et qui est proportionnel à la densité de l'air dans le lieu de l'observation, a pour expression

$$n = \frac{1}{4} P \rho \frac{r}{l},$$

en appelant P le pouvoir réfringent de l'air, ρ sa densité, r le rayon de terre supposée sphérique, et l le rapport de la densité du mercure à celle de l'air, multiplié par la hauteur du baromètre dans le même lieu; auquel cas $l = 7960$. (*Géodésie*, tom. II, p. 25; voyez aussi le supplément à cet ouvrage, p. 18.)

Toutefois, il est plus exact de multiplier l'expression précédente de n par le facteur $(1 - \varepsilon l)$ dans lequel ε est un coefficient dépendant de la loi du décroissement de la chaleur dans l'atmosphère, coefficient en général très-variable, mais que l'on peut supposer ordinairement égal à $0,00001393$, d'après M. Plana. D'un autre côté, selon les expériences très-précises de MM. Biot et Arago, l'on a à Paris

$$\frac{1}{4}\,P = 0,00014713,$$

sous la pression $0^{m},76$ et à la température zéro, l'air étant parfaitement sec ; et comme d'ailleurs

$$\rho = \frac{h_0}{0^{m},76\,(1 + 0,00375\,t)},$$

en désignant par h_0 la hauteur du baromètre réduite à la même température zéro, par t la température actuelle de l'air ; et le coefficient de t, savoir $\beta = 0,00375$, étant la dilatation d'un volume d'air pour un degré centigrade ; on a très-approximativement

$$\text{Log } n = 3.09095 + \text{Log } h_0 - \text{Log } (1 + \beta t)$$
$$+ \text{Log } \left(\frac{1}{l} - 0,00001393\right)$$

et

$$\text{Log } \frac{1}{l} = 6.09909 - \text{Log } (1 + \beta t);$$

mais il faut réduire préalablement à zéro de température la longueur h de la colonne mercurielle du baromètre, c'est-à-dire faire

$$h_0 = \frac{h}{1 + \dfrac{1}{5550}\,t'} = \frac{h}{1 + \beta'\,t'},$$

t' désignant la température indiquée par le thermomètre du baromètre, et $\beta' = \frac{1}{5550} = 0,00018$ étant la dilatation cubique du mercure.

C'est en déterminant ainsi le coefficient de la réfraction que les différences de niveau par les opérations trigonométriques accompagnées de mesures barométriques contemporaines, peuvent s'obtenir souvent avec un degré de précision suffisant, en faisant seulement usage de l'une des distances zénithales des deux objets mis en comparaison. Pour en donner un exemple, choisissons quelques-uns des élémens angulaires et météorologiques recueillis au Mont-d'Or et au Puy-de-Dôme, à l'occasion de la mesure d'un arc de parallèle (*Nouvelle description géométrique de la France*, tom. II, p. 650.)

1° Au *Mont-d'Or*, en septembre 1811, après 20 répétitions, on a eu pour la distance zénithale du *Puy-de-Dôme*, réduite au sommet du signal... $Z = 90°55'48'',54$

Alors le baromètre marquait. . $0^{m},59605 = h$
   le thermom. du barom. . $+ 14°,75 = t'$
   le thermomètre libre . . $+ 12,9 \;\; = t$

De plus, par la triangulation l'on a eu

$$\text{Log } K = 4 . 4709248,$$

K étant la distance horizontale comprise entre les deux signaux. Si donc on désigne par C l'angle des verticales des extrémités de K, et que l'on sache d'ailleurs que le rayon R de la terre, ou plutôt la normale à la station du Mont-d'Or, a pour logarithme,

$$\text{Log } R = 6 . 8053366,$$

on trouvera facilement

$$C = \frac{K}{R \sin 1''} = 955',02;$$

2° Au *Puy-de-Dôme*, en juin 1812, et par dix répétitions, la distance zénithale du *Mont-d'Or*, réduite au sommet du signal de cette station, était $Z' = 89°17'48'',91$

Alors le baromètre marquait. . $0^{m},64407 = h$
   le thermom. du barom. . . $+ 17° = t'$
   le thermomètre de l'air. . . $+ 15° = t.$

Il s'agit maintenant d'évaluer approximativement les réfractions locales au moment même de la mesure des distances zénithales : or on a en général

$$\text{Réfract. } \theta = n\,C,$$

et d'après les hauteurs barométriques et thermométriques relatives à la situation du Mont-d'Or, et introduites dans l'expression précédente de Log n, il vient, à cause de

$$\frac{1}{l} = 0,00011985\,;\ \text{Log } \left(\frac{1}{l} - \varepsilon\right) = 6.02490,$$

il vient, disons-nous,

$$3.09095$$
$$\text{Log } h = 9.77525$$
$$\text{c. Log } (1 + \beta t) = 9.97947$$
$$\text{c. Log } (1 + \beta'\,t') = 9.99887$$
$$\text{Log } \left(\frac{1}{l} - \varepsilon\right) = 6.02490$$
$$\overline{}$$
$$\text{Log } n = 8.86944$$
$$\text{Log } C = 2.98001$$
$$\overline{}$$

enfin. . . Log $\theta = 1.84945$, réfraction $\theta = 70',71.$

Opérant de la même manière pour la station du Puy-de-Dôme, on a d'abord

$$\frac{1}{l} = 0,00011894; \quad \mathrm{Log}\left(\frac{1}{l} - \varepsilon\right) = 6.02123;$$

ensuite on a

$$
\begin{aligned}
& 3.09095 \\
\mathrm{Log}\ h &= 9.80895 \\
c.\ \mathrm{Log}\ (1 + \beta t) &= 9.97625 \\
c.\ \mathrm{Log}\ (1 + \beta' t') &= 9.99866 \\
& 6.02123 \\
\hline
\mathrm{Log}\ n' &= 8.89602 \\
\mathrm{Log}\ C &= 2.98001 \\
\hline
\end{aligned}
$$

$$\mathrm{Log}\ \theta' = 1.87605 \text{ , réfraction } \theta' = 75',16.$$

La somme de ces deux réfractions locales, savoir

$$\theta + \theta' = 145',87 = 2'25'',87$$

étant ajoutée à celle des deux distances zénithales apparentes Z, Z', on a, pour la somme des distances zénithales vraies,

$$Z + Z' + \theta + \theta' = 180°16'\ 3'',32$$
$$\text{mais il faudrait } 180° + C = 180.15.55,\ 02$$
$$\hline$$
$$\text{donc l'erreur est de} \qquad 8'',30$$

et doit être, en plus grande partie, attribuée à la formule par laquelle nous avons évalué les réfractions; mais elle est si faible, que son influence sur la détermination de la différence de niveau par une des deux distances zénithales ne saurait être d'aucune importance. En effet, en évaluant cette différence de niveau au moyen de la formule connue

$$dE = \frac{\mathrm{K}\cot Z}{\cos \frac{1}{2} C} + (0,5 - n)\frac{\mathrm{K}^2}{\mathrm{R}\sin^2 Z},$$

on a par le Mont-d'Or, dont le sommet est élevé de 1886^{m} au-dessus du niveau moyen de l'Océan,

$$
\begin{aligned}
\mathrm{Log\ K} &= 4.4709248 & \mathrm{Log}\,(0,5-n) &= 9.62938 + \\
\mathrm{L.\ cot}\ Z &= 8.2104685 - & 2\,\mathrm{Log\ K} &= 8.94185 \\
c.\ \cos\tfrac{1}{2}\,C &= 0.0000011 & c.\ \mathrm{Log\ R} &= 3.19466 \\
\hline
\mathrm{Log\ 1^{er}\ terme}\ 2.6813944 &- & 2\,c.\ \sin Z &= 0.00012 \\
& & \hline \\
& & \mathrm{Log\ 2^{e}\ terme} &= 1.76601
\end{aligned}
$$

$$
\begin{aligned}
1^{er}\text{ terme} &- 480^{\mathrm{m}},17 \\
2^{e}\text{ terme} &+ 58,\ 35 \\
\hline
\end{aligned}
$$

$$\text{Différence de niveau } dE = -421^{\mathrm{m}},82.$$

Par le Puy-de-Dôme, dont la hauteur absolue est de 1466, on a

$$
\begin{aligned}
\mathrm{Log\ K} &= 4.4709248 & \mathrm{Log}\,(0,5-n') &= 9.62458 \\
\mathrm{Log\ cot}\ Z' &= 8.0889059 & 2\,\mathrm{Log\ K} &= 8.94185 \\
& 0.0000011 & c.\ \mathrm{Log\ R} &= 3.19466 \\
\hline
\mathrm{Log\ 1^{er}\ terme} &= 2.5598318 & & 0.00012 \\
& & \hline \\
& & \mathrm{Log\ 2^{e}\ terme} &= 1.76121
\end{aligned}
$$

$$
\begin{aligned}
1^{er}\text{ terme} &+ 362^{\mathrm{m}},94 \\
2^{e}\text{ terme} &+ \ \ 57,\ 70 \\
\hline
\end{aligned}
$$

$$\text{Différence de niveau } dE = 420^{\mathrm{m}},94$$

Dans le premier cas la valeur de dE est négative, parce que le Mont-d'Or étant plus élevé que le Puy-de-Dôme, la cotangente de la distance zénithale Z est négative ; et dans le second cas, le contraire a lieu. Ces deux valeurs, qui se servent de preuve mutuellement, ne différant entre elles que de 1^{m}, 2, leur milieu 421^{m}, 23 représente assez exactement la différence de niveau cherchée, et il est à remarquer qu'elle est à très-peu près indépendante des erreurs qui affectent les réfractions évaluées théoriquement.

On peut recourir, pour plus de détails sur ce procédé de calcul, à l'ouvrage auquel nous avons emprunté les observations précédentes, et sur la *théorie physique des réfractions terrestres*, à un mémoire que M. Biot a inséré dans le volume de la *Connaissance des temps* pour 1842.

RÉGULATEUR. (*Méc.*) Nom générique des organes mécaniques qui ont pour but de régler les mouvemens des machines. (*Voyez* PENDULE CONIQUE et VOLANT.)

REMOUS. (*Hydraul.*) On donnait jadis exclusivement le nom de *remous* à une eau sans mouvement progressif dans le lit d'une rivière, sur un des côtés du courant, et qui y tournoie sur elle-même par suite de l'impulsion de la partie adjacente du courant; mais, depuis Dubuat, on a étendu cette dénomination à tout exhaussement de la surface du courant au-dessus du plan général de cette surface, occasionné par un obstacle quelconque, tel qu'une digue, une jetée ou les piles d'un pont.

La détermination de la hauteur des remous produits par des constructions faites dans le lit des rivières est une question très-intéressante de l'architecture hydraulique. Il faut distinguer dans tout *remous* sa *hauteur* AB (fig. 19, Pl. XX) ou l'exhaussement du niveau MN de la rivière, et son *amplitude* AM, ou la distance à laquelle il se propage. Ces deux élémens varient d'après la nature de l'obstacle BD.

Si cet obstacle BD est une digue qui ferme entièrement la rivière, il force l'eau à s'élever et à passer par-dessus ; de sorte qu'on peut comparer, dans ce cas, le mouvement de l'eau aux écoulemens qui ont lieu par des déversoirs (*voy.* ce mot). Ainsi, nommant H la hauteur AD de l'eau au-dessus de la digue, l la largeur de cette digue, et Q le volume d'eau déversé en une seconde de temps, on a la relation (*voyez* ÉCOULEMENT, n° 18)

$$Q = 1,80 l H \sqrt{H},$$

laquelle donne pour la valeur de H

$$H = \sqrt[3]{\left(\frac{Q}{1,80 l}\right)^2},$$

ou, après réduction,

$$(1) \ldots\ldots H = 0,676 \sqrt[3]{\left(\frac{Q}{l}\right)^2}.$$

Nommant b la hauteur CD de la digue sur le fond du lit, et b' la hauteur BC de l'eau avant l'établissement de la digue, il est évident que la hauteur AB du remous, que nous nommerons H′, a pour expression

$$(2) \ldots\ldots H' = H + b - b'.$$

Supposons, par exemple, que la largeur de la rivière soit de 20 mètres, sa profondeur sans la digue de 1^m,50 ; que la quantité d'eau qu'elle roule dans une seconde soit de 75 mètres cubes, et enfin que la hauteur de la digue soit de 2 mètres, nous ferons

$$Q = 75, \quad l = 20, \quad b = 2, \quad b' = 1,50,$$

et nous trouverons avec ces valeurs

$$H = 0,676 \sqrt[3]{\left(\frac{75}{20}\right)^2} = 1,631,$$

ce qui nous donnera pour la hauteur H′ du remous

$$H' = 1,631 + 2 - 1,50 = 1^m,831.$$

La détermination de l'amplitude du remous présente des difficultés que les théories nouvelles n'ont point encore vaincues. D'après Dubuat, le premier des auteurs qui se soient occupés de la question, cette amplitude a pour valeur, en la désignant par A,

$$A = \frac{1,9 H'}{p - p'},$$

H′ étant la hauteur du remous, p la pente du courant avant l'établissement du barrage, et p' la pente de l'eau exhaussée, immédiatement avant le point culminant. Funck lui donne pour valeur

$$A = \frac{3 H'}{2 p},$$

ce qui s'accorde un peu mieux avec les observations ; mais M. Bélanger a montré depuis, que la valeur réelle de A est infinie, c'est-à-dire que le remous se perd insensiblement dans le courant à une distance qu'on ne saurait assigner avec précision ; de sorte que toutes les formules employées jusqu'ici pour calculer l'amplitude d'un remous ne font qu'indiquer avec plus ou moins d'exactitude la distance du barrage où l'effet du remous n'est plus apparent. C'est d'ailleurs le point essentiel pour la pratique.

On nomme *amplitude hydrostatique*, pour la distinguer de l'amplitude réelle, la longueur qu'aurait le regonflement si l'eau surélevée était en repos et indépendante de l'action du courant. Imaginons par le point culminant A une droite horizontale prolongée jusqu'à sa rencontre en E avec la surface naturelle du courant ; cette droite AE sera l'amplitude hydrostatique, et sa grandeur sera donnée par l'expression

$$\frac{H'}{p},$$

p désignant la pente naturelle du courant. En observant que la pente p' de l'eau exhaussée est toujours très-petite par rapport à p, et qu'ainsi l'expression de Dubuat diffère peu de

$$A = \frac{1,9 H'}{p}.$$

On voit qu'en adoptant sa formule, l'amplitude réelle serait à peu près double de l'amplitude hydrostatique, tandis qu'on ne devrait l'évaluer qu'à une fois et demie cette dernière d'après la formule de Funck. Nous devons dire, toutefois, que depuis les expériences de M. Bidone il n'est plus possible d'admettre que l'amplitude réelle est toujours d'une longueur supérieure à celle de l'amplitude hydrostatique ; car les observations de ce savant ont fait connaître des remous où le contraire a précisément lieu. (*Voyez les Mémoires de l'Académie de Turin,* tome XXV.)

Si l'obstacle élevé dans le lit de la rivière n'embrassait pas toute sa largeur, qu'il en barrât seulement une partie, toute l'eau, forcée de s'écouler par l'issue qui lui serait laissée, devrait nécessairement y passer plus vite, et comme un accroissement de vitesse ne peut provenir que d'un accroissement de charge, il y aurait une surélévation de la surface du courant en amont de la construction et une chute en aval, circonstances que nous avons examinées ailleurs dans ce qui concerne les ponts (*voy.* ce mot), en exposant la formule proposée par Dubuat pour calculer alors la hauteur du remous. Partant du principe que la surélévation de l'eau est égale à la différence entre les hauteurs dues aux vitesses avant et après l'établissement du barrage,

M. d'Aubuisson parvient à une formule qui s'accorde avec les observations d'une manière assez satisfaisante, et dont nous allons rapporter la déduction.

Soit x la hauteur de l'exhaussement, L la largeur moyenne de la rivière avant le rétrécissement, l la largeur de l'espace rétréci, V la vitesse à cet espace, v celle de la rivière lorsqu'elle était libre, et h la profondeur de l'eau à cette même époque : la section de la masse fluide était alors Lh ; après le rétrécissement elle sera l $(h + x)$, ou plutôt $ml (h + x)$, m étant le coefficient de contraction à l'entrée de l'espace rétréci. Puisque les vitesses sont en raison inverse des sections, on aura

$$\text{V} : v = \text{L}h : ml(h + x),$$

d'où

$$\text{V} = v \,\frac{\text{L}h}{ml\,(h + x)}.$$

La hauteur due à cette vitesse sera

$$\frac{v^2}{2g} \cdot \frac{\text{L}^2 h^2}{m^2 l^2 (h + x)^2},$$

et comme la hauteur due à v est $\dfrac{v^2}{2g}$, on aura donc

$$x = \frac{v^2}{2g} \left\{ \left(\frac{\text{L}h}{ml(h + x)} \right)^2 - 1 \right\},$$

et en remplaçant $2g$ par sa valeur, ... (3)

$$x = 0,051\, v^2 \left\{ \left(\frac{\text{L}h}{ml(h + x)} \right)^2 - 1 \right\}.$$

Dans l'application, on négligera d'abord la fonction $\dfrac{h}{h + x}$; ce qui donnera une première valeur de x, à l'aide de laquelle on en obtiendra une seconde qui sera plus rapprochée, et qui, à son tour, en donnerait une troisième, si on voulait plus d'exactitude. Lorsqu'il s'agira des remous occasionnés par les piles des ponts, l sera la somme des intervalles compris entre les piles, et L la largeur de la rivière près du pont ; le coefficient m aura pour valeur 0,855 ou 095, suivant les cas. (*Voy.* **Pont.**)

M. de Prony a proposé les formules suivantes, qui donnent immédiatement la hauteur x du remous sans tâtonnemens ni substitutions successives.

Soient :

Q le volume d'eau débité pendant une seconde de temps ;

ω la section transversale du courant, avant le rétrécissement ;

h la profondeur de l'eau, *idem* ;

v la vitesse moyenne, *idem* ;

l la largeur de l'espace rétréci ;

m le coefficient de contraction.

On calculera d'abord les quantités auxiliaires suivantes :

$$h' = \frac{v^2}{2g},$$

$$r = \frac{2ml}{\omega} \sqrt{\left(\frac{h - h'}{3h'} \right)},$$

$$\tan\varphi = \frac{3}{(h - h')r},$$

$$\tan\psi = \sqrt[3]{\tan\left(45° + \tfrac{1}{2}\varphi\right)},$$

puis on aura la valeur cherchée ..... (4)

$$x = \frac{1}{r\,\tan(2\psi - 90°)} - h.$$

On pourra vérifier le calcul numérique de x à l'aide des deux formules

$$\tan\theta = \sqrt[3]{\tan\left(45° - \tfrac{1}{2}\varphi\right)},$$

$$x = \frac{1}{r\,\cot(2\theta)} - h.$$

Prenons pour exemple l'application que M. d'Aubuisson fait de sa formule au remous du pont de Minden sur le Weser.

« En 1804, au rapport de Funck, il fut fait plusieurs expériences sur l'exhaussement auquel le pont de Minden donnait lieu : la largeur moyenne du fleuve en amont était de 180^m,71 et sa profondeur moyenne de 5^m,37 : il roulait alors 1318 mètres cubes d'eau, et la hauteur du remous fut trouvée de 0^m,383. La somme des ouvertures du pont, ou l, était 96^m,03. »

« La vitesse moyenne en amont du remous était, d'après ce qui vient d'être dit, de

$$\frac{1318}{180,7 \times 5,37} = 1^m,358 ;$$

mais comme dans les questions relatives aux remous, c'est la vitesse de la couche supérieure qu'il faut introduire dans le calcul, et que, d'après des observations faites sur de grands fleuves, comme le Weser, elle est près d'un dixième plus considérable que la vitesse moyenne, nous ferons $v = 1^m, 394$. Devant les piles, il y avait des constructions destinées à arrêter les glaces et qui gênaient l'entrée de l'eau sous les arches ; nous donnerons, en conséquence, au coefficient de contraction la plus grande valeur indiquée par Eyletwein, 0, 855. nous avons de plus L $= 180,7$ et $h = 5,37$. »

« Avec les valeurs numériques, la formule (3) deviendra

$$x = 0,051(1,494)^2 \left\{ \left(\frac{180,7 \times 5,37}{0,855 \times 96(5,37 + x)} \right)^2 - 1 \right\}.$$

Négligeant d'abord $\dfrac{5,37}{5,37 + x}$, on a pour

première valeur de x. . . . . $0^m,437$

laquelle indique pour deuxième valeur. . . . . $0, 358$

puis on a en troisième valeur. . . . . $0, 370$

et, finalement, en quatrième. . . . . $0, 369$

Cette dernière valeur est le résultat du calcul,

    celui de l'expérience était. . . . . $0, 383$

« Les variations qu'éprouve continuellement le coefficient de contraction, ainsi que celui qu'on adoptera pour réduire la vitesse moyenne à celle de la surface, ajoute M. d'Aubuisson, ne permettront jamais de résoudre avec une grande exactitude les questions relatives aux remous. Dans la pratique, également, leur hauteur et leur amplitude ne sauraient être prises très-exactement; et de tout côté, on ne peut avoir que des approximations. »

On voit, d'après cet exemple, qu'il faut poursuivre les substitutions jusqu'à ce qu'on ait obtenu deux résultats qui ne diffèrent plus que d'une unité de l'ordre des chiffres qu'on veut négliger. Les formules de M. de Prony sont beaucoup plus expéditives; mais elles ne donnent pas, du moins avec les élémens que nous venons d'employer, un résultat aussi approché. En effet, nous avons ici :

$$Q = 1318; \quad L = 180,71; \quad h = 5,37; \quad l = 96,03;$$

ainsi :

$$\omega = Lh = 970^{m\,q},413,$$
$$v = \frac{Q}{\omega} = 1^m,358,$$
$$h' = \frac{v^2}{2g} = 0^m,094.$$

introduisant ces valeurs dans les formules, en prenant toujours $m = 0, 855$, il vient

$$r = \frac{2 \times 0,855 \times 96,03}{970,413} \sqrt{\left(\frac{5,276}{3 \times 0,094}\right)},$$
$$= 0,73194,$$

d'où l'on obtient ensuite

$$\varphi = 37°50'32', \quad \psi = 51°45'33',$$

et finalement

$$x = 0^m,313,$$

valeur qui diffère de 8 centimètres de celle donnée par l'expérience, 0,383. Nous ferons observer, cependant, que cette différence ne dépasse pas les limites de l'approximation dont on peut se contenter dans la pratique, et qu'il est d'ailleurs facile d'obtenir identiquement les

mêmes résultats des formules de MM. de Prony et d'Aubuisson, en employant dans les premières, comme on le fait dans les secondes, la vitesse à la surface, au lieu de la vitesse moyenne dont se sert M. de Prony. Par exemple, ici, où la vitesse moyenne $1^m,358$ correspond à une vitesse de surface $= 1^m, 494$, d'après l'observation de M. d'Aubuisson, si nous posons $v = 1, 494$, nous trouverons

$$h' = \frac{(1,494)^2}{19, 6176} = 0^m,1138,$$

et comme toutes les autres quantités sont les mêmes, il viendra

$$r = \frac{2 \times 0,855 \times 96,03}{970,413} \sqrt{\frac{5,2562}{3 \times 0,1138}},$$
$$= 0,66397,$$

nous trouverons ensuite

$$\varphi = 40°40'57'; \quad \psi = 52°21'8',7,$$

et définitivement,

$$x = 0^m,369,$$

ce qui est le résultat de M. d'Aubuisson. Les deux méthodes sont les mêmes en principe, seulement M. d'Aubuisson résoud par substitutions successives l'équation du troisième degré qui donne la valeur de x, tandis que M. de Prony obtient immédiatement cette valeur au moyen des fonctions circulaires, procédé qui n'exige que les règles les plus simples de l'arithmétique, et l'emploi des logarithmes. Voyez pour tout ce qui concerne les remous : Navier, *Cours de mécanique des ponts et chaussées.* — Bidone, *Mémoires de Turin*, tom. XXV. — Dubuat, *Architecture hydraulique.* — Bélanger, *Essai sur la solution de quelques problèmes d'hydraulique.* — Prony, *Annales des ponts et chaussées*, 1835. — D'Aubuisson, *Hydraulique des ingénieurs.*

RENTES VIAGÈRES. (*Arith. comm.*) Une rente viagère est un paiement annuel fait à un individu pendant toute la durée de sa vie, contre un capital une fois donné par lui, et qui demeure la propriété de l'emprunteur après la mort du prêteur.

La détermination de l'intérêt d'un capital placé en viager, ou de la quotité de la rente, dépend de la théorie des intérêts composés, de celle des annuités et des probabilités de la vie humaine. Il est d'ailleurs facile de voir que la seule différence qui existe entre une *annuité* (*voyez* ce mot tom. I) proprement dite et une *rente viagère* consiste en ce que la durée totale du paiement est fixée pour l'annuité, tandis qu'elle demeure indéterminée pour la rente viagère.

Le principe fondamental de cette espèce de placement

serait, pour que l'opération fût loyale, que le prêteur reçût exactement une somme équivalente, intérêts compris, à celle qu'il a prêtée ; mais comme la durée de sa vie est incertaine, et qu'on ne peut établir les calculs que sur sa probabilité d'atteindre tel ou tel âge, l'emprunteur ne sait s'il gagnera ou s'il perdra qu'après la mort de son créancier. Cette circonstance fait de tout emprunt en viager, entre deux particuliers, un véritable jeu de hasard ; mais lorsque c'est une compagnie qui reçoit des fonds en viager d'un très-grand nombre d'individus, toutes les chances se compensent, et la compagnie n'est exposée à aucune perte, si toutefois le montant de la rente de chaque individu a été déterminé rigoureusement d'après la durée préalable de sa vie.

Pour fixer les idées, admettons qu'un homme de 65 ans place en viager une somme de 1,000 francs, et qu'il s'agisse de trouver la valeur de la somme annuelle que la compagnie doit lui payer. La durée probable de la vie de cet homme étant de 10 ans, on peut ramener la question à celle-ci : trouver l'annuité qu'il faut payer pendant 10 ans pour rembourser, avec ses intérêts, un capital de mille francs. Ce problème exige seulement qu'on substitue les chiffres aux lettres dans les formules connues des annuités. Or, si nous désignons par

A la somme prêtée,

a le montant de l'annuité,

m le nombre des années de paiemens,

r le taux de l'intérêt, ou l'intérêt d'un franc par an,

nous aurons (*voyez* tom. I, pag 85.)

$$(1) \ldots\ldots a = \frac{Ar(1+r)^m}{(1+r)^m - 1}.$$

Ainsi, en admettant que l'intérêt soit à 5 pour 100, nous avons ici

$$A = 1000, \quad m = 10, \quad r = 0^f,05,$$

et, par conséquent,

$$a = \frac{1000 \times 0,05 (1,05)^{10}}{(1,05)^{10} - 1} = 128^f,73,$$

c'est-à-dire que la rente viagère devra être de 128 fr. 73 centimes.

Le point essentiel est donc de connaître la durée probable de la vie à un âge donné, ce qui ne peut être que le résultat des observations statistiques sur le nombre des naissances et celui des décès ; les tables où sont consignés ces résultats se nomment *Tables de mortalité*. Jusqu'ici les compagnies d'assurances sur la vie se sont servies en France des tables de Duvillard ou de celles de Deparcieux ; mais il résulte des travaux récens de M. de Montferrand que ces tables ne conviennent plus à l'état

actuel de la population. Quoi qu'il en soit, nous nous servirons ici des nombres de Deparcieux pour indiquer l'usage général des tables de mortalité.

LOI DE LA MORTALITÉ EN FRANCE,

POUR DES TÊTES CHOISIES.

AGES.	VIVANS.	AGES.	VIVANS.	AGES.	VIVANS.
3	1000	34	702	65	395
4	970	35	694	66	380
5	948	36	686	67	364
6	930	37	678	68	347
7	915	38	671	69	329
8	902	39	664	70	310
9	890	40	657	71	291
10	880	41	650	72	271
11	872	42	643	73	251
12	866	43	636	74	231
13	860	44	629	75	211
14	854	45	622	76	192
15	848	46	615	77	173
16	842	47	607	78	154
17	835	48	599	79	136
18	828	49	590	80	118
19	821	50	581	81	101
20	814	51	571	82	85
21	806	52	560	83	71
22	798	53	549	84	59
23	790	54	538	85	48
24	782	55	526	86	38
25	774	56	514	87	29
26	766	57	502	88	22
27	758	58	489	89	16
28	750	59	476	90	11
29	742	60	463	91	7
30	734	61	450	92	4
31	726	62	437	93	2
32	718	63	423	94	1
33	710	64	409	95	0

Cette table, employée principalement pour les calculs des rentes viagères, indique combien sur 1000 enfans parvenus ensemble à leur troisième année, il en reste de vivans après 1 an, 2 ans, etc., ou à l'âge de 4 ans, 5 ans, etc. Pour savoir le nombre d'années qu'une personne de 45 ans, par exemple, vivra probablement, nous prendrons le nombre 622 de personnes qui ont 45 ans, la moitié de ce nombre, ou 311, cherché dans la colonne des vivans, correspondant à l'âge de 70 ans, nous en concluons que la vie probable de l'individu en question est de 70 ans, ou qu'il lui reste encore 70 — 45 = 25 ans à vivre. En effet, puisqu'en 70 ans une moitié de ceux qui avaient 45 ans est morte et l'autre vivante, il y a également à parier pour ou contre qu'une personne de 45 ans atteindra l'âge de 70 ans. Ce procédé de calcul peut se formuler dans la règle suivante :

Pour connaître le nombre d'années qu'une personne doit vivre probablement, il faut prendre la moitié du nombre correspondant à son âge, chercher à quel âge correspond à peu près cette moitié ; la différence entre l'âge trouvé et l'âge donné sera le nombre demandé.

La loi de la mortalité pour les premières années omises par Deparcieux se trouve dans la table de Duvillard, à laquelle s'applique également la règle précédente.

Connaissant, d'après cette table, ou toute autre, la vie probable d'un individu, on peut ensuite sans difficulté trouver le montant de la rente viagère qu'il faut lui payer contre un capital quelconque, ou le capital qu'il doit donner pour obtenir une rente viagère déterminée. La première question a été résolue ci-dessus, la seconde consiste à dégager A de l'expression de l'unité, ce qui donne en général

$$(2) \ldots \ldots \; A = \frac{a}{r} \cdot \frac{(1+r)^m - 1}{(1+r)^m},$$

les lettres ayant toujours les significations précédentes. Proposons-nous, par exemple, de trouver quel capital doit placer une personne de 50 ans pour avoir une rente viagère de 500 francs, l'intérêt légal de l'argent étant 4 pour 100 au $0^f,04$ pour 1 franc.

Le nombre correspondant à 58 ans étant 581, dont la moitié 290 répond à 71 ans, nous en conclurons d'abord, que la durée de la vie probable de l'individu est de 21 ans ; nous ferons donc $m = 21$, et comme nous avons en outre

$$a = 500^f, \quad r = 0^f,04,$$

ces nombres substitués dans la formule donneront

$$A = \frac{500}{0,04} \cdot \frac{(1,04)^{21} - 1}{(1,04)^{21}} = 7014^f,75.$$

Ainsi l'individu en question devra verser 7014 francs 75 centimes.

La table d'annuités que nous avons donnée dans notre premier volume est très-commode pour résoudre toutes les questions de ce genre et dispense de l'emploi des logarithmes dont on ne saurait se passer sans se jeter dans des calculs interminables. Si l'on y cherche le nombre qui, intitulé 4 pour 100, répond à 21 ans, ce nombre 14,029160, indique qu'il faudrait placer 15 francs 03 pour obtenir une annuité d'*un* franc pendant 21 ans, et conséquemment qu'il faudrait placer 500 fois cette somme pour obtenir une annuité de 500 francs, or

$$14^f,029160 \times 500 = 7014^f,58,$$

donc le capital demandé est $704^f,58$. La différence des résultats, entièrement négligeable d'ailleurs, tient à

l'emploi que nous avons fait des logarithmes pour évaluer la formule.

Toutes les institutions relatives aux assurances sur la vie, les tontines et caisses de survivance, sont fondées, comme celles qui concernent les rentes viagères, sur les probabilités de la vie humaine et la théorie des annuités. Leur solution dépend en dernier lieu des formules que nous venons de rappeler, et ne présente aucune difficulté particulière. Nous nous contenterons d'en présenter un seul exemple.

On demande quelle prime annuelle doit donner un homme de 30 ans, pour que la compagnie d'assurances sur la vie ait à payer à ses héritiers, après sa mort, une somme de 100000 francs, l'intérêt légal de l'argent étant à 5 pour 100.

Il est visible que cette question est la même que celle de chercher l'annuité que doit payer l'individu pendant toute la durée de sa vie probable, pour recevoir, après cette durée, un capital de 100000 francs ; mais comme dans ce cas le capital n'est fourni qu'après le paiement de la dernière annuité, et non pas avant celui de la première, il faut modifier la formule (1), qui repose précisément sur cette dernière circonstance. Reprenons l'analyse des annuités (tom. I, pag. 85), et observons que toutes les annuités a, payées pendant un nombre m d'années, représentent à la fin de la dernière année un capital équivalent à

$$\frac{a}{r}\left[(1+r)^m - 1\right].$$

désignant donc ce capital par A′, nous avons la relation générale

$$A' = \frac{a}{r}\left[(1+r)^m - 1\right],$$

d'où nous tirons

$$(3) \ldots \ldots \; a = \frac{A'r}{(1+r)^m - 1},$$

formule qui donne la solution de toutes les questions semblables à la proposée, faisant donc A′ $= 100000$ f. $r = 0^f,05$ et $m = 30$, parce que la table de Duvillard, qu'on trouve chaque année dans *l'Annuaire du bureau des longitudes*, et qui est employée pour les assurances sur la vie, indique environ 30 ans, comme la vie probable d'un individu de 30 ans, nous trouverons

$$a = \frac{100000 \times 0,05}{(1,05)^{30} - 1} = 1505^f,14.$$

La prime annuelle à payer sera donc de 1505 francs 14 centimes. Voyez : Duvillard, *Recherches sur les rentes et les emprunts*. — Deparcieux, *Essai sur la pro-*

babilité de la durée de la vie humaine. — Baily, *Life annuities and assurances.*

RÉSISTANCE. (*Méc.*) On désigne généralement, en mécanique, sous le nom de *résistance*, toute force qui s'oppose à l'action d'une force motrice.

Dans les machines en mouvement, on divise les résistances en *actives* et en *passives.* La *résistance active* est celle qui correspond à l'*effet utile*, et la *résistance passive* celle qui résulte de la constitution même de la machine. Supposons, par exemple, que, pour élever un seau plein d'eau du fond d'un puits à sa margelle, à l'aide d'une corde passant sur une poulie, il soit nécessaire d'exercer un effort constant équivalent à un poids de 16 kilogrammes, et que le poids de l'eau élevée ne soit que de 11 kilogrammes, la résistance totale vaincue par le moteur se composera donc, 1° d'une résistance *active* de 11 kilogrammes représentant l'effet utile qu'il produit, 2° d'une résistance *passive* de 5 kilogrammes résultante du frottement de la poulie sur son axe, de la roideur de la corde et du poids du seau. (*Voy.* Effet utile.)

RÉSISTANCE DES FLUIDES. (*Hydrod.*) Force par laquelle les corps solides qui se meuvent dans les fluides sont retardés dans leur mouvement.

Un solide ne peut évidemment se mouvoir dans un fluide sans mettre en mouvement les molécules fluides qu'il rencontre successivement, et sans déployer en outre une certaine force pour vaincre l'adhérence de ces molécules. La résistance qu'il éprouve provient de deux causes distinctes : la première résulte de la vitesse qu'il communique aux molécules fluides, et qui lui fait perdre à chaque instant une partie de sa quantité de mouvement (*voy.* Communication de mouv.); la seconde, de l'adhérence des molécules ou de ce qu'on nomme la *viscosité du fluide.* Cette dernière, nulle dans les fluides élastiques, est beaucoup plus petite que la première dans tous les liquides ayant peu de viscosité.

1. Laissant de côté la résistance due à la viscosité, considérons un corps solide M (Pl. **XXI**, fig. 1) dont nous désignerons par A l'aire de la surface antérieure, celle qui frappe le fluide, et supposons que ce corps se meuve dans une direction **MD** perpendiculaire à sa surface A. Dans un temps infiniment petit dt, pendant lequel on peut supposer constante la vitesse v du corps, le mobile s'avancera dans la direction **MD** d'une quantité vdt, et déplacera conséquemment un volume de fluide qui aura pour expression

$$A v dt.$$

Désignant par δ la densité du fluide, $\delta A v dt$ représentera la masse déplacée, et en admettant que cette masse puisse être assimilée à un corps dur choqué par un autre corps dur, d'une masse M et d'une vitesse v, la vitesse qui lui sera communiquée aura pour valeur (*voy.* Choc)

$$\frac{\delta A v dt . v}{M + \delta A v dt},$$

ou simplement

$$\frac{\delta A v^2 dt}{M},$$

parce que la masse $\delta A v dt$ est infiniment petite par rapport à M. Or, cette vitesse gagnée par la masse fluide est précisément celle qui est perdue par la masse M; ainsi dans l'instant dt, cette masse M perd une quantité de mouvement égale à

$$\frac{\delta A v^2 dt}{M} \times M \text{ ou } \delta A v^2 dt.$$

Si l'on admet maintenant que le prisme fluide choqué s'anéantisse après le choc, et qu'un autre prisme fluide lui succède pour produire le même effet, la quantité $\delta A v^2 dt$, dans laquelle v variera à chaque instant, indiquera la force que la réaction du fluide fait perdre au mobile ou la résistance qu'il éprouve à chaque instant, et nommant R cette résistance, on aura l'équation

$$(1) \ldots\ldots R = \delta A v^2 dt ;$$

mais, par les mêmes raisons, un autre corps d'une surface antérieure A′ se mouvant avec une vitesse v' dans un fluide d'une densité δ' éprouvera une résistance r,

$$r = \delta' A' v'^2 dt.$$

donc

$$R : r = \delta A v^2 : \delta' A v'^2,$$

c'est-à-dire que si deux corps se meuvent avec des vitesses différentes dans des fluides différens, les résistances qu'ils éprouveront dans un même instant, seront en raison composée des densités, des surfaces et des carrés des vitesses.

2. Pour tirer de l'expression (1) une mesure de la résistance, observons qu'en désignant par h la hauteur due à la vitesse v^2 on a

$$v^2 = 2gh,$$

g étant la force de gravité, et conséquemment,

$$R = 2g\delta A h dt.$$

Mais puisque g est la vitesse que la gravité engendre dans une seconde de temps, $g dt$ est la vitesse engendrée par cette même force dans l'instant dt, et comme $2\delta A h$ exprime la masse d'un prisme de fluide ayant $2A$ pour base et h pour hauteur, $2\delta Abh \times gdt$ représente la quantité de mouvement que ce prisme acquerrait pendant l'instant infiniment petit dt par l'action libre de la pesanteur, c'est-à-dire le poids de ce prisme ; ainsi *la résistance qu'éprouve un solide qui se meut dans un fluide en repos, est égale au poids d'un prisme de ce fluide qui aurait pour base la surface choquée, et pour hauteur le double de la hauteur due à la vitesse avec laquelle le solide se meut à l'instant où l'on veut mesurer la résistance.*

3. Cette mesure ne se rapporte qu'au cas où la direction du mouvement est perpendiculaire à la surface choquante, si le choc est oblique, c'est-à-dire si la direction du mouvement fait un angle $AMD = \alpha$ (Pl. XXI, fig. 2), avec la surface choquante, il faut, pour obtenir l'expression de la résistance, décomposer la vitesse v qui a lieu dans la direction MD en deux autres, l'une dans la direction MF, perpendiculaire à la surface, l'autre dans la direction MA, parallèle à cette même surface ; la première composante, dont la valeur est $v \sin \alpha$, agissant seule pour repousser le fluide ; la question se trouve ramenée à déterminer la résistance qui a lieu sur la surface A, qui se meut avec une vitesse $v \sin \alpha$, dans une direction perpendiculaire MF, et il suffit, par conséquent, de substituer $v \sin \alpha$ à v dans toutes les formules précédentes ; l'expression (1) de la résistance devient ainsi

$$(2) \ldots\ldots R = \delta A v^2 dt \sin^2\alpha,$$

et il en résulte que dans le cas d'un choc oblique la résistance est proportionnelle : 1° au carré de la vitesse effective ; 2° à la densité du fluide ; 3° à l'aire de la surface choquante ; 4° au carré du sinus de l'angle d'incidence, ou de l'angle que fait la surface avec la direction du mouvement. Il est visible, d'ailleurs, que pour mesurer la résistance en poids, il faut multiplier le poids qui mesure la résistance qu'on aurait en supposant le choc direct, par le carré du sinus de l'angle d'incidence.

4. La théorie que nous venons d'exposer est celle qui était autrefois généralement admise ; nous ne l'avons reproduite ici que parce qu'elle est employée dans plusieurs ouvrages estimables, qu'on peut encore aujourd'hui consulter avec fruit ; mais on ne doit guère se contenter des indications qu'elle donne que dans des cas très-particuliers, et dans l'impossibilité, où se trouve encore la science, d'en établir une autre mieux d'accord avec les faits, il faut avoir recours à l'expérience dont nous allons maintenant signaler les résultats.

5. En 1775, Bossut, d'Alembert et Condorcet entreprirent, par l'ordre du gouvernement, plusieurs séries d'observations sur la résistance des fluides. Ces observations, faites sur une échelle beaucoup plus vaste que tout ce qui avait été tenté jusque alors, eurent lieu sur une grande pièce d'eau, située dans l'enceinte de l'école militaire à Paris ; on se servit de plusieurs bateaux, de formes et de dimensions différentes, qui étaient mis en mouvement par la descente d'un poids, et l'on put constater les phénomènes suivans.

On a d'abord remarqué que dans les premiers instans du mouvement des bateaux, la vitesse s'accélère par degrés ; tant qu'elle est très-petite, l'eau se divise facilement et coule le long des parois latérales du corps flottant, de manière que le liquide demeure sensiblement de niveau de l'avant à l'arrière de ce corps ; mais à mesure que la vitesse augmente, le liquide a plus de peine à se détourner, il s'amoncelle au-devant de la proue, ou surface antérieure, il y forme une intumescence qui a plus ou moins d'étendue, suivant que la vitesse est plus ou moins grande, et que la proue a plus ou moins de largeur ; dans le même temps le liquide s'abaisse vers la partie postérieure du bateau et y forme un vide ; ce double effet, qu'on nomme *dénivellation,* est d'autant plus sensible, toutes choses égales d'ailleurs, que la vitesse est plus grande, de sorte que l'augmentation de vitesse doit nécessairement augmenter la résistance que le bateau éprouve pour diviser le liquide. Voici les principaux résultats de ces expériences.

1° Les résistances d'un même corps qui se meut dans un fluide avec différentes vitesses sont sensiblement proportionnelles aux carrés de ces vitesses, du moins entre les limites de $0^m,60$ à 4^m par secondes.

2° Les résistances directes et perpendiculaires des surfaces planes sont sensiblement proportionnelles, pour une même vitesse, aux étendues de ces surfaces.

3° Les résistances qui proviennent des mouvemens obliques ne diminuent pas, à beaucoup près, toutes choses égales d'ailleurs, dans le rapport des carrés des sinus des angles d'incidence ; de sorte que la théorie précédente doit être entièrement abandonnée, pour ce qui concerne ce rapport des sinus, lorsque les angles d'incidence sont petits, puisqu'elle donnerait alors des résultats très-fautifs ; mais pour le cas où les angles d'incidence sont grands, comme dans les limites de $50°$ à $90°$, on peut employer cette théorie comme un moyen d'approximation, en observant qu'elle donnera des résistances plus petites que les résistances réelles, et d'autant moindres que les angles s'éloigneront davantage de l'angle droit.

4° La mesure de la résistance directe et perpendiculaire qu'éprouve une surface plane dans un fluide indéfini est le poids d'un prisme de ce fluide qui aurait pour base cette surface et pour hauteur la hauteur due à la vitesse. Ce résultat est la moitié de celui que donne la théorie ; mais il ne convient pas à tous les corps flottans.

5° La viscosité de l'eau est une résistance que l'on doit considérer comme infiniment petite ou comme nulle, par rapport à celle qu'un bateau éprouve en poussant l'eau, surtout quand la vitesse est très-petite.

6° Enfin, quand un bateau se meut dans un canal étroit et peu profond, la résistance varie entre des limites quelquefois très-écartées.

6. D'autres expériences faites par Dubuat, Borda, Smeaton, Vince, etc., tout en confirmant ces résultats, ont fait connaître diverses modifications résultant de la forme des corps flottans. Ainsi la résistance n'est proportionnelle aux surfaces que lorsque les corps ont une épaisseur au moins égale à l'un des côtés de la face choquante, ou plus généralement à la racine carrée de l'aire de cette face; dans le cas contraire, c'est-à-dire pour un corps mince, la résistance croît dans un plus grand rapport que la surface.

7. L'expression de la résistance, qui, d'après les expériences que nous venons de citer, est

$$\Delta s h,$$

s représentant l'aire de la face choquante, h la hauteur due à la vitesse et Δ le poids de l'unité de volume du liquide, ne peut donc convenir à tous les corps flottans qu'en y ajoutant un coefficient de correction dont la valeur doit être déterminée pour chaque espèce de corps en particulier. Désignant ce coefficient par n et faisant $\Delta = 1000^k$, nous aurons pour le poids P qui mesure la résistance de l'eau, exprimé en kilogrammes,

$$(2) \ldots\ldots P = 1000 n s h.$$

Nous n'avons pas besoin de faire observer que s et h doivent être rapportés au mètre comme unité.

Le coefficient n est sensiblement constant pour les solides semblables; il se réduit à l'unité lorsque la longueur du prisme, sa dimension horizontale, est cinq ou six fois plus grande que $\sqrt{s}$, et s'élève à $1,2$ quand cette dimension diffère peu de $\sqrt{s}$. Si la longueur du prisme dépasse $6\sqrt{s}$, n, au lieu de diminuer, devient plus grand que l'unité; de sorte que, dans tous les cas, ce nombre ne descend pas au-dessous de l'unité, tant du moins que la surface choquante est plane; car on peut diminuer considérablement la résistance en plaçant, en guise de proue, sur la face antérieure du prisme un corps qui présente un tranchant au fluide et change le choc direct en choc oblique.

8. L'expression (2) est identique avec celle qui exprime les effets du choc d'une veine d'eau sur un corps en repos (*voy.* Eau motrice), et l'on peut en conclure, ce principe admis depuis Newton, que l'effort nécessaire pour retenir un corps frappé par un liquide dans lequel il plonge est égal à celui qui est nécessaire pour faire mouvoir le même corps, avec la même vitesse, dans le liquide en repos. Cependant une expérience de Dubuat semble prouver que l'eau en repos offre plus de facilité à se laisser diviser que l'eau courante; car, ayant fait choquer une plaque carrée par un courant d'eau, et l'ayant fait ensuite mouvoir avec la même vitesse dans une eau en repos, il trouva que la résistance était plus petite que le choc dans le rapport des nombres $1,86$ et $1,43$. Mais d'autres expériences de différens observateurs n'ont pas donné les mêmes résultats; et comme d'ailleurs les lois que suit la résistance sont les mêmes que celles du choc, M. d'Aubuisson, excellente autorité dans toutes les questions d'hydraulique, ne pense pas qu'il y ait lieu d'admettre, en général, une si grande différence dans les deux cas.

9. Lorsque le corps flottant se meut dans un canal étroit, la résistance qu'il éprouve est beaucoup plus grande que celle qui aurait lieu dans un canal assez large pour qu'on puisse considérer l'étendue du liquide comme indéfinie, parce que l'eau qui s'écoule sur les parois latérales du corps est resserrée entre ces parois et les bords du canal. D'après l'analyse faite par Dubuat des belles expériences de Bossut sur la résistance des canaux, si l'on nomme c la section du canal, s la section de la portion du prisme plongée dans l'eau, P la résistance que ce prisme éprouverait dans un fluide indéfini, et P' celle qu'il éprouve dans le canal, on aurait

$$P' = \frac{8,46 P}{\dfrac{c}{s} + 2},$$

Les résistances mesurées par Bossut ont beaucoup diminué lorsqu'il a adapté aux bases des prismes droits, employés dans ses expériences, des proues angulaires; mais la diminution a été beaucoup plus petite que dans un fluide indéfini, et d'autant moindre que le canal était plus étroit. Dubuat a tenu compte de l'effet des proues angulaires en exprimant la résistance effective par la formule

$$P'' = P' \left\{ 1 - 0,183 \left(1 - q \right) \left(\frac{c}{s} - 1 \right) \right\},$$

dans laquelle q désigne le rapport entre la résistance du prisme avec proue à celle du prisme sans proue.

10. Ces formules représentent assez bien les expériences de Bossut, mais elles ne semblent pas convenir aux grands canaux; car, dans l'application qu'en a faite M. d'Aubuisson au canal du Languedoc, les résistances calculées ont toujours été presque doubles des résistances données par l'expérience. Les observations de M. d'Aubuisson l'ont conduit à la formule très-simple

$$140 \frac{s^2 v^2}{c + 2s},$$

qui représente en kilogrammes la résistance des barques qui naviguent sur le canal du Languedoc. Il serait très-utile de faire de semblables observations sur nos autres canaux de navigation.

11. Nous avons vu que, quoique l'ancienne théorie du choc oblique soit défectueuse (n° 5, 3°), on pouvait l'employer comme moyen d'approximation, en se réservant de corriger les résultats du calcul par un coefficient convenable de réduction ; il nous reste à indiquer les procédés d'application, et, pour cet effet, à montrer comment on évalue dans une direction donnée la résistance perpendiculaire à la surface choquante.

Soit AB le profil de la surface (Pl. XXI, fig. 3) qui frappe obliquement ou qui reçoit obliquement le choc de la veine d'eau DCBE, l'effort normal exercé contre cette surface est, d'après ce que nous avons vu (2),

$$R = \delta A v^2 dt \sin^2 \alpha.$$

Pour savoir ce que devient cet effort dans la direction MN perpendiculaire à un plan quelconque dont le profil est PQ, il faut décomposer la force R agissant dans la direction OR en deux autres dont l'une, parallèle à AB, sera sans action sur la surface, et dont l'autre, perpendiculaire à PQ, représentera l'effort cherché ; or, la composante suivant ON est

$$R \cos NOS \quad \text{ou} \quad R \sin \alpha.$$

Ainsi l'effort exercé dans la direction MN sur la surface A est exprimé par

$$\delta A v^2 dt \sin^2 \alpha \cdot \sin \alpha.$$

Or, si nous menons par le point B un plan CB parallèle à PQ, et que nous projetions AB sur ce plan, la projection CB sera équivalente à l'aire projetée AB multipliée par le cosinus de l'angle ABC des deux plans ; mais cet angle est le complément de l'angle α ; donc A $\sin \alpha$ est la projection de l'aire A sur un plan perpendiculaire à la direction MN, et en désignant par A' cette projection, la résistance dans la direction MN devient

$$\delta A' v^2 dt \sin^2 \alpha.$$

Observant que $\delta A' v^2 dt$ exprime la résistance perpendiculaire sur la surface A', nous en conclurons que lorsqu'une surface plane quelconque A est exposée obliquement au choc d'un fluide, si l'on veut savoir l'effet que ce choc produit suivant une direction donnée, il faut imaginer cette surface projetée sur un plan perpendiculaire à la direction, et multiplier l'effort du choc direct sur la projection par le carré du sinus de l'angle d'incidence du fluide sur la surface primitive A.

12. Proposons-nous, par exemple, d'évaluer la résistance qu'éprouverait le prisme droit tronqué ABCD à

se mouvoir dans une eau stagnante, dans une direction parallèle à sa longueur, en présentant au choc de l'eau sa base oblique AB. (Pl. XXI, fig. 4.)

Soit l'angle d'incidence $\alpha = 30°$ et l'aire ABQ $= 4$ mètres carrés. En supposant que la direction CB du mouvement, dans le sens de laquelle on évalue la vitesse v, ne puisse changer, la diminution de vitesse et conséquemment la résistance devra se calculer suivant cette même direction ; ainsi, projetant l'aire ABQ sur un plan perpendiculaire à CB, l'aire de la projection sera AEFQ ou

$$4 \cdot \sin 30° = 4 \times 0,5 = 2.$$

La résistance directe sur cette aire exprimée en kilogrammes étant (7)

$$P = 1000 \, n.2.h = 2000 \, nh,$$

la résistance cherchée sera

$$P' = 2000 \, nh \sin^2 30 = 500 \, nh.$$

Si la vitesse effective $v = 1^m,50$, on aura (*voy.* la *Table des hauteurs*, p. 222) H $= 0,1147$, et en admettant que la longueur du prisme soit cinq à six fois la racine carrée de l'aire AEFQ, cas où l'on a $n = 1$, il viendra définitivement

$$P' = 500 \times 0,1147 = 57^k,35.$$

Si l'on voulait donc mouvoir le prisme que nous considérons avec une vitesse constante de $1^m,50$, il faudrait exercer un effort constant de 57 kilogrammes.

Supposons maintenant que le prisme doive présenter sa petite base CD, dont l'aire $= 2$ mètres carrés, perpendiculairement au choc de l'eau, la résistance serait alors

$$P = 1000 \times 2 \times 0,1147 = 229^k,35,$$

c'est-à-dire quatre fois plus grande que dans le premier cas.

Le premier résultat $P' = 57^k,35$ est beaucoup trop petit, car l'expérience a montré que dans des circonstances semblables on aurait à peu près P $= 2P'$.

13. Choisissons un autre exemple propre à nous faire apprécier la théorie. Soit EB (Pl. XXI, fig. 5) un parallélipipède rectangle ayant pour dimension

$$ED = 1^m,30; \quad DC = 0^m,65; \quad AD = 0^m,84.$$

Imaginons que ce corps plonge dans l'eau de $0^m,65$ et qu'il soit tiré perpendiculairement à sa face ABCD.

L'aire de la surface immergée, sur lequel s'effectue la résistance, étant

$$0,65 \times 0,65 = 0^{m\,q},4225,$$

si nous faisons $n = 1,1$, valeur qui convient aux dimensions du prisme, nous aurons

$$P = 1000 \times 1,1 \times 0,4225h = 4647,5h,$$

et il ne reste plus qu'à se donner une vitesse quelconque pour déterminer h et achever l'évaluation de P.

Supposons maintenant qu'on adapte à la face choquante une proue dont la coupe horizontale AGB (fig. 6) soit un triangle isocèle, et que le corps soit toujours tiré perpendiculairement à sa face AB; les efforts sur les faces inclinées de la proue GB et AG devant être estimés dans la direction du mouvement, on voit que les projections de ces faces inclinées composent la face primitive AB, de sorte que la somme des efforts ou la résistance totale est

$$P \sin^2 \alpha,$$

α étant l'angle d'incidence mGn ou la moitié de l'angle AGB au sommet du triangle isocèle. Désignant par P′ la résistance du prisme muni de sa proue, nous aurons donc

$$P' = 4647,5h \sin^2 \alpha,$$

et, par conséquent, la résistance éprouvée par le prisme sans proue sera, à la résistance avec une proue, pour une même vitesse dans le rapport des quantités

$$4647,5 : 4647,5 \sin^2 \alpha = 1 : \sin^2 \alpha.$$

Faisant successivement

$$\alpha = 90°, \ 78°, \ 66°, \ \text{etc.},$$

nous trouverons

Angle de la proue $= 2\alpha$.	Rapport des résistances.
180°	1,00
156.	0,96
132.	0,83
108.	0,65
84.	0,45
60.	0,25
36.	0,09
12.	0,01.

Rappelons les expériences de Bossut. A un parallélipipède rectangle de $1^m,30$ de long, et dont la base avait $0^m,65$ de large et $0^m,84$ de haut, on adapta successivement une suite de proues, dont la coupe horizontale était un triangle isocèle et dont l'angle antérieur était de plus en plus aigu. Ce corps fut convenablement établi dans un grand bassin, où il plongeait de $0^m,65$: il fut tiré successivement par divers poids, et lorsque le mouvement était parvenu à l'uniformité, on comp-

tait le temps employé à parcourir un espace de 31 mètres. Le rapport inverse des carrés des temps, lequel était le rapport direct des carrés des vitesses, et par conséquent celui des résistances, est indiqué à la seconde colonne du tableau suivant : la résistance du prisme dénué de proue a été prise pour unité.

Angle de la proue.	Rapport des résistances.
180°	1,00
156.	0,96
132.	0,85
108.	0,69
84.	0,54
60.	0,44
36.	0,41
12.	0,40.

On voit que la théorie ne s'accorde plus avec la pratique dès que l'angle de la proue est plus petit que 130° ou que l'angle d'incidence est au-dessous de 65°.

Ces derniers rapports des résistances sont précieux, car on peut les prendre pour la valeur du coefficient n de l'expression générale

$$P = 1000nsh$$

lorsque le corps flottant est muni d'une proue angulaire formant un angle au sommet égal à l'un de ceux de la table, et qu'en outre la longueur de ce corps est cinq à six fois sa largeur.

14. Si la surface choquante était courbe, les calculs deviendraient très-compliqués. Il faudrait décomposer cette surface en un assez grand nombre de parties pour qu'on pût considérer chacune d'elles comme plane; déterminer la projection de chaque partie sur un plan perpendiculaire à la direction dans laquelle il s'agit d'évaluer la résistance; déterminer pareillement le sinus d'incidence du fluide sur chaque partie; puis, après avoir multiplié chaque projection par le carré du sinus d'incidence, prendre la somme de tous les produits. Mais cette théorie de la résistance proportionnelle aux carrés des sinus d'incidence, qui donne des résultats trop faibles pour les surfaces planes, en donne, au contraire, de trop forts pour les surfaces courbes; de sorte qu'elle doit être rejetée dans tous les cas; et quoiqu'il soit bien constaté qu'une proue terminée par des surfaces courbes diminue beaucoup plus la résistance qu'une proue angulaire à surfaces planes, la détermination de la forme à donner aux diverses parties d'un corps flottant pour qu'il éprouve la plus petite résistance possible, problème connu sous le nom du *solide de moindre résistance* et qui intéresse l'art nautique à

un si haut degré, cette détermination, disons-nous, est encore impossible dans l'état actuel de nos connaissances. Nous allons voir que la théorie de la résistance des fluides élastiques n'est pas beaucoup plus avancée que celle de la résistance des liquides, mais qu'on est parvenu du moins à représenter les principaux faits par des formules empiriques suffisamment exactes.

15. La théorie (n° 1) qu'on appliquait jadis aux fluides élastiques comme aux liquides indique que la résistance éprouvée par une surface plane, qui se meut dans un fluide quelconque, est proportionnelle à la densité du fluide, à l'étendue de la surface choquante et au carré de sa vitesse effective ; de sorte qu'en désignant par ϖ le poids de l'unité de volume du fluide, par s l'aire de la surface, par v la vitesse effective, et par m un nombre constant, on aurait, quel que soit le fluide, pour la résistance normale R évaluée en poids

$$R = m\varpi s v^2.$$

Mais les expériences de Borda et de Hutton ont montré que la résistance sur les plaques minces et même sur les solides semblables croît dans un plus grand rapport que les surfaces, et qu'elle est sensiblement proportionnelle à la puissance $\frac{11}{10}$ ou 1,1 de la surface. Quant aux vitesses, la résistance n'est proportionnelle à leurs carrés que lorsqu'elles ne dépassent pas de beaucoup 10^m ; dans les grandes vitesses, celles des boulets de canon, la résistance croît beaucoup plus rapidement, et Hutton fait entrer dans son expression non seulement le carré, mais encore la première puissance de la vitesse. (*Voyez* BALISTIQUE.) Le coefficient m serait moyennement $= 0,11$ d'après Borda et Hutton. Modifiant l'expression de R d'après ces données, nous aurons, dans le cas des vitesses ordinaires,

$$(3) \ldots\ldots R = 0,11 \varpi s^{1,1} v^2.$$

Cette expression indique la résistance lorsque la surface s reçoit directement le choc ; quand le choc est oblique, il faut multiplier la valeur de R par une fonction du sinus d'incidence, que Hutton représente par

$$(\sin \alpha)^{1,84 \cos \alpha}.$$

La résistance due au choc oblique sera donc donnée par la formule

$$(4) \ldots\ldots R' = 0,11 \varpi s^{1,1} v^2 (\sin \alpha)^{1,84 \cos \alpha},$$

et la résistance dans le sens du mouvement, qui est ordinairement celle qu'il importe de connaître, deviendra

$$(5) \ldots\ldots R' = 0,11 \varpi s_1^{1,1} v^2 (\sin \alpha)^{1,84 \cos \alpha},$$

s_1 désignant la projection de l'aire s sur un plan perpendiculaire à la direction du mouvement.

Le poids ϖ de l'unité de volume de l'air, celui de tous les fluides élastiques qui intéresse le plus les arts physiques, est une quantité très-variable qui dépend à chaque instant de l'état de l'atmosphère, c'est-à-dire de sa pression et de sa température. En désignant par h la hauteur du baromètre, exprimée en mètres, et par θ le nombre des degrés que marque le thermomètre centigrade, on a, pour le poids en kilogrammes d'un mètre cube d'air sous cette pression et à cette température,

$$\varpi = \frac{1^k,2991}{1 + 0,003750} \cdot \frac{h}{0,76}.$$

(*Voy.* FORCE ÉLASTIQUE.) Pour corriger un peu l'effet des vapeurs aqueuses, qui diminuent toujours le poids de l'air atmosphérique, on peut poser généralement

$$(6) \ldots\ldots \varpi = 1^k,709 \cdot \frac{h}{1 + 0,0049}.$$

16. Nous allons éclaircir par quelques exemples l'emploi de ces formules, qui s'appliquent également au choc et à la résistance de l'air.

I. *Déterminer l'effort exercé par un courant d'air qui choque perpendiculairement une plaque d'un mètre carré avec une vitesse de 6 mètres.*

Supposons que le baromètre marque $0^m,755$ et le thermomètre $11°$, ce qui est l'état moyen de l'atmosphère en France, nous aurons d'abord

$$\varpi = 1,709 \cdot \frac{0.755}{1,048} = 1^k 231.$$

Faisant donc

$$\varpi = 1,231, \quad s = 1, \quad v = 6, \quad v^2 = 36,$$

et substituant ces valeurs dans la formule (3), il viendra

$$R = 0,11 \times 1,231 \times 1^{1,1} \times 36 = 4^k,87.$$

L'effort demandé sera donc équivalent à $4^k,87$.

II. *Un vent de 10 mètres de vitesse choque obliquement une plaque rectangulaire de 4 mètres de longueur sur un mètre de largeur, on demande quel effort normal elle supporte ; son inclinaison par rapport à la direction du vent est de 75°.*

Il faut employer ici la formule (4). Admettant comme ci-dessus la valeur moyenne de ϖ, nous avons

$$\varpi = 1^k,231 ; \quad s = 4^{m\,q} ; \quad v^2 = 100 ; \quad \alpha = 75 ;$$

et, par suite,

$$s^{1,1} = 4^{1,1} = 4,595$$

$$(\sin 75°)^{1,84 \cos 75°} = (0,9659)^{1,84 \times 0,2588} = 0,9856.$$

Substituant ces valeurs dans (4), on obtient

$$R' = 0,11 \times 1,231 \times 4,595 \times 100 \times 0,9836 = 61^k,20.$$

17. Les formules (3), (4) et (5) donneront une résistance seulement trop forte de quelques centièmes lorsqu'on les appliquera à des corps autres que des plaques minces présentant une surface plane au choc; mais elles ne peuvent plus convenir aux corps qui offrent au choc un angle ou une surface courbe; la résistance de ceux-ci est beaucoup plus petite. Pour ces derniers corps, l'expression de la résistance évaluée dans la direction du mouvement devient

$$(6) \ldots\ldots R = 0,11\, n\, \varpi\, s_1^{1,1}\, v^2,$$

dans laquelle s_1 est la projection de la surface choquante sur le plan perpendiculaire à la direction du mouvement, et n un coefficient dont la valeur varie avec la forme de la surface. D'après les expériences de Borda et de Hutton, les valeurs de n relatives à divers corps sont

Désignation des corps.	Valeur de n.
Prisme présentant au choc un angle plan de 90°.	0,728
Prisme, *id.* 60°.	0,520
Cône, angle au sommet de 90°.	0,691
Cône, *id.* 60.	0,543
Cône, *id.* 51 22′.	0,433
Demi-cylindre.	0,570
Demi-sphère et sphère entière, suivant Borda.	0,410
Demi-sphère, suivant Hutton.	0,413

18. Cherchons, comme application de ces derniers résultats, quelle résistance éprouvera une boule de 6 centimètres de diamètre, pour se mouvoir dans un courant d'air avec une vitesse initiale d'impulsion de 5 mètres, en supposant de plus qu'elle soit lancée directement contre le courant d'air, dont la vitesse est de 5 mètres. Le baromètre marque $0^m,74$ et le thermomètre 5°.

Nous ferons d'abord une observation générale applicable tant aux fluides élastiques qu'aux liquides; c'est que lorsqu'un corps solide se meut dans un fluide en mouvement, on peut considérer comme en repos celui des deux corps qui a la plus petite vitesse, en supposant que l'autre se meut avec la somme ou la différence des deux vitesses : la somme, lorsque les directions des mouvemens sont opposées; la différence, lorsque ces directions sont les mêmes. Il n'y a donc rien à changer aux formules dans ce cas, en observant d'y donner à v ou à h la valeur qui répond à la vitesse relative des deux corps.

Ici la direction de la boule étant opposée à celle du vent, la vitesse relative est $5 + 3 = 8^m$; de plus, la projection de la surface choquante, laquelle est la moitié de celle de la boule, est l'aire du grand cercle de cette boule; ainsi

$$s_1 = 3,1416 \times \frac{1}{4}\,(0,06)^2 = 0^{m\,q},002827;$$

mais toutes les puissances à exposant >1 d'une fraction étant une autre fraction plus petite que la base, si nous élevions le nombre 0,002827 à la puissance 1,1, au lieu d'augmenter la surface, nous la diminuerions, ce qui ne s'accorderait plus avec le principe de la formule (3). Il faut donc ici, ou considérer la résistance comme proportionnelle à la surface, ce qui peut être permis pour de très-petites surfaces, ou changer d'unité de mesure, afin d'exprimer s par un nombre entier qui augmente en en prenant la puissance 1,1, sauf ensuite à ramener le résultat au mètre, qui est l'unité commune de toutes les autres quantités. Prenant, par exemple, le *centimètre* pour unité auxiliaire, l'aire s_1 est exprimée par

$$s_1 = 28^{c\cdot q},27,$$

et l'on trouve

$$s_1^{1,1} = (28,27)^{1,1} = 39^{c\cdot q},49,$$

ce qui, ramené au mètre carré, devient

$$0^{m\,q},003949.$$

Nous avons de plus

$$\varpi = 1,709 \cdot \frac{0,74}{1,02} = 1^k,24,$$

et, d'après la table précédente, $n = 0,41$. Ces valeurs, mises dans la formule (6), donnent

$$R = 0,11 \times 0,41 \times 1,24 \times 0,003949 \times 64 = 0^k,01413.$$

Tel sera donc l'effort constant qu'il faudrait exercer sur la boule pour neutraliser la résistance de l'air, ou telle sera la force retardatrice du mouvement si la boule est abandonnée à elle-même.

19. On ne peut plus compter sur les résultats des formules précédentes lorsque les vitesses sont très-grandes, et malgré les travaux si recommandables de Hutton, la science attend encore, soit des expériences qui puissent donner des indications précises, soit un théoricien assez habile pour poser *à priori* les lois de la mécanique des fluides, lois que n'ont pu découvrir jusqu'ici les investigations des plus grands géomètres. Il existe, à la vérité, une foule de procédés pratiques dont les hydrauliciens et les ingénieurs de la marine se servent dans des cas particuliers; mais les résultats

qu'on en tire ne sont que des approximations plus ou moins grossières qui ne font que montrer la nécessité de nouvelles recherches.

RÉSISTANCE DES SOLIDES. On entend quelquefois par *résistance des solides* la force avec laquelle les corps solides s'opposent au mouvement des autres corps qui leur sont contigus; mais, plus généralement, c'est la force développée par un solide contre toute action qui tend à changer sa forme ou à désunir ses parties. La première espèce de ces résistances, qu'on nommait jadis *résistance des surfaces*, étant proprement ce qu'on désigne aujourd'hui sous le nom de *frottement* (*voy.* ce mot), nous ne nous occuperons ici que des résistances dues à l'adhérence qu'ont entre elles les particules intégrantes d'un même solide.

La détermination de la force capable de changer la forme d'un solide ou de le briser est une question d'une très-haute importance pour les arts physiques et principalement pour l'architecture; aussi, depuis Galilée (*voy.* Bois), auquel on doit les premières vues théoriques sur cet objet, plusieurs savans distingués, tels que Mariotte, Varignon, les deux Duhamel, Muschenbroeck, Buffon, Lamblardie, Coulomb, Girard, Perronet, Rondelet, Aubri, Lamandé, Robins, Barlow, Navier, Tredgold, Duleau, Dupin et Séguin, ont fait de nombreuses expériences sur la résistance des matériaux de construction. Quoique les résultats de leurs recherches présentent de notables différences, ils n'en sont pas moins précieux pour la pratique, à laquelle ils apportent des principes que nous allons indiquer.

1. *Résistance à la compression et à l'extension.* La ductilité et l'élasticité sont des propriétés communes à tous les corps solides, mais à des degrés très-différens et très-difficiles à apprécier. Lorsqu'un solide est soumis à une force capable de le comprimer, sans aller toutefois jusqu'à le rompre, il arrive ou que son changement de forme est accidentel, c'est-à-dire qu'il cesse avec la pression, ou qu'il est permanent, c'est-à-dire que l'arrangement primitif des parties constituantes du solide se trouve altéré d'une manière durable. Dans le premier cas, la force élastique de la matière surpasse la force de pression; dans le second, le contraire a lieu, et la ductilité est devenue sensible. Or, ce qu'il importe de connaître, pour employer avec sécurité les divers matériaux qui doivent supporter, dans une construction quelconque, des charges données, ce n'est pas seulement la pression sous laquelle ils sont susceptibles de se briser, mais encore celle qui fait équilibre à leur force élastique; car il est reconnu que quand un corps est soumis à une pression prolongée plus grande que sa force élastique, l'altération de ses parties augmente avec le temps et finit par déterminer la rupture. Il est

Tom. iii.

donc essentiel de ne pas dépasser les limites de l'élasticité.

2. Les expériences faites jusqu'ici sur la résistance des corps à la compression sont en plus petit nombre que celles qui ont eu pour objet la résistance à l'extension; toutefois, les unes et les autres s'accordent suffisamment pour qu'on puisse poser ce principe:

I. *Les corps résistent à l'extension et à la compression avec des forces égales tant que la puissance à laquelle ils résistent ne dépasse pas les limites de la force élastique de la matière qui les compose.*

3. Pour mesurer la résistance des corps à l'extension, on les suspend verticalement par une extrémité, et on fixe à l'autre un plateau de balance qu'on charge successivement de poids de plus en plus grands jusqu'à ce que la rupture ait lieu, ou seulement jusqu'à ce qu'on ait déterminé le poids au-dessus duquel le corps ne reprend plus sa forme primitive: ce dernier représente la force d'élasticité. C'est de cette manière qu'on a constaté que la résistance d'un prisme, tiré dans le sens de sa longueur, était indépendante de cette longueur et proportionnelle à l'aire de la section perpendiculaire à la direction des forces. Cependant les métaux en fil font exception à cette règle; toutes les expériences s'accordent pour montrer que leur résistance est d'autant plus grande, sous l'unité de section, que le diamètre des fils est plus petit. C'est donc abstraction faite des fils métalliques qu'on peut admettre ce second principe pratique:

II. *La résistance d'un solide taillé en prisme ou en cylindre, à une force qui agit dans le sens de sa longueur, est en raison directe de l'aire de la section perpendiculaire à la longueur, tant que l'élasticité reste entière et que la force coïncide avec l'axe.*

Quels que soient d'ailleurs la nature du corps et son diamètre, on a reconnu en outre que

III. *L'extension d'une barre, par une force qui agit dans le sens de sa longueur, est en raison directe de cette force, quand l'aire de la section est la même et que la force ne surpasse pas l'élasticité de la barre.*

4. Les trois principes que nous venons d'énoncer servent de base à la théorie de la résistance des matériaux; mais leur application exige la connaissance des limites de la force élastique des divers corps employés dans les constructions, limites très-variables d'ailleurs, pour une même substance, et dont on ne peut déterminer que les valeurs moyennes. Nous désignerons par le nom de *force élastique* le plus grand poids en kilogrammes sous la pression duquel un corps n'éprouve pas d'altération durable, et nous réunirons dans le tableau suivant les résultats les mieux constatés.

56

Substances essayées.	Force élastique par centimètre carré de section.	Extension correspondante par mètre de longueur.
Fer forgé..	1250 kil. . .	0^m,000713
Fonte.	1075	0, 000830
Bronze des canons	703	0, 001043
Cuivre jaune..	1265	0, 000750
Plomb fondu..	105	0, 002088
Étain.	202	0, 000625
Zinc coulé..	401	0, 000238
Chêne..	278	0, 002325
Orme.	228	0, 002415
Hêtre.	166	0, 001754
Pin d'Amérique.	274	0, 002415
Sapin rouge.	302	0, 002128
Sapin blanc.	255	0, 001984
Marbre blanc..	127	0, 000528
Pierre de taille (calcaire). .	60	0, 000559
Fanons de baleine. . . .	351	0, 006857

Les exemples suivans, où nous rappellerons les formules employées pour calculer les divers cas de résistance, indiqueront l'emploi de cette table.

Ier Problème. *Déterminer l'aire de la base d'une barre ou colonne capable de soutenir verticalement un poids donné.*

Nous supposons ici qu'une barre fixée verticalement par son extrémité supérieure est tirée par un poids placé à son extrémité inférieure, cas où la longueur de la barre n'exerce aucune influence sur la résistance qu'elle peut opposer.

Soit Q la charge donnée. Nommons P un poids tel qu'une barre de la matière en question, d'un centimètre carré de base, n'en pourrait soutenir un plus considérable sans que sa force élastique soit altérée, c'est-à-dire le poids désigné dans la table sous le nom de force élastique, et désignons par A l'aire de la base cherchée. Nous avons en vertu du second principe et en prenant le centimètre carré pour unité de surface

$$P : Q = 1 : A ;$$

d'où

$$(1) \ldots\ldots \frac{Q}{P} = A.$$

Ainsi l'aire de la section doit être en raison directe du poids que la pièce doit soutenir, et en raison inverse de celui qui pourrait altérer la force élastique de la matière de cette pièce.

Dans le cas où il s'agirait d'une barre de fer forgé,

substance pour laquelle la table donne $P \doteq 1250^k$, destinée à soutenir un poids $Q = 2000^k$, on aurait

$$A = \frac{2000}{1250} = 1,6 \text{ cent. carré.}$$

Si la barre devait être à base carrée, on trouverait le côté a de cette base en posant

$$(2) \ldots\ldots a = \sqrt{\frac{Q}{P}},$$

à cause de $a = \sqrt{A}$.

S'il s'agissait d'une barre cylindrique, le rayon r de la base devant être tel que $A = \pi r^2$, égalité dans laquelle π désigne le rapport de la circonférence au diamètre ou le nombre $3,1415926\ldots$, on aurait pour la valeur de ce rayon

$$(3) \ldots\ldots r = \sqrt{\frac{Q}{\pi P}}.$$

Avec les données précédentes, on trouverait

$$a = \sqrt{\frac{2000}{1250}} = 1^{cent.},265$$

$$r = \sqrt{\left[\frac{2000}{3,1416 \times 1250}\right]} = 0^{cent.},509.$$

II° Problème. *Déterminer la plus grande charge que peut supporter en un point quelconque une barre rectangulaire uniforme appuyée par ses extrémités.* (Pl. III, fig. 6.)

Nommons

P le poids équivalent à la force élastique de la barre;
l la distance des points d'appui;
p et q les distances du point chargé aux points d'appui ;
b la largeur de la barre ;
d son épaisseur ou sa dimension parallèle à la force de pression ;
Q la charge cherchée.

Par des considérations théoriques dont le détail ne peut trouver place ici, on trouve la formule

$$(4) \ldots\ldots Q = \frac{P b d^2 l}{6pq},$$

qui contient la solution du problème et de toutes les autres questions qui en dépendent.

Si la barre était chargée en son milieu, on aurait $p = q = \frac{1}{2} l$, et la formule deviendrait

$$(5) \ldots\ldots Q = \frac{2P b d^2}{3l}.$$

Prenons pour exemple une barre rectangulaire de fonte de 6 mètres de long, entre les points d'appui, de 45 millimètres de largeur et de 80 millimètres d'épaisseur, nous aurons, en rapportant toutes ces dimensions au centimètre comme unité,

$$l = 600, \quad b = 4{,}5, \quad d = 8;$$

et, de plus, la table nous fait connaître $P = 1075$. Ainsi, dans le cas où la charge doit agir au milieu de la barre, on a

$$Q = \frac{2 \times 1075 \times 4{,}5 \times 8^2}{3 \times 600} = 344^{k},$$

c'est-à-dire qu'on ne pourrait charger cette barre en son milieu d'un poids plus grand que 344 kil. sans altérer son élasticité.

IIIe Problème. *Étant données la largeur d'une barre uniforme et sa longueur entre les points d'appuis, trouver l'épaisseur qu'elle doit avoir pour résister à un poids qui agit sur un de ses points.*

L'équation (4) donne, en dégageant d qui est ici l'inconnue,

$$(6) \ldots\ldots d = \sqrt{\frac{6pqQ}{Pbl}},$$

et, simplement, dans le cas de $p = q = \frac{1}{2}l$, c'est-à-dire lorsque le poids agit au milieu,

$$(7) \ldots\ldots d = \sqrt{\frac{3lQ}{2Pb}},$$

S'il s'agissait de trouver la largeur b, l'épaisseur p étant donnée, on aurait évidemment

$$(8) \ldots\ldots b = \frac{6pqQ}{Pd^2l},$$

$$(9) \ldots\ldots b = \frac{3lQ}{2Pd^2}.$$

La première de ces formules se rapporte à une charge placée en un point quelconque de la barre, et la seconde à une charge placée au milieu.

Nous ferons observer que toutes ces formules peuvent s'appliquer à des barres inclinées comme AB (Pl. XXI, fig. 7), en ayant le soin de prendre pour l la distance CD des appuis.

IVe Problème. *Déterminer la plus grande charge que peut supporter une barre rectangulaire appuyée par ses extrémités, dans le cas où cette charge est distribuée uniformément entre les points d'appui.*

L'expérience a montré que lorsque le poids est réparti uniformément, l'effort n'est que les $\frac{5}{8}$ de celui qui aurait lieu en réunissant le même poids au centre; ainsi

multipliant le second membre de la formule (5) par $\frac{8}{5}$, il vient

$$(10) \ldots\ldots Q = \frac{16Pbd^2}{15l},$$

formule dans laquelle on pourra prendre ensuite b ou d pour l'inconnue.

Ve Problème. *Trouver la plus grande charge que peut porter à une de ses extrémités une barre rectangulaire horizontale encastrée par son autre extrémité.* (Pl. XXI, fig. 8.)

Lorsqu'une pièce est fortement fixée par une extrémité et qu'elle est chargée à l'autre, le poids qu'elle peut supporter n'est que $\frac{1}{4}$ de celui qu'une pièce de même longueur, soutenue aux deux extrémités, pourrait porter à son milieu. Conservant donc les mêmes dénominations, nous avons

$$(11) \ldots\ldots Q = \frac{Pbd^2}{6l}.$$

Si la charge était répartie uniformément, l'effort serait moitié moindre, et l'on aurait

$$(12) \ldots\ldots Q = \frac{Pbd^2}{3l}.$$

5. Toutes les formules précédentes se rapportent à des barres rectangulaires; pour les appliquer à des barres cylindriques, il suffit de multiplier la valeur de Q par le facteur numérique 0,589, et alors b et d représentent l'une et l'autre le diamètre du cylindre.

6. Les barres chargées de poids prennent une inflexion à leur milieu qui, dans certaines circonstances, ne permet pas de leur faire supporter la plus grande charge dont elles sont susceptibles. Les problèmes suivans vont apprendre à calculer cette inflexion.

VIe Problème. *Déterminer la flèche de courbure que prendra une barre chargée à son milieu et soutenue par ses extrémités dans le cas du maximum de charge.*

Nommons I l'inflexion exprimée en mètres, e l'extension par mètre correspondante à la plus grande charge et donnée par la table du n° 4, et désignons toujours par l la longueur de la barre ou plutôt la distance des points d'appuis, et par d l'épaisseur. Nous aurons

$$(13) \ldots\ldots I = \frac{el^2}{6d}.$$

Cherchons, par exemple, la flèche de courbure que prendra la barre du problème IIe sous la charge maximum de 344 kilogrammes. Ici, nous avons $l = 6$ mètres, $d = 80$ millimètres, et la table nous fait connaître

$e = 0^m,000830$. Substituant ces valeurs dans la formule (13), en observant qu'il faut poser $d = 0^m,08$ pour rapporter tout au mètre comme unité, il viendra

$$I = \frac{0,00083 \times 6^2}{6 \times 0,08} = 0^m,06225,$$

c'est-à-dire que la barre de fonte sera infléchie à son milieu d'un peu plus do 62 millimètres; de sorte que si cette inflexion était trop grande pour l'usage qu'on voudrait faire de la barre, il faudrait augmenter son épaisseur ou diminuer la charge.

VIIe Problème. *Trouver l'inflexion que prendra une barre rectangulaire chargée à son milieu d'un poids Q' plus petit que celui qui fait équilibre à sa force élastique.*

Conservant les mêmes dénominations et représentant par i l'inflexion demandée, nous aurons

$$(14) \ldots\ i = \frac{Q'el^3}{4Pbd^3}.$$

Cette formule nous donne le moyen de déterminer la charge correspondante à une inflexion donnée; il ne faut qu'isoler Q' dans le premier membre; ce qui donne

$$(15) \ldots\ Q' = \frac{4\,iPbd^3}{el^3}.$$

Cherchons, par exemple, la charge qu'on peut faire supporter à la barre de fonte des questions précédentes, sans que son inflexion dépasse 15 millimètres. Nous avons

$$i = 0^m,015\,;\ b = 0^m,045\,;\ d = 0^m,080\,;\ l = 6\,;$$
$$e = 0^m,00083\,;$$

et comme tout est rapporté au mètre pour unité, nous donnerons à P une valeur 10000 fois plus grande que celle de la table, c'est-à-dire que nous poserons $P = 10750000^k$. Substituant ces valeurs dans la formule, il vient

$$Q' = \frac{4 \times 0015 \times 10750000 \times 0,045 \times (0,08)^3}{0,00083 \times (6)^3} = 83 \text{ kil.}$$

Donc, si l'on ne veut pas que la barre en question prenne une inflexion plus grande que 15 millimètres, il ne faut la charger que de 83 kilogrammes.

Dans le cas où les pièces seraient uniformément chargées sur toute leur longueur, l'inflexion serait les $\frac{5}{8}$ de celles que donnent les formules (13) et (14).

7. *Résistance des vases à des pressions intérieures.* Lorsqu'un vase cylindrique fermé exactement contient un fluide élastique dont la tension surpasse la tension atmosphérique extérieure, les parois sont pressées intérieurement de dedans au dehors et également sur tous les points. Cette pression tend à faire éclater le cylindre, qui ne peut cependant se déchirer que suivant une arête ou un cercle perpendiculaire à son axe; mais comme l'effort qui a lieu dans le sens de l'arête est deux fois plus grand que celui qui tend à déchirer le cylindre perpendiculairement à son axe, nous ne nous occuperons pas de ce dernier. Or, si nous nommons R le rayon du cylindre et p la pression sur l'unité de longueur, il est facile de voir que le produit pR représente la force qui tend à briser le cylindre à chacun de ses points. Ainsi, pour que la paroi puisse résister sans altération à cette force, il faut que son épaisseur soit égale à l'épaisseur d'une barre rectangulaire qui, ayant l'unité de largeur, pourrait supporter sans altération la pression pR, p étant alors la pression du fluide sur l'unité de surface. Or, en prenant le centimètre carré pour unité de surface, la plus grande charge d'une barre rectangulaire d'une largeur égale à un centimètre et d'une épaisseur $= d$ est (Ier Problème),

$$Q = Pd,$$

P représentant toujours le poids équivalent à la force élastique de la matière; donc, d'après ce que nous venons de dire,

$$Pd = pR,$$

d'où l'on tire

$$(16) \ldots\ d = \frac{pR}{P}.$$

Ainsi, pour déterminer l'épaisseur de la paroi d'un cylindre qui doit supporter une pression intérieure p sur l'unité de surface, il faut multiplier cette pression p par le rayon du cylindre, et diviser le produit par le poids équivalent à la force élastique de la matière du cylindre.

Proposons-nous de trouver l'épaisseur d'un vase cylindrique en fer forgé capable de contenir sans altération un gaz comprimé à 15 atmosphères, pression effective, et ayant $1^m,20$ de diamètre. Rapportant tout au centimètre comme unité, nous avons

$$R = 60, \quad p = 15^k,512, \quad P = 1250^k,$$

et par suite

$$d = \frac{15,512 \times 60}{1250} = 0^{cent.},7445.$$

L'épaisseur demandée est donc de 7 millimètres et demi. Dans la pratique, et lorsqu'il s'agit de chaudières destinées à contenir de la vapeur, on prend une épaisseur 5 fois plus grande que celle que donne le calcul parce qu'il est reconnu que la ténacité des métaux diminue à mesure que leur température augmente.

8. *Résistance à la torsion.* La résistance qu'un arbre ou axe oppose à une force qui tend à le tordre se nomme résistance à la *torsion*.

Soit Q le poids porté par l'extrémité du rayon R d'une roue placée sur un arbre et produisant la plus grande torsion que cet arbre puisse prendre sans altérer son élasticité, d le diamètre de l'arbre, l sa longueur et P sa force élastique, la valeur de Q est donnée par la formule

$$Q = \frac{P\,d^2\,(d^2 + l^2)}{12\,R\,l},$$

qu'on peut également employer pour trouver d lorsque Q est donné.

Les formules que nous venons de donner s'appliquent aux cas les plus ordinaires de la pratique; mais il en existe une foule d'autres non moins utiles pour lesquelles nous ne pouvons que renvoyer aux ouvrages spéciaux, tout en regrettant qu'aucun de ces ouvrages ne présente un traité complet sur cette matière importante. (*Voy.* l'*Essai pratique* de Tredgold *sur la Résistance du fer et d'autres métaux.*)

RÉSULTANTE (*Méc.*) On donne ce nom à la force unique dont l'action produirait le même effet que celui de plusieurs forces qui agissent simultanément sur un mobile. Ces dernières prennent alors le nom de *composantes* par rapport à la première.

Les relations qui existent entre une résultante et ses composantes forment la base de la statistique. Nous allons en donner la déduction, après avoir préalablement rappelé quelques-unes des notions générales de la mécanique.

1. On peut concevoir un corps quelconque comme composé d'une infinité de points matériels liés entre eux d'une manière particulière, suivant la nature particulière de ce corps, qui devient ainsi un *système de points.* L'équilibre ou le mouvement d'un tel système dépendant évidemment de l'équilibre ou du mouvement de ses parties composantes, nous considérerons d'abord l'action des forces sur un seul point matériel isolé.

2. Une force qui agit sur un point matériel peut le faire de deux manières différentes, ou en le poussant devant elle, ou en l'entraînant de son côté : l'effet produit étant toujours le même, on peut employer indifféremment l'une ou l'autre de ces hypothèses.

3. On nomme *direction* du mouvement la ligne droite suivant laquelle une force agit.

4. Lorsqu'une seule force agit sur un mobile, il se meut nécessairement en ligne droite; car il n'y a aucune raison pour qu'il change de direction.

5. Si plusieurs forces, de la nature de celles qu'on nomme instantanées (*voy.* Force), agissent simultanément sur un même point matériel, le mouvement s'effectue encore en ligne droite, car ces forces ne peuvent que se modifier réciproquement, pour produire un effet unique. Ainsi, comme cet effet unique peut être attribué à l'action d'une seule force, il est toujours possible de remplacer par une force unique toutes les forces qui font mouvoir un point.

6. On nomme *système de force* l'ensemble des forces qui concourent à produire le mouvement, et ces forces elles-mêmes, considérées par rapport à la force unique, ou *résultante* qui peut les remplacer, se nomment les *composantes.*

7. Lorsque plusieurs forces appliquées à un même point matériel se détruisent, de manière que le point reste en repos, on dit qu'il est en *équilibre*, ou que les forces se font équilibre. Supposons, par exemple, qu'un point A (Pl. XXI, fig. 9) reçoive simultanément l'action des deux forces égales P et P′, dont la première le pousse dans la direction AP et la seconde dans la direction opposée AP′, ce point ne pouvant obéir à l'une de ces impulsions plutôt qu'à l'autre, demeurera nécessairement en repos. Il en serait encore de même si, outre les deux forces P et P′, le point A recevait encore l'action de deux autres forces égales Q et Q′ opposées dans leur direction.

Dans tous les cas où un système de forces appliquées simultanément à un point matériel produit le mouvement, il est visible qu'en ajoutant au système une force égale à la résultante et agissant dans une direction opposée, le nouveau système sera en équilibre; car on pourra le considérer comme composé de deux seules forces égales et opposées. La question d'établir l'équilibre dans un système de forces données dépend donc de la détermination de leur résultante. Ce problème, qu'on désigne sous le nom de *composition des forces*, est le problème fondamental de la statistique; il présente plusieurs cas particuliers.

8. Lorsque plusieurs forces agissent sur un point dans la même direction, leur *résultante* agit nécessairement dans cette même direction, et elle est égale à leur somme. Si quelques-unes seulement de ces forces agissent dans une même direction, et toutes les autres dans une direction opposée, la résultante est égale à la différence entre la somme des premières et celle des secondes, et agit dans la direction de la plus grande somme. Le problème ne présente de difficulté que dans le cas où les directions des composantes forment des angles entre elles.

9. Considérons d'abord le cas le plus simple, celui de deux forces égales tirant simultanément le point A (Pl. XXI, fig. 10) dans les directions AN et AM faisant entre elles un angle quelconque MAN. Le point A ne pouvant se mouvoir en même temps sur deux directions différentes, prendra une direction intermédiaire AR, et

comme il n'existe aucune raison pour que cette direction de la résultante soit située plus près de AM que de AN, au-dessus plutôt qu'au-dessous du plan de ces directions, elle divisera évidemment l'angle MAN en deux parties égales.

Ainsi représentant l'intensité de la première force par la droite AP prise sur sa direction AM, et l'intensité de la seconde force par la droite AP′ = AP, prise également sur sa direction AN, si nous construisons le parallélogramme APQP′, la diagonale AQ de ce parallélogramme sera la direction de la *résultante* dont il ne nous reste plus qu'à trouver la grandeur, et nous pourrons poser comme théorème :

La résultante de deux forces égales concourantes à un même point a pour direction la diagonale du parallélogramme construit sur ces forces.

10. AP et AP′ représentant toujours deux forces égales qui agissent sur le point A (Pl. XXI, fig. 11), supposons que la force AP′ croisse de la quantité P′Q = AP′, ou qu'elle devienne double de la force AP, la résultante des deux forces AP et AQ, dont la première est moitié plus petite que la seconde, sera encore dirigée suivant la diagonale AS de leur parallélogramme. En effet, la diagonale AR du parallélogramme construit sur les forces égales AP et AP′ étant la direction de leur résultante ou le chemin que parcourt le point A par l'action de ces forces, imaginons les points A et R liés entre eux d'une manière invariable ; l'un ne pourra se mouvoir sans entraîner l'autre, et le résultat sera le même, soit qu'on considère le point A comme tiré par les forces AP et AP′ dans la direction AR, ou le point R comme poussé dans la direction RM par les forces PR et P′R. On peut donc substituer au système des trois forces AP, AP′, P′Q, celui des trois forces PR, P′R, P′Q.

Mais la force P′R, qui pousse le point R, agit comme si elle entraînait le point P′, et on peut encore substituer aux forces P′R et P′Q égales et concourantes au point P′, une force agissant dans la direction de leur diagonale P′S. Ainsi les trois forces PR, P′R, P′Q se réduisent à deux forces, l'une dirigée suivant PR ou RS, et l'autre suivant P′S, dont la résultante doit nécessairement passer par le point de concours S ; car on peut considérer les forces RS et P′S comme agissant à leur point de concours, et ce point S devant être mu de la même manière que s'il était sollicité par l'action simultanée de ces deux forces, ne peut être qu'un des points de la résultante. Or, cette résultante devant être celle de tout le système, passe aussi par le point A : donc elle a nécessairement pour direction la diagonale AS.

En augmentant la force AQ = 2AP d'une nouvelle quantité AP, on démontrerait par les mêmes raisonnemens, que la résultante des deux forces AP et 3AP est dirigée suivant la diagonale de leur parallélogramme, et

par suite qu'il en est toujours ainsi pour la force AP et 4AP, AP et 5AP, etc. Donc, en général, *m* désignant un nombre entier quelconque, deux forces AP et *m*AP, dont les grandeurs sont entre elles dans le rapport 1 : *m*, ont leur résultante dans la direction de la diagonale de leur parallélogramme.

La même marche appliquée successivement aux forces $m \times$ AP et 2AP, $m \times$ AP et 3AP, etc., prouverait que la proposition a encore lieu pour deux forces dont les grandeurs sont entre elles dans le rapport de deux nombres entiers quelconques *m* et *n*, et il est facile de s'assurer, par une réduction à l'absurde, qu'elle s'étend au cas de deux forces incommensurables.

Soient, en effet, deux forces représentées, en grandeur et en direction, par les droites incommensurables entre elles AP et AQ (Pl. XXI, fig. 12), si leur résultante n'était pas dirigée suivant la diagonale AR de leur parallélogramme, elle aurait une autre direction AR′ qui couperait en un certain point R′ le côté PR du parallélogramme ou son prolongement ; et alors, en prenant entre R′ et R un point O, tel qu'en menant ON parallèle à AP, les droites AP et AN soient commensurables entre elles, la diagonale AO serait la direction de la résultante des deux forces AP et AN. Mais la force AP restant la même, la résultante doit se rapprocher d'autant plus de l'autre composante que cette composante est plus grande ; ainsi il est absurde que AR′ soit la direction de la résultante de AP et de AQ, tandis que AO est la direction de la résultante de AP et de AN. Il est donc impossible de supposer que la résultante de deux forces incommensurables ait une autre direction que la diagonale de leur parallélogramme. Ceci posé, il est facile de démontrer le théorème suivant, qui renferme toute la composition des forces.

11. THÉORÈME. *La résultante de deux forces quelconques appliquées à un même point et représentées par des droites prises sur leurs directions, à partir de ce point, est représentée en grandeur et en direction par la diagonale du parallélogramme construit sur ces deux forces.*

Désignons par P et Q les composantes et par R leur résultante. Les forces P et Q étant représentées par les droites AP et AQ (Pl. XXI, fig. 13), si, au point A et dans la direction de la diagonale AM du parallélogramme construit entre AP et AQ, nous appliquons une force AR égale et directement opposée à la résultante R, les trois forces AP, AQ, AR seront en équilibre (8), et nous pourrons considérer une quelconque d'entre elles, AQ, comme égale et directement opposée à la résultante des deux autres. Ainsi, menant par le point P une droite PQ′ parallèle à AR, le point Q′ où cette parallèle rencontre la direction de la résultante AQ′ de AP et de AR, déterminera la grandeur du côté PQ′, qui, dans le parallélogramme des forces AP et AR, est égal et opposé au côté AR; mais PM étant parallèle à AQ', le quadrilatère AQ'PM est un parallélogramme; donc PQ' = AM, et par conséquent AM = AR = R. Ainsi la diagonale AM représente non seulement la direction de la résultante des deux forces P et Q, mais encore sa grandeur.

Cette démonstration du parallélogramme des forces est la plus simple et la plus rigoureuse de toutes celles qui reposent sur des considérations géométriques. Elle est due à M. Duchayla. (*Voyez* Force, tome II.)

Signalons maintenant les principales conséquences de ce théorème.

Si les deux forces P et Q sont égales entre elles, on a dans le triangle rectangle (fig. 14, Pl. XXI) APO, en désignant l'angle PAO, moitié de l'angle PAQ des forces, par φ,

$$1 : \cos \varphi = AP ; AO;$$

d'où

$$AO = AP \times \cos \varphi ;$$

mais

$$AP = P \text{ et } AO = \frac{1}{2} AR = \frac{1}{2} R,$$

donc

$$R = 2P \cos \varphi.$$

Cette formule fait connaître la grandeur de la résultante R de deux forces égales P faisant entre elles un angle 2φ.

12. Si les forces P et Q sont à angle droit (Pl. XXI, fig. 15), on a dans les triangles rectangles APR, AQR

$$AP = AR . \cos PAR, \quad AQ = AR . \cos QAR.$$

ou, désignant par φ l'angle de la résultante AR = R avec la force AP = P,

$$P = R \cos \varphi, \quad Q = R \sin \varphi,$$

on a, de plus,

$$R^2 = P^2 + Q^2.$$

13. L'angle PAQ des composantes (Pl. XXI, fig. 16) étant différent d'un droit, si nous le désignons par ψ, et par φ celui de la résultante avec une des composantes P = AP, comme l'angle APR est le supplément de l'angle ψ, nous aurons

$$R : Q = \sin \psi : \sin \varphi,$$

c'est-à-dire que la résultante est à une composante comme le sinus de l'angle des composantes est au sinus de l'angle compris entre la résultante et l'autre composante.

14. Enfin, quel que soit l'angle PAQ des compo-

santes (fig. 16, Pl. XXI), le triangle APR donne (*voy.* Trigonométrie, tome II)

$$\overline{AR}^2 = \overline{AP}^2 + \overline{PR}^2 - 2AP \times PR \times \cos APR ;$$

Mais PR = AQ, et comme l'angle APR est le supplément de l'angle des forces, PAQ = ψ, on a

$$\cos APR = - \cos \psi ;$$

donc

$$R^2 = P^2 + Q^2 + 2PQ \cos \psi.$$

Cette expression fait connaître la grandeur de la résultante de deux forces quelconques P et Q faisant entre elles un angle quelconque ψ. En y posant $\psi = 90°$, on retrouve la formule du n° 12, et en prenant P = Q, celle du n° 11.

Le même triangle APR donne encore

$$AP : PR : AR = \sin PRA : \sin PAR : \sin APR.$$

Or, prolongeant AR en R' et observant que PR = AQ et que

$$\sin PRA = \sin RAQ = \sin R'AQ,$$
$$\sin PAR = \sin PAR',$$
$$\sin APR = \sin PAQ,$$

on voit que cette proportion est la même chose que

$$P : Q : R = \sin R'AQ : \sin PAR' : \sin PAQ.$$

Maintenant, si l'on applique au point A une force AR' = R' égale et directement opposée à la résultante R, le système des trois forces P, Q, R' sera en équilibre, et comme R' = R, on aura également entre ces trois forces la relation

$$P : Q : R' = \sin R'AQ : \sin PAR' : \sin PAQ,$$

d'où l'on peut conclure que *trois forces sont en équilibre lorsque la grandeur de chacune d'elles est proportionnelle au sinus de l'angle formé par la direction des deux autres.*

15. Le parallélogramme des forces conduit immédiatement à la détermination de la résultante d'un nombre quelconque de forces appliquées à un même point, lors même qu'elles ne sont pas situées dans un même plan; car, en les composant deux à deux, on peut toujours diminuer successivement le nombre des forces du système et les réduire enfin à une seule, qui est la résultante générale. Soient, par exemple (fig. 17, Pl. XXI), les forces P, P', P', etc., qui concourent au point A, les ayant représentées par les parties AP, AP', AP', etc., de leurs directions, on construira sur AP et AP' le parallélogramme APRP', dont la diagonale AR sera la résultante des deux forces P et P'; sur AR et AP', on construira ensuite le parallélogramme APR'P', et sa

diagonale AR′ sera la résultante des trois forces P, P′, P″ ; construisant encore sur AR′ et AP‴ le parallélogramme AR′R″R‴, on aura, pour la résultante des quatre forces P, P′, P″, P‴ la diagonale AR′, et ainsi de suite. En procédant de cette manière, on parviendra toujours soit à une dernière diagonale qui sera la résultante du système, soit à deux forces directement opposées. Si le système était en équilibre, ces deux dernières forces seraient égales.

16. Lorsque les forces concourantes à un même point ne sont qu'au nombre de trois et que leurs directions ne sont pas comprises dans le même plan, la construction précédente fait connaître une propriété très-importante de la résultante. Soient, en effet, les trois forces P = AP, P′ = AQ, P″ = AR (Pl. XXI, fig. 18), dirigées d'une manière quelconque dans l'espace ; construisons dans le plan des deux forces AQ et AR le parallélogramme AQTR, la diagonale AT sera la résultante de ces deux forces, et si nous construisons ensuite dans le plan des deux droites AT et AP le parallélogramme PATS, sa diagonale AS sera la résultante des deux forces AT et AP ou celle des trois forces AP, AQ et AR ; mais il est facile de voir que AS est la diagonale du parallélipipède construit sur les trois forces AP, AQ et AR ; donc *la résultante de trois forces appliquées à un même point et dont les directions ne sont pas dans le même plan est représentée en grandeur et en direction par la diagonale du parallélipipède, construit sur ces forces.*

Les relations connues entre la diagonale d'un parallélipipède et ses trois arêtes donnent immédiatement la valeur de la résultante AS, que nous nommerons S. Désignons respectivement par (P, Q), (P, R), (Q, R) les angles que font entre elles les forces P et Q, P et R, Q et R, nous aurons

$$S^2 = P^2 + Q^2 + R^2 + 2PQ \cos (P,Q) \\ + 2PR \cos (P,R) + 2QR \cos (Q,R).$$

Si les forces P, Q et R sont perpendiculaires entre elles, on aura simplement

$$S^2 = P^2 + Q^2 + R^2.$$

17. La décomposition des forces repose sur les mêmes principes que leur composition. Il est évident, d'après ce qui précède, qu'on peut toujours substituer à une force quelconque un système de deux forces agissant dans le même plan ou un système de trois forces agissant dans l'espace à trois dimensions. Soit en effet AR une force appliquée à un point A (Pl. XXI, fig. 19) représentons par AP une autre force d'une direction quelconque, joignons les points P et R par la droite PR, menons RQ parallèle à AP et AQ parallèle à PR, AR sera la diagonale du parallélogramme AQRP, et l'on pourra conséquemment remplacer la force AR par

les deux forces AQ et AP. Prenons maintenant hors du plan AQRP une droite AS pour représenter une autre force d'une grandeur et d'une direction arbitraire, menons SQ puis AT parallèle à SQ et TQ parallèle à AS, AQ sera la diagonale du parallélogramme ASQT, de sorte que nous pourrons remplacer la force AQ par les deux forces AS et AT ; ainsi la force primitive AR pourra être remplacée par les trois forces AP, AT, AS. Cette décomposition peut s'effectuer d'une infinité de manières différentes, puisque les forces AP et AS sont entièrement arbitraires.

18. Lorsqu'on décompose une force, on assujettit ordinairement les composantes à la condition d'être perpendiculaires entre elles, ce qui simplifie les relations ; mais alors les grandeurs de ces composantes se trouvent déterminées par les angles qu'elles font avec la résultante, et l'on ne peut prendre aucune d'elles arbitrairement. Soit, par exemple, AR (Pl. XXI, fig. 15) la force qu'on veut remplacer par deux autres forces rectangulaires appliquées au même point A ; menons la droite AP dans une direction quelconque, puis la droite AQ perpendiculaire à AP ; du point R abaissons respectivement sur AP et sur AQ les perpendiculaires RP et RQ, ces perpendiculaires détermineront les composantes AP et AQ ; et l'on voit que dans cette construction il n'y a d'arbitraire que l'angle PAR. S'il s'agissait de décomposer AR en trois forces rectangulaires, dans l'espace, on pourrait de nouveau prendre une composante d'une direction quelconque, en opérant de la même manière.

19. Nommons α, β et γ les angles que trois forces rectangulaires X, Y, Z font respectivement avec leur résultante R, et observons que puisque R est la diagonale du parallélipipède rectangle construit sur les droites X, Y, Z, nous avons (Géom., 15)

$$X = R \cos \alpha, \quad Y = R \cos \beta, \quad Z = R \cos \gamma,$$

et

$$R = \sqrt{\left[X^2 + Y^2 + Z^2 \right]},$$

les angles α, β et γ sont d'ailleurs liés par la relation (Géom., 13)

$$\cos^2 \alpha + \cos^2 \beta + \cos^2 \gamma = 1.$$

Ces équations servent à trouver la valeur et la direction de la résultante lorsque les composantes sont données, et *vice versâ*.

20. Si l'une des composantes est nulle, Z, par exemple, on a seulement

$$X = R \cos \alpha, \quad Y = R \cos \beta,$$
$$R = \sqrt{\left[X^2 + Y^2 \right]};$$

dans ce cas, la résultante R est comprise dans le plan des deux composantes X et Y, comme nous l'avons vu ci-dessus.

21. Ces dernières expressions conduisent facilement aux conditions d'équilibre d'un nombre quelconque de forces appliquées à un même point et comprises ou non dans un même plan. Soient P, P', P', etc. (Pl. XXI, fig. 20) des forces concourantes au point A et que nous supposerons d'abord situées dans un même plan; menons par le point A les axes rectangulaires AX, AY, et représentant, les forces P, P', P', etc., par les parties AP, AP', AP', etc., de leurs directions; décomposons chacune de ces forces en deux autres dirigées suivant les axes AX et AY. De cette manière, le système donné sera transformé en un autre qui ne contiendra plus que des forces dirigées suivant les deux axes, et dont il sera facile de trouver la résultante.

Nommons α, α', α', etc., les angles que les forces P, P', P', etc., font avec l'axe cos x, et β, β', β'', etc., les angles qu'elles font avec l'axe des y. Si nous considérons en particulier la force P ou AP, nous verrons que ses deux composantes AM et AN ont pour valeurs

$$AM = P \cos \alpha, \quad AN = P \cos \beta,$$

et qu'en général les composantes dans le sens des x sont exprimées par

$$P \cos \alpha, \quad P' \cos \alpha', \quad P' \cos \alpha'', \quad \text{etc.,}$$

et les composantes dans le sens de y par

$$P \cos \beta, \quad P' \cos \beta', \quad P' \cos \beta', \quad \text{etc.}$$

Prenant la somme de toutes les composantes qui agissent dans le sens des x et la nommant X; prenant également la somme de toutes les composantes qui agissent dans le sens des y et la nommant Y, nous aurons ..... (a)

$$P \cos \alpha + P' \cos \alpha' + P' \cos \alpha' + \text{etc.} = X,$$
$$P \cos \beta + P' \cos \beta' + P' \cos \beta' + \text{etc.} = Y,$$

et, par conséquent, toutes les forces proposées seront réduites à deux forces rectangulaires X et Y, dont la résultante R aura pour valeur ..... (b)

$$R^2 = X^2 + Y^2.$$

22. Il est essentiel, en formant la *somme* des composantes par rapport à chaque axe, d'avoir égard aux *signes* dont les cosinus peuvent être affectés, car ces signes déterminent le sens suivant lequel agissent les composantes. Pour fixer les idées, considérons seulement deux forces P et P' (fig. 21, Pl. XXI). Leurs composantes suivant l'axe des x seront

$$AQ = P \cos PAX, \quad AS = P' \cos P'AX',$$

et comme ces composantes agissent dans une direction opposée, nous aurons pour leur résultante

$$X = P \cos PAX - P' \cos P'AX'.$$

Or, α et α' désignant les angles que forment respectivement les forces P et P' avec l'axe positif AX, on a

$$PAX = \alpha, \quad P'AX' = 180 - \alpha',$$

d'où cos $P'AX' = -\cos \alpha'$; la résultante X est donc encore exprimée par

$$X = P \cos \alpha + P' \cos \alpha',$$

et l'on voit qu'en se réservant de déterminer les signes des cosinus lorsqu'on voudra réaliser les calculs, on peut donner à toutes les composantes le signe $+$, comme nous l'avons fait dans les expressions (a).

23. La grandeur de la résultante se trouvant fixée par l'expression (b), il ne s'agit plus que de trouver sa direction, et pour cet effet, si nous nommons a et b les angles qu'elle forme avec les axes coordonnés, nous aurons, d'après le n° 20,

$$X = R \cos a, \quad Y = R \cos b,$$

ce qui nous donnera

$$\cos a = \frac{X}{R}, \quad \cos b = \frac{Y}{R}.$$

24. Si toutes les forces proposées sont en équilibre, la résultante R est nulle, et l'on a

$$X^2 + Y^2 = 0,$$

équation qui ne peut être satisfaite que par les valeurs

$$X = 0, \quad Y = 0,$$

car, quel que soit le signe des sommes X et Y, leurs carrés sont essentiellement positifs.

25. Considérons maintenant un système de forces P, P', P', etc., toujours concourantes à un même point, mais dirigées d'une manière quelconque dans l'espace. Par le point de concours, imaginons trois axes rectangulaires AX, AY, AZ, et nommons α, α', α', etc., les angles respectifs des forces avec l'axe AX; β, β', β', etc., leurs angles avec l'axe AY, et γ, γ', γ', etc., leurs angles avec l'axe AZ. Si nous décomposons chaque force en trois autres dirigées suivant les axes, les composantes dans le sens des x seront (n° 19)

$$P \cos \alpha, \quad P' \cos \alpha', \quad P' \cos \alpha', \quad \text{etc.;}$$

celles dans le sens des y

$$P \cos \beta, \quad P' \cos \beta', \quad P' \cos \beta', \quad \text{etc.,}$$

et les composantes dans le sens des z

$$P \cos \gamma, \quad P' \cos \gamma', \quad P'' \cos \gamma'', \text{ etc.}$$

Nommant X, Y, Z les sommes respectives des composantes par rapport à chaque axe, ou posant ..... (1)

$$X = P \cos \alpha + P' \cos \alpha' + P'' \cos \alpha'' + \text{etc.},$$
$$Y = P \cos \beta + P' \cos \beta' + P'' \cos \beta'' + \text{etc.},$$
$$Z = P \cos \gamma + P' \cos \gamma' + P'' \cos \gamma'' + \text{etc.},$$

le système proposé se réduira à trois forces rectangulaires x, y, z, et nous aurons pour la valeur de sa résultante (n° 19) ..... (d)

$$R^2 = X^2 + Y^2 + Z^2.$$

En réalisant les calculs, il faudra avoir égard aux *signes* des cosinus comme nous l'avons indiqué ci-dessus.

26. Pour déterminer la direction de la résultante R, il faut trouver les angles qu'elle forme avec les axes coordonnés. Or, nommant a, b, c, ces angles, on a, d'après les expressions du n° 19,

$$\cos a = \frac{X}{R}, \quad \cos b = \frac{Y}{R}, \quad \cos c = \frac{Z}{R}.$$

27. Dans le cas de l'équilibre des forces P, P', P'', etc., la résultante R devant être nulle, on a

$$X^2 + Y^2 + Z^2 = 0,$$

équation qui ne peut être satisfaite qu'autant que chaque terme est nul isolément ; ainsi

$$X = 0, \quad Y = 0, \quad Z = 0,$$

ou, ce qui est la même chose,

$$P \cos \alpha + P' \cos \alpha' + P'' \cos \alpha'' + \text{etc.} = 0,$$
$$P \cos \beta + P' \cos \beta' + P'' \cos \beta'' + \text{etc.} = 0,$$
$$P \cos \gamma + P' \cos \gamma' + P'' \cos \gamma'' + \text{etc.} = 0,$$

sont les équations d'équilibre d'un système de forces concourantes à un même point et situées d'une manière quelconque dans l'espace.

28. Examinons maintenant la composition des forces appliquées à différens points d'un corps ou système de corps, dans l'hypothèse où ces points sont maintenus à des distances fixes les uns des autres ; ce qui permet de les considérer comme liés entre eux par des droites inflexibles.

Concevons une droite AB (Pl. XXI, fig. 22) composée de points matériels liés d'une manière inébranlable, et aux extrémités A et B de laquelle sont appliquées deux forces P et Q, dont les directions sont parallèles. Il s'agit de déterminer la grandeur de la résultante de ces forces et son point d'application sur la droite AB.

Représentons les forces P et Q par les parties AP et

BQ de leurs directions, et observons qu'en appliquant aux points A et B deux nouvelles forces AR et BS égales et directement opposées, le système des forces P et Q n'éprouvera aucun changement, puisque ces nouvelles forces se détruisent. La résultante du système des quatre forces AR, AP, BQ, BS, sera donc identiquement la même que celle des deux forces P et Q ; mais, en construisant les parallélogrammes RAPM, SBQN, nous avons pour la résultante des deux forces AR et AP la diagonale AM, et pour la résultante des deux forces BS et BQ la diagonale BN. Ainsi, au système des quatre forces AR, AP, BQ, BS, et par conséquent, au système des deux forces P et Q nous pouvons substituer le système des deux forces AM et BN, qui ne sont pas parallèles, et qui conséquemment concourent en un point O, par lequel doit aussi passer leur résultante ou la résultante cherchée des forces parallèles P et Q.

Menons par le point O, OR parallèle aux forces P et Q et CD parallèle à AB, et imaginons en outre que les deux forces AM et BN sont appliquées au point O, ce qui nous permettra de décomposer, d'une part, AM en deux autres forces dirigées suivant OC et OR, et de l'autre BN en deux autres forces dirigées suivant OD et OR ; or, les circonstances de la décomposition des forces AM et BN sont les mêmes en O qu'en A et B ; ainsi les composantes de AM seront OC = AR et OE = AP, et celles de BN seront OD = BS et OF = BQ ; mais les deux forces égales et opposées OC et OD se détruisent. Ainsi les seules forces agissantes du système sont OE et OF, dont la résultante OE + OF = P + Q suit la direction OR ; donc

La résultante de deux forces parallèles est égale à leur somme et leur est parallèle.

Pour trouver le point H, où passe cette résultante, observons que les deux triangles semblables OAH, AMP donnent

$$AP : PM = OH : AH,$$

et que les deux autres triangles semblables OBH, BQN donnent aussi

$$BQ : QN = OH : BH.$$

Les moyens de ces deux proportions étant égaux, les extrêmes sont en proportion, et l'on a

$$AP : BQ = BH : AH,$$

ou

$$P : Q = BH : AH,$$

c'est-à-dire que le point H partage la droite AB en deux parties réciproquement proportionnelles aux forces P et Q. *La résultante de deux forces parallèles est donc égale à leur somme, leur est parallèle, et divise la droite d'application en deux parties réciproquement proportionnelles aux composantes.*

29. Tout ce qui concerne le point d'application de la résultante de deux forces parallèles étant indépendant de la direction de ces forces, si nous supposons que les deux forces P et Q prennent les directions AP′, BQ′ (fig. 23, Pl. XXI), la résultante R prendra également la direction HR′ parallèle à ces dernières; mais son point d'application H ne changera pas, puisqu'on doit toujours avoir

$$P : Q = BH : AH.$$

Ce point d'application de la résultante a reçu, à cause de cette propriété, le nom de *centre des forces parallèles.*

Désignons par a la droite AB, par p la distance AH du centre des forces au point d'application de la force P, et par q la distance BH de ce même centre au point d'application de la force Q; nous aurons, d'après ce qui précède, les trois équations

$$(1) \ldots\ldots R = P + Q,$$
$$(2) \ldots\ldots Pp = Qq,$$
$$(3) \ldots\ldots a = p + q,$$

qui renferment implicitement la solution de toutes les questions qu'on peut se proposer sur les forces parallèles.

Pour mettre, par exemple, deux telles forces données P et Q en équilibre, comme il suffit d'appliquer au *centre* une force égale et directement opposée à la résultante, dont la grandeur est P + Q, il faut déterminer ce centre, ou trouver la valeur de p ou de q. Substituant donc dans l'équation (2) la valeur de q tirée de l'équation (3), il vient

$$Pp = Q(a - p),$$

d'où l'on tire

$$p = \frac{aQ}{P + Q}.$$

La valeur de p étant ainsi connue, on connaît le centre H, et en lui appliquant une force P + Q parallèle aux composantes, mais directement opposée, l'équilibre sera produit dans le système.

30. Si les deux forces parallèles P et Q (fig. 24) agissent en sens inverse, les mêmes équations peuvent encore servir à trouver leur résultante, son point d'application, et, par conséquent, fournir les moyens de les mettre en équilibre. En effet, supposant que cette résultante soit ER appliquée à un point E lié d'une manière fixe à la droite AB, le système des trois forces P, Q, R étant en équilibre, la force Q peut être considérée comme égale et opposée à la résultante des deux forces

P et R, qui agissent dans le même sens; ainsi, prolongeant BQ d'une quantité BS = BQ, la droite BS représentera la résultante des forces P et R, et l'on aura

$$S = P + R,$$

d'où

$$R = S - P,$$

et conséquemment, R = Q — P à cause de S = Q. Ainsi *la résultante de deux forces parallèles opposées est égale à la différence de ces forces.*

Pour déterminer le point d'application E, nous avons (28)

$$P : R = BE : AB,$$

d'où

$$(P + R) : R = (BE + AB) : AB,$$

c'est-à-dire

$$Q : R = AE : AB,$$

proportion dont on tire

$$AE = \frac{Q \times AB}{R},$$

et, en substituant à R sa valeur Q — P,

$$AE = \frac{Q \times AB}{Q - P}.$$

Il résulte de cette expression que plus la différence Q — P des composantes est petite, et plus le point E est éloigné de B. Dans le cas de Q = P, AE devient infiniment grand et R = 0; ce qui nous apprend que, pour établir l'équilibre entre deux forces égales parallèles et opposées, il faudrait pouvoir appliquer une force nulle à une distance infinie du point B, condition impossible à remplir. Deux forces semblables ne peuvent donc être mises en équilibre par une troisième, et n'ont d'autre effet que celui de faire tourner la ligne AB sur son milieu.

Un système de deux forces parallèles égales et opposées se nomme un *couple;* il présente la singularité de ne pouvoir être remplacé par une force unique.

31. On obtient la résultante d'un nombre quelconque de forces parallèles en les composant deux à deux d'une manière analogue à celle que nous avons indiquée pour les forces concourantes à un même point (15).

Soient, en effet, P, Q, R, S, etc. (fig. 25, Pl. XXI), des forces parallèles appliquées aux points A, B, C, D, etc., d'une même droite inflexible. On cherchera d'abord le point d'application E de la résultante des deux premières forces par la formule du n° 29

$$AE = \frac{Q \times AB}{P + Q}.$$

Ce point étant trouvé, on mènera une droite $ET = P + Q = AP + AQ$; cette droite représentera la résultante des deux forces P et Q. Opérant de la même manière sur ET et CR, on déterminera le point d'application de leur résultante par l'expression

$$EF = \frac{R \times EC}{T + R}$$

ou

$$EF = \frac{R \times EC}{P + Q + R}.$$

Menant ensuite par le point F la droite $FT' = P + Q + R$, elle sera la résultante des trois forces P, Q, R. Le point d'application de la résultante des forces T' et S sera donné par l'expression

$$FG = \frac{S \times FD}{T' + S}$$

ou

$$FG = \frac{S \times FD}{P + Q + R + S},$$

et la résultante générale des quatre forces P, Q, R, S se construira en menant par le point G une droite $GT' = P + Q + R + S$. Ce procédé, qui s'étend évidemment à un nombre quelconque de forces, nous montre que *la résultante d'un système de forces parallèles est égale à leur somme.*

Si plusieurs forces P, Q, R, S, etc., étaient dirigées dans un sens, et d'autres P', Q', R', S', etc., dans le sens opposé, on chercherait d'une part la résultante des premières, et de l'autre la résultante des secondes, ce qui réduirait le système à deux seules forces parallèles agissant dans des sens opposés; leur résultante, obtenue comme il a été dit n° 3o, serait la résultante générale du système.

32. Le même procédé peut s'appliquer, avec une légère modification, au cas où les points d'application A, B, C, D, etc., des composantes ne sont pas en ligne droite. Considérons seulement les trois forces P, Q, S (Pl. XXI, fig. 26) appliquées respectivement aux trois points A, B, C liés par les deux droites inflexibles AB et BC. Après avoir déterminé le point E de la résultante des forces P et Q et mené $ER = P + Q$, on joindra les points E et C par une droite EC; et comme, en supposant cette droite liée au système des deux autres AB et BC, on peut considérer les forces ER et S comme agissant à ses extrémités E et C, on déterminera le point G de leur résultante par l'expression

$$EG = \frac{S \times EC}{R + S}.$$

Menant ensuite GR' parallèle aux composantes, on

pourra prendre indifféremment le point F ou le point G pour le point d'application de la résultante générale, en faisant dans le premier cas

$$FR' = R + S = P + Q + S,$$

et dans le second

$$GR' = P + Q + S.$$

33. Lorsqu'un système de forces renferme des forces concourantes et des forces parallèles, on obtient sa résultante en réduisant d'abord toutes les forces parallèles à une seule; puis, lorsqu'on n'a plus que des forces concourantes, on les compose deux à deux en supposant les forces appliquées à chaque point de concours. Le dernier point de concours est celui auquel on peut considérer la résultante générale comme appliquée. Les conditions d'équilibre d'un tel système sont toujours que la résultante soit nulle. *Voyez* Moment.

ROUE. (*Méc.*) Nom générique de divers organes mécaniques. (*Voyez* tome II, p. 435.)

Roues des voitures. On a cru pendant long-temps, et c'est encore un préjugé des personnes étrangères à la mécanique, que les voitures à deux roues exigeaient moins de force de traction que les voitures à quatre roues, toutes choses égales d'ailleurs sous le rapport de la charge. Cette erreur, fondée sur une fausse appréciation des effets du frottement, a été signalée, il y a plus d'un siècle, par Camus dans son traité des *Forces mouvantes*, et pour éclaircir la question il suffit de citer ses paroles. « L'on doit, dit-il, considérer les voitures par l'avantage que l'on en tire pour rouler, et pour y appliquer la force des chevaux ou bœufs d'une manière qui les fatigue moins et qui soit la plus avantageuse : or, en appliquant la force des chevaux à la charrette à deux roues, l'on sait assez que le limonier porte une partie du fardeau, de quelque manière que la charge soit en équilibre sur l'essieu; car, en descendant une hauteur, tout le poids tombe sur le cheval; en montant, il tombe de l'autre côté en arrière et enlève le cheval, ce qui lui ôte une grande partie de sa force; s'il est chargé à dos, en sorte que le poids ne l'emporte pas en montant, dans un terrain uni il sera doublement fatigué de porter et de tirer; et comme les roues tombent dans les creux, l'une d'un côté et l'autre de l'autre, les limons de la charrette donnent dans les flancs des limoniers, par où il en périt beaucoup. De plus, dans la charrette, le poids n'est que sur deux roues, et lorsqu'une tombe dans un creux ou dans une ornière, la moitié de la charge y tombe, et pour la tirer du creux

Il faut relever la moitié de la charge : si elles se trouvent dans des terres molles, les deux roues enfoncent de même, et il faut les relever. Mais lorsqu'il y a quatre roues, comme au chariot, la même charge étant sur les quatre, et le chariot n'étant pas plus lourd que la charrette, il est constant que les quatre enfonceront moitié moins que les deux, ou à peu près, et qu'il faudra moins de force ; s'il se trouve des creux, et qu'il tombe une roue dans un, il n'y tombera que le quart de la charge du chariot, au lieu qu'il en tombe la moitié par la charrette, et il faut moins de force pour en relever un quart que pour en relever une moitié. Si deux roues du chariot tombent en même temps dans un creux, il n'y tombera que la moitié de la charge, et il faudra moins de force pour les retirer qu'il n'en faudra pour la charrette lorsque les deux roues seront dans de pareils creux ; et dans des hauts et bas qui se rencontrent toujours sur le pavé, il se trouve souvent un équilibre entre les roues de devant du chariot et celles de derrière, qui arrive lorsque deux roues sont sur deux pavés prêtes à descendre, pendant que les deux autres sont prêtes à monter sur deux autres pavés ; celles qui sont en haut descendent, font équilibre et poussent par leur poids celles qui montent ; s'il n'y en a qu'une devant ou derrière qui descende, elle fait équilibre à celle qui monte, ainsi du reste, ce qui n'arrive pas à la charrette ; au contraire, le limonier reçoit un coup dans le flanc. Il ne faut pas objecter qu'il y a moins de frottement sur deux roues que sur quatre, qui est, selon toute apparence, la raison qui a fait préférer la charrette au chariot ; car nous avons fait voir à l'article *frottement* qu'il y en a autant sur deux roues que sur quatre, le même poids et le même trou de moyeu étant à l'un comme à l'autre.... »

Nous avons déjà indiqué (*voy.* p. 192) les deux espèces de résistances que le moteur doit vaincre pour mettre en mouvement une roue de voiture, savoir, la résistance à l'essieu et la résistance à la circonférence de la roue. La première de ces résistances, la principale, est surmontée, comme nous l'avons vu, avec d'autant plus de facilité par le moteur, que le diamètre de l'essieu est plus petit par rapport au diamètre de la roue ; la seconde, dépendante de la nature du terrain sur lequel la roue se meut, devient d'autant plus petite que ce terrain est plus uni et plus résistant, et, toutes choses égales d'ailleurs, exige du moteur un effort d'autant plus grand que le diamètre de la roue est plus petit. En effet, soit OR la hauteur d'un obstacle que doit surmonter la roue A (Pl. XXII, fig. 1) pour se porter en avant, et $AQ = R$ le rayon de cette roue. Nommons P la force de traction qui agit dans la direction AP, et Q la charge totale qui agit selon la verticale AQ. Dans le cas d'équilibre, les momens (*voy.* ce mot) de ces

deux forces devant être égaux, menons les droites mR et nR, et nous aurons

$$P \times n\mathrm{R} = Q \times m\mathrm{R}.$$

Mais, faisant $OR = h$, nous avons $n\mathrm{R} = \mathrm{R} - h$ et

$$m\mathrm{R} = \sqrt{\left[\mathrm{R}^2 - (\mathrm{R} - h)^2\right]}.$$

Ainsi

$$\mathrm{P}(\mathrm{R} - h) = \mathrm{Q}\sqrt{\mathrm{R}^2 - (\mathrm{R} - h)^2} = \mathrm{Q}\sqrt{2\mathrm{R}h - h^2} ;$$

D'où l'on tire

$$\mathrm{P} = \mathrm{Q}\, \frac{\sqrt{2\mathrm{R}h - h^2}}{\mathrm{R} - h}.$$

Dans le cas où la hauteur h de l'obstacle est très-petite par rapport au rayon de la roue, on a sensiblement

$$\mathrm{P} = \mathrm{Q}\,.\,\frac{\sqrt{2h}}{\sqrt{\mathrm{R}}},$$

c'est-à-dire que la force nécessaire pour élever une roue au-dessus d'un obstacle est à très-peu près en raison inverse de la racine carrée du rayon de la roue. Ainsi une roue d'un mètre de rayon n'aurait besoin, pour surmonter un obstacle, que de la moitié de la force qui serait nécessaire pour qu'une roue de 25 centimètres de rayon surmontât le même obstacle, la charge et le diamètre de l'essieu étant les mêmes.

Il est donc évident que les grandes roues sont beaucoup plus avantageuses que les petites, et les seules conditions qui doivent limiter leur diamètre sont d'une part leur pesanteur et la solidité des rais, et, de l'autre, la nécessité, lorsqu'on se sert de chevaux, de ne pas placer l'essieu trop haut (*voy.* CHEVAL), afin que le tirage s'effectue de la manière la plus convenable.

ROUE A DÉTENTE. Organe mécanique employé pour changer le mouvement par intervalles. C'est une roue libre ou *folle* montée sur un arbre qui reçoit un mouvement de rotation au moyen d'une manivelle. Une pièce A (Pl. XXII, fig. 3) susceptible de s'accrocher à la saillie b d'un levier ab est fixée à l'arbre. Le levier ab mobile autour d'un axe m faisant corps avec la roue est ce qu'on nomme la *détente ;* sa saillie b est maintenue accrochée avec la pièce A par un ressort s. Lorsque l'arbre est en mouvement dans le sens BM, la pièce A tourne avec lui, et lorsqu'elle rencontre la saillie b, elle s'y accroche, entraîne le levier ab, et par conséquent la roue, qui fait alors monter un poids quelconque à l'aide d'une corde D enroulée autour de sa gorge. Après avoir parcouru un certain arc, la détente ab rencontre un arrêt extérieur E qui la force à tourner sur son axe m ; la saillie b quitte la pièce A, et la roue, redevenue libre, prend un mouvement en sens inverse de celui de l'arbre par l'effet du poids qu'elle avait soulevé, et qui redescend alors. Pendant ce temps l'arbre continue son mouvement, et lorsque la pièce A rencontre de nouveau la saillie *b*, le même jeu recommence.

ROUE A ROCHET. C'est une roue B tenant à un arbre et armée de dents crochues (Pl. XXII, fig. 2) dans lesquelles s'engrène un déclic *ab* fixé à une roue folle et poussé par un ressort *e*. Quand la roue B tourne de gauche à droite, les dents échappent à l'action du déclic, et la roue folle reste en repos; mais quand la roue B tourne de droite à gauche, ses dents sont arcboutées dans le déclic *ab*, et elle entraîne la roue folle. La roue à rochet est employée dans les mouvemens d'horlogerie.

ROULEMENT. (*Méc.*) On nomme *frottement de roulement* ou frottement de la *seconde espèce* celui qui a lieu lorsqu'un corps rond roule sur une surface. La résistance due à ce frottement est généralement si petite pour des corps durs et polis, qu'on n'en tient pas compte dans les calculs relatifs aux machines, et qu'on considère justement comme très-avantageux de transformer le glissement en roulement toutes les fois que cela est possible. C'est ainsi, par exemple, que, pour transporter des blocs de pierre, on les pose sur des rouleaux cheminant eux-mêmes sur des madriers établis à la surface du terrain. Lorsque la surface sur laquelle un corps cylindrique roule est parfaitement plane et unie, la résistance du frottement est d'autant moindre que le diamètre du cylindre mobile est plus petit. (*Voy.* FROTTEMENT.)

S.

SECTION. (*Géom.*) Lorsqu'une surface courbe est coupée par un plan, la section qui en résulte, considérée par rapport à un de ses points, prend le nom de *section normale* si le plan passe par la normale de la surface audit point, et celui de *section oblique* dans le cas contraire. Comme on peut mener par un point quelconque d'une surface courbe une infinité de plans dont les uns passent par la normale, et dont les autres n'y passent pas, il existe une infinité de *sections normales et obliques;* mais toutes ces sections sont liées par des rapports remarquables qui servent à déterminer là nature de la surface courbe.

Soit M (Pl. XX, fig. 20) un point appartenant à une surface courbe quelconque, et MT une tangente de la surface à ce point; menons par cette tangente deux plans sécans, l'un passant par la normale MN et l'autre oblique. Nous aurons deux sections : la première A'MB' *normale* et la seconde AMB oblique; le centre de courbure de la section normale au point M, sera nécessairement sur la normale MN, et le centre de courbure de la section oblique, au même point, sera sur la droite MO menée dans le plan de cette section perpendiculairement à la tangente MT. Or ce dernier centre est le point commun d'intersection du plan de AMB et des deux plans normaux consécutifs passant pas les points infiniment proches M et M' de la section; ainsi le point O, intersection des traces MO et M'O des deux points normaux, est le centre de courbure, et MO en est le rayon.

Mais les deux plans normaux se coupent suivant une droite OO' perpendiculaire à MO, et qui rencontre la normale MN en un certain point O'; car les droites MN et OO' sont situées toutes deux dans le plan mené perpendiculairement à la tangente MT par le point M. Ainsi le triangle rectangle OMO' donne

$$MO = MO' . \cos OMO',$$

relation que nous écrirons

$$(1) \ldots . \ R = \rho . \cos \omega,$$

en désignant par R le rayon de courbure de la section oblique AMB, par ω l'angle OMO', qui n'est autre que l'angle des plans des deux sections, et par ρ la partie MO' de la normale. Il ne s'agit donc plus que de trouver la valeur de cette partie ρ pour avoir celle du rayon de courbure de la section oblique AMB. Or, la droite OO' intersection des deux plans normaux consécutifs, est déterminée par les équations

$$(2) \ldots . \ (x — x')dx' + (y — y')dy' + (z — z') dz' = 0,$$

$$(3) \ldots . \ (x — x')d^2x' + (y — y')d^2y' + (z — z')d^2z' = du^2,$$

dans lesquelles x', y', z' expriment les coordonnées du point M, et les équations de la normale MN sont

$$(4) \ldots . \ x — x' + p(z — z') = 0,$$

$$(5) \ldots . \ y — y' + q(z — z') = 0.$$

(*voy.* RAYON). Donc les coordonnées du point O' commun aux droites OO' et MN sont les valeurs de x, y, z, qui satisfont à la fois à ces quatre équations; et comme l'équation (2) est vérifiée directement par les équations (4) et (5), parce que la courbe AMB est sur la surface donnée à laquelle les coordonnées générales x, y, z appartiennent, il suffit de combiner les trois équations (3), (4) et (5), et d'en tirer les valeurs de $x - x'$, $y - y'$, $z - z'$, pour avoir immédiatement la distance des deux points M et O'; car l'expression générale de cette distance est (GÉOMÉTRIE, n° 4)

$$MO' = \rho = \sqrt{\left[(x - x')^2 + (y - y')^2 + (z - z')^2 \right]}.$$

Ces valeurs sont

$$z - z' = \frac{du^2}{d^2z - pd^2x - qd^2y},$$

$$y - y' = \frac{-qdu^2}{d^2z - pd^2x - qd^2y},$$

$$x - x' = \frac{-pdu^2}{d^2z - pd^2x - qd^2y},$$

et, par conséquent,

$$\rho = \frac{du^2\sqrt{1 + p^2 + q^2}}{d^2z - pd^2x + qd^2y}.$$

Cette expression suffit, sans autre développement, pour nous apprendre que ρ est le rayon de courbure de la section normale A'MB' (*voy.* RAYON), et en observant que MO est la projection de MO' sur le plan de la section oblique AMB, nous pouvons poser ce théorème remarquable découvert par Meunier :

Le rayon de courbure d'une section oblique est la projection sur le plan de cette courbe du rayon de la section normale qui passe par la même tangente.

Voyez, pour ce qui concerne la courbure des sections et les conséquences qu'on en tire pour la courbure des surfaces auxquelles elles appartiennent, un mémoire de M. Poisson, 21° cahier du *Journal de l'École Polytechnique.*

SON. (*Acoust.*) Nous n'avons la perception d'un son (*voy.* ACOUSTIQUE) qu'autant que les vibrations du corps sonore sont transmises à l'oreille par l'intermédiaire de l'air ou de tout autre corps pondérable. On démontre cette propriété en suspendant un timbre sous le récipient de la machine pneumatique. Dès que le vide est fait, on a beau agiter l'appareil pour faire frapper un marteau sur le timbre, il est impossible de distinguer aucun son ; mais si l'on fait rentrer l'air peu à peu, l'intensité du son croît également peu à peu.

Les liquides et les solides transmettent le son avec plus d'intensité que les substances gazeuses. On sait que les plongeurs peuvent entendre au fond de l'eau le bruit qui se fait sur le rivage, et que du rivage on entend le bruit des cailloux qui sont heurtés sous l'eau à de très-grandes profondeurs. De toutes les expériences par lesquelles on démontre la conductibilité sonore des solides, nous ne citerons que la suivante, facile à répéter, et parfaitement décisive : si on applique l'oreille à l'une des extrémités d'une longue poutre, on entend très-distinctement le bruit qui pourrait être fait à son autre extrémité par le frottement d'une barbe de plume contre les fibres du bois, quoique ce bruit soit si faible dans l'air, qu'il peut à peine être entendu par celui qui le produit.

Les vibrations d'un corps élastique se communiquent donc à toutes les matières immédiatement contiguës au corps, et par suite à toutes celles qui se trouvent en contact avec les premières. Dans l'air atmosphérique, la propagation du son s'effectue en tous sens ; et, pour en trouver la loi, il suffit de considérer les conditions de cette propagation dans une colonne d'air cylindrique d'une longueur indéfinie. Supposons qu'un plan perpendiculaire à l'axe de la colonne soit appliqué contre sa base et pousse en avant d'une très-petite quantité les molécules qui la composent pendant un temps très-petit, le mouvement ne sera pas instantanément transmis à la masse entière ; car l'air étant compressible, le premier effet sera de comprimer une petite partie de la colonne, et ce n'est que par la réaction due à l'élasticité de cette partie que le mouvement se communiquera à une autre partie, et de celle-ci à une autre, et ainsi de suite. Si nous imaginons que la colonne d'air est partagée en petites tranches égales entre elles, et à la distance où la compression s'étend pendant sa durée, nous pourrons aisément reconnaître que le mouvement se propagera successivement d'une tranche à la suivante, et que chaque tranche, après la réaction de sa force élastique, reprendra son volume primitif, et demeurera en repos.

L'action produite par le petit mouvement en avant du plan mobile consistera donc dans une ondulation de toute la colonne aérienne, et tout se passera de même que si une petite tranche se mouvait parallèlement à elle-même en éprouvant successivement des compressions et des dilatations. Imaginons maintenant que le plan mobile retourne en arrière ; la couche d'air contiguë, n'étant plus pressée, se dilatera jusqu'à ce qu'elle s'appuie de nouveau sur le plan ; cette dilatation diminuant sa force élastique, la tranche suivante sera moins pressée, elle se dilatera à son tour, et ainsi de même de toutes les autres couches, de manière que la dilatation de la première couche se communiquera successivement aux autres et propagera le mouvement comme sa compression l'avait d'abord propagé. Si le plan mobile continue à osciller d'avant en arrière de la base de la colonne,

chaque excursion produira une série d'ondes condensées, puis dilatées, et chaque retour une série d'ondes
dilatées, puis condensées.

C'est ainsi que les vibrations des corps sonores plongés dans l'air produisent des ondes aériennes qui propagent le son dans toutes les directions; mais ici les
ondes sont sphériques et concentriques, et par conséquent chacune d'elles a moins de masse que celle qui la
suit et à laquelle elle transmet le mouvement; ce mouvement doit donc diminuer de vitesse à mesure que les
masses des ondes augmentent, ou à mesure qu'elles s'é-
loignent du centre de l'ébranlement; de sorte qu'à une
certaine distance de ce centre, la vitesse devient nulle,
et le son cesse d'être perceptible.

Le calcul appliqué aux phénomènes dont nous venons d'indiquer seulement la marche générale a donné
les résultats suivans, confirmés par de nombreuses expériences : 1° Dans une masse d'air dont la température
est constante, la vitesse du son est uniforme; 2° cette
vitesse est indépendante du degré d'acuité du son : des
sons forts ou faibles, comme aussi des sons graves ou
aigus, sont propagés de la même manière et avec la
même vitesse; 3° la vitesse de son reste la même,
quelle que soit la densité de l'air, si la température ne
change pas.

Les expériences faites en 1822, par ordre du Bureau
des Longitudes, pour déterminer la vitesse du son dans
l'air atmosphérique, ont appris que cette vitesse est de
337^m,2 par seconde, à la température de 10°. Celles des
membres de l'Académie des sciences, en 1738, avaient
donné pour cette vitesse 337^m,18 à la température de
6°. D'autres expériences faites par des savans étrangers
ont produit des résultats peu différens.

En tenant compte, d'après l'observation de Laplace
(*voy.* tome II, page 504), du dégagement de chaleur
qui suit la condensation de chaque onde sonore, et qui
augmente l'élasticité de l'air, la théorie donne pour la
vitesse du son, la formule générale

$$V = 333^m \cdot \sqrt{1 + 0,00375\, t},$$

dans laquelle V désigne la vitesse et t la température.
Si l'on fait $t = 10$ dans cette formule, on obtient
$V = 339^m$, ce qui s'accorde d'une manière remarquable
avec l'expérience.

D'après cette donnée, l'intervalle entre la lumière
qu'on voit presque instantanément et le son peut servir
à évaluer approximativement la distance dans une explosion quelconque, comme le serait, par exemple, un
coup de canon.

La propagation du son dans l'air atmosphérique est
modifiée par les mouvemens propres de l'atmosphère;
mais l'influence de ces mouvemens n'est jamais considérable, car la vitesse du vent le plus violent ne dépassant pas 43^m par seconde, celle des vents ordinaires est
une quantité très-petite par rapport à la vitesse du son.
Delaroche a trouvé, par un grand nombre d'expériences :
1° que le vent n'a point d'influence sensible sur les sons
entendus à une petite distance; 2° qu'à une grande distance le son s'entend moins bien dans une direction opposée à celle du vent que dans la direction même du
vent; 3° que le décroissement d'intensité du son est
moins rapide dans la direction du vent que dans la direction contraire; 4° que ce décroissement est moins
rapide perpendiculairement à la direction du vent que
dans cette direction même.

La transmission du son dans d'autres milieux que l'air
atmosphérique s'opère également par des vibrations excitées dans ces milieux. Elle est plus rapide dans les
milieux solides que dans les liquides, et dans ces derniers que dans les milieux aériformes. Chladni, qu'on
doit considérer comme le fondateur de l'acoustique moderne, a déterminé d'une manière directe la vitesse du
son dans différentes substances solides. Voici ses résultats rapportés à la vitesse du son dans l'air comme *unité* :

Fanon de baleine.....	6 2/3	Bois d'acajou ......⎫	
Étain...............	7 1/2	*Id.* d'ébène	
Argent.............	9	*Id.* de charme.....	
Bois de noyer......⎫		*Id.* d'orme........	14 2/6
Id. d'if..........⎬		*Id.* d'aulne	
Cuivre jaune.......⎭	10 2/3	*Id.* de bouleau ....⎭	
Bois de chêne......⎫		*Id.* de tilleul......⎫	
Id. de prunier.....⎭		*Id.* de cerisier ....⎬	15
Tubes de pipes de tabac	10 à 12	*Id.* de saule.......⎫	
Cuivre rouge........	12	*Id.* de pin. ....⎬	16
Bois de poirier.....⎫		Verre.............⎫	
Id. de hêtre rouge.⎬	12 à 13	Fer ou acier........⎭	16 2/3
Id. d'érable.......		Bois de sapin.......	18

L'eau est le seul liquide dans lequel on ait observé la
vitesse du son. D'après les expériences de M. Colladon,
dans le lac de Genève, cette vitesse est de 1435^m par
seconde, nombre qui diffère peu de 1438^m que donne la
théorie de Laplace.

Dulong, dont la science déplore la perte récente, a
déterminé les vitesses du son dans les gaz par des considérations très-délicates. Ses résultats sont les suivans :

VITESSE DU SON DANS DIFFÉRENS GAZ A LA TEMPÉRATURE
DE 0°.

Air atmosphérique.......	333^m	par seconde.
Oxigène...............	317,17	
Hydrogène.............	1269, 5	
Acide carbonique........	216, 6	
Oxyde de carbone........	337, 4	
Oxyde d'azote...........	261, 9	
Gaz oléfiant............	314	

On compare les sons entre eux par la vitesse des vibrations des corps sonores qui les produisent. Si le
nombre des vibrations de deux corps sonores est le

même dans le même temps, les sons ne peuvent être distingués l'un de l'autre que par leur intensité et leur *timbre*. L'intensité dépend de l'amplitude des oscillations des ondes sonores; le timbre est une qualité donnée au son par la nature propre du corps sonore.

Le rapport du nombre des vibrations de deux sons se nomme leur *intervalle*. Un intervalle est *consonnant* lorsque le rapport numérique qui le constitue est très-simple; il est *dissonnant* dans le cas contraire. Cependant cette division n'a rien d'absolu, car elle repose seulement sur le plus ou moins de facilité que l'oreille éprouve à saisir le rapport de deux sons coexistans, facilité qui dépend du degré de culture musicale de l'organe; de sorte que tels *intervalles* qui passaient jadis pour dissonnans sont aujourd'hui au nombre des consonnans. (*Voyez* Intervalle.)

Le moyen le plus simple de déterminer le rapport des nombres de vibrations des sons de la gamme naturelle consiste à tendre une corde de boyau ou de métal par ses deux extrémités, et de la raccourcir successivement sans changer sa tension pour lui faire produire ces divers sons, soit en la pinçant, soit en la frottant avec un archet. L'expérience montre que, prenant pour son fondamental ou pour premier *ut* celui que produit la corde lorsqu'elle a une longueur que nous désignerons par 1, elle donne le *ré* quand on réduit sa longueur à $\frac{8}{9}$; le *mi*, quand on la réduit à $\frac{4}{5}$; le *fa*, à $\frac{9}{4}$; le *sol*, à $\frac{2}{3}$; le *la*, à $\frac{3}{5}$; le *si*, à $\frac{8}{15}$; et enfin l'*ut* de l'octave, lorsque cette longueur n'est plus que $\frac{1}{2}$:

Si, au lieu d'une seule corde, on employait huit cordes homogènes d'un même diamètre et soumises à la même tension, on produirait encore tous les sons de la gamme en donnant aux longueurs de ces cordes les rapports que nous venons d'indiquer. On aurait toujours

$$ut, \quad ré, \quad mi, \quad fa, \quad sol, \quad la, \quad si, \quad ut.$$

Longueur des cordes $1, \quad \frac{8}{9}, \quad \frac{4}{5}, \quad \frac{3}{4}, \quad \frac{2}{3}, \quad \frac{3}{5}, \quad \frac{8}{15}, \quad \frac{1}{2}.$

Or, on sait que les vitesses de vibrations de deux cordes homogènes d'un même diamètre et également tendues sont en raison inverse des longueurs de ces cordes; ainsi, pour obtenir les rapports des vitesses des vibrations exécutées dans le même temps, il suffit de renverser les rapports précédens, et l'on obtient ceux que nous avons employés dans le calcul des intervalles. (*Voy.* ce mot.)

Le même appareil, qu'on nomme un *monocorde* ou un *sonomètre*, peut encore servir à déterminer le nombre absolu des vibrations d'un son; car, en tendant une corde assez longue pour que ses vibrations puissent être vues et comptées, et en la raccourcissant ensuite, sans changer sa tension, de manière à lui faire produire un son de l'échelle harmonique, le nombre des vibrations de ce dernier sera égal au premier multiplié par le rapport inverse des longueurs. Connaissant ainsi un terme de la série des sons musicaux, les rapports précédens feront aisément connaître les autres. Supposons, par exemple, que la corde ayant une longueur de 4 mètres produise 8 vibrations par seconde, et qu'en réduisant sa longueur à 25 centimètres on lui fasse rendre le son *ut* d'un octave grave, on aura la proportion

$$0^m,25 : 4 = 8 : x,$$

d'où l'on tire $x = 128$, c'est-à-dire que le nombre absolu des vibrations de cet *ut* grave sera 128; celui de l'*ut* à l'octave de ce premier sera par conséquent $2 \times 128 = 256$; l'*ut* de l'octave de ce dernier sera $2 \times 256 = 512$, et ainsi de suite. Quant aux sons intermédiaires, on les obtiendra en multipliant successivement le nombre des vibrations de chaque *ut* par les rapports $\frac{9}{8}, \frac{5}{4}, \frac{4}{3}, \frac{3}{2}, \frac{5}{3}, \frac{15}{8}$.

On règle les sons des instrumens de musique à l'aide d'un appareil nommé *diapason*, qui se compose d'une verge de fer en forme d'Y. En frappant une branche de cet instrument contre un corps solide et l'approchant ensuite de l'oreille, on entend un son qui est le *la* du violon, et sur lequel on accorde tous les autres. Les diapasons adoptés par divers orchestres ne sont pas les mêmes; M. Fischer a trouvé, en 1823, par des expériences faites avec beaucoup de soin, les nombres suivans pour les diapasons des principaux théâtres lyriques :

Diapason du théâtre de Berlin..... 437,32 vibrat. par seconde.
— du Grand-Opéra français. 431,34
— de l'Opéra-Comique..... 427,61
— du Théâtre-Italien....... 424,17

On sait que le son ne devient perceptible que lorsque les vibrations du corps sonore ont une certaine vitesse, et plus cette vitesse est grande, plus le son est aigu. On avait considéré, jusqu'aux dernières expériences de M. Savart, comme le son le plus grave perceptible celui que donne une corde qui fait 32 vibrations par seconde, et comme le plus aigu celui qui est à la neuvième octave de ce premier; mais ces expériences ont considérablement reculé les limites des sons perceptibles, car M. Savart a produit des sons graves avec 15 vibrations et des sons aigus avec 48000. Le problème du *son fixe* en musique, c'est-à-dire du son dont le nombre des vibrations est pris pour point de départ de l'échelle musicale ascendante et descendante, ne saurait donc avoir qu'une solution arbitraire comme celle que donnent les diapasons.

Le degré de gravité ou d'acuité du son que rend une corde sonore dépend de sa longueur et de sa tension ; mais, outre le son fondamental propre à chaque longueur et à chaque tension, la corde en produit encore d'autres plus aigus qu'une oreille exercée distingue facilement. Par exemple, en faisant vibrer une corde sonore, capable de produire un *ut*, on entend avec cet *ut* fondamental, le *sol* de la première octave suivante, le *mi* de la seconde, et même les deux *ut* de ces octaves. Ainsi, en représentant le son fondamental par 1, son octave est 2, sa double octave 4, le *sol* de la seconde octave est 3, le *mi* de la troisième est 5, et par conséquent les sons existans sont représentés par 1, 2, 3, 4, 5 ; c'est ce qu'on nomme des sons harmoniques. Il n'est pas douteux que la corde ne rende encore tous les autres sons compris dans la série des nombres naturels 6, 7, 8, 9, 10, etc. ; mais leur peu d'intensité les rend inappréciables. En effet, ce phénomène résulte de ce que la corde en vibrant se subdivise d'elle-même en 2, 3, 4, 5, 6 parties égales qui vibrent chacune en particulier dans le même temps que s'opère une vibration totale de la corde. Sauveur a rendu, le premier, cette particularité évidente par une expérience très-ingénieuse : on pose sur une corde sonore plusieurs petits chevrons de papier de différentes couleurs, les uns aux points des divisions aliquotes de la corde, les autres à des points intermédiaires ; puis on la met en vibration en passant légèrement un archet dessus ; on voit au même instant les chevrons placés aux points intermédiaires s'élancer hors de la corde, tandis que les autres restent immobiles. Les points où une corde sonore se subdivise ainsi ont été nommés *nœuds de vibration ;* les intervalles des nœuds se nomment *ventres*.

Tous les corps sonores produisent également des sons harmoniques ; mais la corde vibrante est la seule dont les harmoniques soient représentés par les nombres naturels 1, 2, 3, 4, etc., qui servent de base à notre système musical. Chladni a démontré l'existence des nœuds de vibration dans tous ces corps. Ces nœuds forment des *lignes nodales* dont la forme varie avec la nature du son qu'on produit ; et, comme on peut faire produire à un même corps une infinité de sons différens, il en résulte une infinité de lignes nodales différentes. Pour analyser la série des figures que les lignes nodales d'une même surface élastique sont susceptibles de prendre, M. Savart a fait choix d'un nouveau mode d'expérience qui consiste à ne point faire vibrer directement la surface élastique, mais à lui communiquer les vibrations d'un autre corps sonore. Après avoir fixé un morceau de parchemin ou de baudruche sur un cadre de bois, en le collant par ses bords, de manière

qu'il soit également tendu dans tous les sens, il en approche à quelque distance un tuyau d'orgue dont le son est plein et soutenu. Dès que le son se fait entendre, la membrane vibre comme si elle rendait elle-même le son, et, en la couvrant de sable fin, on voit les grains de ce sable sauter sur la surface et s'accumuler sur les points de repos ou nœuds de vibration pour dessiner les lignes nodales. Si le son change de degré d'acuité, les lignes nodales changent de forme, mais elles sont toujours très-régulières lorsque l'élasticité de la membrane est la même dans toutes ses parties. Nous devons renvoyer, pour les détails de ces expériences intéressantes, aux mémoires de M. Savart, insérés dans les *Annales de physique et de chimie*, tomes XXXVI et XL, et au traité d'*Acoustique* de Chladni.

Les solides ne sont pas les seuls corps capables de rendre des sons. Dans les instrumens à vent, c'est la colonne d'air interposée qui forme le corps sonore, la substance de l'enveloppe ne concourt qu'à donner un timbre particulier aux sons. Depuis l'invention de la *syrène*, appareil dû à M. Cagnard Latour, et qui a pour objet principal la détermination du nombre absolu des vibrations d'un corps sonore, on sait que l'eau remplit l'office de corps sonore, et qu'il en est sans doute de même de tous les liquides. Les propriétés des vibrations sonores des liquides et des gaz exigent des développemens dans lesquels nous ne pouvons entrer.

SONNETTE. (*Méc.*) Machine employée pour le battage des pieux ou pilots ; ses parties essentielles sont une *poulie* et un *mouton*. (*Voy.* ce mot.)

On distingue deux espèces de sonnettes, la *sonnette à tiraudes* et la *sonnette à déclic*. La première se compose de deux poteaux dressés verticalement près du pieu qu'il s'agit d'enfoncer et qui conduisent un mouton d'un grand poids attaché à un câble et soutenu par une poulie placée au sommet de l'appareil (Pl. **XXI**, fig. 27) ; ce câble se subdivise en plusieurs cordelles ou *tirandes* que saisissent les manœuvres. A un signal donné, les ouvriers tirent tous ensemble très-vivement, et enlèvent le mouton ; puis ils se redressent en levant les bras, ce qui fait retomber le mouton par son propre poids sur la tête du pilot, où il agit comme un marteau sur un clou. La *sonnette à déclic* présente une autre combinaison ; c'est un treuil qui fait élever le mouton jusqu'à une certaine hauteur, où il rencontre une détente qui le lâche pour le laisser retomber librement. Les fig. 28 et 29, Pl. **XXI**, montrent les diverses dispositions de cette machine : le mouton est pris par une tenaille dont les deux branches *ab, cd,* croisées en *p,* tendent à se rapprocher par le bas, où elles sont plus pesantes, et pressent ainsi le mouton par un crochet supérieur placé en tête. Lorsque le mouton, enlevé par l'action des hommes qui agissent sur le treuil, arrive au sommet de la sonnette, deux obstacles placés de chaque côté forcent les branches supérieures de la tenaille à se rapprocher, et conséquemment les branches inférieures à s'écarter; le mouton, devenu libre, retombe; alors on redescend la pince, et le même jeu recommence.

La comparaison des effets obtenus avec les deux espèces de *sonnettes* montre l'énorme différence des résultats que l'on peut obtenir de la force de l'homme. Les expériences que nous allons citer sont dues à M. Vauvilliers, ingénieur des ponts et chaussées; elles ont été faites avec le plus grand soin, sur des pieux parfaitement égaux, avec un mouton du poids de 300 kilogrammes, et dans un même terrain où les pilots ont été enfoncés au même *refus*.

La sonnette à tiraudes était manœuvrée par vingt-deux hommes et un charpentier, nommé *enrimeur*, chargé de conduire la machine et les manœuvres. La sonnette à déclic était manœuvrée par quatre hommes et un enrimeur. A chaque coup le mouton était élevé à quatre mètres au-dessus du pieu.

On a employé 28 journées de travail pour battre 44 pieux avec la sonnette à tiraudes, et 18 journées pour battre 32 pieux avec la sonnette à déclic. Ainsi le battage de chaque pieu a coûté $\frac{28}{44} = 0{,}64$ jour de travail avec la première machine et $\frac{18}{32} = 0{,}56$ jour avec la seconde. Si l'on tient compte maintenant du nombre des hommes employés, on trouve que le battage d'un pieu coûte

0,64 journée d'arrimeur,

14, » journées de manœuvres,

avec la sonnette à tiraudes, et

0,56 journée d'arrimeur,

2,25 journées de manœuvres,

avec la sonnette à déclic. Pour comparer les prix de revient, admettons que la journée du manœuvre soit de 1 fr. et celle de l'arrimeur de 2 fr.; alors la dépense du battage d'un pieu par la sonnette à tiraudes sera de 15ᶠ,3, et par la sonnette à déclic de 3ᶠ,4; c'est-à-dire qu'il en coûtera à peu près autant pour enfoncer 22 pieux avec la première machine que 100 avec la seconde. D'où l'on voit que cette dernière offre un bien meilleur emploi de la force de l'homme. (*Voy.* Homme.)

SOUFFLET. (*Méc.*) On nomme *soufflets* ou *machines soufflantes* les organes mécaniques qui produisent un jet d'air atmosphérique pour animer la combustion. Autrefois on ne se servait dans les forges et autres usines métallurgiques que de grands soufflets ordinaires que tout le monde connaît; maintenant on emploie géné-

ralement des corps de pompe dans lesquels se meut un piston garni de cuir qui chasse l'air devant lui. Dans les pays où l'on a des chutes d'eau, on se sert aussi des *trompes :* ce sont des cylindres verticaux et creux, légèrement étranglés un peu au-dessous de leur partie supérieure, et dans lesquels tombe un courant d'eau qui entraîne avec lui l'air qui entre dans le cylindre par de petites ouvertures pratiquées au-dessous de l'*étranguillon*. Cet air se dégage dans une caisse inférieure où aboutissent les cylindres, et en sort par un orifice ou *tuyère* disposé à cet effet. (*Voyez* le *Traité de la composition des machines* de Borgnis, et l'*Hydraulique des ingénieurs* de d'Aubuisson.)

SOUPAPE. (*Méc.*) Nom générique qu'on donne, dans les machines, à de petites portes destinées à permettre ou à empêcher l'entrée d'un fluide dans une capacité. On en distingue de plusieurs espèces.

Les *soupapes à coquille* se composent d'une plaque circulaire (Pl. XXI, fig. 30) taillée en tronc de cône qui entre et s'emboîte exactement dans l'ouverture qu'elle doit fermer; dessous est une queue ou tige qui traverse une bride et se termine par un bouton d'*arrêt :* cette tige empêche la soupape de dévier lorsqu'elle monte ou qu'elle descend.

Les *soupapes à clapets* sont faites en forme de porte qui s'ouvre et se ferme autour d'une charnière ou d'une queue flexible en cuir; elles consistent ordinairement en une rondelle de gros cuir gras ou de laiton.

Soupape de sureté. On donne ce nom aux soupapes adaptées aux chaudières des machines à vapeur dans le but d'éviter les explosions. Ces soupapes sont chargées de poids déterminés qui les tiennent fermées tant que la pression intérieure de la vapeur ne surpasse pas ces poids; mais elles s'ouvrent aussitôt que la pression dépasse cette limite, et laissent une libre issue à la vapeur. Il est assez connu que de telles soupapes ne mettent pas à l'abri des accidens.

SURFACE GAUCHE. (*Géom.*) C'est en général une surface engendrée par une droite qui se meut de telle manière que deux de ses positions consécutives ne sont jamais dans un même plan. Une telle surface n'est pas développable.

SURFACE DÉVELOPPABLE. (*Géom.*) Surface courbe qu'on peut développer sur un plan. Ces surfaces sont généralement engendrées par une droite soumise à la condition d'avoir toujours deux positions consécutives dans un même plan.

SURFACE RÉGLÉE. (*Géom.*) Nom générique des surfaces engendrées par le mouvement d'une ligne droite.

T.

TEM

TEMPÉRATURE. (*Phys.*) Nous avons décrit, t. II, les divers thermomètres employés pour mesurer la température des corps ; ces instrumens, fondés sur la propriété qu'ont les fluides de se dilater en s'échauffant, ne sont comparables entre eux qu'entre certaines limites que nous devons mentionner.

Si l'on expose à une même chaleur deux thermomètres, l'un à mercure et l'autre à l'esprit de vin, on remarque bientôt des différences plus ou moins sensibles dans leurs indications : par exemple, si le thermomètre à mercure marque 20 degrés Réaumur, le thermomètre à esprit de vin ne marque que 16,5 degrés. Ce phénomène est dû à ce que l'alcool ne se dilate pas suivant la même loi que le mercure ; et comme il n'existe pas deux liquides qui se dilatent de la même manière, on doit s'attendre qu'à l'exception des deux points fondamentaux de l'échelle thermométrique, deux instrumens construits avec des liquides différens n'indiqueront jamais le même degré de température. Deluc, à qui l'on doit beaucoup d'observations sur la marche des thermomètres, a obtenu les résultats consignés dans le tableau suivant.

DEGRÉS CORRESPONDANS

MARQUÉS PAR DES THERMOMÈTRES CONSTRUITS AVEC
DIFFÉRENS LIQUIDES.

MERCURE.	ALCOOL RECTIFIÉ.	HUILE D'OLIVE.	HUILE ESSENTIELLE DE CAMOMILLE.	HUILE ESSENTIELLE DE THYM.	EAU SATURÉE DE SEL MARIN.	EAU PURE.
80	80	80	80	80	80	80
75	73,8	74,6	74,7	74,3	74,1	71
70	67,8	69,4	69,5	68,8	68,4	62
65	61,9	64,4	64,3	63,5	62,6	53,5
60	56,2	59,3	59,1	58,3	57,1	45,8
55	50,7	54,2	53,9	53,3	51,7	38,5
50	45,3	49,2	48,8	48,3	46,6	32,0
45	40,2	44,0	43,6	43,4	41,2	26,1
40	35,1	39,2	38,6	38,4	36,3	20,5
35	30,3	34,2	33,6	33,5	31,3	15,9
30	25,6	29,3	28,7	28,6	26,5	11,2
25	21,0	24,3	23,8	23,8	21,9	7,3
20	16,5	19,3	18,9	19,0	17,3	4,1
15	12,2	14,4	14,1	14,2	12,8	1,6
10	9,7	9,5	9,3	9,4	8,4	0,2
05	9,3	4,7	4,6	4,7	4,2	0,4
0	0,0	0,0	0,0	0,0	0,0	0,0
— 5	—3,9				—4,1	
—10	—7,7				—8,0	

TEM

L'échelle de ces thermomètres est celle de Réaumur, c'est-à-dire que la distance entre le point de la glace fondante et celui de l'ébullition de l'eau est divisée en 80 parties égales.

M. Biot a trouvé qu'en désignant par t le degré marqué par le thermomètre à mercure, et par T le degré correspondant marqué par un autre thermomètre, la relation de ces deux quantités était assez exactement représentée par l'équation

$$T = At + Bt^2 + Ct^3,$$

dans laquelle A, B et C sont des constantes différentes pour chaque liquide. Les valeurs de ces quantités pour l'alcool rectifié sont

$$A = 0{,}784, \quad B = 0{,}00208, \quad C = 0{,}00000775,$$

de sorte qu'on a généralement, entre les températures indiquées par deux thermomètres, l'un à mercure et l'autre à l'alcool, l'égalité

$$T = 0{,}784t + 0{,}00208t^2 + 0{,}00000775t^3.$$

Le thermomètre à mercure doit toujours être pris pour terme de comparaison avec ceux des autres liquides, parce que le mercure a la propriété de se dilater d'une même quantité par chaque degré de chaleur, du moins dans les limites de l'échelle thermométrique, ce que ne fait aucun autre corps solide ou liquide ; les gaz seuls se dilatent uniformément pour tout accroissement de température (*voy.* CHALEUR). Aussi le thermomètre à air est-il le seul instrument propre à donner une mesure absolue de la chaleur ; et pour apprécier les indications du thermomètre à mercure, il est essentiel de les comparer aux siennes. Or, on trouve qu'entre les limites 0° et 80° de l'échelle de Réaumur, ou 0° et 100° de l'échelle centigrade, les températures indiquées par le thermomètre à mercure sont exactement les mêmes que celles indiquées par le thermomètre à air ; mais il n'en est plus de même pour les températures au-dessus de l'eau bouillante, et en admettant, comme cela doit être, que la dilatation de l'air est uniforme, il en résulte que celle du mercure n'est sensiblement constante qu'entre 0° et 100°.

Le mercure, devenant solide à —36° et se volatilisant à + 360°, ne peut servir de corps thermométrique qu'entre ces limites de température, pour lesquelles on a obtenu les résultats suivans :

Températures indiquées par le thermomètre à mercure.	Températures indiquées par le thermomètre à air.
— 36°.	— 36°
0	0
100	100
150	148,70
200	197,05
250	245,05
300	292,70
360	350,00

Le thermomètre à air, quelque parfait qu'il soit dans sa marche, ne peut malheureusement satisfaire à tous les besoins de la science, parce que cet appareil est détruit par la fusion du verre, qui a lieu à une température bien inférieure à celle de la plupart des métaux; de sorte que, pour mesurer de hautes températures, on est forcé d'avoir recours à d'autres instrumens. Ceux qu'on a imaginés pour cet objet se nomment *pyromètres*. Le plus usité est le *pyromètre de Wedgwood*, qui est fondé sur la propriété qu'a l'argile de se contracter au lieu de se dilater par la chaleur. Ce phénomène ayant été observé par Wedgwood, il fit préparer des tubes d'argile de dimensions exactement déterminées, puis il les exposa à une chaleur de plus en plus intense, pour étudier les lois de leurs contractions. Le retrait de l'argile paraissant s'effectuer toujours de la même manière, et cette substance ne reprenant pas son premier volume par le refroidissement, Wedgwood sut mettre à profit toutes ces circonstances pour construire un appareil qui, tout imparfait qu'il est, n'en a pas moins rendu de grands. services aux arts industriels. Le pyromètre de Wedgwood est composé d'une plaque de cuivre ABCD (Pl. XXII, fig. 11) sur laquelle sont fixées deux barres de même métal légèrement inclinées entre elles, l'une des barres porte une échelle de 240 parties égales qu'on nomme *degrés pyrométriques*, et dont le 0 correspond au plus grand écartement des deux barres. De petits cônes tronqués *abcd* faits en argile et cuits à la chaleur rouge naissant sont moulés de manière qu'en les introduisant dans la rainure formée par les barres, ils peuvent s'enfoncer jusqu'à la division de l'échelle marquée 0. Lorsqu'on veut connaître la température d'un degré de chaleur, on y introduit un creuset fermé contenant un des petits cônes d'argile, et on le retire quand on juge qu'il a pris la température du foyer. Après qu'il s'est refroidi, on l'introduit dans la rainure en le faisant glisser jusqu'à l'endroit le plus resserré qu'il peut atteindre, et la division de l'échelle indique la température en degrés pyrométriques.

Pour comparer les indications de cet instrument aux

degrés du thermomètre, il faudrait connaître exactement la correspondance des échelles et le degré du thermomètre qui répond au 0 du pyromètre; mais, outre que les lois du retrait de l'argile sont entièrement inconnues, c'est plutôt par convention que par aucune approximation suffisante qu'on a établi que le 0 du pyromètre répond à 580°,55 du thermomètre centigrade, et que chaque degré pyrométrique équivaut à 72°,22 du même thermomètre.

TRANSCENDANTES ELLIPTIQUES. (*Calcul intégral.*) Dans la plupart des applications du calcul infinitésimal, on est conduit à des expressions différentielles qu'il est impossible d'intégrer sous forme finie, soit généralement, soit entre des limites données. Alors, et lorsqu'il s'agit d'intégrales définies, on est réduit à calculer leurs valeurs approchées, au moyen de la méthode des quadratures ou de leur développement en série convergente; mais on ignore complètement la nature des quantités transcendantes qui entrent dans leur génération, et tout ce qu'on a pu faire de mieux jusqu'ici a été de chercher à diminuer le nombre de ces quantités en les faisant dépendre les unes des autres. De tous les résultats obtenus par les géomètres dans cette branche difficile de l'analyse, ceux de Legendre doivent être placés au premier rang sous le rapport de la généralité et de la fécondité ; car il a su ramener une classe très-nombreuse d'intégrales à des arcs d'ellipse, et rendu leur calcul aussi facile que celui des fonctions circulaires ou logarithmiques.

Dès qu'on eut intégré certaines formules par des arcs de cercle, on dut tenter naturellement de réduire d'autres intégrales à des arcs d'ellipse ou d'hyperbole; Maclaurin et d'Alembert, qui, les premiers, se livrèrent à cette recherche, trouvèrent en effet plusieurs formules susceptibles d'une telle réduction ; mais leurs résultats étaient isolés, et ce fut un géomètre italien, le comte de Fagnano, qui ouvrit la carrière à des investigations plus profondes, en découvrant que, sur toute ellipse ou sur toute hyperbole donnée, on peut assigner d'une infinité de manières deux arcs dont la différence est égale à une quantité algébrique. Plus tard Landen démontra que tout arc d'hyperbole peut être mesuré par deux arcs d'ellipse, sans entrevoir toutefois les conséquences de cette découverte très-remarquable. C'est en 1786, dans les mémoires de l'Académie des sciences, que Legendre publia ses premières recherches sur l'intégration par arcs d'ellipse; il fit voir que, dans une suite infinie d'ellipses formées d'après une loi donnée, on peut réduire la rectification d'une de ces ellipses à celle de deux autres prises à volonté dans la même suite. Il reprit bientôt la matière d'une manière plus générale et plus méthodique dans un mémoire sur les *transcen-*

dantes elliptiques publié en 1793; et enfin, des recherches ultérieures lui ayant permis de former un ensemble théorique, il donna en 1825 son traité des *fonctions elliptiques*, qui, à défaut d'autres titres, suffirait pour lui assigner un rang distingué parmi les premiers analystes de notre siècle. Depuis, M. Jacobi, professeur à l'université de Kœnigsberg, a su se placer à côté de Legendre en enrichissant la théorie des fonctions elliptiques de plusieurs découvertes importantes.

Les limites de notre ouvrage ne nous permettent pas les développemens nécessaires à l'intelligence de la théorie des fonctions elliptiques; tout ce que nous pouvons faire ici, c'est de donner une idée de son objet.

Soit P une fonction rationnelle quelconque de la variable x, et R un radical carré de la forme

$$\sqrt{\left[\alpha + \beta x + \gamma x^2 + \delta x^3 + \epsilon x^4\right]},$$

l'intégrale

$$\int \frac{P\,dx}{R},$$

est, en général, une quantité transcendante dont la nature change avec la valeur de P, sans toutefois que de l'infinité des valeurs différentes qu'on peut donner à P il résulte une infinité de transcendantes différentes.

Par une première préparation, on peut toujours faire en sorte qu'il n'y ait pas de puissances impaires de la variable sous le radical; ainsi nous poserons généralement

$$R = \sqrt{\alpha + \beta x^2 + \gamma x^4};$$

On peut supposer en outre que P est une fonction paire de x; car on peut toujours faire

$$P = M + Nx,$$

M et N étant des fonctions paires de x. Or, la partie $\dfrac{Nx\,dx}{R}$ se ramène aux règles ordinaires en faisant $x^2 = y$; ainsi toute la difficulté se réduit à intégrer $\dfrac{M\,dx}{R}$, dans laquelle M est une fonction paire de x.

Ceci posé, Legendre prouve, par l'analyse des différens cas, que la différentielle $\dfrac{dx}{R}$ peut toujours être ramenée à la forme

$$\frac{m\,d\varphi}{\sqrt{1 - c^2 \sin^2 \varphi}},$$

dans laquelle c est plus petit que l'unité, et, par suite, que $\int \dfrac{P\,dx}{R}$ est transformé en

$$\int \frac{Q\,d\varphi}{\sqrt{1 - c^2 \sin^2 \varphi}},$$

Q étant une fonction rationnelle paire de $\sin \varphi$, laquelle contient $\sin \varphi$ au même degré que P contient x.

La décomposition de cette intégrale montre qu'elle renferme en général, 1° une partie algébrique, 2° une intégrale de la forme

$$\int (A + B \sin^2 \varphi)\, \frac{d\varphi}{\sqrt{1 - c^2 \sin^2 \varphi}};$$

3° une ou plusieurs intégrales de la forme

$$\int \frac{N}{1 + n \sin^2 \varphi} \cdot \frac{d\varphi}{\sqrt{1 - c^2 \sin^2 \varphi}},$$

dans chacune desquelles les coefficiens N et n peuvent avoir des valeurs quelconques réelles ou imaginaires.

Les transcendantes contenues dans la formule $\int \dfrac{P\,dx}{R}$ se réduisant toujours à l'une des deux formes précédentes, il est visible qu'elles sont comprises dans la formule générale

$$H = \int \frac{A + B \sin^2 \varphi}{1 + n \sin^2 \varphi} \cdot \frac{d\varphi}{\sqrt{1 - c^2 \sin^2 \varphi}},$$

et ce sont les intégrales de cette dernière qui constituent les *fonctions* ou *transcendantes elliptiques*.

La transcendante H est supposée s'évanouir ou commencer lorsque $\varphi = 0$; son étendue est déterminée par la variable φ, qu'on nomme l'*amplitude*; la constante c, toujours plus petite que l'unité, s'appelle le *module*, et la quantité $\sqrt{1 - c^2}$ est dite le *complément du module*.

Les fonctions comprises dans la formule H se divisent en trois espèces; la première et la plus simple est représentée par la formule

$$F = \int \frac{d\varphi}{\sqrt{1 - c^2 \sin^2 \varphi}},$$

La seconde est l'arc d'ellipse compté depuis le petit axe, et dont l'expression est

$$E = \int \sqrt{1 - c^2 \sin^2 \varphi} \cdot d\varphi.$$

Enfin, la troisième est représentée par

$$\Pi = \int \frac{d\varphi}{(1 + n \sin^2 \varphi)\sqrt{1 - c^2 \sin^2 \varphi}}.$$

Elle contient, outre le module c commun aux deux autres espèces, un paramètre n qui peut être à volonté positif, négatif, réel ou imaginaire. Les fonctions de cette espèce peuvent toujours s'exprimer par des fonctions de la première et de la seconde espèce.

C'est à l'aide de ces trois fonctions nommées fonctions elliptiques de la *première*, de la *seconde* et de la *troisième espèce*, et pour lesquelles Legendre a calculé des tables très-étendues, qu'on obtient la valeur de toutes les intégrales comprises sous la forme $\int \frac{Pdx}{R}$.

Voyez Legendre, *Traité des fonctions elliptiques.* — Jacobi, *Fundamenta nova functionum ellipticarum.*

TRANSFORMATION DES COORDONNÉES. (*Ast.*)

Les latitudes et les longitudes des astres sont liées à leurs ascensions droites et leurs déclinaisons par des relations qui se déduisent fort simplement des premiers principes de la géométrie analytique. Voici comment :

Si l'on appelle $Æ$ l'ascension droite d'un astre, D sa déclinaison, L sa longitude, λ sa latitude, et que ω désigne l'obliquité de l'écliptique, la position de cet astre, rapportée à un système de coordonnées rectangles ayant le centre de la terre pour origine, et dont x, y représentent le plan de l'équateur, sera donnée comme à l'article PARALLAXES, par.

$$x = r \cos Æ \cos D, \quad y = r \sin Æ \cos D, \quad z = r \sin D.$$

Le même astre rapporté au plan de l'écliptique représenté par x', y' sera pareillement donné de position par

$$x' = r \cos L \cos \lambda, \quad y' = r \sin L \cos \lambda, \quad z' = r \sin \lambda,$$

r étant la distance de l'astre à la terre.

Mais quand on passe d'un système de coordonnées x, y, z à un autre x', y', z, on a dans la circonstance actuelle, et parce que l'angle des y, y' est égal à l'obliquité ω, on a, disons-nous (a) (*voy.* tome II, p. 567),

$$x = x', \quad y = y' \cos \omega - z' \sin \omega, \quad z = z' \cos \omega + y' \sin \omega ;$$

réciproquement (b)

$$x' = x, \quad y' = y \cos \omega + z \sin \omega, \quad z' = z \cos \omega - y \sin \omega.$$

Par conséquent, si l'on introduit dans les relations (a) les valeurs précédentes de x, y, z, x', y', r, on aura tout d'abord (c)

$$\cos Æ \cos D = \cos L \cos \lambda,$$
$$\sin Æ \cos D = \sin L \cos \lambda \cos \omega - \sin \lambda \sin \omega,$$
$$\sin D = \sin \lambda \cos \omega + \sin L \cos \lambda \sin \omega,$$

et si l'on procède de même à l'égard des relations inverses (b), on aura (d)

$$\cos L \cos \lambda = \cos Æ \cos D,$$
$$\sin L \cos \lambda = \sin Æ \cos D \cos \omega + \sin D \sin \omega,$$
$$\sin \lambda = \sin D \cos \omega - \sin Æ \cos D \sin \omega.$$

Divisant maintenant la seconde et la troisième équation (c) successivement par la première, on obtiendra,

comme par la trigonométrie sphérique , mais plus rapidement,

$$\tan Æ = \frac{\sin L \cos \omega - \tan \lambda \sin \omega}{\cos L},$$

$$\tan D = \frac{(\tan \lambda \cos \omega + \sin L \sin \omega) \cos Æ}{\cos L}.$$

Enfin, opérant sur les formules (d) de la même manière, il viendra

$$\tan L = \frac{\sin Æ \cos \omega + \tan D \sin \omega}{\cos Æ},$$

$$\tan \lambda = \frac{(\tan D \cos \omega - \sin Æ \sin \omega) \cos L}{\cos Æ}.$$

Les deux premiers résultats font donc connaître l'ascension droite et la déclinaison par la longitude et la latitude, tandis que les deux autres donnent la longitude et la latitude au moyen de l'ascension droite et de la déclinaison, coordonnées astronomiques qu'il est essentiel de déterminer pour effectuer le calcul des éclipses.

(M. Puissant.)

TRANSFORMATION DES COORDONNÉES. (*Géométrie.*)

Ce problème, pour tout ce qui concerne la géométrie plane, a été traité dans notre second volume ; nous n'avons donc à le considérer ici que dans l'espace à trois dimensions.

Supposons d'abord qu'il s'agisse de passer d'un système d'axes rectangulaires OX, OY, OZ (Pl. XXII, fig. 4) à un système d'axes obliques OX', OY', OZ' qui a la même origine O. Soit M un point quelconque de l'espace, si de ce point on mène des droites parallèles à tous les axes, et que par les points où elles rencontrent les plans coordonnés on mène d'autres parallèles aux axes, on formera deux parallélipipèdes, l'un rectangle yPMz, l'autre oblique y'P'Mx', qui auront deux sommets communs, l'un en O, et l'autre en M. Les droites MR, MQ et MP ou Ox, Oy, Oz seront les coordonnées du point M par rapport aux axes rectangulaires, et les droites MR', MQ', MP' ou Ox', Oy', Oz' seront les coordonnées du même point par rapport aux axes obliques. Il s'agit de trouver les valeurs des premières en fonction des secondes, ou *vice versâ*.

Nous exposerons d'abord une propriété des lignes dont nous allons avoir besoin, et qui n'est qu'un cas particulier d'une propriété des plans (*voy.* PROJECTION), savoir : que *la projection d'une droite sur une autre droite est égale à la droite primitive multipliée par le cosinus de l'angle aigu que ces droites font entre elles.*

Pour bien comprendre ce théorème, il faut savoir que lorsqu'il s'agit de deux droites situées dans l'espace de manière à ne pouvoir se rencontrer, on est convenu de nommer angle de ces droites l'angle formé par l'une d'elles avec toute droite parallèle à l'autre. Soit donc AB (Pl. XXII, fig. 5) une droite d'une grandeur déterminée ou finie, et OX une droite indéfinie ; des points A et B abaissons sur OX les perpendiculaires AA' et BB', A'B' sera la projection de AB, et si, par le point B, nous menons une droite BC parallèle à OX, l'angle ABC sera l'angle des droites AB et OX, et nous aurons

$$A'B' = AB \times \cos ABC.$$

En effet, concevons par le point A un plan AM perpendiculaire à OX, et par le point C, où ce plan est rencontré par BC, menons les droites AC et A'C, le triangle ACB sera rectangle en C et donnera (*voy.* Trigonométrie)

$$CB = AB \times \cos ABC.$$

Mais BB' est parallèle au plan AM, et par conséquent à la droite A'C ; donc CB = A'B' ; donc, etc.

Reprenons maintenant le point M rapporté à deux systèmes d'axes (fig. 4), et ne laissant subsister dans la figure que les lignes nécessaires, observons que si nous convenons de désigner par x, y, z les coordonnées rectangulaires, et par x', y', z' les coordonnées obliques, nous aurons (fig. 6)

$$Ox = x, \quad Px = y, \quad MP = z,$$
$$Ox' = x', \quad P'x' = y', \quad MP' = z'.$$

Ceci posé, par les points x', P' et M, menons à l'axe OX les perpendiculaires x'C, P'D, Mx, et il nous sera facile de voir que OC sera la projection de Ox', CD celle de P'x', et Dx celle de MP' ; de sorte que la coordonnée rectangulaire Ox ou x est précisément égale à la somme des projections des trois coordonnées obliques x', y' et z' sur son axe ; mais en désignant par la notation (x',x), (y', x), (z',x) les angles que font respectivement les axes des x', y' et z' avec l'axe des x, nous avons, en vertu du théorème ci-dessus,

$$OC = Ox' \cdot \cos(x', x) = x' \cos(x', x)$$
$$CD = x'P' \cdot \cos(y', x) = y' \cos(y', x)$$
$$Dx = MP' \cdot \cos(z', x) = z' \cos(z', x),$$

et, conséquemment, à cause de OC + CD + Dx = Ox = x,

$$x = x' \cos(x', x) + y' \cos(y',x) + z' \cos(z', x).$$

La même construction faite pour chacun des deux autres axes OY et OZ devant nécessairement nous donner des résultats semblables, nous en conclurons que *chaque coordonnée rectangulaire est égale à la somme des projections des trois nouvelles coordonnées sur chacun des anciens axes*, en observant toutefois que par le mot *somme* il faut entendre la *somme algébrique* ; car, si les

trois demi-axes obliques positifs ne formaient pas trois angles aigus avec chacun des trois demi-axes rectangulaires positifs, comme nous l'avons supposé dans notre figure, il y aurait dans les trois projections sur un axe des quantités qu'il faudrait prendre négativement pour que la somme fût égale à la coordonnée rectangulaire. Au reste, cette circonstance est indiquée par le signe du cosinus, qui devient négatif lorsque l'angle des axes est obtus ; de sorte qu'en tenant compte de ces signes ainsi que des signes des coordonnées, nous pouvons poser les trois formules générales suivantes de transformation ..... (1) :

$$x = x' \cos(x', x) + y' \cos(y', x) + z' \cos(z', z)$$
$$y = x' \cos(x', y) + y' \cos(y', y) + z' \cos(z', y)$$
$$z = x' \cos(x', z) + y' \cos(y', z) + z' \cos(z', z),$$

ou plus simplement ..... (2)

$$x = ax' + by' + cz'$$
$$y = a'x' + b'y' + c'z'$$
$$z = a''x' + b''y' + c''z',$$

en désignant par a, a', a'' les cosinus des angles que forme l'axe des x' avec les anciens axes rectangulaires, par b, b', b'' les cosinus des angles de l'axe des y', et par c, c', c'' les cosinus des angles de l'axe des z' avec les mêmes axes.

Les neuf constantes qui entrent dans ces expressions ne sont pas toutes arbitraires, car on sait que les trois angles formés par une même droite avec trois axes rectangulaires sont assujettis à la condition d'avoir la somme des carrés de leurs cosinus égale à l'unité (*voy.* Géométrie, n° 13) ; on ne peut donc en disposer qu'en joignant aux équations (2) les relations .... (3)

$$a^2 + a'^2 + a''^2 = 1$$
$$b^2 + b'^2 + b''^2 = 1$$
$$c^2 + c'^2 + c''^2 = 1.$$

Si l'origine des coordonnées n'était pas la même, il suffirait d'ajouter à la valeur de chaque coordonnée dans les formules (2) la coordonnée de la nouvelle origine par rapport à l'ancien axe. En effet, imaginons qu'on déplace les axes parallèlement à eux-mêmes en transportant l'origine O à un autre point O' dont les coordonnées par rapport à O soient α, β et γ, il est évident que nous aurons entre les anciennes coordonnées x, y, z et les nouvelles x', y', z' les relations

$$x = x' + \alpha, \quad y = y' + \beta, \quad z = z' + \gamma.$$

Ainsi, désignant toujours par α, β, γ les coordonnées rectangulaires, par rapport à l'origine O, de l'origine O' des axes obliques, les relations générales pour passer d'un système de coordonnées rectangulaires à un système de coordonnées obliques sont ..... (4)

$$x = \alpha + ax' + by' + cz'$$
$$y = \beta + a'x' + b'y' + c'z'$$
$$z = \gamma + a''x' + b''y' + c''z'.$$

Pour passer d'un système d'axes rectangulaires à un autre système également rectangulaire, il suffit maintenant de joindre aux relations (3) et (4) de nouvelles relations qui imposent aux angles que font entre eux les axes OX', OY', OZ' la condition d'être droits. Or (Géométrie, n° 16), quel que soit l'angle des deux axes OX' et OY', que nous désignerons par (x', y'), sa valeur en fonction des angles que ces droites font avec les anciens axes dépend de la relation

$$\cos (x', y') = \cos (x', x) \cos (y', x)$$
$$+ \cos (x', y) \cos (y', y) + \cos (x', z) \cos (y', z);$$

de sorte que, pour que cet angle soit droit, il faut qu'on ait

$$\cos (x', x) \cos (y', x) + \cos (x', y) \cos (y', y)$$
$$+ \cos (x', z) \cos (y', z) = 0$$

ou

$$ab + a'b' + a''b'' = 0.$$

Ainsi, la même relation ayant lieu par rapport aux autres angles pour exprimer que les angles des nouveaux axes sont droits, il est nécessaire et il suffit de poser les conditions ..... (5)

$$ab + a'b' + a''b'' = 0$$
$$ac + a'c' + a''c'' = 0$$
$$bc + b'c' + b''c'' = 0,$$

qui, jointes aux conditions (3) et (4), donnent la solution du problème. Il faut observer que les formules (3) et (5) établissent six relations entre les neuf constantes, et conséquemment qu'on ne peut disposer arbitrairement que de trois d'entre elles.

Nous ne nous arrêterons pas à la transformation d'un système de coordonnées obliques en un autre système de coordonnées obliques; la prolixité des formules dont cette transformation dépend ne permet pas de l'employer avantageusement.

TRIGONOMÉTRIE SPHÉROÏDIQUE. (*Géodésie.*)
Les triangles formés sur l'ellipsoïde de révolution par des lignes de plus courte distance d'une grandeur quelconque ne pouvant être résolus comme des triangles sphériques, Euler essaya dès 1763 de les traiter par une méthode particulière, fondée sur sa théorie *de maximis*

et minimis, et il parvint à trois équations qui expriment les relations qu'ont entre eux les six élémens d'un triangle sphéroïdique formé par deux méridiens elliptiques et un arc de plus courte distance : elles font l'objet d'un mémoire inséré parmi ceux de l'Académie des sciences de Berlin. Toutefois, Clairaut, vingt ans auparavant, avait déjà signalé les principales propriétés du triangle sphéroïdique rectangle. Les difficultés qu'Euler éprouva pour intégrer deux de ses équations différentielles rendirent sa solution incomplète. C'est, d'une part, le rapport entre la différentielle de la plus courte distance, qui est en général une courbe à double courbure, et celle de l'une des latitudes données; d'autre part, le rapport entre la différentielle de cette même latitude et celle de l'angle au pôle. Mais ces difficultés furent aplanies par Dionis du Séjour, parce que ce géomètre fit subir à ces mêmes équations des transformations qui, en les adaptant à la sphère inscrite, en simplifient la forme et les rendent facilement intégrables par les séries. Depuis lors, Legendre et Oriani, mettant à profit cet ingénieux procédé, parvinrent, chacun de leur côté, à perfectionner la théorie des triangles sphéroïdiques obliquangles, le premier, dans les mémoires de l'Académie des sciences (année 1806), le second, dans les mémoires de physique et de mathématiques de Milan, même année. Néanmoins il était à désirer que la résolution de tous les cas possibles de ces triangles, exposée d'une manière très-diffuse par Oriani, fût ramenée à des méthodes de calcul plus simples, et tel est le but que nous sommes proposé dans notre *Nouvel Essai de trigonométrie sphéroïdique* publié dans le quatorzième volume des *Mémoires de l'Institut*. Voici quels sont les principes de cette trigonométrie.

§ Ier.

DES ÉQUATIONS DIFFÉRENTIELLES D'UNE LIGNE GÉODÉSIQUE
ET DE LEUR INTÉGRATION PAR LES SÉRIES.

Si une droite AM (Pl. XXII, fig. 7), menée dans le plan d'un grand triangle ABC tracé sur la terre, est prolongée d'une quantité MM', ce prolongement ne sera point contenu dans le plan du second triangle BCD par l'effet de la courbure de la surface terrestre; mais sa projection horizontale MN, déterminée par la verticale M'N, représentera, avec la première partie AM, la plus courte distance du point A au point N. Pour le prouver, rabattons la ligne MM' sur le triangle BCD, en la faisant tourner autour de BC comme axe, et supposant l'angle CMM' invariable. Par ce mouvement, M' décrira un très-petit arc de cercle qui pourra être considéré comme une droite M'N perpendiculaire au plan BCD; et si, dans le triangle MM'N rectangle en N, l'hypothénuse est égale à AM et désignée par *ds* ou par le premier élément de la ligne géodésique, et que le très-petit angle M'MN le soit par i, l'on aura

$$\mathrm{M'N} = ds \sin i \qquad\qquad \mathrm{MN} = ds \cos i$$
$$= ds\left(i - \frac{i^3}{6}\dots\right), \qquad = ds\left(1 - \frac{i^2}{2}\dots\right).$$

Ainsi il est évident qu'en négligeant les termes inférieurs à i^2, le second élément MN de la ligne géodésique est, à un infiniment petit près du troisième ordre, égal à ds, et que la normale M'N comprise entre le prolongement de AM et la surface terrestre est du second ordre. La distance AMN est donc égale à la droite AMM'. Donc, généralement, une ligne tracée sur la terre par des jalons qui s'effacent les uns par les autres est la plus courte entre toutes celles que l'on peut mener entre ses extrémités, et la propriété analytique d'une telle ligne résulte de ce que sa différentielle ds est constante.

Maintenant, soient x, y, z les coordonnées rectangles de l'origine de cet élément ds ou du point A du sphéroïde terrestre ; celles de son extrémité M seront $x + dx$, $y + dy$, $z + dz$; et les coordonnées du point M', extrémité du second élément $\mathrm{MM'} = ds$, seront évidemment

$$x + 2dx = \mathrm{X'}, \quad y + 2dy = \mathrm{Y'}, \quad z + 2dz = \mathrm{Z'}.$$

D'un autre côté, nous venons de démontrer que la petite normale M'N ou la perpendiculaire au second triangle BCD est du second ordre ; ainsi elle peut être considérée comme la diagonale d'un parallélipipède rectangle dont les côtés seraient du même ordre, c'est-à-dire d^2x, d^2y, d^2z : les coordonnées du point N ou du pied de cette normale sont donc

$$x + 2dx - d^2x = \mathrm{X},$$
$$y + 2dy - d^2y = \mathrm{Y},$$
$$z + 2dz - d^2z = \mathrm{Z}.$$

De plus, par la théorie connue des surfaces courbes, dont l'équation différentielle est

$$dz = pdx + qdy = \left(\frac{dz}{dx}\right)dx + \left(\frac{dz}{dy}\right)dy,$$

on a en général, pour les deux équations des projections verticales de leur normale,

$$\mathrm{X'} - \mathrm{X} + p(\mathrm{Z'} - \mathrm{Z}) = 0,$$
$$\mathrm{Y'} - \mathrm{Y} + q(\mathrm{Z'} - \mathrm{Z}) = 0 ;$$

et si l'on élimine entre elles $\mathrm{Z'} - \mathrm{Z}$, la troisième équation de cette ligne sur le plan des xy sera

$$q(\mathrm{X'} - \mathrm{X}) - p(\mathrm{Y'} - \mathrm{Y}) = 0,$$

ou bien, mettant pour $\mathrm{X'} - \mathrm{X}$ et $\mathrm{Y'} - \mathrm{Y}$ leurs valeurs précédentes, on aura (1)

$$\left(\frac{dz}{dy}\right)d^2x - \left(\frac{dz}{dx}\right)d^2y = 0.$$

Cette équation sera celle de la ligne de plus courte distance sur l'ellipsoïde de révolution en y mettant pour p et q leurs valeurs tirées de l'équation de ce corps, savoir :

$$b^2(x^2 + y^2) + a^2 z^2 = a^2 b^2,$$

lorsqu'on prend l'axe des z pour celui de rotation. Or, on a en différentiant,

$$dz = pdx + qdy = -\frac{b^2}{a^2}\frac{x}{z}\,dx - \frac{b^2}{a^2}\frac{y}{z}\,dy ;$$

ainsi l'équation (1) devient

$$xd^2y - yd^2x = 0.$$

Divisant ensuite par ds et intégrant, on a, à cause de ds constant et de l'homogénéité (2),

$$xdy - ydx = \mathrm{C}ds,$$

C étant la constante introduite par l'intégration.

Pour montrer comment cette dernière équation conduit à une propriété caractéristique de la plus courte distance, faisons CT (Pl. XXII, fig. 8) ou $z = t$ et TM $= q$; le triangle rectangle Cpm, dans lequel $\mathrm{C}p = x$, $pm = y$ et $\mathrm{C}m = q$ donnera évidemment, en faisant l'angle APM $= \varphi$,

$$x = q\cos\varphi, \quad y = q\sin\varphi,$$

et par la différenciation l'on aura

$$dx = dq\cos\varphi - qd\varphi\sin\varphi$$
$$dy = dq\sin\varphi + qd\varphi\cos\varphi,$$

valeurs qui changent l'équation (2) en celle-ci (3) :

$$q^2 d\varphi = \mathrm{C}ds.$$

D'un autre côté, le triangle élémentaire $a'm'$M rectangle en m' donne sin PMA, ou

$$\sin \mathrm{V} = \frac{a'm'}{ds},$$

et les deux arcs semblables F'G' $= d\varphi$ et $a'm'$ étant proportionnels à leurs rayons respectifs CF' et $q - dq$, l'on a

$$a'm' = qdq$$

en prenant toutefois CF pour l'unité et négligeant le terme du second ordre $- dqd\varphi$; donc

$$\sin \mathrm{V} = \frac{qd\varphi}{ds}, \quad \text{et } q\sin \mathrm{V} = \mathrm{C}.$$

Ainsi la propriété de la ligne la plus courte est de rendre $q \sin V$ constant ; et remarquons que quand on prend pour méridien fixe le plan des xz perpendiculaire à la ligne géodésique MM'A, ce qui est évidemment permis, l'azimut V au point A est droit, et la constante C est égale à l'ordonnée AI, valeur initiale de q.

L'équation (3) exprime le rapport de la différentielle de la ligne géodésique à celle de la longitude de l'un de ses points. Il en existe une autre entre ces deux différentielles que l'on déduit de l'expression

$$ds = \sqrt{dx^2 + dy^2 + dz^2}.$$

En effet, en mettant ici pour dx et dy leurs valeurs ci-dessus, et faisant attention que $z = t$, on a

$$ds^2 = dq^2 + q^2 d\varphi^2 + dt^2,$$

et substituant dans cette nouvelle expression pour ds sa valeur $\dfrac{q^2 d\varphi}{C}$, ensuite éliminant $d\varphi$, il vient

$$\left. \begin{array}{l} q^2 (q^2 - C^2)\, d\varphi^2 = C^2 (dt^2 + dq^2) \\ (q^2 - C^2)\, ds^2 = q^2 (dt^2 + dq^2) \end{array} \right\} \ (4).$$

Avant d'intégrer ces deux équations, il faut éliminer de chacune d'elles l'un des variables t, q à l'aide de l'équation du méridien mobile PMF, qui est

$$a^2 t^2 + b^2 q^2 = a^2 b^2.$$

Mais, pour parvenir aux résultats les plus simples, prenons, à l'instar de Dionis du Séjour, une nouvelle variable λ telle que l'abscisse $t = b \sin \lambda$, auquel cas λ sera l'angle que fait avec le plan de l'équateur xy le rayon b du cercle inscrit au méridien mobile, et dont l'abscisse d'un de ses points est la variable t. Cette valeur étant introduite dans l'équation précédente de ce méridien, on a l'ordonnée $q = a \cos \lambda$; et la constante C, qui est égale à $q \sin V$, devient

$$C = a \sin V \cos \lambda.$$

A un autre point M' de la plus courte distance, pour laquelle λ se change en λ' et V en V', on a de même

$$C = a \sin V' \cos \lambda'.$$

Enfin, au point A, où l'azimut de AM' est supposé de 90°, on a, en désignant par ψ ce que devient λ,

$$C = a \cos \psi.$$

Il résulte donc de ces trois valeurs la relation

$$\cos \psi = \sin V \cos \lambda = \sin V' \cos \lambda' ;$$

c'est-à-dire que *les sinus des angles azimutaux aux extrémités d'une ligne géodésique sont entre eux réciproquement comme les cosinus des latitudes réduites de ces*

mêmes points. Nous appelons ici *latitudes réduites* les angles λ et λ', et voici pourquoi :

Si par le point M on mène la normale MO terminée au petit axe de l'ellipsoïde, l'angle POM sera le complément de la latitude vraie l de ce point, ou, ce qui est de même, on aura $\dfrac{TO}{TM} = \tang l$; mais, dans l'ellipse, la sous-normale TO correspondante aux coordonnées t, q, étant $TO = \dfrac{q dq}{dt}$, l'on a aussi $\dfrac{TO}{TM} = \dfrac{dq}{dt} = \dfrac{a}{b} \tang \lambda$; par conséquent,

$$\tang l = \frac{a}{b} \tang \lambda, \quad \text{ou } \tang \lambda = \frac{b}{a} \tang l.$$

On voit donc que l'angle λ est plus petit que l, puisque a est le rayon de l'équateur et b celui du pôle.

Maintenant, si l'on substitue dans les équations différentielles (3) pour t, q et C leurs valeurs respectives $b \sin \lambda$, $a \cos \lambda$ et $a \cos \psi$, on aura, à cause que l'angle φ et la ligne s augmentent quand λ diminue,

$$d\varphi = - \frac{d\lambda \cos \psi}{a \cos \lambda} \sqrt{\frac{a^2 \sin^2 \lambda + b^2 \cos^2 \lambda}{\cos^2 \lambda - \cos^2 \psi}},$$

$$ds = - d\lambda \cos \lambda \sqrt{\frac{a^2 \sin^2 \lambda + b^2 \cos^2 \lambda}{\cos^2 \lambda - \cos^2 \psi}}.$$

Ce sont les équations différentielles de l'arc AM perpendiculaire au méridien fixe PA. Legendre rend leur intégration très-facile par les séries, en leur faisant subir préalablement quelques transformations à l'aide d'un angle subsidiaire ; mais on arrive au même but et plus directement en changeant sous les radicaux les cosinus en sinus, et y faisant, pour abréger, $\dfrac{a^2 - b^2}{b^2} = \varepsilon$. En effet, l'on a d'abord

$$ds = - \frac{bd . \sin \lambda}{(\sin^2 \psi - \sin^2 \lambda)^{\frac{1}{2}}} . \sqrt{1 + \varepsilon \sin^2 \lambda}$$

$$d\varphi = - \frac{b}{a} \frac{\cos \psi \cos \lambda . d\lambda}{\cos^2 \lambda (\sin^2 \psi - \sin^2 \lambda)^{\frac{1}{2}}} . \sqrt{1 + \varepsilon \sin^2 \lambda},$$

et si l'on développe le radical $\sqrt{1 + \varepsilon \sin^2 \lambda}$ jusqu'au terme de l'ordre ε^2 inclusivement, les premiers termes des valeurs de ds et $d\varphi$ seront respectivement

$$- b \frac{d . \dfrac{\sin \lambda}{\sin \psi}}{\left(1 - \dfrac{\sin^2 \lambda}{\sin^2 \psi}\right)^{\frac{1}{2}}}, \quad \text{et } - \frac{b}{a} \frac{d . \dfrac{\tang \lambda}{\tang \psi}}{\left(1 - \dfrac{\tang^2 \lambda}{\tang^2 \psi}\right)^{\frac{1}{2}}},$$

car, par les formules trigonométriques connues, l'on a identiquement

$$\sin^2 \psi - \sin^2 \lambda = (\tang^2 \psi - \tang^2 \lambda) \cos^2 \psi \cos^2 \lambda ;$$

et les intégrales respectives seront

$$\text{arc}\left(\cos = \frac{\sin \lambda}{\sin \psi}\right) \ , \ \frac{b}{a} \, \text{arc}\left(\cos = \frac{\tang \lambda}{\tang \psi}\right),$$

ou, ce qui revient au même,

$$b\sigma, \quad \frac{b}{a}\,\omega,$$

en faisant

$$\cos \sigma = \frac{\sin \lambda}{\sin \psi}, \quad \cos \omega = \frac{\tang \lambda}{\tang \psi}.$$

Quant aux autres termes, ils seront de la forme $\dfrac{A u^m du}{(K^2 - u^2)^{\frac{1}{2}}}$, et s'intégreront par le procédé connu.

En définitive, et à cause de $\dfrac{b}{a} = 1 - \dfrac{1}{2}\varepsilon + \dfrac{3}{8}\varepsilon^2 \ldots$, on aura avec un peu d'attention

$$(A) \quad \frac{s}{b} = \left(1 + \frac{1}{4}\varepsilon \sin^2 \psi - \frac{3}{64}\varepsilon^2 \sin^4 \psi\right)\sigma$$
$$+ \left(\frac{1}{8}\varepsilon \sin^2 \psi - \frac{1}{32}\varepsilon^2 \sin^4 \psi\right)\sin 2\sigma$$
$$- \frac{1}{256}\varepsilon^2 \sin^4 \psi \sin 4\sigma \ldots$$

$$(B) \quad \varphi = \omega - \left[\frac{1}{2}\varepsilon - \frac{3}{8}\varepsilon^2 - \frac{1}{16}\varepsilon^2 \sin^2\psi\right]\sigma \cos \psi$$
$$+ \frac{1}{32}\varepsilon^2 \sin^2 \psi \cos \psi \sin 2\sigma \ldots$$

et comme il est utile d'avoir σ en fonction de $\dfrac{s}{b}$, on appliquera le retour des suites à la série (A) en la mettant sous cette forme

$$\sigma = \frac{s}{b} + \mathrm{P}\varepsilon + \mathrm{Q}\varepsilon^2 + \ldots,$$

bornée aux termes du second ordre ; puis, tirant de là

$$\sin 2\sigma = \sin 2\left(\frac{s}{b}\right) + 2\mathrm{P}\varepsilon \cos 2\left(\frac{s}{b}\right),$$
$$\sin 4\sigma = \sin 4\left(\frac{s}{b}\right).$$

Après quoi il viendra, toutes substitutions faites (*voy.* Géodésie, tom. II, p. 220)

$$(C) \quad \sigma = \frac{s}{b}\left(1 - \frac{1}{4}\varepsilon \sin^2 \psi + \frac{7}{64}\varepsilon^2 \sin^4 \psi\right)$$
$$- \sin 2\left(\frac{s}{b}\right)\left(\frac{1}{8}\varepsilon \sin^2 \psi - \frac{1}{16}\varepsilon^2 \sin^4 \psi\right)$$
$$+ \frac{s}{b}\cos 2\left(\frac{s}{b}\right)\left(\frac{1}{16}\varepsilon^2 \sin^4 \psi\right)$$
$$+ \frac{5}{256}\varepsilon^2 \sin 4\left(\frac{s}{b}\right)\sin^4 \psi \ldots$$

TRI

On aura en outre, d'après ce qui précède,

$$(D) \quad \sin V' = \frac{\cos \lambda}{\cos \lambda'},$$

V′ étant l'angle que l'arc *s* fait avec le méridien qui passe par son extrémité M′.

§ II.

FORMULES FONDAMENTALES DE LA TRIGONOMÉTRIE SPHÉROÏDIQUE.

Considérons maintenant deux triangles sphériques *pma*, *pm′a* (fig. 16), rectangles en *a* et correspondans aux triangles sphéroïdiques de même espèce PMA, PM′A; et supposons que les azimuts V, V′ soient les mêmes de part et d'autre, mais que les latitudes des points *a*, *m*, *m′* soient ψ, λ, λ'; enfin, représentons respectivement par σ, σ', ξ les arcs *am*, *am′*, *mm′*; par ω, ω' les angles *mpa*, *m′pa*; on aura, par la propriété des triangles sphériques rectangles, les relations suivantes :

I. $\cos \psi = \cos \lambda \sin V,$ $\sin \sigma = \sin \omega \cos \lambda,$

II. $\cos \sigma = \dfrac{\sin \lambda}{\sin \psi},$ $\cos \omega = \cos \sigma \sin V,$

III. $\tang \omega = \dfrac{\tang \sigma}{\cos \psi},$ $\sin \sigma \sin \psi = \cos V \cos \lambda.$

Celles qui composent le premier système à gauche donneront la position du point A, lorsque le point M sera donné. On a, en outre, par rapport au point M′, dont la latitude vraie est *l′* et la latitude réduite λ',

IV. $\sin \lambda' = \sin \psi \cos \sigma',$

V. $\tang \omega' = \dfrac{\tang \sigma'}{\cos \psi},$

VI. $\cos \lambda' \sin V' = \cos \lambda \sin V.$

Enfin, la proportion des quatre sinus donne

VII. $\sin(\omega' - \omega)\cos \lambda' = \sin(\sigma' - \sigma)\sin V.$

On pourra donc, à l'aide des relations (IV, V, VI), déterminer trois des quatre variables *l′*, σ', ω', V′ quand l'une d'elles sera connue.

De là et des formules (A), (B) on tire généralement deux autres équations relatives au triangle sphéroïdique obliquangle PMM′, dans lequel MM′ = *s*, et la différence en longitude MPM′ = φ, savoir :

$$\frac{s}{b} = (\sigma' - \sigma)\left(1 + \frac{1}{4}\varepsilon \sin^2 \psi - \frac{3}{64}\varepsilon^2 \sin^4 \psi\right)$$
$$+ (\sin 2\sigma' - \sin 2\sigma)\left(\frac{1}{8}\varepsilon \sin^2 \psi - \frac{1}{32}\varepsilon^2 \sin^4 \psi\right)$$
$$- (\sin 4\sigma' - \sin 4\sigma)\left(\frac{1}{256}\varepsilon^2 \sin^4 \psi\right)\ldots$$

et

$$\rho = \omega' - \omega - (\sigma' - \sigma)\left(\frac{1}{2}\varepsilon - \frac{3}{8}\varepsilon^2\right)\cos\psi$$

$$+ \left(\sigma' - \sigma + \frac{1}{2}\sin 2\sigma' - \frac{1}{2}\sin 2\sigma\right)\left(\frac{1}{16}\varepsilon^2\sin^2\psi\cos\psi\right)\ldots$$

On a en outre, en retournant la valeur de $\frac{s}{b}$, cette autre série, également due à Legendre, et dont la convergence ne dépend, comme les précédentes, que de la petitesse de ε,

$$\sigma' = \sigma + \frac{s}{b}\left(1 - \frac{1}{4}\varepsilon\sin^2\psi + \frac{7}{64}\varepsilon^2\sin^4\psi\right)$$

$$- \sin\frac{s}{b}\cos\left(2\sigma + \frac{s}{b}\right)\left(\frac{1}{4}\varepsilon\sin^2\psi - \frac{1}{8}\varepsilon^2\sin^4\psi\right)$$

$$+ \frac{s}{b}\cos\left(2\sigma + 2\frac{s}{b}\right)\left(\frac{\varepsilon^2\sin^4\psi}{16}\right)$$

$$+ \sin\frac{s}{b}\cos\left(2\sigma + \frac{s}{b}\right)\cos\left(2\sigma' + 2\frac{s}{b}\right)\left(\frac{\varepsilon^2\sin^4\psi}{16}\right)$$

$$+ \sin 2\frac{s}{b}\cos\left(4\sigma + 2\frac{s}{b}\right)\left(\frac{\varepsilon^2\sin^4\psi}{128}\right)\ldots$$

Si, au lieu de faire usage du rapport ε, on voulait employer le carré de l'excentricité de l'ellipsoïde de révolution qui est $e^2 = \dfrac{a^2 - b^2}{a^2}$, on aurait évidemment

$$\varepsilon = e^2\frac{a^2}{b^2}.$$

Toute la théorie des triangles sphéroïdiques est renfermée dans ces équations, et c'est par certains artifices de calcul que l'on parvient à en déduire les valeurs des inconnues propres aux différens cas de la trigonométrie actuelle. Par exemple, s'il s'agissait de trouver sur l'ellipsoïde de révolution la plus courte distance de deux points quelconques donnés par leur latitude et leur longitude, il faudrait procéder comme nous l'avons montré page 69 à 84 du tome I de la *Nouvelle Description géométrique de la France*, ou recourir à la solution que l'illustre géomètre M. Ivory a donnée de ce problème, sans l'appuyer sur la considération de la sphère inscrite. (*Voyez* page 31 du huitième volume du *Philosophical Magazine*.) Mais passons aux questions plus usuelles qui peuvent être traitées élémentairement.

§ III.

RÉSOLUTION DES TRIANGLES SPHÉRIQUES TRÈS-PEU COURBES.

Nous ferons d'abord observer que Legendre a ramené la résolution d'un triangle géodésique quelconque, mais peu étendu, à celle d'un triangle rectiligne de même espèce, et cela au moyen de ce théorème, que *tout*

triangle sphérique très-peu courbe répond toujours à un triangle rectiligne qui a les côtés de même longueur, mais dont les angles opposés à ces côtés sont ceux du triangle sphérique, diminués chacun du tiers de l'excès de leur somme sur deux angles droits.

Nous ne rappellerons pas l'élégante démonstration que Lagrange en a donnée dans les premiers cahiers du *Journal de l'Ecole Polytechnique*, et que Legendre a reproduite dans sa *Trigonométrie;* mais en voici une autre moins connue et qui nous paraît fort simple.

Supposons qu'au triangle sphérique dont les données sont les deux côtés a, b, et les deux angles opposés A, B, corresponde le triangle rectiligne a, b et A', B', et que l'on ait A' = A — x, B' = B — x; on demande de déterminer x.

Par la propriété du triangle rectiligne

$$\frac{a}{b} = \frac{\sin(A - x)}{\sin(B - x)},$$

mais, à cause de la série connue

$$\sin a = a - \frac{a^3}{2.3} + \frac{a^5}{2.3.4.5} - \text{etc.},$$

on a à très-peu près, vu l'extrême petitesse de a par rapport au rayon de la terre,

$$a = \sin a + \frac{a^3}{6} = \sin a\left(1 + \frac{a^2}{6}\right);$$

par conséquent,

$$\frac{\sin a\left(1 + \frac{a^2}{6}\right)}{\sin b\left(1 + \frac{b^2}{6}\right)} = \frac{\sin(A - x)}{\sin(B - x)} = \frac{\sin A}{\sin B}\left(\frac{1 - x\cot A}{1 - x\cot B}\right).$$

D'ailleurs le triangle sphérique correspondant donnant $\dfrac{\sin a}{\sin b} = \dfrac{\sin A}{\sin B}$, on a, en simplifiant, chassant les dénominateurs et négligeant les quantités du 4e ordre,

$$x = \frac{a^2 - b^2}{6}\left(\frac{1}{\cot B - \cot A}\right) = \frac{a^2 - b^2}{6}\cdot\frac{\sin A\sin B}{\sin(A - B)},$$

valeur qui est précisément le tiers de l'aire du triangle sphérique considéré comme rectiligne, ainsi qu'il est aisé de le démontrer. Mais la somme des trois angles d'un triangle sphérique est

$$A + B + C = A' + B' + C' + \Sigma = 180^n + \Sigma,$$

Σ étant l'aire de ce triangle, lorsque l'unité d'angle est le quart de la circonférence et l'unité de surface le quart de l'hémisphère. Or cette aire différant extrêmement peu de celle du triangle rectiligne dont les côtés seraient a, b, c, l'on a $x = \frac{1}{3}\Sigma$, et, par conséquent,

$$A' = A - \frac{1}{3}\Sigma, \quad B' = B - \frac{1}{3}\Sigma \,;$$

partant,

$$A + B + C = A - \frac{1}{3}\Sigma + B - \frac{1}{3}\Sigma + C' + \Sigma.$$

Enfin

$$C' = C - \frac{1}{3}\Sigma.$$

Maintenant il est évident que si avec les données a, c, A, C du triangle sphérique, on formait un second triangle rectiligne a, c, $A - y$, $C - y$, on aurait $y = x = \frac{1}{3}\Sigma$, ou, ce qui est de même, ce second triangle serait égal au premier. Donc, etc.

L'excès sphérique Σ rapporté à une sphère du rayon $= 1$ a évidemment pour valeur $\frac{\alpha}{r^2}$, lorsque α désigne l'aire du triangle proposé sur une sphère dont le rayon est r ; ainsi, en général, cet excès est proportionnel à l'aire du triangle auquel il appartient, et pour l'avoir en secondes il faut faire

$$\Sigma = \frac{\alpha R'}{r^2},$$

$R' = \frac{1}{\sin 1''}$ étant le nombre de secondes comprises dans un arc égal au rayon.

Le plus grand triangle qui ait été mesuré dans l'opération de la méridienne de France prolongée en Espagne est le suivant :

	Angles sphériques.	Côtés opposés.
Campvey. .	$A = 59°50'53'',40.$.	$a = 142201^m,77$
Desierto . .	$B = 42.\ 5.36\ ,07.$.	$b = 110235,\ 63$
Mongo . . .	$C = 78.\ 4.\ 9,53.$.	$c = 160903,\ 96$

$$180°\ 0'39'',00$$

Les angles de ce triangle sphérique résultent des angles horizontaux observés au centre des stations, et diminués chacun du tiers de l'erreur totale trouvée de $1'',6$; c'est-à-dire que ces trois derniers angles formaient $180°\ 0'\ 40'',6$. Pour opérer cette correction, il a fallu calculer l'excès sphérique de ce triangle, lequel, d'après ce qui vient d'être dit, est

$$\Sigma = \frac{\alpha}{r^2 \sin 1''} = \frac{c^2 \sin A \sin B}{2r^2 \sin 1'' \sin (A+B)} = 39'',$$

$r = 6366198^m$ étant le rayon moyen de la terre.

TRI

Remarquons en outre qu'en ôtant de chacun des angles sphériques $\frac{1}{3}\Sigma = 13'$, l'on a les angles *moyens* ou ceux du triangle rectiligne correspondant; ainsi

Campvey. .	$A' = 59°51'40'',40.$.	$a = \ldots\ldots$
Desierto.. .	$B' = 42.\ 5.23,\ 07.$.	$b = 110235,63$
Mongò . . .	$C' = 78.\ 3.56,\ 53.$.	$c = \ldots\ldots$

$$180°\ 0'\ 0''$$

En supposant seulement connu le côté b et les angles moyens $A'B'C'$, on trouverait les deux autres côtés par la trigonométrie rectiligne ; mais la trigonométrie sphérique conduit aux mêmes résultats de la manière suivante :

D'abord, la base étant très-petite relativement au rayon r de la terre, il sera plus exact d'évaluer en mètres les sinus des côtés a, b, c ; et, à cet égard, on a

$$\text{Log sin } b = \text{Log } b - \frac{M b^2}{6 r^2},$$

$M = 0,43429 \ldots$ étant le module tabulaire, ou $\text{Log} M = 9.63778$; et comme d'ailleurs $\text{Log} b = 5.0423220$, l'on a

$$\text{Log sin } b = 5.0423003.$$

Ensuite, des deux proportions

$$\sin B : \sin A :: \sin b : \sin a,$$
$$\sin B : \sin C :: \sin b : \sin c,$$

l'on tire aisément, à cause des valeurs ci-dessus des angles sphériques A, B, C,

$$\text{Log sin } a = 5.1528690$$
$$\text{Log sin } c = 5.2065206.$$

Enfin, pour passer des sinus aux arcs, l'on fera attention qu'en général

$$\text{Log } x = \text{Log sin } x + \frac{M \sin^2 x}{6 r^2},$$

du moins à très-peu près ; partant

$$\text{Log } a = 5,1529052, \quad \text{Log } c = 5.2065668$$
$$a = 142201^m,77, \qquad c = 160903,96.$$

Ce procédé rigoureux n'est donc guère plus long que par la méthode de Legendre et peut servir à vérifier les valeurs numériques obtenues par celle-ci.

§ IV.

DÉTERMINATION DES LATITUDES ET LONGITUDES GÉOGRAPHIQUES.

Un autre problème important de géodésie, c'est de déterminer les coordonnées géographiques des sommets des triangles qui, par leur enchaînement, couvrent toute l'étendue d'un pays dont on se propose de lever la carte. Ces coordonnées sont la latitude, la longitude et l'altitude (*voy.* ces mots); mais il est quelquefois nécessaire de recourir préalablement aux observations célestes pour avoir, tant la latitude et la longitude d'un de ces sommets pris pour point de départ, que l'*azimut* ou l'inclinaison de l'un des côtés des triangles sur le méridien de ce même point. Ces élémens géographiques étant obtenus, les différences de latitude, de longitude et d'azimut des autres sommets, comparés successivement un à un, se calculent sur la terre à l'aide de formules qui proviennent de la résolution d'un triangle sphéroïdique dont on connaît deux côtés et l'angle compris, et auxquelles on parvient très-simplement ainsi qu'il suit.

Soit $AB = k$ (fig. 13) un côté de triangle ou un arc de plus courte distance d'un degré et demi d'amplitude, au plus; PA, PB les méridiens de ses extrémités; l, l' les latitudes des points A, B; et désignons par p, p' leurs longitudes comptées du premier méridien PM, c'est-à-dire les angles APM, BPM; enfin appelons v, v' les azimuts de k comptés du nord à l'ouest, ou, ce qui est de même, les angles BAP, $B'BP$ supposés aigus.

Cela posé, si k, l, p, v sont les données du problème, l', p', v' seront nécessairement fonctions du côté k, et par le théorème de Taylor on aura

$$l' = l + \frac{dl}{dk} k + \frac{1}{2} \frac{d^2 l}{dk^2} k^2 + \frac{1}{2 \cdot 3} \frac{d^3 l}{dk^3} k^3 + \cdots$$

$$p' = p + \frac{dp}{dk} k + \frac{1}{2} \frac{d^2 p}{dk^2} k^2 + \frac{1}{2 \cdot 3} \frac{d^3 p}{dk^3} k^3 + \cdots$$

$$v' = v + \frac{dv}{dk} k + \frac{1}{2} \frac{d^2 v}{dk^2} k^2 + \frac{1}{2 \cdot 3} \frac{d^3 v}{dk^3} k^3 + \cdots$$

Reste donc à déterminer les coefficiens différentiels de ces trois séries. Or, en assimilant d'abord le triangle sphéroïdique APB à un triangle sphérique dont les côtés soient k, $90° - l$, $90° - l'$, et en formant le triangle élémentaire APR dans lequel $AR = dk$, ce triangle offrira évidemment ces relations :

$$\sin(l + dl) = \sin l \cos dk + \cos l \sin dk \cos v,$$

$$\frac{\sin dp}{\sin dk} = \frac{\sin (v + dv)}{\cos l}, \quad \frac{\sin (v + dv)}{\cos l} = \frac{\sin v}{\cos (l + dl)},$$

puisque $AP = 90° - l$, $RP = 90° - (l + dl)$; et si l'on chasse les dénominateurs, qu'on développe et qu'on

réduise conformément à la doctrine des infiniment petits, il viendra

$$\frac{dl}{dk} = \cos v, \quad \frac{dp}{dk} = \frac{\sin v}{\cos l}, \quad \frac{dv}{dl} = \operatorname{tang} v \operatorname{tang} l;$$

par suite

$$\frac{dv}{dk} = \sin v \operatorname{tang} l.$$

Ces coefficiens différentiels du premier ordre étant trouvés, l'on passera sans difficulté à ceux des ordres supérieurs en faisant tout varier, et l'on obtiendra en dernière analyse,

$$l' = l + k \cos v - \frac{1}{2} k^2 \sin^2 v \operatorname{tang} l$$
$$- \frac{1}{2} k^3 \sin^2 v \cos v \left(\frac{1}{3} + \operatorname{tang}^2 l\right),$$

$$p' = p + k \frac{\sin v}{\cos l} + \frac{1}{2} k^2 \frac{\sin 2 v \operatorname{tang} l}{\cos l}$$
$$+ \frac{1}{3} k^3 \frac{\sin v \cos^2 v}{\cos l} (1 + 3 \operatorname{tang}^2 l)$$
$$- \frac{1}{3} k^3 \frac{\sin^3 v}{\cos l} \operatorname{tang}^2 l,$$

$$v' = v + k \sin v \operatorname{tang} l + \frac{1}{4} k^2 \sin 2 v (2 \operatorname{tang}^2 l + 1)$$
$$+ k^3 \sin v \cos^2 v \operatorname{tang} l \left(1 + \frac{4}{3} \operatorname{tan}\right.$$
$$- k^3 \sin v \operatorname{tang} l \left(\frac{1}{6} + \frac{1}{3} \operatorname{tang}^2 l\right).$$

Mais pour compter les azimuts du sud à l'ouest et depuis o jusqu'à 360, à la manière accoutumée des ingénieurs-géographes français, l'on changera v en $180° - z$ et v' en $360° - z'$, et l'on aura $\sin v = \sin z$, $\cos v = -\cos z$. Enfin les séries précédentes se changeront, avec un peu d'attention, en celles-ci :

$$l' - l = -k \cos z - \frac{1}{2} k^2 \sin^2 z \operatorname{tang} l$$
$$+ \frac{1}{6} k^3 \sin^2 z \cos z (1 + 3 \operatorname{tang}^2 l),$$

$$p' - p = k \frac{\sin z}{\cos l} - \frac{1}{2} k^2 \frac{\sin 2 z \operatorname{tang} l}{\cos l}$$
$$+ \frac{1}{3} k^3 \frac{\sin z \cos^2 z}{\cos l} (1 + 3 \operatorname{tang}^2 l)$$
$$- \frac{1}{3} k^3 \frac{\sin^3 z}{\cos l} \operatorname{tang}^2 l,$$

$$z' - z = 180° - (p' - p)\sin l + \frac{1}{4} k^2 \sin 2 z$$
$$- \frac{1}{2} k^3 \sin z \cos^2 z \operatorname{tang} l$$
$$+ \frac{1}{6} k^3 \sin^3 z \operatorname{tang} l.$$

Dans ces formules, la ligne géodésique k est censée appartenir à une sphère du rayon 1, puisque telle est la supposition tacite qui a été faite en premier lieu ; mais dans la pratique l'on prend pour ce rayon la normale N au sphéroïde terrestre, comprise entre le point dont la latitude est l et l'axe de la terre. Or cette normale, donnée en unités métriques comme la ligne k, ayant pour expression $N = \dfrac{a}{\sqrt{1 - e^2 \sin^2 l}}$, ainsi qu'il est aisé de le prouver, l'on doit remplacer k et ses puissances par $\dfrac{k}{N}$, $\dfrac{k^2}{N^2}$, etc., quantités qui, à cause de leur petitesse, sont respectivement du 1er, du 2e, etc., ordre. De plus, tous les termes des séries ci-dessus, pour être exprimés en secondes de degré, doivent être multipliés par r'', c'est-à-dire par le nombre de secondes contenues dans un arc égal au rayon, ou, ce qui est de même, par $\dfrac{1}{\sin 1''}$.

Toutefois il est à considérer que la latitude l' déterminée de la sorte ne serait pas exactement celle qui, sur la terre elliptique, répondrait à l'extrémité de la ligne géodésique k ; mais si l'on désigne par R le rayon de courbure du méridien à la latitude moyenne $\frac{1}{2}(l + l') = \psi$, il suffira, pour plus de précision, de multiplier la valeur de $l' - l$ par le rapport $\dfrac{N}{R}$; parce que quand deux arcs de plus courte distance sont de même grandeur sur la sphère et sur l'ellipsoïde de révolution, leurs amplitudes sont en raison inverse de leurs rayons de courbure. Dans ce cas, $R = \dfrac{a(1 - e^2)}{(1 - e^2 \sin^2 \psi)^{\frac{3}{2}}}$, et l'on a, en développant en série par la formule du binome,

$$\frac{N}{R} = 1 + e^2 \cos^2 l + e^4 \cos^2 l + \frac{3}{2} e^2 \frac{k}{N} \cos z \sin l \cos l ;$$

mais le plus souvent les deux premiers termes suffisent. Quant à la seconde formule, par laquelle on obtient $p' - p$, elle convient à la fois à la sphère et au sphéroïde, et elle est alors avantageusement remplacée par celle-ci :

$$p' - p = k \frac{\sin z}{\cos l'},$$

dans laquelle la latitude l' est donnée par la première équation. Il en est aussi à peu près de même de la troisième équation ; cependant il faudrait à la rigueur y ajouter le terme du troisième ordre $\frac{1}{4} \frac{k^2}{N^2} e^2 \sin 2z \cos^2 l$, pour l'adapter exactement au sphéroïde terrestre dont le carré de l'excentricité est e^2. *Voyez* à ce sujet notre *Traité de Géodésie*, ou la *Nouvelle Description géomé-*

trique de la France (tome II, p. 14 et 15), laquelle contient une table qui abrége considérablement les calculs de ce genre.

Une seule application des deux premières formules réduites aux termes du premier et du deuxième ordre en fera suffisamment connaître l'utilité.

Problème. D'après les opérations géodésiques de France, l'on sait que la latitude du Panthéon

$$l = 48°50'48'',6,$$

que sa longitude orientale

$$p = -34'',6.$$

On sait de plus que l'azimut de Montlhéry sur l'horizon du Panthéon est

$$z = 13°3'23'',5, \text{ compté du sud à l'ouest;}$$

enfin, que le logarithme de la distance de ces deux points, évaluée en mètres, est

$$\text{Log } k = 4.3822185.$$

On demande la latitude l' et la longitude p' de Montlhéry.

Solution. On a à résoudre les deux formules suivantes :

$$l' - l = -\left[\frac{k \cos z}{N \sin 1''} + \frac{1}{2}\frac{k^2 \sin^2 z}{N^2 \sin 1''} \tang l\right](1 + e^2 \cos^2 l),$$

$$p' - p = \frac{k \sin z}{N \sin 1'' \cos l'}.$$

D'abord, si dans $N = \dfrac{a}{\sqrt{1 - e^2 \sin^2 l}}$ l'on fait $e^2 \sin^2 l = \sin^2 \theta$, l'on aura $N = \dfrac{a}{\cos \theta}$, et, à cause de Log $a = 6.8046154$, Log $e^2 = 7.8108714$, lorsqu'on suppose l'aplatissement de la terre de

$$\frac{1}{308,64} = 0,00324 ;$$

on trouvera

$$\text{Log } \sin^2 \theta = 7.5644132,$$

d'où

$$\text{Log } \sin \theta = 8.7822066$$

et

$$\text{Log } \cos \theta = 9.9992020.$$

Partant,

$$\text{Log } N = \text{Log } a - \text{Log } \cos \theta = 6.8054124.$$

On a en outre

$$\text{Log } \sin 1'' = 4.6855749$$

et

$$\text{Log} (1 + e^2 \cos^2 l) = 0.0012153,$$

et, avec toutes ces données, l'on trouve facilement

$$l' - l = -760',5 = -0°12'40',5,$$
$$p' - p = +266',1 = +0° 4'26',1.$$

Enfin, l'on a

latit. $l' = 48°38' 8',1$

long. $p' = 0° 3'51',5$ (occidentale).

La grande triangulation qui sert de fondement à la nouvelle carte topographique de la France fournit un nombre immense de positions géographiques qui ont été calculées de la sorte, et dont les hauteurs au-dessus du niveau de la mer sont également connues. (*Voyez* ALTITUDE.)

Nous ferons remarquer, en terminant, que la différence des azimuts aux extrémités de la ligne k s'évalue fort simplement, à l'aide de cette formule

$$z' - z = 180° - (p' - p) \frac{\sin \frac{1}{2}(l + l')}{\cos \frac{1}{2}(l - l')},$$

à laquelle conduit directement celle des analogies de Néper, qui donne la tangente de la demi-somme des angles inconnus en fonction de deux côtés et de l'angle compris. Nous dirons de plus que la valeur analytique précédente de $l' - l$ exprimerait en mètres la longueur d'un arc de méridien compris entre les parallèles des extrémités de k donné en même mesure, si, pour établir l'homogénéité dans les termes de la série, l'on divisait respectivement le deuxième et le troisième terme par la normale N et par son carré N^2. C'est en effet l'une des méthodes de rectification qui ont été employées pour déterminer les diverses parties de la méridienne de France.

(M. Puissant.)

TURBINE. (*Hydraul.*) Nom générique de diverses machines hydrauliques dont l'organe principal est une roue horizontale qui reçoit l'action de l'eau motrice.

Les roues hydrauliques horizontales sont connues depuis long-temps, et quoique celles qu'on emploie dans le midi de la France n'utilisent qu'une petite partie de la force motrice consommée, on les préfère aux autres roues, parce que la position verticale de leur axe simplifie considérablement le mécanisme des moulins qu'elles mettent en mouvement. (*Voyez* ROUE, tome II, et AUBES.) M. Burdin, ingénieur des mines, frappé de l'énorme perte de force que ces machines en

traînent, ayant cherché les moyens de les perfectionner, imagina diverses combinaisons très-ingénieuses au moyen desquelles une roue horizontale peut être disposée de manière à obéir soit à la pression de l'eau, soit à sa réaction, soit enfin à sa force centrifuge. Les travaux de ce savant distingué ont ainsi donné naissance aux trois classes de machines comprises par lui sous le nom de *turbines*, nom adopté immédiatement par tous les hydrauliciens.

La *turbine* dite *à évacuation alternative* est mise en jeu par la pression de l'eau. M. Burdin en a établi une au moulin de Pontgibaud (département du Puy-de-Dôme), dont l'effet utile, mesuré au moyen du frein dynamométrique (*voy.* ci-devant, page 304), a été les 0,67 de la force totale employée. C'est une roue à aubes courbes qui reçoit l'eau par trois circonférences et la rend de manière que la portion qui sort d'une aube ne peut être choquée par l'aube qui vient immédiatement après. On en trouve la description dans le tome III des *Annales des mines* pour 1833.

La *turbine* dite *à réaction* est mue par la réaction (*voy.* ce mot) de l'eau. Celle que M. Burdin a établie au moulin d'Ardres, dans le département du Puy-de-Dôme, produit un effet utile qui n'a jamais été au-dessous des 0,65 de la force motrice et qui s'est quelquefois élevé jusqu'aux 0,75. La description en a été faite dans les *Annales des mines*, tome III, 1828.

La *turbine à force centrifuge* est la première machine hydraulique où l'on ait imaginé d'employer la seule force centrifuge du liquide en mouvement. M. Burdin en a fait mention dans un mémoire présenté à la Société d'encouragement pour le concours de 1827; mais, tout en reconnaissant qu'on ne peut lui refuser la priorité de l'idée principale, le mérite d'avoir réalisé cette idée, en surmontant toutes les difficultés inhérentes à la construction, appartient sans contredit à M. Fourneyron; ainsi, c'est avec justice qu'on ne désigne cette machine que sous le nom de *turbine Fourneyron*.

La turbine Fourneyron a la singulière propriété de marcher avec un égal avantage, soit qu'elle se trouve entièrement immergée dans l'eau du bief inférieur, soit qu'elle ne plonge qu'en partie dans cette eau, soit enfin qu'elle se meuve dans l'air. Celle que M. Fourneyron a construite sur le Doubs près de Besançon consiste en une forte cuve *bb* (Pl. XXII, fig. 14) en fonte fermée par le haut, sauf le centre, par lequel elle donne ouverture à un long tuyau vertical par lequel passe l'arbre vertical de la roue. L'eau arrive dans cette cuve par un coursier en fonte fermé *aa*, lequel peut être cintré et conduire l'eau d'un réservoir supérieur, ce qui permet, dans le cas où le mouvement doit être transmis à un point sensiblement plus bas que le niveau du réservoir d'eau, de ne pas donner à l'axe de la turbine une trop grande longueur, qui l'affaiblirait, et de placer au point le plus convenable et avec toute facilité les engrenages de renvois qu'on adapte ordinairement à la partie supérieure de l'axe. L'eau entrant ainsi dans la cave, la remplit entièrement; elle y trouve, vers le bas, à la hauteur h, des cloisons verticales et courbes dd qui la conduisent sur la turbine; ces cloisons sont vues en plan dans la fig. 15. La turbine est une roue à aubes courbes horizontales, portée sur une calotte sphérique ll percée à son centre m pour le passage de l'axe, lequel repose sur une crapaudine n. L'axe et la calotte sphérique font corps ensemble. L'eau, menée par les cloisons dd sur les aubes ee, est obligée d'en suivre la courbure, et exerce sur elles, en vertu de sa force centrifuge, une action motrice qui imprime à la roue un mouvement de rotation très-rapide.

On trouve une description détaillée de cette intéressante machine dans le *Bulletin de la Société d'Encouragement,* année 1834. Depuis, M. Fourneyron en a construit plusieurs autres avec un succès que nous ne saurions mieux faire apprécier qu'en citant les paroles suivantes de M. Poncelet : « On sait avec quel art infini M. Fourneyron est parvenu à soustraire cette même turbine au défaut d'abord si capital du prompt user des pivots, et comment aussi, à force d'études, de soins et de persévérance, il en a perfectionné les différentes parties de manière à constituer, de l'ensemble, un moteur puissant qui est en tous points comparable, pour l'élégance et la simplicité des dispositions, à cette admirable machine due à quarante années de travaux d'un homme de génie tel que Watt. » (*Théorie des effets de la turbine Fourneyron.* Paris, Bachelier, 1838.)

M. Fourneyron a cru pouvoir conclure de ses propres expériences que, dans de bonnes conditions de vitesse et d'établissement, l'effet utile varie entre 0,70 et 0,85 de la force motrice. Voyez le mémoire déjà cité de M. Poncelet et celui de M. le capitaine Morin intitulé : *Expériences sur les roues hydrauliques à axe vertical appelées turbines.*

V.

VAP

VAPEUR. (*Phys.*) Nous avons exposé au mot FORCE ÉLASTIQUE les propriétés générales des corps gazeux, tant de ceux qu'on nomme *vapeurs* que de ceux qu'on nomme *gaz permanens;* nous nous occuperons plus particulièrement, dans cet article, de la *vapeur de l'eau,* dont l'emploi comme moteur exerce une si grande influence sur l'industrie moderne.

1. Rappelons que toutes les vapeurs présentent des propriétés très-différentes, selon qu'on les considère en contact avec les liquides qui les engendrent ou séparées de ces liquides. Une vapeur en contact avec son liquide générateur ne peut augmenter ni diminuer de tension et de densité par la diminution ou l'augmentation de la capacité qui la renferme (page 172). Sa tension et sa densité dépendent uniquement de sa température, et pour toute température elles sont toujours les plus grandes possibles ou à l'état de *maximum*. Séparée de son liquide, une vapeur se comporte exactement comme un gaz permanent, c'est-à-dire que pour une même température elle change de tension et de densité à mesure que son volume varie, et que, pour des températures différentes, sa pression est différente, mais non sa densité, lorsque le volume reste le même. On peut se rendre compte de ces divers phénomènes en analysant les circonstances de la production de la vapeur.

Si l'on remplit à moitié d'eau un vase susceptible d'être exactement fermé et dont on puisse expulser l'air, l'espace devenu vide au-dessus de la surface de l'eau se remplit instantanément de la vapeur émise par le liquide, quelle que soit d'ailleurs la température actuelle. La quantité de vapeur produite est toujours proportionnelle à l'étendue de l'espace vide, mais sa force élastique ou sa tension ne peut avoir qu'une valeur déterminée pour chaque température, parce que c'est cette force élastique qui maintient le reste de l'eau à l'état liquide par la pression qu'elle exerce à sa surface. Si l'on augmente ensuite la température du liquide, sa tendance à se vaporiser augmente; elle devient plus grande que la pression de la vapeur déjà existante, et alors de nouvelles quantités de vapeur sont émises, en sorte que la densité et la tension de la vapeur augmentent parallèlement au-dessus de la surface de l'eau jusqu'à ce que la pression à cette surface se retrouve en équilibre avec la tendance de vaporisation, et ainsi de même pour chaque augmentation de température. On voit donc qu'il existe nécessairement une liaison constante entre la température et la tension de la vapeur formée sur un excès de liquide, et que cette vapeur est toujours au *maximum de densité et de pression pour sa température*. Les phénomènes ne sont plus les mêmes lorsque toute l'eau est vaporisée, parce que dès lors la densité de la vapeur n'est plus susceptible d'augmentation, et, par conséquent, qu'elle cesse d'être au *maximum* si la température reçoit de nouveaux accroissemens. Dans ce dernier cas, la vapeur se comporte comme les gaz permanens et demeure soumise aux lois de Mariotte (page 170) et de Gay-Lussac (page 36).

2. Les relations qui existent entre les densités, les tensions et les températures de la vapeur ne sauraient donc être les mêmes lorsqu'elle est en contact avec son eau génératrice que lorsqu'elle en est séparée; mais dans ces deux états elle possède une propriété très-importante qui permet de déterminer sa densité pour toute température et toute pression donnée. Cette propriété constitue le principe suivant :

Le rapport du poids d'un certain volume de vapeur au poids d'un même volume d'air à la même température et à la même pression est un nombre constant.

En effet, considérons un volume quelconque de vapeur qui, bien que séparée de son eau génératrice, soit au maximum de densité pour sa température, et comparons-le à un même volume d'air ayant même pression et même température ; si l'on chauffe la vapeur et l'air d'un même nombre de degrés, ces deux fluides se dilateront d'une même quantité, et, par conséquent, les poids des nouveaux volumes auront toujours le même rapport que les poids anciens, puisque ces poids restent invariables. Si l'on augmente ensuite la pression des deux fluides jusqu'à ce que la vapeur se trouve au maximum de densité correspondant à sa nouvelle température, les volumes de vapeur et d'eau diminueront de la même quantité, et, par conséquent encore, le rapport des poids de volumes égaux n'aura éprouvé aucun changement.

3. D'après ce principe, il suffit de connaître le nombre constant qui exprime le rapport de deux volumes égaux d'air et de vapeur, sous la même pression et à la même température, pour évaluer facilement la densité de la vapeur dans toutes les circonstances de pression et de température. Car, désignant par D ce nombre constant, par h la pression exprimée en colonne de mercure (page 170), par t la température exprimée en degrés centigrades et par d la densité de la vapeur à la température t et sous la pression h, on a..... (1)

$$d = D \cdot \frac{h}{0,76} \cdot \frac{1}{1 + 0,00375t}.$$

En effet, soit p le poids d'un mètre cube d'air à 0° de température et sous la pression moyenne de l'atmo-

sphère $0^m,76$; puisque ce fluide se dilate de 0,00375, de son volume à 0°, pour chaque degré centigrade d'accroissement de température, à la température t son volume, qui à 0° était 1, devient $1 + 0,00375t$, et, par conséquent, le poids d'un mètre cube est alors

$$\frac{p}{1 + 0,00375t},$$

en admettant toutefois que la pression ne change pas. Or, le rapport des densités étant le même que celui des poids de deux volumes égaux (*voy.* Densité), il en résulte que le rapport de la densité de l'air à $t°$ à la densité de l'air à 0°, sous la même pression $0^m,76$ est

$$\frac{p}{1 + 0,00375t} : p = \frac{1}{1 + 0,00375t},$$

c'est-à-dire qu'en prenant pour *unité* la densité de l'air à 0° et $0^m,76$ de pression, la densité de ce fluide à $t°$ et sous la pression 0,76 est représentée par

$$\frac{1}{1 + 0,00375t}.$$

Mais, lorsque la pression change, la densité varie dans le même rapport; ainsi la densité de l'air à la température t et sous une pression quelconque h a pour expression

$$\frac{h}{0,76} \cdot \frac{1}{1 + 0,00375t},$$

et il ne faut plus que multiplier cette quantité par le nombre constant D, ce qui donne la formule (1), pour avoir la densité de la vapeur à la même température t et sous la même pression h.

4. Tout se réduit donc à la détermination du nombre constant D, auquel on a donné le nom de *densité absolue* de la valeur. Cette détermination a été effectuée par M. Gay-Lussac. Il a trouvé qu'un gramme d'eau pure produisait $1^{litre},6964$ de vapeur à 100° et sous la pression $0^m,76$, ce qui donne pour le poids d'un litre

$$\frac{1^g}{1,6964} = 0^g,58948.$$

Or, le poids d'un litre d'air à 0° et $0^m,76$ de pression étant (page 171) $1^g,2991$, celui d'un litre d'air à 100° et $0^m,76$ de pression est

$$\frac{1,2991}{1,375} = 0,94480.$$

Ainsi la densité absolue de la valeur est

$$D = \frac{0,58948}{0,94480} = 0,624,$$

ou, à très-peu près, $D = \frac{5}{8}.$

Remplaçant D par sa valeur dans l'expression (1) **et** réduisant les nombres, nous lui donnerons la forme ..... (2)

$$d = 0{,}821 \cdot \frac{h}{1 + 0{,}00375t}.$$

5. La densité de la vapeur donnée par la formule (2) se rapporte à celle de l'air prise pour unité. Si on voulait la rapporter à la densité de l'eau comme unité, il faudrait la multiplier par le nombre 0,0012991, qui exprime la densité de l'air à 0° et sous la pression 0^m,76 : la densité de l'eau à son maximum de condensation étant prise pour unité. La formule (2) devient ainsi ..... (3)

$$d = 0{,}001066 \cdot \frac{h}{1 + 0{,}00375t}.$$

6. Les formules (2) et (3) feront connaître la densité de la vapeur au maximum de tension, lorsqu'après avoir donné à t une valeur particulière, on donnera à h la valeur de la tension maximum correspondante exprimée en mètres. Sachant, par exemple, que la tension maximum de la vapeur à 50° est 0^m,088743, on fera

$$t = 50, \quad h = 0{,}088743,$$

et on obtiendra :

La densité de l'air à 0° et 0^m,76 étant l'*unité*,

$$d = 0{,}821 \cdot \frac{0{,}088743}{1{,}1875} = 0{,}0613541 ;$$

La densité de l'eau étant l'*unité*,

$$d = 0{,}001066 \cdot \frac{0{,}088743}{1{,}1875} = 0{,}0000797.$$

7. Dans les calculs relatifs aux machines, on exprime ordinairement les tensions en poids, c'est-à-dire qu'on les représente par la pression que le fluide exerce sur l'unité de surface de la paroi du vase où il est renfermé. Il est facile de modifier les formules précédentes pour les rendre immédiatement applicables aux tensions mesurées de cette manière, en observant que, si l'on désigne par μ le poids de l'unité de volume du mercure, μh sera le poids équivalant à la pression sur l'unité de surface, de sorte qu'en désignant ce poids par p on a

$$p = \mu h,$$

et, par conséquent,

$$h = \frac{p}{\mu}.$$

Il suffit donc de remplacer h par sa valeur $\dfrac{p}{\mu}$ dans la formule générale (1), et l'on obtient cette autre formule ..... (4)

$$d = D \cdot \frac{p}{0{,}76\mu} \cdot \frac{1}{1 + 0{,}00375t},$$

dans laquelle p est la tension en kilogrammes sur un mètre carré et μ le poids du mètre cube de mercure à 0° et sous la pression 0^m,76. Mais comme on prend communément le centimètre carré pour unité de surface et qu'un centimètre cube de mercure pèse 0^k,013598, il faut écrire la formule comme il suit : ..... (5)

$$d = \frac{D}{0{,}013598} \cdot \frac{p}{76} \cdot \frac{1}{1 + 0{,}00375t},$$

et alors p représente la tension en *kilogrammes* sur un *centimètre carré*.

Remplaçant D par sa valeur 0,624 (n° 4) et réduisant les nombres, nous aurons plus simplement ..... (6)

$$d = 0{,}6038 \cdot \frac{p}{1 + 0{,}00375t},$$

c'est la densité de la vapeur par rapport à celle de l'*air* prise pour unité. Pour avoir cette même densité par rapport à l'*eau*, il faut multiplier le second membre de cette expression par 0,0012991, ce qui donne cette seconde formule ..... (7)

$$d = 0{,}0007844 \cdot \frac{p}{1 + 0{,}00375t}.$$

Dans le cas où la tension serait donnée en *atmosphères*, il faudrait, pour faire usage des formules précédentes, la convertir en kilogrammes, en observant que ce qu'on nomme la pression d'une atmosphère est le poids de la colonne de mercure qui, dans le baromètre, fait équilibre au poids moyen de l'atmosphère (*voy.* FORCE ÉLASTIQUE). Ainsi, la hauteur de cette colonne étant de 76 centimètres et son poids par centimètre carré de base étant conséquemment de

$$0^k{,}013598 \times 76 = 1^k{,}033,$$

si l'on désigne par f un nombre d'atmosphères, 1^k,033f exprimera la pression en kilogrammes, par centimètre, correspondant à f; c'est-à-dire qu'on a généralement

$$p = 1^k{,}033f,$$

relation qui sert a passer de la pression en atmosphères à la pression en kilogrammes, et réciproquement.

Remplaçant p par $1,033\,f$ dans les formules (6) et (7), on obtiendra ces nouvelles formules, qui dispenseront de toute conversion préalable :

Densité par rapport à l'air

$$d = 0,6237 \cdot \frac{f}{1 + 0,00375t} ;$$

Densité par rapport à l'eau

$$d = 0,00081 \cdot \frac{f}{1 + 0,00375t}.$$

8. Le calcul des densités de la vapeur au maximum de tension exige qu'on connaisse la température qui correspond à une tension maximum donnée, ou le maximum de tension correspondant à une température donnée ; malheureusement, quoique la liaison de ces quantités soit invariable, sa loi est encore inconnue, et tout ce qu'on a pu faire jusqu'ici a été de la représenter par quelques formules empiriques qui ont l'inconvénient de ne pas s'accorder dans toute l'étendue de l'échelle des températures. Voici celles de ces formules qui s'accordent le mieux avec les observations :

Formule de Southern, pour les pressions moindres que la pression moyenne de l'atmosphère ou pour les pressions au-dessous de 1^k033 *sur un centimètre carré.*

$$p = 0,0034542 + \left(\frac{46,278 + t}{145,360} \right)^{5,13},$$

$$t = 145,360 \sqrt[5,13]{\left(p - 0,0034542 \right)} - 46,278.$$

Formule de Tredgold pour les pressions de 1 à 4 atmosphères.

$$p = \left(\frac{75 + t}{174} \right)^{6},$$

$$t = 174 \sqrt[6]{p} - 75.$$

Formule de Dulong et Arago pour les pressions de 4 à 50 atmosphères.

$$p = (0,28658 + 0,0072003t)^{5},$$

$$t = 138,883 \sqrt[5]{p} - 59,802.$$

Cette formule est la même que celle que nous avons déjà rapportée page 170 ; on a seulement converti en kilogrammes les pressions exprimées en atmosphères.

M. de Pampour a proposé la formule suivante, pour les pressions de 1 à 4 atmosphères.

$$p = \left(\frac{72,67 + t}{171,72} \right)^{6},$$

$$t = 171,72 \sqrt[6]{p} - 72,67 ;$$

elle s'accorde avec les expériences aussi bien que la formule de Tredgold, et elle a de plus l'avantage de coïncider avec celle de Dulong et Arago à $4\frac{1}{2}$ atmosphères.

Dans toutes ces formules, p désigne la pression sur un centimètre carré exprimée en kilogrammes et t la température en degrés centigrades.

9. En employant chacune de ces formules dans les limites où elle est applicable, on pourra toujours déterminer approximativement la température correspondante à une pression connue, ou la pression correspondante à une température connue, pour tous les cas de vapeurs en contact avec leur eau génératrice, c'est-à-dire pour tous les cas qui intéressent la théorie des machines à vapeur. (*Voy.* FORCE ÉLASTIQUE.)

10. Une autre détermination non moins importante pour les machines à vapeur, c'est celle du *volume relatif* de la vapeur ou du volume d'un poids donné de vapeur comparé au volume d'un même poids d'eau comme unité. On y parvient sans difficulté par les considérations suivantes :

Nommons q le poids d'un volume V d'eau à son maximum de condensation et q' le poids d'un même volume V de vapeur à la température t et sous la pression p ; d étant la densité de cette vapeur par rapport à l'eau, nous avons (*voy.* DENSITÉ)

$$q' = dq.$$

Si nous désignons maintenant par V' le volume d'eau dont le poids serait égal à q', nous aurons évidemment

$$V : V' = q : q' = q : dq,$$

d'où

$$\frac{V}{V'} = \frac{1}{d},$$

c'est-à-dire que le rapport d'un volume de vapeur à un volume d'eau de même poids est égal à l'unité divisée par la densité de la vapeur.

Prenant le volume V' de l'eau pour unité, nous obtiendrons simplement ..... (8)

$$V = \frac{1}{d},$$

ou, remplaçant d par sa valeur (7) en fonction de la température et de la pression ..... (9),

$$V = \frac{1 + 0,00375t}{0,0007844\,p},$$

ce qu'on peut réduire à

$$V = 1274 \cdot \frac{1 + 0,00375t}{p}.$$

Si la pression est donnée en atmosphères, on peut employer immédiatement la formule..... (10)

$$V = 1234 \cdot \frac{1 + 0,00375t}{f},$$

qui résulte de la précédente en y substituant $1,033\,f$ à la place de p (n° 7).

Au moyen de ces formules, on pourra toujours calculer le *volume relatif* de la vapeur ou le rapport de l'espace qu'elle occupe au volume de l'eau qui l'a produite sous une pression donnée, lorsqu'on connaîtra la température correspondante à cette pression pour les vapeurs au maximum de tension.

Proposons-nous pour exemple de trouver le volume relatif de la vapeur formée à la pression de $2\frac{1}{2}$ atmosphères, ou à la pression de $2^{k},582$ par centimètre carré. La table de la page 172 nous apprend que la température correspondante à cette pression est de $128°,8$; ainsi faisant dans la formule (9) $p = 2,582$ et $t = 128°,8$, nous trouverons

$$V = \frac{1274}{2,582}\,(1 + 0,00375 \times 128,8) = 732.$$

Le volume de la vapeur est donc, à la température donnée, 732 fois plus grand que le volume de l'eau, ou, pour mieux préciser, à cette température, un mètre cube d'eau produit 732 mètres cubes de vapeur à la pression de $2^{k},582$ sur un centimètre carré.

Nous ferons observer que les températures t qui entrent dans toutes les formules précédentes, à l'exception de celles du n° 8, devraient être mesurées avec un thermomètre à air dès qu'elles dépassent $100°$, parce que le coefficient $0,00375$ de la dilatation des gaz n'est plus constant si l'on emploie pour ces hautes températures un thermomètre à mercure (*voy.* Thermomètre). De 100 à 130 degrés, les indications des deux thermomètres n'offrent encore que des différences peu sensibles, mais au-delà de $130°$, il serait nécessaire de réduire les degrés du thermomètre à mercure en ceux du thermomètre à air, avant de les introduire dans les formules en question, si l'on exigeait une grande exactitude. Quant aux formules du n° 8, elles ont été déduites d'expériences

où les températures étaient mesurées sur le thermomètre à mercure, et elles se rapportent conséquemment à ce seul thermomètre. Ainsi, lorsque, pour une pression donnée, on aura calculé la température correspondante au moyen de ces dernières formules, et qu'on voudra ensuite calculer la densité ou le volume relatif, il faudra ramener préalablement au thermomètre à air la température trouvée, lorsqu'elle dépassera 130 à 140°. Au reste, dans les limites de la pratique, ces réductions sont peu nécessaires, car on ne doit pas s'attendre à tirer des formules du n° 8 des résultats rigoureux. La question suivante va montrer l'application de ces principes.

11. *De la vapeur étant produite dans une chaudière, sous une pression de $15^{k},347$, on demande sa densité et son volume relatif.*

La première chose à faire est de déterminer la température correspondante à la pression donnée; on fera donc $p = 15,347$ dans la formule de Dulong et Arago, et on l'obtiendra

$$t = 138,883 \sqrt[5]{15,347} - 39,802 = 200°.$$

Cette valeur introduite sans réduction, ainsi que celle de p, dans les formules (8) et (9), fera connaître

$$d = 0,0007844 \cdot \frac{15,347}{1,75} = 0,006879,$$

$$V = 1274 \cdot \frac{1,75}{15,347} = 145.$$

Si l'on veut tenir compte des différences thermométriques, on observera que $200°$ indiqués par le thermomètre à mercure correspondent à $197°,05$ indiqués par le thermomètre à air; on fera en conséquence $t = 197°,05$, et les formules (7) et (9) donneront

$$d = 0,0007844\,\frac{15,347}{1,7389375} = 0,006923,$$

$$V = 1274 \cdot \frac{1,7389375}{15,347} = 144.$$

On peut conclure de ces résultats que la vapeur formée sous une pression de $15^{k},347$ par centimètre carré occupe un espace 144 à 145 fois plus grand que son eau génératrice, ou qu'un mètre cube d'eau produit, dans ces circonstances, à peu près 145 mètres cubes de vapeur.

12. Nous avons déjà donné, page 170, une table des tensions maximum pour les températures au-dessus de $100°$; nous nous contenterons donc ici d'en donner une pour les températures inférieures, en y réunissant toutes les indications qui peuvent être utiles dans une foule de questions physiques et mécaniques.

TABLE DES TENSIONS, DES DENSITÉS ET DES VOLUMES RELATIFS DE LA VAPEUR D'EAU,

A DIFFÉRENTES TEMPÉRATURES.

DEGRÉS du thermomètre centigrade. (Degr.)	TENSION de la vapeur en millimètres. (Millim.)	PRESSION sur un centimètre carré en kilogrammes. (Kilogr.)	DENSITÉ.	VOLUME.
—20	1,333	0,0018	0,00000154	650588
—15	1,879	0,0026	212	470898
—10	2,631	0,0036	292	342984
— 5	3,660	0,0050	398	251358
0	5,059	0,0069	540	182323
1	5,393	0,0074	575	174495
2	5,748	0,0078	609	163332
3	6,123	0,0084	646	154842
4	6,523	0,0089	686	145886
5	6,947	0,0094	727	137488
6	7,396	0,0101	772	129587
7	7,871	0,0107	818	122241
8	8,375	0,0114	867	115305
9	8,909	0,0122	919	108790
10	9,475	0,0129	974	102670
11	10,074	0,0137	0,00001032	99202
12	10,707	0,0146	1092	91564
13	11,378	0,0155	1157	86426
14	12,087	0,0165	1224	81686
15	12,837	0,0170	1299	77008
16	13,630	0,0186	1372	72913
17	14,468	0,0197	1451	68923
18	15,353	0,0209	1534	65201
19	16,288	0,0222	1622	61654
20	17,314	0,0235	1718	58224
21	18,317	0,0250	1811	55206
22	19,447	0,0265	1914	52260
23	20,577	0,0281	2021	49487
24	21,805	0,0297	2133	46877
25	23,090	0,0314	2252	44411
26	24,452	0,0334	2376	42084
27	25,881	0,0355	2507	39895
28	27,390	0,0374	2643	37838
29	29,045	0,0396	2794	35796
30	30,643	0,0418	2938	34041
31	32,410	0,0440	3097	32291
32	34,261	0,0465	3263	30650
33	36,188	0,0492	3435	29112
34	38,254	0,0520	3619	27636
35	40,404	0,0549	3809	26253
36	42,745	0,0581	4017	24897
37	45,058	0,0612	4219	23704
38	47,579	0,0646	4442	22513
39	50,147	0,0681	4666	21429
40	52,998	0,0720	4916	20343
41	55,772	0,0758	5156	19396
42	58,792	0,0799	5418	18459
43	61,958	0,08418	5691	17572
44	65,627	0,08916	6023	16805
45	68,751	0,09540	6274	15938
46	72,393	0,09855	6585	15185
47	76,205	0,10355	6910	14472
48	80,195	0,10900	7242	13809
49	84,370	0,11662	0,00007602	13154
50	88,743	0,12056	7970	12546
51	93,301	0,12676	8354	11971
52	98,075	0,13325	8753	11424
53	103,060	0,13999	9174	10901
54	108,270	0,14710	9606	10410
55	113,710	0,15449	0,00010054	9946
56	119,390	0,16220	10525	9501
57	125,310	0,17035	11011	9082
58	131,500	0,17866	11523	8680
59	137,940	0,18736	12044	8303
60	144,660	0,19653	12599	7937
61	151,700	0,20610	13179	7594
62	158,960	0,21586	13760	7267
63	166,560	0,22639	14374	6957
64	174,470	0,23758	15010	6662
65	182,710	0,24823	15668	6382
66	191,270	0,25986	16356	6114
67	200,180	0,27196	17066	5860
68	209,440	0,28456	17797	5619
69	219,060	0,29761	18566	5386
70	229,070	0,31121	19355	5167
71	239,450	0,32552	20174	4957
72	250,230	0,33996	21013	4759
73	261,430	0,35518	21889	4569
74	273,030	0,37094	22794	4387
75	285,070	0,39632	23789	4204
76	297,570	0,40428	24702	4048
77	310,490	0,42184	25699	3891
78	323,890	0,44004	26739	3741
79	337,760	0,45888	27789	3599
80	352,080	0,47834	28889	3462
81	367,000	0,49860	30025	3331
82	382,380	0,51950	31195	3206
83	398,280	0,54110	32399	3087
84	414,730	0,56345	33637	2973
85	431,710	0,58632	34916	2864
86	449,260	0,61036	36237	2760
87	467,380	0,63498	37590	2660
88	486,090	0,66040	38984	2565
89	505,380	0,68661	40417	2474
90	525,28	0,71364	41891	2387
91	545,80	0,74152	43405	2304
92	566,95	0,77026	44956	2224
93	588,74	0,79986	46556	2148
94	611,18	0,83035	48201	2075
95	634,27	0,86172	49886	2005
96	658,05	0,89402	51613	1938
97	682,59	0,92736	53388	1873
98	707,63	0,96138	55191	1812
99	733,46	0,99418	57055	1751
100	760,00	1,03255	58955	1696

Les densités de cette table étant rapportées à celle de l'eau, il suffit de les multiplier par 1000 kil. pour avoir immédiatement le poids d'un mètre cube de vapeur au maximum de tension, à toutes les températures indiquées.

13. Les principes précédens suffisent pour faire comprendre la fonction de la vapeur dans les machines, et nous pourrions nous contenter de renvoyer à notre second volume, où, avec l'historique de ces machines, nous avons donné les procédés de calcul employés pour déterminer leurs effets ; mais comme, depuis l'impression de ce volume, on a proposé des procédés plus exacts, nous croyons devoir ajouter quelques détails capables d'éclaircir la question.

Toutes les machines à vapeur dont on se sert maintenant ont pour pièces essentielles une chaudière ou bouilloire dans laquelle la vapeur se forme à une tension déterminée, et un cylindre ou corps de pompe, au piston duquel la vapeur imprime un mouvement rectiligne alternatif.

Pour bien concevoir la production de la vapeur à une tension déterminée, qu'on imagine d'abord la bouilloire isolée du corps de pompe et n'ayant qu'une ouverture fermée par une soupape s'ouvrant de dedans en dehors et surchargée d'un poids. Lorsque, par l'effet de la chaleur communiquée du foyer au liquide, celui-ci se mettra à bouillir, la vapeur se rassemblera dans la partie supérieure de la chaudière, et y acquerra une densité et une tension qui croîtront successivement tant que le foyer fournira de nouvelles quantités de chaleur et tant que la vapeur ne trouvera pas d'issue pour s'échapper. Admettons que l'ouverture de la soupape ait un centimètre carré et que son poids soit de 5 kilogrammes ; dès que la vapeur exercera sur les parois de la chaudière une pression un peu supérieure à 5 kilogrammes par centimètre carré, elle repoussera la soupape et s'élancera au dehors ; mais comme sa vitesse d'écoulement sera généralement plus grande que sa vitesse de formation, la pression baissera bientôt dans la chaudière, et la soupape se refermera pour s'ouvrir de nouveau lorsque la pression dépassera encore 5 kilogrammes. Au moyen de ce jeu de la soupape, la pression dans la chaudière ne dépassera donc jamais la grandeur qu'on voudra lui donner. Imaginons maintenant qu'un orifice s'ouvre et se ferme alternativement pour laisser pénétrer la vapeur dans le corps de pompe, et que ces mouvemens soient réglés de manière à ce que, dans un temps déterminé, la quantité de vapeur sortante soit égale à la quantité de vapeur formée, et nous verrons que la tension dans la chaudière ne pourra plus éprouver que de légères variations régularisées d'ailleurs, s'il en était besoin, par la soupape de sûreté.

14. Pour calculer les effets de la vapeur, on a longtemps supposé qu'elle conservait dans le cylindre la même tension que dans la chaudière, et conséquemment qu'elle repoussait le piston avec tout l'effort qu'elle exerce contre la soupape de sûreté. Les formules de la page 604 de notre second volume sont fondées sur cette hypothèse.

Ainsi, nommant Ω l'aire de la base du piston, ϖ la pression dans la chaudière, sur l'unité de surface,

$$\varpi \Omega$$

représente le poids que la vapeur peut mettre en mouvement, et si v est la vitesse du piston,

$$\varpi \Omega v$$

est l'effet théorique que la machine doit produire. Mais comme cet effet prétendu théorique ne se rencontre jamais dans l'expérience, il faut le multiplier par un coefficient de réduction α, à déterminer par des observations ; de manière que l'effet réel d'une machine à vapeur sans détente se trouve représenté par

$$\alpha \varpi \Omega v.$$

Outre l'inconvénient du coefficient α, auquel chaque auteur donne une valeur différente, cette théorie ne peut pas faire connaître la vitesse que prend le piston dans des circonstances données de pression et de résistance, et il est d'ailleurs certain qu'elle repose sur une hypothèse inadmissible, car la vapeur qui s'échappe de la chaudière par une très-petite ouverture et qui se dilate en pénétrant dans le cylindre ne saurait conserver sa tension initiale.

15. Toute défectueuse que soit cette théorie, elle était généralement adoptée lorsque M. de Pambour en a proposé tout récemment une autre beaucoup plus rationnelle. Ce savant, connu déjà par un grand nombre de travaux sur les machines à vapeur, part des deux principes suivans :

1° La tension de la vapeur change en passant de la chaudière dans le cylindre, et elle devient équivalente, dans ce dernier, à la résistance que la charge exerce contre le piston.

2° Il y a égalité entre la quantité de vapeur produite et la quantité de vapeur dépensée.

M. de Pambour établit le premier principe par des argumens très-concluans ; le second est évident.

Nommons P la pression dans la chaudière, P' la pression dans le cylindre, R la résistance de la charge sur le piston, S le volume d'eau vaporisée par unité de temps, et m le volume relatif de la vapeur à la pression P, ou le rapport du volume de la vapeur, dans la chaudière, au volume de l'eau qui l'a produite.

D'après ces notations, mS sera le volume de vapeur

formé par unité de temps et sous la pression P dans la chaudière ; cette vapeur passant dans le cylindre et y prenant la pression P', augmente de volume en raison inverse des pressions, et devient conséquemment

$$mS \frac{P}{P'} .$$

Mais v étant la vitesse du piston et a l'aire de sa base, av est le volume de vapeur dépensé par le cylindre dans l'unité de temps ; donc, en vertu du second principe,

$$av = mS \frac{P}{P'} .$$

Or, en vertu du premier principe, $P' = R$; ainsi, remplaçant P' par R, on a la relation fondamentale

$$v = \frac{mS}{a} \cdot \frac{P}{R} ,$$

au moyen de laquelle on pourra déterminer l'une quelconque des quantités v, R et S, les autres étant données.

C'est de cette relation très-simple que M. de Pambour a tiré toutes les formules nécessaires à la solution des problèmes que présentent les machines à vapeur, formules dont les résultats s'accordent si bien avec l'expérience, que les ingénieurs anglais n'en emploient plus d'autres pour leurs calculs. (*Voyez* Pambour, *Traité théorique et pratique des machines locomotives. —Théorie de la machine à vapeur.*)

VARIATION DE L'AIGUILLE AIMANTÉE. Nous avons dit au mot BOUSSOLE que l'aiguille aimantée n'indique pas exactement le nord, mais qu'elle était sujette à plusieurs variations que nous allons plus exactement spécifier.

L'aiguille d'une boussole se nomme particulièrement *aiguille de déclinaison ;* elle est construite de manière à se mouvoir dans un plan parfaitement horizontal, ce qui exige, comme nous le verrons plus loin, qu'une de ses extrémités soit plus légère que l'autre.

On nomme *déclinaison* l'angle que fait sa direction d'équilibre avec la méridienne du lieu de l'observation. Par exemple, à Paris, où cet angle est de 22°, on dit que la déclinaison de l'aiguille aimantée est de 22°.

Le plan qui passe par le centre de la terre et par la direction de l'aiguille, ou plutôt l'intersection de ce plan avec la surface de la terre, est le *méridien magnétique ;* ce méridien est donc un grand cercle terrestre qui coupe en deux parties égales le méridien géographique.

La déclinaison n'est pas la même sur tous les lieux de la terre ; elle est tantôt orientale, tantôt occidentale, et tantôt nulle. La déclinaison est orientale lorsque le

pôle austral de l'aiguille, celui qui se tourne vers le nord, incline du côté de l'ouest ; elle est occidentale quand ce même pôle incline vers l'est ; enfin elle est nulle lorsque la direction de l'aiguille coïncide exactement avec le méridien géographique. Les divers points terrestres où la déclinaison est nulle forment ce qu'on appelle des lignes *sans déclinaison ;* ces lignes sont très-irrégulières ; on en connaît quatre, dont la première, située dans l'Océan entre l'ancien et le nouveau monde, a éprouvé un grand déplacement depuis un siècle et demi ; la seconde commence au-dessous de la Nouvelle-Hollande et se prolonge jusqu'en Laponie ; la troisième se joint à la seconde près du grand archipel d'Asie et s'étend dans la partie orientale de la Sibérie ; la quatrième se trouve dans l'océan Pacifique près des îles des Amis ; la position d'aucune n'est constante.

En général, la déclinaison n'est constante dans un même lieu que pendant un certain temps ; à Paris, par exemple, elle était nulle en 1663 ; depuis cette époque, sa marche a été sensiblement progressive vers l'ouest jusqu'en 1820, où son maximum était de 22° 29'. A partir de 1820, elle semble éprouver un mouvement rétrograde, car elle n'est plus en ce moment que de 22° 12' Voici le résumé des observations faites à ce sujet.

TABLEAU DE LA DÉCLINAISON DE L'AIGUILLE AIMANTÉE,
A PARIS.

Année.	Déclinaison.	Année.	Déclinaison.
1580	11°30' est.	1816	22°25' ouest.
1618	8 »	1817	22 19
1663	0 »	1818	22 22
1678	1 30 ouest.	1819	22 29
1700	8 10	1822	22 11
1767	19 16	1823	22 25
1780	19 55	1824	22 23
1785	22 »	1825	22 22
1805	22 5	1827	22 20
1813	22 28	1828	22 6
1814	22 34	1829	22 12

Indépendamment de ces grandes variations, on observe encore des mouvemens diurnes périodiques dans l'aiguille aimantée. Ainsi le matin elle décline un peu plus à l'ouest, et après le milieu du jour elle rétrograde vers l'est. C'est depuis le commencement du printemps jusqu'à la fin de l'été que les variations diurnes sont les plus grandes, et c'est dans l'autre moitié de l'année qu'elles sont les plus petites. A Paris, le plus grand écart est de 16', et le plus petit de 10' sur la direction ordinaire.

Diverses causes accidentelles paraissent produire des perturbations sur l'aiguille de déclinaison : tels sont les tremblemens de terre, les éruptions volcaniques, et quelquefois même de simples orages. D. Bernouilli a observé en 1767 une variation d'un demi-degré, causée par un tremblement de terre ; et le père de la Torre a constaté des changemens de plusieurs degrés dans la déclinaison pendant une éruption du Vésuve. Il est certain que lorsque la foudre tombe près des corps aimantés, elle dérange tellement leur état magnétique, que souvent les pôles se trouvent renversés. Les aurores boréales exercent une influence singulière : sitôt que ce météore apparaît, et pendant toute sa durée, l'aiguille aimantée éprouve une agitation continuelle et une déviation plus ou moins considérable, non seulement dans le lieu où l'aurore boréale est visible, mais encore à de grandes distances où l'on n'aperçoit aucune trace du phénomène atmosphérique.

L'aiguille aimantée ne varie pas uniquement dans sa *déclinaison*, elle varie encore dans son *inclinaison* ; mais, pour se former une idée exacte de cette seconde espèce de variation, il faut savoir qu'une aiguille de déclinaison ne conserve sa position horizontale que par l'inégalité du poids de ses deux branches. Imaginons qu'une barre d'acier cylindrique soit suspendue à un fil par son centre de gravité ; tant que cette barre ne sera pas aimantée, elle affectera, comme tout le monde le sait, une situation horizontale, et pourra demeurer en repos dans toutes les directions qu'on voudra lui donner, pourvu que ces directions soient horizontales ; mais dès qu'elle aura été aimantée, non seulement elle prendra d'elle-même une direction fixe à laquelle elle reviendra toutes les fois qu'on l'en aura écartée ; de plus elle ne prendra pas, dans cette direction fixe, une situation horizontale, et ne sera en équilibre stable que sous une certaine inclinaison par rapport à la verticale. Ce phénomène a été observé pour la première fois en 1576 par Robert Norman, ingénieur en instrumens de mathématiques de Londres. Jusque là on avait cru que l'aiguille devait être horizontale, et lorsqu'on voyait en Europe son pôle austral s'abaisser, on supposait que le centre de gravité était mal déterminé, et on se contentait d'alléger le côté qui paraissait trop pesant. Norman, en bon observateur, après avoir construit des aiguilles parfaitement en équilibre dans le plan horizontal, avant leur aimantation, mesura le poids qu'il fallait ajouter à l'une des branches pour conserver cet équilibre après que les aiguilles étaient aimantées, et parvint ainsi à l'une des plus importantes découvertes du magnétisme.

Il y a donc deux espèces de directions dans une aiguille aimantée suspendue librement par son centre de gravité, et si l'une de ces directions est seule sensible

dans les boussoles, c'est que leurs aiguilles ont dans nos climats le côté du pôle boréal plus pesant que celui du pôle austral. Quand on veut observer les inclinaisons, il faut avoir recours à l'instrument nommé *aiguille d'inclinaison*.

L'aiguille d'inclinaison se compose d'une lame d'acier longue de 30 à 40 décimètres, amincie à ses extrémités et traversée à son centre de gravité par un axe très-court terminé en deux pointes aiguës qui s'appuient sur des supports. Un cercle gradué, dont le centre correspond avec le centre de gravité de l'aiguille, est appliqué verticalement aux supports de l'appareil pour mesurer l'angle que fait l'aiguille avec la ligne horizontale. C'est cet angle qui constitue l'inclinaison : tout l'appareil est mobile sur une plate-forme portant un cercle gradué et des niveaux d'eau.

Pour faire usage de cet instrument, on l'établit horizontalement au moyen des niveaux, puis on amène l'aiguille dans le plan du méridien magnétique, parce que c'est seulement dans ce méridien qu'elle peut indiquer exactement l'inclinaison ; dans toutes les autres positions l'inclinaison est trop grande, et l'aiguille peut même prendre la situation verticale ; car, en décomposant la force directrice de la terre en deux composantes perpendiculaires, l'une horizontale, et l'autre verticale, il est facile de voir que la composante horizontale diminue à mesure que l'angle du plan de l'aiguille avec le plan du méridien magnétique se rapproche davantage de 90°. Lorsque cet angle est droit, la composante horizontale est nulle, et par conséquent l'aiguille n'est sollicitée que par une force verticale, et doit prendre une direction perpendiculaire à l'horizon. Ainsi, lorsque l'aiguille est verticale, il ne s'agit plus que de faire décrire à son plan un angle de 90° pour le faire coïncider avec le méridien magnétique. On commence donc par faire tourner l'appareil sur sa plate-forme jusqu'à ce que l'aiguille devienne verticale ; puis on lui fait décrire un arc de 90° qui ramène l'aiguille dans le méridien magnétique où l'on observe la déclinaison sur le cercle gradué vertical.

Lorsque la déclinaison ou la direction du méridien magnétique est déjà connue, on peut se contenter de placer le limbe vertical dans cette direction, et l'aiguille prend immédiatement d'elle-même sa position d'inclinaison.

La complication de cet instrument rendant sa construction très-difficile, on ne peut guère compter jusqu'à présent sur l'exactitude des observations qui ont eu lieu en divers pays pour déterminer l'inclinaison de l'aiguille aimantée ; mais il est au moins constaté que cette inclinaison est encore plus variable que la déclinaison.

Voici les inclinaisons observées à Paris de 1670 à 1826.

TABLEAU DE L'INCLINAISON DE L'AIGUILLE AIMANTÉE , A PARIS.

Année.	Inclinaison.	Année.	Inclinaison.
1670	75°00′	1817	68°38′
1754	72 15	1818	68 35
1756	72 25	1819	68 25
1780	71 48	1820	68 20
1791	70 52	1821	68 14
1798	69 51	1822	68 11
1806	69 12	1823	68 8
1810	68 50	1824	68 7
1814	68 36	1825	68 »
1816	68 40	1826	68 »

L'inclinaison change, comme la déclinaison, d'un lieu à un autre; dans certaines parties de la terre elle est nulle, dans d'autres elle est très-considérable; dans toutes elle varie avec le temps, et l'on croit qu'elle éprouve aussi des variations diurnes qui n'ont point encore été suffisamment observées.

Les divers points terrestres où l'inclinaison est nulle forment ce qu'on nomme l'*équateur magnétique;* cet équateur est une courbe très-irrégulière, dont une partie est indiquée à notre planche V, et qui coupe au moins trois fois l'équateur terrestre. D'après les observations de MM. Freycinet, Sabine et Duperrey, cet équateur est doué d'un mouvement de translation d'orient en occident, qui est probablement la cause des variations qu'éprouve l'inclinaison de l'aiguille dans un même lieu. Dans l'hypothèse où l'on considère la terre comme un gros aimant agissant sur tous les corps aimantés placés à sa surface, on avait attribué à notre globe deux pôles, l'un placé dans la région boréale et qui attire le pôle austral des aimans, l'autre placé dans la région australe et qui attire leur pôle boréal; mais il n'est pas possible de rendre compte des inégalités de l'équateur magnétique sans supposer encore d'autres centres magnétiques que ces pôles, ce qui doit faire rejeter entièrement l'ancienne théorie du magnétisme. Quoi qu'il en soit, de chaque côté de l'équateur magnétique, l'inclinaison augmente à mesure qu'on s'éloigne de cette ligne; seulement, dans l'hémisphère boréal, c'est le pôle austral de l'aiguille qui plonge sous l'horizon, tandis que le contraire a lieu dans l'hémisphère austral.

VENT. (*Méc.*) De tous les moteurs physiques, le *vent* est celui dont l'action est la plus irrégulière; aussi n'est-il applicable qu'aux travaux susceptibles de s'augmenter, de se diminuer et même de s'interrompre sans inconvénient. (*Voyez* VENT, tome II.) La puissance du vent dépend de la masse d'air en mouvement et de sa vitesse; mais on ne peut la mesurer par le produit du poids de l'air agissant multiplié par la vitesse, comme on le fait pour l'eau motrice, parce que l'élasticité de ce fluide et sa nature gazeuse ne permettent pas de l'assimiler à un liquide. Ce n'est donc que par des expériences directes que la force motrice du vent a été soumise au calcul.

Ces expériences ont fait connaître les résultats consignés dans le tableau suivant, où les vents sont désignés par les noms que les marins leur donnent habituellement.

Noms des vents.	Vitesse par heure.	Effort sur une surface d'un mètre carré.
Vent à peine sensible	4 kilom.	$0^{kil},14$
Brise légère	7	0, 54
Vent frais	14	2, 17
Vent bon frais	22	4, 87
Forte brise	29	8, 67
Très-forte brise	36	13, 54
Vent impétueux	54	30, 47
Tempête	72	54, 16
Ouragan qui déracine les arbres	144	230, »

On a conclu des observations de Smeaton et de Coulomb sur les moulins à vent à axe horizontal que, si l'on désigne par s la surface des quatre ailes et par V la vitesse du vent par seconde, l'*effet dynamique* d'un moulin bien construit est représenté par

$$0,03 s V^3.$$

Cette expression donne au moins un moyen approximatif pour évaluer l'effet d'un moulin dans des circonstances données; en y substituant les valeurs de s et de V exprimées en mètres, le nombre résultant exprimera l'effet dynamique en kilogrammes, ou sera le nombre de kilogrammes que la machine peut élever à un mètre de hauteur dans une seconde de temps.

Supposons qu'on demande l'effet dynamique d'un moulin mu par un vent dont la vitesse est de $6^m,5$ par seconde; la surface de ses quatre ailes étant $81^{mq},12,$

On fera V = 6,5; $s = 81,12,$ et on obtiendra

$$0,03 \times (81,12) \times (6,5)^3 = 668^{kil}.$$

Ainsi l'effet demandé est de 668 kilogrammes élevés à un mètre par seconde.

Or, dans une observation de Coulomb où la vitesse du vent était 6ᵐ,5 et la surface des ailes 81ᵐ q,12, le moulin faisait mouvoir six pilons pesant ensemble 2741 kil., lesquels étaient élevés chacun 26 fois par minute à la hauteur de 0ᵐ,4872 ; de sorte que l'*effet utile* en une seconde était $= 578^{k.m},6$. Les résistances des frottemens, mesurées avec soin, consommaient une quantité d'action égale à $49^{k.m}$. La perte de force vive due au choc des cames contre les moutonnets, estimée par le calcul, s'élevait à $43^{k.m},7$. L'effet total était donc $671^{k.m}$, ce qui s'accorde très-bien avec le résultat de la formule.

On ne doit pas s'attendre à rencontrer toujours une telle exactitude ; mais, en l'absence de procédés rigoureux, il est toujours très-utile d'obtenir avec autant de facilité une approximation presque toujours suffisante pour la pratique. (*Voyez* Vent, tome II.) Nous avons exposé aux mots Pneumatique et Résistance les principes du mouvement des fluides élastiques, et tout ce que l'on sait de plus certain, jusqu'à ce jour, sur les lois du choc de ces fluides.

VITESSE VIRTUELLE. (*Méc.*) On nomme *vitesse virtuelle* l'espace infiniment petit que décrirait le point d'application d'une force si l'équilibre du système dont cette force fait partie était infiniment peu troublé.

Soit P une force représentée en grandeur et en direction par la droite A*m* (Pl. XXI, fig. 57) et appliquée au point *m* ; supposons qu'on communique un mouvement infiniment petit, au système des points avec lesquels *m* est lié, de manière que ces points décrivent des espaces infiniment petits, sans toutefois que leurs distances respectives éprouvent de changement ; représentons par la ligne *mn* l'espace parcouru par le point *m* en vertu de ce petit mouvement : cet espace sera la *vitesse virtuelle* du point *m*, et si du point *n* nous abaissons la droite *na* perpendiculaire sur A*m* ou sur son prolongement (fig. 38), la partie *am*, projection de *mn* sur la direction de la force P sera ce qu'on nomme la vitesse virtuelle du point *m estimée* suivant la direction de sa force.

Ceci posé, si nous nommons P, P′, P″, etc., différentes forces appliquées à un système en équilibre, et *p*, *p′*, *p″*, etc., leurs vitesses virtuelles estimées respectivement suivant leurs directions, il existera entre ces quantités une relation très-importante qui constitue le célèbre *principe des vitesses virtuelles*, et dont voici l'énoncé le plus général :

Si les forces P, P′, P″, *etc., sont en équilibre, la somme de ces forces multipliées respectivement par les vitesses virtuelles* p, p′, p″, *etc., estimées dans leurs directions, est égale à zéro, c'est-à-dire que l'on a* ..... (1)

$$Pp + P'p' + P''p'' + \text{etc.} = 0,$$

et, réciproquement, les forces P, P′, P″, *etc., sont en équilibre quand cette équation a lieu pour tous les mouvemens infiniment petits que l'on peut donner au système des points d'application des forces.*

Nous ferons observer avant tout, pour l'intelligence de l'équation (1), que les quantités P, P′, P″, etc., sont toujours positives, mais que les vitesses virtuelles *p*, *p′*, *p″*, etc., peuvent être positives ou négatives : elles sont positives lorsqu'elles tombent sur la direction même des forces ; négatives lorsqu'elles tombent sur son prolongement. Par exemple, la vitesse virtuelle *am* du point *m*, estimée dans la direction A*m*, est positive fig. 37 et négative fig. 38, parce que dans le premier cas elle tombe sur A*m*, et que dans le second elle tombe sur le prolongement de cette droite.

Le principe des vitesses virtuelles est dû à Galilée, mais c'est Lagrange qui en a démontré toute la fécondité en le prenant pour base de sa *mécanique analytique* et en y ramenant la solution de tous les problèmes qui concernent l'équilibre. Il ne s'agit en effet, pour résoudre ces problèmes, que de distinguer, dans chaque cas particulier, les différens mouvemens infiniment petits que le système des points d'application des forces est susceptible de prendre, puis de déterminer, pour chacun de ces mouvemens, les vitesses virtuelles estimées suivant la direction des forces données ; ces vitesses étant connues, la relation (1) donne immédiatement toutes les équations d'équilibre, lesqu'elles sont en nombre égal à celui des mouvemens possibles. C'est ce que nous ferons mieux comprendre par quelques exemples, après avoir préalablement démontré le principe.

Considérons, en premier lieu, un système de forces concourantes à un même point.

Soient P, P′, P″, etc. (Pl. XXI, fig. 56), plusieurs forces appliquées à un point *m* suivant les directions *m*P, *m*P′, *m*P″, etc., quelconques dans l'espace ; soit de plus *m* R, la direction de la résultante R de ces forces. Concevons que par l'effet d'un mouvement instantané le point *m* se trouve transporté en *n*, et comme la ligne *mn* parcourue par ce point est infiniment petite, nous pourrons la supposer droite et placer dans sa direction l'axe des x ; de sorte qu'en nommant α, α', α'', etc., les angles que font respectivement avec cet axe les forces P, P′, P″, etc., et ω celui que fait la résultante R, nous aurons l'équation (*voyez* Résultante),

$$R \cos \omega = P \cos \alpha + P' \cos \alpha' + P'' \cos \alpha'' + \text{etc.}$$

Représentons par q la petite ligne *mn*, et multiplions par q les deux nombres de cette équation, il viendra..... (2)

$$Rq \cos \omega = Pq \cos \alpha + P'q \cos \alpha' + P''q \cos \alpha''.$$

Or, il est facile de voir que $q \cos \omega$ ou $(mn) \cdot \cos (RmX)$ est égal à ma, projection de mn sur mR, c'est-à-dire que $q \cos \omega$ représente la vitesse virtuelle de la force R estimée suivant sa direction. De même, $q \cos \alpha$, $q \cos \alpha'$, $q \cos \alpha''$, etc., sont les vitesses virtuelles des forces P, P', P'', etc., estimées suivant leurs directions respectives; ainsi l'équation (2) est la même chose que ..... (3)

$$Rr = Pp + P'p' + P''p' + \text{etc.,}$$

dans laquelle r, p, p', p'', etc., représentent les vitesses virtuelles respectives des forces R, P, P', P'', etc., estimées suivant leurs directions.

Mais, pour que les forces P, P', P'', etc., soient en équilibre autour du point m, que nous supposons entièrement libre, il faut que leur résultante soit nulle ou que $R = 0$; donc, dans le cas d'équilibre, nous avons

$$Pp + P'p' + P''p' + \text{etc.} = 0.$$

Ainsi le principe des vitesses virtuelles se trouve démontré pour le cas d'un nombre quelconque de forces appliquées à un même point.

Considérons, en second lieu, plusieurs forces P, P', P'', etc., appliquées à différens points d'un corps ou système de corps. Ces points étant assujettis à conserver entre eux les mêmes distances, nous pourrons les regarder comme liés les uns aux autres par des droites inflexibles; et pour parvenir à connaître l'état général du système, après que son équilibre a été infiniment peu dérangé, il nous suffira d'examiner en particulier ce qui est arrivé à une de ces droites.

Soit mm' (fig. 31 et 32) la droite qui joint les deux points d'application m et m'; lorsque, par suite d'une petite impulsion donnée au système, le point m s'est transporté en n, le point m' se trouve aussi transporté en un point n' qui peut être au-dessus (fig. 31) ou au-dessous (fig. 32) de la ligne mm'. Dans le premier cas, et en admettant provisoirement que la ligne mm', en devenant nn', ait varié de grandeur, la variation de mm' aura pour valeur

$$mm' - nn'.$$

Mais le dérangement du système ayant été insensible, les distances mn et $m'n'$ (fig. 33) sont infiniment petites, de sorte qu'on peut considérer les droites mm' et nn' comme parallèles; car, en supposant que ces droites puissent se rencontrer en un point O (fig. 34), on aurait un triangle nOm composé de deux côtés finis nO et mC et d'un côté infiniment petit mn, et dont, par conséquent, l'angle O serait infiniment petit ou nul. Donc,

menant sur mm' des points n et n' les perpendiculaires na et $n'a'$ (fig. 33), on a $nn' = aa'$, et par suite

$$mm' - nn' = (ma + am') - (am' + m'a')$$
$$= ma - m'a'.$$

Il en résulte que lorsque la droite mm' devient nn' sans changer de grandeur, cas où $mm' - nn' = 0$, on a

$$ma - m'a' = 0.$$

Observant maintenant que ma est la vitesse virtuelle du point m estimée suivant la droite mm', et que $m'a'$ est la vitesse virtuelle du point m' estimée suivant la même droite, nous en conclurons que lorsqu'une droite inflexible éprouve un dérangement infiniment petit, les vitesses virtuelles de ses extrémités estimées l'une et l'autre dans sa direction sont égales. Nommant donc v la virtuelle ma, v' la vitesse virtuelle $m'a'$, et observant que v' doit être prise avec le signe $-$, nous aurons l'équation.

$$v + v' = 0,$$

dans le cas de la fig. 31. Dans le second cas, celui de la fig. 32, du point o comme centre décrivant (fig. 35) les arcs na et $n'a'$, ces arcs étant infiniment petits, seront des droites perpendiculaires à mm', et conséquemment ma et $m'a'$ seront les vitesses virtuelles des points m et m' estimés suivant la droite mm'. Or, $no = ao$, $n'o = a'o$; donc

$$ma = mo - no$$
$$m'a' = on' - om',$$

et, par suite,

$$ma - m'a' = mo - no - on' + om'$$
$$= mm' - nn',$$

ou

$$ma - m'a' = 0,$$

à cause de $mm' - nn' = 0$. Nous avons donc encore

$$v + v' = 0$$

en désignant, comme dans le cas précédent, par v et v' les vitesses virtuelles des points m et m' estimées suivant la droite mm'.

Il nous est facile maintenant de démontrer le principe des vitesses virtuelles pour le cas de plusieurs forces appliquées à différens points m, m', m', etc. (Pl. XXII, fig. 10), formant un système inébranlable. En effet, si l'on conçoit tous ces points liés deux à deux par des droites inextensibles, on pourra considérer ces droites comme autant de forces; de sorte que le point m, par exemple, sera sollicité non seulement par la force P, mais par les forces représentées en direction par les droites mm', mm'', mm''', etc., et ce point ne pourra demeurer en repos qu'autant que toutes les forces qui lui sont appliquées se fassent équilibre. La même chose ayant lieu pour tous les autres points, si nous représentons par (mm'), $(m'm'')$, $(m''m''')$, etc., les forces agissant dans les directions mm', $m'm''$, $m''m'''$, etc., il est visible que l'équilibre général du système sera maintenu,

au point m, par les forces

$$(mm'), \ (mm''), \ (mm''') \text{ et } \mathrm{P},$$

au point m', par les forces

$$(m'm), \ (m'm''), \ (m'm''') \text{ et } \mathrm{P}',$$

au point m'', par les forces

$$(m''m), \ (m''m'), \ (m''m''') \text{ et } \mathrm{P}'',$$

au point m''', par les forces

$$(m'''m), \ (m'''m'), \ (m'''m'') \text{ et } \mathrm{P}'''.$$

On peut donc poser pour chacun de ces équilibres l'équation (1) des vitesses virtuelles, démontrée dans le cas des forces concourantes; ainsi, désignant par v_1, v_2, v_3 les vitesses virtuelles du point m estimées respectivement dans les directions mm', mm'', mm'''; par v'_1, v'_2, v'_3 les vitesses virtuelles du point m' estimées dans les directions $m'm$, $m'm''$, $m'm'''$, etc., etc., nous aurons l'ensemble des équations,

pour le point m,

$$\mathrm{P}p + v_1(mm') + v_2(mm'') + v_3(mm''') = 0,$$

pour le point m',

$$\mathrm{P}'p' + v'_1(m'm) + v'_2(m'm'') + v'_3(m'm''') = 0,$$

pour le point m'',

$$\mathrm{P}''p'' + v''_1(m''m) + v''_2(m''m') + v''_3(m''m''') = 0,$$

pour le point m''',

$$\mathrm{P}'''p''' + v'''_1(m'''m) + v'''_2(m'''m') + v'''_3(m'''m'') = 0.$$

dont la somme nous donnera l'équation générale .... (4)

$$\left. \begin{array}{l} \mathrm{P}p + \mathrm{P}'p' + \mathrm{P}''p'' + \mathrm{P}'''p''' \\ v_1(mm') + v'_1(m'm) + v_2(mm'') + v''_1(m''m) \\ v'_2(m'm'') + v''_2(m''m') + v'_3(m'm''') + v'''_2(m'''m') \\ v''_3(m''m''') + v'''_3(m'''m'') + v_3(mm''') + v'''_1(m'''m) \end{array} \right\} = 0.$$

Pour réduire cette équation, observons, 1° que la somme des vitesses virtuelles des deux extrémités d'une même droite, estimées suivant cette droite, est nulle,

d'après ce que nous avons prouvé plus haut et portant que

$$v_1 + v'_1 = 0, \quad v_2 + v''_1 = 0, \quad v'_2 + v''_2 = 0,$$
$$v'_3 + v'''_2 = 0, \quad v''_3 + v'''_3 = 0, \quad v_3 + v'''_1 = 0;$$

2° que les forces représentées par les mêmes lettres sont égales, c'est-à-dire que

$$(mm') = (m'm), \quad (mm'') = (m''m), \quad (m'm'') = (m''m'),$$
$$(m'm''') = (m'''m'), (m''m''') = (m'''m''), (mm''') = (m'''m).$$

D'où résulte

$$v_1(mm') + v'_1(m'm) = 0,$$
$$v_2(mm'') + v''_1(m''m) = 0,$$
$$v'_2(m'm'') + v''_2(m''m') = 0,$$
$$v'_3(m'm''') + v'''_2(m'''m') = 0,$$
$$v''_3(m''m''') + v'''_3(m'''m'') = 0,$$
$$v_3(mm''') + v'''_1(m'''m) = 0;$$

Retranchant donc de l'équation (4) les termes qui se détruisent, il nous restera seulement

$$\mathrm{P}p + \mathrm{P}'p' + \mathrm{P}''p'' + \mathrm{P}'''p''' = 0,$$

c'est-à-dire le principe en question. Si l'on avait un plus grand nombre de forces, la démonstration serait évidemment la même.

Appliquons le principe des vitesses virtuelles à quelques questions de statique.

Soit O le point d'appui d'un levier AB (Pl. XXII, fig. 9) tenu en équilibre par les forces P et P' appliquées à ses extrémités; il s'agit de déterminer le rapport des forces P et P'. Supposons qu'un petit mouvement ait été imprimé au levier, et comme ce levier ne peut se mouvoir qu'en tournant autour de son point d'appui O, si A'B' représente sa nouvelle position, nous avons

$$\mathrm{A'O} = \mathrm{AO}, \quad \mathrm{B'O} = \mathrm{BO}, \quad \text{angle } \mathrm{AOA'} = \text{angle } \mathrm{BOB'};$$

Du point A' menons A'm perpendiculaire sur la direction AP, et du point B' menons B'q perpendiculaire sur BP' prolongée; Am sera la vitesse virtuelle de la force P, et Bq la vitesse virtuelle de la force P', l'une et l'autre estimées suivant la direction de leur force, et nous aurons, en vertu du principe (1) ..... (5)

$$\mathrm{P} \times \mathrm{A}m - \mathrm{P}' \times \mathrm{B}q = 0,$$

car Bq doit être pris avec le signe —.

Des points A' et B' menons les perpendiculaires A'n et B'r sur AB; les deux triangles rectangles A'On et B'Or seront semblables et donneront

$$\mathrm{A'O} : \mathrm{B'O} = \mathrm{A'}n : \mathrm{B'}r.$$

Mais $A'n = Am$, $B'r = Bq$; ainsi cette proportion est la même que

$$AO : BO = Am : Bq.$$

Or, on tire de l'équation (5)

$$P' : P = Am : Bq;$$

donc, comparant avec la précédente,

$$AO : BO = P' : P,$$

c'est-à-dire que, dans le cas d'équilibre, les forces sont en raison inverse de leurs bras de levier.

Cherchons encore les conditions d'équilibre de deux corps pesans attachés ensemble par un fil inextensible, passant sur une poulie de renvoi E (Pl. XXII, fig. 12), et placés sur deux plans inclinés AB et AB' de même hauteur AC adossés l'un à l'autre. Désignons par P et P' les poids de ces corps, qui sont des forces qu'on peut considérer comme appliquées à leurs centres de gravité m et m' suivant les verticales mP et $m'P'$, et admettons que, par suite d'un petit mouvement imprimé au système, le point m ait descendu d'une quantité mn sur le premier plan, ce qui fait monter le point m' sur le second plan d'une quantité $m'n'$, égale à mn à cause du fil inextensible qui lie les deux corps. Abaissons des points n et n' les perpendiculaires na et $n'a'$ sur mP et $m'P'$; les vitesses virtuelles estimées dans la direction des forces P et P' seront respectivement $+ma$ et $-m'a'$; de sorte que, dans l'équation des vitesses virtuelles,

$$Pp + P'p' = o$$

il faudra faire $p = +ma$ et $p' = -m'a'$. Mais les triangles semblables ABC et amn d'une part, ACB' et $a'm'n'$ de l'autre, donnent

$$ma : mn = AC : AB,$$
$$m'a' : m'n' = AC : AB';$$

d'où l'on tire

$$ma = \frac{AC}{AB} \cdot mn, \quad m'n' = \frac{AC}{AB'} \cdot m'n'.$$

Donc

$$p = ma = \frac{AC}{AB} \cdot mn$$

$$p' = -m'a' = -\frac{AC}{AB'} \cdot m'n',$$

et l'équation des vitesses virtuelles donne, par la substitution de ces valeurs et après avoir supprimé les facteurs égaux mn et $m'n'$ et le facteur commun AC,

$$P \cdot AB' = P' \cdot AB,$$

ce qui est identique avec la proportion

$$P : P' = AB : AB',$$

et nous apprend que les poids P et P', qui se font équilibre, sont entre eux comme les longueurs AB et AB' des plans inclinés sur lesquels ils sont posés. (*Voy.* Incliné, tome II.)

Les exemples précédens, dont les résultats ont été déjà obtenus, dans le cours de cet ouvrage, par des considérations plus directes, ne sont donnés ici que comme une vérification du principe des vitesses virtuelles. Voyez, pour les applications de ce principe, Lagrange, *Mécanique analytique;* Poisson, *Traité de mécanique.*

VOLANT. (*Méc.*) Roue pesante qu'on adapte à l'arbre tournant d'une machine pour maintenir l'uniformité du mouvement lorsque le moteur ou la résistance est sujet à éprouver des variations momentanées de force.

Les variations de la vitesse d'une machine peuvent provenir de deux espèces de causes. 1° Les actions exercées par le moteur et par la résistance sont tantôt plus grandes, tantôt plus petites qu'elles ne devraient être pour conserver un équilibre dynamique constant. 2° Une des actions est dans le cas de l'emporter progressivement de plus en plus sur l'autre; de sorte que la machine tend à s'arrêter ou a prendre une vitesse indéfiniment croissante. C'est seulement dans le premier cas que l'emploi des *volans* est utile; dans le second il faut avoir recours aux régulateurs fondés sur le principe du *pendule conique.* (*Voy.* ce mot.)

Navier, dont le nom doit être cité toutes les fois qu'il s'agit de la théorie des machines, a parfaitement expliqué la fonction des volans dans le passage suivant, extrait de ses notes sur Bélidor.

« Dans la plupart des machines, les variations dans la vitesse offrent des inconvéniens, soit parce que la nature du travail qu'elles ont à faire comporte une vitesse constante au point d'application de la résistance, soit parce que, à raison du jeu qu'il faut toujours laisser dans les engrenages, ou en général dans les contacts de diverses pièces, il est impossible que les variations de vitesse se fassent toujours rigoureusement par degrés insensibles, comme cela serait nécessaire pour qu'elles ne fassent rien perdre de la quantité d'action fournie par le moteur. Cependant il arrive très-souvent que l'action du moteur est plus ou moins inégale, et souvent aussi que cette action, qui par elle-même pourrait être égale, devient inégale par la manière dont on la transmet; et quoique la géométrie appliquée à la composition de machines fournisse ordinairement des ressources pour y remédier, les moyens qu'on peut employer à cet effet sont presque toujours trop compliqués pour être adoptés avec avantage, surtout dans les grandes machines où il s'exerce de puissans efforts. On y parvient beaucoup mieux en donnant aux parties de la machine, conformément aux principes qui viennent d'être exposés, beaucoup de masse et de vitesse, de manière à y rendre les variations du mouvement extrêmement faibles et presque insensibles.

» Cela peut se faire de deux manières, soit en augmentant la masse et la vitesse des parties mobiles essentielles à la machine, ce qui entraînerait souvent de grands inconvéniens, soit plutôt en ajoutant à la machine des parties mobiles uniquement destinées à en régulariser le mouvement, et qu'on nomme *volans*. Les considérations précédentes conviennent en effet spécialement aux machines de rotation, sur l'axe desquelles il arrive rarement que le moteur agisse d'une manière parfaitement uniforme. On monte sur cet axe les grandes roues appelées volans, et on conçoit, d'après ce qui précède, qu'elles produiront d'autant plus d'effet 1° que leur poids sera plus grand, et 2° que la matière qui les forme sera plus rassemblée près de leur circonférence extérieure, puisque alors, à vitesse de rotation égale, la vitesse effective de leurs parties sera plus grande.

» On parvient, en adaptant ainsi des volans suffisamment grands aux machines, à rendre l'action la plus inégale aussi régulière qu'on puisse le désirer. Mais il ne faut pas imaginer que ces volans puissent augmenter en rien la quantité d'action transmise par la machine. Leur véritable fonction est d'absorber ou d'emmagasiner l'excès de la quantité d'action fournie par le moteur dans le moment où elle surpasse celle que la résistance consomme, pour restituer ensuite cet excès dans le moment où la quantité d'action fournie par le moteur devient au contraire plus petite que celle qui est dépensée au point d'application de la résistance. On peut remarquer que, si le volant est destiné principalement à régulariser le mouvement, il est convenable de le placer près du point d'application de la résistance, et que, s'il est destiné principalement à régulariser l'action du moteur, il est convenable, au contraire, de le placer près du point d'application de ce dernier. Il est inutile de dire que s'il y a des axes dont la vitesse de rotation soit différente, on doit le mettre de préférence sur celui des axes qui se meut le plus vite. »

On voit que ce serait une grande erreur de croire que les volans puissent augmenter l'action de la force motrice; ils absorbent toujours, au contraire, une par-

tie de cette force, d'autant plus considérable que leur poids est plus grand, ce qui est un inconvénient de leur emploi. Considérons, en effet, un volant du poids de 5000 kilogrammes, faisant 25 révolutions par minute, et supposons que son tourillon ait 15 centimètres de diamètre, ou 47 centimètres de circonférence. La résistance due au frottement sur la crapaudine pouvant être évaluée moyennement à 0,16 (*voy.* Frottemens) de la pression, la force motrice a donc à mouvoir

$$5000^k \times 0,16 = 800^k,$$

et le point résistant décrivant 47 centimètres dans une révolution, parcourt en une minute 25 fois 47 centimètres ou $11^m 75$, c'est-à-dire $0^m,196$ à très-peu près en une seconde. Ainsi la quantité d'action dépensée par le moteur est celle qui est capable d'élever un poids de 800 kilogrammes à la hauteur de $0^m,196$ en une seconde, ou, ce qui revient au même, celle qui peut élever $800^{km} \times 0,196 = 158$ kil. à un mètre dans une seconde : cette quantité d'action est un peu plus grande que la force de deux chevaux-vapeur, et il en résulte que dans une machine où l'on ferait usage d'un tel volant, il y aurait une force de deux chevaux-vapeur au moins, consommée uniquement à le faire mouvoir.

L'action régulatrice d'un volant dépend évidemment de la quantité de mouvement dont il est animé, comme cette quantité de mouvement dépend elle-même de deux élémens, la masse du volant et sa vitesse ; il vaut mieux, lorsque cela est possible, donner une grande vitesse au volant que d'augmenter sa masse, puisqu'en augmentant cette dernière on augmente la résistance du frottement. Il est visible, en outre, que la plus grande partie de la masse du volant doit être reportée à sa circonférence, parce que cette masse a, de cette manière, le plus grand bras de levier possible par rapport à la grandeur de la roue.

Le problème de déterminer la grandeur et la masse du volant dans un cas donné de machine, exige des considérations théoriques et des détails de calcul pour lesquels la place nous manque : nous renverrons aux *notes sur Bélidor*, où cette question a été traitée par Navier avec toute la clarté désirable. (*Voy. archit. hydraul.* de Bélidor, *avec les notes* de Navier, tome I, page 391.)

FIN.

TABLE DES MATIÈRES

CONTENUES DANS CE SUPPLÉMENT.

Les articles marqués d'un P, entre parenthèses, sont de M. le colonel Puissant, les autres sont de M. de Montferrier.

Le premier numéro indique la page, le second la colonne.

FIN DE LA TABLE.

ERRATA GÉNÉRAL.

TOME PREMIER.

Pages.	Colonnes.	Lignes.	
10	2	46	*au lieu de* en B, *lisez* en D.
46	1	45	*au lieu de* Whetson, *lisez* Whetstone.
47	1	48	*au lieu de* Ougtred, *lisez* Oughtred.
64	2	9	*au lieu de* la distance AC = 60 mètres, *lisez* la distance AC = 80 mètres.
65	2	14	Il s'est glissé dans cet article une faute de calcul qui vicie tous les résultats. Ainsi on doit le considérer seulement comme un exemple d'application des formules.
76	1	22	*au lieu de* la droite AC, *lisez* la droite BC.
76	1	30	*au lieu de* transversale BD, *lisez* transversale AC.
122	2	13	*au lieu de* $\mathrm{Cos}\ i = \sqrt{\dfrac{n^2-1}{\ }}$, *lisez* $\mathrm{Cos}\ i = \sqrt{\dfrac{n^2-1}{8}}$.
139	1	22	*au lieu de* $\beta.\mathrm{M}\upsilon - 20000$, *lisez* $\beta.\mathrm{M}\upsilon = 20000$.
210	1	3	*au lieu de* ω cette distance etc., *lisez* ω' cette distance etc.
267	2	40	*au lieu de* Comme en 1700 les Russes, etc. *jusqu'à ces mots* ainsi de suite, *lisez* Comme en 1700 et 1800 les Russes ont eu deux années bissextiles que nous avons fait communes, leur manière de compter les jours diffère de la nôtre de 12 jours : par exemple lorsqu'ils datent du 1 nous datons du 13; et ainsi de suite.
305	1	33	*au lieu de* $\int \pi y^2 dx = {}^2\pi y'\Sigma$, *lisez* $\int \pi y^2 dx = 2\pi y'\Sigma$.
312	1	40	*au lieu de* la circonférence est égale à, *lisez* la demi-circonférence est égale à.
353	1	29	*au lieu de* $(x^2 + y)^2 +$, *lisez* $(x^2 + y^2) +$.
416	1	29	*au lieu de* $\frac{4}{7} = 0,7$, *lisez* $\frac{5}{7} = 0,7$.
449	2	27	*au lieu de* $\Delta^\mu (\mathrm{F}x.fx) = \mathrm{F}x.\Delta^\mu \mathrm{F}x + $ etc., *lisez* $\Delta^\mu (\mathrm{F}x.fx) = \mathrm{F}x.\Delta^\mu fx + $ etc.
451	1	29	*au lieu de* $\Delta^2 x^2 = 2i$, *lisez* $\Delta^2 x^2 = 2i^2$.
451	1	33	*au lieu de* $\Delta^2 x^3 = 6xi + 6i^2$, *lisez* $\Delta^2 x^3 = 6xi^2 + 6i^3$.
454	1	21	*au lieu de* $\left\{(\varphi x)^{\frac{p}{q}}\right\}^{q-1} = \varphi x^{\frac{pq+p}{q}}$, *lisez* $= \varphi x^{\frac{pq-p}{q}}$.
456	1	26	*au lieu de* $\sin dx = \sin x$, *lisez* $\sin dx = dx$.
461	2	23	*au lieu de* $d^4(\varphi x)^4 = -\dfrac{72 dx^3}{(2n)^4}$, *lisez* $d^4(\varphi x)^3 = -\dfrac{72 dx^4}{(2n)^4}$.
463	2	14	*au lieu de* le facteur commun $x = a$, *lisez* le facteur commun $x - a$.
464	2	22	*au lieu de* $+\dfrac{m(m-1)}{1.2}d^{m-2}\mathrm{M}.d^2(x-a)^n$, *lisez* $+\dfrac{m(m-1)}{1.2}d^{m-2}\mathrm{M}.d^2(x-a)^m$.
466	1	18	*au lieu de* en multipliant les deux nombres, *lisez* en multipliant les deux membres.
471	2	48	*au lieu de* Vesta.... 1,2373000, *lisez* Vesta.... 2,3730000.
484	1	16	*au lieu de* c'est-à-dire 90°40′, *lisez* c'est-à-dire 150°.
489	1	24	*après les mots* numéros pairs, *ajoutez* dans les bandes horizontales de l'ordre impair, et le contraire aura lieu dans les bandes de l'ordre pair.
516	1	35	*au lieu de* la génération du résultat est terminée, *lisez* est déterminée.
532	2	1	*au lieu de* celui des lames et pilons, *lisez* celui des cames et pilons.
567	1	28	*au lieu de* les 28 étoiles, *lisez* les 20 étoiles.
577	2	36	*au lieu de* ainsi la racine 351, *lisez* ainsi la racine 356.

TOME DEUXIÈME.

Pages.	Colonnes.	Lignes.	
7	1	31	*au lieu de* $\sqrt{\frac{1}{2}\pi} =$, *lisez* $\sqrt{\pi} =$.
10	1	3	*au lieu de* $(-a)^m.a^m = (-a)^m$, *lisez* $(-1)^m.a^m = (-a)^m$.
10	2	28	*au lieu de* et les développements des deux nombres, *lisez* des deux membres.
11	2	3	*au lieu de* $a^{m5} = a^5 + 10a^4 r + 35a^3 r^2 + 50a^2 r^3 + 24 ar^5$, *lisez* $a^{5|r} = 10a^4 r + 35a^3 r^2 = 50a^2 r^3 + 24 ar^4$.

Pages.	Colonnes	Lignes	
18	2	8	au lieu de $\theta_6 = +\frac{1}{152}$, lisez $\theta_6 = +\frac{1}{252}$.
26	2	12	au lieu de $\Delta = (x+\delta) - \varphi x$, lisez $\Delta = \varphi(x+\delta) - \varphi x$.
64	1	7	au lieu de $= \tan x . \cos\lambda$, lisez $\tan h . \cos\lambda$.
66	2	49	au lieu de (Pl. 42, fig. 3), lisez (Pl. 42, fig. 2).
67	2	26	au lieu de (Pl. 42, fig. 2), lisez (Pl. 42, fig. 3).
73	1	5	au lieu de $\dfrac{2r . \sin^2\left(\frac{\mu}{2}\right)}{R^2}$, lisez $\dfrac{2r . \sin^2\left(\frac{\mu}{2}\right)}{R^2}$.
80	1	4	au lieu de sera la diminution du petit cercle, lisez sera le diamètre du petit cercle.
80	1	7	au lieu de du cercle ou du pôle, lisez du centre ou du pôle.
101	2	16	au lieu de $xy = 2a^2$, lisez $xy = \frac{1}{2}a^2$.
105	2	00	Dans le second paragraphe de cette colonne, au lieu de $\sqrt{-1}$ et de $\sqrt{+1}$, lisez partout $\sqrt[n]{-1}$ et $\sqrt[n]{+1}$.
115	2	20	au lieu de $= a^x(a^i - i)$, lisez $= a^x(a^i - 1)$.
120	2	17	au lieu de $= \frac{1}{a} arc(\tan = x) + C$, lisez $= \frac{1}{a} arc\left(\tan = \frac{x}{a}\right) + C$.
122	1	17	au lieu de $\int \frac{Ax^2 + dx}{a + bx} = \frac{A}{b}\{$ etc., lisez $= \frac{A}{b^2}\{$ etc.
124	1	20	au lieu de $A = \frac{1}{4}$, lisez $A = \frac{a}{2}$.
124	2	11	au lieu de $ax^{\frac{1}{3}}dx - bc^{\frac{3}{4}}.x^{\frac{3}{4}}dx$, lisez $ax^{\frac{1}{3}}dx - bc^{\frac{1}{4}}.x^{\frac{3}{4}}dx$.
124	2	16	au lieu de $= \frac{3}{4}a.\sqrt[3]{x^i} + $ etc., lisez $\frac{3}{4}a\sqrt[3]{x^i} - $ etc.
124	2	17	au lieu de $= \frac{3}{4}a.\sqrt[3]{x^i} + $ etc., lisez $\frac{3}{4}a\sqrt[3]{x^i} - $ etc.
124	2	28	au lieu de $\frac{az^i - bz^0}{z^3 - cz^i}12z^{11}dz = \frac{12az^{15} - 12bz^{17}}{z^3 - cz^i}dz$, lisez $\frac{az^i - bz^0}{z^3 + cz^i}12z^{11}dz = \frac{12az^{15} - 12bz^{17}}{z^3 + cz^i}dz$.
126	1	11	au lieu de dx, lisez dz.
126	1	13	au lieu de dx, lisez dz.
126	1	20	au lieu de dx, lisez dz.
126	2	19	au lieu de $b^2 + 4c$, lisez $b^2 + 4ac$.
127	1	18	au lieu de $\left[1 - \frac{(2x - b)^2}{b^2 + 4ac}\right]^{\frac{1}{2}}$, lisez $\left[1 - \frac{(2cx - b)^2}{b^2 + 4ac}\right]^{\frac{1}{2}}$.
128	1	20	au lieu de à la place de z, lisez à la place de x.
128	2	18	au lieu de $= \frac{5}{3b^2}(z^{13}dx - az^x dx)$, lisez $= \frac{5}{3b^2}(z^{13}dz - az^8 dz)$.
129	2	8	au lieu de $+\int$ etc., lisez $-\int$ etc.
129	2	18	au lieu de $= \frac{x^m.X^p - a(m-n)\int x^{m-1}dx.X^{m-1}}{b(pn+m)}$, lisez $= \frac{x^m.X^p - am\int x^m - dx.X^{p-1}}{b(pn+m)}$.
131	2	15	au lieu de $+\frac{(m+1)^{n-1}}{n^{n-1}}\int$ etc., lisez $+\frac{(m+1)^{n-1}}{(n-1)^{n-1}}\int$ etc.
132	2	11	au lieu de $= Lx + \frac{xLa}{1.2} + $ etc., lisez $= Lx + \frac{xLa}{1.1} + $ etc.
133	2	8	au lieu de $= \frac{1}{2^m}\{\cos mx + \frac{1}{m}\cos(m-2)x + $ etc., lisez $= \frac{1}{2^m}\{\cos mx + m\cos(m-2) + $ etc.
133	2	33	au lieu de (voir ci-dessous)

au lieu de
$$= (1 - \cos^2 x)^m.(\cos x)^m dx = (\cos x)^m dx - m(\cos x)^{m+2}dx$$
$$+ \frac{m(m-1)}{1.2}(\cos x)^{m-1}dx - \text{etc.},\ \text{lisez}$$
$$= (1 - \cos^2 x)^m.(\cos x)^n dx = (\cos x)^n dx - m(\cos x)^{n+2}dx$$
$$+ \frac{m(m-1)}{1.2}(\cos x)^{n-1}dx - \text{etc.}$$

ERRATA GÉNÉRAL.

Pages.	Colonnes	Lignes.	
135	1	34	au lieu de $\int \varphi x\,.dx = \varphi x . \dfrac{x}{1} - \dfrac{d\varphi x}{dx}.\dfrac{x}{1.2} + \dfrac{d^2\varphi x}{dx^2}.\dfrac{x^2}{1.2.3} -$ etc., *lisez* $\int \varphi x\,.dx = \varphi x . \dfrac{x}{1} - \dfrac{d\varphi x}{dx}.\dfrac{x^2}{1.2} + \dfrac{d^2\varphi x}{dx^2}.\dfrac{x^3}{1.2.3} -$ etc.
140	2	9	au lieu de dx au numérateur du premier membre de la formule, *lisez* dz.
147	2	33	au lieu de et $x = \tfrac{1}{7}a$, *lisez* et $x = \tfrac{1}{4}a$.
179	1	36	au lieu de mais on aura besoin, *lisez* moins on aura besoin.
182	2	2	au lieu de $\left(\sqrt[m]{a}\right)^x + z^{\frac{1}{m}}$, *lisez* $\left(\sqrt[m]{a}\right)^x = z^{\frac{1}{m}}$.
220	1	29	au lieu de $f(x-h) = fx - \dfrac{dfx}{dx}.\dfrac{h}{1} + \dfrac{d^2fx}{dx^2}.\dfrac{h^2}{1.2} +$ etc., *lisez* $f(x-h) = fx - \dfrac{dfx}{dx}.\dfrac{h}{1} + \dfrac{d^2fx}{dx^2}.\dfrac{h^2}{1.2} -$ etc.
220	2	13	au lieu de $f(x-h) = fx + \dfrac{d^2fx}{dx}.\dfrac{h^2}{1.2} +$ etc., *lisez* $f(x-h) = fx + \dfrac{d^2fx}{dx^2}.\dfrac{h^2}{1.2} -$ etc.
231	1	9	au lieu de 1 ligne, $\tfrac{1}{12}$ de pouce $= 0,00256$, *lisez* $= 0,00226$.
272	1	49	au lieu de OE par a, *lisez* OM par a.
279	2	13	au lieu de $2(2^2 - 2) = 6$, *lisez* $2(2^2 - 1) = 6$.
314	1	28	au lieu de qui les a produites, *lisez* qui les a produits.
347	2	23	au lieu de POTRA, *lisez* PORTA.
353	2	30	au lieu de 46ɣ, *lisez* 467.
368	2	32	autant de fois la différence qu'il y a de termes moins un avant lui, *supprimez les mots* moins un.
370	1	»	dernière formule, au lieu de $n = -\dfrac{2a_0 - \delta}{2} \pm \sqrt{\left[S + \left(\dfrac{2a_0 - \delta}{2}\right)^2 \right]}$, *lisez* $n = -\dfrac{2a_0 - \delta}{2\delta} \pm \sqrt{\left[\dfrac{2S}{\delta} + \left(\dfrac{2a_0 - \delta}{2\delta}\right)^2 \right]}$.
375	2	dern. ligne	au lieu de $\tfrac{1}{6} : \tfrac{1}{2} = \tfrac{3}{6}$, *lisez* $\tfrac{1}{6} : \tfrac{1}{3} = \tfrac{3}{6}$.
375	2	dern. ligne	au lieu de $A_1 = \tfrac{1}{1}$, *lisez* $A_1 = \tfrac{1}{2}$.
376	1	11	au lieu de $A^m =$, *lisez* $A_m =$.
401	2	31	au lieu de $\dfrac{S}{A} = -A^{m-1} -$ etc., *lisez* $\dfrac{S}{A} = -a^{m-1} -$ etc.
403	2	25	au lieu de puis en divisant le tout par m^1, *lisez* puis en multipliant le tout par m.
421	2	33	au lieu de 24 *pieds* en 4 *toises*, *lisez* 4 *toises* en 24 *pieds*.
460	2	12	au lieu de $d^6\varphi x =$ etc., *lisez* $d^6\varphi.x^3 =$ etc.
471	1	4	au lieu de $\cos p - \cos q = 2\cos\tfrac{1}{2}(p+q).\sin\tfrac{1}{2}(p-q)$, *lisez* $\cos q - \cos p = 2\sin\tfrac{1}{2}(p+q).\sin\tfrac{1}{2}(p-q)$.
472	2	10	au lieu de $\cos x = 1 - \dfrac{x^3}{1.2} +$ etc., *lisez* $\cos x = 1 - \dfrac{x^2}{1.2} +$ etc.
494	1	10	au lieu de et en faisant $\mu = 1$, *lisez* et en faisant $\mu = -1$.
499	2	dern. ligne	au lieu de $\theta_0 = +\dfrac{1}{152}$, *lisez* $\theta_0 = +\dfrac{1}{252}$.
503	1	21	au lieu de la racine carrée de $3,1415296$, *lisez* $3,1415926$.
549	2	6	au lieu de $x+p$, mettez $a+p$ au dénominateur du second membre de la formule.
549	2	13	au lieu de $b^{-\frac{q}{s}\mid r}$, mettez $b^{-\frac{q}{s}\mid s}$ au numérateur du premier membre de la formule.
567	1	25	au lieu de $x = x'\cos x + y'\cos x + a$, *lisez* $x = x'\cos x + y'\cos x' + a$.
585	1	25	au lieu de compl. $\log b = 7,1079054$, *lisez* compl. $\log c =$ etc.
585	2	33	au lieu de $\operatorname{tang}\Delta = \dfrac{a-b}{a+c}.\cot\tfrac{1}{2}C$, *lisez* $\operatorname{tang}\Delta = \dfrac{a-b}{a+b}.\cot\tfrac{1}{2}C$.
586	1	27	au lieu de $\log.\sin c = 9,8118897$, *lisez* $\log.\sin C =$ etc.
589	1	8	au lieu de $\cos a = \cos a.\cos^2 b + \sin a.\sin b.\cos c.\cos C$, *lisez* $\cos a = \cos a.\cos^2 b + \sin a.\sin b.\cos b.\cos C$.

Pages.	Colonnes	Lignes
591	2	10	*au lieu de* $\cos A . \sin c + \cos C . \sin a = \cos a . \cos b,$ *lisez* $\cos A . \sin c + \cos C . \sin a . \sin b = \cos a \sin b.$
592	1	14	*au lieu de* $\cos b,$ *lisez* $\cot b,$ au numérateur de la valeur de $\cot B.$
592	1	28	*au lieu de* $\sin A : \sin C :: a : c,$ *lisez* $\sin A : \sin C :: \sin a : \sin c.$
606	2	46	*au lieu de* la demi-ellipse AEB (Pl. 22 , *fig.* 12), *lisez* (Pl. 21, *fig.* 9).

TOME TROISIÈME.

Pages.	Colonnes	Lignes	
17	2	15	en remontant, *au lieu de* $10,1025221 \times 50,$ *lisez* $10,025221 \times 510.$
34	1	18	*L'exemple de calcul est entaché d'une erreur dont la cause est expliquée page 233, première colonne.*
34	2	18	dilatation linéaire des solides, pour $1°$ centigrade, de $0°$ à $100°$; *ôtez* pour $1°$ centigrade.
35	2	18	dilatation des liquides, pour $1°$ centigrade; *ôtez* pour $1°$ centigrade.
47	2	12	*au lieu de* $\dfrac{685}{7000} = 0^k,978,$ *lisez* $\dfrac{685}{7000} = 0^k,0978.$
47	2	19	*au lieu de* $\dfrac{620}{7000} = 0^k,808,$ *lisez* $\dfrac{620}{7000} = 0^k,0808.$
62	2	39	*au lieu de* au moyen des deux chaînes bc et $de,$ *lisez* au moyen des deux chaînes bc et de (Pl. VIII, fig. 14).
62	2	45	*au lieu de* — ac (fig. 15, Pl. VIII), *lisez* — ae (fig. 15 *bis*, Pl. VIII).
97	1	33	*au lieu de* $\dfrac{1}{2} PH = MV^2,$ *lisez* $PH = \dfrac{1}{2} MV^2.$
133	2	4	*au lieu de* $a^{m|r} a^{m|-r} = a (a - mr + r)^{m-1|r},$ *lisez* $a^{m|r} a^{m|-r} = a (a - mr + r)^{2m-1|r}.$
134	2	18	*au lieu de* $(-a)^{m|-r} = a^m (-1)^{m} \Big|^{\frac{r}{a}},$ *lisez* $(-a)^{m|-r} = a^m (-1)^{m} \Big|^{-\frac{r}{n}}.$
139	2	8	*au numérateur de la valeur de* $a^{m|-r},$ *mettez* $(a + nr)^m$ *à la place de* $(a + nr)^n.$
152	2	20	*au lieu de* l'effraction *lisez* l'attraction.
180	2	20	*au lieu de* $\sqrt[4]{17} = 1,0305\ldots,$ *lisez* $\sqrt[4]{17} = 2,0305\ldots$
208	1	19	*au lieu de* $-\dfrac{x^2}{2},$ *lisez* $-\dfrac{x^2}{b^2}.$
222	1	19	*A la Table des hauteurs, 3e colonne, à côté de la vitesse* $1^m,82,$ *au lieu de* $0,1680,$ *lisez* $0,1688.$
272	2	»	*A la Table des logarithmes, colonne 8, devant le nombre 270, mettez 2649 à la place de 3649.*
340	1	7	*au lieu de* stations où, *lisez* stations d'où.
345	2	10	*Dans la valeur de* $\tan g \,\vartheta,$ *au lieu de* $\cos (\mathfrak{R}' + \mathfrak{R} - g),$ *lisez* $\cos \left(\dfrac{\mathfrak{R}' + \mathfrak{R}}{2} - g \right).$
423	2	6	en remontant, *au lieu de* $a (1 - e^2),$ *lisez* $a (1 - e^2) \sin \lambda.$

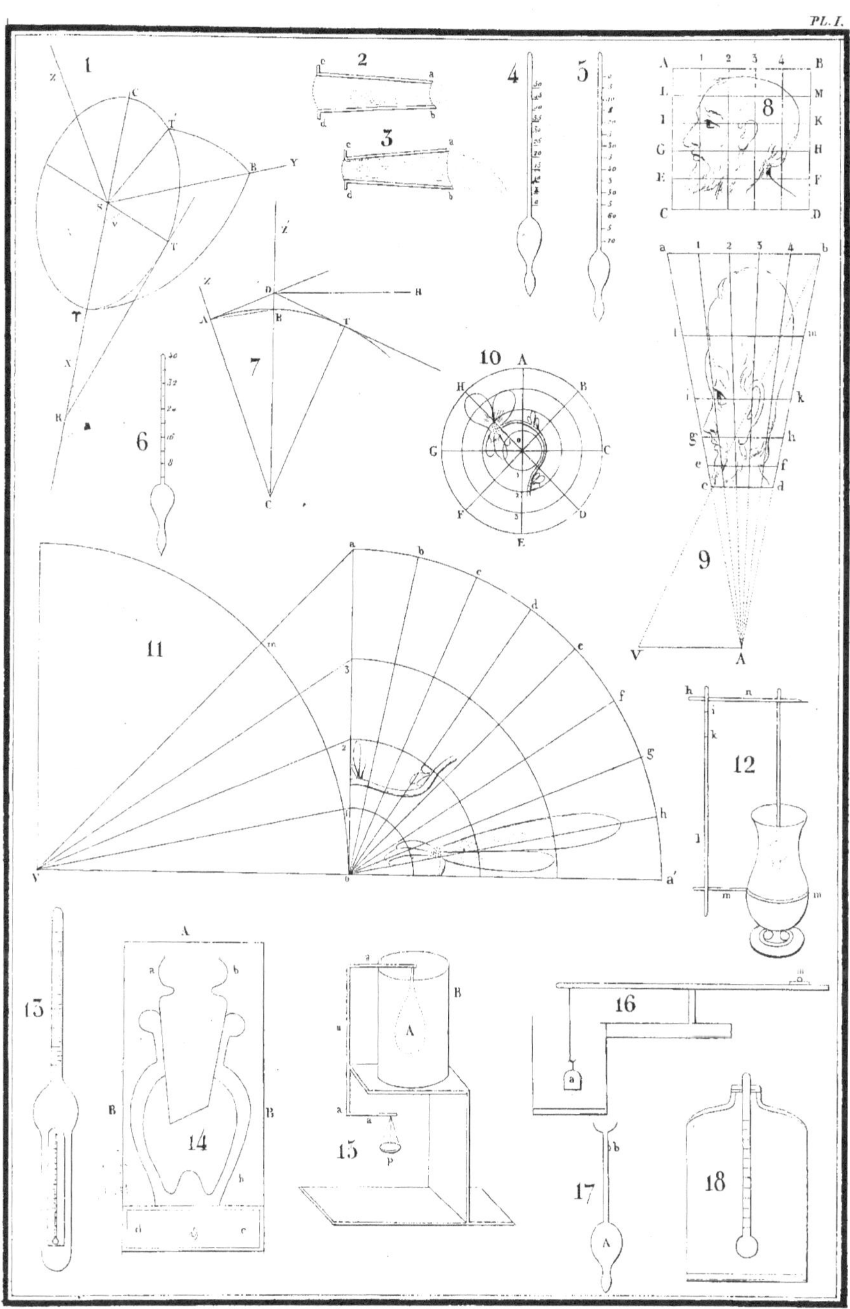

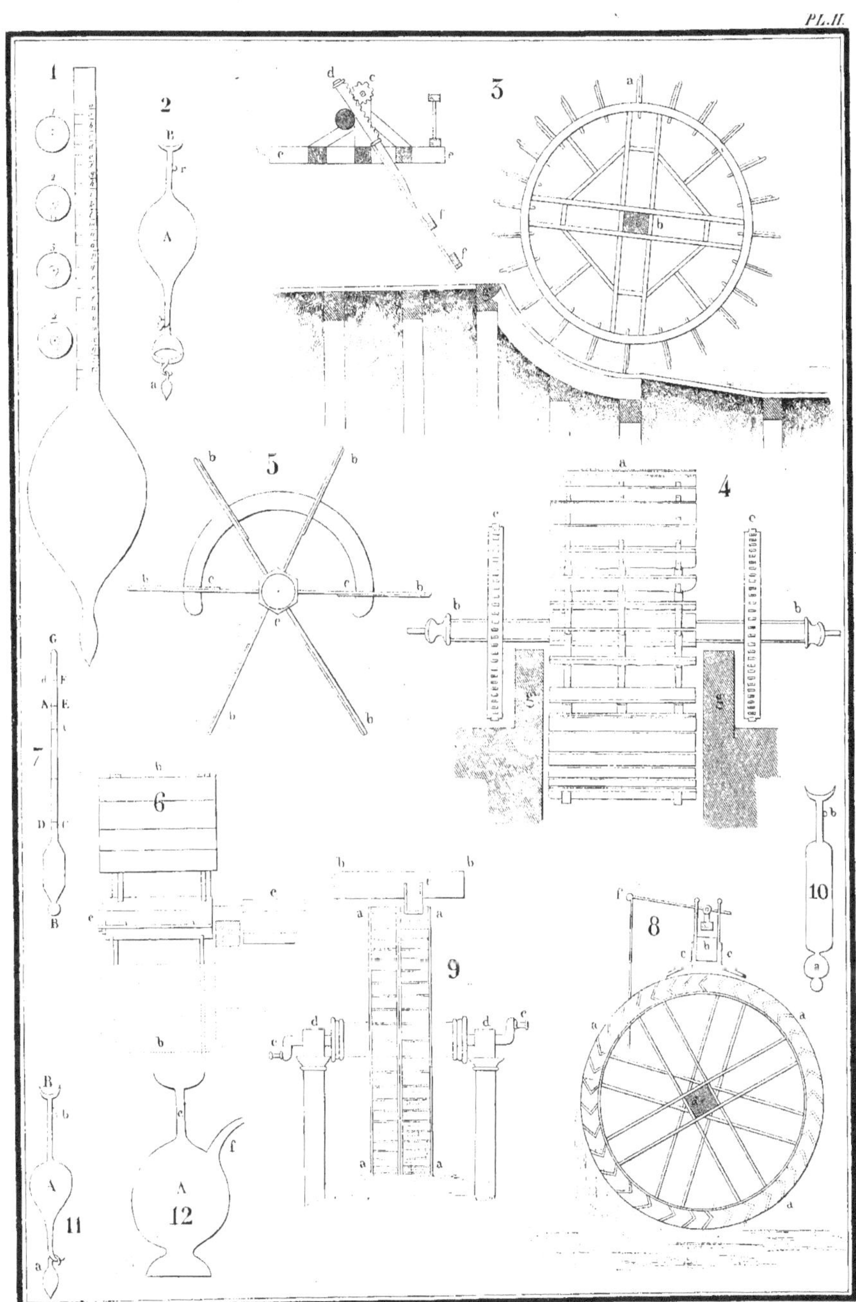

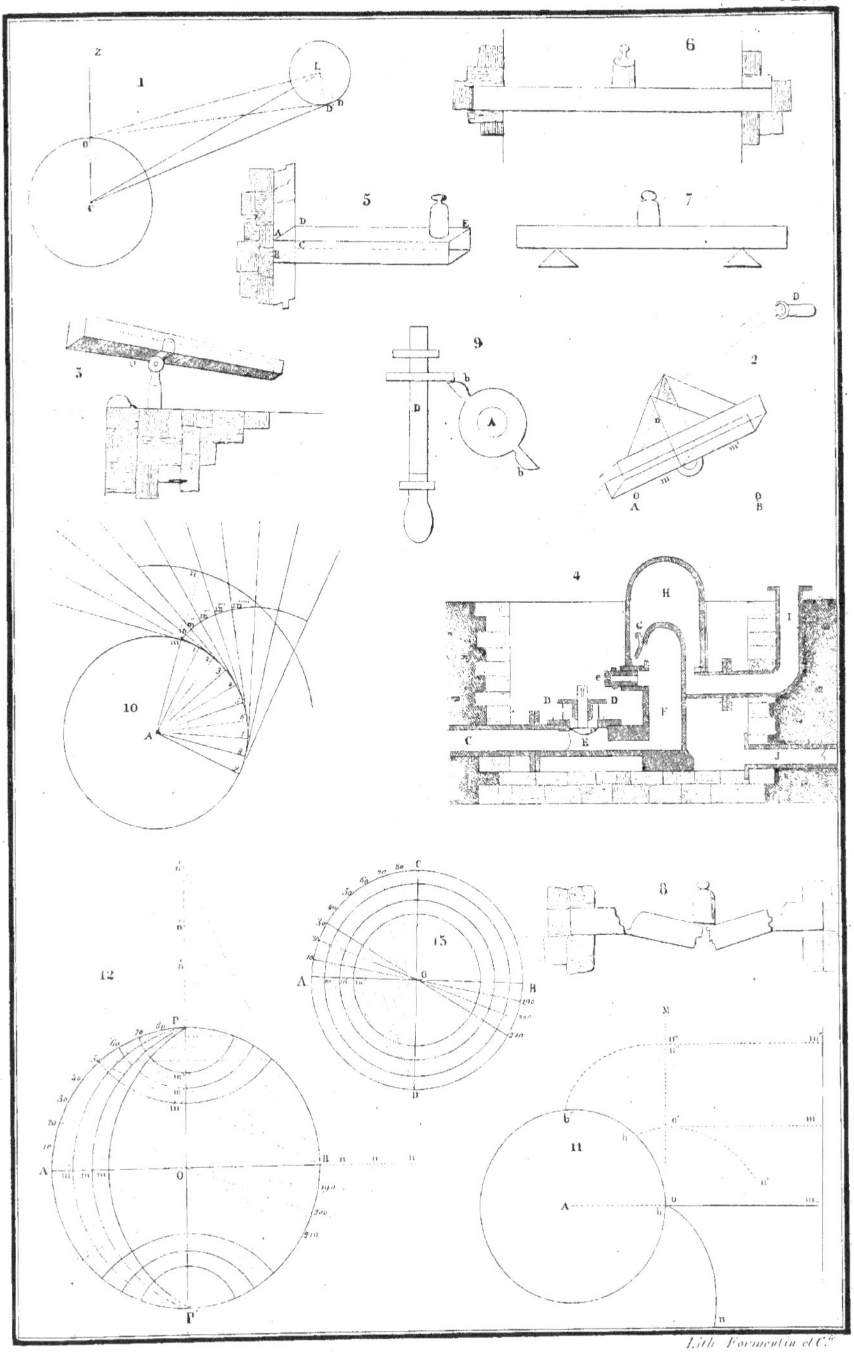

PL. III

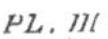

Lith Formentin et Cⁱᵉ

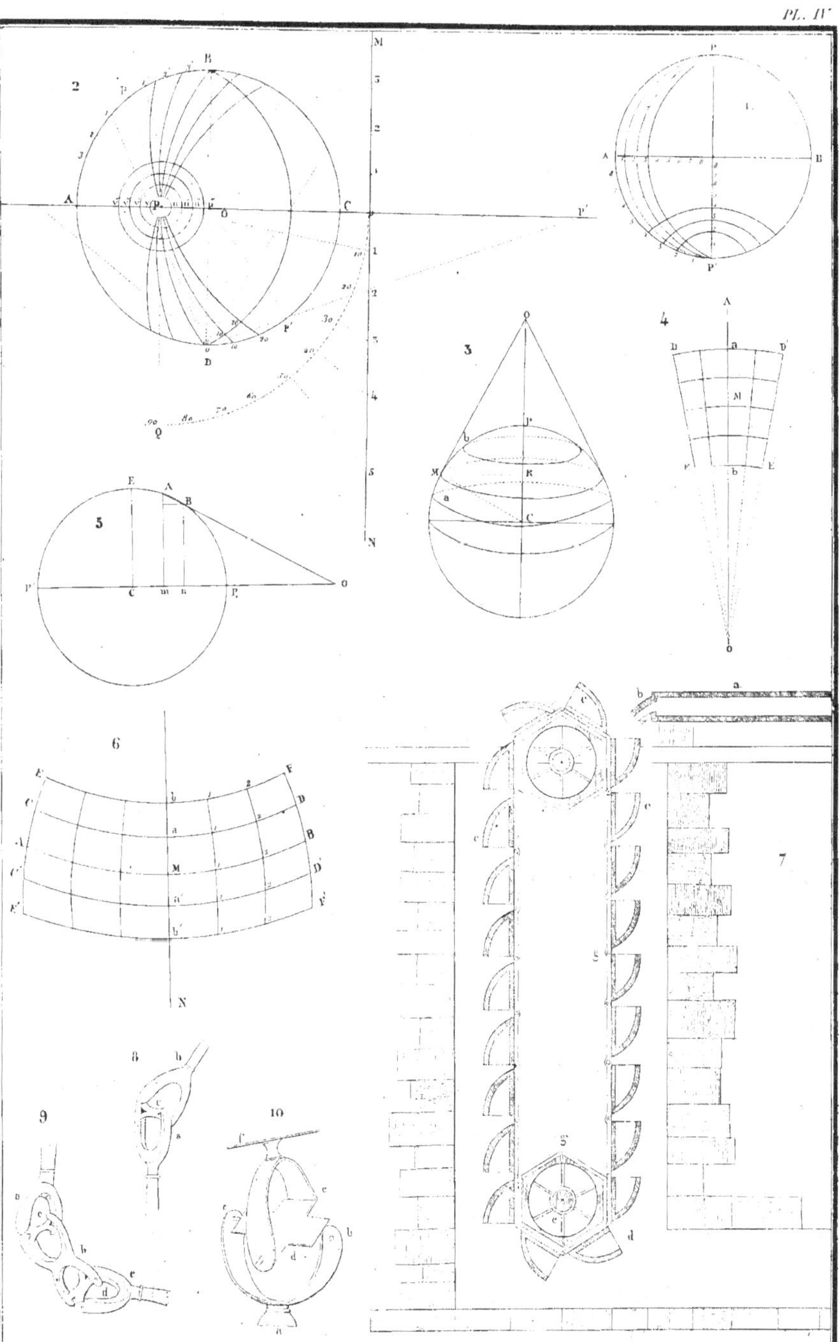

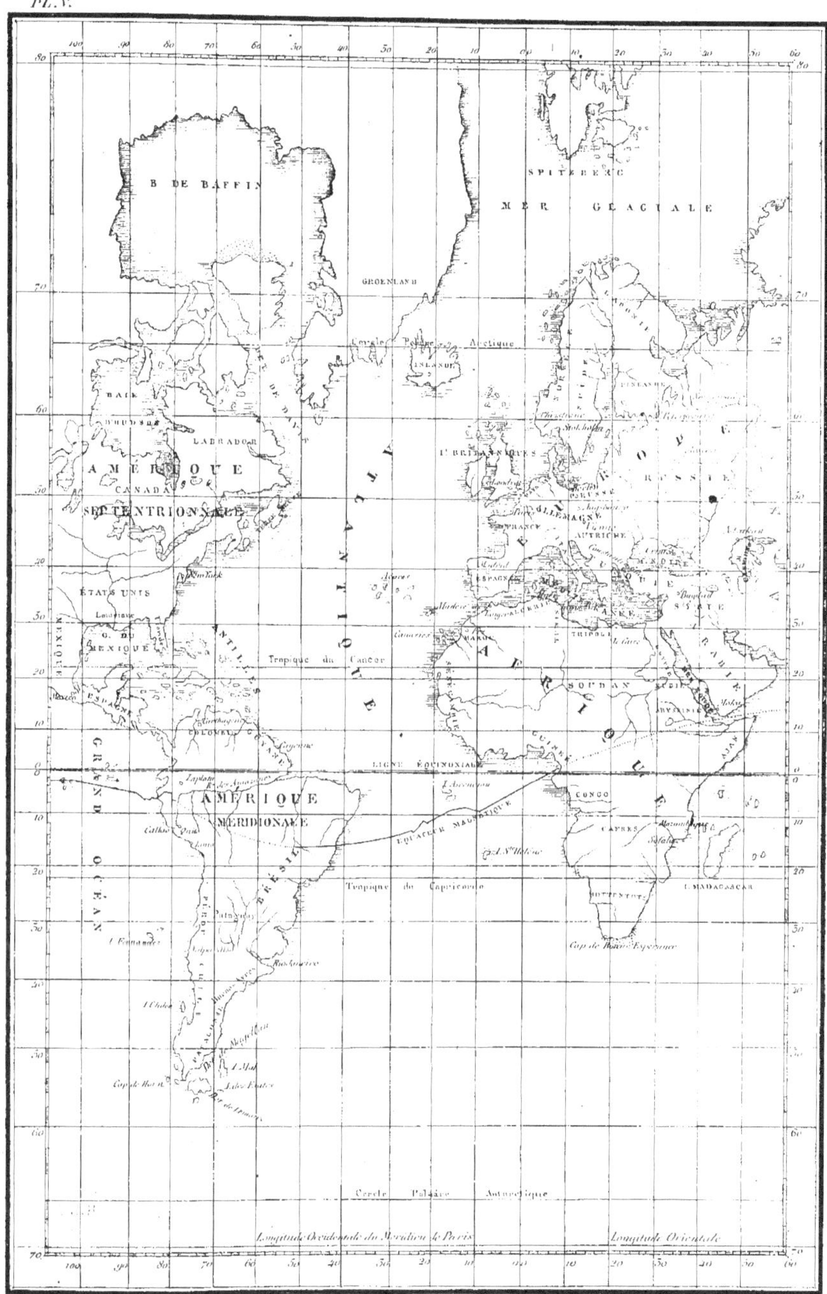
B. DE BAFFIN
SPITZBERG
MER GLACIALE
GROENLAND
Cercle Polaire Arctique
ISLANDE
BAIE D'HUDSON
LABRADOR
AMÉRIQUE SEPTENTRIONALE
CANADA
I. BRITANNIQUES
RUSSIE
ALLEMAGNE
FRANCE
AUTRICHE
M. NOIRE
ÉTATS UNIS
New York
ESPAGNE
ASIE
Louisiane
G. DU MEXIQUE
MEXIQUE
ANTILLES
Tropique du Cancer
AFRIQUE
SOUDAN
ABYSSINIE
GUINÉE
COLOMBIE
GUYANE
Cayenne
LIGNE ÉQUINOXIALE
AMÉRIQUE MÉRIDIONALE
I. Ascension
CONGO
ÉQUATEUR MAGNÉTIQUE
CAFRES
I. de S.te Hélène
BRÉSIL
Tropique du Capricorne
HOTTENTOTS
I. MADAGASCAR
GRAND OCÉAN
PATAGONIE
Cap de Bonne-Espérance
I. Fernandez
I. Chiloé
Détroit de Magellan
Cap de Horn
Terre de Feu
Cercle Polaire Antarctique
Longitude Occidentale du Méridien de Paris
Longitude Orientale

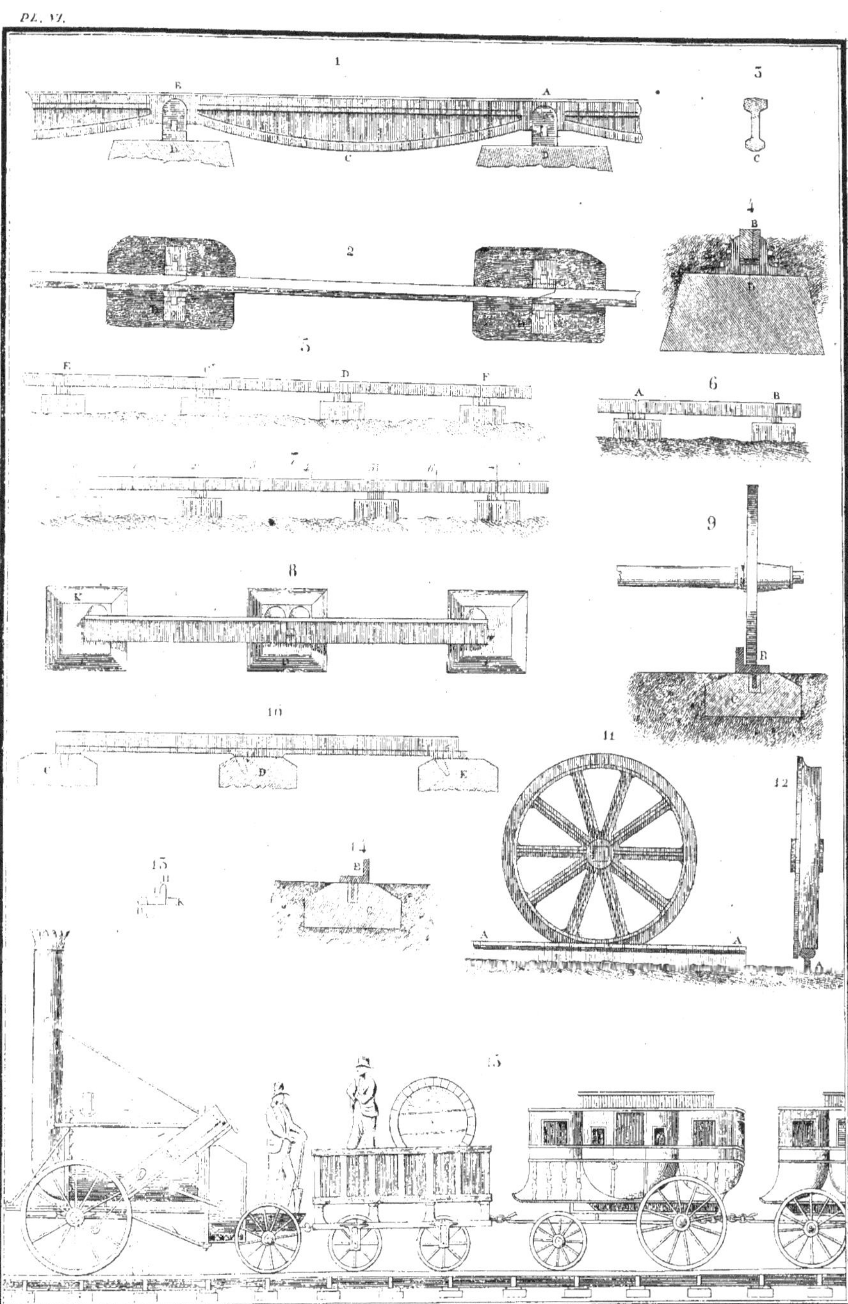

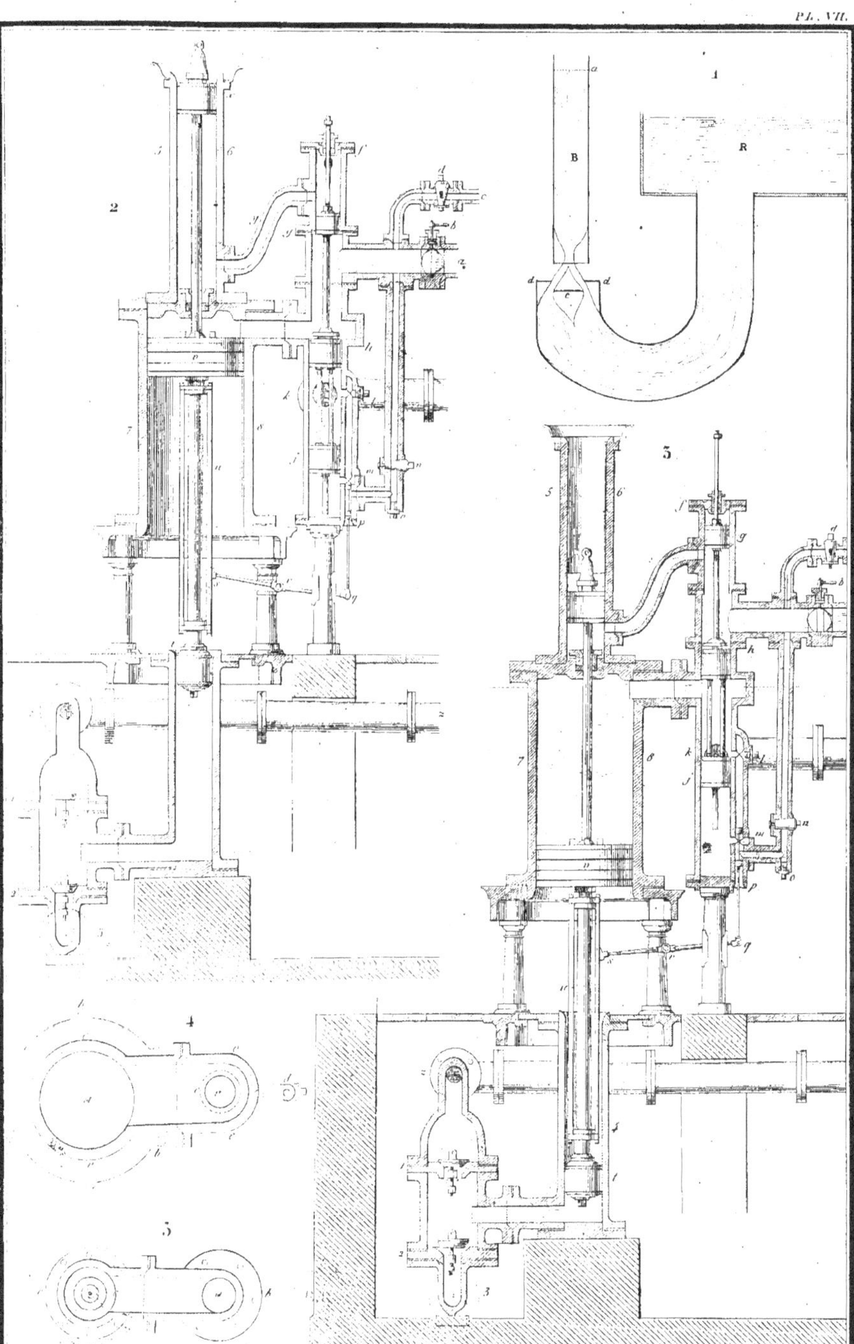
1
2
3
4
5
B
R
a
Lith. Formentin et Cie

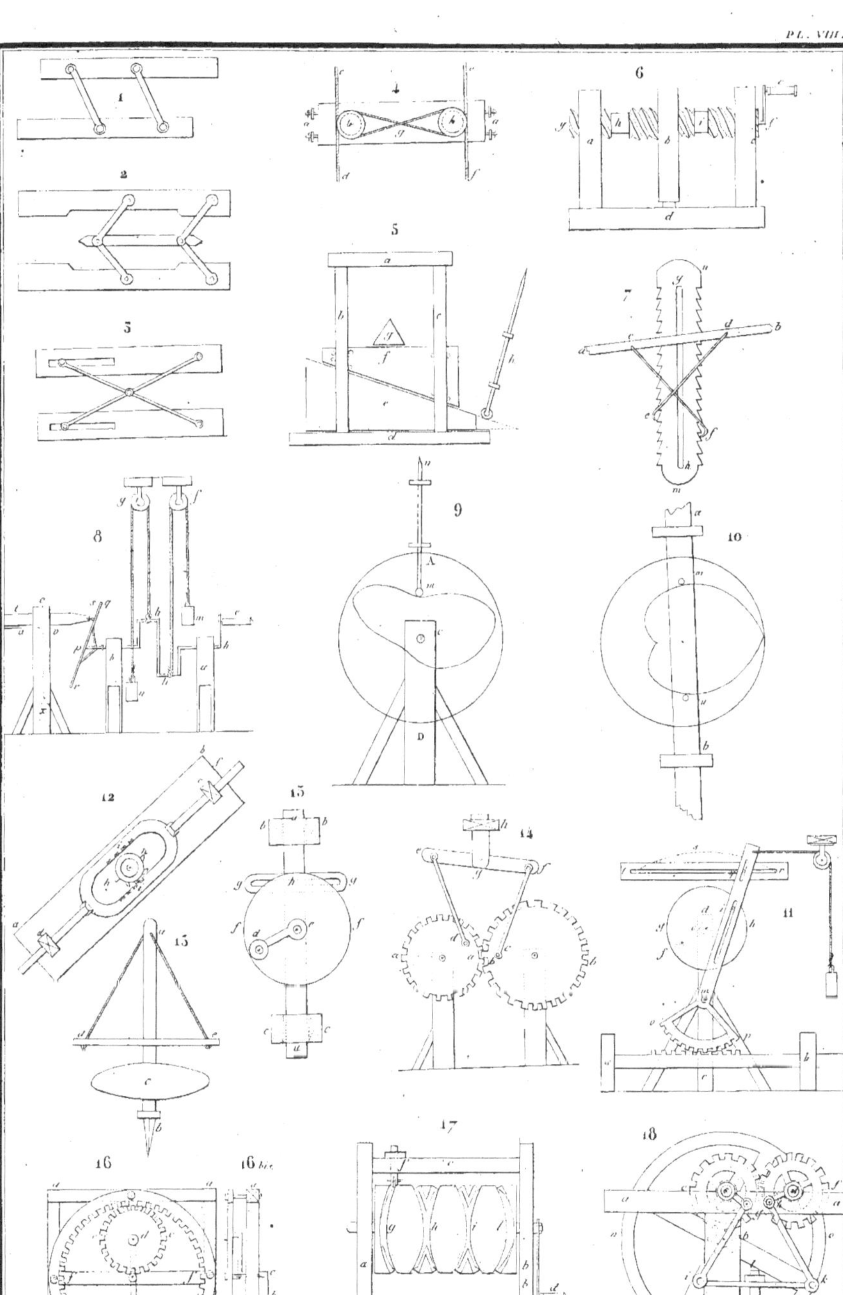

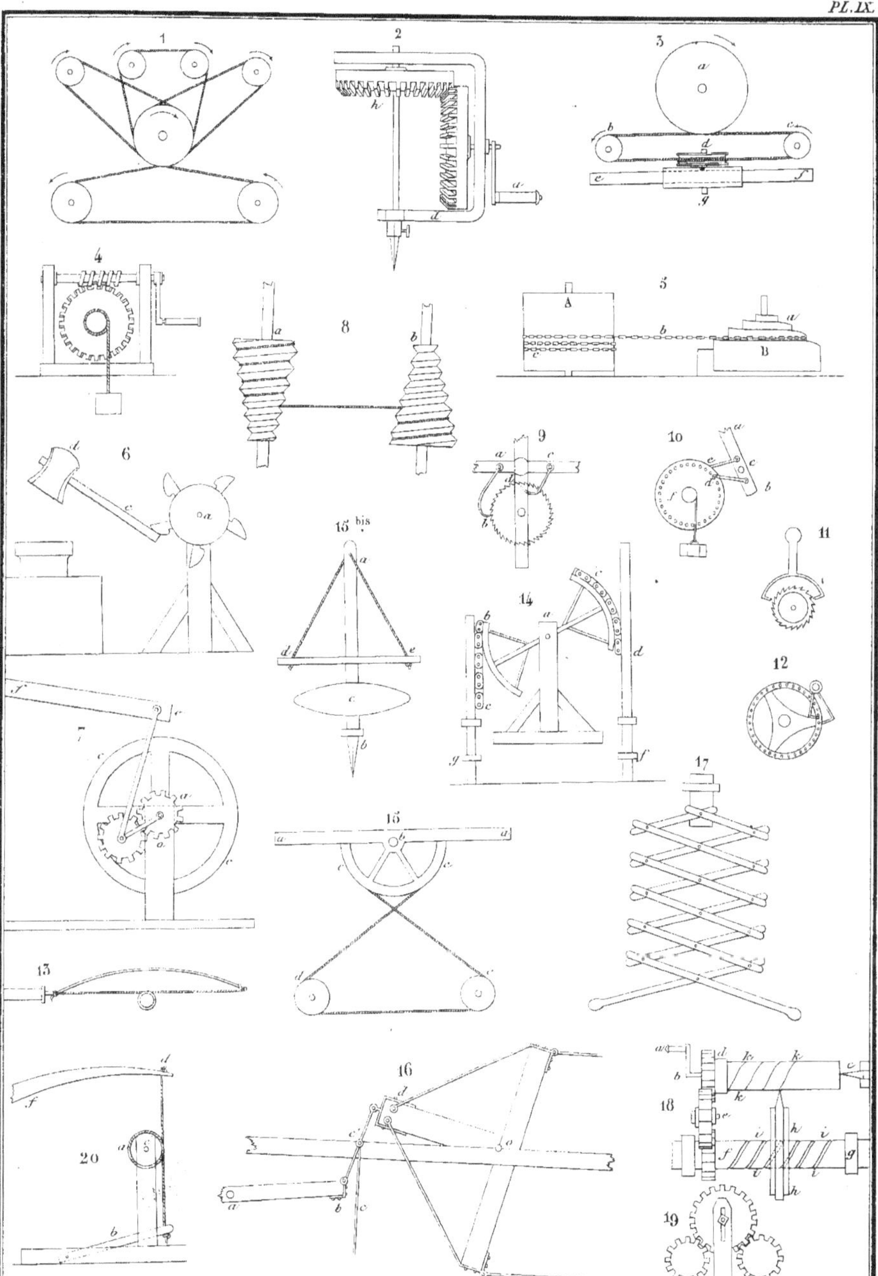

Lith. Formentin & Cⁱᵉ

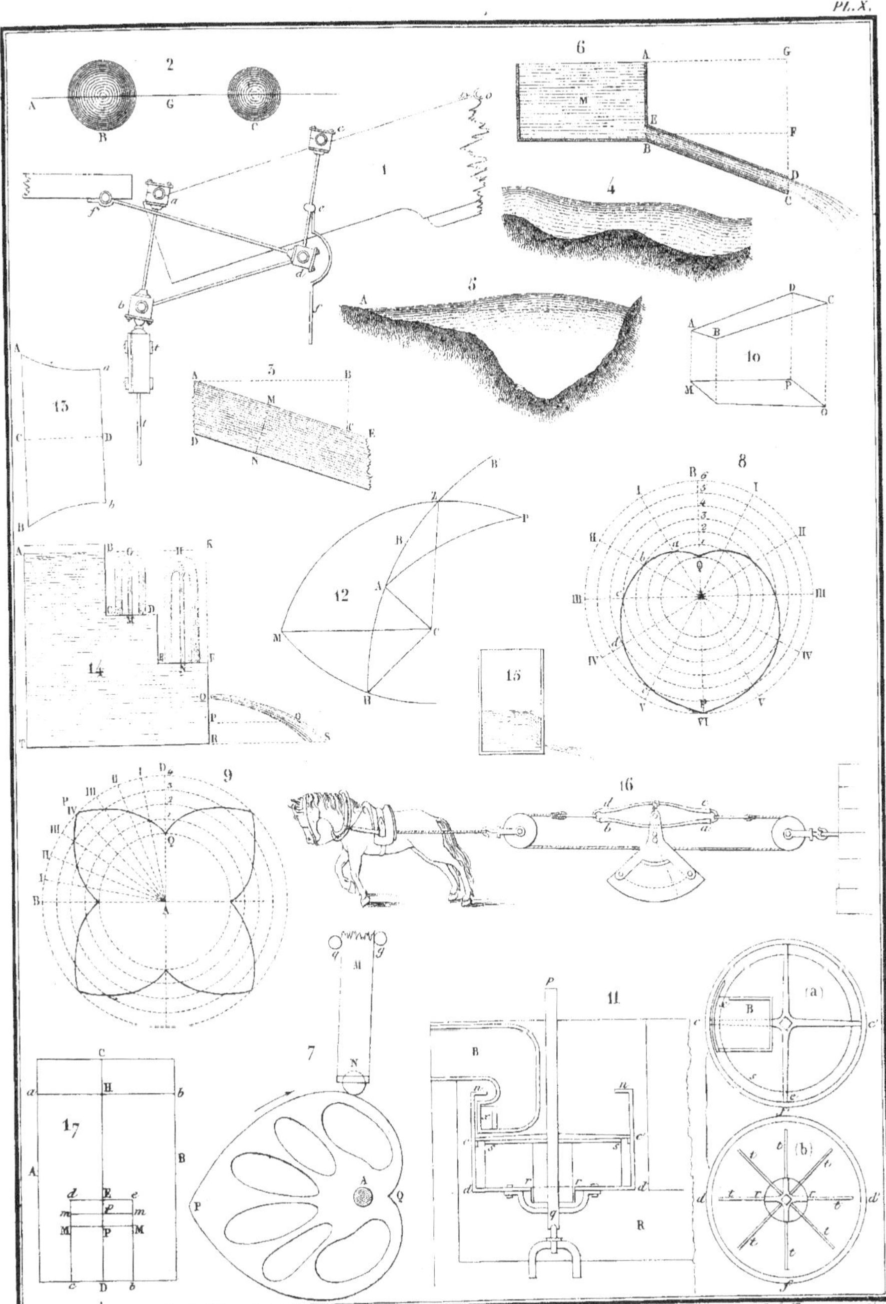

Lith. Formentin & Cie.

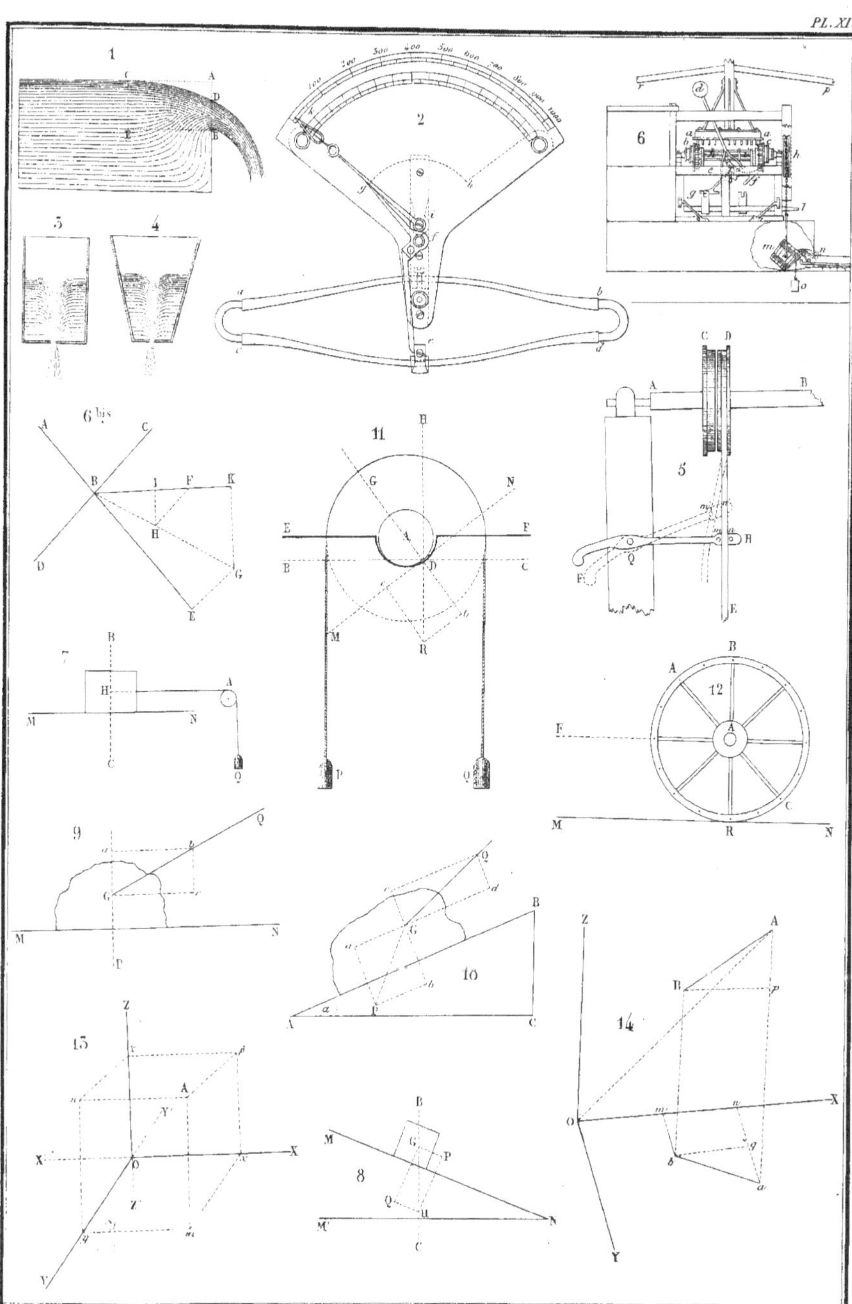

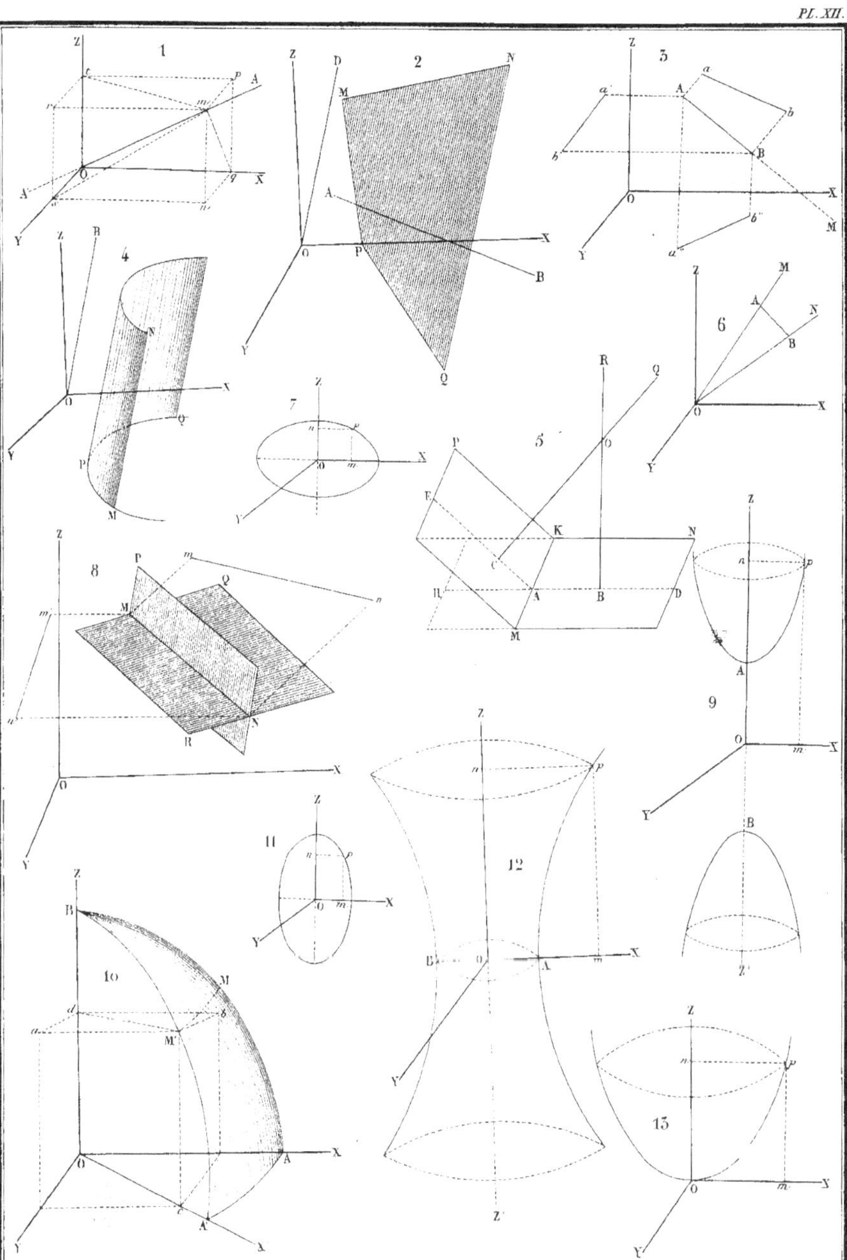

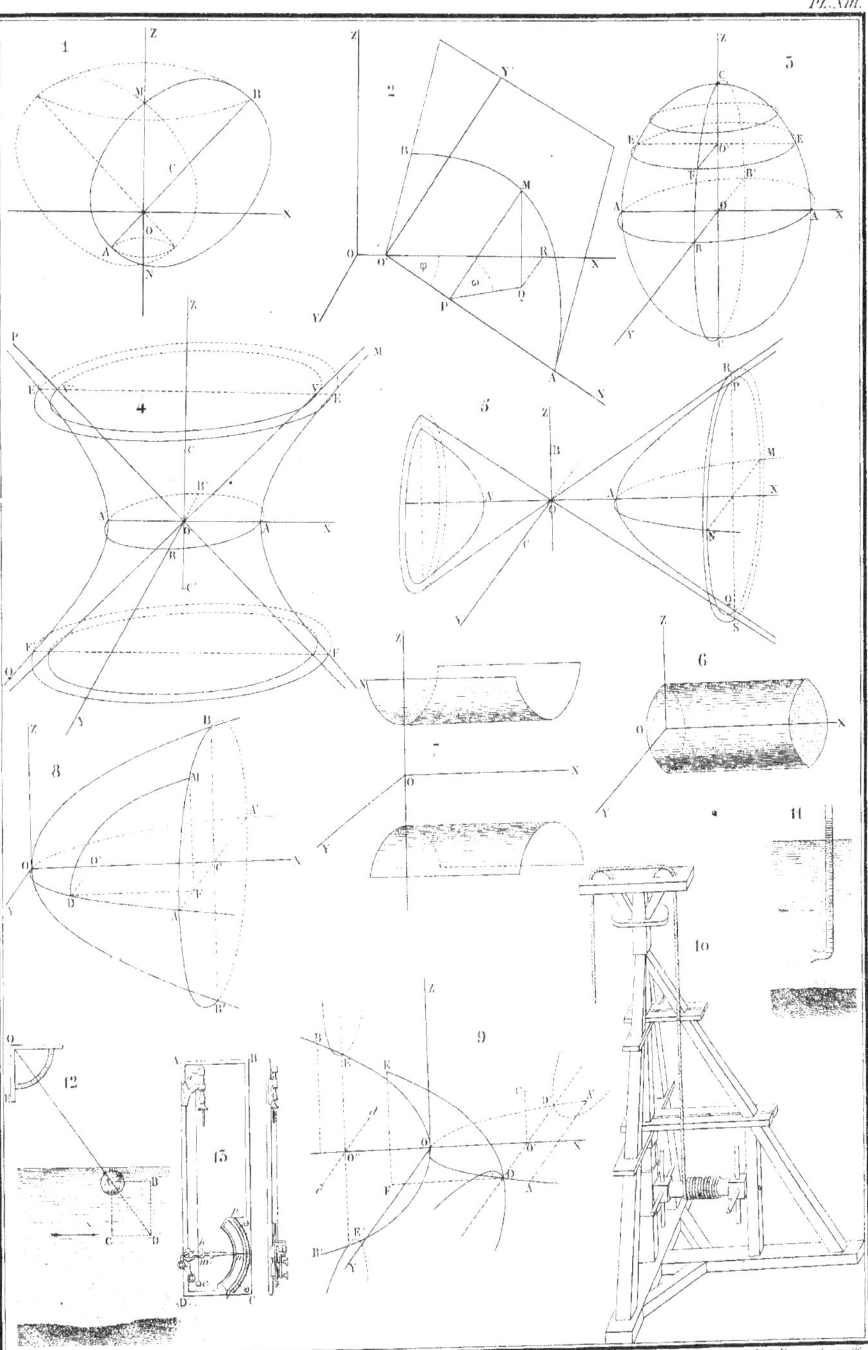
Lith. Formentin & Cie

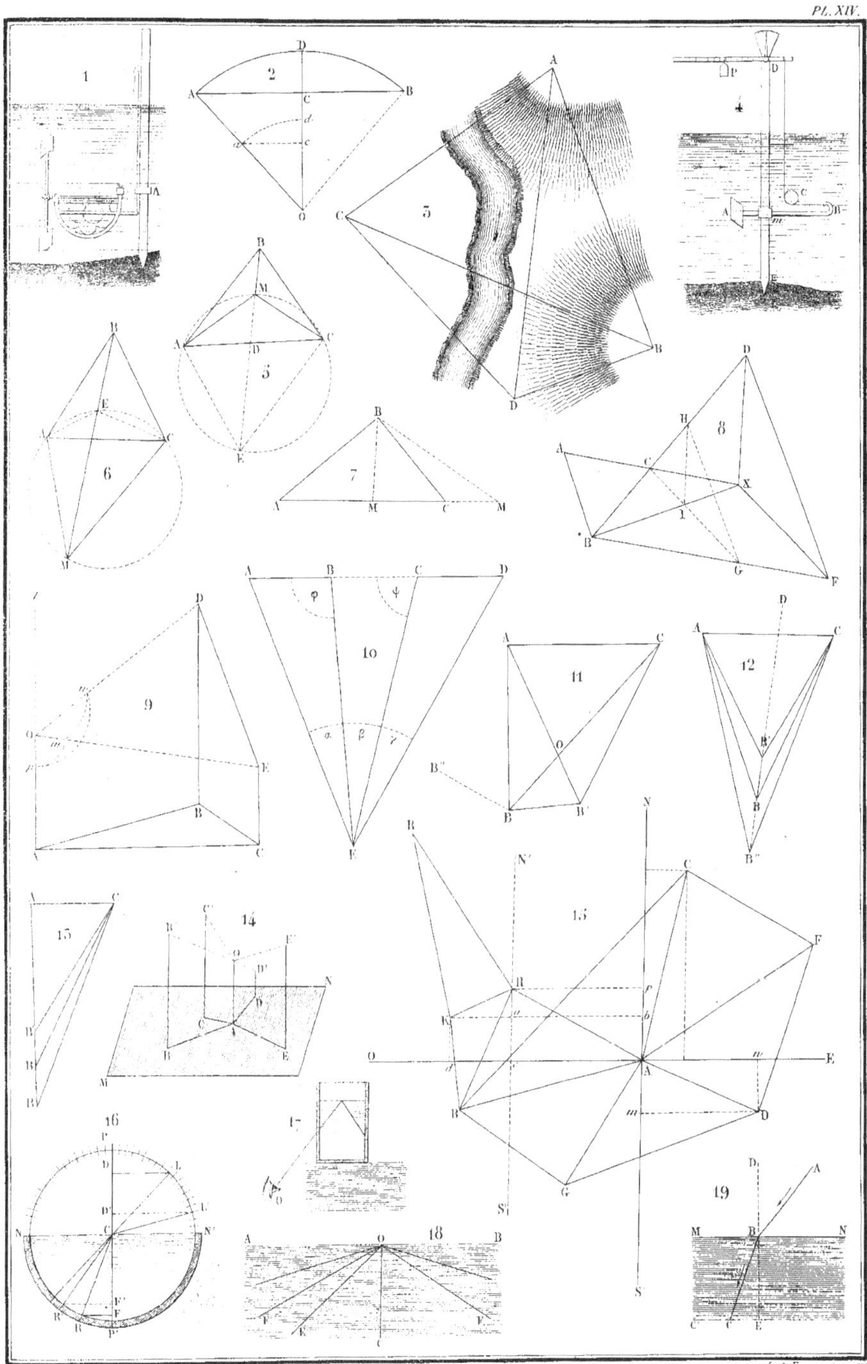

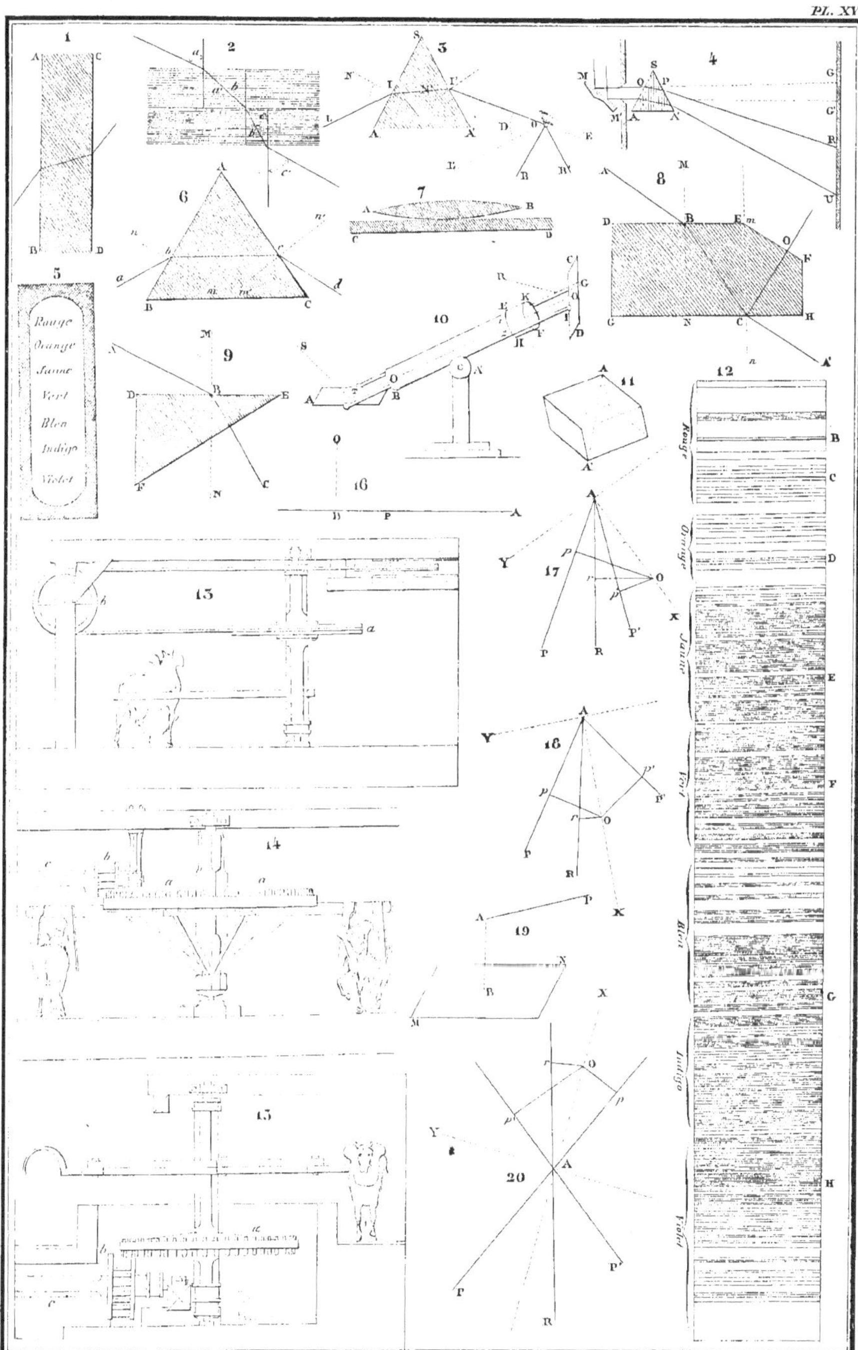
1
2
3
4
5
6
7
8
9
10
11
12
13
14
15
16
17
18
19
20
Rouge
Orange
Jaune
Vert
Bleu
Indigo
Violet
Lith. Formentin et C.ie

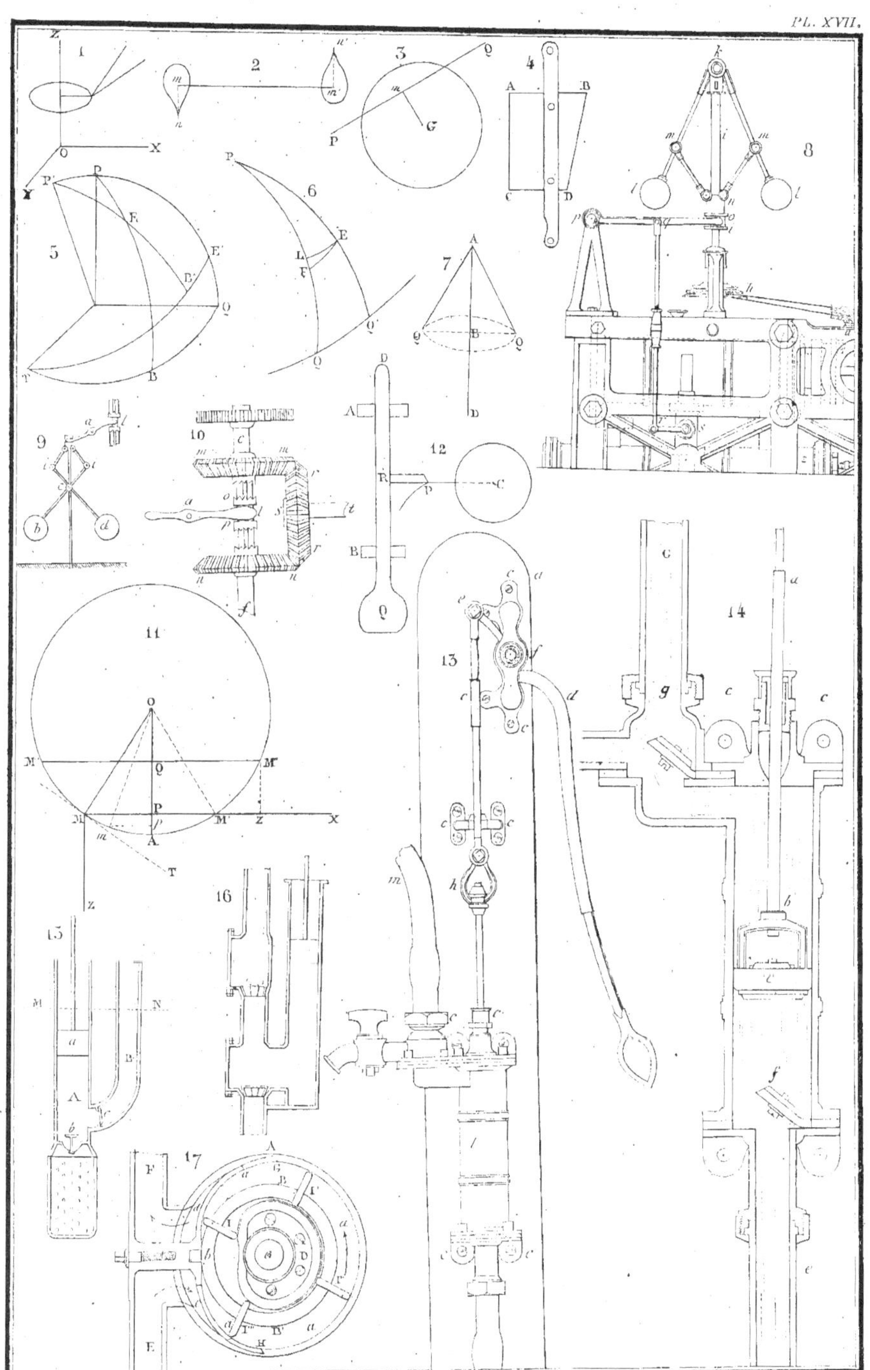

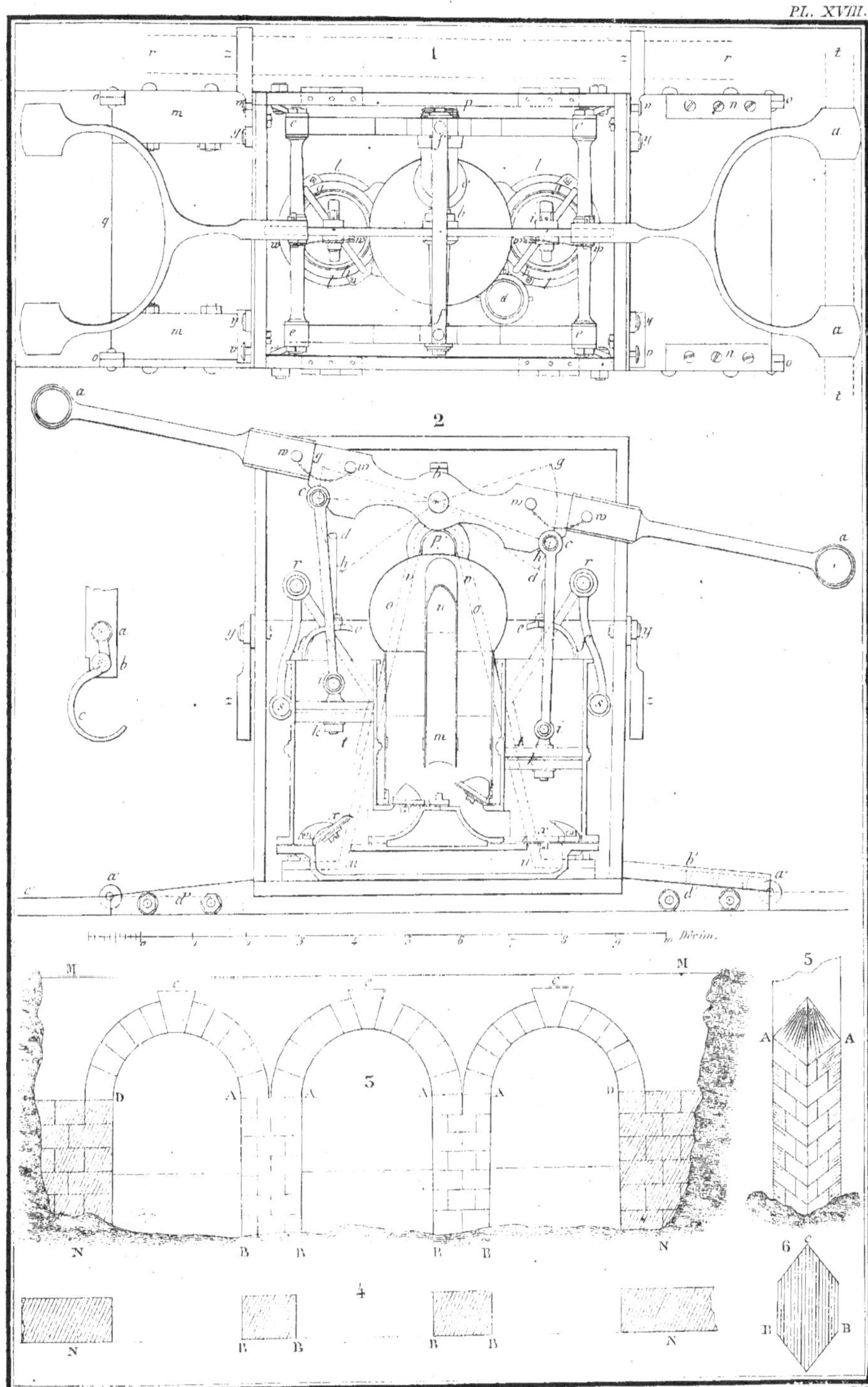

PL. XVIII.
1
2
3
4
5
6
Décim.
M
M
D
A
A
A
A
D
N
B
B
B
B
N
N
B
B
B
B
N
A
A
B
B
Lith. Formentin et C.ie

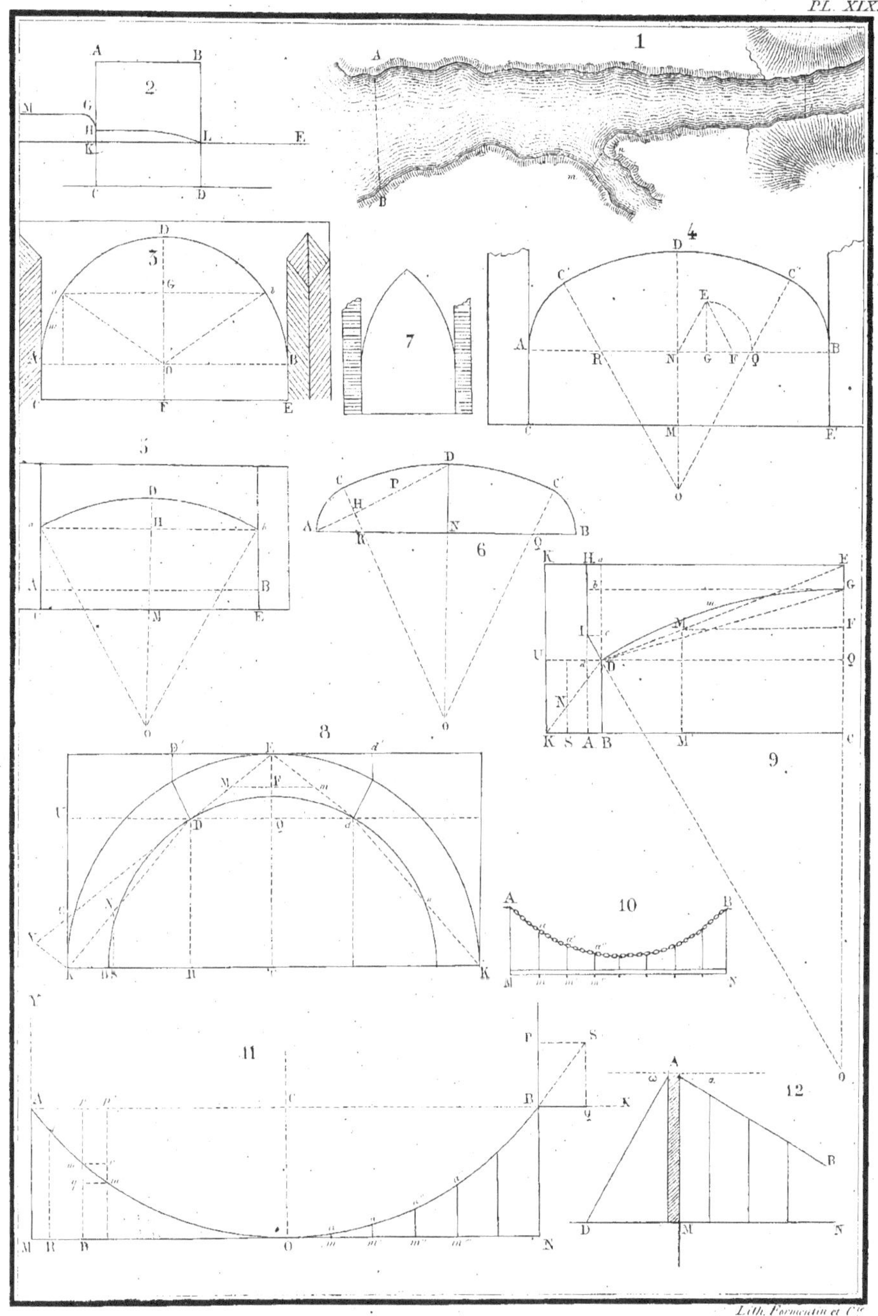

Pl. XX.

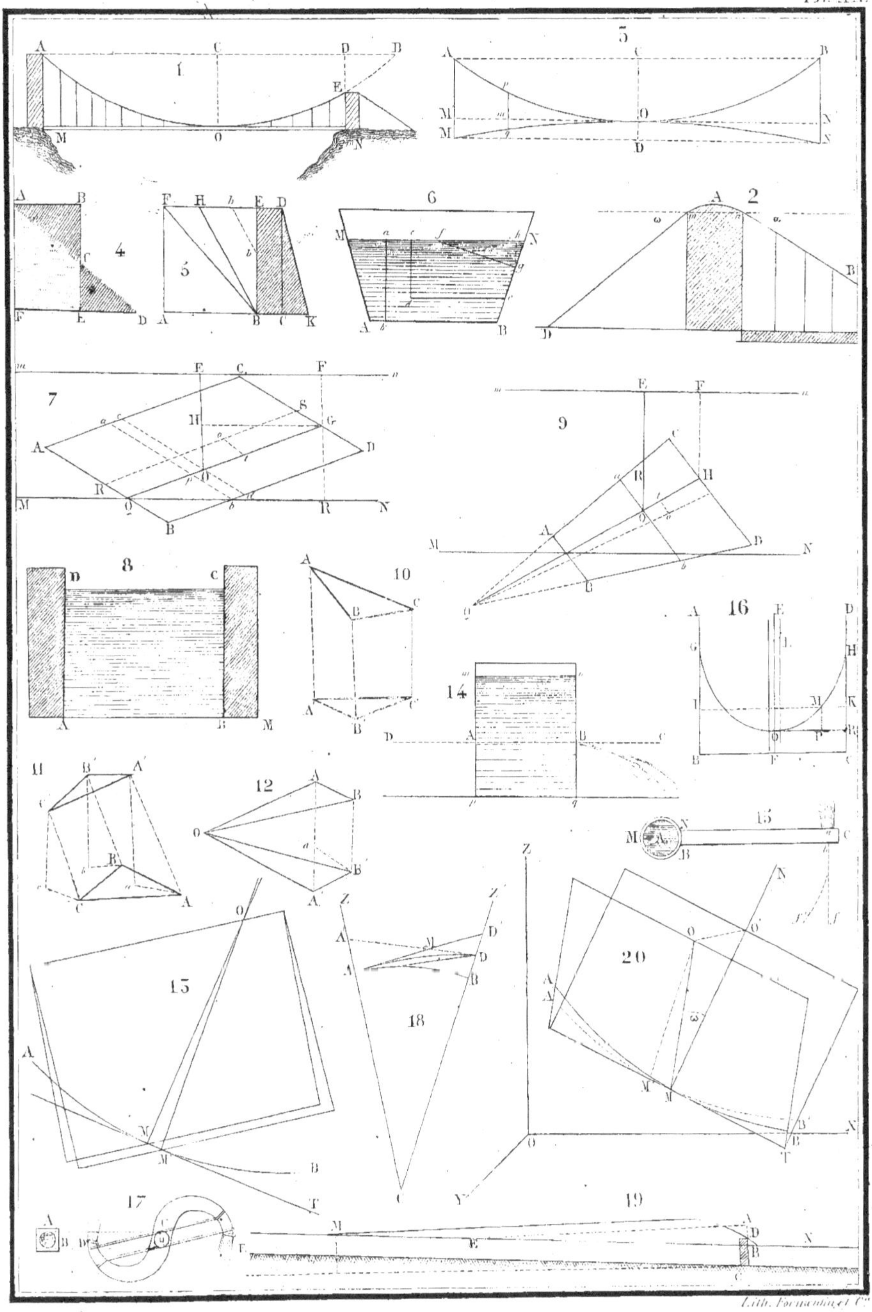

Lith. Fernandez et Cie

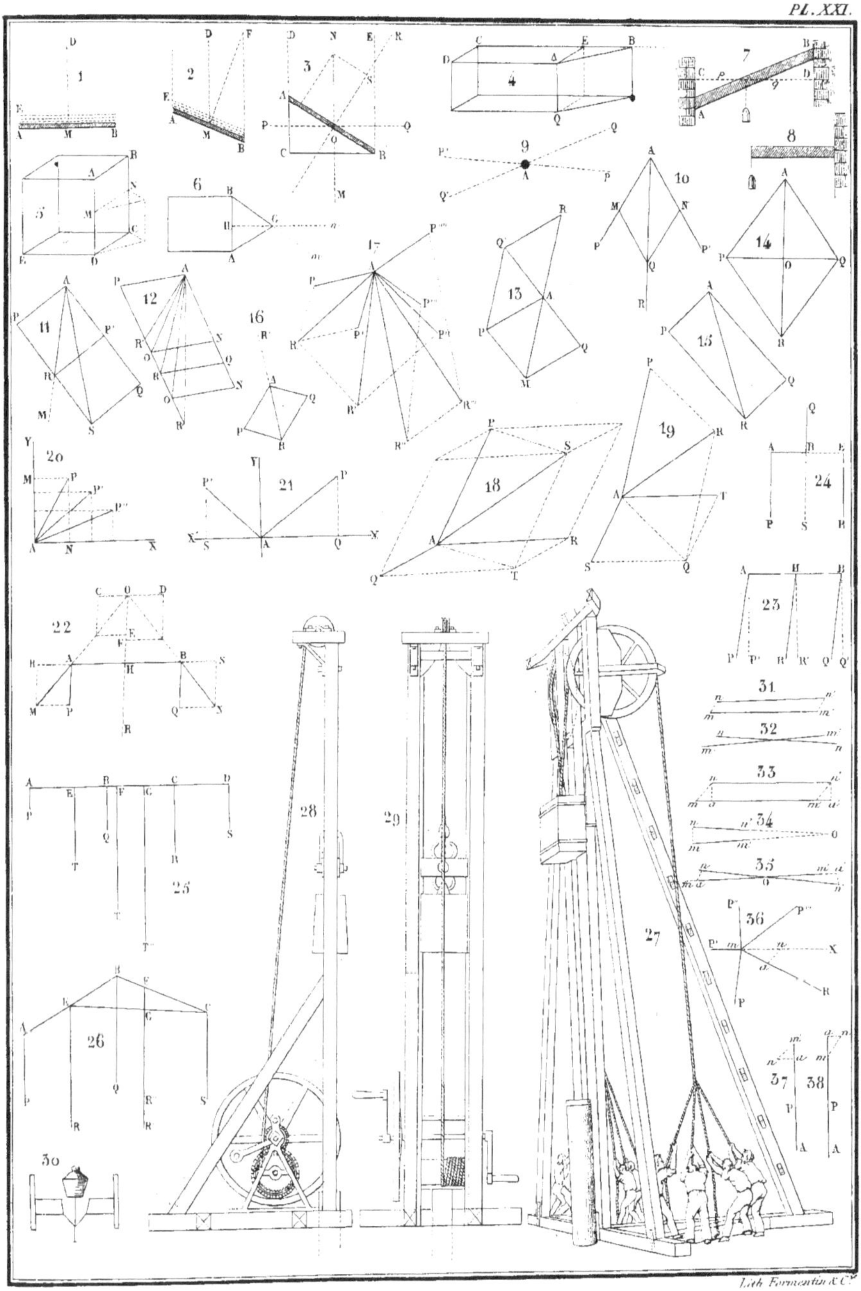

Pl. XXII et dernière.
Lith. Formentin & Cie.